大话计算机

计算机系统
底层架构原理极限剖析

冬瓜哥◎著

清華大学出版社
北京

内 容 简 介

现代计算机系统的软硬件架构十分复杂，是所有 IT 相关技术的根源。本书尝试从原始的零认知状态开始，逐步从最基础的数字电路一直介绍到计算机操作系统以及人工智能。本书用通俗的语言、恰到好处的疑问、符合原生态认知思维的切入点，来帮助读者洞悉整个计算机底层世界。本书在写作上遵循"先介绍原因，后思考，然后介绍解决方案，最终提炼抽象成概念"的原则。全书脉络清晰，带领读者重走作者的认知之路。本书集科普、专业为一体，用通俗详尽的语言、图表、模型来描述专业知识。

本书内容涵盖以下学科领域：计算机体系结构、计算机组成原理、计算机操作系统原理、计算机图形学、高性能计算机集群、计算加速、计算机存储系统、计算机网络、机器学习等。

本书共分为 12 章。第 1 章介绍数字计算机的设计思路，制作一个按键计算器，在这个过程中逐步理解数字计算机底层原理。第 2 章在第 1 章的基础上，改造按键计算器，实现能够按照编好的程序自动计算，并介绍对应的处理器内部架构概念。第 3 章介绍电子计算机的发展史，包括芯片制造等内容。第 4 章介绍流水线相关知识，包括流水线、分支预测、乱序执行、超标量等内容。第 5 章介绍计算机程序架构，理解单个、多个程序如何在处理器上编译、链接并最终运行的过程。第 6 章介绍缓存以及多处理器并行执行系统的体系结构，包括互联架构、缓存一致性架构的原理和实现。第 7 章介绍计算机 I/O 基本原理，包括 PCIE、USB、SAS 三大 I/O 体系。第 8 章介绍计算机是如何处理声音和图像的，包括 3D 渲染和图形加速原理架构和实现。第 9 章介绍大规模并行计算、超级计算机原理和架构，以及可编程逻辑器件（如 FPGA 等）的原理和架构。第 10 章介绍现代计算机操作系统基本原理和架构，包括内存管理、任务调度、中断管理、时间管理等架构原理。第 11 章介绍现代计算机形态和生态体系，包括计算、网络、存储方面的实际计算机产品和生态。第 12 章介绍机器学习和人工智能底层原理和架构实现。

本书适合所有 IT 行业从业者阅读，包括计算机（PC/ 服务器 / 手机 / 嵌入式）软硬件及云计算 / 大数据 / 人工智能等领域的研发、架构师、项目经理、产品经理、销售、售前。本书也同样适合广大高中生科普之用，另外计算机相关专业本科生、硕士生、博士生同样可以从本书中获取与课程教材截然不同的丰富营养。

图书在版编目(CIP)数据

大话计算机：计算机系统底层架构原理极限剖析 / 冬瓜哥著. — 北京：清华大学出版社，2019 (2024.11重印)
ISBN 978-7-302-52647-6

Ⅰ. ①大… Ⅱ. ①冬… Ⅲ. ①计算机系统—基本知识 Ⅳ. ①TP303

中国版本图书馆 CIP 数据核字（2019）第 045444 号

责任编辑： 栾大成
封面设计： 杨玉芳
版式设计： 方加青
责任校对： 徐俊伟
责任印制： 杨 艳

出版发行： 清华大学出版社
网 址： https://www.tup.com.cn, https://www.wqxuetang.com
地 址： 北京清华大学学研大厦 A 座 **邮 编：** 100084
社 总 机： 010-83470000 **邮 购：** 010-62786544
投稿与读者服务： 010-62776969, c-service@tup.tsinghua.edu.cn
质 量 反 馈： 010-62772015, zhiliang@tup.tsinghua.edu.cn
印 装 者： 涿州汇美亿浓印刷有限公司
经 销： 全国新华书店
开 本： 188mm×260mm **印 张：** 96.25 **字 数：** 3546 千字
（附海报 15 张）
版 次： 2019 年 5 月第 1 版 **印 次：** 2024 年 11 月第 6 次印刷
定 价： 698.00 元（全三册）

产品编号：082577-02

目　录

第10章　计算机操作系统——舞台幕后的工作者

10.1　内存布局与管理 ···1068

10.1.1　实模式与保护模式 ························ 1068

10.1.2　分区式内存管理 ···························· 1070

10.1.3　8086分段+实模式 ························· 1071

10.1.4　80286分段+保护模式 ·················· 1074

　　10.1.4.1　全局描述符表 ·················· 1074

　　10.1.4.2　实现权限检查 ·················· 1076

　　10.1.4.3　本地/局部描述符表 ········· 1076

10.1.5　80386分段+分页模式 ·················· 1079

　　10.1.5.1　页目录/页表/页面 ··········· 1079

　　10.1.5.2　比较分页和分段机制 ········ 1080

　　10.1.5.3　Flat分段模式 ················· 1081

　　10.1.5.4　分页的控制参数 ·············· 1083

　　10.1.5.5　MMU和TLB ················· 1086

10.1.6　DOS下的内存管理 ···················· 1087

　　10.1.6.1　常规内存和上位内存 ········ 1088

　　10.1.6.2　EMS内存扩充卡 ············· 1089

　　10.1.6.3　上位内存块（UMB）······· 1090

　　10.1.6.4　高位内存区（HMA）······· 1090

　　10.1.6.5　扩展内存（XMS）··········· 1090

　　10.1.6.6　用XMS顶替EMS ············ 1090

10.1.7　后DOS时代x86内存布局 ··········· 1091

　　10.1.7.1　E820表 ························· 1091

　　10.1.7.2　物理地址扩展（PAE）····· 1092

　　10.1.7.3　x86物理内存布局 ··········· 1092

10.1.8　Linux下的内存管理 ···················· 1094

　　10.1.8.1　32位Linux内存布局 ········ 1094

　　10.1.8.2　相关模块数据结构 ··········· 1098

　　10.1.8.3　brk和mmap系统调用 ······· 1100

　　10.1.8.4　malloc/calloc/realloc函数 ·· 1104

　　10.1.8.5　buddy和slab算法 ············ 1105

10.2　任务创建与管理 ···1109

10.2.1　32位x86处理器任务管理支持 ······1110

　　10.2.1.1　用户栈与内核栈 ·············· 1111

　　10.2.1.2　线程和中断上下文 ··········· 1113

　　10.2.1.3　任务切换机制 ················· 1116

　　10.2.1.4　任务嵌套/任务链 ··········· 1122

　　10.2.1.5　小结 ···························· 1125

10.2.2　32位Linux的任务创建与管理 ······ 1126

　　10.2.2.1　PCB/task_struct{ } ········· 1127

　　10.2.2.2　Linux的任务软切换机制 ···· 1130

　　10.2.2.3　进程0的创建和运行 ········· 1132

　　10.2.2.4　进程1和2的创建和运行 ····· 1136

　　10.2.2.5　在用户态创建和运行任务 ··· 1148

　　10.2.2.6　fork()自测题及深入思考 ···· 1153

　　10.2.2.7　用户空间线程/协程 ········· 1155

　　10.2.2.8　任务状态 ····················· 1158

10.3　任务间通信与同步 ·····································1159

10.3.1　信号及其处理 ···························· 1159

10.3.2　等待队列与唤醒 ························· 1172

10.3.3　进程间通信 ······························ 1177

10.3.4　锁和同步 ································· 1178

　　10.3.4.1　信号量（Semaphore）····· 1178

　　10.3.4.2　互斥量（Mutex）··········· 1181

　　10.3.4.3　自旋锁（Spinlock）········· 1181

　　10.3.4.4　快速互斥量（Futex）······· 1184

　　10.3.4.5　条件量（Condition）······· 1186

　　10.3.4.6　完成量（Completion）····· 1187

　　10.3.4.7　读写锁（RWlock）和RCU锁 ·· 1188

10.4　任务调度基本框架 ·····································1188

10.4.1　任务的调度时机 ························· 1189

10.4.2　用户态和内核态抢占 ·················· 1190

10.4.3　中期小结 ································· 1196

10.4.4　实时与非实时内核 ······················ 1198

10.4.5　任务调度基本数据结构 ················ 1201

　　10.4.5.1　任务优先级描述 ·············· 1201

　　10.4.5.2　三大子调度器 ················· 1203

　　10.4.5.3　运行队列的组织 ·············· 1204

10.5　任务调度核心方法 ·····································1211

10.5.1　简单粗暴的实时任务调度 ············· 1211

10.5.2　左右为难的普通任务调度 ············· 1213

10.5.3　2.4内核中的 $O(n)$ 调度器 ·········· 1214

1

10.5.4　2.5内核中的O(1)调度器 ············ 1215
10.5.5　未被接纳的RSDL普通任务调度器 ········· 1216
10.5.6　沿用至今的CFS普通任务调度器 ········· 1219
　　10.5.6.1　指挥棒变为运行时间 ········· 1219
　　10.5.6.2　weight/period/vruntime ········· 1219
10.5.7　多处理器任务负载均衡 ········· 1221
10.5.8　任务的Affinity ········· 1224
10.6　中断响应及处理 ············ 1224
10.6.1　中断相关基本知识 ········· 1224
　　10.6.1.1　Local和I/O APIC ········· 1224
　　10.6.1.2　8259A（PIC）中断控制器 ········· 1229
　　10.6.1.3　MSI/MSI-X底层实现 ········· 1230
　　10.6.1.4　IPI处理器间中断 ········· 1231
　　10.6.1.5　可屏蔽/不可屏蔽中断 ········· 1232
　　10.6.1.6　中断的共享和嵌套 ········· 1233
　　10.6.1.7　中断内部/外部优先级 ········· 1234
　　10.6.1.8　中断Affinity及均衡 ········· 1234
10.6.2　中断相关数据结构 ········· 1238
　　10.6.2.1　中断描述符表IDT ········· 1240
　　10.6.2.2　irq_desc[ ]和vector_irq[ ] ········· 1243
　　10.6.2.3　相关数据结构的初始化 ········· 1246
10.6.3　中断基本处理流程 ········· 1255
10.6.4　80h号中断（系统调用） ········· 1257
10.6.5　中断上半部和下半部 ········· 1260
　　10.6.5.1　softirq ········· 1261
　　10.6.5.2　ksoftirqd线程 ········· 1262
　　10.6.5.3　softirq与preempt_count ········· 1264
　　10.6.5.4　tasklet ········· 1265
　　10.6.5.5　workqueue ········· 1266
10.6.6　中断线程化 ········· 1271
10.6.7　系统的驱动力 ········· 1272
10.7　时间管理与时钟中断 ············ 1272
10.7.1　表哥的收藏 ········· 1273
　　10.7.1.1　RTC ········· 1273
　　10.7.1.2　PIT ········· 1273
　　10.7.1.3　HPET ········· 1274
　　10.7.1.4　Local Timer ········· 1275
　　10.7.1.5　TSC ········· 1277
10.7.2　表哥的烦恼 ········· 1277
　　10.7.2.1　软计时 ········· 1277
　　10.7.2.2　软Timer ········· 1277
　　10.7.2.3　软Tick ········· 1278
　　10.7.2.4　单调时钟源 ········· 1278
　　10.7.2.5　中断广播唤醒 ········· 1279
　　10.7.2.6　强制周期性中断广播 ········· 1280
10.7.3　表哥的记忆 ········· 1280
　　10.7.3.1　Clocksource Device ········· 1280
　　10.7.3.2　Clockevent Device ········· 1281
　　10.7.3.3　Local/Global Device ········· 1284
　　10.7.3.4　HZ/Jiffy/NOHZ ········· 1284

　　10.7.3.5　各种时间种类 ········· 1284
　　10.7.3.6　低精度定时器时间轮 ········· 1285
　　10.7.3.7　高精度定时器红黑树 ········· 1287
10.7.4　表哥的思维 ········· 1289
　　10.7.4.1　tick_init() ········· 1289
　　10.7.4.2　init_timers() ········· 1290
　　10.7.4.3　hrtimers_init() ········· 1291
　　10.7.4.4　timekeeping_init() ········· 1291
　　10.7.4.5　time_init()/late_time_init() ········· 1291
　　10.7.4.6　APIC_init_uniprocessor() ········· 1299
　　10.7.4.7　do_basic_setup()/do_initcalls() ········· 1299
　　10.7.4.8　初始化流程全局图 ········· 1299
10.7.5　表哥的行动 ········· 1299
　　10.7.5.1　初始的低精度+HZ模式 ········· 1299
　　10.7.5.2　切换到低精度+NOHZ模式 ········· 1302
　　10.7.5.3　切换到高精度+NOHZ模式 ········· 1305
　　10.7.5.4　idle与NOHZ ········· 1305
　　10.7.5.5　切换高精度模式流程图 ········· 1306
10.8　VFS与本地FS ············ 1310
10.8.1　VFS目录层 ········· 1310
　　10.8.1.1　目录与VFS ········· 1310
　　10.8.1.2　目录承载者 ········· 1311
10.8.2　本地FS相关数据结构 ········· 1313
10.8.3　VFS相关数据结构及初始化 ········· 1314
　　10.8.3.1　Mount流程 ········· 1315
　　10.8.3.2　Open流程 ········· 1319
10.8.4　从read到Page Cache ········· 1319
10.8.5　从Page Cache到通用块层 ········· 1320
10.8.6　Linux下的异步I/O ········· 1322
　　10.8.6.1　基于glibc的异步I/O ········· 1324
　　10.8.6.2　基于libaio的异步I/O ········· 1324
10.9　块I/O协议栈 ············ 1327
10.9.1　从通用块层到I/O调度层 ········· 1327
　　10.9.1.1　块设备与buffer page ········· 1327
　　10.9.1.2　bio ········· 1328
10.9.2　从I/O调度层到块设备驱动 ········· 1329
　　10.9.2.1　Request与Request Queue ········· 1329
　　10.9.2.2　堵盖儿和掀盖儿 ········· 1331
　　10.9.2.3　_make_request主流程 ········· 1333
　　10.9.2.4　I/O Scheduler ········· 1335
10.9.3　相关数据结构的初始化 ········· 1335
　　10.9.3.1　request_queue初始化 ········· 1336
　　10.9.3.2　gendisk/scsi_disk/block_device
　　　　　　　初始化 ········· 1337
10.9.4　从块设备驱动到SCSI中间层 ········· 1338
10.9.5　从SCSI中间层到通道控制器驱动 ········· 1339
10.10　网络I/O协议栈 ············ 1339
10.10.1　socket的初始化 ········· 1342
10.10.2　socket的创建和绑定 ········· 1342
10.10.3　发起TCP连接 ········· 1343

10.13 小结 ························1347

第11章 现代计算机系统——形态与生态

11.1 工业级相关计算机产品 ·········1350
 11.1.1 工业控制 ·············1350
 11.1.2 军工和航空航天 ········1351
11.2 企业级相关计算机产品 ·········1352
 11.2.1 芯片与板卡 ···········1354
 11.2.2 服务器 ··············1356
  11.2.2.1 塔式服务器 ········1356
  11.2.2.2 机架式服务器 ······1357
  11.2.2.3 刀片服务器 ········1359
  11.2.2.4 模块化服务器 ······1362
  11.2.2.5 整机柜服务器 ······1366
  11.2.2.6 关键应用主机 ······1369
 11.2.3 网络系统 ···········1369
  11.2.3.1 以太网卡 ·········1369
  11.2.3.2 以太网交换机和路由器 ·1370
 11.2.4 存储系统 ···········1372
  11.2.4.1 机械磁盘 ·········1375
  11.2.4.2 固态硬盘 ·········1387
  11.2.4.3 SAN存储系统 ·······1393
  11.2.4.4 分布式存储系统 ·····1402
  11.2.4.5 数据恢复 ·········1404
 11.2.5 超融合系统 ··········1407
 11.2.6 数据备份和容灾系统 ·····1411
 11.2.7 云计算和云存储 ·······1416
 11.2.8 自主可控系统 ·········1423

11.3 消费级相关计算机产品 ·········1425
 11.3.1 智能手机 ···········1426
 11.3.2 电视盒/智能电视 ·······1426
 11.3.3 摄像机 ·············1427
 11.3.4 玩具 ···············1427

第12章 机器学习与人工智能

12.1 回归分析：愚者千虑必有一得 ···1430
12.2 逻辑分类：不是什么都能一刀切 ·1433
12.3 神经网络：竟可万能拟合 ······1436
12.4 深度神经网络：四两拨千斤 ····1448
12.5 对象检测：先抠图后识别 ······1454
12.6 卷积神经网络：图像识别利器 ··1455
12.7 可视化展现：盲人真的摸出了象 ·1466
12.8 具体实现：搭台唱戏和硬功夫 ··1479
12.9 人工智能：本能、智能、超能 ··1491

尾声 狂想计算机——以创造者的名义

1. 狂想计算机 ················1494
2. 狂想组合逻辑电路与通用代码 ······1495
3. 狂想分子逻辑门与光逻辑门计算机 ··1495
4. 狂想生物分子计算机 ··········1497
5. 狂想模拟信号计算机 ··········1502
6. 狂想空间场计算机 ············1504
7. 狂想计算机世界的时空 ·········1505

后 记

第10章

计算机操作系统

舞台幕后的工作者

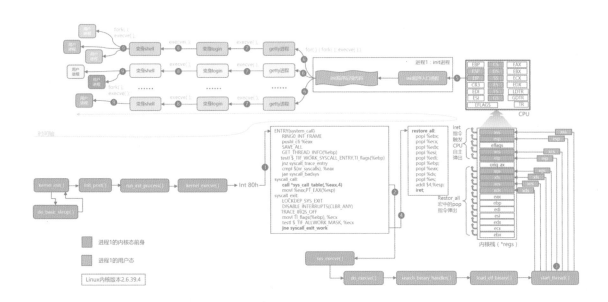

随着本书行进至此，我们已经将整个计算机系统建立了一个基本框架，大家目前应该已经可以深刻理解CPU是怎样运行的（第1、2章），数百亿晶体管组成的复杂电路是如何制造出来的（第3章），CPU内部是如何更加优化地执行代码的（第4章），代码是怎么编写并被编译成机器码的，以及程序之间是如何形成各种层级的（第5章），多核心多处理器是如何运行的（第6章），各种外部I/O设备是如何连接到系统中并工作的（第7章），计算机是如何处理声音和图像的（第8章），超级计算到底是怎么计算的（第9章）。

现在是时候将所有这些事物统一地管理、使用起来了。在第5章最后部分，曾提及操作系统的概念，计算机需要有一个操作系统来管理底层资源，这是程序之间分工导致的必然结果，建议读者在阅读本章之前，重新回顾一下第5章的最后部分。

如果说CPU是一个舞台，程序是利用舞台表演的人，那么操作系统就是舞台背后的后勤工作者们。这个后勤团队需要提供：如何发现各种外部设备以及驱动装载过程的管理、Loader/人机交互界面CLI/GUI、市面上主流外部设备的驱动程序、虚拟分页内存分配和管理、文件系统、多线程轮流执行和调度管理、为程序之间相互通信提供支撑、响应各种中断的中断服务程序，以及上面所有这些程序对应的数据结构；用于封装网络包的网络协议栈，比如TCP/IP等；用于封装存储I/O指令的存储协议栈，比如SCSI和NVMe等；供用户态程序执行系统调用时的接口函数；以及一些内置的方便用户管理整个系统的小程序，比如计算器、媒体播放器、压缩解压缩、字处理、文件浏览管理器、网页浏览器等，当然，这些小程序都属于用户态程序，可以将它们删掉，而用自己喜欢的程序替换掉；最后，还需要提供用户认证、多用户等安全功能。

程序员期待着设计良好的操作系统，因为它可以更加方便地利用OS提供的系统调用来获取各种服务，而不用自己去自底向上地实现全套程序。

10.1 内存布局与管理

我们在第5章中大致介绍了一下内存管理方面的基本思想，也就是采用虚拟地址空间的方式，以一个Page（通常定为4KB）为粒度，将虚拟地址空间中的虚拟页映射到物理地址空间的物理页中去，让程序存在于一个由多个虚拟页连续拼接起来的虚拟地址空间中。本节我们就来详细介绍一下内存管理模块。

10.1.1 实模式与保护模式

如图10-1（a）所示的场景为一个预先被载入内存的操作系统，其被放置到物理内存的最底端处，物理内存其余部分留给用户程序使用。操作系统使用内置的Loader程序载入用户程序的可执行文件，对其进行动态链接、地址修正和重定位等操作之后，将其载入到用户内存区执行。如图10-1（b）所示的场景为直接将操作系统固化到BIOS ROM中，CPU直接从ROM芯片中读取代码执行。BIOS本身其实就是一个极其简化的操作系统。有些嵌入式系统比如电动玩具机器人等或许会使用这种方式，因为ROM相比RAM要廉价，虽然读取速度并不如RAM，但是对于这些系统而言已经足够；同时由于这些嵌入式系统都是专用的固定场景，其硬件规格、连接方式等都是固定的，不需要做到灵活适配，所以直接使用BIOS充当操作系统即可。如图10-1（c）所示的场景为同时具有位于ROM中的BIOS和位于RAM中的操作系统，该场景适用于一些需要灵活配置、更加通用的场景，比如个人计算机，BIOS ROM的容量和速度不足以支持拥有较强功能和灵活性的PC操作系统，所以BIOS内部的极简系统仅供在启动计算机初期使用，包括准备好中断向量表、设备信息描述表、加载对应设备的驱动驻留到内存等步骤，然后通过读取硬盘的0扇区引导记录，读出操作系统的bootloader程序执行，由后者负责将位于硬盘上的操作系统代码和数据一步步加载到内存然后最终执行操作系统相关的初始化准备程序准备好操作系统自身使用的大量数据结构，最后整个操作系统被载入RAM的低端地址区域驻留，并执行Loader程序，提供GUI或者CLI与操作员交互，从而加载其他用户程序执行。操作系统可以完全不再依赖BIOS，也可以选择仍然调用BIOS提供的一些驱动程序或者服务函数。为了兼容性和灵活性方面的考虑，现代的PC操作系统普遍都依赖BIOS，这样无论底层硬件规格有何变化，操作系统都不需要重新设计，只需要改变BIOS的设计即可。

DOS操作系统就符合上述的图10-1（c）场景。三个场景都只能运行单进程，无法做到多进程同时执行，因为对应的OS/BIOS并没有将RAM进行分割，所以只能承载一个用户程序执行，该程序退出后返回到操作系统的Loader程序GUI/CLI，操作员可以启动其他用户程序继续执行。所以DOS是一个单任务操作系统。另外，DOS操作系统下的程序可以访问整个物理地址空间的任意位置，因为DOS并没有去限制程序能访问的范围。

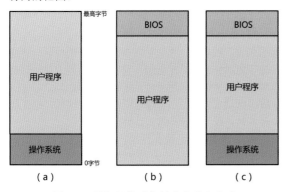

图10-1　早期操作系统的内存分布方式

这里禁不住要问了，所谓"DOS没有限制程序的访存范围"，这意思难道暗指DOS是可以去限制的？怎么限制？当操作系统的Loader程序让CPU跳转到用户程序运行之后，整个CPU就是在运行用户程序了，CPU此时完全受到用户程序代码的控制，让它走东绝不往西，此时操作系统代码只是静静地待在内存里起不到任何作用，此时只有靠CPU来检查和防止越界。要想实现这个功能，必须将当前执行的代码可访问的地址范围限制在某个区域中，比如从地址1024开始的长度2048B的这2KB区域中。为了支持这个功能，CPU必须提供至少两个寄存器，一个用于存放该区域的基地址，也就是上述的地址1024，另一个用于存放长度，也就是上述的2048。在操作系统Loader程序跳转到用户程序执行之前，必须使用对应的机器指令来更新这两个寄存器，告诉CPU："兄弟，后续任何代码只能在这个区域内执行，一旦越界你就报异常，反过来执行我提供的异常服务程序"，然后再跳转到用户程序执行，此时用户程序就被框住了。然而，这一招只能防君子，却防不了小人。程序（或者说黑客们）是不会善罢甘休的，程序是不是也可以用对应的机器指令来更新这两个寄存器呢？比如将基地址更新为0，长度更新为1GB，从而逃脱限制？这就相当于马路上有个栏杆，守规矩的司机碰到栏杆就会避让，但是不守规矩的可以下车把栏杆往边上移动一下然后说："你看，我没违规啊"。

设计者早就考虑到这个问题了，CPU的指令集中有一些属于特权指令，只有操作系统的代码可以执行特权指令。任何尝试执行特权指令的用户程序，CPU会直接中断程序的运行，跳转到异常服务程序执行，后者直接把该程序终止掉，并弹出窗口或者文字提示"刚才这个程序不老实想搞事情，被终止了"，当然，说得好听一点儿是"非法操作：尝试访问了×××地址"。更新基地址和长度寄存器的指令，是特权指令，用户程序如果执行特权指令，CPU就会自动报告异常。所以，这一招下去，相当于接下来执行的程序再也无法逃脱出这个框框了。

用户程序执行完退出后，返回到操作系统代码执行，此时必须有某种机制让CPU从之前的禁止执行特权指令，切换到可以执行特权指令。而操作系统决定执行某个用户进程的代码前，也必须先禁止特权指令的执行权。对于Intel的CPU体系，人们将用户程序运行时所处的权限级别称为Ring3，而将操作系统程序的运行权限级别称为Ring0，若CPU处于Ring0级别下，则其可以不受限制地执行任何指令。程序主动退出时，会调用指定的函数，比如exit()，该函数由操作系统提供，该函数内部会执行系统调用，也就是第5章中5.5.6.4节所述的Int 80软中断指令，CPU执行该指令后，会将权限级别切换到Ring0，也就是进行权限提升操作，具体的提升详见10.3节。

程序如果异常退出，比如遇到错误或者尝试越界，此时CPU会跳转到异常服务程序中执行，这也属于一种中断。记住，只要是中断，不管是程序主动发起的Int软中断指令导致的中断还是CPU自行中断，或是外部设备用电信号硬中断强行中断CPU，中断之后CPU查询中断向量表取出对应的中断向量入口信息后，会根据对应的信息自动将权限级别提升到Ring0（具体过程后文介绍），然后跳转到对应的中断服务程序执行。那你禁不住要问了，如果某个程序把中断向量表给改了，替换成自己的黑客程序，当再中断时就会运行该程序，此时该程序在Ring0权限，所以可以做任何事情，不就完成侵入了么？是的，但是一个用户态程序在操作系统没有漏洞的前提下，是无论如何也改不了中断向量表的，因为操作系统会给你限定访存范围，即使程序知道了中断向量表在哪个地址上，也只能眼看着却碰不到。程序能否跟CPU走后门串通？不行，除非CPU内部真的有某种奇葩bug。

上述使用访存范围寄存器+权限控制来实现将

用户程序关在笼子里运行的做法，被称为保护模式（Protection Mode）。而不限制程序的访存范围则被称为实模式（Real Mode）。DOS是一个实模式下的操作系统，也就是说，它并没有使用CPU提供的访存范围寄存器以及权限级别功能，而且DOS刚问世时是运行在Intel 8080 CPU上的，该CPU不支持保护模式，一直到1982年的Intel 80286 CPU才开始支持保护模式，但是微软是在8年后的1990年推出的第一个支持保护模式的Wndows版本——Windows 3.0，然而其并不支持80286 CPU，直接使用了80386。

你自然会想到，如果CPU和操作系统都支持了保护模式，就可以支持多任务同时安全地被执行了，只要给每个进程设置并记录对应的访存范围，让这多个访存范围位于内存的不同物理区域，不重叠，支持这种模式的操作系统就属于多任务操作系统。在运行某个任务之前，将该任务被分配的访存范围基地址和长度更新到对应的寄存器，然后根据该基地址对程序中的绝对地址引用进行地址修正（基地址重定向，见第5章），然后跳转过去直接执行即可。当决定切换到其他任务执行时，将当前任务所运行到的位置（也就是PC指针）以及各种栈指针寄存器等保存下来到一张表中，然后载入其他任务的PC、栈指针等寄存器以及访存范围寄存器，跳转执行即可。这就可以实现多任务轮流执行，轮流的时间间隔取决于时钟中断频度以及调度算法了，这在上文中略有介绍。这种将物理内存分隔成多个区域的方式被称为分区式内存管理。

提示 ▶▶

> 如果不采用分区机制并不意味着只能实现单任务，也可以通过其他笨办法实现多任务。比如，当决定暂停当前任务而切换到另一个任务时，将该任务占用的内存以及相关寄存器值全部复制到硬盘上，然后载入另一个任务执行，下次切换时再将之前任务的内存数据整体从硬盘上复制回内存，然后载入之前保存的寄存器值，然后继续执行。这种做

> 法被称为Swap（交换）。其切换时将会非常慢，因为硬盘很慢。

10.1.2　分区式内存管理

第5章中介绍过的分页机制是在计算机发展后期才被引入的。在早期，人们并没有采用分页的机制，而是采用了更加朴素的分区机制。说它朴素是因为更加直观和简洁，上文中也曾思考过，直接把内存地址空间分隔成多个区域（分区），每个进程占用一个区域，这便是一种朴素直观，很容易就可以想到的方法。

如图10-2所示，操作系统内存管理程序维护了一张用于记录内存分区的内存分区记录表，在运行某个程序之前，操作系统的Loader程序分析该用户程序的初始内存耗费情况，然后为其分配对应大小的内存分区，做地址修正后开始运行。程序退出后，该分区会被标记为空闲。当多个程序轮流运行之后，难免产生内存分区碎片，如果某个程序耗费的内存大于任何一个空闲分区容量，则无法运行，所以操作系统内存管理程序需要实现相应的空闲分区合并机制，相当于文件系统的碎片整理功能，只不过文件系统就算不整理碎片也能继续存入文件，只要总空闲容量足够即可，而内存要求必须是连续的才能容纳一个程序，这也是为何后来人们改为采用分页机制管理内存的最主要的原因。图中右侧可以看到一个用于追踪各个进程状态、记录之前执行过但是被从CPU卸下或者说从CPU被调度下来的进程的各种运行现场信息，该表由操作系统的进程调度程序来维护。其中，显示进程E将要被重新调度到CPU上执行，其之前被进程调度程序从#1分区整体被Swap到了硬盘上，进程调度程序决定重新继续运行E进程，所以将其数据再Swap回#1分区，但是尚未开始执行，因为目前该CPU上的4个核心已经被A、B、C、D4个进程占用了，所以E进程被置为Ready状态。而F和G进程也被Swap到了硬盘上，但是

图10-2　朴素的内存分区管理方式

由于其对内存耗费比较大，而此时只有#1分区有足够容量，同时内存管理程序还没来得及对内存空闲碎片进行合并，所以F和G只能等待E运行一段时间之后被调度执行。

这种分区方式有个问题就是程序运行之后所动态申请的内存，也就是Heap（堆），只能被限定在其所被分配的分区之内，无法被分配到分区外面，因为CPU会根据分区长度寄存器来限定该程序访问范围。但是，Loader程序一开始似乎并不会知道该用户程序会申请多少内存（比如程序根据某些判断条件来决定申请多少内存，比如用户每按一次某个键就申请一部分内存，这根本无法预先判断），所以Loader只会根据该程序的静态内存耗费容量来分配分区，那么该程序将无法动态要求新分配内存。解决办法是要么Loader为每个程序在其分区内预留一部分堆内存空间，要么就需要改变CPU的寄存器设置，新增一个用于追踪当前进程可访问的堆内存空间的基地址和长度寄存器，并且每次为该进程分配了堆内存之后都要更新这两个寄存器，从而让CPU放开该进程对堆空间的访问。

历史上IBM System/360 Operating System，UNIVAC 1108，Burroughs Corporation B5500，PDP-10以及GE-635等计算机系统的操作系统使用了分区式内存管理方式。不过由于分区式管理在进程数量较少、尺寸较少并且比较均匀的时候还算合理，但是随着进程数量猛增、进程大小不一的时候，会带来很大的管理开销，所以后续该方式已经无人使用，被分页管理方式取代了。

10.1.3 8086分段+实模式

在第5章中的图5-68中给出了一个程序文件的结构示意图，程序文件内部是分段的，包含代码段、数据段以及其他一些没有介绍的段，分段的一个重要原因是为了让缓存命中率足够高，因为缓存对空间和时间局部性较高的场景才具有更高命中率，所以将程序中相似、相邻的信息都集中在一起，便形成了段。

分段式内存管理的初衷，就是将内存的分配与程序中的这些段联系起来，每个段分配一块内存区域，对应的内存区域也称为段。Intel最早在其8086 CPU上使用了分段机制。8086 CPU内部设置了对应的段基地址寄存器（都是16位），包括CS（Code Segment）、DS（Data Segment）、SS（Stack Segment）和ES（Extension Segment），此外还有FS（Flag Segment）和GS（Global Segment）段基地址寄存器。但是，其没有提供长度寄存器，这一点导致8086无法实现保护模式，也就意味着，程序可以访问任意内存地址。但是即便如此，也能够提升内存的利用率，协助实现多任务，比如一个程序可以按照段为粒度被切分放置在内存的不同区域，不必

连续；多个不同进程对应的程序可以被切分为段，见缝插针，如图10-3所示。

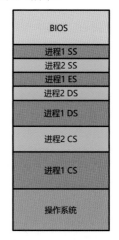

图10-3 分段示意图

这样，系统最大可以支持2^{16}=65536个段。操作系统的Loader程序为用户程序分配好对应的段之后，会将各自段基地址采用对应指令比如lds（Load DS）、lss等载入相应寄存器（没有lds指令，更改DS寄存器需要使用Jmp类指令），在做完另外一些准备以及地址重定位修正之后，便跳转到该程序入口地址执行。在后续的执行过程中，CPU会自动将下一条指令的PC指针与CS寄存器保存的基地址相加，将得到的结果作为最终访问地址，因为程序的代码段被整体搬移到了以CS基地址开始的段中，所以PC指针就成为基于CS段的Offset偏移量而存在，如果PC=4，则此时需要从物理地址的CS+4处取回代码执行。

对于访存指令，CPU会自动将指令中给出的地址与DS寄存器中的基地址相加得出最终的物理地址来访存，比如对于8086 CPU的一条汇编指令：mov ax [si]，其含义为将si寄存器中存储的值作为指针来寻址内存，将取回的数据写入ax寄存器，该指令语法与冬瓜哥在第2章中给出的指令集描述方式是不同的，但是本质都相同，也希望大家不要被冬瓜哥的自创指令集所迷惑。CPU执行该指令时，会用DS中的基地址+si中的地址，用得出的地址来访存。

那么ES寄存器又是干什么用的呢？如果指令为mov ax [di]，则CPU会默认用ES中的基地址+di中的值作为最终访问地址。ES其名称为扩展段，意思就是这个，也就是提供除了DS段之外的额外的数据存储空间。在基于8086 CPU的MS-DOS操作系统下，提供了malloc和farmalloc函数，供程序调用以分配内存，其中，malloc函数只返回一个offset，说明DOS为当前程序分配的内存就处于当前DS寄存器中的基地址所表示的段中，所以无须返回段基地址；但是farmalloc函数会返回一个新分配的段基地址和一个offset，此时程序可以将这个新的段地址写到DS中，此时CPU就会切换到以这个新的段为基准来寻址后续访存动作，但是

有时候程序既要使用之前DS段的内容，又要使用新分配段中的内容，ES额外的段基地址就为此而生，程序可以将新分配的段基地址写入ES寄存器，访存时使用di寄存器来盛放offset，CPU会自动以ES基地址与其相加，从而访存。所以，CPU被设计为si寄存器与DS默认对应，di寄存器与ES默认对应。当然，也可以用segment：offset的形式强行指定，比如：mov ax es:[si]或者mov ax ds:[di]，那CPU就会用指定的基地址来与offset相加。

由于程序在运行过程中可以擅自改变各个段基地址寄存器中的值，比如用户程序可以执行lds或者mov指令来改变DS寄存器值，由于8086 CPU并没有实现保护模式，没有设置访存范围，所以程序可以肆无忌惮地访问到任何地址上的数据，正因如此，不可靠的程序会导致系统崩溃，以及各种病毒程序泛滥。

由于8086 CPU并没有主动限制段的长度，所以每个段可以是任意长度，当然有个最大值，也就是64KB。因为offset的值，也就是程序中给出的访存地址的值是16位，2^{16}=64KB。8086 CPU的内部寄存器以及数据总线位宽为16位，但是地址总线却有20位，这样，其可寻址的最大字节数为2^{20}B=1MB。然而由于其内部寄存器为16位，给不出20位的地址，于是8086这样来设计，针对每个段基地址，强行将其左移4位，也就是在16位值的尾部填上4个0从而变成20位，比如原本某个段的基地址为2000h，强行左移后会变为20000h，然后用该值与代码中给出的offset值相加，比如20000h+1F60h=21F60h，用该地址作为物理地址来访存。但是这样做之后，段基地址的数量最大依然是64kB个，但是再加上16位的offset一起，就可以将1MB的地址空间全覆盖了。

提示 ▶▶▶

8086汇编指令集中有几种不同的跳转指令，比如短跳转（跳转距离在-128~127B）、近跳转（跳转距离在-32~32KB）以及长跳转（跳转目标地址与当前处在不同段中）。短跳转指令只需要携带1B长度的地址即可，因为8位足以描述256B的范围；近跳转需要携带2B的地址来描述64KB（2^{16}，2B为16位）的距离范围。但是短跳和近跳都属于内跳转，也就是跳转目标地址必须处在当前的CS段内部某处，如果跨了段，必须用长跳转或者说远跳转指令，该指令会在后台自动将跳转目标地址所在的段的基地址导入到CS寄存器中，然后从目标地址开始执行。

如果CS段基地址为FFFFh，offset为FFFFh，那么前者左移4位之后为FFFF0h，与后者相加=10FFEFh，由于8086的CPU地址线只有20位，10FFEFh中的最高的4位：0001，会溢出而被丢弃，只保留0FFEFh这20位，而地址0FFEFh表示的是64KB-16B字节处。其

实，F800h+8000h=100000h，就已经溢出了，实际送到地址线上的信号为00000h，也就是访问1MB空间中的第一个字节。所以，程序以及编译器必须熟知这一点，否则会得到错误的结果，或者误覆盖数据导致崩溃。这个不能完全算作bug的问题，引发了一段奇葩历史事件。

提示 ▶▶

正犹如没有段子手编不出来段子的事件，也永远不要低估程序员们的调皮。在当时，有些程序竟然利用了这个"特性"来实现一些特殊效果，比如提升性能。他们设置了一个段：F800:0000~F800:FFFF，显然，这个段的前半部分，也就是F800:0000~F800:7FFF区间，也就是物理地址0x000F8000~0x000FFFFF区间，其位于1MB的末尾处，程序员将自己的程序代码放置到这里；另一半，F800:8000~F800:FFFF区间，溢出折回到地址0处继续开始，也就是对应了物理地址的0x00000000~0x00007FFF区间，而这里恰好存放的是操作系统维护的一些关键数据，其中有一些是I/O缓冲区，比如键盘缓冲区等，这样，程序可以在不切换CS段基地址的情况下，既运行自己的代码，又访问这些缓冲区，比如将操作键盘的程序放置在前半部分，这样就避免了段基地址寄存器切换，可以节省指令，提升性能。要知道，在当时，"免费"得到了可榨取哪怕一丁点儿性能的方法，都能让程序员满足很长时间。就连当时的DOS操作系统都使用了该"特性"来做一些事情。然而，程序员们沾沾自喜没多久，Intel就发布了80286 CPU，其具备24根地址线，这下好了，之前的地址不会再溢出了，因为第21根信号线（如果从0开始算的话应该是Address #20号地址线，简称A20）终于存在了。

80286号称兼容8086程序，但是，其设计者或者是真的不知道程序员们之前所做的，或者是忘记了，既然兼容8086，那么就应该在兼容模式下自动将A20信号线强制为0，但是设计者却并没有实现这个机制。这样，当之前的8086上的程序真的采用溢出的地址来访存时，却真的得到了"正确"的地址，而不是溢出后折回到0~（64K-16）B区间的地址，结果这些之前利用这个缺陷获得收益的程序却运行异常，开始声讨Intel 80286 CPU出现了bug。这应该算是修复之前的"bug"而引出了新"bug"？到底谁才是bug已经说不清了，Intel当时一定捂着脸委屈到"我……我哪知道你们这帮奇葩之前竟然这么玩啊！"，总之，让人哭笑不得。奇葩还需奇葩治，当时PC大佬IBM放了个奇葩招解决了这个问题。如图10-4所示，其在主板上将80286 CPU的A20地址信号接入一个与门的一个输入端，另一个输入端与当时广为采用的Intel 8042键盘控制器的某个闲置信号相接，通过写入8042控制器对应的寄存器可

以控制该信号输出0还是1，当8042控制器的该信号输出1时，与门的输入将与A20原生输出一致，但是当8042控制器的信号输出为0时，A20 Gate输出总0，也就可以模拟8086的20根地址线效果了。将这个过程做成一个选项，在BIOS阶段供用户配置即可。这个做法流传开来，一直到Intel赛扬CPU时代的PC上还曾见过，不过后续的PC基本上已经不再使用8042来连接A20地址线，而是采用其他更便捷的方式，因为使用8042来控制的话，要先写寄存器把键盘控制器禁用，这样才能清空其缓冲区内容，然后再写寄存器下发对应命令启用A20 Gate。采用更快方式启用禁用A20 Gate的主板BIOS选项中会称之为比如"Fast A20 Gate"，此时主板会采用专用控制硬件来控制A20 Gate，并向外暴露操作地址0x92，对该地址的第1个位写1即可使能A20 Gate。注意，Fast A20 Gate中的"Fast"并不代表开启了A20 Gate系统就变快了，哈哈，当年冬瓜哥可真是这么认为的。这世界似乎真不缺奇葩，一茬接一茬的出现，挑逗着你的神经。当然，CPU在设计和演进时，各种设计失误和奇葩事件会持续发生，只不过由于当代的CPU集成度越来越高，这些事件就逐渐不为人知了，都被掩盖在CPU内部了，比如通过更新微码的方式来解决一些bug等。而随着整个计算机产业的发展，目前人们多数都聚焦在上层的比如大数据、云计算、人工智能等领域去了，计算机硬件和底层软件成为宏伟建筑的砖头和钢筋水泥，它们被埋没到了漂亮的外表和豪华的室内装饰之下，再也不被人所看到和关注，甚至一旦看到赶紧封装起来，成为与上层角色格格不入的存在。

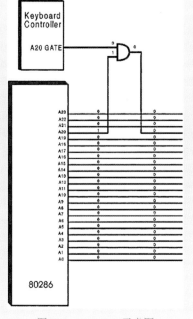

图10-4　A20 Gate示意图

如图10-5所示为8086体系寄存器和段布局示意图，大家可以结合之前的内容具体体会一下。

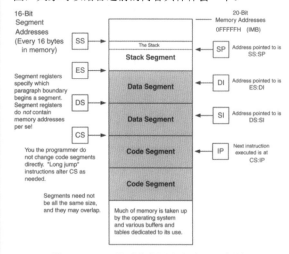

图10-5　8086体系寄存器和段布局示意图

提示 ▶ ▶

8086对内存的分段管理模式可以与exe/elf可执行文件里的那些分段概念匹配起来，exe代码载入内存之后，可以完全按照相应的布局来放置，代码中的地址也根据其访问的区域，使用对应的段基地址来做长/远跳转。然而由硬件完全控制内存布局的做法不灵活，所以在后来的分页模式下，分段机制基本成了摆设，代码中也不再有所谓远跳转的概念。虽然程序依然遵循elf/exe定义的布局格式，但是每个区域的描述和访问控制完全放了软件中来处理。

线性/逻辑/物理地址

在8086体系下，代码中出现的segment：offset（如果是代码段的话则俗称CS：IP，IP就是PC指针地址Instruction Pointer的意思）的地址组合（或者只给出Offset，CPU会默认使用当前段寄存器中的值作为基地址），被称为**逻辑地址**；segment左移4位+offset之后的地址被称为**线性地址**；线性地址也就是最终用于放置在20位物理总线上的地址，所以其也就是最终的物理地址。在下文中会看到，当启用了带有保护模式的分段，或者启用了分页技术之后，线性地址还需要经过一次转换映射，才被转换成最终的物理地址。

总之，8086的分段的做法本身就比较奇葩，第一是比较乱，比如2000h：1F60h、2100h：0F60h、21F0h：0060h、21F6h：0000h、1F00h：2F60h、……数不胜数，这多种segment：offset组合都可以表示同一个物理地址：21F60h。每一个物理地址都可以有大量不同的segment：offset组合来表示，因为同一个物理地址可以被表达成两个值之和，所以多个段描述的区域可以是重叠（Overlap）的。再加上代码中可以强行指定段基地址+偏移量来访问任何地址，这会让程序员疑惑。第二是没有提供保护模式，也就是虽然分了段，但是却不禁止越界行为，导致实现多任务时基本不现实，这就好比上车要系安全带一样，因为即便你自己开的慢但是如果别人不靠谱一样会把你撞废，而8086不提供任何安全保障。于是，Intel从80286开始，采用了彻底改进的分段方式来解决上述两个问题。

10.1.4　80286分段+保护模式

要想实现保护模式，必须让不同任务/进程的地址区间不发生重叠，同时还要禁止进程越界访问。80286使用下述设计思路来解决这两个问题。为了保持对之前程序的透明，80286仍然接受segment：offset模式的寻址方式，但是，CPU并不会向8086那样将segment左移4位+offset然后用这个地址直接去访问物理内存，而是需要操作系统的内存管理模块先在内存中设立一张表，并将该表的基地址告诉CPU（CPU将其保存到一个新设立的专用基地址寄存器中），CPU每次拿到一个访存地址，便将该地址的segment部分（16位）作为一个索引号去查找该表中第segment行上的条目，从中读出一个基地址值，然后利用这个值，与offset相加，得出最终用于访存的物理地址，该条目内同时还存有一个限长值，offset如果超过这个值就直接报异常。大家可能已经体会到了，只要操作系统的内存管理模块在这个表对应的条目中放置分配好的地址，就可以实现"我指哪你才能打哪"的效果，从而将程序框住在由操作系统分配的内存区间来运行。此时，由于物理地址必须加上一个偏移量之后才被拿去访存，所以黑客程序就会干瞪眼，即便它知道另外一个程序的访存地址，也不会知道这个访存地址最终的真实位置，除非它可以读出这张表，但这是不可能的，见下文。

那么，如果程序非要打一个操作系统没有指向的地方呢？比如假设这个表中的第FFFFh项并没有被分配任何基地址，程序将segment号FFFFh存入CS寄存器，此时80286处理器会寻找到一个空项目，则报告异常。那好，程序如果先擅自把一个地址写入表中的这行呢？对不起，办不到，因为这个表所在的地址必须不能被分配给任何用户程序，那么程序就访问不了这个表。那好，如果程序自己创建一个表，然后将这个表的基地址更新到CPU内部对应的基地址寄存器中呢？对不起，做不到，因为用于更新该基地址寄存器的指令，是一条特权指令。那好，如果程序随便载入某个值到CS/DS寄存器中，而这个值对应的表中的条目真的被分配了某个基地址，但是是给其他程序分配的，此时该程序不就可以访问到其他程序的数据了么？为了解决这个问题，内存管理模块需要为表中的

每个项目设置一个访问权限，我们下文中再描述。

可以看到，所有的路都被封死了，程序只能在层层保密下执行，这就是所谓的保护模式。既然如此，之前的8086程序就无法在80286下运行了？是的，因为其中很可能包含一些特权指令。但是80286提供了两种运行模式，一种是实模式，加电后默认运行在实模式，此时最多访问1MB内存，模拟8086的行为，所以该模式下不做特权级限制，可以兼容8086程序；第二种是保护模式，通过对特定的控制寄存器写入对应的值（通过mov指令将CR0寄存器里的"PE"位改为0或者1来控制），将CPU切换到保护模式运行，此时会切换到上述分段和特权级检查模式下运行。

> **提示 ▶▶▶**
>
> mov指令按理说是个非特权指令，但是为何可以用来操作敏感的CR寄存器呢？值得一提的是，CPU内部并不是仅根据指令的Opcode字段来判断其特权，也要查看目标寄存器，比如CPU一看是要操作CR寄存器，而当前的运行特权级假设为Ring3，那就报异常。

所以，正如前文中所述，实现保护模式，需要第一，必须通过某种方法限定访存范围；第二，必须将指令加上特权级限制并提供特权级切换机制（也就是前文中所述的，在Int指令执行后会切换到Ring0权级，返回到用户进程前切换到Ring3权级，以及程序主动使用lds/les/mov等指令更改DS/ES寄存器时，要做权限匹配）。

10.1.4.1　全局描述符表

上文所述的这个表，被称为GDT（Global Descriptor Table，全局描述符表），用于保存GDT在内存中的基地址的寄存器被称为GDTR。表中的每个项目被称为一个描述符，其不但描述了内存中的某个段基地址、长度，还需要加入一些权限等属性的描述，比如该段中保存的数据/代码是哪个特权级才能访问的、该段保存的是用户数据/代码还是操作系统底层数据/代码、该段保存的是数据还是代码、该段是否可被读/写/执行等信息。

如图10-6左侧所示，当访问内存时，CPU先用各个段基地址寄存器中的值去寻址GDT（需要将该值与GDTR寄存器中的值相加才能读取到正确条目），找到对应的描述符，读出描述符中的Base Address，利用这个Base Address+offset（程序代码中给出）寻址物理内存。描述符中存有基地址、长度和Access属性信息（上述）。你会发现，此时再称CS/DS等寄存器为"段基地址寄存器"已经不合适了，其存储的已经不是段基地址（段基地址存储在段描述符中），而存储的是GDT中段描述符的索引，人们将其简称为段选择子（Segment Selector）。利用段选择子索引GDT

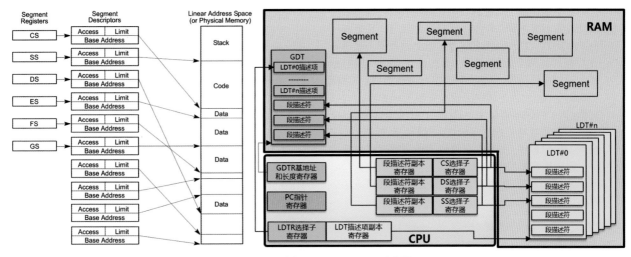

图10-6　段选择子、GDT、LDT示意图

读出的描述符，会被CPU自动存储到内部的一个专用寄存器（该寄存器不可被程序操作，仅供CPU后续使用），这样，在DS/CS等寄存器被程序改成其他值之前，CPU后续的执行不需要重复地去读GDT来拿到段基地址，直接用上一次保存在这里的基地址与offset相加即可，也就是图中的"**段描述符副本寄存器**"。

提示 ▶▶

　　80286处理器为了兼容8086程序，其加电启动之后首先运行在实模式，需要靠特殊的指令将其切换到保护模式。但是，286处理器的保护模式是模拟出来的，具体来说，就是它运行在实模式时并不像8086处理器那样用CS/DS等段寄存器来左移4位作为段基地址，而是使用上述的"段描述符副本寄存器"中的基地址来寻址，也就是说，当80286处理器运行在实模式时，其会自动将CS/DS等段寄存器中的值左移4位然后写入这个副本寄存器，后续拿着它作为段基地址寻址。相当于，在保护模式下286处理器使用段寄存器来寻址GDT拿到段基地址然后写入副本寄存器，在实模式下其是直接将段寄存器的值左移4位写入副本寄存器。**不管在实模式还是保护模式，CPU都是拿着该副本寄存器中的基地址来寻址的**。这里容易忽略的是，认为在实模式下CPU是拿着CS寄存器中的值直接输送到一个移位4位的移位器然后输出地址，其实并不是的。而8086处理器中并没有这个副本寄存器。这么说，对于80286处理器，由于其地址线为24根，其副本寄存器中的基地址长度也为24位，当其运行在实模式下，如果能够用某种方式强行将某个24位的地址值载入这个副本寄存器，那么即便在实模式下，也可以访问到超过1MB的内存地址。在实模式下是无论如何也无法载入超过20位的地址到副本寄存器的，但是，如果先让CPU进入保护模式，然后在GDT中捏造一条描述符，将基地址改为全00000h，长度改为最大值FFFFFFh（80286的最大24位寻址范围），然后使用jmp CS：IP指令（将CS值设置为GDT中刚才捏造的项目的序号）让CPU载入CS寄存器，CPU将自动将GDT中捏造的地址自动载入副本寄存器，然后再使用指令从保护模式切换回实模式，80286以及后续的处理器在切换模式时并不会自动清空这个副本寄存器（这被一些人认为是设计上的一个漏洞），所以这个描述符就会留在副本寄存器中，此时CPU可以访问全部的地址空间，后续程序只需要使用Jmp IP这种方式来寻址即可，不需要再给出CS，一旦给出新CS，则CPU会用给出的CS左移4位写入副本寄存器，之前的24位地址就会变成20位，被限制到1MB的寻址范围了。这个技巧在80386处理器（支持32位寻址）时代得到了广泛的应用。后来有人认为该设计并非漏洞，因为80386处理器加电后自动运行在实模式，其第一个取指令的地址是FFFFFFF0h，也就是4GB-16B处，去寻址BIOS ROM，而这显然超出了实模式的1MB寻址范围限制，其内部电路强行将该地址载入副本寄存器中，仅当程序代码中第一次尝试载入CS寄存器后，CPU的寻址范围才会立即被立即限制到1MB内（当然，可以打开A20地址线，这样可以多寻址64KB-16B=48B的内存）再也跳不出去了，除非切换到保护模式。所以看上去是有意这样设计的。但是如果说它是漏洞也合理，因为完全可以被设计为从保护模式退出到实模式时自动清空副本寄存器，但是却没有这么做。所以这个技巧也算是一个免费赠送。CPU内部的用于存放描述符副本的寄存器，在虚拟机模式下会被暴露出来，比如CS.Base、CS.Limit等，可使用特殊指令（比如VMREAD指令）来分别操作该寄存器内的基地址部分和长度部分。在实模式下寻址所有内存空间又被人戏称为"Unreal Mode"。这个技巧后来甚至被微软在MS-DOS操作系统中用于访问扩展内存，详见下文。

对于操作系统底层的程序代码和数据，也可以使用分段方式来组织，作用步骤与上述相同。那就会产生一个问题。现在我们来思考一下上面的那个遗留问题，假设有两个进程A和B，A为操作系统底层的程序，其DS段基地址被存放到GDT中的第a项；而程序B是用户态程序，其在运行时执行了lds指令，尝试把值a装入到DS寄存器中，这样，CPU就会用a来寻址GDT中的段描述符找出基地址，这样，B就可以访问到系统底层程序A的数据。这样就无法实现保护模式了，因为用户态程序可以肆意访问内核态的数据。如何解决？80286使用了三个权限控制字段来解决这个问题。

10.1.4.2　实现权限检查

前文中提到过，Intel CPU提供了4个级别的Ring权限，用户程序运行在Ring3最低权限下，操作系统自身的底层程序运行在Ring0最高权限下。那么如何体现这种权限级别？如图10-7所示，CS和各种其他段选择子寄存器中，其实不仅存放选择子，还存放2位长度的CPL（Current Privilege Level）控制字。操作系统启动之初，CPU依然处于实模式，可运行所有特权代码，操作系统启动到一定过程会将CPU切换到保护模式运行，然后自己会在Ring0来运行自己的代码，此时，CS寄存器中的CPL字段会为00，也就是表示Ring0，表示当前的运行权级为Ring0最高级。当Loader程序加载某个用户程序时（比如Linux操作系统下的命令行Shell程序），首先为程序分配内存，然后将要用户程序的入口地址，以及对应的CS寄存器选择子值（包含CPL值并设置为3）压入栈中，然后使用iret指令（详见后文），让CPU将栈中的这些参数装载到CS寄存器中，然后跳转到指定的用户程序处执行。

当程序代码需要访问的数据位于与当前段不同的段中时，比如希望跳到另一个代码段，或者访问另一个数据段中的内容时，程序代码中需要给出【新段选择子】：【offset】，新的段选择子中的权限控制字被称为RPL（Requested Privilege Level），之所以被称为Requested的原因是因为当前程序"要求"跳转到该段。CPU根据新段选择子从GDT中选出对应的描述符，而描述符中也存放有权限控制信息，被称为DPL（Descriptor Privilege Level）。于是，这个场景就是：某个运行在CPL级别的人（当前段寄存器中的CPL），拿着印有RPL级别的通行证（欲切换到的目标段选择子中的RPL），欲进入只有不低于DPL级别才能进入的场所（目标段描述符中的DPL）。门卫如果此时只检查该人出示的通行证上的RPL的话，那就太傻了，我完全可以伪造一张Ring0的RPL通行证，因为代码中可以直接给出被编辑成任何值的段选择子。所以，门卫应当先看你的身份证（当前的CS寄存器，印有CPL级别），再看你的RPL通行证，取其中权限较低的值，再与DPL比较。整个判断过程如图10-8所示。

既然如此，印有RPL的通行证好像根本是多余的，CPU只把CPL与DPL进行对比不就可以了么？但是，设想这样一个场景：一个拥有Ring0最高级别的人，要想进入某场所，但是该场所中有Ring3、Ring2和Ring1三个级别的区域，而本次办的事只需要Ring3通行证访问Ring3区域即可，如果此时门卫只看脸而不看通行证，那么Ring2和Ring1区域你也能进去，这会导致潜在的问题。比如，一个运行在Ring3的程序A执行了某种系统调用（Int指令），委托Ring0的程序做某些事情，Int指令被执行之后，会载入对应的Ring0级CS描述符从而处于Ring0权级执行，也就是CS中的CPL=0，在执行过程中，Ring0的程序可能会访问到其他的Ring1、Ring2、Ring3程序中的一些数据，或是A故意设计好的，或是不经意的或者各种bug。而此时CPU会全部予以放行，为什么？因为当前的CPL=0，最高特权，可以肆意访问任何其他特权级的数据，而这便等效于：委托Ring0做事的Ring3程序挟天子以令诸侯，四两拨千斤，而它原本是没有权限去访问其他的Ring3程序中的数据的，更没有权限访问Ring2级的数据。正因如此才会设置RPL，当发生上述情况时，Ring0如果要访问比如某个DS，会强行将该DS的RPL字段设置为程序A的CPL，也就是3，那么就有了这种效果：当前正在运行的是Ring0程序，CS中的CPL=0，但是要访问的DS的RPL=3，这样，CPU拿着这个DS去选择GDT中的描述符，如果目标描述符的DPL=2，则不予放行，因为当前DS的RPL级别比DPL低。而如果当前运行的程序为Ring3，CPL=3，其给出一个RPL=2的DS试图越权怎么办？所以，CPU最终会判断DPL值是否≥max{CPL, RPL}，而不能仅判断RPL或者CPL。

10.1.4.3　本地/局部描述符表

经过这样设计之后，只要操作系统将自身的数据/代码段在GDT的描述符中的DPL设置为0，Ring3的进程就无法访问到这些描述符。但是仍然有个问题，Ring3的进程A是否可以擅自访问Ring3的进程B的数据段呢？按照上述场景，如果进程A强制给出一个CS选择子，去选择GDT中进程B的描述符，那么CPU在做权限检查时发现CPL=目标DPL，则予以放行，最终A可以窥探B。CPU分不清GDT中的哪个描述符隶属于当前程序，这些需要由操作系统来做，而CPU只能提供硬件上的鉴别辅助，当然，让CPU全做了也可以，但是会增加CPU设计负担而且不利于灵活性。当然，80286的设计者是不会有这个漏洞的，其做法是引入另一个表LDT（Local Descriptor Table，本地/局部描述符表）。

操作系统在分配内存时，将每个用户进程的所有段的描述符都被放置到LDT中，每个进程一个LDT。所有的LDT，每个都作为一个GDT中的描述符所描述的段而存在，于是，GDT至此有了两种段：放数据

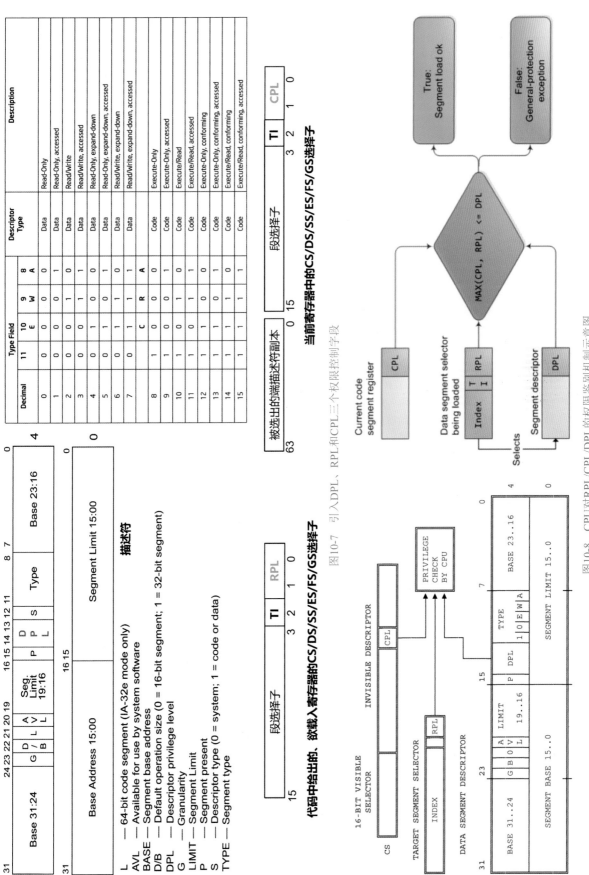

Decimal	Type Field					Descriptor Type	Description
	11	10 E	9 W	8 A			
0	0	0	0	0		Data	Read-Only
1	0	0	0	1		Data	Read-Only, accessed
2	0	0	1	0		Data	Read/Write
3	0	0	1	1		Data	Read/Write, accessed
4	0	1	0	0		Data	Read-Only, expand-down
5	0	1	0	1		Data	Read-Only, expand-down, accessed
6	0	1	1	0		Data	Read/Write, expand-down
7	0	1	1	1		Data	Read/Write, expand-down, accessed
		C	R	A			
8	1	0	0	0		Code	Execute-Only
9	1	0	0	1		Code	Execute-Only, accessed
10	1	0	1	0		Code	Execute/Read
11	1	0	1	1		Code	Execute/Read, accessed
12	1	1	0	0		Code	Execute-Only, conforming
13	1	1	0	1		Code	Execute-Only, conforming, accessed
14	1	1	1	0		Code	Execute/Read, conforming
15	1	1	1	1		Code	Execute/Read, conforming, accessed

L — 64-bit code segment (IA-32e mode only)
AVL — Available for use by system software
BASE — Segment base address
D/B — Default operation size (0 = 16-bit segment; 1 = 32-bit segment)
DPL — Descriptor privilege level
G — Granularity
LIMIT — Segment Limit
P — Segment present
S — Descriptor type (0 = system; 1 = code or data)
TYPE — Segment type

图10-7 引入DPL、RPL和CPL三个权限控制字段

图10-8 CPU对RPL/CPL/DPL的权限鉴别机制示意图

/代码的段、放LDT表的段，对应的描述符也分别被称为Segment Descriptor、LDT Descriptor。然后，在CPU内部增设一个寄存器：LDTR，用来存放当前运行程序的、用于从GDT中选出LDT描述符的LDT选择子，其结构与图10-7下方所示相同，其TI=0（Table Indicator），表示该选择子要去GDT中选出描述符，其CPL/RPL字段为3，表示当前为用户态进程，其剩余的13位作为索引，去GDT中选出的就是对应的LDT描述符，并将其缓存到对外不可见的副本寄存器中。LDT描述符的结构如图10-7中左上角所示相同，其中包含LDT的基地址和长度，从而让CPU能够寻址LDT。知道了LDT的位置之后，CPU从而再用CS/DS等代码/数据段的选择子寄存器中的值，再去索引LDT中记录的该进程自身的代码/数据段描述符，将拿到的描述符放置到CS/DS寄存器旁边的副本缓存中，后续所有的访存请求将会使用副本缓存中给出的段基地址+offset来寻址物理内存。

　　每个进程加载之前，操作系统为其分配内存，并生成一张LDT，将分配好的所有段的描述符放入表中，然后再在GDT中开辟一个新描述符条目项，将LDT的基地址记录进去，然后采用lldt（Load LDT）特权指令将LDT选择子载入LDTR寄存器，这个动作会触发CPU在后台自动利用该选择子去GDT中读出对应的LDT段描述符载入自己内部的副本缓存，从而用该基地址去寻址LDT，然后将程序入口的CS:IP中的CS载入CS寄存器，IP载入PC指针寄存器，这样CPU就可以根据CS选择子从LDT中选出CS段描述符，从而得到CS段基地址，与IP相加，拿着相加后的地址访存，就可以拿到程序入口的指令，然后就可以开始执行了。这里面的映射关系非常复杂，一层套着一层，不容易梳理清楚。可以结合图10-6中给出的示意图仔细推敲。操作系统的进程管理模块也需要为每个进程记录其各自的LDT选择子，切换进程之前必须将对应进程的LDT选择子装载到LDTR寄存器中。

　　每个选择子寄存器（包括LDT/CS/DS/ES/FS/GS）的第三位，也就是位2（见图10-7中的TI，Table Indicator），来表示当前的选择子是要去从GDT（TI=0）还是LDT（TI=1）中选出描述符。也就是说，进程可以自主决定使用GDT还是使用LDT来获取段基地址。如果使用LDT来获取段基地址，那么CPU根据LDTR旁的描述符副本缓冲器中的LDT基地址来找到LDT，然后用CS/DS等段选择子来索引表中对应的描述符，获取段基地址并缓冲到CS/DS旁的副本缓冲器中，以供后续访存计算地址使用。

　　由于lldt指令为特权指令，所以用户程序要么只能访问由操作系统指定的LDT中的描述符中的基地址指向的段的访问范围，要么只能访问GDT中任意与当前进程CPL相同或者级别权级更低的描述符中的基地址指向的段范围。一般来讲，操作系统将

自身的数据和代码所在的段描述在GDT中的描述符中，并将DPL设置为0，以及将S字段设置为0以表示该段为系统段，这样，用户进程尝试访问这些描述符时就会被CPU给禁掉并报异常。只要操作系统确保所有的用户进程都采用LDT来存储段描述符，而不是直接放到GDT中，就可以做到Ring3之间的隔离。LDT的另一个作用是可以更清晰地将每个进程的描述符归拢，而不是分散在GDT中各处，也便于管理。

　　那么，为何依然可以用GDT来存放用户进程的数据/代码段描述符呢，都放LDT不好么？GDT的存在，是为了方便多个Ring3的程序共享数据用的。比如，操作系统可以分配一段内存，让其DPL=3，然后将该描述符放置到GDT中，这样，多个Ring3的程序就都可以访问它了，当然，也可以在每个进程的LDT中分别放一份同样的描述符，其段基地址指向同一段内存，但是这样做就麻烦了一些，但是却有更高的可控性，因为如果将共享数据放到GDT中，那么所有进程都可以访问，如果想做到只让某个或者某些进程访问，那就需要放到对应进程的LDT中而不是GDT中。

　　当程序运行动态申请内存时，会由内存管理模块在当前段分配新的区域，或者开辟新的段，在GDT或者LDT里开辟一条空描述项，将分配好对应的段基地址写入，然后将段基地址返回给用户程序，用户程序使用CS^{新分配}:IP来访问申请到的内存，CPU会拿着CS^{新分配}去到LDT/GDT中找到对应描述项，从而找到基地址。

　　至此，Ring3程序不可直接访问Ring0的数据，也不可直接访问其他Ring3的数据，做到了彻底的保护模式。

　　如图10-9所示为不同的特权级别示意图，图中使用了Level而不是Ring这个词来表示特权级别，Level是Intel在早期使用的词汇。目前，基本上没有代码跑在Ring1/2特权级，基本上只使用Ring3和Ring0。

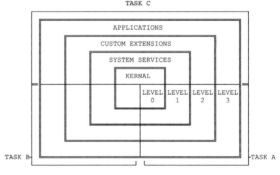

图10-9　不同级别特权示意图

　　解决了多任务+保护模式这个需求之后，一个新的需求就要开始酝酿了，那就是，每个段在内存中必须是连续存放的，如果内存中的空闲空间被碎片

化了,比如有100个16KB的小碎片,但是某个程序的DS段大小为32KB,那么该程序将无法运行,此时,操作系统的内存管理程序不得不在后台对这些碎片进行合并,合并势必要影响到现有的正在运行的进程,需要将它们进行搬移操作,这一搬移,意味着GDT、LDT中记录的基地址全都需要改一遍,同时,程序代码中的绝对地址引用也需要被再次重新修正,这个过程很麻烦,也很耗时。于是人们就在想,有没有一种机制,不用进行碎片合并,而是采用某种动态地址映射方式,让这32KB的内存拆分到两个16KB中,同时还能保持对程序的透明。

如何做到?那当然是采用第5章中介绍过的分页技术了,每个页面必须在内存中连续存放,但是页面可以被设置为一个更小的粒度,比如4KB,这样就可以在无须合并碎片的前提下杜绝浪费。其次,采用页表作为映射表,动态地将多个位于零散位置的页面合并成一个虚拟的连续地址空间。

10.1.5 80386分段+分页模式

Intel于1978年推出8086,1982年推出80286,1985年推出80386。386处理器从16位变为32位,同时开始支持分页方式的内存管理辅助。386处理器可以关闭分页机制,使用与286时代相同的分段机制来运行,也可以同时开启分段和分页机制,但是分段机制不能关闭,必须打开。可以通过将位于CR0控制寄存器中的PG位置为1来打开分页机制。分页机制打开之后,操作系统的内存管理模块需要为每个进程准备各自的页映射表,并负责将分配好的物理页的地址写入到映射表中,并记录每个进程对应的映射表的基地址,在进程切换时将映射表基地址写入CR3寄存器,供CPU知晓。

提示 ▶▶

> CPU如何知道某个地址是物理地址还是虚拟地址?这就取决于CR0寄存器中的PE(Protected Mode Enable)位和PG(Paging Enable)位的值,PE=0则运行在实模式,访存请求的地址都是物理地址。如果PE=1,PG=0,则运行在保护模式+分段地址模式,访存请求的地址是段基地址+offset的形式;如果PE=1,PG=1,则运行在保护模式+分段+分页模式,访存请求的地址最终需要经过页表的翻译。

如图10-10所示,分页机制不能单独使用,必须依然先采用分段机制,操作系统依然需要对LDT、段描述符等数据结构进行初始化和填充,以及配置对应的分段相关的寄存器,并按照上文所述的方式得到线性地址之后,再将该线性地址当成一个索引去查询页映射表,重新映射成物理地址,至于每个页面被分配

到物理内存的哪里,完全由操作系统来统一安排。

10.1.5.1 页目录/页表/页面

支持386分页模式的操作系统,需要在内存中准备一个页目录(Page Directory)和若干的页表(Page Table)。当某个进程被加载执行之前,首先为其分配好足够数量的物理页面(图中的Page Frame),然后将这些物理页的基地址全部记录到页表中,每个页面的基地址占用页表中的一个条目。一个页表的容量是有限的,放不开的话则再生成一个页表来放。这样,一大堆物理页可能会使用多个页表来指向,然后再生成一个数据结构——页目录,将当前进程的所有页表的基地址作为一个表项记录到页目录中,最后,将页目录的基地址记录到负责进程调度的模块所维护的进程信息表中,并在执行每个进程前将对应的页目录基地址载入CR3寄存器。如图10-10右上角所示为页表中的页表项的数据结构,386处理器采用了20位来记录页面基地址,这意味着每个页表可以指向最大2^{20}=1M个页面,每个页面4KB大小,那么每个页表最大可指向4GB大小的内存空间。页表项中其他字段为属性控制位。

为了可控性、可视性、可理解性更好,386处理器人为地将线性地址分隔成三段,从高位到低位分别为10位长的页表号索引字段、10位长的页面号索引字段和12位长的页内字节偏移量字段。先使用页表号索引字段来寻址页目录读出一个页目录项(页目录中最大可包含2^{10}=1024=1K个页目录项,也就是最多可以指向1K个页表),根据页目录项中记录的页表号/指针找到对应的页表,再根据线性地址中的页面号索引字段来寻址该页表从而读出对应的页表项(一个页表中最多可以包含2^{10}=1024=1K个页表项,也就是最多可以指向1K个页面),最终得到该页表项中记录的页面号/指针,然后将该指针与线性地址中的页内字节偏移量字段(一个页面中最多包含2^{12}=4096=4K个字节)相加,便得到该线性地址最终被映射到的物理地址,然后使用该物理地址访存,即可访问对应的字节。

其实,内存管理模块完全可以不搞出页目录和页表这两个东西,直接把所有页面放在一个单一层级的大表中,直接用整个线性地址作为索引号来寻址这个大表,得到的结果也是一样的。但是这样做不便于管理,也不直观,最重要的一点,这张大表必须在物理上是连续存放的,因为CPU是靠单一的一个CR3基地址寄存器来知晓该表的位置。同时,放到一个大表中,也会浪费存储空间,因为系统启动之后就需要立即将这整个大表全部准备好,即便它里面会有大量的空项目,这样会浪费较多内存,尤其是在进程数量较多的时候;而如果采用上述分级方式,只需要将页目录中的所有项初始化好,然后随着程序越来越多的访存,逐渐开辟页表,一个一个地开辟,逐渐增长,这样会节省内存。

可以精心安排每个段描述符中保存的基地址，使得其DIR段不同，这样就会指向不同的页目录，达到每个段对应一个页目录的一对一效果，这样更加直观，管理起来也更加简便，如图10-10右下角所示。

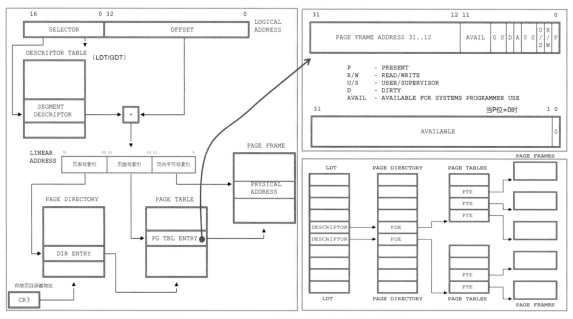

图10-10　80386 CPU采用的分段+分页方式示意图

提示 ▶ ▶

如图10-10所示的页表为两级页表，第一级为页目录，第二级为页表。还可以采用三级、四级页表。在最新的64位的CPU和操作系统（比如Linux）上，多采用四级页表的方式，即全局页目录、上级页目录、中间页目录、页表，如图10-11所示。

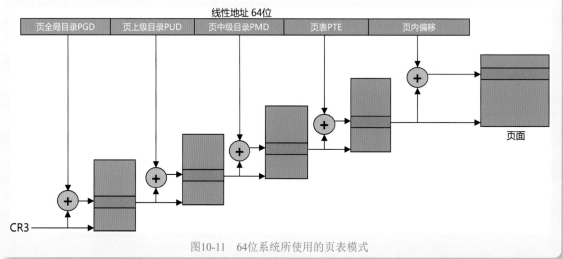

图10-11　64位系统所使用的页表模式

10.1.5.2　比较分页和分段机制

思考一下，在使用了分页机制之后，不同进程的段区间，是否还是必须互不重叠？根本不需要了！即便两个不同进程使用相同的段基地址，由于其各自对应着不同的CR3寄存器值，也就是对应着不同的页目录、不同的页表、页面，页面中存储着互不重叠的物理地址，所以即便是相同的线性地址，最终也会被映射成不同的物理地址。也就是说，进程间访存范围的隔离完全是依靠不同的物理页面来间隔的。那么，"段基地址"这个东西已经变得毫无意义，其不再描述"该段在物理内存中处于哪里"，而描述的是一个虚无的地址空间，你可以随便指定一个段基地址，而根本不需要管其他进程是否已经占用了该段地址区间，只需要保证同一个进程内部自己不要跟自己冲突即可，比如某时刻给进程A分配了段基地址100、长度100，后续进程A再次申请分配内存，结果给其分配了段基地址50、长度100，这就自己和自己重叠了。

如图10-12所示，我们前文中依次介绍了8086的分段+实模式、80286的分段+保护模式以及80386的分段+分页+保护模式。在实模式下，段基地址左移4位+offset算出来的地址直接就是物理地址，直接放到总线上，在这种模式下，所有进程可以相互看到对方的数据，至于是否踩踏别人的数据，全靠自觉，这像个每家都没有装门的大杂院，想到谁家串门直接就进去了；在分段+保护模式下，大家还是在同一个大杂院里，但是每家都装上了门，虽然每家都知道其他家的位置，但就是进不去别人家。比如，某个进程被分配了一个段基地址100长度100的段，然后又被分配了一个段基地址300长度100的段，该程序有理由猜测，在段基地址200长度100这个区间，极有可能是被其他进程给占用了。而在分页+保护模式下，每一家都仿佛在一个虚幻的世界中独占这个大杂院，院子里只有自己一家人，其他地方都空空如也，可以踏进任何一个房间，仿佛整个内存地址空间都被自己独占，而实际情况是当你踏入某个房间时，系统在底层的现实世界中为你现分配一个房间供你使用，至于这个房间在哪里，你是根本不知道的，而且极有可能现实世界中已经没有一等房间了，而给你分配了一个二等房间。如图10-13所示，A可能被Swap到了硬盘上，而A却浑然不知，只感觉自己运行变得慢了起来，从而间接地感知到什么。这种可以将内存中的页面神不知鬼不觉地瞒着进程透明地搬移到各个地方的内存管理技术被称为**虚拟内存技术**。其实，在纯分段模式下也可以实现这个技术，但是由于每个段的大小不可控，有的很大有的很小，粒度太大，实现起来会导致性能不均衡，管理不便。而在分页模式下，以4KB为粒度，可以实现更精细的管理，所以操作系统也普遍都实现了虚拟内存技术，或者说虚拟分页技术。虚拟分页还可以实现利用有限的物理RAM容量，承载比实际容量大得多的虚拟地址空间。

另外，可以看到，在分页模式下，每个进程可以独享整个线性地址空间，无人和他抢占，线性地址此时已经成为一个完全虚拟的地址空间了，那就是说，所有进程的线性地址空间可以是一模一样的、重叠的。既然如此，分段机制在分页模式下，本身已经毫无用处了，分段与否已经毫无意义。

10.1.5.3 Flat分段模式

既然如此，操作系统也就省得麻烦了，直接将GDT/LDT中所有的描述符中的基地址都设置为全0，长度都设置为全F，这样，不管读出了哪个描述符，其描述的都是从0到最后一个字节的整个的线性地址空间。这种模式被称为**Flat Mode**。具体使用GDT还是LDT，取决于操作系统的设计，一般来讲必用GDT，选用LDT，有些版本的Linux操作系统会将所有进程的描述符统一放到同一个LDT中。不过，Linux和Windows操作系统中有些描述符也并非被设置为Flat模式，如图10-14所示，左侧和右侧分别为Windows XP SP2和Windows 7操作系统下的GDT中的描述符一览。

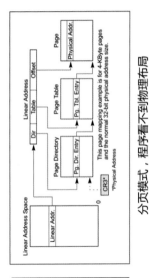

分页模式，程序看不同的物理布局

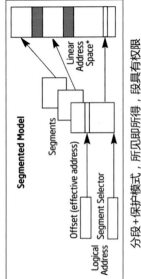

分段+保护模式，所见即所得，段员有权限

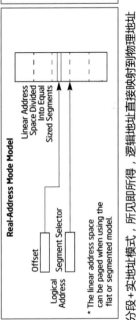

分段+实地址模式，所见即所得，逻辑地址直接映射到物理地址

图10-12 分段/分页、实模式/保护模式示意图

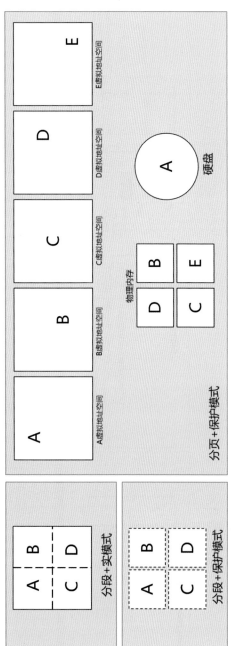

图10-13　分页机制使得虚拟内存成为可能

```
kd> dg @cs   <<<<<<<-- kernel

Sel    Base      Limit     Type        P Si Gr Pr Lo
                                         l ze an es ng  Flags
0008   00000000  ffffffff  Code RE Ac  0 Bg Pg  P  Nl  0000c9b

0:000> dg @cs  <<<<<<<<---user

Sel    Base      Limit     Type        P Si Gr Pr Lo
                                         l ze an es ng  Flags
001B   00000000  ffffffff  Code RE Ac  3 Bg Pg  P  Nl  0000cfb

kd> dg @fs   <<<<<<<-- kernel

Sel    Base      Limit     Type        P Si Gr Pr Lo
                                         l ze an es ng  Flags
0030   82f6dc00  00003748  Data RW Ac  0 Bg By  P  Nl  00000493

0:000> dg @fs

Sel    Base      Limit     Type        P Si Gr Pr Lo
                                         l ze an es ng  Flags
003B   7ffdf000  00000fff  Data RW Ac  3 Bg By  P  Nl  000004f3
```

```
001: Sel = 0008, Base = 00000000, Limit = FFFFFFFF, DPL0, Type = CODE -ra
002: Sel = 0010, Base = 00000000, Limit = FFFFFFFF, DPL0, Type = DATA -wa
003: Sel = 0018, Base = 00000000, Limit = FFFFFFFF, DPL3, Type = CODE -ra
004: Sel = 0020, Base = 00000000, Limit = FFFFFFFF, DPL3, Type = DATA -wa
005: Sel = 0028, Base = 80042000, Limit = 000020AB, DPL0, Type = TSS32 b
006: Sel = 0030, Base = FFDFF000, Limit = 00001FFF, DPL0, Type = DATA -wa
007: Sel = 0038, Base = 7FFDD000, Limit = 00000FFF, DPL3, Type = DATA -wa
008: Sel = 0040, Base = 00000400, Limit = 0000FFFF, DPL3, Type = DATA -w-
009: Sel = 0050, Base = 80550B80, Limit = 00000068, DPL0, Type = TSS32 a
00A: Sel = 0058, Base = 80550BE8, Limit = 00000068, DPL0, Type = TSS32 a
00B: Sel = 0060, Base = 00022F30, Limit = 0000FFFF, DPL0, Type = DATA -w-
00C: Sel = 0068, Base = 000B8000, Limit = 00003FFF, DPL0, Type = DATA -w-
00D: Sel = 0070, Base = FFFF7000, Limit = 000003FF, DPL0, Type = CODE -r-
00E: Sel = 0078, Base = 80400000, Limit = 0000FFFF, DPL0, Type = DATA -w-
00F: Sel = 0080, Base = 80400000, Limit = 00000000, DPL0, Type = DATA -w-
010: Sel = 0088, Base = 00000000, Limit = 00000000, DPL0, Type = DATA -w-
011: Sel = 00A0, Base = 867EA940, Limit = 0000FFFF, DPL0, Type = TSS32 a
014: Sel = 00E0, Base = F78BF000, Limit = 0000FFFF, DPL0, Type = CODE cra
01C: Sel = 00E8, Base = 00000000, Limit = 0000FFFF, DPL0, Type = DATA -w-
01D: Sel = 00F0, Base = 804D8B28, Limit = 0003CF7B, DPL0, Type = CODE ---
01E: Sel = 00F8, Base = 00000000, Limit = 0000FFFF, DPL0, Type = DATA -w-
01F: Sel = 0100, Base = F762C040, Limit = 0000FFFF, DPL0, Type = DATA -wa
020: Sel = 0108, Base = F762C040, Limit = 0000FFFF, DPL0, Type = DATA -wa
022: Sel = 0110, Base = F762C040, Limit = 0000FFFF, DPL0, Type = DATA -wa
```

图10-14　Windows XP SP2和Windows 7操作系统下的GDT中的描述符一览

那么，在启用了分页模式的场景下，CPU上的CS/DS寄存器都会被载入什么值呢？可以说的是，这几个值其实已经没什么意义了，所以目前的诸如Linux和Windows操作系统，各自都是载入固定的某个值。如图10-14右侧所示，可以看到Sel下方所示的就是CS/DS选择子的值。如图10-15所示为 Linux操作系统下的GDT布局示意图。

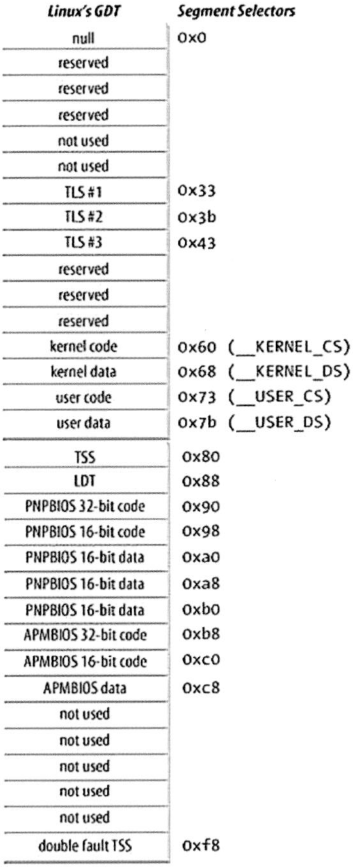

图10-15　Linux操作系统下的GDT布局

那么，在分页模式下，系统是如何控制访问权限的呢？当前进程的权级依然保存在CS寄存器的前2位，也就是CPL。其可以访问的内存区域如何来控制呢？其实，仔细思考可以发现，在分页模式下，进程自然被更加严密地控制在它自己的虚拟地址空间中运行了，除非操作系统将其他进程或者系统内核的页面映射到它的地址空间中，否则它无论如何也跳不出自己的世界，天然不需要像8086/80286那样去比对，后者由于所有进程看到的是同一个共享的地址空间，正因如此，才需要给每个段附以DPL值，以防止有进程真的尝试载入某个不属于它的段时去做匹配判断，是一种完全被动挨打但是可以用护甲来防御的机制。而在分页模式下，进程彻底孤独了，但也更加自在了，因为整个世界都是它自己的，是一种主动避让的防御机制，永远打不着别人，别人也就不用穿护甲。

用一张图来梳理一下Flat分段+分页模式的地址转换全流程，如图10-16所示。其中，U/S位用于权限判断，具体见下一节。

10.1.5.4　分页的控制参数

但是，仍然可以在为每个页面设置访问权限，更进一步控制进程对每个页面的访问行为。如图10-10右上角所示，下面来介绍一下页表项中除了页面基地址之外的其他属性。

P位，表示该页存在（Present）或者说有效与否，P=1表示有效；P=0表示无效。当操作系统为某个程序分配了一个页表后，有时候并不会立即把该页表指向的页面全部分配，而是只分配一部分，或者根本不分配页面，此时，操作系统会将页表中未指向任何物理页的条目的P位设置为0，P为0的页表项的其他部分可供操作系统使用，自行记录一些其他信息，如图10-10右上角所示的情况。当某个页面被Swap到硬盘的Swap区（Linux采用一个单独的硬盘分区作为Swap空间）或者pagefile（Windows采用pagefile文件充当Swap空间）后（这个过程又被称为Page Out），内存管理程序会将该页面对应的页表项中的P位置为0（操作系统可以同时将被Swap出去的页面所在的硬盘扇区地址写入到该页表项的其他区域以供参考，也可以在内存中的其他地方来记录当前进程的地址空间中到底哪些页面被Swap了，放在哪里，只有具体使用什么方式，完全看操作系统的设计）。当程序访问这些被Swap出去的页面时，CPU会查询到对应页表项的P=0，于是CPU产生缺页异常（Page Fault），跳转到操作系统的缺页管理程序运行，操作系统缺页管理程序首先检查该程序试图访问的虚拟地址是否是合法的（是否已被分配），如果不合法，则操作系统进入异常处理流程；如果合法，再去检查对应页面中是否记录有Swap空间的地址，如果没有，证明该页面尚未被分配，则动态分配物理页给该程序，如果有，则寻找空闲的物理页面，然后从Swap区读出对应页面数据填充到新物理页中（这个过程被称为Page In），并将该物理页基地址写入页表中，然后重新返回用户进程执行。

对页面的换入换出有多种不同的策略和算法，但是这些算法基本上与6.2.17节中介绍的针对缓存行的置换策略如出一辙。

这里需要注意一点，虽然在分页模式下，用户进程会看到整个虚拟地址空间都是自己的，但是程序却不能在未向操作系统申请内存之前，任意访问任何地址，如果程序强行访问某个未分配地址，那么就会产生上述的缺页异常，因为对应的虚拟地址根本还尚未被映射到任何物理页面，操作系统会检查程序访问的地址是否是已被分配的，如没被分配则会报告异常错误。这里值得注意的是，分配了内存和分配了物理页，是完全两码事。"为某程序分配了内存"，只是

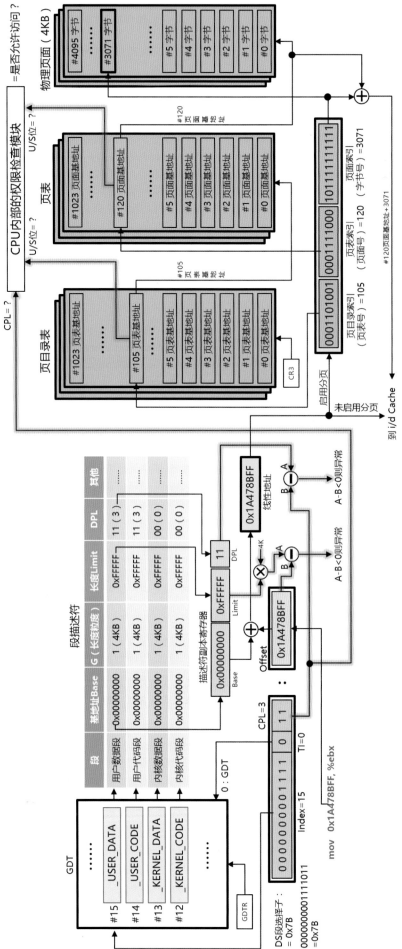

图10-16 地址转换全流程示意图

在内存管理程序维护的内存使用情况记录表中记录该程序被分配到的位于该程序自身的虚拟地址空间中的地址，此时操作系统可能根本没有对该虚拟地址分配物理地址（也就是并没有分配物理页并将页基地址写入页表项），或者还没来得及分配，都有可能。但是此时程序是可以访问被分配的虚拟地址的，当程序访问这些已分配但尚未被映射到物理页的地址时，CPU会查询到对应页表项的P=0，于是CPU产生缺页异常，跳转到操作系统的缺页管理程序运行，操作系统缺页管理程序首先检查该程序试图访问的虚拟地址是否合法，由于之前已经分配了对应的虚拟地址，所以合法，然后操作系统再根据页表项中是否存有Swap空间的地址来判断该页是之前被Swap出去了呢，还是根本尚未分配过物理页，然后选择将数据Page In到物理页面，或者新分配物理页面；或者操作系统通过读取自己维护的数据结构来判断该页面是否已被分配了物理页，以及是否已经被Swap出去，不同操作系统设计不同。

R/W位，若为1，则表示该页面可以被读、写或执行；为0则表示页面只读及可执行。当CPU运行在超级用户特权级（Ring0/1/2）时，R/W位不起作用，意味着当前程序可以读写任意页面。页目录项（注意，不是页表项）中的R/W位对其所指向的所有页面都有效力。

U/S位，用户/超级用户（User/Supervisor）标志。如果为1，那么运行在任何特权级上的程序都可以访问该页面。如果为0，那么页面只能被运行在超级用户特权级（0、1或2）上的程序访问。页目录项中的U/S位对其所指向的所有页面都有效力。U/S位是一个非常关键的控制位。在现代操作系统中，操作系统内核的数据结构和函数代码会被映射到每个进程的虚拟地址空间中，第5章中的图5-81附近介绍过这

种机制。那么如果处于Ring3的程序打算访问虚拟地址空间中的内核部分，此时必须被禁止，如何禁止？只能靠CPU自己去检查权限，也就是检查对应页面的U/S控制位来判断了。上文中提到过位于虚拟地址空间中的进程永远打不着别人，此处是一个特例，因为操作系统非要将自己嵌入到每个进程的虚拟地址空间中，平时又不让碰，只能Int系统调用之后才能碰，那就必须给乱入到Ring3空间中这部分区域穿上护甲了。CPU利用U/S位判断权限的过程如图10-16右上角所示。

A位，已被访问过（Accessed）标志。当CPU访问页表项所指向的页面时，对应页表表项中的这个标志就会被置为1，该动作由CPU自动完成。页目录项中也有该位，当CPU访问了某个页目录中任何一个表项指向的任何一个页面时，该页目录表项的这个标志就会被置为1。该位的主要作用是让操作系统的内存管理程序可以随时统计每个页面的访问频率，从而可以知道哪些页不经常被访问，然后按照一定的算法将其Swap到外部设备比如硬盘上存放。

D位，页面已被修改（Dirty）标志。当CPU对一个页面第一次执行写操作时，就会自动设置对应页表表项的D标志。CPU并不会修改页目录项中的D标志。该标志位的主要作用是为操作系统内存管理模块提供参考，当内存管理程序决定将某些页面Swap到硬盘上时，只会Swap那些Dirty的页面，而没Dirty的不需要Swap，可以直接删除，然后把该进程对应页表中的对应该页面的页表项的P位改为0，表示该页面已经不存在了。这里可能会产生疑惑，纵使页面中的数据没有改变，就可以直接把人家删了么？后续再访问怎么办？后续如果再访问，由于对应页表项P位为0，所以CPU会产生Page Fault中断，转为执行操作系统的缺页处理流程，操作系统会将该程序对应的这块数据

提示 ▶ ▶

　　用户虚拟空间中的这块内核区，就犹如世外桃源中凭空多了一座永远进不去的阴森城堡，而且一旦尝试触碰，自己立即会被湮灭掉。程序会一直困惑着，里面到底是什么？如图10-17所示，正如电影《异次元骇客》中的那个经典镜头一样，世界本来好好的，直到有一天，主角沿着某条路走到了"尽头"，发现一座空气墙把你挡住了，墙后面是还没有贴图的模型线框图，看来上帝计算机中的GPU也是有算力上限的。也许宇宙边缘也有一道无形的墙，就等着你去探索了。

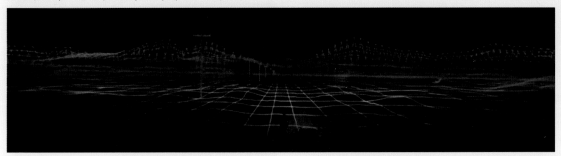

图10-17　电影《异次元骇客》中的经典镜头

重新从硬盘上载入内存中新的位置的页面（操作系统会记录每个程序被载入到虚拟地址空间中的位置，所以缺了哪一块，操作系统了如指掌），然后将页面基地址重新写入页表，然后重新返回程序之前的断点执行，程序重新访存，获得数据。当Dirty的页表项指向的页面被内存管理程序载入了新数据之后，内存管理程序需要将该项的Dirty位清除，因为此时这些页面是崭新刚载入的，还未被改写。

AVL字段，该字段保留给程序任意使用。

提示 ▶ ▶

我们梳理一下。逻辑地址是指利用seg：off描述的地址，线性地址是逻辑地址经过转换之后的地址，在8086下是seg左移4位+offset，在80286/80386下是查询GDT/LDT来获得段基地址，然后用段基地址+off所得。线性地址还需要被转换成物理地址才可以最终访存，在8086和80286下线性地址直接等于物理地址，而在80386下如果启用了分页，线性地址（此时又被称为虚拟地址，因为分页模式下线性地址完全处在一个虚拟的空间中）需要再次过一遍页表，转换成最终的物理地址访存。

10.1.5.5　MMU和TLB

如图10-18所示为80386处理内部架构示意图和芯片照片。可以看到其有两个地址处理单元，一个负责分段，另一个负责分页，分段和分页管理单元合起来又被称为MMU（Memory Management Unit）。

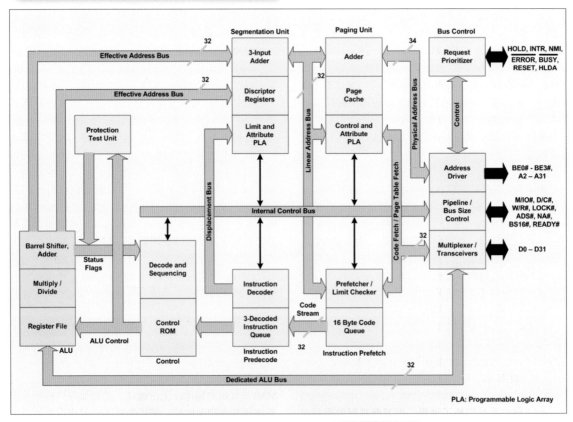

图10-18　80386处理内部架构示意图和芯片照片

不难发现，CPU访问页表拿到最终的页面基地址的过程，要访问三次内存，第一次使用CR3中的基地址+线性地址的页表号索引来访存，拿到页目录项，再用页目录项中保存的页表基地址+线性地址中的页面号索引来访存，拿到页表项，再利用页表项中保存的页面基地址+线性地址中的页内字节偏移号来访存最终拿到目标字节。

这就有点儿令人哭笑不得了，为了一次访存，先要做三次额外的访问，太慢了。思考一下，如何解决这个问题？程序的访存行为一般具有时空局部性，也就是刚才访问过的地址有很大概率会在短时间内继续高频访问，而且在短时间内也有很大的概率访问与该地址相邻的其他地址。很自然地，我们会想到，如果设置一个高速缓存，将之前查出来的页表项缓存起来，下次再遇到访存请求时，直接利用虚拟地址的页表号+页面号作为关键字，在缓存中查找是否存在该关键字，如命中，则直接从缓存中对应的行读出它对应的页表项从而得到页面基地址，不需要再去页表中查询。该缓存被称为**TLB（Translation Lookasid Buffer）**，TLB位于CPU内部的MMU中。TLB中不仅存储页面基地址，而是需要连整个页表项一起保存，因为CPU需要判断页表项中的比如A位、D位、R/W位等以做出动作，当第一次访问页面时，CPU会自动更新A位，其实是更新位于TLB中缓存着的页表项的A位，同理，如果对页面中的数据进行了写入（Stor指令），则CPU自动更新D位，当然，访问之前还需要检查R/W位，这些信息都直接从TLB中来读取。那么，如果TLB Miss怎么办？此时必须访存先拿到页表项，将其放入TLB，再执行后续步骤。

提示 ▶▶▶

对于Intel CPU，其拿到条目后会自动放入TLB，但是对于MIPS CPU，它发生TLB Miss之后就不干活了，报一个异常中断，跳转到TLB Miss相关的中断处理函数执行，后者负责查询页表，然后用特殊指令（tlbwr）来填充好TLB，然后继续执行。这个过程也被称为TLB Refill。

如果操作系统切换了进程，则当前进程的页目录也会跟着变，TLB中之前缓存过的条目就会失效，此时，操作系统需要执行TLB Flush操作，将TLB中的条目写回到页表中。这个过程需要执行特殊的指令，比如INVLPG指令可以实现有选择地将对应的条目写回页表，而如果将一个新页目录基地址加载到CR3寄存器中，则会导致CPU自动将整个TLB中所有条目写回页表。如果更改了CR4寄存器也会导致整个TLB被写回。

如图10-19所示为TLB作用原理示意图，可以将TLB整体存放在CAM（见第1章）中，这样可以做到并行搜索，提升速度，也可以使用其他模式。我们在第6章中介绍过缓存思想以及各种缓存加速查找、降低成本的方式。

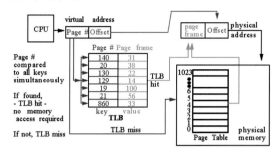

图10-19　TLB作用机制示意图

提示 ▶▶▶

目前主流的处理器中都会有iTLB（Instruction TLB）和dTLB（Data TLB），分别与iCache和dCache对应。另外，切换进程后如果将整个TLB都清除，很不划算，目前主流CPU内部都实现了ASID（Address Space ID）机制，只要为TLB中的每个条目记录一列ASID，就可以避免动辄全清了。

在Intel的奔腾等后续的CPU中，对页表项中的属性部分增设了几个新属性，比如，G（Global）位用于控制该页表项当被缓存到TLB中时，是否受TLB Flush的影响，如果G=1，则重新载入CR3寄存器不会导致该条目被写回页表，其会一直待在TLB中生效，但是重新载入CR4寄存器，则会强制将所有（包括G）TLB条目写回页表。再比如，PWT（Page Write Through）位如果被置1，则该页表项对应的页面当被缓存在L1、L2等CPU内部的数据缓存时，一旦CPU写入该页面，则缓存控制器需要将数据同步写入RAM主存才算完成（这就叫Write Through，相对而言，Write Back则指的是数据写入缓存即宣告完成）。再比如，PCD（Page Cache Disabled）位如果被置1，则表示该页面不能被缓存到L1、L2等数据缓存中。

自从80386处理器之后，续操作系统一直沿用Flat段+分页的模式来管理内存。值得一提的是，开启分页模式之后，CPU发出的任何访存地址都会经过MMU+页表的翻译，无法越过，此时如果内核程序需要访问某个物理地址，需要先将其映射成虚拟地址，然后用虚拟地址来访存。

10.1.6　DOS下的内存管理

20世纪80年代可以说是计算机行业的上古时期了。上古时期的程序员们面临的最大一个问题就是内存不够用的问题，他们千方百计地以KB为粒度来节约内存，或者从整个内存区域中榨取最后一块可用内存以利用。

1980年，IBM的PC使用了Intel的8086和8088处理器，其地址线为20位，最大可寻址1MB地址空间。同时期，微软开发了DOS（Disk Operating System）。其运行在实模式下，整个内存布局如图10-20所示。这里需要回忆一下前文中的知识，也就是1MB地址空间中不仅包含DDR RAM，而且包含各种外部I/O设备的ROM（比如BIOS ROM）或者RAM（比如显卡的Frame Buffer）。至于外部设备中的寄存器，当时并没有将它们映射到地址空间中，而是单独设置了一个I/O地址空间（CPU额外输出数根专门的I/O地址线），采用CPU的IN/OUT指令加I/O地址的方式来访问这些寄存器，所以这些寄存器并没有占用主地址空间。关于I/O地址空间的更多信息可以回顾图7-25下方的描述。

10.1.6.1 常规内存和上位内存

微软在为IBM的PC设计DOS操作系统时，决定将1MB地址空间划分为两部分，前640KB留给DOS系统内核和DOS程序使用，又被称为常规内存

（Conventional Memory）。其余384KB内存留作其他用途，又被称为上位内存（Upper Memory Area，UWA），比如其中128KB被映射到显卡上的Frame Buffer，或者直接使用RAM主存中的一块区域作为FB，视硬件不同而不同，以及主板的BIOS ROM会被映射到1MB地址空间的顶部。前640KB内存也被称为常规内存或基本内存，早期的DOS和DOS程序就只能在这个范围内活动，Bill Gates当时很有信心地说640KB内存对程序远远够用了。

后来，电子表格软件LOTUS 1-2-3发布了2.0版，非常受欢迎。当时386机器刚出来，还没普及，多数人还在用8086/88的机器，最大1MB寻址空间的限制导致该软件无法获得足够的内存。LOTUS去找Intel和Microsoft一起商讨对策，随后三者一起制定了一个内存扩充方案：LIM（分别为三家公司的首字母），最终版是LIM 4.0。

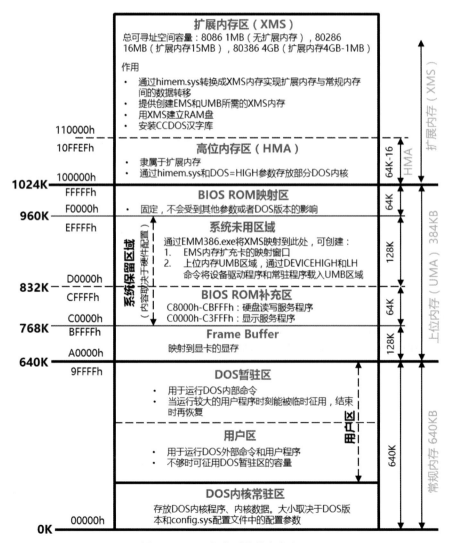

图10-20　DOS操作系统的内存布局

10.1.6.2　EMS内存扩充卡

LIM方案的思路是，将最大32MB的内存颗粒焊接到一张ISA接口（当时流行的I/O接口，犹如现在的PCIE）的I/O卡（被称为Expanded Memory Specification，EMS卡）上，并插入到系统中，然后加载该卡的驱动程序，通过驱动程序可以读写卡上的所有存储器。在这里不妨一下第7章中介绍过的网卡、SAS卡等的工作流程。EMS卡的工作流程也是类似的，通过调用驱动程序提供的接口，比如告诉驱动"我要读取卡上的某地址上的存储器，长度多少，读出来后放置到主存的某地址"，驱动通过操纵卡上的相关控制寄存器，然后卡通过DMA将数据写入主存对应位置。第7章中介绍过，ISA和PCI/PCIE接口的I/O卡上的存储器可以被映射到系统全局地址空间，从而可以被程序直接寻址访问。但是在8086时代，1MB的地址空间已经非常紧张了，已经没有地方将卡上的全部存储器容量映射进来。那么，用户程序如何利用EMS卡上的存储器？此时读者的脑海中应该浮现出曾经介绍过的两个技术：缓存技术，当缓存容量远小于内存容量的时候，是如何用各种优化手段和换入换出算法来实现高缓存命中率的；页面Swap技术，当内存不够用的时候，内存管理模块是如何在内存和更大容量的硬盘之间通过Swap换入换出实现虚拟内存的。读者会发现这些技术其实本质上都惊人的相似。

LIM方案采用了一个类似Page Swap的做法。如图10-20所示，在UMA区中，有128KB的地址段是没有被DOS或者程序使用的，EMS卡的驱动程序将该区域中的64KB的空间分成4个16KB的页，每个页可以映射到EMS存储器中的某个16KB上。比如，用户程序要求访问EMS卡上的第128个16KB，则EMS驱动程序判断该页面将被映射到UMA中的64KB中的哪个16KB页面，本例中为第4个页，所以EMS驱动从EMS卡中读出第128个16KB并填充到UMA中的这64KB中的最后一个16KB的页，用户程序就可以访问了。如果程序要再访问EMS卡上的第124个16KB，EMS驱动程序首先判断其映射到UMA中64KB的哪个页，本例中还是第4个页，由于UMA中的页中的内容是EMS上的第128个页，所以EMS驱动需要Swap该UMA中的页的

数据，如果该页已经被改写，则写回EMS的第128个页，如果没有更改过，则直接删除，然后从EMS中读出第124个页填充到UMA中的64KB中的第4个页，供程序访问。如果程序要访问EMS的第123个页，那么EMS驱动会将其读出然后填充到UMA的64KB区中的第3个页面上，此时第3、第4个页同时各存有EMS上的某个16KB页，同理，第1、2个页也可以各自再映射EMS上的某个页。实际上，UMA中的这64KB相当于整个EMS卡上存储器的缓存，其管理方式也与第6章6.2节中类似，其利用的映射也是相当于一路组关联方式，而不是任意直接映射，因为后者需要记录更多的元数据，也不利于快速查找。

这种访问存储器的方式，对用户程序并不透明，程序需要自行记录自己将哪些数据放到了EMS存储器中的哪些地址上，并通过EMS驱动程序提供的接口来调用后者实现上述过程，很麻烦。如图10-21所示为过去的2MB容量的MicroMainframe的5150T型号的ISA接口的EMS卡（左侧），以及当代最新的Microsemi公司的16GB容量的PCIE接口的NVRAM（None-Volatile RAM，非易失性RAM，其实就是利用电容在突然掉电后将RAM中的数据复制到板载的NAND Flash上，图中可以看到Flash子卡）卡实物图。5150T卡右下角有个插针式槽位，可以扩展一张子卡，从而可以再增加2MB额外的存储器。右侧所示的Microsemi的PCIE NVRAM卡可以直接将自己的16GB存储器通过BAR映射到系统全局地址空间中（可以回顾第7章PCIE相关章节），因为当代的CPU都早已是64位处理器了，地址空间非常富余，不再需要像上文中的上古时代那种做法了。

此处读者脑海里应当复现出一个推论：如果将EMS卡上的RAM更换为Flash，甚至更换为磁存储比如机械硬盘，也是没有问题的，只不过访问速度会降低。你还可能会继续联想：这种做法的本质不就是虚拟内存的换页技术么，本质上是，但是作用过程稍微不同。虚拟内存技术中，CPU和操作系统一起配合，采用页表的方式来存放虚拟地址，页表承载了整个程序的虚拟地址空间，对程序是透明的，CPU完成Page

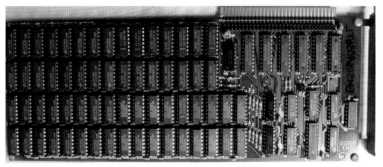

图10-21　2MB MicroMainframe 5150T ISA接口EMS卡及Microsemi 16GB PCIE接口NVRAM卡

Fault的触发，内存管理模块则完成页面的换入换出，它俩共同在后台自动完成整个访存步骤。但是上述EMS做法并没有实现页表，程序需要自行记录并要求访问EMS的哪个页面。

10.1.6.3 上位内存块（UMB）

UMA中的未使用的128KB空间又被称为UMB（Upper Memory Blocks），这块空间可以说是整个DOS管理的内存空间中仅剩的宝贵净土，其他部分要么已经被DOS内核和用户程序代码所占用，要么就是被外部ROM或者RAM给映射上去征用了，只有这块位置，CPU既可以直接寻址到（这一点非常珍贵，意味着程序可以透明使用该区域，而不用像EMS那样麻烦的方式），而且又无人使用。

MS-DOS 5.0版本提供了一个EMM386.exe程序，其可以通过在config.sys配置文件中的devicehigh参数把光驱、声卡等驱动程序从常规内存区的内核常驻区中挪动（重定向，修改程序中对应的指针）到UMB区，从而扩充用户区的可用容量。该特性只在80386处理器下支持。

10.1.6.4 高位内存区（HMA）

还记得前文中介绍过的A20地址线么？如果打开A20，则在实模式下，程序可以寻址1024k+64k-16这么多的内存空间，可以多榨出几近64KB的可用空间（当然，前提是主板上安装的DDR RAM必须提供足够的容量，不过，一般安装1MB的物理RAM就可以，因为CPU的1MB地址空间中的一部分会被外部ROM/RAM占用）。这个额外榨取的区域一般用来存放DOS的命令解释器，也就是COMMAND.COM（在config.sys配置文件中通过dos=high命令控制）的常驻内存部分，从而又将常规内存空出五十多KB来。这一小块通过使能A20地址线榨取出来的区域被称为高位内存（High Memory Area，HMA）。

10.1.6.5 扩展内存（XMS）

DOS是一个实模式操作系统，其只能直接寻址1MB的地址空间。这里有个疑问，80286处理器的地址线已经是24根了，可以寻址16MB的内存，所有位于1MB以上区域的地址空间被DOS称为EMB（Extended Memory Block，DOS定义了一系列扩展内存的规范和接口，形成了Extended Memory Specification，XMS，所以后来人们将扩展内存俗称为XMS）。那么，运行在286上的DOS即便是实模式，也应该可以寻址16MB内存才对。但是，80286以及之后的Intel处理器强行被设计为必须切换到保护模式才能寻址所有内存，运行在实模式，就只能寻址到1MB。当然，前文中也提到过利用一个技巧可以让实模式也寻址所有内存，这个技巧非常有用。

为了利用起80286及后续处理器支持的更大的寻址空间，程序可以手动利用上述技巧来实现，但是该方式有个要求，就是程序中不能使用长跳转（Far Jump），因为长跳转会给出CS值，前文中提到过，一旦给出CS值，由于是处于实模式运行，CPU会将CS值左移4位然后写入描述符副本寄存器，这样就回退回到1MB的限制下。对于这类程序，似乎只有在保护模式下才能访问扩展内存了。但是也不一定，是否可以这样：程序将位于常规内存中临时不用的数据先挪动到扩展内存，腾出空间，当需要用到这些数据时再从扩展内存中挪动回来，为了访问扩展内存，程序可以临时切换到保护模式，挪动完数据后再切换回实模式，这也不失为一种折中的方式。但是如果让每个程序员都去学习这种操作，成本太高。为此，微软开发了一个名为himem.sys的驱动程序，该程序实现了上述步骤，并向外暴露对应的API供程序调用，比如程序可以查询扩展内存的剩余空间、申请扩展内存、移动数据等。这些接口通过软中断Int 2Fh的方式让CPU跳转到himem.sys注册的中断处理函数上，在执行Int指令之前，程序需要将相关参数写入规定的AH、AL、AX寄存器。微软将这套接口命名为Extended Memory Specification（XMS），最后版本为3.0版。

如图10-22所示为XMS接口一览，以及himem.sys中对应的一些模块一览。Himem.sys中也实现了对A20地址线的控制，并封装成了对应的API。这种方式与上文中介绍的EMS扩展卡方式本质是一样的，只不过后者是通过emm386.exe程序来实现数据挪动，而且是挪动到ISA卡上的RAM而不是扩展内存中。

10.1.6.6 用XMS顶替EMS

针对那些早期在8086平台上使用EMS扩展卡方式访存的程序，在80286/386推出之后，可以不再使用EMS扩展卡了，因为此时已经支持到16MB/4GB主存了，可以修改程序转为使用himem.sys提供的接口来享受扩展内存的便利。然而，这些程序要么就是不再继续开发了，要么就是开发者不想再去修改了，为了让这些老程序透明切换到扩展内存场景，emm386.exe程序也做了升级，其不再将UMA中的4×16KB的页面窗口与EMS卡之间相互Swap Out/In，而是转为与扩展内存部分Swap Out/In，当然，emm386.exe程序底层也是依赖himem.sys提供的底层API来实现的。此时，用户程序依然认为它在使用EMS扩充卡，其实数据是放在XMS中的。

实际上，EMS扩充卡与UMA中的64KB映射窗口之间的Swap In/Out，也是emm386.exe这个程序负责的，其以Int 67h软中断的方式向应用程序提供接口。emm386.exe相当于DOS系统下的一个附加的内存管理模块。后来被统一为DPMI（DOS Protected Mode Interface）标准，该接口让DOS操作系统直接运行在保护模式下。后来在Windows操作系统中运行的DOS

程序也是基于DPMI标准实现的。再后来，就没有DOS了，全部过渡到Windows。

此处建议再次回顾一下图10-20中的各个区域，然后回忆一下每个区域的由来。

10.1.7 后DOS时代x86内存布局

继8086/286/386/486处理器之后，Intel发布了奔腾系列处理器，其架构上有了很大的变化。与之并行的是，BIOS、外部设备、内存布局等各方面也发生了较大变化，ACPI标准也逐渐成型。而DOS此时也已经不是主流的操作系统了，Windows、UNIX、Linux从此开始了一直延续到当代的角逐。

10.1.7.1 E820表

第7章中曾经介绍过，在一些外部组件上，比如

CPU内部或者主板上的桥芯片、BIOS ROM、各种I/O控制上，都会有一些寄存器或者缓冲区，这些存储器都会被映射到CPU的物理地址空间，然而这些存储并不是DDR RAM主存，这些存储器也并不能被用来运行用户程序（存放用户程序的代码）。这些存储器形成了CPU地址空间中的保留区域，而操作系统必须知道这个布局信息，以确保进程页表中不会有任何物理地址指向这些特殊的存储器。该信息通过由BIOS生成的E820表来展现，如图10-23所示。不同的机器、不同的内存容量、不同的BIOS，会生成不同的E820表。图中右下角是利用其他接口查询到的信息，可以看到每一段地址具体对应了什么组件，其中可以看到"Intel RCBA"等字样，RCBA表示Root Controller Base Register，也就是CPU内部的桥上的基地址寄存器。

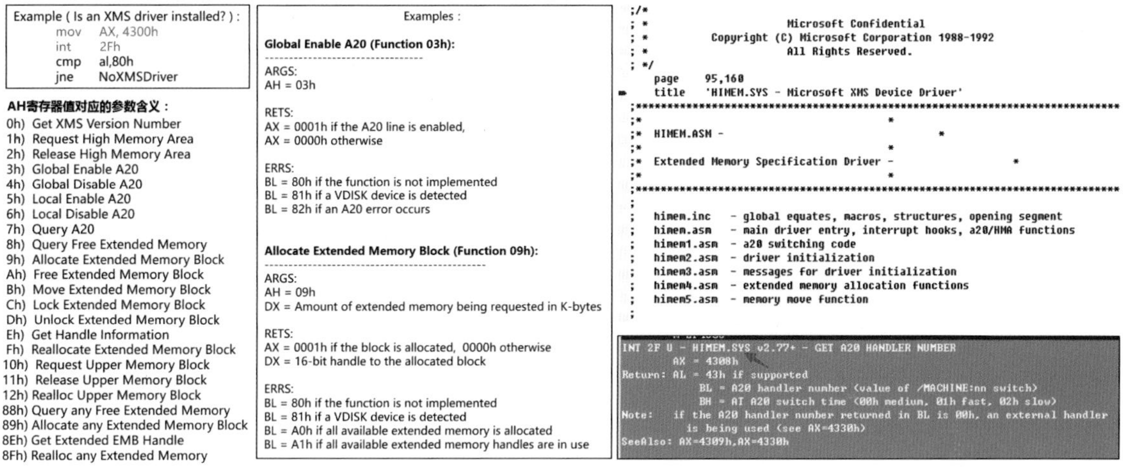

图10-22 himem.sys提供的接口一览以及himem.sys中对应的一些模块一览

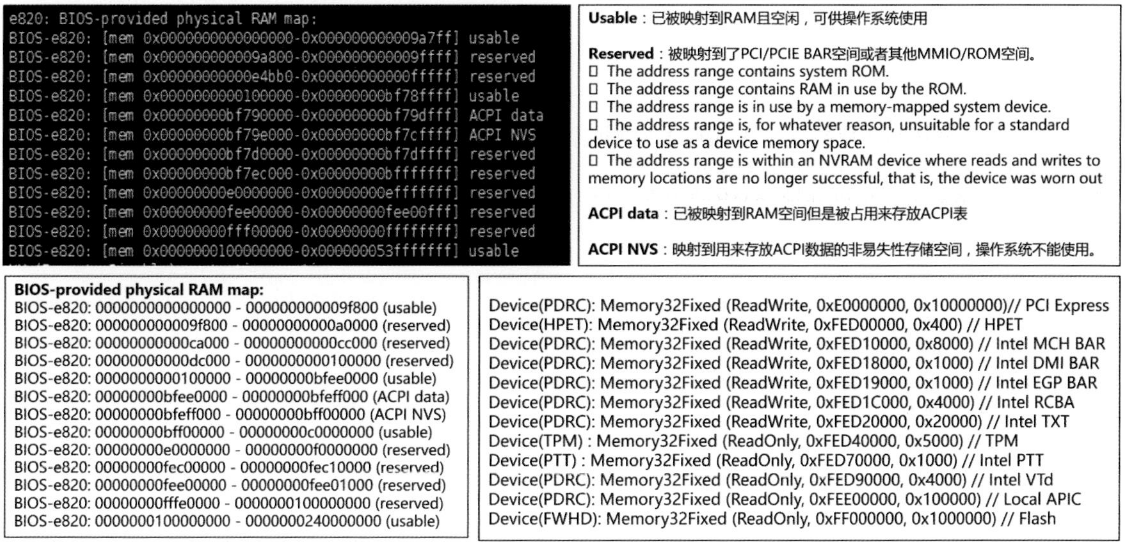

图10-23 E820表

E820名称的由来是这样的，操作系统可以使用由BIOS提供的int 15h软中断服务来获取这张表，执行这个指令之前，需要将参数E820h放入寄存器AX中，BIOS的服务程序生成好表格之后会将表格的指针放在特定的寄存器中。

目前最新的BIOS规范UEFI已经不再使用int方式来获取这个表，而是提供了接口 GetMemoryMap()供操作系统启动时调用从而获取该表，表的格式也发生了一些变化。

10.1.7.2 物理地址扩展PAE

早在8086处理器时代，Intel就为其设置了20根地址线，而内部寄存器却是16位宽的。到了Intel Pentium Pro处理器时代，又搞了这么一出，32位寄存器+36位地址线，随后AMD的Athlon处理器也跟着这样搞。这种技术最终被称为PAE（Physical Address Extension）。36根地址线可以寻址64GB的地址空间。如果每个页面仍然为4KB（212）大小的话，那么页表项目中给出的页面基地址就必须是（36-12）=24位了。如图10-24右上角所示，在32位地址下，每个页表项或者页目录项的容量也为32位（无直接关系），其中20位用来描述基地址，现在需要24位描述基地址，每个表项尺寸就需要多4位。

开启PAE后，Intel索性将每个页表项扩充到64位（第37~64位空置不用），这样一来，页表和页目录中的条目数量一下子就减半了，无法涵盖全部4GB地址空间。于是，需要扩充一下页表的容量。如图10-24所示，在页目录的上级再加一级索引，称之为Page Directory Pointer Table，其只有4项，使用32位线性地址的最高2位来索引。这样就可以维持在每个页表项64位容量的情况下依然可以涵盖4GB空间。

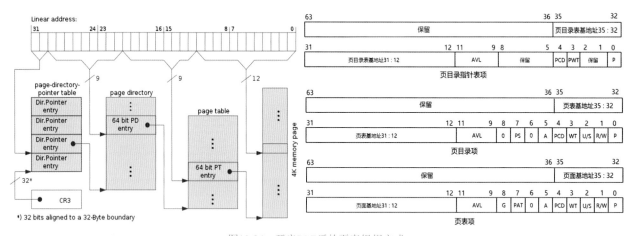

图10-24　开启PAE后的页表组织方式

Windows XP系统可以通过修改boot.ini文件加入对应参数来开启PAE；Windows 7系统可以在命令行下输入BCDEdit /set PAE forceenable windows来打开PAE。具体地，操作系统启动时会将CR4寄存器中的第5个位设置为1来通告CPU使用PAE方式查页表并寻址，同时操作系统要将进程Page Directory Pointer Table的基地址载入CR3寄存器。

思考一下，既然程序代码中给出的地址都是32位的，又如何访问超过4GB的内存呢？不得不说，做法与DOS时代的EMS扩充内存卡的方式如出一辙。程序需要主动使用特殊的AWE（Address Windowing Extension）API来实现页面的换入换出。也正因如此，导致32位 Linux的内存布局中出现了High Memory，其作用就是一个用来映射高于4GB地址空间的临时窗口。如图10-25所示为SQL Server数据库软件开启AWE选项的示意图。

图10-25　SQL Server中开启AWE

10.1.7.3 x86物理内存布局

随着处理器处理能力的增强，以及可接入的外部设备的总线类型和数量的增多，Intel平台推出了南北桥芯片组（Chipset）以将这些外部总线桥接到处理器的前端总线。和处理器一样，这些南北桥芯片也是一代代地更迭，一直演变到当代，北桥角色已经彻底被集成到了处理器内部，仅保留了南桥并扩充了南桥上的功能，也就是目前最新的PCH（Platform Control Hub）桥片。这里要深刻理解一点，地址映射是可以被配置的，CPU的地址空间对于操作系统和程序来讲是物理空间，然而对于主板、芯片组等硬件而言，它又成了一个虚拟空间，这个空间中的某部分被映射到那块物理上的存储器空间，是可以通过各种基地址+长度寄存器来控制的。这些内容可以回顾第7章相关章节。

每一代芯片组和处理器，对地址空间的布局都有一些变更，再次强调，地址空间中不仅是RAM，还有各类桥上的控制寄存器、CPU内部的一些桥寄存器（原北桥遗留下的）、外部的BIOS ROM、PCIE设备上的ROM和BAR1等，这个地址空间中纷乱复杂，甚至RAM都可能被分成多块分别映射到不同地址段上。本书不打算详细介绍这块内容，读者有兴趣可以下载对应的芯片组手册阅读。

在这里只给出一个例子，奔腾III处理器+815E/815EP芯片组主板，这在过去是主流配置。如图10-26所示为Intel 815E芯片组的地址空间布局情况。

如图10-26左侧所示，为了兼容早期的DOS系统（兼容之前的系统是Intel和微软一贯秉承的思路），整个地址空间的开头的1MB按照8086处理器的布局来安排在这1MB的顶端64KB用作寻址BIOS ROM。这1MB被称为Low Memory（低位内存）。4GB处下方会有一些PCIE设备的BAR、BIOS ROM和APIC等设备的寄存器被映射在这里，这个区段被统称为PCIE BAR区。该区段之下一直到1MB之间被称为Main Memory（主内存）。而由于奔腾Pro处理器之后都支持PAE，可以支持到64GB的地址空间，4~64GB区间被称为High Memory（高位内存）。请注意，Intel体系下的High Memory与上文中介绍过的打开A20地址线产生的额外64KB-16B的空间虽然都被称为High Memory，但是前者是Intel体系下的概念，后者是微软（DOS）定义的概念，它们指代的事物也不同。

PCIE BAR区段的最顶端2MB区间映射到BIOS ROM，处理器第一条指令也是从这里开始取。BIOS区下方是Local APIC和I/O APIC中断控制器对应的寄存器映射区（可回顾第7章的MSI-X中断处理章节）。再往下一直到1MB处之间的区域全部被映射到DDR RAM，也就是Main Memory区。Main Memory区中的HSEG和TSEG区段很特殊，其虽然也被映射到RAM，但是这两个区间是禁止操作系统访问的（E820表中对应属性为Reserved）。这两个区间中存放的是SMM（System Management Mode）的代码和数据。SMM是一段特殊的程序，驻留在内存中，靠CPU接收到特殊的中断信号（System Management Interrupt，SMI），然后跳转到SMM代码执行。如果说操作系统是舞台和后勤组，进程是剧组，线程是一出剧中的每个演员的话，那么SMM就是整个剧院的维修队。当剧院（计算机硬件，比如电源、电池等）需要维护、配置时，整个舞台、后勤、剧组、演员全都需要暂停执行，相关的寄存器被全部保存到TSEG/HSEG中，然后执行SMM代码，SMM执行结束后会使用RSM（Resume）指令触发CPU从TSEG/HSEG中恢

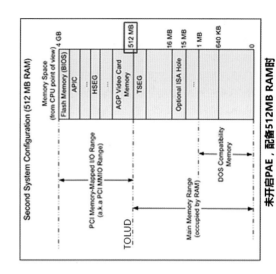
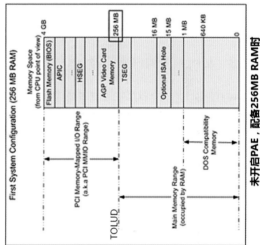
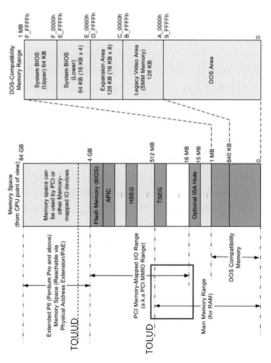

图10-26 Intel 奔腾III处理器及815E芯片组的地址空间布局示意图

复所有寄存器，继续运行操作系统和用户程序代码。TSEG/HSEG的大小和位置可以通过修改桥片上对应的寄存器来控制。

在1MB～4GB之间，PCIE BAR、APIC和桥的寄存器占据的空间与DRAM占据的空间可能会相互挤占，如果PCIE设备数量很少，则该区会占用较少区段，如果设备过多，则允许继续向下占用更大的区段，从而挤占物理RAM区段，被挤占掉的物理RAM容量可以重新被映射到High Memory区，但是就无法被透明寻址了，必须利用上文所述的AWE方式主动调页。物理RAM与PCIE BAR区段的分界线被称为TOLUD（Top of Lower Usable DRAM）。如果启用了PAE，且有一部分RAM容量被映射到了High Memory区，则这部分RAM的最顶端被称为TOUUD（Top of Upper Usable DRAM）。

上述地址空间的布局会被描述在E820表中，供操作系统参考。如图10-27所示为一个安装有128MB物理RAM的机器的E820表中的布局示意图。

10.1.8　Linux下的内存管理

Linux作为一个操作系统，需要遵循上述的物理地址空间布局来分配内存，也就是只可以操作那些可用RAM部分。当然，操作系统可以重新扫描PCIE网络，重新映射BAR到其他地址区间，这一点是可以让操作系统去改变的，而其他的一些比如桥片上的寄存器空间，一般是固定不变的，因为这些地方实在是太敏感和关键了，牵一发动全身。

10.1.8.1　32位Linux内存布局

先来回顾一下第5章5.5.6.3节的图5-80附近的内容。如图10-28所示为进程在虚拟地址空间中的数据布局示意图。位于低位区域的是程序的代码段（Text Segment）、数据段（Data Segment）和未初始化的数据段（BSS Segment，block started by symbol）；向高位延伸依次为：程序运行时动态申请的逐渐向上增长的堆（Heap）空间、用于载入动态共享库文件的内存映射区（共享库文件被按照4k粒度载入该区域，相当于把共享库文件复制到该区域，这个过程被称为"将文件mmap到内存地址"，下文中将详述。这个区对应的物理页面可能被多个进程共享，所以又称为共享区）、用于充当进程运行时向下增长/向上收缩的栈空间的栈段（Stack）。最顶端的1GB虚拟空间被映射到操作系统内核的全部代码和数据所在的物理页。

Linux操作系统运行在Flat分段+分页+保护模式下。如图10-29所示，左侧为进程的虚拟地址空间视图，这也是进程和程序员看到的视图；中间为假想中的物理地址空间的视图，然而实际上，虚拟地址空间可能会被以页为粒度散布在物理空间的各处，右侧对应了实际的物理布局。

This sample address map (for an Intel processor-based system) describes a machine that has 128 MB of RAM, 640 KB of base memory and 127 MB of extended memory.

The base memory has 639 KB available for the user and 1 KB for an extended BIOS data area. A 4-MB Linear Frame Buffer (LFB) is based at 12MB.

The memory hole created by the chip set is from 8 MB to 16 MB. Memory-mapped APIC devices are in the system. The I/O Unit is at FEC00000 and the Local Unit is at FEE00000. The system BIOS is remapped to 1 GB–64 KB.

The 639-KB endpoint of the first memory range is also the base memory size reported in the BIOS data segment at 40:13. The following table shows the memory map of a typical system.

Base (Hex)	Length	Type	Description
0000 0000	639 KB	AddressRangeMemory	Available Base memory. Typically the same value as is returned using the INT 12 function.
0009 FC00	1 KB	AddressRangeReserved	Memory reserved for use by the BIOS(s). This area typically includes the Extended BIOS data area.
000F 0000	64 KB	AddressRangeReserved	System BIOS
0010 0000	7 MB	AddressRangeMemory	Extended memory, which is not limited to the 64-MB address range.
0080 0000	4 MB	AddressRangeReserved	Chip set memory hole required to support the LFB mapping at 12 MB.
0100 0000	120 MB	AddressRangeMemory	Baseboard RAM relocated above a chip set memory hole.
FEC0 0000	4 KB	AddressRangeReserved	I/O APIC memory mapped I/O at FEC00000.
FEE0 0000	4 KB	AddressRangeReserved	Local APIC memory mapped I/O at FEE00000.
FFFF 0000	64 KB	AddressRangeReserved	Remapped System BIOS at end of address space.

图10-27　装有128MB物理RAM机器的E820表布局示意图

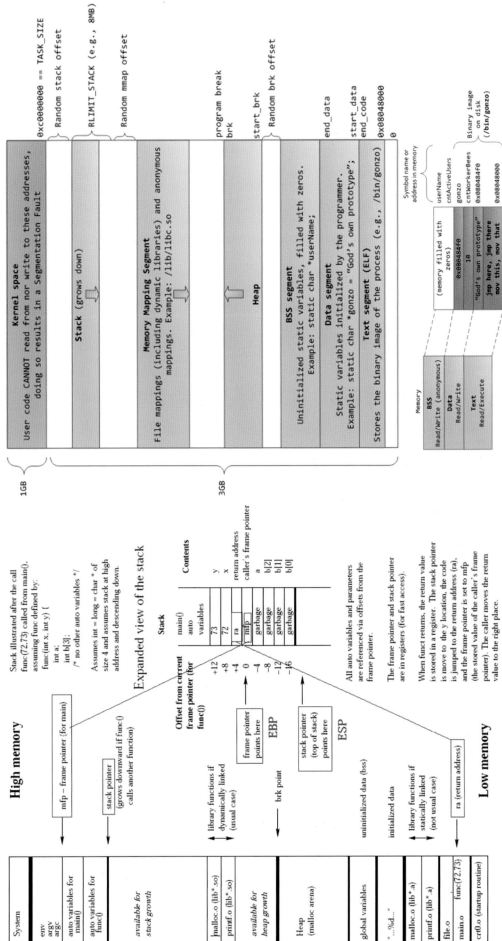

图10-28　Linux下进程的内存逻辑空间布局示意图

如前文中所述，内核会将自己的代码和数据在每个进程虚拟地址空间中都映射一份，方便进程找内核办事，所有进程的页目录页表、GDT、LDT等内核数据结构，也全都被保存在内核区段内。在32位的Linux系统下，最大寻址空间为4GB，Linux采取固定的方式，将自身放在每个进程空间中的3～4GB之间的1GB区段，这就意味着，每个进程的特定页表中都会存在指向上述的同一个1GB的物理区段的页面条目，这些条目被俗称为"内核页表"，更准确地说应该是"每个进程页表中的指向内核物理页的那部分页表"。而且内核程序在运行时，代码中给出的地址也都是虚拟地址，或者说内核虚拟地址，它们也要经过内核页表的转换，成为物理地址去访存。如图10-30所示为进程页表中的内核页表部分示意图。

仔细观察该图可看出两个事实：虚拟空间中的

内核区域会被整体映射到物理地址空间中的0～1GB区（准确地说是896MB，见下）；当然，用户数据/代码也可以占用物理0～1GB区间。也就是说，假设某个内核程序（注意，内核程序，不是用户程序）运行时需要申请内存，内核的内存管理模块会为其在当前进程的虚拟地址空间的3～4GB区段分配一段虚拟页面，假设为其分配了3.5～4GB这512MB的虚拟页面，后续该内核程序会发出针对这个区段的访存请求，使用的都是虚拟地址，经过MMU转换为物理地址访存。在这之前，内存管理程序会为这段虚拟页面分配物理页面，该512MB只能被分配到物理地址的512MB～1GB这个区间里，也就是说内核页表内记录的页面物理地址指针的值统一都为：（页面虚拟地址－3G），这种映射方式也被称为线性映射，这样做的目的是为了在计算地址的时候更加简便，而无须去通过页表来查询到物理地址。那么，如果之前有某个用

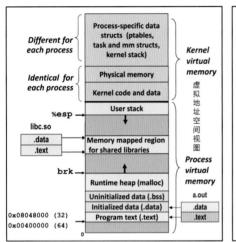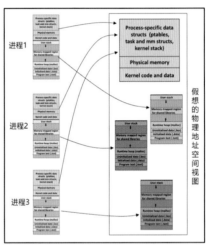

图10-29 32位Linux操作系统下内存布局示意图

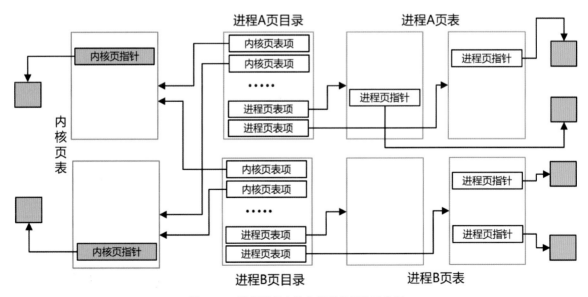

图10-30 进程页表中的内核页表部分示意图

户数据/代码页已经占用了这段物理地址，那么内核就不能分配这块空间，只能分配其他可用空间。所以，内核其实是先检查物理的0~1GB内哪些空间可用，然后再去分配给内核程序使用。用户进程也可以跟内核抢占这1GB，但是用户进程不需要按照一一映射的方式来分配。值得一提的是，内核代码/数据区是不会被Swap出去的，始终在物理RAM中。

提示 ▶ ▶

请注意，Linux只是固定地占据了每个进程虚拟空间中的最后1GB，但是这并不意味着Linux运行时就一定会占用1GB的物理内存，占用多少是随时变化的，这1GB内剩余的空间是可以分配给用户进程的。比如可以只安装128MB内存，此时内核和用户数据是争用这128MB内存的。

那么，如果系统安装的SDRAM容量超过了1GB，比如为2GB或者更高，内核程序看来是无法访问高于1GB的物理内存的，这显然会限制内核的性能和功能。解决办法，看上去可以将内核区在虚拟地址空间中的占用容量提升一下，没错，Linux源码在编译的时候可以指定对应的选项，编译成占用2GB区域，与用户进程对半分，但是这样就会反过来限制用户进程的可访问内存容量。另外一个办法是，利用类似DOS时代的EMS内存扩充卡的那种运作方式，在虚拟地址空间中开一个临时窗口，利用这个窗口可以指向任何物理地址，但是代价则是每次只能访问窗口这么大小的容量。这就像从望远镜中观察一样，视野很有限，但是可以移动望远镜让它指向其他地方再观察。

如图10-31所示，32位Linux系统的设计者在1GB的内核区的最顶端征用了128MB来作为这个窗口，其可以映射整个物理地址空间的各处，而且不再要求线

性映射，可以以页为粒度任意映射，也就是说可以将任意物理页面基地址填入到这128MB空间对应的页表项中。开启了PAE之后还可以映射到超过4G以上的区域（需要使用HIGHMEM64G选项重新编译Linux内核）。图中所示为三种不同情况下的布局示意图，都是允许的。

这样，内核通过线性映射访问的物理内存就变成了896MB，这段物理地址区域也被称为Low Memory；其余物理内存区域需要通过128M的窗口来动态映射访问，896M之上的物理地址区域被称为High Memory。可以看到，DOS、Intel、Linux各自都定义过"High Memory"的概念，然而它们却并非相同的事物。如果系统安装的DRAM容量小于896MB，那就没有Low和High Memory之分了。

提示 ▶ ▶

Windows没有高端内存的说法，它的内核区是可以任意映射的，而且其页表采用自映射机制，篇幅所限不多介绍了。Windows可以通过配置文件来启用PAE，或者调整内核区占用虚拟地址空间的容量。

Low Memory又被分为两部分：ZONE_DMA（0~16MB）和ZONE_NORMAL（16~896MB），前者是为了兼容一些古老的I/O设备而设立的，因为这些设备只能读写地址空间的前16MB，内核必须要传给这些I/O设备的数据放置在该区域才可以，设备也只能向该区域写入数据。而ZONE_HIGHMEM区域指的就是896MB以上的High Memory区域。

Linux内核为内核程序提供各种用于分配内存的函数，其中，kmalloc()用于分配ZONE_NORMAL区的内存，其分配的是线性映射的物理区域，可以用于I/O设备的DMA缓冲区；vmalloc()函数则利用了

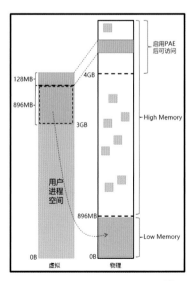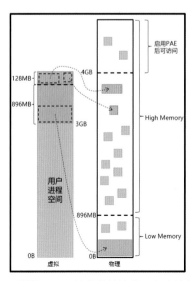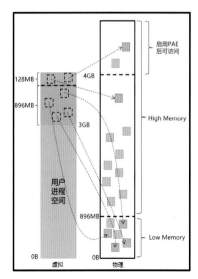

图10-31 利用128MB的虚拟地址窗口来映射高端内存

128MB的窗口来映射到任意物理区域，但是其不保证线性映射关系，其分配的内存都位于虚拟地址空间最顶端的128MB区域，其对应的物理页不一定在哪儿，也不一定连续。

32位系统处处受限，在64位系统上，这些问题都不存在了，因为其整个地址空间达到了EB级别，而目前最高端的服务器也不过支持2TB左右SDRAM。所以，在64位的虚拟地址世界中，可能永远也触碰不到世界尽头。

提示 ▶▶

> 在64位的Linux系统中，也并不是使用整个64位空间，目前主流版本只使用40位的物理地址，以及48位的虚拟地址空间。在虚拟地址空间中，0x0000000000000000～0x00007FFFFFFFFFFF区段（128TB大小）为用户进程空间，0xFFFF800000000000～0xFFFFFFFFFFFFFFFF区段（256TB大小）表示内核空间。而0x0008000000000000～0xFFFF800000000000之间的这一大片区域是空洞，没有用到。Linux系统下可以使用ps aux命令查看进程的内存空间使用情况；可以使用pmap命令查看进程在虚拟地址空间中各部分的详细布局信息。

10.1.8.2　相关模块数据结构

内存管理模块主要负责如下工作：管理内核自身程序的内存分配（比如kmalloc()等函数以及各种算法）、管理用户进程的内存分配（mmap和brk系统调用）、日常维护页表（比如统计访问和未访问过的页面、统计脏页面等）、Swap换入换出过程、Page Fault中断处理、TLB缓存的管理（比如在切换CR3寄存器前Flush/Write Back缓存条目等）。主要管理模块可以分为：负责空间管理和页面分配回收等机制的核心管理模块、负责页面换入换出的Swap管理模块、负责Page Fault处理的请求调页模块、负责页面映射和地址转换的mmap模块。

为了完成上述管理，内存管理模块需要记录大量的元数据（Metadata）来追踪各种状态，页表自不用说。如图10-32所示为部分操作页表/页目录的函数，这些函数位于虚拟地址空间中的高位内核区，只能供内核态程序调用。还有更多其他关键函数读者可以自行了解。

其他一些关键数据接口，比如记录每个物理页面信息的struct page{ }，将每个物理页面对应的struct page{ }打包成的数组mem_map[ ]；用于描述不同ZONE（见上文）信息的struct zone{ }；用于描述每个进程的内存情况的总入口结构体struct mm_struct{ }；嵌套在mm_struct中的用于描述进程虚拟地址空间布局状况的struct vm_area_struct{ }等，如图10-33所示。

每个进程都有各自独立的页目录，页目录的基地址会被存入用于追踪各个进程状态的数据结构中（task_struct.(struct mm_struct)mm->pgd），当系统进行进程切换时（进程调度过程被封装到schedule()函数中），就将目标进程的页目录基地址转换为物理地址，然后写入CR3寄存器（这一步被封装到switch_mm()函数中），从而实现页表切换，如图10-34所示。

```
Structures pgd_t and pmd_t define an entry of these tables.
pgd_alloc_alloc()/pgd_free() to allocate and free a page for the page directory
pmd_alloc(),pmd_alloc_kernel()/pmd_free(),pmd_free_kernel() allocate and free a page middle directory in user and kernel segments.
pgd_set(),pgd_clear()/pmd_set(),pmd_clear() set and clear a entry of their tables.
pgd_present()/pmd_present() checks for presence of what the entries are pointing to.
pgd_page()/pmd_page() returns the base address of the page to which the entry is pointing

mk_pte(), Pte_clear(), set_pte()
pte_mkclean(), pte_mkdirty(), pt_mkread(), ....
pte_none() (check whether entry is set)
pte_page() (returns address of page)
pte_dirty(), pte_present(), pte_young(), pte_read(), pte_write()
```

图10-32　操作页表/页目录的部分函数

```
struct mm_struct {
    int count; // no. of processes sharing this descriptor
    pgd_t *pgd;  //page directory ptr
    unsigned long start_code, end_code;
    unsigned long start_data, end_data;
    unsigned long start_brk, brk;
    unsigned long start_stack;
    unsigned long arg_start, arg_end, env_start, env_end;
    unsigned long rss; // no. of pages resident in memory
    unsigned long total_vm; // total # of bytes in this address space
    unsigned long locked_vm; // # of bytes locked in memory
    unsigned long def_flags; // status to use when mem regions are
    created
    struct vm_area_struct *mmap; // ptr to first region desc.
    struct vm_area_struct *mmap_avl; // faster search of region desc.
    }
```

```
typedef struct page {
    struct page *prev, *next; // doubly linked
    struct inode *inode; unsigned long offset; // where to
    swap
    struct page *prev_hash, next_hash; // in hash list of
    pages in page cache
    atomic_t count; // number of users of this page
    unsigned dirty:16, age:8;
    struct buffer_head * buffers; // if it is part of a block
    buffer
    unsigned long map_nr; // frame #
    struct wait_queue *wait; // Tasks waiting for page to be
    unlocked
    unsigned flags;
} mem_map_t;
```

图10-33　mm_struct以及page结构体

```
struct vm_area_struct {
    struct mm_struct *vm_mm; // descriptor of VAS
    unsigned long vm_start, vm_end; // of this region
    pgprot_t vm_page_prot; // protection attributes for this
    region
    short vm_avl_height;
    struct vm_avl_left;
    vm_area_struct *vm_avl_permission;  // right hand child
    vm_area_struct * vm_next_share, *vm_prev_share; //
    doubly linked
    vm_operations_struct *vm_ops;
    struct inode *vm_inode;  // of file mapped, or NULL =
    "anonymous mapping"
    unsigned long vm_offset; // offset in file/device
    }
```

```
Struct vm_operations_struct {
    void (*open)(struct vm_area_struct *);
    void (*close)(struct vm_area_struct *);
    void (*unmap)(...);
    void (*protect)(...)
    void (*sync)(...);
    unsigned long (*nopage)(struct vm_area_struct *, unsigned long
    address, unsigned long page, int write_access);
    void (*swapout)(struct vm_area_struct *, unsigned long, pte_t *);
    pte_t (*swapin)(struct vm_area_struct *, unsigned long, unsigned long);
    }
```

图10-34　mm_area_struct以及vm_operations_struct结构体

如图10-35和图10-36所示为一些关键数据结构的关系和指向示意图。可以看到在进程的task_struct结构体中含有mm_struct结构体，该结构体中又包含多个指针用于记录代码段、数据段、堆和栈的起始和结束位置，内存映射区的起始位置等，以及包含vm_area_struct这个用于记录进程所占用虚拟地址空间的整体布局的关键结构体，如图10-35、如10-36右侧所示，

进程在虚拟地址空间内的布局可能是不连续的，所以使用每个该结构体描述一段虚拟地址空间，多个结构体组成链表从而将这些虚拟地址段串起来从而描述某个进程占用的全部虚拟地址空间情况。图10-35、图10-36中可以看到file-backed以及anonymous两种映射区，下一节中将详细介绍mmap的机制。

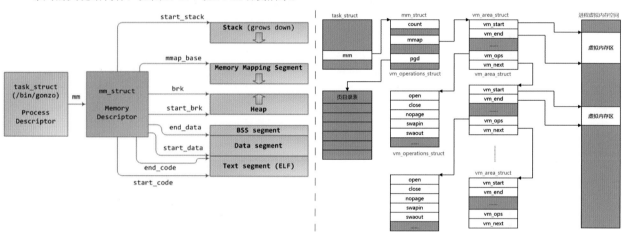

图10-35　一些关键数据结构的关系和指向（1）

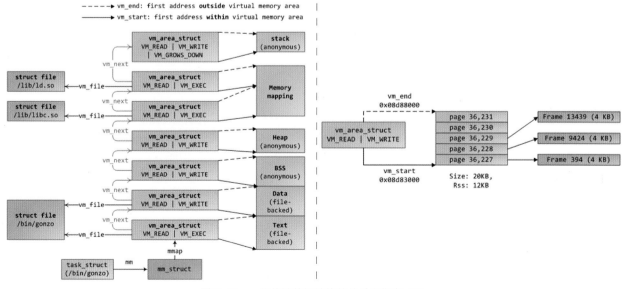

图10-36　一些关键数据结构的关系和指向（2）

如图10-37所示为Linux内核内存管理关键数据结构关系一览。内存管理模块就是按照这些表格以及表中的各种指针，来按图索骥了解系统当前的内存状况，以及每个进程的内存布局，从而做出管理动作的。右下角的slab内存分配机制会在10.1.8.5节中介绍。其他内存管理方面的数据结构还有很多，篇幅所限，读者可自行了解。

10.1.8.3 brk和mmap系统调用

管理内存是操作系统内核的事情，用户态程序只能去申请分配内存（调用brk()函数）或者要求内核对某个虚拟地址段进行映射操作（调用mmap()函数，也相当于申请了内存）。程序被载入之后，Loader会根据exe文件头部所声明的信息计算出其占用的静态内存空间，比如代码段和数据段；当程序运行时，如果需要更多的内存，它并不能直接就去访问虚拟地址空间中的其他地址，如果强行访问，产生Page Fault之后，操作系统内核会判断该目标地址是否落入已经被分配的区域（通过find_vma()函数判断是否落入了

某个已分配的vma），若没有，则产生异常。程序必须通知内核申请对应数量的内存。前文中提到过，用户态与内核态之间的通知接口，就是系统调用，在32位CPU上采用Int指令实现，也就是软中断指令，需要把中断号80以及其他参数放入对应的寄存器中；在64位处理器时系统调用指令被独立出来变为sysenter或syscall指令，具体大家可以自行查阅。

用户程序申请内存只能使用brk或者mmap这两个系统调用，对应的Int/sysenter/syscall指令被写成汇编语言，然后封装到brk()和mmap()函数中，这些函数位于标准C语言运行库中，比如Linux下的libc.so动态共享库文件中，供用户态程序调用。

brk()函数的机制其实就是直接改变进程的堆空间的高位截止地址（如图10-28所示的start_brk和brk位置），将其直接抬升或者降低到某个地址，直接扩大或者缩小堆空间。当然，brk()函数进行了brk系统调用进入内核态之后，内核会执行sys_brk()内核函数进行后续处理。brk就是Break（切断）的缩写，其含义也是直接设置堆的截断地址从而改变堆大小。brk()的定

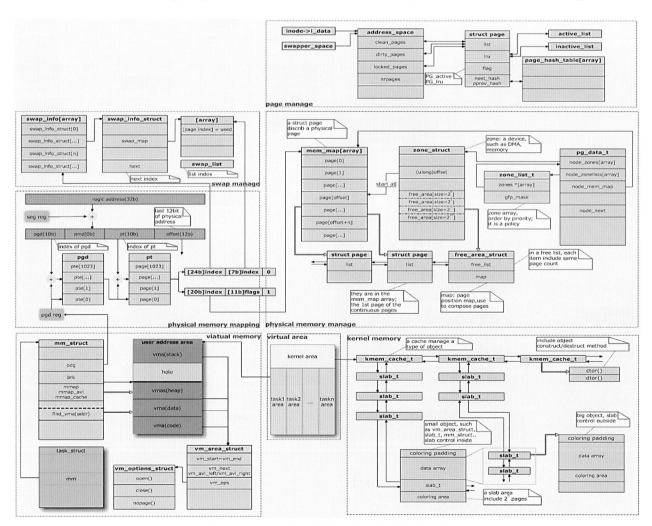

图10-37　Linux内核内存管理关键数据结构关系一览

义为int brk(void *堆高位虚拟地址指针)，其只有一个参数。

如图10-38所示为利用brk()扩大堆空间的过程示意图。如果要扩大堆空间，当调用brk完毕之后，内核只是将mm_struct表格中的brk字段更新为新值，但是并不会将物理页映射到扩大区域的虚拟页上，而是等待程序访问这些区域时，产生Page Fault，然后进入内核内存分配模块进行映射操作，这种**Lazy Allocation**是内核内存管理方面的惯用手段，包括Linux和Windows内核，所以在操作系统的一些统计信息中显示的进程对虚拟空间的占用量一般都是小于对物理内存占用量的，要么其还未访问过这些内存，要么就是被Swap出去了。这样做的目的是为了充分节约内存，因为有些程序申请了内存之后并不是立即就使用的，使用了也不会用完全部；而带来的代价则是第一次访问这些区域时的访存速度会变慢，但是再次访问时就没有差异了。brk系统调用还被封装成了sbrk()函数，其并非像brk()一样将brk位置设置为所给出的绝对位置，而是将brk位置从当前点向上或者向下移动对应的距离，也就是说，该函数的参数为一个相对距离值，其底层实现基本上是先得出当前的brk位置（利用无参数的brk()调用），然后用参数与当前位置算出绝对位置，然后再利用brk系统调用设置绝对位置。

mmap()函数封装了mmap系统调用。该系统调用的机制比较特别，其可以将一个文件系统中的文件中的内容直接映射到相应的物理页中（如图10-39所示），这样，程序使用访存方式访问对应物理页，便可以访问到该文件对应位置的数据。其具体机制是，当程序访问对应虚拟页面时产生Page Fault进入内核调页流程，过程中会判断该区域是否为File-Backed，也就是是否被映射到了某个文件，如果是，则内核读出文件中对应的4KB数据填充到分配好的物理页中，返回用户进程继续执行，从而让进程访问到对应的数据。用这种方式可以作为一个快速访问文件的方法，相比调用read()、write()等I/O函数来讲，速度会有所提升。如图10-39右侧所示，利用mmap方式可以让两个进程相互沟通，比如进程A写入内容到文件中某处，进程B读出文件，利用文件作为中转站，虽然两个进程之间无法直接访问对方内存空间，但是可以共享访问该文件。当然，由于是共享访问，所以需要一些同步机制，比如互斥锁等（见第6章）。

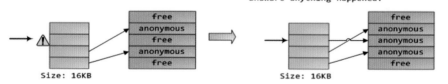

图10-38 利用brk()扩大堆空间的过程示意图

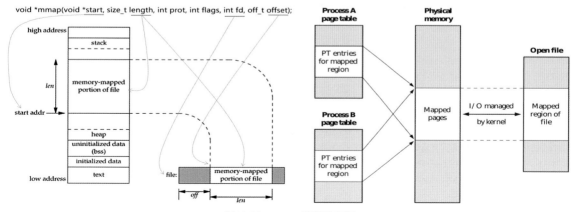

图10-39 mmap原理示意图

mmap()和munmap()函数的语法如下：

void *mmap(void *start, size_t length, int prot, int flags, int fd, off_t offset); int munmap(void *start, size_t length)。如图10-40所示为mmap()各参数的意义和可取值说明。flags字段实际上是一个位map，图中多种flag可以同时指定，将它们按位相或操作即可。

参数：

start：文件内容要被映射到的开始虚拟地址。

length：映射区的长度。

prot：期望的内存保护标志，可取值如下：
PROT_EXEC //页内容可以被执行
PROT_READ //页内容可以被读取
PROT_WRITE //页可以被写入
PROT_NONE //页不可访问

fd：要映射的文件路径描述符。如果MAP_ANONYMOUS被设定，其值应为-1。

offset：被映射对象内容的起始偏移量。

flags：指定映射对象的类型，可取值如下：
MAP_FIXED //使用指定的映射起始地址，如果由start和len参数指定的内存区重叠于现存的映射空间，重叠部分将会被丢弃。如果指定的起始地址不可用，操作将会失败。并且起始地址必须落在页的边界上。
MAP_SHARED //与其他所有映射这个对象的进程共享映射空间。对共享区的写入，相当于输出到文件。直到msync()或者munmap()被调用，文件实际上不会被更新。
MAP_PRIVATE //建立一个写入时拷贝的私有映射。内存区域的写入不会影响到原文件。这个标志和以上标志是互斥的，只能使用其中一个。
MAP_DENYWRITE //这个标志被忽略。
MAP_EXECUTABLE //同上
MAP_NORESERVE //不要为这个映射保留交换空间。当交换空间被保留，对映射区修改的可能会得到保证。当交换空间不被保留，同时内存不足，对映射区的修改会引起段违例信号。
MAP_LOCKED //锁定映射区的页面，从而防止页面被交换出内存。
MAP_GROWSDOWN //用于堆栈，告诉内核VM系统，映射区可以向下扩展。
MAP_ANONYMOUS //匿名映射，映射区不与任何文件关联。
MAP_ANON //MAP_ANONYMOUS的别称，不再被使用。
MAP_FILE //兼容标志，被忽略。
MAP_32BIT //将映射区放在进程地址空间的低2GB，MAP_FIXED指定时会被忽略。当前这个标志只在x86-64平台上得到支持。
MAP_POPULATE //为文件映射通过预读的方式准备好页表。随后对映射区的访问不会被页违例阻塞。
MAP_NONBLOCK //仅和MAP_POPULATE一起使用时才有意义。不执行预读，只为已存在于内存中的页面建立页表入口。

图10-40 mmap()各参数的意义和可取值说明

采用mmap方式写入文件内容时，这些内容变更并不会立即被写入到硬盘文件中，但是在调用munmap()取消映射时内核会自动进行写回。如果想主动触发写回动作，可以调用int msync (void * addr , size_t len, int flags) 将内存中的数据Flush到硬盘文件中，该函数内部也是封装了一个用于将内存中的脏数据写回硬盘的系统调用。

外部I/O设备上的存储器空间（比如PCIE设备上的BAR空间）也可以被映射到用户虚拟地址空间，直接将BAR被分配的物理地址填入到进程页表项中即可完成映射，但是这个过程必须由内核来做，向外提供接口。上文中说过mmap是将文件映射到虚拟地址空间，靠Page Fault来将文件内容填充到物理页。

其实，mmap不但可以映射常规文件，也可以映射设备文件。在Linux操作系统下，外部设备也像文件一样被操作，由设备驱动或者协议栈提供的接口函数来承接这些操作。但是设备文件自身并不承载数据，它不是常规文件，所以设备驱动必须注册自己的mmap承接函数，并在函数中实现物理页映射操作，相比之下，常规文件的mmap承接动作则是真的去读出文件内容填充到物理页。如图10-41所示为一块PCIE NVRAM卡（卡上有16GB的DDR SDRAM空间被暴露到BAR中）上的存储器空间被映射到用户进程虚拟地址空间的过程示意图。

如果在mmap()参数中给出MAP_ANONYMOUS标志，并且将文件名参数设置为-1，比如p_map = (char *)mmap(NULL, BUF_SIZE, PROT_READ | PROT_WRITE, MAP_ANONYMOUS, -1, 0)，则mmap()底层的行为将是：在内核数据结构中分配对应长度的vma，但是并不与任何文件关联。当用户进程访问对应vma区段时，产生Page Fault，内核内存管

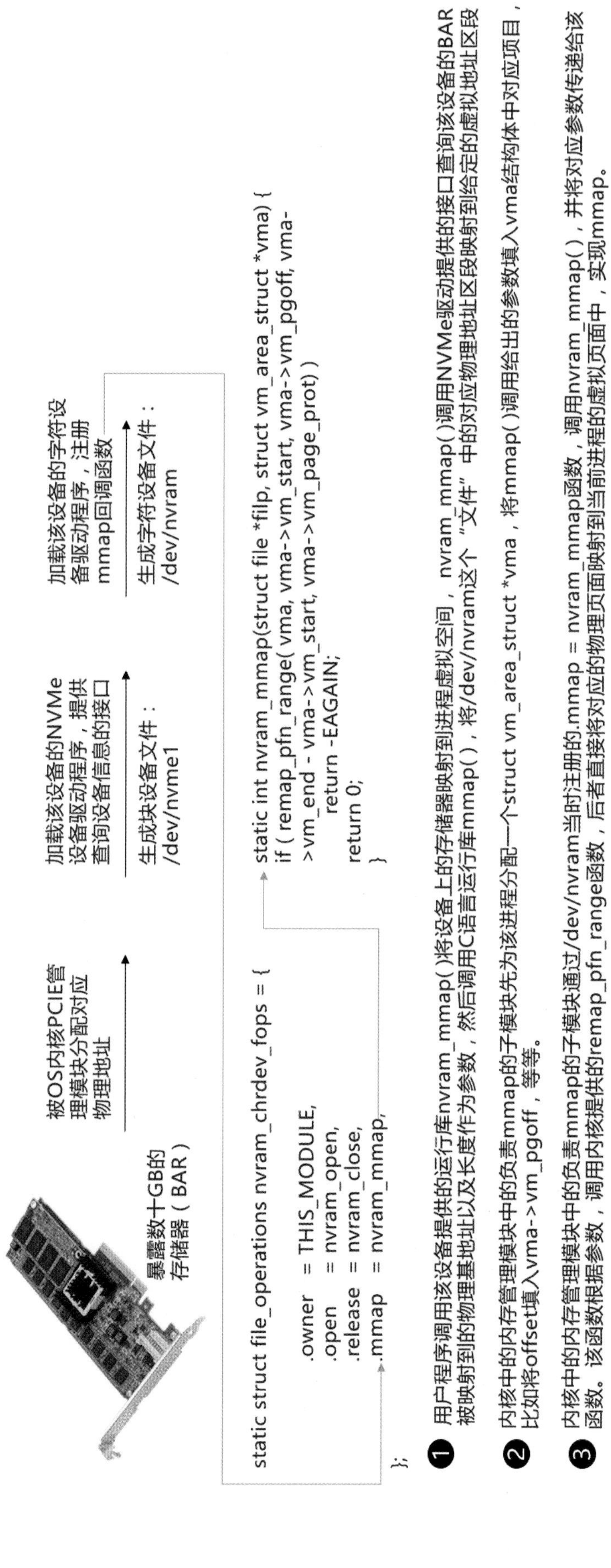

图10-41 PCIE NVRAM卡上的存储器空间被映射到用户进程虚拟地址空间的过程示意图

被OS内核PCIE管理模块分配对应物理地址

暴露数十GB的存储器（BAR）

```
static struct file_operations nvram_chrdev_fops = {
    .owner   = THIS_MODULE,
    .open    = nvram_open,
    .release = nvram_close,
    .mmap    = nvram_mmap,
};
```

加载该设备的NVMe设备驱动程序，提供查询设备信息的接口

生成块设备文件：/dev/nvme1

加载该设备的字符设备驱动程序，注册mmap回调函数

生成字符设备文件：/dev/nvram

```
static int nvram_mmap(struct file *flip, struct vm_area_struct *vma) {
    if (remap_pfn_range( vma, vma->vm_start, vma->vm_pgoff, vma->vm_end - vma->vm_start, vma->vm_page_prot) )
        return -EAGAIN;
    return 0;
}
```

❶ 用户程序调用该设备提供的运行库的nvram_mmap()将设备上的存储器映射到进程虚拟空间，nvram_mmap()调用NVMe驱动提供的接口查询该设备的BAR被映射到的物理基地址以及长度作为参数，将/dev/nvram这个"文件"对应物理地址区段映射到给定的虚拟地址区段

❷ 内核中的内存管理模块中的负责mmap的子模块先为该进程分配一个struct vm_area_struct *vma，将mmap()调用给出的参数填入vma结构体中对应项目，比如将offset填入vma->vm_pgoff，等等。

❸ 内核中的内存管理模块中的负责mmap的子模块通过/dev/nvram当时注册的.mmap = nvram_mmap函数，调用nvram_mmap()，并将对应参数传递给该函数。该函数根据参数，调用内核提供的remap_pfn_range函数，后者直接将对应的物理页面映射到当前进程虚拟地址空间中，实现mmap。

理模块将只为其分配物理内存页面，而不填充任何内容。所以，用户进程除了使用brk()来申请内存之外，还可以使用mmap()来申请，前者分配的内存位于堆中，而后者则位于映射区。

上述这种映射方式被称为**匿名映射**，而映射到常规文件内容或者映射到设备文件表示的设备上的存储器时，则被称为**file-backed映射**。上文中提到的利用文件作为集散地实现进程间通信，其效率很低，因为每次通信都需要读写文件，速度较慢。如果使用匿名映射方式直接映射到物理RAM页面，则读写的是物理RAM而不是文件，速度就快了。

> **提示 ▶ ▶**
>
> 在32位时代，地址空间非常局限和紧凑，以至于出现各种不得已的解决办法比如high memory等，令人眼花缭乱。在32位Linux操作系统下，brk()最多可将堆空间扩展到八百多MB之后就不能再往高位扩展了，因为Linux系统会将程序使用的共享库比如libc.so文件装入到mmap映射区中，而800MB左右的位置就是libc.so文件被映射到的位置，所以无法再往上增长。不过进程可以使用mmap()来申请位于映射区的内存。到了64位时代，这些限制都没有了，堆空间和mmap映射区已经没有了界限，它俩其实是同一个空间，被统称为堆。对于mmap申请的匿名内存，内核会提前将对应的物理页初始化（写入全0），brk申请的区域不会被初始化。brk和mmap申请内存的过程和使用上的更多区别大家可以自行了解，篇幅所限不再过多描述。

看上去brk()和mmap()已经比较易用了，但是并不是非常易用。最易用的方式是：我需要分配128KB内存，分好了给你指针！而brk和mmap是做不到如此易用的，比如brk需要程序员明确给出堆顶的地址，而程序员哪儿有工夫记住当前的堆顶在哪里？所以，程序员们封装了各种函数来帮助自己直接删除申请内存。

10.1.8.4 malloc/calloc/realloc函数

这些用于帮助程序员申请内存的函数被打包到libc.so库文件中供调用。如图10-42所示为主流的上层内存分配函数简介。

这些函数在底层其实也都是调用了brk()和mmap()两个函数来向操作系统分配内存的，如图10-43所示。对于malloc()函数，视glibc库的不同版本而异，一般来讲，当进程申请内存小于128KB时，malloc()会调用sbrk()来向内核申请直接增加堆空间；若申请的内存大于128KB，则会调用mmap()来向内核申请映射区内存形成匿名映射空间。sbrk()和mmap()函数进行系统调用进入内核态之后，内核会执行__brk()或__mmap()函数以及后续的函数（比如sys_brk()、sys_mmap_pgoff()等）继续完成后续的工作。

然而，malloc()等函数并不仅是当一个传话员这么简单。比如某进程调用malloc()欲分配1KB的内存，而后者可能直接调用brk()向操作系统申请132KB内存，然后malloc()函数自身维护了一些数据结构专门用于记录内存分配情况，如果后续进程再次申请内存，那么该函数就不需要再向OS去申请了，而是直接从它批发过来的货源中切取一块给进程。malloc()相当于一个批发商，其从厂商（操作系统内核）大量批发货物，然后零售给用户进程，因为这样可以节省大量的系统调用过程带来的开销。这里会有一个问题，用户进程如果申请了1KB内存而底层却默默地隐含地向OS申请了更多内存，那么进程如果试探性地访问超出了这1KB之外的内存地址，也是可以成功访问的。这就会造成潜在问题，一旦稍不留神访问越界，却没有报异常，遂继续越界访问，随后进程又分配比如1KB空间，而malloc()是根本不知道进程访问过哪些区段的，其如果分配了之前已经被失误越界访问而留有关键数据的物理页面，进程向这些物理页写入新数据，却覆盖了旧数据，这个过程被俗称为"踩内存"，相当于自己踩到了自己，或者咬着了自己的舌头一样，最终会导致各种奇怪问题。

```
void *malloc(size_t size);
void free(void *ptr);
void *calloc(size_t nmemb, size_t size);
void *realloc(void *ptr, size_t size);
void *reallocarray(void *ptr, size_t nmemb, size_t size);
```

malloc() 函数负责分配 *size* 字节数的内存空间并返回指向该内存空间基地址的指针。注意，分配好的内存空间并不会被初始化，这意味着该内存空间中的内容不可预知。如果 *size* 为0，则**malloc()** 可能返回NULL或者返回某个可以被用于后续调用**free()** 进行释放的指针。

free() 函数会释放由ptr指向的内存空间，这块内存空间必须为之前使用 **malloc()**、**calloc()**、或者**realloc()** 所申请的空间。如果这块空间未被上述函数申请过，或者 *free(ptr)* 之前已经被调用过，那么会产生不可预知的结果。如果*ptr*为NULL，系统不执行任何操作。

calloc() 函数会分配一系列的 *nmemb* 片段空间，每个片段的大小为 *size* 字节，并返回对应的指针，分配好的空间会被初始化为0，如果 *nmemb* 或者 *size* 为0，则**calloc()** 可能返回NULL或者返回某个可以被用于后续调用**free()** 进行空间释放的指针。

realloc() 函数将 *ptr* 所指向的内存空间大小变为 *size* 字节。内存空间中的内容不会变化，但是如果新空间小于之前的空间，被保留空间中的内容不变。如果新空间大于之前的空间，那么多出来地址空间中的内容不会被初始化。如果 *ptr* 为NULL，那么该调用将等效于 *malloc(size)*，如果 *size* 为0，且 *ptr* 不为NULL，那么该调用将等效于 *free(ptr)*。除非，*ptr* 为NULL，否则它必须是之前被**malloc()**、**calloc()** 或者**realloc()** 所返回的，如果被指向的区域被移除，那么 *free(ptr)* 就被认为已经完成。

图10-42　主流的上层内存分配函数简介

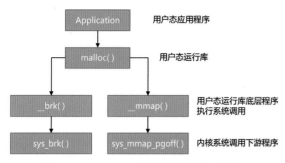

Application	用户态应用程序
malloc()	用户态运行库
__brk()　　__mmap()	用户态运行库底层程序执行系统调用
sys_brk()　sys_mmap_pgoff()	内核系统调用下游程序

图10-43　malloc()函数的调用流程示意图

这些函数向内核批发内存的颗粒度随着不同C运行库、不同算法、不同操作系统而各不相同。进程可以选择不使用malloc()而直接调用brk/mmap自己向内核申请内存。每个进程调用malloc()之后，后者会在进程虚拟空间中创建一系列数据结构用于追踪向操作系统批发内存的情况，以及向进程零售出去的情况，相当于做了两本账。malloc()也相当于进程自己雇佣的一个内存管家一样，malloc()自身的逻辑全都运行在用户态，它只是协助用户进程去申请和管理内存而已。不同的算法、库版本可能记账的方式和分配的方式不同，大家可以自行了解。

而对于内核来讲，其只看brk水位线位置，也就是堆空间顶端位置，顶端下方的空间都是可以被访问的，也就是采用一刀切方式来切取内存给用户态进程（或者用户态进程的委托人：malloc()函数）。

提示 ▶▶

用户态的内存管理库比如malloc()等，有不同的变种算法，包括dlmalloc（General purpose allocator通用分配器）、ptmalloc2（标准glibc）、jemalloc（FreeBSD/Firefox）、tcmalloc（Google）、libumem（Solaris）等。此外，还需要考虑到目前多核心、多CPU的NUMA架构下不同位置的RAM其性能不同这个因素，综合提供多种内存分配策略。限于篇幅，不再介绍这些具体算法和策略，大家可以自行了解。

10.1.8.5　buddy和slab算法

内核态的kmalloc/vmalloc分配管理函数也有特定的算法，比如伙伴算法、slab缓存等。伙伴（buddy）算法的原理如下：假设初始时系统内有8192个连续物理页面的空闲内存，则buddy算法将其分割为8个组，每组1024个页面，并使用双向链表将这8个组链起来；假设某内核程序模块想申请一个128个页面的内存空间（也就是512KB），则伙伴算法先将1024个页面组拆分为两个512个页面的组，再将其中一个512个页面组拆分为两个256个页面的组，再将其中一个256个页面组拆分成两个128个页面组，将其中一个128个

页面组分配给该程序模块使用。此时，系统内存在：一个512个页面组、一个256个页面组、一个128个页面组。后续如果再有程序模块申请分配128页面组，则直接分配剩下的这个128页面组，如果有程序尝试分配64页面，则将剩余的这个128页面组拆分为两个64页面组，将其中的一个分配给程序。同理，如果有程序用完了某块内存，释放给内存管理模块，那么伙伴算法会尝试将这块内存与现存的组进行合并，如果被释放的内存与某个组大小相等，比如某块释放的128页面空间与现存的另外128页面空闲区段在物理上是相邻的，则其两者合并成一个512页面的组。

伙伴算法为1页面、2页面、4页面一直到1024页面组，每个层级都设置了一个双向链表，如图10-44所示。这样一共有11个层级，11个链表，然后再使用free_area[11]数组来描述这11个链表，每个层级的链表被称为一个Order。如图10-44右侧所示，假设系统中仅存在3组8页面的空间、8组1页面的空间，而某内核程序欲申请一个8KB（2页面）的空间，则系统首先搜索Order 1，也就是2页面为一组的Order，发现为空，则继续搜索Order 2，发现仍然为空，则搜索Order 3，不为空，则从其中拿出一个8页面，将其分裂为两个4页面，并将其中一个4页面组加入到Order 2链表中，将另一个再次分裂为两个2页面组，其中一个加入Order 1链表中，剩下的两个页面提供给申请内存的内核程序使用。

实际中，伙伴算法的具体算法和设计细节也可能略有不同，比如有些算法Order的层级可能到不了11级，5级就够了，因为内核程序一般不会申请太大的连续空间。如果内核程序申请的内存大小并非2的幂次关系，则按照能够容纳所申请尺寸的最低的层级开始搜索。现在你应该能够体会到所谓伙伴的意思了。一组页面被分裂成多个组（伙伴），释放后，如果与其他伙伴相邻，则结伴而行形成更大粒度的组。

伙伴算法并非只可用于内核内存的分配，用户态的malloc()系列函数也可以采用这个算法，只不过主流算法都没有采用伙伴机制，因为用户态内存分配的行为与内核态不太一样，用户态分配的内存一般长短不一，很不规则。相比之下内核态程序分配内存的长度比较规则，而且基本不会有大起大落的行为变化。

然而，一个4KB的页面有时候对于内核代码而言还是太大了，很多内核里面的数据结构大多平均在百字节或者数百字节级别，有些数据结构会被频繁创建、初始化、释放，然后再创建和释放。比如当内核创建一个新进程时，它要给进程分配一大堆的数据结构，包括task_struct、mm_struct、vm_area_struct等，如果每个数据结构在创建时都给它申请一页内存，就太浪费了。一个自然想到的方式是，把多个数据结构挤在一页里，于是有了slab的机制/算法。

回想用户态的malloc()的机制，其利用brk()或者mmap()函数从内核批发内存然后零售给用户态程序使用。内核slab机制也是这样的，**先向伙伴算法内存管理模块申请一批页面回来**（数量不定，看算法设计和其他参数），然后对这批页面精打细算，**先将一页或者数页作为一个分配单元，被称为slab，再在这个slab内切分更细的子粒度，每个子粒度被称为一个object（对象），然后向前来申请内存的内核程序模块贩卖这些object。**但是不同的客户需求不同，比如有些客户不停地购买和退回task_struct结构体，有些则是mm_struct结构体，这两个结构体尺寸不同，object切分粒度就得跟着不同，才能更好地利用批发回来的内存，然而又无法做到精确匹配各种内核结构体的尺寸，所以只能采用和鞋店类似的方式，只提供主流的几个尺码，客户买大不买小，大了凑合着穿，大不了浪费一些。而且，随着客户不断地买、卖，仓库中的内存中会产生大量的碎片，需要用仓库管理手册来记录哪些object是空闲的。思维酝酿到这里，我们就来看看slab算法的实际实现。

如图10-45所示为slab算法的关键数据结构。面对不同的内存粒度需求，与伙伴算法的初衷类似，slab算法也将内存的颗粒度做固定尺寸粒度的层级划分，也是11级，分别为96字节、192字节、8字节、16字节、…2048字节。如果要分配4096字节（4KB）那就不要用slab了，直接向伙伴算法的内存管理函数申请1页就可以，slab就是要解决小于4KB粒度的内存分配问题。然后，将这11个层级表述为一个kmalloc_caches[11]数组，每一项放置一个指针，指向一个关键的数据结构kmem_cache。slab的策略并不是用一家零售店来售卖全部11种尺寸的object，而是直接开11家样板店，各自只零售对应尺寸的object。各家店的kmem_cache结构体就是掌柜的，其记录了slab内部每个条目的尺寸（size字段）、贩卖的内存粒度层级尺寸（objsize字段）。掌柜的需要一个库管员（node指针指向的kmem_cache_node机构体）和一个售货员（cpu_slab指针指向的kmem_cache_cpu结构体）。

看看库管员kmem_cache_node都记录了些什么。一页内存被切来切去，一定有完全卖完的（用full字段指向一个链接着所有卖完的内存页面的链表），也有卖了其中零碎的一些object的（用partial字段指向一个链接着所有这种页面的链表）。有没有一个object也没卖出去的slab？只在瞬间有（比如客户退货回来），因为一旦出现这样的slab，掌柜的会把它退回给厂家（调用伙伴算法内存管理模块的内存释放回收函数），这个掌柜的路数是绝不囤货。此外还要记录着仓库里共有多少个slab（nr_slabs字段）、多少个partial状态的slab（nr_partial字段），当然，用nr_slab减去nr_partial就是full状态的slab数量，所以不用记录nr_full（不存在）。

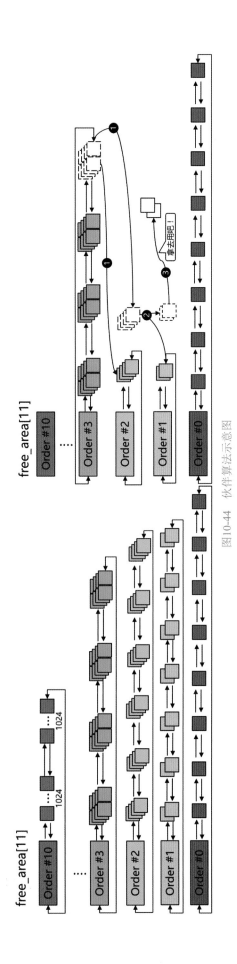

图10-44 伙伴算法示意图

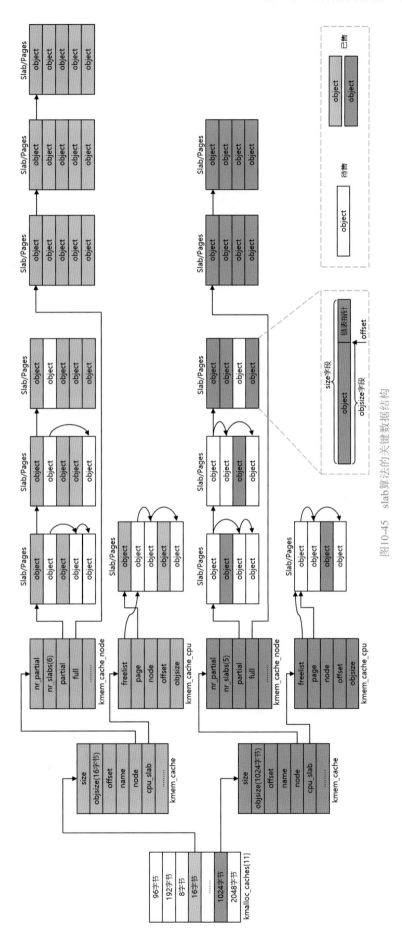

图10-45 slab算法的关键数据结构

再看看售货员kmem_cache_cpu都记录了什么。零售店不是超市，柜台上永远只摆放一件商品，卖完了再从仓库提货一件出来接着卖。其中，使用page字段指向柜台上的slab，用freelist字段指向这个slab内部的那些空闲待售object形成的链表。每当有客户买object，先从柜台上这个slab中切出一片object给客户，然后修改链表指针。

如图10-46所示，每次贩卖就卖出位于链表头部的那个object。如果遇到客户退货（使用完释放），则修改链表指针，同时将freelist指针指向这个刚被释放的object，这样下次就会卖出上次刚被退回来的那个object，这样做的目的并不是为了把旧的先卖出去，内存并没有新旧一说。而是为了让slab内部的空闲object尽量保持稳定，你完全可以下次再卖出新的object，但是这样会让链表的更改之处增多。

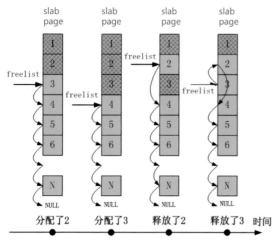

图10-46　刚释放的对象总被作为链表头

如果柜台上的slab整体卖完，那当然是要把它移动到仓库里（将该slab挂接到full链表尾部），同时从仓库里再拿出一份还没卖完的slab接着卖（从partial链表拿出一份挂接到售货员page字段指针指向上）。可以看到，slab机制就像一个缓存一样，将批发来的页面切分成object零售，并时刻保证有足够的object可售卖，被退回的下一次接着卖给别人。所以slab机制又被俗称为**slab缓存**。这个缓存只是角色上具有缓存的特质，而并不是硬件缓存。

上述流程就是slab算法的基本原理。上面介绍的这些只是数据结构，还需要一套流程代码来执行slab分配的过程，执行的时候按照这些数据结构顺藤摸瓜找到对应的object，分配，然后修改数据结构记录下本次的结果。这些代码就相当于店里的导购员，迎接客户进来，响应客户的要求。

操作系统内核启动初始化时会为每一种需要频繁创建、释放的内核数据结构创建一个零售店，比如task_struct、mm_struct等。上面的11个零售店只是样板店，实际中可以参照这个样板创建任意数量的连锁店。函数kmem_cache_create（店名，对象尺寸、其他参数）被用于创建一家新店，本质上其实就是置办一下上述数据结构（一个掌柜的加两个员工）并填充对应的字段即可。新店开张后里面什么货物都没有（掌柜不囤货），一直到有其他内核模块通过调用kmem_cache_alloc（店名，其他参数）函数来向这家店购买object时，该函数底层会动态地找伙伴算法的内存管理模块批发来页面，然后切分，售出。

不同版本的Linux在slab的具体机制上可能会有所不同。比如在如图10-47左侧所示的架构下，多个kmem_cache连锁店被真的链接了起来，在一个cache_chain里，而且每个连锁店内部可以囤货，允许有slabs_empty链表的存在，其链接着那些完全空闲的slab。图10-47右侧为该架构下对应的数据结构，其中每个slab的头部记录了更多控制信息，其中有一项叫作coloroff，这个参数用于控制该slab内部用于存放object的起始区域相对slab基地址的偏移量，不同的slab的这个偏移量不同，系统利用这个偏移量将不同slab内相同相对位置的object在逻辑上相互错开，以避免它们相互挤占CPU内的缓存行，这个思路与第6章中的6.2.12节介绍的Page Coloring思路相同。而slab的coloroff则是在页内进一步分散从而降低缓存挤占概率。

在下面的10.2.2.3节中会给出一些内核在初始化时的实际代码，届时读者可以再来回顾slab机制。slab这种按照数据结构对象来零售的方式又称为对象池，这是个更加抽象的说法了。此外，内核中还提供了其他类似的变种算法，比如slub、slob，篇幅所限就不多描述了。最后，请读者自行体会如图10-48所示的Linux内核在内存管理方面的架构示意图。

池的思想也被广泛应用，不仅这些内核数据结构的创建可以直接从对象池中拿到内存，线程也可以形成**线程池**，比如频繁创建和销毁线程很不划算，将线程作成池，创建时直接从池中取一个出来，塞入新的执行代码就行。此外还有**连接池**，因为TCP需要频繁建立连接，每次建立连接都需要创建一堆数据结构，在连接断开后，保留这套数据结构供后续连接继续用。具体内容读者可自行了解。

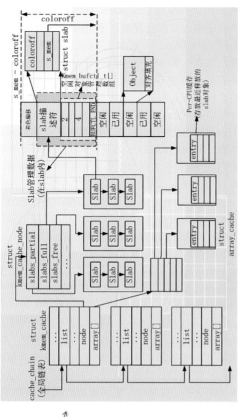

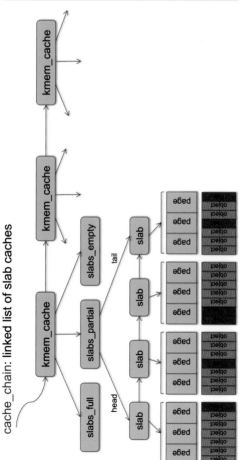

图10-47　不同版本的slab机制

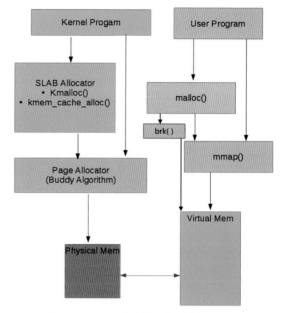

图10-48　Linux内存管理作用路径示意图

10.2　任务创建与管理

　　内存是程序运行的场所和温床，内存准备好之后，进程才能开始运行。本节我们就来看一下操作系统是如何调度多个进程来分时运行（单处理器核心系统）或者并行运行的（多处理器核心系统）。

　　在第5章中，我们初步介绍了如何同时运行多个程序，也介绍了线程和进程的区别，在此建议大家回顾一下再继续阅读。线程/进程是什么？线程首先是一堆代码和数据，其次是这堆代码和数据的执行状态（执行到哪里了，CPU里的寄存器值各是多少，分配了多少内存，分配在哪里，哪些被swap出去了，打开了哪些文件，等等）。要将一个进程暂停而切换到另一个进程，那么就需要将上述所有东西保存起来，冻住，存好，然后将另一个进程的上述信息重新安放到CPU对应寄存器上，执行。

　　这就像一个舞台（CPU核心），要供多个剧组演出多个剧目（进程），剧目中有多个各自独立的角色（线程），有跑龙套的，有主角，第一配角，第二配角等，他们在同一个舞台（CPU和虚拟地址空间）上各自执行着自己的动作，互不干扰，偶有交谈（线程间共享访问变量）；还有专门的一个角色（I/O线程）负责向幕后人员（操作系统）发出信号（系统调用）控制幕布、灯光角度和颜色、背景图片道具切换的；或许还有一个角色（负责创建新线程）专门负责通知幕后人员请其他角色（线程）上台执行以及向幕后人员申请舞台某个区域使用权的（申请分配新虚拟地址空间）。如果系统只有一个CPU核心，那么舞台上的所有角色（线程）只能一个接一个地执行，当一个角色举手投足时，其他角色都静止在原地，大家轮流执行，只要切换速度足够快，给观众的感觉就会是所有角色都在"同时"做出各种动作。当某个角色执行完一个细小的时隙（比如10ms）后，幕后会响起一个闹铃（时钟中断），中断该角色的演出，CPU停止执行该角色，并将该角色的身体各部位的位置（CPU内部关键寄存器值）保存起来，这个演员就可以下台休息了。然后，幕后人员根据下一个要执行的角色按照之前方式保存的位置信息，将其身体形状拧巴成对应的形状（恢复安置各个寄存器值到CPU上），搬上台，然后CPU开始执行，该角色会继续从之前的断点执行，就好像什么也没有发生过一样。

综上所述，为了实现多任务并行，起码要保存两大套东西：程序基本信息（比如内存分配情况等）和程序的运行时动态上下文信息（比如CPU内部寄存器值等），这两大块信息统称为进程/任务的上下文（Context）。这两套信息会被保存在内存中的特定数据结构中。

可以想象，操作系统和CPU必须密切配合来实现任务的切换，比如，当接收到外部时钟中断时，CPU必须自行（在没有任何代码驱动下）将当前的寄存器值保存起来，然后才能跳转到对应的中断服务程序执行，如果不保存就直接执行中断服务程序，那么后者的代码在执行时将会把之前程序的中间结果全部覆盖掉。而操作系统负责的则是维护一大堆的数据结构表格来记录每个线程/任务的上下文信息，以及进一步地保存现场，以及决定将哪个线程调度到CPU上继续执行。

本章中，我们根本不关注对应的任务、线程、进程到底都做了些什么，是聊天程序，还是游戏，抑或是科学计算程序？这些对操作系统来讲，它根本不关心。操作系统看到的只是一连串的代码、执行流，而OS只需要为这串代码创建好一个温床，至于这些代码做了什么，那是CPU要去取指、译码、执行的，与OS本身没有关系。当然，这些代码可能会时不时委托操作系统帮它们来做一些事情（系统调用），比如聊天程序需要将信息发送到网络上，字处理程序需要保存文档文件到硬盘上，此时OS就得出手了，但是OS此时也并不会去关心对应的线程到底是因为聊天才发出的信息，还是为了访问网页而发出的信息。系统调用结束之后，返回用户态继续执行时，OS又不管了。

10.2.1　32位x86处理器任务管理支持

如图10-49所示，为了保存任务的上下文信息，Intel的80386处理器以及后续的Intel 32位处理器定义了一个叫作TSS（Task State Segment）的表结构，该表由操作系统的任务管理模块负责生成，并负责将

该表所在的内存基地址写入到GDT中的TSS描述符中，并将该描述符的位置索引使用LTR（Load Task Register）指令载入到处理器的TR（Task Register）寄存器，该寄存器与CS/DS寄存器一样，也是一个选择子寄存器（拥有存储选择子的可见部分和存储描述符副本的不可见部分），用于从GDT中选出TSS描述符（图中央所示，由于TSS属于系统段而不是用户段，所以其S位恒为0），处理器再利用描述符中记录的基地址来找到TSS表。该表中存放的是一个任务/线程的运行时上下文信息，包括IP指针、栈指针、通用寄存器的值、页表基地址值等。I/O Map Base Address保存着I/O权限表的基地址，操作系统内核可以限制某个线程对某个I/O端口的访问，对应的权限描述信息就放置在I/O Map中，CPU执行I/O指令（比如In，Out）时会根据该表判断是否允许执行，不过目前几乎所有外部设备都已经使用了MMIO方式，鲜有使用这种传统I/O方式了，我们在本书之前章节中也介绍过。

Intel建议操作系统为每个线程都准备一个TSS表。当操作系统启动一个新任务时，需要对该表进行初始化填充，然后将该表基地址更新到TR寄存器，处理器会根据TR指针找到TSS表，并从表中取出这个新任务的IP指针、栈指针、通用寄存器值等，将它们载入对应的寄存器，然后开始执行。这相当于，操作系统用TSS这个表格来对CPU下发任务，只要将TR更新好，其他的都是CPU内部电路自行处理，一直到所有寄存器都被安置好之后，开始执行任务代码，后续CPU的执行在代码的控制下完成。

在发生外部中断比如时钟中断后，内核可以将另外一个任务的TSS选择子装入TR寄存器，此时，CPU会自动将当前任务的上下文信息全部保存到上一个TSS，然后再从给出的新TSS中恢复所有上下文到CPU内部寄存器，然后开始运行新任务。

那么，当一个用户任务正在运行期间，如果操作系统想主动中断暂停某个任务的执行而切换到另一个任务，怎么办？常规来讲是没办法主动暂停任务执行的，因为处理器在运行一个用户任务期间，操作系统并没有在运行，根本无法控制系统，除非该用户任务执行了系统调用，才会进入内核代码执行。所以，只有靠外部或者特殊内部事件来中断CPU的运行（比如定期的时钟中断，外部设备的I/O中断，或者程序执行异常，程序主动系统调用等），让CPU从用户任务中跳出来来执行中断服务程序从而进入内核代码执行，此时内核才能重新掌管整个系统，也只有此时，内核才能为所欲为，比如暂停上一个任务，调度其他任务来执行，然后回到用户态继续执行，此时内核由于无法被执行而被沉默，等下次中断到来，再到内核转一圈，再回到用户态，周而复始。

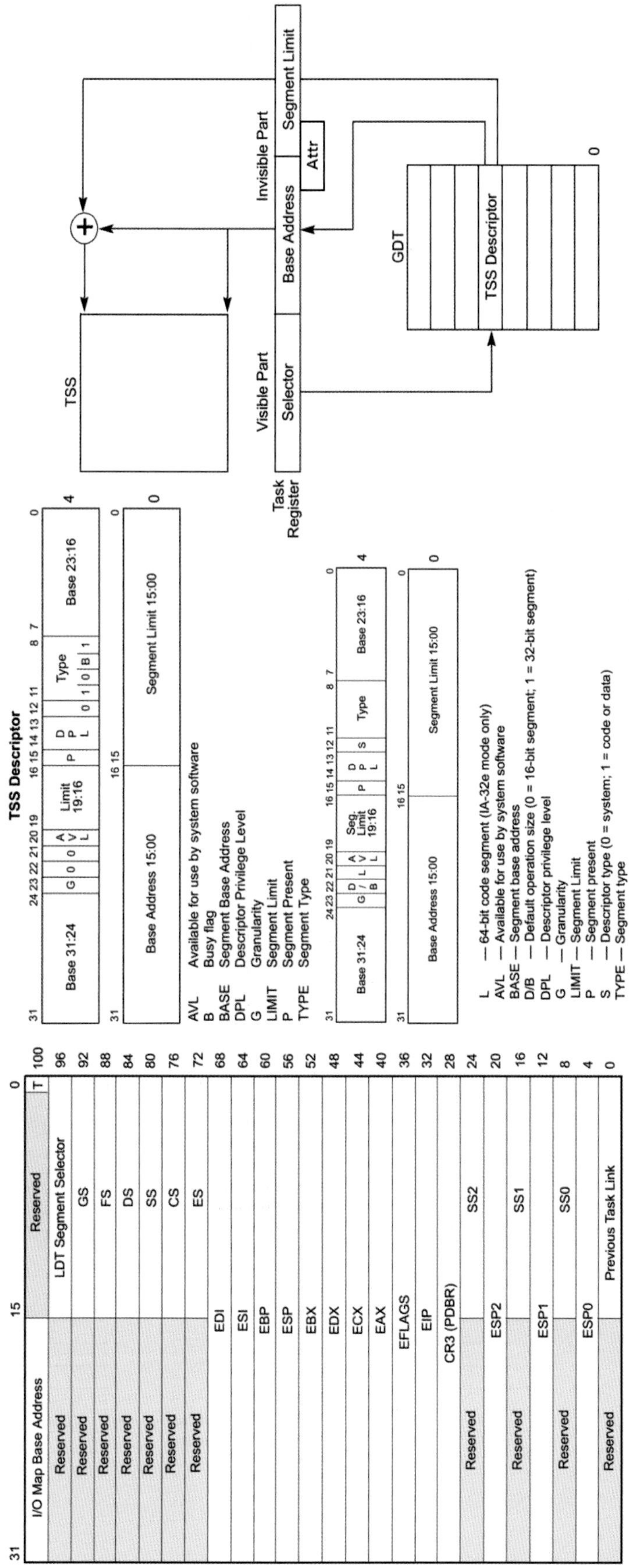

想让内核主动立刻触发任务切换并不是没有办法，有，前提是需要多核心处理器或者多处理器平台。此时，可以让一个内核级权限的线程一直运行在某个核心上，而且关闭该核心的中断响应，或者被中断后仍然运行该线程，此时内核就可以保证永远在运行。对于用户态线程，可以将它们调度到其他核心上运行。当内核想调度其他用户线程运行时，可以通过这个永远在运行的内核线程，发出IPI中断给目标核心，从而触发目标核心运行IPI中断服务程序，然后调度对应的用户线程执行。不过，这样做会浪费一个核心，其只能被内核级线程独占充当总指挥。这类设计只在一些专用系统里使用，通用系统一般不这样设计。

10.2.1.1 用户栈与内核栈

当一个用户线程运行时，它可能会发生错误而导致异常，它也可能会发出系统调用而转移到内核部分的代码执行，而CPU也可能随时接收到外部中断，这些因素都会触发CPU提升权限级别到Ring0级运行。

图10-49 TSS表结构、TSS描述符结构、相关指向关系示意图

为了实现更高的隔离性，当该线程运行到内核态里面的时候，需要使用与用户态时不同的独立的栈空间来专门用于运行内核态代码（供内核态代码进行函数调用以及存放局部变量等时使用），这个栈被称为该线程的内核栈，每个线程都有各自独立的内核栈。由于x86处理器被设计为拥有4个Ring级别，最外层的Ring3使用的栈相关指针被记录在SS（当前线程的栈段选择子）、ESP、SS（当前线程的栈顶和栈基地址，对栈的介绍详见第5章）中，而其他三个Ring级别各使用一个栈，相应的栈指针则是ESP 0/1/2以及SS 0/1/2，这些指针也都被保存在图10-49左侧所示的TSS表中对应位置。这些不同级别下的栈空间，必须由操作系统任务管理模块和内存管理模块协同预先分配好。不过，目前的操作系统一般都只使用Ring3和Ring0两级。

当线程执行了系统调用，或者由于任何其他原因进入内核态运行时，CPU首先自动提升权限到对应级别比如Ring0（具体提升到哪一级？见下面的提示框），然后CPU根据TR寄存器找到TSS表，然后从中读出与Ring0对应的ESP0和SS0指针，将其装入ESP和SS寄存器，此时该线程后续的运行将会使用其内核栈来存放局部变量和函数调用参数、返回值等。之后，CPU必须将用户态代码系统调用指令之后的那条指令的地址（EIP寄存器的值）以及代码段选择子寄存器（CS寄存器值）、SS和SP寄存器值以及EFLAGS执行状态标志寄存器的值保存（Push入栈）到该线程当前的内核栈中，这个过程与函数调用过程（见第5章）所做的类似，只不过函数调用使用的是同一个栈。这预示着，当内核代码完成任务返回时（用iret指令），将弹出（Pop出栈）这5个寄存器值然后继续执行该线程的用户态代码，由于被弹出的CS寄存器值中的DPL=3，所以后续自然就运行在用户态了，这就是iret会自动降级（或者平级）运行的原因。

这还不够，试想一下，既然该线程的内核代码与用户态代码使用不同的栈，那么CPU运行内核态代码时，其SS、ESP寄存器中存储的会是内核栈的指针，那么之前用户态栈的指针会被覆盖掉，如果不将其预先保存起来，将来内核态执行完返回用户态时，将不知道用户态的栈在哪里，那就会丢失用户态部分的上下文信息。所以，当发生系统调用、外部/内部中断触发CPU跳转时，CPU总共要保存（Push压入）：当前用户态的SS指针、ESP指针、EFLAGS寄存器值、代码段CS选择子寄存器值、EIP指针到该线程的内核栈中保存，供返回时弹出，恢复用户态代码执行。如果是异常导致的中断，比如程序发生除0错误，则CPU会生成错误码，CPU也会将错误码也压栈，供后续程序判断处理。

上述这个过程如图10-50所示，左侧为中断之后执行的代码的权级与中断前程序相同时的情况，此时由于它们共同使用同一个栈，不需要压入SS和ESP寄存器，只压入之前程序的EFLAGS、CS、EIP、错误码。右侧为中断后执行的程序权级提升，需要切换到高权级的栈（内核栈），则需要一并将之前用户态的栈指针也压入内核栈。

值得一提的是，上述的保存现场过程，由CPU硬件自动完成，但是CPU并不会将通用数据寄存器（比如EAX、EBX等）也自动保存，这些通用寄存器的值，像普通函数调用过程一样，会由被调用者（内核代码）Push到当前的内核栈上，返回时再弹出，因为被调用程序在运行时并不一定会将所有通用寄存器全部征用，CPU全都保存的话不划算，由被调用程序自主控制更灵活，征用哪个就压栈哪个，更好。

另外，CPU也并不会主动压入EBP寄存器，因为并不是所有程序都用到EBP寄存器，程序可以完全不使用EBP，在第5章中介绍过，程序可以先给EBP寄存器写入当前栈帧的基地址，然后使用ebp+offset的方式寻址，这样更加便捷。也就是说，EBP寄存器的值是可以被程序任意指定的，只是作为程序自己自主使用的，相当于一个变址寄存器。但是代码完全可以使用比如esp-offset，或者直接用绝对地址。所以，CPU考虑到通用场景，不主动压入EBP，而是向其他通用寄存器一样，让内核态程序决定是否压入，如果当前的操作系统被设计为使用EBP寄存器（这也是普遍情况），那么内核程序就需要执行push指令来压入（不妨称之为软压入）。比如对于Linux操作系统，其发生中断、系统调用等之后，内核程序会使用SAVE_ALL这个宏（见5.5.4.2节结尾）来保存那些没有由

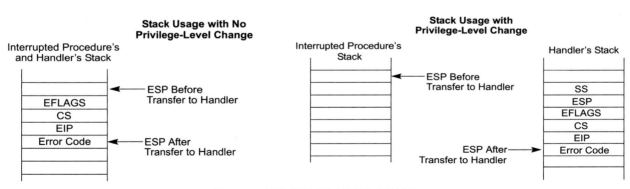

图10-50 中断/系统调用后的保存现场过程

CPU自动压入（不妨称之为硬压入）的寄存器，而在返回用户态时，内核程序也需要先使用软弹出来恢复之前被软压入的寄存器值，然后使用iret指令触发CPU进行硬弹出剩余的、当初被硬压入的寄存器值，最终返回用户态。在Linux中，使用RESTOR_ALL这个宏来执行软弹出。可以在下面的代码中看到，Linux保存了EBP，以及其他的所有通用寄存器值，这说明Linux及其应用程序代码都使用了EBP来寻址，另外也说明Linux下的中断服务程序在运行的时候会征用所有的通用寄存器。由CPU自主压入或者说硬压入的上下文可以被称为硬件上下文，由接下来运行的软件代码主动执行push或者mov指令来压入栈的上下文可以被称为软件上下文。

```
#define SAVE_ALL \              #define RESTORE_ALL \
cld; \                         popl %ebx; \
pushl %es; \                   popl %ecx; \
pushl %ds; \                   popl %edx; \
pushl %eax; \                  popl %esi; \
pushl %ebp; \                  popl %edi; \
pushl %edi; \                  popl %ebp; \
pushl %esi; \                  popl %eax; \
pushl %edx; \                  popl %ds; \
pushl %ecx; \                  popl %es; \
pushl %ebx; \                  addl $4,%esp; \
movl $(__KERNEL_DS),%edx;      iret;
\
movl %edx,%ds; \
movl %edx,%es;
```

正因如此，TSS中并不会保存内核栈的EBP值，不存在所谓EBP0/1/2，因为EBP是程序运行时动态指定的。也就是说，程序如果被中断，进入内核态执行后，内核程序代码会mov esp ebp，将当前的栈顶值赋给EBP，继续运行。如图10-51所示，左侧为Windows下某系统调用服务程序的汇编代码，右上为Windows下的IPI（Inter Processor Interrupt，中断服务程序）代码，右下为Windows下的时钟中断服务程序代码，可以看到其在初始处没过多久都会执行mov ebp, esp这一句，其意思就是把esp的值赋给ebp。所以，EBP寄存器完全是一个程序运行过程中可以任意改变的、用于方便自己寻址的寄存器，其值并不具有系统级的意义，本质上与通用寄存器地位相等。

再说回来，完成了上述CPU自主的压栈操作之后，CPU根据系统调用号执行对应的系统调用服务程序，进入后续内核代码运行。

> **提示 ▶ ▶**
>
> 被中断后CPU自动提升Ring级别，可是，有4种级别，CPU怎么知道自己该从Ring3提升到Ring几呢？谁来决定？这个问题，我们会在后面章节中介绍。基本思路是：CPU收到中断，或者系统调用指令之后，会去IDT中寻找一道闸门来穿越，闸门上的DPL字段会明确表明当前这道门后面的代码是Ring几的权级。每个门的权级也是由操作系统在初始化设置这些门时定义好的。当然，你看到这里可能依然是一头雾水，"门"是什么东西？我们下文再介绍。

10.2.1.2　线程和中断上下文

上述中断、系统调用过程中，并没有发生任务切换，CPU执行的仍然是同一个线程，只不过换到内核态执行了。这就相当于，你去银行窗口办理存款业务（向文件中写入数据），你完全看不到操作员是如何在银行系统里操作的，你能看到的只是一个窗口，你所能做的只是填好一个单子（系统调用参数）然后交给操作员（系统调用）。之后，在窗口外面的你就只能等待（被阻塞暂停执行）操作员的下一步提示，而操作员在窗口里做什么你是不知道的。此时，操作员仍然在为你的存款业务服务，也就是仍然处于你这个业务的上下文中，只不过正在走银行内部流程（内核态）。作为用户的你，虽然可能知道银行内部会有某流程，某函数，但是你是不可能跟操作员说"你需要单击哪个按钮，然后单击哪个下拉框"的，用户态无法直接调用内核态的函数，因为有防弹玻璃挡住了（CPU判断CPL值高于你想触碰的段、入口的DPL值），你也无法将DPL值改大从而突破屏障，因

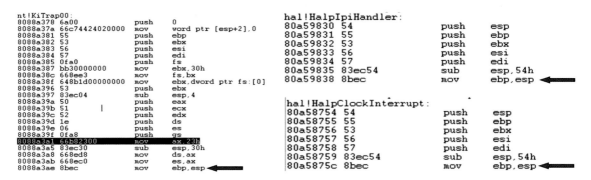

图10-51　Windows下的三个中断服务程序中的mov ebp, esp指令

为只有从窗口内部才能改（对应的数据位于地址空间中的内核区，CPU访问页表项时会匹配权限）；你也无法将你身上的CPL牌号（位于CS寄存器中）的值改小，因为CPU会禁止Jmp CS: IP直接跳转到高特权级的CS。所以，你往哪里走都走不到窗口内部，都是封死的。

当线程执行了系统调用后，进入内核态代码执行，但是此时依然是在运行这个线程，运行的内核态代码也是在为该线程服务，比如读取文件、网络收发数据等。人们将CPU处在用户态运行用户线程或者进入内核态为当前用户线程服务的系统调用的状态，称为线程上下文。线程上下文状态可以处于用户态，也可以处于内核态。一个线程的上下文处于内核态执行时，又被称为该线程陷入（Trapped）了内核，其用户态部分被冻住暂停，深陷入内核，上面的用户态部分无法动弹，所以具有"陷入"的既视感。

但是，假设操作员正在给你办理存款（位于该存款线程上下文中的内核态部分），但是突然他旁边的同事喊他过去处理一个银行内部的突发事情，存款这个线程必须被中断。上文中说过，发生中断时，CPU必须自主完成对一部分上下文信息的压栈，由于是在CPU运行内核态代码时被中断，中断之后还是运行内核态代码（银行内部的突发事情），所以其权级没有变动（CPU会根据中断向量所指向的入口处的DPL，与当前的CPL相比较而得出结论），所以CPU只把存款线程当前的CS、EIP和EFLAGS寄存器值压入当前线程内核栈中，而不是像系统调用时那样需要把用户态的SS和ESP也压栈。

CPU保存了当前内核程序的上下文之后，就开始执行中断服务程序。值得一提的是，中断服务程序做的事情，与当前正在执行的线程可能毫无关系，比如，当前操作员正在办理存款，但是却突然被别人叫走处理了一点儿急事。既然如此，中断服务程序运行的时候，是否需要单独再为其设置一个独立栈空间呢？比如叫作中断栈。可以。但是也可以用另外一种做法：中断服务程序直接利用当前线程的内核栈来当作自己的栈用，栈中原先被压入的数据依然保留，中断服务程序在现有栈指针基础上接着使用栈，用完后清理归还即可。中断服务程序这样做，难道用户线程没有意见么？我来办理业务，我用我的用户栈，和我对口的操作员用他的内核栈，但是这两个栈都为我而服务的，现在却让一个毫无关系的中断服务程序给霸占了？这就像我花钱租了个车，结果司机半路却说他有点儿急事想顺路开车回家拿东西，于是我先睡一觉，他拉着我转了半天，办完了私事，然后再拉我去目的地一样，这期间我租的车被他临时借用了一下。但又能如何？只能如此，谁让内核可以为所欲为呢？所以，中断时CPU正在运行哪个线程，哪个线程的内核栈就会被随后执行的中断服务程序征用一段时间然后归还。可以认为中断服务程序"蹭"了当前用户线程的内核栈空间。

提示 ▶▶▶

早期的Linux版本处理中断时直接蹭栈；后来，系统功能变得越来越复杂，怕当前线程的内核栈空间不太够用（一开始只有不到4KB，后来版本升级到8KB。64位操作系统则是16KB）而溢出，所以中断服务程序运行初始时依然蹭栈，但是运行之后会主动创建一个独立的中断栈，然后切换到该中断栈继续运行。

上述这个过程被描述在图10-52中的前5步，为简化起见，图中所示的设计采用了蹭栈方式。

中断服务程序不隶属于任何一个用户线程（当然，有些时候中断服务程序本身可能是一个内核线程），它自成一派，做着与用户线程没什么直接关系的事情。比如，时钟中断到来时，运行do_timer()函数，其中会有一步是将系统当前的时间值记录下来，这个时间值又可以被用户程序通过系统调用来获取到；再比如网卡收到数据包产生的中断，其需要运行网卡驱动注册的中断服务程序，这个过程与用户线程并无直接关系，虽然这个数据包最终可能会被发送给某个用户线程，但是网卡的中断服务程序在接收该数据包的时候是根本不知道该包属于哪个线程的，它只是默默地将数据包收入并登记好而已；当然，有些中断处理过程，比如缺页导致的中断，对应的中断服务程序会将页面准备好，这件事情的确算是服务于当前用户线程的，但只是特例。正因如此，人们将CPU执行中断服务程序的这期间称为中断上下文，其是独立于线程上下文的一个状态。位于中断上下文时，系统也一定处在内核态，也就是处在高权级运行状态，所以所有用户线程的用户态部分都是暂停状态。但是反过来，系统处在内核态，并不一定表示系统处于中断上下文中，也有可能是线程上下文中。

提示 ▶▶

中断上下文时运行的是操作系统内核态的程序代码，内核态程序使用的也是虚拟地址来访问内核数据区，也需要经过MMU的地址翻译，查找内核页表。前文中介绍过，每个线程的页表的高位都有一个内核页表区，而且所有线程的内核页表区指向的都是同样的物理页面。所以，不管当前正在执行哪个用户线程，发生了中断之后，MMU都可以通过当前的CR3寄存器顺藤摸瓜找到中断服务程序所访问的物理页面。

我们继续考察图10-52中的第5步。当中断服务程序处理完毕要退出时，会采用iret指令来返回到中断前的程序继续执行。iret指令执行时的译码逻辑相当复杂，该指令需要判断非常多的状态，比如当前处于内核态还是用户态，返回之后的程序处于内核态

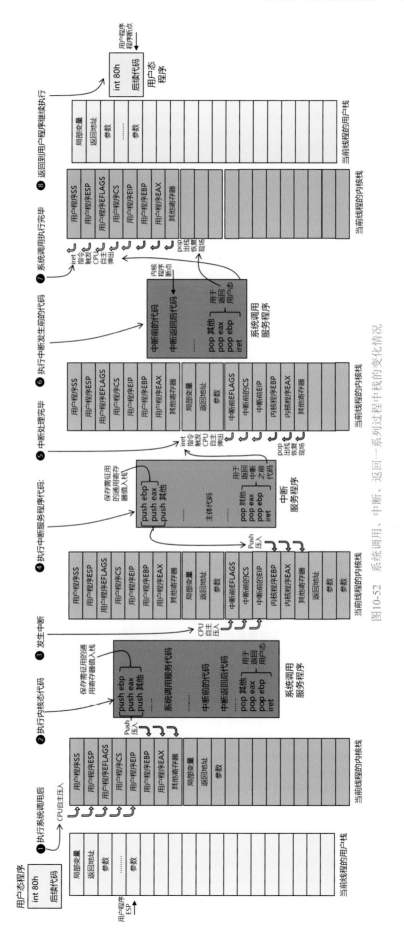

图10-52 系统调用、中断、返回一系列过程中栈的变化情况

还是用户态，如果是从内核态返回到内核态，权级不变，那么栈空间也就不会变，所以就可以判断出当前栈中只保存了被中断前程序的EIP/CS/ EFLAGS这三个，于是就只自主弹出这三个值；而如果是从内核态返回到用户态，那么CPU就知道当前栈中一定保存了被中断前用户态程序的EIP/CS/EFLAGS/ESP/SS，也就是需要自主弹出这5个值，由于弹出后的CS寄存器中的CPL字段为Ring3，该信号会控制CPU运行在Ring3级别，从而成功降级，在受保护的前提下继续从EIP处执行被中断前的用户态代码。iret还需要判断其他一些状态，下文再继续介绍。

了解了上述机制，再来看第5步。中断服务程序执行完后在其结尾会使用pop指令将原来被压栈的寄存器值弹回对应寄存器，然后就执行iret指令，该指令会让CPU硬件主动地从栈中依次弹出EFLAGS、EIP和CS值，iret指令的译码过程会检查EFLAGS中的对应标志（比如NT标志等，下文介绍），以及检查CS中的CPL位，判断其与当前CS寄存器（尚未被弹出的CS值覆盖）中的CPL值是否：①当前值与弹出值相同而且都是内核态？②当前值小于弹出值？③当前值大于弹出值？根据上述不同的结果，会有不同的动作。

如果是第一种情况，那么CPU硬件电路不会继续从栈中弹出后续条目（CPU根本也不知道栈中还有什么东西，它只根据CPL值匹配上述哪种情况来决定从栈中弹出几个东西），遂直接将弹出的值装入对应寄存器然后运行，也就返回到了中断前的程序（在这里是返回到系统调用服务程序，之前它被中断了）。

如果是第二种情况，则证明当前位于内核态，要返回到用户态，那就必须从栈中依次再弹出两个东西，也就是ESP和SS，装入对应寄存器，然后继续执行，也就返回到了用户态程序执行。这一步如图10-52中的第7步所示，当系统调用程序完成任务之后要返回时，也需要使用iret指令。实际上，外部硬件导致的中断、系统调用（用户程序主动发起的软中断，int 80h/sysenter/syscall指令）、异常导致的中断等，这些都属于中断，对应的中断服务程序运行完后，统一使用iret指令来返回，依靠iret指令的译码逻辑和之前压入栈中的各种字段的值来判断"从哪里返回到了哪里"，以此为据，决定从栈中弹出几个东西来，弹完之后就直接按照EIP指针继续运行了。

如图10-52所示的过程为一个线程在陷入内核态运行时被中断。那么如果是在用户态运行时被中断的话，读者现在应该可以自行梳理出这个过程了。或者一开始先进入内核，然后内核态执行完又返回到用户态，然后被中断。比如，假设办理过程中操作员提示你在某个单子上签字（存款线程回到用户态继续执行），你正在签字，突然发现签字笔没有水了（产生了Page Fault中断），此时你只能等待工作人员换一支笔或者注入墨水（重新分配物理页，或者如果是之

前被swap了则重新调入）然后继续。在这个过程中，CPU必须跳转到页面错误处理程序来执行。图10-53给出了整个流程中的栈变化。可以看到，栈中的上下文随着系统调用/中断、返回不断地压入、弹出，周而复始。

> **提示 ▶ ▶**
>
> 压栈时不一定要用push指令，也可以用mov指令。Windows操作系统使用push，而Linux则使用mov。另外，从图10-53中可以看出，系统调用服务程序不会对eax进行压栈，因为用户态程序发起系统调用时会利用eax寄存器来存放调用参数，而系统调用服务程序会使用eax来存放返回值，所以没必要对它进行保护。但是如果是外部中断或者异常等内部中断，则对应的中断服务程序需要压栈eax。

上面我们介绍了一个线程执行系统调用后陷入内核的过程，以及一个线程分别在用户态部分和内核态部分运行时突然被中断之后发生的事情。那么，你不禁会问，这一切与前文中介绍的TSS结构有什么关系么？TSS表格中也有一份上下文和通用寄存器的值，它们和图10-53中的栈中的上下文值，有什么关系？

Intel推荐操作系统为每个线程都设置一份TSS结构，当线程运行时，CPU从TSS获取对应的上下文信息并将这些信息装入对应寄存器中从而运行对应线程。当发生系统调用或者中断时，CPU从TSS中取出该线程的内核栈指针装入栈寄存器。但是线程运行期间产生的新上下文信息，并不会被记录到TSS中，而只是在用户栈、内核栈中存放。上文中给出的两个例子，虽然线程执行系统调用，期间也有外部或者内部中断产生，但是并没有发生线程切换。外部中断服务程序期间，本线程处于暂挂状态，虽然这期间它的内核栈被中断服务程序给蹭用了，但是即便这样也没有发生线程切换，中断返回之后依然执行的是原来那个线程。

TSS中的内容，会在线程切换时发生变化。

10.2.1.3 任务切换机制

什么时候会发生任务切换？某个线程执行完了想退出（exit也是一个系统调用），那么一定会发生任务切换。如果某个线程主动要求暂停执行，比如调用sleep()，内核也会执行任务切换。某个线程执行了系统调用后，也有可能发生任务切换，也就是说，某线程委托内核做某件事，结果内核返回用户态之前做了任务切换，返回后CPU执行的不是这个存款线程了，而可能变成其他的比如一个开户线程，存款线程被放到一边儿去了，择机重新调度它运行。当发生外部或者内部中断时，内核执行完中断服务程序后，也有可

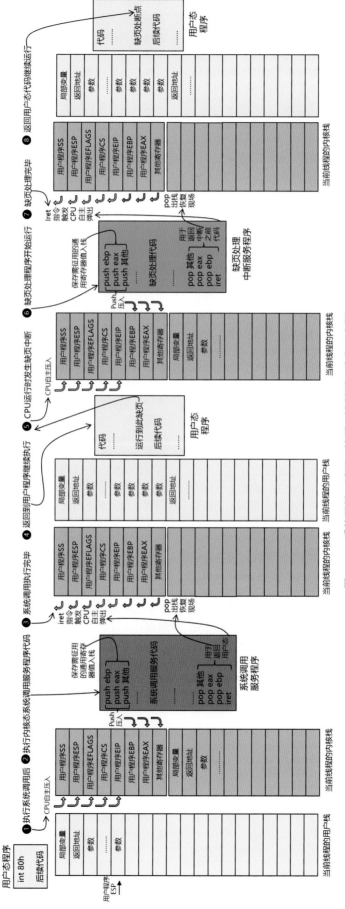

图10-53　系统调用、返回、缺页、缺页返回流程示意图

能让CPU跳到另一个线程执行。这看上去好像没有道理，之前是我在这个窗口办存款业务，凭什么一阵铃响（时钟中断）或者操作员办理着业务时突然就让我去一边儿等着呢（系统调用执行了慢速I/O请求）？仔细一想，其实有道理。比如操作员办理存款业务时需要打印表格，结果打印机坏了，操作员叫人去维修打印机，这个过程非常慢，此时操作员让你在一边儿等着，叫下一位用户前来办理业务（该业务可能并不需要用打印机，就算到后期也需要用打印机，那也可以先办理前期部分），也是人之常情，这样可以充分节约时间，而不是操作员闲在那里啥事儿不干；另外，就算啥也没坏，操作员也可以强行让你去一边儿等着，因为你办理的业务时间太长，对其他等待者不公平，用户体验很差，所以暂停你的流程，给其他人也办理办理，这样就更公平。

用户线程是否可以主动指定要切换到哪个线程？比如，你办完存款业务要走人之前，从等待区拉一个你顺眼的人："我办完了，你去办吧"，岂有此理？银行不是你家开的，就算是你家开的，也要讲文明，公平公正。如果这样可行的话，岂不是要乱套，让少数几个线程霸占所有资源，形成小圈子。但是，x86处理器真的允许这样做，用户态程序使用Call 目标TSS选择子：0语句就可以切换到目标任务执行，而且目标线程还可以继续Call其他线程，形成嵌套。但是系统却并不会被这个小线程圈子霸占，因为当发生中断时，内核可以强行切换到其他线程，所以，这个小圈子只是自己内部达成了一致的先后运行顺序而已，并不意味着一定会霸占资源。这就像你办完了存款后，希望另一个人去办理下一个业务，但是此时窗口可能被其他人占用了，并不是说你霸占着窗口然后把你的朋友拉过去强行办理。我们在任务嵌套一节中将详细介绍这个机制。

虽然用户态可以主动切到目标线程，但是内核态拥有最终的和最高级别的权利来管理线程，可以决定切换到任何一个线程，至于让哪个线程运行，哪个暂挂，是内核线程调度算法的问题，后文中再介绍。只要CPU一运行内核程序，就有可能继而发生任务切换。如果让内核永远得不到执行的机会，就不会发生任务切换，用户线程就可以永远霸占CPU来运行它自己，但是这是不可能发生的，因为内核总会设置时钟中断每隔一定周期就触发中断，从而进入内核执行。内核不停地夺回执行权，从而执行各种管理工作。如果假设内核在执行任务时由于需要关闭了CPU对中断信号的响应，但是返回到用户线程之前忘了打开中断响应，则该线程可能真的会一直霸占CPU，除非线程主动退出、执行了系统调用或者发生了内部异常中断或者外部设备中断。此时，整个系统会卡住，只有这一个线程有响应。当然，忘了开中断就返回用户线程一定是内核的bug了。

这种让所有线程细粒度分时运行的操作系统内核，被称为抢占式（Preemptive）内核。相比之下，非抢占式内核则完全依靠线程主动退出后，内核才会调度其他线程运行。值得一提的是，非抢占式内核并不是不允许中断，而是即便是中断之后依然返回到之前的线程。同理，抢占式内核也并不是说每次进入内核出来之后都会发生线程切换，毕竟，切换线程代价是较高的，因为需要切换到一个新的TSS表，并从中读出所有上下文然后一一装入对应寄存器，包括装入CR3寄存器新线程（如果该线程与之前的线程分属不同的虚拟地址空间，比如不同进程中的两个线程）的页表基地址切换页表，这会导致TLB缓存Flush，然后花相当的时间去预热（见前文），这个过程会耗费大量CPU周期，而且一次性TLB命中率低下。

有些时候一定会发生线程切换。比如，某个线程调用了C运行库中的read()函数来读取文件，该函数底层其实会发起read系统调用委托内核来读文件，内核将I/O请求下发到底层通道控制器的I/O队列中之后（这个过程详见第7章7.1节），硬盘需要花费相当一段时间来执行这笔I/O，不管是机械硬盘还是固态硬盘，后者需要的时间更少，但是相对于CPU代码执行的速度而言，后者就显得太长了。硬盘执行I/O这段时间内，该干什么呢？该线程根本无事可做，或者这样，线程内核态部分不断地读取I/O通道控制器相关寄存器的状态来判断这笔I/O是否已经执行完毕，这样就成了Polling模式的I/O了（见第7章7.1.1节），严重浪费CPU，而且完全没必要。更好的办法是，内核将I/O请求压入队列之后，便切换到另一个线程运行，如果没有可用线程了，那么起码还会有一个Idle线程，该线程不断发送让CPU执行各种程度休眠的相关指令，这样至少还可以降温省电。

也就是说，当内核执行了一些慢速的外部I/O操作后，内核除了等待I/O完成之外无事可做了，那么就会切换其他线程运行。但是，也不排除有一些非常快速的I/O操作，内核会等待I/O结束然后返回到之前的线程（也有可能依然切换到其他线程，这得看内核具体设计和考量）继续运行。

所以，假设线程如果有智能，它运行的时候会祈祷"多给我点儿运行时间吧，我不执行系统调用，我也不退出，千万别把我从CPU上卸下来！但愿我访问的页面别被Swap出去否则又要陷入内核了！"，即便如此，它也最多获得10ms（操作系统一般会将时钟中断间隔设置为10ms，也可以设置为其他值）的执行时间。当它再次运行时，感受不到它被暂停了多久，但是可以通过读取当前的系统绝对时间来与上次运行时保存的系统时间来估算自己被暂挂了多久。所以如果假设宇宙运行在一台计算机上，那么我们也很难判断某时刻是否整个宇宙被暂停执行了，我们看到的时间可能并非绝对时间。

提示 ▶ ▶

可以将线程设计为非阻塞I/O模式，在该模式下，线程在调用read()时给出对应的参数，比如async，或调用封装好的async_read()、aio_read()等库函数，内核将I/O压入队列之后就马上返回到当前线程的用户态继续执行而不会切换到其他线程执行，也就是并不阻塞用户态线程的运行。但是该模式下的线程必须被设计为异步模式，也就是下发I/O之后，还没有拿到数据之前，线程用户态部分依然可以继续无误地执行下面的代码，也就是说线程用户态的后续代码并不依赖上一次I/O的结果，这就是所谓异步的含义了。然后内核采用特殊的机制来通知用户线程之前I/O的数据已经拿到了或者已经完成了。用户线程可以利用非阻塞I/O调用来批量先后发出多笔I/O请求，这样可以将底层队列填满，提升吞吐量，所以这种方式又被称为异步I/O方式，异步I/O必须使用非阻塞I/O调用。与其对应的是阻塞I/O调用，也就是默认参数下的情况，用户线程调用了read()或者write()等I/O函数之后，线程的下一句代码可能会直接利用该I/O的结果，那么它调用read()之后，I/O完成前，就必须被暂挂而不能继续执行，否则会出错，因为I/O还没有结束，下一行代码会取到错误的数据；抑或下一行代码不依赖上一个I/O的结果，而只是程序员为了省事而使用阻塞I/O调用罢了。阻塞I/O调用模式下，线程只能发送一笔I/O，等这笔I/O结束之后，才能继续做其他事情，比如可以继续再次发送一笔I/O，所以这种场景又被称为同步I/O。值得一提的是，非阻塞I/O调用模式下线程虽然可以继续执行，但是如果它选择不继续发送I/O，而是等上一笔I/O完成后再发送下一笔I/O，那么其表现上也是同步I/O方式。所以，有这样几种组合：非阻塞调用模式+异步I/O方式，非阻塞调用模式+同步I/O方式，阻塞调用+同步I/O方式（阻塞调用只能是同步I/O方式）。因为异步I/O方式开发起来有些复杂，因为需要一些机制去判断I/O是否完成。但是异步I/O模式的效率很高，能够充分利用资源。线程发起非阻塞I/O调用之后，内核有以下两种处理方式。

（1）非阻塞I/O系统调用之后，内核做一些准备之后立即返回到用户线程继续执行。内核收到调用之后其实是将I/O任务派发给了内核线程来执行，这些内核线程俗称worker线程。内核可以预先创建一些worker线程待命，也可以新建更多的worker。后续的I/O任务，由这些worker线程来处理，包括将I/O压入队列等过程。这些内核线程与用户线程一起参与调度。这是Linux操作系统的常规做法。

（2）非阻塞I/O系统调用之后，内核程序一直执行到把I/O压入请求队列之后，再返回用户态继续执行。这也是Windows操作系统的常规方式。

下面我们就来看一下切换线程的具体做法是什么。x86处理器可以使用Jmp指令直接实现任务切换，对应的语法是：Jmp 目标TSS选择子：0。与Jmp CS：IP类似，只不过offset参数会被该指令的译码逻辑忽略，所以直接用全0充当即可。Jmp指令的译码也是比较复杂的，有多种情况需要判断。译码逻辑如何判断给出的选择子是TSS选择子还是CS选择子呢？显然需要区分，翻看图10-49，CPU拿着给出的选择子去寻址GDT/LDT读出对应的描述符，译码逻辑就是根据描述符中的S字段+Type字段（如图10-54所示）共同判断出当前描述符到底是什么类型，TSS段选择子对应的字段值为：S=0；Type=1 0 B 1。其中，B表示Busy，可能为1（被切入运行时）或者0（被切出时）。

所以，当CPU发现读出的选择子的S=0，Type=1 0 0 1时（不Busy），便认为程序是想让它切换任务了。于是CPU会先使用当前TR中存储的CPL字段与Jmp指令中给出的目标TSS选择子中的RPL，以及读出的目标TSS段描述符中的DPL，做权限匹配，还记得max{CPL, RPL} ≤ DPL这个规则么（详见10.1.4.2节）？匹配不通过，则产生通用保护（General Protection，GP）异常；通过，则CPU开始正式进入任务切换流程。首先，CPU将当前线程的上下文信息，也就是CPU电路中当前的所有段选择子寄存器和通用寄存器的值、CR3的值、EFLAGS和EIP的值、EBP和ESP的值，统统保存到当前TR寄存器所指向的（指向的仍然是切换前的任务的TSS表）TSS表中对应位置，将当前线程的执行状态打包保存起来。然后，CPU将Jmp指令中给出的目标TSS段选择子装入TR寄存器，覆盖之前任务的TR选择子，然后将之前已经读出的TSS段描述符副本（之前已经用新TR值读出了该选择符用于权限匹配，只不过那时候还没有，或者说不敢装入TR寄存器，因为还不知道权限是否匹配）也装入TR寄存器中不可见部分备用。新描述符被装入之后，CPU利用描述符中给出的TSS表基地址去寻址内存，然后从表中读出新任务的全部上下文寄存器值，然后依次装入对应寄存器，然后，放开电路中各部件的写使能，在新装入EIP指针的驱动下，CPU开始执行新线程，如果再次发生切换，则同样执行上述过程切换到另一个线程。

这里要深刻理解的一点，也比较难以理解的一点仍然是：上文中介绍的用户栈、内核栈中所保存的上下文，与TSS中保存的上下文，到底是什么关系？下面就来彻底梳理一下。

如图10-55所示，左右两侧分别为：内核在系统调用服务程序内部某处发生了任务切换，比如在发出硬盘I/O入队之后；以及内核在执行中断处理（缺页中断）过程中某处切换了任务，假设该缺页中断是由于之前的物理页被Swap到了硬盘，所以也需要发出硬盘I/O，于是内核决定先切换任务，同时让硬盘在后台慢腾腾地执行I/O。

Type Field					Descriptor Type	Description
Decimal	11	10 E	9 W	8 A		
0	0	0	0	0	Data	Read-Only
1	0	0	0	1	Data	Read-Only, accessed
2	0	0	1	0	Data	Read/Write
3	0	0	1	1	Data	Read/Write, accessed
4	0	1	0	0	Data	Read-Only, expand-down
5	0	1	0	1	Data	Read-Only, expand-down, accessed
6	0	1	1	0	Data	Read/Write, expand-down
7	0	1	1	1	Data	Read/Write, expand-down, accessed
		C	R	A		
8	1	0	0	0	Code	Execute-Only
9	1	0	0	1	Code	Execute-Only, accessed
10	1	0	1	0	Code	Execute/Read
11	1	0	1	1	Code	Execute/Read, accessed
12	1	1	0	0	Code	Execute-Only, conforming
13	1	1	0	1	Code	Execute-Only, conforming, accessed
14	1	1	1	0	Code	Execute/Read, conforming
15	1	1	1	1	Code	Execute/Read, conforming, accessed

用户段类型（S位=0时）一览

Type Field					Descriptor Type	Description
Decimal	11	10 E	9 W	8 A		
0	0	0	0	0	Data	Read-Only
1	0	0	0	1	Data	Read-Only, accessed
2	0	0	1	0	Data	Read/Write
3	0	0	1	1	Data	Read/Write, accessed
4	0	1	0	0	Data	Read-Only, expand-down
5	0	1	0	1	Data	Read-Only, expand-down, accessed
6	0	1	1	0	Data	Read/Write, expand-down
7	0	1	1	1	Data	Read/Write, expand-down, accessed
		C	R	A		
8	1	0	0	0	Code	Execute-Only
9	1	0	0	1	Code	Execute-Only, accessed
10	1	0	1	0	Code	Execute/Read
11	1	0	1	1	Code	Execute/Read, accessed
12	1	1	0	0	Code	Execute-Only, conforming
13	1	1	0	1	Code	Execute-Only, conforming, accessed
14	1	1	1	0	Code	Execute/Read, conforming
15	1	1	1	1	Code	Execute/Read, conforming, accessed

用户段类型（S位=0时）一览

图10-54　用户段、系统段描述符的Type类型一览

任务切换时，CPU将当前的、位于它电路内部的相关寄存器保存到当前线程的TSS对应字段中。"CPU内当前的寄存器上下文"，对于图中左侧场景而言就是系统内核服务程序的执行状态，对于右侧而言就是中断服务程序的执行状态。线程在哪个时候被切出，CPU就保存当前的上下文，当然，上文中说过，用户态部分执行的时候不会发生切出，用户态无法执行Jmp TSS：0指令，因为对应的TSS选择子的DPL=0（主流操作系统的做法），而用户线程的CPL=3，CPU会报异常。所以，发生任务切换，都是在内核程序被执行的时候，而用户线程可能由于：系统调用、主动提出要切换（还是系统调用，比如调用sleep()）、CPU被外部中断、出现了异常导致的内部中断这几个原因而进入内核态部分执行，而导致被切出。所以，线程被切出时，CPU保存到TSS中的，是当前线程的内核态部分（可能是上述任何一种）的上下文。

那么当前线程的用户态部分的上下文不用保存么？用户栈位于线程虚拟地址空间顶端，一直在那儿，切出后没人会动，放心。用户栈的各种动态变化的指针会在陷入内核态时被保存到线程内核栈（CPU自主压入SS/ESP/EFLAGS/CS/EIP寄存器，内核态程序用指令push或者mov压入通用寄存器）。内核栈的指针保存在哪里？TSS的ESP0字段里。那么内核栈里的内容不用额外再保存一份吗？切换线程之后，之前线程内核栈里的东西没有人会动么？被覆盖破坏了怎么办？没有人动，因为每个线程都使用它自己独立的内核栈，被切出去的线程，其内核栈依然留在那儿，内核栈的指针被保存在其TSS中。TSS选择子以及TSS表本身则被保存在内核的任务管理数据结构中，比如Linux就是task_struct{}中。

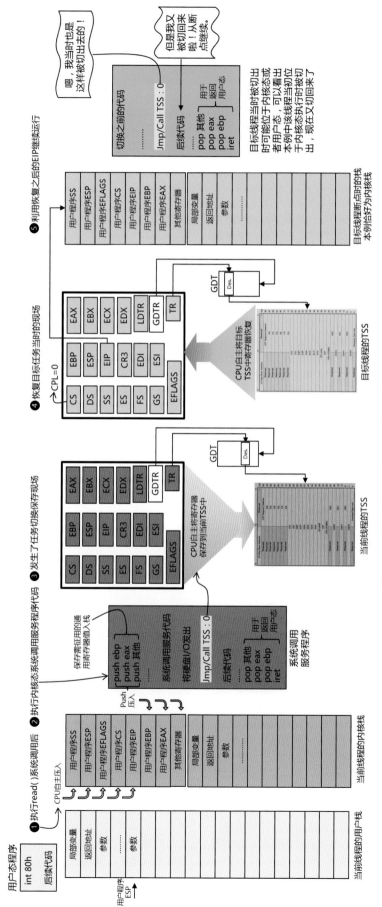

图10-55 任务切换的时机及CPU向TSS中写入的内容

所以，每个线程的上下文就像被留在了一个保险箱里一样。一共有三个保险箱：用户栈，内核栈，TSS。

用户栈保险箱中存放着对应线程在用户态执行时的函数调用参数、返回地址等上下文，用户栈保险箱的钥匙（EBP）又被存在TSS保险箱中；用户态部分运行时不断变化的EIP/ESP/EFLAGS/CS/SS寄存器（当然，看操作系统设计，当前主流操作系统由于使用Flat分段模式，其CS/SS不会变化，但是CPU不能假设所有OS都这样设计）在发生中断或者系统调用时又被保存在其内核栈保险箱中。

内核栈保险箱里存有对应线程的用户态部分的、在系统调用或者中断之后由CPU自动保存的EIP/ESP/EFLAGS/CS/SS寄存器、上下文寄存器以及由内核态部分运行时被压入的通用寄存器以及内核态函数的调用参数返回地址等上下文信息。内核栈这个保险箱的钥匙（ESP0字段）又被放置到TSS这个保险箱里。

TSS保险箱存有开启当前线程内核栈保险箱的钥匙（ESP0），以及开启当前线程用户栈保险箱的双钥匙（SS/EBP），但是这一对钥匙可能打不开用户栈保险箱，因为随着用户线程的运行，这两个指针可能随时变化（当然我们多次提到当前主流OS采用Flat分段，这两个值恒定不变），是一对废钥匙。好钥匙要从ESP0指向的内核栈中去拿（iret时挨个弹出）。TSS中还存放了当前线程的页表基地址寄存器，其控制着线程赖以生存的容身之地；还存放着线程对应的LDTR寄存器值，其指向着GDT中的LDT描述符，根据描述符中的基地址可以找到线程对应的LDT，用CS/DS/SS等段寄存器中保存的选择子索引LDT可以拿到最终的段基地址。而TSS中恰好也保存着当前线程内核态执行到被切出的那一瞬间时的各个段选择子寄存器的值。

TSS中保存的上下文总是线程内核态部分的上下文，而线程用户部分的上下文被保存在用户栈里，用户栈自身的信息又被保存在TSS的ESP0所指向的内核栈里。这样，整个上下文就完成了闭环，相互指向，形成链条。而TSS保险箱的钥匙又被放在内核的任务管理相关数据结构中。所以，只要先打开TSS这个保险箱，就能找到所有上下文的钥匙，恢复和重建之前线程的所有状态，继续运行。可以说TSS浓缩了对应线程的整个灵魂，而肉体则存在于内存中。

可以看到，每个线程被切出之后，其运行状态总是被冻结在Jmp TSS：0指令的下一条指令处（CPU会将当前EIP+取指令宽度后的值保存到TSS，如果考虑到CPU硬件流水线，会更加复杂，Jmp绝对跳转指令会清空流水线，之前不一定预执行了多少条指令，所以CPU需要计算出正确的Jmp指令的下一条指令的EIP值），Jmp指令的执行会冻结当前线程的一切状态。那么，很显然，当该线程后续被切换回来时，CPU根

据TSS装入对应的寄存器值之后，该线程会从Jmp指令的下一条指令继续运行。可以明确的一点是，每个线程被切换回来继续运行时，依然处在该线程的内核态部分。

假设某个线程内核态部分执行的是缺页处理，Page In操作（从硬盘读出之前被Swap的页面），发出硬盘I/O后被切出。当被切回来时，缺页处理程序继续运行，将从硬盘读回的数据填充到对应物理页中，然后返回用户态代码继续运行。这里有个问题，如果在硬盘I/O还没执行完毕之前，内核就切换回这个线程运行，会发生什么？此时，之前准备的用于存放硬盘读出的数据的缓冲区中的数据可能是旧数据（代码选择不初始化，这些数据可能是之前其他线程使用完释放掉内存而留下的，注意，释放内存并不等于去把内存中的数据清零，正如删除文件并不等于把硬盘上对应区域的内容清零一样）或者全0（代码选择初始化），缺页处理程序如果在硬盘I/O尚未结束之前就被重新调度到CPU运行，那么其拿到的当然就是这些旧数据，用户态程序用这些旧的垃圾数据来处理，当然就会出错。

这就像A在睡觉之前告诉B："我先睡会儿，请帮我把茶水倒了换上白水，我起来要喝"。而B还没来得及更换，A就被叫醒了，然后抓起杯子来就喝，喝到的当然还是茶水。如果有这样一种机制：A睡觉前向系统明确注册一个事件，只有当该事件达成之后，才去叫醒A，否则让A继续睡觉，这就能解决问题，我们下文中再详细介绍。所以可以明确的一点是，内核并不会随机地调度任务到CPU上运行，是有一套严密的判断规则的，比如谁可以醒，谁不能醒；如果有多个可以醒的，谁先醒谁后醒，等等。

被切换回来重新执行的线程一定会从其内核态继续执行，比如上述的缺页处理程序，当其正确地填充好物理页之后，就可以返回用户态执行了，也就是利用iret指令，该指令会导致CPU从内核栈（而不是TSS）中弹出用户态的上下文寄存器，从而执行用户态部分。那么，如果在执行iret指令之前，又发生了任务切换怎么办？比如收到了外部时钟中断或者设备I/O中断？此时会再次跳到时钟或者I/O中断服务程序运行，有可能当前线程又会被切出去，那就按照上述同样过程处理。

有些步骤是不允许被中断的，此时程序可以使用特殊指令关闭CPU对中断的响应，我们后文再介绍。

10.2.1.4 任务嵌套/任务链

前文中的那个办完了业务拉他的朋友排在他后面直接去办理的场景，冬瓜哥对其进行了痛斥。但是有些复杂业务，的确需要多个线程相互配合协作才能完成，或者说被设计成如此。比如，去办证，A负责填一堆单子按一堆手印，当执行到某处时，需要B线程继续走完下面的流程，然后再回到A继续。你可

能会问，为何不把A和B直接做到一个线程中？也不是不可以，但是有时候的确两个独立的线程会有更好的隔离度。此时需要一种机制，能够让A明确指定运行B，B运行完也必须返回A，而且B运行时A不能运行。也就是，线程A调用了线程B。x86处理器可以使用Call 目标TSS选择子:0的语法来切换到目标TSS对应的线程（用Jmp指令来切换线程不会导致嵌套）。但是这并不代表A在Call了B之后，B就立即会运行，否则B如果再Call C，继续嵌套下去，CPU资源就会被这个业务流程全部霸占。实际上，外部时钟中断的到来可以保证足够公平，假设A-B-C-D是一个嵌套的任务调用链，而E和F是两个独立的、不与任何其他线程构成嵌套关系的线程，那么时钟中断之后，内核可能会从D线程切换到E/F中的一个来执行，但是却不能切换到A/B/C中的任何一个来执行，**必须执行完D，然后返回C，然后返回B、A**，因为这4个线程是有先后依赖关系的，否则也不可能这样嵌套起来，如果强行不按照嵌套顺序来执行将会导致不可预知的错误。比如D还没运行完，结果内核强行开始运行A，此时称A线程被重入（或者说递归、回归，Recursive）了，重入一个线程，与返回一个线程不同，还记得前文中说过的那个被提早唤醒的例子么？既然是嵌套任务，证明多个线程之间是有先后依赖关系的，所以必须按照顺序依次返回才可以，否则外层线程会提前拿到错误的数据，这个道理又与CPU流水线中的各种依赖有类似的本质。

提示 ▶

实际上，如果多个任务之间有严格的依赖关系，需要使用任务同步机制来解决，等待资源的任务主动睡眠，生产资源的任务在资源准备好之后唤醒等待资源的任务。这样，即便是等待资源的任务被错误唤醒，那么它也可以在唤醒之后先检查一遍自己需要的资源是否真的到来了，如果确定是错误地被唤醒，则可以循环回去继续休眠。关于睡眠和唤醒请参考10.3.2节。

那么，自己切换到自己是否可以？理论上是可以的，但是CPU必须被设计为：先把旧任务的上下文保存到TSS中，然后再从"新"任务（其实还是旧任务）的TSS中读出上下文装入寄存器，这两个过程必须串行，因为如果先把"新"任务的TSS读出来，将会丢失数据。而CPU很有可能为了效率，在切换任务时，预先将新任务的TSS读出来，再保存旧任务的TSS，仅当新旧任务不是同一个时，这样做才没有问题。而x86处理器禁止自己切换到自己，但是可以从自己返回（iret）到自己。

对于嵌套的任务，每次执行必须执行最内层的那个任务（本例中一开始是D）。可以看到，A-B-C-D这个小圈子其实并没有影响到别人，它们只是在内部

形成了先后顺序约定而已，并不会去阻碍其他线程的运行。中断服务程序中，内核可以选择使用比如Jmp指令强行跳出嵌套圈子到其他独立线程，也可以选择使用iret指令从当前嵌套圈的最内层线程返回外层线程，具体需要内核的任务调度程序具体安排和判断。

另外，当外部中断或者内部异常发生的时候，按照前文中给出的例子，CPU跳转到内核态的对应的服务程序运行，但是这些内核态程序依然属于当前线程/任务。x86处理器提供了一种机制，可以让外部或者内部中断之后，运行一个独立线程来服务该中断，具体方式是将一个TSS选择子放置到中断入口处，具体在10.3节再介绍。使用独立线程来处理中断，当服务于中断的线程执行结束之后，必须被设计为返回到中断前的线程。

嵌套的示意图如图10-56所示。x86处理器提供了由硬件自动完成执行嵌套任务的执行、返回时切换的支持。当最内层线程执行完想要返回外层线程时，会执行iret指令。如前文所述，该指令会做比较复杂的判断，其中有一步前文中没讲到，那就是它会判断当前任务（未返回前的任务）的EFLAGS寄存器中的NT（Nested Task）位是否为1，该位是当外层任务调用内层任务，或者发生了中断而中断入口为一个独立任务时，CPU自动向切换后任务的EFLAGS寄存器中写入的，表示当前任务嵌套在外层任务之内，为返回时的iret指令提供行为依据。发生嵌套时，CPU也会将外层任务TSS选择符备份一份到内层任务的TSS中的Previous Task Link字段中。

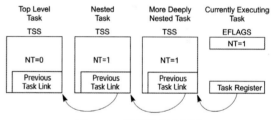

图10-56 任务嵌套示意图

当内层任务iret返回时，iret通过当前EFLAGS中的NT位判断，如果该位为1，则表示其需要返回到外层任务，则将当前线程的上下文保存到当前TSS中，然后从当前任务TSS中的Previous Task Link字段中的选择子找到读出外层任务的TSS中的对应的值，装入上下文寄存器，同时将上一个任务TSS中的Previous Task Link字段清零，因为此时该任务已经执行结束，不再嵌套。

上文中说过，嵌套在一起的多个任务，同一时刻只能是最内层那个在执行，其他都必须被阻塞，为了阻止内核的任务调度程序不经意地或者由于各种原因尝试越过内层线程而直接切换到外层任务执行，当某个任务调用了内层任务之后，前者对应的TSS段描述符（位于GDT中的那个副本，TR寄存器中的不需要更新，因为即将被覆盖）中的Busy位会

被CPU主动置1，以表示该线程正在运行当中，请不要重新再次调度它运行（不要重入），如果内层任务继续调用更内层的任务，那么前者也被标记为Busy。如图10-57所示为一个嵌套任务运行和返回、切换过程的示意图。

提示 ▶ ▶

值得一提的是，x86处理器不仅在程序中用Call TSS：0指令时可以形成嵌套任务，在发生外部中断、异常时，如果对应的中断入口放置的是一个TSS选择子（使用门的方式，见10.3一节），那么切换之后的任务也是一个嵌套任务。这个设计的合理性在于，中断和异常处理完后继续返回之前被中断的任务执行，而不是切换到其他之前没有排上的任务，这也符合常理。上文中说过内核程序即便在中断上下文中也可以选择不切换回中断前的任务，比如直接强行使用Jmp切换。但是如果使用iret的话，则CPU会自动返回到中断前的任务执行。所以，内核其实是可以灵活决断的。

CPU对Busy位的设定规则如下。

（1）不管是用什么方式来切换，也不管目标任务是否是嵌套任务，CPU都会自动将切换到的目标线程的TSS描述符（位于GDT中的）中的Busy位置1。

（2）当某个任务Call了一个目标任务，或者由于终端、异常导致的将当前任务切换到某个目标任务时，CPU自动将目标任务的TSS描述符中的Busy位置1，而之前任务的Busy位维持为1，以防止被重入。

（3）在某个嵌套的最内层任务返回到上层任务时，内层任务的Busy位置0（并将EFLAGS值中的NT位置0，相当于将该线程与其上游解除了嵌套关系），上层任务的Busy位依然维持为1，而且CPU会检查，要求上层任务的Busy位必须为1，否则报异常。也就是说用iret指令来切换任务（或者说当CPU执行iret指令时发现当前任务的EFLAGS值中的NT=1时则iret的行为会变为切换任务，而不是如前文中介绍过的传统的单纯弹栈的行为），新任务的B位必须为1，当前任务的TSS中的Previous Task Link必须有效。

（4）不管是用什么方式切换，CPU检查欲切换到的目标任务的TSS描述符中的Busy位，如果为1，则报异常。

（5）如果线程中执行了Jmp代码，或者CPU收到外部中断或者异常导致的线程切换，CPU在切换到新任务之前会自动清除切换前任务的Busy位为0。

下面我们总结一下CPU在执行任务切换时的通用步骤。（任务切换的变更规则如图10-58所示）

（1）拿到目标任务的TSS段选择子。从JMP/Call指令给出的参数中（当程序主动使用Jmp/Call指令切换任务时），或者从中断入口处（当发生外部或者内部主动Int中断，且中断入口处是一个TSS选择子时），或者从嵌套任务的最内层任务的TSS中的Previous Task Link字段中（当嵌套任务链的最内层任务处理完毕执行iret指令时），拿到目标任务的TSS选择子，请注意，此时CPU并不知道拿到的选择子到底是CS还是DS、TSS等，因为选择子类型很多。而Jmp CS、IP语法是通用的，CPU后续会判断该选择子的类型。

（2）读出描述符并进行合规性检查。CPU用目标选择子去拿到目标描述符，判断描述符中的P（Present）位是否为1以判断其是否有效（是否是之前不用的删掉了，如果是，P=0），以及检查段长的合法性。然后，CPU根据当前任务的CS寄存器中的CPL字段，以及Jmp/Call指令中给出的目标选择子的RPL字段，以及用该选择子读取到的描述符中的DPL，按照，DPL≥max{CPL, RPL}的规则做权限检查。到这一步，CPU依然不知道该描述符是个什么描述符。如果是通过外部中断（不包括Int/Sysenter/Syscall指令这种内部中断）和异常导致的任务切换，则CPU并不检查权限。

（3）检查描述符的类型。然后，CPU检查该描述符的类型，比如是否为S类（系统类，比如TSS等），如果是，则采用如图10-54右侧所示的类型编码来继续判断。本例中描述符为TSS描述符，CPU便知道了要进行任务切换。

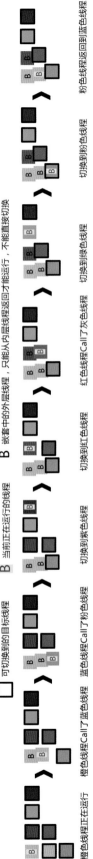

图10-57 任务嵌套运行和返回过程示意图

Flag or Field	Effect of JMP instruction	Effect of CALL Instruction or Interrupt	Effect of IRET Instruction
Busy (B) flag of new task.	Flag is set. Must have been clear before.	Flag is set. Must have been clear before.	No change. Must have been set.
Busy flag of old task.	Flag is cleared.	No change. Flag is currently set.	Flag is cleared.
NT flag of new task.	Set to value from TSS of new task.	Flag is set.	Set to value from TSS of new task.
NT flag of old task.	No change.	No change.	Flag is cleared.
Previous task link field of new task.	No change.	Loaded with selector for old task's TSS.	No change.
Previous task link field of old task.	No change.	No change.	No change.
TS flag in control register CR0.	Flag is set.	Flag is set.	Flag is set.

图10-58　任务切换过程中各种状态位的变更规则

（4）**检查目标任务的Busy位**。如果目标描述符中的Busy位=1，则报异常，否则继续。因为B=1表明：要么该线程位于某个嵌套任务链中，并且该任务链的最内层任务并没有执行完且返回，所以不能重入；要么该线程就是试图自己切到自己，不允许（见上文解释）。

（5）**更新原任务的Busy位**。如果当前采用的是Jmp或者iret指令来切换任务，那么CPU将原任务的GDT中的TSS描述符中的Busy位置为0，也就是说不管原任务是否为嵌套的（CPU在这一步不关心），其被暂停运行。而如果当前执行的指令为Call指令，导致任务切换，那么CPU不更新原任务的Busy位，也就是维持其为1，因为Call会产生嵌套，而为了让嵌套外层任务不被重入，Busy位应该保留为1。

（6）**更新原任务的NT位**。如果当前执行的是iret指令导致任务切换，则CPU将当前任务的EFLAGS寄存器中的NT位改为0，这个过程必须是另存为一个副本到内部私有的缓冲区中备用，而不能在当前EFLAGS寄存器中就地改，因为ELFAGS寄存器中的值会影响当前电路的状态。如果当前执行的是Jmp/Call指令，那么当前任务的EFLAGS寄存器中的NT位保持不变。

（7）**更新目标任务的Previous Task Link**。如果当前是Call指令导致的切换，那么CPU会自动将上一个任务的选择子复制一份到新任务的TSS表中的Previous Task Link字段保存，以便将来新任务iret时能够切回外层嵌套的任务。

（8）**保存当前任务的TSS**。CPU将当前任务的全部上下文寄存器存储到当前TR寄存器指向的TSS表中。

（9）**更新新任务的NT位**。如果当前的任务切换时由于Call指令、中断/异常导致的任务切换，那么CPU自动将新任务的位于内存中尚未装入CPU的TSS中的EFLAGS值中的NT位置为1，因为该任务是一个嵌套任务。

（10）**更新新任务的Busy位**。CPU更新新任务的位于GDT中的TSS描述符中的Busy位为1。如果当前

是由于iret指令导致的切换，则CPU不主动设置Busy位，因为该位一定原来就已经是1了。

（11）**新任务TSS选择子装入**。CPU将新任务的选择子装入TR寄存器，这一步触发CPU电路从GDT中拿到TSS描述符，并将描述符也装入TR寄存器的不可见部分。

（12）**新任务上下文装入**。CPU根据TR中的描述符中给出的TSS基地址，找到新任务的TSS，并从中将新任务的上下文寄存器一股脑儿装入CPU。这一步其实不简单，而且需要耗费不少时间。比如，装入各种段寄存器之后，电路会在后台根据对应指针去寻址对应的描述符然后装入。再比如，装入CR3寄存器后，后台会将原有的TLB缓存清空。

（13）**运行新任务**。CPU按照新的上下文和EIP入口指针，开始运行新任务。

10.2.1.5　小结

任务管理方面，概念、过程复杂，寄存器众多，到处是指针，而且层层嵌套，可谓是纷乱复杂。所以到这里稍微梳理一下目前为止的关键知识点的逻辑组织。

（1）一个线程/任务是一个执行流，执行流分为用户态部分和内核态部分，用户态部分执行时使用用户栈，内核态执行时使用内核栈。线程的内核栈指针被保存在当前线程对应的TSS中的ESP0字段。

（2）用户态代码如果使用int/sysenter/syscall指令进行主动的系统调用（系统调用也算一种中断，程序主动发起的中断，或者说软中断）则会进入内核态执行，但是此时仍然执行的是该线程，仍然处于线程上下文。系统调用执行时CPU自主将当前线程的用户态栈指针（SS、ESP）、代码段和IP指针（CS、EIP）以及EFLAGS寄存器压入当前线程的内核栈（CPU通过当前TSS中的ESP0字段找到内核栈的栈顶地址）保存，然后开始执行系统调用服务程序，执行时接着使用当前线程的内核栈来放参数、函数调用返回地址之类。

（3）如果发生外部中断（比如设备I/O结束、时钟中断等）或者内部异常中断，且如果是在线程的用户态时发生的（CPU根据当前CS寄存器中的CPL值与中断向量入口处选择子选出的描述符的DPL值的比对来判断目标中断服务程序运行在哪个权级，CPU要求必须是平级或者更高级，通常所有的中断服务程序对应的CS段描述符的DPL=0），由于中断上下文必须运行在平级或者更高权限级别下，如果是运行在更高级下，则必须切换到当前线程的内核栈（准确地说是切换到目标DPL对应级别的栈，ESP0/1/2栈，但是目前几乎所有OS都只用R3和R0，所以直接将R0称为内核栈）然后将用户态的上述5个寄存器值压入内核栈，所以CPU根据当前TSS中的ESP0字段找到内核栈，然后压入5个寄存器，然后转去执行中断服务程序（中断服务程序的CS的CPL=0）。如果是在某线程的内核态运行时发生了外部或者异常中断，则CPU发现中断向量入口处的选择子对应的描述符的DPL=0，而当前CPL=0，所以不发生栈切换，依然使用当前栈，所以只压入中断前的CS、EIP和EFLAGS寄存器。

（4）从中断返回时，不管是由于外部中断还是内部主动中断亦或是异常导致的中断返回时，统一执行iret指令。该指令会从当前的栈（一定是内核栈）中弹出东西。如果之前是从用户态被中断的，则之前压栈时的顺序是SS、ESP、EFLAGS、CS、EIP；如果之前是从内核态被中断的，则之前压栈时的顺序是EFLAGS、CS、EIP。当然，某个线程运行在内核态，表明当前的内核栈里一定早就压有该线程用户态的SS/ESP/EFLAGS/CS/EIP这5个寄存器，但是这一步是要在内核态代码运行完时同样用iret指令来返回到用户态的。这里说的是在内核态运行时，被外部中断，那么中断完成后一定要先返回到内核态，再返回到用户态。再说回来，iret从栈中弹出EIP，然后弹出CS，这一步很关键，此时CPU会将该CS中的RPL中断与当前的CS中的CPL的权限做比较，如果发现弹出的CS的权限与当前的CPL平级，则证明iret返回的是内核态，则下一步CPU只会弹出EFLAGS寄存器，然后就继续以弹出的EIP开始继续运行代码，执行的便是被中断线程的内核态代码；如果发现弹出的CS的权限低于当前的CPL，证明是往用户态程序返回，则CPU会继续弹出两个东西，也就是ESP和SS，此时，栈便从内核栈切到了用户栈，然后CPU从EIP继续执行代码，执行的便是被中断之前的线程的用户态代码。

（5）当CPU位于内核态执行时，内核态代码只要受到了既定条件的触发，任何时候都可能发生任务切换，可以使用Jmp/Call指令来实现任务切换，Jmp TSS选择子：0语句不会导致任务嵌套，而Call TSS：0语句会导致嵌套。当中断/异常向量入口为一个TSS选择子的时候，也就是利用一个独立线程来处理中断的时候，也会发生任务切换。外部中断（非int/sysenter/

syscall指令引发）、异常、Call指令引发的任务切换，新任务会与上一个任务形成嵌套。

（6）Call/Jmp TSS选择子：0时，或者Call/Jmp任务门选择子：0时。关于门的机制详见10.3节。

（7）外部中断或者内部异常导致的中断执行结束时的iret指令也可能导致任务切换。如果某个任务链最内层任务执行了系统调用，或者发生了常规中断（中断服务程序并非独立线程，而是函数），当系统调用或者中断服务结束使用iret指令来返回时，此时的EFLAGS寄存器中的NT不可能为1，因为执行系统调用或者中断之后，并没有切换到新的独立线程，所以CPU不会把当时的EFLAGS寄存器中的NT位置1。而只有当线程运行时发生了中断，而且中断入口是独立线程时，当时的EFLAGS中的NT才会被置1，iret返回时自然就需要返回到中断发生前的那个线程。

（8）Int/sysenter/syscall指令、iret指令在执行时都牵扯到线程的栈的切换。iret甚至还可能触发任务的切换（切换到嵌套任务链的向外一层任务）。总体来讲，凡是前后权级有变化的，都要伴随着栈的切换和压栈/弹栈操作。

上面介绍了x86提供的原生任务切换机制，然而，实际的操作系统内核可以完全按照Intel的推荐来实现任务管理和切换，但是也可以使用一些变通的方式，绕过Intel的原有设计，实现更高效的任务切换和管理。下面就简要介绍一下Linux操作系统在任务管理方面的基本机制。

10.2.2 32位Linux的任务创建与管理

本节简要介绍一下Linux对任务的管理机制。在Linux内核2.4版本之前，采用了Intel推荐的方式，也就是为每个线程设置一个TSS结构，每次切换线程时完全按照10.2.1节中的规则和方式来做。但是在2.4及后续版本中，其采用了另一套机制，下文再介绍。

不同的操作系统对进程、线程、任务的定义可能各不相同。比如有些操作系统将执行流统称为进程，将共享同一个地址空间的多个执行流称为轻量级进程（Light Weight Process，LWP），而没有线程的概念。Windows操作系统习惯划分进程（Process）和线程（Thread），而Linux操作系统一开始并没有显式地区分进程和线程这两个概念，而是将所有的执行流都称为任务（Task）。如果某几个Task的CR3寄存器值都相同，也就是共享一份页表，那么这几个Task就相当于在同一个进程当中，否则就可以认为是多个独立的进程，各自有独立的虚拟地址空间。但是随着不断地发展，Linux也逐渐使用了Process和Thread这两个词了，逐渐区分了开来。

如前文所述，操作系统对整个计算机的管理，离不开各种元数据表格（结构体、链表、位map等），表格可以相互嵌套，相互指向、链接，表格中可以纳入各种其他类型的数据结构比如数组等。操作系统将所有的信息放在表格中维护，在执行各种动作时，根据表格中的信息做出计算、判断；当信息发生变化时，再将新的信息写入表格以供后续判断。这些表格被初始化在内存中存放。前文中介绍内存管理时，就介绍过很多的相关数据结构。对于任务管理模块，也需要很多表格来存放任务管理相关的信息。我们的探索之路就从这堆表格开始。

10.2.2.1 PCB/task_struct{ }

学术界将操作系统用于存放任务管理相关信息的数据结构泛称为PCB（Process Control Block，进程控制块）。如图10-59所示为PCB中应当包含的信息。PCB并不是一种标准，实际的操作系统可以使用任何方式、任何数据结构来实现PCB，可以砍掉一些信息，也可以增加一些信息，图中也给出了各自不同的包含信息。不过基本上图中列出的信息对于实际操作系统来讲是远远不够的。

进程ID：用于区分不同的进程。

进程状态：描述该任务当前所处的状态，比如正在运行、被切出等待下次运行、等待某个事件而被阻塞等。不同操作系统定义的状态类别和数量可能各不相同。

进程的指令指针：该进程运行时将从该指针处继续运行，也就是该进程的断点的EIP寄存器值。

上下文寄存器值：比如各种通用寄存器、栈指针寄存器、EFLAGS寄存器等。不同操作系统对任务管理、切换方面的机制不同，可能会保存不同的寄存器。

任务调度信息：包括该任务的优先级、调度策略等信息。

内存布局信息：该任务被分配的内存情况都记录在这个入口所指向的次级数据结构中。

运行统计信息：该任务执行过程中对各种资源的耗费统计信息，比如运行的时间，等等。

I/O资源信息：该任务对I/O设备的使用状况，比如已经打开的文件等。

Linux操作系统把每个任务的所有相关信息存放在struct task_struct{ }这个结构体中，所以Linux下的PCB就是task_struct{ }结构体，其又被泛称为Linux Process Descriptor。如图10-60所示，该结构体中又囊括多个次级数据结构，用来记录上述这些信息，比如用于记录内存布局的信息就被保存在mm_struct{ }次级结构体中，而mm_struct中又包含更多、更深层次的结构，比如vm_area_struct结构体等。

图10-60中左侧只列出了一些关键指针，图中右侧所示为该结构体的全貌（在较新版本的Linux中该结构体非常庞大，篇幅所限，不贴出）。图10-61左侧所示为mm_struct结构体中对应指针的指向关系，可以看到当前任务的CR3寄存器值就被保存在其中的pgd字段，此外还存有用于记录当前任务所占用虚

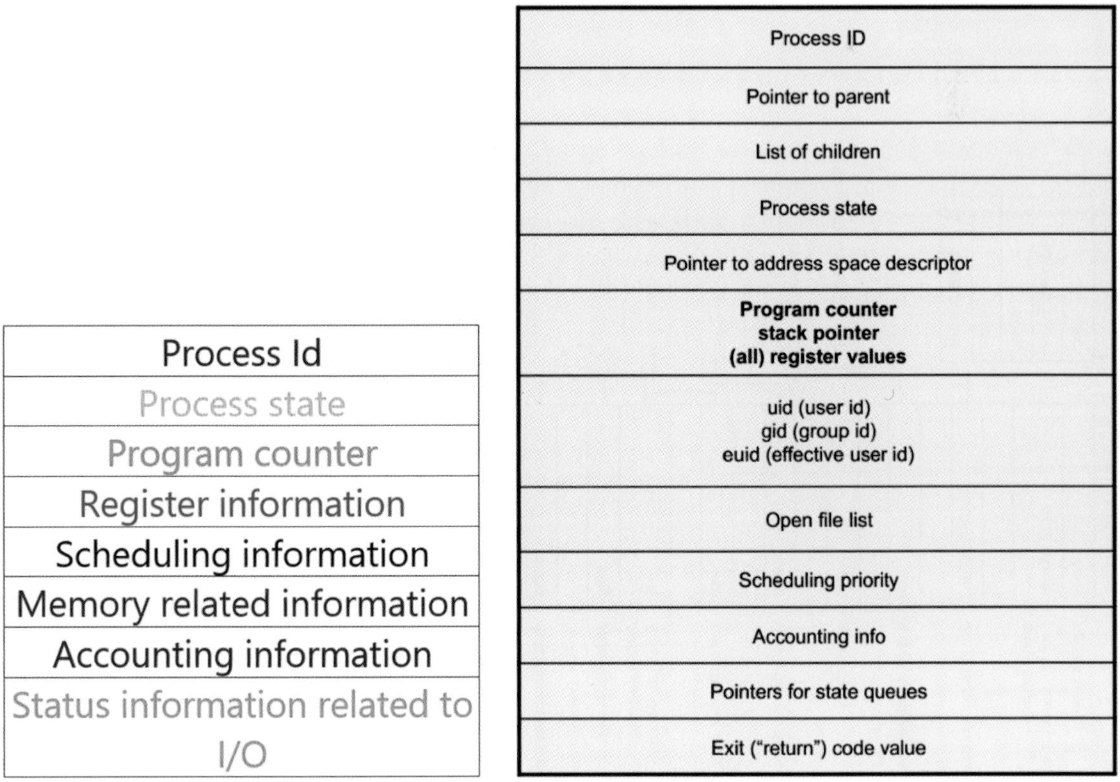

Process ID
Pointer to parent
List of children
Process state
Pointer to address space descriptor
Program counter **stack pointer** **(all) register values**
uid (user id) gid (group id) euid (effective user id)
Open file list
Scheduling priority
Accounting info
Pointers for state queues
Exit ("return") code value

Process Id
Process state
Program counter
Register information
Scheduling information
Memory related information
Accounting information
Status information related to I/O

图10-59 PCB中应包含的几大信息

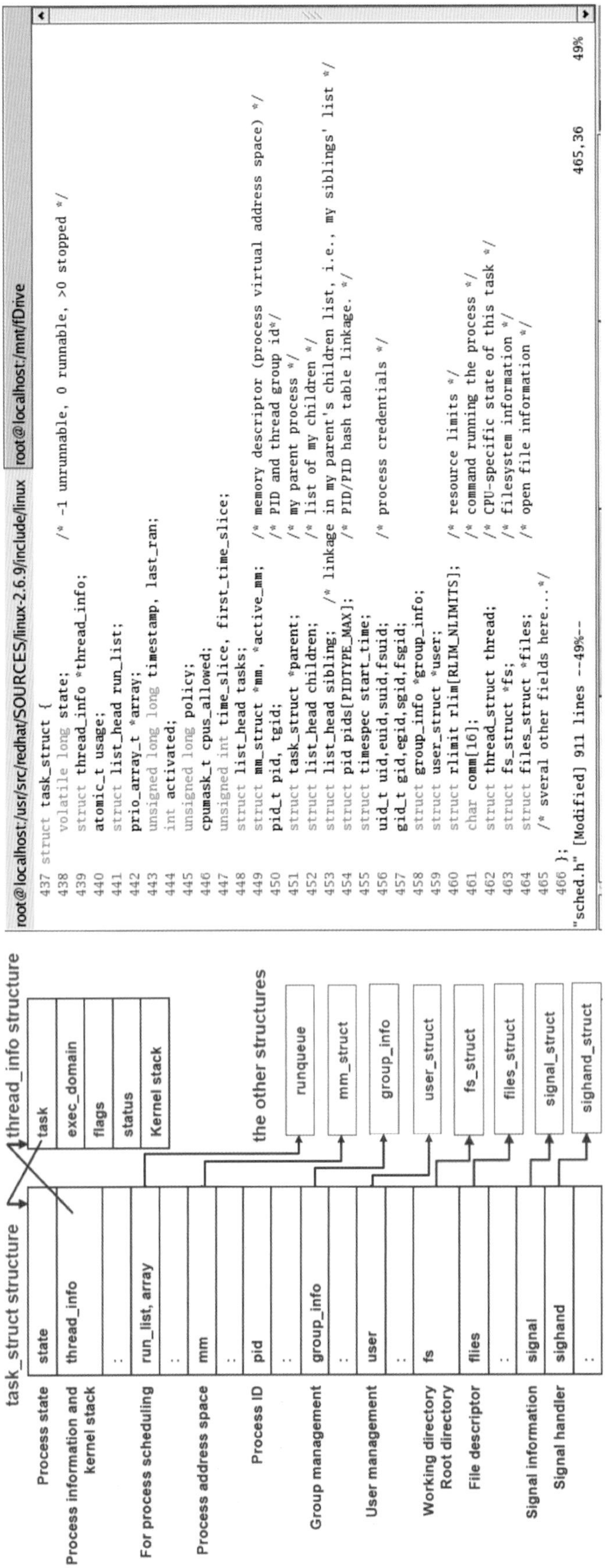

图10-60 某版本Linux代码中的task_struct{ }结构

拟地址空间区段的各种指针。图中右侧所示为files指针指向的该任务打开的各个文件/设备的files_struct表，以及更深层次的各种指向关系。task_struct结构体指向的更多的次级数据结构大家可以自行了解。

结合上一节介绍过的内容，大家一定想知道，该任务对应的内核栈指针、TSS表的基地址指针，都放到哪里了？可以想象其一定在task_struct指向的某处。如图10-62所示，task_struct总表中有一个thread_info结构体指针，其指向了8KB（64位系统为16KB）的内存空间，这8KB空间最底部的52B就是struct thread_info thread_info结构体，其余空间就是该任务的内核栈空间。也就是说，thread_info和内核栈共用这8KB的空间。thread_info结构体中存放有内核在任务管理时需要经常访问的关键信息，放到内核栈的固定位置可以更快速地找到，因为当运行在内核态时，内核栈的基地址指针会常驻在CPU的ESP寄存器中，利用这个寄存器中的值加上一个偏移量就可以更快地得到thread_info结构中任意字段的地址，直接访问其中的内容。而如果将这些经常访问的内容合并放置到task_struc{ }下游某次级结构中，内核的管理程序需要先找到task_struct，从中拿到指针，再拿着指针去继续寻址，这个速度会很慢。同时，thread_info表中也保存有task_struct主表的基地址指针，反过来后者也有指针指向前者，两者相互指向，都是为了寻址的时候更方便。

那么，每个任务的TSS的基地址指针（或者说TSS段描述符的选择子），在哪里放置呢？事实让人惊讶，Linux下的所有线程，都使用同一个TSS，在操作系统启动之初，一份唯一的struct tss_struct{ }就被按照Intel定义的TSS表结构被初始化好在内核内存区中，并将其基地址填入了GDT中的TSS段描述符中，再将该描述符对应的选择子填入到CPU的TR寄存器中。从这以后，不管切换到哪个任务，TR寄存器再也不会变化。下面就来看一下Linux是如何将x86处理器玩弄于股掌之中从而实现自主任务切换的。

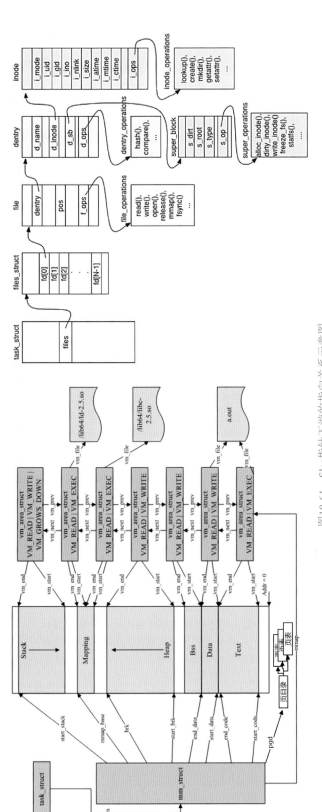

图10-61 files指针下游的指向关系示意图

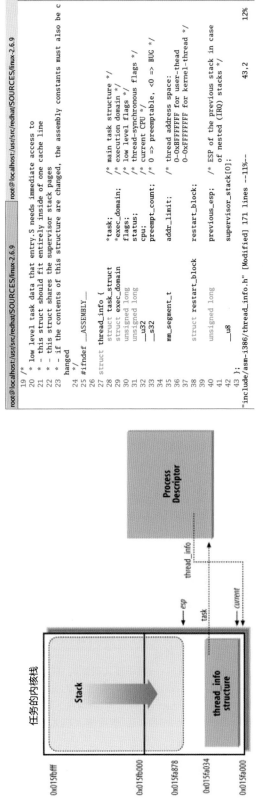

图10-62 thread_info结构体嵌入在内核栈中

10.2.2.2 Linux的任务软切换机制

在2.4内核版本之前，Linux的确是按照Intel推荐的切换方案来实现的，但是后来使用了更加高效快速的方式。Linux将所有的线程上下文寄存器都保存在task_struct结构体中某处，比如CR3值保存在mm_struct中的pdg字段中，ESP0内核栈地址保存在task_struct->thread_struct->sp0字段中，每个任务的断点EIP则被保存在各自的task_struct->thread_struct->ip中。不同版本的Linux的这些数据结构和组织也各有不同。这里只介绍通用流程，细节请大家自行了解。

我们先来思考一下，切换到目标任务，最直接的方式是什么？那就是直接跳转到目标线程的断点EIP继续执行。但是跳转过去之前一定要先得把当前线程的断点EIP保存下来；由于目标线程的内核栈和用户栈与当前线程不同，所以还需要先把当前线程的ESP0指针保存下来，并将目标线程的ESP0载入ESP寄存器，内核栈中保存有线程的用户栈指针、用户态EIP等用户态的上下文，以及内核态部分的上下文，所以ESP0很重要。当然，目标线程的CR3寄存器也要载入以切换虚拟地址空间。至于各种段寄存器、LDTR寄存器等，由于Linux采用Flat分段模式，不管哪个线程，用户态还是内核态，段寄存器都是一样的，所以不需要切换。至于通用寄存器，内核程序在切换任务之前，可以确保不在通用寄存器中留有任何中间结果，然后再切换，所以也不需要保存和恢复。这里读者可能会有个疑惑，比如当用户态程序运行时，通用寄存器中留有中间值，突然外部中断到来，这些中间值难道不需要保存么？当然需要保存，由中断服务程序来负责保存，保存到内核栈里，丢不了，所以，只要保存了内核栈ESP0指针，就相当于保存了这些通用寄存器。而内核程序运行时也需要用到通用寄存器，但是由于内核切换线程是受控主动的行为，所以其可以保证在通用寄存器中没有有用的值之后，再发起切换。

如图10-63所示，某用户线程调用了read()，read()执行时发生了系统调用，导致线程进入了内核态运行。内核态在发起硬盘I/O之后，决定切换到其他任务运行，于是内核程序调用context_switch()函数，该函数内部也调用了其他一些函数，简化起见，下面不列出具体函数，只给出步骤描述。

（1）切CR3。内核将要切换到的目标线程的CR3寄存器值从目标mm_struct中读出（从task_struct结构体中找到mm_struct的指针，然后再从后者中找出pdg字段，也就是CR3值），然后装入CPU的CR3寄存器，以切换到目标线程的虚拟地址空间。这里有个疑问，内核在这么早就先把地址空间切换了，那么后续的任何访存请求都会被翻译成目标线程的物理地址，这不就出问题了么？不会的，因为此时已经处于内核态运行，只会访问内核地址空间区域，而所有线程虚拟地址空间中的内核区域都指向同样的物理页面，所以不管切到哪个线程，内核态程序都会访问到相同内容，不会有问题。当然，这一步理论上也可以放到后面再执行。

（2）压栈EFLAGS。内核将旧任务的EFLAGS寄存器值压入当前线程的内核栈中保存。

（3）压栈EBP寄存器。内核将旧任务的EBP寄存器值压入当前线程的内核栈中保存。

（4）保存旧任务ESP。内核将旧任务，也就是当前任务的ESP寄存器值保存到旧任务的task_struct -> thread_struct -> sp字段中保存。为何不先保存ESP呢？因为第2步中压入的两个值会导致ESP跟着变化，所以得等它俩压入之后，再保存ESP值。在此之后，旧任务的内核栈中不会再被压入其他值，所以此时才保存ESP。

（5）装入目标任务的ESP。内核将目标任务的、当时被保存的ESP，从目标task_struct -> thread_struct -> sp读出然后装入CPU的ESP寄存器。这一步结束之后，当前的内核栈已经是目标任务的了，任何压栈、弹栈操作，压入和弹出的都是目标任务的内核栈，而不再是旧任务的了。

（6）保存旧任务的断点EIP。内核将旧任务的断点EIP值保存到旧任务的task_struct -> thread_struct -> ip字段中。值得一提的是，必须搞清楚旧任务的断点在哪儿。断点并不一定就必须是"上次被打断的点"，而可以是任何值。context_switch函数到底属于哪个线程？实际上，它不属于任何一个任务，它游离在旧任务和新任务之间，属于真空地带。那么，旧任务的断点在哪里，按理说应该是context_switch函数的外部，当然也可以是内部，取决于代码如何组织。图中，第一句蓝色代码（从内核栈中弹出EBP）就是旧任务的断点。旧任务当时运行的时候，最后做的动作是压栈EFLAGS和EBP寄存器，也就是第2步，然后它就被阻塞了，进入了真空地带运行。当旧任务被重新安放到CPU上运行之前，必须准备好对应的栈指针、CR3指针等，而这个则是由新的"旧任务"所调用的相同的context_switch函数中相同的上述步骤来完成的，它醒来第一个要做的当然就是弹出这两个寄存器，然后执行ret指令，ret会导致什么？第5章介绍过，ret指令相当于pop EIP，然后继续从弹出的EIP指针地址继续运行。所以，在切换到新任务之前，必须将新任务的断点EIP取出并压入新任务内核栈，也就是下一步。

（7）压入新任务断点EIP到新内核栈。内核从目标任务的task_struct -> thread_struct -> ip读出被保存的断点EIP然后压入当前的（也就是目标任务的）内核栈中，后续的位于_switch_to函数中最后一句ret指令会弹出保存的EIP，真正开始运行新任务。

（8）跳转到_switch_to函数运行。注意，是跳转，而不是调用。调用函数会用到call指令，会导致CPU自动将当前EIP压栈，这会破坏之前做好的铺垫。而跳转则是使用Jmp指令强行跳过去执行，栈不

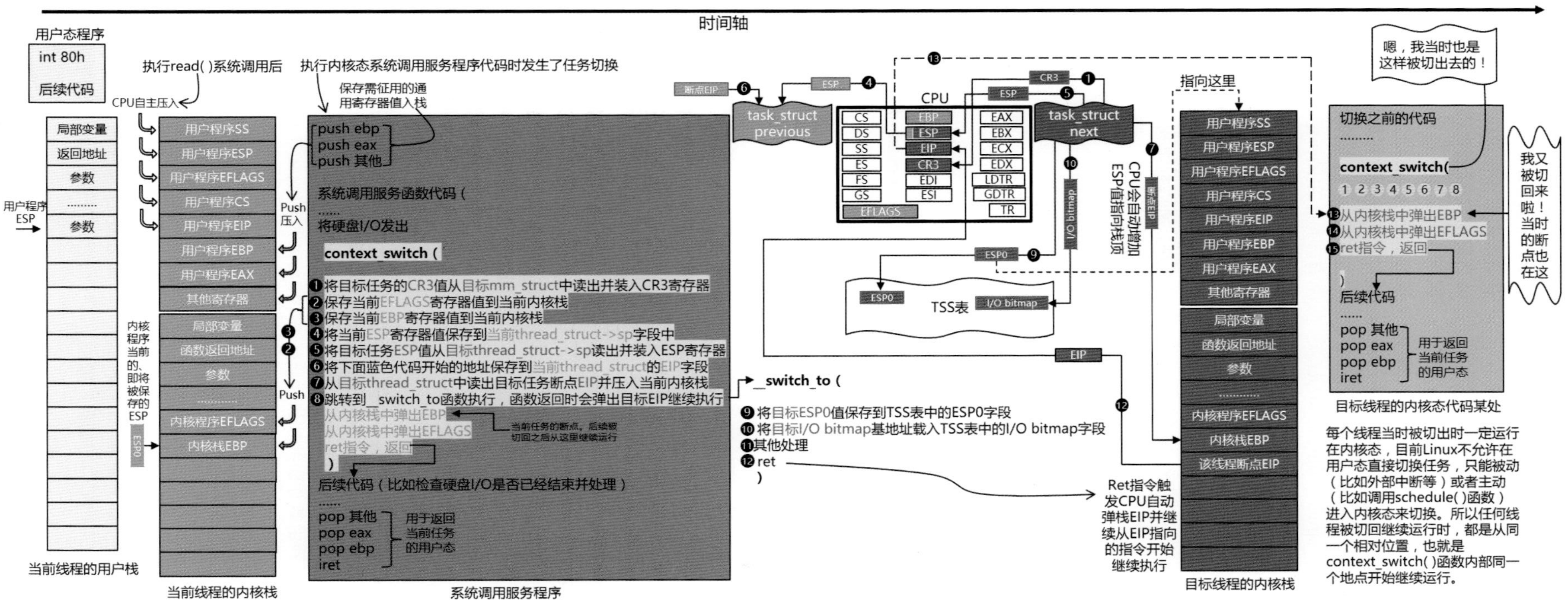

图10-63　Linux下的任务切换流程示意图

会有变化。

（9）将目标任务的ESP0寄存器值保存到TSS。可以发现，一直到这一步，之前根本没TSS什么事情，Linux会用唯一的一份TSS来应付x86处理器的要求。当发生各类中断（外部硬中断、软中断、异常等）时，CPU会自动将TSS中的ESP0装入ESP并保存用户态的SS、ESP、EFLAGS、CS、EIP这5个寄存器到内核栈。Linux无法绕过这个步骤，所以，切换任务之后，必须将新任务的tast_struct -> thread_struct -> sp0写入TSS表，这样CPU在中断时才能将上述5个寄存器压入正确的内核栈。所以，Linux只需要不断地变化TSS中的ESP0字段，就可以一方面骗过CPU，另一方面实现任务切换。内核甚至连TSS中的CR3寄存器值都不需要变化，因为内核是使用独立指令去亲手更新CR3寄存器的，而不是靠前文中所述的Jmp/Call目标TSS：0让CPU读取TSS表然后载入各个寄存器。注意，这一步保存到TSS中的并不是当前CPU内部ESP寄存器的值，也不是tast_struct -> thread_struct -> sp。sp0值是在每个线程被创建时就指定好的，不会变化。这一步的作用是为了让后续CPU从该线程的用户态切换到内核态时从TSS读出ESP0使用的，线程返回到用户态执行时，内核栈中会变空，下次再切换到内核态，依然会从最初始的ESP0开始压入内容。

（10）将目标任务I/O 位map载入TSS。内核将目标任务的I/O 位map基地址从目标task_struct中载入TSS中对应字段。

（11）其他处理。

（12）_switch_to函数返回。该函数结尾的ret指令，将导致CPU从当前栈弹出返回地址，也就是在第7步中被压入的目标任务的EIP，然后继续从EIP指向的地址处取指令执行。这时，任务切换完毕，新任务开始执行。

（13）弹出之前压栈的EBP。

（14）弹出之前压栈的EFLAGS。

（15）从context_switch()返回。目标任务从context_switch()返回，如果还有高层函数，则继续返回，一直到目标线程的整个内核态部分运行完毕，返回到用户态继续运行。在这期间如果再次发生各种原因导致的任务切换，则会重复上述流程。

可以看到，任何线程发生任务切换，都是发生在内核态的context_switch函数内部，而且任何线程被重新运行之后，都会继续运行context_switch函数结尾的代码，没过多久便会ret返回到函数外面继续执行后续步骤。

利用这种方式，CPU永远认为它在运行同一个线程，其实底下是被内核给偷梁换柱了，在任务切换过程中TSS中的多数字段从未变过。内核利用这种软切换方式，可以大幅提升切换时的效率和速度。比如，内核可以保证切换时，通用寄存器中都清空了，所以不需要保存和恢复。而如果利用CPU自主切换，则由于CPU无法感知哪个通用寄存器中有中间结果，所以CPU会一股脑儿全部保存，速度就慢了；另外，段存器也无须保存和切换，而CPU硬切换的话则无法感知当前OS内核到底有没有使用Flat段模式，需要全部保存/恢复，所以这就进一步提升了速度。其次，软切换也节省了CPU硬切换时做的一系列权限检查、任务嵌套判断等烦琐步骤。还有，如果为每个线程都设置一个TSS，那么其描述符被放置到GDT中，而GDT是有容量上限的，这也会导致系统的线程数量也有上限，而使用软切换，可以打破这一限制。还有，如果为每个线程保存一份TSS的话，会占用更多内存空间。

Linux不允许从用户态直接Call/Jmp 目标TSS选择子：0方式切换任务，所有TSS描述符的DPL都被设置为0，所以权限检查会不通过，从而禁止之。另外就是所有任务使用唯一的一份TSS，也根本没有其他TSS。

如图10-64所示为Linux 3.4版本内核与任务切换相关代码示意图。其中，switch_to被定义为一个Macro（宏），其并非函数，调用了Macro时，编译器只是将Macro内的代码整体嵌入到主体代码中。其中，prev、next分别为旧任务和新任务的task_struct结构体指针。prev_sp和next_sp分别为旧任务和新任务的task_struct -> thread_struct -> sp。这些关键字都会在代码中加以说明，以供编译器知晓，篇幅所限就不贴出完整代码了。

Linux内核的不同版本在任务切换方面可能有较大变化，但是万变不离其宗。至于更多的关于任务切换方面的细节，请大家自行了解。相信有了上面的大框架，会对大家后续的学习打通顺畅的认知思维路径。

10.2.2.3　进程0的创建和运行

CPU加电启动之后，会从一个固定的地址取指令执行，然后一直在后续指令的驱动之下沿着这个固定地址继续往下走。这个固定地址上的代码（位于BIOS ROM中）就是计算机世界演化的源头所在。那么，此时可不可以说CPU是在执行某个线程或者进程呢？不可以，因为线程和进程是操作系统虚拟出来的概念，虽然前文中一直把线程/进程看作"代码流"，虽然CPU此时也在执行代码流，但是这些最初始的代码流并非操作系统的一部分，其属于BIOS的一部分。这段最原始的代码流，对于计算机启动之后的演化过程而言，就是其祖先，就是牛顿所说的"上帝之手"。

上帝当初赋予宇宙初始状态的时候，宇宙中可能还没有恒星、行星、中子星、黑洞。万有引力作为演化的前提条件，正如电源的电压作为CPU芯片运行的前提条件一样，引力将万物相互吸引，电子也总是往低电位处流动，身在宇宙中的智慧体，并不知道为什么会有万有引力，CPU电路也并不知道为何电子总

```
#define switch_to(prev, next, last)
do {

unsigned long ebx, ecx, edx, esi, edi;

asm volatile(
    "pushfl\n\t"                    //压入FLAGS到旧任务的内核栈中
    "pushl %%ebp\n\t"               //压入EBP到旧任务的内核栈中
    "movl %%esp,%[prev_sp]\n\t"     //将旧任务的ESP保存到thread_struct结构中
    "movl %[next_sp],%%esp\n\t"     //将新任务ESP装入ESP寄存器，内核栈切换到新任务
    "movl $1f,%[prev_ip]\n\t"       //将标号1f处的地址保存到prev->thread.ip中
    "pushl %[next_ip]\n\t"          //将新任务之前保存的EIP压入到新任务的内核栈中
    "jmp __switch_to\n"             //跳转到__switch_to函数执行

    "1:\t"                          //该任务从此处继续执行，弹栈EBP寄存器
    "popl %%ebp\n\t"
    "popfl\n"                       //弹栈EFLAGS寄存器
    "ret"                           //返回到函数外部继续运行
    )
}
```

```
static inline void load_sp0(struct tss_struct *tss, struct thread_struct *thread)
{
tss->x86_tss.sp0 = thread->sp0;
}
```

```
__switch_to(struct task_struct *prev_p, struct task_struct *next_p)

{
    struct thread_struct *prev = &prev_p->thread,
        *next = &next_p->thread;
    int cpu = smp_processor_id();
    struct tss_struct *tss = &per_cpu(init_tss, cpu);
    fpu_switch_t fpu;
    fpu = switch_fpu_prepare(prev_p, next_p, cpu);
    load_sp0(tss, next);
    lazy_save_gs(prev->gs);
    load_TLS(next, cpu);
    if (get_kernel_rpl() && unlikely(prev->iopl != next->iopl))
        set_iopl_mask(next->iopl);
    if (unlikely(task_thread_info(prev_p)->flags & _TIF_WORK_CTXSW_PREV ||
                task_thread_info(next_p)->flags & _TIF_WORK_CTXSW_NEXT))
        __switch_to_xtra(prev_p, next_p, tss);
    arch_end_context_switch(next_p);
    if (prev->gs | next->gs)
        lazy_load_gs(next->gs);
    switch_fpu_finish(next_p, fpu);
    percpu_write(current_task, next_p);
    return prev_p;

}
```

```
struct thread_struct {
    struct desc_struct          tls_array[GDT_ENTRY_TLS_ENTRIES];
    unsigned long               sp0;
    unsigned long               sp;
    unsigned long               sysenter_cs;
    unsigned long               ip;
    unsigned long               gs;
    struct perf_event           *ptrace_bps[HBP_NUM];
    unsigned long               debugreg6;
    unsigned long               ptrace_dr7;
    unsigned long               cr2;
    unsigned long               trap_nr;
    unsigned long               error_code;
    struct fpu                  fpu;
    struct vm86_struct __user   *vm86_info;
    unsigned long               screen_bitmap;
    unsigned long               v86flags;
    unsigned long               v86mask;
    unsigned long               saved_sp0;
    unsigned int                saved_fs;
    unsigned int                saved_gs;
    unsigned long               *io_bitmap_ptr;
    unsigned long               iopl;
    unsigned                    io_bitmap_max;
};
```

图10-64　Linux 3.4版本内核与任务切换相关代码示意图

在不停冲击着每个门或门非门。上帝可能当初在宇宙中选定了若干坐标点，然后将一股质子电子对（氢元素）放置在每个点上，然后施加万有引力，氢元素逐渐吸引形成致密气团（星云），并发生早期聚变形成氦等元素，之后，在中心强大压力之下发生大规模核聚变，聚变产生的爆炸力对抗万有引力达到平衡态，最后在黑暗的宇宙中亮起了无数个具有稳定大小的爆炸火团并持续燃烧着，宇宙大舞台上顿时火星四射。当每个火星的燃料消耗殆尽时，爆炸力无法对抗万有引力，后者从而将物质继续压缩，恒星爆炸成红巨星，释放出大量聚变之后的重元素，比如铁，这些元素形成固态物质，被抛向孕育它的、像溶液一样的星云中。还是万有引力作祟，这些固态物质不断各自聚拢，最后演变为行星，万有引力继续将红巨星压缩，瞬间的永恒，被压爆的红巨星——超新星，照亮了整个宇宙，留下的则是其残骸，中子星，其以几十甚至几百分之一秒的自转周期高速自转，并不断向外喷射γ射线，成为宇宙中永恒的灯塔，炫耀着它曾经的辉煌。一些红巨星被压爆的更为强烈，在回光返照之后形成了深邃的黑洞，诉说着物极必反的哲理。

可能这个宇宙对于上帝而言只不过是其某个烧瓶里的一场物理和化学的爆炸反应而已。上帝真的很会玩。底层的系统程序员也很会玩。BIOS中的初始化代码会跳转到OS的bootloader程序执行，后者将进一步的初始化代码（setup.s和head.s）复制到内存，然后跳转到setup.s运行，开始自我演化过程。初始化代码随即设置中断向量和中断服务程序，中断服务程序需要被预先准备和设置好，设置各种外部设备等，以及设置好系统调用服务程序以及将其注册到int 80h中断向量处。另外，还需要设置好外部时钟发生器的时钟中断发生间隔，设置好之后，虽然发生器会按照固定间隔向CPU发送中断，但是由于CPU此时被关闭了中断响应，所以听不

到，所以，OS的初始化过程才暂时不会被外界打断，否则，过早地开启中断响应，初始化过程将无法得到控制。

当OS的初始代码流执行到一定程度的时候，便开始准备创建一个进程，也就是进程0，代码将进程0所需要的全部数据结构（比如各种段选择子值、LDT、TSS、task_struct结构体以及其包含指向的各种子结构体等）及其中对应的内容亲手炮制出来，并为该进程分配好对应的页目录和页表等，并将对应数据结构的指针装入TR、CR3、GDTR、LDTR等相关寄存器中。那么，进程0到底运行哪个程序呢？这是一个微妙的问题。答案是：当这些对应的数据结构指针被装入上述这些寄存器之后，当前正在运行的代码流，会自动变成进程0的代码。也就是说，OS的初始化程序，一开始没有身处任何一个进程，当创建了进程所需的各种结构并将其指针装入对应寄存器之后，当前正在执行的代码流自然就被纳入到了进程0里面，只不过，该进程0还没有经过洗礼，也就是，真正地去经历一次任务切换。

显然，进程0运行在内核态，属于一个内核进程，所以其对应的段选择子中的CPL会为Ring0，当对应的选择子被装入对应的段寄存器时，CPU根据该CPL值，会放行一切访存操作，以及放行一切特权指令的执行。同时，进程0的页表中目前只有指向内核数据和代码区物理页面的条目。

那么，进程0的EIP寄存器的值（位于task_struct -> thread_struct -> ip，以及位于TSS中（Linux 2.4内核之前））应该被设置为什么？当前代码是不断执行的，EIP不断变化，这不成了鸡生蛋生鸡的问题了么？实际上，EIP可以被设置为任意值，比如全0。因为CPU此时并不会去在意TSS或者task_struct中的ip值，这个值本身就是旧的，仅当发生任务切换时，或者由CPU自动将当前最新EIP保存到TSS（Linux 2.4之前版本），或者如图10-63中第6步所示由软件来保存到thread_struct中（Linux 2.4及之后版本）。

进程0继续执行，已经快到尾声了。进程0会将自己的task_struct结构体的指针放入一个任务运行队列中，该队列目前只有进程0的task_struct指针被存入，这也是该进程为何被称为进程0的原因，其Process ID=0，位于队列首部。进程0是OS的初始化代码运行之后逐渐形成的第一个细胞，是万物之母。氢元素此时已经演化成了恒星本体，但是它还没被点亮，万事俱备，只欠东风。

至此，CPU的中断响应依然没有被打开。如果说将上述一切准备好的是上帝的左手，那么这个东风就是上帝的右手。最后，进程0会执行一条重要的指令STI（Set Interrupt），打开CPU对中断的响应。从此，源源不断的中断（比如时钟中断）将向CPU袭来。

进程0的STI指令刚刚执行完毕之后，CPU很有可能会马上收到时钟中断，于是，进程0就被中断在了STI指令处，CPU发现中断之前的CS段选择子寄存器中的CPL=Ring0，所以在发生中断之后，并不会切换栈，因为中断前后都运行在同一个特权级别，所以只硬压入EFLAGS、CS、EIP这三个寄存器到当前的栈中。CPU执行时钟中断服务程序。所有的中断服务程序，之前都已经被内核初始化代码安放和设置好了。在时钟中断服务程序中，首先软压入相应的寄存器（如图10-63所示步骤），然后会做比如更新当前系统时间的操作，以及检查任务运行队列中是否有需要执行的任务，由于当前任务队列中只有进程0这个任务，所以时钟中断服务程序会调用前文中所说的switc_to，切换到进程0。可以看到，这相当于切换前和切换后执行的是同一个进程，这完全没有问题，只不过感觉有点儿奇怪而已，比如图10-63中的第6、7两步，其实操作的是完全相同的字段，第6步放进去，第7步再拿出来，做了无用功，但是为了保证程序的统一，这个无用功也没什么问题。

将上述过程结合Linux 2.6.39.4版本的实际源代码做个展示。BIOS从硬盘上载入Bootloader执行，后者做一些硬件级早期初始化动作（比如为保护模式做好各种准备并进入保护模式等），同时将内核代码复制到内存中，最后跳转到内核代码的入口执行，也就是图10-65中的i386_start_kernel()处执行。该函数就是x86处理器平台下的内核主体代码的顶层入口。该代码会做一些内核早期初始化操作，最后调用start_kernel()。

函数start_kernel()中做了大量的操作系统内核初始化操作，其中，sche_init()函数内部封装了上文所述的初始化进程0的那些步骤（设置对应的段寄存器、TSS、LDT、GDT等），篇幅所限就不贴出该函数具体代码了。这个函数返回之后，start_kernel()中后续的代码便被认为属于而且正运行在进程0中了，如图10-66所示。

然后继续执行到local_irq_enable()函数，其中封装了汇编指令STI，这一步打开了CPU对中断的响应，在时钟中断触发下，进程0（也就是当前正在运行的代码）不断被打断但是又继续返回断点执行，性能也有了些许下降，如图10-67所示。

然后继续初始化一些其他事情。比如，其中有好几步是用于初始化内核的slab缓存，还记得10.1.8.5节中介绍过的内核slab机制么？start_kernel()函数中的fork_init、proce_caches_init等这些子步骤，如图10-68所示就是在为内核置办好针对对应数据结构的各个slab零售店。从如图10-68所示的代码中可以看到在proc_caches_init函数中分别初始化了针对信号、打开的文件、mm、vm_area_struct这些数据结构相适配的slab缓存。

```
void __init i386_start_kernel(void)
{   memblock_init();
    memblock_x86_reserve_range(__pa_symbol(&_text),__pa_symbol(&__bss_stop),
                                                  "TEXT DATA BSS");
#ifdef CONFIG_BLK_DEV_INITRD
        if (boot_params.hdr.type_of_loader && boot_params.hdr.ramdisk_image) {
            /* Assume only end is not page aligned */
            u64 ramdisk_image = boot_params.hdr.ramdisk_image;
            u64 ramdisk_size  = boot_params.hdr.ramdisk_size;
            u64 ramdisk_end   = PAGE_ALIGN(ramdisk_image + ramdisk_size);
            memblock_x86_reserve_range(ramdisk_image, ramdisk_end, "RAMDISK");
        }
#endif
        switch (boot_params.hdr.hardware_subarch) {
        case X86_SUBARCH_MRST:
            x86_mrst_early_setup();
            break;
        case X86_SUBARCH_CE4100:
            x86_ce4100_early_setup();
            break;
        default:
            i386_default_early_setup();
            break;
        }
        start_kernel();
} « end i386_start_kernel »
```

图10-65　i386_start_kernel()流程

```
asmlinkage void __init start_kernel(void)
{   char * command_line;
    extern const struct kernel_param __start___param[], __stop___param[];
    smp_setup_processor_id();
    lockdep_init();
    debug_objects_early_init();
    boot_init_stack_canary();
    cgroup_init_early();
    local_irq_disable();
    early_boot_irqs_disabled = true;
    tick_init();
    boot_cpu_init();
    page_address_init();
    printk(KERN_NOTICE "%s", linux_banner);
    setup_arch(&command_line);
    mm_init_owner(&init_mm, &init_task);
    setup_command_line(command_line);
    setup_nr_cpu_ids();
    setup_per_cpu_areas();
    smp_prepare_boot_cpu();
    build_all_zonelists(NULL);
    page_alloc_init();
    printk(KERN_NOTICE "Kernel command line: %s\n", boot_command_line);
    parse_early_param();
    parse_args("Booting kernel", static_command_line, __start___param,
          __stop___param - __start___param,
          &unknown_bootoption);
    pidhash_init();
    vfs_caches_init_early();
    sort_main_extable();
    trap_init();
    mm_init();

    sched_init();
    preempt_disable();
    if (!irqs_disabled()) {
        printk(KERN_WARNING "start_kernel(): bug: interrupts were "
              "enabled *very* early, fixing it\n");
        local_irq_disable();}
    idr_init_cache();
    perf_event_init();
    rcu_init();
    radix_tree_init();
    early_irq_init();
    init_IRQ();
    prio_tree_init();
    init_timers();
    hrtimers_init();
    softirq_init();
    timekeeping_init();
    time_init();
    profile_init();
    if (!irqs_disabled())
        printk(KERN_CRIT "start_kernel(): bug: interrupts were "
              "enabled early\n");
    early_boot_irqs_disabled = false;
    local_irq_enable();
    gfp_allowed_mask = __GFP_BITS_MASK;
    kmem_cache_init_late();
    console_init();
    if (panic_later)
        panic(panic_later, panic_param);
    lockdep_info();
    locking_selftest();
#ifdef CONFIG_BLK_DEV_INITRD
    if (initrd_start && !initrd_below_start_ok &&
        page_to_pfn(virt_to_page((void *)initrd_start)) < min_low_pfn) {
        printk(KERN_CRIT "initrd overwritten (0x%08lx < 0x%08lx) - "
            "disabling it.\n",
            page_to_pfn(virt_to_page((void *)initrd_start)),
            min_low_pfn);
        initrd_start = 0;}
#endif
    page_cgroup_init();
    enable_debug_pagealloc();
    debug_objects_mem_init();
    kmemleak_init();
    setup_per_cpu_pageset();
    numa_policy_init();
    if (late_time_init)
        late_time_init();
    sched_clock_init();
    calibrate_delay();
    pidmap_init();
    anon_vma_init();
#ifdef CONFIG_X86
    if (efi_enabled)
        efi_enter_virtual_mode();
#endif
    thread_info_cache_init();
    cred_init();
    fork_init(totalram_pages);
    proc_caches_init();
    buffer_init();

    key_init();
    security_init();
    dbg_late_init();
    vfs_caches_init(totalram_pages);
    signals_init();
    page_writeback_init();
#ifdef CONFIG_PROC_FS
    proc_root_init();
#endif
    cgroup_init();
    cpuset_init();
    taskstats_init_early();
    delayacct_init();
    check_bugs();
    acpi_early_init();
    sfi_init_late();
    ftrace_init();
    rest_init();
} « end start_kernel »
```

图10-66　start_kernel()流程

```
#define local_irq_enable() do { raw_local_irq_enable(); } while (0)
#define raw_local_irq_enable() arch_local_irq_enable()
static inline void arch_local_irq_enable(void) { native_irq_enable(); }
static inline void native_irq_enable(void) { asm volatile("sti": : :"memory"); }
```

图10-67   local_irq_enable()函数

```
void __init proc_caches_init(void)
{   sighand_cachep = kmem_cache_create("sighand_cache",
            sizeof(struct sighand_struct), 0,
            SLAB_HWCACHE_ALIGN|SLAB_PANIC|SLAB_DESTROY_BY_RCU|
            SLAB_NOTRACK, sighand_ctor);
    signal_cachep = kmem_cache_create("signal_cache",
            sizeof(struct signal_struct), 0,
            SLAB_HWCACHE_ALIGN|SLAB_PANIC|SLAB_NOTRACK, NULL);
    files_cachep = kmem_cache_create("files_cache",
            sizeof(struct files_struct), 0,
            SLAB_HWCACHE_ALIGN|SLAB_PANIC|SLAB_NOTRACK, NULL);
    fs_cachep = kmem_cache_create("fs_cache",
            sizeof(struct fs_struct), 0,
            SLAB_HWCACHE_ALIGN|SLAB_PANIC|SLAB_NOTRACK, NULL);
    mm_cachep = kmem_cache_create("mm_struct",
            sizeof(struct mm_struct), ARCH_MIN_MMSTRUCT_ALIGN,
            SLAB_HWCACHE_ALIGN|SLAB_PANIC|SLAB_NOTRACK, NULL);
    vm_area_cachep = KMEM_CACHE(vm_area_struct, SLAB_PANIC);
    mmap_init();
} « end proc_caches_init »
```

图10-68   proc_caches_init()流程

在start_kernel()最后，调用rest_init()函数，从名字也可以看出，这个函数中封装了内核初始化过程中所有剩余的代码。至此，内核的执行流程如图10-69所示。

rest_init()下一步有什么大动作么？它会做一件大事：细胞分裂。

10.2.2.4   进程1和2的创建和运行

我们来看看rest_init()都做了什么，如图10-70左侧所示。其主要做了三件大事：利用kernel_thread()函数创建了一个新进程，该进程的入口为kernel_init()函数；然后又创建了一个新进程，入口为kthreadd()函数。它生出这两个孩子之后，又做了一些杂事之后，就去调用了cpu_idle()函数，该函数内部为一个外层while(1)大循环嵌套有另一个内存小循环，外层循环永远不返回也不退出，所以，cpu_idle()成了进程0生命中最终也是最后的栖息地，永远在这个函数中循环转圈。我们后文中再介绍这两个子进程的情况。

如图10-70右侧所示为cpu_idle()函数代码，其先做一些准备和判断，然后调用pm_idle()函数，该函数中封装了能够让CPU做到节能降耗的机器指令。所以，进程0也被俗称为idle进程，当系统内没有任何其他线程运行时，系统能够保证进程0总是可用的，总能被调度到CPU上运行，从而让CPU温度降低。当然，idle进程并不会持续霸占CPU，它在每次进入内层的while循环时都会调用need_resched()函数判断当前系统中是否有其他等待运行的线程，如果有则跳出内层循环，进入外层循环，调用schedule()函数，该函数会尝试重新在任务队列中选择合适的（高优先级的、正在等待运行的，或者根据其他策略）线程来运行，schedule()函数内部会调用到context_switch函数，后者继而调用switch_to宏（上文介绍过）来切换到其他任务，从而暂停进程0的运行，当所有任务都空闲或者没有其他任务的时候，又会继续运行进程0，继

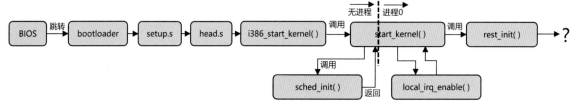

图10-69   rest_init()执行前内核初始化流程示意图

```
static noinline void __init_refok rest_init(void)
{   int pid;
    rcu_scheduler_starting();
    kernel_thread(kernel_init, NULL, CLONE_FS | CLONE_SIGHAND);
    numa_default_policy();
    pid = kernel_thread(kthreadd, NULL, CLONE_FS | CLONE_FILES);
    rcu_read_lock();
    kthreadd_task = find_task_by_pid_ns(pid, &init_pid_ns);
    rcu_read_unlock();
    complete(&kthreadd_done);
    init_idle_bootup_task(current);
    preempt_enable_no_resched();
    schedule();
    preempt_disable();
    cpu_idle();
}
```

```
void cpu_idle(void)
{   int cpu = smp_processor_id();
    boot_init_stack_canary();
    current_thread_info()->status |= TS_POLLING;
    while (1) {
        tick_nohz_stop_sched_tick(1);
        while (!need_resched()) {
            check_pgt_cache();
            rmb();
            if (cpu_is_offline(cpu))
                play_dead();
            local_irq_disable();
            stop_critical_timings();
            pm_idle();
            start_critical_timings();}
        tick_nohz_restart_sched_tick();
        preempt_enable_no_resched();
        schedule();
        preempt_disable();
    }
} « end cpu_idle »
```

图10-70   rest_init()以及cpu_idle()

续进入外层大循环转圈。

进程0是Linux系统中的所有后续进程的源头,对于kernel_init和kthreadd这两个进程而言,进程0是它们的父进程,它俩则是进程0的子进程。这两个子进程后续会采用同样的方式生出各自的子进程,kernel_init负责生出各种用户态进程,而kthreadd负责生出各种内核级线程(比如负责虚拟内存swap的kswapd、负责将内核缓冲区脏数据写入硬盘的kflushd等)。典型的用户态进程比如负责人机交互的shell程序进程,shell再负责生出各种用户程序进程,比如你在shell命令行下运行了./app1.sh程序,那么shell进程将会生出一个app1子进程运行,shell自身则选择阻塞(调用wait/waitpid()函数)等待app1结束之后自己再运行,这样的话app1运行的时候,shell就不会跳出来捣乱了,否则由于时钟中断产生的任务切换,会导致屏幕上一会儿出现app1运行时的画面,一闪而过又出现了shell命令行,再快速闪回去,循环。这样电脑就没法用了。当然,进程也可以在生出子进程之后自己继续运行,GUI下基本都是这种模式。

下面我们来看一下kernel_thread()这个函数是如何创建新进程的,如图10-71所示。其首先初始化一个模板为pt_regs、名称为regs的结构体,其会被用于存放要创建进程的所有相关寄存器值。创建完后,先将其全部清零(调用memset函数),然后开始填充其中的一些项目为对应的值。比如将regs.si字段填充为本进程要运行的程序入口的地址,也就是调用者传递给kernel_thread()函数的第一个参数*fn。其次也初始化填充了CS和SS寄存器为__KERNEL_CS和KERNEL_DS,这两个符号属于Macro(宏),其值是固定值,也就是Linux系统下通用的段选择子寄存器值(还记得前文中提到过的Linux使用Flat分段模式么?所有内核程序使用的都是同一个大段,如图10-14所示)。

```
int kernel_thread(int (*fn)(void *), void *arg,
                               unsigned long flags)
{   struct pt_regs regs;
    memset(&regs, 0, sizeof(regs));
    regs.si = (unsigned long) fn;
    regs.di = (unsigned long) arg;
#ifdef CONFIG_X86_32
    regs.ds = __USER_DS;
    regs.es = __USER_DS;
    regs.fs = __KERNEL_PERCPU;
    regs.gs = __KERNEL_STACK_CANARY;
#else
    regs.ss = __KERNEL_DS;
#endif
    regs.orig_ax = -1;
    regs.ip = (unsigned long) kernel_thread_helper;
    regs.cs = __KERNEL_CS | get_kernel_rpl();
    regs.flags = X86_EFLAGS_IF | 0x2;
    return do_fork(flags | CLONE_VM | CLONE_UNTRACED,
                           0, &regs, 0, NULL, NULL);
} « end kernel_thread »
```

图10-71　kernel_thread()流程

regs.ip字段填充为kernel_thread_helper函数的地址,这里有个疑惑在于,为何不把要运行的目标函数kernel_init的指针填入regs.ip,而是填入了regs.si字段?这样岂不是新进程运行时会从kernel_thread_helper而不是kernel_init函数开始执行么?这是故意为之的,任何内核线程都被设计为从该helper函数进入,该函数做一些准备后,再调用si寄存器中的目标函数(kernel_init)指针执行从而进入正轨。而当目标函数执行完返回时,也会返回到kernel_thread_helper函数,该函数会继续调用do_exit函数将当前进程销毁掉。这也是其被称为helper的原因。

填充好regs结构体后,继续调用do_fork函数,如图10-72所示。该函数非常重要,其负责创建新进程。其创建新进程的手段很直接,直接把当前进程(进程0)的task_struct、页表、内核栈等关键数据结构复制一份,就像细胞分裂一样。这个过程的具体执行者是copy_process函数,篇幅所限就不贴出该函数

```
long do_fork(unsigned long clone_flags,unsigned long stack_sta
        struct pt_regs *regs, unsigned long stack_size,
        int __user *parent_tidptr, int __user *child_tidptr)
{ struct task_struct *p;
  int trace = 0;
  long nr;
  if (clone_flags & CLONE_NEWUSER) {
      if (clone_flags & CLONE_THREAD)
          return -EINVAL;
      if (!capable(CAP_SYS_ADMIN) || !capable(CAP_SETUID) ||
              !capable(CAP_SETGID))
          return -EPERM;}
  if (likely(user_mode(regs)))
      trace = tracehook_prepare_clone(clone_flags);
  p = copy_process(clone_flags, stack_start, regs, stack_size,
          child_tidptr, NULL, trace);

  if (!IS_ERR(p)) {
      struct completion vfork;
      trace_sched_process_fork(current, p);
      nr = task_pid_vnr(p);
      if (clone_flags & CLONE_PARENT_SETTID)
          put_user(nr, parent_tidptr);
      if (clone_flags & CLONE_VFORK) {
          p->vfork_done = &vfork;
          init_completion(&vfork);}
      audit_finish_fork(p);
      tracehook_report_clone(regs, clone_flags, nr, p);
      p->flags &= ~PF_STARTING;
      wake_up_new_task(p, clone_flags);
      tracehook_report_clone_complete(trace, regs,
                          clone_flags, nr, p);
      if (clone_flags & CLONE_VFORK) {
          freezer_do_not_count();
          wait_for_completion(&vfork);
          freezer_count();
          tracehook_report_vfork_done(p, nr); }
  } « end if !IS_ERR(p) » else {
      nr = PTR_ERR(p);
  }
  return nr;
} « end do_fork »
```

图10-72　do_fork()函数流程

代码了，大家自行了解。 最后，do_fork调用wake_up_new_task函数，将新进程的task_struct结构体指针加入到任务队列中，等待被调度运行。

有个很大的疑惑出现了，既然是细胞分裂，那么分裂出来的细胞与原来的细胞一模一样，运行的程序代码也会一模一样，此时岂不是形成了进程0的另一个分身，同时在运行两个进程0？新进程会从老进程的数据结构被复制完的那个时间点开始继续运行？此时岂不是会有很大问题，比如原始的进程0以当前系统时间为输入，对某个数据做了更改，而分身进程0由于执行相同的逻辑，也以当前系统时间为输入对同样的数据做更改，但是由于分身，进程0与原始进程0运行的时机可能不同，所以其获取到的系统时间也不同，那么得到的结果也不同。这一对双胞胎的存在会导致系统产生错乱，如果能够保证这两个双胞胎进程严格同步，也就是必须保证同时在运行，每一步都严格同步，做同样的事情，得到相同的输入，给出相同的输出，而这在实际上是不可能的，即便是这两个进程0同时运行在两个CPU核心上，核心频率微小的差异，外部中断等各种事件也会导致它俩失去同步。

显然，利用do_fork派生出的新进程，必须被赋予不同的函数入口，走不同的分支，与父进程彻底划清界限分道扬镳。所以，在copy_process函数内其实还调用了copy_thread函数，如图10-73所示。该函数就是用于形成真正的分叉的，这也是do_fork中fork的意思。

看上面代码，该函数首先为子进程创建一个新的pt_reg结构体childregs。pt_regs结构体模板中的寄存器严格按照中断/系统调用后被CPU自主压入的5个用户态寄存器值以及被系统调用入口汇编程序SAVE_ALL压栈之后的寄存器顺序排放，pt_regs结构体指针指向的就是这块寄存器保存区的基地址（低位地址）。然后调用task_pt_regs函数将childregs结构体的基地址指向子进程的内核栈中的对应位置，这样，凡是向childregs结构体的写入，实际上是写入了子进程内核栈最底部中对应的条目。

childregs结构体占据的位置就是内核栈底部的被压栈的寄存器部分。

然后，通过代码*childregs = *regs将之前在kernel_thread函数本体中构造的regs结构体整体复制到childregs中，这就实现了与父进程分道扬镳的作用，因为regs结构体中之前被填充了子进程执行的入口函数（kernel_thread_helper，以及最终目标入口函数kernel_init），所以，regs结构体其实被用来预先盛放这些分叉参数，然后再将regs复制到位于子进程内核栈中的childregs结构体（childregs本身就是子进程内核栈底部被保存的寄存器部分的化身）中，这就构造出了一个子进程的内核栈，其目的是打造一个现场，仿佛子进程之前已经存在，只不过被切换出去了，切换前的断点都被保存在内核栈中，那么，要运行子进程，就必须模拟一个中断返回操作，也就是执行RESTOR_ALL宏（见图10-50下方附近），利用其结尾的iret指令，从而让CPU自己从内核栈中弹出EIP、CS、EFLAGS寄存器执行，而由于CS被设置为_KERNEL_CS，其RPL为Ring0，所以CPU知道这是要返回内核态运行，从而只弹出三个条目。这个过程，正中下怀，从而执行了kernel_thread_helper函数，从而继续执行到kernel_init函数。

如图10-74所示，将regs复制到childregs之后，copy_thread函数接着会将childregs结构体的指针的值赋值给子进程的task_struct -> thread_struct.sp，也就是p->thread.sp，p和thread分别是之前为子进程按照task_struct和thread_struct模板创建的结构体实例。thread.sp寄存器保存的是当前正在构造的内核栈现场的栈顶位置，也就是childregs的基地址。然后，将childregs+1的位置赋值给p->thred.sp0，sp0位内核栈为空的时候的位置，这里可以回忆一下图10-63中的情景。childregs+1在C语言中是一种指针算术，其并不是"childregs的地址+1字节"的意思，而是"childregs的地址+childregs结构体整体尺寸"的意思，所以，其位置其实指向的就是内核栈的栈底。

```
int copy_thread(unsigned long clone_flags, unsigned long sp,
    unsigned long unused,
    struct task_struct *p, struct pt_regs *regs)
{
    struct pt_regs *childregs;
    struct task_struct *tsk;
    int err;
    childregs = task_pt_regs(p);
    *childregs = *regs;
    childregs->ax = 0;
    childregs->sp = sp;
    p->thread.sp = (unsigned long) childregs;
    p->thread.sp0 = (unsigned long) (childregs+1);
    p->thread.ip = (unsigned long) ret_from_fork;
    task_user_gs(p) = get_user_gs(regs);
    p->thread.io_bitmap_ptr = NULL;
    tsk = current;
    err = -ENOMEM;
    memset(p->thread.ptrace_bps, 0, sizeof(p->thread.ptrace_bps));
```
```
    if (unlikely(test_tsk_thread_flag(tsk, TIF_IO_BITMAP))) {
        p->thread.io_bitmap_ptr = kmemdup(tsk->thread.io_bitmap_pt
                    IO_BITMAP_BYTES, GFP_KERNEL);
        if (!p->thread.io_bitmap_ptr) {
            p->thread.io_bitmap_max = 0;
            return -ENOMEM; }
        set_tsk_thread_flag(p, TIF_IO_BITMAP);}
    err = 0;
    if (clone_flags & CLONE_SETTLS)
        err = do_set_thread_area(p, -1,
            (struct user_desc __user *)childregs->si, 0);
    if (err && p->thread.io_bitmap_ptr) {
        kfree(p->thread.io_bitmap_ptr);
        p->thread.io_bitmap_max = 0;}
    return err;
} « end copy_thread »
```

图10-73 copy_thread()函数流程

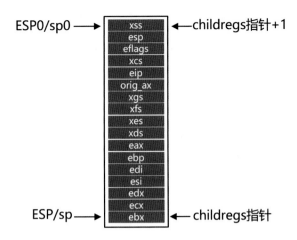

ESP0/sp0 ←—— （xss, esp, eflags, xcs, eip, orig_ax, xgs, xfs, xes, xds, eax, ebp, edi, esi, edx, ecx, ebx） ←—— childregs指针+1

ESP/sp ←—— childregs指针

图10-74　childregs与sp/sp0指针的关系

由于是新建内核线程，该线程之前并没有用户态执行部分，但是目前这个内核栈现场是被构造出来的假现场，所以仍然需要有用户态的那老五样（ss、esp、eflags、cs、ip），不过这些值一开始在regs结构体中就是全零（创建时先被全部清零），所以复制过来也会是全0，其也毫无用处，因为该子进程会运行在内核态（regs.cs被填充为_KERNEL_CS）。

至此，子进程的现场被精确构造完毕，其task_struct指针也被加入到了运行队列。当下一次中断到来时，其就有机会被调度运行。值得一提的是，当wake_up_new_task函数被调用之后，就可能因为收到外部中断而导致下次运行的是子进程而不再是进程0。子进程和父进程从此脱离了关系，各自独立运行，各自运行的时机也不固定、不可预测，但是这并不没有什么问题。

上述的整个过程如图10-75所示。kernel_init进程又被称为进程1。进程0会先后生出kernel_init和kthreadd两个子进程，方式是一样的。这两个子进程，加上它们的父进程，各自独立运行，时机不固定。从图中也可以看到，ret_from_fork是一个宏，这个宏又引用了其他宏，一直到最后才执行到iret指令，iret指令就是跳转到kernel_thread_helper的最后一个推手，后者再通过调用之前保存在esi寄存器中的kernel_init函数地址，最终运行了kernel_init函数，也是进程1的最终实际入口函数。

在do_fork的时候如果给出了CLONE_VM参数，则do_fork -> copy_process -> copy_mm一路调用下来，copy_mm会拿到这个参数。该参数是为了提示copy_mm函数：子进程与父进程运行在同一个虚拟地址空间中。进程0和进程1，到目前，都是内核态线程，也就是它们的运行权限都是Ring0，而且只访问内核态数据区。copy_mm只要看到这个参数，则直接将父进程的mm_struct指针复制给子进程的mm_struct指针，让它们指向完全相同的内存数据结构和内存区域，包括页表等。这就是为什么图10-75中的页表颜色为混合三色的原因，同一份，大家共享的。所以说，到目前为止进程0、1和2其实可以被看作三个独立的内核

态线程（不是进程）了。

而如果do_fork时不给出CLONE_VM参数，则证明新进程不打算与旧进程共享虚拟地址空间，是名副其实的进程，则copy_mm函数会为新任务分配一个新的mm_struct结构，然后复制mmap（所有的vm_area_struct）和页表（只复制数据结构，并不复制页面中的内容），这里会真的复制，而不是仅复制指针。复制完后，父子进程还是共同指向相同的数据结构和页面，但是会多做一步，就是将这些页面都设为只读权限（方法见10.1节相关段落）。设置为只读的目的，是当新进程对页面进行写入操作时，比如新进程载入一个可执行文件到代码段执行，会对页面进行写入，此时CPU会产生Page Fault，然后由内核的页面处理程序负责将对应页面复制一份到新的物理页，原物理页解除只读限制，修改新进程对应的页表条目指向新页面，新进程就可以写入了。这个过程叫作Copy On Write（CoW，准确地说应该是Copy On First Write）。

总结而言就是，如果给出了CLONE_VM参数，只复制指针；如果没给出该参数，则复制mmap和页表，同时将页面设定为只读。前者被俗称为浅复制，后者被俗称为深复制。不管怎样，子进程刚创建完时，与父进程是共享存储器的。带着CLONE_VM参数创建的子进程，其命运注定只能是一个线程，其与父进程永远共享存储空间，共享代码，但是它可以执行与父进程不同的代码流，这里要注意，共享代码并不意味着连代码流都得一样，否则就不是独立线程了。而没有带着CLONE_VM创建的进程，其命运有了些许变化，其可以选择继续与父进程共享存储空间，只不过只能读，不能写，对于一个常规程序来讲，不写入内存几乎是不可能的，当子进程第一次尝试更改内存时，比如a=a+1，就对应着stor访存操作，此时产生Page Fault后，a变量所在的页面会被内核复制一份，并将原页面和复制出来的页面接触只读，这样父进程就可以继续写入原页面，子进程则使用新复制出来的页面。产生了分叉，这又一次体现了fork这个词的含义。

一个疑惑在于，为何子进程在创建完后必须和父进程共享存储空间呢？其实可以被设计为完全不共享，子进程所有数据结构都是空的，但是这样做也不划算，因为任何进程/线程的内核存储器空间起码是共享的，那么对于内核态线程，直接复制一份mm_struct指针就可以了，因为整个内核就是一个大进程，所有内核态线程都在同一个大虚拟空间内运行。而对于那些想要载入新可执行文件来运行的用户子进程，其内核区与其他所有进程共享，无须新建一份，其用户区虽然是独享，但是可能对于有些区域，父子进程之间真的会只读访问，那么此时也无须新建一份，只需要写时复制即可。为何不是写时新建，而是复制？因为之前的页面中可能只有少量地址被写入，而页面中原有的数据可能还会被子进程访问到，如果被设计为新建，那么子进程就需要重新初始化新页面中的数据，代价变高。

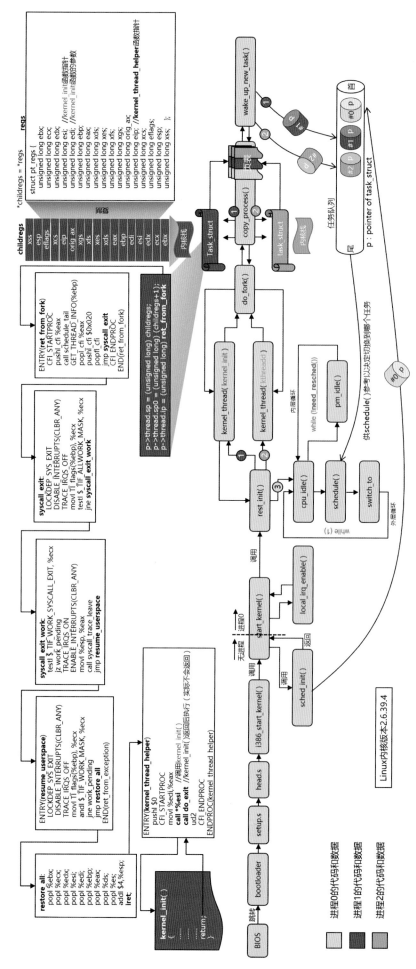

图10-75 Linux从启动到运行进程0、创建进程1和2后、运行进程1之前的流程图

在一些场景下，父进程会创建出多个子进程来与自己协同处理数据，这些进程之间可能会有大量的数据以只读形式来访问，只有少量数据是每个进程各自独立拥有的，此时，利用复制+CoW的方式最划算。于是这种形式就一直沿袭了下来，就算子进程会有大部分数据都是独立供自己访问的，一开始创建时也是用CoW方式。

下面我们必须来看一下kernel_init入口函数及其下游的程序都做了什么，如图10-76所示。如其名称一样，该函数会继续对内核进行初始化，可以说是内核后期的初始化，在这之前是前期初始化（start_kernel做前期初始化，然后创建kernel_init进程并委托后者做剩余的后期初始化，自己则转去执行cpu_idle退居幕后）。

```
static int __init kernel_init(void * unused)
{   wait_for_completion(&kthreadd_done);
    set_mems_allowed(node_states[N_HIGH_MEMORY]);
    set_cpus_allowed_ptr(current, cpu_all_mask);
    cad_pid = task_pid(current);
    smp_prepare_cpus(setup_max_cpus);
    do_pre_smp_initcalls();
    lockup_detector_init();
    smp_init();
    sched_init_smp();
    do_basic_setup();
    if (sys_open((const char __user *) "/dev/console", O_RDWR, 0) < 0)
        printk(KERN_WARNING "Warning: unable to open an initial console.\n");
    (void) sys_dup(0);
    (void) sys_dup(0);
    if (!ramdisk_execute_command)
        ramdisk_execute_command = "/init";
    if (sys_access((const char __user *) ramdisk_execute_command, 0) != 0) {
        ramdisk_execute_command = NULL;
        prepare_namespace();
    }
    init_post();
    return 0;
} « end kernel_init »
```

图10-76　kernel_init()函数流程

kernel_init继续初始化，期间会执行smp_init()，这一步对多核心CPU环境进行初始化并最终使能所有CPU核心并行运行，这个过程我们在第6章中曾经介绍过一些，可以回顾一下。然后执行了do_basic_setup()函数，这一步内容很烦琐，其中会对各种外部设备、总线等进行初始化，以及加载对应设备驱动，做设备枚举和初始化配置等等，这一步将会非常慢。在做了其他一些工作之后，最终执行init_post函数，如图10-77所示。

```
static noinline int init_post(void)
{   async_synchronize_full();
    free_initmem();
    mark_rodata_ro();
    system_state = SYSTEM_RUNNING;
    numa_default_policy();
    current->signal->flags |= SIGNAL_UNKILLABLE;
    if (ramdisk_execute_command) {
        run_init_process(ramdisk_execute_command);
        printk(KERN_WARNING "Failed to execute %s\n",
                ramdisk_execute_command);}
    if (execute_command) {
        run_init_process(execute_command);
        printk(KERN_WARNING "Failed to execute %s.  Attempting "
                    "defaults...\n", execute_command);  }
    run_init_process("/sbin/init");
    run_init_process("/etc/init");
    run_init_process("/bin/init");
    run_init_process("/bin/sh");
    panic("No init found.  Try passing init= option to kernel. "
            "See Linux Documentation/init.txt for guidance.");
} « end init_post »
```

图10-77　init_post()函数流程

该函数最终调用run_init_process函数，尝试载入init程序，init程序运行之前，内核初始化已经完毕了，文件系统已经加载，可以访问文件，各个设备驱动也都加载和配置成功，网络控制器、存储控制器、USB控制器都已经可用（事实上在BIOS运行阶段这些资源就已经可用，但是BIOS中内置的驱动或者从硬件Optional ROM中提取并加载的驱动只是最原始的简版驱动，OS启动时会加载新的驱动程序重新初始化这些设备）。

Init程序为一个用户态程序，其负责内核启动之后的外围初始化工作，比如启动一些自启动程序，最后启动用户认证程序，接受用户的登录，通过后则启动shell程序，也就是命令行解释器，shell程序根据用户输入的命令，再去启动命令对应的其他程序。Init程序是以可执行文件形式存在于文件系统路径下的，一般会被放到/sbin、/etc、/bin下面，当然，可以通过增加启动参数来手动指定init的位置，由于该程序为用户态程序，甚至可以替换为修改之后的版本。在下面的代码中，init_post会尝试依次从4个地方来寻找init程序，找到了就运行之，运行之后就不会再返回了。如果4个地方都没找到，那么系统就执行panic函数进入系统崩溃流程。

请注意，至此，依然是在进程1，也就是kernel_init内核线程中运行，运行在内核态。现在，run_init_process函数将试图彻底改变kernel_init进程的运行代码，或者说执行流，改为从init可执行文件中的入口重新进入，将直接脱胎换骨成一个新的进程——init进程。如下面的代码所示，其会调用kernel_execve函数来做这件事。

```
static void run_init_process(const char *init_filename)
{ argv_init[0] = init_filename; kernel_execve(init_filename,
argv_init, envp_init); }
```

```
int kernel_execve(const char *filename, const char *const
argv[], const char *const envp[])
{ long __res; asm volatile ("int $0x80" : "=a" (__res) : "0" (__
NR_execve), "b" (filename), "c" (argv), "d" (envp) : "memory");
return __res; }
```

kernel_execve函数实际上封装了一套汇编代码，也就是int 80h，这句汇编代码是一个软中断代码。其中，80h表示这是一个特殊的软中断，也就是系统调用，其一个重要参数为__NR_execve，这是要告诉内核，执行execve这个系统调用，另一个参数filename则对应了从run_init_process一路传递下来的init程序文件的路径。该系统调用委托内核在当前正在执行的进程/线程中将init程序的代码加载进来，从init程序入口函数开始执行，不再执行原有的kernel_init函数下游的代码，彻底改头换面，但是进程仍然是进程1，内核栈的位置也不变。所以，至此需要理解一个事情，进程/线程只不过是代码的容器和壳而已，壳里面的内容是可以通过execve函数来随时变更的。一个壳也可生成另一个新壳，调用do_fork即可。

这里有个疑惑是，kernel_execve函数原本就运行在内核态，它有必要执行系统调用么？前文中提到过，用户态程序权限不足，所以才通过系统调用来委托内核态做事情，为何kernel_execve身居内核之内却也要走这套流程？这步棋是很巧妙的一步，因为系统调用结束后会最终执行到iret指令返回用户态，由于init程序原本就是个用户态程序，kernel_init线程的最终目标就是把init推举到用户态去执行，不要留在内核态，于是kernel_execve在内核态强行走这个流程将init程序扶上马。如果跨过系统调用直接走内核后门，就无法走到iret这一步。我们下面就来看看这个流程的机制。

系统调用发生之后，CPU会根据中断向量表找到80h号入口的代码执行，位于80h号的代码就是系统调用总入口代码，其为一段汇编程序（system_call），该程序会call 对应的系统调用函数（也就是sys_execve函数）执行，然后是do_execve -> search_binary_handler -> load_elf_binary -> start_thread函数的接连调用。我们在之前章节中提到过的可执行文件装载器（Loader），其实可以看作load_elf_binary函数，该函数会负责分析elf文件格式，然后负责装载到内存。最终start_thread函数做最后的准备之后，execve系统调用的执行就结束了，原路一直返回到系统调用总入口处的那段汇编程序中，继续执行syscall_exit宏（该宏及后续的宏见图10-67上方），并最终执行到iret指令，这条指令会导致乾坤大挪移的时空扭转，将当前进程从内核态改变为用户态，然后在用户态开始执行init程序。start_thread都做了什么从而导致时空扭转？

```
ENTRY(system_call)
RING0_INT_FRAME
pushl_cfi %eax
SAVE_ALL
GET_THREAD_INFO(%ebp)
        testl $_TIF_WORK_SYSCALL_ENTRY,TI_flags(%ebp)
jnz syscall_trace_entry
cmpl $(nr_syscalls), %eax
jae syscall_badsys
syscall_call:
call *sys_call_table(,%eax,4) //调用sys_execve
movl %eax,PT_EAX(%esp)
syscall_exit:
LOCKDEP_SYS_EXIT
DISABLE_INTERRUPTS(CLBR_ANY)
TRACE_IRQS_OFF
movl TI_flags(%ebp), %ecx
testl $_TIF_ALLWORK_MASK, %ecx
jne syscall_exit_work
```

如图10-78所示的代码，start_thread函数只做了一件事，那就是把当前进程（进程1）的内核栈（regs结构体所占据的位置）中对应的各个段寄存器值统改为用户

态的段选择子（RPL=3），然后将ip寄存器值改为已经被载入内存的init程序代码的入口，sp改为用户态栈的栈顶。然后就返回了，一直返回到上述系统调用总入口汇编代码中，也就是call *sys_call_table(,%eax,4)的下一句继续执行，然后一直执行到jne syscall_exit_work，最终执行到restore_all中的iret指令。此时，内核栈中只剩下了用户态部分的老五样寄存器，CPU自动弹栈，首先弹栈eip（init程序入口），当弹栈cs寄存器时发现其中RPL=3，与旧cs寄存器中的CPL=0不同，所以CPU知道这是要切换到用户态了，所以继续弹出esp、efags和ss寄存器，这样，当前cs寄存器中的CPL=3，后续的执行就彻底位于用户态了。iret指令实乃神器。

```c
void start_thread(struct pt_regs *regs,
                  unsigned long new_ip,
                  unsigned long new_sp)
{
    set_user_gs(regs, 0);
    regs->fs        = 0;
    regs->ds        = __USER_DS;
    regs->es        = __USER_DS;
    regs->ss        = __USER_DS;
    regs->cs        = __USER_CS;
    regs->ip        = new_ip;
    regs->sp        = new_sp;
    free_thread_xstate(current);
}
```

图10-78　start_thread()函数流程

init程序内部要做很多事情，篇幅所限请大家自行了解。在init程序的尾声，其会向各个操作终端（包括串口、显示器等）输出登录探寻（Prompt）信息，提示用户输入用户名和密码。系统可能存在多个终端，比如可能有多个串口，内核初始化时每发现一个终端设备就会向/etc/inittab文件中对应位置加入一条记录（比如T0:23:respawn:/sbin/getty -L ttyAMA0 115200 vt100），描述该中断的设备号、速率，以及用户从该终端连接后需要启动哪个进程来处理用户输入的用户名密码。init程序运行到尾声时，会读取该文件中的这些条目，针对每一个条目，运行一次fork()系统调用创建一个新进程，并接着调用execve()系统调用加载对应条目中给出的文件名（比如上述的/sbin/getty）执行，同时还会调用signal()函数来向系统注册一个用于处理SIGCHLD信号（我们将在10.2.2.9节中介绍信号机制）的函数从而处理子进程的退出，如果子进程退出则重新fork()、execve()，从而让每个终端都有一个getty进程在监视着。每个被加载的getty（get tty，tty是teletype的意思）程序会调用Open()函数执行系统调用，打开各自对应的终端设备，如果终端设备显示底层链路已经连通，则getty程序向终端发送对应的Prompt信息，比如"某Linux版本 Login："。

实际上，getty程序会从/etc/issue文件中读出对应的Prompt信息，并不是写死的，可以手工变更这些信息，比如改为"The computer will explod if you press any key："。如图10-79所示为一个定制化登录提示信息的示意。

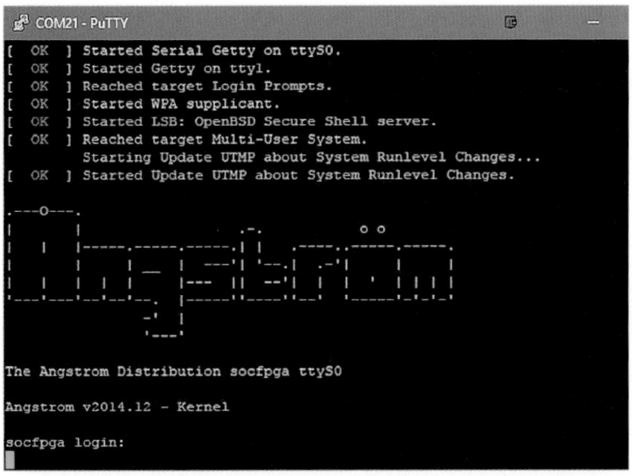

否通过认证。如果认证超过三次都不通过，则login程序调用exit()执行系统调用退出当前进程。

子进程退出时，内核会产生SIGCHLD信号并调用当时由父进程通过signal()向内核注册的信号处理函数来处理子进程退出，所以init进程会重新fork和execve一个getty进程监视该终端。多个用户可以在多个终端同时登录，每个终端都被一个getty进程监视、服务着。如图10-80所示为某Linux系统中当前运行的进程列表，可以看到当前运行了多个getty进程，监视着不同的终端。

如果通过了认证，则login程序会为该用户准备运行环境，包括将当前工作目录更改为该用户的起始目录（chdir）；调用chown改变该终端的所有权，使登录用户成为它的所有者；将对该终端设备的访问权限改变成用户读和写；调用setgid及initgroups设置进程的组ID；用login所得到的所有信息初始化环境：起始目录（HOME）、用户名（USER和LOGNAME），以及系统默认路径（PATH）。

最后，login程序运行该用户对应的shell程序（每个用户可以指定自己不同的shell程序，Linux提供了多种不同展示风格和命令风格的shell命令解释器可供选择，比如bash、k shell、c shell、z shell等，默认为/bin/sh）：execl("/bin/sh", "-sh", (char *)0)。从此，login程序变身为shell程序，在当前进程内继续运行。shell程序的基本逻辑就是不断循环地让光标闪烁，不断循环地获取用户的键盘输入命令。这个过程如图10-81所示。

getty进程变身为login进程，后者又变身为shell进程，它们其实都在同一个进程中运行，只不过getty先入住，最后腾给login，后者又腾出给shell。而shell进程在执行用户程序时，不会把自己让出当前进程壳子，而是先fork一个新壳子，然后用execve装入用户程序进去，与用户程序分道扬镳。如果是前台程序，则shell进程fork出用户程序进程后会调用waitpid()阻塞，直到它创建的子进程（用户程序）结束后继续运行，如果是以后台方式运行（可

图10-79 定制化的Prompt信息

当用户输入用户名回车之后，getty获取到用户名，然后getty的代码会调用execle()函数（execle和execve函数行为、参数各有些不同，但是本质是一样的，大家可以自行了解）去加载/bin/login这个可执行文件继续执行（可以在/etc/gettytab文件中手工指定getty运行的可执行程序，默认为/bin/login），getty会将上一步拿到的用户名作为参数传递给login程序。

execle("/bin/login", "login", "-p", username, (char *)0, envp)

注意，getty进程并没有新建另一个进程然后装入login程序，而是直接利用自己身处的进程壳子，用login程序的真身替换了自己。

login程序，顾名思义，其负责实际的用户名密码认证和登录之后的准备工作。上一步getty只是把用户名传递给了login程序，在Linux下，不同用户可能有不同的密码验证方式和规则，login程序拿到用户名之后会调用getpwnam()函数针对当前用户名做一些基本判断，比如先得判断有没有这个用户，以及其登录规则是什么，等等。然后调用getpass()函数向终端上输出比如"Password："信息并得到密码，然后调用crypt()函数，对密码进行Hash运算，然后从/etc/shadow文件中比对该用户保存的密码Hash值以判断是

图10-80 某Linux系统中当前运行的进程列表

```
while (TRUE) {                                /* repeat forever /*/
    type_prompt( );                           /* display prompt on the screen */
    read_command(command, params);            /* read input line from keyboard */

    pid = fork( );                            /* fork off a child process */
    if (pid < 0) {
        printf("Unable to fork0);             /* error condition */
        continue;                             /* repeat the loop */
    }

    if (pid != 0) {
        waitpid (–1, &status, 0);             /* parent waits for child */
    } else {
        execve(command, params, 0);           /* child does the work */
    }
}
```

```
while (1) {
    char *cmd = read_command();
    int child_pid = fork();
    if (child_pid == 0) {
        Manipulate STDIN/OUT/ERR file descriptors for pipes,
        redirection, etc.
        exec(cmd);
        panic("exec failed");
    } else {
        waitpid(child_pid);
    }
}
```

图10-81　shell程序逻辑伪流程代码示意图

以在命令之后加一个&以告知shell以后台方式运行该程序，比如./tcpserv01&），则shell进程fork和装载用户程序执行后，仍然返回到自己后续的代码运行，继续输出闪烁的提示符等待用户输入。shell下输入的各种命令其实都对应了进程，比如一些Linux日常管理常用的命令mkdir、cp、rm等，它们每一个都对应了实实在在的可执行文件，这些程序是Linux开发者开发好的，或者说自带的程序，它们可能位于不同路径中，比如/bin、/sbin。用户可以明确给出任何可执行文件路径来运行对应程序，比如./my_app.sh，shell程序便会fork()、execve()装载对应程序执行。图10-82给出了从kernel_init到用户进程运行全过程示意图。

init进程的父进程（进程0）的最终归宿是归隐在内核态里颐养天年，只有在世界安静的时候才出来让CPU降温。Init进程自己的归宿呢？它除了不断监视退出的shell进程（比如用户登出系统，shell进程会执行exit退出），重新fork和运行getty之外，还需要做一件事，领养系统中的孤儿进程。所谓孤儿进程是指那些父进程先于子进程退出的子进程。在Linux中，进程是有家谱的，一个子进程退出之后，其会遗留下一些数据结构，记录了它退出时的状态，比如对应的返回值等。正常的流程是父进程调用wait或者waitpid函数来从内核数据结构中获取这些状态，然后最终清理掉子进程的全部遗物，而如果父进程由于各种原因退出了，则它的子进程将来如果退出，那么遗物将无人清理，耗费内存。所以Linux系统被设计为，凡是父进程先退出的，其子进程将被强行认进程1为父，由init进程负责后续清理。

如果父进程尚未退出，子进程退出了，而父进程尚未调用wait或者waitpid函数清理遗物，那么此时的子进程被称为僵尸进程。有些时候父进程由于各种原因没有清理其子进程，导致系统积累了大量遗物，而系统可运行的最大任务数量是有限制的，此时可以强行终止该父进程，让这些僵尸进程变为孤儿，从而被init进程领养，后者再将这些僵尸进程清理掉。如果shell程序使用后台的方式运行了某个任务，那么这个任务结束时shell程序是不知道的，此时如果不加处

理，那么所有shell程序运行的后台子进程退出时都会成为僵尸进程，解决这个问题的方法是shell程序运行时需要使用signal()函数向系统注册一个信号处理函数，在该函数中执行wait()来处理僵尸进程，子进程退出后内核会产生SIGCHLD信号并主动调用该处理函数，处理完后返回shell继续执行。

花开两朵各表一枝。我们再来看看同样是由进程0创建出来的进程2，也就是kthreadd进程的演化情况。kthreadd进程与kernel_init进程是通过同样的方式被进程0通过kernel_thread()函数创建出来的，流程也是一样的，一个最大的区别在于，kthreadd一直运行在内核态，并没有把自己推举到用户态运行。我们现在假设kthreadd线程已经运行了起来。有一点要深刻理解的是，进程0/1/2这三个OS早期的元老进程，它们是各自独立的，运行的时机完全不固定，没有先后顺序，谁都可以在任何时候被调度运行。

如果说init进程主外，那么kthreadd进程主内，它俩是进程0的左膀右臂。kthreadd的全称是Kernel Thread Daemon（内核线程守护者），其作用是专门负责创建其他内核线程，其在后台持续运行，就像一个守护者一样。操作系统内核程序，可以被两种方式来触发，一种是外部中断，比如时钟中断、系统调用软中断、异常中断等，此时CPU强行跳转到内核代码执行，从而进入内核；另一种则是依靠内核线程的方式，内核初始化一些运行在内核态的线程，将这些线程的task_struct指针放入运行队列，与用户态线程一起共同争抢CPU执行。然而，有比较简单些的操作系统完全没有内核线程，其只能在发生中断时才能得到运行机会，它会借机把一切该处理的东西尽可能多地处理完，然后中断返回。Linux和Windows都有大量的内核线程存在。这些线程平时负责一些内核事务处理，比如负责把内存中不常用的页面swap到硬盘的swapd（swap daemon）内核线程；负责把内存中缓存的脏数据定期写入硬盘的flushd（flush daemon）内核线程，等等。不同版本的Linux区别也很大，或有或无，做同一件事情的内核线程的名称在各个版本可能也各不相同。

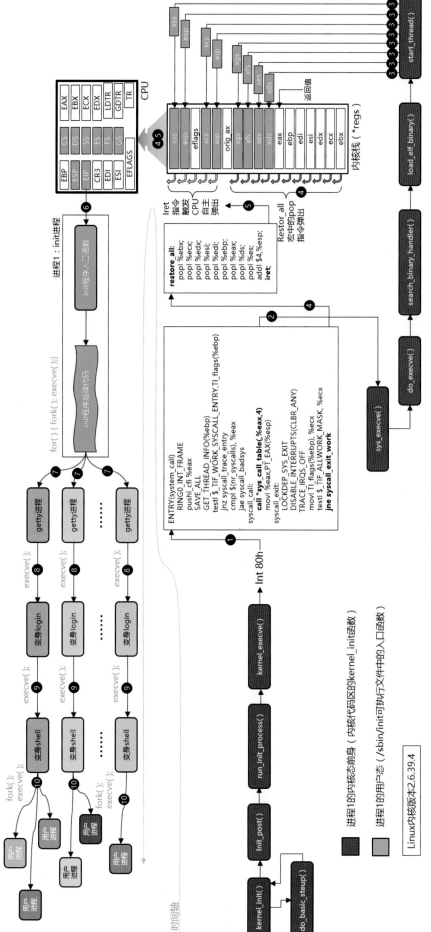

图10-82 从kernel_init到init用户进程运行全过程示意图

kthreadd也算一个内核线程，为什么它就这么特殊呢？因为任何内核代码如果想创建一个新线程，都必须经过kthreadd线程。如图10-83所示，这次冬瓜哥先给出全局的系统流程图，然后再来看代码。

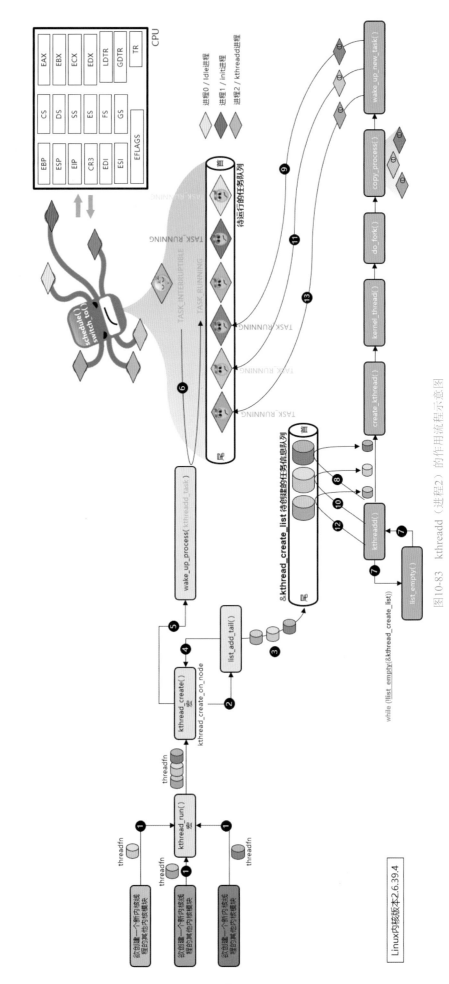

图10-83　kthreadd（进程2）的作用流程示意图

任何内核欲创建新内核线程的内核代码，首先调用kthrad_run()，这是一个宏，其调用了另一个宏kthread_create()，实际上是调用了kthread_create_on_node()，内核代码将新线程的入口函数等信息作为参数传递给后者。后者调用list_add_tail函数将拿到的信息放入到一个专门用于内核线程创建的队列中排队等待被创建。然后，它继续调用wake_up_process函数，来唤醒kthreadd线程。

进程2（kthreadd）被进程0创建和运行之后，先调用set_current_state函数将自己的状态改为TASK_INTERRUPTIBLE，这个状态用于告诉内核的调度程序（schedule()函数）下次不要再调度我上CPU运行，我没事可干的。它先做出这个声明，然后调用list_empty函数去查看内核线程创建队列是否为空，如果是空的，则直接调用schedule()函数通知内核换其他线程来运行。schedule()函数运行之后一看kthreadd的状态为自己将自己设置为TASK_INTERRUPTIBLE，则不调度它，转为调度别人（那些状态为TASK_RUNNING的线程），从此，kthreadd就睡起了大觉。

再说回来，wake_up_process函数通过将kthreadd线程的状态强行改为TASK_RUNNING（因为该函数也处于内核态，它有权限做任何事情），这样，

下次各种事件导致schedule()运行的时候，就有机会运行kthreadd线程，它醒了之后，继续从它的断点，也就是它代码中的schedule()的下一句（它睡之前就是调用了schedule()的），再次去检查队列是否为空，此时不为空，则kthreadd会从队列头部依次读出每个创建请求，分别调用create_kthread函数创建对应数量的内核线程，create_kthread函数内部其实也调用了kernel_thread函数，这个函数的下游动作在前文中介绍过。这就是kthreadd的作用，不断地扫描创建队列，然后创建内核线程，然后将新线程加入运行队列与所有任务一起参与调度。下面我们看一下代码，如图10-84所示。

如图10-85所示为欲创建内核线程时调用kthread_run和kthread_create宏时最终调用的kthread_create_on_node代码。

如图10-86左侧所示，可以明确地看到PID=1的init进程，以及PID=2的kthreadd。可以看到进程1和2的PPID（Parent Process ID）都是0，它俩都是进程0的子进程。位于中括号中的线程都是内核线程，init是用户态进程。也可以看到所有内核态线程的PPID都为2，因为它们都是由kthreadd进程创建出来的。

```c
int kthreadd(void *unused)
{
    struct task_struct *tsk = current;
    set_task_comm(tsk, "kthreadd");
    ignore_signals(tsk);
    set_cpus_allowed_ptr(tsk, cpu_all_mask);
    set_mems_allowed(node_states[N_HIGH_MEMORY]);
    current->flags |= PF_NOFREEZE | PF_FREEZER_NOSIG;
    for (;;) {
        set_current_state(TASK_INTERRUPTIBLE);
        if (list_empty(&kthread_create_list))
            schedule();
        __set_current_state(TASK_RUNNING);
        spin_lock(&kthread_create_lock);
        while (!list_empty(&kthread_create_list)) {
            struct kthread_create_info *create;
            create = list_entry(kthread_create_list.next,
                    struct kthread_create_info, list);
            list_del_init(&create->list);
            spin_unlock(&kthread_create_lock);
            create_kthread(create);
            spin_lock(&kthread_create_lock);
        }
        spin_unlock(&kthread_create_lock);
    }
    return 0;
} « end kthreadd »
```

```c
static void create_thread(struct virtqueue *vq)
{
    char *stack = malloc(32768);
    unsigned long args[] = { LHREQ_EVENTFD,
                vq->config.pfn*getpagesize(), 0 };
    vq->eventfd = eventfd(0, 0);
    if (vq->eventfd < 0)
        err(1, "Creating eventfd");
    args[2] = vq->eventfd;
    if (write(lguest_fd, &args, sizeof(args)) != 0)
        err(1, "Attaching eventfd");
    vq->thread = clone(do_thread, stack + 32768, CLONE_VM | SIGCHLD, vq);
    if (vq->thread == (pid_t)-1)
        err(1, "Creating clone");
    close(vq->eventfd);
}
```

图10-84 kthreadd()以及create_thread()函数代码

```c
struct task_struct *kthread_create_on_node(int (*threadfn)(void *data),
                void *data, int node, const char namefmt[],
                ...)
{
    struct kthread_create_info create;
    create.threadfn = threadfn;
    create.data = data;
    create.node = node;
    init_completion(&create.done);
    spin_lock(&kthread_create_lock);
    list_add_tail(&create.list, &kthread_create_list);
    spin_unlock(&kthread_create_lock);
    wake_up_process(kthreadd_task);
    wait_for_completion(&create.done);
```

```c
    if (!IS_ERR(create.result)) {
        static const struct sched_param param = { .sched_priority = 0 };
        va_list args;
        va_start(args, namefmt);
        vsnprintf(create.result->comm, sizeof(create.result->comm),
            namefmt, args);
        va_end(args);
        sched_setscheduler_nocheck(create.result, SCHED_NORMAL, &param);
        set_cpus_allowed_ptr(create.result, cpu_all_mask);
    }
    return create.result;
} « end kthread_create_on_node »
```

图10-85 kthread_create_on_node()代码

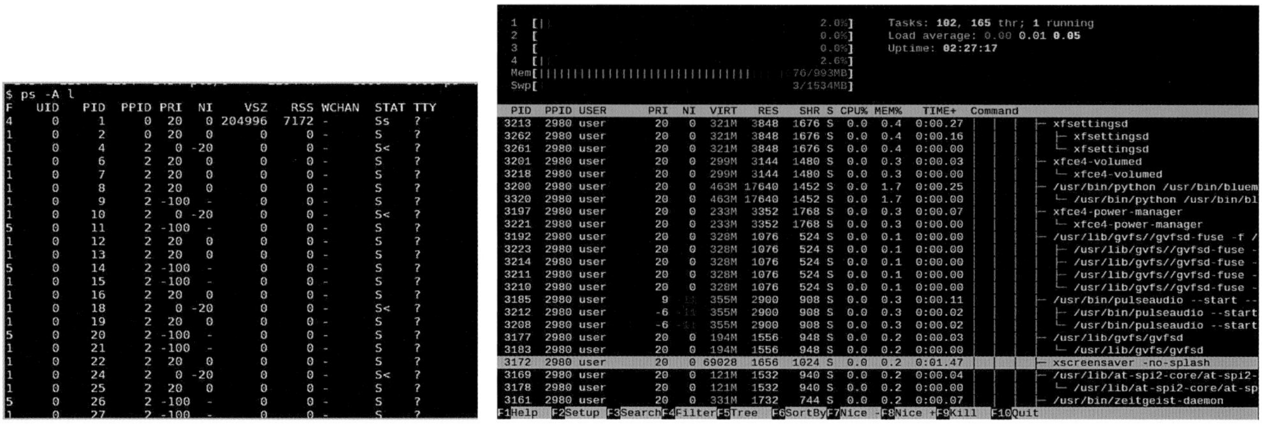

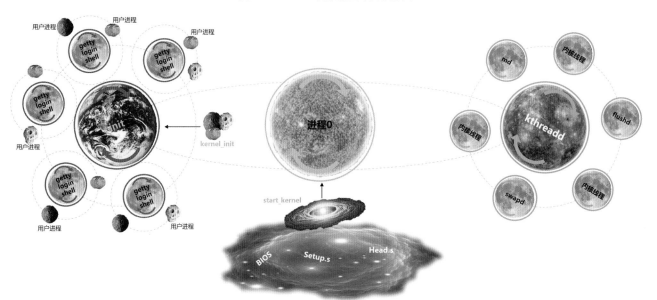

图10-86　Linux下的进程列表示意图

图10-87　内核进程0/1/2的演化过程

图10-86右侧所示为一个高负载的服务器上运行的大量的用户进程/线程。可以看到图中列出的部分都是由PPID为2980的进程创建的子进程或者线程。如图10-87所示为进程0/1/2的演化过程示意图。

10.2.2.5　在用户态创建和运行任务

上一节中介绍了进程0创建进程1和2的过程，其都是在内核态完成创建的，调用的都直接是do_fork，这个函数的代码位于内核数据区，用户态进程是无法直接调用的。用户态进程如果想创建另一个进程，载入另一个可执行文件运行，就必须执行系统调用委托内核做这件事。这个场景经常发生，比如在Linux下输入了某个shell命令运行，init进程是用户态进程，其变身为shell之后依然为用户态进程，执行命令的过程其实就是shell进程创建一个新进程并塞入elf可执行文件运行的过程。

Linux系统提供了三个系统调用来供用户态程序创建新进程，分别为fork、clone和execve，分别对应了sys_fork()、sys_clone()和sys_execve()三个内核态函数，函数的入口被写入到一张位于内核态的系统调用表中，这个表存储了Linux系统提供的三百多个系统调用服务函数的入口地址。在用户态，由标准glibc运行库封装出fork()、clone()，以及execve()函数（exec系列函数有多个变种），这些函数底层其实都封装了汇编语言的int 80h系统调用指令，对应的参数会被放到eax寄存器中，该指令的执行将会使CPU跳转到中断向量80h处的入口代码执行，该入口代码如图10-82中间的方框内所示，在该代码中，有一句**call eax中对应的系统调用号对应的入口地址**的指令，从而跳转到系统调用表中的入口函数执行。在用户态创建并运行新任务的流程基本上是：先fork()创建一个新进程壳子，再execve()向壳子中塞入要执行的可执行文件，就好了。

libc中的fork()函数调用流程为：fork() -> int 80h -> sys_fork() -> do_fork() -> copy_process() -> wake_up_new_process()，如图10-88所示。

```
libc fork()
    system_call (arch/i386/kernel/entry.S)
        sys_fork()  (arch/i386/kernel/process.c)
            do_fork() (kernel/fork.c)
                copy_process() (kernel/fork.c)
                    p = dup_task_struct(current) // shallow copy
                    copy_* // copy point-to structures
                    copy_thread () // copy stack, regs, and eip
                    wake_up_new_task() // set child runnable
```

图10-88　fork()的调用链

fork()函数没有参数，但是其系统调用之后的入口函数sys_fork是有默认参数的，见下面的代码。regs结构体指的就是当前进程的内核栈的被保存的寄存器部分，这在上文中介绍过。

int sys_fork(struct **pt_regs** *regs) { return **do_fork**(SIGCHLD, regs->**sp**, regs, 0, NULL, NULL); }

其接着调用do_fork()，但是却并没有明确给出CLONE_VM这个参数，上文中提到过，如果给出了该参数，则会创建线程，如果不给出，则创建的是一个拥有独立地址空间的进程。该参数会传递给copy_process并一路传递给下游的copy_mm函数（copy_process() -> copy_thread -> copy_mm）。copy_mm()中有一处代码如下。

if (clone_flags & **CLONE_VM**) { **atomic_inc**(&oldmm->mm_users); **mm** = oldmm; goto good_mm; } retval = -**ENOMEM**; **mm** = **dup_mm**(tsk); if (!**mm**) goto fail_nomem;

可以明显看到，它先判断clone_flgas参数字段中的CLONE_VM位是否为1，只要将这两者相与（与操作的C语言运算符为"&"），如果结果为1，表明给出了CLONE_VM参数，则其直接将父进程的mm结构体指针oldmm的值复制给新的mm结构体指针，不用做实际复制，此时父子进程共享同一个地址空间，子进程实质上是一个线程。而如果判断结果为0，表示没有给出CLONE_VM参数，则调用dup_mm()对父进程的mm结构体以及其他相关数据结构做实际的复制，生成一个全新进程。所以，从fork()系统调用进去之后只会创建一个新进程。

所有的clone_flags参数的值都是被精确设计好的宏，见下。CLONE_VM对应的二进制值为

#define CSIGNAL   0x000000ff
/* signal mask to be sent at exit */
    #define CLONE_VM   0x00000100
/* set if VM shared between processes */

#define CLONE_FS   0x00000200
/* set if fs info shared between processes */
    #define CLONE_FILES   0x00000400
/* set if open files shared between processes */
    #define CLONE_SIGHAND   0x00000800
/* set if signal handlers and blocked signals shared */
    #define CLONE_PTRACE   0x00002000
/* set if we want to let tracing continue on the child too */
    #define CLONE_VFORK   0x00004000
/* set if the parent wants the child to wake it up on mm_release */
    #define CLONE_PARENT   0x00008000
/* set if we want to have the same parent as the cloner */
    #define CLONE_THREAD   0x00010000
/* Same thread group? */
    #define CLONE_NEWNS   0x00020000
/* New namespace group? */
    #define CLONE_SYSVSEM   0x00040000
/* share system V SEM_UNDO semantics */
    #define CLONE_SETTLS   0x00080000
/* create a new TLS for the child */
    #define CLONE_PARENT_SETTID   0x00100000
/* set the TID in the parent */
    #define CLONE_CHILD_CLEARTID   0x00200000
/* clear the TID in the child */
    #define CLONE_DETACHED   0x00400000
/* Unused, ignored */
    #define CLONE_UNTRACED   0x00800000
/* set if the tracing process can't force CLONE_PTRACE on this clone*/
    #define CLONE_CHILD_SETTID   0x01000000
/* set the TID in the child */
    #define CLONE_NEWUTS   0x04000000
/* New utsname group? */
    #define CLONE_NEWIPC   0x08000000
/* New ipcs */
    #define CLONE_NEWUSER   0x10000000
/* New user namespace */
    #define CLONE_NEWPID   0x20000000
/* New pid namespace */
    #define CLONE_NEWNET   0x40000000
/* New network namespace */
    #define CLONE_IO   0x80000000
/* Clone io context */

而反观前文中的kernel_thread()函数，其也调用了do_fork()函数，但是它调用时却明确给出了CLONE_VM参数，见下面的代码，不管上游调用kernel_thread时给出的flags参数中都使能了上述参

数二进制值中哪些1，kernel_thread调用do_fork时再添把火，保证把CLONE_VM也掺进去，所以它把CLONE_VM值或到flags中调和进去，最终这个参数会传递给copy_mm()，所以其创建的是线程而不是进程。

return **do_fork**(flags | **CLONE_VM** | **CLONE_UNTRACED**, 0, &**regs**, 0, NULL, NULL);

到这里大家可能有个疑惑：fork()竟然没有参数？那么如何指定新进程需要运行的代码入口呢？你可能还隐约记得kernel_thread函数是如何把新进程的目标函数入口传递给下游的do_fork()的，那就是它会明确给出一个regs结构体并向其中埋入对应的function（fn）指针，然后在下游的copy_thread()中有一句*childregs=*regs，从而将这个指针构造到新进程的内核栈底部的childregs寄存器区中，copy_thread()还有一句p->thread.ip = (unsigned long) ret_from_fork，从而新进程运行时会被switch_to切换到运行ret_from_fork汇编指令，后者执行到restor_all和iret会触发弹栈，最终中招，从之前埋入的fn指针处执行，最终执行了目标进程的用户态代码。

而从系统调用fork()进入时，sys_fork()函数中会使用默认参数，也就是当前进程（父进程）的regs结构体，将它不加修改地向下传递，最终会导致新进程的childregs结构体的内容为父进程的副本，那也就意味着，新进程执行时，依然会执行父进程的断点EIP，相当于有两个相同进程在执行相同的代码，这样做显然不是目的，如何让子进程运行它自身的代码？Linux设计者用了一个巧妙方案，那就是在断点EIP处设置一条分支指令，也就是C语言的if语句，来判断当前进程到底是父进程还是新建的子进程，然后调用不同函数，从而各自分道扬镳。所以，这里的关键问题就成了：如何判断当前进程是父进程还是子进程？

下面还是看图10-89来梳理这个流程。

（1）父进程调用fork()，底层产生int 80h系统调用中断，并将要调用的系统服务（sys_fork服务）的号码放入EAX寄存器。int 80h指令导致CPU跳转到中断向量80h号执行的汇编程序。int指令同时还会触发CPU将当前父进程用户态的老五样寄存器压入当前进程的内核栈（CPU会自己从TSS表中的ESP0字段获取到当前进程的内核栈指针）。

（2）该汇编会执行SAVE_ALL宏，将图示的一堆寄存器值压入内核栈。

（3）根据EAX中的值，跳转到系统调用表对应该值的入口处执行，也就是执行了sys_fork()函数。

（4）sys_fork函数一直执行到了copy_process()

函数处，该函数调用copy_thread()函数将父进程内核栈底部的寄存器保存区整体复制到子进程的对应区域（*childregs=*regs）。

（5）父进程将为子进程分配的PID写入到EAX寄存器中，这个PID会被用于后续代码区分各自到底是父还是子。

（6）copy_thread()函数把*regs复制到*childregs之后，会把子进程内核栈底部的EAX值改为0，也就是执行childregs->ax = 0代码。这个0，就是子进程后续运行时用于知道自己身份的关键点。

（7）父进程还会将自己的task_struct结构体复制到子进程的task_struct，然后更改后者的ip指针为内核中的ret_from_fork()的入口。这一步会导致子进程后续执行时先执行ret_from_fork函数。

（8）到这一步，子进程的各项数据结构已经被构造完毕，父进程继续调用wake_up_new_task()函数，将子进程的task_struct指针以及对应的信息写入到任务队列中。每当内核的schedule()函数运行时（比如外部/内部中断后、进程主动调用等），就会从这个队列中根据策略选择合适的进程调度到CPU上执行，schedule()函数的底层会调用context_switch() -> switch_to宏来执行任务切换，这个过程我们前文中已经介绍过了。该过程的详细介绍可回顾图10-63，以及图10-83右上角的图示。

（9）从此，父子俩开始各自运行。父进程调用完wake_up_new_task()函数后还需要做一些杂事，然后逐层返回，一直返回到系统调用总入口处call指令的下一条指令开始继续执行。与此同时，子进程也可能已经在运行了，它会从ret_from_fork()处运行，一直运行到restor_all。

（10）这一步中，父进程把一直待在EAX寄存器中的子进程PID值保存到自己内核栈底部的寄存器保存区中的EAX条目中，就是利用这个值，父进程才知道自己是父，生成了对应PID的子。再来看看子进程在做什么，子进程的restore_all宏会将子进程内核栈中的对应寄存器弹栈，弹栈之后，EAX中的值为0，就是利用这个值，子进程将会知道自己是被创建的新进程。

（11）在这一步中，父进程也执行到了restor_all宏，弹栈对应寄存器，弹栈后，EAX=子进程PID。与此同时，子进程执行到了iret指令，继续深度弹栈，将内核栈弹空，最终弹出了子进程用户态的老五样寄存器，终于从地底下来到了地表，然后子进程从断点EIP开始继续执行。

（12）在这一步中，父进程也运行到了iret指令，最终弹出父进程内核栈底部的老五样，最终从断点EIP处开始执行。

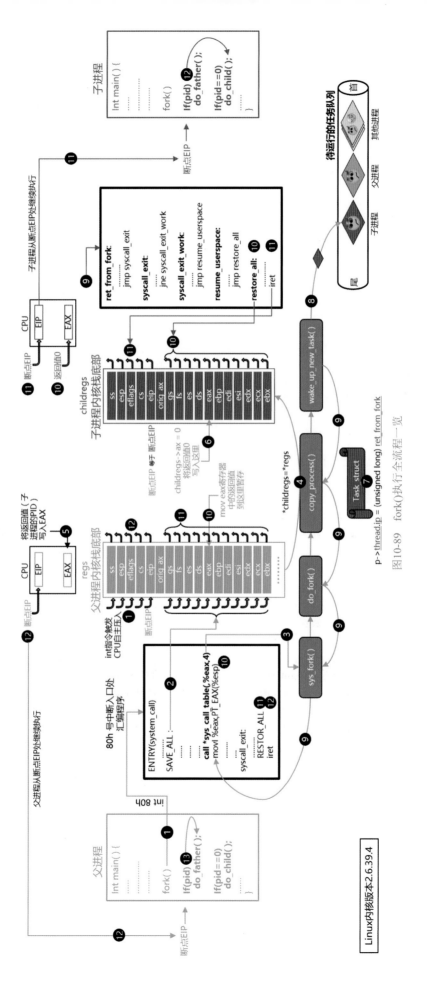

图10-89 fork()执行全流程一览

子进程为何会被运行？或者说是被谁运行起来的？答案就是schedule()函数，因为别的进程不想运行了，或者外部中断强行运行到了schedule()，后者选择了这个新创建的子进程来运行。schedule()内部会调用到switch_to，其会从目标任务的task_struct -> thread.ip中提取目标入口载入EIP寄存器执行，而新建的子进程的task_struct -> thread.ip会被提前设置为ret_from_fork入口，这段汇编程序算是起到了将新进程扶上马的作用，第一次运行时，用restore_all宏和iret指令，触发CPU将内核栈中构造好的寄存器一股脑儿导回CPU，此时，这个新进程才真正地从它的原生目标函数入口（regs.ip，而不是thread.ip）开始运行，如图10-90所示。

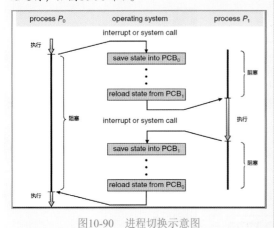

图10-90　进程切换示意图

此时，父子二人都会执行到同一行代码处。这里一定要注意，父进程的代码按理说应该被复制到子进程的地址空间中，但是考虑到经济性，全部复制没必要，Linux的做法是让子进程的页表条目指向与父进程相同的物理页面，仅当任何一方尝试写入页面时，才复制一份给要写入的那一方，从而产生各自的副本，这个CoW机制前文中也介绍过。再说回来，fork()函数返回之后，父子进程会执行相同的代码，位于fork()之后的代码应该怎么设计，完全取决于父子进程到底想要干什么。一般来讲，fork()返回后的下一句代码都是用if()语句去判断返回值PID到底是不是0，来决定后续走向。比如图10-89所示的过程，父进程fork()之后会执行do_father()，而子进程则执行do_child()。这就是所谓"fork()函数调用一次返回两次"的普遍说法，其实更准确来说应该是"fork()函数调用一次，分别在父进程和复制出来的子进程各自的内核栈中注入了不同的返回值，两个进程各自返回不同的值"。前一种说法给人以很大误导，听上去好像"fork()返回之后又返回去循环运行了一次再次返回"。

至此我们就回答了之前的问题，fork()只管创建一个子进程壳子，却根本不管子进程该执行什么新代码。于是，可以直接在父进程中预先写好子进程要执

行的代码，用if分支去分叉。或者，直接利用可执行文件中包装好的代码，让子进程分支执行execve()载入可执行文件运行。总之，fork()生了儿子之后，父进程必须给子进程安排好它刚一出生之后要运行的事情，要么把代码直接显式地写到这个if分支之后的下游函数中，要么干脆给儿子一份ELF格式的流程图（可执行文件）："儿子，按图索骥，流程图阅读工具execve()拿好，上路吧，各自走好！"

子进程空间里的位于断点EIP之前的代码虽然会一直存在在那里，但是子进程可能永远也不会跳回到这里去执行了（所以图中将这部分代码着色为灰色）。如果子进程决定执行execve()走入全新的世界，那么之前父进程遗留的代码将会被覆盖湮灭掉。execve()也是一个系统调用，篇幅所限请大家自行了解。

如图10-91所示，父进程fork了子进程之后，自己可以选择执行其他代码，也可以选择执行wait()，该函数是一个系统调用，它会阻塞父进程不再继续执行，一直到刚创建完的子进程退出后，将子进程返回值传递给父进程继续执行。如果父进程选择继续做其他事情，那么父进程可以随时调用wait()来获取子进程（任何一个它的子进程）退出后的返回值；父进程如果创建了多个子进程，那么可以调用waitpid()指定等待对应PID的子进程退出后的返回值。一旦调用了wait()或者waitpid()，如果对应的子进程不退出，那么父进程就会一直被阻塞再也无法执行。如果一直到子进程退出之后父进程还没有调用wait()或者waitpid()，则子进程会变为僵尸进程。而如果子进程退出之前父进程先退出了，则子进程变为孤儿进程，会自动被init进程领养，init进程会定期执行wait()来处理可能存在的僵尸进程。

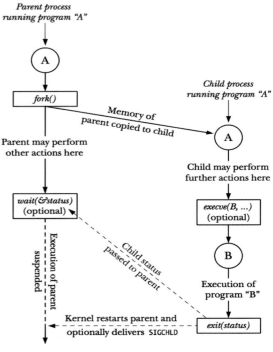

图10-91　父进程fork之后调用wait

纵观这个流程，会发现与第9章中介绍MPI函数库时的场景相似，超级计算机的多个核心运行相同的线程代码，却可以处理不同的数据，既然代码完全相同，它们根据什么来判断自己处理哪部分数据？以及，它们根据什么来判断自己应该是接收数据还是发送数据，发送给谁？答案就是自己的线程ID。代码这样写：if（线程id为0）{处理数据A；发数据（）}；if（线程id为1）{处理数据B；收数据（）}；从而走入不同分支。fork()调用之后父子进程的运行过程如出一辙，现在你应该更彻底地了解了fork（分叉）这个词的含义了。

最后，我们来看一下如何创建线程。理论上，线程的创建无非就是显式地给出CLONE_VM即可（子线程与父进程共享同一个虚拟地址空间，还记得前文中的mm=oldmm这句么?直接把父进程的mm指针赋值给子进程的mm，那么这个子进程就是一个线程了），这也是前文中的kernel_thread()函数在调用do_fork时的做法。libc库提供的clone()函数，可以被用来创建一个新线程，该函数允许调用者给出各种参数。int clone(int (*fn)(void *), void *child_stack, int flags, void *arg);

其中，fn是线程的入口函数，child_stack为新线程的用户态栈指针（注意，是用户态栈，不是内核态栈，如图10-92所示，多个线程的用户态栈会同处同一个地址空间中），flags是用于传递给clone函数的参数（在这里明确给出CLONE_VM参数即可），arg是用来传递给fn函数的参数。clone()底层也是系统调用，对应着sys_clone函数。sys_clone函数代码如图10-93所示。

可以看到sys_clone()底层其实也是调用了do_fork()来做事，只不过它调用do_fork时是直接把从用户态拿到的flags参数原封不动地传递给后者，自己并没有添加私货进去。

一个疑惑在于，既然clone()拿到了fn，证明它在创建了新线程之后会自动启动fn函数运行，但是似乎sys_clone()函数的参数中并没有fn这一项，似乎sys_clone()根本就不管待创建线程的入口函数是什么，但是它有一个参数为*regs。前文中的kernel_thread()在创建kernel_init/kthreadd线程时，就是直接来硬的，直接把kernel_init/kthreadd函数的入口埋入到*regs里去从而在iret时中招直接运行目标函数。但是clone()也并没有把regs传递给sys_clone()，所以sys_clone()拿到的是当前父进程的*regs。

实际上，clone()函数拿到fn，并不一定非得传递给内核而让内核直接运行，它完全可以按类似下面的伪代码这样来做：clone(){带CLONE_VM参数的sys_clone系统调用；if(pid) {fn(); exit();}}。也就是说，当clone系统调用返回之后，父进程返回到if (pid)执行，条件不匹配，继续执行后续代码，会跳出clone()继续执行，这个行为符合父进程的预期；同时，子线程也返回到if (pid)继续执行，条件为真，则执行fn()，fn函数返回之后，执行exit()函数退出当前线程（exit也是一个系统调用），这也符合子线程的预期。

Linux在线程/进程管理方面还有很多其他内容，比如pthread（POSIX Thread）线程函数库，用这个库来创建和管理线程符合POSIX标准，提供了更加细粒度的线程管理方式，比如调用者甚至可以指定待创建线程的各种细节属性，比如调度方式、是与所有系统内所有线程共享CPU运行还是仅与进程内其他线程共享CPU运行。此外，还在多线程同步、锁等方面做了一些封装。其底层也使用和封装了clone系统调用，但是上层行为略有不同，封装程度不同，篇幅所限大家可自行了解。

10.2.2.6　fork()自测题及深入思考

下面来做个小题目考察一下大家对fork()的理解。请问下面的程序会在屏幕上输出多少行"hi"？

int main(void){int i; for(i=0; i<2; i++) { fork(); printf("hi\n"); } wait(NULL); wait(NULL); return 0;}

从这道题目中，冬瓜哥要问大家6个衍生问题，考察一下大家对计算机底层体系结构是否已经深刻理解并游刃有余，顺带介绍一些新知识。

总共fork了几个进程？这段代码的逻辑比较直接，循环两次调用了fork()，先后创建了两个子进程。这样的话，父进程输出两次，由于创建的两个子进程会继续进入循环一次后跳出，每次循环又会各自创建出一个子进程，同时输出一次，至此输出了4次；两个二级子进程只会各自输出一次，但是不会

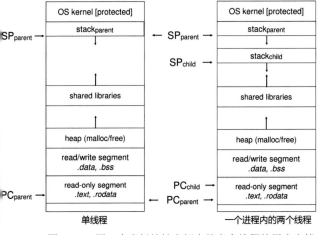

图10-92　同一个虚拟地址空间中的多个线程的用户态栈

```
long sys_clone(unsigned long clone_flags,
                    unsigned long newsp,
               void __user *parent_tid,
               void __user *child_tid,
               struct pt_regs *regs)
{
    if (!newsp)
        newsp = regs->sp;
    return do_fork(clone_flags, newsp, regs, 0,
                        parent_tid, child_tid);
}
```

图10-93　sys_clone()代码

继续循环了，因为i此时已经加到2了。所以该程序总共输出了6次，先后共fork了4个子进程，其中两个一级子进程和两个二级子进程。当父进程以及所有子进程跳出循环之后，都会运行wait()函数。该函数会阻塞调用的进程，等待子进程（任何一个它的子进程）返回才继续运行。二级子进程由于自己没有子进程了，所以调用该函数会返回-1，表示失败，然后再次调用wait()再次失败，于是最终就return了。

进程返回到了哪里？这里产生一个疑惑，在一般代码中好像并没有看到main函数结尾必须调用exit()，很多都只是return，但是这些程序的确在运行完后都能够正常退出。子进程结束不是都应该调用exit()来通知内核彻底销毁自己这个进程么？如果只是返回，好像无路可走，因为main()函数外层已经没有可执行的代码了，main()函数当初并不是被call而执行的，那么在代码执行完后，进程的用户栈中应该是空的，此时ret指令弹出的值会是一个非法的指针，这会导致程序跑飞掉。到底怎么回事呢？我们似乎要追踪一下进程的代码一开始到底是怎么加载的。

先回顾一下内核线程是如何被加载的。回顾图10-75中的kernel_init内核线程被运行的过程，可以发现kernel_thread()这个专门创建并加载内核线程的角色，其并不是直接运行目标内核线程的入口函数的，而是先运行kernel_thread_helper，由这个helper去call目标内核线程的入口函数从而执行目标内核线程，这样，内核线程在return的时候其实是return到helper中继续运行，而helper会继续执行do_exit，最终销毁该线程。所以，任何内核线程其实是被call起来运行的，所以它当然可以返回。所以，该线程对应的内核栈空间的最底部其实一直都是有铺垫的，也就是留有helper函数中当初call目标入口函数的call指令的下一条指令的地址，所以当线程return之后其实是继续执行了helper函数。

对于用户态进程，在加载可执行文件时，可执行文件的入口地址其实并不直接就是用户程序的main()函数，而是在生成这个文件时，给最终用户程序包装了一层铺垫代码，可执行文件运行其实是先运行了这段铺垫代码，最终执行到比如libc_start_main()函数，由它来call main最终执行了用户代码，而用户代码可以选择在结束之前调用exit（返回值）函数直接通知内核销毁这个进程（当然返回值会被放置到进程残留的数据结构比如task_struct中，等待父进程来wait或者waitpid获取并最终销毁），或者用户程序不调用exit而直接return 返回值，此时会return到libc的外包裹代码，由后者收拾残局并调用exit()并最终通知内核销毁该进程。所以，不管是内核还是用户进程/线程，它们外部都是有一层包裹代码为它们做铺垫的。

i++在哪一步执行？如果将上述代码转换为汇编机器指令伪代码的话，如图10-94所示，其中，伪代码Jmp_B为条件跳转（如果上一步的比较结果是"大于"就跳转）。红色的代码显然是无误的。橙色代码将add提前到了Call之前，由于在Cmp指令之后该程序并没有代码会用到变量i，所以用于循环控制的i++语句对应的Add指令在Jmp指令之后也是没有问题的，而如果for循环内的代码有用到i，则i++就不能被放到这里。绿色代码显然是错的，因为它会造成死循环，并最

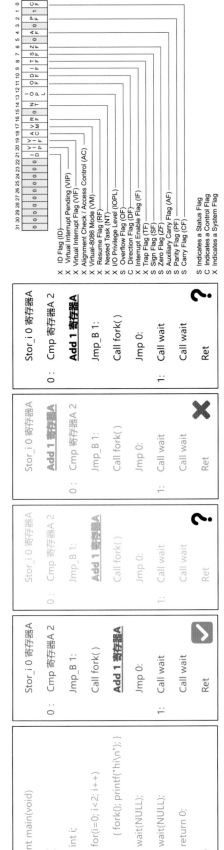

图10-94　for循环的编译后代码以及x86处理器的eflags寄存器示意图

终可能导致系统崩溃，为什么呢？因为它每次循环会创建一个子进程，最后达到系统上限，而且创建出来的子进程自身也在不断死循环，可能会迅速导致系统崩溃。那么，黑色代码是否有问题？这就得深入理解条件跳转语句是如何判断各种条件的了。它的条件输入来自eflags标志寄存器中对应的各种标志，有大量的不同操作码的条件跳转语句，它们各自都根据eflags标志寄存器中不同的标志或者标志的组合来判断是否跳转。所以，在条件跳转语句之前的任何语句的执行如果对标志寄存器（如图10-94右侧所示）中对应的标志产生了影响，就可能会潜在地影响跳转语句的判断结果。这条add语句到底会把寄存器A中的值加成多少是编译器不可预知的，一旦+1之后产生进位则会改变CF（Carry Flag，进位标志），如果加1之后结果变为0则会改变ZF（Zero Flag）标志，而如果条件跳转指令恰好就是根据ZF和CF来判断是否跳转的话，那么这条插入的Add指令就会产生潜在的错误。所以编译器并不会在Cmp和条件跳转指令之间插入任何潜在改变eflags寄存器的指令。最终来讲，i++对应的Add指令放到循环结尾的Jmp跳回语句之前执行是最保险的。

fork()只复制了父进程的内存，而没有复制寄存器，怎么办？即便按照红色的正确代码运行，在执行fork()后，其内部会调用copy_mm()将父进程的内存指针数据结构复制出来。但是，copy_mm并没有复制寄存器中的内容，比如变量i的值。那么，fork()之后的子进程在运行的时候，没有了变量i，就无法控制子进程的循环了？其实这里忽略了一点，那就是fork()是个系统调用，系统调用入口的汇编代码会执行SAVE_ALL过程将当前的寄存器保存在父进程的内核栈里，而后面的sys_fork()下游代码自然会将父进程的内核栈中的内容也复制给子进程（如图10-89中的*childregs=*regs），而fork()在子进程中返回的时候会RESTOR_ALL（图10-89右侧的第10步），自然也会恢复了当时的寄存器，变量i并没有丢失。

乱序执行怎么办？我们来考察一下CPU的乱序执行对这段代码的影响。以红色代码为例，Stor和Cmp指令之间形成了RAW（Read After Write）相关，真相关，所以CPU不能将Cmp提前到Stor指令执行。Jmp_B（如果大于就跳转）属于条件跳转，必须不能提前执行，因为它依赖于上一条指令的执行结果，本质上也属于RAW相关。Add指令和Cmp指令形成了WAR关系，伪相关，Add是可以提前执行的，只不过要先将执行结果放入重命名寄存器进入保留站，然后在ROB（Reorder Buffer）中重排提交。

while(1){fork()}会怎样？这个代码被称为fork炸弹，因为父进程会不断地派生子进程，而每个子进程执行时依然处于while循环内部，条件总为真，于是子进程继续派生子进程，无穷无尽，导致系统崩溃。其实，直接编写shell脚本就可以生成fork炸弹。`:(){ :`

`:|:& };:`，只要把这几个字符写成shell脚本并在shell下运行，shell命令解释器就会解释其中的命令并运行，该命令的具体含义有兴趣的读者可以自行查阅。解决fork炸弹的方法是为每个用户设置最大可运行的进程数量上限。

通过这道简单的题目，我们的思维可深可浅，往深了去，可以到乱序执行的机制，往浅了走，那只看语法就能解题。任何一段不起眼的程序，底层其实都是暗流汹涌，能看到哪一层，依赖于你曾经潜入到哪一层。

10.2.2.7 用户空间线程/协程

现在，让我们将思路瞬间切回到最原始的状态，来重新审视一下线程切换，操作系统究竟为什么把线程切换实现得如此复杂？请翻回到第5章的5.5.6节中的那个"我的一天"的程序中，其中有多个线程：起床、听歌、做饭、运动、睡觉等。我们对多线程的切换，就是从那里开始思考的，当时的思路很简单，我听歌听了一半想去做饭，然后做饭做到一半又想继续听之前没听完的歌，这其实是很简单的一件事。而当时的结论是，我不能在听歌过程中去调用做饭程序，在做饭做到一半又去调用听歌程序，因为每次调用都会从程序的开头处执行，而无法从断点开始执行。然后得出结论：只要将每个线程的断点信息保存起来，将来再次运行时，先恢复现场，然后再运行。就这么简单！

是，但是这个事情，到了OS手里，就被实现得非常复杂。也难怪，因为OS考虑的实在是太多了，系统调用、权限、页表、用户栈内核栈还得分开等，架构极其复杂。想一下，能否直接在用户态，完全不依赖操作系统内核，自行实现线程的切换？只要秉承一点：切换前保存前任线程的现场，切换时恢复下任线程的现场。

思考一下，线程是否可以完全不委托内核，自己把自己的现场保存起来？然后把下一个要运行的线程的上下文提取出来摆到CPU里去，然后默默离去，留给下一个线程继续运行？多个线程相互协作，主动将接力棒转交给下一棒，这种多线程协作方式，被称为协程（co-routine）。

如图10-95所示，某进程中存在A和B两个协程。当A协程想要切换到B协程运行之前，其主动将CPU内的寄存器全部压入用户态栈中，其先把断点eip_next，也就是其后续被切换回来时要运行的那句代码的地址压入栈底，然后压入其他寄存器值，最后，把当前SP寄存器的值（指向栈顶）写入到内存中的一个专门用于记录每个协程切出去时的SP值的表中的对应项目。这就保存好了A的全部现场。

下一步，协程A该把协程B的现场摆到桌上了。协程B的现场从哪儿拿？当然是从协程B的栈中弹栈出来，协程B当时切出去时的栈顶指针从哪儿获取？当然是从那个记录表中获取。于是，协程A从表中将B之前自己保存的SP值载入SP寄存器，此时，栈就切

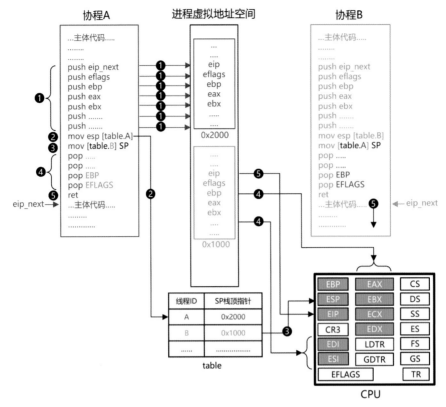

图10-95 协程基本原理示意图

换到了B的栈，后续的pop指令会从B而不是A的栈中弹出之前被B自己收拾好的各种项目，入栈和弹栈的寄存器顺序必须严格一致，每个协程遵守同样的顺序。就这样一直弹啊弹啊，当栈中只剩下了eip_next（B当时保存的）时，协程A算好了这一刻，它会执行ret指令，该指令相当于pop EIP，会导致CPU继续从eip_next开始执行，也就是从B的断点eip处开始执行，从而继续执行了B协程。每当要切换到其他协程，当前正在执行的协程就可以利用上述这段汇编代码来自己收拾好自己的零碎东西到箱子里，然后从箱子里拿出别人的锅碗瓢盆摆好，执行。

上述保存和恢复现场的动作，如果是传统的线程，会由内核程序的SAVE_ALL和RESTOR_ALL宏来执行，相当于你正在做一件事情突然想休息一下，然后回来接着干，你并不是自己亲自把桌上的烂摊子收拾好，而是用系统调用（schedule()）来通知OS帮你收拾，OS切换到你运行之前会帮你摆放好一切。

只能在单个线程/进程内部实现协程，也就是说，协程之间必须串行运行，这就像接力赛，一棒一棒地传，第一棒在跑着，第四棒不能跑，否则就是娱乐观众了。也就是说，多个协程流必须不能被同时并行执行，这些协程流必须被编排到一个单一的任务中，这个任务如果独占某个虚拟地址空间，那它就是一个单一的进程，如果多个任务共享同一个地址空间，那它们就是多个线程。每单个线程/进程内部可以实现多个

相互跳转的协程，每个线程/进程被调度到CPU执行的时候，CPU一定会顺序执行该线程/进程中的代码，一个线程/进程内部的多个协程是不可能被分别调度到不同CPU核心上运行的，因为OS是根本感知不到线程内部发生了什么的。

那协程和函数调用有什么不区别？再次强调，函数调用每次只能从函数的入口进去执行，无法从某个函数的中间切进去，而协程则可以在函数内部任何一处直接用上述代码跳到其他协程的任何一处执行。这本质上就是call和jmp的区别。那为何不直接用Jmp跳转到目标函数执行？看上去好像效果一样，比如听歌跳到做饭，做饭再跳回听歌的断点处继续。"跳到听歌的断点处"，你怎么知道断点在哪儿？是不是要保存一下？还有，听歌的执行上下文状态，也需要保存起来。相比之下，如果是调用的方式，则所有的上下文是按照线性先后顺序被放置到单一的栈里，返回时依次恢复上下文。所以，Jmp+上下文保存，本质就是如图10-95所示的方案了。

libc库中已经把图10-95中的基本原理封装成了setjmp()和longjmp()函数，前者的作用就是初始化协程，后者则是进行切换，当然实际的设计相对图示过程会有很多不同之处。目前有很多第三方的库实现了各自不同的协程设计，在高压力大并发场景（比如互联网服务器中的程序每秒要处理大量的客户端连接请求）得到了广泛的应用。

如果将多个协程实现为多个线程，那么它们就必须接受内核的调度，频繁被阻塞和唤醒会严重影响性能；此外，多线程之间必须实现同步机制，假设这些线程之间有某种先后依赖关系，比如A必须先于B运行，而内核并不知道这种关系，可能先运行了B，就会出问题。多个线程的一个最大好处是可以利用多核心CPU的物理并行优势，让多线程同时运行，提高并发度，但是并发执行会产生另一个副作用，那就是对共享资源必须上锁，锁也会严重影响性能，甚至让并发度带来的好处荡然无存。

相比之下，协程在单个线程内部实现，完全在用户态实现自主协作切换。协程之间的执行完全按照既定顺序，协程切换时相比调用schedule()函数进入内核委托后者而言，拥有完全自主的可控性，以及更小的开销，所以有更高的性能。然而，线程内部的协程毕竟还是只能在单核心上顺序运行的，无法物理并发。那么，如果将一些不访问共享资源的无锁多线程调度到多核心上物理并发，同时，将那些要访问共享资源不得不加锁的代码流做成协程放入每个线程内部让它们只能按照既定规则顺序执行，那就可以不需要锁了。所以多线程+每个线程内多个协程，在一些场景下可以最大化性能。

如果线程内的任何一个协程执行了系统调用，则整个线程就要阻塞，这个协程接力队的队员全都要受牵连而下场。因为内核根本感知不到线程内部的再次细分，也不可能去调度其中的任何一个协程继续运行，也必须不能。

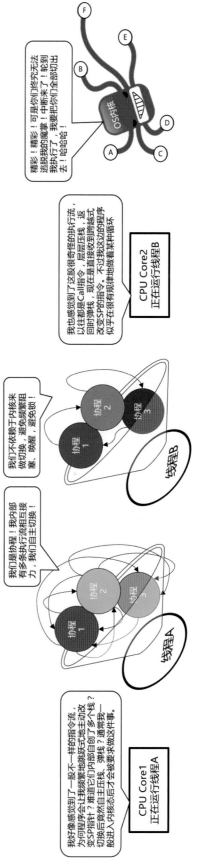

图10-96 协程、线程、内核、CPU的关系

提示 ▶ ▶

> 至此，我们梳理一下进程、线程、协程。每个独立的代码流，在Linux下被称为一个Task（任务）。每个任务拥有一个task_struct，可被独立调度到CPU上运行。如果多个任务共享同一个虚拟地址空间，那么这些任务可以称为在这个虚拟地址空间上运行的线程（Thread），或者说轻量级进程（LWP），位于同一个虚拟地址空间中的所有线程/任务组成一个线程组/任务组。如果某个虚拟地址空间上只有一个任务在运行，那么该任务此时可以被称为一个进程（Process）。如果某个任务只运行在内核态，比如前文中的kthreadd进程等，那么它们属于内核态线程或者简称内核线程；如果某个任务平常运行在用户态，只有发生系统调用之后才进入内核态运行，那么其属于用户态线程/进程/任务。上述的这几种线程/任务/进程，都由内核统一管理和调度，所以它们都被称为内核管理的线程/进程/任务，或者内核空间线程/进程/任务。注意，内核空间并不意味着内核态线程。而如果某个任务内部有多个协程，这些协程又被称为用户空间线程，由用户态协程库代码来负责实现和管理，内核对此毫无感知。对于Windows操作系统，概念有些许差别，一个虚拟地址空间中运行一个进程，一个进程中可以包含多个线程。

最后，如图10-96所示，以一幅漫画来介绍协程、线程、内核、CPU的关系。协程是线程内部更细粒度的代码流单元，比线程更加纤细，所以又有人称之为Fiber（纤维，纤程）。从另一个角度，协程之间的切换代价非常小，所以还有人称之为Green Thread。一个协程跳到另一个协程的过程又被俗称为yield（主动让出）。

协程虽精彩绝伦，但是其所在的线程/进程依然逃不出操作系统内核的感知和管理，是时候考察一下内核到底是怎么管理所有任务的了。

10.2.2.8　任务状态

内核使用了一套非常复杂的数据结构以及调度算法来管理任务，当然，还是先从简单的说起，每个任务起码要有一个状态。当进程执行了外部I/O操作之后，比如向硬盘发起了I/O操作，由于硬盘的响应时间在毫秒级，而CPU执行指令的时间在纳秒级，当I/O数据没有返回之前，这个进程可以选择不运行（见前文中介绍过的阻塞式I/O调用），一直到数据准备好之后才继续运行。当这类执行了阻塞式I/O调用的进程进入内核之后，内核需要将其任务状态设置为TASK_UNINTERRUPTIBLE（不可中断睡眠），然后调用schedule()切换到其他任务运行，schedule()只会从那些被标记为TASK_RUNNING状态的任务中按照某种策略挑出一个来切换到它，不会去碰那些被置为TASK_UNINTERRUPTIBLE状态的任务，所以这些任务便处于了被阻塞（Suspend）或者说睡眠/休眠（Sleeping）的状态。schedule()函数俗称为调度器。

> **提示 ▶▶**
>
> 被标记为TASK_RUNNING状态的任务并不意味着它当前正在运行，而只意味着它可以被调度到CPU上运行。内核维护了一个名叫current的指针指向当前正在CPU上运行的任务。假设系统只有一个CPU核心，而可以存在多个状态为TASK_RUNNING的任务。在老版本的Linux中，的确另一个状态用于标识那些可被运行但是暂时没有可用的CPU核心的状态，被称为等待，TASK_READY。

假设所有的线程都被阻塞了怎么办？那么至少系统内还有一个idle进程（进程0），该进程永远处于TASK_RUNNING状态，调度器没得可挑，那就只能运行它了。那么假设系统中如果有多个TASK_RUNNING状态的任务，而调度器一旦挑中了idle来运行，岂不是本末倒置了？所以你可以隐约感觉到，需要给每个任务设置一个类似优先级的属性，而idle进程优先级一定是最低的，这样就可以确保只有走投无路才去运行idle。

当内核执行完I/O获取了对应数据之后，需要把与这个I/O相关的那个之前被阻塞的任务的状态重新变为TASK_RUNNING，这样，在后续的调度机会到来时，调度器就可以挑选该任务运行了。这个过程被称为任务的唤醒（Wake Up）。这里可以隐约感觉到，一定需要某种机制来记录"哪个任务执行了哪个I/O"或者类似的信息，这样才能在I/O完成时只唤醒那些等待该I/O数据的任务。

如图10-97所示为Linux 2.6.39版本下的各种任务状态一览。在shell下执行ps -ax命令可以看到每个任务所处的状态，图中左侧为每个状态的缩略字及其含义，右侧为每种状态对应的编码。由于篇幅所限，除了主流的TASK_RUNNING、TASK_INTERRUPTIBLE和TASK_UNINTERRUPTIBLE之外的其他状态请大家自行了解。

现在来说说TASK_INTERRUPTIBLE（可中断睡眠）状态。该状态与不可中断睡眠态的区别在于，对于前者，内核如果发现有发送给它的信号（信号来自于其他任务或者内核自身），则内核会将其唤醒来处理信号，所以其称为可中断睡眠。而内核并不会因为有信号等待处理而去唤醒TASK_UNINTERRUPTIBLE状态的任务。信号是什么东西？

> **提示 ▶▶**
>
> 到这里，不管你有没有这个疑惑，冬瓜哥想再次请大家理解透彻一个问题：OS到底是什么！OS就是一堆必须在高权限运行的、管理硬件、管理任务的创建运行删除的、管理用户登录等的程序代码函数和数据结构。这堆函数和数据结构是死的，它们无法自己运行。这堆代码的运行有4个触发点：OS内核早期启动时存在一条天然的执行线程，也就是CPU加电后天然地会从一个入口不断地执行，形成了天然的执行线路，这条执行线路最终演化为内核idel进程；第二个触发点是在内核初始化时，创建了多个内核线程，这些内核线程将内核中对应的函数串接起来运行；第三个触发点是由于外部中断

状态码	描述
R	正在运行或者可以运行（要么正在执行要么即将被执行）
D	不可被中断的休眠态，通常正在等待I/O完成
S	可被中断的休眠态，通常正在等待某个事件到来，比如某个信号或者I/O完成
T	停止态。通常被shell的任务控制逻辑所停止，或者正在被debugger所控制
Z	异常或者僵尸进程
N	低权级的进程
W	正在执行Paging
s	对应的进程为session leader
+	对应进程处于一个前台进程组中
l	对应进程包含多个线程
<	高权级进程

```
$ ps -ax
  PID TTY      STAT   TIME COMMAND
    1 ?        Ss     1:48 init [3]
    2 ?        S<     0:03 [migration/0]
    3 ?        SN     0:00 [ksoftirqd/0]
....
 2981 ?        S<sl  10:14 auditd
 2983 ?        S<sl   3:43 /sbin/audispd
....
 3428 ?        SLs    0:00 ntpd -u ntp:ntp -p
                           /var/run/ntpd.pid -g
 3464 ?        Ss     0:00 rpc.rquotad
 3508 ?        S<     0:00 [nfsd4]
....
 3812 tty1     Ss+    0:00 /sbin/mingetty tty1
 3813 tty2     Ss+    0:00 /sbin/mingetty tty2
 3814 tty3     Ss+    0:00 /sbin/mingetty tty3
 3815 tty4     Ss+    0:00 /sbin/mingetty tty4
....
19874 pts/1    R+     0:00 ps -ax
19875 pts/1    S+     0:00 more
21033 ?        Ss     0:39 crond
24765 ?        Ss     0:01 /usr/sbin/httpd
```

```
#define TASK_RUNNING           0
#define TASK_INTERRUPTIBLE     1
#define TASK_UNINTERRUPTIBLE   2
#define __TASK_STOPPED         4
#define __TASK_TRACED          8

#define EXIT_ZOMBIE           16
#define EXIT_DEAD             32
#define TASK_DEAD             64
#define TASK_WAKEKILL        128
#define TASK_WAKING          256
#define TASK_STATE_MAX       512
```

图10-97　各种任务状态一览

而让系统状态进入一个特殊的环境下，也就是中断上下文，从中断处理函数入口的执行线路；第四个触发点则是从init进程继承出去的多个用户任务执行了系统调用时，用户任务进入内核态执行。再次强调一点，内核态的代码和数据只有一份，多个用户态任务都可以执行同一个系统调用，比如read()，它们执行的是同一份read()代码，这些线程执行时会访问同样的物理内存区域，但是，不同线程执行代码处理的数据是不一样的，内核代码通过判断当前任务的task_struct来区分到底是哪个任务调用了read()，读取的是哪个文件的哪个部分，读出的内容放在哪个位置，等等。这一点已经在书中其他地方有所强调，一定要深刻理解。

10.3 任务间通信与同步

本节我们以Linux Kernel 2.6.39.4版本为基准为大家介绍任务之间如何相互协作、同步，包括：如何传递各种信号和信息，如何休眠和唤醒，面对共享资源时如何避免访问冲突。

10.3.1 信号及其处理

比如shell正在运行某个前台程序命令，尚未结束，突然你不想继续让它运行了，按下了Ctrl+C组合键，内核接收到这个键码之后，便直接将当前任务结束掉了。实际上，Ctrl+C导致向内核向该进程发送了一个SIGINT信号，而由于该任务并没有告诉内核收到SIGINT信号后的行为，那么内核便使用默认的信号处理方式处理了该任务，也就是直接结束了它。换句话说，内核接收到Ctrl+C后，并不是必须就结束当前任务，而是可以由任务来选择该如何响应这个信号的，但是多数任务都使用了内核默认处理方式。

进程可以调用glibc库提供的用户态函数signal()或者sigaction()函数来向内核注册自己的信号处理函数，比如signal(SIGINT, my_sig_handler)，就会把自定义的my_sig_handler()函数注册到内核对应数据结构中，后续如果内核再次产生SIGINT信号，则会调用my_sig_handler()函数执行，执行完后，再返回到进程的断点处继续执行。用户程序可以选择性忽略某个信号，signal(SIGINT, SIG_IGN)中的SIG_IGN参数表示通知内核忽略对SIGINT信号的处理，这样在程序运行时用户按下Ctrl+C组合键就不会有反应了。signal(SIGINT, SIG_DFL)中的SIG_DFL参数则标识通知内核使用内核默认的处理方法处理SIGINT信号。如果应用程序注册了自定义的信号处理函数，那么对应信号到来时，内核会调用该函数执行，此时称为"该信号被捕获"，也就是说被应用程序给捞上来处理，而不是

被内核中的默认程序暗自处理了。注意，SIGKILL和SIGSTOP这两个信号无法自定义处理，必须让内核默认处理。此外，不能给进程0（idle进程）发送信号，因为进程0永不消逝。

前文中提到过父进程如果不调用wait/waitpid函数阻塞等待子进程退出，而是运行其他代码，将与子进程彻底失联。那么后续它如何获知子进程已经退出这件事情？就是利用SIGCHLD（子进程退出）信号。但是子进程退出之后，内核针对该信号的默认处理方式是忽略它，不做任何处理。所以父进程需要显式地调用signal()函数来注册自己用于处理子进程退出的函数，在函数中可以调用wait()函数来处理对应的僵尸子进程，处理完后会返回父进程继续执行。

所以，信号就是一种用于内核向进程通告某种事件发生的载体，每一种信号在物理上其实就是一个数字编码。如图10-98所示为Linux下部分信号一览。图左侧为Linux系统使用的31种信号及其含义和默认处理方式。系统中的一些关键事件都会触发信号的产生，有些信号会被传递给当前正在运行的进程，而有些则需要传递给其他进程。比如SIGALRM信号是定时器产生的到时中断而触发内核产生的一种信号，当前正在运行的进程可能并没有设定过这个定时器，而是被其他进程设定的，而对方此时却在休眠中。所以内核触发这个信号之后，需要判断是谁设定的定时器，然后把信号传递给对方（写入对方的task_struct结构体对应字段）。比如SISILL（执行了非法机器指令）、SIGSEGV（访问越界）、SIGSYS（非法的系统调用）这些信号都是在当前进程正在运行时产生的，那么就将其写入当前进程的task_struct对应字段。有些信号是发送给特定群体的，比如SIGHUP信号，当父进程退出后，内核会向它的所有子进程发送该信号，而如果子进程退出，则内核向其父进程发送SIGCHLD信号。至于信号的后续处理流程，下文将介绍。

可以看出大多数信号的默认处理方式要么是终止该进程，要么是Dump（将进程虚拟地址空间中的数据全部复制到硬盘以供分析用，一般是严重非法操作才会产生这类信号）当前进程，也有一些Ignor或者Stop（暂停执行）的。对于被Stop的任务，可以使用SIGCONT继续执行它。

图中间上部为Linux下的全部64个信号，Linux只使用前31个，其他的属于实时信号，实时信号如果重复产生多次，则每次都会记录并依次处理；而前31个属于非实时信号，重复发送的同一种非实时信号会被丢弃。图中间下部为可供应用程序调用的关于信号处理方面的用户态函数一览。其中，xxkill()类函数用于某个进程向其他进程发送任意编码的信号，有些信号需要系统管理员权限才能发送，不要被kill这个词所迷惑，以为执行了它就意味着杀掉对方进程。实际上，Linux下的kill命令的语法是：kill 参数 PID。kill

-9 1024的意思是向PID为1024的进程发送编码为9的信号（SIGKILL），kill -2 1024的效果等价于按Ctrl+C组合键，而kill命令对应的程序实际上就是调用了xxkill()类函数，这些函数底层也都是sys_kill()系统调用，通知内核向哪个PID对应的进程发送什么信号罢了。signal()以及sigaction()函数则是通知内核注册一个面对当前进程的信号处理函数，这两个函数底层则对应了sys_signal()或者sys_signalfd()系统调用。以rt开头的函数处理的则是实时信号。

图中右侧为两个基于信号处理机制编写的示意程序。上面的程序中编写了一个用于处理SIGINT信号的函数my_handler()，有趣的是，该函数首先输出了一句话，然后将SIGINT信号的处理方式改为默认值（内核自行处理）。在main主程序中，首先将刚才写好的my_handler()注册为SIGINT的处理函数，然后循环不停地输出句子。程序运行时，一旦用户按下Ctrl+C组合键，内核产生SIGINT信号，并调用my_handler()，输出“What are you doing! Don’t!”提示用户不要乱按键或者误按键，输出完这句之后，信号处理函数变为内核默认方式，这意味着，如果用户再次按键将会终止程序。my_handler()执行完毕之后将会返回到main()中继续执行进入循环，这时再按一次Ctrl+C组合键，则会走默认流程终止程序。

图中右侧下方的程序则是先注册了一个用于处理SIGALRM信号的处理函数，该信号会在内核定时器到达指定时间时触发给设定了该定时器的进程。注册完信号处理函数之后，程序继续调用了alarm(4)向内核申请了一个4秒的定时器（内核会通过时钟硬件模块的驱动程序将4秒这个时间写入到时钟硬件对应寄存器中并开启倒计时），该函数底层其实执行了sys_alarm()系统调用，然后输出一句话，随即调用了pause()，该函数底层对应了sys_pause()系统调用，该系统调用会让内核将当前进程状态设置为TASK_INTERRUPTIBLE，不再继续执行，进入阻塞/挂起状态，但是内核当收到针对该任务的信号后可以将其唤醒（状态改为TASK_RUNNING即可唤醒它）。当定时器计时结束后触发中断，CPU执行对应的中断处理函数，在这个函数的后续调用链条的后续函数中，会找到当时设定了这个定时器的进程，将SIGALRM

#	Signal name	Default action	Comment
1	SIGHUP	Terminate	Hang up controlling terminal or process
2	SIGINT	Terminate	Interrupt from keyboard
3	SIGQUIT	Dump	Quit from keyboard
4	SIGILL	Dump	Illegal instruction
5	SIGTRAP	Dump	Breakpoint for debugging
6	SIGABRT	Dump	Abnormal termination
6	SIGIOT	Dump	Equivalent to SIGABRT
7	SIGBUS	Dump	Bus error
8	SIGFPE	Dump	Floating-point exception
9	SIGKILL	Terminate	Forced-process termination
10	SIGUSR1	Terminate	Available to processes
11	SIGSEGV	Dump	Invalid memory reference
12	SIGUSR2	Terminate	Available to processes
13	SIGPIPE	Terminate	Write to pipe with no readers
14	SIGALRM	Terminate	Real-timerclock
15	SIGTERM	Terminate	Process termination
16	SIGSTKFLT	Terminate	Coprocessor stack error
17	SIGCHLD	Ignore	Child process stopped or terminated, or got signal if traced
18	SIGCONT	Continue	Resume execution, if stopped
19	SIGSTOP	Stop	Stop process execution
20	SIGTSTP	Stop	Stop process issued from tty
21	SIGTTIN	Stop	Background process requires input
22	SIGTTOU	Stop	Background process requires output
23	SIGURG	Ignore	Urgent condition on socket
24	SIGXCPU	Dump	CPU time limit exceeded
25	SIGXFSZ	Dump	File size limit exceeded
26	SIGVTALRM	Terminate	Virtual timer clock
27	SIGPROF	Terminate	Profile timer clock
28	SIGWINCH	Ignore	Window resizing
29	SIGIO	Terminate	I/O now possible
29	SIGPOLL	Terminate	Equivalent to SIGIO
30	SIGPWR	Terminate	Power supply failure
31	SIGSYS	Dump	Bad system call

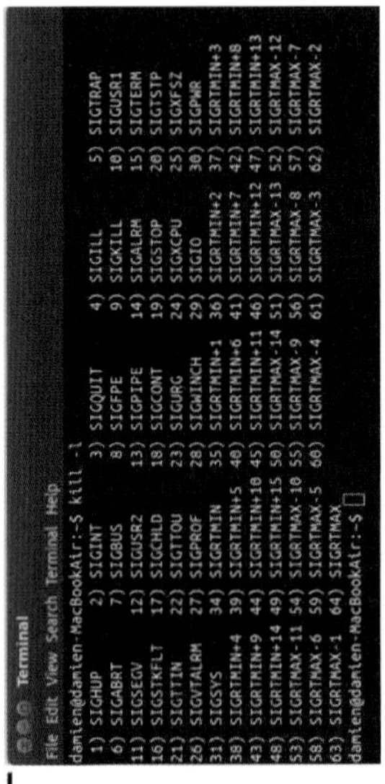

System call	Description
kill( )	Send a signal to a thread group
tkill( )	Send a signal to a process
tgkill( )	Send a signal to a process in a specific thread group
sigaction( )	Change the action associated with a signal
signal( )	Similar to sigaction( )
sigpending( )	Check whether there are pending signals
sigprocmask( )	Modify the set of blocked signals
sigsuspend( )	Wait for a signal
rt_sigaction( )	Change the action associated with a real-time signal
rt_sigpending( )	Check whether there are pending real-time signals
rt_sigprocmask( )	Modify the set of blocked real-time signals
rt_sigqueueinfo( )	Send a real-time signal to a thread group
rt_sigsuspend( )	Wait for a real-time signal
rt_sigtimedwait( )	Similar to rt_sigsuspend( )

```
void my_hanlder( )
{
  printf( "What are you doing! Don't!/n");
  (void) signal(SIGINT, SIG_DFL);
}

int main()
{
  (void) signal(SIGINT,my_handler);

  while(1) {
    printf("Long~Ger~Li~Ger~Long~~\n");
    sleep(1);
  }
}
```

```
root@HostA:~$ ./test.sh
Long~Ger~Li~Ger~Long~~
Long~Ger~Li~Ger~Long~~
Long~Ger~Li~Ger~Long~~
What are you doing! Don't!
Long~Ger~Li~Ger~Long~~
Long~Ger~Li~Ger~Long~~
Long~Ger~Li~Ger~Long~~
root@HostA:~$
```

```
void wake_up( )
{
  printf("Oops, I got the SIGALRM!/n");
}

int main(void) {
  signal(SIGALRM,wake_up);
  alarm(4);
  printf("I am sleeping zzzzz!/n");
  pause();
  printf("Now I am awake,bye!/n");
  return EXIT_SUCCESS;
}
```

```
alexis@HostA:~$ ./test.sh
I am sleeping zzzzz!
Oops, I got the SIGALRM!
Now I am awake,bye!
root@HostA:~$
```

图10-98 各种信号一览及利用捕获信号编程

信号写入到该进程的task_struct结构体中对应字段（具体见下文），然后判断该进程当前为TASK_INTERRUPTIBLE，所以可被信号唤醒，于是将其状态改为TASK_RUNNING即可。剩下的交给schedule()函数继续触发，当调度时机再次到来时，schedule()有一定概率选定该进程继续执行，在ret_from_interrupt宏中，内核代码会先使用SIGALRM信号对应的处理函数处理该信号，本例中为输出一句话，然后返回该进程的用户态代码继续运行。

提示 ▶

在Linux下，当shell以前台方式执行了某个运行时间较长的命令，则shell会卡住（因为shell调用了wait()来等待该子进程退出后自己才能继续执行），屏幕上输出的内容完全取决于该命令的程序输出，如果该命令不输出任何内容，则shell就像在屏幕上卡住一样。此时可以按Ctrl+Z组合键将前台任务转入后台并暂停执行。在这个过程中，首先，热键导致中断，该热键会导致内核发出SIGTSTP/SIGSTOP信号给当前进程，内核根据current变量中存储的指针找到当前任务task_struct，将该信号写入其中对应字段，并将该任务的状态改为TASK_RUNNING（虽然中断前该任务已经是RUNNING状态），在中断返回之前，系统可能会调用schedule()切换到其他任务执行，而如果恰好调度器决定不切换，还是运行该任务，那么在ret_from_interrupt宏中，会触发do_signal，调用默认的SIGTSTP处理函数执行，执行结果就是将当前进程设置为TASK_STOPPED状态，并执行schedule()再次尝试切换到其他任务执行。而该进程被STOP，这个事件又会再次触发一个新事件，那就是SIGCHLD（当子进程退出、STOP时发出）信号，该信号会被发给该进程的父进程，这里就是shell进程，并唤醒它继续运行（shell当时调用wait()后内核会将它设置为TASK_INTERRUPTIBLE状态，所以内核可以仅仅由于有信号传递给它而唤醒它），当然，运行shell的用户态部分之前，还需要进入ret_from_interrupt宏来处理善后，其中一步就是处理信号，也就是说，从中断上下文或者系统调用等内核态返回到用户态之前，检查和处理信号为必需的一步。不幸的是，内核针对SIGCHLD信号的默认处理函数的行为是什么都不做，这样，shell返回用户态继续运行后，并不会发现它的子进程有一个被STOP了。此时，可以执行fg（foreground）命令将该后台任务继续搬到前台运行。值得一提的是，fg是shell的一个**内建命令**（相比之下cp、dd、rm等都是**外部命令**，每个命令对应了一个独立的程序文件），而并不是一个程序，也就是shell程序收到fg命令之后，并不会fork一个fg进程，而是触发了自己内部的代码流程。fg命令执行后，shell会发送SIGCONT信号给

刚才STOPPED的任务，这个信号会触发该任务被唤醒继续执行，同时shell继续调用wait()进入阻塞等待该进程退出，所以shell继续卡住，现在前台只剩下之前被STOPPED的任务继续运行，直到它退出，或者再次被Ctrl+Z给暂停后再次退出到shell。而如果执行了bg（background）命令，则shell只负责发送SIGCONT信号给该STOPPED的任务，而不调用wait()，此时shell继续运行（光标继续闪烁），而那个STOPPED的任务现在在后台运行。其他相关命令和语法还有：jobs，显示出当前暂停的进程；bg N，将第N个任务在后台继续运行；fg N，将第N个任务转到前台运行；bg/fg 不带 N 时表示对最后一个进程执行对应的操作；Ctrl+\组合键会触发SIGQUIT信号发送给当前进程，默认处理方式是终止对应进程。不带参数的Kill PID命令会发出SIGTERM信号而终止对方进程。

冬瓜哥猜测看到这里你一定有个疑问，"内核向进程发出信号"的具体物理过程是怎样的？信号编码去了哪里？进程又是如何获取这个编码并调用默认的处理函数或者自定义注册的处理函数执行的？这个过程其实在上方的提示框里已经有所介绍，下面给出更具体的介绍。

如图10-99所示，在每个任务的task_struct中，会有几个与信号处理相关的关键字段，这些字段的具体定义如图10-100所示。

是不是已经眼花缭乱了？我们前文中提到过，程序需要一大堆的各式各样种类的表格（数据结构）来记录各种状态，而处理这些表格中的数据，或者根据表格中的数据进行判断、运算的程序代码就是函数中的那些具体语句了。想象一下你是某个机构的操作员，操作大量复杂事务，你一定也需要维护一堆追踪表，然后顺藤摸瓜按图索骥，还时不时地要去更新表格，然后再按照更新后的表格继续处理。程序也是这样做的，你用神经元来计算，而程序用门电路来算而已；你用白纸来存表格，而程序用DDR RAM来存表格而已。正因如此，程序可以帮你完成之前用人脑计算的事务。

下面就介绍一下task_struct中用于信号处理的几个字段。

signal字段：该字段指向了一个struct signal_struct结构体。该结构体中有个关键字段是wait_chldexit，这是一个指针，指向了一个等待队列，如果该进程调用了wait()/waitpid()的话，将会被放入这个等待队列中，内核产生子进程退出信号后会从该队列中找到对应的进程然后唤醒，关于等待队列和唤醒的机制见下一节。signal结构体中还存放了一些与任务组相关的信号处理信息，不多介绍，有兴趣可自行研究任务组相关知识。

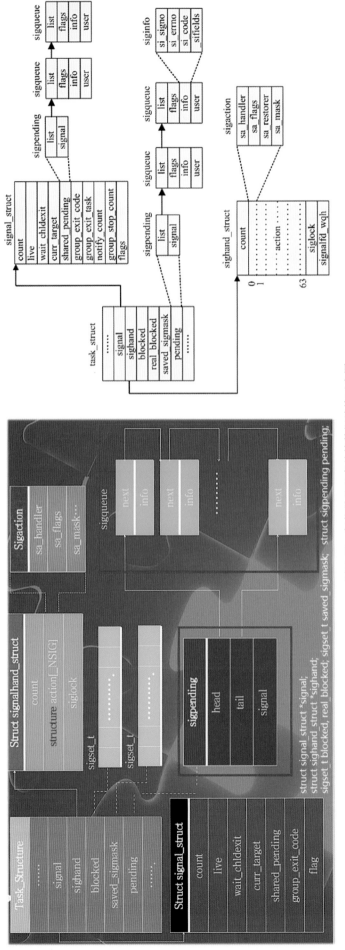

图10-99　与信号处理有关的数据结构示意图

sturct task_struct

类型	名称	描述
struct signal_struct *	signal	指向进程信号描述符的指针（线程组共用的信号）
struct sighand_struct *	sighand	指向进程信号handler的指针(线程组共用)
sigset_t	blocked	被屏蔽信号的Mask(线程私有)
sigset_t	real_blocked	被屏蔽信号的临时Mask (用于rt_sigtimedwait()系统调用) (线程私有)
struct sigpending	pending	用于存放私有pending信号的数据结构

struct sighand_struct sighand

类型	名称	描述
atomic_t	count	信号handler描述符的引用计数
struct k_sigaction [64]	action	一系列用于记录收到信号后需要执行的操作的数据结构
spinlock t	siglock	用于保护信号描述符及信号handler描述符的自旋锁

struct sigqueue

类型	名称	描述
struct list head	list	Pending信号队列的链表头
spinlock t *	lock	指向对应pending信号handler描述符中siglock字段的指针
Int	flags	sigqueue数据结构的flag标识
siginfo t	info	描述了发起信号的事件
Struct user struct *	user	指向进程拥有者的per-user 数据结构

siginfo_t info

名称	描述
si signo	信号的编码ID
si errno	导致这个信号被发出的错误码，0 表示不是因为错误误才发出信号号的
si code	标识谁发出了这个信号，见右表

Code 名称	发送者
SI USER	kill(), raise()
SI KERNEL	通常的内核函数数
SI QUEUE	sigqueue()
SI TIMER	Timer超时
SI ASYNCIO	异步I/O完成
SI TKILL	tkill(), tgkill()

struct signal_struct signal

类型	名称	描述
atomic_t	count	信号描述符的引用计数
atomic_t	live	线程组内活动进程的数量
wait_queue_head_t	wait_chldexit	wait4()系统调用后休眠的进程的等待队列
struct task_struct *	curr_target	收到信号的线程组里的最后一个进程的描述符
struct sigpending	shared_pending	存储共享pending信号信息的数据结构
int	group_exit_code	线程组的信号终止代码
struct task_struct *	group_exit_task	当杀死整个线程组时使用
int	notify_count	当杀死整个线程组时使用
int	group_stop_count	当停止整个线程组时使用
unsigned int	flags	收到修改进程状态的信号时所使用的标识

struct k_sigaction action

类型	名称	描述
void (*)(int)	sa_handler	这个字段指示如何处理信号。它可以是指向向信号处理函数的指针,也可以是SIG_DFL(==0)表示使用默认的处理方式,还可以是SIG_IGN(==1)表示忽略该信号
unsigned long	sa_flags	指定信号如何被处理的标志,参考下表 (指定信号处理函数执行时,sa_mask中指定的信号必须屏蔽)
sigset_t	sa_mask	指定当该信号处理函数执行时,sa_mask中指定的信号必须屏蔽

Unsigned long sa_flags

Flag名称	描述
SA_NOCLDSTOP	仅对SIGCHLD适用，当进程停止时不要对进程的父进程发送SIGCHLD
SA_NOCLDWAIT	仅对SIGCHLD适用，进程终止时进程不要变为僵尸进程
SA_SIGINFO	为信号handler提供额外信息
SA_ONSTACK	为信号handler使用独立的栈
SA_RESTART	被中断的系统调用用会自动重新执行
SA_NODEFER, SA_NOMASK	执行信号handler的时候不要屏蔽对应信号
SA_RESETHAND, SA_ONESHOT	执行信号handler之后重置到默认设置

图10-100 关键字段的含义一览

sighand字段：这个字段中包含一个action[64]数组，其中的每个元素中又包含一个指针，其指向sigaction结构体，一共指向了64个sigaction结构体。在sigaction结构体中又有一项sa_handler字段，该字段用于记录针对本sigaction表示的信号ID的处理函数指针，如果没有针对该ID注册自定义函数，那么sa_handler字段被置为全0（表示SIG_DFL）从而使用默认的内核处理函数处理该信号。sigaction中的sa_flags字段记录了一些具体处理信号时的方法参数，其中，SA_ONSHOT这个flag值得一提，如果该flag被设置为1，那么程序使用signal()函数注册的信号处理函数只会在第一次接收到信号时被调用，后续再次接收到同样的信号会转为使用默认处理方式处理。

blocked字段：该字段为一个位图，记录哪些信号被进程暂时屏蔽而暂不处理。

pending字段：该字段指向一个链表，链表中每一项记录了所有传递给该进程的信号ID和其他细节信息。由于内核或者其他进程可以接连传递多个相同或者不同种类的信号，所有信号在这里排队，pending字段使用一个链表的首尾指针向外指出去一个双向链表，将多个sigqueue结构体串接起来，每当内核需要向该进程传递一个新信号，就新生成一个sigqueue

结构体并链接到这个双向链表中。sigqueue结构体中包含与其他sigqueue结构体相互链接的锚点，也就是prev和next指针，这两个指针被抽象为struct list_head结构体，这就是sigqueue结构体中的list字段，它是一个锚点。sigqueue中的info字段记录了接收到的信号的全部信息，info字段是一个指针，它指向了一个siginfo_t类型的结构体，该结构体中又记录了信号的编码ID、导致这个信号被发出的错误码（见图10-101）、谁发出了这个信号。

很多表格中都有lock字段，这就是供在多线程环境下保证数据的consistency的手段，多个线程可能会同时发起对这些表格的变更，所以需要使用互斥锁来保障一致性，所有线程先取得该锁，才能继续访问表格。互斥锁的基本原理在第6章中已经有所介绍。这些表格中可能存在相互嵌套指向，这些都是为了程序检索表格时候更加方便和灵活。

数据结构介绍完了，我们就需要考察信号产生、发送、处理的具体流程控制了，这些流程被写到具体函数代码中，在代码中引用这些表格中的数值，并做判断，比如if(table->item.su位em==xxx) do()。如图10-102所示为Linux内核与信号处理有关的一部分函数一览，这些函数都是内核函数，用户态无法直接调用。

```
ILL_ILLOPC  Illegal opcode.
ILL_ILLOPN  Illegal operand.
ILL_ILLADR  Illegal addressing mode.
ILL_ILLTRP  Illegal trap.
ILL_PRVOPC  Privileged opcode.
ILL_PRVREG  Privileged register.
ILL_COPROC  Coprocessor error.
ILL_BADSTK  Internal stack error.
FPE_INTDIV  Integer divide by zero.
FPE_INTOVF  Integer overflow.
FPE_FLTDIV  Floating-point divide by zero.
FPE_FLTOVF  Floating-point overflow.
FPE_FLTUND  Floating-point underflow.
FPE_FLTRES  Floating-point inexact result.
FPE_FLTINV  Floating-point invalid operation.
FPE_FLTSUB  Subscript out of range.
SEGV_MAPERR Address not mapped to object.
SEGV_ACCERR Invalid permissions for mapped object.
SEGV_BNDERR (since Linux 3.19) Failed address bound checks.
SEGV_PKUERR (since Linux 4.6) Access was denied by memory protection keys.

BUS_ADRALN  Invalid address alignment.
BUS_ADRERR  Nonexistent physical address.
BUS_OBJERR  Object-specific hardware error.
BUS_MCEERR_AR (2.6.32 after) Hardware memory error consumed on a machine check; action required.
BUS_MCEERR_AO (2.6.32 after) Hardware memory error detected in process but not con- sumed; action optional.
TRAP_BRKPT  Process breakpoint.
TRAP_TRACE  Process trace trap.
TRAP_BRANCH (since Linux 2.4, IA64 only)) Process taken branch trap.
TRAP_HWBKPT (since Linux 2.4, IA64 only)) Hardware breakpoint/watchpoint.
CLD_EXITED  Child has exited.
CLD_KILLED  Child was killed.
CLD_DUMPED  Child terminated abnormally.
CLD_TRAPPED Traced child has trapped.
CLD_STOPPED Child has stopped.
CLD_CONTINUED (since Linux 2.6.9) Stopped child has continued.
POLL_IN     Data input available.
POLL_OUT    Output buffers available.
POLL_MSG    Input message available.
POLL_ERR    I/O error.
POLL_PRI    High priority input available.
POLL_HUP    Device disconnected.
```

图10-101 伴随信号产生的错误码一览

名称	描述
send_sig()	对单一进程发送信号
send_sig_info()	与send_sig()类似，但是在siginfo_t结构体中携带额外信息
force_sig()	发送一个无法被进程显式忽略或者屏蔽的信号
force_sig_info()	与force_sig()类似，但是在siginfo_t结构体中携带额外信息
force_sig_specific()	与force_sig()类似，但是针对SIGSTOP和SIGKILL信号进行了优化
sys_tkill()	tkill()的系统调用handler
sys_tgkill()	tgkill()的系统调用handler
sigemptyset(set) sigfillset(set)	把set所有的bit设置为0或者1.
sigaddset(set,nsig) and sigdelset(set,nsig)	把set中对应与nsig的那个bit设置为1或者0. In practice, sigaddset() reduces to:set->sig[(nsig - 1) / 32] |= 1UL<< ((nsig - 1) % 32); and sigdelset() to: set->sig[(nsig - 1) / 32] &= ~(1UL<< ((nsig - 1) % 32);
sigaddsetmask(set,mask) and sigdelsetmask(set,mask)	根据mask的值设置set.(又能设置1-32个signal. The corresponding functionsreduce to: set->sig[0] |= mask; and to: set->sig[0]&= ~mask;
sigismember(set,nsig)	返回set中对应nsig的bit的值. In practice, this function reduces to: return 1 & (set->sig[(nsig-1) / 32] > ((nsig-1) % 32);
sigmask(nsig)	根据信号标志码nsig等到它的在sigset_t中的bit的index.
sigandsets(d,s1,s2), sigorsets(d,s1,s2), and signandsets(d,s1,s2)	伪代码如下:d=s1 & s2; d=s1|s2, d=s1& (~s2)
sigtestsetmask(set,mask)	如果mask中的为1的位在set中的相应位也为1,那么返回1.否则返回0.只适用于1-32个信号.
siginitset(set,mask)	用mask设置set的1-32个信号并把set的33-63个信号清空
siginitsetinv(set,mask)	用(!mask)设置set的1-32个信号,并把set的33-63个信号设置为1.
signal_pending(p)	检查p的t->thread_info->flags是否为TIF_SIGPENDING.即检查p是否有悬挂的非阻塞信号
recalc_sigpending_tsk(t) and recalc_sigpending()	第一个函数检查t->pending->signal或者t->signal->shared_pending的信号 上是否有悬挂的非阻塞信号，若有就设置t->thread_info->flags为TIF_SIGPENDING. recalc_sigpending()等价于 recalc_sigpending_tsk(current).
rm_from_queue(mask,q)	清除悬挂信号列q中的由mask指定的信号.
flush_sigqueue(q)	清除悬挂信号列q中的信号.
flush_signals(t)	删除或收到的所有信号.它会清掉t->thread_info->flags中的TIF_SIGPENDING标志,并且调用flush_sigqueue把t->signal->pending和 t->signal->shared_pending清掉.

图10-102 Linux内核与信号处理有关的一部分函数一览

而用户态的一些信号相关函数最终其实都是执行了sys_pause、sys_nanosleep、sys_alarm、sys_signal、sys_signalfd等系统调用，这些系统调用函数和表中列出的内核函数都需要多多少少地去参考以及更新上文中介绍过的那些数据结构，这些数据结构形成了一个信息集散地，供多个不同来源、不同事件触发执行的函数之间相互通报和获取信息，产生后续逻辑。至于表中的这些内核函数就不做具体介绍了。

再来看看信号产生的源头和处理的过程。多种不同事件可能会触发不同的信号。就拿SIGCHLD子进程退出/暂停信号来讲，如果子进程执行了exit()系统调用，那么有理由推测sys_exit()函数链的下游一定有某处会将SIGCHLD信号传递给该子进程的父进程。为了证实这一点，我们亲自追踪一下2.6.39.4版本下的sys_exit()，发现它的关键调用路径为：sys_exit() -> do_exit() -> exit_notify -> do_notify_parent() -> __wake_up_parent()。我们深入到do_notify_parent()内部一探究竟，如图10-103所示。

该函数的参数之一就是sig，在do_exit()的下游调用此函数时，sig会被赋值为SIGCHLD。该函数首先声明了一个名为info的siginfo样式的结构体（也就是图10-100左下角的siginfo_t样式的结构体，不同版本的Linux的命名可能有些区别），然后声明了一个名为psig的sighand_struct样式的结构体，然后开始使用info.xxxx=xxxx语句来填充info结构体中对应的字段。然后，针对psig结构体，使用psig=tsk->parent->sighand语句，将当前进程（tsk）的task_struct结构体中的parent字段所指向的当前进程父进程的task_struct结构体中的sighand指针赋值给psig，这样，psig在后续代码中就指向了父进程的task_struct中的sighand字段，后续的一系列psig->xxxx形式引用访问的都是父进程的task_struct中对应的信息。

if(!task_ptrace(tsk) && sig == SIGCHLD && (psig->action[SIGCHLD-1].sa.sa_handler == SIG_IGN || (psig->action[SIGCHLD-1].sa.sa_flags & SA_NOCLDWAIT)))是一个复杂的逻辑判断，& 为按位与，&& 为逻辑与，|| 为逻辑或。我们假设

sig==SIGCHLD以及父进程的针对SIGCHLD信号的处理函数==SIG_IGN这两个条件都为真（一般情况下），那么此时只要SA_NOCLDWAIT这个sa.flags（见上文数据结构）被置1，就可能导致exit_signal为-1（表示DEATH_REAP），同时还会导致sig被赋值为-1，进一步导致if (valid_signal(sig) && sig > 0)的判断为假，而导致不执行__group_send_sig_info()函数，而正是这个函数负责发送信号。而最后的__wake_up_parent()函数是无论如何都要被执行的，也就是从wait_chldexit等待队列中唤醒父进程。

do_notify_parent()向其上游返回exit_signal或者被传入的原始参数sig。我们假设exit_signal=-1。其上游的exit_notify()函数使用signal = do_notify_parent()来接收返回值存入signal变量中，并在执行完do_notify_parent()之后紧接着就是tsk->exit_state = signal == DEATH_REAP ? EXIT_DEAD : EXIT_ZOMBIE这行代码，这句代码的意思是，tsk->exit_state的值等于什么？如果signal==DEATH_REAP则等于EXIT_DEAD，否则就等于EXIT_ZOMBIE，按照假设，exit_state变量的最终值为EXIT_DEAD。而exit_notify()的最后一步是if (signal == DEATH_REAP) release_task(tsk)，release_task()是真正删除进程所有痕迹的函数。

上述整个逻辑可以简要描述为：如果sa.flags中的SA_NOCLDWAIT被置1，就不向父进程发送SIGCHLD信号，同时也不依赖父进程的wait/waitpid()函数的处理，进程在exit时会被自动release_task，这也是SA_NOCLDWAIT控制位的含义。而如果该位未被置0，则上述那个复杂的if判断为假，一切照旧，SIGCHLD信号会被__group_send_sig_info()发出给父进程，子进程也不会被release_task()，同时do_notify_parent()的返回值会是sig，本场景下也就是SIGCHLD，从而导致exit_state会被标记为EXIT_ZOMBIE。

再来看看父进程是如何接收和处理子进程退出信号的。父进程调用wait/waitpid()函数之后，进入到do_wait()系统调用中，如图10-104所示。该函数内部调用add_wait_queue宏将自己加入wait_chldexit等待队列中，并随

```
int do_notify_parent(struct task_struct *tsk, int sig)
{
    struct siginfo info;
    unsigned long flags;
    struct sighand_struct *psig;
    int ret = sig;
    BUG_ON(sig == -1);
    BUG_ON(task_is_stopped_or_traced(tsk));
    BUG_ON(!task_ptrace(tsk) &&
           (tsk->group_leader != tsk || !thread_group_empty(tsk)));
    info.si_signo = sig;
    info.si_errno = 0;
    rcu_read_lock();
    info.si_pid = task_pid_nr_ns(tsk, tsk->parent->nsproxy->pid_ns);
    info.si_uid = __task_cred(tsk)->uid;
    rcu_read_unlock();
    info.si_utime = cputime_to_clock_t(cputime_add(tsk->utime,
                    tsk->signal->utime));
    info.si_stime = cputime_to_clock_t(cputime_add(tsk->stime,
                    tsk->signal->stime));
    info.si_status = tsk->exit_code & 0x7f;
    if (tsk->exit_code & 0x80)
        info.si_code = CLD_DUMPED;
    else if (tsk->exit_code & 0x7f)
        info.si_code = CLD_KILLED;
    else {
        info.si_code = CLD_EXITED;
        info.si_status = tsk->exit_code >> 8;}
    psig = tsk->parent->sighand;
    spin_lock_irqsave(&psig->siglock, flags);
    if (!task_ptrace(tsk) && sig == SIGCHLD &&
        (psig->action[SIGCHLD-1].sa.sa_handler == SIG_IGN ||
         (psig->action[SIGCHLD-1].sa.sa_flags & SA_NOCLDWAIT))) {
        ret = tsk->exit_signal = -1;
        if (psig->action[SIGCHLD-1].sa.sa_handler == SIG_IGN)
            sig = -1;
    }
    if (valid_signal(sig) && sig > 0)
        __group_send_sig_info(sig, &info, tsk->parent);
    __wake_up_parent(tsk, tsk->parent);
    spin_unlock_irqrestore(&psig->siglock, flags);
    return ret;
} « end do_notify_parent »
```

图10-103 do_notify_parent()代码

后调用set_current_state()将自己的状态设置为TASK_INTERRUPTIBLE，当它后续主动或者被动被切出去之后将会进入休眠态，内核只在有针对该任务的信号时才会唤醒它。然后进入关键函数do_wait_thread()。

do_wait_thread()函数代码见图10-105。其调用了宏list_for_each_entry来依次扫描本进程的所有子进程（被sibling链表链接起来），依次执行wait_consider_task()函数，如图10-106所示。

```
tatic int do_wait_thread(struct wait_opts *wo
                         struct task_struct *tsk)

    struct task_struct *p;
    list_for_each_entry(p, &tsk->children, sibling)
        int ret = wait_consider_task(wo, 0, p);
        if (ret)
            return ret;
    }
    return 0;
```

图10-105　do_wait_thread()函数代码

```
static int wait_consider_task(struct wait_opts *wo,
                              int ptrace, struct task_struct *p)
{   int ret = eligible_child(wo, p);
    if (!ret)    return ret;
    ret = security_task_wait(p);
    if (unlikely(ret < 0)) {
        if (wo->notask_error)
            wo->notask_error = ret;
        return 0;}
    if (likely(!ptrace) && unlikely(task_ptrace(p))) {
        wo->notask_error = 0;
        return 0;}
    if (p->exit_state == EXIT_DEAD) return 0;
    if (p->exit_state == EXIT_ZOMBIE && !delay_group_leader(p))
        return wait_task_zombie(wo, p);
    wo->notask_error = 0;
    if (task_stopped_code(p, ptrace))
        return wait_task_stopped(wo, ptrace, p);
    return wait_task_continued(wo, p);
} « end wait_consider_task »
```

图10-106　wait_consider_task()函数代码

在wait_consider_task()函数中可以看到针对exit_notify()中结果的呼应。if (p->exit_state == EXIT_DEAD) return 0表示如果当前扫描的这个子进程的task_struct中的exit_state==EXIT_DEAD，这里可能会有个疑惑，处于该状态的进程不是已经在exit时被release_task()了么？为何父进程还会扫描到已经被删掉的任务的结构体？这里面容易忽略的一点是，当进程调用exit()时，也可能会被中断打断，比如如果在刚刚设置了exit_state变量之后的一瞬间，该进程被切出了，而它的父进程可能被唤醒了（比如该父进程的其他子进程向它发出了信号等事件触发），此时父进程就会顺带发现"哦，有个子进程正在退出，估计是被临时切出了，才留下这个task_struct残体，我可以不予理会，下次它在被重新运行时，自然会执行到release_task这一步从而被销毁"，于是有了if (p->exit_state == EXIT_DEAD) return 0这一句。而如果判断为ZOMNIE状态，则父进程一定要出手处理，于是有了if (p->exit_state == EXIT_ZOMBIE && !delay_group_leader(p)) return wait_task_zombie(wo, p)这句。wait_task_zombie()函数负责清理对应的子进程。

之后，回到do_wait()函数中，if (!signal_pending(current)) {schedule(); goto repeat;}一句很关键，这句首先判断父进程当前是否还有没有处理的信号，如果没有，就执行schedule()将自己切出，因为自己实在是没有什么事情可做了，自己上一次被内核唤醒可能是某个子进程退出（不管有没有发送信号，都会执行__wake_up_parent()函

图10-104　do_wait()函数代码

```
static long do_wait(struct wait_opts *wo)
{
    struct task_struct *tsk;
    int retval;

    trace_sched_process_wait(wo->wo_pid);
    init_waitqueue_func_entry(&wo->child_wait, child_wait_callback);
    wo->child_wait.private = current;
    add_wait_queue(&current->signal->wait_chldexit, &wo->child_wait);
repeat:
    wo->notask_error = -ECHILD;
    if ((wo->wo_type < PIDTYPE_MAX) &&
        (!wo->wo_pid || hlist_empty(&wo->wo_pid->tasks[wo->wo_type])))
        goto notask;
    set_current_state(TASK_INTERRUPTIBLE);
    read_lock(&tasklist_lock);
    tsk = current;
    do {
        retval = do_wait_thread(wo, tsk);
        if (retval)
            goto end;
        retval = ptrace_do_wait(wo, tsk);
        if (retval)
            goto end;
        if (wo->wo_flags & __WNOTHREAD)
            break;
    } while_each_thread(current, tsk);
    read_unlock(&tasklist_lock);
notask:
    retval = wo->notask_error;
    if (!retval && !(wo->wo_flags & WNOHANG)) {
        retval = -ERESTARTSYS;
        if (!signal_pending(current)) {
            schedule();
            goto repeat;}
    }
end:
    __set_current_state(TASK_RUNNING);
    remove_wait_queue(&current->signal->wait_chldexit,
                      &wo->child_wait);
    return retval;
} « end do_wait »
```

数），所以自己才扫描所有子进程来发现那些需要被处理的子进程残体并处理。在被切出后，如果父进程再次被唤醒，则其执行goto repeat这句，重新回到循环开始，重新再将自己设置为TASK_INTERRUPTIBLE状态，并扫描有哪些子进程需要处理，然后再走到if (!signal_pending(current)) {schedule(); goto repeat;}这句。

如果有信号要处理，那么上述判断为假，会走到标记end的地方，最终将自己从等待队列中移除，并跳出wait/waitpid()函数，也就是执行中断返回操作，执行syscall_exit或ret_from_intr宏。嗯？好像没有看到在哪一步来处理信号啊！答案就在上述宏中。如图10-75所示的那些宏中就可以找到它，其中有一步会判断在返回到用户态之前是否还有其他工作要做（work_pending宏做这个判断），而处理信号就是其中一项需要完成的工作。也就是说，对进程收到的信号的处理，是在该进程从内核态返回到用户态前夕才会做的，其入口为do_notify_resume() > do_signal()，如图10-107所示。

在do_signal()函数中，先调用了get_signal_to_deliver()来获取之前被写入到本进程task_struct -> pending -> sigpending链表中的信号，然后再调用handle_signal()处理该信号。在get_signal_to_deliver()中，主体结构为一个for大循环，其内部调用了dequeue_signal()（该函数内部会顺便判断是否还有剩余待处理信号，如果没有，则改变thread_info中的flags标志中的TIF_SIGPENDING标志为0以供后续代码判断使用），其从sigpending链表中取出信号（将返回值赋值给signr变量），然后令变量ka = &sighand->action[signr-1]，也就是用signr去寻址action[64]数组找到针对signr信号编码的处理函数指针并赋值给变量ka；然后判断如果该指针为SIG_IGN，则什么都不做（忽略该信号）然后继续跳到for循环头部从队列中找下一个信号处理；如果不为SIG_IGN但也不为SIG_DFL，则证明该指针为用户程序当初注册的自定义处理函数，则将ka的值赋给return_ka，该值会被do_signal函数后续作为调用handle_signal时的参数之一传递给后者；接着顺带检测了如果SA_ONESHOT（表示一次性）flag被设置那么将处理函数重新变为SIGDFL，然后break跳出整个for循环，最后将signr返回给do_signal()。如果signr为SIG_DFL，则get_signal_to_deliver()函数的后续代码会根据不同的signr值做相应的默认处理。可以看到get_signal_to_deliver()函数每次只会从sigpending队列中挑出一个非SIG_IGN的信号来处理，非SIG_DFL的不碰，返回do_signal()继续处理，SIG_DFL的则由自己亲自处理。

如果有多个信号等待处理，那么需要多次调用do_signal，这意味着多次从内核态返回用户态才能处理完等待的信号，每次只处理一个，但这并不是问题，只要当前进程被内核强行切换到其他进程，再次切回来时就会继续处理信号，这个轮转过程是很快的，所以不会发生按Ctrl+C组合键后长时间得不到处理的情况，如图10-108所示。

如果sigpending队列中没有有效的信号，或者一些SIG_DFL的信号都已经被处理完毕，那么get_signal_to_deliver()返回的signr会为0，在do_signal()中会判断如果signr大于0，也就是表示有效的信号，才会继续执行handle_signal()函数，否则不会调用。上一步的signr、ka以及其他参数会被传入进来。凡是走到handle_signal()这一步的，一定是那些被注册了自定义处理函数的信号，如图10-109所示。

```
static void do_signal(struct pt_regs *regs)
{
    struct k_sigaction ka;  siginfo_t info;
    int signr;  sigset_t *oldset;
    if (!user_mode(regs))    return;
    if (current_thread_info()->status & TS_RESTORE_SIGMASK)
        oldset = &current->saved_sigmask;
    else oldset = &current->blocked;
    signr = get_signal_to_deliver(&info, &ka, regs, NULL);
    if (signr > 0) {
        if (handle_signal(signr, &info, &ka, oldset, regs) == 0) {
            current_thread_info()->status &= ~TS_RESTORE_SIGMASK;}
        return;
    }
    if (syscall_get_nr(current, regs) >= 0) {
        switch (syscall_get_error(current, regs)) {
        case -ERESTARTNOHAND:
        case -ERESTARTSYS:
        case -ERESTARTNOINTR:
            regs->ax = regs->orig_ax;
            regs->ip -= 2;
            break;
        case -ERESTART_RESTARTBLOCK:
            regs->ax = NR_restart_syscall;
            regs->ip -= 2;
            break; }
    }
    if (current_thread_info()->status & TS_RESTORE_SIGMASK) {
        current_thread_info()->status &= ~TS_RESTORE_SIGMASK;
        sigprocmask(SIG_SETMASK, &current->saved_sigmask, NULL);}
} « end do_signal »
```

图10-107 do_signal()函数代码

```
int get_signal_to_deliver(siginfo_t *info,
        struct k_sigaction *return_ka, struct pt_regs *regs,
                                void *cookie)
{   struct sighand_struct *sighand = current->sighand;
    struct signal_struct *signal = current->signal;
    int signr;
relock:
    try_to_freeze();
    spin_lock_irq(&sighand->siglock);
    if (unlikely(signal->flags & SIGNAL_CLD_MASK)) {
        int why = (signal->flags & SIGNAL_STOP_CONTINUED)
                ? CLD_CONTINUED : CLD_STOPPED;
        signal->flags &= ~SIGNAL_CLD_MASK;
        why = tracehook_notify_jctl(why, CLD_CONTINUED);
        spin_unlock_irq(&sighand->siglock);
        if (why) {
            read_lock(&tasklist_lock);
            do_notify_parent_cldstop(current->group_leader, why);
            read_unlock(&tasklist_lock);}
        goto ↑relock;
    }
    for (;;) {
        struct k_sigaction *ka;
        signr = tracehook_get_signal(current, regs, info, return_ka);
        if (unlikely(signr < 0))  goto ↑relock;
        if (unlikely(signr != 0)) ka = return_ka;
        else {
            if (unlikely(signal->group_stop_count > 0) &&
                do_signal_stop(0))
                goto ↑relock;
            signr = dequeue_signal(current, &current->blocked,
                        info);
            if (!signr) break;
            if (signr != SIGKILL) {
                signr = ptrace_signal(signr, info,
                        regs, cookie);
                if (!signr) continue;
            }
            ka = &sighand->action[signr-1];
        }
        trace_signal_deliver(signr, info, ka);
        if (ka->sa.sa_handler == SIG_IGN)   continue;
```

```
        if (ka->sa.sa_handler != SIG_DFL) {
            *return_ka = *ka;
            if (ka->sa.sa_flags & SA_ONESHOT)
                ka->sa.sa_handler = SIG_DFL;
            break;
        }
        if (sig_kernel_ignore(signr))   continue;
        if (unlikely(signal->flags & SIGNAL_UNKILLABLE) &&
            !sig_kernel_only(signr))
            continue;
        if (sig_kernel_stop(signr)) {
            if (signr != SIGSTOP) {
                spin_unlock_irq(&sighand->siglock);
                if (is_current_pgrp_orphaned())
                    goto ↑relock;
                spin_lock_irq(&sighand->siglock);
            }
            if (likely(do_signal_stop(info->si_signo))) {
                /* It released the siglock.  */
                goto ↑relock;
            }
            continue;
        }
        spin_unlock_irq(&sighand->siglock);
        current->flags |= PF_SIGNALED;
        if (sig_kernel_coredump(signr)) {
            if (print_fatal_signals)
                print_fatal_signal(regs, info->si_signo);
            do_coredump(info->si_signo, info->si_signo, regs);
        }
        do_group_exit(info->si_signo);
    } « end for ;; »
    spin_unlock_irq(&sighand->siglock);
    return signr;
} « end get_signal_to_deliver »
```

图10-108　get_signal_to_deliver()函数代码

```
static int handle_signal(unsigned long sig, siginfo_t *info,
        struct k_sigaction *ka, sigset_t *oldset,
                        struct pt_regs *regs)
{   int ret;
    if (syscall_get_nr(current, regs) >= 0) {
        switch (syscall_get_error(current, regs)) {
        case -ERESTART_RESTARTBLOCK:
        case -ERESTARTNOHAND:
            regs->ax = -EINTR;
            break;
        case -ERESTARTSYS:
            if (!(ka->sa.sa_flags & SA_RESTART)) {
                regs->ax = -EINTR;
                break;
            }
        case -ERESTARTNOINTR:
            regs->ax = regs->orig_ax;
            regs->ip -= 2;
            break;
        }
    }
```

```
    if (unlikely(regs->flags & X86_EFLAGS_TF) &&
        likely(test_and_clear_thread_flag(TIF_FORCED_TF)))
        regs->flags &= ~X86_EFLAGS_TF;
    ret = setup_rt_frame(sig, ka, info, oldset, regs);
    if (ret)  return ret;
#ifdef CONFIG_X86_64
    set_fs(USER_DS);
#endif
    regs->flags &= ~X86_EFLAGS_DF;
    regs->flags &= ~X86_EFLAGS_TF;
    spin_lock_irq(&current->sighand->siglock);
    sigorsets(&current->blocked, &current->blocked, &ka->sa.sa_mask);
    if (!(ka->sa.sa_flags & SA_NODEFER))
        sigaddset(&current->blocked, sig);
    recalc_sigpending();
    spin_unlock_irq(&current->sighand->siglock);
    tracehook_signal_handler(sig, info, ka, regs,
                test_thread_flag(TIF_SINGLESTEP));
    return 0;
} « end handle_signal »
```

图10-109　handle_signal()函数代码

　　由于用户自定义的信号处理函数必须在用户空间运行，而必须不能在内核空间运行，否则用户态程序就可以通过注册信号处理函数的方式向内核注入任何Ring0代码了。内核采用了一种巧妙的方式来执行信号处理函数，如图10-110所示。

　　状态1。用户程序由于某种原因，比如系统调用或者各种中断，导致进入了内核态运行，内核栈中保存着由CPU自主压入的老五样以及内核的系统调用或者中断处理程序入口程序使用SAVE_ALL宏保存起来的用户态的断点现场寄存器，这两部分加起来被内核

使用pt_regs结构体来描述和访问。内核的处理程序在运行时会发生内核函数调用，也会使用到内核栈，图中红色部分就是内核代码生成的栈帧。

　　状态2。当内核程序执行完毕要返回用户态之前，进入syscall_exit宏，这个宏对应的代码会检查当前进程是否被传递了信号且尚未处理，如果有则进入do_signal()流程，该流程的前半部分上文中介绍过。后半部分的流程从setup_rt_frame()函数开始。该函数会首先在当前进程的用户栈上开辟一个新的栈帧（sigframe，黄色区域），然后把当前进程的pt_regs

（浅绿色部分）整体保存到这个栈帧内部，然后自己构造一个新的pt_regs结构体（深绿色）写入到内核栈，这个新的pt_regs是专门为执行信号处理函数而构建的，其EIP字段的值指向了信号处理函数处。其栈顶ESP字段指向了用户态的新栈顶。这样，在do_signal()函数整体执行完回到syscall_exit宏中，最后执行到restor_all宏和iret后，就会开始执行信号处理函数。在信号处理函数执行期间，可能会形成新的栈帧（深绿色栈帧），因为信号处理函数也需要执行一系列的函数调用。信号处理函数执行完之后，得有人收拾这个残局，将之前旧的pt_regs重新覆盖到内核栈空间恢复信号处理函数运行之前的状态，这件事得有人做，内核使用了sys_sigreturn系统调用来做这件事，但是为了保证信号处理函数的充分透明性，不需要用户自己在信号处理函数内部显式地调用sigreturn系统调用，而是由内核亲手铺垫好，信号处理函数只需要常规的ret返回即可。为了达到这种效果，在sigframe栈帧顶部放置一个返回地址，该返回地址指向了一段专门用于执行sigreturn系统调用的代码，该代码就是两行：mov sigreturn的调用号 eax；int 80h。所以，当信号处理函数执行完毕返回时，ret指令会导致跳转到上述两行代码执行，再次发出系统调用sigreturn。

状态3。Sys_sigreturn()系统调用开始执行，收拾残局，将旧pt_regs从sigframe中复制到内核栈底，然后删除sigframe栈帧（将用户栈的SP抬升至原来位置即可）。

状态4。一切就绪，与状态1相同，sigreturn系统调用返回之后，再次进入syscall_exit宏，再次检查有无信号需要处理，如果没有，iret返回用户态，从用户态程序之前的断点代码继续执行。

上述这个过程，被封装到了setup_frame()或者setup_rt_frame()中，篇幅所限就不贴出该函数代码了。上面只介绍了大致思路，一些具体的细节请大家自行了解，也请注意不同版本Linux区别可能会很大。

我们来重新整理一下思路：假设父进程并没有注册任何针对SIGCHLD的信号处理函数，那么SIGCHLD信号的处理方式为SIG_IGN，如果同时SA_NOCLDWAIT标志被置0，那么子进程退出后处于EXIT_ZOMBIE状态，等待父进程来收割（REAP），同时还会发送SIGCHLD信号给父进程。而父进程会在do_wait()函数下

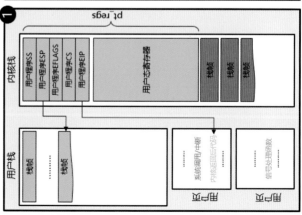

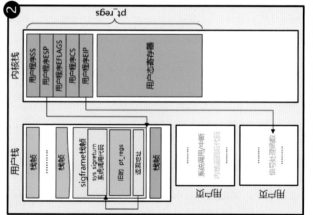

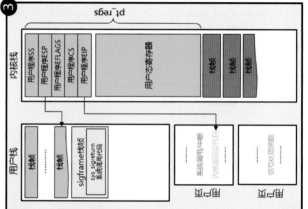

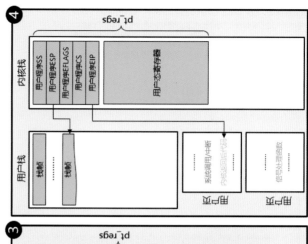

图10-110 内核构造一个用户上下文触发返回时执行信号处理函数

游的wait_task_zombie()函数中完成对子进程的彻底销毁。同时，父进程在do_wait()结尾会判断是否有已经传递给自己的信号，如果有，则将自己的状态修改为TASK_RUNNING，然后将自己从等待队列中移除并从do_wait()返回。如果没有pending的信号待处理，那么do_wait()会调用schedule()继续休眠（此时state依然为TASK_INTERRUPTIBLE）。

提示 ▶ ▶

> 进程正在运行并不意味着当前的state一定为TASK_RUNNING，比如某个进程运行时将state设置为其他值比如INTERRUPTIBLE，只要当前进程不被中断，那么它就可以继续运行，但是一旦被中断或者调用了schedule()后，它就无法再运行了，除非被各种原因唤醒。

do_wait()返回，系统调用结束，返回到用户态继续执行，从而进入syscall_exit宏，触发do_signal()函数的运行，从而去处理SIGCHLD信号，由于父进程并没有注册任何针对SIGCHLD的处理函数，而默认的处理方式为SIG_IGN，所以do_signal()中的get_signal_to_deliver()最终会直接忽略该信号，并返回do_signal()，后者返回，退出到syscall_exit宏，最后restor_all、iret返回用户态执行。

提示 ▶ ▶

> SA_CLDNOWAIT等Flags如何设置？答案是通过sigaction()函数向内核注册信号处理函数时，可以将所有Flags封装在一个结构体中作为一个参数传递给sigaction()函数，后者再通过系统调用传递给内核。而signal()函数可以看作是简化版的无flags参数的sigaction()函数。如果要让系统默认的SIG_DFL信号处理过程也受到SA_CLDNOWAIT的影响，则可以在sigaction()中将SIG_DFL注册为SIGCHLD的处理函数，同时给出flags参数就可以了。

可以推断，父进程执行do_wait()后如果接收到某个非SIGCHLD信号，比如接收到SIGKILL信号（有人要结束父进程），那么其也会被唤醒，但是其唤醒后执行的是"goto repeat"这一句，它会再次去扫描所有子进程看看是否有需要处理的，虽然这一步可能做的是无用功，也要做，这样才能执行到if(!signal_pending())这句，由于被发送了SIGKILL信号，于是进入end标记处执行，从而在返回用户态前夕处理该信号，结果就是父进程被退出，留下了一堆孤儿进程，然而这堆孤儿进程会在父进程退出流程中被处理，过继给其他进程。

而如果父进程当初注册了针对SIGCHLD的信号处理函数，则父进程一般不会调用wait/waitpid()来收割子进程，而是继续干自己的事情，在信号处理函数中

去执行wait/waitpid()函数。此时，子进程退出后处于EXIT_ZOMBIE状态，同时向父进程注入了SIGCHLD信号，然后唤醒父进程，父进程可能已经处于唤醒状态（因为此时父进程并没有主动调用wait/waitpid()），但是父进程并不会有信号到来，继续执行自己的代码，直到父进程由于某种原因进入内核态，比如系统收到外部中断、父进程执行了系统调用、父进程被切出，然后再次被调度运行，返回到用户态前夕，会触发do_signal()，此时会进入handle_signal()流程，从而执行信号处理函数，从而执行了wait/waitpid()来收割子进程，处理函数退出后，返回用户态继续执行。

如图10-111所示为子进程退出信号处理全局架构示意图，大家可以参照此图梳理一下。至于其他信号，流程大同小异，只不过信号的触发源并不是exit()系统调用罢了，比如可以是Ctrl+C组合键触发等。不过，该架构中的基本流程和角色是不会变的，发送信号和接收信号的进程各自独立运行，通过接收信号的进程的task_struct结构体中的信号相关部分形成信息共享纽带。

再回过头来看为什么要区分TASK_INTERRUPTIBLE和TASK_UNINTERRUPTIBLE这两种任务状态。很显然，那些依赖信号机制而运作的程序，比如设定一个定时器然后被唤醒，这类任务必须被置为TASK_INTERRUPTIBLE状态，这样内核收到针对它的信号后才会去唤醒它。有时候内核不能仅因为有针对某任务的信号到达就去唤醒该任务，有可能该任务正在等待另一个更重要的事件完成后才能唤醒，比如该任务之前发起了read/write()系统调用，正在等待数据的到达而处于休眠阻塞中，期间如果收到了某种信号，内核也不会将其唤醒，因为一旦唤醒，其即便是处理完了信号，而其等待的I/O数据却并未到达，就会产生错误。所以，该任务发起I/O之后，其就会被置为TASK_UNINTERRUPTIBLE状态。

当信号源（比如子进程退出调用do_exit()系统调用，或者其他事件导致的send_signal()内核函数被调用）产生了针对该任务的信号之后，内核将信号信息写入到其task_struct中对应的数据结构中保留，并且会尝试唤醒该任务，唤醒过程最终都会调用到try_to_wake_up()函数，该函数的参数之一就是state，如果是信号导致内核欲唤醒该任务，那么内核调用该函数时的state参数会被指定为TASK_INTERRUPTIBLE，而该函数内部也会有一句if (!(p->state & state)) goto out，其目的就是判断目标任务的task_struct（被p所指向）中的state字段与参数state是否相同，如果不同则不唤醒它。这就是内核根据state来控制是否唤醒的机制，也就是在调用try_to_wake_up()时通过给出参数，而至于给出什么参数，则是由触发该唤醒事件的原因来决定的，如果是信号导致唤醒则调用时会给出TASK_INTERRUPTIBLE，同理，如果是I/O数据完成导致的唤醒则会给出TASK_UNINTERRUPTIBLE。

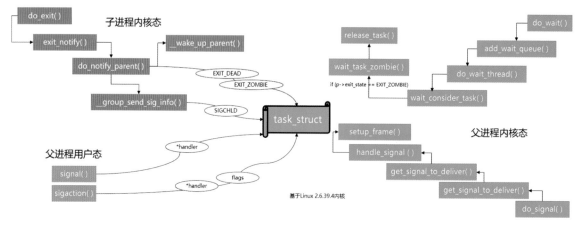

图10-111　子进程退出信号处理全局架构示意图

这个参数相当于一个准入控制，如果为TASK_INTERRUPTIBLE，而待唤醒任务的state字段为TASK_UNINTERRUPTIBLE的话，那么将不会唤醒。如果这个参数为TASK_INTERRUPTIBLE | TASK_UNINTERRUPTIBLE（两者按位或），则处于这两种状态的任务都可以被唤醒。

10.3.2　等待队列与唤醒

10.3.1节中提到过父进程调用wait()之后，系统调用执行到内核函数do_wait()时（如图10-104所示），有一步是将自己放入了一个名为wait_chldexit的等待队列中，如图10-112所示代码。并在从do_wiat()返回的前夕调用remove_wait_queue()再将自己从wait_chldexit队列中删掉。

与之呼应的是，在do_exit()的下游，会调用到__wake_up_common()函数，等待队列的指针作为一个参数传递给它。它会扫描队列中的项目并依次处理它们，也就是唤醒对应项目中登记的任务。

如果有多个任务要等待同一个事件、资源，那么这些任务必将将自己放到同一个等待队列中，这与日常中的排队经验是相同的。而wait_chldexit队列比较特殊，它被整个线程组（也就是位于同一个虚拟地址空间中的所有任务）共享使用，篇幅所限不再多介绍。

有个疑惑在于，do_wait()是否可以不用等待队列，而直接调用set_current_state()函数将自己置于TASK_INTERRUPTIBLE，而子进程的do_exit()下游某处直接调用__set_task_state()将父进程的state设置为TASK_RUNNING，这样难道不可以吗？等待队列的必要性在哪儿？

上述做法的问题在于，如果父进程并没有调用wait()，而只是注册了针对SIGCHLD的信号处理函数，然后就去做自己的事情了，比如发起了read()，read()的下游会将父进程设置为TASK_UNINTERRUPTIBLE，只有I/O数据到达才会唤醒它。而此时其某个子进程退出了，直接使用__set_task_state()将父进程设置为RUNNING状态，此时父进程会被错误地唤醒。所以，等待队列在该场景下的作用就是用于通告父进程已经调用了wait()准备阻塞专心等待子进程退出了，而子进程退出时也必须检查该队列来判断是否父进程是因为等待自己退出而阻塞的，如果是，才可以唤醒。

直观理解的话，任务等待队列无非就是一个个处于休眠状态的任务对应的task_struct，将它们记录在一张表中就可以。实际上，每一条记录中还需要包含更多信息，并不仅仅是一个task_struct结构体指针就足够的。另外，这张表应该是可动态增删的，这意味着其在内存中的分布可能是不连续的，需要有一种高效的方式来记录，链表无疑是一种比较好的针对这种场景的数据结构了。

```
signed int mode, int nr_exclusive, int wake_flags, void
it_queue_t *curr, *next;
st_for_each_entry_safe(curr, next, &q->task_list, task_l
  unsigned flags = curr->flags;
  if (curr->func(curr, mode, wake_flags, key) &&
      (flags & WQ_FLAG_EXCLUSIVE) && !--nr_exclusive
    break;
```

图10-112　__wake_up_common()函数代码

如图10-113所示为等待队列的组织方式和描述方式。图中有4个任务在等待同一个资源（比如某个信号，某个I/O完成等），由于这个资源没有准备好，所以这4个任务都处于休眠态，并将自己的task_struct指针使用add_wait_queue()函数登记到队列中。同时，每条记录中除了包含task_struct指针之外，还包含用于控制唤醒行为的flags标记字段（见下文介绍）、用于自定义唤醒方式过程函数的func指针字段，以及用于把所有记录串接起来形成双向链表的铆点结构（指向下一条记录基地址的next和指向上一条记录基地址的prev指针）。

将上述架构用代码来描述的话，每一条记录无疑应当是一个struct，其中包含flags、func、task、prev和next几个项目。而实际实现时，prev和next指针被再次打包到一个二级的list_head类型的struct中，这个struct list_head就是每个项目被钉在链条上的铆点。此外还需要实现一个链表的链头，这个头部除了包含list_head铆点结构之外，还有一个lock字段，用于作为整个链表的锁，因为可能会同时有多个任务尝试向队列中注册或者删除自己的task_struct，在第6章中介绍过锁的基本原理。

每个wait_queue_t中的func字段指向的是用于唤醒该任务的唤醒函数（也就是说，如果要唤醒该任务的话则需要调用该指针指向的函数），默认为default_wake_function()。该函数是对try_to_wake_up()函数的封装，后者在下游调用链中经过一系列处理和判断之后将目标任务设置为TASK_RUNNING状态，并且调用enqueue_task()函数将目标任务放入运行队列，接受schedule()的调度。内核模块也可以通过调用init_waitqueue_func_entry()函数指定任意自定义的唤醒函数。

如图10-114所示为与等待队列创建、管理相关的部分函数一览。其中，init_waitqueue_entry()函数负责将等待队列初始化为默认值，包括将flags设置为0，task指针设置为参数中给出的指针，唤醒处理函数设置为默认值。

这些函数都是内核函数，用户态无法调用。实际上，Linux内核并没有为等待队列的管理直接暴露系统调用接口，用户态程序只能间接、无感知地使用到内核等待队列，比如，用户态调用wait()/read()等，进入系统调用路径之后，后者在内核态下游会创建等待队列，或者直接使用任务创建时已经初始化好的队列。如果回顾一下上文中的do_wait()

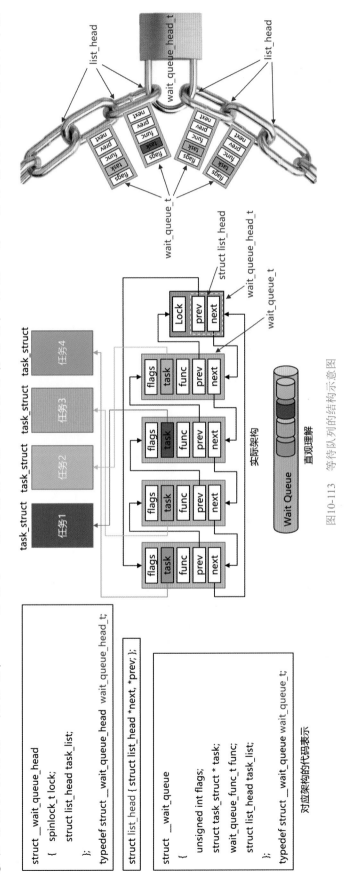

图10-113 等待队列的结构示意图

```
struct __wait_queue_head
{    spinlock_t lock;
     struct list_head task_list;
};
typedef struct __wait_queue_head wait_queue_head_t;

struct list_head { struct list_head *next, *prev; };

struct __wait_queue
{
     unsigned int flags;
     struct task_struct * task;
     wait_queue_func_t func;
     struct list_head task_list;
};
typedef struct __wait_queue wait_queue_t;
```

对应架构的代码表示

函数就会发现，其中就调用了init_waitqueue_func_entry()以及add_wait_queue()、remove_wait_queue()函数，而这些底层行为对用户态程序而言是不可见的，用户态只知道它调用了wait()且一段时间后返回了。

内核中有一些典型的函数内部会使用到等待队列，如图10-115所示。这些函数中有一些会被导出到内核符号表中，不仅可供内核已有模块调用，也可以供驱动程序开发者调用，驱动程序加载时，内核的装载器会从内核符号表中找到这些内核函数的地址从而与驱动程序文件进行链接操作。

下面来分析一下图10-115中的__wait_event，这其实是个宏，其相当于do…while(0)之间的代码。DEFINE_WAIT又是个宏，见图中央下方，DEFINE_WAIT_FUNC又是个宏，见图左下角。所以__wait_event一开始其实是先声明了一个wait_queue_t的等待队列项目，并进行填充，任务指针就是当前任务，唤醒函数是autoremove_wake_function()，并且使用LIST_HEAD_INIT宏生成一个链表的铆点（task_list）。然后进入一个永久for循环，循环内先调用prepare_to_wait()，见图中央上方，该函数将上一步生成好的队列项目加入到给出的队列中，然后将任务状态设置为给出的状态（本例中为TASK_UNINTERRUPTIBLE），然后执行if判断，condition为唤醒条件，如果满足则跳出循环去执行finish_wait()将自己从等待队列中删掉（因为条件已经满足，没必要休眠等待），如果condition不满足，则调用schedule()通知内核将自己切出，休眠，当被唤醒时会继续从for循环入口进入重新执行上述过程，直到condition满足才跳出。

我们再来看看与唤醒相关的函数。当条件满足后，比如I/O结束，收到信号，等等，对应的内核程序（比如产生信号的进程的内核态代码、硬件驱动程序相关代码等）会调用对应的函数来唤醒目标任务。如图10-116所示为部分唤醒函数以及对应的封装和变种。

图中的函数多数都调用了_wake_up_common()，该函数内部的逻辑基本上是扫描等待队列中的每个项目（用了一个非常复杂的宏list_for_each_entry_safe，这个宏是一个for循环，在这个循环中既对相关变量进行了赋值，又做了对应的判断，具体请大家自行阅读），然后执行if (curr->func(curr, mode, wake_flags, key) &&(flags & WQ_FLAG_EXCLUSIVE) && !--nr_exclusive) break这句关键代码。curr->func字段就是对应队列条

图10-114 与等待队列创建和管理相关的部分函数一览

```
int default_wake_function(wait_queue_t *curr, unsigned mode, int wake_flags, void *key);
{
    return try_to_wake_up(curr->private, mode, wake_flags);
}

int autoremove_wake_function(wait_queue_t *wait, unsigned mode, int sync, void *key);
{
    int ret = default_wake_function(wait, mode, sync, key);

    if (ret) list_del_init(&wait->task_list);

    return ret;
}

static inline void __add_wait_queue(wait_queue_head_t *head, wait_queue_t *new)
{
    list_add(&new->task_list, &head->task_list);
}

static inline void remove_wait_queue(wait_queue_head_t *head, wait_queue_t *old)
{
    list_del(&old->task_list);
}

static inline void init_waitqueue_entry(wait_queue_t *q, struct task_struct *p)
{
    q->flags = 0;
    q->private = p;
    q->func = default_wake_function;
}

static inline void init_waitqueue_func_entry(wait_queue_t *q, wait_queue_func_t func)
{
    q->flags = 0;
    q->private = NULL;
    q->func = func;
}

static inline void __list_add(struct list_head *new, struct list_head *prev, struct list_head *next)
{
    next->prev = new;
    new->next = next;
    new->prev = prev;
    prev->next = new;
}

static inline void __list_del(struct list_head * prev, struct list_head * next)
{
    next->prev = prev;
    prev->next = next;
}
```

INIT_LIST_HEAD
__list_add
list_add_tail
__list_del
__list_del_entry
list_replace
list_replace_init
list_del_init
list_move
list_move_tail
list_is_last
list_empty
list_empty_careful
list_rotate_left
list_is_singular
list_cut_position
list_splice
list_splice_init
list_splice_tail
list_splice_tail_init

```c
sleep_on_common(wait_queue_head_t *q, int state,
long timeout)
{
    unsigned long flags;
    wait_queue_t wait;
    init_waitqueue_entry(&wait, current);
    __set_current_state(state);
    spin_lock_irqsave(&q->lock, flags);
    __add_wait_queue(q, &wait);
    spin_unlock(&q->lock);
    timeout = schedule_timeout(timeout);
    spin_lock_irq(&q->lock);
    __remove_wait_queue(q, &wait);
    spin_unlock_irqrestore(&q->lock, flags);
    return timeout;
}

#define DEFINE_WAIT_FUNC(name, function)
    wait_queue_t name = {
        .private = current,
        .func = function,
        .task_list = LIST_HEAD_INIT((name).task_list),
```

```c
void prepare_to_wait(wait_queue_head_t *q,
wait_queue_t *wait, int state)
{
    unsigned long flags;
    wait->flags &= ~WQ_FLAG_EXCLUSIVE;
    spin_lock_irqsave(&q->lock, flags);
    if (list_empty(&wait->task_list)) __add_wait_queue(q, wait);
    set_current_state(state);
    spin_unlock_irqrestore(&q->lock, flags);
}

#define __wait_event(wq, condition)
do { DEFINE_WAIT(__wait);
    for (;;) {
        prepare_to_wait(&wq, &__wait, TASK_UNINTERRUPTIBLE);
        if (condition) break;
        schedule();
    }
    finish_wait(&wq, &__wait);
} while (0)

#define DEFINE_WAIT(name) DEFINE_WAIT_FUNC(name,
autoremove_wake_function)
```

```c
void finish_wait(wait_queue_head_t *q, wait_queue_t *wait)
{
    unsigned long flags;
    __set_current_state(TASK_RUNNING);
    if (!list_empty_careful(&wait->task_list)) {
        spin_lock_irqsave(&q->lock, flags);
        list_del_init(&wait->task_list);
        spin_unlock_irqrestore(&q->lock, flags);
    }
}

#define __wait_event_interruptible(wq, condition, ret)
do { DEFINE_WAIT(__wait);
    for (;;) { prepare_to_wait(&wq, &__wait, TASK_INTERRUPTIBLE);
        if (condition)
            break;
        if (!signal_pending(current)) {
            schedule();
            continue;
        }
        ret = -ERESTARTSYS;
        break;
    }
    finish_wait(&wq, &__wait);
} while (0)
```

图10-115 内核中的一些用到等待队列的函数

```
void __wake_up(wait_queue_head_t *q, unsigned int mode, int nr_exclusive, void *key)
{ unsigned long flags;
    spin_lock_irqsave(&q->lock, flags);
    __wake_up_common(q, mode, nr_exclusive, 0, key);
    spin_unlock_irqrestore(&q->lock, flags); }

void complete(struct completion *x) {
    unsigned long flags;
    spin_lock_irqsave(&x->wait.lock, flags);
    x->done++;
    __wake_up_common(&x->wait, TASK_NORMAL, 1, 0, NULL);
    spin_unlock_irqrestore(&x->wait.lock, flags); }
```

```
static void __wake_up_common(wait_queue_head_t *q, unsigned int mode,int nr_exclusive, int wake_flags, void *key) {
    wait_queue_t *curr, *next;
    list_for_each_entry_safe(curr, next, &q->task_list, task_list) {
        unsigned flags = curr->flags;
        if (curr->func(curr, mode, wake_flags, key) &&(flags & WQ_FLAG_EXCLUSIVE) && !--nr_exclusive)
            break; } }

#define list_for_each_entry_safe(pos, n, head, member)          for (
    pos = list_entry((head)->next, typeof(*pos), member), n = list_entry(pos->member.next, typeof(*pos), member);
    &pos->member != (head);
    pos = n, n = list_entry(n->member.next, typeof(*n), member)          )

int default_wake_function(wait_queue_t *curr, unsigned mode, int wake_flags, void *key)
{ return try_to_wake_up(curr->private, mode, wake_flags); }
```

```
#define wake_up(x)                          wake_up(x, TASK_NORMAL, 1, NULL)
#define wake_up_nr(x, nr)                   wake_up(x, TASK_NORMAL, nr, NULL)
#define wake_up_all(x)                      wake_up(x, TASK_NORMAL, 0, NULL)
#define wake_up_locked(x)                   wake_up_locked((x), TASK_NORMAL)
#define wake_up_interruptible(x)            wake_up(x, TASK_INTERRUPTIBLE, 1, NULL)
#define wake_up_interruptible_nr(x, nr)     wake_up(x, TASK_INTERRUPTIBLE, nr, NULL)
#define wake_up_interruptible_all(x)        wake_up(x, TASK_INTERRUPTIBLE, 0, NULL)
#define wake_up_interruptible_sync(x)       wake_up_sync((x), TASK_INTERRUPTIBLE, 1)
```

```
static int try_to_wake_up(struct task_struct *p, unsigned int state, int wake_flags) { int cpu, orig_cpu, this_cpu, success = 0;
unsigned long flags; unsigned long en_flags = ENQUEUE_WAKEUP; struct rq *rq; this_cpu = get_cpu(); smp_wmb(); rq =
task_rq_lock(p, &flags); if (!(p->state & state)) goto out; if (p->se.on_rq) goto out_running; cpu = task_cpu(p); orig_cpu = cpu;
#ifdef CONFIG_SMP if (unlikely(task_running(rq, p))) goto out_activate; if (task_contributes_to_load(p)) { if
(likely(cpu_online(orig_cpu))) rq->nr_uninterruptible--; else this rq()->nr_uninterruptible--; } p->state = TASK_WAKING; if
(p->sched_class->task_waking) { p->sched_class->task_waking(rq, p); en_flags |= ENQUEUE_WAKING; } cpu =
select_task_rq(rq, p, SD_BALANCE_WAKE, wake_flags); if (cpu != orig_cpu) set_task_cpu(p, cpu);          task_rq_unlock(rq);
rq = cpu_rq(cpu); raw_spin_lock(&rq->lock); WARN_ON(task_cpu(p) != cpu); WARN_ON(p->state != TASK_WAKING);
#ifdef CONFIG_SCHEDSTATS schedstat_inc(rq, ttwu_count); if (cpu == this_cpu) schedstat_inc(rq, ttwu_local); else { struct
sched_domain *sd; for_each_domain(this_cpu, sd) { if (cpumask_test_cpu(cpu, sched_domain_span(sd))) {
schedstat_inc(sd, ttwu_wake_remote); break; } } } #endif out_activate: #endif ttwu_activate(p, rq, wake_flags & WF_SYNC,
orig_cpu != cpu, cpu == this_cpu, en_flags); success = 1; out_running: ttwu_post_activation(p, rq, wake_flags, success); out:
task_rq_unlock(rq, &flags); put_cpu(); return success; }
```

```
static inline void ttwu_post_activation(struct task_struct *p, struct rq *rq, int wake_flags, bool success) { trace_sched_wakeup(p, success); check_preempt_curr(rq, p, wake_flags); #ifdef
CONFIG_SMP if (p->sched_class->task_woken) p->sched_class->task_woken(rq, p); if (unlikely(rq->idle_stamp)) { u64 delta = rq->clock - rq->idle_stamp; u64 max = 2*sysctl_sched_migration_cost; if (delta > max) rq-
>avg_idle = max; else update_avg(&rq->avg_idle, delta); rq->idle_stamp = 0; } #endif /* if a worker is waking up, notify workqueue */ if ((p->flags & PF_WQ_WORKER) && success) wq_worker_waking_up(p, cpu_of(rq)); }
```

图10-116 部分与唤醒相关的函数

目中之前注册的唤醒函数指针，该语句执行了该函数（函数执行正常则返回1），并将结果与其他两个额外条件相逻辑与（&&），（flags& WQ_FLAG_EXCLUSIVE）表示如果该等待条目中的flags字段为WQ_FLAG_EXCLUSIVE则为真，!- -nr_exclusive表示将nr_exclusive变量减1之后的值再取反，如果- -nr_exclusive为0，则该条件为真。这三个条件都为真则跳出for循环。

现在是时候介绍flags的作用了。上文中提到过多个任务可能会等待同一个资源，这些任务就需要被放到同一个等待队列中去。之后，还会细分为多种情况，比如，资源可用时唤醒队列中的条目中flags=0x00的任务（这也是wake_up_all()宏的行为），资源可用时唤醒队列中所有的flags=0的条目以及nr_exclusive变量所指定数量的flags=0x01（WQ_FLAG_EXCLUSIVE）的任务等，这些不同的唤醒方式，被封装为不同的宏名称（图中右下角），其本质上都是调用了__wake_up()函数，后者又调用了上文中分析过的__wake_up_common()函数。flags字段的作用就是用于描述某个条目中的任务是否需要独占（Exclusive）使用对应的资源，是则其值为0x01（WQ_FLAG_EXCLUSIVE），否则为0。如果队列中有多个任务需要独占对应资源，可以每次只唤醒其中一个任务，也可以唤醒它们中的多个，共享访问同一个资源的任务需要通过互斥锁来争抢，所以这多个被唤醒的任务醒来后会先抢锁，胜出者使用资源，未胜出者继续将自己放入等待队列休眠。至于唤醒几个Exclusive的任务，由nr_exclusive变量作为参数来指定。所以在那个for循环中每次要把nr_exclusive减1，减到0表明达到了唤醒Exclusive任务的上限。而且从那个for循环中还可以得出一个结论，就是那些非独占的（flags=0）等待条目必须被放置到队列前面，这样for才不会跳出，也就是先处理非独占的，处理完再处理独占的。

图中所示的default_wake_function()就是上文中提到过的、其指针默认被注册到等待队列项目（wait_queue_t）中func字段的默认唤醒函数，可以看到其调用了try_to_wake_up()函数，该函数的代码比较复杂，其结尾会调用ttwu_post_activation()，而后者中会将目标任务状态置为TASK_RUNNING，并将目标任务加入到运行队列中。

设想这样一个场景：某任务先将自己的状态改为TASK_INTERRUPTIBLE，然后调用schedule()将自己切出去，这个任务还有可能再次运行么？schedule()会判断如果该任务状态不是Running，则将其从运行队列中删掉，那么如果没有人唤醒（重新将其加入运行队列）它，它将无法再次运行，睡死掉。信号的到来可以唤醒它，因为内核里的send_signal()函数下游会调用try_to_wake_up()，该函数内部会判断如果任务状态为TASK_INTERRUPTIBLE，则将它加到运行队列中供调度器调度。如果某任务将自己设置为TASK_UNINTERRUPTIBLE，那么收到信号并不会去唤醒它，但是其他任务可以直接调用内核函数wake_up_process()唤醒它，但是其他任务不会平白无故地唤醒它（除非故意这样设计），一般都是由于某个条件达成了才会唤醒它，而等待队列则为条件的生产者和消费者提供了一个通用松耦合接口，等待条件的任务进入等待队列，产生条件的任务到队列中搜寻并唤醒等待条件的任务，而不是一对一地去唤醒，假设有100个任务等待被唤醒，产生条件的任务要在代码里挨个一对一唤醒它们，很低效。

10.3.3　进程间通信

很多时候不同进程之间有相互传递消息的需求，然而进程间的地址空间是隔离的，进程间无法直接通过访问某个变量的方式来通信。但是可以利用多种其他方式实现通信，比如利用文件系统中的一个文件，由于并不会为每个任务提供一个文件的影子副本，在这一层已经没有必要隔离，所以一方写入文件，另一方读出文件，即可实现沟通。

但是读写文件需要访问硬盘，速度慢，于是系统设计者们提供了一个虚拟的文件，让任务写入的数据不落入硬盘，而是落入一个有内核维护的内存区域中，并提供特殊的API以让任务可以向内核申请创建这个特殊文件，这个API就是sys_pipe系统调用，内核会返回创建好的虚拟文件的file descriptor，用户程序就可以使用Open/Read/Write的方式来操作虚拟文件了。这种方式被俗称为管道（pipe）方式。

在10.1.8.3节中介绍过利用mmap()在进程间共享内存方式通信的基本思路，如果将多个任务的某段虚拟地址空间映射到同一段物理地址空间的话，那么这多个任务就可以直接采用访存的方式来相互通信了，而不需要向Pipe方式那样必须调用Open/Read等系统调用进内核去操作。但是有个问题需要解决，那就是mmap()调用并无法让内核将某段虚拟地址映射到指定的物理地址上，物理地址是内核动态分配的，那么多个任务之间就无法与内核协商来映射到同一段物理地址上。为此，内核暴露了另外一套接口shmget/shmat/shmdt/shmctl系列系统调用接口。

sys_shmget(key_t key, size_t size, int flag);　sys_shmat(int shmid, char __user *shmaddr, int shmflg);　sys_shmdt(char __user *shmaddr);　sys_shmctl(int shmid, int cmd, struct shmid_ds __user *buf);

通过这套接口，任务调用shmget()（share memory get）来向内核申请一块名为key的用于共享的内存（key为0则表示新建一块内存，key不为0则向内核查询之前已经创建的对应该key的内存区的shm_id），内核返回一个shm_id，本任务和其他任务拿着这个shm_id再去各自调用shmat()（share memory attach）通知内核将该shm_id对应的物理内存分别映射到各自任务的虚拟地址空间中，后续就可以使用了。shmdt()（share memory detach）函数用于任务通知内核自己不想再映射该内存到自己的地址空间。shmctl()（share memory control）函数用于各种控制，比如其参数cmd可以取值为IPC_STAT（查看状态）、IPC_SET（设置其他属性）、IPC_RMID（删除该共享内存）。

进程间通信（Inter Process Communication，IPC）的方式还有其他多种，比如通过Socket方式走TCP/IP进行信息传递等，篇幅所限就不多介绍了。

10.3.4 锁和同步

我们在第6章中曾经介绍过互斥锁，它是解决多核心并发访问共享资源时产生的缓存时序一致性的必要手段，也介绍了它的底层实现机制，也就是利用处理器提供的带锁的访存指令或者原子操作指令来更改锁变量从而实现加锁。本节我们来深入思考一些问题，在继续阅读之前建议回顾第6章中的内容，先理解底层机制后续的阅读会更加顺畅。

10.3.4.1 信号量（Semaphore）

最早期的互斥锁起源于1965年，由荷兰计算机科学家Edsger Dijkstra设计提出。其把用于充当锁的变量称为Semaphore（1974年该词第一次被Dijkstra提出），中文原意是"信号灯"，学术化称谓则是"信号量"。Dijkstra的设计是把Semaphore的值初始化为1，并设计了加锁（将锁变量-1）和解锁（将锁变量+1）函数。加解锁的过程分别被Dijkstra称为Prolagen (荷兰语，表示试着减少的意思，俗称P操作)和Verhogen (荷兰语，表示试着增加的意思，俗称V操作)，不过在现代OS代码中使用的是down和up这两个词了。

Dijkstra将加锁函数设计为阻塞调用，也就是说如果发现拿不到锁（Semaphore已经为0），则该函数会把当前进程设置为等待状态，阻塞掉，一直等到拿到锁的任务调用解锁函数释放该锁时，解锁函数顺便将该被阻塞的任务重新设置为可运行态。加解锁函数被当作OS的一部分来实现，但是由于当时的操作系统还没有所谓的保护模式，OS内核无非就是驻留在与用户程序相同的地址空间中的一堆代码和数据，任意程序都可以直接调用加解锁函数，而不需要现代OS的繁冗的系统调用流程，所以其实现效率还是很高的，也是最为理想的用户程序互斥锁方案。

后来，另一位荷兰人Dr. Carel S. Scholten提出，Semaphore的值不一定必须被初始化设置为1，可以设置的更大一些，比如8。这样的话，同一个时刻就可以有8个任务同时拿到这个锁（因为8可以被连续减8次1才会到0，那就会有8个任务都认为自己已经拿到了锁），每当某个任务处理完打算解锁时，会把Semaphore变量加1，这样，另外一个任务就又可以拿

到锁补上一个来。假设系统当前共有50个任务，但是由于某种设计原因，最多只允许它们中的8个同时运行，这个需求，利用上述设计刚好可以满足。

有个疑惑是，这8个任务难道不会同时访问临界区资源导致错乱么？其实，被初始化为8的这个Semaphore变量的作用此时已经不是用来控制临界区资源，而是用来控制可最大同时运行的任务数了，至于这8个任务怎么协调临界区资源的互斥，可以再用一个Semaphore被初始化为1的锁来实现。比如有个停车场只有8个车位，一开始都可用，来了一辆车，收费口就把剩余车位信号灯-1=7，至于这辆车选择这8个车位中的哪一个来停，这就是另外一套规则了，收费口可不管这个。

这种可以控制有限数量个任务同时运行的信号量被称为Counting Semaphore（计数信号量），相比之下被初始化为1的信号量就是Binary Semaphore（二值信号量/互斥信号量）。

如图10-117所示为内核中处理信号量的部分内核函数。其中，down类和up类分别为加锁和解锁相关的处理函数。其中可以看到加锁过程伴随着内核将拿不到锁的任务放置到名为waiter的等待队列中的末尾；解锁的时候伴随着将排在等待队列头部的任务从队列中删掉，同时唤醒该任务，意味着该任务运行时会拿到锁。所以在该Linux版本（2.6.39.4）中的信号量处理被设计为所有等待拿锁的任务被按照先来先得的FIFO顺序来拿锁，而并不是随机一窝蜂模式。

下面来分析一下用于从Semaphore上拿到一个锁时的流程。先介绍关键数据结构：semaphore结构体和semaphore_waiter结构体。前者含有关键的count计数值、lock锁值、链表铆点list_head；后者包含链表铆点list_head和task_struct指针，以及一个up标记值。你应该可以猜到了，struct semaphore sem是用来存放本信号量及其附属信息的，而struct semaphore_waiter waiter存放的则是拿不到锁而等待的任务的信息，显然，你脑中应该浮现出一个场景：若干个waiter表通过铆点挂接到sem表的铆点上，就这样。

再来看算法流程。我们从拿锁/加锁的主入口down()函数开始分析。其首先将传递给它的semaphore结构体中的count字段值读出，如果大于0，证明锁是开的（如果是二值信号量则证明对方没有占有锁，如果是计数信号量则证明依然有一个空闲的锁可以拿），则执行减1操作。如果不大于0，表明本次加锁失败，调用_down()函数。后者向__down_common()传递了对应的参数，调用之。在__down_common()中，调用list_add_tail()，将waiter挂到sem的wait_list铆点上，然后把当前任务的task_struct指针赋值给waiter.task，然后waiter.up赋值为0，该值下文介绍。然后进入一个for大循环，首先检查当前任务是否有信号待处理，有则直接跳出到interrupted标记处执行list_del从刚才已加入的队列中

再删掉自己，然后返回错误码EINTR表示还不能休眠，有信号，至于返回之后怎么处理，就是上游调用者的事情了，读者可自行了解。如果timeout≤0，则证明之前睡眠后由于超时被唤醒，则跳出到timed_out标记处执行list_del()然后返回错误码ETIME。如果既没有信号等待处理又没有超时，则调用__set_task_state()将自身设置为参数state指定的状态，本例中为TASK_UNINTERRUPTIBLE。spin_unlock_irq()我们先不说，10.3.4.3节读完后再返回来看自会理解。然后调用schedule_timeout()，该函数是对schedule()的封装，加了一些超时唤醒机制，将自己切出去，让给其他任务执行，但是超时必须唤醒自己，实际上是通过注册了一个闹钟，到时发出中断然后在中断处理时唤醒自己的。执行完这个函数后本任务就睡眠在sem->wait_list上挂接的waiter上了。

我们再回头看一下其他任务解锁时的过程，解锁的入口为up()函数，其先判断wait_list是否为空，如果空则证明没有任务在等待锁，那么将count加1，解锁。如果不为空，则不碰count（依然为0），转而调用_up()，在_up()函数中，从队列中取出第一个waiter，然后将其中的list_head铆点从wait_list链表上断开，脱离队列，或者说从队列上摘掉，然后将其up字段改为1，该字段表示是由于其他任务解锁了打算唤醒该任务。然后调用wake_up_process()唤醒这个摘下来的任务。

我们再回头看被唤醒的任务。被唤醒的任务都会从__down_common()函数中的spin_lock_irq()处开始执行，对sem->lock加锁操作，然后判断是否waiter.up为1，如果是则证明是有人解锁了然后唤醒了自己，于是直接返回，然后down()函数就返回了，本任务加锁成功。这里有个不好理解的地方在于，其他任务解锁时发现有任务等待锁，于是不把count++，就好像依然被锁定着一样，而是直接唤醒等待锁的任务，唤醒之后的任务也无须执行count--，这就好比有人要向ATM机存钱，你和他说"反正我也要取，你别存了，直接给我得了"一样，请自己体会吧。这样设计的原因是避免++和--做无用功。如果waiter.up不为1，则表明任务并不是因为有人解锁而被唤醒，那一定是其他原因，则跳回到for开头继续执行，判断是否是由于收到了信号而被唤醒，或者是否是由于timeout了才被唤醒，然后分别go out到相应的代码处执行。

提示 ▶▶

Semaphore由于锁变量和锁的管理过程代码都位于OS内核中，所以它可以支持多进程之间的锁，虽然每个进程无法直接以访存的方式来访问锁，但是它们可以通过系统调用各自进入内核来访问锁。相反，如果将锁变量放在用户空间，那么就只支持多线程之间的锁。有一种办法除外，那就是利用共享内存方式，让多个进程都可以看到同一份数据，则也可以实现用户空间的锁，下文会有介绍。

然而，在现代操作系统中，Semaphore加解锁函数如果位于内核态中的话，内核就得暴露对应的系统调用接口给用户程序，用于创建、加锁、解锁、销毁、查询信号量。历史上有两套主流的用户态库，一套是System V库，另一套是POSIX库。glibc库中对这两个标准都实现了各自的用户态接口函数，然而由于这两个标准中对信号量的实现有细节差异，Linux操作系统在内核中提供了分别针对这两个标准的实现。

针对System V的信号量标准，内核源码位于/ipc/sem.c中，并暴露下面的系统调用接口：sys_semget(key_t key, int nsems, int semflg);　sys_semop(int semid, struct sembuf __user *sops, unsigned nsops);　semctl(int semid, int semnum, int cmd, union semun arg);　sys_semtimedop(int semid, struct sembuf __user *sops, unsigned nsops, const struct timespec __user *timeout)。Semget用于向内核申请创建一个信号量，semop则是对该信号量的各种操作比如加锁解锁等，semcrl用于查询等控制，semtimedop则是带有超时机制的加解锁操作，可以保证一旦超过时间则解除阻塞，防止死锁的发生。利用这套系统调用接口，glibc中封装出了semctl()、semget()、semop()用户态接口。

针对POSIX标准的信号量，内核源码位于/kernel/futex.c中，并暴露了单一的sys_futex()系统调用接口。利用sys_futex接口，glibc中封装出了sem_init()、sem_open()、sem_destory()、sem_post()、sem_wait()、sem_timedwait()、sem_trywait()、sem_getvalue()等用户态接口函数。sem_post()为解锁函数，sem_wait()为抢锁函数，其他请自行了解。下文中会介绍Futex。

此外，Linux还在内核中实现了另一套私有的信号量实现，源码位于/kernel/semaphore.c中，其中的函数就是在上文中的图10-117中的那些函数，这些函数只能供内核模块调用，比如一些驱动程序和原生的内核态代码，并没有暴露任何系统调用接口。如图10-118所示总结了上述复杂场景。

信号量使用起来有一个特点：并非只有加锁的那个线程才能解锁，有可能线程A加了锁，而线程B给解了锁。也就是说，内核并不检查当前任务是否有权限解锁。正因如此，才能实现上面那个停车场场景。如果使用的是二值信号量，上述特性会引发一个潜在的问题，比如线程A加了锁，而线程B的代码里忘记了加锁，而直接尝试解锁，那么就会乱掉。此外，由于不做任何检查，一个线程如果接连加了两次锁，那么便会形成死锁，自己等自己解锁，而自己同时又是被阻塞地无法运行，这样其他任务也无法抢到锁。另外，如果加了锁的任务突然异常退出了，那么也会形成死锁，为了解决这一问题，可以实现一个超时机制，这也是sem_timedwait()函数的目的。

```c
int down_timeout(struct semaphore *sem, long jiffies)
{
    unsigned long flags;
    int result = 0;
    spin_lock_irqsave(&sem->lock, flags);
    if (likely(sem->count > 0))
        sem->count--;
    else result = __down_timeout(sem, jiffies);
    spin_unlock_irqrestore(&sem->lock, flags);
    return result;
}

void down(struct semaphore *sem)
{
    unsigned long flags;
    spin_lock_irqsave(&sem->lock, flags);
    if (likely(sem->count > 0))
        sem->count--;
    else __down(sem);
    spin_unlock_irqrestore(&sem->lock, flags);
}

void up(struct semaphore *sem)
{ unsigned long flags;
    spin_lock_irqsave(&sem->lock, flags);
    if (likely(list_empty(&sem->wait_list)))
        sem->count++;
    else __up(sem);
    spin_unlock_irqrestore(&sem->lock, flags); }
```

```c
static inline int __sched __down_common(struct semaphore *sem, long state,long timeout)
{
    struct task_struct *task = current;
    struct semaphore_waiter waiter;
    list_add_tail(&waiter.list, &sem->wait_list);
    waiter.task = task;
    waiter.up = 0;
    for (;;) { if (signal_pending_state(state, task))
            goto interrupted;
        if (timeout <= 0)
            goto timed_out;
        __set_task_state(task, state);
        spin_unlock_irq(&sem->lock);
        timeout = schedule_timeout(timeout);
        spin_lock_irq(&sem->lock);
        if (waiter.up)
            return 0;
    }
 timed_out:    list_del(&waiter.list);
        return -ETIME;
 interrupted: list_del(&waiter.list);
        return -EINTR;
}

struct semaphore {
    spinlock_t      lock;
    unsigned int    count;
    struct list_head  wait_list;
};

struct semaphore_waiter {
    struct list_head list;
    struct task_struct *task;
    int up;
};

static noinline void __sched __up(struct semaphore *sem)
{ struct semaphore_waiter *waiter = list_first_entry(&sem->wait_list, struct semaphore_waiter, list);
    list_del(&waiter->list);
    waiter->up = 1;
    wake_up_process(waiter->task);
}

static noinline void __sched __down(struct semaphore *sem)
{ __down_common(sem, TASK_UNINTERRUPTIBLE,
    MAX_SCHEDULE_TIMEOUT); }
```

```c
int down_interruptible(struct semaphore *sem)
{
    unsigned long flags;
    int result = 0;
    spin_lock_irqsave(&sem->lock, flags);
    if (likely(sem->count > 0))
        sem->count--;
    else
        result = __down_interruptible(sem);
    spin_unlock_irqrestore(&sem->lock, flags);
    return result;
}

int down_trylock(struct semaphore *sem)
{
    unsigned long flags;
    int count;
    spin_lock_irqsave(&sem->lock, flags);
    count = sem->count - 1;
    if (likely(count >= 0))
        sem->count = count;
    spin_unlock_irqrestore(&sem->lock, flags);
    return (count < 0);
}
```

图10-117 Linux 2.6.39.4内核中处理信号量的部分内核函数

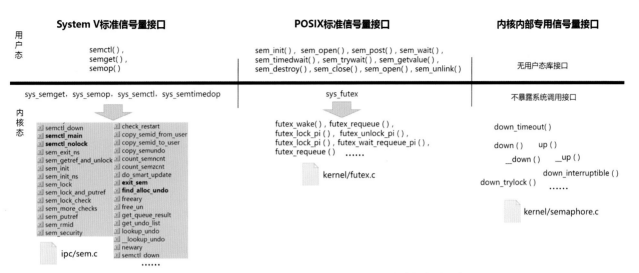

图10-118 Linux内部针对不同标准/场景下的三套独立的信号量实现

信号量的底层设计也并没有考虑这种情况：如果一个拥有更高运行优先级的任务正在等待一个被具有低运行优先级任务占有而未被释放的锁，同时系统中还有其他中等运行优先级的任务在运行。由于一些操作系统的调度器总是会优先调度具有更高优先级的任务运行，那么由于中等优先级任务的运行导致这个低优先级的任务可能会长期无法得到调度运行而有机会释放锁，从而阻碍高优先级的任务运行，最终表现为"中等优先级的任务反而比高优先级的任务具有更高的优先级"，最终影响系统的整体性能。这个现象被称为PI（Priority Inversion，优先级翻转），意即高优先级的任务被低优先级任务占有的锁而拖累，后者不被调度运行会导致前者也无法运行，于是前者仿佛被翻转成了低优先级。

针对上述问题，在1980年人们实现了一个改进的加锁方式，被称为互斥量（Mutex，Mutual Exclusion的缩写）。实际上，Mutual Exclusion的意思就是"互斥"，而互斥问题在计算机发展史上是1965年首次被详细描述的，Mutex只是针对互斥问题的一种实现方案。

10.3.4.2 互斥量（Mutex）

Mutex相比信号量的一个最大不同在于，Mutex可以（但不必须，可用参数控制）对解锁和加锁的人做检查，只允许加锁者来解锁，也就是每个锁变量有了各自的属主（Owner）而不再是共用的。同时也可以禁止任何任务接连两次对同一个锁变量加锁，从而避免自己把自己死锁的尴尬。此外，针对上述的优先级翻转问题，Mutex利用优先级继承Priority Inherit（PI）来解决，PI的思路是让持有锁的任务继承那些正在等待它释放锁的任务中优先级最高的那个优先级，这样它就可以得到调度从而后续将锁释放。

如图10-119所示为Linux 2.6.39.4内核中Mutex相关部分内核函数。不过，在Linux内核发展史上，从来没有将Mutex暴露为系统调用接口，它只在内核中实现了，只将函数暴露在了内核符号表中，这样可以供一些比如驱动程序在内的内核态模块来使用。同时，Linux下的Mutex也并没有实现Priority Inherit。Linux从2.5.7版本内核开始使用了一种专门针对用户程序设计的新的锁方式——Futex，并暴露了系统调用接口，也实现了Priority Inherit，我们下文中再介绍。如图10-120所示为Linux对Mutex接口的两套不同的实现。

设备驱动程序代码中经常会出现与Semaphore和Mutex相关的内核函数的调用，当然驱动调用的都是内核函数。最常见的分别是down()和mutex_lock()，前者多用于计数信号量，后者多用于互斥锁，虽然也可以将Semaphore初始化为二值信号量，但是由于Mutex的设计比Semaphore在二值互斥方面更合理，应用更广泛。不过多数时候驱动程序处理事务的时候并不想被由于外部中断而让当前任务被调度出去，也不想由于拿不到锁而被强迫休眠，所以驱动程序多数时候会使用另一种方式来拿到锁——Spinlock，比如内核函数spin_lock_irq()。

10.3.4.3 自旋锁（Spinlock）

上文中介绍的Semaphore和Mutex，其基本思路都是将锁管理在OS内核中实现，并暴露系统调用接口给用户态程序，用户程序调用对应API进入内核内去创建锁、加锁、解锁、试锁等。除了带有try关键字的函数外，其他函数都是阻塞调用，比如用用户态的sem_wait()、内核态的mutex_lock()。程序调用了这些函数后，拿不到锁就不返回。

如果是从用户态调用了比如sem_wait()，其用户态的代码就被暂停，进入内核态代码运行，内核态代码负责拿锁，如果拿不到，则该任务会将自己放入等待队列中休眠。如果内核态程序调用了比如mutex_lock()，该函数下游负责拿锁，拿不到也会休眠。也就是说，由内核代码负责拿锁、睡眠、解锁等过程。

那么，是否可以用另一种方式来拿锁：拿不到就循环检测继续拿，拿到为止。这就像一堆人在哄抢少量资源时一样，当然，如果是冬瓜哥可能会有奇葩行为，那就是默默地离开，或许也有这种任务，试一次拿不到就不拿了，这完全取决于设计目标。或许，可以文明点儿，拿不到就稍微等一下，再拿。

具体而言，假设锁变量值为1表明已经被某个任务锁定，值为0表示没有任务锁定。如果某个线程进入内核态后，内核态代码读出锁变量欲对其加锁（将锁变量读出来然后减1），但却发现减1之后锁变量变为负值，证明已经有别人占有了锁。它应该怎么办？有以下三种办法。

（1）不停地重新读取它一直到它为0为止，然后对其带锁的+1。这种做法属于Spinlock（自旋锁），意即原地打转等待，也成为忙等。这种机制将会非常耗费CPU，因为它的实现方式基本就是while(1)循环，仅当抢到锁后才跳出循环，如果对方一直不解锁，那么其他等待锁的任务会全速空转执行，所以Spinlock的最适合场景是每个任务不会长时间占有锁的场景。Spinlock是一种拿锁方式，Semaphore和Mutex的底层实现中有些地方就用了这种方式，比如对队列加锁时。一定不要认为Spinlock是与Semaphore和Mutex并列的某种锁的具体实现形式。

（2）调用yield()类似函数，主动临时放弃执行（但依然处于RUNNING态而不要求被休眠）临时让给其他任务执行；这相当于你正在排队出闸口却发现刷了好几次卡刷不上，你临时让后面人先刷，然后自己择机插入冲刷出站。这种机制相对于Spinlock而言激进度降低了，它知道先退一步，然后再试。这样可以降低对CPU无谓的耗费。

（3）调用sleep类主动休眠函数将自己休眠一小段时间，被唤醒后继续尝试加锁；这相当于你刷不上卡就先主动退到一边等上比如5秒钟，然后再择机插入刷卡出站。这种机制相比Spinlock机制而言退让的力度更大了，会对程序响应的实时性造成一定影响，因为如果该线程睡眠到第3秒时，之前占有锁的线程释放了锁，那么该线程会空等两秒才被唤醒，然后才能拿到锁。

从图10-118和图10-119中的一些内核态函数的具体实现中可以看出，它们在加锁、解锁等时候都或多或少地调用了带有"spin"关键字的函数，这些函数就是在实现Spinlock，比如图10-118中的down()函数中对count值做修改之前，就需要调用spin_lock_irqsave(&sem->lock, flags)对sem->lock加锁后，才能去读写count值，而读写count值是为了对sem加锁。所以你应该可以更深刻地理解到，Spinlock只是一种拿到锁的方式，而并不是一种独特的锁形式。或者说，

Semaphore和Mutex是在基本的Spinlock抢锁方式之上，封装了抢不到就等待以及对应的唤醒等机制，以及Mutex增强的错误检查、优先级继承等特性，不过Mutex只支持二值互斥。

我们不妨看看如图10-121所示的mutex_lock()函数的底层实现原理。可以发现它在内核中先尝试采用带锁的原子指令decl来拿锁（这相当于Spinlock底层锁采用的方式，只不过Spinlock是拿不到循环继续拿），如果拿不到则调用__mutex_lock_slowpath()，其中调用了__mutex_lock_common()，后者会将当前任务休眠。

而如果是在内核态运行的模块，比如驱动程序，比如一些内核线程，这些代码可以直接使用原始的Spinlock相关的函数来实现忙等待加锁，可以辅助以preempt_disable()，甚至local_irq_disable()，来确保当前CPU核心全速循环检测锁变量最后拿到锁才休止。

由于Spinlock底层无非就是第6章中介绍过的带锁的访问指令，或者原子运算指令，而这些指令并非特权指令，是可以在用户态运行的。既然如此，为何不直接在用户态来Spinlcok呢？在用户态实现锁会避免每次尝试加解锁都去系统调用而导致的性能问题。

完全可以。glibc库提供了pthread_spin_xxxx()系列函数用于实现用户态的Spinlock。在glibc库中，pthread_spin_lock()函数用于对lock变量进行自旋抢锁操作，pthread_spin_unlock()则用来释放锁。pthread_spin_trylock()则是一个非阻塞调用，它先尝试加锁，但是如果失败则返回错误码，而并不去自旋。

Spinlock有一些副作用，比如拿到锁的任务如果一旦由于某些原因被调度切出了，那么其他任务就得等待更长时间，不仅如此，如果被切入的新任务需要等待被切出任务释放的锁，那么这个新切入的任务本次上台除了空转耗费CPU别无其他动作，纯属浪费。总之，如果拿到锁后仅做非常少的事情，比如向某个共向队列中加入一条信息，然后就解锁，那么Spinlock还是比较合适的。所以，在用户态实现Spinlock会导致严重性能问题，所以目前几乎没有应用。所以，原本是想避免系统调用导致的性能问题，现在却引发了另外的性能问题。

而内核态的Spinlock其底层会做一件用户态做不到的事情：关闭抢占，也就是内核态Spinlock的代码可以先调用preempt_disable()内核函数，该函数会导致即便是CPU收到了外部中断然后执行了schedule()调度器，后者依然会调度上一次被中断的那个任务而不会切到别的任务，这样就好像该任务一直在运行，其他任务永远得不到运行，除非打开抢占。这样，该任务加锁之后就不会被切出，可以迅速处理临界区数据，然后释放锁，避免了上文中提到过的让其他任务无谓等待的问题。有时候Spinlock甚至还会连CPU对中断的响应也一起临时关掉，释放锁之后再打开，来保证性能。

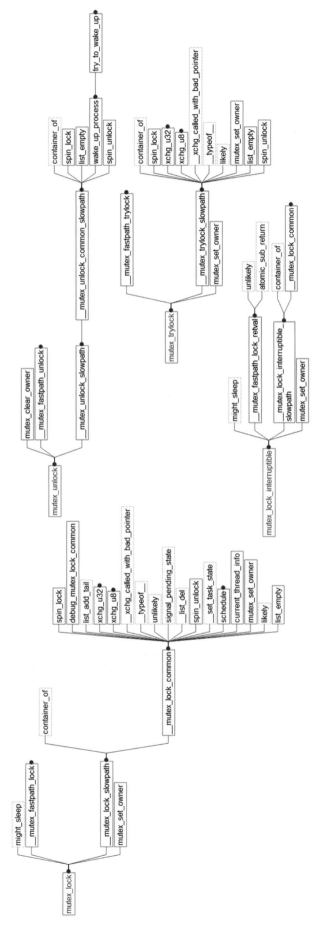

图10-119　Linux 2.6.39.4内核中Mutex相关部分内核函数

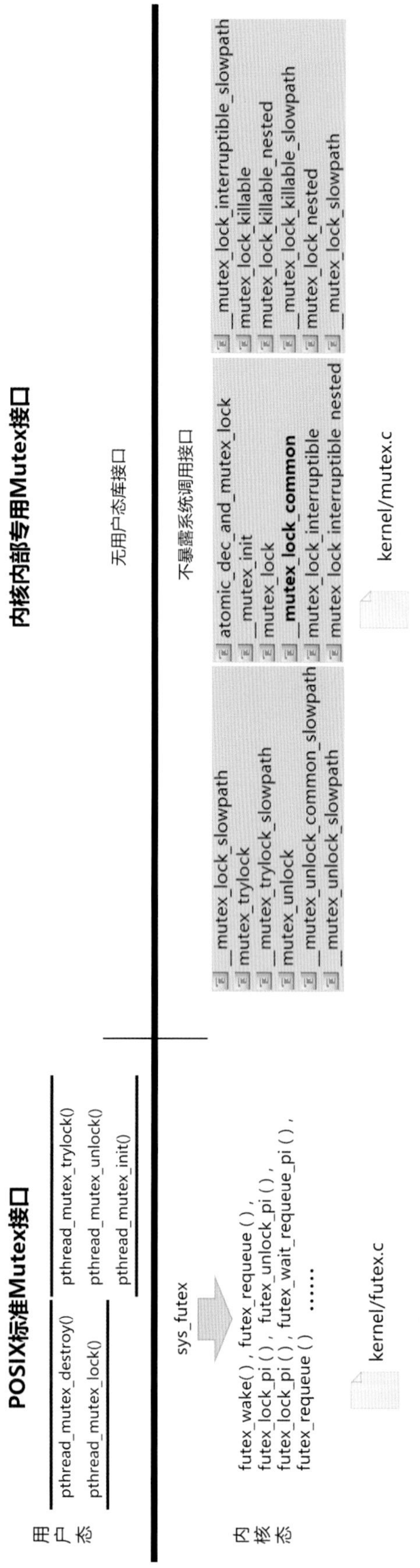

图10-120　Linux对Mutex接口的两套不同的实现

```
#define   mutex fastpath lock(v, fail fn)
do { unsigned long dummy;
    typecheck(atomic_t *, v);
    typecheck fn(void (*)(atomic_t *), fail fn);
    asm volatile(
        LOCK PREFIX "   decl (%%rdi)\n"
        "  jns 1f   \n"
        "  call " #fail fn "\n"
        "1:"
        : "=D" (dummy)
        : "D" (v)
        : "rax", "rsi", "rdx", "rcx",
          "r8", "r9", "r10", "r11", "memory");
} while (0)
```

图10-121　mutex_lock()函数具体实现原理

那么，难道在用户态就无法实现既迅速，又不至于太过影响性能的自旋锁了么？后来，人们设计出更好的用户态的互斥锁方式，也就是Fast User Mode Mutex（Futex，快速用户态互斥量），最终被广泛应用。

10.3.4.4　快速互斥量（Futex）

如果先让任务在用户态使用Spinlock方式抢锁，那些抢不到锁的任务通过系统调用通知内核将自己休眠，同时如果其他占有该锁的任务后续释放了该锁，则由内核负责在第一时间唤醒自己来继续抢锁。这种方式最为合理，不浪费CPU，也能保证及时地唤醒响应，但是依然需要执行系统调用，相比在用户态纯忙等模式而言响应速度会有些许降低，但是对CPU的耗费却大大降低了。相比Mutex和Semaphore，这两者都是在内核态初始化锁变量，用户程序必须执行系统调用进内核去拿锁，由于系统调用的开销较高，所以速度比较慢。

IBM公司的Rusty Russell于2002年按照上述思路设计了Futex锁管理方式。其向用户态提供了sys_futex系统调用：sys_futex(u32 __user *uaddr, int op, u32 val, struct timespec __user *utime, u32 __user *uaddr2, u32 val3)。值得一提的是，Futex支持多个进程之间的互斥锁，其内部使用mmap()方

式让多个进程之间共享同一块物理内存，然后将锁变量放置在这个区域中即可被多个进程同时访问。sys_futex()中的uaddr参数存放的是用于存放锁变量的任务虚拟内存地址，该地址中存放的就是锁变量。参数op用于存放系统调用的具体命令，这些命令会被内核中的do_futex()函数解析并判断调用哪个下游函数。如

图10-122所示为do_futex()函数实现以及其下游的调用链。

Futex中实现了优先级继承特性，函数名结尾带有"_PI"的函数就是这些特性的入口函数。Futex的更加底层的实现方式由于篇幅所限请大家自行到futex.c源文件中了解。

```
long do_futex(u32 __user *uaddr, int op, u32 val, ktime_t *timeout, u32 __user *uaddr2, u32 val2, u32 val3)
{
    int ret = -ENOSYS, cmd = op & FUTEX_CMD_MASK;
    unsigned int flags = 0;
    if (!(op & FUTEX_PRIVATE_FLAG))  flags |= FLAGS_SHARED;
    if (op & FUTEX_CLOCK_REALTIME) { flags |= FLAGS_CLOCKRT;
        if (cmd != FUTEX_WAIT_BITSET && cmd != FUTEX_WAIT_REQUEUE_PI)       return -ENOSYS;
    }
    switch (cmd) {
    case FUTEX_WAIT:               val3 = FUTEX_BITSET_MATCH_ANY;
    case FUTEX_WAIT_BITSET:        ret = futex_wait(uaddr, flags, val, timeout, val3); break;
    case FUTEX_WAKE:               val3 = FUTEX_BITSET_MATCH_ANY;
    case FUTEX_WAKE_BITSET:        ret = futex_wake(uaddr, flags, val, val3); break;
    case FUTEX_REQUEUE:            ret = futex_requeue(uaddr, flags, uaddr2, val, val2, NULL, 0); break;
    case FUTEX_CMP_REQUEUE:        ret = futex_requeue(uaddr, flags, uaddr2, val, val2, &val3, 0); break;
    case FUTEX_WAKE_OP:            ret = futex_wake_op(uaddr, flags, uaddr2, val, val2, val3); break;
    case FUTEX_LOCK_PI:            if (futex_cmpxchg_enabled) ret = futex_lock_pi(uaddr, flags, val, timeout, 0); break;
    case FUTEX_UNLOCK_PI:          if (futex_cmpxchg_enabled) ret = futex_unlock_pi(uaddr, flags);    break;
    case FUTEX_TRYLOCK_PI:         if (futex_cmpxchg_enabled)  ret = futex_lock_pi(uaddr, flags, 0, timeout, 1);    break;
    case FUTEX_WAIT_REQUEUE_PI:    val3 = FUTEX_BITSET_MATCH_ANY;
                                   ret = futex_wait_requeue_pi(uaddr, flags, val, timeout, val3,uaddr2); break;
    case FUTEX_CMP_REQUEUE_PI:     ret = futex_requeue(uaddr, flags, uaddr2, val, val2, &val3, 1); break;

default:
        ret = -ENOSYS;
    }
    return ret;
}
```

图10-122　do_futex()函数实现以及其下游的调用链示意图

由于任务之间先在用户态尝试加锁，所以锁变量要实现在用户态，Futex系统调用接口其实只负责那些抢不到锁的任务的善后工作，也就是让它们统统休眠，以及当任务解锁时利用Futex接口通知内核唤醒一个任务继续运行。所以用户态需要提供整个过程中上半部分的实现库。

在2002年同一年，glibc库发布的版本中就利用sys_futex接口封装出了包含pthread_mutex_init()、pthread_mutex_lock()、pthread_mutex_trylock()、pthread_mutex_unlock()、pthread_mutex_destroy()这几个函数的接口。其虽然以Mutex命名，但是底层是利用Futex实现的，可能是不想再向用户态暴露过多的不同名称的概念。请注意，这套Mutex库与Linux内核中mutex.c文件中实现的Mutex是完全两套东西，后者只能在内核态调用（功能上相当于一个具有Owner的二值互斥量）。至于glibc库中这些函数的具体实现有兴趣的读者可以自行了解。

前文中提到过正统的Mutex实现应当实现属主检查（没持有锁的任务尝试解锁）、重入检查（没解锁就再次加锁而导致死锁）特性，这两个特性被实现在了pthread_mutex库中。如图10-123所示，通过给出参数_ERRORCHECK_和_REVURSIVE_实现。另外，这套库还实现了一种Adaptive加锁特性，给出_ADAPTIVE_参数的话，当任务尝试加锁时，如果失败，会先Spinlock几次，再不行，才调用sys_futex()接口到内核执行休眠，如果不给出该参数，则只尝试一次，失败就到内核去休眠。后者的方式显然会产生潜在的性能问题，也就是说，如果一帮人在哄抢某个资源时，所有人如果都很文明礼让，此时反而会降低性能了。

Fast Mutex

```
pthread_mutex_t mutex;
… … …
… … …
… … …
pthread_mutex_init (&mutex, NULL);
```

Error Checking / Recursive / Adaptive Mutex

```
pthread_mutex_t mutex;
pthread_mutexattr_t attr;
pthread_mutexattr_init (&attr);
pthread_mutexattr_settype (&attr, PTHREAD_MUTEX_ERRORCHECK_NP);
pthread_mutex_init (&mutex, &attr);
```

RECURSIVE

ADAPTIVE

图10-123　glibc中的fast/error-checking/recursive/adaptive类型的Mutex参数一览

图10-124中列出了部分glibc中pthread相关的用户态库函数供总结参考。由于Futex的实现比较合理和全面，所以在glibc库中的POSIX标准下的信号量、互斥量底层都通过sys_futex调用内核中的Futex来实现。图中的pthread_cond_xxx()函数也是通过Futex实现的。

Thread call	Description
pthread_create()	创建线程
pthread_exit()	退出当前线程
pthread_join()	阻塞等待其他线程退出，类似于wait( )
pthread_spin_lock()	创建并抢占一个自旋锁
pthread_spin_unlock()	释放自旋锁
pthread_spin_trylock()	试探自旋锁
pthread_spin_destroy()	销毁自旋锁
pthread_mutex_init()	初始化互斥量
pthread_mutex_destroy()	销毁互斥量
pthread_mutex_lock()	抢占加锁该互斥量
pthread_mutex_trylock()	试探该互斥量
pthread_mutex_unlock()	释放解锁该互斥量
pthread_cond_init()	创建条件量
pthread_cond_destroy()	销毁条件量
pthread_cond_wait()	等待条件量
pthread_cond_signal()	唤醒等待该条件的一个任务

图10-124　glibc提供的线程管理相关部分函数一览

10.3.4.5　条件量（Condition）

抢不到锁就休眠，锁可用了就被唤醒，这是Semaphore和Mutex/Futex的逻辑。那么很自然想到另一种逻辑：某个条件达不成就休眠，一旦达成了就被唤醒。这就是条件量。假设有某个值x，有两个线程在独立地对x做变更，并要求，只要x的值大于100，则用第三个线程在屏幕上输出"WARRNING！"并将x清零，这三个线程持续运行。

就这个场景，我们大致可以思考出一个模型：前两个线程通过加锁进入临界区，改变x，确保x同一时刻只能由其中一个线程变更；同时，第三个线程也通过加锁，不停地检测x的值，大于100就报警。假设多数时候x的值并不大于100，那么线程3不断地循环检测x就是无谓的消耗，影响性能，所以在线程3中插入主动睡眠的sleep()函数，每隔一段时间检测一次x。如图10-125左侧所示。

图中左侧的实现，看上去没有什么问题。但是如果要求每次x的值大于100都必须被记录下来，不能漏掉任何一个，那么左边的实现就有问题了，因为线程1和2在改变x的时候并不会顺便判断x的值并通知线程3，只能靠线程3随机地加锁并检测x的值，一旦线程3没抢到锁，那么就会漏掉对x的判断，从而漏掉记录，更不用说线程3还需要时不时sleep一下了，会漏掉更多。

为此，我们改用图中间的逻辑，现在，线程1/2主动判断x，每发现大于100，则通知内核唤醒线程3。线程3被唤醒后尝试对x加锁，成功后便跳回while开

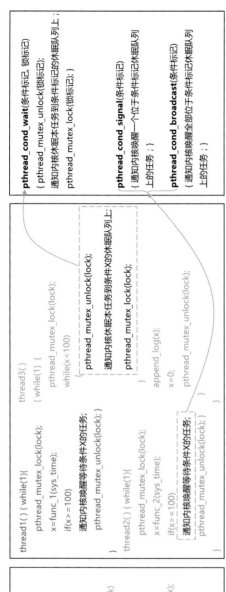

图10-125 条件量的实现原理

头继续判断x是否小于100，如果不是则跳出循环执行appen_log()将x值记录到log中，然后对x清零并解锁。如果x值小于100，则解锁x，然后将自己休眠到一个名为X的当代队列中睡眠。线程3的解锁会导致线程1和2之一抢锁成功，然后继续变更x，然后唤醒线程3。线程3唤醒后会继续对x加锁并判断x是否小于100，循环上述步骤。如果把方框中的代码封装实现成函数的话，就对应着glibc中的pthread_cond_wait()和pthread_cond_signal/broadcast()函数，函数的参数之一是条件标记，该标记实际上是一个结构体，其中包含用于控制上述这套条件触发睡眠、唤醒所需的一些关键参数，其又被称为条件变量，或者条件量。

但是由于唤醒目标任务是一个异步过程，也就是仅仅是将其状态置为TASK_RUNNING然后加入运行队列，但是什么时候这个任务运行起来，却是完全不可控也不可知的。所以，仔细观察该代码会发现，线程1/2唤醒线程3之后，线程1/2自身会将x解锁，然后跳转到循环头部继续尝试对x加锁，而线程3运行起来之后第一个动作也是尝试对x加锁，谁最终抢到锁是不可预知的，如果是线程1/2拿到锁，那么线程3拿不到锁会被再次休眠，但是休眠在内核中与lock对应的等待队列上，而不是与条件量对接的等待队列上。那么，线程1/2再次改变了x，尝试唤醒线程3时却发现与条件量对接的等待队列上为空，则本次不唤醒任何任务，继续运行，那么本次的x值就会被漏记录。

这种情况被称为竞争（Race Condition）。竞争会导致程序运行结果不可知而失去控制最后出错。如果要让线程3不漏下任何一个复合条件的x，可以改为如图10-126所示的做法，再加一个条件量，用这个条件量来实现只有当线程3记录完x之后，线程1/2才能继续运行，也就是让线程1/2唤醒线程3后，自己睡眠，让醒来的线程做完事之后再去唤醒线程1/2。

上述只给出了伪代码，以及部分与条件量相关的函数，实际上使用条件量时还需要做一些初始化工作等，篇幅所限不多介绍了。另外，上述代码本身其实也是没有实用价值的，非常低效，仅为了说明条件变量的使用方式。本例中，线程1/2必须等待线程3执行到某个点之后才能运行，这种依赖关系，被称为任务之间的同步（Synchronization）。

10.3.4.6　完成量（Completion）

早期的Linux中由于没有对Semaphore本身加锁（前文中介绍过的struct semaphore结构体中第一个成员就是lock，但早期并没有它），可能会有多个任务同时down或者up信号量而导致问题，考虑到当时Semaphore已经被广泛应用，加上实现信号量的锁的话要考虑很多不同CPU架构，所以干脆新开发了一套带锁的类似信号量的实现，起名为Completion（完成量），只用在内核态内部，不对外提供系统调用接口。

之所以取名完成量是因为其更加适合用在多个任务之间等待条件睡眠和条件达成后的唤醒，比如硬盘I/O结束之后，利用完成量方式来唤醒需要本次I/O数据的那些任务。与信号量一样，完成量也是一个结构体，struct completion { unsigned int done; wait_queue_head_t wait; }，其包含一个done变量用于计数，以及一个附属的等待队列表头（已经在10.3.2节中介绍过）。使用完成量之前，先对其初始化，比如static inline

```
thread1( ) { while(1){              thread2( ) { while(1){              thread3( )  { while(1)  {
    pthread_mutex_lock(lock);           pthread_mutex_lock(lock);            pthread_mutex_lock(lock);
    x=func_1(sys_time);                 x=func_2(sys_time);                  if(x<100)
    if(x>=100)                          if(x>=100)                             pthread_cond_wait(X,lock);
    pthread_cond_signal(X);             pthread_cond_signal(X);              append_log(x);
    pthread_cond_wait(Z);               pthread_cond_wait(Z);                pthread_mutex_unlock(lock);
    pthread_mutex_unlock(lock); }       pthread_mutex_unlock(lock); }        pthread_cond_signal(Z)
}                                   }                                    } }
```

图10-126　用两个条件量来实现严格同步

void init_completion(struct completion *x)　{ x->done = 0; init_waitqueue_head(&x->wait); }。

void __sched wait_for_completion(struct completion *x) ;

unsigned long __sched wait_for_completion_timeout(struct completion *x, unsigned long timeout) ;

int __sched wait_for_completion_interruptible(struct completion *x) ;

long __sched wait_for_completion_interruptible_timeout(struct completion *x, unsigned long timeout) ;

int __sched wait_for_completion_killable(struct completion *x) ;

long __sched wait_for_completion_killable_timeout(struct completion *x, unsigned long timeout) ;

那些需要等待条件的任务调用上述函数之后，会尝试将done变量减1，如果已经是0，则进入睡眠，将自己加入对应的等待队列。而其他任务完成了某个工作时，将对应队列头的completion结构体中的done变量加1，然后唤醒队列中的任务。有下列不同功能的唤醒函数，从名字就可以看出它们的区别，是唤醒一个还是全部，因为可能有多个任务在等待同一个条件。

extern void complete(struct completion *);
extern void complete_all(struct completion *);

诸多外部设备驱动程序采用了完成量方式来同步。

10.3.4.7　读写锁（RWlock）和RCU锁

如果某个任务对某个资源加锁，仅仅是为了读取该资源，同时，其他任务有些也只想读取而不是写入该资源的话，那么对其独占加锁就没什么道理。最理想的方式是，对该资源加一个"读锁"，也就是允许其他人读对应的资源，不允许写。当然，利用锁来形成互斥的方法，都是防君子而防不了小人，也就是说，那些想要写入资源的任务必须先尝试加锁并声明"我要写"，但是会被休眠，因为该资源目前正在读锁的保护下；但是如果有任务加锁时声明"我只读"，那么它就可以被通过。

在实际的实现中，会考虑更多的优化，比如一旦某个任务要加写锁而失败，则后续如果有更多的任务即便是想加读锁，也会被禁止，因为此时已经有人想要写该资源而不得不阻塞，那就不要让这个写操作等

待的更久，所以拒绝其他任务继续访问，等当前任务把读锁也去之后，再来唤醒写者，避免该写者被饿着。如果某个资源正在一个写锁的保护下，那么其他任务不管是尝试再加读锁还是写锁，都不能成功。

这套读写锁机制，底层依然可以使用内核提供的Futex来完成。glibc中提供了如下相关的接口函数。

int pthread_rwlock_init(pthread_rwlock_t *restrict rwlock, const pthread_rwlockattr_t *restrict attr);

int pthread_rwlock_destroy(pthread_rwlock_t *rwlock);

int pthread_rwlock_rdlock(pthread_rwlock_t *rwlock);

int pthread_rwlock_wrlock(pthread_rwlock_t *rwlock);

int pthread_rwlock_unlock(pthread_rwlock_t *rwlock);

int pthread_rwlock_tryrdlock(pthread_rwlock_t *rwlock);

int pthread_rwlock_trywrlock(pthread_rwlock_t *rwlock);

int pthread_rwlock_timedrdlock(pthread_rwlock_t *restrict rwlock, const struct timespec *restrict abs_timeout);

int pthread_rwlock_timedwrlock(pthread_rwlock_t *restrict rwlock, const struct timespec *restrict abs_timeout);

可以看出，在读写锁场景下，只要资源被加了写锁，那么其他任务就无法访问该资源，这在有些时候过于严苛了，有一些场景下并不要求这种严格的一致性。RCU（Read Copy Update）实现了这样一种宽松的逻辑：允许读写同时进行，但是共享资源被改变之后，该资源的旧值不能被删掉，那些在该资源被变更之前拿到读锁的任务依然会读到旧值，而那些在资源变更之后拿到读锁的任务则会读到新值。

还有一类Sequence Lock，篇幅所限不多描述，相关细节请读者自行了解。最后提一下，凡是非自旋锁，意味着抢不到锁就会休眠，同时也就意味着解锁时必然伴随着唤醒其他任务的动作，也就是说，只要是可休眠的锁，其解锁函数下游必定会调用try_to_wake_up()函数。

10.4　任务调度基本框架

任务调度，简单地说，就是内核执行schedule()函数，该函数从系统内所有任务中挑出一个合适的任务然后switch_to到那个任务运行。这个过程的核心之处在于三个方面。第一是什么时候会发生任务切换（调

度），都有哪些因素触发任务切换；第二是如何将系统中的所有任务的信息描述、组织起来，以供schedule()函数去顺藤摸瓜按图索骥，也就是需要有一套合理、灵活的数据结构，或者通俗点儿说，填一堆追踪表，表里需要追踪比如某个任务的运行状态、运行了多长时间了等大量的信息；第三是schedule()内部的算法，如何做到更加有效、公平地调度各种类型的任务，使得CPU利用率得到最大化。这三个方面是本节的思路导向。

10.4.1　任务的调度时机

所谓"调度"，在OS内核领域有两层意思，第一层意思是当前任务被阻塞/休眠/睡眠了，切换到另一个任务运行，那么人们常说当前任务被调度了；第二层意思是说schedule()函数下游的pick_next_task()函数下游的各种调度算法从当前未阻塞的任务中选一个出来运行的过程。当然，结果也有可能是依然运行之前被打断的任务。

程序在运行时可以主动要求让出CPU，自己不想运行了，休息一会儿。难道给你CPU用你还不想要了？举个最简单的例子，shell程序运行时输出的命令行闪烁的光标，假设设计为每秒闪烁一次，那么，程序需要设置一个定时器（通过sys_timer_settime()系统调用）并给出定时时间，内核会调用时钟硬件底层驱动将对应的值写入后者的寄存器，后者自动计时并在计时到达时发出中断。那么程序设置完这个定时器之后，应该怎么办呢？对于shell程序来讲它什么都不能干，必须暂停执行（通过sys_pause()系统调用），等待定时器中断发出后，再继续执行，也就是向屏幕上相同位置再输出一个光标字符（或者输出一个空格字符从而灭掉光标）。整个程序类似这种逻辑：while(1){读键盘码并输出；print光标；设置1秒定时；休眠；print空格；设置1秒定时；休眠；}。如果去掉定时和休眠的话，那么光标会以CPU的最高运行速度全速处理导致不断的频闪，由于视觉暂留可能永远停止在屏幕上，不闪了。

那么，程序休眠期间，CPU都在干什么呢？本书前面章节中提到过，CPU只要还在加电工作，就必须做点儿什么，也就是必须运行某个任务，哪怕是idle任务。所以，某个程序在通知内核休眠自己之后，内核一定要调用schedule()切换到其他任务执行。

如图10-127所示，程序可以主动要求内核把自己休眠，也可以由于执行了一些

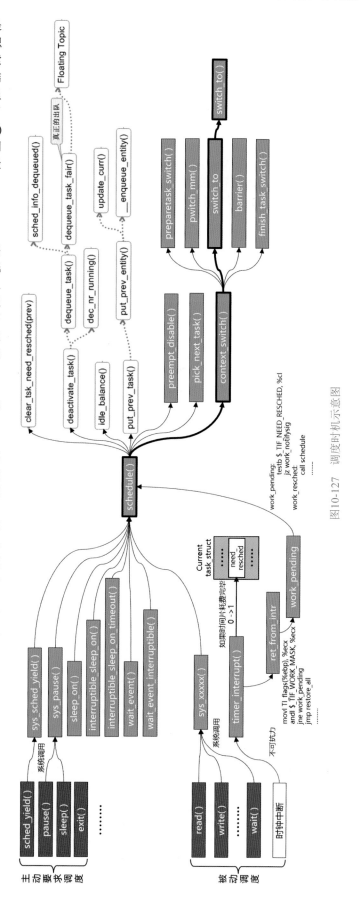

图10-127　调度时机示意图

不得不把自己休眠的系统调用而被动休眠，它们最终都会走到schedule()这个入口。也有可能突然接收到外部中断，比如典型的时钟中断，在中断处理程序流程中，timer_interrupt()函数下游调用链中会计算当前被中断的任务已经运行了多长时间，是否已经超出为它分配的时间片，如果超出了，就将本任务thread_info->flags字段中的need_resched位置1，当中断执行到ret_from_intr宏的时候，会检测任务thread_info中对应标记看看是否有未完成工作，如果是，则跳转到work_pending标记处运行，后者判断是否是由于need_resched标记被设置而导致有未完成工作，如果是，则跳转到call schedule()函数直接切换任务；如果不是，则一定是由于有信号待处理，则跳转到work_notifysig标记处运行。

当然，还有更多因素会触发将need_resched位置位，比如中断期间唤醒了某个更高优先级的任务，则需要将当前任务的need_resched位置1。这里可能有个疑问，为什么中断期间如果发现有必要切到其他任务运行的话，却不直接调用schedule()切到目标任务，而是要先给当前任务贴个need_resched标签呢？主要是两个原因：第一是用这种方式可以统一风格，有时候中断服务程序还有其他工作要做，想都做完了最后再统一切换，所以先设置一个标签登记一下。第二是Linux内核源码在被编译时有些不同的控制参数，有些参数可能会将内核编译成不允许在任务的内核态执行时发生中断后强制切换到其他任务，也就是不允许内核态抢占，那么此时就只能先设置need_resched，后续再说。当然，如果内核被编译为允许内核态抢占，那么也完全可以不检查need_resched是否为1，直接调用schedule()，但是这样就会显得比较乱，不按常理出牌，代码风格鲁莽，优雅的方式是发现需要切换，则先设置need_resched位，然后再检测need_resched位，如果为1，则再决定调用schedule()。

10.4.2 用户态和内核态抢占

针对众多的用户态任务，内核可以采取两种大方向来决定如何在这些任务之间切换。一种是不可抢占（None Preemptable）模式，也就是说，只要用户任务不主动调用诸如sleep或者pause类的函数通知内核将自己休眠的话，即便是外部时钟到来中断了用户任务的运行，中断返回之后内核仍然返回到中断之前的那个用户任务继续运行，而不能强行切换到其他任务。这种模式目前已经几乎淘汰，因为这样做太不安全，会导致单个户任务长期霸占CPU。当然，在一些定制化的专用封闭系统里，这样做反倒是有更多的可控性。

目前开放式系统中普遍采用抢占式（Preemptable）模式，内核会记录每个用户任务运行的时间，每次时钟中断时检查如果超时则下次不再运行该任务，切换到另外的任务运行，当然如果没有其他任务了则还会调度该任务继续执行，除非该任务主动休眠，则调度idle任务运行。即便内核发现某个用户任务并没有用完时间片，也可以选择在中断返回后不再运行该任务而切到其他任务，这就是强行抢占了。

具体场景比如当某个任务决定唤醒某个等待队列上的其他任务，结果发现被唤醒的任务的优先级比当前任务更高，那么就可以设置当前任务的need_resched标记，让当前任务返回用户态前夕被切出去，从而让高优先级的任务有机会得到运行。如图10-128所示为唤醒过程中必经之路try_to_wake_up()函数下游情况，可以看到最右边的set_tsk_need_resched()被调用。

抢占模式又细分为两种子模式。假设任务A正运行在用户态，突然发生了外部中断或者A执行了系统调用，进入中断服务程序或者系统调用程序执行，中断或者系统调用返回时，如果必须返回到A而不能切换到其他任务执行，此时就是上文中提到过几乎没有开放式OS使用的不可抢占模式，或者说用户态和内核态都不可抢占模式；如果允许不必须返回A运行而且可以切换到B运行，就是可抢占模式（但是内核态不一定可抢占，见下文）。

假设任务A正在内核态执行，突然来了外部中断，进入中断服务程序执行，中断执行完毕之后，

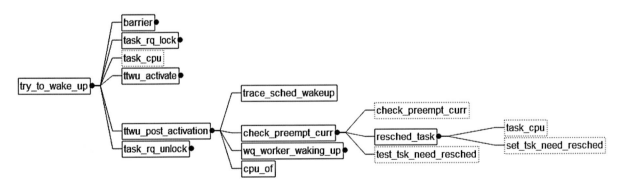

图10-128   唤醒新任务后检查是否要抢占当前任务

如果必须返回到任务A的内核态继续执行，则被称为**内核不可抢占模式**；如果允许不返回到A，而是去执行schedule()，由后者决定下一个执行谁，此时A就有可能被切出转为运行B，这个场景被称为**内核可抢占模式**。

提示▶▶

注意一点，假设任务A运行在用户态时发生了系统调用进入了内核态执行，调用执行完毕后进入syscall_exit打算返回到用户态前夕，此时依然处于内核态，但是此时如果syscall_exit发现当前任务need_resched位被设置，从而执行schedule()切换到其他任务，这个过程并不属于内核态抢占，而属于用户态抢占。如果在系统调用期间发现由于外部设备I/O执行时间过长而需要主动阻塞当前任务，而去调用schedule()，这也算是"在内核运行时被切换到了其他任务"，但是却不算内核态抢占，因为这是任务主动要求切换的，并不是因为有其他任务和它争抢而被迫让出CPU的。也就是说，所谓"内核可否抢占"是指任务由于被中断或者执行系统调用而运行在内核态时且尚未执行到ret_from_intr/syscall_exit时由于自身或者外部阻塞原因、而非被其他任务虎视眈眈而被迫让出CPU的过程。

不管是用户态抢占还是内核态抢占，当前任务到底是否需要被切出？这个答案被保存在当前任务thread_info -> flags字段中的need_resched位上，为1则表示需要被切出，为0则表示不需要切出。这个位是被谁设置的？比如上文中所述，如果当前任务尝试唤醒了某个队列中的任务，结果try_to_wake_up()函数发现目标任务优先级比当前任务高，则把自己设置为need_resched；再者，可能并不是当前任务自己把自己设置成need_resched的，而是比如在中断服务程序执行期间，发现符合了某个条件，比如当前任务到达了运行时间片，则设置为need_resched。

那么，是哪段代码负责检查need_resched然后决定是否调用schedule()切出当前任务的呢？当系统调用、外部中断、异常等过程执行完之后，分别会执行一段收尾的汇编代码，分别为：syscall_exit、ret_from_intr和ret_from_exception，就是在这些代码中决定是走到schedule()还是走到restore_all宏的。下文详述。

如图10-129所示为三种抢占模式示意图。这里要深刻理解一点，抢占都发生在内核态运行的时候，不可能发生在用户态代码运行时，因为只有轮到内核运行时才会发生抢占，此时一定要么用户态主动系统调用进入了内核，要么外部中断导致内核代码的运行。schedule()尾部会调用到__switch_to宏，新任务总是从新任务的__switch_to下游的switch_to()函数开始返回，然后返回到schedule()外面，当初谁

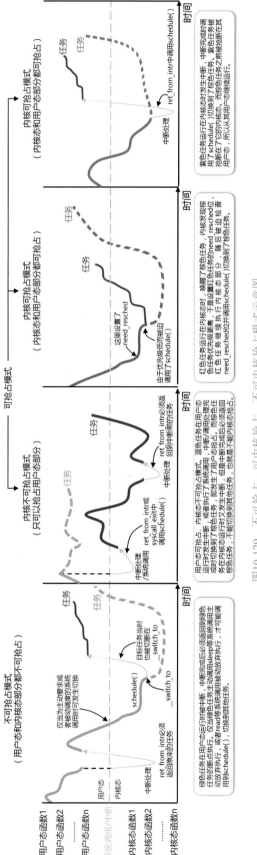

图10-129 不可抢占、可内核抢占、不可内核抢占模式示意图

调用的schedule()，就返回到谁。如果是由于外部中断导致调用了schedule()，那一定是在ret_from_intr宏过程中调用的，那就返回ret_from_intr宏里调用schedule()返回之后的下一句代码（如图左数第2/4个场景所示）；如果是在旧任务内核态执行时主动调用了schedule()，则依然返回到旧任务的内核态断点继续执行（如图中左数第3个场景所示）。关于ret_from_intr的详细代码流程会在下文中介绍。

提示▶▶▶

Linux内核提供了下面的宏来供代码查询当前状态是从用户态系统调用或者中断之后的状态，还是从某个任务的内核态再次中断之后的状态。其原理就是判断当前的pr_regs指针指向的栈帧底部保存的寄存器中的CS字段的RPL是否为3从而得出结论。

```
static inline int user_mode(struct pt_regs *regs) { #ifdef CONFIG_X86_32 return (regs->cs & SEGMENT_RPL_MASK) == USER_RPL; #else return !!(regs->cs & 3); #endif }
```

Linux内核从诞生起就是抢占式内核，然而从2.5.4版本才开始支持内核抢占模式。需要注意的是，禁止抢占并不是禁止响应外部中断，虽然后者会实现更彻底的无打断效果，但是会降低对外部设备的响应能力。禁止抢占后，即使有外部中断到来，中断完成后依然会返回之前的任务，就像没被打断一样继续执行。

need_resched位被设置仅仅是导致当前任务可以被抢占的必要条件之一。上文中提到过，在内核态抢占当前任务还需要一些特殊条件，只有同时符合need_resched==1以及这些特殊条件，任务才能被抢占在内核态。那就势必要有一个用来记录这些条件是否满足的地方，这就是与need_resched标记作伴的同样位于任务thread_info结构体中的preempt_count字段（长度32位），如图10-130所示。**只要preempt_count这32位的值总体上不为0，就不能抢占，为0则可以抢占；或者说，preempt_count内部任何一个子字段不为0，就不能抢占。**在ret_from_intr/ret_from_exception宏中会判断当前正在返回到用户态还是内核态，如果是返回到内核态，会先判断preempt_count，如果不为0，则直接走到restore_all返回当前任务继续执行，不进行调度；如果preempt_count为0，则再去判断need_resched是否为1，为1则调度，不为1则走到restore_all返回当前任务。

先不必纠结于图10-130中每个字段的含义，下面先来看看一个任务在内核态运行期间可被抢占的条件。

（1）不持有任何自旋锁/自旋锁都被释放了。如果被中断的任务尚持有任何自旋锁，则不可抢占，因为前文中也说过，自旋锁是多个任务处于不停的哄抢中，如果其中一个任务抢到了锁，其他任务依然在哄抢中，唯有该任务很快释放自旋锁，其他任务才能抢到。如果该持有自旋锁的任务被抢占，此时即便是其他任务运行了起来，也是原地空转，浪费CPU性能。所以此时不可抢占，中断返回后需要继续运行中断之前的任务，合情合理。另外，如果是某个高优先级的任务拿不到Spinlock，那么如果内核的任务调度模块的策略是总是运行高优先级任务，则会形成死锁。那么，如何判断当前任务是否持有自旋锁？实际上，每当内核代码调用spin_lock类函数时，该函数内部都会先调用preempt_disable()然后再去尝试变更锁变量，如下面的代码所示。

```
static inline void __raw_spin_lock(raw_spinlock_t *lock) { preempt_disable(); spin_acquire(&lock->dep_map, 0, 0, _RET_IP_); LOCK_CONTENDED(lock, do_raw_spin_trylock, do_raw_spin_lock); }
#define preempt_disable() \ do { \ inc_preempt_count(); \ barrier(); \ } while (0)
#define inc_preempt_count() add_preempt_count(1)
# define add_preempt_count(val) do { preempt_count() += (val); } while (0)
#define preempt_count() (current_thread_info()->preempt_count)
static inline struct thread_info *current_thread_info(void) { return (struct thread_info *) (current_stack_pointer & ~(THREAD_SIZE - 1)); }
```

该函数其实会将当前任务的thread_info中的preempt_count中的PREEMPT_MASK字段的值+1，让其不为0，这样就禁止了抢占，此时即便发生外部中断，在ret_from_intr时会判断preempt_count是否为0来决定是否调度。当调用了spin_unlock类函数解锁时，函数下游会调用preempt_enable()，该函数会将PREEMPT_MASK字段的值-1，但是减1之后不一定为0，因为任务可能同时拿到了多个自旋锁，直到所有自旋锁都解锁后，PREEMPT_MASK字段才为0，但是此时也并不意味着可以抢占，因为preempt_count中的其他字段可能不为0。

保留	PREEMPT_ACTIVE	NMI_MASK	HARDIRQ_MASK	SOFTIRQ_MASK	PREEMPT_MASK
31　22	21	20	19　16	15　8	7　0

图10-130　thread_info中的preempt_count字段

提示 ▶▶▶

preempt_count的初始值为全0。preempt_disable和preempt_enable必须配套使用，先disable，后enable。这样preempt_count的值永远不会小于0，否则就是bug。

（2）没有处于抢锁过程中。比如某任务尝试调用mutex_lock()函数准备加锁，在没有拿到锁之前被抢占了，这个抢占点其实是不合时宜的，因为任务要拿到锁进临界区，是否拿得到再说，但是如果还没等尝试去拿锁就发生了抢占，会影响任务执行的效率。所以至少要让任务去尝试拿锁，如果拿不到再被抢占也不晚。所以，拿锁之前先禁止抢占，然后再使能，是合理的做法。mutex_lock()函数的实现如图10-131所示，它首先尝试快速路径，也就是采用Spinlock底层所使用的原子操作尝试加锁，但与Spinlock自旋不同的是，一旦加锁失败，则转到慢速路径，也就是拿不到锁就休眠。在慢速路径中可以看到先调用了preempt_disable()函数，导致preempt_count被+1，禁止了抢占，然后尝试再次拿锁，拿不到则调用preempt_enable_no_resched()函数使能抢占，然后schedule()将自己切出去；如果拿到了锁，则从等待队列中删掉自己，然后使能抢占。

与Spinlock不同，持有Mutex的任务只是在尝试拿Mutex锁过程中禁止抢占，而拿到或者拿不到锁后，都使能抢占。由于抢不到Mutex的任务会休眠，所以即便是Mutex持有者未释放锁之前被抢占了，其他任务运行尝试拿锁拿不到就会休眠，持有锁的任务就会有更高概率被调度重新运行，释放锁时会唤醒对应Mutex锁等待队列中的任务起来执行。这个过程并不会影响性能。

（3）所有中断处理已经执行完毕。如果当前正处于中断上下文，正在处理中断，则不能被抢占，因为中断处理要求迅速响应完毕，如果这期间被打断，对外部I/O的响应将会极大降速，有时甚至会导致外部硬件缓冲区溢出。外部中断到来时，CPU会自动先关闭自己对中断的响应，然后调用irq_entries_start > do_IRQ () > irq_enter()，其会执行add_preempt_count()将preempt_count字段中的HRADIRQ_MASK字段加1，也就是把preempt_count的第16位+1，不管preempt_count其他字段是否为0，反正preempt_count整体不为0，此时就禁止了抢占。irq_enter()返回do_IRQ ()，后者接着调用对应的中断服务程序把那些能够快速解决的事情先干了，执行完毕后，调用irq_exit()，后者会调用sub_preempt_count()函数再将HRADIRQ_MASK字段减1。上述这个过程被称为**硬中断处理过程**，或者说**中断的上半部**。

由于中断处理过程可能比较长，有一些事情处理起来耗费很长时间，而长时间禁止中断会导致问题，所以irq_exit()中会接着调用invoke_softirq()来处理后续的长尾事务。softirq俗称软中断，或者说中断的下半部，其并非指"用软件来中断"（比如int/sysenter指令），它只表示硬中断处理的后半部分。invoke_softirq() > __do_softirq()先把SOFTIRQ_MASK字段+1，禁止抢占（此时尚未打开外部中断响应），然后调用local_irq_enable()打开外部硬中断响应，此时可以继续响应其他中断。如果一些老的硬中断服务程序擅自打开了中断响应，则可能会形成中断嵌套，由于上一个硬中断还没结束，HARDIRQ_MASK字段还没有清零，本次的新中断会再次向其中+1，这就是为何HARDIRQ_MASK字段有多位的原因。至于softirq的详细过程以及其与preempt_count的关系，详见本章后面的中断处理一节。

```
void __sched mutex_lock(struct mutex *lock)
{
    might_sleep();
    __mutex_fastpath_lock(&lock->count, __mutex_lock_slowpath);
    mutex_set_owner(lock);
}


#define __mutex_fastpath_lock(v, fail_fn)
do {
    unsigned long dummy;
    typecheck(atomic_t *, v);
    typecheck_fn(void (*)(atomic_t *), fail_fn);
    asm volatile(
        LOCK_PREFIX "   decl (%%rdi)\n"
        "   jns 1f   \n"
        "   call " #fail_fn "\n"
        "1:"
        : "=D" (dummy)
        : "D" (v)
        : "rax", "rsi", "rdx", "rcx",
          "r8", "r9", "r10", "r11", "memory");
} while (0)
```

```
__mutex_lock_slowpath(atomic_t *lock_count)
{
    struct mutex *lock = container_of(lock_count, struct mutex, count);
    __mutex_lock_common(lock, TASK_UNINTERRUPTIBLE, 0, _RET_IP_);
}

static inline int __sched __mutex_lock_common(struct mutex *lock, long state,
    unsigned int subclass, unsigned long ip)
{
                    struct task_struct *task = current;
                    struct mutex_waiter waiter;
                    unsigned long flags;
                    preempt_disable();
                    mutex_acquire(&lock->dep_map, subclass, 0, ip);
                    ...................
                    入队等待队列;
                    .........
如果再次没拿到锁：  将自己设置为TASK_UNINTERRUPTIBLE/TASK_INTERRUPTIBLE;
                    preempt_enable_no_resched();
                    schedule();
                    .........
如果成功拿到锁：    出队等待队列;
                    preempt_enable();
                    ...........
}
```

图10-131　mutex_lock内核函数内部实现逻辑概览

综上所述，preempt_count中的HARDIRQ_MASK和SOFTIRQ_MASK两个字段分别记录了当前的任务是否正处于硬中断、软中断上下文，同时也用于判断是否可对当前任务抢占。还有一个NMI_MASK位，当发生不可屏蔽中断（None Maskable Interrupt）时，NMI中断服务程序会对该位加1从而禁止抢占。

提示 ►►►

Linux内核提供了下面的宏可用于判断当前是否正处于外部中断上下文中，底层原理其实就是检查preempt_count中所有与中断相关的字段是不是有不是0的部分，有则处于中断上下文中。

```
#define in_interrupt() (irq_count())
#define irq_count() (preempt_count() & (HARDIRQ_MASK | SOFTIRQ_MASK | NMI_MASK))
```

（4）没有正在执行schedule()。schedule()函数的作用就是切换到目标任务，如果在它运行期间又被抢占，再次执行schedule()，这就没有意义了，所以"切换到另一个任务"应该一整套被无打断地执行下来，所以schedule()函数内部会禁止抢占，一直到switch_to()到目标任务，目标任务开始运行，从目标任务的switch_to返回出来之后，会有一处调用preemt_enable_no_resched()函数，使能抢占。而旧任务的状态被冻结在了禁止抢占状态，封存在它的task_struct中，当旧任务再次被调度时，也会从旧任务的switch_to()返回，出来之后使能抢占。所以，整个schedule()的过程就像一个永远处于同一种状态循环的小窗口一样。具体切换过程可以回顾图10-63。

（5）preempt_count字段中的PREEMPT_ACTIVE位为0。设想这样一个场景：某任务先将自己的状态改为TASK_UNINTERRUPTIBLE，然后设置了一个定时器，并将自己加入与该定时器配套的等待队列（比如调用list_add_tail()函数）中，然后调用schedule()，这个过程看上去没什么问题。但是，假设在任务还没来得及将自己放入等待队列之前，发生了一次外部中断，而这次中断期间，内核决定抢占当前任务，切到另一个任务运行，所以调用了schedule()，schedule()只要看到当前任务不是RUNNING态，就会将其从运行队列中删掉。这下问题来了，当前任务尚未处于任何一个等待任何条件的队列中，又被从运行队列中剔除，而且还是UNINTERRUPTIBLE状态（内核的send_signal()函数一看到这个状态，即便收到信号也不会唤醒它），它将永远无法醒来。实际上导致任务无法再次唤醒的组合有很多，如图10-132所示。

仔细体会图中的每一种场景，其中，B、C场景导致任务永久睡眠的原因并不是因为任务根本没有被唤醒的机会，而是任务明知道定时器已经到时了，仍然执意要调用schedule()，这似乎就是代码本身写得有问题了，如果能够在调用schedule()之前再次检测一下

定时器是否已经到时，就可以不去调用schedule()来休眠自己。为此，定时器到时触发的下游中断处理过程中可以将定时器到时这个事件记录在一个变量中，比如int timeout，到时则改为1，不到时则保持为0，然后任务在调用schedule()之前执行一句if(timeout)，为假则不调用schedule()，直接走到"醒了干活"这一步即可。图10-132最右侧的__wait_event宏中用的就是这种手段。

提示 ►►►

实际上，即便调用schedule()之前通过if(timeout)判断为假，也不能保证在刚刚进入schedule()时timeout恰好被定时器中断下游设置为1，此时如果继续schedule()，当前任务照样永远醒不来。这种情况就属于一种条件竞争（Race Condition）。实际上，在定时器中断下游调用的try_to_wake_up()函数中，会尝试将被唤醒任务状态改为RUNNING，schedule()并不会将RUNNING态的任务剔除运行队列。图10-132最右侧的那句代码if(prev->state && …)就是schedule()用于判断当前任务是否为RUNNING（二进制码为全0）的。try_to_wake_up()对state的修改和schedule()对state的检查形成了竞争，如果使用锁来对state互斥访问，那么一旦try_to_wake_up()先拿到了锁并设置了RUNNING，那么schedule()就拿不到锁，它会一直尝试拿锁，当拿到锁时，此时state已经为RUNNING，则不会把当前任务出队；而一旦schedule()先拿到了锁并检查了state，就会将任务出队，同时try_to_wake_up()拿不到锁，当schedule()返回时释放锁，前者才能拿到，然后将其state重新改为RUNNING，并加入运行队列，成功实现唤醒。所以，你可以在try_to_wake_up()和schedule()里都看到它们调用了Spinlock相关函数。任务调用schedule()之后就可能不再运行了，再次运行一定是从switch_to()返回然后schedule()返回，继续执行下一句代码，此时可以再次检查timeout是否为1，如果不为1证明还没到时间，被误唤醒，则继续调用schedule()睡眠，直到timeout为1为止。这个循环检测、调度过程可以在图中右侧的__wait_event()函数中体会到。这个思路可以扩充到其他类似函数，是一种通用手段，不仅适用于定时器到时这个条件，其他任何条件都使用，所以图中代码中用了"condition"这个抽象参数。

再来看E、D、F场景，这三个场景纯粹是因为任务被抢占而导致无法继续运行。如果这样来设计：凡是被抢占的任务，不管它现在处于什么状态，不被剔除运行队列，这样被抢占的旧任务就可以继续在后续有机会被调度运行。这样就可以解决E、D、F场景下的问题了。那么，是否可以直接在schedule()函数内部

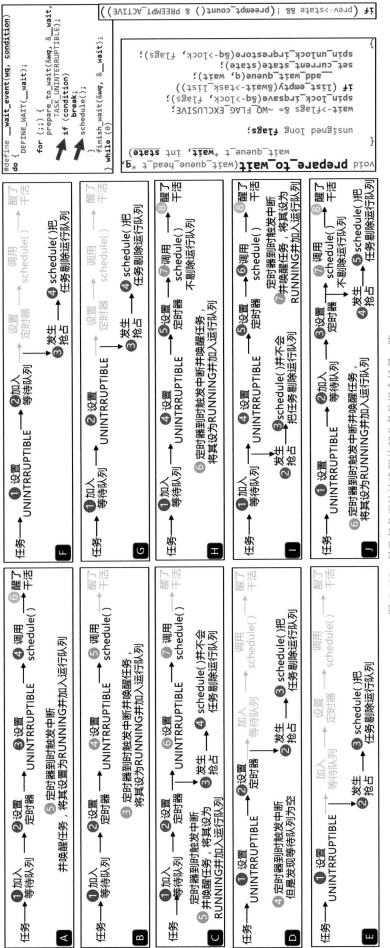

图10-132 导致任务无法被唤醒的部分条件组合场景一览

调用user_mode()以及in_interrupt()来判断当前是不是正处于直接从某个任务的内核态被硬中断后的状态，如果是，证明本次schedule()的确属于内核抢占，那么就不将旧任务剔除运行队列。但是，这样做属于写死，不灵活，有时候代码可能明确希望schedule将自己剔除运行队列，虽然自己是被抢占的。是时候该preempt_count中最高位那个字段PREEMPT_ACTIVE出场了。如果任务想要让schedule()不将自己剔除运行队列，就将该位置1，schedule()内部用一句代码判断该位是否为1来决定是否剔除队列，如图10-132右侧的schedule()函数内部的一句关键的if语句所示。所以，PREEMPT_ACTIVE如果为0，并不是说当前任务不能被切出，可以切出去，但是也会被从运行队列中删除。

具体来说，在ret_from_intr/ret_from_exception宏中，会判断当前是处于直接在用户态被中断还是在内核态被中断后的状态，来决定调用哪个分支，如果是后者，则会检查preempt_count是否为0，如果是，则再检查need_resched位是否为1，如果是，则调用preempt_schedule_irq()函数，该函数内部会调用add_preempt_count(PREEMPT_ACTIVE)函数将PREEMPT_ACTIVE位+1，然后调用schedule()。

也可以不等返回到ret_from_intr/ret_from_exception时，直接在中途就抢占。函数preempt_enable()其实并非只将preempt_count减1，其也对PREEMPT_ACTIVE加1。其具体实现如图10-133所示。可以看到该函数的目的是尝试直接触发抢占，然而它并不知道当前的preempt_count是否已经为0，所以最后还需要判断一下，为0则触发抢占，不为0则返回，所以它只是"尝试"触发抢占。

至此，preempt_count字段里各个字段的来龙去脉就介绍完毕。上文中多次提到在中断或者异常返回前夕，会判断是否需要抢占当前任务。那么ret_from_intr/ret_from_exception是怎么判断当前任务是从用户态还是内核态被中断的呢？两者行为是不一样的。因为如果是从内核态被中断的，需要多判断一个preempt_count。如图10-134所示为相关的汇编代码，对应的关键流程已经注释了，留给大家自行理解。

如表10-1所示为部分抢占场景的一个总结。

一个preempt_count竟然有这么多复杂的逻辑，错综复杂。然而这只是thread_info众多控制字段中的一个罢了。纵观task_struct结构体中诸多的信息，每个

都有故事和复杂的剧情，内核就像一部超级复杂的机器，每个零件都有它的作用，而挖掘内核底层原理，就相当于观察机器中每个零件的作用，就相当于在脑海中来运行这些代码。

10.4.3 中期小结

经过前文对等待、唤醒、抢占方面的介绍，现在你估计可以大致推断出任务调度的如下几个基本点。

（1）为每个CPU核心准备一个运行队列（比如双向链表），将在这个核心上运行的任务串起来。

（2）每个CPU核心同时运行内存中同一份schedule()的代码，从各自的队列中选出一个合适的任务运行。

（3）任务在用户态运行时如果发生了中断，中断期间可能调用schedule()抢占（用户态抢占）当前任务。

（4）任务在内核态运行时（比如执行了系统调用）可能发生中断，中断期间可以调用preempt_schedule_irq()进行内核态抢占，根据具体需要也可直接调用schedule()。

（5）任务（的内核态部分）在调用schedule()之前，必须做好充分的准备确保后续有机会被唤醒，比如将自己加入某个等待队列；确保有其他任务会唤醒等待队列中的任务；按需设置自己的state为RUNNING、INTERRUPTIBLE或者UNINTERRUPTIBLE。并且，在调用schedule()之前再次检查唤醒条件是否已经满足，以防止某些一次性唤醒的条件被错过。

（6）schedule()会尝试将旧任务（当前任务）从运行队列剔除，但是必须满足两个条件：旧任务的状态不为RUNNING，并且，旧任务的preempt_count字段中的PREEMPT_ACTIVE位不为1。如果任何一个条件不满足，旧任务依然会在运行队列中，意味着后续还可以继续被调度到CPU运行。

（7）等待队列由程序自行创建、初始化、加入。schedule()只是将不符合运行条件（第6条）的任务直接从运行队列中删掉，而不负责将它们挪动到等待队列，schedule()根本不知道等待队列的存在，等待队列并不是schedule()的一部分。

（8）等待条件完成的任务和促使条件完成的任务属于消费者和生产者的关系，它们可以通过等待队列来相互沟通，比如等待条件的任务将自己加入对应

```
#define preempt_enable()                    #define preempt_enable_no_resched()      asmlinkage void __sched notrace preempt_schedule(void)
 do {   preempt_enable_no_resched();         do {           barrier();                  {
        barrier();                                         dec_preempt_count();            struct thread_info *ti = current_thread_info();
        preempt_check_resched();             } while (0)                                 if (likely(ti->preempt_count || irqs_disabled())) return;
 } while (0)                                                                             do {
                                                                                            add_preempt_count_notrace(PREEMPT_ACTIVE);
                    #define dec_preempt_count() sub_preempt_count(1)                        schedule();
                                                                                            sub_preempt_count_notrace(PREEMPT_ACTIVE);
            # define sub_preempt_count(val) do { preempt_count() -= (val); } while (0)       barrier();
                                                                                        } while (need_resched());
#define preempt_check_resched()                                                         }
do {   if (unlikely(test_thread_flag(TIF_NEED_RESCHED)))  preempt_schedule();} while (0)
```

图10-133　preempt_enable()函数的具体实现

```
ret_from_intr:
    GET_THREAD_INFO(%ebp)
check_userspace:
    movl PT_EFLAGS(%esp), %eax
    movb PT_CS(%esp), %al
    andl $(X86_EFLAGS_VM | SEGMENT_RPL_MASK), %eax
    cmpl $USER_RPL, %eax    //判断当前是从内核态中断还是用户态中断的
    jb resume_kernel    //如果是内核态则跳到resume_kernel否则继续往下走
ENTRY(resume_userspace)    //不是内核中断那就是用户态中断的
    LOCKDEP_SYS_EXIT
    DISABLE_INTERRUPTS(CLBR_ANY)
    TRACE_IRQS_OFF
    movl TI_flags(%ebp), %ecx
    andl $_TIF_WORK_MASK, %ecx    //是否有未完成工作
    jne work_pending    //有就跳到work_pending
    jmp restore_all    //没有就跳到restore_all返回
END(ret_from_exception)


ENTRY(resume_kernel)
    DISABLE_INTERRUPTS(CLBR_ANY)
    cmpl $0,TI_preempt_count(%ebp)    //判断是否可内核抢占
    jnz restore_all    //如果不可抢占就跳到restore_all返回
need_resched:
    movl TI_flags(%ebp), %ecx
    testb $_TIF_NEED_RESCHED, %cl    //判断是否有抢占理由
    jz restore_all    //没有就跳到restore_all返回，有就继续往下
    testl $X86_EFLAGS_IF,PT_EFLAGS(%esp)
    jz restore_all
    call preempt_schedule_irq    //调用该函数进行抢占调度
    jmp need_resched    //当前任务被饿继续调度，跳回循环之初
END(resume_kernel)

asmlinkage void __sched preempt_schedule_irq(void)
{
    struct thread_info *ti = current_thread_info();
    BUG_ON(ti->preempt_count || !irqs_disabled());
    do {
        add_preempt_count(PREEMPT_ACTIVE);
        local_irq_enable();
        schedule();
        local_irq_disable();
        sub_preempt_count(PREEMPT_ACTIVE);
        barrier();
    } while (need_resched());
}


work_pending:
    testb $_TIF_NEED_RESCHED, %cl    //是否有被用户态抢占的理由
    jz work_notifysig    //没理由为何说有未完成工作？那一定是有信号待处理
work_resched:
    call schedule    //有被抢占的理由，则调用schedule()函数
    LOCKDEP_SYS_EXIT
    DISABLE_INTERRUPTS(CLBR_ANY)
    TRACE_IRQS_OFF
    movl TI_flags(%ebp), %ecx
    andl $_TIF_WORK_MASK, %ecx    //唤醒后是否又产生了新的未完成工作？
    jz restore_all    //没有就走到restore_all返回，有就往下走
    testb $_TIF_NEED_RESCHED, %cl    //未完成工作是不是指的需要被抢占？
    jnz work_resched    //如果是则循环回去继续被抢占
work_notifysig:
    ENTRY(resume_userspace)
    LOCKDEP_SYS_EXIT
    DISABLE_INTERRUPTS(CLBR_ANY)
    TRACE_IRQS_OFF
    movl TI_flags(%ebp), %ecx
    andl $_TIF_WORK_MASK, %ecx
    jne work_pending
    jmp restore_all
    END(ret_from_exception)
work_notifysig:
    movl %esp, %eax
    xorl %edx, %edx
    call do_notify_resume
    jmp resume_userspace_sig
END(work_pending)

#define resume_userspace_sig resume_userspace
```

图10-134　ret_from_intr及相关代码一览

触发事件	事件发生在	结果	结果发生在	属于哪种抢占模式
发生外部中断	用户态	中断期间各种原因设置了need_resched位并在ret_from_intr中执行了schedule()	内核态	用户态抢占
执行了主动休眠的系统调用	用户态	进入内核态后，系统调用处理期间执行了schedule()	内核态	不属于抢占
执行了被动休眠的系统调用	用户态	进入内核态后，系统调用处理期间执行了schedule()	内核态	不属于抢占
执行了系统调用	用户态	进入内核态后唤醒了其他高优先级任务而被迫设置need_resched并在中途或者syscall_exit时调用了schedule()	内核态	内核态抢占
发生了外部中断	内核态	中断期间各种原因设置了need_resched位并在ret_from_intr中执行了schedule()	内核态	内核态抢占

表10-1　部分抢占场景一览

的等待队列（比如timer_queue、wait_chldexit等），而生产者产生一个条件后则唤醒对应队列中的消费者。也可以一对一直接沟通，比如生产者产生条件后直接调用int wake_up_process(struct task_struct *p){return try_to_wake_up(p, TASK_ALL, 0);}内核函数。但是通常为了效率和灵活，应使用等待队列方式，只有精确设计的追求性能时使用后者。

（9）唤醒过程主要是将目标任务的状态改为RUNNING，然后需要将其加入运行队列，至于被唤醒的任务什么时候被真正运行，不可控也不可知，完全由schedule()裁决。

（10）schedule()负责从运行队列中按照一定策略选出目标任务然后执行context_switch()最终走到switch_to()。

（11）运行队列中的任务主要是被唤醒操作所加入的。在使用do_fork()新创建任务之后，有一步就是唤醒这个新任务：do_fork() > wake_up_new_task() > activate_task() > enqueue_task()。

（12）进入等待队列等待，后续被唤醒的任务，醒来之后需要自行将自己再从等待队列中移除。当然，也可以由条件生产者在唤醒任务后主动将其移除，具体取决于场景。

（13）任何一个任务被唤醒时都是从其switch_to()函数的断点返回，如图10-135中的绿色箭头路径所示。

最后用一张图来表示上述过程大致的原理和流程，如图10-136所示。其中，所有任务的task_struct采用双向链表相互串接起来。

10.4.4　实时与非实时内核

纵观如图10-136所示的整个流程，看上去好像任务调度也不过如此了？但是别忘了一个关键点，任务数量总是远大于处理器核心数量，如何平衡这些任务让它们合理地分享处理器核心，直接关系着系统整体的性能表现。

按理说，schedule()只要完全按照顺序轮流运行运行队列中的每个任务不就行了么？这样做固然可以，但是假设任务A运行的时候总是运行一小会儿就休眠了，而任务B则每次都运行到直到时间片耗尽为止。这样的话，你自然会想，如果多给任务B一些运行机会，就能够尽量避免花费更多次数来切换到A（结果一小会儿就得又切换到B），从而让处理器更多时候是在运行任务本体的运算过程而不是去执行schedule()。只这一点，就能够引申出众多需要权衡的点，到底让任务B比A享有多少增加的权益比例？任务A会不会性能变差？到底是谁在使用任务A？任务A的背后是不是某个人类在操作？这个人会不会感受到它与任务A交互时性能变差而产生抱怨？

这似乎已经不再是一个技术问题，而是一个决策

问题。到底是要吞吐量，还是要实时性。实时性意味着要快速响应每个任务的要求，就得频繁切换任务，降低吞吐量。这就像一个十字路口，红绿灯切换太频繁会导致交通堵塞，但是向任何一个方向行驶的司机决不能容忍另一个方向的绿灯持续10分钟，虽然此时可能会极大地缓解整个城市的吞吐量，也意味着这个等待了10分钟的司机接下来可能会享受到20分钟的畅通无阻，但是他可能等不了10分钟，也不想畅通20分钟，因为他可能要频繁地靠边停车办事（交互性）。而如果把十字路口改造为转盘模式，那就相当于用户态自主切换的协程模式了。如果改造为高架路，那就相当于给每个任务分一个独立处理器核心了，各干各的无瓜葛。

如果一个操作系统在任务调度设计上越倾向于满足交互性任务，比如单击鼠标/按键/双击app图标或者接收到外部I/O等交互性事件之后，在唤醒目标任务的同时，能够尽快地让目标任务得到运行，那么它就越接近于**实时操作系统**（Realtime Operating System，RTOS）。而如果能够在任何时刻将目标任务无条件运行起来，不管当前位于什么上下文，抑或是旧任务正持有自旋锁，目标任务也可以抢占运行，那么这就是最终的交互性最强的**硬实时操作系统**。硬实时操作系统用于一些特殊场景中，比如武器系统控制等，按下发射按钮必须无条件立即发射，而不可能提示你"对不起，有个任务正持有自旋锁，不管你这个按钮触发的流程是否用到了被锁定的资源，都得等它释放…轰～～！"，你的指挥部已经被敌军导弹炸平了。

总体而言，实时操作系统要求任务的响应、执行、结束是可以精确预知的，按下按钮必须立刻运行，运行时间恒定，结束时间恒定，否则可能错过外界条件，导致程序即便执行了也没有效果。比如一个用于处理网络数据包转发的实时操作系统，当数据包到来时产生中断，中断服务必须在规定的时间将数据包收入并处理完毕，否则可缓冲区可能溢出而丢包。再比如宇宙登陆仓气囊展开时机，必须是确定时间以确定的速度在确定的结束时间完成，否则将产生灾难性后果。再比如宇宙飞行器对接，频繁加速、减速，对应的喷气阀门接受宇航员按钮的控制的响应时间必须是恒定的。

一些知名的硬实时操作系统有VxWorks、RTems、RTLinux、ThreadX、QNX、Nucleus等。如图10-137所示为Linux 4.8版本内核编译时可选择的实时性要求选项。

第1项为内核不可抢占模式；第2项往后都支持内核抢占，第2项会在内核中关键位置（那些可能引入较长时延的代码处）加入更多的显式的主动让出行为，从而形成抢占点。怎么理解？看图中右侧的代码，用宏的方式控制，如果定义了CONFIG_PREEMPT_VOLUNTARY参数，则把might_resched()替换为_cond_

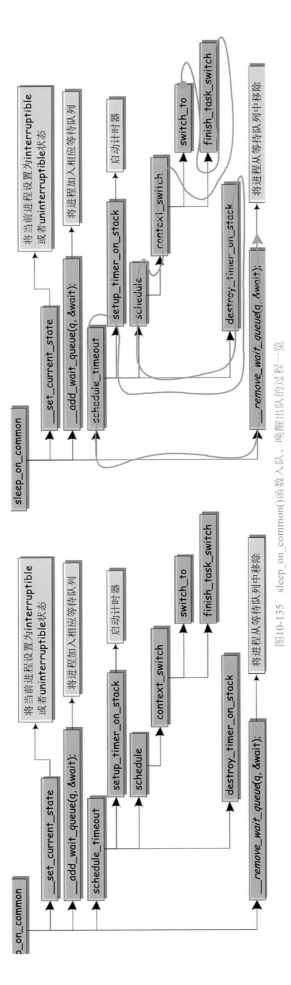

图10-135 sleep_on_common()函数入队、唤醒出队的过程一览

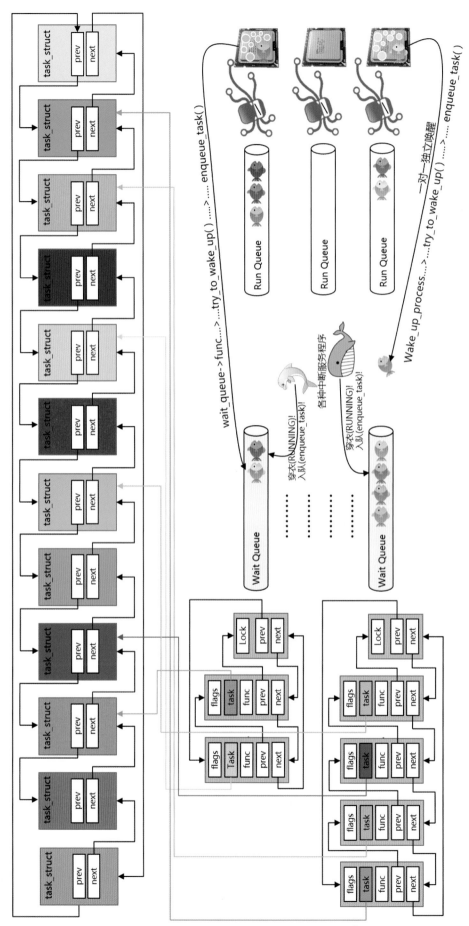

图10-136　任务调度基本框架示意图

```
#ifdef CONFIG_PREEMPT_VOLUNTARY          int __sched _cond_resched(void);
extern int _cond_resched(void);          {
# define might_resched() _cond_resched()     if (should_resched()) {
#else                                         __cond_resched();
# define might_resched() do { } while (0)     return 1;
#endif                                        }
                                              return 0;
                                          }
static inline int should_resched(void)
{return need_resched() && !(preempt_count() & PREEMPT_ACTIVE);}

#ifdef CONFIG_PREEMPT
........
#else
........
#define resume_kernel      restore_all
#endif
```

```
static void __cond_resched(void)
{
    add_preempt_count(PREEMPT_ACTIVE);
    schedule();
    sub_preempt_count(PREEMPT_ACTIVE);
}
```

```
                    Preemption Model
Use the arrow keys to navigate this window or press the
hotkey of the item you wish to select followed by the <SPACE
BAR>. Press <?> for additional information about this

   ( ) No Forced Preemption (Server)
   ( ) Voluntary Kernel Preemption (Desktop)
   ( ) Preemptible Kernel (Low-Latency Desktop)
   ( ) Preemptible Kernel (Basic RT)
   (x) Fully Preemptible Kernel (RT)


            <Select>      < Help >
```

图10-137　Linux内核对抢占提供的编译选项以及对内核行为的影响

resched()函数，如果没有定义这个选项则将其定义为空，什么也不执行。这样，如果编译时选择了这个参数，则那些调用了函数符号might_resched()的代码就会走入不同分支，有更高概率触发抢占。might_resched()就是内核代码在编写时故意加入的抢占点，配合CONFIG_PREEMPT_VOLUNTARY选项使用，所以为"might"，意思是代码编写者在这个地方有意主动让出CPU，但是不确定用户编译内核时是否会选择这个参数，选了就可以主动让出，没选就不让出。

第3个选项则更加激进，对应的配置参数为CONFIG_PREEMPT，从图中右侧紫色代码可以看到，如果没有选择这个选项，则图10-134中所示的ret_from_intr下游代码中的resume_kernel标记会被替换为restore_all标记，这直接导致每次中断返回时不检查是否需要抢占，也不去执行抢占，而是返回到中断之前的任务。这将大大降低系统的交互性响应速度，只能指望着内核代码主动触发抢占，也就是选择第2个选项时那样，这也是Voluntary的含义。所以第3项决定了是否内核在每次中断返回的时候都在need_resched和preempt_count符合条件时执行抢占。

如果选择第4项（CONFIG_PREEMPT_RT_FULL），则如果当前任务已经是任何Spinlock的持有者，则不能抢占；如果手动让preempt_count不为0，也不能抢占；如果手动禁止了中断响应，也不能抢占；其他时候都可以。

第5项是2.6后面的内核版本才陆续加入的。如果选择该项（CONFIG_PREEMPT_RT_FULL），则内核会将spinlock改为可被休眠的Mutex，以及将中断服务程序封装到线程中去处理中断（中断线程化），从而让进入临界区的程序和中断服务程序都可以被睡眠，从而就可以抢占它们。这时，内核便成为真正的硬实时内核。不过手动禁止抢占时也不能抢占。

第2/3/4个选项则属于软实时内核，不够实时。一般来讲，软实时内核的响应速度大概平均在10ms左右，而硬实时可以到1ms，这里所说的响应并不是中断响应，而是被中断所唤醒的任务隔多长时间才真正被运行起来（所以响应速度最终还要取决于任务的优先级）。

然而，就算硬实时操作系统可以在几乎不受太苛

刻条件干预下实现抢占，但是抢占的结果也只是调用了schedule()，至于schedule()挑选哪一个任务执行，就成了需要考虑的问题，必须让schedule()遵循某种策略来选择下一个要运行的任务。还是刚才那个例子，指挥官按下反导系统按钮之后，如果系统这样提示："恭喜，虽然当前任务持有锁，但是新任务已经成功进入运行队列，并尝试重新进入调度，然而下一个执行的是否能轮到该新任务，完全看schedule()什么时候挑到这个线程了，请耐……呃轰~~~！"，你直接把这个系统给炮决了。

显然，系统中的多个任务一定要有个优先级，以及各种其他可控的策略。内核的实时性与任务的优先级是两码事，高实时性只能保证中断能够触发重新进入schedule()，甚至突破苛刻的条件（比如即便当前任务正持有锁）进入重新schedule()，而让其他任务有机会运行而已。至于想强制要求某个任务运行起来，需要做其他方面的设计，需要让schedule()明确知道，下一个要运行的就是它，就是最高优先级的那个！但是高实时性却是让某个任务尽快运行或者精准运行的前提，如果外部中断因为各种原因无法抢占当前任务的话，让某个任务尽快运行也就无从谈起了。

一句话总结：高实时性只是保证了系统内所有任务可以更加频繁地轮到自己从而被执行，但是占用CPU的时间也相对越少，实时性越高，所有任务轮到执行的概率和频度也越高，交互时延越低，同时吞吐量也就相应降低。高实时性并不保证在某次中断中被唤醒的任务一定就是下一个被运行的任务，必须辅之以优先级的设置和判断才可以。

10.4.5　任务调度基本数据结构

本节介绍一些与任务调度相关的关键数据结构，包括任务优先级以及运行队列。

10.4.5.1　任务优先级描述

综上所述，将任务分成不同优先级是必要的，比如在Windows操作系统下，就可以通过任务管理器界面设置任务的各种优先级（如图10-138所示）。在

Linux 2.6.39.4内核版本中共设置了0~139这140个优先级。其中，0~99这100级分配给实时任务（Real Time，RT），剩下的40级分配给普通任务。0~99这一段的优先级高于100~139。其中，在0~99这一段内部值越高优先级越高，而在100~139这一段内部值越低优先级越高。之所以不统一是因为一些历史原因，这里不再多述。

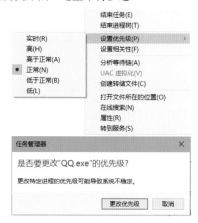

图10-138　Windows下调节任务优先级

所以，**实时任务总是优先于普通任务被运行**，前提是对应的实时任务未休眠。之所以设置实时任务的目的就是为了保证优先运行，所以一旦某个实时任务长时间处于运行态而不休眠，那么其他任务将得不到执行，所以设定某个任务为实时任务，必须具有系统管理员权限才可以操作。甚至将任务优先级提升如果超出一定范围（可设定），也需要管理员权限才可以。而且正如图10-138中的提示框所示，设置为实时有可能导致系统不稳定，因为一旦该任务陷入某种死循环，可能会导致系统整体死机。

如图10-139所示为Linux内部对优先级方面的一些规则，nice命令用于改变普通任务的优先级（默认为20，nice值默认为0），用chrt命令可以改变实时任务的优先级，然而chrt命令视角下的RT任务优先级与PS命令输出的优先级值又不同。由于历史原因，RT任务是后来才被加入内核的，其优先级有独立的一套规则，所以与原来的普通任务优先级规则无法统一，所以内核内部又强制用normal_prio()函数将它们统一。

nice命令底层对应的是sys_nice()或者sys_setpriority()系统调用，chrt命令底层则是通过sys_sched_setparam()系统调用接口实现的。此外，还有其他一些与设置调度优先级、策略相关的系统调用接口，比如通过sys_sched_setscheduler()接口可实现的功能更多，不但

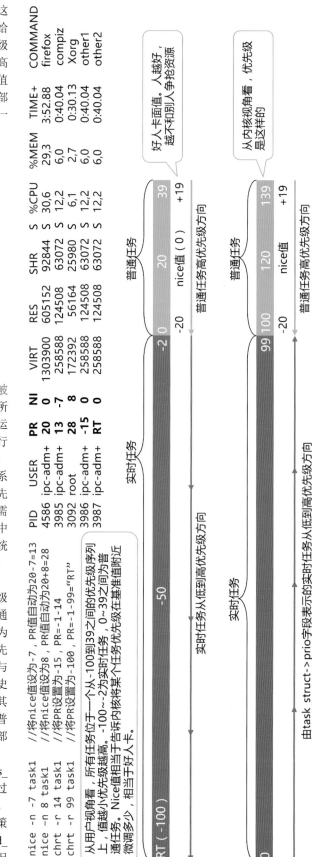

图10-139　Linux下的任务优先级机制

可以设定实时任务的优先级，还可以设定调度策略。下面是2.6.39.4内核提供的相关系统调用一览：sys_nice(); sys_setpriority(); sys_getpriority(); sys_sched_setscheduler(); sys_sched_setparam(); sys_sched_getscheduler(); sys_sched_getparam(); sys_sched_yield(); sys_sched_get_priority_max(); sys_sched_get_priority_min(); sys_sched_rr_get_interval()。这些系统调用在内核态都会检查当前登录用户的权限是否足够，再去执行对应动作，比如if (user && !capable(CAP_SYS_NICE)) { }就是用于判断权限的，capable()函数底层读者可以自行了解。这些调用接口有部分功能是重复的，这其实都是历史原因导致的，由于实时任务后续才被引入，导致了一系列的变更和保留，而为了兼容性又无法完全舍弃之前的老接口。

　　Linux对任务优先级方面的规则可谓是眼花缭乱。在此梳理一下一个任务所具有的多种不同视角和作用的优先级。在每个任务的struct task_struct {...int prio, static_prio, normal_prio; unsigned int rt_priority; ...}中可以看到多个优先级。如图10-140所示为各种优先级的由来和关系一览。需要注意的一点是，不要再把"normal_prio"称为甚至理解为"普通优先级"，徒增歧义，这里normal是归一化/规格化的意思。

　　总结来说，static_prio和rt_priority分别是普通和实时任务的固有优先级。prio为调度器最终使用的优先级，它的初始值对于普通和实时任务分别为统一化了的static_prio和rt_priority，也就是各自的normal_prio。在运行期间，实时任务的prio值不会被内核为了调度上的考虑擅自改变，除非被用户或者内核代码故意变更。而普通任务的优先级可能被调度器为了算法上的考量而任意变更，但是其static_prio和normal_prio仍保持不变。

10.4.5.2　三大子调度器

　　由于不同的任务可能具有相同的优先级，而实时任务与普通任务在调度方式何策略上又会有很大的不同，所以在内核中需要划分出不同的数据结构来管理这些差异。如图10-141所示，一种朴素的想法是，为实时任务、普通任务各准备不同的队列，分别存放。另外，针对不同的调度方式和策略，用独立的表（结构体）来存放不同的调度算法函数的指针，由于实时任务总是高于普通任务被运行，所以在这个函数指针表头部加上一个指针，按照顺序将表串接起来，schedule()先从实时调度函数指针表中进入，调用其中的函数（只有这里的函数知道应该怎么从实时队列中寻找合适任务）去实时任务队列中寻找是否有可运行的实时任务，如果没有，再去下一级也就是普通调度函数指针表中调用其中的函数去普通任务队列中寻找合适的普通任务运行。如果所有任务都睡眠了，就去空闲队列中找，idle任务总是最后的那根稻草，它总不会休眠，总是随时待命。

英文名	中文名	由来和用途	适用于	取值范围	值越大	默认值	如何计算而得
static_prio	静态优先级	用户态通过nice等命令通过底层的sys_nice() / sys_setpriority() / sys_setscheduler()等系统调用设置的优先级，用于表示普通任务的。用户所要求的优先级	普通任务	100~139（实时任务该值无效）	优先级越低	120	fork()之后子进程继承自父进程。后续可以通过用户态命令在允许范围内任意变更，但调度器不会在意它
rt_priority	实时优先级	用户态通过chrt等命令、通过底层的sys_sched_setscheduler()等系统调用专门针对实时任务设置的优先级	实时任务	0~99（普通任务该值为0）	优先级越高	无	使用chrt命令设置，调度器不会擅自变更它，可被chrt或者其他代码故意变更
normal_prio	统一化优先级	为了将实时任务原本反向方向为升序的不同的优先级统一化后的统一的优先级值。该值跟随static_prio或者rt_priority而改变（通过调用normal_prio()函数重新计算新值）	实时和普通任务	0~98（实时任务）100~139（普通任务）	优先级越低	普通120实时无	normal_prio=normal_prio（实时任务：99 - rt_priority）（普通任务：= static_prio）
prio	动态/有效优先级	调度器最终考察该优先级作为调度依据。对于普通任务，内核根据算法动态的变更该值以实现完全公平的调度，甚至可以把普通任务优先级临时提升到实时级一档中（解决优先级翻转PI问题）	实时和普通任务	0~98（实时任务）0~139（普通任务）	优先级越低	N/A	实时任务的prio = normal_prio普通任务prio = effective_prio()初始化该值，并可被内核调度器随时改变

图10-140　各种优先级的由来和关系一览

```c
static inline int normal_prio(struct task_struct *p)
{
    int prio;
    if (task_has_rt_policy(p))
        prio = MAX_RT_PRIO-1 - p->rt_priority;
    else
        prio = __normal_prio(p);
    return prio;
}
```

```c
static inline int __normal_prio(struct task_struct *p)
{
    return p->static_prio;
}
```

```c
#define MAX_USER_RT_PRIO    100
#define MAX_RT_PRIO         MAX_USER_RT_PRIO
#define MAX_PRIO            (MAX_RT_PRIO + 40)
#define DEFAULT_PRIO        (MAX_RT_PRIO + 20)
```

```c
static int effective_prio(struct task_struct *p)
{
    p->normal_prio = normal_prio(p);
    if (!rt_prio(p->prio)) return p->normal_prio;
        return p->prio;
}
```

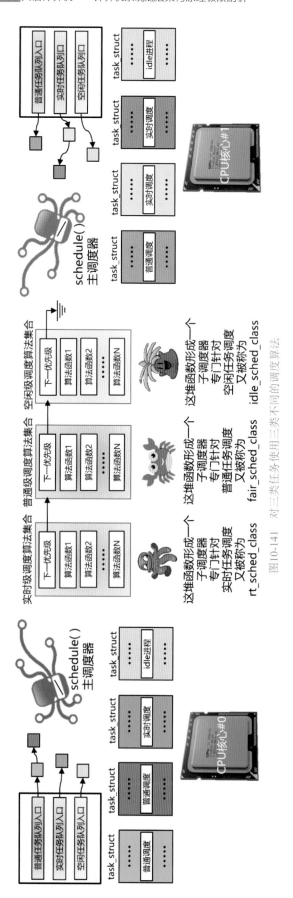

图10-141 对三类任务使用三类不同的调度算法

在Linux 2.6.39.4内核版本中，分别采用被记录在rt_sched_class、fair_sched_class、idle_sched_class结构体中的函数指针对应的函数来分别调度实时任务、普通任务和空闲任务。这三个结构体每一个相当于一个子调度器，schedule()作为总控，分别调用子调度器的相应函数完成诸如"挑选一个合适的任务出来""将旧任务入队"等工作。由于调度方式不同，从实时任务中挑选一个合适任务，与从普通任务中挑选的方式不同，所以需要不同函数各自处理。子调度器的这种模块化架构是在2.6.23内核中引入的，其架构很容易实现将其他调度算法移植进来，只需要注册一套自己开发的新算法函数指针就可以了。

在2.6.39.4内核中针对普通任务的调度采用了名为CFS（Completely Fair Scheduler）的子调度器，其功能函数全部被登记在了fair_sched_class结构体中。同理，如果后续有人发明了更好的调度器，那就可以生成一个myone_sched_class结构体。这些用于登记子调度器各个功能函数的结构体又被称为"调度类"，这只是对其英文名的直译，其本质上就是子调度器的功能函数登记表。如图10-142所示为三大子调度器登记的函数一览。

在schedule()函数中，会调用pick_next_task()函数，该函数只是个壳子，其内部会判断是否有实时任务等待运行，有则调用rt_sched_class.pick_next_task指针指向的函数，从图10-142中可以看到该函数就是pick_next_task_rt()。如图10-143所示为schedule() > pick_next_task()函数代码以及CFS和RT子调度器中对应的pick_next_task函数。

10.4.5.3 运行队列的组织

再来看看运行队列是怎么组织的。如图10-144右下角的抽象概括图所示，首先，为每个CPU核心准备一个运行队列（Run Queue，rq），该队列其实并非真正的队列，只是一张表而已，表里面记录了另外两个表的指针，分别为实时运行队列记录表（rt_rq）和CFS运行队列记录表（cfs_rq）。在这两个登记表中，设有队列的铆点（list_head，前文中介绍过），将对应任务的task_struct结构体串接起来（每个task_struct结构体中都有相应的队列铆点结构，struct list_head tasks用于把所有任务的task_struct链接起来，而struct list_head children则把自己和自己的子进程task_struct链接起来，struct list_head sibling则与自己的兄弟进程链接，与同一级别其他RT任务或者与其他CFS任务链接的铆点分别位于task_struct中的次级表格struct sched_rt_entity rt以及struct sched_entity se中）。cfs_rq队列的形状比较特殊，它是一个红黑二叉树结构（篇幅所限大家自行了解），这是CFS调度算法的特点所在。由于空闲任务只有一个，那就是init进程（idle进程），所以不需要队列。所有CPU核心对应的rq组成一个runqueues[n]数组，n为处理器核心的数量。

```
static const struct sched_class rt_sched_class = {
    .next                   = &fair_sched_class,
    .enqueue_task           = enqueue_task_rt,
    .dequeue_task           = dequeue_task_rt,
    .yield_task             = yield_task_rt,
    .check_preempt_curr     = check_preempt_curr_rt,
    .pick_next_task         = pick_next_task_rt,
    .put_prev_task          = put_prev_task_rt,
#ifdef CONFIG_SMP
    .select_task_rq         = select_task_rq_rt,
    .set_cpus_allowed       = set_cpus_allowed_rt,
    .rq_online              = rq_online_rt,
    .rq_offline             = rq_offline_rt,
    .pre_schedule           = pre_schedule_rt,
    .post_schedule          = post_schedule_rt,
    .task_woken             = task_woken_rt,
    .switched_from          = switched_from_rt,
#endif
    .set_curr_task          = set_curr_task_rt,
    .task_tick              = task_tick_rt,
    .get_rr_interval        = get_rr_interval_rt,
    .prio_changed           = prio_changed_rt,
    .switched_to            = switched_to_rt,
};
```

```
static const struct sched_class fair_sched_class = {
    .next                   = &idle_sched_class,
    .enqueue_task           = enqueue_task_fair,
    .dequeue_task           = dequeue_task_fair,
    .yield_task             = yield_task_fair,
    .yield_to_task          = yield_to_task_fair,
    .check_preempt_curr     = check_preempt_wakeup,
    .pick_next_task         = pick_next_task_fair,
    .put_prev_task          = put_prev_task_fair,
#ifdef CONFIG_SMP
    .select_task_rq         = select_task_rq_fair,
    .rq_online              = rq_online_fair,
    .rq_offline             = rq_offline_fair,
    .task_waking            = task_waking_fair,
#endif
    .set_curr_task          = set_curr_task_fair,
    .task_tick              = task_tick_fair,
    .task_fork              = task_fork_fair,
    .prio_changed           = prio_changed_fair,
    .switched_from          = switched_from_fair,
    .switched_to            = switched_to_fair,
    .get_rr_interval        = get_rr_interval_fair,
#ifdef CONFIG_FAIR_GROUP_SCHED
    .task_move_group        = task_move_group_fair,
#endif
};
```

```
static const struct sched_class idle_sched_class = {
    .dequeue_task           = dequeue_task_idle,
    .check_preempt_curr     = check_preempt_curr_idle,
    .pick_next_task         = pick_next_task_idle,
    .put_prev_task          = put_prev_task_idle,
#ifdef CONFIG_SMP
    .select_task_rq         = select_task_rq_idle,
#endif
    .set_curr_task          = set_curr_task_idle,
    .task_tick              = task_tick_idle,
    .get_rr_interval        = get_rr_interval_idle,
    .prio_changed           = prio_changed_idle,
    .switched_to            = switched_to_idle,
};
```

图10-142 三大子调度器登记的函数一览

```
pick_next_task(struct rq *rq)
{
    const struct sched_class *class;
    struct task_struct *p;

    /*
     * Optimization: we know that if all tasks are in
     * the fair class we can call that function directly:
     */
    if (likely(rq->nr_running == rq->cfs.nr_running)) {
        p = fair_sched_class.pick_next_task(rq);
        if (likely(p))
            return p;
    }

    for_each_class(class) {
        p = class->pick_next_task(rq);
        if (p)
            return p;
    }

    BUG(); /* the idle class will always have a runnable
             task */
}

#define for_each_class(class) for (class = sched_class_highest; class; class = class->next)
```

由于一般不会有实时任务运行，所以优先判断是可运行任务数是否等于CFS队列中的运行任务，相等则表示没有实时任务，直接从CFS队列中找到合适任务。

否则顺序按照优先级顺序从最级别最高（RT队列）的运行队列中一层层地寻到合适的任务。

```
static struct task_struct *pick_next_task_fair(struct rq *rq)
{
    struct task_struct *p;
    struct cfs_rq *cfs_rq = &rq->cfs;
    struct sched_entity *se;

    if (!cfs_rq->nr_running)
        return NULL;

    do {
        se = pick_next_entity(cfs_rq, se);
        set_next_entity(cfs_rq, se);
        cfs_rq = group_cfs_rq(se);
    } while (cfs_rq);

    p = task_of(se);
    hrtick_start_fair(rq, p);

    return p;
}
```

```
static struct task_struct *_pick_next_task_rt(struct rq *rq)
{
    struct sched_rt_entity *rt_se;
    struct task_struct *p;
    struct rt_rq *rt_rq;

    rt_rq = &rq->rt;

    if (unlikely(!rt_rq->rt_nr_running))
        return NULL;

    if (rt_rq_throttled(rt_rq))
        return NULL;

    do {
        rt_se = pick_next_rt_entity(rq, rt_rq);
        BUG_ON(!rt_se);
        rt_rq = group_rt_rq(rt_se);
    } while (rt_rq);

    p = rt_task_of(rt_se);
    p->se.exec_start = rq->clock_task;

    return p;
}
```

图10-143 CFS和RT子调度器中对应的pick_next_task函数

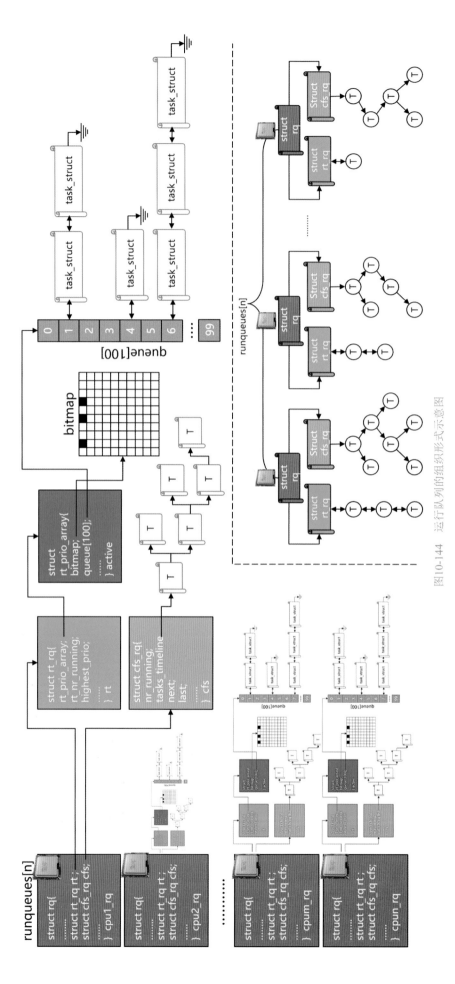

图10-144　运行队列的组织形式示意图

再来看细节。系统会根据当前的CPU核心数量n，设置一个runqueues[n]数组，数组中每个元素是一个指针，指向一个类型为rq的结构体，rq结构体中再设置两个指针分别指向rt_rq和cfs_rq结构体。在rt_rq结构体中，用一个指针指向一个rt_prio_array结构体，该结构体中设置一个queue[100]数组，表示100个队列，因为实时任务可能会有100个优先级，而每个优先级有可能有多个任务（或者说可能有多个任务具有相同的优先级），具有相同优先级的任务串接在对应优先级的队列上，队列头铆点指针被保存在第queue[优先级号]个元素中。同时，为了加速查找，如果某个优先级档位上没有任何任务挂接，那么就没有必要去搜索这一级队列，所以在rt_prio_array结构体中设置了一个包含100位的位map，如果哪个优先级对应的队列为空，对应位就为0，这样通过查询位map可以快速找到第一个不为空的队列（对应位=1）。每个CPU核心对应的runqueues[n]都挂接这么一堆数据结构。

那么这一大堆运行队列数据结构，是怎么与上文介绍的子调度器相对接起来的呢？这两套数据结构看上去好像是各自独立存在的。实际上，其对接点就在schedule() > pink_next_task()中，从图10-143中可以看到，该函数的参数只有一个，那就是struct rq *rq，也就是对应的处理器核心的rq结构体。该函数的意思就是：RT（或CFS）子调度器（rt_sched_class.pick_next_task()或cfs_sched_class.pick_next_task()），请到这个rq中对应地方挑选出你认为合适的目标任务。自然地，RT子调度器就会去rq->rt->rt_prio_array -> 位map中查找第一个是1的位，取该位所在位map中的位置为索引号，然后到rt_prio_array->queue[索引号]队列中拿到排在队列中第一项的task_struct就是下一个要运行的任务。这个过程的关键步骤被封装到了pick_next_task_rt() > _pick_next_task_rt() > pick_next_rt_entity()函数中（如图10-145所示）。如果是CFS子调度器，则它会做出一些稍微复杂的判断，选出一个task_struct来，关键过程被封装在了pick_next_task_fair() > pick_next_entity()中。

提示 ▶▶

比如一个100位的位map，其本质上就是4个32位的int整型变量，128位，但是只用前100位。至于sched_find_first_位()函数是如何搜索到位map中第一个为1的位所在的偏移量的，追踪该函数最后会发现使用了BSF（位 Scan Forward）指令实现。大家可以自行思考该指令底层是如何实现位搜索的？用一个移位寄存器存储待搜索的字串，移位寄存器头部的一个位用一个与门与1相与。同时设置一个计数器记录经过的时钟周期数量。在时钟驱动下移位寄存器不断将字串中每个位前移，进入与门，当与门结果为1时停止该指令执行，并将计数器中的值输出到通用寄存器，这个值就是该位所在字串的索引。

如图10-146所示为2.6.39.4内核版本中rq、cfs_rq和rt_rq结构体的全貌，每个结构体中的每一项就是大机器中的一个零件，要想在本书全部介绍完它们是不可能的，就留给大家自行去探索吧。

图10-146中这些数据结构，是在什么时候被创建的呢？这得回溯到内核启动之初，start_kernel() > sched_init()中会初始化rq，sched_init()中还相继调用了init_cfs_rq()和init_rt_rq()初始化cfs和rt的rq，这些代码极为繁冗，其中大量的rq->xxxx=xxxx的赋值语句，大家有个大致印象即可。OS启动花费的时间里有相当一部分时间就在初始化各种数据结构。

那么，这些队列与task_struct结构体又是怎么联系起来的呢？如图10-147所示，task_struct中内置了多个表头铆点，包括将所有任务全部串起来的tasks表头，以及用于父进程串接到其子进程的children表头，以及同级别子进程相互串接的sibling表头，以及其他一些未表示出的表头。之所以要从不同角度形成不同阵营的队列，是因为在执行一些任务管理操作时的方便，比如某个进程突然被终止之后，需要将该进程的所有子进程过继给init进程，那么如何快速地找到该进程所有的子进程？显然，从该进程

```
static struct sched_rt_entity *pick_next_rt_entity(struct rq *rq,
                    struct rt_rq *rt_rq)
{
    struct rt_prio_array *array = &rt_rq->active;
    struct sched_rt_entity *next = NULL;
    struct list_head *queue;
    int idx;

    idx = sched_find_first_bit(array->bitmap); //找到第一个为1的bit索引
    BUG_ON(idx >= MAX_RT_PRIO);   //如果idx值超出了100则就是出了bug

    queue = array->queue + idx; //把array->queue基地址+idx就是对应的队列号
    //找到队列中的第一项
    next = list_entry(queue->next, struct sched_rt_entity, run_list);
    return next;
}
```

图10-145　pick_next_rt_entity()函数代码注释

```
struct rq {
    raw_spinlock_t lock;
    unsigned long nr_running;
    #define CPU_LOAD_IDX_MAX 5
    unsigned long cpu_load[CPU_LOAD_IDX_MAX];
    unsigned long last_load_update_tick;
#ifdef CONFIG_NO_HZ
    u64 nohz_stamp;
    unsigned char nohz_balance_kick;
#endif
    unsigned int skip_clock_update;
    struct load_weight load;
    unsigned long nr_load_updates;
    u64 nr_switches;
    struct cfs_rq cfs;
    struct rt_rq rt;
#ifdef CONFIG_FAIR_GROUP_SCHED
    struct list_head leaf_cfs_rq_list;
#endif
#ifdef CONFIG_RT_GROUP_SCHED
    struct list_head leaf_rt_rq_list;
#endif
    unsigned long nr_uninterruptible;
    struct task_struct *curr, *idle, *stop;
    unsigned long next_balance;
    struct mm_struct *prev_mm;
    u64 clock;
    u64 clock_task;
    atomic_t nr_iowait;
#ifdef CONFIG_SMP
    struct root_domain *rd;
    struct sched_domain *sd;
    unsigned long cpu_power;
    unsigned char idle_at_tick;
    int post_schedule;

    int active_balance;
    int push_cpu;
    struct cpu_stop_work active_balance_work;
    int cpu;
    int online;
    unsigned long avg_load_per_task;
    u64 rt_avg;
    u64 age_stamp;
    u64 idle_stamp;
    u64 avg_idle;
#endif
#ifdef CONFIG_IRQ_TIME_ACCOUNTING
    u64 prev_irq_time;
#endif
    unsigned long calc_load_update;
    long calc_load_active;
#ifdef CONFIG_SCHED_HRTICK
#ifdef CONFIG_SMP
    int hrtick_csd_pending;
    struct call_single_data hrtick_csd;
#endif
    struct hrtimer hrtick_timer;
#endif
#ifdef CONFIG_SCHEDSTATS
    struct sched_info rq_sched_info;
    unsigned long long rq_cpu_time;
    unsigned int yld_count;
    unsigned int sched_switch;
    unsigned int sched_count;
    unsigned int sched_goidle;
    unsigned int ttwu_count;
    unsigned int ttwu_local;
#endif
};

struct rt_rq {
    struct rt_prio_array active;
    unsigned long rt_nr_running;
#if defined CONFIG_SMP || defined CONFIG_RT_GROUP_SCHED
    struct {
        int curr;
#ifdef CONFIG_SMP
        int next;
#endif
    } highest_prio;
#endif
#ifdef CONFIG_SMP
    unsigned long rt_nr_migratory;
    unsigned long rt_nr_total;
    int overloaded;
    struct plist_head pushable_tasks;
#endif
    int rt_throttled;
    u64 rt_time;
    u64 rt_runtime;
    raw_spinlock_t rt_runtime_lock;
#ifdef CONFIG_RT_GROUP_SCHED
    unsigned long rt_nr_boosted;
    struct rq *rq;
    struct list_head leaf_rt_rq_list;
    struct task_group *tg;
#endif
};

struct cfs_rq {
    struct load_weight load;
    unsigned long nr_running;
    u64 exec_clock;
    u64 min_vruntime;
    struct rb_root tasks_timeline;
    struct rb_node *rb_leftmost;
    struct list_head tasks;
    struct list_head *balance_iterator;
    struct sched_entity *curr,
    struct sched_entity *next,
    struct sched_entity *last,
    struct sched_entity *skip;
    unsigned int nr_spread_over;
#ifdef CONFIG_FAIR_GROUP_SCHED
    struct rq *rq;
    int on_list;
    struct list_head leaf_cfs_rq_list;
    struct task_group *tg;
#ifdef CONFIG_SMP
    unsigned long task_weight;
    unsigned long h_load;
    u64 load_avg;
    u64 load_period;
    u64 load_stamp;
    u64 load_last;
    u64 load_unacc_exec_time;
    unsigned long load_contribution;
#endif
#endif
};
```

图10-146 rq/cfs_rq/rt_rq结构体的全貌

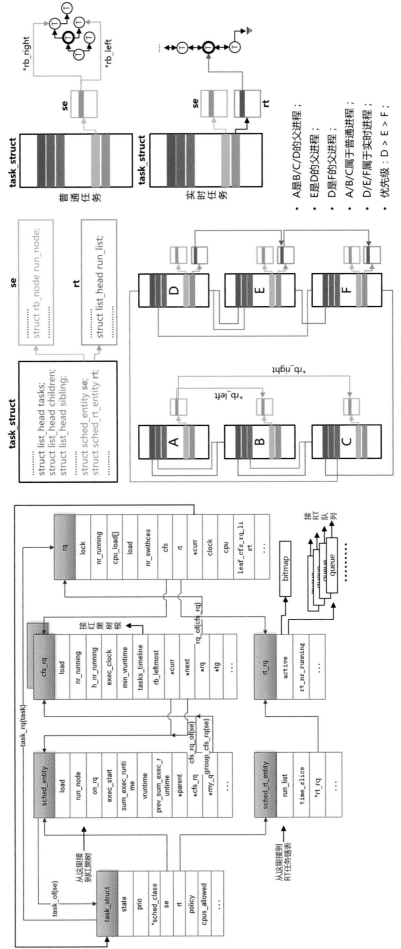

图10-147 task_struct与各种队列队列节点的连接拓扑示意图

task_struct->children可以找到它的第一个子进程，然后再从其children的task_struct->sibing表头进入就能串起它的所有兄弟进程，也就找到了所有子进程了，这个过程被封装到了do_exit > exit_notify > forget_original_parent()函数中，有兴趣的读者可以自行了解。

在task_struct->se以及task_struct->rt结构体中包含用于接入红黑树以及实时任务队列的铆点。se和rt分别是sched_entity类型以及sched_rt_entity类型的结构体，这两个结构体就像是task_struct伸出的两只手，与其他task_struct结构体的手握在一起嵌入到红黑树或者实时队列里，当然，每个任务只能用其中一只手插入队列/红黑树，要么是普通任务要么是实时任务，而不能两种都是。sched_entity/sched_rt_entity又被称为"调度实体"，相当于一个位于task_struct中的调度挂接结构，在这个结构中还存放了与调度相关的其他一些参数，调度器会根据这些参数做出调度决策，如图10-148所示。

普通任务只用se这一只手就够了，手上既记录了任务运行时的统计信息，又包含入队的铆点。但是实时任务同时需要se和rt这两只手。实际上，实时任务是Linux内核发展中后期才加入的，之前只有se这一只手，于是新开辟了rt这只手，手上增加了少许统计信息，同时也增加了专门加入实时队列的铆点。针对实时任务，内核会在原来的se中记录原有的统计信息，在rt中记录新加入的统计信息。

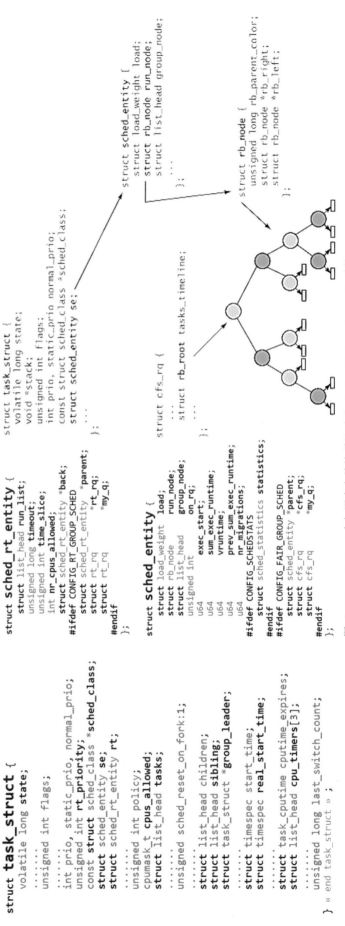

图10-148 task_struct中与调度有关的项目以及sched_entity/sched_rt_entity结构

10.5 任务调度核心方法

上文中介绍了与任务调度相关的部分关键数据结构和组织。在前文中也多次提过，一个软件的整体模型无非就是两个东西：数据结构+算法。算法代码从数据结构中提取数据、判断并生成数据再写回到数据结构中，周而复始，如图10-149所示。

在了解了整个战场的地形地貌之后，我们下一步就该研究兵法了，看看Linux内核调度器是怎么调兵遣将运筹帷幄的。

10.5.1 简单粗暴的实时任务调度

对待实时任务，原则就一条：它永远相比普通任务要优先运行。实时任务就像一个恶霸，他来了就得先用，仿佛CPU就是它自己的一样。然而，如果有多个恶霸呢？简单，排优先级，超级恶霸总是先运行，低级的等待，直到超级的主动休眠（注意，最高等级的实时任务必须休眠，而不是仅调用schedule()让出CPU，否则schedule()依然会调度该任务，因为它依然处于RUNNING态，而且优先级最高）。这样做是否会不公平呢？低级恶霸如果总是得不到运行呢？嗯，谁让你们是恶霸呢，都恶霸了就谈不上公平了。

但是如果有两个同等级（相同RT优先级）的恶霸怎么办呢？不能总让其中一个超级恶霸霸占着CPU不放。于是，Linux内核提供两种针对该场景的调度策略参数：SCHED_FIFO和SCHED_RR。图10-148中task_struct中的policy字段就是用来存放调度策略参数的，改变policy的值就改变了调度策略。可以通过sys_sched_setscheduler()系统调用接口来设置对应的策略，比如用户态的chrt命令。

如果某个实时任务被配置为使用SCHED_FIFO策略，那么一旦轮到它运行，只要它不主动让出CPU，就会一直被调度运行，不管发生多少次中断，thread_info->flags中的TIF_NEED_RESCHED位永远不被设置，中断返回时依然返回到该任务继续执行。除非出现了比当前任务优先级更高的实时任务。这也就是First In First Out的含义，先到先得，直到主动退出。这个参数依然放任超级恶霸霸占CPU任意长的时间。

但是如果某个实时任务被配置为使用SCHED_RR策略，行为就会受到限制，如图10-150所示。每当发生一次时钟中断，中断服务程序都会调用到timer_interrupt()下游的scheduler_tick()函数，该函数之所以被插入到时钟中断的下游，就是为了给主调度器schedule()提供后台数据统计作用的，其又被称为"周期性调度器"，其实这个翻译有很大歧义，冬瓜哥对其持保留意见，更愿意称之为"周期性的后台的调度统计器"，简称"调度统计器"。调度统计器在每次时钟中断后就会被运行，从而更新各种统计信息，主调度器schedule()及其子调度器会根据这些更新之后的信息做出对应的调度决策。所以调度统计器其实是主调度器和子调度器的后台参谋，其并不发起实际的调度动作。

调度统计器内部会调用当前任务所属的子调度器类型（本例中为RT调度器）对应的sched_class中的task_tick指针所指向的函数，根据图10-150按图索骥，其指向的是task_tick_rt()函数。举一反三，如果当前任务属于受CFS调度器调度的普通任务，那么其指向的就会是task_tick_fair()函数。task_tick_rt()和task_tick_fair()可以称为"子统计器"。

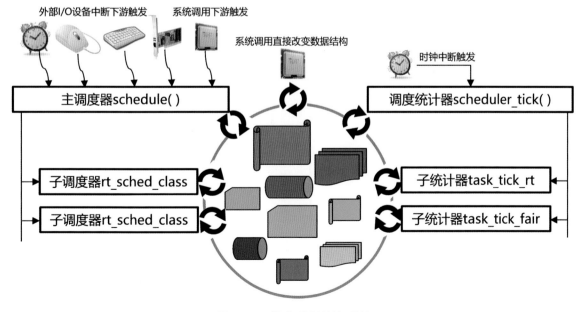

图10-149 模型=数据结构+算法

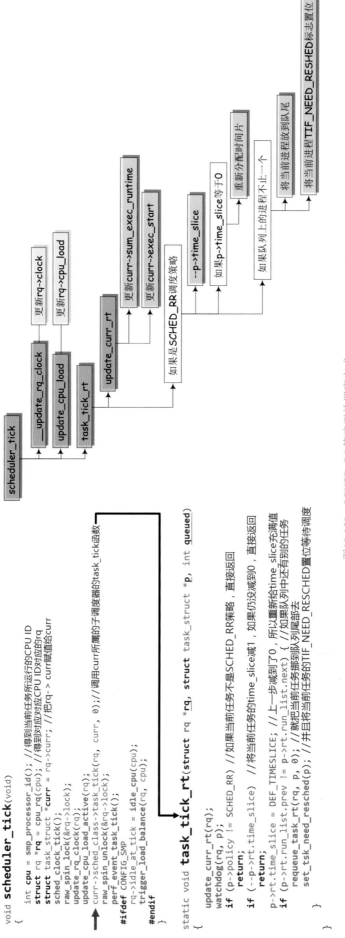

图10-150　SCHED_RR策略下的调度方式

task_tick_rt()的代码如图10-150左下所示，可以发现其会判断当前任务的调度策略，如果不是SCHED_RR，那么一定就是SCHED_FIFO，则直接返回，意味着时钟中断返回后依然会运行当前任务。而如果是SCHED_RR，则会把当前任务task_struct->sched_rt_entity中的time_slice值减1，其余步骤见图中注释。这就是Round Robin（RR）的含义。

Tick就是时钟嘀嗒中的"嘀"，而"嗒"则是tock，这两者并没有区别，你叫它哒哒也行。tick-tock就像秒针一样不断行走，每产生一次时钟中断就是一次嘀嗒。对于CPU则是时钟中断的发生间隔（注意并不是主频的时钟频率，而是时间/Clock的最小间隔单位），CPU时间的一个tick，可以被定义为人类时间单位里的10ms，或者其他值，这个是内核可以自由定义的。内核定义了一个宏HZ，其值为1/嘀嗒间隔，假设嘀嗒间隔为10ms，则HZ=100，也就是CPU每秒会被时钟中断100次。

图10-150中的宏DEF_TIMESLICE为：#define DEF_TIMESLICE (100 * HZ / 1000)。如果HZ=100则DEF_TIMESLICE=10，也就时间片值为10个tick，100ms。这个时间片的值好像有点太大了，一秒钟最多切换10个任务，系统不会卡顿么？别忘了，这可是实时任务，就算把时间片调低一些，中断返回依然还会运行该任务，那不如所幸让它运行长一些时间。如果是普通任务，绝不可能是100ms，否则系统真的会感觉到卡顿。最后给出一个实时任务调度的演示实例解说，如图10-151所示。

说完了恶霸，我们再来看吃瓜群众。

10.5.2　左右为难的普通任务调度

除非在极少数场景下才将某个任务变为实时任务，但是在目前的应用场景下，数据中心服务器鲜有使用实时任务的场景，多数场景下任务都是普通任务。在一大堆普通任务中突然设定一个实时任务，确实是高危操作，可能会导致普通任务的响应速度大幅降低，图10-138中的提示并非空穴来风。

对于用于特殊场景下的实时操作系统，必须按照优先级顺序来执行任务，至于高优先级总在运行而不让出CPU，这也是设计使然，这些封闭系统中运行的程序都是经过精心设计的，其并不是可以让任何第三方程序安装并运行的开放式系统，比如之前的场景，按钮按下发射武器一定是最高优先级的，因为这事关生死，必须抢占当前任务。但是对于一些并非你死我活的场景，如此严苛的优先级控制并不必要，比如在一些开放式系统中，你并不知道新运行的任务是一个由谁开发的、质量如何的、有没有bug的、行为是否"高尚（nice）"（比如是否会考虑无事可做时主动让出CPU，也就是处处考虑别人感受）的程序，你不能放任让不省心的程序耗尽所有系统资源而不给其他任务任何运行机会。

如图10-152所示为从两种不同角度对任务进行分类。任务可以同时具有这两种角度的属性，比如某个任务既属于计算密集型又属于后台批处理型。但是很少会有既属于计算密集型又属于交互式的任务。

在开放式系统中，可能同时存在大量的具有上述各类属性的任务，针对这些普通任务的调度器必须保证它们能够公平地得到执行，还得兼顾系统的整体效率/吞吐量，又得保证程序的响应速度。调和这对矛盾，会让普通任务调度器左右为难。

调度器最终的决策有两个：挑选哪个任务运行、运行多长时间（多少个嘀嗒）。上文中我们也看到了Linux 2.6.39.4内核针对实时任务的子调度器中，这两个决策分别是：选择优先级最高的，以及运行DEF_TIMESLICE个嘀嗒（SCHED_RR策略）或者无穷大时间（SCHED_FIFO策略）。

对于普通任务，事情就没有这么简单了。

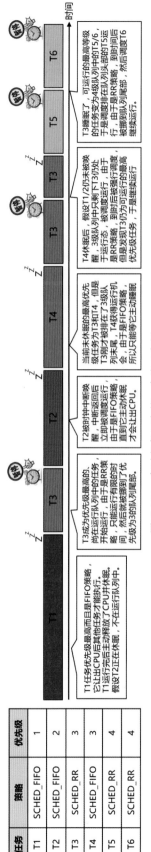

图10-151 实时任务调度的一个演示实例

任务	策略	优先级
T1	SCHED_FIFO	1
T2	SCHED_FIFO	2
T3	SCHED_RR	3
T4	SCHED_FIFO	3
T5	SCHED_RR	4
T6	SCHED_RR	4

类别	描述	示例
I/O密集型	频繁的使用I/O设备导致频繁的被阻塞睡眠	存储系统
计算密集型	运算量大, 持续占用CPU, 每次执行都耗费被分配的时间片. 很少发起I/O操作而被睡眠	科学计算, 数值分析, 工程计算等

类型	描述	示例
交互式进程	此类进程经常与用户进行交互, 因此需要花费很多时间等待键盘和鼠标操作. 当接受了用户的输入后, 进程必须很快被唤醒, 否则用户会感觉系统反应迟钝	GUI界面
后台批处理进程	此类进程不必与用户交互, 因此经常在后台运行. 因为这样的进程不必很快相应	后台批处理类程序, 压缩解压, 视频转码等
实时进程	要求迅速响应的程序, 如果响应慢了会错过某些流程的程序	实时控制程序、物理传感器上收集数据的程序

图10-152　从两种不同角度对任务进行分类

10.5.3　2.4内核中的$O(n)$调度器

在早期的Linux 0.11～2.4内核版本中, 使用了一种比较简单的调度器, 由于该调度器每次调度的时候都要把运行队列中所有项目查找一遍来找到合适的任务, 其算法的时间复杂度为O(n), 该符号表示算法耗费的时间与其待处理的数据量n成正比, 也就是队列中如果有更多的任务, 每次调度就要多花费正比例的时间来输出结果. 由于该调度器并没有像现在这样都有个好听的名字, 所以人们现在一般直接称该调度器为$O(n)$调度器.

该调度器并没有将实时任务和普通任务分开不同队列, 甚至也没有为每个CPU核心准备一个单独队列, 整个系统中只有一个单一的大队列, 多任务并发时, 必须采用自旋锁锁定整个队列, 效率很低. 2.4内核时代的数据结构也与上文中介绍过的不同, 比如在task_struct中包含下面的一些关键的字段: volatile long need_resched（重调度位, 上文中已经介绍过）、long counter（可运行的时间片/嘀嗒数）、long nice（普通任务优先级）、unsigned long policy（调度策略）、struct list_head run_list（运行队列铆点）、unsigned long rt_priority（实时任务优先级）等.

其中, policy可以为SCHED_RR/SCHED_FIFO/SCHED_OTHERS, 前两个适用于实时任务（方法与上文中介绍过的相同）, 后一个针对普通任务调度. counter字段记录的就是任务可运行的嘀嗒数. 我们说过, 不能对普通任务简单粗暴地处理, $O(n)$调度器采用动态时间片方式, 每个任务可运行的嘀嗒数与其优先级相关, 具体关系使用prev->counter = NICE_TO_TICKS(prev->nice)计算出来, 如表10-2所示.

每次嘀嗒中断到来时, 调度统计器会将当前任务counter值减1. 一直到运行队列中所有任务都耗费完自己的时间片之后, 会对全部任务（包括不在运行队列中的那些睡眠任务）挨个重新充入时间值, 继续运行. 关键代码: if (--p->counter <= 0) {p->counter = 0; p->need_resched = 1; }, 每次嘀嗒中断下游将余额减1, 如果减到了0甚至负值, 则将余额置0, 然后置need_resched位, 从而中断返回后再触发调度, 切到其他任务.

充值时的关键代码:

for_each_task(p) p->counter = (p->counter >> 1) + NICE_TO_TICKS(p->nice)

这句代码将counter值重新充入根据nice值算出的嘀嗒数, 如果之前counter已经为0, 则用>>右移算符右移1位（相当于除以2）后仍未0, 如果之前尚有余额没用完, 则旧余额将被打5折追加到新余额中作为奖励.

再来看看$O(n)$如何选择下一个运行的目标任务. 自然, 任务的优先级仍然是判断的基本依据. 不过, $O(n)$使用动态优先级（weight）来决策. 动态优先级的基本思路是, 内核根据任务的不同行为, 周期性地调整它们的优先级, 在较长的时间间隔内没有运行的进程, 通过动态地增加它们的优先级来提升它们的优先级从而确保一旦这些任务被唤醒能够有更高概率被调度执行, 相反, 对于已经运行了较长时间的进程, 则通过减少它们的动态优先级来压制它们.

2.4版本采用数值越大优先级越大的策略. 动态优先级使用goodness()函数来计算. 针对实时任务, 该函数的算法就是让weight = 1000 + p->rt_priority, 之所以+1000是为了直接与普通任务拉开档次, 使得实时任务动态优先级总是大于普通任务. 对于普通任务, 算法为代码片段: weight = p->counter; if (!weight) goto out; weight = weight + 20 - p->nice;. 可以看到, 普通任务的优先级是与其时间片余额相关的, 也就是余额+静态优先级（这意味着余额大的任务会有更高的动态优先级, 比如那些经常睡眠的任务, 余额就越多, 动态优先级也就越高, 越能得到更多的运行机会, 所以将优先级与余额挂钩也是为了奖励这些平时睡眠较多的任务, 因为交互式任务通常频繁睡眠、唤醒）. 每次调度都会按照上述算法重新计算所有任务的优先级并选出优先级最高的来调度, 所以其值在每次调度时是动态变化的. 如果余额已经为0, 则会goto out, 不会参与本次调度, 调度器略过对该任务的动态优先级的计算而转为计算队列中下一个任务的动态优先级.

调度过程的关键代码如下: list_for_each(tmp,

表10-2　$O(n)$调度器nice值与时间片的关系表

Nice值	−20	−10	0	10	19
HZ=100时的嘀嗒数	11个tick, 110ms	8个tick, 80ms	6个tick, 60ms	3个tick, 30ms	1个tick, 10ms

&runqueue_head) {p = list_entry(tmp, struct task_struct, run_list); int weight = goodness(p, this_cpu, prev->active_mm); if (weight > c) c = weight, next = p;}。这段代码的主要逻辑就是遍历整个队列中每一个任务，用goodness()函数按照上文中方法计算每个任务的动态优先级（将结果赋值给weight），然后将weight与c（之前已经算完的任务的最高优先级）相比较，如果本次算出的优先级比上一次更高，那就把本次值赋值给c，然后把本次任务的task_struct指针p赋值给next，一直循环计算到队列中最后一个任务，next的值就是要挑选出的具有最高优先级的（同时时间片余额不为0的）任务，其会被调度执行。

$O(n)$调度器的代码逻辑非常简单，但是劣势也很多。

（1）每次选择下一个目标任务都要遍历所有任务重算优先级，任务数量越多耗费时间越长，$O(n)$复杂度。

（2）全局一个大运行队列，锁粒度太大，多核心处理器系统下效率太低。

（3）余额为0的任务就那么在运行队列中不被做任何处理，一直等到所有任务余额都为0，统一充值，充值时间将会很长，此期间多核心处理器会闲置空转。

（4）实时任务与普通任务同处一个队列，即便队列第一个任务为一个实时任务，也要遍历完整个队列才能决定谁优先级最高，导致实时任务时延较大。本质原因是没有实现原生自索引/排序，耗费计算资源来现场排序。

（5）对睡眠频繁的任务奖励过于盲目，因为有些非交互式任务也可能频繁睡眠，比如一些I/O频繁的存储系统。

在2.5内核版本中引入的$O(1)$调度器，改善了上述的缺点。

10.5.4　2.5内核中的$O(1)$调度器

$O(1)$调度器在2.5版本内核被引入。顾名思义，$O(1)$调度器时间复杂度为常量，不随待处理数据多少而变化。当然，没有免费的午餐，其一定是用空间来换时间的。如果把上述那几个劣势翻转过来就是：每次调度不再遍历整个队列、每个核心具有独立的队列、对任务的统计信息计算变为每次嘀嗒中断都分摊计算一下等。在前文中给出的数据结构其实已经是2.6.39.4内核中的调度器模型了，其前身$O(1)$调度器的模型的样子与前文中的也比较接近。

$O(1)$调度器为每个处理器都设置一套队列。同时把所有任务的优先级限定在0～139，针对所有140个优先级，设定140个独立队列，0～99针对实时任务，100～139则针对普通任务。同样也有一个bitmap实现快速搜索。你可以看到，数据结构容量上的扩充，实

现了原生自索引，这是从$O(n)$到$O(1)$转变的关键点，空间换时间。

$O(1)$调度器设置了两份prio_array{ }结构体，一份名为active，存放时间片未耗尽的可运行任务；另一份名为expired，同样包含140级队列，用于存放那些耗费完时间片的任务。当active中所有任务的时间片耗尽后，将两个结构体的指针互换。关键代码：if (unlikely(!array->nr_active)) {rq->active = rq->expired; rq->expired = array; array = rq->active;}。

$O(1)$调度器依然会对每个任务计算一个动态优先级，放置到task_struct.piro字段。但是实时任务的动态优先级并不会频繁被奖惩，而是恒定不变的，p->prio = 99 - p->rt_priority（与2.6.39.4内核相同算法），并被放到task_struct.rt_priority字段。

针对普通任务的动态优先级，采用effective_prio()进行计算（在每次嘀嗒中断下游的调度统计器中），该函数内部会进行复杂的判断最后生成一个合适的动态优先级值，并根据动态优先级值将任务挪动到对应的优先级队列中。effective_prio()函数内部采用"平均睡眠时间"算法，它会从更多角度去判断一个任务的交互式属性，比如在CPU上的执行时间、在运行队列中的等待时间、睡眠时间、睡眠时的进程状态（INTERRUPTIBLE/UNTERRUPTIBLE等）、在什么上下文唤醒（中断还是进程上下文）等，能够更精准地识别交互式任务。普通任务的动态优先级=max(100, min(静态优先级 – bonus + 5)，139)，effective_prio()最终会算出一个合适的bonus值来。最终，如果动态优先级≤3*静态优先级/4 + 28，则该任务会被认为是交互式进程。当然，这些规则都是一种经验规则，比如为何会+28，完全是凭经验，这一点注定了它开始有点儿不靠谱了。2.6内核版本中的effective_prio()函数可以说是退化了，但是即便2.6内核中的CFS调度器并没有这么复杂的判断逻辑，其效果依然比$O(1)$调度器更优越，下文详述。

由于大部分的统计计算都在每次时钟中断时被调度统计器算完了，主调度器每次调度时不再重算优先级，而是严格按照0～139优先级顺序，找到最高优先级对应的队列，然后找到队列中排在首位的任务运行。

再来看看时间片的分配。$O(1)$调度器不再使用task_struct.counter而用task_struct.time_slice记录时间片。如果静态优先级<120，则基本时间片=max((140-静态优先级)×20, MIN_TIMESLICE)；如果静态优先级≥120，则基本时间片=max((140-静态优先级)×5, MIN_TIMESLICE)，其中，MIN_TIMESLICE为系统规定的最小时间片。可以看到$O(1)$调度器下任务的时间片只与其静态优先级有关，并不会随时变化。

在每次时钟中断下游，调度统计器scheduler_tick()会负责记录各种统计信息，其中会对time_slice减1。对于非交互式任务，关键代码片段：if（!--p->time_slice）

{ dequeue_task(p, rq->active); set_tsk_need_resched(p); p->time_slice = task_timeslice(p);}，其基本逻辑是当时间片减为0时，将任务出队到expired队列，并且将need_resched位置位，并对任务重新充值。

不过，$O(1)$调度器对交互式进程有特殊处理。当time_slice为0时，会判断当前进程的类型，如果是交互式或者实时任务，则重置其时间片并重新插入active队列，保证交互式和实时任务总能优先获得CPU。然而这些任务不能始终留在active队列中，否则进入expired中的任务就会被饿死。当任务占用CPU时间超过一个固定值后，即使它是实时或者交互式任务，也会被移到expired队列中。这个过程的关键代码片段为：

```
if (!TASK_INTERACTIVE(p) || EXPIRED_STARVING(rq))
{enqueue_task(p, rq->expired);

    if (p->static_prio < rq->best_expired_prio) rq->best_expired_
prio = p->static_prio;}

    else enqueue_task(p, rq->active);
```

$O(1)$调度器多数时候的性能是不错的，至少比$O(n)$要强多了，但是随着事务的不断发展，业务压力逐渐增加，业务类型更加多样之后，$O(1)$调度器逐渐力不从心，卡顿也时常发生，其完全凭经验判断的交互式任务判断逻辑，时过境迁之后，已经难以适用。

10.5.5 未被接纳的RSDL普通任务调度器

2004年，澳大利亚的麻醉医生Con Kolivas（根据自述，他接触Linux内核时还不会C语言）发明了名为Staircase的调度器。其基本设计思想是抛弃$O(1)$调度器中那些用于计算动态优先级的复杂代码逻辑，而尝试采用另一个角度来解决交互式任务响应速度问题。其依然保留了active结构体（内含一个位map和queue[140]数组），但是抛弃了expire结构体。优先级仍为140个，并且对实时任务的调度方式不变。

但是针对普通任务，Staircase算法采用了滚动下楼梯然后再坐电梯上楼的思路。如图10-153所示，每个任务运行一段默认时间片之后，其将被挪动到低一级队列中继续运行默认的时间片，一直运行到最后一级，然后坐电梯升到比之前所在的原始优先级的低一级的队列上，同时将时间片×2，然后继续一层层下楼，下到底再回到比原始优先级低两级的队列，时间片×3，继续下。一直循环到坐电梯也只能到139级时，重置该任务到原始状态继续上述规则。

Staircase调度算法相当于把一个任务的时间片分摊到了每个级别中，让一开始高优先级的任务逐层下落，经过历练之后再提上来并附以对应倍数的时间片。这样做的一个好处就是，那些休眠中的任务一旦被唤醒，基本上都会迅速被执行，因为原先和该睡眠任务相同优先级的任务都落下去了，这样就自然提升

了交互式任务的响应速度。同时任务一层层地下落，可以露出低优先级的任务，让底层的队列成为当前的被运行队列，每一层都有机会得到执行，体现出了完全公平的调度思想。

这个调度器规则如此简练，以至于当时有人评价说"This sounds too elegant. And even I can understand it. It can't possibly work!"。可事实上其在实测中的确取得了相比$O(1)$调度器更好的效率。然而其有一个缺点是，某个任务何时得到调度执行是不确定的，完全取决于高优先级队列中还剩下多少任务，如果能够将任何任务的运行时间变得可预知，接近于常量，那就比较理想了。

为此，Con对Staircase调度器进行了改动，并于2007年推出了Rotating Staircase Deadline Scheduler（RSDL）调度器，并随后将其更名为SD（Staircase Deadline）。为了让每个任务感受到固定的最大调度时延，每个任务落到最底层之后，不再被重置加回之前的优先级，而是到expired->queue[140]中对应的原始优先级层上等待（RSDL算法相对于Staircase算法又重新捡回了expired结构体），直到所有active->queue[140]中的任务全都被移动到了expired中之后，将active和expired指针互换，重新循环执行，这个过程如图10-154所示。Con将任务下落到底再直升到次优先级层的过程称为Minor Rotating；将active和expired指针互换称为Major Rotating。这些命名相当于对该算法进行了包装和具体化，让人能够有更深刻的印象。

然而仅仅如此并不足以固定住最大调度时延，它只是封住了最底下的口子，提供了前提。由于每个层级上的任务数量是不定的，最终的调度时延依然不确定。为此，RSDL的另一个精髓在于，除了每个任务有各自的时间片之外，它还额外给每个层级中所有任务设定了公共的时间片限额，如果公共时间片限额耗尽，对应层级中即便依然有尚未运行的任务，这一整个层级中所有任务必须都下落一层，与下一层的所有任务再次共享该层的共有时间片限额。上述整个过程如图10-155所示。

这样，任何一层的任务其调度时延变得可期待，但是仍无法做到精确预知，因为如果有多个任务位于某一层，在轮到某个任务执行之前，该层的公共时间片被前面的任务耗尽，那么该任务就得一同被牵连到下一层，而是否在下一层中有机会得到执行？这也成了不可预知的事件，不过，倒是可以将上一层没来得及运行的任务排前面去，但是，对于本层原住民来讲，高层落下来的任务会与本层抢占公共时间片，有些任务可能在层层下落中一直就没有得到运行，为了防止这种状况，上层下落时可以将自身的公共时间片与接纳层的公共时间片合并，同时需要保证公共时间片必须大于每个任务私有的时间片×任务数量，否则就会有任务被饿死。

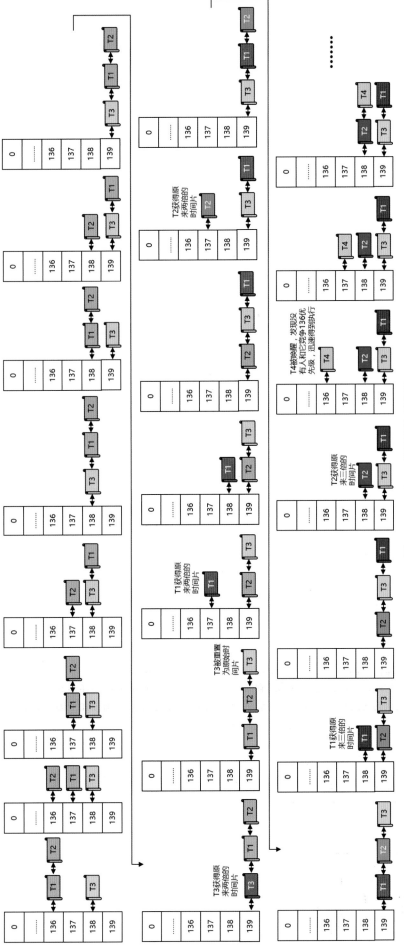

图10-153　Staircase调度算法示意图

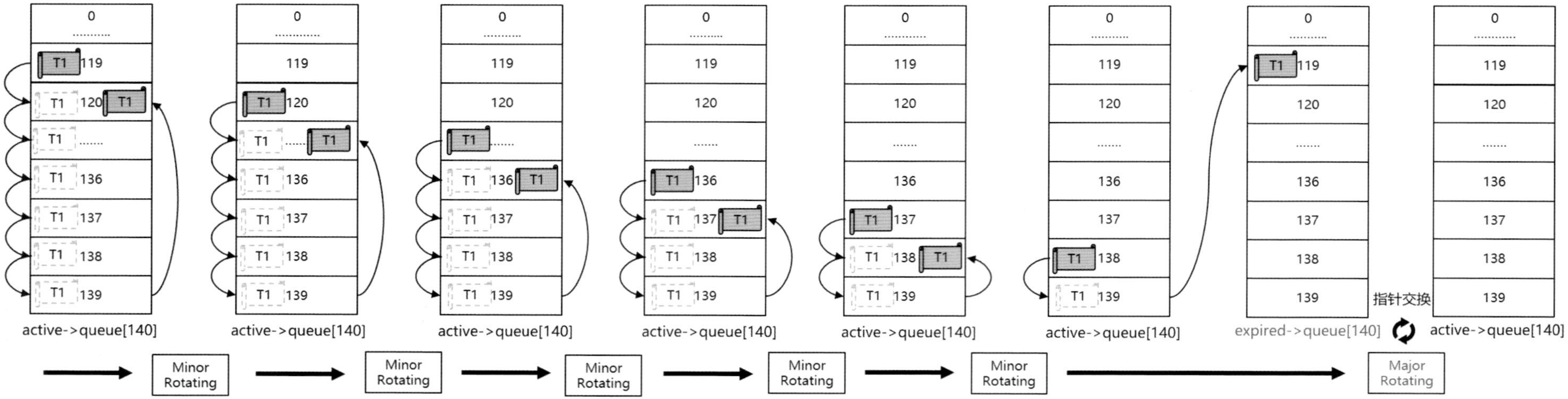

图10-154 RSDL算法的滚动过程示意图

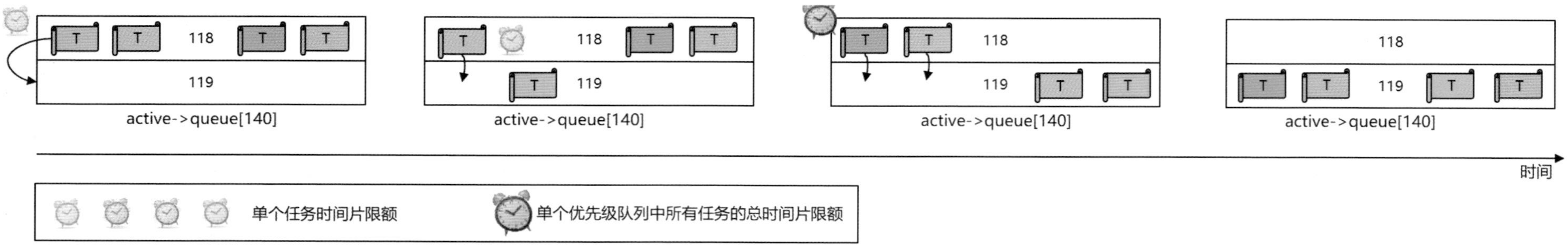

图10-155 RSDL调度器中的组时间片限额作用原理示意图

由于各种原因，RSDL/SD调度器并没有被Linux主线内核版本所接纳，最终胜出的是CFS（Completely Fair Scheduler）调度器。CFS在2.6.23内核版本中进入主线，相比RSDL，其做到了"完全"公平。

提示 ▶▶

Con后来又发明了BFS（Brain Fxxx Scheduler）调度器，专门针对CPU核心数量少于16个的小系统，比如手机等。其更加精简迅速，该命名显示出Con认为之前那些复杂架构的调度器太过精密，对于特定场景，简单到近乎脑残的调度器反而返璞归真。个中意味或许只有Con自己深知了。

10.5.6　沿用至今的CFS普通任务调度器

CFS调度器从RSDL调度器中吸收了"公平"的思想，当然，公平并不等于平均，每个任务的优先级已经决定了它们各自能够获得资源的比重。CFS的出发点也是根据任务的优先级来分配资源，不去主动臆测谁更像交互式任务而给予特权，这一点原则与RDSL是相同的，但是CFS采用了更加激进的全局完全公平思想。

写到这还是要提醒读者本着两个最终原则来审视任何一款调度器：第一是它根据什么来判断下一个要调度谁；第二是每个任务调度运行后能运行多长时间。也就是优先级和时间片，这是任何一个调度器的唯二决策点。

10.5.6.1　指挥棒变为运行时间

审视一下RSDL的实现，可以发现排在低优先级上的任务依然是受到了重重压制，高优先级的任务在自己的等级上耗费完了时间片，被下放到下一等级却依然还可以继续运行（虽然会被排到该等级末尾），对于那些排名太过靠后的等级任务而言，这其实是一种隐含的不公平。而$O(1)$调度器会将每个耗费完时间片的任务挪动到expired队列中，从而不再影响active队列中的任务，看似应该比RSDL更合理，但是RSDL是把任务的时间片均摊到每个等级上了，只运行一点点儿时间就被降级，从而能够更快地让出当前等级，从而保证那些同等级已休眠的任务被唤醒后能够快速执行。

不管怎样，$O(1)$和RSDL调度器的原生思维仍然是"优先级最高的肯定是下一个被执行的"，从这一点上来讲，RSDL的确只是对$O(1)$的修修补补。而CFS调度器并不是看谁的优先级高就去调度谁，它完全抛弃了这个从$O(n)$开始就被遵循的原则。CFS遵循的原则是"优先级高的可以获得更多的运行时间，但是不一定被调度执行的概率也高，之前占用CPU时间最小的任务获得最高的调度概率而不管它的优先级是多少"。可以看到，CFS的指挥棒突然变成了"占用CPU的时间"，谁之前占得最少，谁就下一个运行。

每次时钟中断，scheduler_tick()调度统计器会重算当前任务的运行时间并现场对全局所有任务按照运行时间重新排序，当然，这个重排序操作必须为增量操作，而不是每次都要进行全盘重算，否则效率太低。这也是为何CFS使用红黑平衡二叉树而不是链表来组织任务的原因，因为对二叉树的操作时间复杂度为$O(logN)$，虽然不如$O(1)$但是也不至于像$O(n)$那样线性增加。二叉树中的所有任务原生已经按照运行时间排序，每次时钟中断下游的scheduler_tick()统计器会将当前任务最新的运行时间算出并且调整当前任务在二叉树中的位置（增量重排序）。红黑二叉树最左边的位置总是值最小的，所以pick_next_task_fair()每次直接从二叉树最左边拿到的就是下一个要调度的任务，不需要任何搜索操作。关于二叉树/红黑树等数据结构，篇幅所限请读者自行了解。

10.5.6.2　weight/period/vruntime

任务的优先级已经不再是指挥棒，但并不表示它一点儿用处也没有了，其影响会以另一种形式提现到任务运行时间中，优先级越高的会相应分到更多的时间片，但是绝对不可能发生"因为我优先级高我就得先运行"了。具体原则是：在100～139这40个优先级内，每提升一档，就可多占用10%的CPU运行时间，为了将这个原则具体化、可计算化，CFS引入了weight的概念，并按照上述规则给每个优先级计算出一个权重值，使得（每一级权重/所有级权重总和）这个比值在多个档位之间的增量都是10%，然后将这40个权重值记录在prio_to_weight[40]数组中，如图10-156左侧所示。可以发现优先级越高的任务权重也相应越高。如果直接用100～139优先级值来体现权重的话，无法做到10%粒度的增长，所以必须引入更精细的weight值。

那么，具体的时间片等于多少呢？CFS引入了一个period的概念，period是一个可以变化的值。任何一个任务的时间片=（该任务的权重/所有任务权重总和）×period。也就是说，假设所有任务都耗费完它各自的时间片，那么所有任务都轮流执行了一遍的时间就等于period，其也被称为一个调度周期，在一个调度周期内，所有任务按照自己的权重来瓜分CPU执行时间，如果所有任务都执行完各自的时间片，那么一个调度周期内所有任务恰好轮流执行一遍，谁也不会被落下，体现了公平的原则。CFS将任务的时间片称为ideal_runtime（理想运行时间），其本质上与time_slice并没有区别，只是名称变化了，计算方法变化了。

```
static const int prio_to_weight[40] = {
/* -20 */    88761,   71755,   56483,   46273,   36291,
/* -15 */    29154,   23254,   18705,   14949,   11916,
/* -10 */     9548,    7620,    6100,    4904,    3906,
/*  -5 */     3121,    2501,    1991,    1586,    1277,
/*   0 */     1024,     820,     655,     526,     423,
/*   5 */      335,     272,     215,     172,     137,
/*  10 */      110,      87,      70,      56,      45,
/*  15 */       36,      29,      23,      18,      15,
};

static u64 __sched_period(unsigned long nr_running)
{
    u64 period = sysctl_sched_latency;
    unsigned long nr_latency = sched_nr_latency;
    if (unlikely(nr_running > nr_latency)) {
        period = sysctl_sched_min_granularity;
        period *= nr_running;
    }
    return period;
}
```

用户可向下面文件写入对应值来更改对应参数：
/proc/sys/kernel/sched_latency_ns
/proc/sys/kernel/sched_min_granularity_ns

sysctl_sched_latency：用户设置的调度周期默认值
sysctl_sched_min_granularity：用户设置的单个任务运行时间片下限
sched_nr_latency：sysctl_sched_latency / sysctl_sched_min_granularity

图10-156 权重与优先级的对应关系以及调度周期的概念

period的值可以通过在用户态对/proc/sys/kernel/sched_latency_ns以及/proc/sys/kernel/sched_min_granularity_ns这两个文件写入对应的值来进行控制。具体的控制逻辑如图10-156中间和右侧所示。默认情况下，period= sysctl_sched_latency，字面意思就是调度一圈耗费的时间，也就是最后一个被调度的那个任务等待的时延，也就是任务的最大可感受的调度时延，这是一个固定值（这一点相对其他调度器而言比较好）；sysctl_sched_min_granularity为用户所设置的单个任务运行时间片下限，如果时间片过小，会非常低效，所以设置一个下限；sched_nr_latency为根据所设置的调度周期以及时间片下限计算出来的每一轮调度周期能够调度的最大任务数量，其值= sysctl_sched_latency / sysctl_sched_min_granularity。函数__sched_period()用于计算动态调度周期，因为随着系统中运行的任务数量逐渐增加，固定的period值会导致每个任务分得的时间片越来越小，所以此时要提升period的值，其会判断当前系统任务数量是否已经超出了由用户设置的参数计算出的最大任务数量，如果超出则将period的值改为时间片下限×当前可运行任务数量。

说完了时间片，再说说如何记录对应的信息以便调度器判断谁是占用CPU时间最少的那个任务。这似乎根本不是个值得研究的问题，因为分得时间片最小的那个任务不就是占用CPU最少的那么？这可不一定，假设某个拥有很大时间片的任务只运行了一点儿时间就突然被时钟中断，然后被抢占，切换到了另一个任务呢？此时该任务可能才是占用CPU时间最少的那个。另外，调度器考察的是自从系统运行以来任务的总共占用时间的累积值的大小，而不是瞬时值。所以必须有一种方法来记录每个任务到底运行了多长时间。如图10-148所示，task_struct->sched_entity中的exec_start字段用于CFS调度统计器（task_tick_fair()函数）在每次时钟中断记录当前的系统时间戳（先得到时间戳并放到临时变量now中，然后把now的值赋给exec_start），在将now写入该字段之前，会先计算出delta_exec = (now - curr->exec_start)，也就是本次中断相比上次中断时的差值，再将该差值追加到另一个字段：curr -> sum_exec_runtime += delta_exec，sum_exec_runtime就是该任务的累积运行时间长度了。好了，那么CFS调度器只要把sum_exec_runtime值最小的那个任务放置到红黑树的最左边就可以了，它就是下一个要运行的任务。

但是仔细一想不妥，这样的话岂不是将优先级的影响给抵消了，比如假设任务A的优先级为139、时间片值为1；任务B优先级为138、时间片值为2。它们的sum_exec_runtime初始值都为0，假设A先运行了一个单位时间，时间片耗尽，轮到B运行了两个单位时间，时间片也耗尽，此时A的sum_exec_runtime=1，B的则为2，下一次会让A继续运行，A再次运行一个单位时间，此时A和B的总体运行时间相同。在相当一段时间内，A和B其实会平均分配CPU时间，那么B任务相比A任务高一级的优先级，就形同虚设了。

你该想到应该怎么解决这个问题了，那就是引入vruntime（Virtual Runtime）的概念，让高优先级的任务的vruntime走的比低优先级的慢。假设任务A优先级=1，任务B优先级=2，如果A运行了物理时间n，其对应的vruntime也为n；但是如果B也运行了物理时间n，则它的vruntime应当为$n/2$，而不是n。CFS调度器只会考察vruntime的值而不管sum_exec_runtime是多少，它将vruntime值最小的任务放置到红黑树最左边。此时，下一个运行的依然会是B，这样，就可以保证在任意时间段内，B总比A获得二倍的运行时间，谁让B比A优先级高呢？就得这样。

实际上，前文中已经提到，优先级只有40级，粒度太粗，最终需要将其转换为weight。如果让nice=0（优先级=120，weight=1024）的任务的sum_exec_runtime = vruntime的话，那么vruntime的运算公式就是：vruntime = sum_exec_runtime×1024/weight，weight越高，优先级越高，vruntime相比runtime走的越慢，越能享受到更多调度机会，同时享受到更高的运行时间片限额。如图10-157所示为引入vruntime之后的任务运行调度过程示意图。

图10-157中值得一提的是，如果某个任务运行时没有将时间片（ideal_rumtime）全部耗费完之前发生了某次时钟中断，在scheduler_tick()调度统计器执行统计时发现当前任务vruntime已经不是最小的了，那么它就会被抢占。当该任务下一次执行时，依然可以继续执行ideal_runtime这么长的时间，而并非接着上一次的断点执行完剩余的时间片。

再来看看任务的睡眠和唤醒之后应该怎么处理。图10-157中结尾可以看到任务D被从红黑树中删掉了，证明它休眠了，它休眠时的vruntime=3，假设经过相当长一段时间之后，D才被唤醒，而此时A、B、C的vruntime已经积累到了一个非常大的数值，比如1小时，而D被唤醒后加入红黑树，由于它之前的vruntime=3，那么它将在相当长一段时间内持续运行，直到它的vruntime增长到与A、B、C接近，其他任务才有机会运行，这显然不合适。

对于睡眠的任务，其vruntime显然需要被重置一下到一个合理值。重置为什么值合适呢？显然，如果将其vruntime设为当前红黑树中所有任务vruntime值最小的那个（该值被记录在cfs_rq.min_runtime字段，并在每次统计时更新），也算合理，此时该任务会在短时间内迅速得到执行，从而提升了交互式任务的响应速度，相当于只要任务被唤醒就会很快得到执行，而且运行一段时间之后其vruntime就会超过其他任务，从而在下一次tick周期让出CPU，给其他任务运行机会。CFS调度器在此基础上还会对醒来的任务做一些补偿，也就是将重置后的vruntime值再减掉sysctl_sched_latency值，让它变得更低，持续运行时间拉长一些，因为它睡眠了许久，吃了亏。但是也不能补偿太多，否则会导致其他任务卡顿。如图10-158所示为任务唤醒时的主要流程。

关于CFS调度器的其他细节，包括更多的字段作用、函数算法等，篇幅所限不多介绍了，请参考图10-159。上述框架已经可以让大家了解CFS全貌，自己看代码也会变得比较顺畅。

如果回头审视一下RDSL算法的话，就会发现其并没有在全局范围内做到CFS这种完全公平的程度，而只是相比$O(1)$调度器更加公平了一些。所以Linux主线最终选择了CFS调度器也是理所当然的。

10.5.7　多处理器任务负载均衡

在一个多CPU/核心系统中，需要将任务有效地分摊到多个CPU对应的rq中去，做到物理上的并发执行。这个过程被称为负载均衡，其主要实现和触发在两个地方，schedule() > idle_balance() > load_balance()，以及scheduler_tick() > trigger_load_balance() > run_rebalance_domains() > rebalance_domains()中。前者是当主调度器发现当前rq中已经没有可运行的任务了，只能运行idle任务时，尝试从其他CPU/核心的rq中将待运行的任务拉（相关代码中会看到pull字样）到自己的rq中运行，实现负载均衡。后者是在调度统计期间主动重新均衡任务。

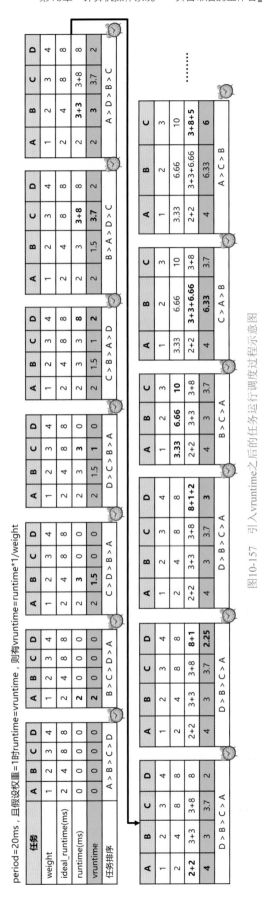

图10-157　引入vruntime之后的任务运行调度过程示意图

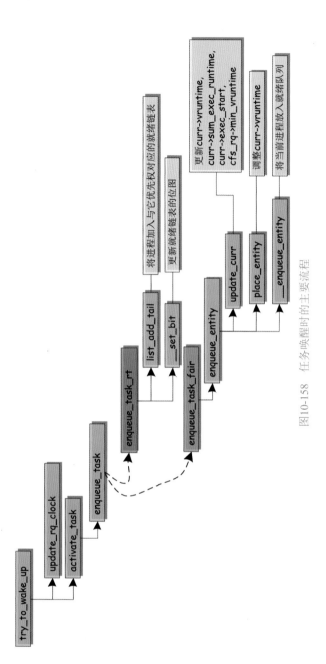

图10-158 任务唤醒时的主要流程

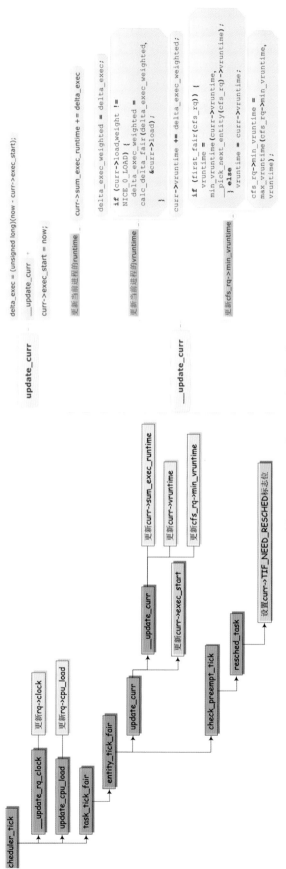

图10-159 CFS子统计器下游工作一览

目前的多处理器系统主流架构是NUMA而不是SMP架构，在NUMA架构下，不同处理器的访存性能是不均衡的，处理器之间、处理器与内存控制器之间的距离都是不均衡的，其性能也会不均衡。如果有两个任务耦合比较紧，比如共享变量等，如果把它俩强行拉远，反而有可能影响性能。所以负载均衡模块会考虑诸多因素来决定均衡策略。

内核根据迁移进程所造成的影响情况设置了不同层级的所谓调度域（sched_domain）。最小一级也是最优先考虑的是超线程场景，尽量往同一个物理核心的另外一个超线程核心去均衡，所以一个物理核心上的超线程虚拟核心组成了最底层的调度域；再往上就是一个物理CPU内部的多个物理核心组成一个调度域，由于目前最新的CPU内部的物理核心组织也并不是均衡的，比如某28核心CPU其中14个核心分布在一个Ring上，另外14个分布在另外一个Ring上，两个Ring之间再通过高速总线连，此时这两批核心之间也形成了不对称，所以也有必要增加一级调度域。再往上就是多个物理CPU芯片之间形成的调度域，比如那些距离近的CPU之间。在第6章中曾经见到过各种类型的NUMA系统，有些甚至引入了NC、NR等互连芯片，形成了更多的层级，这些层级都可以细分为独立的调度域，就看内核实现的粒度了。把任务迁移到越远越高层的调度域，其导致的潜在性能影响就越大，所以高层调度域的均衡优先级也越低。至于调度域的细节以及其中具体的算法考虑，请大家自行了解。

如图10-146所示的rq结构体中有一个字段是cpu_load[ ]数组，该数组记录了该rq当前以及历史时刻的负载值（等于rq中所有任务的weight值之和），用于给负载均衡模块提供决策参考，总权重大的rq其对应的CPU的运行时间更长的概率就更高，负载也就大，但是也不是绝对的，比如高权重的任务也可能运行很短的时间就主动放弃运行，也是有可能的。如图10-160左上方所示的update_cpu_load()函数，其会在每次tick下游更新cpu_load[ ]数组，具体规则是：cpu_load[0] = load（该CPU当前时刻的load值），cpu_load[1] = (cpu_load[1] + load) / 2，cpu_load[2] = (cpu_load[2] * 3 + load) / 4，cpu_load[3] = (cpu_load[3] * 7 + load) / 8，cpu_load[4] = (cpu_load[4] * 15 + load) / 16。cpu_load[0]代表了当前时刻CPU的load情况，cpu_load[1]代表了当前CPU过去一小段时间的总体load情况，cpu_load[2]代表了当前CPU过去稍长一段时间的总体load情况，等等，从cpu_load[1]到cpu_load[4]，历史load值的影响依次增加。似曾相识的一点是，数字信号均衡处理中也是用类似思路，历史的信号在线路上的残留电压会影响新到来的信号。

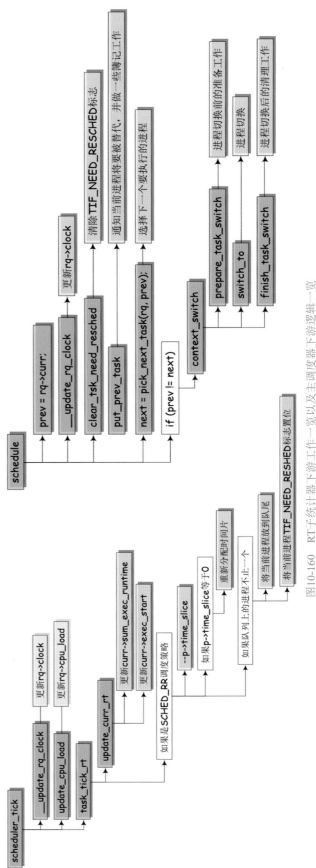

图10-160 RT子系统计算器下游工作一览以及主调度器下游逻辑一览

10.5.8 任务的Affinity

在图10-148中可以发现task_struct结构体中有一项cpumask_t cpus_allowed字段，该字段其实是一个位map，位数量等于系统中目前的处理器核心数量。如果对应位为1，则表明schedule()在做任务负载均衡的时候可以将任务迁移到该核心上运行；如果对应位为0，则不可以。这就是其被称为CPU MASK的原因。

用户可以手动指定让某个任务只可以运行在哪些CPU核心上，这被称为设置任务与核心之间的亲和性（Affinity）。注意，这里可能误解的一点是，设置亲和性并不是说让这个任务同时运行在这些核心上以提升性能，即便设置了多个核心，也只表明该任务可以在这些核心其中的一个上来运行，至于是哪一个，完全取决于schedule()针对负载均衡的判断结果。schedule()在做负载均衡时会根据task_struct中的cpus_allowed字段做出决策。

如图10-161所示为Windows提供的Affinity设置界面，在Linux下则提供了taskset命令来设置，具体语法自行了解。

图10-161　Windows提供的Affinity设置界面

Linux内核提供了sys_sched_getaffinity()和sys_sched_setaffinity()这两个系统调用供用户态程序（比如上面的taskset）调用从而获取和设置对应的信息。asmlinkage long sys_sched_setaffinity(pid_t pid, unsigned int len,unsigned long __user *user_mask_ptr)是sys_sched_setaffinity接口的完整语法。该接口下游入口则是内核函数sched_setaffinity(pid_t pid, unsigned int cpusetsize, cpu_set_t *mask)。该函数设置进程为pid的进程让它只可以运行在mask位图所设定的核心上。如果pid的值为0则表示指定的是当前进程。第二个参数cpusetsize是mask的长度，通常设定为sizeof(cpu_set_t)。如果当前pid所指定的进程此时没有运行在mask所指定的任意一个核心上，则该函数会触发一次任务迁移，将其从其他核心上迁移到mask指定的一个CPU上运行，也就是说该调用是现场同步生效的。sched_setaffinity()函数底层最终会将task_struct.cpus_allowed字段设置为对应的位图。

可以看到，各种数据结构中的每个字段都在默默地发挥着它的作用，内核中的代码有着千丝万缕的联系和影响，牵一发而动全身，如今Linux内核已经到了4.xx版本，甚是精密而复杂，其中包含一些巧妙的机构，也含有一些尾大不掉的笨重的历史包袱。

10.6　中断响应及处理

中断贯穿着系统运行的始终，比如时钟中断为系统提供嘀嗒参考，供内核记录当前的时间，供调度统计器更新任务运行信息继而切换任务。我们在本书之前章节（5.5.6.1、7.2以及7.4.1.13）中简要介绍过中断的基本框架和处理方式，本节中我们要来展开介绍一下。

10.6.1　中断相关基本知识

10.6.1.1　Local和I/O APIC

如图10-162所示，在目前Intel主流CPU架构中，I/O APIC连接在I/O桥上，统一接入处理器前端总线（比如QPI），每个处理器核心都有各自的Local APIC（注意，每个物理CPU芯片内的每个核心都有独立的Local APIC），这些Local APIC与I/O APIC之间通过Ring/QPI前端总线相互通信。图中右侧所示为老的P6处理器架构，其使用了独立的APIC Bus，中断信号并不采用数据包的方式传输，而是直接在一个三根线组成的传统总线上传递。

> **提示▶▶**
>
> 在x86架构下曾经出现过三代的Local APIC模块，分别为82489DX型分立器件（80486时代产物）、xAPIC（集成于核心内部）以及x2APIC（升级版的xAPIC）。截至目前最新的Intel CPU都使用的是x2APIC。使用CPUID指令可以查询当前CPU核心内集成的是哪个型号的APIC。

如图10-163左侧所示，APIC（包括Local和I/O一起）可以被整体禁用，而只使用传统的8259A中断控制器（俗称PIC），这些芯片的外围电路上都预留了对应的旁路设计，可以通过配置对应的寄存器来选择对应的模式，如果禁用APIC，则8259A的信号会被直接导通到处理器核心的INTR信号上，同时NMI中断信号也不会连接到Local APIC上，而是单独输出到一根线。当然，如果启用了APIC的同时也想继续使用8259A，那么后者必须连通到I/O APIC上作为一个级联的中断控制器，同时NMI信号也会从Local APIC中给出。这个模式的配置由系统IMCR（Interrupt Mode Configuration Register）寄存器中的

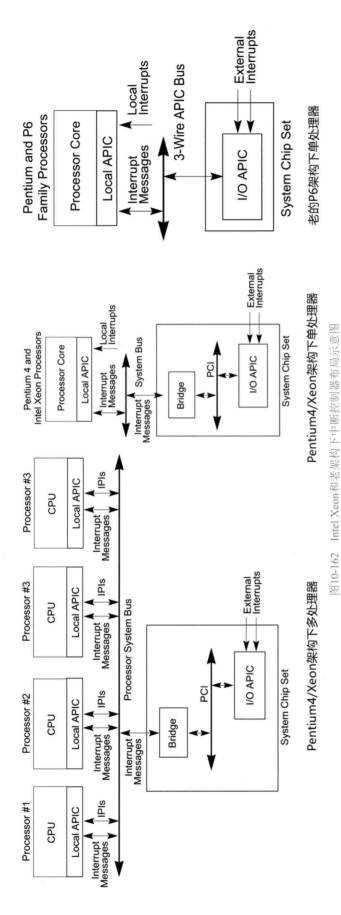

图10-162 Intel Xeon和老架构下中断控制器布局示意图

对应位决定，改变这个位就可以控制上述这两种模式的切换。

如图10-163中间所示，在第7.4.1.13节中介绍过的MSI/MSI-X中断方式中，中断信号变成一个访存请求发送给CPU上的Local APIC，PCIE设备先将访存请求发送给PCIE主控制器，后者再经过前端网络写到Local APIC上，这个过程是Bypass I/O APIC的。此外，处理器之间也可以直接发送IPI（Inter Processor Interrupt）中断。另外，在每个Local APIC内部会集成一个高分辨率的计时器（High Resolusion Timer，HRTimer）。图10-163右侧所示为Local APIC与I/O APIC上的配置寄存器在系统物理地址空间中的位置。

如图10-164所示为Local APIC（后简称LAPIC）内部硬件架构图以及关键寄存器结构图。处理器芯片内的每个物理核心内部都有一些本地的I/O设备，比如计时器、各种性能计数器（比如缓存访问时延、流水线排空次数等，这些计数器被封装在Performance Management Unit，PMU内部）、各种环境传感器（温度/电压等）、本地错误状态寄存器（指LAPIC模块内部的错误）。其中，计时器和本地错误状态寄存器就位于LAPIC模块内部，其他的则处于CPU片内其他位置。这些核心内部的本地设备产生输出/警告时也需要发出中断。那么这些设备中断对应的中断号、中断向量、Vector是多少呢？LAPIC内部提供了一个Local Vector Table（LVT），软件（APIC驱动程序）在系统初始化时可以向LVT中写入自定义的中断向量、中断触发模式等各种配置信息。当这些设备发出中断信号时，LAPIC查询LVT中对应条目即可知道该中断的向量号是多少，要求怎样的触发模式（电平？边沿？）。LVT内部结构见图10-164中间（桃红色标记）。LAPIC还预留了LINT0/1这两个额外的信号用于接入其他可能的设备。

针对外部（比如从I/O APIC，或者来自PCIE主控制器的MSI/MSI-X消息）发来的中断信号，LAPIC内部（右下角）的Protocol Translation Logic会负责从外部总线上（Ring/Mesh前端总线，或者传统的3导线APIC Bus）将I/O APIC发来的中断消息（内含中断向量号、中断传送模式、LAPIC的地址等信息）收入并分析然后做出动作。

总结一下，核心内部本地设备发出的中断，LAPIC从LVT中获取中断向量；外

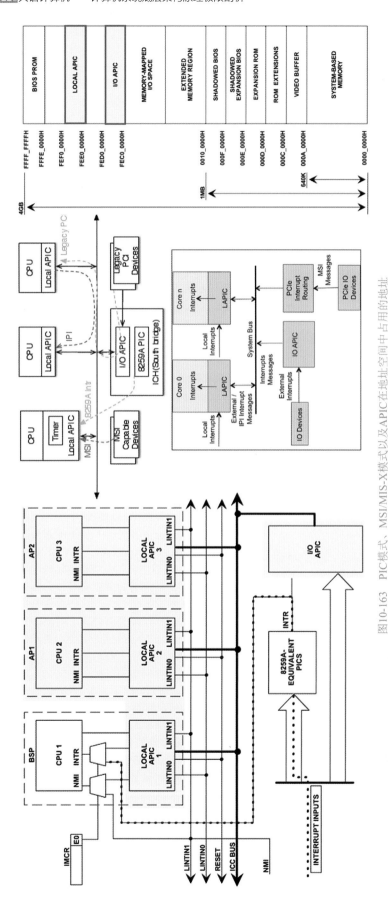

图10-163 PIC模式、MSI/MIS-X模式以及APIC在地址空间中占用的地址

部设备发出的中断，LAPIC直接从外部总线上拿到中断向量。中断向量是一个8位的值，因为x86 CPU最大支持256个向量。LAPIC将对应的中断向量做转换展开，比如向量=0xAA，其十进制值是170，则展开成256个位，第170个位为1，其他都为0。然后将这个1写入到IRR寄存器（256位长）中的第170位上，以表示"170号向量对应的中断正等待发送到CPU核心"。由于外部设备发出中断信号的时机不确定，所以只要LAPIC收到了信号，就将对应向量写入IRR等候处理，假设所有255个向量对应的设备同时发出中断，那么IRR中将全为1，然而这是不可能发生的场景。

之后，LAPIC会根据中断的优先级（数值越大越高）从IRR中找出最高位的位，将其写入ISR中对应的位，同时清零IRR中对应的位，然后向CPU核心发出中断信号。也就是说，IRR中保存的是已经被LAPIC接纳但是还没有开始执行的中断；ISR中保持的是当前正在执行但是还没有完成的中断。CPU核心会从ISR中读取对应的向量然后根据由内核初始化的中断向量表查到对应的中断服务程序入口执行。中断返回后，中断服务程序需要对EOI寄存器做一次写操作，LAPIC便知道本次中断处理完成，于是清零ISR中对应的位。

提示 ▶▶▶

如果LAPIC收到的是NMI/SMI/INIT/ExtINT类型的中断，则不让其等候在IRR和ISR中，而是直接发送给CPU核心。因为这些中断都是需要紧急处理的，其中，NMI为不可屏蔽中断，INIT为与电源加电/掉电相关的中断，SMI是System Management Interrupt，与系统管理相关的中断。ExtINT为对传统8259A PIC的模拟。

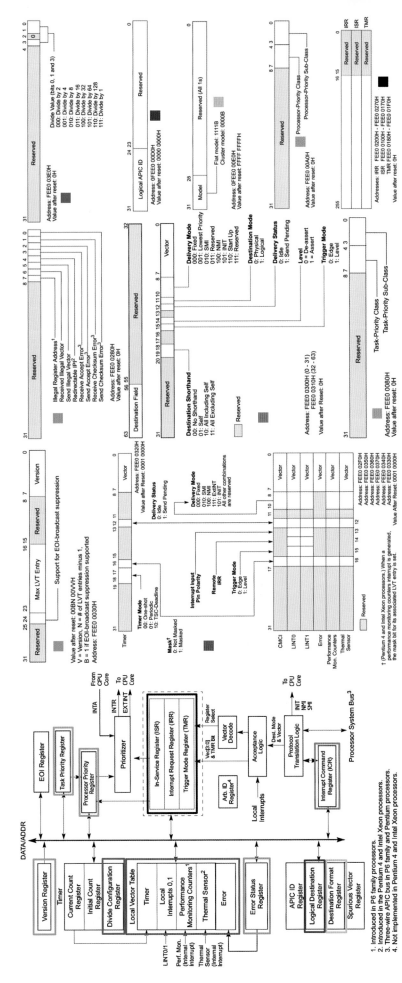

图10-164　Local APIC内部架构及关键寄存器示意图

如图10-165所示为LAPIC中关键寄存器的作用一览。

中断的优先级=中断向量÷16取余，也就相当于右移4位，也就是优先级=中断向量的高4位，共16级优先级。同时由于0～31号中断向量被CPU保留，其优先级为1所以用于其他设备的优先级范围是2～15。TPR寄存器可以被软件写入一个优先级值，凡是发生低于这个值的中断（NMI/INIT/SMI/ExtINT中断不受其限制），LAPIC并不向CPU核心发送，但是依然被记录到IRR中待命。这可以让软件获得充分的灵活性，比如当前如果正在执行一个关键任务，不想被优先级低于xx的中断打断，就可以设置TPR寄存器来实现。而PPR寄存器中保存的是当前CPU核心正在执行的任务的最高优先级，其值为maximum{TRR值，ISR中最高优先级}。当LAPIC收到某个中断请求时，会根据PPR的当前值判断是否要把刚收到的中断请求发送给CPU，如果刚收到的中断优先级高于PPR中的则发送，如果小于则不发送。也就是说，内核希望高于TPR优先级的中断可以进CPU，但是如果来了一个优先级比TPR高但是低于PPR的中断，LAPIC也不能将其发送给CPU，只能先在IRR中等候。

再来看看I/O APIC。如图10-166所示为Intel 82093AA I/O APIC与LAPIC连接拓扑细节图，该系统为老一代系统，其中，PIIX3为兼容ISA总线设备而保留的中断控制器，I/O APIC上也有一些配置寄存器，其通过PCI总线连接到系统中，将这些寄存器纳入地址空间中可供配置，同时另一侧则使用APIC总线与LAPIC互连。APIC之间采用3线的专用APIC总线互连，APIC总线的三根导线分别为：时钟线、数据线#1和#2。图中右侧所示分别为I/O APIC向LAPIC发送的一条中断消息和LAPIC向I/O APIC发送的一条EOI消息（对于电平型中断，中断结束后LAPIC发送EOI消息给I/O APIC通告处理完成）在该总线上的传递时序。由于只有两根数据线，每周期只能传递2位的数据。对于新架构的系统，APIC之间会采用数据包的方式，利用Ring/Mesh等前端访存网络互相传递数据。

图10-165 LAPIC关键寄存器的作用一览

模块	寄存器名称	作用
管理	APIC Version Register (AVR)	存放硬件版本号（0XH表示82489DX分立APIC芯片；10H–15H表示集成的APIC）；其与对应核心的CPU ID相同，BIOS会初始化一个值，软件也可以通过改之
	APIC ID Register (AIDR)	用于存放APIC ID，其与对应核心心的CPU ID相同
计时器	Current Count Register (CCR)	计时器当前的计数值
	Initial Count Register (ICR)	计时器被设定的初始值
	Divide Configuration Register (DCR)	计时器的分频倍数，比如CPU核心运行频率为N，如果分频倍数为2，则计时器每经过2/N秒就会计数一次
与Local APIC直连设备的中断向量表（LVT）	Timer	LAPIC内部的计时器发生中断时，会从该寄存器中找出对应的中断向量并写入IRR寄存器并中断CPU核心
	Local Interrupt 0	与LAPIC的90号引脚直连的设备发出中断时，会从该寄存器中找出对应的中断向量并写入IRR寄存器并中断CPU核心
	Local Interrupt 1	与LAPIC的91号引脚直连的设备发出中断时，会从该寄存器中找出对应的中断向量并写入IRR寄存器并中断CPU核心
	Performance Monitoring Counters	性能监控模块产生中断时，会从该寄存器中找出对应的中断向量并写入IRR寄存器并中断CPU核心
	Thermal Sensor	各种环境传感器发生中断时（比如温度过高、矛盾等）产生中断时，会从该寄存器中找出对应的中断向量并写入IRR寄存器并中断CPU核心
错误码	Error	LAPIC检测到内部错误时（比如奇数非法、矛盾等）有着有小的中断向量，将错误码保存到该寄存器，并向自身产生中断，中断向量存放在LVT→Error寄存器中（上面一条）
IPI核间中断	Error Status Register (ESR)	当LAPIC检测到内部错误时，将错误码保存到该寄存器
	Interrupt Command Register (ICR)	用于软件写入触发核间中断。包含：目标核心的中断向量，目标核心的物理APIC ID，触发模式、传送模式，使用何种目标核心地址寻址等控制信息。当软件写入信息到该寄存器的低半bit后，会触发IPI发送
	Logical Destination Register (LDR)	如果采用物理地址作为目标核心心地址，则物理地址就是目标核心的物理APIC ID（保存在CR中）；如果采用逻辑地址，则逻辑地址被保存在该寄存器中的Logical APIC ID字段
	Destination Format Register (DFR)	该寄存器用于控制LDR中逻辑地址的表达方式，如果为Flat模式，则LDR中的地址用1bit表示一个目标核心，为0则不发送，也可以为Cluster模式（略）
前端中断控制	Interrupt Request Register (IRR)	长度256bit，当LAPIC被收到某个中断信号时对应的bit就被设为1，即将向量写入IRR等待被处理。电路会将原本8bit的向量作为索引，对应到256bit中的第1bit，比如0xAA（170），那么第170个bit为1
	In-Service Register (ISR)	硬件从IRR中提取当前处理的向量，就将对应的bit（同时清零对应IRR中对应的bit），中断CPU，CPU到ISR中读取当前向量进行处理，处理完毕后软件更新对应ISR等寄存器，然后硬件清除ISR中的对应bit，继续从IRR提取
	Trigger Mode Register (TMR)	256bit长度，如果是边沿触发型中断，则对应的bit清零；如果是电平触发型，中断向量进入IRR之后，清除TMR中对应的bit，TMR中对应的bit保持为1
	End of Interrupt Register (EOI)	中断处理完后，中断服务程序写入该寄存器。该寄存器被写入，将会触发LAPIC将中断从ISR中删除
中断优先级控制	Task Priority Register (TPR)	用于控制中断优先级的中断可以让CPU
	Processor Priority Register (PPR)	用于控制中断优先级的中断可以让CPU
	Arb. ID Register	用于存放仲裁优先级ID，用于在多个LAPIC间同时尝试发送IPI时的进行仲裁

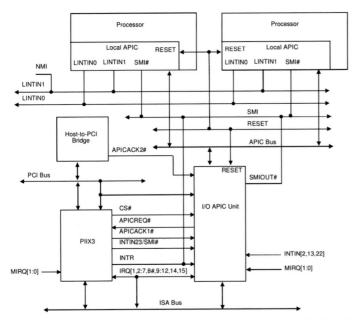

Cycle	Bit1	Bit0		
1	0	1	0 1 = normal	
2	ArbID3	0	Arbitration ID bits 3 through 0	
3	ArbID2	0		
4	ArbID1	0		
5	ArbID0	0		
6	DM	M2	DM = Destination Mode	
7	M1	M0	M2-M0 = Delivery mode	
8	L	TM	L = Level, TM = Trigger Mode	
9	V7	V6	V7-V0 = Interrupt Vector	Short Message (21 Cycles)
10	V5	V4		
11	V3	V2		
12	V1	V0		
13	D7	D6	D7-D0 = Destination	
14	D5	D4		
15	D3	D2		
16	D1	D0		
17	C	C	Checksum for cycles 6-16	
18	0	0		
19	A	A	Status cycle 0	
20	A1	A1	Status cycle 1	
21	0	0	Idle	

Cycle	Bit1	Bit0		
1	1	1	11 = EOI	
2	ArbID3	0	Arbitration ID bits 3 through 0	
3	ArbID2	0		
4	ArbID1	0		
5	ArbID0	0		
6	V7	V6	Interrupt vector V7 - V0	EOI Message (14 Cycles)
7	V5	V4		
8	V3	V2		
9	V1	V0		
10	C	C	Checksum for cycles 6 - 9	
11	0	0		
12	A	A	Status Cycle 0	
13	A1	A1	Status Cycle 1	
14	0	0	Idle	

图10-166 APIC总线上的数据传输格式

另外，图中所示的老架构下，当I/O APIC发送了一条APIC消息之后，所有位于APIC总线上的LAPIC都会收到该消息（因为是总线），它们会按照消息中给出的Destination ID来解码地址从而判断该消息是否是发送给自己的。而基于Ring/Mesh等系统总线的新架构下，APIC消息就是单播了（Destination ID被转换为Ring/Mesh网络的地址，所以也可以将Ring/Mesh数据包地址设置为广播/组播地址实现广播/组播）。

I/O APIC内部也有类似LAPIV的LVT一样的表格，被称为I/O Redirection Table，软件可以配置这个表格中对应的项目，比如第一项被配置为：中断向量=254、传送模式=NMI、触发方式=边沿型、目标LAPIC ID=xxxx。那么INTR#1管脚上如果收到了中断信号，I/O APIC就会按照上述配置格式化一条APIC消息发送给LAPIC，LAPIC再按照对应逻辑中断CPU核心。由于I/O APIC最大可接入24个中断信号，所以该表对应的也有24个条目。

I/O APIC并没有像LAPIC那样暴露大量的寄存器到地址空间中，而是只暴露了IOREGSEL以及IOWIN这两个寄存器，通过这两个寄存器，程序可以读写I/O APIC内部的任意寄存器，方法是先把要读取的寄存器的号码offset写入IOREGSEL寄存器，然后从IOWIN寄存器读出的数据就是对应offset的寄存器的数据；把要写入的数据写入到IOWIN寄存器，然后再将目标寄存器号offset写入到IOREGSEL寄存器，I/O APIC就会将IOWIN中的数据写入到目标寄存器。这个过程与程序对PCI/PCIE配置空间的读写机制是一样的。

10.6.1.2 8259A（PIC）中断控制器

8259A中断控制器是8086 CPU时代的产物，目前基本已经被淘汰了。不过上文中的I/O APIC的一些核心思路其实都是继承自8259A。其被俗称为PIC（Programmable Interrupt Controller，或Peripheral Interrupt Controller）。如图10-167所示为8259A PIC的架构图，其采用INT和INTA管脚与CPU相连，有中断到来时，PIC向INT发信号，CPU一侧准备接收中断时，则向INTA发信号，PIC收到INTA信号后，将中断向量放置到左上角的8位数据总线上供CPU一侧读取。

可以发现其中的IRR/ISR寄存器，其作用与I/O APIC相同。另外还有一个独立的IMR寄存器用于选择性屏蔽某个中断号。8259A PIC也支持中断优先级并且可配置成多种模式，默认是按照中断号排序，也可以设置为比如Rotating模式（最高优先级中断发出后，该中断号即被降级为最低优先级，所有中断号轮流优先）。

8259A PIC提供了20H和21H这两个I/O地址供程序写入对应的控制参数，程序必须按照固定顺序（上图右侧所示）来写入4组初始化参数ICW1/2/3/4（命令控制字）对PIC进程初始化，完成初始化之后，程序可以写入OCW（操作控制字，共三种）来现场更改PIC的其他运行参数，如图10-168所示。

这些命令字可以从字面猜测其含义，如果想要深究请自行查阅对应手册。这里只介绍其中与中断向量有关的命令字：ICW2。默认情况下，PIC的0号管脚（Pin#0，图中的IR0）对应的中断向量也是0，但是前面说过，CPU保留了前32个中断用于内部异常中断，所以需要将PIC的中断号统一加32，ICW2寄存器就是干这个用的。当某个中断到来时，PIC将对应Pin/IR号写入ICW2的低3位中，比如IR7到来，就写入111；配置程序将00100写入ICW2的高5位，那么PIC会将整个ICW2的值作为中断向量，也就是

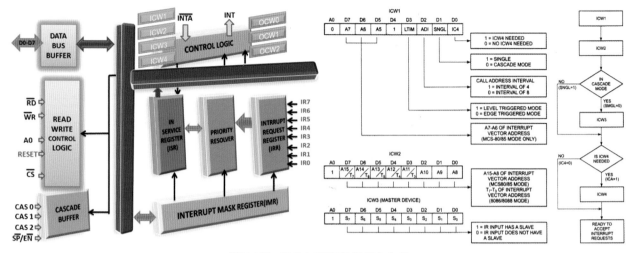

图10-167　8259A PIC架构图和命令字

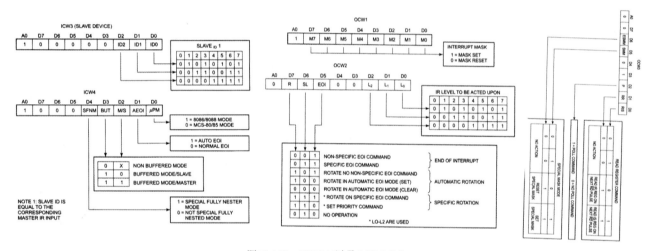

图10-168　ICW3/4以及OCW1/2/3

00100111=39，发送给CPU，此时就不会与保留的向量号冲突了。所以高5位可以用来控制将这8个向量整体搬移到某个offset上。

10.6.1.3　MSI/MSI-X底层实现

曾经在第7章中介绍过MSI/MSI-X中断模式。结合APIC，在此重新审视一下其底层原理，建议先回顾一下7.4.1.13节中的内容。如图10-169左侧所示为MSI Address Register和MSI Data Register内部的各字段含义。MSI Data Register中的低8位包含对应的中断向量的基序号，其他字段用于标识该中断的触发方式、传输模式等。MSI Address Register中的20～63位为固定值，不同设备的该字段值相同，其中，20～31位值为0xFEE，0～19位可变，不同设备该区域值不同。可以看出，不管0～19位为何值，Address Register中的地址值总是处于0xFEE00000与0xFFE00000的这1MB空间内，再翻回去看看图10-163右侧的地址布局，发现这个空间就是LAPIC内部的各个寄存器所占据的地址空间。

那么，LAPIC内部一定需要准备对应的寄存器用于接收外部设备写入的Data Register中的内容，从而获得中断向量和其他控制信息。但是在图10-164左侧并未发现这种寄存器。实际上设备发出的携带有MSI Data的TLP存储器写请求并不会被PCIE主控制器直接发送给目标地址，仔细观察就会发现，每个核心上都有一个LAPIC，它们的寄存器如果是直接可被外界寻址的，那么它们每个都要占据物理地址空间中的一定量地址，而事实上地址空间中只有1MB的空间留给一个虚拟的LAPIC。也就是说，每个核心访问这1MB的地址空间时，其实访问的都是自己附属的那个LAPIC，对应的访存请求会被地址路由模块路由到自己跟前的LAPIC处。这1MB地址空间实际上是每个核心私有的，而不是共享的。**如果从PCIE设备端访问这段空间，PCIE主控制器会将访问该段地址的TLP包截获并终结掉，而将其翻译成对应的APIC事务数据包，APIC数据包中携带有MSI Data，数据包的目标地址也不再是存储器地址，而是APCI ID（逻辑或者物理），这个ID就是从Address中提取出来的Destination**

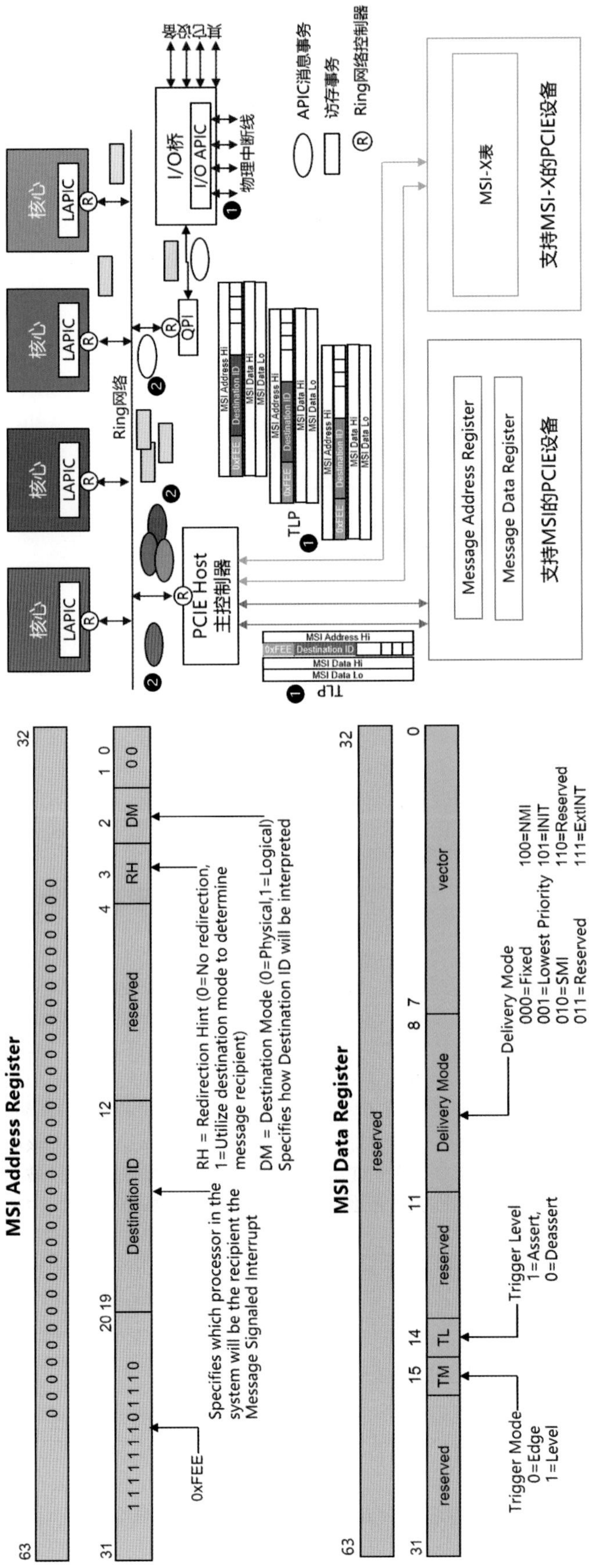

ID，PCIE主控制器还会从Address中的2～11位携带的控制信息来判断该如何翻译Destination ID。

所以PCIE主控制器在MSI/MSI-X模式下充当了中断控制器的作用，其识别所有的、地址位的20～31位的值为0xFEE的TLP包并截获，并根据TLP地址中的0～20位所对应的参数来执行对应动作。

10.6.1.4　IPI处理器间中断

软件可以将对应的命令字（包含中断向量和其他中断控制信息，见图10-164橙色标识位置）写入ICR寄存器（ICR寄存器由两个32位组成，先写高32位，写低32位时会自动触发IPI中断发送）从而触发对其他CPU核心（或者对自己）的IPI中断。IPI可以用来做中断转发，比如原本是发送给核心A的中断向量为a的中断，核心A可以利用IPI将其转发给核心B、向量a来处理。由于同一个系统内的不同CPU核心可能会有不同的中断向量表，所以同一个向量号可能对应不同的中断处理程序，不同向量号也可能对应着同一个中断服务程序。通过对ICR中的Destination ID字段赋予不同的值，可以实现IPI广播，将该中断消息发送给所有或者除自己外的所有CPU核心。APIC总线采用Destination ID来路由。

值得一提的是，IPI并不是指某种特殊的中断类型（Delivery Mode字段表示的INIT、Startup、Fixed等），其可以为任意类型，只不过是从CPU核心发出的，而不是从传统所认为的外部I/O设备发出，仅此而已。所以读者大可以给由外部设备发出的中断起名为EDI（External Device Interrupt）。

还记得第6章6.5.3.2节中讲述系统启动时CPU核心选举时的场景么？BSP核心会利用INIT IPI广播来唤醒其他睡眠中的核心，并利用Startup IPI（下简称SIPI）通知目标核心从哪里执行代码。图10-164橙色标识处的ICR寄存器就是用来盛放待发送的IPI中断消息的。从其中可以看到，Delivery Mode字段有多种类型，其中，101（INIT）和110（Startup）这两种IPI的区别在于，INIT IPI的Vector字段可以是任意的，因为收到该IPI的LAPIC会做重新RESET自己后

图10-169　MSI/MSI-X和APIC基本架构示意图

核心　LAPIC　(R)

I/O桥　I/O APIC　物理中断线

APIC消息事务
访存事务
(R) Ring网络控制器

QPI　Ring网络

PCIE Host 主控制器

TLP

MSI Address Hi
0xFEE　Destination ID
MSI Data Hi
MSI Data Lo

MSI-X表
支持MSI-X的PCIE设备

Message Address Register
Message Data Register
支持MSI的PCIE设备

MSI Address Register

63　31　20 19　12　4 3 2 1 0

1111111101110　Destination ID　reserved　RH　DM　0 0

0xFEE

Specifies which processor in the system will be the recipient of the Message Signaled Interrupt

RH = Redirection Hint (0=No redirection, 1=Utilize destination mode to determine message recipient)

DM = Destination Mode (0=Physical,1=Logical) Specifies how Destination ID will be interpreted

MSI Data Register

63　31　15 14　11　8 7　0

reserved　TM TL　reserved　Delivery Mode　vector

Trigger Mode
0=Edge
1=Level

Trigger Level
1=Assert,
0=Deassert

Delivery Mode
000=Fixed
001=Lowest Priority
010=SMI
011=Reserved
100=NMI
101=INIT
110=Reserved
111=ExtINT

面的核心，所以称之为INIT IPI；而SIPI的Vector字段会携带有一个内存地址（而不是中断号，请注意），收到该类型IPI的LAPIC核心会通知目标核心直接跳转到该地址执行。但是由于Vector字段仅有8位，所以其表示的地址最大为0xFF，可寻址256字节范围，这看上去根本没法用。实际上，目标LAPIC会将这个特殊地址这样来译码：将其值乘以4096（左移12位），相当于其形式变为0x000FF000，也就是说，如果Vector中的地址为0xAB，则接收这个IPI的核心会从0x000AB000处执行代码，而0x000FF000这块地址区域位于物理地址的1MB左右，如图10-163所示，其刚好为Shadow BIOS的位置，在初始化时，BIOS会将自己复制到物理RAM中被映射到1MB的那个区域。在多核心CPU系统初始化时，仍位于实模式，主核心会使用SIPI唤醒副核心执行对应的位于BIOS中的初始化代码。而在主核心将操作系统初始化到一定程度时，此时已经进入了保护模式，分页等机制也都被start_kernel()函数初始化完毕，在随后的kernel_init()中会执行smp_init()，该函数下游会先后采用INIT IPI以及SIPI来通知副核运行对应的入口代码，入口代码会判断当前CPU是不是主核，如果不是，则不执行start_kernel()函数，而会落入主核已经帮助副核心铺垫好的进程中，转为执行start_secondary()函数初始化副核，最后执行到cpu_idle()循环。

LAPIC中的Protocol Translation Logic会负责从总线上拿到APIC中断消息，它负责解析其中内容并做出动作，所以当它看到对应中断类型为INIT时，则忽略Vector字段；如果是Startup则将Vector值左移12位输送到CPU跳转到该地址执行。

既然IPI只意味着中断源的位置是核心自身，那么是否意味着外设也可以发出INIT和Startup类型的中断呢？这取决于I/O APIC上的I/O Redirection Table中对应该中断线的条目中的Delivery Mode被设置为什么，如果是使用MSI/MSI-X方式的PCIE设备，则取决于对应的MSI Data Register中的Delivery Mode字段值。不过，从图10-169下方可以看到，MSI Data Register中的110这个Mode是Reserved，在I/O APIC的寄存器手册中也明确说明110 Mode为Reserved，这表明如果将Delivery Mode设置为110，硬件电路检查到之后会产生错误（在Error Status Register中记录）并可能引发一个Error中断。所以Startup的中断类型是无法从外部设备发出的，这就杜绝了外部设备让CPU任意跳转到某个地址执行代码的可能。但是INIT类型并没有被禁止。

内核中有个比较有趣的函数smp_call_function_single() > generic_exec_single() > arch_send_call_function_single_ipi() > smp_ops.send_call_func_single_ipi()。该调用链的作用是利用NMI类型的IPI来通知对方CPU执行某个函数。不过，其并不是通过将函数物理地址放置到Vector中然后用Startup类型的IPI通知目标CPU的，而是预先在中断向量表中的高序号

处（比如250号以后）注册了一些专门用于处理IPI的中断服务函数，比如，#define CALL_FUNCTION_SINGLE_VECTOR 0xfb，其他核心上的程序首先将待执行函数的指针压入一个专用队列（struct call_single_queue），然后向目标核心发出NMI或者Fixed类型的IPI，Vector字段给出对应的中断号（0xfb），就可以让目标核心执行专门处理CALL_FUNCTION_SINGLE_VECTOR这个功能的IPI中断服务程序，该程序会从call_single_queue取出之前被压入的指针然后开始执行目标函数。还有其他一些专门针对IPI的向量，比如，#define ERROR_APIC_VECTOR 0xfe；#define RESCHEDULE_VECTOR 0xfd；#define CALL_FUNCTION_VECTOR 0xfc；#define THERMAL_APIC_VECTOR 0xfa；#define THRESHOLD_APIC_VECTOR 0xf9；#define REBOOT_VECTOR 0xf8；#define INVALIDATE_TLB_VECTOR_END 0xee。可以发现它们的向量号都比较大。INVALIDATE_TLB是一个比较关键的功能，比如当某个任务修改了页表之后（比如新映射、去映射了物理页，或者修改了页面访问权限等），由于其他核心的TLB中可能会缓存这些条目而导致新修改的结果无法在这些核心上生效，所以在修改了页表之后需要使用IPI广播通知其他核心将TLB作废掉，这个过程也被人称为**TLB Shootdown**。RESCHEDULE_VECTOR则是触发目标CPU核心执行一次重新调度，当然，具体是由位于0xfd向量处的相关IPI处理函数来完成。只有INIT和Startup类型的IPI不需要服务函数处理，而是直接由CPU核心自主处理。

提示 ▶ ▶

再次强调，IPI并不是中断的某个种类，它并不描述中断原因，而只是描述了中断的路径，也就是被谁报告上来的。它与I/O APIC中断、8259 PIC中断、MSI中断可以相提并论，但是并不能与时钟中断、异常中断等相提并论。IPI中断被处理时，对应的中断服务函数会按照IPI消息中给出的Vector来统计系统中各种中断的次数信息。比如，如果Vector是LOCAL_TIMER_VECTOR，系统会统计到LOC而不是IPI类型中断次数+1。如果Vector的值为上文中所述的那些只有通过IPI传送的中断，那么其可以被统计到IPI中断中，早期内核直接用IPI0、IPI1、IPI2来标识这些中断，后来则改用实际名称缩写。

10.6.1.5 可屏蔽/不可屏蔽中断

现在我们来说说CPU接收到中断信号之后发生的事情。CPU怎么知道一个中断到来了呢？当然是对应的INTR信号导线的电平被拉低或者拉高（看具体实现，高低都行），CPU内逻辑电路在每个指令执行结束时都会对这个电平采样并输送到中断控制模块，中

断控制模块只要发现这个电平为低/高，就去寻址中断向量表（实际上是IDT，下文详述），找到中断服务程序入口地址，然后，把当前寄存器中的CS、IP、FLAGS、SP、SS寄存器保存到当前任务的内核栈中（内核栈SP从当前TSS中的ESP0中获取），后续发生的事情就是中断服务程序处理过程了，下文详述。

也就是说，CPU并不是任意时刻都可以被强行中断的，是否中断，是CPU通过判断INTR电平而主动做出的决定，并不是一来信号马上就中断，因为总得给CPU一定的准备时间，比如把上一条指令执行完毕、排空流水线等。否则指令执行到一半就被中断，这个烂摊子是没法收拾的。中断会引发排空流水线，所以中断会严重影响CPU性能。但是中断又是必须的，这就是矛盾所在。如果关掉现在的主流CPU的中断响应，只让它持续运行一个任务，比如视频转码、压缩等，会发现速度可能会提升一大截。所以，CPU很累的，每执行一条指令都要看一眼有没有中断，不过还好，这可以用逻辑电路来实现，将各种输入信号输入判断逻辑，输出值，这也算是CPU的一种"本能"吧，所以估计它也不会感到多"累"。

x86的CLI指令可以关闭中断响应，其底层实际上是将EFLAGS寄存器中的IF（Interrupt Flag）位设置为0，这样，CPU每执行完一条指令时，如果IF=0，则不再去关心INTR的电平，或者说IF信号与INTR信号做了一个AND操作，只要看该与门的输出就可以了，0就表示不用处理中断，但是并不表示中断没有到来。当使用STI指令再次打开中断时，就会继续处理中断。

但是IF标志=0对于NMI（None Maskable Interrupt）中断、Int/Sysenter软中断指令、异常导致的中断是无效的。NMI中断一般用于在系统发生严重的、如果不处理会导致系统宕机的、或者即便处理了也会宕机但是至少损失少一些的时候。比如，电源控制模块上，比如突然掉电时，由于电源、主板电容中尚存的电量仍然可供系统继续运行大概10ms左右的时间，别小看这10ms，对于计算机可以做不少事情，比如CPU可以将缓存flush到RAM，如果RAM使用的是NVDIMM（一种非易失性RAM），则可以保证不丢数据。当电源检测到外部供电突然断开时，可立即向其连接的中断控制器（比如I/O APIC）发出中断信号，同时I/O APIC针对该管脚在I/O Redirection Table中对应条目中被预先配置为采用NMI方式传送，那么I/O APIC将整条NMI APIC Msg传送给LAPIC，后者通过NMI线中断CPU核心，CPU核心就必须无条件响应该中断。NMI的中断向量被恒定设置为2，不可变更，也就是说CPU核心收到NMI中断之后，不会来读取ISR的值，而是直接到中断向量表中的第二项找执行入口。

如果LAPIC将ISR中的第二个位置1，然后通过INTR线来中断CPU，CPU也会执行NMI中断服务程序，但是却没有NMI的效果，也就是说如果IF=0，这个中断就会被屏蔽等待。另外，从NMI线进入的中断，CPU执行

NMI中断服务程序一直到iret指令这期间，CPU会自动屏蔽其他所有中断（包括下一个NMI中断）。

早期的CPU比如8086，其NMI线是独立于8259A控制器的，这意味着产生NMI信号的设备必须直接连接到这个管脚上，如果有多个设备都会产生NMI信号，则将这些信号进行线与操作，任何一个信号都可以拉高NMI管脚电平。而有了LAPIC的代言之后，I/O APIC可以将APIC消息中的Delivery Mode字段编码成100（表示NMI）发送给LAPIC，后者再将该消息转换为通过NMI线中断CPU核心。对于APIC内部的设备，可以配置LAPIC的本地LVT改变传送模式，如图10-164中桃红色、橙色标识处的寄存器结构所示。

除了突然掉电之外，比如内存的ECC校验错误、总线校验错误、Watchdog（一个定时器，定时触发NMI中断，中断服务程序检测某个每次都会被常规时钟中断下游改变的变量是否相对上一次检查时候有变化，如果没变化，表示当前系统可能由于被其他程序关中断+死锁导致卡死，则Watchdog中断服务程序强制重启系统）等，都会触发NMI中断。但是NMI的中断入口服务程序只有一个，难道它能够处理所有这些事件么？

10.6.1.6　中断的共享和嵌套

很多时候由于设备过多，中断控制器的管脚又少，不得不让多个设备共享同一个中断线（MSI/MSI-X方式没有这个问题），多个信号相OR或者AND，这样不管哪个设备发起了中断，该管脚都被抬升或者拉低电平。该管脚对应的中断向量只有一个，入口服务程序也只能有一个，但是可以将共享该中断线的所有设备的中断服务程序注册到一个链表上，中断到来之后，先执行主服务程序，它调用链表头部第一个程序函数执行，每个注册的函数被调用时都会先去读各自所驱动的设备的对应的寄存器看看是不是该设备发送的中断，如果是就处理，处理完就返回到主服务程序；如果不是，则会返回对应的结果码，从而中断服务主入口程序继续调用链表中下一个函数，直到命中真的发出中断的那个设备的中断服务函数，后者会处理中断然后返回，最终主服务程序iret结束中断。

如果CPU正在处理一个中断（ISR中尚存有为1的位）期间，又来了一个更高优先级的中断，那么LAPIC会继续通知CPU核心。一般来说，x86 CPU会在接收到外部中断后自行关闭中断响应，或者由中断服务程序在刚开始运行的时候手动关中断，但是中断服务程序运行到后期可能会重新打开中断（通过调用local_irq_enable()函数），此时，高优先级中断会将上一个中断处理过程再次中断掉，当这个高优先级中断处理完iret时，返回到的是上一个被中断的中断处理过程的断点，然后再次iret。这种中断嵌套可以循环发生。每次进入中断处理时，中断服务程序会在当前任务thread_info.preempt_count字段的HARDIRQ_

MASK字段+1，如果本中断被高优先级中断嵌套中断，则后者处理过程中再将其+1，内核可以判断该字段的值来判断当前是否正处于嵌套中断过程中，并可以判断出嵌套了几层。

10.6.1.7 中断内部/外部优先级

上文中提到过，外部中断有自身固有的优先级，256个中断每32个分为一组，具有相同优先级，这样256个中断共有16个优先级组。LAPIC内部会对优先级进行判断，根据PPR的值判断是否发送给CPU。然而CPU在运行的时候也会出现一些异常之类的内部中断。另外，外部的RESET信号也算是一种独立于INTR/NMI信号线之外的中断信号，其实RESET才是更优先的。那么，摆在CPU眼前的就有如下多个中断源。

（1）CPU出现异常导致的内部中断（这些中断的向量号一般分布在0~31保留向量，外部不能使用）。

（2）软件主动触发的中断。又分int/sysenter（执行软中断指令）和IPI（写ICR寄存器）两种。

（3）直接连接到CPU的INTR/NMI信号线的设备触发。

（4）位于Local APIC内部的设备触发的中断。

（5）连接到I/O APIC的外部设备触发的中断。

（6）PCIE设备通过MSI/MSI-X方式触发。

其中，（6）、（5）、（4）可以统一到131，因为它们最终都是通过INTR/NMI信号线传递给CPU核心的。所以CPU最终面对的其实是三个大类别的中断源。这些中断源可能会同时发出中断，那么CPU在执行完一条指令时必然要选择先执行谁。

如图10-170所示为从CPU视角判断的中断优先级。所以，LAPIC只是对外部中断做了第一层优先级排序，而CPU核心内部的中断处理模块还会做第二层排序。

10.6.1.8 中断Affinity及均衡

上文中总结了几种中断源，总体来说它们只会从4个物理器件中发出：核心内部深处、核心内部的LAPC自己、I/O APIC>QPI控制器、PCIE主控制器。核心内部深处发出的中断比如异常中断等肯定是自行消化了，不会让其他核心来帮忙处理，也没有道理这样。而后面三种都有可能发给其他核心处理。比如核心A的LAPIC发出一个针对某个、某几个或者所有其他核心、所有核心（连同自己）的IPI，有明确的中断目标；而对于I/O APIC或者PCIE主控制器发出的中断消息，可以没有明确的倾向性，发送到哪个核心都没有问题，但是为了让用户能够手动调节中断负载均衡，也需要提供对应的机制让它可以指定发送目标。由于这种需求上的不同，在I/O APIC和LAPIC之间形成了一套中断路由规则。

如图10-171所示分别为由PCIE设备发出的MSI/MSI-X中断消息（位于MSI Data和Address寄存器中）、由LAPIC发出的IPI中断消息（位于ICR中）、

1 (Highest) Hardware Reset and Machine Checks
- RESET
- Machine Check

2 Trap on Task Switch
- T flag in TSS is set

3 External Hardware Interventions
- FLUSH
- STOPCLK
- SMI
- INIT

4 Traps on the Previous Instruction
- Breakpoints
- Debug Trap Exceptions (TF flag set or data/I-O breakpoint)

5 Nonmaskable Hardware Interrupts (NMI) 1

6 Maskable Hardware Interrupts 1

7 Code Breakpoint Fault

8 Faults from Fetching Next Instruction
- Code-Segment Limit Violation
- Code Page Fault

9 Faults from Decoding the Next Instruction
- Instruction length > 15 bytes
- Invalid Opcode
- Coprocessor Not Available

10 (Lowest) Faults on Executing an Instruction
- Overflow
- Bound error
- Invalid TSS
- Segment Not Present
- Stack fault

10 (Lowest) Faults on Executing an Instruction (Cont.)
- General Protection
- Data Page Fault
- Alignment Check
- x87 FPU Floating-point exception
- SIMD floating-point exception
- Virtualization exception

图10-170 Intel CPU对中断优先级的判断规则

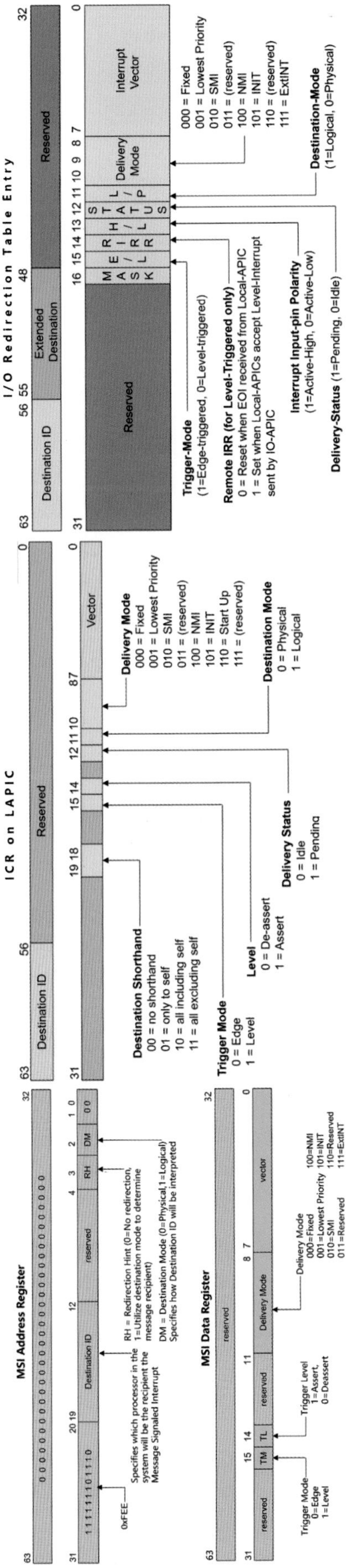

由I/O APIC发出的中断消息（位于I/O Redirection Table条目中）格式，在这里我们不去考察这些消息底层的编码格式、承载它的链路帧格式，而只关心上层（表示层）格式。其中，Destination ID字段（8位）中给出了该消息的目标CPU的APIC ID，前端访问网络根据该地址来路由到目标LAPIC。当该值=0xFF时，表示广播地址，所有LAPIC都将收到该消息。那么，既然中断消息中大的ID字段只有一个，如果要同时发送给多个（非全部）目标，也就是组播，该如何解决？

为此，又给每个LAPIC定义了一个Logical Destination ID，并将其放在LAPIC内部的LDR（Logical Destination Register）寄存器中。每个LAPIC的Logical ID中只有一个为1的位而且互不相同，这样，中断消息中的Destination ID如果为00001111，则该消息会被组播给Logical ID为00000001、00000010、00000100、00001000的这4个LAPIC。这种方式相当于把一个原本可以表示256个不同地址的8位数展开了（Flat），让它只能表示8个地址，但是却可以同时寻址8个地址中的多个。所以该模式又被称为Flat Logical ID模式。

8个地址实在是太少，为了扩展Logical ID的可寻址数量，又提供了一种Cluster Logical ID模式。该模式下，只把Logical ID中的低4位展开，而高4位仍然可表示2^4=16个数值（抛开全1的广播地址的话是15个），低4位展开，最大表示4个地址，这样共可表示15×4=60个地址。高4位相同的所有Logical ID对应的LAPIC组成了一个Cluster。但是该模式下，一条中断消息最多可以被组播给单个Cluster内部的4个ID，无法跨Cluster组播（不能同时发送给不同Cluster中的LAPIC）。

那么，如何切换Flat Logical和Cluster Logical模式？于是，在LAPIC内部又设置了一个叫作Destination Format Register（DFR）的寄存器（4位有效位），当其值被设置为0000时表示该LAPIC的Logical ID使用Flat模式，如果为1111则表示使用Cluster模式。注意，LAPIC可以同时支持使用物理APIC ID和Logical ID来被寻址到。Linux内核在初始化时会将每个LAPIC的Logical ID以及DFR写入，后续不再改变，可以通过在编译内核时选择对应的选项来控制内核写入不同的值到DFR寄存器。如图10-172所示为Flat/Cluster Logical ID模式的规则一览。

明白了上述规则，我们就可以推演出如何控制让某个Vector对应的中断只被发送给：某个、某几个、全部、某几个中选一个的目标LAPIC了。

只发送给一个目标，可以使用Logical或者Physical ID模式；发给某几个目标，就只能使用Logical模式了；发给全部，则需要使用Logical/Physical模式+广播地址。这几种场景下，中断消息中的Delivery Mode可以被设置为Fixed Mode，也就是固定模式，也就是只要Destination ID中（不管是Physical还是Logical）命中了某个LAPIC，该LAPIC就要无

图10-171 LAPIC、I/O APIC体系结构下的中断路由规则

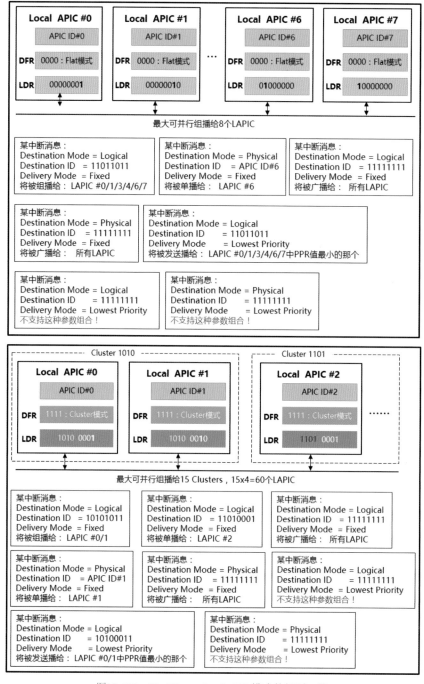

图10-172　Flat/Cluster Logical ID模式的规则一览

条件接收并处理中断。如果Delivery Mode为Lowest Priority模式，则命中的LAPIC并不会都去执行该中断，而是只有这个/些被命中的LAPIC中的PPR值最小的那个才会执行，如果Destination ID只命中了一个LAPIC，那么该LAPIC一定会执行该中断。

很多时候，并不需要把中断组播或者广播给其他核心，而是只希望让一个核心来处理就足够了，而且希望每次中断被路由到的核心不同，这样可以负载均衡。于是有了下面的模式。

发给某几个候选者中的一个（PPR值最小的那个），必须将中断消息中的Delivery Mode设置为Lowest Priority而不是Fixed。对于早期的P6/Pentium平台CPU，APIC之间使用3线APIC总线方式互连，所以天然是一个广播总线，当总线上的所有LAPIC接收到中断消息之后，首先按照自己的DFR和LDR中被配置的规则和地址，去比对收到的中断消息中的Destination ID，不匹配则丢弃，匹配则收入，然后进一步比对Delivery Mode，如果是Fixed，则接纳本次中断并处理；如果是Lowest Priority模式，由于多个LAPIC的PPR值可能相同，所以需要进入总线仲裁步骤，将各自的PPR值和Ar位ration ID依次放置到总线上比比大小，PPR值最小的获胜，如果PPR值相同，则Arb.ID值最小的获胜，由于Arb.ID值都不相同，总会有一个获胜者。每个LAPIC连接到总线上的信号会被线与在一起，然后输送回每个LAPIC的判断逻辑上，仲裁时所有LAPIC将PRP和Arb.ID按照从高位到低位顺序两位为一组放到总线上摊牌比大小，比如如果某个LAPIC的PRP的高两位是11，而其他LAPIC的高两位假设都是0，则该LAPIC会检测到00，则它便知道自己并不是PRP值最小的，所以推出仲裁静候（每种事务耗费的总线周期是固定的，所以它知道该等到什么时候开始下一轮事务），剩下的LAPIC也都检测到00，发现和自己的值一样的，无法分清胜负，所以继续出下两张牌，一直到最后如果还不行，就开始出底牌，把各自的Arb.ID放上来，最终决胜负。

由于Linux内核初始化时会将每个LAPIC的TRR的值设置为全0，相当于不使用该功能，所以每次基本上都需要仲裁决定了。这就会导致一个问题，Arb.ID最小的那个LAPIC总是获胜者，它的负载也就最高。这就是为什么在这些平台下即便是设置了中断Affinity结果发现中断还是总落在某个核心上的原因。

而对于较新的Pentium4/Xeon平台处理器，其APIC之间直接采用前端访存网络互连，不再另设独立总线。所有的LAPIC会定期将自己的PPR值通告给可能发出中断消息的器件（PCIE控制器，或者连接着I/O APIC的QPI控制器），后者保存每个LAPIC的PPR值，并将Lowest Prioirty模式的中断消息转发给PPR值最小的LAPIC；如果PPR值都相同（比如运行Linux时），则随机选择一个，这样就可以保证无论如何也能够有均衡效果。

明白了底层硬件的原理，我们再来看看Linux内核是如何利用这些机制来实现中断Affinity和Load Balance的。毫无疑问，如果想让某个中断只被指定范围的某几个核心中的某个处理，那么该中断对应的MSI/MSI-X或者I/O APIC中的I/O Redirection Table中的条目中的Delivery Mode字段必须被设置为Lowest Priority模式，而且Destination Mode必须被设置为Logical模式。而且还必须将LAPIC中的DFR设置为Flat或者Cluster模式（Linux内核多使用Flat模式，APIC的升级版xAPIC/2xAPIC的Logic ID和Destination ID字段已经从8位升级到了32位，可以均摊到32个核心上），而中断消息中的Destination ID也跟着LAPIC的DFR所被配置的模式来赋值。这种Affinity模式依靠底层硬件随机选择一个目标的方式来均衡，其有效均衡范围会被限定在8个核心（APIC）或者32个核心（x/2x APIC）。

另外一种方式为手动均衡，也就是让某个中断向量只发往一个固定的LAPIC，分别针对系统内所有中断向量挨个设置。此时中断消息中的Destination ID必须为Physical模式，Delivery Mode必须为Fixed模式，而且要精心为每一个中断向量设置不同的Destination ID，当然也可以相同，如果核心数量小于中断向量数量的话。

Linux从2.4版本内核开始，在用户空间提供了一种设置任意中断向量的Affinity的方式。每个中断向量会有一个对应的目录路径：/proc/irq/中断号，该路径下有一个名为smp_affinity的文件，向其中写入不同的值就可以改变Affinity策略。该值长度为32位，每个位为1则表示该中断可以被发送到该CPU。该值显示和操作的时候使用十六进制操作，比如0x0000000F表示将中断均衡到CPU0～3上，0x000000A0表示中断均衡到CPU5和7上。如果系统中有超过32个CPU核心，则smp_affinity文件中将会保存多个值，用逗号隔开。这个过程如图10-173所示。

/proc目录下面的文件都比较特殊，当向其中写入或者读出数据时，应用程序采用的依然是read()/write()这类系统调用，但是这个调用进入内核之后，内核会判断要读写的文件路径是否为/proc开头，如果是则转为调用proc_file_read()/proc_file_write()函数，该函数可并不会去硬盘上找这个文件，而是转为执行其他动作，具体动作与对应文件名有关。比如上述对smp_affinity文件的写入过程的调用链为：write() -> sys_write() -> vfs_write() -> proc_file_write() -> irq_affinity_proc_write() -> irq_set_affinity()，该函数内部会判断对应的irq号是通过哪个器件注册上来的，比如是PCIE控制器（MSI/MSI-X方式）还是通过I/O APIC，然后去调用不同的下游函数，分别为msi_set_affinity()和ioapic_set_affinity()。这个过程如图10-174所示。其中要注意的一点是，由于不同CPU核心各自有各自的中断向量表，所以需要将要均衡的中断向量撒播到均衡范围内的CPU的向量表中去，在每个向量表的对应位置都给占据上，这样任何一个CPU接收到该向量都可以执行到对应的中断服务程序。这个撒播过程被封装在__ioapic_set_affinry() > assign_irq_vector()函数中。

但是，在msi_set_affinity()和ioapic_set_affinity()函数中似乎并没有看到改变Delivery Mode为Lowest Priority的步骤。其实，这个步骤早在内核初始化的时候，已经做了全局定义，如图左上角所示，在struct apic中保存了对应的参数，内核在初始化对应的寄存器时，会从这里拿参数。内核提供了多套不同的struct apic参数表，有struct apic apic_default / apic_flat / apic_noop / apic_summit / apic_x2apic_cluster / apic_x2apic_uv_x / apic_physflat / apic_numaq。在编译内核时，需要选择不同的模式，内核就会以不同的参数套装来运行。其中，前5套参数中都使用了Logical ID和dest_lowestPrio参数。而后3套参数在这方面的配置参数略有不同，比如apic_physflat这个参数套装里使用了dest_Fixed以及Physical ID参数，那么，在选择了这套参数的系统中，就无法将一个中断均衡到多个CPU上

```
root:~ # cat /proc/interrupts
            CPU0         CPU1         CPU2         CPU3
  0:    152008162          0            0            0      IO-APIC-edge   timer
  8:            1          0            0            0      IO-APIC-edge   rtc
 10:            0          0            0            0      IO-APIC-level  ohci_hcd:usb4, ohci_hcd:usb5, ehci_hcd:usb6
 14:      1820306          0            0            0      IO-APIC-edge   ide0
 90:       303985          0            0            0      PCI-MSI        eth2
 98:     39987912          0            0            0      PCI-MSI        eth1
106:       303975          0            0            0      IO-APIC-level  eth3
114:      2211394          0            0            0      PCI-MSI        eth0
122:      1900093          0            0            0      PCI-MSI        eth4
130:       110914          0            0            0      PCI-MSI-X      ib_mthca (comp)
138:            1          0            0            0      PCI-MSI-X      ib_mthca (async)
146:        56128          0            0            0      PCI-MSI-X      ib_mthca (cmd)
154:       110894          0            0            0      PCI-MSI-X      ib_mthca (comp)
162:            1          0            0            0      PCI-MSI-X      ib_mthca (async)
170:        56095          0            0            0      PCI-MSI-X      ib_mthca (cmd)
185:       700570          0            0            0      IO-APIC-level  aacraid
NMI:           0          0            0            0
LOC:   151998792  151999359    151999180    151999298
ERR:           0
MIS:           0

root:~ # echo f > /proc/irq/90/smp_affinity     ┌─ 将90号中断绑定到CPU0/1/2/3，将98号中断绑定到CPU2
root:~ # echo 4 > /proc/irq/98/smp_affinity     └─

root:~ # cat /proc/interrupts
            CPU0         CPU1         CPU2         CPU3
  0:    152426670          0            0            0      IO-APIC-edge   timer
  8:            1          0            0            0      IO-APIC-edge   rtc
 10:            0          0            0            0      IO-APIC-level  ohci_hcd:usb4, ohci_hcd:usb5, ehci_hcd:usb6
 14:      1825316          0            0            0      IO-APIC-edge   ide0
 90:       304822      24795        24394        24563      PCI-MSI        eth2
 98:     39988380          0       383966            0      PCI-MSI        eth1
106:       304812          0            0            0      IO-APIC-level  eth3
114:      2283757          0            0            0      PCI-MSI        eth0
122:      1905352          0            0            0      PCI-MSI        eth4
130:       110914          0            0            0      PCI-MSI-X      ib_mthca (comp)
138:            1          0            0            0      PCI-MSI-X      ib_mthca (async)
146:        56128          0            0            0      PCI-MSI-X      ib_mthca (cmd)
154:       110894          0            0            0      PCI-MSI-X      ib_mthca (comp)
162:            1          0            0            0      PCI-MSI-X      ib_mthca (async)
170:        56095          0            0            0      PCI-MSI-X      ib_mthca (cmd)
185:       700570          0            0            0      IO-APIC-level  aacraid
NMI:           0          0            0            0
LOC:   152417274  152417841    152417662    152417780
ERR:           0
MIS:           0
```

图10-173　修改smp_affinity的值改变中断均衡范围

执行（这里指的是按照优先级随机选择一个执行，注意，并不是说该中断被多个核心同时执行），但是依然可以手动一对一绑定，将不同的中断绑定到不同的单个核心上执行。这一点也是很多运维人员在设置了Affinity之后却发现无效的原因之一。

为此，有人开发了irqbalanced这个程序，该程序运行在用户空间，可以自动帮助用户来均衡中断，它定期地检查当前系统中断是否均衡，然后根据一定的算法，来绑定不同中断到不同核心，可以一对多绑定（struct apic里必须选择使用dest_lowestPrio参数），也可以一对一绑定（dest_lowestPrio或者Physical方式都可以）。当然，对于专业工程师来讲，更愿意采用手动绑定/均衡。

如图10-175所示为开启和关闭irqbalanced程序前后的中断均衡情况差别示意图。图中最右侧所示为其他一些类型的中断的代号示意图。如图10-176所示为不同寄存器参数组合下的行为和均衡方式一览。

10.6.2　中断相关数据结构

CPU核心是如何收到中断的，上文中已经给出了描述。本节我们需要了解一下CPU接收到中断之后都发生了什么了。前文中多次提到过，CPU拿到中断向量之后，就从中断向量表中对应序号条目找出保存在其中的地址，从这个地址开始执行代码。不同的中断源都需要产生中断向量，比如上文中介绍的I/O APIC、LAPIC，操作系统内核初始化的时候需要将对应的向量分别配置到它们的I/O Redirection Table以及LVT中，并将对应向量的中断服务程序入口地址植入中断向量表中对应的条目中，最后还得把中断向量表的基地址写入CPU内部专门的寄存器中，CPU就可以按图索骥了。

软件也可以主动产生中断，指令操作数就是中断向量，比如int 80h指令直接就命令CPU到中断向量表的第80h（128）条中读出入口地址执行，这也就是用

```
struct apic apic_default = {
  .name                  = "default",
  .probe                 = probe_default,
  .acpi_madt_oem_check   = NULL,
  .apic_id_registered    = default_apic_id_registered,
  .irq_delivery_mode     = dest_LowestPrio,  /* 最低优先级模式 */
  .irq_dest_mode         = 1,  /* logical ID */
  .target_cpus           = default_target_cpus,
  .disable_esr           = 0,
  .dest_logical          = APIC_DEST_LOGICAL,/* logical ID */
  .check_apicid_used     = default_check_apicid_used,
  .check_apicid_present  = default_check_apicid_present,
  ......
```

```
static struct irq_chip ioapic_chip __read_mostly = {
  .name             = "IO-APIC",
  .irq_startup      = startup_ioapic_irq,
  .irq_mask         = mask_ioapic_irq,
  .irq_unmask       = unmask_ioapic_irq,
  .irq_ack          = ack_apic_edge,
  .irq_eoi          = ack_apic_level,
#ifdef CONFIG_SMP
  .irq_set_affinity = ioapic_set_affinity,
#endif
  .irq_retrigger    = ioapic_retrigger_irq,
};
```

```
static struct irq_chip msi_chip = {
  .name             = "PCI-MSI",
  .irq_unmask       = unmask_msi_irq,
  .irq_mask         = mask_msi_irq,
  .irq_ack          = ack_apic_edge,
#ifdef CONFIG_SMP
  .irq_set_affinity = msi_set_affinity,
#endif
  .irq_retrigger    = ioapic_retrigger_irq,
};
```

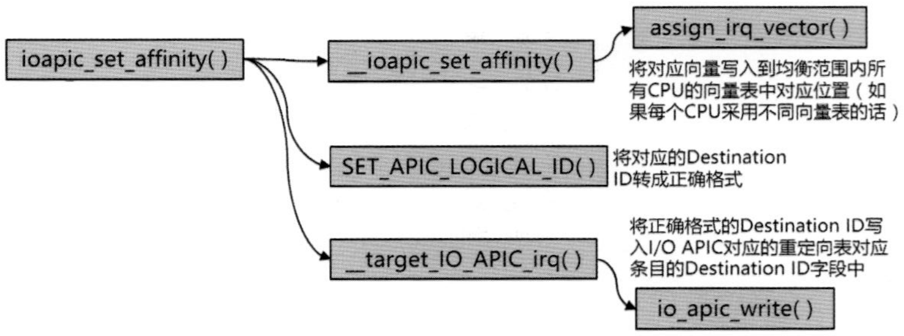

```
static int msi_set_affinity(struct irq_data *data, const struct cpumask *mask, bool force)
{
    struct irq_cfg *cfg = data->chip_data;  struct msi_msg msg;  unsigned int dest;
    if (__ioapic_set_affinity(data, mask, &dest))
        return -1;
    __get_cached_msi_msg(data->msi_desc, &msg);
    msg.data &= ~MSI_DATA_VECTOR_MASK;
    msg.data |= MSI_DATA_VECTOR(cfg->vector);
    msg.address_lo &= ~MSI_ADDR_DEST_ID_MASK;
    msg.address_lo |= MSI_ADDR_DEST_ID(dest);
    __write_msi_msg(data->msi_desc, &msg);
    return 0;
}
```

准备MSI data/address寄存器值
将对应向量写入到均衡范围内所有CPU的向量表中对应位置（如果每个CPU采用不同向量表的话）
将准备好的值写入对应寄存器

ioapic_set_affinity() → __ioapic_set_affinity() → assign_irq_vector()

assign_irq_vector()：将对应向量写入到均衡范围内所有CPU的向量表中对应位置（如果每个CPU采用不同向量表的话）

SET_APIC_LOGICAL_ID()：将对应的Destination ID转成正确格式

target_IO_APIC_irq() → io_apic_write()：将正确格式的Destination ID写入到I/O APIC对应的重定向表项的Destination ID字段中

图10-174 irq_set_affinity()下游作用链

```
# cat /proc/interrupts
          CPU0        CPU1        CPU2        CPU3
  0:  3710374484      0           0           0     IO-APIC-edge    timer
  1:      20          0           0           0     IO-APIC-edge    i8042
  6:       5          0           0           0     IO-APIC-edge    floppy
  7:       0          0           0           0     IO-APIC-edge    parport0
  8:       1          0           0           0     IO-APIC-edge    rtc
  9:      240         0           0           0     IO-APIC-level   acpi
 12:  11200026        0           0           0     IO-APIC-edge    i8042
 14:   6128329        0           0           0     IO-APIC-edge    ide0
 51:       0          0           0           0     IO-APIC-level   ioc0
 59:  19386473        0           0           0     IO-APIC-level   vmci
 67:   9459534        0           0           0     IO-APIC-level   eth0
 75:       0          0           0           0     IO-APIC-level   eth1
NMI:       0          0           0           0
LOC: 3737150067  3737142382  3737145101  3737144204
ERR:       0
MIS:       0
```
开启 irqbalanced 前

```
# cat /proc/interrupts
          CPU0        CPU1        CPU2        CPU3
  0:  950901695       0           0           0     IO-APIC-edge    timer
  1:      13          0           0           0     IO-APIC-edge    i8042
  6:      96        10989        470          0     IO-APIC-edge    floppy
  7:       1          0           0           0     IO-APIC-edge    parport0
  8:       1          0           0           0     IO-APIC-edge    rtc
  9:      109        1787         0           0     IO-APIC-level   acpi
 12:      99       84813914       0           0     IO-APIC-edge    i8042
 15:   17371         0           0           0     IO-APIC-edge    ide1
 51:    1741         0        46689970        0     IO-APIC-level   ioc0
 67:       0          0           0       225409160  PCI-MSI        eth0
 83:       0          0           0       950901400  PCI-MSI        vmci
NMI:       0
LOC: 950902917  950903742  950901202  950901400
ERR:       0
MIS:       0
```
开启 irqbalanced 后

图10-175 irqbalanced程序自动均衡的效果

NMI:	Non-maskable interrupts
LOC:	Local timer interrupts
SPU:	Spurious interrupts
PMI:	Performance monitoring interrupts
PND:	Performance pending work
RES:	Rescheduling interrupts
CAL:	Function call interrupts
TLB:	TLB shootdowns
TRM:	Thermal event interrupts
THR:	Threshold APIC interrupts
MCE:	Machine check exceptions
MCP:	Machine check polls

有效组合？	Destination Mode	Delivery Mode	Destination ID命中多个核心	Destination ID命中单个核心	均衡方式
✓	Physical	Fixed	可以，但只能是广播（All）	如果不是广播，一定是单播	一对一绑定
✓	Physical	Lowest Priority	不能是广播，与Delivery Mode冲突	只能是这样	一对一绑定
✓	Logical	Fixed	可以	可以	一对一绑定
✓	Logical	Lowest Priority	不行	只能是这样	一对多均衡

图10-176　各种参数组合下的行为和均衡方式一览

于系统调用的专门中断号，80h这个向量是固定的。

CPU运行时也可能产生各种异常，比如检测到除法指令操作的除数是0，就产生Divide Error（除0异常），此时CPU会从中断向量表的第0项中读出入口地址执行，操作系统内核必须保证将用于处理除0异常的中断服务程序放置在这个入口上。此外，还有很多Intel CPU规定的固定中断号，比如著名的缺页异常的向量为0Eh（14），无效TSS表异常的向量为0Ah（10）等。Intel规定，0～31号向量保留作为上述这些固定功能向量，包括各种异常、NMI（向量号02h）、Debug/断点中断等使用，不允许将这些向量分配给外部I/O设备，因为CPU一旦检测到对应中断发生，会默认使用对应的中断向量作跳转入口，换句话说，这些向量是被写死在CPU内部硬件中的，而不是去LAPIC的ISR寄存器中拿到的。那如果写一段代码强行把0Eh向量写入到I/O APIC中对应1号中断线的I/O Redirection Table表中，妄图让1号中断线的中断信号引发CPU去执行0Eh向量中的入口代码，是否可以呢？不可以，因为I/O APIC内部电路会检测到，不允许被配置0～31号中断向量。

而32～255的向量号，操作系统可以任意分配。这个规则早在8086和DOS时代就已经定型了。如图10-177所示，左侧为那个时代的规则，当时的CPU并没有现在功能这么强大，只保留了5个与硬件异常/调试/NMI相关的中断向量，后面的27个其实是被DOS自己给用了，比如著名的int 13h就是用于调用读写硬盘的程序的，int 21h则是用于调用操作键盘的程序的，相当于有相当一部分向量被系统调用给占据了。而如今的Linux系统调用已经超过了300项，所以后来的处理方式改为让int 80h作为统一入口，将具体的调用号压入寄存器中，由系统调用总处理程序通过读取寄存器找到调用号，再去调用相关程序。图中右侧则为现代的规则。如果在代码中强行调用int [前32个向量]，则CPU电路会检查并报异常。

图中左侧所示的表被称为IVT（Interrupt Vector Table），这是早期实模式下的产物，其必须被放置到物理内存的0号地址上，不能放其他地方，当时的CPU内部也是写死的，只要收到外部或者内部中断，一律从0号地址去找IVT。同时，由于没有保护，IVT可以被用户态程序任意改动，而且用户态程序可以用int n指令肆意调用任何一个中断服务程序，比如用户

态任务随便调用一个缺页异常处理程序逗内核玩一玩，这显然是不合理的。这种没有保护的IVT带来了很大的风险。所以，在具备保护模式功能的CPU中，会给中断向量表中对应的条目加上相应的权限以及检查机制，可以针对不同的中断向量给予不同的权级，从而提供更多的层次感和灵活性；同时OS内核也会将整个向量表搬移到内核地址区保护起来，让用户态程序碰不到。这个经过改造的IVT被称为IDT。

10.6.2.1　中断描述符表IDT

对于现代的Intel CPU，当运行在保护模式下时，其针对中断向量表的处理方式有很大变化。首先IVT改名为IDT（Interrupt Descriptor Table），IDT仍然有256项。其次，CPU拿到向量号（从外部、int指令中或者前32个默认向量号）之后仍然读取IDT中对应序号的条目，但是读出来的是一个Gate（门）描述符，而不再直接是中断服务程序的入口地址了。

门描述符中给出了中断服务程序的Offset，却没有给出段基址，Segment基地址需要一步步地走完一个流程才能找到，流程的入口是门描述符中的段选择子，CPU拿着这个选择子去GDT/LDT中读出对应的段描述符，再从段描述符中找到中断服务程序的段基地址，然后再跳转到对应服务程序执行。上述顺序总结一下就是：中断向量->IDT->门描述符->段选择子->GDT/LDT->段描述符->段基地址。

> **提示 ▶ ▶**
>
> 我们前文中提到过，Linux采用扁平分段模式，本质上相当于不采用分段，整个虚拟地址空间就是单个大段，不过还是象征性地分为内核段和用户段，不过这两个子段的基地址都是0，没有本质区别。所以IDT中的所有选择子其实都指向的是内核段。在初始化IDT的时候，关键代码如下：static inline void set_intr_gate(unsigned int n, void *addr) {…; _set_gate(n, GATE_INTERRUPT, addr, 0, 0, __KERNEL_CS);};，__KERNEL_CS表示的就是GDT中的内核段描述符了。不过IDT中每个条目的offset字段可能并不相同，从而可以跳转到不同的中断服务函数上，不过也可能相同，因为有些中断使用同一个公共入口，再由这个公共函数根据中断向量调用不同的下游处理函数。

这个过程如图10-178左侧所示。IDT相比IVT更加灵活的一个地方是，其可以被放置在任意区域，只要将其基地址写入IDTR寄存器告诉一下CPU便可，如图10-178中间所示。

门描述符并不是故意绕这个圈子的，其唯一的目的，就是为了权限检查。首先，每个门描述符中有一个DPL权限位（DPL的概念在10.1.4.2节中介绍过，这里最好翻回去回顾一下），几乎所有的IDT中的门描述符的DPL都为0，那么你一定可以猜到的是，当用户态程序代码给出int n时，如果IDT中第n个门的DPL=0，而当前CPL=3，那么CPU会禁止访问该门并报一个异常出来。那你一定能够联想到的是：int 80h为何没问题？那是因为第128号门的DPL特地被OS内核填写为3，于是CPU就放行了。也就是说，用户态代码只能通过80h（128）号门来调用内核态函数，其他都开不了。那么，如果当前CPL=3，而来了一个外部中断怎么办？比如NMI中断，要访问2号门，但是门上的DPL=0，难道禁止访问不成？当然不。凡是外部中断、CPU运行期间内部异常等自动中断，一律不检查权限，大开绿灯！

这就是IDT中的256道闸门的作用所在。那么，为何不直接将对应中断服务函数的入口地址直接放到门描述符中呢？凡是通过门的，直接执行服务函数不就行了么？为何却先放了一个选择子，再去GDT/LDT中找？首先如果把段描述符直接放在门描述符里，不利于统一管理和初始化等，所以把所有的段描述符统一都放在GDT/LDT中，统一用选择子来选。然后，为什么要把中断服务函数入口封装到段描述符中？其实还是为了权限检查，因为段描述符本身也有DPL。也就是说，通过了IDT这第一道闸门，还需要经过段描述符第二道闸门。

第二道闸门的检查方式与第一道闸门刚好相反，高权限的代码不允许调用低权限的代码，也就是只有当前CPL值≥被读出的段描述符DPL，才会放行，否则异常（外部中断和内部自动中断不检查，两道闸门形同虚设）。也就是说，两道闸门最终通过的条件是：门DPL值 ≥ CPL值 ≥段描述符DPL值。

你可能会分析出这样做的原因：如果内核代码可以任意调用用户态代码，岂不是允许用户态代码胡作非为了，因为内核态代码运行时，其CPL=0，用户态代码可能趁机拿着这个令牌向内核区植入恶意程序，或者修改任意内容已达到目的。这个理由看上去很正确，但却并不会发生，因为前文中就介绍过，int指令执行之后，CPU拿到段描述符之后，会将其读出并写入CS寄存器旁的描述符副本寄存器，导致当前的CPL=被读出的段描述符中的DPL，也就是3，被调用的用户态代码并无法访问内核区域。

其实，真正原因是，这样做理论上可以，但是没有实际意义，内核任何时候都不需要调用用户态代码来做事情，这就像你去银行柜台存款，操作员并不会跟你说："现在请你帮我去外面买个东西回来"。不过，操作员可以跟你说"请填一下这个表，填完了给我"，不过这个接口方式完全可以不通过int来处理，而是先iret返回到用

Vector	Mnemonic	Type	Error Code	Description	Source
0	#DE	Fault	No	Divide Error	DIV and IDIV instructions.
1	#DB	Fault/Trap	No	Debug Exception	Instruction, data, and I/O breakpoints; single-step; and others.
2	—	Interrupt	No	NMI Interrupt	Nonmaskable external interrupt.
3	#BP	Trap	No	Breakpoint	INT 3 instruction.
4	#OF	Trap	No	Overflow	INTO instruction.
5	#BR	Fault	No	BOUND Range Exceeded	BOUND instruction.
6	#UD	Fault	No	Invalid Opcode (Undefined Opcode)	UD2 instruction or reserved opcode.[1]
7	#NM	Fault	No	Device Not Available (No Math Coprocessor)	Floating-point or WAIT/FWAIT instruction.
8	#DF	Abort	Yes (zero)	Double Fault	Any instruction that can generate an exception, an NMI, or an INTR.
9	—	Fault	No	Coprocessor Segment Overrun (reserved)	Floating-point instruction.
10	#TS	Fault	Yes	Invalid TSS	Task switch or TSS access.
11	#NP	Fault	Yes	Segment Not Present	Loading segment registers or accessing system segments.
12	#SS	Fault	Yes	Stack-Segment Fault	Stack operations and SS register loads.
13	#GP	Fault	Yes	General Protection	Any memory reference and other protection checks.
14	#PF	Fault	Yes	Page Fault	Any memory reference.

Vector	Mnemonic	Type	Error Code	Description	Source
15	—	Fault	No	(Intel reserved. Do not use.)	
16	#MF	Fault	No	x87 FPU Floating-Point Error (Math Fault)	x87 FPU floating-point or WAIT/FWAIT instruction.[3]
17	#AC	Fault	Yes (Zero)	Alignment Check	Any data reference in memory.[3]
18	#MC	Abort	No	Machine Check	Error codes (if any) and source are model dependent.[4]
19	#XM	Fault	No	SIMD Floating-Point Exception	SSE/SSE2/SSE3 floating-point instructions.[5]
20	#VE	Fault	No	Virtualization Exception	EPT violations[6]
21-31	—	Fault	No	Intel reserved. Do not use.	
32-255	—	Interrupt		User Defined (Non-reserved) Interrupts	External interrupt or INT n instruction.

图10-177 8086/DOS时代以及现代的中断向量表

IVT（中断向量表）：

- 3FFH / 3FCH: ISR entrance of INT 255
- ... （For users, 224 interrupts）
- 080H: ISR entrance of INT 32
- 07CH: ISR entrance of INT 31
- ... （For system, 27 interrupts）
- 014H: ISR entrance of INT 5 (overflow)
- 010H: ISR entrance of INT 4 (breakpoint)
- 00CH: ISR entrance of INT 3 (NMI)
- 008H: ISR entrance of INT 2 (single step)
- 004H: ISR entrance of INT 1 (divide error)
- 000H: ISR entrance of INT 0

（5 dedicated interrupts；每个条目含 CS 与 IP）

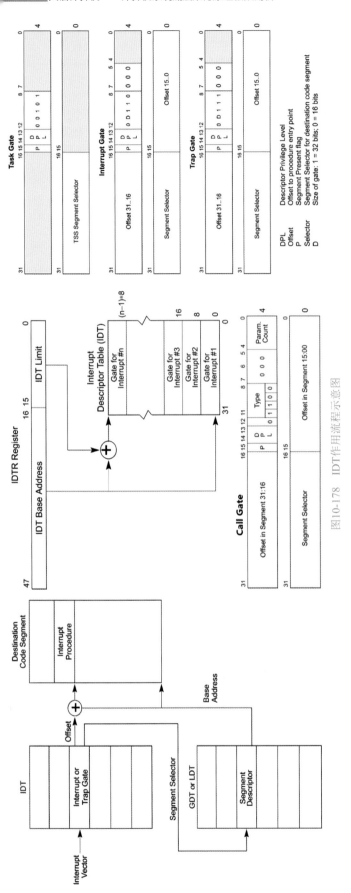

图10-178　IDT作用流程示意图

户态，用户填完表之后再次int到内核态。

而且，中断服务程序被注册成一个用户态权限的程序，也没有意义，直接内核态就行。如果用户态int到内核态，内核再int到用户态，很低效，int指令要上下文切换，很耗时间。

再者，就算这样去做，这段被注册的程序结尾必须执行的是iret而不能是ret指令，因为中断返回之后需要依靠iret指令做多个寄存器的弹栈操作，而不是像ret指令那样仅弹栈一个返回地址到IP寄存器，否则会出错，这就增加了该用户态代码的复杂度，比如需要用汇编语言直接要求使用iret指令，徒增不必要的麻烦。

这两道闸门的检查规则如图10-179所示。不过，Ring0的代码到时可以通过int n来任意调用其他Ring0的代码，有一些Windows 9x时代的设备驱动就这样用过。

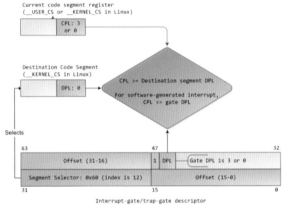

图10-179　两道闸门检查int指令

再来看一下图10-178右侧。在IDT中共可以有三种门类型。其中，中断门和陷阱门的区别在于前者进入后CPU会自动关闭中断（清IF标志位），而后者不会。其次还有一类任务门，任务门中的选择子选的并不是代码段描述符，而是一个TSS描述符（见图10-49），CPU一旦检测到IDT/GDT中的条目是任务门，则期待读出一个TSS描述符来，然后利用读出的TSS来按照图10-55所示的步骤执行任务切换，所以用户态程序可以使用Call/Jmp CS：IP或者Int n的指令直接触发一次任务切换。而且，CPU并不会对TSS描述符中的DPL进行权限检查，所以用户态可以直接使用任务门来将当前任务切换到一个用户态或者内核态任务。不过，由于Linux内核目前不采用Intel提供的这种全硬切换的方式，所以任务门在Linux下是没用的。如图10-180所示为各种门的规则总结。

另外还有一类调用门，该门不能使用Int n指令进入，因为它不在IDT中，只能在GDT/LDT中，也只能通过Call或者Jmp指令来进入，规则同样是门DPL值≥CPL值≥段描述符DPL值时才能通过。调用门可被用来在用户态通过Call/Jmp方式来调用内核态代码，当门DPL值≥CPL值=段描述符DPL时，

门名称	可位于	可能的访问源	可能的DPL值	是否自动清IF位	从GDT/LDT中选出何种描述符
Interrupt Gate	IDT	外部中断 / 内部自动中断 / Int指令	0 / 3	是	段描述符
Trap Gate	IDT	外部中断 / 内部自动中断 / Int指令	0 / 3	否	段描述符
Call Gate	GDT / LDT	Call指令 / Jmp指令	0 / 3	否	段描述符
Task Gate	IDT / GDT	外部中断 / 内部自动中断 / Int/Jmp/Call指令	0 / 3	否	TSS描述符

图10-180　不同门描述符的区别一览

由于是同级调用，该调用不产生栈切换；如果门DPL值≥CPL值＞段描述符DPL时，产生栈切换，CPU会自主压入老五样寄存器入栈。

注意，门上的DPL权限，可以被运行在Ring0权限的代码任意指定；至于使用哪一种门，取决于具体的场景需求，比如对于外部中断，而且不想被自动关闭中断的话，可以使用陷阱门。如果想让外部中断到来时直接切换到一个独立的任务来响应该中断的话，就需要使用任务门（但是Linux下任务切换完全另立门户，所以该场景无效）。

提示 ▶▶▶

Ring0代码也可以向IDT中的条目加入任意的门描述符，并关联任意的内核函数代码入口，然后在用户态采用Call指令就可以任意调用。这就给很多黑客提供了方便。不过在像Windows这样的不开源商业操作系统中，为了安全性考虑，在Windows 7以后版本，内核会在后台扫描IDT，一旦发现存在第三方程序私自植入的IDT条目，则宕机。所以黑客们只能从正规的系统调用入口来调用内核代码了。

10.6.2.2　irq_desc[ ]和vector_irq[ ]

有时候，在某个中断下游需要做多件事情，比如某内核模块需要在每次时钟中断之后做对应的事情，它就需要将一个入口函数注册到时钟中断下游的调用链中。显然，需要有某个表格来登记所有注册在某个中断向量下游的函数，这样，中断入口程序就会查表然后依次调用这些函数。其次，每个中断向量的中断源不同，比如有些是从LAPIC内部集成的器件发出的，有些则是从I/O APIC后面的设备发出，有些则是从PCIE Host主控制器后面的PCIE设备发出，配置这些中断控制器需要不同的方式，比如前文所述的设置中断均衡，如果某个向量源于I/O APIC，那就得调用ioapic_set_affinity()函数，如果是从PCIE控制器以MSI方式的中断源，那就得调用msi_set_affinity()，这两个函数前文中也介绍过，它们的实现不同。所以，也需要将当前中断向量对应的底层各种操作的函数注册到这个表中。

显然，这个表应该有多份，每个中断向量对应一份，每份表格的格式是一样的，表格中划分更多子表格来分门别类记录各种相关内容。这多份表格形成一个数组，数组的编号就是中断向量号。这就是irq_desc[ ]数组，数组中每一项都是一个struct irq_desc，描述了该中断向量的所有信息。如图10-181所示为irq_desc结构体以及下游指向关系。

irq_desc中有三个最为关键的信息，分别为：记录了该中断向量相关的底层硬件相关信息的struct irq_data data，中断向量的总入口回调函数handle_irq的指针，真正的中断处理函数的包装体struct irqaction action。

提示 ▶▶▶

所谓回调函数（Call Back），是指把一个函数指针注册到一个表格中对应名称的项目上，比如将myfunc()指针写入到struct table_style table1.yourfunc字段，那么上游函数只需要用table1->yourfunc(参数)即可调用到myfunc()。这不是多此一举么？为何不直接调用myfunc()？为了灵活性，如果要更换底层的零件，不需要改动上游函数的代码，比如将hisfunc()注册到table1中，上游代码依然是调用table1->yourfunc(参数)，但此时实际上调用的是hisfunc()。假设系统可能会根据不同情况采取多套不同的下游函数套装，那么此时就最好采用回调函数方式来松耦合实现插接件。

其中，irq_data中又包含关键的int irq（irq号）以及struct irq_chip chip（用于记录该中断向量对应的底层中断控制器的操作回调函数，比如屏蔽中断、使能/禁止、应答等函数），在中断处理时会操作中断控制器，调用的就是对应struct irq_chip中的回调函数，比如图中右下角所示的__read_mostly->mask_ioapic_irq()。struct irq_chip中列出的回调函数并不需要全都实现，比如有些中断控制器无法提供中断均衡功能，那就不需要实现irq_set_affinity这一项，届时代码中会判断该项是否注册为空，从而决定是否调用。

irq_desc中的handle_irq是该中断向量的处理入口函数（属于回调函数）之一。实际上最顶层的入口路径是GDT拿出的指针 > common_interrupt > do_IRQ() > handle_irq() > generic_handle_irq_desc() > irq_desc[x]->handle_irq()。该函数为初始化中断控制器时注册的回调函数，不同中断控制器可能对应着不同的回调函数。

handle_irq回调函数内部会调用handle_irq_event() > handle_irq_event_percpu() > action->handler()来执行真正的中断服务函数。

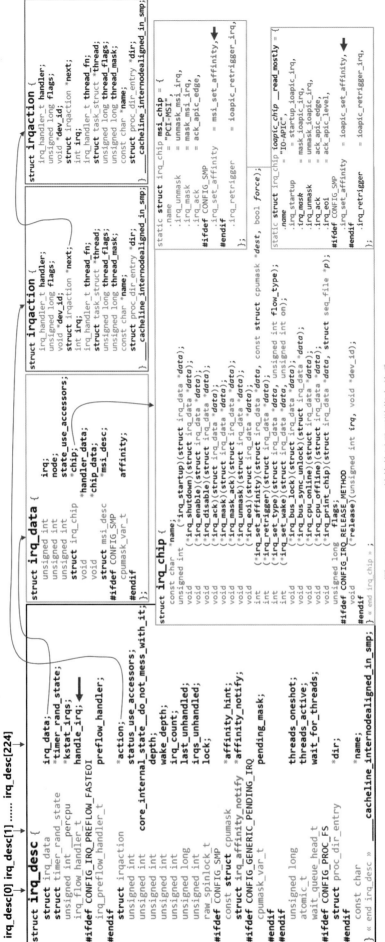

图10-181 irq_desc结构体以及下游指向关系

中断服务函数会被设备驱动程序初始化时调用request_irq()注册到action结构体中，每个action结构体内部都有一个next指针指向下一个action结构体，所以如果针对某个中断有多个下游函数要执行，就需要将这些函数封装到action结构体中然后挨个挂接到上一个action.next指针上。

irq_desc[ ]只在发生外部中断时被读取和使用，当发生内部自动中断（比如各种异常）以及内部主动中断（比如执行了int n指令时）时，对应的中断服务函数并不会被注册到irq_desc[ ]中，而是单独注册了对应的入口（下一节中会详述）。实际上，"irq"这个词从一开始也就泛指外部硬件产生的中断。但是，由于IDT中前32个被保留作内部自动中断所用，0x80（128）号向量则被系统调用特殊中断所用（系统调用入口并不使用irq_desc中的信息），但是irq_desc[ ]却是从0开始的，所以Vector号与irq_desc[ ]号（或者俗称irq号）无法一一对应，所以需要一个数据结构来存放Vector m与irq_desc[n]之间的对应关系。vector_irq[ ]数组应运而生。该数组的序号（下标）值为Vector值，而标号对应的元素项目的值为irq号。比如，vector_irq[32]=0，vector_irq[33]=1，以此类推，vector_irq[128]留空（值设为-1）。这样，上层软件只需要关注irq号（irq_desc[ ]的标号），而不用再去关心底层的Vector值，所以图10-173和图10-175中最左侧一列的号码其实是irq号，而不是Vector号。

在irqinit.c源文件中，vector_irq[ ]会全部被初始化为-1（表示该项为空），代码：DEFINE_PER_CPU(vector_irq_t, vector_irq) = { [0 ... NR_VECTORS-1] = -1,}。

如图10-182所示，vector_irq[ ]是per cpu数据结构，每个CPU都有各自的那份，中断向量被发送到了哪个CPU执行，其上的中断入口程序就从该CPU对应的那个vector_irq[ ]中找到Vector对应的irq号，并读取对应的irq_desc{ }。所以，不同CPU的vector_irq[ ]的同一个Vector号可能对应着相同或者不同的irq号。allocated_irqs[n]和irq_desc[n]中的n取值随平台参数不同而不同，代码中采用NR_IRQS宏来表示其数值，典型参数套装下其值为2304。

同时还设置了一个used_vectors[ ]数组（充当位map类似作用），凡是那些系统保留的向量，以及一些特殊的系统级中断服务向量（System Vector，比如LAPIC中的Local Timer向量）会在该数组中被置1，这样可以保证在分配向量时越过这些特殊向量值。但是注意，该位图并不记录其他非保留/非系统向量（External Vector）的使用情况，后者可以根据vector_irq[ ]中对应项目是否为-1来判断，为-1则尚未分配，可用。

如图10-182所示的5个关键数据结构之间的关系示意图中的例子是任意Vector号可以映射到任意IRQ号，但是实际中，Vector与IRQ之间基本是顺序映射的，比如IRQ号=Vector号-偏移量。

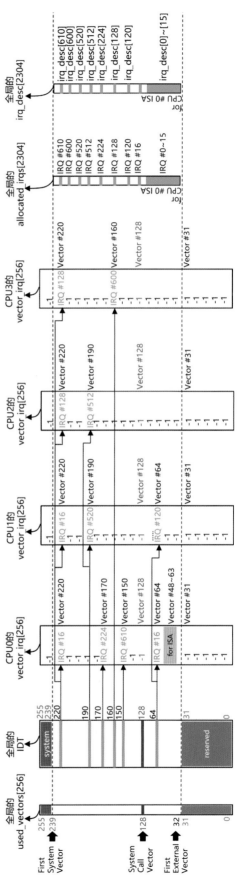

图10-182 5个数据结构之间的关系

提示 ▶▶

系统保留的前32个中断向量，以及Local APIC内部集成的那些中断源不需要使用irq_desc[ ]来盛放中断服务入口函数，而是直接将入口函数指针注册到中断门内部。也就是说，irq_desc[ ]仅供外部的一般意义上的设备使用，比如串口、各种第三方PCIE设备等。

10.6.2.3 相关数据结构的初始化

在内核初始化的最早期，会执行head.s文件中的汇编代码，其中有一处的标号是setup_idt，在这里使用汇编代码直接创建一张IDT，并将每个中断门全部指向标号ignore_int处的代码入口，该代码什么也不做，只是输出一些日志就返回。后续初始化过程中会将这些中断门重新进行填充指向真正有效的入口。

随着内核初始化到start_kernel()，其内部会依次调用trap_init()、early_irq_init()、init_IRQ()对中断进行全方位的初始化。下面依次介绍这三个函数及其下游流程。

如图10-183所示为trap_init()及其下游作用原理，该函数的主要目的就是为系统保留的那些向量号注册对应的中断入口函数。其调用了多次set_intr_gate(n, addr)函数，将入口函数指针addr注册到IDT的第n项上，并且将门的类型指定为中断门。然后，其调用set_位()将used_vectors[ ]中0～31项置1以占据它们。然后调用set_system_trap_gate()将system_call标号处的汇编代码入口，也就是系统调用总入口，注册到第80h号门上，而且指定门类型为陷阱门，意味着系统调用引发的中断并不会导致CPU自动禁止中断响应，因为系统调用并非紧急的不可打断事务。之后调用cpu_init()将IDT初始化好的IDT的基地址载入IDTR寄存器，以及其他一些初始化工作。

trap_init结束之后就是early_irq_init()，如图10-184所示。该函数的主要目的是初步初始化irq_desc数据结构，将每一项都填充为默认值。其中细节代码篇幅所限就不分析了。

再来看init_IRQ()，它首先将CPU0上的vector_irq[48]～[63]这16项（nr_legacy_irqs=16）对应的IRQ号设置为0～15。48～63这16个向量是保留给利用8259A PIC接入中断信号的ISA设备使用的，所以将其IRQ号指定为0～15（图10-182中也可以看到这个特殊的保留区域和映射关系）。然后调用native_init_IRQ()，后者先调用了init_ISA_irqs()，其作用是使用legacy_pic->init(0)（对应了回调函数init_8259A()）对8259 PIC进行初始化配置，然后将ISA设备准备的这16个IRQ号对应的irq_desc[ ]初始化好，也就是调用irq_set_chip_and_handler_name()函数（如图10-185所示）去填充irq_desc->irq_data->chip以及irq_desc->handle_irq字段的值为与8259A PIC相关的数据结构或者函数指针。

然后调用apic_intr_init() > alloc_intr_gate函数去初始化Local APIC模块内集成的那些本地中断源的中断门，向门中填入针对这些中断源的中断服务函数入口，并在used_vectors位图中占位。然后，在native_init_IRQ()主体中利用一个循环将从FIRST_EXTERNAL_VECTOR（32）到NR_VECTORS（256）之间的中断向量号对应的入口地址写入到IDT对应的中断门中，这部分向量号是给外部普通设备使用的，其中断处理总入口地址都是同一个：entry_32.s文件中的common_interrupt标号处的代码，而这套代码会被复制成多份，形成一个interrupt[n]数组，所以最终是将对应序号的该数组的基地址写入对应中断门。由于在上一步中Local APIC本地的中断源已经占据了250号附近的向量（used_vectors位图中对应位为1），所以这个循环中会略过这些向量。如图10-186所示。

至此，IDT已经被完全初始化好，而且系统保留的向量、LAPIC内置的中断源向量对应的服务函数也都初始化好。但是尚未将对应的向量值写入Local APIC的LVT中，此外，I/O APIC以及通过MSI/MSI-X方式报告中断的PCIE连接的设备对应Vector、IRQ尚未初始化。上面这两步被放在了start_kernel() > rest_init() > kernel_thread() > kernel > smp_init() > APIC_init_uniprocessor()中的诸多函数中，包括：connect_bsp_APIC()、setup_local_APIC()、enable_IO_APIC()、setup_IO_APIC() > setup_IO_APIC_irqs() > __io_apic_setup_irqs()。如图10-187所示为APIC_init_uniprocessor()总流程。

在connect_bsp_APIC()中，写入了IMCR寄存器（见图10-163）以将8259A（如果用了的话）连接到I/O APIC上，而不是直接与CPU连接。

在setup_local_APIC()中，对LAPIC内部各个寄存器做初始化配置，由于代码比较烦琐，相信大家只要阅读了10.6.1.1节，基本上可以读懂这些代码，就不贴出了。该函数并没有将所有的LVT表项都写入对应的向量号（虽然在上一步中已经被注册到IDT中），其中一些LVT项目会在其他零散的地方被写入，比如会在intel_init_thermal()中执行h = THERMAL_APIC_VECTOR | APIC_DM_FIXED | APIC_LVT_MASKED; apic_write(APIC_LVTTHMR, h)。

在如图10-188左侧所示的enable_IO_APIC()中，检查I/O APIC中是否连接了以及哪根针脚连接了8259A PIC，如果检测到对应I/O Redirection Table项目中的Delivery Mode为ExtINT，则表示该条目对应的针脚连接着8259A控制器，然后将对应针脚号码写入8259A PIC的相关数据结构中。当然，ExtINT是由BIOS在初始化时写入I/O APIC的，因为只有BIOS知道当前系统中的具体硬件连线情况。

```c
void __cpuinit cpu_init(void)
{
    int cpu = smp_processor_id();
    struct task_struct *curr = current;
    struct tss_struct *t = &per_cpu(init_tss, cpu);
    struct thread_struct *thread = &curr->thread;
    if (cpumask_test_and_set_cpu(cpu, cpu_initialized_mask)) {
        printk(KERN_WARNING "CPU#%d already initialized!\n", cpu);
        for (;;)
            local_irq_enable();
    }
    printk(KERN_INFO "Initializing CPU#%d\n", cpu);
    if (cpu_has_vme || cpu_has_tsc || cpu_has_de)
        clear_in_cr4(X86_CR4_VME|X86_CR4_PVI|X86_CR4_TSD|X86_CR4_DE);
    load_idt(&idt_descr);
    switch_to_new_gdt(cpu);
    atomic_inc(&init_mm.mm_count);
    curr->active_mm = &init_mm;
    BUG_ON(curr->mm);
    enter_lazy_tlb(&init_mm, curr);
    load_sp0(t, thread);
    set_tss_desc(cpu, t);
    load_TR_desc();
    load_LDT(&init_mm.context);
#ifdef CONFIG_DOUBLEFAULT
    t->x86_tss.io_bitmap_base = offsetof(struct tss_struct, io_bitmap);
    set_tss_desc(cpu, GDT_ENTRY_DOUBLEFAULT_TSS, &doublefault_tss);
#endif
    clear_all_debug_regs();
    dbg_restore_debug_regs();
    fpu_init();
    xsave_init();
} « end cpu_init »
```

```c
#define FIRST_EXTERNAL_VECTOR    0x20

#define IA32_SYSCALL_VECTOR    0x80
#ifdef CONFIG_X86_32
# define SYSCALL_VECTOR    0x80
#endif
```

```c
static inline void set_intr_gate(unsigned int n, void *addr)
{
    BUG_ON((unsigned)n > 0xFF);
    _set_gate(n, GATE_INTERRUPT, addr, 0, 0, __KERNEL_CS);
}
```

```c
static inline void _set_gate(int gate, unsigned type, void *addr,
                unsigned dpl, unsigned ist, unsigned seg)
{
    gate_desc s;
    pack_gate(&s, type, (unsigned long)addr, dpl, ist, seg);
    write_idt_entry(idt_table, gate, &s);
}
```

```c
static inline void pack_gate(gate_desc *gate, unsigned char type,
                unsigned long base, unsigned dpl, unsigned flags,
                unsigned short seg)
{
    gate->a = (seg << 16) | (base & 0xffff);
    gate->b = (base & 0xffff0000) |
              (((0x80 | type | (dpl << 5)) & 0xff) << 8);
}
```

```c
#define write_idt_entry(dt, entry, g)           \
    native_write_idt_entry(dt, entry, g)
```

```c
static inline void native_write_idt_entry(gate_desc *idt, int entry,
                    const gate_desc *gate)
{
    memcpy(&idt[entry], gate, sizeof(*gate));
}
```

```c
static inline void set_system_intr_gate(unsigned int n, void *addr)
{
    BUG_ON((unsigned)n > 0xFF);
    _set_gate(n, GATE_INTERRUPT, addr, 0x3, 0, __KERNEL_CS);
}
static inline void set_system_trap_gate(unsigned int n, void *addr)
{
    BUG_ON((unsigned)n > 0xFF);
    _set_gate(n, GATE_TRAP, addr, 0x3, 0, __KERNEL_CS);
}
static inline void set_trap_gate(unsigned int n, void *addr)
{
    BUG_ON((unsigned)n > 0xFF);
    _set_gate(n, GATE_TRAP, addr, 0, 0, __KERNEL_CS);
}
static inline void set_task_gate(unsigned int n, unsigned int gdt_entry)
{
    BUG_ON((unsigned)n > 0xFF);
    _set_gate(n, GATE_TASK, (void *)0, 0, 0, (gdt_entry<<3));
}
```

```c
void __init trap_init(void)
{
    int i;
#ifdef CONFIG_EISA
    void __iomem *p = early_ioremap(0x0FFFD9, 4);
    if (readl(p) == 'E' + ('I'<<8) + ('S'<<16) + ('A'<<24))
        EISA_bus = 1;
    early_iounmap(p, 4);
#endif

    set_intr_gate(0, &divide_error);
    set_intr_gate_ist(2, &nmi, NMI_STACK);
    set_system_intr_gate(3, &int3);
    set_system_intr_gate(4, &overflow);
    set_intr_gate(5, &bounds);
    set_intr_gate(6, &invalid_op);
    set_intr_gate(7, &device_not_available);
#ifdef CONFIG_X86_32
    set_task_gate(8, GDT_ENTRY_DOUBLEFAULT_TSS);
#else
    set_intr_gate_ist(8, &double_fault, DOUBLEFAULT_STACK);
#endif
    set_intr_gate(9, &coprocessor_segment_overrun);
    set_intr_gate(10, &invalid_TSS);
    set_intr_gate(11, &segment_not_present);
    set_intr_gate_ist(12, &stack_segment, STACKFAULT_STACK);
    set_intr_gate(13, &general_protection);
    set_intr_gate(15, &spurious_interrupt_bug);
    set_intr_gate(16, &coprocessor_error);
    set_intr_gate(17, &alignment_check);
#ifdef CONFIG_X86_MCE
    set_intr_gate_ist(18, &machine_check, MCE_STACK);
#endif
    set_intr_gate(19, &simd_coprocessor_error);

    for (i = 0; i < FIRST_EXTERNAL_VECTOR; i++)
        set_bit(i, used_vectors);

#ifdef CONFIG_IA32_EMULATION
    set_system_intr_gate(IA32_SYSCALL_VECTOR, ia32_syscall);
#endif

#ifdef CONFIG_X86_32
    set_system_trap_gate(SYSCALL_VECTOR, &system_call);
    set_bit(SYSCALL_VECTOR, used_vectors);
#endif

    cpu_init();

    x86_init.irqs.trap_init();
} « end trap_init »
```

图10-183　trap_init()及其下游作用原理

```
int __init arch_early_irq_init(void)
{
    struct irq_cfg *cfg;
    int count, node, i;

    if (!legacy_pic->nr_legacy_irqs) {
        nr_irqs_gsi = 0;
        io_apic_irqs = ~0UL;
    }

    cfg = irq_cfgx;
    count = ARRAY_SIZE(irq_cfgx);
    node = cpu_to_node(0);

    irq_reserve_irqs(0, legacy_pic->nr_legacy_irqs);

    for (i = 0; i < count; i++) {
        irq_set_chip_data(i, &cfg[i]);
        zalloc_cpumask_var_node(&cfg[i].domain, GFP_KERNEL, node);
        zalloc_cpumask_var_node(&cfg[i].old_domain, GFP_KERNEL, node);

        if (i < legacy_pic->nr_legacy_irqs) {
            cfg[i].vector = IRQ0_VECTOR + i; //IRQ0_VECTOR=48
            cpumask_set_cpu(0, cfg[i].domain);
        }
    }
}
```

```
static void desc_set_defaults(unsigned int irq,
                              struct irq_desc *desc, int node)
{
    int cpu;

    desc->irq_data.irq = irq;
    desc->irq_data.chip = &no_irq_chip;
    desc->irq_data.chip_data = NULL;
    desc->irq_data.handler_data = NULL;
    desc->irq_data.msi_desc = NULL;
    irq_settings_clr_and_set(desc, ~0, IRQ_DEFAULT_INIT_FLAGS);
    irqd_set(&desc->irq_data, IRQD_IRQ_DISABLED);
    desc->handle_irq = handle_bad_irq;
    desc->depth = 1;
    desc->irq_count = 0;
    desc->irqs_unhandled = 0;
    desc->name = NULL;
    for_each_possible_cpu(cpu)
        *per_cpu_ptr(desc->kstat_irqs, cpu) = 0;
    desc_smp_init(desc, node);
}
```

```
int irq_reserve_irqs(unsigned int from, unsigned int cnt)
{
    unsigned int start;
    int ret = 0;

    if (!cnt || (from + cnt) > nr_irqs)
        return -EINVAL;

    mutex_lock(&sparse_irq_lock);
    start = bitmap_find_next_zero_area(allocated_irqs, nr_irqs,
                                       from, cnt, 0);

    if (start == from)
        bitmap_set(allocated_irqs, start, cnt);
    else
        ret = -EEXIST;
    mutex_unlock(&sparse_irq_lock);
    return ret;
}
```

```
struct irq_desc irq_desc[NR_IRQS] __cacheline_aligned_in_smp = {
    [0 ... NR_IRQS-1] = {
        .handle_irq = handle_bad_irq,
        .depth      = 1,
        .lock       = __RAW_SPIN_LOCK_UNLOCKED(irq_desc->lock),
    }
};
```

```
int __init early_irq_init(void)
{
    int count, i, node = first_online_node;
    struct irq_desc *desc;

    init_irq_default_affinity();

    printk(KERN_INFO "NR_IRQS:%d\n", NR_IRQS);

    desc = irq_desc;
    count = ARRAY_SIZE(irq_desc);

    for (i = 0; i < count; i++) {
        desc[i].kstat_irqs = alloc_percpu(unsigned int);
        alloc_masks(&desc[i], GFP_KERNEL, node);
        raw_spin_lock_init(&desc[i].lock);
        lockdep_set_class(&desc[i].lock,
                          &irq_desc_lock_class);

        desc_set_defaults(i, &desc[i], node);
    }

    return arch_early_irq_init();
}
« end early_irq_init »
```

```
static void __init init_irq_default_affinity(void)
{
    alloc_cpumask_var(&irq_default_affinity, GFP_NOWAIT);
    cpumask_setall(irq_default_affinity);
}
```

图10-184 early_irq_init()及其下游作用原理

```
#define ERROR_APIC_VECTOR              0xfe
#define RESCHEDULE_VECTOR             0xfd
#define CALL_FUNCTION_VECTOR          0xfc
#define CALL_FUNCTION_SINGLE_VECTOR   0xfb
#define THERMAL_APIC_VECTOR           0xfa
#define THRESHOLD_APIC_VECTOR         0xf9
#define REBOOT_VECTOR                 0xf8
#define X86_PLATFORM_IPI_VECTOR       0xf7
#define IRQ_WORK_VECTOR               0xf6
#define UV_BAU_MESSAGE                0xf5
#define MCE_SELF_VECTOR               0xf4
#define LOCAL_TIMER_VECTOR            0xef
```

```
struct legacy_pic default_legacy_pic = {
    .nr_legacy_irqs = NR_IRQS_LEGACY,
    .chip = &i8259A_chip,
    .mask = mask_8259A_irq,
    .unmask = unmask_8259A_irq,
    .mask_all = mask_8259A,
    .restore_mask = unmask_8259A,
    .init = init_8259A,
    .irq_pending = i8259A_irq_pending,
    .make_irq = make_8259A_irq,
};
struct legacy_pic *legacy_pic = &default_legacy_pic;
```

```
static void __init apic_intr_init(void)
{
    smp_intr_init();
#ifdef CONFIG_X86_THERMAL_VECTOR
    alloc_intr_gate(THERMAL_APIC_VECTOR, thermal_interrupt);
#endif
#ifdef CONFIG_X86_MCE_THRESHOLD
    alloc_intr_gate(THRESHOLD_APIC_VECTOR, threshold_interrupt);
#endif
#if defined(CONFIG_X86_MCE) && defined(CONFIG_X86_LOCAL_APIC)
    alloc_intr_gate(MCE_SELF_VECTOR, mce_self_interrupt);
#endif
#if defined(CONFIG_X86_64) || defined(CONFIG_X86_LOCAL_APIC)
    alloc_intr_gate(LOCAL_TIMER_VECTOR, apic_timer_interrupt);
    alloc_intr_gate(X86_PLATFORM_IPI_VECTOR, x86_platform_ipi);
    alloc_intr_gate(SPURIOUS_APIC_VECTOR, spurious_interrupt);
    alloc_intr_gate(ERROR_APIC_VECTOR, error_interrupt);
# ifdef CONFIG_IRQ_WORK
    alloc_intr_gate(IRQ_WORK_VECTOR, irq_work_interrupt);
# endif
#endif
} « end apic_intr_init »
```

```
static inline void alloc_system_vector(int vector)
{
    if (!test_bit(vector, used_vectors)) {
        set_bit(vector, used_vectors);
        if (first_system_vector > vector)
            first_system_vector = vector;
    } else
        BUG();}
```

```
int setup_irq(unsigned int irq, struct irqaction *act)
{
    int retval;
    struct irq_desc *desc = irq_to_desc(irq);
    chip_bus_lock(desc);
    retval = __setup_irq(irq, desc, act);
    chip_bus_sync_unlock(desc);
    return retval;}
```

```
void __init init_IRQ(void)
{
    int i;
    x86_add_irq_domains();
    for (i = 0; i < legacy_pic->nr_legacy_irqs; i++)
        per_cpu(vector_irq, 0)[IRQ0_VECTOR + i] = i; //IRQ0_VECTOR=48
    x86_init.irqs.intr_init(); //回调函数, = native_init_IRQ()
}
```

```
void __init native_init_IRQ(void)
{
    int i;
    x86_init.irqs.pre_vector_init();//回调函数, =init_ISA_irqs()
    apic_intr_init();
    for (i = FIRST_EXTERNAL_VECTOR; i < NR_VECTORS; i++) {
        if (!test_bit(i, used_vectors))
            set_intr_gate(i, interrupt[i-FIRST_EXTERNAL_VECTOR]);
    }
#ifdef CONFIG_X86_32
    setup_irq(2, &irq2);
#endif
    if (!acpi_ioapic && !of_ioapic)
        setup_irq(2, &irq2);
    if (boot_cpu_data.hard_math && !cpu_has_fpu)
        setup_irq(FPU_IRQ, &fpu_irq);
    irq_ctx_init(smp_processor_id());
}
```

```
static inline void alloc_intr_gate(unsigned int n, void *addr)
{
    alloc_system_vector(n);
    set_intr_gate(n, addr); }
```

```
void __init init_ISA_irqs(void)
{
    struct irq_chip *chip = legacy_pic->chip;
    const char *name = chip->name;
    int i;
#if defined(CONFIG_X86_64) || defined(CONFIG_X86_LOCAL_APIC)
    init_bsp_APIC();
#endif
    legacy_pic->init(0);
    for (i = 0; i < legacy_pic->nr_legacy_irqs; i++)
        irq_set_chip_and_handler_name(i, chip, handle_level_irq, name);
}
```

图10-185 init_IRQ()及其下游作用原理

```c
struct irq_desc *irq_to_desc(unsigned int irq)
{
    return (irq < NR_IRQS) ? irq_desc + irq : NULL;
}
```

```c
void irq_set_chip_and_handler_name(unsigned int irq,
struct irq_chip *chip,irq_flow_handler_t handle, const char *name)
{ irq_set_chip(irq, chip);
    __irq_set_handler(irq, handle, 0, name);}
```

```c
void __irq_set_handler(unsigned int irq, irq_flow_handler_t handle,
                         int is_chained,const char *name)
{
    unsigned long flags;
    struct irq_desc *desc = irq_get_desc_buslock(irq, &flags);
    if (!desc)
        return;
    if (!handle) {
        handle = handle_bad_irq;
    } else {
        if (WARN_ON(desc->irq_data.chip == &no_irq_chip))
            goto out;
    }

    if (handle == handle_bad_irq) {
        if (desc->irq_data.chip != &no_irq_chip)
            mask_ack_irq(desc);
        irq_state_set_disabled(desc);
        desc->depth = 1;
    }
    desc->handle_irq = handle;
    desc->name = name;
    if (handle != handle_bad_irq && is_chained) {
        irq_settings_set_noprobe(desc);
        irq_settings_set_norequest(desc);
        irq_startup(desc);
    }
out:
    irq_put_desc_busunlock(desc, flags);
} « end __irq_set_handler »
```

图10-186 irq_set_chip_and_handler_name()下游作用原理

```c
int irq_set_chip(unsigned int irq, struct irq_chip *chip)
{
    unsigned long flags;
    struct irq_desc *desc = irq_get_desc_lock(irq, &flags);
    if (!desc)
        return -EINVAL;
    if (!chip)
        chip = &no_irq_chip;
    desc->irq_data.chip = chip;
    irq_put_desc_unlock(desc, flags);
    irq_reserve_irq(irq);
    return 0;
}
```

```c
static inline struct irq_desc *
irq_get_desc_lock(unsigned int irq, unsigned long *flags)
{
    return __irq_get_desc_lock(irq, flags, false);
}
```

```c
struct irq_desc *
__irq_get_desc_lock(unsigned int irq, unsigned long *flags, bool bus)
{
    struct irq_desc *desc = irq_to_desc(irq);
    if (desc) {
        if (bus)
            chip_bus_lock(desc);
        raw_spin_lock_irqsave(&desc->lock, *flags);
    }
    return desc;
}
```

```c
void __init connect_bsp_APIC(void)
{
#ifdef CONFIG_X86_32
    if (pic_mode) {
        clear_local_APIC();
        apic_printk(APIC_VERBOSE, "leaving PIC mode, "
            "enabling APIC mode.\n");
        imcr_pic_to_apic();//回调函数
    }
#endif
    if (apic->enable_apic_mode)
        apic->enable_apic_mode();//回调函数 =NULL
}
```

```c
static inline void imcr_pic_to_apic(void)
{
    /* select IMCR register */
    outb(0x70, 0x22);
    /* NMI and 8259 INTR go through APIC */
    outb(0x01, 0x23);
}
```

```c
int __init APIC_init_uniprocessor(void)
{
    if (disable_apic) {
        pr_info("Apic disabled\n");
        return -1;
    }
#ifdef CONFIG_X86_64
    if (!cpu_has_apic) {
        disable_apic = 1;
        pr_info("Apic disabled by BIOS\n");
        return -1;
    }
#else
    if (!smp_found_config && !cpu_has_apic)
        return -1;

    if (!cpu_has_apic &&
        APIC_INTEGRATED(apic_version[boot_cpu_physical_apicid])) {
        pr_err("BIOS bug, local APIC 0x%x not detected!...\n",
               boot_cpu_physical_apicid);
        return -1;
    }
#endif
    default_setup_apic_routing();
    verify_local_APIC();
    connect_bsp_APIC();

#ifdef CONFIG_X86_64
    apic_write(APIC_ID, SET_APIC_ID(boot_cpu_physical_apicid));
#else
# ifdef CONFIG_CRASH_DUMP
    boot_cpu_physical_apicid = read_apic_id();
# endif
#endif
    physid_set_mask_of_physid(boot_cpu_physical_apicid,
                              &phys_cpu_present_map);
    setup_local_APIC();

#ifdef CONFIG_X86_IO_APIC
    if (!skip_ioapic_setup && nr_ioapics)
        enable_IO_APIC();
#endif
    bsp_end_local_APIC_setup();

#ifdef CONFIG_X86_IO_APIC
    if (smp_found_config && !skip_ioapic_setup && nr_ioapics)
        setup_IO_APIC();
    else {
        nr_ioapics = 0;
    }
#endif
    x86_init.timers.setup_percpu_clockev();
    return 0;
} « end APIC_init_uniprocessor »
```

图10-187 APIC_init_uniprocessor()总流程

```c
void __init setup_IO_APIC(void)
{
    io_apic_irqs = legacy_pic->nr_legacy_irqs ? ~PIC_IRQS : ~0UL;
    apic_printk(APIC_VERBOSE, "ENABLING IO-APIC IRQs\n");
    x86_init.mpparse.setup_ioapic_ids();
    sync_Arb_IDs();
    setup_IO_APIC_irqs();
    init_IO_APIC_traps();
    if (legacy_pic->nr_legacy_irqs)
        check_timer();
}
```

```c
static void __init setup_IO_APIC_irqs(void)
{
    unsigned int apic_id;
    apic_printk(APIC_VERBOSE, KERN_DEBUG "init IO APIC IRQs\n");
    for (apic_id = 0; apic_id < nr_ioapics; apic_id++)
        __io_apic_setup_irqs(apic_id);
}
```

```c
static inline void init_IO_APIC_traps(void)
{
    struct irq_cfg *cfg;
    unsigned int irq;
    for_each_active_irq(irq) {
        cfg = irq_get_chip_data(irq);
        if (IO_APIC_IRQ(irq) && cfg && !cfg->vector) {
            if (irq < legacy_pic->nr_legacy_irqs)
                legacy_pic->make_irq(irq);
            else
                irq_set_chip(irq, &no_irq_chip);
        }
    }
}
```

```c
void __init enable_IO_APIC(void)
{
    int i8259_apic, i8259_pin;
    int apic;
    if (!legacy_pic->nr_legacy_irqs)
        return;
    for(apic = 0; apic < nr_ioapics; apic++) {
        int pin;
        /* See if any of the pins is in ExtINT mode */
        for (pin = 0; pin < nr_ioapic_registers[apic]; pin++) {
            struct IO_APIC_route_entry entry;
            entry = ioapic_read_entry(apic, pin);

            if ((entry.mask == 0) && (entry.delivery_mode == dest_ExtINT)) {
                ioapic_i8259.apic = apic;
                ioapic_i8259.pin = pin;
                goto found_i8259;
            }
        }
    }
found_i8259:
    i8259_pin = find_isa_irq_pin(0, mp_ExtINT);
    i8259_apic = find_isa_irq_apic(0, mp_ExtINT);

    if ((ioapic_i8259.pin == -1) && (i8259_pin >= 0)) {
        printk(KERN_WARNING "ExtINT not setup in hardware but reported by MP table\n");
        ioapic_i8259.pin = i8259_pin;
        ioapic_i8259.apic = i8259_apic;
    }
    if (((ioapic_i8259.apic != i8259_apic) || (ioapic_i8259.pin != i8259_pin)) &&
        (i8259_pin >= 0) && (ioapic_i8259.pin >= 0))
    {
        printk(KERN_WARNING "ExtINT in hardware and MP table differ\n");
    }

    clear_IO_APIC();
} /* end enable_IO_APIC */
```

图10-188　enable_IO_APIC()、setup_IO_APIC()的总流程

在setup_IO_APIC()中，分别调用setup_IO_APIC_irqs()初始化所有连接在I/O APIC上的设备对应的IRQ号和Vector号，系统中可能有多个I/O APIC，每一个都要初始化。setup_IO_APIC_irqs()返回后进入init_IO_APIC_traps()将那些未分配Vector的irq_desc[ ]项目的irq_data.chip字段设置为&no_irq_chip。下面来重点看一下setup_IO_APIC_irqs() > __io_apic_setup_irqs()。

如图10-189所示，该函数主要作用是对I/O APIC上连接着的每个Pin做扫描（for；find_irq_entry()），看看对应的Pin管脚是否连接有设备（io_apic_pin_not_connected()），如果有，则分配一个irq号（pin_2_irq()）并申请可用的向量号（assign_irq_vector()）并将irq号写入对应CPU（由mask参数决定是哪些CPU）的vector_irq[ ]中，然后生成I/O APIC内部I/O Redirection Table条目并将其写入表中（ioapic_write_entry()）。同时注册对应irq_desc[ ]中的总handler（ioapic_register_intr()）。

如图10-190所示，这里重点关注__assign_irq_vector()，其主要逻辑就是负责从vector_irq[ ]中找到可用的vector序号，并将irq号写入vector_irq[ ]中。针对I/O APIC分配的vector起码需要满足：不能落入保留vector号段和系统vector号段，只要根据used_vector[ ]来判断即可；在此基础上，还必须满足vector_irq[ ]中对应的序号项目的值必须是-1，也就是尚未被分配。再次，为了避免外部中断向量都挤在同一个号段（还记得Local APIC对优先级的规则吗？每连续的32个vector为一个优先级组，具有同一个优先级）享受同样的优先级，所以分配时需要跨度大一些跳跃式分配。

明白了上述三个前提，再来看代码就顺畅了。该函数从FIRST_EXTERNAL_VECTOR（32）+VECTOR_OFFSET_START（1）=33开始匹配上面的三个规则。在next标记处，先对vector=vector+8=41（跳跃式分

```
static void setup_ioapic_irq(int apic_id, int pin, unsigned int irq,
                              struct irq_cfg *cfg, int trigger, int polarity)
{
    struct IO_APIC_route_entry entry;
    unsigned int dest;

    if (!IO_APIC_IRQ(irq))
        return;

    if (irq < legacy_pic->nr_legacy_irqs && cpumask_test_cpu(0, cfg->domain))
        apic->vector_allocation_domain(0, cfg->domain);

    if (assign_irq_vector(irq, cfg, apic->target_cpus()))
        return;

    dest = apic->cpu_mask_to_apicid_and(cfg->domain, apic->target_cpus());

    apic_printk(APIC_VERBOSE,KERN_DEBUG
                "IOAPIC[%d]: Set routing entry (%d-%d -> 0x%x -> "
                "IRQ %d Mode:%i Active:%i)\n",
                apic_id, mp_ioapics[apic_id].apicid, pin, cfg->vector,
                irq, trigger, polarity);

    if (setup_ioapic_entry(mp_ioapics[apic_id].apicid, irq, &entry,
                           dest, trigger, polarity, cfg->vector, pin)) {
        printk("Failed to setup ioapic entry for ioapic %d, pin %d\n",
               mp_ioapics[apic_id].apicid, pin);
        __clear_irq_vector(irq, cfg);
        return;
    }

    ioapic_register_intr(irq, cfg, trigger);
    if (irq < legacy_pic->nr_legacy_irqs)
        legacy_pic->mask(irq);

    ioapic_write_entry(apic_id, pin, entry);
}
« end setup_ioapic_irq »
```

```
static void __init __io_apic_setup_irqs(unsigned int apic_id)
{
    int idx, node = cpu_to_node(0);
    struct io_apic_irq_attr attr;
    unsigned int pin, irq;

    for (pin = 0; pin < nr_ioapic_registers[apic_id]; pin++) {
        idx = find_irq_entry(apic_id, pin, mp_INT);
        if (io_apic_pin_not_connected(idx, apic_id, pin))
            continue;

        irq = pin_2_irq(idx, apic_id, pin);

        if ((apic_id > 0) && (irq > 16))
            continue;

        if (apic->multi_timer_check &&
            apic->multi_timer_check(apic_id, irq))
            continue;

        set_io_apic_irq_attr(&attr, apic_id, pin, irq_trigger(idx),
                             irq_polarity(idx));

        io_apic_setup_irq_pin(irq, node, &attr);
    }
}
« end __io_apic_setup_irqs »
```

```
static int io_apic_setup_irq_pin(unsigned int irq, int node,
                                  struct io_apic_irq_attr *attr)
{
    struct irq_cfg *cfg = alloc_irq_and_cfg_at(irq, node);
    int ret;
    if (!cfg)
        return -EINVAL;
    ret = __add_pin_to_irq_node(cfg, node, attr->ioapic, attr->ioapic_pin);
    if (!ret)
        setup_ioapic_irq(attr->ioapic, attr->ioapic_pin, irq, cfg,
                         attr->trigger, attr->polarity);

    return ret;
}
```

图10-189 io apic_setup_irqs()下游作用原理

```c
static int __assign_irq_vector(int irq, struct irq_cfg *cfg,
                              const struct cpumask *mask)
{
    static int current_vector = FIRST_EXTERNAL_VECTOR + VECTOR_OFFSET_START;
    static int current_offset = VECTOR_OFFSET_START % 8;
    unsigned int old_vector;
    int cpu, err;
    cpumask_var_t tmp_mask;

    if (cfg->move_in_progress)
        return -EBUSY;

    if (!alloc_cpumask_var(&tmp_mask, GFP_ATOMIC))
        return -ENOMEM;

    old_vector = cfg->vector;
    if (old_vector) {
        cpumask_and(tmp_mask, mask, cpu_online_mask);
        cpumask_and(tmp_mask, cfg->domain, tmp_mask);
        if (!cpumask_empty(tmp_mask)) {
            free_cpumask_var(tmp_mask);
            return 0;
        }
    }

    err = -ENOSPC;
    for_each_cpu_and(cpu, mask, cpu_online_mask) {
        int new_cpu;
        int vector, offset;

        apic->vector_allocation_domain(cpu, tmp_mask);

        vector = current_vector;
        offset = current_offset;
next:
        vector += 8;
        if (vector >= first_system_vector) {
            offset = (offset + 1) % 8;
            vector = FIRST_EXTERNAL_VECTOR + offset;
        }
        if (unlikely(current_vector == vector))
            continue;

        if (test_bit(vector, used_vectors))
            goto next;
```

```c
        for_each_cpu_and(new_cpu, tmp_mask, cpu_online_mask)
            if (per_cpu(vector_irq, new_cpu)[vector] != -1)
                goto next;
        /* Found one! */
        current_vector = vector;
        current_offset = offset;
        if (old_vector) {
            cfg->move_in_progress = 1;
            cpumask_copy(cfg->old_domain, cfg->domain);
        }
        for_each_cpu_and(new_cpu, tmp_mask, cpu_online_mask)
            per_cpu(vector_irq, new_cpu)[vector] = irq;
        cfg->vector = vector;
        cpumask_copy(cfg->domain, tmp_mask);
        err = 0;
        break;
    }
    free_cpumask_var(tmp_mask);
    return err;
}   // end __assign_irq_vector
```

```c
static void ioapic_register_intr(unsigned int irq, struct irq_cfg *cfg,
                                 unsigned long trigger)
{
    struct irq_chip *chip = &ioapic_chip;
    irq_flow_handler_t hdl;
    bool fasteoi;

    if ((trigger == IOAPIC_AUTO && IO_APIC_irq_trigger(irq)) ||
        trigger == IOAPIC_LEVEL) {
        irq_set_status_flags(irq, IRQ_LEVEL);
        fasteoi = true;
    } else {
        irq_clear_status_flags(irq, IRQ_LEVEL);
        fasteoi = false;
    }

    if (irq_remapped(cfg)) {
        irq_set_status_flags(irq, IRQ_MOVE_PCNTXT);
        chip = &ir_ioapic_chip;
        fasteoi = trigger != 0;
    }

    hdl = fasteoi ? handle_fasteoi_irq : handle_edge_irq;
    irq_set_chip_and_handler_name(irq, chip, hdl,
                                  fasteoi ? "fasteoi" : "edge");
}   // end ioapic_register_intr
```

图10-190　__assign_irq_vector()及ioapic_register_intr()下游原理

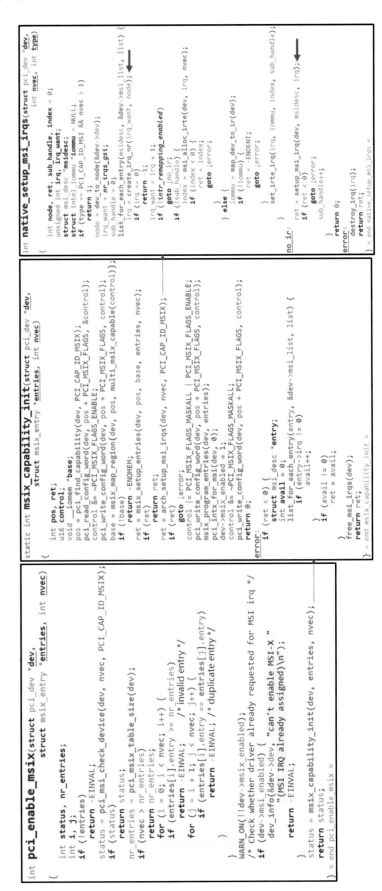

配），然后用vector去判断是否超过了first_system_vector（针对Local APIC内部集成的系统级中断源分配的向量号段的起始那个vector）界限，一般不会超，如果超了，就将vector值改为32+（offset+1）÷8取余，然后匹配该vector是否落入了保留区/系统区号段，如果落入了就重新返回next标记处继续尝试；如果没落入则匹配最后一个条件，也就是该vector是否之前已被分配了，如果是则返回next继续尝试。值得注意的是，被尝试的vector必须在每个mask中所给出的CPU范围内分配，并且需要尝试范围内的每个CPU的vector_irq[vector]是否已被占用，只有当某个vector值在范围内所有CPU上的vector_irq[vector]=-1时，该vector则为合适的vector，然后将会将该vector记录在cfg->vector字段，然后将范围内所有CPU的vector_irq[vector]=irq。

再来看看使用MSI/MSI-X方式的PCIE设备驱动程序是如何申请vector和irq的，如图10-191所示。PCIE设备驱动程序在进行设备中断初始化时，首先调用pci_enable_msix()，该函数调用了msix_capability_init() > native_setup_msi_irqs()，其又调用create_irq_nr()来分配irq。

如图10-192所示，create_irq_nr()调用alloc_irq_from() -> alloc_irq_from() -> irq_alloc_desc_from() -> irq_alloc_descs() -> 位map_find_next_zero_area()从allocated_irqs位图中寻找第一个为0的位置，将该位置对应的irq进行分配（调用位map_set()占位），然后返回对应的irq号。返回到create_irq_nr()之后，继续调用__assign_irq_vector()来在vector_irq[ ]中为该irq分配vector。

从create_irq_nr()返回native_setup_msi_irqs()之后，后者会继续调用到setup_msi_irq()

图10-191　PCIE设备申请vector和irq的过程

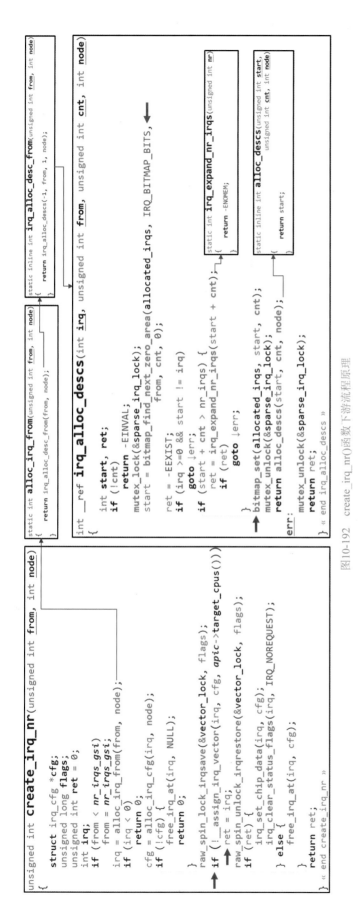

图10-192 create_irq_nr()函数下游流程原理

-> msi_compose_msg()，该函数用于组装对应的MSI/MSI-X表项，其内部会再次调用assign_irq_vector()，但是后者的内部会判断对应条件，不进行再次分配而直接略过返回。返回到setup_msi_irq()后继续调用write_msi_msg()将组装好的msg写入到设备对应的MSI/MSI_X表项中。如图10-193所示。

PCIE设备驱动程序接着调用request_irq() -> request_threaded_irq() -> __setup_irq()来将驱动提供的中断处理程序的handler函数指针包装到一个action结构体中并追加注册到对应irq_desc的action结构体链表中，由于该函数代码非常烦琐，就不贴出了。如图10-194所示。

值得一提的是，驱动程序在调用request_irq()时需要提供irq号作为参数之一，驱动程序可以从entries[i].vector变量中得到对应的irq号。在msix_capability_init() -> msix_program_entries()函数中会有这样一句：entries[i].vector = entry->irq来将分配到的irq号写入entries[i].vector。

10.6.3 中断基本处理流程

在上述的相关数据结构被初始化之后，当CPU收到中断时，跳转到对应中断向量的入口执行，入口程序需要做一些铺垫，比如禁止抢占（将preempt_count中的HARDIRQ_MASK字段+1）等，然后进入真正的中断处理流程，调用对应的中断服务函数。之后，还需要对控制器发送应答（比如写入Local APIC的EOI寄存器）以告诉LAPIC本次中断处理完毕，可以发送下一个中断了（不过此时CPU的IF位依然为0，所以即便发了中断也不会响应），然后继续执行一些后续工作（触发softirq，然后才会重新打开中断响应，见下文），最终进入ret_from_intr中断返回流程。

总体来说，系统内存在三大类的中断，它们各自有不同的处理路径，分别为：内部被动中断（异常等）、内部主动中断（系统调用、IPI）和外部中断（时钟中断、I/O APIC、MSI/MSI-X等）。对于前两者，其中断服务函数会被直接注册到IDT表项的Offset字段，CPU象征性地从GDT拿到段基地址之后便开始执行对应的中断服务函数。而对于外部中断，又分为系统级外部中断（比如Local APIC内部集成的那些中断源发出

```c
static int msi_compose_msg(struct pci_dev *pdev, unsigned int irq,
                           struct msi_msg *msg, u8 hpet_id)
{
    struct irq_cfg *cfg;
    int err;
    unsigned dest;

    if (disable_apic)
        return -ENXIO;

    cfg = irq_cfg(irq);
    err = assign_irq_vector(irq, cfg, apic->target_cpus());
    if (err)
        return err;

    dest = apic->cpu_mask_to_apicid_and(cfg->domain, apic->target_cpus());

    if (irq_remapped(cfg)) {
        struct irte irte;
        int ir_index;
        u16 sub_handle;

        ir_index = map_irq_to_irte_handle(irq, &sub_handle);
        BUG_ON(ir_index == -1);

        prepare_irte(&irte, cfg->vector, dest);

        /* Set source-id of interrupt request */
        if (pdev)
            set_msi_sid(&irte, pdev);
        else
            set_hpet_sid(&irte, hpet_id);

        modify_irte(irq, &irte);

        msg->address_hi = MSI_ADDR_BASE_HI;
        msg->data = sub_handle;
        msg->address_lo = MSI_ADDR_BASE_LO | MSI_ADDR_IR_EXT_INT |
                          MSI_ADDR_IR_SHV |
                          MSI_ADDR_IR_INDEX1(ir_index) |
                          MSI_ADDR_IR_INDEX2(ir_index);
    } else {
        if (x2apic_enabled())
            msg->address_hi = MSI_ADDR_BASE_HI |
                              MSI_ADDR_EXT_DEST_ID(dest);
        else
            msg->address_hi = MSI_ADDR_BASE_HI;

        msg->address_lo =
            MSI_ADDR_BASE_LO |
            ((apic->irq_dest_mode == 0) ?
                MSI_ADDR_DEST_MODE_PHYSICAL:
                MSI_ADDR_DEST_MODE_LOGICAL) |
            ((apic->irq_delivery_mode != dest_LowestPrio) ?
                MSI_ADDR_REDIRECTION_CPU:
                MSI_ADDR_REDIRECTION_LOWPRI) |
            MSI_ADDR_DEST_ID(dest);

        msg->data =
            MSI_DATA_TRIGGER_EDGE |
            MSI_DATA_LEVEL_ASSERT |
            ((apic->irq_delivery_mode != dest_LowestPrio) ?
                MSI_DATA_DELIVERY_FIXED:
                MSI_DATA_DELIVERY_LOWPRI) |
            MSI_DATA_VECTOR(cfg->vector);
    }    /* end else */
    return err;
}    /* end msi_compose_msg */
```

```c
static int setup_msi_irq(struct pci_dev *dev, struct msi_desc *msidesc, int irq)
{
    struct irq_chip *chip = &msi_chip;
    struct msi_msg msg;
    int ret;

    ret = msi_compose_msg(dev, irq, &msg, -1);
    if (ret < 0)
        return ret;

    irq_set_msi_desc(irq, msidesc);
    write_msi_msg(irq, &msg);

    if (irq_remapped(irq_get_chip_data(irq))) {
        irq_set_status_flags(irq, IRQ_MOVE_PCNTXT);
        chip = &msi_ir_chip;
    }

    irq_set_chip_and_handler_name(irq, chip, handle_edge_irq, "edge");

    dev_printk(KERN_DEBUG, &dev->dev, "irq %d for MSI/MSI-X\n", irq);

    return 0;
}
```

图10-193 setup_msi_irq()作用原理

```c
int request_irq(unsigned int irq, irq_handler_t handler, unsigned long flags,
                const char *name, void *dev)
{
    return request_threaded_irq(irq, handler, NULL, flags, name, dev);
}
```

```c
int request_threaded_irq(unsigned int irq, irq_handler_t handler,
                         irq_handler_t thread_fn, unsigned long irqflags,
                         const char *devname, void *dev_id)
{
    struct irqaction *action;
    struct irq_desc *desc;
    int retval;

    if ((irqflags & IRQF_SHARED) && !dev_id)
        return -EINVAL;

    desc = irq_to_desc(irq);
    if (!desc)
        return -EINVAL;

    if (!irq_settings_can_request(desc))
        return -EINVAL;

    if (!handler) {
        if (!thread_fn)
            return -EINVAL;
        handler = irq_default_primary_handler;
    }

    action = kzalloc(sizeof(struct irqaction), GFP_KERNEL);
    if (!action)
        return -ENOMEM;

    action->handler = handler;
    action->thread_fn = thread_fn;
    action->flags = irqflags;
    action->name = devname;
    action->dev_id = dev_id;

    chip_bus_lock(desc);
    retval = __setup_irq(irq, desc, action);
    chip_bus_sync_unlock(desc);

    if (retval)
        kfree(action);

#ifdef CONFIG_DEBUG_SHIRQ_FIXME
    if (!retval && (irqflags & IRQF_SHARED)) {
        unsigned long flags;

        disable_irq(irq);
        local_irq_save(flags);

        handler(irq, dev_id);

        local_irq_restore(flags);
        enable_irq(irq);
    }
#endif
    return retval;
}    /* end request_threaded_irq */
```

```c
int irq_set_msi_desc(unsigned int irq,
                     struct msi_desc *entry)
{
    unsigned long flags;
    struct irq_desc *desc = irq_get_desc_lock(irq, &flags);
    if (!desc)
        return -EINVAL;
    desc->irq_data.msi_desc = entry;
    if (entry)
        entry->irq = irq;
    irq_put_desc_unlock(desc, flags);
    return 0;
}
```

图10-194 request_irq()下游作用原理

的中断信号）和普通外部中断（通常指挂接在I/O APIC后面的中断源以及MSI/MSI-X中断源）。系统级外部中断的服务函数也是被直接注册到IDT表项的Offset上的，如图10-195中的apic_intr_init()函数。而普通外部中断由于不确定性较高，所以被封装的比较厚，所有普通外部中断向量的入口其实都是common_interrupt标记处的汇编代码，然后进入do_IRQ() > handle_irq() >generic_handle_irq_desc() > desc->handle_irq() > action->handler()从而最终调用中断服务函数。

do_IRQ()是如何知道中断向量的呢？其内部有如下代码序列：unsigned vector = ～regs->orig_ax; …; irq = __this_cpu_read(vector_irq[vector]);…。中断到来时，CPU会将中断向量放置到寄存器中，然后在中断入口的汇编代码common_interrupt中将该向量放置到栈中的regs->orig_ax字段，do_IRQ()拿着这个向量去查询per CPU变量vector_irq[ ]，最终得到对应的irq号，再用得到的irq号作为handle_irq()的参数之一调用后者。

上述这个过程如图10-196所示。

对于普通外部中断，在I/O APIC初始化时会对每个irq号注册对应的总handler，比如为handle_edge_irq()函数。整个针对普通外部中断的处理流程如图10-197所示。handle_edge_irq()函数内部首先进行一系列的判断，比如对应的irq是否已被禁用，或者action链表是否是空的，以及该中断是否正在被处理（被其他CPU核心处理）过程中，如果是，则调用mask_ack_irq()函数，后者会调用desc->irq_data.chip中对应的回调函数来完成对Local APIC的对应的操作。最终它会调用handle_irq_event() > handle_irq_event_percpu()来进入具体中断服务程序的执行过程。后者内部会调用之前被注册的action->handler()回调函数最终执行中断服务程序，然后将action->next的值赋值给变量action，继续跳到循环开始执行action链表中下一个项目，从而将所有注册的中断服务程序依次执行。

如图10-198～图10-200所示为某PCIE接口的SAS控制卡的驱动程序中的代码片段，从中可以看到其调用内核的request_irq()注册了名为pqi_irq_handler()的服务函数，并可以看到该函数内部的一些中断处理逻辑。该控制器与第7章中介绍的SAS控制器是同一个系列，可以参考图7-231所示的流程来理解代码。

10.6.4　80h号中断（系统调用）

系统调用属于一种内部主动中断，其中断源位于程序代码中的int/sysenter指令，虽然int不一定只有int 80h，但是由于其他门的DPL几乎都被设置为0，只有80h号门的DPL=3，所以用户态只能成功执行int 80h，其他门号都会由于权限问题而访问失败，无法穿过。

在发起int指令之前，程序必须将具体的调用号（并非中断号）放到EAX寄存器中，而将调用的参数放到数通过寄存器 EBX/ECX/EDX/ESI/EDI中。

在上文中我们已经介绍了内核是如何将80h号门进行初始化的。80h门最终通过GDT中的指针指向了位于entry_32.s源文件中的"system_call"标记处的汇编代码，如图10-201所示。

其中最关键的代码是pushl_cfi %eax、SAVE_ALL和"call *sys_call_table(,%eax,4)"，其意思是调用位于sys_call_table数据结构（是一个数组）首地址 +（EAX寄存器值×4）地址处的代码。而EAX中保存的其实就是系统调用号（注意，系统调用号并非系统调用的中断向量号80h），用户程序在执行int 80h指令进入系统调用之前，需要先将调用号放到EAX寄存器中，编译器会自动根据用户传递的调用号和参数来生成对应的底层指令序列。

在unistd_64.h源文件中定义了所有系统调用号与对应函数名的映射关系，比如sys_read、sys_write、sys_open的调用号分别为0、1、2，此外还有其他三百多个系统调用被定义，就不一一列举了。

在sys_call_table[ ]数组中保存了每个系统调用号对应的入口函数的地址指针，由于32位系统的地址指针为32位（4B），所以要将EAX中的调用号×4后再与数组首地址相加即可得出该调用号对应的入口函数的地址。

sys_call_table的初始化代码为const sys_call_ptr_t sys_call_table[__NR_syscall_max+1] = { [0 ... __NR_syscall_max] = &sys_ni_syscall, #include <asm/unistd_64.h>}，该代码比较奇怪，其行为是按照unistd_64.h文件中定义的函数指针来填充sys_call_table[ ]中的每一项，如果unistd_64.h没有定义某个调用号的函数名，则使用sys_ni_syscall()的指针来填充，而sys_ni_syscall()函数的代码就是return -ENOSYS错误码。

数据结构	被谁初始化
used_vectors[ ]	trap_init( )、apic_intr_init( )
IDT	trap_init( )、init_IRQ( ) > native_init_irq( ) > acpi_intr_init( )、Init_IRQ( ) > native_init_irq( )
vector_irq[ ]	init_IRQ( )
irq_desc[ ]	early_irq_init( )

图10-195　关键数据结构的初始化函数一览

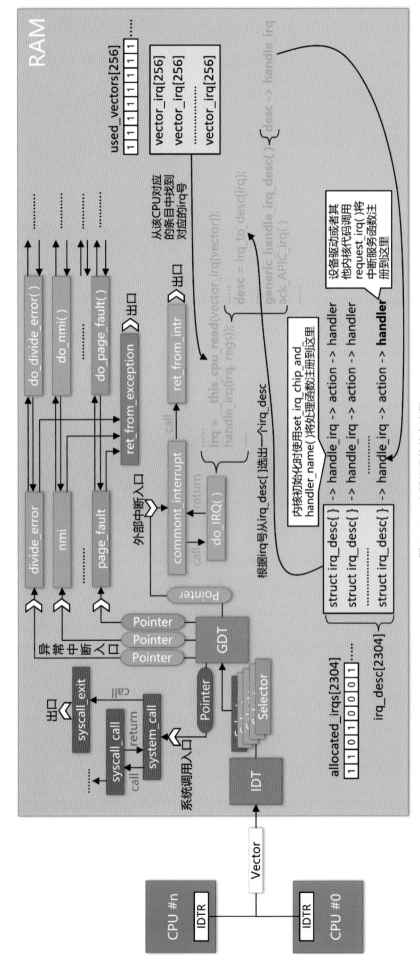

图10-196　中断处理的基本流程

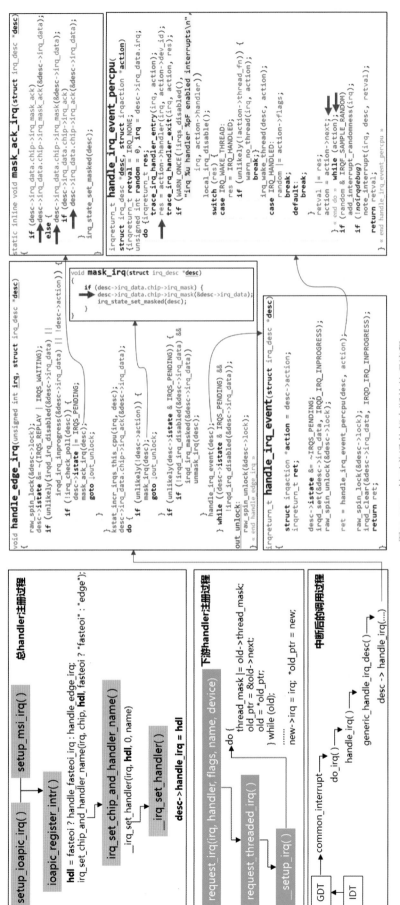

图10-197　针对普通外部中断的处理流程

```
static int pqi_request_irqs(struct pqi_ctrl_info *ctrl_info)
{
    int i; int rc;
    ctrl_info->event_irq = ctrl_info->msix_vectors[0];
    for (i = 0; i < ctrl_info->num_msix_vectors_enabled; i++) {
        rc = request_irq(ctrl_info->msix_vectors[i],
            pqi_irq_handler, 0,
            DRIVER_NAME_SHORT, ctrl_info->intr_data[i]);
        if (rc) {dev_err(&ctrl_info->pci_dev->dev,
                "irq %u init failed with error %d\n",
                ctrl_info->msix_vectors[i], rc);
            return rc;}
        ctrl_info->num_msix_vectors_initialized++;
    }
    return 0;
}
```

```
static irqreturn_t pqi_irq_handler(int irq, void *data)
{
    struct pqi_ctrl_info *ctrl_info;
    struct pqi_queue_group *queue_group;
    unsigned int num_responses_handled;
    queue_group = data;
    ctrl_info = queue_group->ctrl_info;
    if (!pqi_is_valid_irq(ctrl_info))
        return IRQ_NONE;
    num_responses_handled = pqi_process_io_intr(ctrl_info, queue_group);
    if (irq == ctrl_info->event_irq)
        num_responses_handled += pqi_process_event_intr(ctrl_info);
    if (num_responses_handled)
        atomic_inc(&ctrl_info->num_interrupts);
    pqi_start_io(ctrl_info, queue_group, RAID_PATH, NULL);
    pqi_start_io(ctrl_info, queue_group, AIO_PATH, NULL);
    return IRQ_HANDLED;
}
```

图10-198　调用request_irq()来注册pqi_irq_handler()中断服务函数

```
static unsigned int pqi_process_io_intr(struct pqi_ctrl_info *ctrl_info,
    struct pqi_queue_group *queue_group)
{
    unsigned int num_responses;
    pqi_index_t oq_pi;
    pqi_index_t oq_ci;
    struct pqi_io_request *io_request;
    struct pqi_io_response *response;
    u16 request_id;
    num_responses = 0;
    oq_ci = queue_group->oq_ci_copy;
    while (1) {
        oq_pi = *queue_group->oq_pi;
        if (oq_pi == oq_ci)
            break;
        num_responses++;
        response = queue_group->oq_element_array +
            (oq_ci * PQI_OPERATIONAL_OQ_ELEMENT_LENGTH);
        request_id = get_unaligned_le16(&response->request_id);
        BUG_ON(request_id >= ctrl_info->max_io_slots);
        io_request = &ctrl_info->io_request_pool[request_id];
        BUG_ON(atomic_read(&io_request->refcount) == 0);
        switch (response->header.iu_type) {
        case PQI_RESPONSE_IU_RAID_PATH_IO_SUCCESS:
        case PQI_RESPONSE_IU_AIO_PATH_IO_SUCCESS:
        case PQI_RESPONSE_IU_GENERAL_MANAGEMENT:
            break;
        case PQI_RESPONSE_IU_TASK_MANAGEMENT:
            io_request->status =
                pqi_interpret_task_management_response(
                    (void *)response);
            break;
        case PQI_RESPONSE_IU_AIO_PATH_DISABLED:
            pqi_aio_path_disabled(io_request);
```

```
            io_request->status = -EAGAIN;
            break;
        case PQI_RESPONSE_IU_RAID_PATH_IO_ERROR:
        case PQI_RESPONSE_IU_AIO_PATH_IO_ERROR:
            io_request->error_info = ctrl_info->error_buffer +
                (get_unaligned_le16(&response->error_index) *
                PQI_ERROR_BUFFER_ELEMENT_LENGTH);
            pqi_process_io_error(response->header.iu_type,
                io_request);
            break;
        default:
            dev_err(&ctrl_info->pci_dev->dev,
                "unexpected IU type: 0x%x\n",
                response->header.iu_type);
            BUG();
            break;
        } « end switch response->header.iu_t... »
        io_request->io_complete_callback(io_request,
            io_request->context);
        oq_ci = (oq_ci + 1) % ctrl_info->num_elements_per_oq;
    } « end while 1 »
    if (num_responses) {
        queue_group->oq_ci_copy = oq_ci;
        writel(oq_ci, queue_group->oq_ci);
    }
    return num_responses;
} « end pqi_process_io_intr »
```

图10-199　pqi_irq_handler()内部调用的关键子函数

```
struct pqi_queue_group *queue_group, enum pqi_io_path path,
struct pqi_io_request *io_request)
{
    struct pqi_io_request *next;
    void *next_element;
    pqi_index_t iq_pi;
    pqi_index_t iq_ci;
    size_t iu_length;
    unsigned long flags;
    unsigned int num_elements_needed;
    unsigned int num_elements_to_end_of_queue;
    size_t copy_count;
    struct pqi_iu_header *request;
    spin_lock_irqsave(&queue_group->submit_lock[path], flags);
    if (io_request) {
        io_request->queue_group = queue_group;
        list_add_tail(&io_request->request_list_entry,
            &queue_group->request_list[path]);
    }
    iq_pi = queue_group->iq_pi_copy[path];
    list_for_each_entry_safe(io_request, next,
        &queue_group->request_list[path], request_list_entry) {
        request = io_request->iu;
        iu_length = get_unaligned_le16(&request->iu_length) +
            PQI_REQUEST_HEADER_LENGTH;
        num_elements_needed =
            DIV_ROUND_UP(iu_length,
                PQI_OPERATIONAL_IQ_ELEMENT_LENGTH);
```

```
            ctrl_info->num_elements_per_iq))
            break;
        put_unaligned_le16(queue_group->oq_id,
            &request->response_queue_id);
        next_element = queue_group->iq_element_array[path] +
            (iq_pi * PQI_OPERATIONAL_IQ_ELEMENT_LENGTH);
        num_elements_to_end_of_queue =
            ctrl_info->num_elements_per_iq - iq_pi;
        if (num_elements_needed <= num_elements_to_end_of_queue)
            memcpy(next_element, request, iu_length);
        } else {
            copy_count = num_elements_to_end_of_queue *
                PQI_OPERATIONAL_IQ_ELEMENT_LENGTH;
            memcpy(next_element, request, copy_count);
            memcpy(queue_group->iq_element_array[path],
                (u8 *)request + copy_count,
                iu_length - copy_count);
        }
        iq_pi = (iq_pi + num_elements_needed) %
            ctrl_info->num_elements_per_iq;
        list_del(&io_request->request_list_entry);
    }
    if (iq_pi != queue_group->iq_pi_copy[path]) {
        queue_group->iq_pi_copy[path] = iq_pi;
        writel(iq_pi, queue_group->iq_pi[path]);
    }
    spin_unlock_irqrestore(&queue_group->submit_lock[path], flags
```

图10-200　pqi_irq_handler()内部调用的关键子函数

10.6.5　中断上半部和下半部

有时候中断服务程序的处理步骤比较多，而由于中断处理期间CPU一直处于停止响应外部中断状态（NMI除外），如果中断处理程序执行时间过长，则会导致外部设备后续的中断迟迟无法响应，从而导致设备内部缓冲区溢出等问题。为此，人们利用流水线原理，将中断处理流程分成两个大步骤：上半部（Top Half，th）和下半部（Bottom Half，bh）。上半部运行时保持中断响应继续处于关闭状态，同

```
ENTRY(system_call)                          syscall_exit_work:                            restore_all:
        RING0_INT_FRAME                             testl $_TIF_WORK_SYSCALL_EXIT, %ecx            TRACE_IRQS_IRET
        pushl_cfi %eax                              jz work_pending                       restore_all_notrace:
        SAVE_ALL                                    TRACE_IRQS_ON                                 movl PT_EFLAGS(%esp), %eax
        GET_THREAD_INFO(%ebp)                       ENABLE_INTERRUPTS(CLBR_ANY)                   movb PT_OLDSS(%esp), %ah
                                                    movl %esp, %eax                               movb PT_CS(%esp), %al
        testl $_TIF_WORK_SYSCALL_ENTRY,TI_flags(%ebp)  call syscall_trace_leave                   andl $(X86_EFLAGS_VM | (SEGMENT_TI_MASK << 8) | SEGMENT_RPL_MASK), %eax
        jnz syscall_trace_entry                     jmp resume_userspace                          cmpl $((SEGMENT_LDT << 8) | USER_RPL), %eax
        cmpl $(nr_syscalls), %eax            END(syscall_exit_work)                                CFI_REMEMBER_STATE
        jae syscall_badsys                                                                        je ldt_ss
syscall_call:                                                                             restore_nocheck:
        call *sys_call_table(,%eax,4)        ENTRY(resume_userspace)                               RESTORE_REGS 4
        movl %eax,PT_EAX(%esp)                       LOCKDEP_SYS_EXIT                      irq_return:
syscall_exit:                                        DISABLE_INTERRUPTS(CLBR_ANY)                  INTERRUPT_RETURN
        LOCKDEP_SYS_EXIT                             movl TI_flags(%ebp), %ecx
        DISABLE_INTERRUPTS(CLBR_ANY)                 andl $_TIF_WORK_MASK, %ecx           #define INTERRUPT_RETURN    iret
        TRACE_IRQS_OFF                               jne work_pending
        movl TI_flags(%ebp), %ecx                    jmp restore_all
        testl $_TIF_ALLWORK_MASK, %ecx
        jne syscall_exit_work
```

图10-201　系统调用的入口和出口代码

时迅速处理完毕，主要动作是应付伺候硬件，先把中断请求收进来，然后赶紧更新对应的硬件寄存器给硬件塞上奶嘴；下半部运行时则打开中断响应，如果此时又发生外部中断则继续按照上述步骤处理，这样就可以尽可能地先保证让外部中断得到快速响应，但是也会导致下半部处理步骤嵌套积压，不利于每个中断响应的时延，会稍稍增加一些。

具体来讲，上半部和下半部应分别对应各自的处理函数，设备驱动程序调用request_irq()注册的handler函数完成上半部的执行步骤，然后会调用对应的函数去激活下半部运行（注意，只是激活，下半部会在中断处理返回前夕得到检测和运行）。比如，对于一个SCSI类型的HBA（SCSI/SAS/FC HBA）的驱动程序所注册的handler程序，其会调用scsi_done()函数（由内核提供）激活下半部处理。

10.6.5.1　softirq

下半部的中断处理流程被称为softirq（软中断，注意，不要与int指令相混淆，虽然后者也被俗称为软中断）。上半部需要与硬件打交道，而下半部流程与硬件已经没有什么直接联系，下半部更多是与OS内核打交道。这样的话，同一类的不同厂商的设备就可以调用同一个下半部handler函数，比如不同厂商的SAS HBA卡，其下半部流程都是相同的；不同厂商的以太网卡，其下半部处理流程也相同。所以Linux内核给出并实现了10类下半部处理handler函数，类别名分别为：HI_SOFTIRQ、TIMER_SOFTIRQ、NET_TX_SOFTIRQ、NET_RX_SOFTIRQ、BLOCK_SOFTIRQ、BLOCK_IOPOLL_SOFTIRQ、TASKLET_SOFTIRQ、SCHED_SOFTIRQ、HRTIMER_SOFTIRQ、RCU_SOFTIRQ。

内核使用一个全局变量softirq_vec[]来按顺序盛放上面10类软中断handler函数的栈指针。比如softirq_vec[4]的值为*blk_done_softirq，也就是blk_done_softirq()的指针，blk_done_softirq()函数就是BLOCK_SOFTIRQ软中断的handler函数。open_softirq()函数用于将handler函数指针写入到（注册）该数组中对应的nr序号处，其实现为：void open_softirq(int nr, void

(*action)(struct softirq_action *)) {softirq_vec[nr].action = action;}。

针对块设备和网络设备，内核初始化时分别使用blk_softirq_init()以及net_dev_init()函数通过调用open_softirq()来注册对应的软中断handler，代码分别为static __init int blk_softirq_init(void){…; open_softirq(BLOCK_SOFTIRQ, blk_done_softirq);…}以及static int __init net_dev_init(void)net_dev_init(){…; open_softirq(NET_TX_SOFTIRQ, net_tx_action); open_softirq(NET_RX_SOFTIRQ, net_rx_action); …}。

那么，这些handler何时被调用？与任务抢占实现类似，在中断上半部handler程序中通过调用raise_softirq_irqoff()函数将per CPU数据结构irq_stat中的__softirq_pending成员变量对应的位置1，从而激活（raise）softirq，这就相当于调度时将need_resched标志位置1一样，但是并不立刻触发schedule()。在do_IRQ()函数尾部的irq_exit()中，会调用local_softirq_pending()判断irq_stat.__softirq_pending是否不为0，是则调用invoke_softirq() > __do_softirq()执行softirq_vec中的action回调函数从而执行了softirq。

下面贴一些实际代码供大家参考。一切从图10-199中右下方所示的io_complete_callback()回调函数开始，该SAS卡驱动针对不同的I/O属性和场景提供了不同的I/O完成处理回调函数，比如图10-202所示的pqi_aio_io_complete()函数，我们以它为例，该函数最终会调用pqi_scsi_done()，后者则调用scsi_done()函数一步步地激活软中断。scsi_done() > blk_complete_request() > __blk_complete_request() > raise_softirq_irqoff() > __raise_softirq_irqoff() > or_softirq_pending()，从而将irq_stat.__softirq_pending对应的位置位。1<<nr表示将1左移nr位，比如nr为4（BLOCK_SOFTIRQ），则irq_stat.__softirq_pending值为00000000000000000000000000010000。如果有多个软中断被触发，那么该值中对应的位就会被置1。

上述代码位于do_IRQ() > handle_irq()下游，其返回之后，最终进入irq_exit() > invoke_softirq() > __

do_softirq() > h->action，从而执行了 softirq_vec中的action回调函数（当初被open_softirq()注册的）。这个过程如图10-203所示。

可以看到，h一开始指向softirq_vec[0]，代码首先测试pending变量中的第0个位是否为1，为1则表示当前软中断为0号软中断（HI_SOFTIRQ），则进入do/while循环处理该中断，调用h->action，如果第0个不为1，则h++，同时pending右移一位，开始测试pending中之前的第1位是否为1，就这样一直把pending变量测试完，执行其中为1的位对应的h->action。如果软中断持续地被激活则需要采用ksoftirqd线程来处理，下文再介绍。

我们以blk_done_softirq()函数为例来看一下软中断handler具体做的事情，如图10-204所示。该函数其实最终调用了一个回调函数softirq_done_fn，其被初始化为scsi_softirq_done()，该函数内部会根据I/O的执行状态做出对应动作，在此就不多介绍了。

> **提示 ▶▶**
>
> 执行cat /proc/softirqs可以显示出系统内的软中断情况

10.6.5.2 ksoftirqd线程

由于软中断执行过程时会打开硬中断响应（__do_softirq()中会调用local_irq_enable()），如果软中断处理未返回之前再次发生硬中断，则产生嵌套，新的硬中断会继续进入软中断

有些软中断handler会持续激活自己，也就是在handler内部继续调用raise_softirq_irqoff()，这样的话，do/while循环就会一直持续处理软中断，这样就会导致中断处理时间过长，从而影响线程的运行。所以，在如图10-203所示的__do_softirq()代码结尾可以看到，其会再次调用local_softirq_pending()来判断是否软中断handler再次激活了中断，如果是，而且将max_restart变量（初始值为10）减1后不为0，则goto restart再

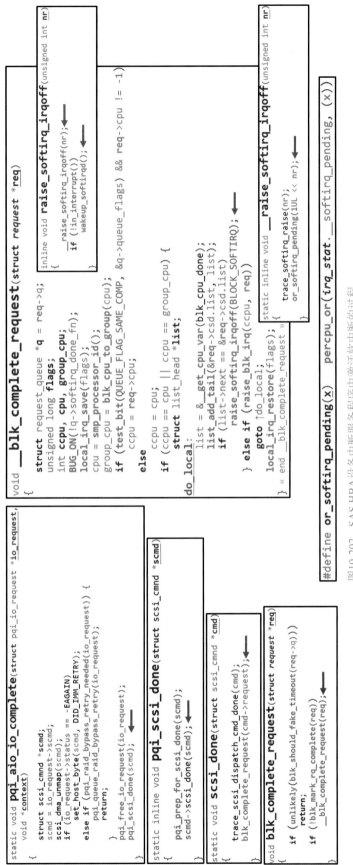

图10-202　SAS HBA设备中断服务程序中激活软中断的过程

```c
static void wakeup_softirqd(void)
{
    struct task_struct *tsk = __this_cpu_read(ksoftirqd);

    if (tsk && tsk->state != TASK_RUNNING)
        wake_up_process(tsk);
}
```

```c
asmlinkage void __do_softirq(void)
{
    struct softirq_action *h;
    __u32 pending;
    int max_restart = MAX_SOFTIRQ_RESTART;
    int cpu;

    pending = local_softirq_pending();
    account_system_vtime(current);

    __local_bh_disable((unsigned long)__builtin_return_address(0),
                SOFTIRQ_OFFSET);
    lockdep_softirq_enter();

    cpu = smp_processor_id();
restart:
    set_softirq_pending(0);
    local_irq_enable();

    h = softirq_vec;

    do {
        if (pending & 1) {
            unsigned int vec_nr = h - softirq_vec;
            int prev_count = preempt_count();
            kstat_incr_softirqs_this_cpu(vec_nr);
            trace_softirq_entry(vec_nr);
            h->action(h);          //会调用到blk_done_softirq()
            trace_softirq_exit(vec_nr);
            if (unlikely(prev_count != preempt_count())) {
                printk(KERN_ERR "huh, entered softirq %u %s %p"
                        "with preempt_count %08x,"
                        " exited with %08x?\n", vec_nr,
                        softirq_to_name[vec_nr], h->action,
                        prev_count, preempt_count());
                preempt_count() = prev_count;
            }

            rcu_bh_qs(cpu);
        }
        h++;
        pending >>= 1;
    } while (pending);
    // « end do » while (pending)

    local_irq_disable();
    pending = local_softirq_pending();
    if (pending && --max_restart)
        goto restart;

    if (pending)
        wakeup_softirqd();

    lockdep_softirq_exit();

    account_system_vtime(current);
    __local_bh_enable(SOFTIRQ_OFFSET);
}
// « end __do_softirq »
```

```c
unsigned int __irq_entry do_IRQ(struct pt_regs *regs)
{
    struct pt_regs *old_regs = set_irq_regs(regs);
    unsigned vector = ~regs->orig_ax;
    unsigned irq;

    exit_idle();
    irq_enter();

    irq = __this_cpu_read(vector_irq[vector]);

    if (!handle_irq(irq, regs)) {
        ack_APIC_irq();

        if (printk_ratelimit())
            pr_emerg("%s: %d.%d No irq handler for vector (irq %d)\n",
                    __func__, smp_processor_id(), vector, irq);
    }

    irq_exit();

    set_irq_regs(old_regs);
    return 1;
}
```

```c
void irq_exit(void)
{
    account_system_vtime(current);
    trace_hardirq_exit();
    sub_preempt_count(IRQ_EXIT_OFFSET);
    if (!in_interrupt() && local_softirq_pending())
        invoke_softirq();

    rcu_irq_exit();
#ifdef CONFIG_NO_HZ
    if (idle_cpu(smp_processor_id()) && !in_interrupt() && !need_resched())
        tick_nohz_stop_sched_tick(0);
#endif
    preempt_enable_no_resched();
}
```

```c
static inline void invoke_softirq(void)
{
    if (!force_irqthreads)
        __do_softirq();
    else
        wakeup_softirqd();
}
```

图10-203　do_IRQ()下游执行软中断处理函数的过程

```
static void blk_done_softirq(struct softirq_action *h)
{
    struct list_head *cpu_list, local_list;
    local_irq_disable();
    cpu_list = &__get_cpu_var(blk_cpu_done);
    list_replace_init(cpu_list, &local_list);
    local_irq_enable();
    while (!list_empty(&local_list)) {
        struct request *rq;
        rq = list_entry(local_list.next, struct request, csd.list);
        list_del_init(&rq->csd.list);
        rq->q->softirq_done_fn(rq);
    }
}
```

```
struct request_queue *scsi_alloc_queue(struct scsi_device *sdev)
{
    struct request_queue *q;
    q = __scsi_alloc_queue(sdev->host, scsi_request_fn);
    if (!q)
        return NULL;
    blk_queue_prep_rq(q, scsi_prep_fn);
    blk_queue_softirq_done(q, scsi_softirq_done);
    blk_queue_rq_timed_out(q, scsi_times_out);
    blk_queue_lld_busy(q, scsi_lld_busy);
    return q;
}
```

```
void blk_queue_softirq_done(struct request_queue *q, softirq_done_fn *fn)
{
    q->softirq_done_fn = fn;
}
```

```
static void scsi_softirq_done(struct request *rq)
{
    struct scsi_cmnd *cmd = rq->special;
    unsigned long wait_for = (cmd->allowed + 1) * rq->timeout;
    int disposition;
    INIT_LIST_HEAD(&cmd->eh_entry);
    atomic_inc(&cmd->device->iodone_cnt);
    if (cmd->result)
        atomic_inc(&cmd->device->ioerr_cnt);
    disposition = scsi_decide_disposition(cmd);
    if (disposition != SUCCESS &&
        time_before(cmd->jiffies_at_alloc + wait_for, jiffies)) {
        sdev_printk(KERN_ERR, cmd->device,
                    "timing out command, waited %lus\n",
                    wait_for/HZ);
        disposition = SUCCESS;
    }
    scsi_log_completion(cmd, disposition);
    switch (disposition) {
        case SUCCESS:
            scsi_finish_command(cmd);
            break;
        case NEEDS_RETRY:
            scsi_queue_insert(cmd, SCSI_MLQUEUE_EH_RETRY);
            break;
        case ADD_TO_MLQUEUE:
            scsi_queue_insert(cmd, SCSI_MLQUEUE_DEVICE_BUSY);
            break;
        default:
            if (!scsi_eh_scmd_add(cmd, 0))
                scsi_finish_command(cmd);
    }
} « end scsi_softirq_done »
```

图10-204　blk_done_softirq()下游原理

次处理，这样，最多允许循环处理10次，如果依然
pending，那么对不起，软中断handler函数就别在中断上下文运行了，转去一个名为ksoftirqd的内核线程中运行，该线程的入口函数为run_ksoftirqd()，其实现如图10-205所示。

```
static int run_ksoftirqd(void * __bind_cpu)
{
    set_current_state(TASK_INTERRUPTIBLE);
    while (!kthread_should_stop()) {
        preempt_disable();
        if (!local_softirq_pending()) {
            preempt_enable_no_resched();
            schedule();
            preempt_disable();}
        __set_current_state(TASK_RUNNING);
        while (local_softirq_pending()) {
            if (cpu_is_offline((long)__bind_cpu))
                goto ↓wait_to_die;
            local_irq_disable();
            if (local_softirq_pending())
                __do_softirq();
            local_irq_enable();
            preempt_enable_no_resched();
            cond_resched();
            preempt_disable();
            rcu_note_context_switch((long)__bind_cpu);}
        preempt_enable();
        set_current_state(TASK_INTERRUPTIBLE);
    } « end while !kthread_should_stop(... »
    __set_current_state(TASK_RUNNING);
    return 0;
wait_to_die:
    preempt_enable();
    set_current_state(TASK_INTERRUPTIBLE);
    while (!kthread_should_stop()) {
        schedule();
        set_current_state(TASK_INTERRUPTIBLE);}
    __set_current_state(TASK_RUNNING);
    return 0;
} « end run_ksoftirqd »
```

图10-205　ksoftirqd线程的入口函数

ksoftirqd线程是在内核初始化阶段中的init线程中调用do_pre_smp_initcalls() > spawn_ksoftirqd() > cpu_callback() > kthread_create_on_node()函数创建的，关于内核线程的创建过程前文中已经介绍过，在此可以

根据代码回顾一下。

经过这样处理之后，在软中断压力过大的系统中，剩余来不及处理的软中断被放在了内核线程中处理，与其他线程共同参与调度，ksoftirqd的线程优先级被适当调低，以保证用户任务被更多调度运行。

总结一下就是：担心硬中断处理时间太长而影响后续硬中断的处理，引入了下半部的软中断；而担心软中断处理时间过长而影响到系统中线程的运行，引入了ksoftirqd内核线程来运行超过被允许在中断上下文中运行的额定量软中断数量的软中断，将它们挪到线程上下文中运行。

10.6.5.3　softirq与preempt_count

在10.4.2节中介绍过抢占以及preempt_count，该变量内部划分了多个字段，其中有与硬中断、软中断相关的字段。本节我们结合软中断来完善介绍一下，此处建议回顾一下preempt_count。

__do_softirq()函数每次执行时是将SOFTIRQ_MASK字段的最低位（也就是preempt_count字段的第8位，从0开始数）+1，用来表示当前已经进入了软中断处理。

而Softirq也可以被在任意时刻手动使能和禁止，通过local_bh_enable()和local_bh_disable()函数，其本质就是将SOFTIRQ_MASK字段（从preempt_count的第9位开始）进行加减操作。所以SOFTIRQ_MASK字段也有多个位，因为可以多次连续手动禁止softirq。

如图10-206所示，irq_exit()中会调用in_interrupt()判断当前是否处于中断上下文。in_interrupt为一个宏，其定义是：(preempt_count() & (HARDIRQ_MASK | SOFTIRQ_MASK | NMI_

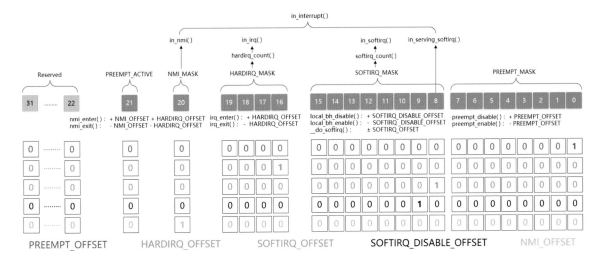

图10-206 中断处理过程中对preempt_count的操作示意图

MASK))。**HARDIRQ_MASK**、**SOFTIRQ_MASK**、**NMI_MASK**各自都是宏定义，分别为：**00000000 00000000 00000001 00000000**、**00000000 00000001 00000000 00000000**、**00000000 00010000 00000000 00000000**。所以当前系统不管是正在执行硬中断还是软中断，in_interrupt()都返回1。

如果in_interrupt()返回1，则表示发生了中断嵌套，则irq_exit()不调用invoke_softirq()。如果这样岂不是会丢失本次软中断处理？非也。上文中可以看到，__do_softirq()函数会对pending变量中每个位从头循环判断，所以，只要raise了softirq，总会得到执行。位于嵌套内层的中断处理不需要处理软中断，因为当内层返回到外层时，外层会继续处理软中断，内层raise的softirq也会被外层一并处理掉。而如果内层中断处理程序不管外层而擅自处理了软中断，此时会产生重入，也就是外层处理了一半的软中断，由内层代码重新又处理了一遍，此时会产生问题。

10.6.5.4　tasklet

上文中提到下半部软中断几乎都是与硬件无关的处理步骤，Linux内核给出了若干种封装好的统一的软中断处理handler可供调用。但是有时候设备驱动程序希望内核提供一种机制可供其自行注册一个自定义的handler函数来处理下半部分。但是，五花八门的驱动程序可能会注册不同的大量的handler，都放到softirq_vec[ ]中不便于管理；此外，softirq代码中也并未提供可动态注册新的softirq到softirq_vec[ ]的机制，softirq_vec[ ]是预先静态定义的。

内核采用这种方法来解决这个问题：在softirq中提供一项叫作TASKLET_SOFIRRQ的项目，然后给该项注册一个名为tasklet_action()的总handler，各个驱动程序将自己的handler挂接到一个队列中去，然后激活TASKLET_SOFTIRQ，然后__do_softirq()执行tasklet_

action()，后者再从队列中取出所有待执行handler各个执行。这种做法相当于让多个不同的handler共享同一个softirq_vec。每个由驱动程序注册的handler被称为一个tasklet（小任务）。

由于__do_softirq()是从softirq_vec[0]开始依次检测并执行每个pending的软中断，所以softirq_vec[0]的优先级最高。softirq_vec[0]对应着HI_SOFTIRQ，HI表示High Priority，其handler被注册为tasklet_hi_action()，如果驱动程序需要注册一个高优先级的软中断handler，则需要将其注册到HI_SOFTIRQ下面。下面我们来看一下注册tasklet的基本流程。

如图10-207所示为tasklet的初始化过程，在内核初始化的start_kernel()过程中会调用softirq_init()进行tasklet的总handler的注册过程。

```
void __init softirq_init(void)
{
    int cpu;
    for_each_possible_cpu(cpu) {
        int i;
        per_cpu(tasklet_vec, cpu).tail =
            &per_cpu(tasklet_vec, cpu).head;
        per_cpu(tasklet_hi_vec, cpu).tail =
            &per_cpu(tasklet_hi_vec, cpu).head;
        for (i = 0; i < NR_SOFTIRQS; i++)
            INIT_LIST_HEAD(&per_cpu(softirq_work_list[i], cpu));
    }
    register_hotcpu_notifier(&remote_softirq_cpu_notifier);
    open_softirq(TASKLET_SOFTIRQ, tasklet_action);
    open_softirq(HI_SOFTIRQ, tasklet_hi_action);
}
```

图10-207 tasklet初始化过程

而设备驱动程序还需要注册自己的实际handler，其需要先将handler描述在一个tasklet_struct{ }中，然后调用tasklet_schedule()或者tasklet_hi_schedule()将该handler注册到tasklet_vec结构中。这个步骤如图10-208所示。

tasklet_struct结构中的func域就是下半部中要执行的handler函数，data是它唯一的参数。State域的可取值为0、TASKLET_STATE_SCHED（已被调度正准备投入运行）或TASKLET_STATE_RUN（正在运行）。

```
struct tasklet_struct
{
    struct tasklet_struct *next;
    unsigned long state;/*指向队列中的下一个结构*/
    atomic_t count;/*状态*/
    void (*func)(unsigned long);/*handler函数指针*/
    unsigned long data;/*传递给handler的参数*/
};
```

```
static inline void tasklet_schedule(struct tasklet_struct *t)
{
    if (!test_and_set_bit(TASKLET_STATE_SCHED, &t->state))
        __tasklet_schedule(t);
}
```

```
void __tasklet_schedule(struct tasklet_struct *t)
{
    unsigned long flags;
    local_irq_save(flags);
    t->next = NULL;
    *__this_cpu_read(tasklet_vec.tail) = t;       ◄
    __this_cpu_write(tasklet_vec.tail, &(t->next)); ◄
    raise_softirq_irqoff(TASKLET_SOFTIRQ);        ◄
    local_irq_restore(flags);
}
```

```
static void tasklet_action(struct softirq_action *a)
{
    struct tasklet_struct *list;
    local_irq_disable();
    list = __this_cpu_read(tasklet_vec.head);
    __this_cpu_write(tasklet_vec.head, NULL);
    __this_cpu_write(tasklet_vec.tail, &__get_cpu_var(tasklet_vec).head);
    local_irq_enable();
    while (list) {                              ◄
        struct tasklet_struct *t = list;
        list = list->next;
        if (tasklet_trylock(t)) {
            if (!atomic_read(&t->count)) {
                if (!test_and_clear_bit(TASKLET_STATE_SCHED, &t->state))
                    BUG();
                t->func(t->data);              ◄
                tasklet_unlock(t);
                continue;
            }
            tasklet_unlock(t);
        }
        local_irq_disable();
        t->next = NULL;
        *__this_cpu_read(tasklet_vec.tail) = t;
        __this_cpu_write(tasklet_vec.tail, &(t->next));
        __raise_softirq_irqoff(TASKLET_SOFTIRQ);
        local_irq_enable();
    } « end while list »
} « end tasklet_action »
```

图10-208　tasklet的准备、注册和执行过程

Count域是tatsklet的引用计数器，如果它不为0，则其被禁止运行；为0则允许运行。tasklet_disable和tasklet_enable()函数就是通过更新count字段发挥作用。

　　__tasklet_schedule()将构建好的tasklet_struct追加到本CPU对应的tasklet_vec[ ]数组（该数组为per cpu数据结构，每个CPU对应该数组中的一个元素）中对应元素指向的结构体的尾部，然后调用raise_softirq_irqoff()激活TASKLET_SOFTIRQ软中断。

　　软中断被执行时会执行TASKLET_SOFTIRQ对应的总handler，也就是tasklet_action()，该函数内部会使用while循环来遍历tasklet_vec对应元素的链表，从而执行链表中注册的所有handler。

　　值得一提的是，同一个softirq的handler可能会被不同的CPU同时执行（因为外部设备发送的中断信号每次可能会有不同的目标CPU），所以需要针对共享变量考虑考虑锁的问题，不过由于softirq一般只被内核内置原生的模块使用，所以预先都会考虑这些问题，外部设备驱动程序几乎没有直接使用softirq的，都是使用tasklet。而被tasklet封装起来的同一个handler只能在一个CPU上运行，可以看到tasklet_action()中会调用tasklet_trylock()函数，该函数内部会检查对应tasklet的tasklet_struct中的state字段是否为0，为0则表示其还没有被其他CPU运行，如果不为0，则表示其已经在运行，则自己不会运行它。不同的tasklet handler可以在多个CPU上并发运行。

　　综上，tasklet本质上是利用单个softirq向量handler来执行大量注册的子handler，且执行方式上使用锁来避免同一个handler同时被多个CPU执行。

10.6.5.5　workqueue

　　Linux内核被设计为中断服务程序执行时不能阻塞或者休眠，必须一气呵成执行完必要的处理步骤，让do_IRQ()返回到ret_from_intr中，在后者代码中方可调用schedule()切换任务。如果在中断处理期间直接

调用schedule()，或者其他可能导致休眠/阻塞的函数（比如一些I/O函数），理论上也并不是不可以，但是会被内核限制住无法这样做，比如schedule()函数内部会判断in_interrupt()，如果为真，则BUG()。

　　softirq和tasklet的handler都运行在中断上下文，都不允许休眠阻塞。然而，的确有一些中断服务程序不得不调用一些导致休眠/阻塞的函数，毕竟需求是千奇百怪的。面对这种需求，如果能够将这些handler打包到一个内核线程中去执行的话，该线程就可以实现休眠而且被调度了。一个疑问是上文所述的ksoftirqd内核线程难道不可以用来做这件事么？其本质虽然类似，但是ksoftirqd只是为了缓解softirq/tasklet压力过大时的一种临时方案。

　　为此，Linux内核在2.5版本中开始提供workqueue机制来容纳有这种需求的handler。workqueue的基本思想是创建内核线程来执行handler，用对应的数据结构来记录诸如handler指针、线程的task_struct、各种参数等，并实现一些函数来管理这些数据结构，比如创建/删除、登记注册handler等。

　　如图10-209所示为workqueue关键的几种数据结构。将整个workqueue在全局上组织起来的最顶端数据结构是全局静态变量workqueue，其是一个由多个struct workqueue_struct{ }链接起来的链表，内核程序可以调用create_workqueue()来创建新的workqueue_struct。每个workqueue_struct内部又记录了一个struct cpu_workqueue_struct{ }，该变量是一个per cpu变量，意味着针对每个CPU核心都会产生一份。workqueue_struct中还记录了一个struct worker *rescuer，在worker结构体中最终记录了struct task_struct *task，task指向的任务，就是用于运行本workqueue_struct中所包含的全部handler函数的线程。

　　struct cpu_workqueue_struct中记录了一个struct global_cwq *gcwq，后者内部又记录了一个struct list_head worklist，worklist是一个链表，其挂接了所有

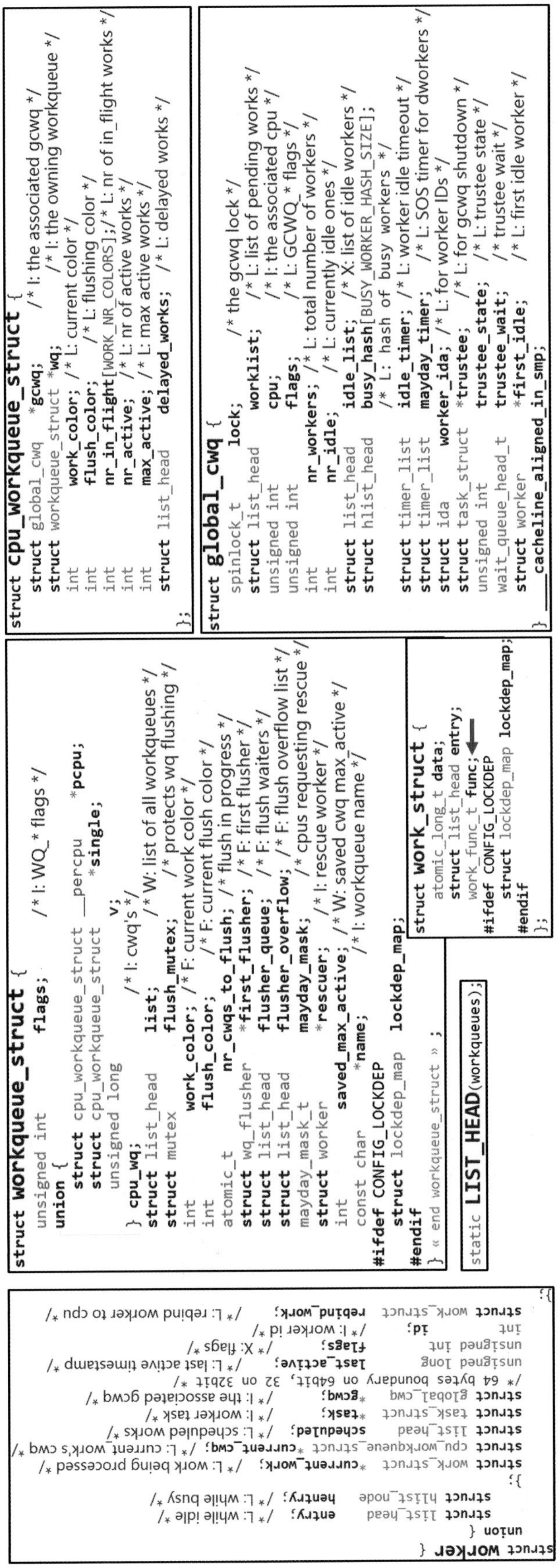

图10-209 workqueue关键的几种数据结构

```c
struct cpu_workqueue_struct {
    struct global_cwq      *gcwq;     /* I: the associated gcwq */
    struct workqueue_struct *wq;      /* I: the owning workqueue */
    int                    work_color;  /* L: current color */
    int                    flush_color; /* L: flushing color */
    int                    nr_in_flight[WORK_NR_COLORS];/* L: nr in flight works */
    int                    nr_active;   /* L: nr of active works */
    int                    max_active;  /* L: max active works */
    struct list_head       delayed_works;  /* L: delayed works */
};

struct global_cwq {
    spinlock_t             lock;       /* the gcwq lock */
    struct list_head       worklist;   /* L: list of pending works */
    unsigned int           cpu;        /* I: the associated cpu */
    unsigned int           flags;      /* L: GCWQ_* flags */
    int                    nr_workers; /* L: total number of workers */
    int                    nr_idle;    /* L: currently idle ones */
    struct list_head       idle_list;  /* X: list of idle workers */
    struct hlist_head      busy_hash[BUSY_WORKER_HASH_SIZE];
                                       /* L: hash of busy workers */
    struct timer_list      idle_timer; /* L: worker idle timeout */
    struct timer_list      mayday_timer; /* L: SOS timer for dworkers */
    struct ida             worker_ida; /* L: for worker IDs */
    struct task_struct     *trustee;   /* L: trustee state */
    unsigned int           trustee_state; /* L: trustee state */
    wait_queue_head_t      trustee_wait;  /* trustee wait */
    struct worker          *first_idle;    /* L: first idle worker */
} ____cacheline_aligned_in_smp;
```

```c
struct workqueue_struct {
    unsigned int           flags;      /* I: WQ_* flags */
    union {
        struct cpu_workqueue_struct __percpu *pcpu;
        struct cpu_workqueue_struct          *single;
        unsigned long                        v;
    } cpu_wq;
    struct list_head       list;        /* W: list of all workqueues */
    struct mutex           flush_mutex; /* protects wq flushing */
    int                    work_color;  /* F: current work color */
    int                    flush_color; /* F: current flush color */
    atomic_t               nr_cwqs_to_flush; /* flush in progress */
    struct wq_flusher      *first_flusher;   /* F: first flusher */
    struct list_head       flusher_queue;    /* F: flush waiters */
    struct list_head       flusher_overflow; /* F: flush overflow list */
    mayday_mask_t          mayday_mask;      /* cpus requesting rescue */
    struct worker          *rescuer;         /* I: rescue worker */
    int                    saved_max_active; /* W: saved cwq max active */
    const char             *name;            /* I: workqueue name */
#ifdef CONFIG_LOCKDEP
    struct lockdep_map     lockdep_map;
#endif
};  « end workqueue_struct »

static LIST_HEAD(workqueues);
```

```c
struct work_struct {
    atomic_long_t          data;
    struct list_head       entry;
    work_func_t            func;
#ifdef CONFIG_LOCKDEP
    struct lockdep_map     lockdep_map;
#endif
};
```

```c
struct worker {
    union {
        struct list_head   entry;        /* L: while idle */
        struct hlist_node  hentry;       /* L: while busy */
    };
    struct work_struct     *current_work;   /* L: work being processed */
    struct cpu_workqueue_struct *current_cwq; /* L: current work's cwq */
    struct list_head       scheduled;       /* L: scheduled works */
    struct task_struct     *task;           /* I: worker task */
    struct global_cwq      *gcwq;           /* I: the associated gcwq */
    /* 64 bytes boundary on 64bit, 32 on 32bit */
    unsigned long          last_active;     /* L: last active timestamp */
    unsigned int           flags;           /* X: flags */
    int                    id;              /* I: worker id */
    struct work_struct     rebind_work;     /* L: rebind worker to cpu */
};
```

注册在本workqueue_struct、本CPU核心上的所有handler。内核程序可以调用INIT_WORK()将希望运行的handler函数封装到一个struct work_struct中，然后将制作好的work_struct作为参数，调用queue_work()函数将其登记到worklist中，每个work_struct中的list_head铆点结构用于将其挂接到worklist中。

最终这些数据结构形成了如图10-210所示的关系。

每个workqueue的worker线程都一样，入口都是一个名为rescuer_thread的函数。workqueue对应的worker线程针对每个CPU都会被创建一次。其实现如图10-211所示。其调用函数move_linked_works()将位于worklist链表中注册登记的所有handler移动到worker->scheduled链表中，然后再调用process_scheduled_works() > process_one_work() > f(work)来执行最终的handler函数。由于process_one_work()处于一个while循环中，所以每次该线程被唤醒之后都会到worker->scheduled链表中执行所有handler函数。

而值得一提的是，每个handler只被执行一次，可以看到在process_scheduled_works()中，宏list_rirst_entry每次执行时会将scheduled链表中为首的work结构体摘出来递交给process_one_work()，所以scheduled链表最后会被摘空。内核代码可以调用queue_work()函数再次提交handler执行。

如图10-212所示为create_workqueue()函数的实现。可以看到其调用kzalloc()函数分配了一段内核内存来容纳该workqueue_struct结构体，这段内存相当于一张与该结构体尺寸相同的空白纸，需要在纸上画出对应的表来，于是下面有一些零散代码开始初始化该数据结构。然后调用for_each_cwq_cpu宏循环，给每个CPU初始化对应的cpu_workqueue_struct结构并顺带做初始化。然后调用kthread_create()创建一个与workqueue同名的内核线程，线程入口函数为rescuer_thread()（也就是worker线程，见图10-211），然后唤醒该线程，当然，由于worklist此时为空，所以该线程唤醒后发现无事可做便会调用schedule()继续休眠了。最终调用list_add将创建好的workqueue_struct加入到全局的workqueue链表中。

如图10-213所示为queue_work()的实现，该函数当前在哪个CPU核心上运行，就将work注册到哪个CPU对应的cpu_workqueue_struct结构的worklist中。

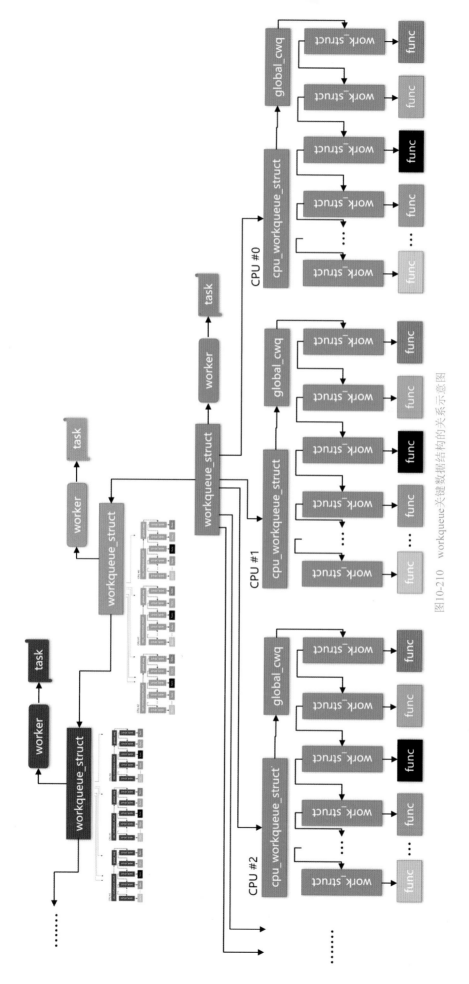

图10-210 workqueue关键数据结构的关系示意图

```
static int rescuer_thread(void *__wq)
{
    struct workqueue_struct *wq = __wq;
    struct worker *rescuer = wq->rescuer;
    struct list_head *scheduled = &rescuer->scheduled;
    bool is_unbound = wq->flags & WQ_UNBOUND;
    unsigned int cpu;

    set_current_state(TASK_INTERRUPTIBLE);

    if (kthread_should_stop())
        return 0;
repeat:
    for_each_mayday_cpu(cpu, wq->mayday_mask) {
        unsigned int tcpu = is_unbound ? WORK_CPU_UNBOUND : cpu;
        struct cpu_workqueue_struct *cwq = get_cwq(tcpu, wq);
        struct global_cwq *gcwq = cwq->gcwq;
        struct work_struct *work, *n;

        __set_current_state(TASK_RUNNING);
        mayday_clear_cpu(cpu, wq->mayday_mask);

        rescuer->gcwq = gcwq;
        worker_maybe_bind_and_lock(rescuer);

        BUG_ON(!list_empty(&rescuer->scheduled));
        list_for_each_entry_safe(work, n, &gcwq->worklist, entry)
            if (get_work_cwq(work) == cwq)
                move_linked_works(work, scheduled, &n);

        process_scheduled_works(rescuer);
        spin_unlock_irq(&gcwq->lock);
    }

    if (keep_working(gcwq))
        wake_up_worker(gcwq);

    schedule();
    goto repeat;
} /* end rescuer_thread */
```

```
static void process_scheduled_works(struct worker *worker)
{
    while (!list_empty(&worker->scheduled)) {
        struct work_struct *work = list_first_entry(&worker->scheduled,
                                            struct work_struct, entry);
        process_one_work(worker, work);
    }
}
```

```
static void process_one_work(struct worker *worker, struct work_struct *work)
__releases(&gcwq->lock)
__acquires(&gcwq->lock)
{
    struct cpu_workqueue_struct *cwq = get_work_cwq(work);
    struct global_cwq *gcwq = cwq->gcwq;
    struct hlist_head *bwh = busy_worker_head(gcwq, work);
    bool cpu_intensive = cwq->wq->flags & WQ_CPU_INTENSIVE;
    work_func_t f = work->func;
    int work_color;
    struct worker *collision;
#ifdef CONFIG_LOCKDEP
    struct lockdep_map lockdep_map = work->lockdep_map;
#endif
    collision = __find_worker_executing_work(gcwq, bwh, work);
    if (unlikely(collision)) {
        move_linked_works(work, &collision->scheduled, NULL);
        return;
    }

    debug_work_deactivate(work);
    hlist_add_head(&worker->hentry, bwh);
    worker->current_work = work;
    worker->current_cwq = cwq;
    work_color = get_work_color(work);
    set_work_cpu(work, gcwq->cpu);
    list_del_init(&work->entry);

    if (unlikely(cwq->wq->flags & GCWQ_HIGHPRI_PENDING)) {
        struct work_struct *nwork = list_first_entry(&gcwq->worklist,
                                            struct work_struct, entry);
        if (!list_empty(&gcwq->worklist) &&
            get_work_cwq(nwork)->wq->flags & WQ_HIGHPRI)
            wake_up_worker(gcwq);
        else
            gcwq->flags &= ~GCWQ_HIGHPRI_PENDING;
    }

    if (unlikely(cpu_intensive)) {
        worker_set_flags(worker, WORKER_CPU_INTENSIVE, true);
        spin_unlock_irq(&gcwq->lock);
    }

    work_clear_pending(work);
    lock_map_acquire_read(&cwq->wq->lockdep_map);
    lock_map_acquire(&lockdep_map);
    trace_workqueue_execute_start(work);
    f(work);
    trace_workqueue_execute_end(work);
    lock_map_release(&lockdep_map);
    lock_map_release(&cwq->wq->lockdep_map);

    if (unlikely(in_atomic() || lockdep_depth(current) > 0)) {
        printk(KERN_ERR "BUG: workqueue leaked lock or atomic: "
               "%s/0x%08x/%d\n",
               current->comm, preempt_count(), task_pid_nr(current));
        printk(KERN_ERR " last function: ");
        print_symbol("%s\n", (unsigned long)f);
        debug_show_held_locks(current);
        dump_stack();
    }

    spin_lock_irq(&gcwq->lock);
    if (unlikely(cpu_intensive))
        worker_clr_flags(worker, WORKER_CPU_INTENSIVE);
    hlist_del_init(&worker->hentry);
    worker->current_work = NULL;
    worker->current_cwq = NULL;
    cwq_dec_nr_in_flight(cwq, work_color, false);
} /* end process_one_work */
```

图10-211 worker线程的入口函数极其下游动作一览

```
#define create_workqueue(name) alloc_workqueue((name), WQ_MEM_RECLAIM, 1)

#define alloc_workqueue(name, flags, max_active) \
    __alloc_workqueue_key((name), (flags), (max_active), NULL, NULL)

struct workqueue_struct *__alloc_workqueue_key(const char *name,
                                    unsigned int flags,
                                    int max_active,
                                    struct lock_class_key *key,
                                    const char *lock_name)
{
    struct workqueue_struct *wq;
    unsigned int cpu;

    if (flags & WQ_MEM_RECLAIM)
        flags |= WQ_RESCUER;
    if (flags & WQ_UNBOUND)
        flags |= WQ_HIGHPRI;

    max_active = max_active ?: WQ_DFL_ACTIVE;
    max_active = wq_clamp_max_active(max_active, flags, name);

    wq = kzalloc(sizeof(*wq), GFP_KERNEL);
    if (!wq)
        goto err;

    wq->flags = flags;
    wq->saved_max_active = max_active;
    mutex_init(&wq->flush_mutex);
    atomic_set(&wq->nr_cwqs_to_flush, 0);
    INIT_LIST_HEAD(&wq->flusher_queue);
    INIT_LIST_HEAD(&wq->flusher_overflow);
    wq->name = name;

    if (alloc_cwqs(wq) < 0)
        goto err;

    for_each_cwq_cpu(cpu, wq) {
        struct cpu_workqueue_struct *cwq = get_cwq(cpu, wq);
        struct global_cwq *gcwq = get_gcwq(cpu);

        BUG_ON((unsigned long)cwq & WORK_STRUCT_FLAG_MASK);
        cwq->gcwq = gcwq;
        cwq->wq = wq;
        cwq->flush_color = -1;
        cwq->max_active = max_active;
        INIT_LIST_HEAD(&cwq->delayed_works);}

    if (flags & WQ_RESCUER) {
        struct worker *rescuer;

        if (!alloc_mayday_mask(&wq->mayday_mask, GFP_KERNEL))
            goto err;

        wq->rescuer = rescuer = alloc_worker();
        if (!rescuer)
            goto err;

        rescuer->task = kthread_create(rescuer_thread, wq, "%s", name);
        if (IS_ERR(rescuer->task))
            goto err;

        rescuer->task->flags |= PF_THREAD_BOUND;
        wake_up_process(rescuer->task);
    }

    spin_lock(&workqueue_lock);
    if (workqueue_freezing && wq->flags & WQ_FREEZABLE)
        for_each_cwq_cpu(cpu, wq)
            get_cwq(cpu, wq)->max_active = 0;

    list_add(&wq->list, &workqueues);
    spin_unlock(&workqueue_lock);

    return wq;
err:
    if (wq) {
        free_cwqs(wq);
        free_mayday_mask(wq->mayday_mask);
        kfree(wq->rescuer);
        kfree(wq);
    }
    return NULL;
} /* end alloc_workqueue_key */

static struct worker *alloc_worker(void)
{
    struct worker *worker;

    worker = kzalloc(sizeof(*worker), GFP_KERNEL);
    if (worker) {
        INIT_LIST_HEAD(&worker->entry);
        INIT_LIST_HEAD(&worker->scheduled);
        INIT_WORK(&worker->rebind_work, worker_rebind_fn);
        worker->flags = WORKER_PREP;}
    return worker;
}
```

图10-212 create_workqueue()函数实现

```c
int schedule_work(struct work_struct *work)
{
    return queue_work(system_wq, work);
}
```

```c
int queue_work(struct workqueue_struct *wq,
               struct work_struct *work)
{
    int ret;
    ret = queue_work_on(get_cpu(), wq, work);
    put_cpu();
    return ret;
}
```

```c
int queue_work_on(int cpu, struct workqueue_struct *wq,
                  struct work_struct *work)
{
    int ret = 0;
    if (!test_and_set_bit(WORK_STRUCT_PENDING_BIT, work_data_bits(work))) {
        __queue_work(cpu, wq, work);
        ret = 1;
    }
    return ret;
}
```

```c
static void insert_work(struct cpu_workqueue_struct *cwq,
                        struct work_struct *work, struct list_head *head,
                        unsigned int extra_flags)
{
    struct global_cwq *gcwq = cwq->gcwq;

    set_work_cwq(work, cwq, extra_flags);
    smp_wmb();
    list_add_tail(&work->entry, head);
    smp_mb();
    if (__need_more_worker(gcwq))
        wake_up_worker(gcwq);
}
```

```c
static void __queue_work(unsigned int cpu, struct workqueue_struct *wq,
                         struct work_struct *work)
{
    struct global_cwq *gcwq;
    struct cpu_workqueue_struct *cwq;
    struct list_head *worklist;
    unsigned int work_flags;
    unsigned long flags;

    debug_work_activate(work);

    if (unlikely(wq->flags & WQ_DYING) &&
        WARN_ON_ONCE(!is_chained_work(wq)))
        return;

    if (!(wq->flags & WQ_UNBOUND)) {
        struct global_cwq *last_gcwq;

        if (unlikely(cpu == WORK_CPU_UNBOUND))
            cpu = raw_smp_processor_id();

        gcwq = get_gcwq(cpu);
        if (wq->flags & WQ_NON_REENTRANT &&
            (last_gcwq = get_work_gcwq(work)) && last_gcwq != gcwq) {
            struct worker *worker;

            spin_lock_irqsave(&last_gcwq->lock, flags);
            worker = find_worker_executing_work(last_gcwq, work);
            if (worker && worker->current_cwq->wq == wq)
                gcwq = last_gcwq;
            else {
                spin_unlock_irqrestore(&last_gcwq->lock, flags);
                spin_lock_irqsave(&gcwq->lock, flags);
            }
        } else
            spin_lock_irqsave(&gcwq->lock, flags);
    } else {
        gcwq = get_gcwq(WORK_CPU_UNBOUND);
        spin_lock_irqsave(&gcwq->lock, flags);
    }

    cwq = get_cwq(gcwq->cpu, wq);
    trace_workqueue_queue_work(cpu, cwq, work);

    BUG_ON(!list_empty(&work->entry));

    cwq->nr_in_flight[cwq->work_color]++;
    work_flags = work_color_to_flags(cwq->work_color);

    if (likely(cwq->nr_active < cwq->max_active)) {
        trace_workqueue_activate_work(work);
        cwq->nr_active++;
        worklist = gcwq_determine_ins_pos(gcwq, cwq);
    } else {
        work_flags |= WORK_STRUCT_DELAYED;
        worklist = &cwq->delayed_works;
    }

    insert_work(cwq, work, worklist, work_flags);

    spin_unlock_irqrestore(&gcwq->lock, flags);
} « end __queue_work »
```

图10-213 queue_work()函数的实现

值得一提的是，内核在初始化的时候会调用init_workqueues()，创建若干个wqworkqueue。system_wq = alloc_workqueue("events", 0, 0)、system_long_wq = alloc_workqueue("events_long", 0, 0)、system_nrt_wq = alloc_workqueue("events_nrt", WQ_NON_REENTRANT, 0)、system_unbound_wq = alloc_workqueue ("events_unbound", WQ_UNBOUND,WQ_UNBOUND_MAX_ACTIVE)、system_freezable_wq = alloc_workqueue("events_freezable",WQ_FREEZABLE, 0)。其中，system_wq被用作默认的workqueue。如果内核程序直接调用schedule_work()，便会自动将work提交到system_wq中执行，其对应的worker线程名为events。

10.6.6　中断线程化

由于中断处理过程中一般都关闭中断响应运行，其优先级非常高，此时系统内其他线程代码都无法运行，而这对于一些实时操作系统而言会带来不可预知性，比如某个中断处理拖了比较长的时间，而下一次处理耗费的时间又缩短了，忽快忽慢，这是RTOS无法接受的。于是有人提议将硬中断处理handler也封装到内核线程里去执行，这意味着整个中断处理过程可以被随时打断甚至抢占。

其实早在图10-194中大家就似乎看出了端倪，request_irq()其实是调用了request_threaded_irq()，而该函数的其中一个参数为irq_handler_t thread_fn，也就是将被封装到内核线程中的入口函数。而request_irq()却将该参数设置为NULL（无效，也就是全0）。request_threaded_irq()内的关键代码为：if (!handler) {if (!thread_fn) return -EINVAL; handler = irq_default_primary_handler;}，该代码的意思是：如果调用者没有传递有效的handler参数，那么一定是传递了thread_fn参数，如果连thread_fn都无效，那就报错；如果thread_fn有效，则指派一个名为irq_default_primary_handler ()的函数作为handler。所以request_irq() > request_threaded_irq()之后，thread_fn为NULL，handler会被注册为request_irq()所指派的handler，也就是设备驱动程序指定的handler。

要想实现线程化的中断，则驱动程序必须直接调用request_threaded_irq()，同时必须传递有效的thread_fn指针参数，也可以传递handler参数但是不必须，因为函数内部会指派一个特殊handler，不管是自己指派还是用系统默认的，该handler函数必须return IRQ_WAKE_THREAD，这也是irq_default_primary_handler()内部的唯一语句。之所以这样做，是因为在如图10-197所示的handle_irq_event_percpu()函数中，首先执行res = action->handler(irq, action->dev_id)，如果handler是非线程化的，则其处理完后必须返回IRQ_HANDLED，而如果handler是线程化的（自定义或者系统默认指派的）其返回值必然为IRQ_WAKE_THREAD。

所以，handle_irq_event_percpu()函数接着会判断res的值，如果为IRQ_WAKE_THREAD，则表明该中断对应的handler被封装到了内核线程中，则将res值改为IRQ_HANDLED，然后接着调用irq_wake_thread()来唤醒irq_thread线程来最终执行该handler。那么irq_thread当初是怎么被创建的呢？

在图10-194中的request_threaded_irq()中调用了__setup_irq()，后者执行t = kthread_create(irq_thread, new, "irq/%d-%s", irq,new->name)将irq_thread()注册为名为"irq/%d-%s"线程的入口函数，然后执行new->thread = t（其中new为调用者传递进来的irqaction结构体参数），将新创建的内核线程的task_struct登记到irqaction结构体中。irq_wake_thread()中会执行wake_up_process(action->thread)，action->thread便是刚才被创建的内核线程的task_struct。

__setup_irq()中还会调用irq_setup_forced_threading()函数，该函数内部会判断当前系统是否被配置为采用强制线程化中断，如果是，再判断驱动程序注册时是否明确给出了thread_fn，如果没有，这表明驱动程序依然想使用传统中断方式，则将驱动程序提交的handler函数强制赋值给irqaction结构体中的thread_fn字段，然后将handler字段赋值为irq_default_primary_handler()默认的handler。而这一切对于驱动程序来讲是不可知的，如图10-214所示。

```
static void irq_setup_forced_threading(struct irqaction *new)
{
    if (!force_irqthreads)
        return;
    if (new->flags & (IRQF_NO_THREAD | IRQF_PERCPU | IRQF_ONESHOT))
        return;
    new->flags |= IRQF_ONESHOT;
    if (!new->thread_fn) {
        set_bit(IRQTF_FORCED_THREAD, &new->thread_flags);
        new->thread_fn = new->handler;
        new->handler = irq_default_primary_handler;
    }
}
```

图10-214　强制中断线程化

我们来看看irq_thread()的实现，如图10-215所示。其首先判断当前是否被配置为强制线程化中断，如果是，则将handler_fn赋值为irq_forced_thread_fn函数指针，如果不是则赋值为irq_thread_fn函数指针。

如图下方所示，这两个函数内部其实都会调用action->thread_fn从而最终执行驱动程序注册的handler，但是区别在于：irq_forced_thread_fn()函数执行handler之前会调用local_bh_disable()来禁止softirq/tasklet的调度执行，这意味着，一旦action->thread_fn执行期间收到了外部中断且激活了软中断，这个软中断也无法被立即执行（反正已经被激活了，后续总有机会被执行），而是直接返回，这样就可以尽快地让被中断的thread_fn继续执行。而irq_thread_fn()函数却并不禁止软中断的执行，所以其被中断之后可能会经过更长时间才能继续返回执行thread_fn。这种设计的意义在于：在驱动采用传统方式注册handler却被内

```
static int irq_thread(void *data)
{
    static const struct sched_param param = {
        .sched_priority = MAX_USER_RT_PRIO/2,
    };
    struct irqaction *action = data;
    struct irq_desc *desc = irq_to_desc(action->irq);
    void (*handler_fn)(struct irq_desc *desc, struct irqaction *action);
    int wake;
→   if (force_irqthreads & test_bit(IRQTF_FORCED_THREAD,
            &action->thread_flags))
    →   handler_fn = irq_forced_thread_fn;
    else
    →   handler_fn = irq_thread_fn;
→   sched_setscheduler(current, SCHED_FIFO, &param);
    current->irqaction = action;
    while (!irq_wait_for_interrupt(action)) {
```

```
    while (!irq_wait_for_interrupt(action)) {
        irq_thread_check_affinity(desc, action);
        atomic_inc(&desc->threads_active);
        raw_spin_lock_irq(&desc->lock);
        if (unlikely(irqd_irq_disabled(&desc->irq_data))) {
            desc->istate |= IRQS_PENDING;
            raw_spin_unlock_irq(&desc->lock);
        } else {
            raw_spin_unlock_irq(&desc->lock);
        →   handler_fn(desc, action); }
        wake = atomic_dec_and_test(&desc->threads_active);
        if (wake && waitqueue_active(&desc->wait_for_threads))
            wake_up(&desc->wait_for_threads); }
    irq_finalize_oneshot(desc, action, true);
    current->irqaction = NULL;
    return 0;
} « end irq_thread »
```

```
static void irq_forced_thread_fn(struct irq_desc *desc,
                    struct irqaction *action)
{   local_bh_disable();
→   action->thread_fn(action->irq, action->dev_id);
    irq_finalize_oneshot(desc, action, false);
    local_bh_enable();
}
```

```
static void irq_thread_fn(struct irq_desc *desc,
                    struct irqaction *action)
{
→   action->thread_fn(action->irq, action->dev_id);
    irq_finalize_oneshot(desc, action, false);
}
```

图10-215　irq_thread()的实现

核强制转换为线程化中断时，原本驱动程序期待其 handler会以最快速度执行完毕，没想到却被线程化了（可能会被挂起、中断），所以为了弥补被拖延的时间，禁止了软中断，handler执行完再使能软中断。而如果驱动主动使用线程化中断注册函数注册handler，则表明驱动开发者明确知道其中断处理流程会被中断，可能会被拖后不可预知的时间处理，所以内核也不就不对其进行补偿，不禁止软中断了。如表10-3所示是各种中断方式说明。

10.6.7　系统的驱动力

试想一下，用户程序代码、内核程序代码，它们无非就是一堆躺在内存中的函数而已。是谁驱动整个系统动态运行的？当然是线程。线程从入口进入执行的那一刻就永不停歇，用户态执行系统调用后，用户态代码暂停执行，CPU转去执行内核态代码。而系统内可能有成千上万个执行线路，如果将时间冻住的话，这些线程可能有的正处于用户态运行用户代码，有的则正处于内核态运行内核代码，而有的则处于一种更特殊状态，正在运行中断代码，也算是运行内核代码吧，但是该线程是被强行打断后一下子到了一个

异度空间（中断上下文）去转了一圈又回来了，或者临时回不来了（被抢占切换到其他线程了）。

线程是原始的驱动力，源源不断地提供着力量，但是线程只会往一个方向发力并且自始至终不变，这样其他线程就无法运行。所以中断则是一种制衡力，将驱动力横向化均摊在多个线程上。

不要把操作系统内核看成是某种可以主动做什么事情的实体，它完全靠线程+中断来驱动，它即便想主动做点儿事情，也需要自己创建内核线程，用线程来驱动自身。用户态和内核态代码是被绑在一条线上的，联动的，而不是各自独立的，用户态代码系统调用之后，自己就卡在那了，内核态接力棒接过去继续执行，然后返回用户态继续，此时内核态代码就卡在那了，当然，其他线程也可能同时正在调用这段内核代码。

10.7　时间管理与时钟中断

时钟就像计算机系统的心跳。外部clock信号为数字电路提供心跳，而软件的运行，也需要在高维度上需要一个心跳。比如用于任务调度、闹钟定时任务等需求。在计算机系统发展史上，出现了多种不同种类

表10-3　各种中断处理方式对比

	ISR	SoftIRQ	Tasklet	WorkQueue	KThread
是否会禁用所有中断	通常会	否	否	否	否
是否会禁用自身的其他实例	是	是	否	否	否
是否会比一般的任务具有更高优先级	是	是	是	否	否
是否会与ISR运行在同一个处理器上	N/A	是	是	是	可能会
同一个处理器上是否可以运行多于一个实例	否	否	否	是	是
同样的实例是否可以同时运行在多个CPU上	是	是	否	是	是
是否会有完全的上下文切换	否	否	否	是	是
是否可休眠	否	否	否	是	是
是否可访问用户空间	否	否	否	否	否

的计时器来在高维度上为软件提供计数、定时、周期性中断功能。

10.7.1　表哥的收藏

计算机系统其实是个表哥，前后以及同时带着多块不同种类样式功能的表，虽然冬瓜哥并不爱好钟表收藏，只爱研究这些事物中所蕴含的精妙机构和本质，但是还是要向读者隆重展示表哥的收藏。

10.7.1.1　RTC

Real Time Clock于1984年被IBM在其PC上引入，是老系统和新系统上都具有的一种表，其利用主板上的纽扣电池供电，即便系统关机后，RTC依然在后台计时。Linux下的/dev/rtc路径对应的就是RTC设备，该设备有对应的I/O地址（0x70和0x71），可以利用这两个I/O地址进行读出/更改时间值等操作，具体是先将要操作的寄存器号偏移量写入0x70地址，然后再将对应寄存器的控制字写入到0x71地址即可，RTC会将收到的控制字写到对应偏移量的寄存器中。

RTC一般会被连接到32.768 kHz频率的晶振时钟源上。如图10-216所示，老式的RTC是一块独立的芯片+电池+晶振的组合模块，或者有些设计将RTC与BIOS ROM集成到同一个芯片内。不过，在最新的系统中，RTC已经被集成到了I/O桥内部，纽扣电池则依然位于主板上，给I/O桥内的RTC模块供电。RTC的中断信号被接入IRQ#8上（不管是用8259 PIC还是I/O APIC，都接到它们的8号中断管脚上，内核的irq_desc[]序号也是8。在图10-173和图10-175中的中断列表中可以看到IRQ8是从I/O APIC上报上来的，名为rtc）。

RTC除了可以用于记录系统时间之外，还可以用来产生周期性的中断，是可编程的。其产生频率的范围一般在2～32 768Hz之间，但是一般常用系统中RTC的最高中断发生频率上限被限制在8192Hz，而默认的中断发生频率为1024Hz，默认不发出中断，但是可以将RTC Status Register B的位 6置为1来使能其发出中断。可以将RTC Status Register A的低4位配置为任意值从而改变周期性中断发生频率，32.768kHz >> (4位值-1)=中断频率，该4位默认值为0110（6），所以默认中断频率为32.768kHz右移5位，也就是除以25（32），为1kHz，也就是1024Hz；最大右移位数为1111b（15）-1=14，此时中断频率为2Hz；该4位的值

不能为1或者2，否则将会导致硬件错误，所以其最小值为3，此时32.768kHz右移3-1=2位，结果为8kHz，这就是最大中断频率了。

如图10-217所示为某RTC对应的寄存器功能一览。RTC可以被设置为One-Shot（一次性）中断模式，也就是设置一个数值，并将其写入RTC内部的时钟日历寄存器中的Alarm相关字段，然后使能状态寄存器B中的AIE标志位。当RTC的当前时间达到设定值时，将触发一次中断。但是这种定时触发中断的精度只能做到1秒。

其实，最高8kHz的中断频率（周期122μs），足够内核用于线程调度等使用了，但是1秒精度的非周期性定时中断却根本无法满足一些程序的需求，比如有些程序要求睡眠若干微秒后被唤醒，此时RTC无能为力，需要更高精度的定时器。轮到PIT出场了。

10.7.1.2　PIT

老主板上基本都有一个PIT（Programmable Interval Timer），最普遍的是Intel 8253/8254/8254-2 PIT芯片。其通过IRQ0（注意：一般连接到I/O APIC的管脚#0，同时irq_desc[]也被申请为#0，但是vector并不为0。所以在图10-173和图10-175中的中断列表中可以看到IRQ0是从I/O APIC上报上来的，名为timer，指的就是PIT）产生周期性或者One-Shot定时中断信号，I/O端口地址是0x40～0x43。8254可以支持最大到8MHz的时钟源驱动，8254-2则可以到10MHz，但是在典型的设计方案中，一般采用的是1.193 182 MHz的晶振源，该信号当时被广泛用于电视中的14.31818MHz晶振信号通过12倍分频而来。

如图10-218所示，8254 PIT内部有三个独立的16位的计数器，可以输入三路独立的时钟信号，但是通常都是输入同源同频时钟信号。每个计数器可以被设置为6种运行模式中的一种，这些模式中包含周期性产生中断的以及One-Shot中断模式。在周期性中断模式下，将16位计数器初值设置为全0的话，那么PIT将其视为65 536，在1.193182 MHz时钟驱动下，每秒会产生18.2Hz的周期性中断；而如果将计数器值设置为1的话，为非法，因为无法满足内部电路的特殊要求，至少要设置为2，此时会产生596.591 kHz的定期中断（如此高频的中断会导致系统运行效率太低，没有实际意义）。对于One-Shot模式，计数器的初值可以被设置为1，此时为最大精度，1s/1 193 182Hz≈828ns，这种精度

图10-216　老式RTC实物图

时钟与日历Register，偏移量：0x00-0x09：

00 Current Second for RTC
01 Alarm Second
02 Current Minute
03 Alarm Minute
04 Current Hour
05 Alarm Hour
06 Current Day of Week(1=Sunday)
07 Current Date of Month
08 Current Month
09 Current Year

状态RegisterA，偏移量0x0A，格式如下：

bit [7] ——UIP标志（Update in Progress），为1表示RTC正在更新日历寄存器组中的值，此时日历寄存器组是不可访问的（此时访问它们将得到一个无意义的渐变值）。

bit [6 : 4] ——用来定义RTC的操作频率。各种可能的值如下：

DV2	DV1	DV0	
0	0	0	4.194304 MHZ
0	0	1	1.048576 MHZ
0	1	0	32.769 KHZ
1	1	0/1	任何

通常设置成"010"

bit [3 : 0] ——速率选择位（Rate Selection bits），用于周期性中断输出。

RS3	RS2	RS1	RS0	周期性中断周期和频率	
0	0	0	0	N/A	N/A
0	0	0	1	30.517μs	32.768 KHZ
0	0	1	0	61.035μs	16.384 KHZ
0	0	1	1	122.070μs	8.192KHZ
0	1	0	0	244.141μs	4.096KHZ
0	1	0	1	488.281μs	2.048KHZ
0	1	1	0	976.562μs	1.024KHZ
0	1	1	1	1.953125ms	512HZ
1	0	0	0	3.90625ms	256HZ
1	0	0	1	7.8125ms	128HZ
1	0	1	0	15.625ms	64HZ
1	0	1	1	31.25ms	32HZ
1	1	0	0	62.5ms	16HZ
1	1	0	1	125ms	8HZ
1	1	1	0	250ms	4HZ
1	1	1	1	500ms	2HZ

状态Register B，偏移量0x0B，格式如下：

bit [7] ——SET标志。为1表示RTC的所有更新过程都将终止，用户程序随后马上对日历寄存器组中的值进行初始化设置。为0表示将允许更新过程继续。
bit [6] ——PIE标志，周期性中断enable标志，为1表示按照状态寄存器A中设置的周期产生中断，为0表示不产生周期性中断。
bit [5] ——AIE标志，告警中断enable标志，为1则表示到达告警时间后触发一次中断，为0则不产生告警中断。
bit [4] ——UIE标志，更新结束中断enable标志，为1则表示每次日历时间经过一秒则产生一次中断，为0则不产生中断。
bit [3] ——SQWE标志，方波信号enable标志。
bit [2] ——DM标志，用来控制日历寄存器组的数据模式，0 = BCD，1 = BINARY。BIOS总是将它设置为0。
bit [1] ——24 / 12标志，用来控制hour寄存器，0表示12小时制，1表示24小时制。PC机BIOS总是将它设置为1。
bit [0] ——DSE标志。BIOS总是将它设置为0。

状态Register C，偏移量0x0C，格式如下：

bit [7] ——IRQF标志，中断请求标志，当该位为1时，说明寄存器B中断请求 发生。
bit [6] ——PF标志，周期性中断标志，为1表示发生周期性中断请求。
bit [5] ——AF标志，告警中断标志，为1表示发生告警中断请求。
bit [4] ——UF标志，更新结束中断标志，为1表示发生更新结束中断请求。

状态Register D，偏移量0x0D，格式如下：
bit [7] ——VRT标志（Valid RAM and Time），为1表示OK，为0表示RTC 已经掉电。
bit [6 : 0] ——总是为0，未定义。

图10-217　RTC内部寄存器偏移量和功能一览

已经比较高了，可以满足绝大多数场景需求。

如图右上角所示，在早期的IBM PC兼容机系统中，将计数器0用于产生周期性中断（当时的操作系统一般将其设置为18.2Hz的中断频率）；将计数器1用于对DRAM的刷新触发信号；将计数器2的输出连接蜂鸣器（可以编程让蜂鸣器奏电子乐，或者使用PWM方式拼凑出低精度模拟信号）。

8254 PIT还可以充当下列角色：Real time clock、Event-counter、Digital One-Shot、Programmable rate generator、Square wave generator、Binary rate multiplier、Complex waveform generator、Complex motor controller等。

一般来说，系统中会同时存在RTC和PIT，前者一般只用于记录系统日历时间（又称为Time on the Wall，墙上时间）。Linux启动时会读取RTC的值作为基准系统时间，后续并不再依赖RTC来获取日历时间，而是利用PIT产生的一定频率的中断信号来记录增量时间，从而变相得到日历时间，将其保存在内存的变量中，这样就可以更快得到当前日历时间，而不是每次都去访问RTC的I/O地址（非常慢）来获取。OS还可以择机把自主计算的当前系统日历时间写回到RTC里，比如通过网络对时之后。所以RTC的时间值可能会不同于OS自己记录的时间值。

不过，PIT也有几个缺点，828ns的One-Shot中断精度对于一些有极端需求的场景还是不够，其次，也是最关键的一点，PIT的寄存器访问太慢，因为只能通过I/O地址访问（使用单独总线而不是高速的访存总线），此时，就算计时精度再高，访问的慢，也会降低甚至低效其精度。该HPET出场了。

10.7.1.3 HPET

HPET（High Precision Event Timer）是Intel和Microsoft在2005年推出并集成在系统I/O桥内部的一种高精度定时器。其时钟源输入被提升至14.318 MHz，精度可以达到小于100ns，周期性中断产生频率可以超过10MHz（无意义，更需要的是One-Shot精度的提高）。HPET采用MMIO方式将其各种寄存器暴露在系统地址空间中，加快了访问速度。

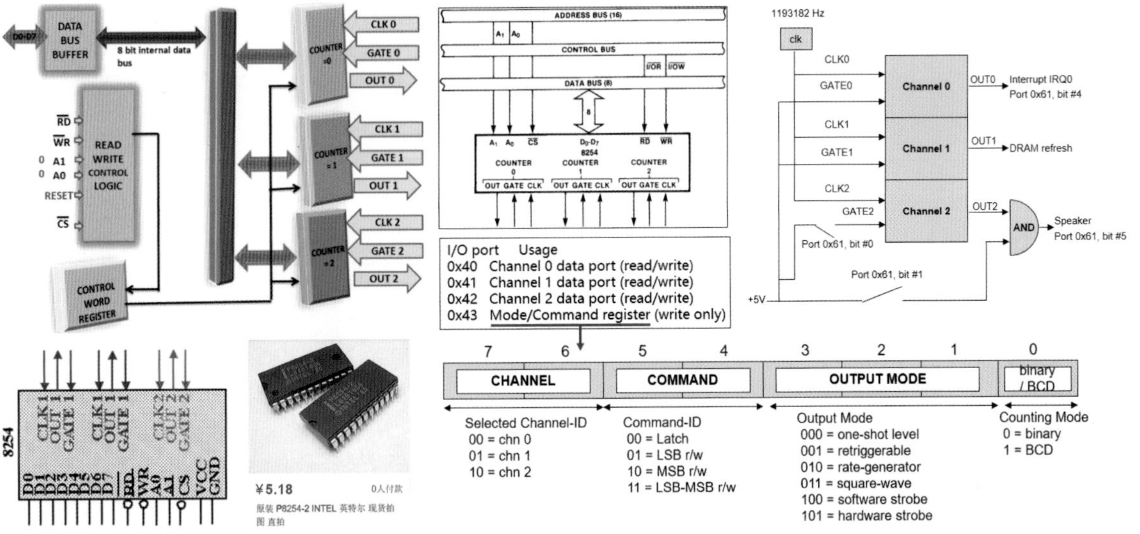

图10-218 Intel 8254 PIT硬件框图以及寄存器功能一览

如图10-219所示，HPET内部其实结构比较简单，就是一个在外部时钟源驱动下单调自增的计数器（64位，在14.318MHz计数频率下可持续运行三十多万年才达到最大值），加上一排比较器，每个比较器的输入之一就是计数器的数值信号，另一个输入则是被配置的目标时间点数值，一旦比较器发现计数器数值与被配置的数值相等，则触发中断。中断信号被送入中断路由模块送往系统前端。

理论上HPET最大支持32个比较器，而实际上只实现了3个，其中，C0触发周期性中断，其他两个触发一次性中断。C0内部有个加法器，当比较器触发中断时，当前计数值会被反馈到加法器输入一侧与所设置的周期值相加之后输送到比较器的输入端，这样就可以按照所设定的周期产生持续固定频率中断。

由于HPET精度更高，所以具体设计时可以使用C0来替换8254 PIT的周期性中断，使用C1来替代RTC的一次性中断。

如图10-220所示为HPET中断路由的示意图。其中，ENABLE_CNF寄存器的值在全局上控制HPET的中断使能或者禁止，LEG_RT_EN寄存器的值控制HPET是否替代PIT和RTC定时器（只替代RTC的定时器中断）。而T0_FSB_EN寄存器的值控制是将中断信号直接通过前端的中断总线传递给CPU，还是依然走I/O APIC或者PIC的渠道来传递。如果被配置为前者，则需要在Timer_N_FSB_Route Register中配置中断信号发送的目标APIC ID以及对应的中断向量值。

由于HPET采用MMIO方式访问寄存器，速度较快，好马配好鞍，加上其高精度计时，所以其总体上使用起来的体验比PIT更好。但是依然无法满足一些最为苛刻的需求。该Local Timer出场了。

10.7.1.4 Local Timer

上述介绍的几种定时器都是在CPU片外，纵使

HPET支持MMIO访问，其访问速度相对片内的器件而言还是略慢。另外，对于多核心/CPU场景下的周期性（Tick）中断，需要把HPET/PIT的中断信号广播到多个核心，对应的中断处理程序还需要考虑如何在广播场景下应答I/O APIC的问题，增加了复杂度。在后期的x86 CPU的Local APIC中嵌入了一个定时器，被称为Local Timer，其除了精度能够做到10ns（100MHz）之外，由于其嵌入在CPU核心内部，所以访问速度非常快。在10.6.1.1节中提到过Local APIC Timer，其内部包含如图10-221所示的关键寄存器。

Divide Configuration Register用于配置分频倍率（Local Timer可以被设计为使用CPU内部总线频率或者核心频率同频的时钟源来驱动其内部的计数器，如果程序尝试使用CPUID指令读出了0x15偏移量处的信息，则Local Timer会切换到核心频率运行，否则默认运行在总线频率上。总线频率一般为1GHz左右，视不同CPU平台型号而定）。目前的x86 CPU都支持根据系统负载动态升降频，以及可能会进入idle模式从而停止内部一些耗电模块的运行，所以Local Timer的时钟源频率就会不停变化，甚至直接停止工作。不过Local Timer可以支持以固定频率持续运行，不受升降频或者省电状态的影响，使用CPUID指令的返回值中对应的位可以获知当前Local Timer被设计为使用哪种方式。

Local Timer支持周期性和一次性中断的运行模式，模式可以在图10-164所示的APIC内部的Timer LVT中对应条目字段来设置。对于一次性中断，程序在设置initial count寄存器为一个预定义的初值之后，Timer硬件会将该值自动复制到current count寄存器然后开始自减，当current count寄存器为0时，触发一次中断。对于周期性中断，当current count为0后触发一次中断，硬件会自动将initial count的值再次输送给current count，所以可以重复产生中断。

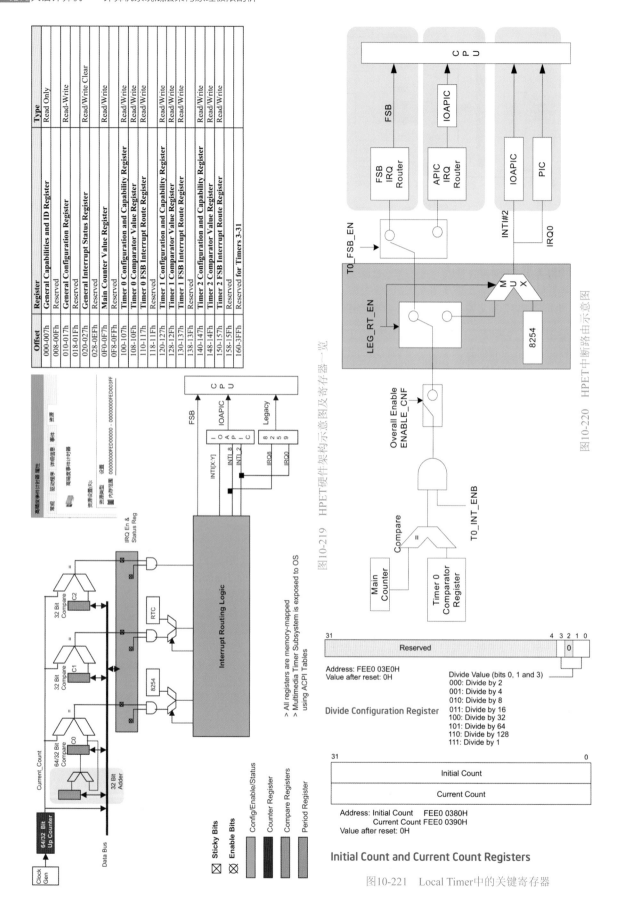

Offset	Register	Type
000–007h	**General Capabilities and ID Register**	Read Only
008–00Fh	Reserved	
010–017h	**General Configuration Register**	Read-Write
018–01Fh	Reserved	
020–027h	**General Interrupt Status Register**	Read/Write Clear
028–0EFh	Reserved	
0F0–0F7h	**Main Counter Value Register**	Read/Write
0F8–0FFh	Reserved	
100–107h	**Timer 0 Configuration and Capability Register**	Read/Write
108–10Fh	**Timer 0 Comparator Value Register**	Read/Write
110–117h	**Timer 0 FSB Interrupt Route Register**	Read/Write
118–11Fh	Reserved	
120–127h	**Timer 1 Configuration and Capability Register**	Read/Write
128–12Fh	**Timer 1 Comparator Value Register**	Read/Write
130–137h	**Timer 1 FSB Interrupt Route Register**	Read/Write
138–13Fh	Reserved	
140–147h	**Timer 2 Configuration and Capability Register**	Read/Write
148–14Fh	**Timer 2 Comparator Value Register**	Read/Write
150–157h	**Timer 2 FSB Interrupt Route Register**	Read/Write
158–15Fh	Reserved	
160–3FFh	Reserved for Timers 3–31	

图10-219　HPET硬件架构示意图及寄存器一览

> All registers are memory-mapped
> Multimedia Timer Subsystem is exposed to OS using ACPI Tables

图10-220　HPET中断路由示意图

Divide Configuration Register

Address: FEE0 03E0H
Value after reset: 0H

Divide Value (bits 0, 1 and 3)
000: Divide by 2
001: Divide by 4
010: Divide by 8
011: Divide by 16
100: Divide by 32
101: Divide by 64
110: Divide by 128
111: Divide by 1

Initial Count and Current Count Registers

Address: Initial Count   FEE0 0380H
Current Count FEE0 0390H
Value after reset: 0H

图10-221　Local Timer中的关键寄存器

10.7.1.5　TSC

然而，10ns精度有时候也无法满足需求。还有一招，也是最后一招，x86 CPU提供了一个64位的TSC（Time Stamp Counter），该计数器会在每个外部时钟振荡后+1，但是其并不能产生中断，程序只能读取该寄存器的值，由于其分辨率已经达到了电路的最小变化单位——一个外部时钟振荡周期，所以其精度已经达到了最高。对于这种高精度的计数器，通过访存来读取它的值相比之下就显得太慢了，因为访存有时候可能需要数百个时钟周期，当你决定读出其当前值时，读出的其实是未来的值。所以x86干脆提供了一条rdtsc指令来供程序读取该值，从而可以将误差降低到若干纳秒。

> **提示 ▶▶**
>
> 可以看到Local Timer和TSC的外部时钟震荡频率可能是不固定的，目前的CPU都具备跟随系统负载情况自动调节运行频率的特性，这会导致这两种timer的计数频率也跟随变化，甚至在深度低功耗模式下Local Timer和TSC会停止运行。在最新的CPU中，APIC Local Timer和TSC都支持Constant模式，可以使用CPUID指令查询对应的字段来获取该信息。这样不管CPU处于哪个节能状态，其Timer运行频率始终不变。但是，由于不同CPU的原生运行频率各不相同，所以在A平台下的Timer经过了N次计数，与B平台下同样经过100次计数，耗费的时间不同。于是，内核中的计时程序就无所适从。所以在使用这两种定时器时，内核必须先进行校准操作。内核首先设置PIT定时器，比如在50ms后产生一次性中断，然后将一个初始值写入到Local Timer的initial counter中，经过比如50ms后（可以通过对PIT来编程从而在50ms时产生一次性中断），读出Local Timer的current counter看看其被计数了多少次，就可以算出每秒该定时器的计数次数，从而为后续使用作参考。比如后续需要利用Local Timer产生一个5ms的一次性中断，而Local Timer每秒计数1000次，则需要将5这个值写入到initial counter中，才会在5ms后产生中断。这个过程称为校准（Calibration），对于TSC也需要做校准。
>
> 在Intel的Westmere之前的CPU中，TSC和Local APIC Timer类似，都可能在深度节能状态下停止工作，此时内核会切换到其他较低精度的时钟设备上，但是在Intel Westmere之后的CPU中，TSC可以一直保持运行状态，即使CPU进入了深度睡眠状态，从而避免了时钟设备的切换。在多核心环境下，多个核的TSC很难保持同步，会造成CPU之间的计时误差。Intel最新的Nehalem-EX CPU已经可以确保TSC在多个核心以及CPU片间保持同步。

除了上述介绍过的这些时钟器件之外，x86平台还提供了一种APIC Power Management Timer，篇幅所限就不多介绍了。

10.7.2　表哥的烦恼

表哥的烦恼在于它出门到底应该带哪块表，表哥期望有一块能够满足所有需求的多功能表。

10.7.2.1　软计时

表哥如果想获取当前的系统时间，也就是年月日时分秒，按理说只需要简单地使用I/O指令访问RTC的时间寄存器即可。但是，由于RTC的精度只有1s，如果某个日历程序需要计时到100ms精度，也就是每经过0.1s就跳变一个数字（这种高精度显示时间的日历程序读者应该都见过），RTC这块表就无法满足了。另外，由于RTC只能通过I/O指令而无法通过访存来访问其寄存器，访问速度过慢，也不理想。所以这块表只能当成老古董来鉴赏了，不过由于它自带发条（有电池后备），仍然具有关键价值，也就是系统开机时可以读出它的时间作为基准参考。虽然现在有网络对时机制，但如果系统没有联网呢？

看来必须使用更高精度的PIT了，但是PIT并不具备自行记录系统时间的功能，其内部只是简单的几个计数器而已。表哥灵机一动，想到了一个办法。如果开机后读取RTC的时间作为基准，然后将PIT中某个定时器设定为每隔10ms中断一次，然后注册一个中断handler，该handler每次执行就把专门用于记录系统时间的变量+10，这样的话系统时间的流逝粒度就可以变为10ms，那么满足刚才那个按100ms精度计时的需求就不在话下了。表哥可以提供一个函数比如get_timeofday()，其内部就是读取系统时间变量，并做一定的格式化输出即可。

也就是说，表哥只能采取软计时的方式来更精确、灵活地维护系统时间。

10.7.2.2　软Timer

再来看上面那个日历程序的需求，程序现在可以调用get_timeofday()得到精确到10ms的系统时间，但是如果将该函数放置在一个死循环内部不断地调用来刷新屏幕上的数字的话，的确可以实现屏幕上的系统时间每隔10ms跳动一次，但是非常浪费资源，因为哪怕在两次10ms中断期间，该循环也会执行数百上千次，而得到的时间却没变化，此时CPU利用率100%。更高效的实现，是该程序向表哥申请一个100ms的定时器（Timer），并登记一个handler（用于将自己唤醒），然后将自己休眠。表哥将100ms值写入硬件中的一个空闲计数器开始倒计时，当收到该计数器的中断信号时，表哥执行该Timer对应的handler将该任务唤醒，唤醒之后该任务向屏幕打印新数字（当然，在打印之前，程序可以读一下系统时间看看是不是真的到了对应的时间，这个唤醒后再次主动复查唤醒条件的机制前文中也提到过）。

但是有一点却让表哥比较为难，PIT上一般只有#0号计数器可用，其他两个其实是废掉的，因为一般主板只把#0计数器的中断信号连接到中断控制器上。#0计数器被表哥配置为每10ms产生一次中断，并更新系统时间，也就是被软计时给占用了。此时表哥真希望有一块能有几个甚至几十个独立计数器的表，这样就可以给几十个程序分别定几十个闹钟。上文所述的HPET中倒是有三个计数器，或许可以拿来一用？表哥又一想，非长久之计，如果系统内有一千个任务都要申请闹钟，岂不是需要一个拥有数千个计数器的表。

表哥灵机一动，想到了一个绝妙的办法。既然每次中断能去更新系统时间，为何不能顺手掐表算算某个闹钟是否到时了呢？假设有一千个闹钟被申请了，那就挨个瞅一眼是否当前时间到达了该闹钟所登记的时间，到期则调用其登记的handler。这主意棒极了！

所以，表哥规定，任何人想申请闹钟，可以，先填一个闹钟表登记你要多长时间倒计时、时间到了执行哪个handler等信息。然后表哥维护一个全局的队列，将所有闹钟登记表串起来。每次中断来临时，在做完一些必要的处理之后，接着到该队列中挨个查看是否到达了该闹钟所要求的时间。

这样，只需要在PIT的#0计数器上配置10ms的周期性中断，就可以既完成系统计时（当然还需要顺带执行其他一些函数比如前文中介绍过的scheduler_tick()等），又可以满足任意数量的闹钟申请。

有个担忧在于，假设真的有大量程序注册了大量的定时器handler，如果在10ms内，处理不完这么多hanlder怎么办？此时就可能丢失中断，因为硬中断处理期间是需要关中断响应的，如果来不及处理下一次中断，在第三次中断到来时响应了，那么第二次就丢失了。所以，硬中断handler务必简洁，对于定时器handler，它所做的工作一般非常简单，那就是唤醒当初设定这个定时器的任务，这个动作一般很快结束。对于现代的CPU来讲，处理日常场景基本没有问题。

10.7.2.3 软Tick

表哥，申请一个闹钟，100ns后叫醒我！好，等我换上HPET牌表，后者调节起来更快，精度也更高。表哥把HPET配置成每10ns产生一次周期性中断，因为只有配置为小于100ns的周期性中断，才能够识别出100ns的粒度。那么，问题来了，10ns期间，1GHz频率的CPU核心也只能执行若干条指令，而每10ns就被中断一次，这系统就卡的没法用了。

表哥愁坏了，快帮他想想，怎么办？西瓜弟在一旁给出了个主意：表哥，用HPET表，Timer#0依然设置为10ms周期性中断，把Timer#1设置为One-Shot模式，写入100ns值，这样，两个Timer各自中断各自的！表哥表示不妥，如果有一千个任务都申请高精度的闹钟，那表哥这些表里哪一块也没有几千个计数器，都无法满足需求，所以绝不能依靠硬闹钟。看来马甲还是不靠谱。

在一旁深思熟虑的冬瓜哥给表哥出了个主意：表哥，还是用HPET的Timer#0（或者APIC Local Timer），但是别用周期性模式了，直接用One-Shot模式，那个程序不是要申请100ns后唤醒它么，那你就直接配置100ns后让HPET产生一次性中断，然后唤醒那个任务就是。表哥一脸茫然：然后呢？下一次中断就不再到来了，没法计时了啊。冬瓜哥微笑道：关键就在这里，你需要自行向闹钟队列里插入一个10ms的闹钟，如果该闹钟到时，则触发系统时间计时、scheduler_tick()等日常工作，然后重新再将该10ms闹钟挂入队列，喂给它10ms的时间（或者给它任意你想给的时间），这样不断重复，不就和10ms周期性中断一样了么？表哥道：呃，这太麻烦了吧？冬瓜哥：反正都是靠程序执行的，配置一下HPET所需要的工夫可以忽略不计的。

这样，既不需要让HPET或者Local Timer产生太细粒度的周期性中断，又能随时配置任何粒度的定时值给HPET/Local Timer。比如，有程序A和B分别申请了一个100ns和一个200ns的闹钟，那么表哥在最近的一次中断到来之后，将100ns喂给HPET/Local TImer，让它在100ns后中断，中断后，唤醒程序A，同时，表哥计算出程序B还差100ns到时，于是再喂给HPET/Local TImer 100ns，再次中断后，唤醒程序B。

表哥表示还是冬瓜哥靠谱！这种机制可以被称为软Tick/软嘀嗒。可以看到，软嘀嗒其实是为了满足高精度的定时器闹钟而出现的一种机制。基于One-Shot模式的软Tick的灵活还表现在，比如任务调度器可以动态设置时间片长短，而不必忍受固定频率的中断的到来。

表哥继续思考，如果同时启用两块表，比如用HPET的Periodic模式产生周期性10ms或者再精细一些1ms的中断用于计时和scheduler_tick()之类的日常工作，而用Local TImer的One-Shot模式处理其他程序申请的高精度闹钟，是否可以呢？没有什么不可以，最终都是设计上的考量。Linux内核并没有这么做，而是像如图10-222所示一样，把周期性Tick与零散的一次性Timer混在一起，统一作为软Timer处理。

10.7.2.4 单调时钟源

仔细思考上述软Tick方案就会发现，在这种模式下的系统时间会变慢。上述的那个模拟周期性Tick的Timer每次重新给HPET提供比如10ms的倒计时时间，

其并没有将代码运行本身耗费的时间算进去。假设
10ms后HPET产生一次性中断，中断服务程序的运行假
设耗费了1μs，然后又给HPET配置了10ms的一次性
中断，这就是导致系统时间变慢的原因，本次应该给
HPET配置10ms-1μs的时间就对了。但是中断服务程
序好像并无法知道自己运行到底耗费了多少时间。

表哥灵机一动，想到了一个绝妙的办法。由于
TSC或者HPET内部的主计数器，在被使能之后便一
直处于按照固定晶振频率单调递增状态，不能被清零
也不会停止，通过读取它们的值，就可以获知绝对时
间流逝的量。比如，在周期性软Tick定时器handler刚
开始处，用rdtsc指令读取TSC的值并记录，在运行结
束并配置HPET产生下一次Tick前，再读取一次TSC
值，与之前保存的值比较即可得出绝对时间又流逝了
多少，假设为t，则向HPET配置下次到时的时间应为
10ms-t。这样，每次周期性软Tick到来，只要将系统
时间统一加10ms即可。但是这样做似乎并不如干脆在
每次中断到来之后直接读取TSC，减掉保存的上一次
TSC的值，得出绝对时间的流逝，更新到系统时间，
这样能够使计时的误差保持恒定。

10.7.2.5　中断广播唤醒

一般来讲，对于一款典型的现代的x86 CPU以及
I/O桥组成的系统来讲，会同时存在这些表：RTC、
HPET、APIC Local Timer、TSC。对于一些较老的系
统可能使用的是PIT而不是HPET。鉴于上一节表哥对
之前的烦恼一一解决之后，表哥最终对如何利用这些
表，产生了全局规划。

对于RTC，只在启动时读出一个基准时间，关
机前写入内存中保存的最新时间。由于PIT/HPET和
Local Timer功能类似，所以表哥更中意Local Timer，
毕竟后者的精度更高，而且更为关键的是，后者的位
置就在核心旁边，而前者一般在主板I/O桥上。不管
是配置成周期性中断（硬Tick）还是One-Shot模式+周
期性软Timer（软Tick），后者都游刃有余。但是，
历史上曾经有个恼人的bug，当时的x86 CPU内部的
Local Timer竟然会跟随着CPU逐步进入低功耗模式并
最终停止运行（上文中提到过）。

> **提示 ▶▶▶**
>
> 内核初始化时会用CPUID指令读出APIC Timer
> 的信息放置到x86_FEATURE_ARAT变量中（ARAT
> 表示Always Running APIC Timer），内核根据这个
> 变量判断APIC Timer是否可能进入低功耗休眠，从
> 而决定后续的控制逻辑。

对于老一些的CPU平台，内核如果全都依靠Local
Timer来发起中断，一旦CPU进入到深度idle状态后，
就可能再也醒不了了，因为没有时钟中断产生了，此
时只能依靠外部设备中断来唤醒CPU，而并不能保证

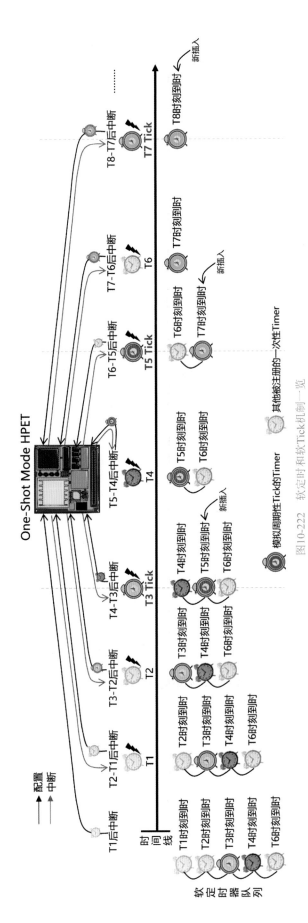

图10-222　软定时和软Tick机制一览

外部设备会长期持续周期性产生中断。所以，表哥还不能彻底放弃PIT/HPET。这让表哥比较为难，不用Local Timer，舍不得；用，又会出问题。

表哥灵机一动想到了一个绝妙的办法。平时只用Local Timer来驱动软计时、软定时和软Tick，用TSC作为单调时钟源作为绝对时间参考，而把PIT/HPET作为备用，平时不工作。一旦CPU要进入idle状态之前，启用PIT/HPET，设置对应的超时值，让PIT/HPET来唤醒自己。由于系统内存在多个CPU核心，而哪个核心在什么时候进入idle又是随机的，如何做到只让PIT/HPET唤醒那些进入idle的CPU核心？这好办，做一个登记注册机就可以，比如使用一个位map（或者称之为mask），哪个CPU要进入idle，就将该mask自己对应的位置1，而PIT/HPET也只向这些CPU核心发送中断信号。

如何让PIT/HPET只向mask中登记的这些CPU核心发送中断信号？当然可以通过设置I/O APIC上用于连接PIT/HPET中断信号的管脚（IRQ0）所对应的I/O Redirection Table中的Destination ID以及Mode等字段来通过Affinity达成（详见10.6.1.8节），但是考虑到通用性，并非所有的中断控制器都可以设置Affinity，表哥灵机一动，办法又来了。管它irq0最终会被I/O APIC传递到哪个CPU，传到谁那儿，谁就负责：向mask中标记的所有CPU（自己除外）通过IPI的方式发送Vector为LOCAL_TIMER_VECTOR的中断。也就是说，在每个CPU决定进入深度idle之前，通知表哥启用PIT/HPET，同时注册一个专用负责发IPI中断的handler，任何一个CPU接收到irq0的中断，都会去执行该handler。

提示 ▶ ▶

实际上，Linux内核在初始化时会将IRQ0的Affinity设置为只向CPU#0发送中断，CPU0也是Booststrap CPU（BSP，见第6章）。这就是为什么在一些系统中看到irq0中断总是集中在CPU#0上。

另一个问题，假设某个CPU睡眠了，表哥如何知道应该在什么时间应该唤醒它？上文中提到过，内核维护着软Timer定时器队列，这个队列是per cpu变量，每个CPU对应一个队列。显然，负责发送IPI的handler应该在睡眠CPU对应的定时器队列中找到最近将要到时的那个Timer中记录的时间（下一个即将到时的Timer会被预先标记在每个CPU对应数据结构中的相应字段中，这样就不用每次都搜索了），如果该时间恰好就是当前时间或者已经非常接近了（不值得再设置新一次中断，或者精度已经达不到了），则唤醒该CPU，否则不唤醒。那如果多个CPU都进入了休眠，怎么处理？那当然是扫描每个CPU的定时器队列，找到全局最近将超时的那个，将其超时值写入PIT/HPET寄存器以便到时触发中断，并将该CPU在

mask中对应的位置1。而且，如果发现有多个定时器的到时时间非常接近，那么可一次性唤醒这些CPU，mask中多个CPU对应的位同时置1。

10.7.2.6 强制周期性中断广播

表哥的烦恼很多，还有一个值得介绍的，那就是APIC Local Timer可能也会不准确、不稳定，其原因是多方面的，比如硬件本身问题，或者环境因素比如信号完整性等。因此在初始化时会利用低精度的时钟源比如PIT/HPET对Local Timer进行校准，如果发现后者不稳定，则会将对应数据结构中的标记置位（CLOCK_EVT_FEAT_DUMMY），以表示该Local Timer不能用。

那么，该CPU就不能依靠其Local Timer来产生中断了，此时只能借助PIT/HPET来从外部全局角度居高临下给这个CPU发送中断广播。为此，将用于登记广播需求的mask中对应位恒定置1，然后将irq0的中断handler注册为一个专门用于发广播的函数，从而在PIT/HPET中断到来时对那些Local Timer不好使的CPU提供援助。而收到IPI的CPU就好像真的被自己的Local Timer给中断了一样，后续的处理与Local Timer中断时完全相同。

如图10-173和图10-175所示的系统中断情况，从中就可以看出端倪，timer（irq0）的中断次数与LOC（Local Timer）大致相同，irq0对应的是PIT/HPET。这可能说明系统被配置强制使用IPI方式来向所有核心发出Vector为LOCAL_TIMER_VECTOR的中断。

看来表哥的烦恼真是不少，我们下面就来看看表哥是如何将他的思维构建起来的。

10.7.3 表哥的记忆

本节我们来看看表哥是怎么将这些硬件计数器以及衍生的各种概念、参数进行抽象描述和组织的。

10.7.3.1 Clocksource Device

10.7.2.4节中介绍过，为了获得准确的系统时间，需要一个被使能后永远跟随晶振频率单调递增的计数器，该计数器无须支持中断（如果系统内有其他可以发出中断的定时器硬件的话），因为软计时handler会主动来读取该计数器的值与上一次读取的值相减就可以知道绝对时间流逝的量。这种设备被表哥描述为Clocksource Device（时钟源设备）。如图10-223所示为x86平台下典型的时钟源设备的描述结构。

表哥采用struct clocksource{ }描述每个时钟源，为了节约篇幅该结构体定义就不贴出了。图中所示为三个预先初始化好的实体（这些实体可能还会在内核初始化过程中被变更，更改/增加字段）。其中，rating字段表示了该时钟源的优质等级，值越高等级越高，越倾向于使用，rating基本与器件的精度相

```
static struct clocksource clocksource_tsc = {
        .name                   = "tsc",
        .rating                 = 300,
        .read                   = read_tsc,
        .resume                 = resume_tsc,
        .mask                   = CLOCKSOURCE_MASK(64),
        .flags                  = CLOCK_SOURCE_IS_CONTINUOUS |
                                  CLOCK_SOURCE_MUST_VERIFY,
#ifdef CONFIG_X86_64
        .vread                  = vread_tsc,
#endif
};
```

```
static struct clocksource clocksource_hpet = {
        .name                   = "hpet",
        .rating                 = 250,
        .read                   = read_hpet,
        .mask                   = HPET_MASK,
        .flags                  = CLOCK_SOURCE_IS_CONTINUOUS,
        .resume                 = hpet_resume_counter,
#ifdef CONFIG_X86_64
        .vread                  = vread_hpet,
#endif
};
```

```
static struct clocksource pit_cs = {
        .name                   = "pit",
        .rating                 = 110,
        .read                   = pit_read,
        .mask                   = CLOCKSOURCE_MASK(32),
        .mult                   = 0,
        .shift                  = 20,
};
/* The clock frequency of the i8253/i8254 PIT */
#define PIT_TICK_RATE 1193182ul
```

图10-223 x86平台下典型的时钟源设备

关。read字段为用于读取该设备单调底层计数器的回调函数指针（该函数无非就是读对应地址的寄存器，代码就不贴出了），mask字段给出了该硬件计数器的最大可记录的数值范围。

表哥必须知道每个时钟源设备当前的晶振输入频率，用两次读取的计数器值差值除以频率才可以得出绝对时间流逝的量。PIT的晶振频率是定死的，所有系统主板在设计时必须都固定被设置为1 193 182Hz。而对于HPET，不固定，所以硬件需要将晶振频率值预先展示在自己的配置寄存器中，HPET内部的COUNTER_CLK_PERIOD只读寄存器保存了计数器每次跳动经过的周期值（以飞秒为单位）。表哥：TSC，你的频率是多少？TSC：你猜！比较无赖的一点是其需要表哥动态算出它的频率，也就是利用PIT或者HPET来定时，然后看看这段时间这TSC计数器数值变化量，然后除以时长就可以得出频率，这个过程也就是TSC校准过程，也是为何其flag字段中的CLOCK_SOURCE_MUST_VERIFY被置位的原因。下面将会看到，APIC Local Timer也需要被校准。

为了保证效率，内核代码需要尽量避免使用除法和浮点运算（浮点运算单元有自己的寄存器上下文，用户态代码如果正在使用它，内核要使用就必须对其保存现场，增加复杂度，降低任务切换速度），所以表哥采用移位的办法来实现除法，右移1位相当于除以2。假设计数器自增频率为F，两次读取的计数器的差值为cycle，假设t=cycle/F，表哥先用传统方式计算出t的值，然后将cycle右移若干位一直到cycle值≤t，记录下此时右移的位数（写入结构体中的shift字段），然后再用原cycle值除以右移之后的cycle，得出一个商（写入结构体中mult字段）。这样，对于后续的任意cycle值，只要将其右移shift个位，然后乘以mult就可以得出绝对时间流逝的量。避免了使用除法。

由于mult和shift的值需要表哥动态算出来，所以在定义clocksource_hpet和clocksource_tsc结构体时一开始并没有对这两个字段赋值。内核初始化后期时会对其赋值。

另外，表哥最终只会选择其中一个时钟源设备来使用，在初始化过程中表哥会根据各种策略来选出最心仪的那个。

> **提示 ▶ ▶**
>
> 　为何APIC Local Timer没有被描述成时钟源设备呢？因为其内部只有一个计数器，而该计数器会被表哥用于定时计数器而不是将它当作单调递增计数器，意味着该计数器的值会被内核改来改去以便定时产生中断。这种产生定时中断的设备会被描述为struct clock_event_device{ }，详见下文。

10.7.3.2 Clockevent Device

凡是能够产生定时中断的（周期性或者一次性）时钟设备，都被表哥定义为时钟事件设备。一个器件可以同时具有时钟源或者时钟事件的能力，或者可以被配置为两种中的一种，或者也可以既是时钟源又同时是时钟事件设备。但是表哥会统筹安排，保证系统内起码有可以同时生效的时钟源和时钟事件设备。所有时钟事件设备被描述在struct clock_event_device{ }结构体中。可发出中断的时钟设备相比单调递增的计数器设备有更复杂的操控方法和更复杂的寄存器定义。如图10-224～图10-226所示分别为PIT、HPET和APIC Local Timer这三者对应的时钟事件设备描述结构体及其相关回调函数一览。

clock_event_device结构体中的event_handler指针字段非常重要，其登记了当该clockevent设备产生中断时，最终运行的handler函数。当然，中断发生后并不是直接运行该函数，对于PIT/HPET是：中断向量48号中断 >common_interrupt汇编代码 > do_IRQ() > handle_irq() > irq0对应的总handler（比如handle_edge_irq()）> handle_irq_event() > handle_irq_event_percpu() > 后期注册的中断服务函数timer_interrupt() > global_clock_event结构体中登记的event_handler。对于APIC Local Timer则是：中断向量239号中断 > smp_apic_timer_interrupt() > local_apic_timer_interrupt > lapic_events结构体中登记的event_handler。这些路径下文中会详述。

clock_event_device结构体中feature字段描述了该器件作为事件设备时的一些属性和能力，比如PERIODIC表示可以发出周期性中断，ONESHOT则表示可以发出一次性中断，两者相或表示都支持（比如0001 OR 0010=0011）。set_mode和set_next_event回调函数被注册为对应器件自身的对应函数，前者主要负责运行方式的控制，比如使能、禁止、切换到周期性或者一次性模式等；后者主要负责在一次性模式下将下一次发起中断的时间配置到器件中。比如表哥如果决定要把PIT配置成ONSHOT模式，则代码为：pit_ce->set_mode(CLOCK_EVT_MODE_ONESHOT, &pit_ce)。

APIC Local Timer比PIT/HPET精贵，毕竟它位于核心旁边，精度也非常高，而且还可能受到核心进入低功耗时的影响，伴君如伴虎。其feature字段有一项为CLOCK_EVT_FEAT_C3STOP，如果该位被置位，表明该APIC Timer会跟随核心进入低功耗模式停止工作。CLOCK_EVT_FEAT_DUMMY表示其为一个伪设备，不能工作，这个位初始时会被置位，在对APIC Timer校准成功后，会被清掉（代码：features &= ~CLOCK_EVT_FEAT_DUMMY），如果校准不成功，则保留。表哥会根据该位来决策是否使用PIT/HPET向该核心广播中断来替代APIC Timer行使功能。

broadcast字段被注册为一个可以向其他CPU核心发出中断Tick广播的函数，前文中介绍过如何控制Local APIC使用IPI方式向其他核心发出中断，该函数其实就是调用apic->send_IPI_mask回调函数来做到这一点。上文中提到过的让PIT/HPET在外部向那些APIC Timer不好用的核心发出中断广播，其实就是选个冤大头CPU让它发出IPI中断给目标CPU，PIT/HPET先产生irq0中断，irq0的handler会调用apic->send_IPI_mask回调函数来发广播。

那么，针对多种时钟事件设备，表哥怎么决定最终用哪一个？实际上，作为一种Tick设备，离核心越近越好，近水楼台先得月，越靠近心脏

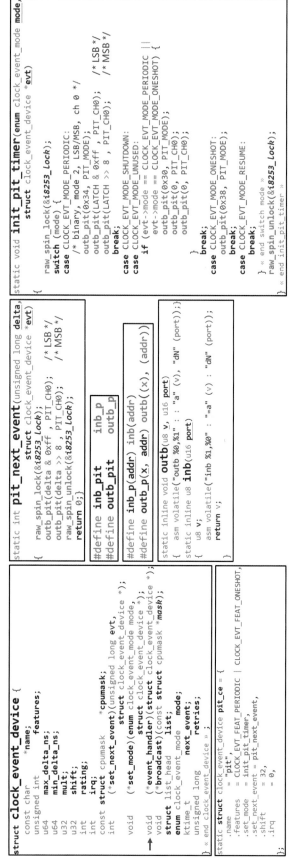

图10-224　PIT作为时钟事件设备时的描述

```c
static struct clock_event_device hpet_clockevent = {
    .name           = "hpet",
    .features       = CLOCK_EVT_FEAT_PERIODIC | CLOCK_EVT_FEAT_ONESHOT,
    .set_mode       = hpet_legacy_set_mode,
    .set_next_event = hpet_legacy_next_event,
    .shift          = 32,
    .irq            = 0,
    .rating         = 50,
};

static void hpet_legacy_set_mode(enum clock_event_mode mode,
        struct clock_event_device *evt)
{ hpet_set_mode(mode, evt, 0); }

static int hpet_legacy_next_event(unsigned long delta,
        struct clock_event_device *evt)
{ return hpet_next_event(delta, evt, 0); }

inline unsigned int hpet_readl(unsigned int a)
{ return readl(hpet_virt_address + a); }
static inline void hpet_writel(unsigned int d, unsigned int a)
{ writel(d, hpet_virt_address + a); }
```

```c
static void hpet_set_mode(enum clock_event_mode mode,
        struct clock_event_device *evt, int timer)
{
    unsigned int cfg, cmp, now;
    uint64_t delta;

    switch (mode) {
    case CLOCK_EVT_MODE_PERIODIC:
        hpet_stop_counter();
        delta = ((uint64_t)(NSEC_PER_SEC/HZ)) * evt->mult;
        delta >>= evt->shift;
        now = hpet_readl(HPET_COUNTER);
        cmp = now + (unsigned int) delta;
        cfg = hpet_readl(HPET_Tn_CFG(timer));
        cfg &= ~HPET_TN_LEVEL;
        cfg |= HPET_TN_ENABLE | HPET_TN_PERIODIC |
            HPET_TN_SETVAL | HPET_TN_32BIT;
        hpet_writel(cfg, HPET_Tn_CFG(timer));
        hpet_writel(cmp, HPET_Tn_CMP(timer));
        udelay(1);
        hpet_writel((unsigned int) delta, HPET_Tn_CMP(timer));
        hpet_start_counter();
        hpet_print_config();
        break;
    case CLOCK_EVT_MODE_ONESHOT:
        cfg = hpet_readl(HPET_Tn_CFG(timer));
        cfg &= ~HPET_TN_PERIODIC;
        cfg |= HPET_TN_ENABLE | HPET_TN_32BIT;
        hpet_writel(cfg, HPET_Tn_CFG(timer));
        break;
    case CLOCK_EVT_MODE_UNUSED:
    case CLOCK_EVT_MODE_SHUTDOWN:
        cfg = hpet_readl(HPET_Tn_CFG(timer));
        cfg &= ~HPET_TN_ENABLE;
        hpet_writel(cfg, HPET_Tn_CFG(timer));
        break;
    case CLOCK_EVT_MODE_RESUME:
        if (timer == 0) {
            hpet_enable_legacy_int();
        } else {
            struct hpet_dev *hdev = EVT_TO_HPET_DEV(evt);
            hpet_setup_msi_irq(hdev->irq);
            disable_irq(hdev->irq);
            irq_set_affinity(hdev->irq, cpumask_of(hdev->cpu));
            enable_irq(hdev->irq);
        }
        hpet_print_config();
        break;
    } /* end switch mode */
} /* end hpet_set_mode */
```

图10-225 HPET作为时钟事件设备时的描述

```c
static inline u32 apic_read(u32 reg)
{ return apic->read(reg); }
static inline void apic_write(u32 reg, u32 val)
{ apic->write(reg, val); }

static inline void native_apic_mem_write(u32 reg, u32 v)
{
    volatile u32 *addr = (volatile u32 *)(APIC_BASE + reg);
    alternative_io("movl %0, %1", "xchgl %0, %1", X86_FEATURE_11AP,
        ASM_OUTPUT2("=r" (v), "=m" (*addr)),
        ASM_OUTPUT2("0" (v), "m" (*addr)));
}
static inline u32 native_apic_mem_read(u32 reg)
{
    return *((volatile u32 *)(APIC_BASE + reg));
}
```

```c
static void lapic_timer_setup(enum clock_event_mode mode,
        struct clock_event_device *evt)
{
    unsigned long flags;
    unsigned int v;
    if (evt->features & CLOCK_EVT_FEAT_DUMMY)
        return;
    local_irq_save(flags);
    switch (mode) {
    case CLOCK_EVT_MODE_PERIODIC:
    case CLOCK_EVT_MODE_ONESHOT:
        __setup_APIC_LVTT(calibration_result,
            mode != CLOCK_EVT_MODE_PERIODIC, 1);
        break;
    case CLOCK_EVT_MODE_UNUSED:
    case CLOCK_EVT_MODE_SHUTDOWN:
        v = apic_read(APIC_LVTT);
        v |= (APIC_LVT_MASKED | LOCAL_TIMER_VECTOR);
        apic_write(APIC_LVTT, v);
        apic_write(APIC_TMICT, 0);
        break;
    case CLOCK_EVT_MODE_RESUME:
        break;
    }
    local_irq_restore(flags);
} /* end lapic_timer_setup */
```

```c
static struct clock_event_device lapic_clockevent = {
    .name           = "lapic",
    .features       = CLOCK_EVT_FEAT_PERIODIC | CLOCK_EVT_FEAT_ONESHOT
        | CLOCK_EVT_FEAT_C3STOP | CLOCK_EVT_FEAT_DUMMY,
    .shift          = 32,
    .set_mode       = lapic_timer_setup,
    .set_next_event = lapic_next_event,
    .broadcast      = lapic_timer_broadcast,
    .rating         = 100,
    .irq            = -1,
};

static int lapic_next_event(unsigned long delta,
        struct clock_event_device *evt)
{
    apic_write(APIC_TMICT, delta);
    return 0;
}

static void lapic_timer_broadcast(const struct cpumask *mask)
{
#ifdef CONFIG_SMP
    apic->send_IPI_mask(mask, LOCAL_TIMER_VECTOR);
#endif
}
```

图10-226 APIC Local Timer作为时钟事件设备时的描述

越能够优先得到更多养分。所以Local Timer其实是表哥最心仪的Tick设备，只有在其未校准成功时才退而求其次使用HPET设备，如果没有HPET，最保底的起码会有个PIT供使用。表哥会为每个CPU准备一个全局变量tick_cpu_device，每个CPU最心仪的设备结构体指针会被赋值给该变量。

10.7.3.3 Local/Global Device

APIC Local Timer和TSC由于是per cpu的，每个CPU核心（或者超线程产生的逻辑CPU）都有一个，专门服务于本核心，本核心发出的针对它的地址访问，这些访存请求是局部的，不会被路由到核心外部。而PIT/HPET这类时钟设备则属于全局的，所有CPU可以共享访问。

10.7.3.4 HZ/Jiffy/NOHZ

HZ为一个可以由用户通过命令/配置文件静态配置的变量，其表示周期性Tick发出的频率，x86早期的系统由于CPU性能较弱，HZ=100，后来逐步提升，目前较新的系统一般被设置为1000。HZ数过高会导致频繁中断，影响系统效率，但是优势则是提升任务响应的实时性。Tick就像屏幕刷新率一样，只有达到一定的频率才能有更流畅平滑的体验。

Jiffies（单数单词Jiffy，表示一小段时间的意思）为一个全局变量，记录了系统自启动以来发生的Tick数量，其值应为系统启动的秒数×HZ，反过来，系统运行的时间可以从jiffies/HZ计算出来。tick_usec和tick_nsc这两个全局变量分别表示1/HZ（Tick的周期）的微秒和纳秒数。

上文中提到过，为了满足高精度定时的需求，内核要切换到NOHZ模式，也就是让高精度可产生中断的时钟硬件运行在ONESHOT模式，下一次中断什么时候来，内核说了算（重新配置/re-program，set_next_event回调函数）。内核可以设置纳秒级的超时时间给硬件，同时为了模拟均匀的低精度周期性Tick，表哥给自己准备了周期性Tick软定时器挂入定时器队列跟随其他程序设定的软Timer一同排队等待触发。NO HZ是一个模式，而不是某个变量，内核采用变量tick_nohz_enabled/tick_nohz_disabled来记录是否启用了NOHZ模式。值得一提的是，即便不使用高精度定时，也可以运行在NOHZ模式，用周期性Tick软定时器来均匀产生Tick。

10.7.3.5 各种时间种类

内核记录了多种不同种类的时间，包括：Wall Time（xtime）、Monotonic Time、Raw Monotonic Time、Boot Time、Total Sleep Time。

这些时间都是用struct timespec{time_t tv_sec; long tv_nsec; }结构体来记录具体的值，每个时间都会被初始化一份该结构体的实例。tv_sec字段记录了当前时间相距1970年1月1日0点的差值秒数，而tv_nsec字段则记录了纳秒数增量，也就是说，将tv_sec转换为纳秒，再加上tv_nsec就是相距1970年1月1日0点的总纳秒数。所以，如果该值为全0，系统时间会显示为1970年1月1日，如果开机后时间回归到此原点，多半表示主板上的RTC电池已经失效。你可能会有疑惑，为什么不把公元0年（中国的西汉）作为时间基准原点？如果那样，2018年3月9日距离那时的秒数为63 648 201 600秒，二进制值为1110110100011011101001111011100000000，36位，会导致溢出。对于32位系统来讲，32位值最大记录68年，取1970年是一个综合权衡的结果。

RTC和Wall Time。RTC时间完全不受系统运行的影响，它就像一块独立的电子表一样，每秒跳动一次。系统只在启动的时候，读出它的时间，并将其值转换格式后存储到struct timespec xtime{ }结构体中（俗称Wall Time，形容挂在墙上的钟表，记录世界绝对时间），用于记录当前的绝对时间（可以被转换为年月日时分秒最后做格式化输出）。xtime可以被用户任意修改。

Monotonic Time，单调递增时间。该时间自系统启动后一直单调递增，它不像xtime可以因用户的调整而改变，不过该时间不计入系统休眠的时间，系统休眠时，Monotoic停止增长。该时间也会受到NTP（网络对时模块）的影响，从而被调整。内核定义了一个struct timespec wall_to_monotonic{ }来记录xtime和Monotonic时间之间的偏移量，当需要获得Monotonic时间时，把xtime和wall_to_monotonic相加即可，因为默认启动时Monotonic时间为0，所以实际上wall_to_monotonic的值是一个负数。

Total Sleep Time。记录休眠的时间，每次休眠醒来后重新累加该时间，并调整wall_to_monotonic的值，使其在系统休眠醒来后，Monotonic时间不会发生跳变。

Raw Monotonic Time。该时间与Monotonic时间类似，也是单调递增的时间，唯一的不同是其不会受到NTP对时间调整的影响，它代表着系统独立时钟硬件对时间的统计。

Boot Time。与Monotonic时间相同，不过会计入系统休眠的时间，所以它代表着系统上电直到关机之前经历的总时间。

Timerkeeper。内核还维护着一个struct timekeeper{ }结构体，专门用于存放一些零散的经过其他换算、调整之后的时间值，如图10-227所示。这也是其被称为keeper的原因，相当于一个杂七杂八的容器。别小看了这个容器，其中有一项非常重要的内容：sturct clocksource *clock，该项记录了当前被表哥选中的、心仪的那个clocksource设备，其指针就被存放在该项中，每次表哥希望读取绝对时间，就直接调用timekeeper->clock->read()即可。

```
struct timekeeper {
    /* Current clocksource used for timekeeping. */
    struct clocksource *clock;
    /* The shift value of the current clocksource. */
    int shift;
    /* Number of clock cycles in one NTP interval. */
    cycle_t cycle_interval;
    /* Number of clock shifted nano seconds in one NTP interval. */
    u64 xtime_interval;
    /* shifted nano seconds left over when rounding cycle_interval */
    s64 xtime_remainder;
    /* Raw nano seconds accumulated per NTP interval. */
    u32 raw_interval;
    /* Clock shifted nano seconds remainder not stored in xtime.tv_nsec. */
    u64 xtime_nsec;
    /* Difference between accumulated time and NTP time in ntp
     * shifted nano seconds. */
    s64 ntp_error;
    /* Shift conversion between clock shifted nano seconds and
     * ntp shifted nano seconds. */
    int ntp_error_shift;
    /* NTP adjusted clock multiplier */
    u32 mult;
} « end timekeeper » ;
```

图10-227　timerkeeper结构体中的内容

xtime、monotonic time和raw monotonic time可以通过用户空间的clock_gettime()函数通过相关系统调用获得，对应的ID参数分别是 CLOCK_REALTIME、CLOCK_MONOTONIC、CLOCK_MONOTONIC_RAW。表10-4总结了各种时间的属性。

内核及用户态库提供了一些对应的格式化输出函数来获取上述各种时间，篇幅所限就不列出了，读者可自行了解。

10.7.3.6　低精度定时器时间轮

Timer这个词在内核中更多的是指软Timer，而硬件时钟定时器也可能被称为Timer，不过一般会加上HW前缀表示硬件的意思。内核将低精度软定时器和高精度软定时器挂到不同的队列中，前者被放置到一个链表中，后者则被放置到红黑树。前文中提到过红黑树，其作用是可以以比较低的代价实现自排序，红黑树最左侧挂接的就是马上就要到期的那个Timer。

如图10-228所示为低精度定时器的组织方式。内核为每个CPU核心都建立一个名为tvec_bases的struct tvec_base{}结构体，static DEFINE_PER_CPU(struct tvec_base *, tvec_bases) = &boot_tvec_bases。其中，running_timer指向当前CPU正在处理的定时器所对应的timer_list结构。timer_jiffies字段表示当前CPU已经经历过的jiffies次数。next_timer字段指向该CPU下一个即将到期的定时器对应的timer_list结构。

每个低精度定时器对应的全部信息被封装在struct timer_list{}中，所以，一个timer_list结构体实例就是一个低精度定时器。上文中说到过，外部时钟中断到来之后，表哥需要挨个儿查看当前的定时器有没有到时的，如果真的是"挨个儿"看，很费时。为此，表

哥采用一些数据结构来加速这种搜索过程，可以更迅速地找出距离最近的要超时的定时器。

定时器先被串接到链表中，然后将链表挂接到list_head vec表头上，多个vec（每个vec下都可以挂接一串定时器）形成一个数组，封装到struct tvec{}结构体中，多个tvec结构体再被登记到tvec_bases中。整个这套数据结构形成如图中间所示的关系结构。下面看一下tvec结构体。

tvec_bases共登记了5个tvec，其中，tv1为tvec_root构型，其与tvec构型唯一不同的就是其内部的list_head vec[]数组的项目数量要大。默认配置下TVR_SIZE=256，TVN_SIZE=64。另一种更节省内存的配置是TVR_SIZE=64，TVN_SIZE=16，这两套配置通过CONFIG_BASE_SMALL宏来控制。

当内核代码（比如驱动程序等）创建好一个timer_list定时器结构体之后，可以调用add_timer()或者mod_timer()函数将该定时器挂入上述结构体中，这两个函数最终都会执行到internal_add_timer()函数。该函数会根据该定时器中的到期时间（timer_list.expires字段，存放目标到期时间的jiffies值）与tvec_bases.timer_jiffies字段的差值（记为idx）来决定将该定时器被放入tv1~tv5中的哪一个中。具体规则如下：若idx位于0~255，也就是<2^8-1，则放入tv1，但是tv1中有多个项目（默认256项），放入哪一项下面的链表，由timer_list.expires值的低8位作为索引来决定，比如如果低8位为00000011，则挂到tv1->vec[4]对应的链表尾部。如果2^8-1<idx<$2^{14}-1$，则挂入tv2中的以timer_list.expires值的8~14位为索引对应的tv2->vec[]链表尾部。同理，对于tv3~tv5也按照类似方式处理。你可能会认为即将到期的定时器会在tv1.vec[1]中，总之越靠前越是即将到期的，非也。

假设当前的tvec_bases.timer_jiffies值是0x00000000，某内核模块注册了一个将在两个tick后也就是jiffies值0x00000002到期的定时器，则按照上述规则，其与当前jiffies差值为0x02，小于255（0xFF），所以其会被挂入tv1.vec[0x02]一项中。两个tick之后，tvec_bases.timer_jiffies值增长到0x00000002。那么，在每个tick到来时，表哥如何知道到底去哪个tv的哪个数组项目对应的链表提取定时器handler执行呢？表哥发现当前jiffies值的低8位不为0，便去tv1中，用低8位也就是0x02来索引tv1中的数组，到其第0x02项对应的链表提取定时，便提取到了刚才注册的那个定时器，执行其中的handler function。

表10-4　各种时间的属性一览

时间种类	精度	访问速度	算入休眠时间	受NTP调整的影响
RTC	低	慢	Yes	Yes
xtime (Wall Time)	高	快	Yes	Yes
monotonic	高	快	No	Yes
raw monotonic	高	快	No	No
boot time	高	快	Yes	Yes

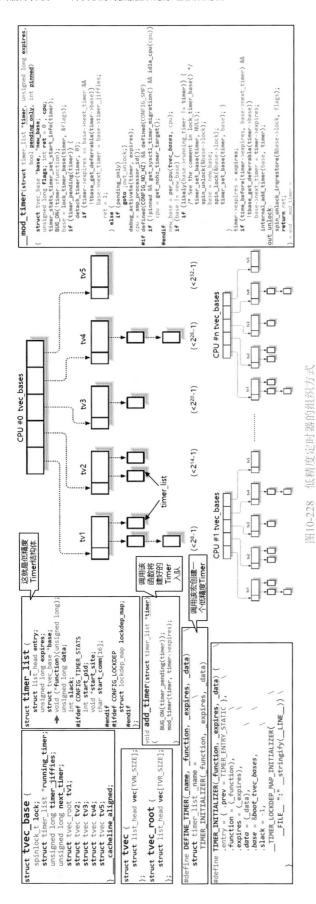

图10-228 低精度定时器的组织方式

接着，内核模块又注册了一个到时时间为256个tick之后，也就是timer_list.expires = 0x00000002 + 0x100 = 0x00000102，按照上述规则，差值大于255，需要将该Timer放入tv2中的以timer_list.expires的8～14位为索引的数组项目中，0x102的8～14位为0000001，则放入tv2.vec[1]中。时间继续流逝，一直到当前jiffies值为0x000000FF时，表哥按照对应规格去到对应tv1的数组中寻找定时器，都找不到，因为目前唯一一个定时器在tv2中。此刻，又来了一个tick，jiffies=0x00000100，这时，表哥会做一件关键的事情，因为所有定时在0x00000100～0x00003F00（距离当前64个tick之内，tv2的数组中最多有64项）的定时器，都将在255个tick之内陆续到期，根据上述规则，255 tick内到期的定时器应该被放置到tv1中，但是它们现在正处于tv2中等候，于是表哥利用当前tvec_bases.timer_jiffies值的第8～14位将tv2中所有的定时器一个个读出，并调用internal_add_timer()将它们重新加入，该函数只与当前jiffies做对比，当发现这些定时器与当前时间差值小于255时，自然会将它们放入tv1中，这就完成了从tv2到tv1的迁移过程。这个过程只在当前jiffies=0x00000100时被触发，也就是说，表哥发现jiffies的第8位产生了一次进位时。

此时，jiffies从0x00000100继续增长，两个tick后，长到0x00000102，低8位不为0，所以表哥会继续从tv1中寻找合适的Timer处理，显然它会从tv1.vec[2]对应的链表中，将其中的Timer挨个处理掉。由于之前被挂接到tv2中的Timer已经被全部迁移到了tv1，刚才注册的那个将于0x00000102到期的Timer就会被挂到tv1.vec[2]中，所以被及时地处理了。

同理，当tvec_bases.timer_jiffies的第14位有进位发生（100000000000000，0x00004000），从0x00003FFF变为0x00004000。这也意味着tv3中的全部64个Timer（如有）将于jiffies=0x00007FFF前陆续到期，也就是距离现在214个tick之内陆续到期，根据规则，这些Timer需要被放入tv2，所以表哥调用internal_add_timer()将tv3的Timer迁移到tv2中。后续对tv4/tv5的处理原理相同。可以想象，这5个tv就像5个咬合在一起的齿轮，tv1转的最快（到期时间最短），而tv5转的最慢（到期时间最长）。随着时间流逝，定时器从慢齿轮逐步向前一步步挪移。于是人们将这种机制俗称为Timer Wheel（时间轮），如图10-229所示。

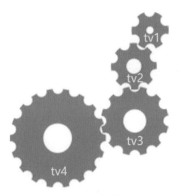

图10-229　时间轮

再来看看timer_list，也就是定时器内部的字段含义。entry字段是链表表头，用于把一组定时器组成一个链表然后挂入某个tv。expires字段记录了该定时器的到期时刻（到期jiffies值）。base字段则指出该定时器隶属于哪个tvec_bases（每个CPU都有各自的tvec_bases结构体）。function字段则是该定时器到期之后将要执行的handler函数的指针，其返回值为void。data字段用于记录handler回调函数的参数。对于一些对到期时间精度不太敏感的定时器，到期时刻允许适当地延迟一小段时间，slack字段用于计算每次延迟的HZ数。

内核提供了一些用于管理这些数据结构的函数，除了上面的add_timer()/mod_timer()、internal_add_timer()之外，还有del_timer(&timer)、void add_timer_on(struct timer_list *timer, int cpu)//在指定的cpu上添加定时器、int mod_timer_pending(struct timer_list *timer, unsigned long expires)//只有当timer已经处在激活状态时才修改timer的到期时刻、void set_timer_slack(struct timer_list *time, int slack_hz)//设定timer允许的到期时刻的最大延迟、int del_timer_sync(struct timer_list *timer)//如果该Timer正在被处理中则等待Timer处理完成才移除该Timer。

10.7.3.7　高精度定时器红黑树

对于高精度定时器（High Resolution，hr），由于其精度高，所以到期时间很细碎，要求更高效迅速的处理。对于低精度Timer，多个Timer可以挂接到同一个vec[ ]项下面的链表中，它们会在某次tick被全部处理掉。而对于高精度Timer，每个Timer要求更精确的到期处理，所以基本不会发生有多个Timer在比如同一个纳秒内到期。同时，高精度下tick到来的频率将可能非常高，每次tick之后的处理必须迅速，而时间轮架构下存在批量迁移这个动作，是比较费时的一步，所以时间轮方案不管是从精细度还是处理速度上，都无法满足高精度Timer的设计要求。

于是，设计人员想到了能够实现以很小的处理代价实现自排序的红黑树，这样，红黑树最左边挂接的永远都是下一个即将到期的定时器。这样表哥就可以读出该Timer的超时值然后将其编程到Clock_event_device寄存器中触发到期中断。如图10-230所示为高精度定时器的数据结构组织示意图。

高精度定时器被描述在struct hrtimer{ }中，多个hrtimer定时器相互组织成红黑树。由于hrtimer允许使用三种不同的时间（Wall Time、Monotonic Time、Boot Time）来描述超时值（低精度定时器只使用jiffies值来描述），所以内核分别针对这三种时间记录方式建立了三个独立的红黑树（如图右下角所示），使用同一种时间记录方式的hrtimer就被放到对应的红黑树里。每棵红黑树的树根被挂接到一个struct hrtimer_clock_base{ }结构体中的timerqueue_head结构体中的struct rb_root head结构体中的红黑树铆点上。三棵红黑树的hrtimer_clock_base结构体组织成一个clock_base[ ]数组，该数组连同其他一些控制、状态信息被描述在最顶层的struct hrtimer_cpu_base{ }结构体中，内核为每个CPU核心都生成一份hrtimer_cpu_base结构体。

高精度时钟统一使用ktime结构来记录时间值，ktime的格式与timespec不太相同，内核提供了timespec_to_ktime()函数用于做转换。

hrtimer结构体中的_softexpire字段记录了该定时器的到期时间；node字段记录了该定时器所挂接到的红黑树铆点；*function字段记录了到期调用的handler回调函数指针，其返回值为HRTIMER_NORESTART和HRTIMER_RESTART中的一个，如果返回值为后者，证明handler希望继续定时，则内核需要继续将该Timer挂入红黑树（如图中部下方所示为某设备驱动中的示意代码）；*base字段用指针记录了该定时器处在三个hrtimer_clock_base结构体中的哪一个；state字段记录了当前定时器所处的状态，可以是#define HRTIMER_STATE_INACTIVE 0x00 //定时器未激活、#define HRTIMER_STATE_ENQUEUED 0x01 //定时器已经被排入红黑树中、#define HRTIMER_STATE_CALLBACK 0x02 // 定时器的回调函数正在被调用、#define HRTIMER_STATE_MIGRATE 0x04 //定时器正在CPU之间做迁移。hrtimer->timerqueue_node结构体中的expire字段则也保存了本定时器的超时值，其与_softexpire的区别是，前者属于硬超时值。背景如下：比如B定时器晚于A定时器10ns到期，在第一个中断到达之后，中断服务程序运行就需要远不止10ns，处理完后再给B定时器设置一个10ns的One-Shot中断，这完全是本末倒置，还不如直接把B和A一同在A到时的时候处理掉，不差这10ns了，否则B会在数百甚至上千ns后才能到时，这与B一开始的期望差的更远。所以，hrtimer->timerqueue_node.expire字段给出的是原始期望的到时时间，而_softexpire中保存的是可以灵活变通的到期时间，这样，表哥就可以将多个定时器进行比较，如果发现它们的_softexpire值足够

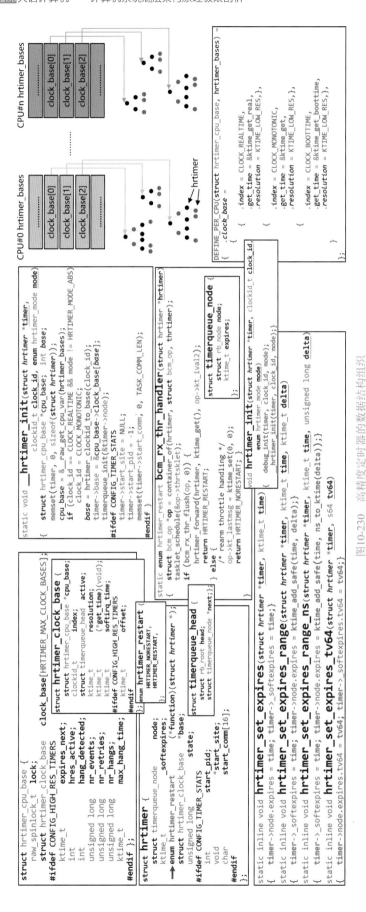

图10-230 高精度定时器的数据结构组织

接近，就可以在一次中断后同时处理这些定时器。

hrtimer_clock_base结构体中的*cpu_base字段指向了所属的hrtimer_cpu_base结构体；index字段表示了该红黑树使用了哪种时间；active字段是挂接红黑树根的锚点；resolution字段给出了一个ktime值，该值有KTIME_HIGH_RES和KTIME_HIGH_RES两种取值，初始化时默认是KTIME_HIGH_RES，表示该定时器运行在低精度模式。事实上，内核一开始运行在低精度模式，对于那些已经注册了的高精度定时器，也只能运行在低精度模式（也就是只能用PIT等低精度器件发出的周期性Tick来处理定时器，可想而知此时每个Tick可能都会有大量定时器同时到时，因为无法区分更细粒度的时间精度了，只能粗线条处理），而内核会尽快检查必要条件（比如clock_event_device必须支持One-Shot模式等）并尝试切换到高精度模式（切换时会将resolution值改为KTIME_HIGH_RES）。具体下文详述。由于三棵红黑树各自采用了不同的时间种类，而读取当前的时间就需要调用不同的函数，比如读取xtime/wall_time就需要调用ktime_get_real()函数，而读取Monotonic时间则需要调用ktime_get()，*get_time字段记录了用于读取当前红黑树所使用的时间种类所需的回调函数指针。

内核模块可以调用hrtimer_init()来初始化一个hrtimer定时器。内核还提供了hrtimer_set_expires()、hrtimer_set_expires_range()、hrtimer_set_expires_range_ns()、hrtimer_set_expires_tv64()等函数来设置和调整hrtimer的超时值，这些函数的具体实现如图下方所示。

要正式启用一个初始化好的定时器，可以调用hrtimer_start()、hrtimer_start_expires()、hrtimer_start_range_ns()等函数，这些函数会将hrtimer加入到红黑树中。此外，内核还提供了其他一些管理高精度定时器的函数，比如int hrtimer_cancel(struct hrtimer *timer)用于取消一个定时器，就不一一列举了。

表哥，表格。用代码来描述一个事物，就是用一堆表格来记录各种子表格、指针、参数等，这些表格就是最原始的图纸。但是一个系统是动态、有因果关系的，此时需要看函数的实现，函数们是怎么根据这些图纸里记录的各种参数、指针，然后按图索骥将整个系统运行起来的。

10.7.4 表哥的思维

本节就来看一下表哥是如何将这些数据结构进行初始化、注册到内核系统这个大机器链条中的。在下一节中将介绍时钟中断的具体处理过程。

首先，在编译内核源码时，可以指定一些全局参数，比如CONFIG_NO_HZ、CONFIG_HIGH_RES_TIMERS等，这些参数会导致编译器决定是否将对应的模块编译到最终的二进制代码中。其次，在系统启动时，用户可以通过启动命令行配置一些全局参数，如图10-231所示，其中可以配置是否启用HPET、nohz模式、高精度定时器模式、TSC。这些命令的执行会导致系统内的对应全局变量被赋值以相应值，这些变量会控制着内核时间管理方面关键函数的决策判断，走入对应的分支。

下面就来看一下Linux 2.6.39.4内核在start_kernel()函数中做的大量初始化操作中的那些与时间管理相关的初始化函数的运作流程。start_kernel()函数按照tick_init()、init_timers()、hrtimers_init()、timekeeping_init()、time_init()、late_time_init()的顺序来先后调用这些函数，下面就一个个地来分析。

10.7.4.1 tick_init()

如图10-232所示为tick_init()函数下游作用原理。该函数只是简单地向clockevents_chain内核通知链中注册了一个notifier block。你一定蒙了，内核通知链？notifier block？这都是什么东西？

上文中说过，表哥有不少收藏，他最终会选择两款最心仪的表分别充当clocksource和clockevent设备。而由于精贵的表是需要调校的，表哥一开始只能先用PIT/HPET将就着，等调校完了换上Local Timer和TSC。但是这个更换动作需要做一些仔细的处理，这相当于做了一个心脏移植手术。此外，还有很多其他事件，比如

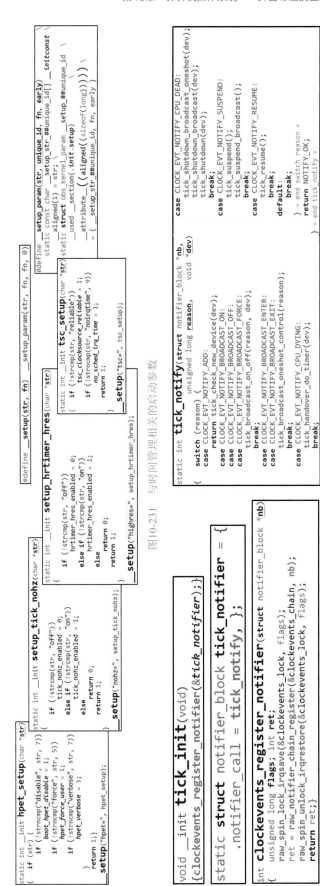

图10-231 与时间管理相关的启动参数

图10-232 tick_init()函数下游作用原理

新添加了一款新clockevent表、某Local Timer不好使的核心要睡眠从而要求启动中断广播援助、有CPU要被热拔出了，等等。

表哥需要将上面这些对应的处理步骤封装成对应的函数，然后将这一堆函数组织在tick_notify()函数里，该函数根据输入的各种事件代码参数来判断调用哪个函数处理。然后，再将tick_notify()函数指针登记到struct notifier_block {}中的notifier_call成员中，notifier_block简称nb，然后将该nb挂接到一个全局变量clockevents_chain中，这是一个链表，也就完成了注册通知链的过程。可以将多个nb挂到该链表中。每当发生了某种事件内核代码可以从对应的事件通知链中挨个取出挂接的nb，从中提取notifier_call回调函数指针然后调用之，从而执行对应的处理该事件的函数，链表中的每个nb中的notifier_call回调函数都被执行一次。

在这里不做详细介绍，下文中会有实际的例子介绍这些回调函数具体是怎么被调用的。

10.7.4.2 init_timers()

如图10-233所示，该函数主要做了两件事，注册一个timers_nb（内含一个指向timer_cpu_notify()函数的notifier_call指针）到cpu_chain这个内核通知链上。同时自种自吃一把，直接调用timer_cpu_notify()，事件参数指定为CPU_UP_PREPARE。这么做的原因是因为当内核初始化时，一开始是由BSP（Boot Strap Processor，第6章提到过）在执行，而BSP执行内核初始化代码，就相当于一次CPU_UP事件（一个CPU被热插入系统了），所以函数中直接调用notifier_call回调函数通知自己已经UP了。我们来看看CPU_UP_PREPARE事件对应的函数init_timers_cpu()都做了哪些事情。

可以看到，在init_timers_cpu()函数中，对时间轮进行了创建、初始化操作，所以init_timers()函数实际上是低精度定时器的初始化函数。如果某个CPU需要被热拔出，则在拔出之前，系统需要调用相应的通知函数发送一条CPU_DEAD通知，通知函数再调用cpu_chain对应的notifier_call回调函数，也就调用到了timer_cpu_notify()。当然，CPU被

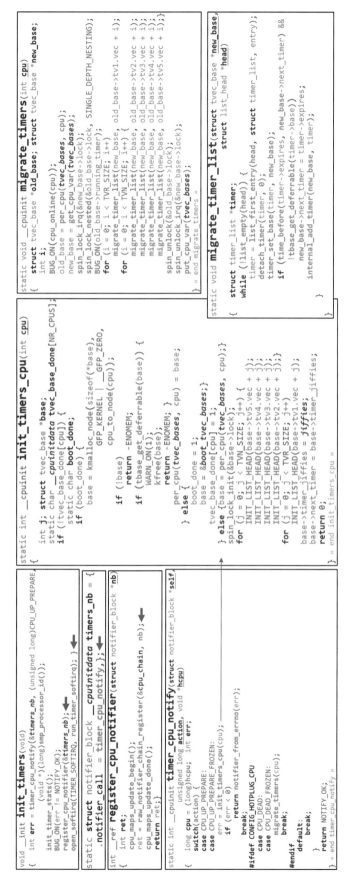

图10-233　init_timers()下游作用原理

热拔出前不仅需要处理Timer，还需要处理其他一系列事情，意味着自然会有一大堆的其他notifier block被挂接到cpu_chain上，比如负责将该CPU之前连接着的DDR RAM内存中的数据搬移到系统剩余的其他RAM中，等等，都会被依次调用到。当然，我们只看Timer相关的。CPU_DEAD参数对应了migrate_timers()函数，其做的事情如图所示，篇幅所限不多介绍了。

注册内核通知链以及接着发出一个CPU_UP_PREPARE通知并处理之后，init_timers()注册run_timer_softirq()函数到TIMER_SOFTIRQ软中断向量上，这意味着，内核任何代码激活TIMER_SOFTIRQ之后，在下一次时钟中断的irq_exit()下游便会调用run_timer_softirq()函数。该函数很重要，因为从低精度模式切换到高精度的过程就是在该函数中完成的，下文中再介绍。

10.7.4.3 hrtimers_init()

接着，初始化过程走入了hrtimers_init()函数，看名字就知道，该函数为高精度定时器的初始化函数，其套路与上面低精度对应的函数雷同，如图10-234所示。调用register_cpu_notifier()函数向cpu_chain里注册了一个用于处理与高精度hrtimer有关的nb，其notifier_call指向hrtimer_cpu_notify()，并顺手发了一个CPU_UP_PREPARE通知，触发init_hrtimer_cpu()函数的执行，我们甚至都可以猜出来该做什么事情了，对，一定是去初始化图10-230中所示的那一堆数据结构，留给读者自行查阅吧。

我们在此关注一下针对CPU_DYING/CPU_DEAD事件的函数clockevents_notify()。如图10-235所示，该函数最终其实是去向clockevents_chain通知链发去了对应的通知（CLOCK_EVT_NOTIFY_CPU_DYING），通过调用notifier_call_chain()函数最终执行了clockevents_chain中挂接的所有nb中的notifier_call回调函数。与上文相呼应，我们查一下图10-232中对应CPU_DYING事件的处理函数为tick_handover_do_timer()，至于该函数的作用，下文中介绍。所以，通知链是可以连锁触发的，cpu_chain上的事件触发了clockevents_chain上的事件。

像低精度定时器初始化一样，hrtimer_init()做的第二件事则是将run_hrtimer_softirq()注册到HRTIMER_SOFTIRQ软中断向量上。

10.7.4.4 timekeeping_init()

接着，初始化过程到达了timekeeping_init()函数，如图10-236所示。顾名思义，该函数就是进行各类时间值的初始化操作。可以看到其调用了read_persistent_clock()，该函数底层就是从RTC中读出绝对时间值，然后赋值给xtime变量。

然后，该函数将clocksource_default_clock()的返回值赋值给clock，然后将clock作为参数调用timekeeper_setup_internals()函数将clock注册到timekeeper.clock字段中，并且使用新注册的clocksource设备对应的read回调函数读出当前的硬件计数器值，对其他字段做一些初始化操作。而clocksource_default_clock()内部只有一句代码：return &clocksource_jiffies。显然，&clocksource_jiffies是一个sturct clocksource{ }时钟源，前文中并没有介绍过它，因为它完全是一个假的"设备"，其.read成员回调函数只是简单地返回当前的jiffies值（jiffies值会在clockevent设备每次发出的tick中断之后更新），但是如果没有外部硬件单调递增计数器，jiffies的值是不准的，所以clocksource_jiffies的rating被设置为1，最低。既然如此，为何还要用它来当作时钟源呢？因为初始化走到这一步时，PIT/HPET设备还没有启用呢，只能先找个顶替的假货放上去，待后续PIT/HPET启用之后，自然会替代掉它。

10.7.4.5 time_init()/late_time_init()

这一步是真正的重头戏。time_init()将late_time_init赋值为x86_late_time_init()之后，就返回到start_kernel()继续执行，最终执行到late_time_init()，也就执行了x86_late_time_init()，后者执行x86_init.timers.timer_init()回调函数，其指向了hpet_time_init()，一切从这里开始，进入了一个很复杂的流程中，如图10-237所示。

hpet_time_init()首先调用hpet_enable()试图启用HPET定时器，如果由于各种原因不成功，就调用setup_pit_timer()启用PIT。总而言之，最终只会选HPET和PIT中的一个。这两步的执行过程都颇为复杂，下文详述。我们先来看setup_default_timer_irq()，该函数将timer_interrupt()这个handler包装到名为irq0的irqaction中，然后调用setup_irq()函数将其注册到了irq0上。

> **提示 ▶▶**
>
> PIT/HPET的中断信号，会在内核初始化的后期，在kernel_init线程中，执行smp_init() > APIC_init_uniprocessor() > setup_IO_APIC() > check_timer()，该函数在图10-188也可以看到，不过之前不了解Timer基本框架的话可能会直接懵掉。check_timer()函数非常复杂，不过其最终会调用assign_irq_vector()，为irq0分配一个中断向量，并将该向量写入连接着PIT/HPET中断信号的对应的I/O Redirection Table条目中，从而将PIT/HPET中断信号与irq0的handler，timer_interrupt()函数，最终打通。

再来看看timer_interrupt()函数，其内部没有什么实际内容，只是调用了global_clock_event -> event_handler()，似乎这个才是真正的时钟中断服务程序。

```
void __init hrtimers_init(void)
{   hrtimer_cpu_notify(&hrtimers_nb, (unsigned long)CPU_UP_PREPARE,
                   (void *)(long)smp_processor_id());
    register_cpu_notifier(&hrtimers_nb);
#ifdef CONFIG_HIGH_RES_TIMERS
    open_softirq(HRTIMER_SOFTIRQ, run_hrtimer_softirq);
#endif }

static struct notifier_block __cpuinitdata hrtimers_nb = {
    .notifier_call = hrtimer_cpu_notify,};
```

```
static int __cpuinit hrtimer_cpu_notify(struct notifier_block *self,
                    unsigned long action, void *hcpu)
{   int scpu = (long)hcpu;
    switch (action) {
    case CPU_UP_PREPARE:
    case CPU_UP_PREPARE_FROZEN:
        init_hrtimers_cpu(scpu);
        break;
#ifdef CONFIG_HOTPLUG_CPU
    case CPU_DYING:
    case CPU_DYING_FROZEN:
        clockevents_notify(CLOCK_EVT_NOTIFY_CPU_DYING, &scpu);
        break;
    case CPU_DEAD:
    case CPU_DEAD_FROZEN:
        clockevents_notify(CLOCK_EVT_NOTIFY_CPU_DEAD, &scpu);
        migrate_hrtimers(scpu);
        break;
#endif
    default:
        break;
    } /* end switch action */
    return NOTIFY_OK;
} /* end hrtimer_cpu_notify */
```

图10-234 hrtimers_init()下游作用原理

```
void clockevents_notify(unsigned long reason, void *arg)
{   struct clock_event_device *dev, *tmp;
    unsigned long flags; int cpu;
    raw_spin_lock_irqsave(&clockevents_lock, flags);
    clockevents_do_notify(reason, arg);
    switch (reason) {
    case CLOCK_EVT_NOTIFY_CPU_DEAD:
        list_for_each_entry_safe(dev, tmp, &clockevents_released, list)
            list_del(&dev->list);
        cpu = *((int *)arg);
        list_for_each_entry_safe(dev, tmp, &clockevent_devices, list) {
            if (cpumask_test_cpu(cpu, dev->cpumask) == 1 &&
                cpumask_weight(dev->cpumask) == 1 &&
                !tick_is_broadcast_device(dev)) {
                BUG_ON(dev->mode != CLOCK_EVT_MODE_UNUSED);
                list_del(&dev->list);}}
        } break;
    default: break; }
    raw_spin_unlock_irqrestore(&clockevents_lock, flags);
} /* end clockevents_notify */
```

```
static void clockevents_do_notify(unsigned long reason, void *dev)
{raw_notifier_call_chain(&clockevents_chain, reason, dev);}
```

```
int raw_notifier_call_chain(struct raw_notifier_head *nh,
            unsigned long val, void *v)
{ return __raw_notifier_call_chain(nh, val, v, -1, NULL);}
```

```
int __raw_notifier_call_chain(struct raw_notifier_head *nh,
            unsigned long val, void *v, int nr_to_call, int *nr_calls)
{ return notifier_call_chain(&nh->head, val, v, nr_to_call, nr_calls);}

static int __kprobes notifier_call_chain(struct notifier_block **nl,
            unsigned long val, void *v, int nr_to_call, int *nr_calls)
{   int ret = NOTIFY_DONE;  struct notifier_block *nb, *next_nb;
    nb = rcu_dereference_raw(*nl);
    while (nb && nr_to_call) {
        next_nb = rcu_dereference_raw(nb->next);
#ifdef CONFIG_DEBUG_NOTIFIERS
        if (unlikely(!func_ptr_is_kernel_text(nb->notifier_call))) {
            WARN(1, "Invalid notifier called!");
            nb = next_nb;
            continue;}
#endif
        ret = nb->notifier_call(nb, val, v);
        if (nr_calls) (*nr_calls)++;
        if ((ret & NOTIFY_STOP_MASK) == NOTIFY_STOP_MASK) break;
        nb = next_nb;
        nr_to_call--;
    }
    return ret;
} /* end notifier_call_chain */
```

图10-235 clockevents_notify()下游作用原理

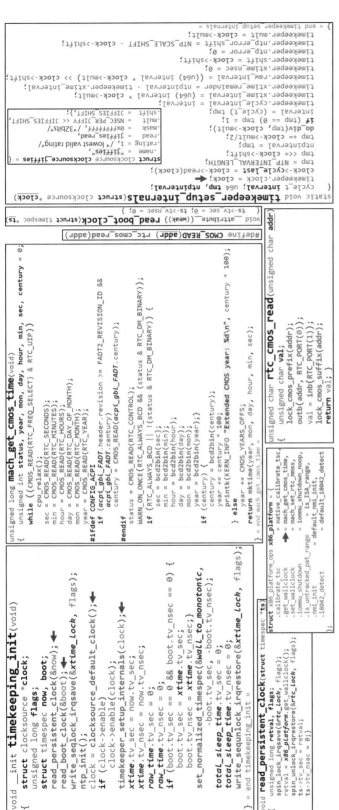

图10-236 timekeeping_init()下游原理示意图

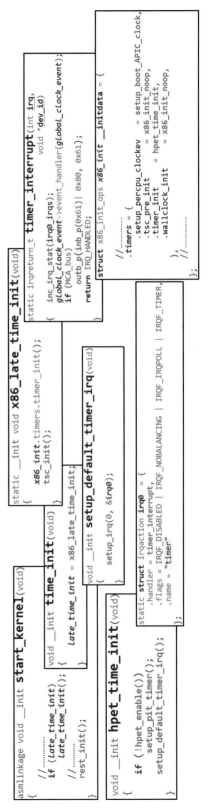

图10-237 late_time_init()下游作用原理

global_clock_event实际上是一个struct clock_event_device{ }，表哥在其他步骤（见下文）中会将PIT或者HPET对应的clockevent描述结构体赋值给global_clock_event，而且最终会注册对应的event_handler到选中的心仪的clockevent结构体中（见下文）。

再来看hpet_enable()。其首先调用hpet_set_mapping()将HPET的寄存器在物理地址占用的1KB物理地址段映射到内核虚拟地址空间中，该步骤位于ioremap_nocache()函数中。然后读出HPET中的配置寄存器做一些合法性检查，然后调用hpet_clocksource_register()函数将HPET注册为clocksource设备（这个分支下文详述），以及调用hpet_legacy_clockevent_register()函数同时将HPET注册为clockevent设备，如图10-238所示。

hpet_legacy_clockevent_register()首先调用hpet_enable_legacy_int()将HPET配置为使用传统中断方式，也就是10.7.1.3节中给出的原理。然后对hpet_clockevent结构体的其他字段做初始化填充。之后调用clockevents_register_device()函数注册hpet_clockevent设备，所谓注册其实就是将对应的clockevent结构体加入到全局变量clockevent_devices链表中。然后将hpet_clockevent结构体赋值给global_clock_event，如上文所述，timer_interrupt()就是调用global_clock_event->event_handler()，但是此时还并没有对该字段赋值。由于新加入一个clockevent设备，所以接着调用clockevents_do_notify()函数触发内核通知链机制（该分支下文详述）。

先来看看注册clocksource设备的过程，如图10-239所示。hpet_clocksource_register()中先调用hpet_restart_counter()打开HPET让它走起时，然后通过TSC的值来检验HPET是否真的好用，不好用则直接将其禁用。好用，则最终调用clocksource_register_hz()注册clocksource设备。所谓注册，就是调用clocksource_enqueue()函数将clocksource设备对应的结构体（clocksource_hpet）挂接到全局链表clocksource_list中。

注册完clocksource设备之后，调用clocksource_select()函数，将方才新注册的clocksource设备与clocksource_list中所有登记的clocksource设备相比较，看看哪个品质最优，如果新加入的最好，那就将其放置在clocksource_list中的第一个位置。做完这一步之后，还需要调用timekeeping_notify()来处理一系列的处理，最终调用change_clocksource()函数将新当选的clocksource设备登记注册到timekeeper.clock字段中。

图10-238　hpet_enable()下游作用原理

再返回来看clockevent设备的注册过程，还没完。新注册的clockevent设备不需要重新竞选一次么？需要。我们继续从clockevent_do_notify()开始，由于新加入，根据图10-232中所示，CLOCK_EVT_NOTIFY_ADD事件对应着tick_check_new_device()，顾名思义，其内部会进行比较然后选出最优的获胜者，并将唯一获胜者登记到全局变量tick_cpu_device中（该变量每个CPU都有一份）。

如图10-240左侧所示，首先将本CPU（如果AP尚未被唤醒运行，那么指的就是BSP）对应的tick_cpu_device指针赋值给变量td，如果td->evtdev不是NULL，则证明之前已经选出了最优的clockevent设备，则进入竞选流程，首先新设备是不是可以给本CPU发出中断（mask字段有没有被人为屏蔽掉某些CPU），如果不可以，则判断该设备是否支持设置中断Affinity，因为虽然mask中表明该设备不能给本CPU发中断，但是如果能够设置Affinity，就可以强制让其将中断发给本CPU，还是可以用的。如果支持设置Affinity，则再判断，如果当前td中已经登记有设备而且现有设备在mask中明确表明可以服务于本CPU，那就没必要用新设备替换现有设备，竞争失败。而如果现有设备的mask中也不是服务于本CPU的（暗示着表哥当初是通过set affinity强制指派给本CPU的），那么就继续竞争。此时，如果td中并没有登记有有效设备，那么待注册的新设备直接获胜，如果td中登记有有效的现有设备，那么开始比对新设备是否支持on-shot模式，如果现有设备支持而新设备不支持，竞争失败；否则进入下一步，如果新设备的rating值高于现有设备，那么新设备最终夺得优势获胜。

下一步进入clockevents_exchange_device()，将现有设备禁用（通过调用现有设备对应的clockevent结构体中的set_mode回调函数去设置硬件寄存器），并从clockevent_device变量中摘下，然后加入全局变量clockevents_released链表中。然后进入tick_setup_device()，先判断td中是否已经登记有设备，如果没有，同时全局变量tick_do_timer_cpu的值为TICK_DO_TIMER_BOOT的话，那么将本CPU作为负责调用do_timer()的CPU。这里跨度较大，do_timer()中负责更新系统的绝对时间等全局性的工作，每次tick中断到来时只有一个CPU来负责调用do_timer()就好了，一开始被设置为BSP，这一步就是在尝试将do_timer()的工作从BSP转移到其他任意一个CPU上（本CPU），而tick中断下游的步骤中会判断当前CPU是否是tick_do_timer_cpu指定的那个，如果不是则不调用do_timer()。现在你该明白图10-232中的tick_handover_do_timer()的含义了吧。然后初始化全局变量tick_period为1/HZ并转成纳秒。

```c
static void clocksource_select(void)
{
    struct clocksource *best, *cs;
    if (!finished_booting || list_empty(&clocksource_list))
        return;
    best = list_first_entry(&clocksource_list, struct clocksource, list);
    list_for_each_entry(cs, &clocksource_list, list) {
        if (!(cs->flags & CLOCK_SOURCE_VALID_FOR_HRES) &&
            tick_oneshot_mode_active())) {
            /* Override clocksource cannot be used. */
            printk(KERN_WARNING "Override clocksource %s is not "
                   "HRT compatible. Cannot switch while in "
                   "HRT/NOHZ mode\n", cs->name);
            override_name[0] = 0;
        } else {
            /* Override clocksource can be used. */
            best = cs;
            break;
        }
        if (strcmp(cs->name, override_name) != 0)
            continue;
    }
    if (curr_clocksource != best) {
        printk(KERN_INFO "Switching to clocksource %s\n", best->name);
        curr_clocksource = best;
        timekeeping_notify(curr_clocksource);
    }
}

void timekeeping_notify(struct clocksource *clock)
{
    if (timekeeper.clock == clock) return;
    stop_machine(change_clocksource, clock, NULL);
    tick_clock_notify();
}

static inline int clocksource_register_hz(struct clocksource *cs, u32 hz)
{
    return __clocksource_register_scale(cs, 1, hz);
}

int __clocksource_register_scale(struct clocksource *cs,
                                 u32 scale, u32 freq)
{
    __clocksource_updatefreq_scale(cs, scale, freq);
    mutex_lock(&clocksource_mutex);
    clocksource_enqueue(cs);
    clocksource_enqueue_watchdog(cs);
    clocksource_select();
    mutex_unlock(&clocksource_mutex);
    return 0;
}

static void clocksource_enqueue(struct clocksource *cs)
{
    struct list_head *entry = &clocksource_list;
    struct clocksource *tmp;
    list_for_each_entry(tmp, &clocksource_list, list)
        if (tmp->rating >= cs->rating) entry = &tmp->list;
    list_add(&cs->list, entry);
}

static int hpet_clocksource_register(void)
{
    u64 start, now; u64 hpet_freq; cycle_t t1;
    hpet_restart_counter();
    t1 = hpet_readl(HPET_COUNTER);
    rdtscll(start);
    do {
        rep_nop();
        rdtscll(now);
    } while ((now - start) < 200000UL);
    if (t1 == hpet_readl(HPET_COUNTER)) {
        printk(KERN_WARNING
               "HPET counter not counting. HPET disabled\n");
        return -ENODEV;
    }
    hpet_freq = FSEC_PER_SEC;
    do_div(hpet_freq, hpet_period);
    clocksource_register_hz(&clocksource_hpet, (u32)hpet_freq);
    return 0;
}

static int change_clocksource(void *data)
{
    struct clocksource *new, *old;
    new = (struct clocksource *) data;
    timekeeping_forward_now();
    if (!new->enable || new->enable(new) == 0) {
        old = timekeeper.clock;
        timekeeper_setup_internals(new);
        if (old->disable)
            old->disable(old);
    }
    return 0;
}

int __stop_machine(int (*fn)(void *), void *data,
                   const struct cpumask *cpus)
{
    struct stop_machine_data smdata = { .fn = fn, .data = data,
        .num_threads = num_online_cpus(),
        .active_cpus = cpus };
    set_state(&smdata, STOPMACHINE_PREPARE);
    return stop_cpus(cpu_online_mask, stop_machine_cpu_stop, &smdata);
}

int stop_machine(int (*fn)(void *), void *data, const struct cpumask *cpus)
{
    int ret;
    get_online_cpus();
    ret = __stop_machine(fn, data, cpus);
    put_online_cpus();
    return ret;
}
```

图10-239 clocksource设备注册过程

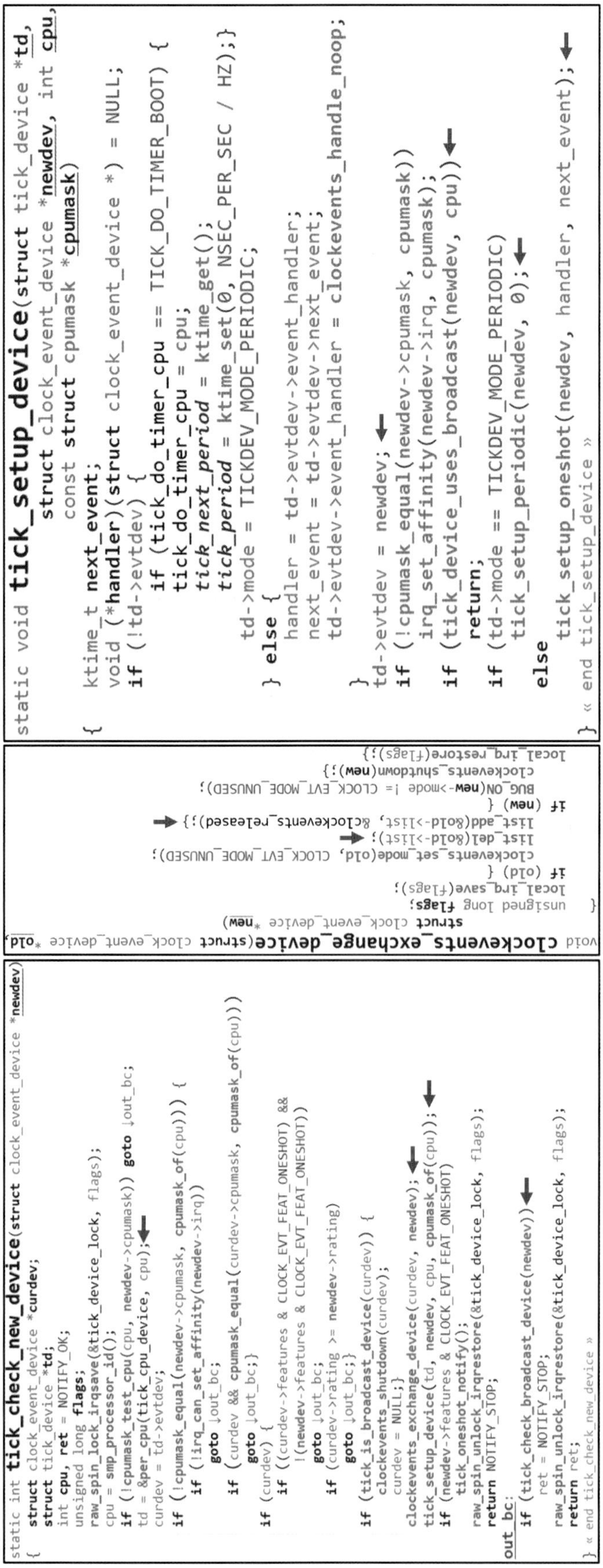

这一步做完之后，将td的mode标记设置为默认的周期性产生中断模式。再说回来，如果原先登记有设备，那么将设备结构体中注册的event_handler和next_event回调函数指针取出来留好，并将新设备登记到td->evtdev上，然后检测该设备是不是原生可以服务于本CPU，不是则强制set affinity让它服务于本CPU，然后调用tick_device_uses_broadcast()，如图10-241所示。

在10.7.2.6节中介绍过，新注册的设备并不一定是好用的，可能是个完全的假货，占位用的，那么此时就需要借助外部全局可发出中断的clockevent设备来向我开炮。本函数就是检查并设置这个步骤的。可以看到它先调用了tick_device_is_functional()来判断新加入设备是不是DUMMY一个，如果是则调用tick_broadcast_start_periodic()通知外部广播设备开始发起中断广播。可发出外部广播的设备被登记在全局变量tick_broadcast_device中，至于广播设备是什么时候被注册到该变量中的，我们下文中马上就会介绍。

然后，调用tick_setup_periodic()函数，其内部继续调用tick_set_periodic_handler()函数为广播设备注册一个event_handler（tick_handle_periodic_broadcast()），这样任何一个CPU核心只要每次接收到广播设备的中断，都会执行该handler，handler执行的动作在前文中已经介绍过了。然后判断广播设备是否支持周期性中断，如果支持则调用clockevents_set_mode()（该函数其实是调用了设备的回调函数）将其设置为周期性模式（自动根据当前的HZ数算出周期并配置到设备寄存器中）。如果不支持周期性模式，那么一定支持One-Shot模式，则将其设置为One-Shot，并设置下次到期时间，这样广播设备就开始源源不断地对本CPU发起中断了，不过在内核初始化早期，中断响应是关闭的，所以在这个点上根本听不到中断。中断handler每次运行之后会判断当前设备是否处于One-Shot模式，如果是则自动接续，将下次到期时间设置到硬件寄存器中，这样就可以源源不断地循环起来。

图10-240　tick_check_new_device()下游作用原理

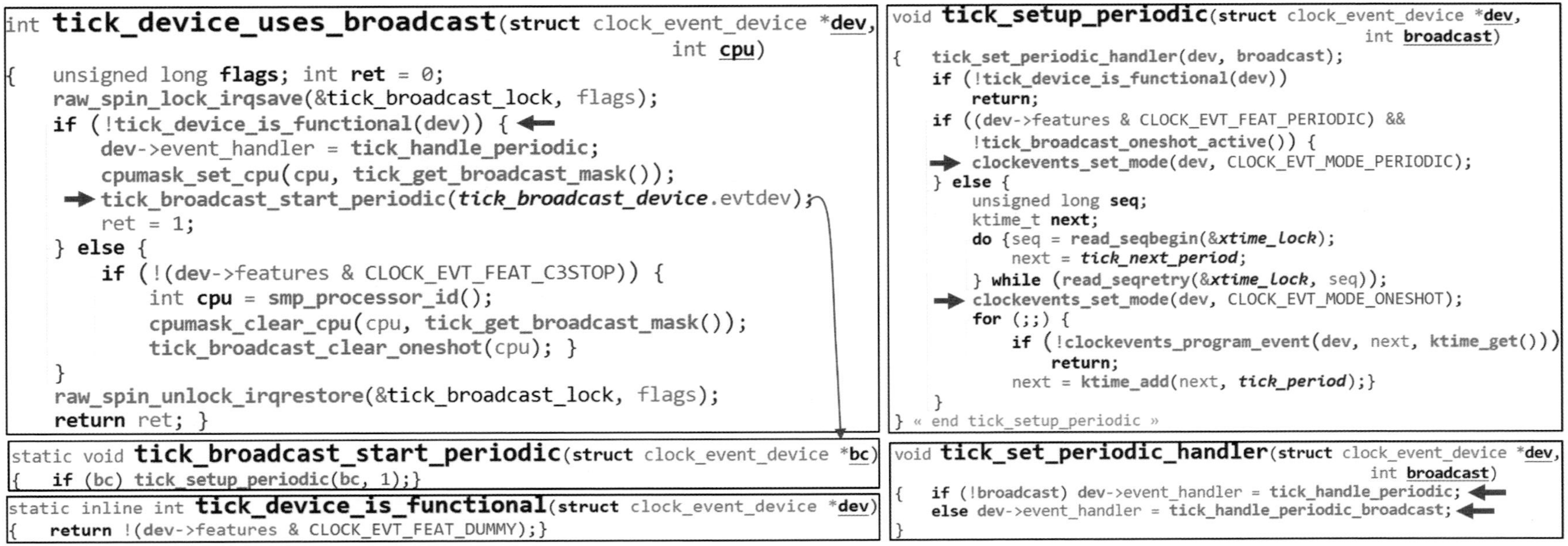

```
int tick_device_uses_broadcast(struct clock_event_device *dev,
                               int cpu)
{
    unsigned long flags; int ret = 0;
    raw_spin_lock_irqsave(&tick_broadcast_lock, flags);
    if (!tick_device_is_functional(dev)) {
        dev->event_handler = tick_handle_periodic;
        cpumask_set_cpu(cpu, tick_get_broadcast_mask());
        tick_broadcast_start_periodic(tick_broadcast_device.evtdev);
        ret = 1;
    } else {
        if (!(dev->features & CLOCK_EVT_FEAT_C3STOP)) {
            int cpu = smp_processor_id();
            cpumask_clear_cpu(cpu, tick_get_broadcast_mask());
            tick_broadcast_clear_oneshot(cpu); }
    }
    raw_spin_unlock_irqrestore(&tick_broadcast_lock, flags);
    return ret; }

static void tick_broadcast_start_periodic(struct clock_event_device *bc)
{ if (bc) tick_setup_periodic(bc, 1);}

static inline int tick_device_is_functional(struct clock_event_device *dev)
{ return !(dev->features & CLOCK_EVT_FEAT_DUMMY); }
```

图10-241 tick_device_uses_broadcast()下游作用原理

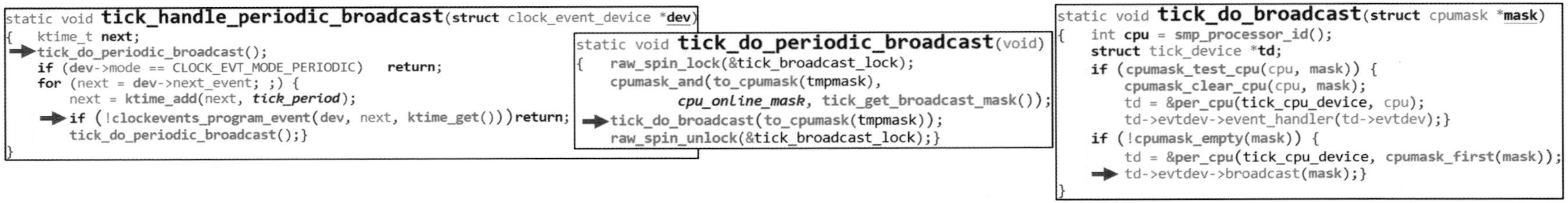

```
void tick_setup_periodic(struct clock_event_device *dev,
                         int broadcast)
{
    tick_set_periodic_handler(dev, broadcast);
    if (!tick_device_is_functional(dev))
        return;
    if ((dev->features & CLOCK_EVT_FEAT_PERIODIC) &&
        !tick_broadcast_oneshot_active()) {
        clockevents_set_mode(dev, CLOCK_EVT_MODE_PERIODIC);
    } else {
        unsigned long seq;
        ktime_t next;
        do {seq = read_seqbegin(&xtime_lock);
            next = tick_next_period;
        } while (read_seqretry(&xtime_lock, seq));
        clockevents_set_mode(dev, CLOCK_EVT_MODE_ONESHOT);
        for (;;) {
            if (!clockevents_program_event(dev, next, ktime_get()))
                return;
            next = ktime_add(next, tick_period);}
    }
} « end tick_setup_periodic »

void tick_set_periodic_handler(struct clock_event_device *dev,
                               int broadcast)
{
    if (!broadcast) dev->event_handler = tick_handle_periodic;
    else dev->event_handler = tick_handle_periodic_broadcast;
}
```

```
static void tick_handle_periodic(struct clock_event_device *dev)
{ ktime_t next;
    tick_periodic();
    tick_do_periodic_broadcast();
    if (dev->mode == CLOCK_EVT_MODE_PERIODIC)    return;
    for (next = dev->next_event; ; ) {
        next = ktime_add(next, tick_period);
    if (!clockevents_program_event(dev, next, ktime_get()))return;
        tick_do_periodic_broadcast();}
}

static void tick_do_periodic_broadcast(void)
{   raw_spin_lock(&tick_broadcast_lock);
    cpumask_and(to_cpumask(tmpmask),
                cpu_online_mask, tick_get_broadcast_mask());
    tick_do_broadcast(to_cpumask(tmpmask));
    raw_spin_unlock(&tick_broadcast_lock);}
```

```
static void tick_do_broadcast(struct cpumask *mask)
{   int cpu = smp_processor_id();
    struct tick_device *td;
    if (cpumask_test_cpu(cpu, mask)) {
        cpumask_clear_cpu(cpu, mask);
        td = &per_cpu(tick_cpu_device, cpu);
        td->evtdev->event_handler(td->evtdev);}
    if (!cpumask_empty(mask)) {
        td = &per_cpu(tick_cpu_device, cpumask_first(mask));
        td->evtdev->broadcast(mask);}}
```

图10-242 广播中断handler的作用原理

如图10-242所示，广播中断handler做的就是调用被中断CPU的tick_cpu_device中对应的clockevent设备的broadcast回调函数（图10-226及下方描述）

再说回来。如果最终成功切换到中断广播模式，则外层函数直接返回。如果检查发现新设备好用，则返回到如图10-240所示的tick_setup_device()中继续，判断是否td中的mode标记为周期性模式，是则调用tick_setup_periodic()将tick_handle_periodic()注册为该设备的中断handler，不是则证明是One-Shot模式，则调用tick_setup_oneshot()，将被替换的旧设备的handler和next_event回调函数原封不动地登记到新设备的clockevent结构体中，实际上这个handler依然是tick_handle_periodic()，因为第一个被登记的设备总会导致td的mode被设置为周期性模式，从而导致handler被设置为tick_handle_periodic()，会继承下来。到此，tick_setup_device()就执行完、返回了，并且会导致外层函数tick_check_new_device()也返回。

还得说回来，夺冠失败的新设备，或者被打败的旧设备，它们得不了金牌，但是仍有希望冲击银牌，那就是去担任中断广播设备。代码中频频出现的"goto out_bc"就是走入了这个分支。被替换下来的旧设备会进入clockevents_released链表之后就没了动静，一直到代码返回到clockevents_do_notify()、clockevents_register_device()之后，会继续执行clockevents_notify_released()。

如图10-243左侧所示，该函数内部会检查clockevents_released链表是否为空，不为空，则将其中被替换下来的clockevent结构体摘出来，重新加回到clockevent_devices链表中，从掉队成员重新变为大部队成员。同时接着调用clockevents_do_notify()，走内核通知链渠道，你可能有个疑惑，这不相当于再次将被替换下来的设备重新注册么？都被替换了为何要加回去？被替换下来不等于没事做了，要继续发挥余热，说不定可以退居二线，也就是成为中断广播设备。所以，被替换的设备，与那些头次加入竞争即被淘汰落选的设备一同，进入tick_check_new_device()结尾的out_bc标记处执行tick_check_broadcast_device()。

如图10-243右侧所示，全局变量tick_broadcast_device一开始一定是空的，第一个退居二线的clockevent设备只要其feature字段中不包含CLOCK_EVT_FEAT_C3STOP位，一定会成功担任中断广播设备。如果已经有了旧设备，那么竞争该岗位的新加入设备就必须多竞争一个rating项，也就是看看谁的段位天生更高。竞争成功，则其clockevent结构体会被登记到tick_broadcast_device中，称为该岗位实际拥有者。刚竞聘成功，就得立即干活了，可以看到代码中接着用tick_get_broadcast_mask()取出全局变量tick_broadcast_mask（还记得10.7.2.5节中提到过的那个mask么？就是它），如果mask中有不为0的位，证明已经有CPU核心申请向它开炮了，那么就立即调用tick_broadcast_start_periodic()启动中断广播。

观察图10-232中的tick_notify()中，可以看到当内核通知链接收到CLOCK_EVT_NOTIFY_BROADCAST_ON和CLOCK_EVT_NOTIFY_BROADCAST_ENTER的时候，会分别调用tick_do_broadcast_on_off()和tick_broadcast_oneshot_control()，前者负责一些准备工作，后者则真正启动中断广播。

至于hpet_enable()失败之后，会进入setup_pit_timer()，篇幅所限就不多介绍了，其过程非常类似。最后，late_time_init()的最后一步是调用tsc_init()来初始化TSC，其内部会做一些校准等动作，但是并没有调用clocksource_register_hz()来注册clocksource设备，这一步被留在了后续步骤中进行。

```c
int tick_check_broadcast_device(struct clock_event_device *dev)
{
    if ((tick_broadcast_device.evtdev &&
        tick_broadcast_device.evtdev->rating >= dev->rating) ||
        (dev->features & CLOCK_EVT_FEAT_C3STOP))
        return 0;

    clockevents_exchange_device(NULL, dev);
    tick_broadcast_device.evtdev = dev;
    if (!cpumask_empty(tick_get_broadcast_mask()))
        tick_broadcast_start_periodic(dev);
    return 1;}
```

```c
static void clockevents_notify_released(void)
{
    struct clock_event_device *dev;

    while (!list_empty(&clockevents_released)) {
        dev = list_entry(clockevents_released.next,
            struct clock_event_device, list);
        list_del(&dev->list);
        list_add(&dev->list, &clockevent_devices);
        clockevents_do_notify(CLOCK_EVT_NOTIFY_ADD, dev);}
}
```

图10-243 退居二线担任中断广播设备

10.7.4.6　APIC_init_uniprocessor()

与APIC相关的初始化操作被放在了后期的kernel_init内核线程中调用APIC_init_uniprocessor()进行，如图10-244所示。在setup_boot_APIC_clock()函数中，会调用calibrate_APIC_clock()函数对Local Timer进行校准，至于具体的校准方式大家可以自行了解。校准通过后，调用setup_APIC_timer()，后者先根据X86_FEATURE_ARAT判断APIC Local Timer是否不受核心进入低功耗的影响，如果是，则清掉lapic_clockevent.feature中的CLOCK_EVT_FEAT_C3STOP位，这样的话中断广播硬件基本上就没有什么作用。最终，调用clockevents_register_device()注册lapic_clockevent。可以预知的一点是，Local Timer将最终替代HPET之前所处的tick_cpu_device地位，HPET则退居二线成为中断广播的担任者。最终，函数返回到setup_boot_APIC_clock()，继续执行lapic_clockevent.features &= ~CLOCK_EVT_FEAT_DUMMY这句，将Local Timer的假货帖子撕下来，成为名系统内副其实的最精贵最好用的clockevent设备。

Local Timer初始化之后，全局变量lapic_events和tick_cpu_device同时都指向lapic_clockevent。Local Timer中断发生后，代码从lapic_events中提取对应的handler指针执行。

10.7.4.7　do_basic_setup()/do_initcalls()

时间子系统初始化的最后剩余步骤，被封装到了do_initcalls()中，该函数会批量执行一些后期函数，内核代码将需要在后期执行的初始化函数利用诸如device_initcall、fs_initcall之类的宏定义注册到系统中，这些initcall之间可能有依赖关系，所以其各自具有不同的level等级，等级高的（最高1级）initcall必须先于等级低的（最低7级）执行，同一个等级内部又可以有多个互相不依赖的initcall。do_initcalls()会按照等级顺序执行所有的initcall函数。如图10-245所示。

其次，系统还使用了DECLARE_DELAYED_WORK宏来创建了一个待注入到内核workqueue中的名为tsc_irqwork的work，该work包含着待执行函数tsc_refine_calibration_work()。workqueue机制在上文中已经介绍过了，并提到它并不是中断下半部专用，而是一种通用的将待执行函数延后执行的一种机制。可以看到在init_tsc_clocksource()中，利用schedule_delayed_work()正式将tsc_irqwork下发到workqueue执行。

10.7.4.8　初始化流程全局图

由于时间管理模块非常复杂，为了便于梳理思路，冬瓜哥制作了如下三张流程图，如图10-246～图10-248所示。

提示 ▶▶

这里提醒读者注意的一点是，读者可能对"handler"这个词有点儿懵了。比如irq0中断发生之后，首先执行的是common_interrupt这段汇编代码，你称之为irq0的handler也不为过，但是它会继续调用到do_IRQ() > handle_irq() > irq0对应的总handler（比如handle_edge_irq()），这个handle_edge_irq也是在内核初始化时被注册上去的，内核根据不同条件可以注册不同的irq0总handler。然而这还没完，该函数会继续调用handle_irq_event() > handle_irq_event_percpu() > 后期注册的中断服务函数timer_interrupt()，这个timer_interrupt()也可以说是一个handler，是在hpet_time_init()中注册上去的，然而，这依然没完。它会继续调用global_clock_event->event_handler()，该event_handler()则是被clockevents_register_device()下游根据各种条件注册上去的，比如如果是tick_cpu_device，则注册tick_handle_periodic()，如果沦为中断广播设备，则注册tick_handle_periodic_broadcast()上去，而这最后一层handler，才是最终负责处理该时钟中断的handler。而Local Timer由于属于系统级设备，其中断流程更简洁一下，239向量中断之后直接跳转到smp_apic_timer_interrupt() > local_apic_timer_interrupt() > lapic_events->event_handler()。

10.7.5　表哥的行动

正常情况下，HPET在一开始初始化时会登上tick_cpu_device的报错，但是在Local Timer初始化之后便沦为中断广播设备，被注入tick_handle_periodic_broadcast()这个handler，并被登记到tick_broadcast_device变量中，在irq0中断下游待命。后来居上的APIC Local Timer成为每个CPU的tick_cpu_device，也就是每个CPU正式使用的clockevent device。而TSC将会成为最优的clocksource device，相应的设备结构体指针被登记到timekeeper.clock字段中。所以，如果CPU核心的Local Timer支持x86_FEATURE_ARAT，那么其不会随核心一同休眠，也就不需要中断广播设备的辅助，这样的话irq0在系统启动之后，除非有其他需求主动让其发出中断，否则它不会再发出任何中断。

基于上述正常场景，本节就从中断为源头，看看时钟中断发生之后，上述介绍的这些零部件是如何联动的。

10.7.5.1　初始的低精度+HZ模式

Local Timer夺冠tick_cpu_device成功后，会被注册上一个tick_handle_periodic()的handler。我们的旅程

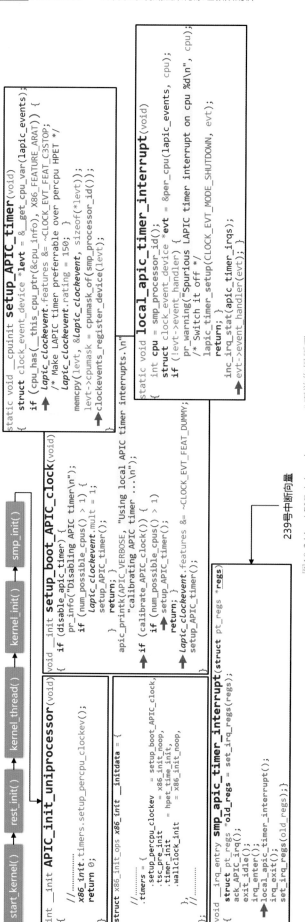

图10-244 APIC_init_uniprocessor() 下游作用原理

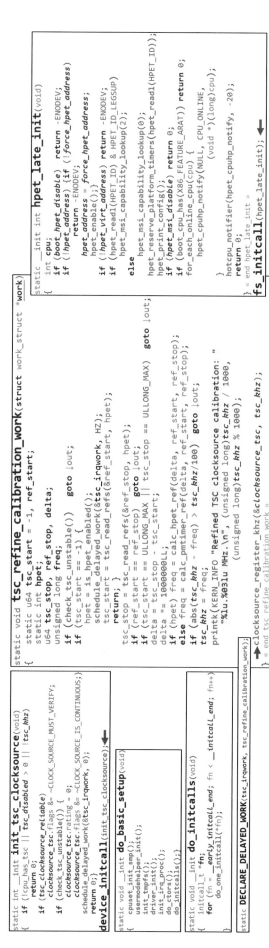

图10-245 将剩余初始化工作挪动到initcall中按照顺序进行

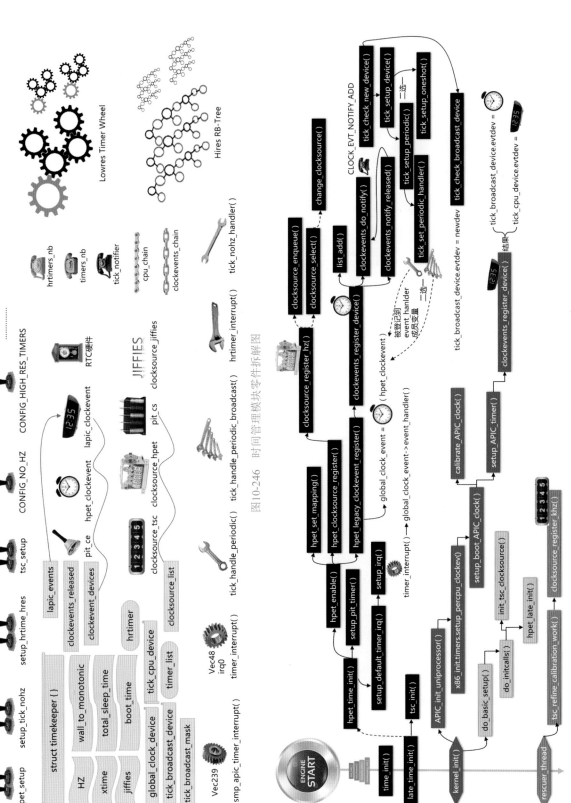

图10-246　时间管理模块零件拆解图

图10-247　时间管理初始化流程图（1）

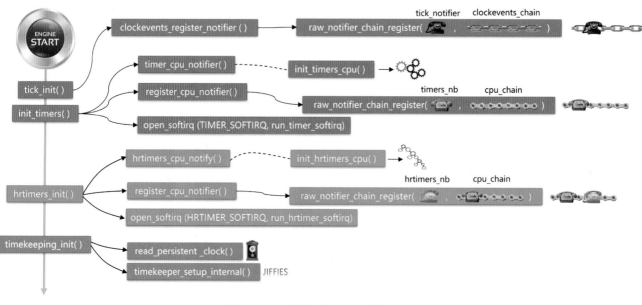

图10-248　时间管理初始化流程图（2）

从Local Timer发出了中断开始。中断向量239 > smp_apic_timer_interrupt() > local_apic_timer_interrupt() > lapic_events->event_handler()。该handler当然就是tick_handle_periodic()，如图10-249所示。

该函数首先执行tick_periodic()，返回后判断是否Local Timer被配置为One-Shot模式，如果不是则表明其一定处于周期性自动发出中断模式，无须多担心，直接返回完成本次中断处理。如果是，则将下一次到期值写入Local Timer寄存器完成接续。tick_periodic()函数首先判断全局变量tick_do_timer_cpu的值是不是与当前处理中断的CPU的ID值相等，如果是则调用do_timer()来更新系统绝对时间，同时更新保存了系统经历过的tick数量的jiffies_64变量。

下一个工作则是update_process_times()，这个函数也非常重要，它首先调用run_local_timers()查找并处理系统内当前到期的所有Timer，由于系统内可能存在位于时间轮上的低精度Timer和位于红黑树中的高精度Timer，所以run_local_timer()内部分别调用hrtimer_run_queue() > __run_hrtimer()处理高精度Timer以及调用raise_softirq(TIMER_SOFTIRQ)激活软中断处理函数run_timer_softirq()延后执行，它会调用__run_timers()来处理低精度Timer。update_process_times()中的第二个重要任务就是调用scheduler_tick()，该函数我们在介绍任务调度时已经介绍过了。

可以看到，即便程序注册了高精度定时器，此时也会以低精度来处理，因为此时运行在依靠外部硬件周期性发出中断的模式，而HZ/tick_period这个变量用于控制每个周期的长短，周期并不会被设置的太短，否则系统频繁被中断会卡死。既然如此，就无法保证

高精度定时器达到预定精度，高精度定时器而只能临时被亏待一下了。

这里可能有个疑惑，既然有了高精度Timer模块，为何还要保留低精度模块，就算程序只需要低精度Timer就够了，但是统一使用高精度并没有什么影响。其实，保留低精度模块以及对应的函数接口完全是为了兼容性考虑，一些老的内核程序依然调用的是低精度Timer的一些函数。

系统管理员可以决定将当前内核运行在兼容模式，还是纯粹的高精度Timer模式，这个可以通过系统编译选项CONFIG_HIGH_RES_TIMERS以及启动命令行参数setup_hrtime_hres来控制。但是，配置了这些选项之后，内核也并不是一开始就完全运行在高精度模式，而是后续是从低精度切换到高精度模式的，具体的切换过程，就隐藏在TIMER_SOFTIRQ的run_timer_softirq() > hrtimer_run_pending()中。如果运行在低精度模式下，则每次中断之后的软中断过程中都会调用该函数来检测并尝试切换到高精度模式，但是否能切换到高精度模式，取决于一些条件。

10.7.5.2　切换到低精度+NOHZ模式

继续往下看之前，先介绍一个全局变量struct tick_sched tick_cpu_sched{ }。还记得10.7.2.3节中介绍过的软tick么？用一个软Timer来模拟Tick的发生，如图10-250所示。tick_cpu_sched结构体中登记的就是用于软tick的相关参数控制信息，其中，struct hrtimer sched_timer就是用于模拟软tick的定时器。还有其他一些字段，会随着下文中的分析有所涉及。

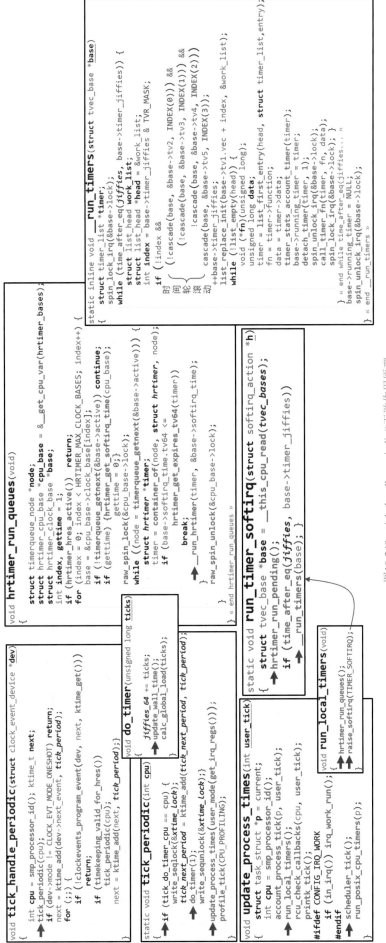

图10-249 tick_handle_periodic() 下游作用原理

```
enum tick_nohz_mode {
    NOHZ_MODE_INACTIVE,
    NOHZ_MODE_LOWRES,
    NOHZ_MODE_HIGHRES,};

struct tick_sched {
    struct hrtimer          sched_timer;
    unsigned long           check_clocks;
    enum tick_nohz_mode     nohz_mode;
    ktime_t                 idle_tick;
    int                     inidle;
    int                     tick_stopped;
    unsigned long           idle_jiffies;
    unsigned long           idle_calls;
    unsigned long           idle_sleeps;
    int                     idle_active;
    ktime_t                 idle_entrytime;
    ktime_t                 idle_waketime;
    ktime_t                 idle_exittime;
    ktime_t                 idle_sleeptime;
    ktime_t                 iowait_sleeptime;
    ktime_t                 sleep_length;
    unsigned long           last_jiffies;
    unsigned long           next_jiffies;
    ktime_t                 idle_expires;
    int                     do_timer_last;
} « end tick_sched » ;
```

图10-250　tick_sched结构体

现在来关注一下hrtimer_run_pending()是怎么执行切换过程的，如图10-251所示。其首先调用hrtimer_hres_active()判断是否本CPU对应的hrtimer_bases.hres_active字段（图10-230）为1，如果已经启用高精度模式了，直接返回。如果尚未启用，则接着调用tick_check_oneshot_change()尝试先切换到One-Shot模式，因为One-Shot模式是NOHZ模式的前提，而NOHZ模式则是高精度模式的前提。该函数的参数为hrtimer_is_hres_enabled()的返回值，其返回的就是全局变量hrtimer_hres_enabled（图10-231）的值。

tick_check_oneshot_change()先判断本CPU对应的tick_cpu_sched（其指针被赋值给变量ts）中的nohz_mode字段是不是非NOHZ_MODE_INACTIVE，如果不是，证明系统当前已经处于NOHZ模式，直接返回0，这会导致hrtimer_switch_to_hres()不被调用，系统维持当前的运行模式（NOHZ+低精度，或者NOHZ+高精度模式）。如果NOHZ_MODE_INACTIVE，则继续判断timekeeping模块是否能够支撑高精度模式（判断timekeeper.clock->flags是否包含CLOCK_SOURCE_VALID_FOR_HRES位），以及当前的tick_cpu_device是否支持One-Shot模式（tick_cpu_device->evtev->features是否包含CLOCK_EVT_FEAT_ONESHOT位），有一样不满足就返回0。

如果列出的条件都满足的话，最后会进入if(!allow_nohz)，判断hrtimer_is_hres_enabled()也就是hrtimer_hres_enabled的值是否为1，若为1，则return 1，不执

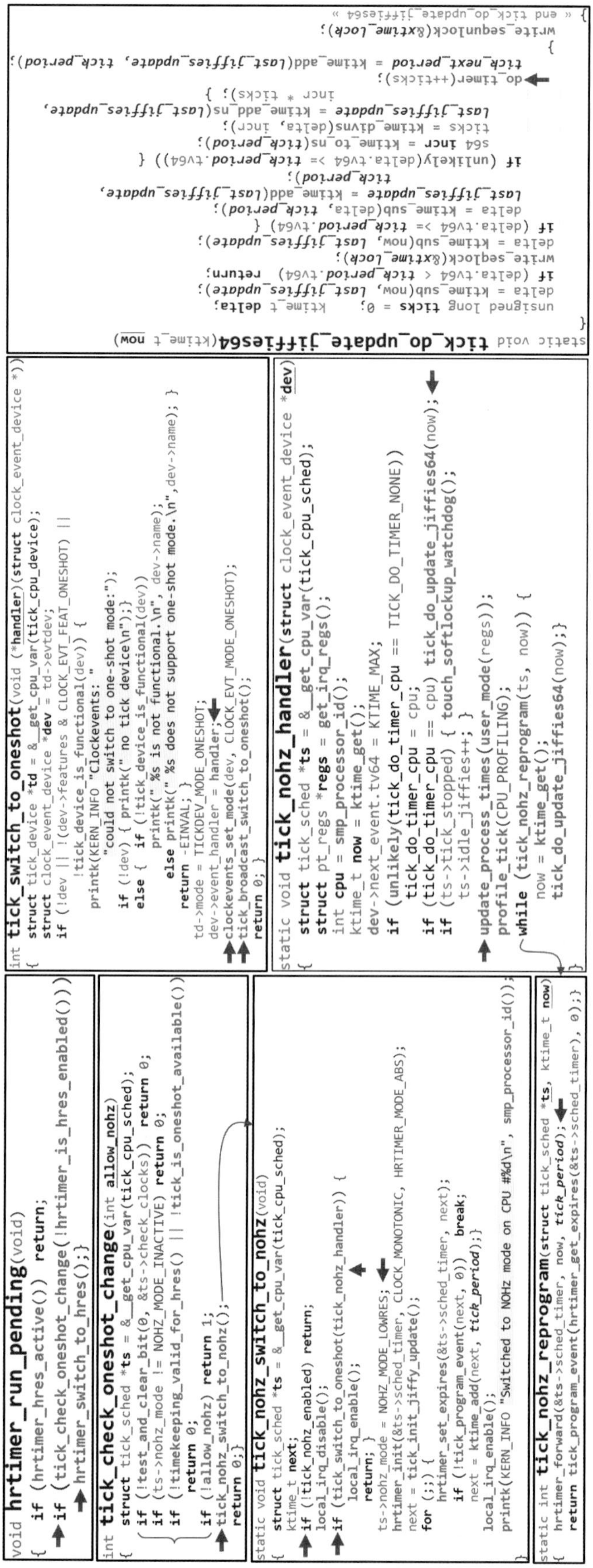

图10-251　切换到低精度+NohZ模式

行tick_nohz_switch_to_nohz()。返回到外层函数之后会
调用hrtimer_switch_to_hres()，我们下文再介绍。先来
看如果hrtimer_hres_enabled为0，也就是系统管理员选
择关闭高精度模式，那么此时会导致tick_nohz_switch_
to_nohz()被调用，该函数会切换到NOHZ+低精度模式
持续运行，后续不会再发生模式切换，因为该函数执
行完后tick_cpu_sched->nohz_mode字段已经不是NOHZ_
MODE_INACTIVE，而是NOHZ_MODE_LOWRES，
后续再尝试切换时检查到这里就会直接返回。

　　tick_nohz_switch_to_nohz()直接调用tick_switch_to_
oneshot()，将一个名为tick_nohz_handler()的时钟事件
handler注册到tick_cpu_device->evtdev上以及将tick_cpu_
device运行模式切换到One-Shot模式，同时将中断广播
设备也切换到One-Shot模式。返回之后，更新tick_cpu_
sched->nohz_mode为NOHZ_MODE_LOWRES

　　我们来看看这个handler都做了什么。如图中间
下方所示，当中断发生之后，它被运行，先判断当前
CPU是不是就是负责do_timer()的CPU，是，则调用
tick_do_update_jiffies64() > do_timer()更新系统绝对时
间。然后执行update_process_times()处理本地到期的
定时器（遗憾的是由于管理员禁止了高精度模式，所
以高精度定时器只能体现出低精度的效果），处理
调度统计器（scheduler_tick()）。然后调用tick_nohz_
reprogram()来设置tick_cpu_device下一次到期时间。

　　先来看另一个分支，在外层函数tick_nohz_
switch_to_nohz()中，注册了tick_nohz_handler()之后，
调用了hrtimer_init()准备好一个hrtimer定时器，该定
时器指针登记在tick_cpu_sched->sched_timer里。然
而，这个定时器却并没有被启用（并没有加到红黑
树），只是拿它存放expire值。在每次中断到来之
后触发tick_nohz_handler()被执行，其最后一步就是
hrtimer_forward()将定时器的超时值拖后tick_period这
么多，然后再反过来读出sched_timer里保存的超时
值，将其作为参数调用tick_program_event() 从而将新
值写入外部clockevent设备。之所以用这个看上去没
什么用的空壳hrtimer定时器的原因是保持系统的统一
性，因为还有其他模块需要用到sched_timer，将其作
为一个信息集散地统一使用。

　　虽然sched_timer并没有被激活，但是tick_nohz_
handler()会负责每次都给硬件加上一个固定的时间，
这样依然可以产生固定周期的中断，但是每个周期的
长短可能有些许不同，因为中断之后的处理过程是需
要时间的，比如run_local_timers()过程中如果需要处
理较多的到期定时器，则就需要耗费更多时间。

10.7.5.3 切换到高精度+NOHZ模式

　　如果上述各个条件都满足，那么就会越过tick_
nohz_switch_to_nohz()，而直接在外层函数中调用
hrtimer_switch_to_hres()，正式切换到高精度模式，如
图10-252所示。

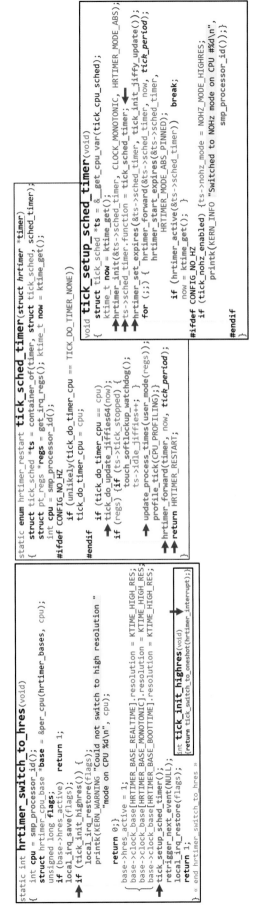

图10-252　切换到高精度的过程示意图

其先调用tick_init_highres() > tick_sitch_to_oneshot()，将一个新的名为hrtimer_interrupt()的handler注册到tick_cpu_device->event_handler上，并切换到One-Shot模式。返回之后，将红黑树对应结构中hrtimer_bases的相关字段更新到KTIME_HIGH_RES标记，然后调用tick_setupsched_timer()。该函数的作用是将周期性产生tick的软timer，也就是包含实际执行函数tick_sched_timer()的、名为sched_timer的高精度定时器创建好，然后将其激活。tick_sched_timer()中会最终调用do_timer()更新系统绝对时间，以及调用update_process_times() > run_local_timer()来处理到期的低精度定时器。

到这基本上就完成了高精度模式的切换，下次中断到来之后，运行的便是hrtimer_interrupt了，如图10-253所示。hrtimer_interrupt()做的事情就是去红黑树中将到期的定时器处理完，然后将下一个到期的定时器的到期时间编程到硬件寄存器中。__run_hrtimer()执行完定时器中注册的handler函数之后，会判断函数的返回值，如果不为HRTIMER_NORESTART，证明handler希望继续将这个定时器挂到红黑树中（handler自己负责拖后定时器的时间）。所以，hrtimer_interrupt()只负责处理高精度定时器，而更新系统时间、低精度定时器、任务统计器等工作都被封装到了sched_timer定时器中的tick_sched_timer()里，跟随着周期性触发的软定时器一同运行。

提示 ▶▶

细心的读者可能发现了，在hrtimer_interrupt()中已经处理了到期的hrtimer，但是tich_sched_timer这个定时器handler中会调用update_process_times() > run_local_timers() > hrtimer_runqueues()，该函数会再次处理hrtimer，这显然做了重复工作无用功。但是在图10-249中的hrtimer_runqueues()实现代码中可以看到，该代码首先执行了if (hrtimer_hres_active()) return，也就是说，如果目前已经切换到高精度模式，则hrtimer_runqueues()什么都不做直接返回。内核代码中有很多地方可谓是错综复杂，如果没有站在全局观来端详这台机器的运行，很难一眼看出哪句代码到底是做什么用的，为什么会在这儿。

10.7.5.4 idle与NOHZ

NOHZ模式一个最大的优势在于可以降低功耗。传统的将硬件设置为周期性模式的场景下，CPU如果想长时间休眠就是不可能的了，每隔tick_period这么多时间就必须被闹醒，结果醒来可能发现除了更新一下系统时间之外什么事也没有了（没有可运行的任务），那就再次进入idle线程继续休眠，结果没过多久又得醒来。这个过程周而复始，功耗就很难下降。

而在切换到One-Shot模式之后，如果是进入NOHZ+

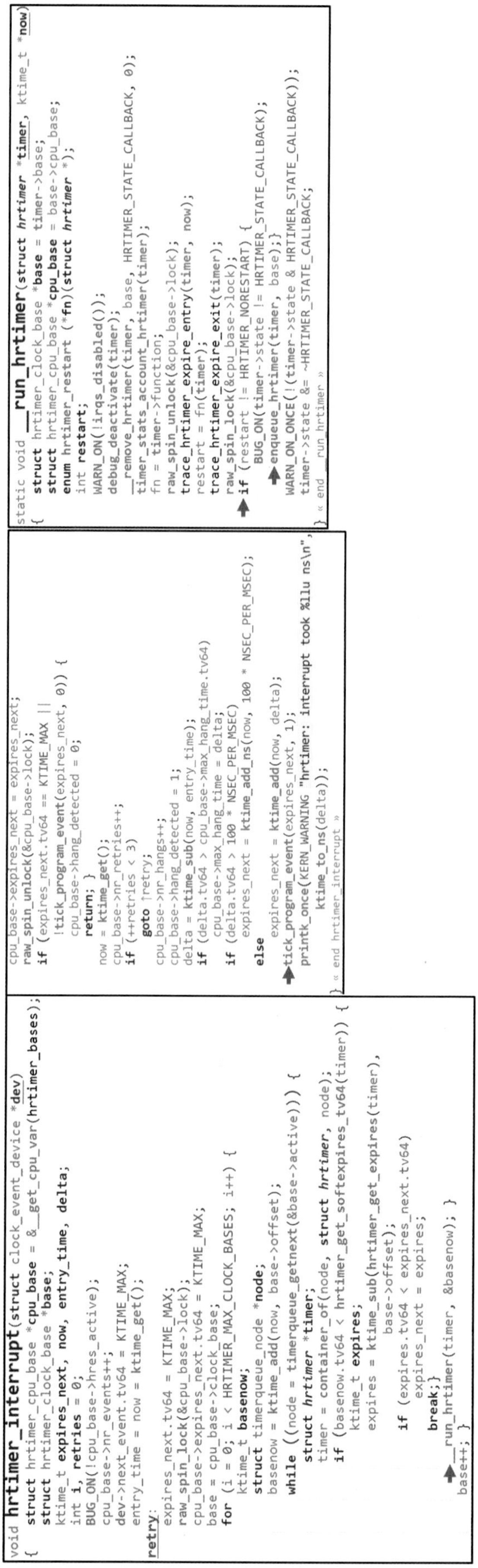

图10-253 hrtimer_interrupt()下游作用原理

低精度模式，那么tick_nohz_handler()依然会每次都配置tick_period固定时间来重新配置硬件；而如果是进入NOHZ+高精度模式，那么由于会被强行注册一个sched_timer，该timer会内部每次也会配置tick_period时间到硬件中。所以，依然避免不了被周期性地唤醒。

为此，cpu_idle()函数中会调用tick_nohz_stop_sched_tick()函数来将下一次tick的时间设置为下一个到期的（低精度和高精度一起算）软定时器的时间。这样，在低精度模式下，从当前一直到下一个定时器到期这段时间内，不会再有时钟中断产生。但是当下一次中断到来之后，tick_handle_periodic()被触发执行，但是这个handler依然会将tick_period这个固定时间再次编程到硬件，又恢复了周期性tick。为此，内核在irq_exit()结尾增加了一句代码：if (idle_cpu(smp_processor_id()) && !in_interrupt() && !need_resched()) tick_nohz_stop_sched_tick(0)，也就是判断如果时钟中断发生时正处于idle任务中，并且need_resched标记没有被设置（暗指本次中断完成后并没有激活其他任务），并且所有中断都已经处理完，那么就再次调用tick_nohz_stop_sched_tick()将下一次中断设定为最早到期的那个定时器的时间。而由于need_resched未被置位，则本次中断继续返回idle任务继续休眠。

有个疑问，如果系统当前没有任何定时器被激活，同时也没有什么可运行的任务，此时难道需要将下一次tick时间设置为无穷大？当然不行，于是有这么一个变量来限制最大的拖后时间：timekeeper.clock->max_idle_ns，也就是当前正在使用的clocksource设备结构体中的max_idle_ns字段。当然，如果即将到期的定时器与当前时间离得太近了，比如只差了一个tick的时间，那证明马上就要到期，也就不需要再拖后一个tick了，否则就超期了。

而如果运行在高精度模式下，由于hrtimer_interrupt()本身已经是将下一次中断时间设置为最早到期的Timer的时间，所以该场景下会直接将sched_timer的tick周期值设置成最早的其他定时器到期时间，也就是说，让sched_timer跟着最早的那个定时器一同到时，从而可以不耽误执行do_timer()、update_process_times()等。

做完上述准备之后，idle进程便会进入休眠过程。一个疑问是，难道此时系统真的没有其他任务在运行了么？没了。如果突然又有了，但是idle正在睡觉不知道怎么办？不会的，因为之所以能进入idle，证明其他的任务都在等待某种事件而休眠了，而这些事件一定是靠定时器中断、外部设备中断来触发的。所以，如果定时器既没有到时，又没有发生外部中断的话，idle就可以一直运行，不过运行过程中要关闭对外部中断的响应，这样岂不是永远不会退出idle了么？

当发生外部中断时，CPU硬件会启用内部的一些时钟信号源，重新把逻辑电路驱动起来，但是并不会立即响应该中断，因为idle在让CPU进入休眠之前已经禁止了外部中断响应。这样做是因为解铃还须系铃

人，当初idle让CPU进入休眠状态，CPU收到中断要醒来之前，不能一下子就进入中断上下文，因为醒来之后还需要idle来设置一些必要参数之后，idle打开中断响应，此时进入中断处理过程。

如图10-254所示，idle会在start_critical_timeings()中打开中断响应，此时立刻进入中断流程，idle任务被中断在start_critical_timeings()中。如果本次中断并没有导致任何任务被唤醒，那么idle任务的need_resched标记依然为0，那么中断返回时依然返回到idel，继续执行，从而再次进入内层while循环，继续休眠。

```
void cpu_idle(void)
{   int cpu = smp_processor_id();
    boot_init_stack_canary();
    current_thread_info()->status |= TS_POLLING;
    while (1) {
        tick_nohz_stop_sched_tick(1);
        while (!need_resched()) {
            check_pgt_cache();
            rmb();
            if (cpu_is_offline(cpu)) play_dead();
            local_irq_disable();
            stop_critical_timings();
            pm_idle();
            start_critical_timings();}
        tick_nohz_restart_sched_tick();
        preempt_enable_no_resched();
        schedule();
        preempt_disable();
    }
} « end cpu_idle »
```

图10-254 cpu_idle()原理

而如果中断期间激活了新任务，则need_resched标记会被置为1，而且如果内核模块决定抢占当前任务（idle任务）的话，则直接调用schedule()切换任务，在schedule()内部会将被抢占任务的need_resched再次置0。如果系统此时有其他任务被激活的话，idle任务就永远得不到运行，因为它的优先级最低。当再次万籁俱寂的时候，idle又开始运行，它从上一次的断点继续运行，但是此时它的need_resched为0，所以继续进入内层while循环，让CPU进入休眠态。

10.7.5.5 切换高精度模式流程图

如图10-255、图10-256所示。

提示 ▶ ▶

切换到高精度模式之后，idle会导致sched_timer这个软hrtimer也不会按照周期性发出tick了，而是跟随最早到期的其他hrtimer一同到期从而完成更新jiffies的工作。但是这里有个问题，jiffies表示的是系统经过了多少个tick，tick必须是跟随系统的HZ值恒定的，而idle会把tick弄成忽快忽慢，这是不行的。但是tick_do_update_jiffies64 ()在更新jiffies时，会读取clocksource设备判断idle期间绝对时间流逝了多少，从而将该有的tick数量补齐。所以该函数在调用do_timer()时，会将经历的tick数量作为参数传递给后者。

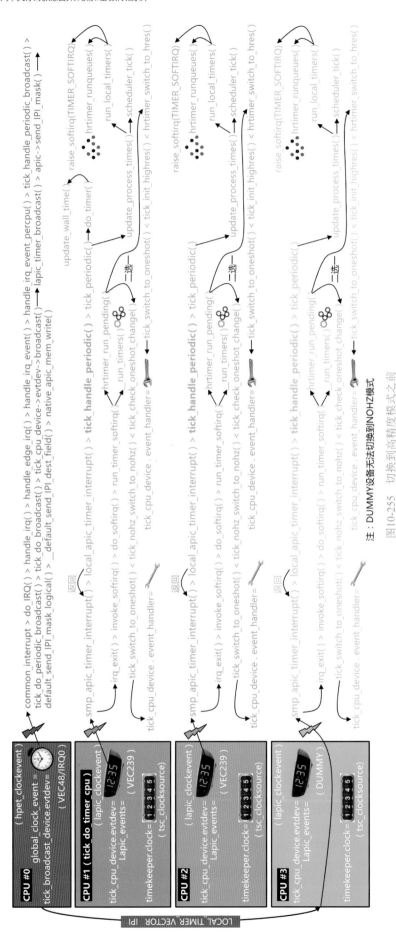

注：DUMMY设备无法切换到NOHZ模式

图10-255 切换到高精度模式之前

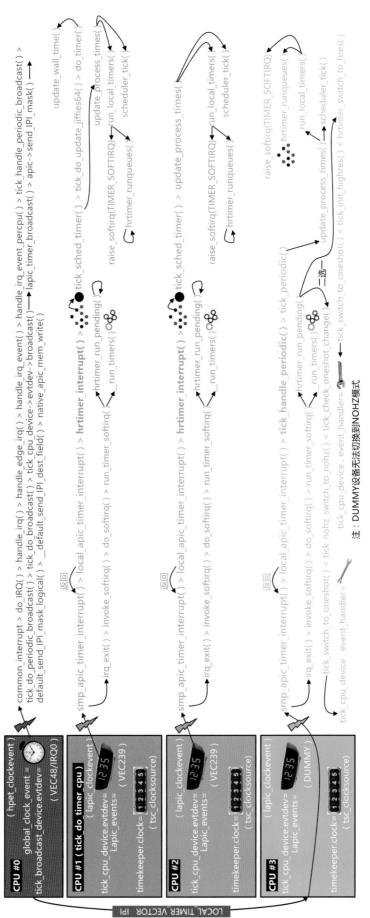

注：DUMMY设备无法切换到NOHZ模式

图10-256 切换到高精度模式之后

不得不说表哥是位真正的收藏家，他不但收藏各种表，还将每种表研究得非常透彻，管理得井井有条并能运用得出神入化。正如我们了解一个事物时，需要将它精妙的结构剥离开，然后一样一样地端详体会，体会每个零件在全局框架中是怎么运作的，并能够用大脑充当CPU，看着代码把整个流程走通一遍，所谓庖丁解牛，目无全牛。

明白了表哥底层的这些名堂之后，就会明白上层的那些接口了，比如各种与定时相关的系统调用，比如alarm()是通过设定RTC来实现秒级的中断（通过IRQ8实现，RTC的这条定时器路线由于篇幅所限请读者自行了解）、nanosleep()（通过设定一个封装了wake_up_process()这个handler的hrtimer来实现纳秒级定时）等。

10.8 VFS与本地FS

操作系统内核需要提供一套完整的I/O控制流程，准备大量的各种数据结构，来管理I/O在各个模块之间的流动。这些模块包括：VFS目录层、页面缓存层（Page Cache）、文件系统层、网络处理层、通用块层、I/O调度器层、块设备驱动层、外部I/O通道控制器驱动层。上述各个层次共同组成了庞大复杂的I/O协议栈。

本书至此，想必读者已经初步了解程序是如何使用I/O设备的了。最常见的I/O设备有三大类：网卡类设备、存储类设备、键盘/鼠标等交互式设备。这些设备可能以PCIE或者USB的接口形式接入系统，而如何从PCIE或者USB设备发送和接收数据，在前面章节中也介绍过了。问题是，向它们发送的数据是怎么生成并一路发送到设备驱动并发送到设备的？本节就是介绍整个系统的I/O路径。当然，还有显示类设备，不过显示类设备的图形生成和输出过程在第7章已经介绍过了。

假设某个用户态程序想要读取硬盘扇的0号扇区的内容，它不能直接操作硬盘，因为它根本调用不到硬盘设备驱动程序提供的函数，它只能通过read系统调用来委托内核代码做这件事情。在read系统调用的参数中，用户侧程序起码要告诉内核：读哪个设备、读该设备的从哪到哪的字节、数据读回来放到内存哪里、其他参数（比如读取时应该以什么方式来读等）。读取文件也一样。

我们旅程的第一站，从VFS开始。

10.8.1 VFS目录层

显然，摆在眼前的一个问题是，如何描述"哪个设备"或者"哪个文件"。可以使用ID方式，比如1号、2号设备/文件，这样程序只需要在一个int类型参数中给出数值就可以了。但是这样极度不方便，用户态程序难以根据ID来判断出该设备到底是什么类型的设备。Linux其实采用的是以ASCII编码的目录或者说路径名称/符号的方式来描述一切资源，包括设备、设备上的文件等，比如/dev/sda和/dev/sdb分别表示第一块和第二块SCSI类型的硬盘，使用dd程序/命令可以直接在命令行下读写该硬盘，比如命令"dd if=/dev/sda of=/dev/sdb"就表示将sda硬盘上的数据全部复制到硬盘sdb上。那么读者一定会有个猜测：/dev/sda的后面一定有某个模块负责将I/O请求下发到sda硬盘设备的驱动程序来执行，是的，每个路径符号背后都会有对应的执行者。而且也一定有某个模块来负责记录哪个路径符号后面对应着哪个具体承载者。必须的。

10.8.1.1 目录与VFS

前面章节中介绍过文件系统（File System，FS），FS的作用就是将硬盘扇区抽象成一个个小的存储空间，每个存储空间称为一个文件，多个文件可以放入一个目录之下。这些文件和目录也需要命名的路径符号来表示，比如/abc/1.txt。那么如何区分某个路径符号到底是一个硬件设备，还是硬盘上的文件呢？这就需要某种约定，比如/dev目录下的一般都是设备。

思考一下，如果系统安装有两块硬盘，使用mkfs命令分别将这两块硬盘格式化出对应的文件系统（所谓格式化其实就是在对应硬盘上创建一套管理数据结构，如图5-27右下角所示），那么这两个硬盘中的文件和目录对应的路径符号应该是什么呢？如果是Windows系统，读者都知道，那就是硬盘盘符冒号斜杠，比如D:\123\abc.txt，也就是说Windows将每个硬盘自身作为最顶层的根目录，有几块硬盘就有几个根目录。而Linux则不太一样，其只有一个根目录，也就是 /，任何硬盘中的文件目录都必须被挂接（Mount）到 / 下面某个目录里。比如将sda上的所有文件目录挂载到/diska/下，可以用命令mount /dev/sda /diska就相当于访问了sda自身中的文件目录。同理，可以将sdb的文件挂载到比如/diskb，当然也可以将其挂载到/diska/diskb下，让其成为/diska的一个子目录。其实Wndows也可以将某个盘整体挂载到另一个盘的某个目录下，只是一般没人这么去做罢了。

假设sda被格式化为ext3文件系统，而sdb则为ntfs文件系统，它俩的挂载点分别为/diska和/diskb，当访问这两个目录时，一定会各自调用到不同的访问函数，因为ext3和ntfs文件系统的组织形式有很大区别。所以一定需要使用某个数据结构（比如struct file_operations{ }）来保存针对不同文件系统的访问函数，如图10-257右侧所示。如果要实现一个新的文件系统，就需要实现该结构体中规定的全部或者部分回

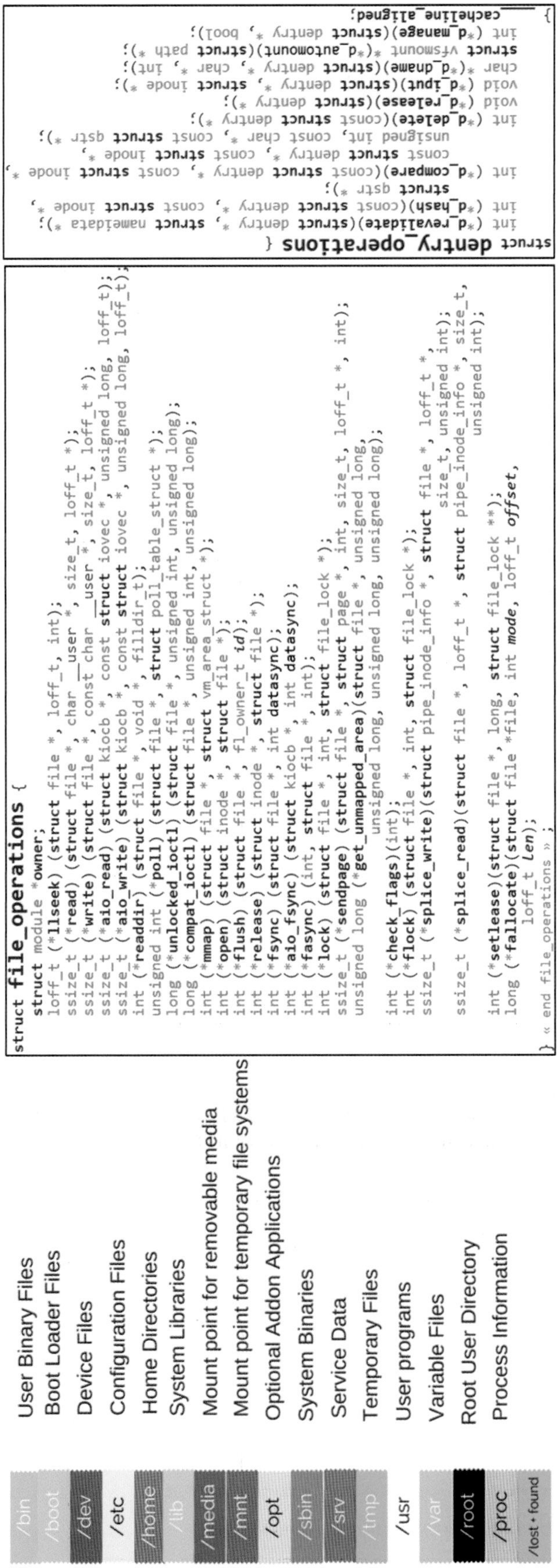

图10-257 Linux下目录结构以及file_operations/dentry_operations结构体

调函数，并注册到内核中。

在对某个硬盘使用某种文件系统格式化之后，硬盘对应的分区表信息中会被写入该文件系统的名称。当Mount该硬盘时，内核会读出该名称并与当前系统内加载的文件系统代码模块相匹配，然后调用对应该文件系统注册的Mount回调函数，将该硬盘上的文件系统挂接到系统的全局目录中，这个过程中需要调用该文件系统当时在super_operations结构体（如图10-258所示）中注册的一系列回调函数。后续访问该挂载点时，统一调用该文件系统注册在file_operations结构体中的回调函数来完成。此外，根据需求，文件系统模块还需要注册inode_operations、dentry_operations、address_space_operations这三张回调函数登记表到系统里。在内核源码的fs目录下，存有大量不同种类FS的源码，上述这些回调函数就是在这些源码中。

上述这套架构就是Linux下的Virtual File System（VFS），其通过一个全局的目录来将各种不同种类的具体的FS归拢起来，并统一接口，不同种类的FS只需要实现对应的回调函数注册到系统中，而需要读写文件的代码只要使用VFS提供的统一的回调函数名称即可，而不必去调用每个具体FS对应的杂七杂八函数名的不同接口。

此外，VFS还可以支持网络文件系统的挂载，也就是将位于网络对方机器上的某个目录挂接到本地某个目录下，访问本地的这个目录时，调用对应的回调函数之后，底层会调用NFS/CIFS这类网络文件系统提供的具体访问函数，后者将访问请求封装到TCP/IP包中传递给对方，对方执行操作，将数据再从网络返回来。而读写本地目录的程序并不知道该目录到底位于本地还是远程（当然它可以通过一些其他渠道来获知这个事实）。正因如此，VFS向上层完全屏蔽了底层的差异性，这也是其被称为Virtual FS的原因。

10.8.1.2 目录承载者

如上文所述，对于VFS的某个目录，其背后各自都会有对应的模块来承接对该目录的各种访问。主要有6大类承接者，分别如下。

（1）本地文件系统。各类本地文件系统将自己实现的回调函数注册到VFS提供的接口上，将某个硬盘上的文件系统Mount到

```
struct inode_operations {
    struct dentry * (*lookup) (struct inode *,struct dentry *,
                                            struct nameidata *);
    void * (*follow_link) (struct dentry *, struct nameidata *);
    int (*permission) (struct inode *, int, unsigned int);
    int (*check_acl)(struct inode *, int, unsigned int);
    int (*readlink) (struct dentry *, char __user *,int);
    void (*put_link) (struct dentry *, struct nameidata *, void *);
    int (*create) (struct inode *,struct dentry *,int, struct nameidata *);
    int (*link) (struct dentry *,struct inode *,struct dentry *);
    int (*unlink) (struct inode *,struct dentry *);
    int (*symlink) (struct inode *,struct dentry *,const char *);
    int (*mkdir) (struct inode *,struct dentry *,int);
    int (*rmdir) (struct inode *,struct dentry *);
    int (*mknod) (struct inode *,struct dentry *,int,dev_t);
    int (*rename) (struct inode *, struct dentry *,
            struct inode *, struct dentry *);
    void (*truncate) (struct inode *);
    int (*setattr) (struct dentry *, struct iattr *);
    int (*getattr) (struct vfsmount *mnt, struct dentry *, struct kstat *);
    int (*setxattr) (struct dentry *, const char *,const void *,size_t,int);
    ssize_t (*getxattr) (struct dentry *, const char *, void *, size_t);
    ssize_t (*listxattr) (struct dentry *, char *, size_t);
    int (*removexattr) (struct dentry *, const char *);
    void (*truncate_range)(struct inode *, loff_t, loff_t);
    int (*fiemap)(struct inode *, struct fiemap_extent_info *, u64 start,
            u64 Len);
} « end inode_operations »  ____cacheline_aligned;
```

```
struct super_operations {
    struct inode *(*alloc_inode)(struct super_block *sb);
    void (*destroy_inode)(struct inode *);
    void (*dirty_inode) (struct inode *);
    int (*write_inode) (struct inode *, struct writeback_control *wbc);
    int (*drop_inode) (struct inode *);
    void (*evict_inode) (struct inode *);
    void (*put_super) (struct super_block *);
    void (*write_super) (struct super_block *);
    int (*sync_fs)(struct super_block *sb, int wait);
    int (*freeze_fs) (struct super_block *);
    int (*unfreeze_fs) (struct super_block *);
    int (*statfs) (struct dentry *, struct kstatfs *);
    int (*remount_fs) (struct super_block *, int *, char *);
    void (*umount_begin) (struct super_block *);
    int (*show_options)(struct seq_file *, struct vfsmount *);
    int (*show_devname)(struct seq_file *, struct vfsmount *);
    int (*show_path)(struct seq_file *, struct vfsmount *);
    int (*show_stats)(struct seq_file *, struct vfsmount *);
#ifdef CONFIG_QUOTA
    ssize_t (*quota_read)(struct super_block *, int, char *, size_t, loff_t);
    ssize_t (*quota_write)(struct super_block *, int, const char *, size_t, loff_t);
#endif
    int (*bdev_try_to_free_page)(struct super_block*, struct page*, gfp_t);
} « end super_operations » ;
```

```
struct address_space_operations {
    int (*writepage)(struct page *page, struct writeback_control *wbc);
    int (*readpage)(struct file *, struct page *);
    int (*writepages)(struct address_space *, struct writeback_control *);
    int (*set_page_dirty)(struct page *page);
    int (*readpages)(struct file *filp, struct address_space *mapping,
            struct list_head *pages, unsigned nr_pages);
    int (*write_begin)(struct file *, struct address_space *mapping,
            loff_t pos, unsigned len, unsigned flags,
            struct page **pagep, void **fsdata);
    int (*write_end)(struct file *, struct address_space *mapping,
            loff_t pos, unsigned len, unsigned copied,
            struct page *page, void *fsdata);
    sector_t (*bmap)(struct address_space *, sector_t);
    void (*invalidatepage) (struct page *, unsigned long);
    int (*releasepage) (struct page *, gfp_t);
    void (*freepage)(struct page *);
    ssize_t (*direct_IO)(int, struct kiocb *, const struct iovec *iov,
            loff_t offset, unsigned long nr_segs);
    int (*get_xip_mem)(struct address_space *, pgoff_t, int,
                        void **, unsigned long *);
    int (*migratepage) (struct address_space *,
            struct page *, struct page *);
    int (*launder_page) (struct page *);
    int (*is_partially_uptodate) (struct page *, read_descriptor_t *,
                    unsigned long);
    int (*error_remove_page)(struct address_space *, struct page *);
} « end address_space_operations » ;
```

图10-258　super_operations/inode_operations/address_space_operations结构体

VFS目录之后，VFS会记录下该目录的访问应该调用哪个file_operations以及super_operations等结构体中的回调函数，从而将I/O请求转发给这些函数去执行。这些函数通过读取硬盘上文件系统元数据信息来对文件做创建、查找、删除、修改等动作。我们将实际管理文件的文件系统比如EXT2/3/4、NTFS等，称为本地文件系统，区别于VFS这个通过转手调用回调函数从而让所有本地文件系统的访问接口都变得统一的虚拟层。

（2）网络文件系统。同理，NFS/CIFS等网络文件系统通过回调函数接收到I/O请求之后，并非去本地硬盘来读写文件，而是将I/O请求描述在标准格式的数据包中，去网络对端某IP地址对应的机器上来读写文件。对方机器上需要安装有NFS/CIFS的接收端模块，专门负责接收对应TCP端口号的数据包，并解析其中I/O请求命令，然后读写它所在机器的本地硬盘上的文件。

（3）内核中的信息展示和参数控制。VFS下有一个目录比较特殊，那就是/proc目录，该目录下的"文件"（其实说符号更准确）其实并不在硬盘上也不在网络对方机器的硬盘上，而是在内核内存区的各种数据结构中。比如图10-173下方的介绍，当用户访问/proc下的对应文件时，对应的read/write系统调用会调用到某个对应的处理函数，该函数负责将用户指定的参数写入对应的变量中，或者从一些数据结构变量中提取信息然后给用户态程序。相当于用户态可以通过读写/proc下的"文件"或者说符号，来查看内核运行的一些参数，以及控制内核的一些行为动作。内核初始化时会使用proc_resgister()来注册专门针对/proc目录的file_operations和inode_operations回调函数。

（4）设备驱动程序。对于比如/dev/tty这样的设备，其底层对应着COM串口或者虚拟终端（也就是显示器窗口），向该路径写入字符串，底层就会把字符串发送到COM对端或者输出到显示器上。终端设备的驱动程序会负责将file_operations等回调函数注册到系统中。

（5）块I/O层。对于/dev/sda等块设备，则由块I/O层模块来负责注册file_operations回调函数。访问/dev/sda，也就调用了对应的回调函数，这些函数再调用下层的SCSI协议栈代码，最终调用到通道控制器驱动程序代码，将I/O下发到硬盘上去执行。

（6）一块内存。可以采用一块内存空间来当作某个目录的承载者，比如将这块内存挂接到/ramfs或者/tmpfs下，访问该目录，会被ramfs或者tmpfs对应的回调函数承载后续的访问，这些回调函数直接从内存中读写数据。ramfs或者tmpfs常用于一些掉电后不需要保存的、临时性的数据存取。

提示 ▶ ▶

> Linux下的根目录"/"的承载者是谁？在安装Linux的时候会提示选择安装到哪个硬盘/分区，并提示选择需要将该硬盘/分区格式化为何种本地文件系统。这个硬盘/分区就是根目录的承载者。系统启动之后，根目录下的子目录可以用来挂载其他承载者，但是无法将承载者挂载到根目录喧宾夺主，因为系统的运行需要访问根目录下原生的一些文件，如果根目录可以被整体替换，那么会影响系统的运行。

可以将VFS层理解成一个路由模块，它只管根据I/O目标路径，调用对应的回调函数。所以，又有人将VFS称为Virtual Filesystem Switch。所谓"Linux下一切皆文件"的说法，指的就是对所有系统资源的访问都通过这种目录的方式，这里的"文件"已经不仅指硬盘上存储的数据了，而指的是VFS下的"文件"，其实称之为"路径"或者"符号"更为合适。

10.8.2 本地FS相关数据结构

本节以EXT2文件系统为例介绍其硬盘上的数据结构组织。在第5章中已经介绍了文件系统如何管理硬盘上的文件，其中提到过，需要记录文件的：尺寸、修改时间、访问权限、占用了哪些硬盘数据块等信息。EXT2文件系统采用inode（Index Node）数据结构来记录上述信息，每个文件对应了一个inode，inode本身也要保存在硬盘上，所有文件的inode聚集在一起，形成一个inode Table。EXT2会针对其所管理的底层存储空间创建固定数量的inode，其数量=存储空间/8KB，每8KB对应一个inode，但是这并不意味着每个文件只能占用8KB，其仅意味着该存储空间中最多只能存储inode总数量这么多个文件。

如图10-259所示为EXT2文件系统在硬盘上的元数据组织。内核可以将硬盘划分成若干个分区，每个分区可以被不同的文件系统来管理。假设分区1采用EXT2文件系统管理，EXT2对其所管理的空间首先再次划分成多个相同大小的Block Group，然后在每个块组上创建一套元数据，包括：inode Table、用于标记inode是否被分配给了某个文件的inode 位map、用于记录数据块是否被某个文件占用的Block 位map、用于记录本分区内所有块组信息的Group Descriptors Table（GDT）、用于记录本分区文件系统的全局信息的Super Block。其中，GDT和Super Block在每个Block Group的开头都会记录一份相同的副本，这样有利于容错。

在上述元数据中，好像并没有看到针对目录的描述。其实，目录本身也是一个文件，只不过这个

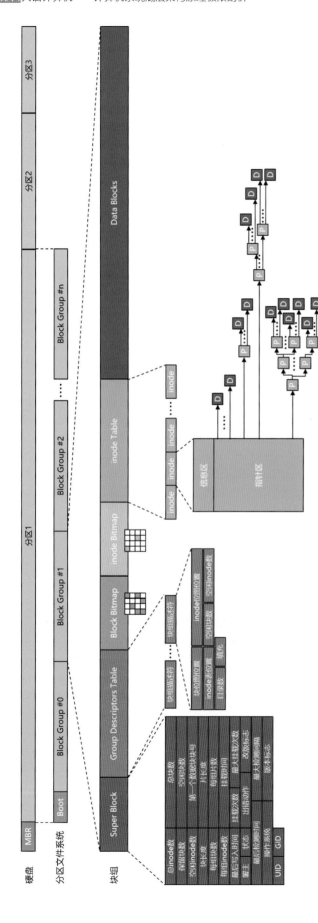

图10-259 EXT2文件系统元数据示意图

文件中记录了"本目录下的所有子目录和文件对应的名称和inode号",也就是目录这个特殊文件的数据块中记录了一张文件名~inode号的列表(inode号就是inode结构在inode Table中的序号),表中每条记录被称为一个Directory Entry(dentry)。并且,inode中也并没有保存其对应文件的文件名,文件的文件名其实是被存储在了其所在的目录对应的特殊文件中的文件名~inode号表中了。每个目录下其实包含两个特殊文件,分别被命名为"."和"..",点就是当前目录对应的特殊文件,点文件内部保存的就是当前目录的所有文件和子目录列表,如果想要查看当前目录中的所有文件和子目录名称等信息,就从inode Table中根据点这个文件对应的inode号读出对应的inode,再找到点文件在硬盘上对应的数据块,读出,解析,就可以得到点(也就是当前目录)的文件名列表和信息了。而点点文件中记录的则是当前目录的父目录(上一级目录)中对应的文件列表。

如图10-260所示为EXT2文件系统的inode结构。其中除了记录一些基本信息之外,我们主要关注它的指针区是如何组织的。它使用了15个指针来记录该文件在硬盘上所占用的块,这并不意味着该文件只能占用15个块。前12个指针直接指向该文件的前12个数据块,而第13个指针(Single Indirect)指向的块中存储的是512个(具体数量取决于块大小)二级指针,可以指向512个数据块。如果文件尺寸更大,或者文件尺寸被动态扩充了,那么需要启用Double Indirect指针,其指向的块中的512个指针各自再指向一个包含256个三级指针的块,这样就可以指向更多的数据块。同理,还有Triple Indirect指针。

对于UNIX/Linux类操作系统下的文件系统,上述这套元数据概念基本都适用。不同文件系统之间的差别在于对这些元数据的具体组织形式以及文件管理方式和执行效率以及面向的场景等。

10.8.3　VFS相关数据结构及初始化

VFS作为一层统一的外壳,自然也需要相应的数据结构来记录各种管理信息,比如,不同挂载点对应的各种operrations

回调函数表等。为了与本地FS的做法保持统一，VFS也采用inode、Superblock、dentry等数据结构来存放各种信息，但是其内部组织与本地FS对应的同名的数据结构大相径庭。可以想象，VFS只是一副空壳，它所维护的inode等结构中的信息，都需要从目录承载者本地的元数据中提取出来填充。

如图10-261所示为VFS所维护的数据结构关系一览。在每个任务的task_struct结构体中，包含一个struct files_struct files结构体指针，指向了用于记录该任务所有已经打开的文件/目录对应的相关信息的结构体。该结构体内部又包含一个struct file fd_array[ ]数组，数组中每个元素都是一个struct file{ }结构体（又被称为**file descriptor**，文件描述符），每个file结构体中记录了该被打开的文件对应的基本信息，比如，记录该文件对应的目录项dentry、用于操作该文件的file_operations回调函数表等。从dentry中可以找到该文件对应的inode结构体，从而得到该文件的各种属性信息。

可以看到，VFS维护的dentry、inode结构，与本地FS同名结构有很大不同，VFS对应结构体中包含该结构体的操作回调函数表的指针，比如inode中含有i_ops字段指向inode_operations回调表，dentry中则包含指向dentry_operations回调表的d_ops指针字段。很显然，这些回调表，都是该目录的承载者当时注册到系统中的，VFS只是在inode等这些元数据中插了指向这些回调表的指针。假如任务需要读写某个文件，那么VFS从这些数据结构中就能寻址到对该文件读写所需要调用的回调函数了。你不禁会问：VFS是怎么把这些指针安放好的？它们到底是怎么被初始化的？一切还得从Mount开始说起。

再次强调，本地FS在硬盘上维护的inode/dentry/superblock等结构，与VFS在内存中维护的同名数据结构是两套完全不同的东西，虽然名称相同，但是绝对不要混为一谈，否则会坠入认知的泥潭。

10.8.3.1　Mount流程

当用户在命令行输入"mount /dev/sda /mnt/diska"的时候，命令行解释器会感知到这是用户希望将/dev/sda上已经格式化好的文件系统的根目录挂接到/mnt/diska目录下，访问该目录就相当于访问/dev/sda上的根目录。VFS使用了struct vfsmount{ }结构来记录系统中所有的VFS挂载点目录路径与所挂载的文件系统根目录的关系，vfsmount中的struct dentry *mnt_mountpoint和struct dentry *mnt_root分别记录了挂载点、所挂载FS的根目录对应的dentry，挂载点被挂载了某个承

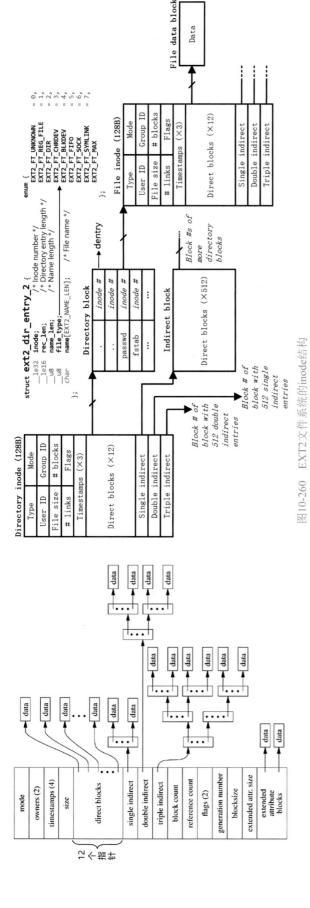

图10-260　EXT2文件系统的inode结构

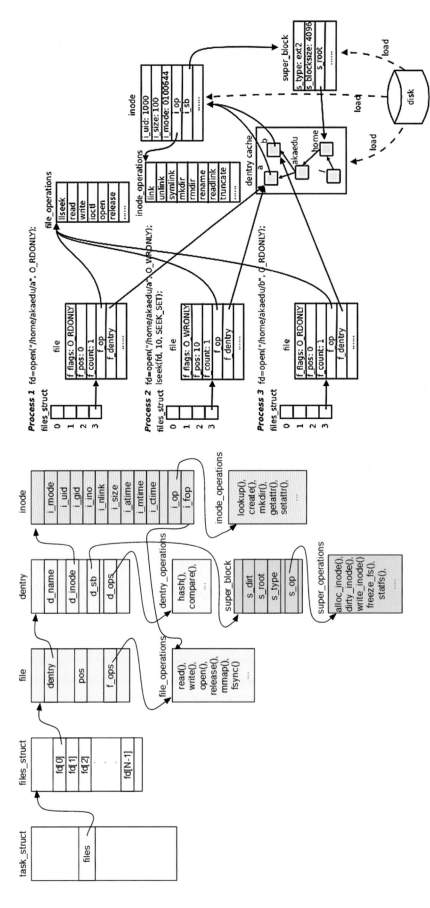

图10-261　Linux 下 VFS 相关数据结构关系图

载者之后，其VFS dentry中的d_flags字段会被标记为DCACHE_MOUNTED，表示该目录下原有的文件会被隐藏，不可访问。

比如在根目录下创建了/abc目录，该目录作为一个特殊文件，VFS会调用根目录承载者对应的回调函数来生成该inode，并写入根目录承载者（也就是Linux的安装盘，系统盘）对应的本地FS对应的元数据中。但是这个目录可以成为一个挂载点，挂载其他本地FS，挂载之后该目录原本的本地FS的dentry/inode等结构都不会变化，而它对应的位于内存中的、由VFS维护的dentry/inode等结构则会变化。

VFS为每个挂载点都生成一份vfsmount结构，针对某个目录下的文件访问，VFS首先定位到其原生dentry，如果发现d_flags字段为DCACHE_MOUNTED，则证明其被挂载了另一个承载者，需要去vfsmount中寻找目标。所以VFS随即搜索所有的vfsmount结构来找到该目录对应的mnt_root（为了加速这个查找过程，VFS将所有vfsmount结构组织在一个hash表里，用hash加速搜索），然后读出对应的mnt_root并从中找到对应的VFS inode结构，并从VFS inode结构中读出i_ops并调用lookup()回调函数来查找该文件是否存在，如果存在则读出该文件的本地FS inode并将部分信息填充到其对应的VFS inode结构中。上述介绍的比较粗略，随着下文逐步铺开，其中细节会逐渐显露。

Mount流程从用户输入mount命令开始，命令解释器底层会产生mount系统调用，并进入内核态的do_mount()函数执行。do_mount()首先调用kern_path() > do_path_lookcup()函数来找到用户给出的路径对应的VFS dentry结构，并将其放置到struct path path中，并将后者作为参数传递给do_new_mount()。

如图10-262所示为mount流程。do_new_mount()函数主要执行两个大步骤：建立vfsmount和superblock结构，并从待mount的设备上获取本地文件系统元数据并将必要字段填充到建好的结构中；将vfsmount结构加入到vfsmount hash表中，并将挂载点目录原生的dentry做无效处理（DCACHE_MOUNTED）。

do_new_mount()第一步调用do_kern_mount()，其中有一句struct file_system_type *type = get_fs_type(fstype)，该句作用是根据用户传递的fstype参数，在系统全局变量struct file_system_type file_systems组成的链表中查找该fstype对应的file_systems结构体（该结构体是各个文件系统初始化时调用register_filesystem()注册到链表中的，每种FS对应一个file_systems结构体），该结构体中会包含该fstype的mount回调函数，也就是说，如果挂载的是该fstype的文件系统，就要调用该mount回调函数来完成挂载。再说回来，这句代码执行完后，type的值就是参数fstype对应的file_systems结构体了，也意味着，type->mount指向的就是最终的用于挂载本文件系统的回调函数。

do_kern_mount()继续调用vfs_kern_mount()，后者会调用alloc_vfsmnt()在内存中分配一个vfsmount结构体mnt。然后继续调用mount_fs()，mount_fs()函数中会调用type->mount()回调函数，如果是ext2文件系统，那么在mount对应的就是ext2_mount()，后者继续调用mount_bdev()。mount_bdev()函数主要完成superblock结构的初始化，并且将其加入到全局superblock链表super_blocks中（该链表会将系统中所有文件系统对应的VFS Superblock串接起来），在这个过程中需要读出对应硬盘设备的ext2 superblock，并顺藤摸瓜找到该硬盘文件系统的根目录对应的ext2 inode，并将其中部分信息填充到VFS inode中，然后将VFS inode在填充到VFS superblock中，如图10-263所示。

mount_bdev()首先调用sget()试图分配一个空的VFS superblock结构，并将它作为参数传递给fill_super()来填充。fill_super()当初被ext2_mount()作为一个参数传递给mount_bdev()，其为ext2_fill_super()。后者对superblock结构进行基础填充，比如sb->s_op = &ext2_sops（填充super_operations回调函数表）等。

ext2_fill_super()随后调用ext2_iget()函数调用ext2_get_inode()从底层硬盘/分区中读出根目录对应的ext2 inode并将部分字段填充到VFS inode结构中，然后对VFS inode做进一步填充（包括将对应的回调函数表注册到inode中i_op和i_fop字段）并将其返回。外层函数ext2_fill_super()拿着得到的根目录VFS inode让d_alloc_root()函数分配一个VFS dentry并将VFS inode填充进去。这样，一份填充好的根目录VFS dentry就生成了，然后将其注册到VFS superblock的s_root字段中记录。

再说回最外层函数do_new_mount()。最终，待挂载的文件系统根目录对应的dentry结构会被注册到分配好的vfsmount结构体mnt中。do_new_mount()下一步是调用do_add_mount()将创建的vfsmount结构mnt加入到vfsmount hash表中，并且将挂载点目录的原生dentry目录项无效掉。do_add_mount()具体实现就不多介绍了。

mount过程至此完成。用户程序要访问该挂载目录下的文件时，首先需要Open它，下面就来看看Open过程都发生了什么事情。

```
int register_filesystem(struct file_system_type * fs)
{
    int res = 0;
    struct file_system_type ** p;
    BUG_ON(strchr(fs->name, '.'));
    if (fs->next) return -EBUSY;
    INIT_LIST_HEAD(&fs->fs_supers);
    write_lock(&file_systems_lock);
    p = find_filesystem(fs->name, strlen(fs->name));
    if (*p) res = -EBUSY;
    else *p = fs;
    write_unlock(&file_systems_lock);
    return res;}
```

```
static struct file_system_type ext2_fs_type = {
    .owner    = THIS_MODULE,
    .name     = "ext2",
    .mount    = ext2_mount,
    .kill_sb  = kill_block_super,
    .fs_flags = FS_REQUIRES_DEV,};
```

```
static struct file_system_type **find_filesystem(const char *name,
                                                 unsigned len)
{
    struct file_system_type **p;
    for (p=&file_systems; *p; p=&(*p)->next)
        if (strlen((*p)->name) == len &&
            strncmp((*p)->name, name, len) == 0)
            break;
    return p;}
```

```
static int do_new_mount(struct path *path, char *type, int flags,
            int mnt_flags, char *name, void *data)
{
    struct vfsmount *mnt;
    int err;
    if (!type) return -EINVAL;
    if (!capable(CAP_SYS_ADMIN)) return -EPERM;
    mnt = do_kern_mount(type, flags, name, data);
    if (IS_ERR(mnt)) return PTR_ERR(mnt);
    err = do_add_mount(mnt, path, mnt_flags);
    if (err) mntput(mnt);
    return err;
}
```

```
struct vfsmount *do_kern_mount(const char *name, int flags,
                const char *name, void *data)
{
    struct file_system_type *type = get_fs_type(fstype);
    struct vfsmount *mnt;
    if (!type) return ERR_PTR(-ENODEV);
    mnt = vfs_kern_mount(type, flags, name, data);
    if (!IS_ERR(mnt) && (type->fs_flags & FS_HAS_SUBTYPE) &&
        !mnt->mnt_sb->s_subtype)
        mnt = fs_set_subtype(mnt, fstype);
    put_filesystem(type);
    return mnt;
}
```

```
vfs_kern_mount(struct file_system_type *type,
               int flags, const char *name, void *data)
{
    struct vfsmount *mnt;
    struct dentry *root;
    if (!type) return ERR_PTR(-ENODEV);
    mnt = alloc_vfsmnt(name);
    if (!mnt) return ERR_PTR(-ENOMEM);
    if (flags & MS_KERNMOUNT)
        mnt->mnt_flags = MNT_INTERNAL;
    root = mount_fs(type, flags, name, data);
    if (IS_ERR(root)) {
        free_vfsmnt(mnt);
        return ERR_CAST(root);}
    mnt->mnt_root = root;
    mnt->mnt_sb = root->d_sb;
    mnt->mnt_mountpoint = mnt->mnt_root;
    mnt->mnt_parent = mnt;
    return mnt;
}
« end vfs_kern_mount »
```

```
struct dentry *mount_fs(struct file_system_type *type, int flags,
                        const char *name, void *data)
{
    struct dentry *root;
    struct super_block *sb; char *secdata = NULL;
    int error = -ENOMEM;
    ......
    root = type->mount(type, flags, name, data);
    ......
    sb = root->d_sb;
    ......
    sb->s_flags |= MS_BORN;
    ......
    return root;
}
```

```
static struct dentry *ext2_mount(struct file_system_type *fs_type,
        int flags, const char *dev_name, void *data)
{return mount_bdev(fs_type, flags, dev_name, data, ext2_fill_super);}
```

图10-262 mount流程

```
struct dentry *mount_bdev(struct file_system_type *fs_type,
    int flags, const char *dev_name, void *data,
    int (*fill_super)(struct super_block *, void *, int))
{
    struct block_device *bdev;
    struct super_block *s;
    ......
    s = sget(fs_type, test_bdev_super, set_bdev_super, bdev);
    ......
    error = fill_super(s, data, flags & MS_SILENT ? 1 : 0);
    ......
    return dget(s->s_root);}
```

```
static int ext2_fill_super(struct super_block *sb,
                           void *data, int silent)
{
    ......
    root = ext2_iget(sb, EXT2_ROOT_INO);
    ......
    sb->s_root = d_alloc_root(root);
    ......
    return 0;
    ......
}
```

图10-263 mount_bdev()下游原理

10.8.3.2　Open流程

有个疑惑是，在上述mount步骤完成之后，难道任务不可以直接发起read/write来读写文件了么？为何先要open这个文件？读写文件的前提是该文件存在，当前用户有访问权限，而且其对应的VFS file、VFS dentry、VFS inode结构都已经创建并填充好，而mount过程中只为文件系统根目录创建了VFS dentry/inode等结构，所以open过程就是为待访问的具体目标文件创建和填充上述结构的过程。

如图10-261所示，所有被任务打开的文件的VFS信息都需要被记录到task_struct -> files_struct -> fd_array[ ] -> file中，每新open一个文件，就会新创建一个fd_array[n]，然后填充其指向的file以及下游结构，以供后续read/write调用按图索骥。

open系统调用的路径是sys_open() > do_sys_open()，该函数先调用get_unused_fd_flags()来分配一个没有被占用的fd_array[n]。然后调用do_filp_open()构建对应的struct file{ }，并填充相关信息。然后调用fd_install()将构造好的file结构挂接到files_struct -> fd_array[n]。

这个步骤中最复杂的一步就是do_filp_open()，其负责根据用户给出的文件路径，找到对应目录下的对应文件系统的本地inode，获取对应信息然后填充到VFS inode/dentry中，同时将对应的operations回调函数表注册到其中。其还通过path_openat() > link_path_walk() > may_lookup()来做初步的权限检查。link_path_walk()内部会解析所给出的文件路径名称，比如/A/B/c.txt，代码会一层层地按图索骥，先从根目录对应的元数据找到A的元数据，然后再从A的元数据中找到A下面的B的元数据，以此类推。由于篇幅所限，对open具体步骤有兴趣的读者可自行了解。

Open过程将对应的数据结构和回调函数指针都已准备好，下一步就可以read/write了。Open系统调用的返回值，是对应文件在task_struct -> files_struct -> fd_array[ ]数组中的标号（下标），这个标号也被俗称为file handle（句柄），其数据类型为long，也就是长整型。可以预见的是，read系统调用最终不需要再给出文件名作为参数，而只需要将这个句柄作为参数即可，VFS接收到read系统调用之后，用该句柄来寻址fd_array[ ]就可以拿到对应的struct file{ }文件描述符，而struct file{ } -> f_op字段保存的就是该文件对应的file_operations回调函数表。

10.8.4　从read到Page Cache

用户程序调用open获取了目标文件句柄之后，就可以发起read/write等其他针对文件操作的系统调用了。本节来看read调用。其对应的内核入口函数为sys_read()。

sys_read系统调用的参数为：句柄（unsigned int fd）、读出的数据放在哪（char __user *buf）、读出的字节数（size_t count）。难道不需要指定"从文件的哪里开始读取"，也就是offset/position参数么？原来，在file结构体中有一个f_pos字段，其中记录了"上一次读取到哪个字节处了"。文件刚被时open只有f_pos为0，随着不断读取，f_pos逐渐前推。如果想跳跃式读取文件，需要先执行lseek系统调用，将文件对应的f_pos值设定到对应偏移量处，然后再发起read/write调用，自然就会从该位置开始读写。f_pos相当于一个基准游标，发起I/O之前先设定相对原点，后续的I/O如果是连续的话，就不需要再设定位置了，如果是随机的，则每次都要设定新位置。

sys_read()首先调用fget_light()来获取给定句柄对应的file结构体（文件描述符），这个过程无非就是从task_struct结构体开始顺藤摸瓜，没什么复杂的地方，其返回值当然就是对应的file结构体指针。然后将其作为参数调用file_pos_read()来读取该文件当前的f_pos，然后将f_pos作为参数之一，连通其他参数，传递给vfs_read()。

vfs_read()函数最终调用 file->f_op.read(file, buf, count, pos) 指向的回调函数。对于ext2文件系统，该回调函数为do_sync_read()。实际上，Linux（2.6.39.4版）下几乎所有的本地文件系统的read回调函数都是该函数，该函数其实可以看作是内核为文件系统实现的一个共用函数。

> **提示 ▶ ▶**
>
> 　　Sync是同步的意思。所谓同步I/O就是指调用者发起调用之后，一直到数据成功写入到调用者给出的内存位置之后，调用才返回，在这之前，调用者处于阻塞状态（被调用的函数不返回，调用者无法继续）。相比之下，异步I/O则是调用者调用对应的下游函数之后，下游做一些必要处理（比如将I/O请求提交到某个队列中）之后就返回了，调用者可以继续执行，读出的数据则是在后台异步被写入指定内存位置的，并通过各种机制（比如信号、回调函数等）来处理完成的I/O。我们下文中再详细介绍。

可以看到通过read系统调用进入内核之后，走的都是do_sync_read()，也就是同步I/O调用过程。但是为了统一和简化，do_sync_read()内部却采用了异步I/O机制来模拟同步I/O。do_sync_read()调用f_op->aio_read回调函数（ext2下对应了generic_file_aio_read()，这也是很多其他文件系统的公用的aio_read回调函数）发起一次异步读操作。这里的疑惑在于，异步I/O调用可能会在数据还没读出前就返回了，它怎么会被模拟成同步I/O的行为的呢？很简单，只要调用异步I/O函数的调用者A不返回即可，即使A调用的异步I/O函数B返回了，A也可以原地等待一直到数据准备好或者干脆休眠然后被I/O完成事件来唤醒，这样，调用A的人就会被一直阻塞住，则其认为A就是一个同步I/O调用。

如图10-264右上角所示，在do_sync_read()内部，首先准备好一份kiocb（kernel I/O controle block），然后对其填充，kiocb是内核异步I/O函数所使用的I/O描述结构体。然后将其作为参数之一，传递给并调用generic_file_aio_read()，后者可以返回多种不同状态，除了常规的I/O状态之外，还可以返回EIOCBRETRY和EIOCBQUEUED。如果返回值是前者，则表明I/O条件不成熟，调用者需要重新发起I/O；如果是后者，则表示I/O请求已经成功被提交到底层队列中，可以先干别的了。而do_sync_read()的选择则是根据具体条件重新发起I/O或者休眠当前任务等待I/O完成后被唤醒，并不返回，所以也就体现出了同步I/O的表象。

而generic_file_aio_read()内部主要调用了do_generic_file_read()来尝试先从Page Cache中寻找目标数据是否已经在Cache中。

10.8.5 从Page Cache到通用块层

Page Cache并不是物理上隔离的一块单独内核内存区，它是见缝插针分散在内核内存区中的。具体来说，随着程序对一个文件的读取，文件以Page（一般为4KB）为单位被从硬盘载入内核内存区，然后再被复制到用户空间内存区。后续再次发起读取的时候，会先查找待访问文件区域对应的Page是否已经位于内存，如果是就不需要读硬盘了，提升了速度。那么，给定某文件的任意区域，如何查该区域是否命中了某个/些Page呢？如果用一张文件Page～内存Page映射排序表来记录的话，会占用大量空间，就算该文件并没有被读取，也需要将该表初始化好。为此，人们使用Radix树来存放映射关系，其现用现分配从而节省空间，而且可以迅速搜索到结果，篇幅所限读者可自行了解Radix树原理。每个文件对应一棵Radix树，其根节点指针被保存在VFS的inode->i_mapping->page_tree->rnode中，如图10-265所示。

而do_generic_file_read()的主要流程是在Radix树里面查找是否存在对应的page，如果找不到就去硬盘将其读上来，然后调用file_read_actor()函数将其复制到用户内存空间指定位置。do_generic_file_read()的逻辑比较复杂，如图10-266所示为其主逻辑。

其首先调用find_get_page()来查找radix树，如果找到了对应的page，证明该文件page之前已经被读入了内存，然后调用PageUptodate()检查其是否up to date（有可能同时另一个任务正在尝试从硬盘上读入内容填入该页，此时就不up to date），如果不是，则跳转

图10-264 read() 下游原理

到page_not_up_to_date标记处代码继续运行。

而如果在find_get_page()中没找到对应页面，返回后，就调用page_cache_sync_readahead()（该函数底层会调用VFS inode->i_mapping->a_ops->readpage回调函数来执行具体的硬盘读操作，对于ext2来讲该回调函数为ext2_readpage()）将目标区域连同与目标区域相邻的页预读上来，然后再次调用find_get_page()，此时一般都会命中。然后也走入PageUptodate()检查对应页面是否是最新的。值得一提的是，page_cache_sync_readahead()下游会将待填充页面锁住，然后只是将块I/O请求提交到底层的队列中之后，就返回了，因为块I/O在底层是一个异步过程，而数据读完之后，会调用对应的回调函数来处理，具体见下文。

page_not_up_to_date标记处代码会调用lock_page_killable()尝试锁定对应页面。如果刚才的读硬盘过程尚未结束的话，那么这个页面就一直处于被锁定状态，lock_page_killable()会锁定失败并在下游调用io_schedule()休眠等待I/O完成后被唤醒；而如果页面已经被填充了文件数据（硬盘I/O已经结束），那么该页面会被I/O完成时的处理函数解锁，那么lock_page_killable()就会锁定成功，然后继续走到page_not_up_to_date_locked标记处，在做了其他一些判断处理之后，最终走到page_ok处，最终调用actor(desc, page, offset, nr)函数将页面复制到用户空间，actor函数是generic_file_aio_read()函数在调用do_generic_file_read()函数时作为参数传递给后者的，其对应了函数file_read_actor()，最终走到out处，执行完毕返回。

再来看ext2_readpage()下游。该函数内部调用了mpage_readpage()，这也是多数本地文件系统的readpage回调函数对应的公用函数。mpage_readpage()调用do_mpage_readpage() 根据page->index确定需要读的磁盘扇区号（该过程需要底层本地文件系统对应的get_block()回调函数来完成，因为只有具体的文件系统才知道硬盘上的数据是如何组织的，对应ext2为ext2_get_block()，该函数被ext2_readpage()调用mpage_readpage()时作为参数传递给后者）构造

```
static void do_generic_file_read(struct file *filp, loff_t *ppos,
        read_descriptor_t *desc, read_actor_t actor)
{
    struct address_space *mapping = filp->f_mapping;
    struct inode *inode = mapping->host;
    struct file_ra_state *ra = &filp->f_ra;
    pgoff_t index;
    pgoff_t last_index;
    pgoff_t prev_index;
    unsigned long offset;
    unsigned int prev_offset;
    int error;

    index = *ppos >> PAGE_CACHE_SHIFT;
    prev_index = ra->prev_pos >> PAGE_CACHE_SHIFT;
    prev_offset = ra->prev_pos & (PAGE_CACHE_SIZE-1);
    last_index = (*ppos + desc->count + PAGE_CACHE_SIZE-1) >> PAGE_CACHE_SHIFT;
    offset = *ppos & ~PAGE_CACHE_MASK;

    for (;;) {
        struct page *page;
        pgoff_t end_index;
        loff_t isize;
        unsigned long nr, ret;

        cond_resched();
find_page:
        page = find_get_page(mapping, index);
        if (!page) {
            page_cache_sync_readahead(mapping,
                    ra, filp,
                    index, last_index - index);
            page = find_get_page(mapping, index);
            if (unlikely(page == NULL))
                goto no_cached_page;
        }
        if (PageReadahead(page)) {
            page_cache_async_readahead(mapping,
                    ra, filp, page,
                    index, last_index - index);
        }
        if (!PageUptodate(page)) {
            if (inode->i_blkbits == PAGE_CACHE_SHIFT ||
                    !mapping->a_ops->is_partially_uptodate)
                goto page_not_up_to_date;
            if (!trylock_page(page))
                goto page_not_up_to_date;
            if (!mapping->a_ops->is_partially_uptodate(page,
                        desc, offset))
                goto page_not_up_to_date_locked;
            unlock_page(page);
        }
page_ok:
        isize = i_size_read(inode);
        end_index = (isize - 1) >> PAGE_CACHE_SHIFT;
        if (unlikely(!isize || index > end_index)) {
            page_cache_release(page);
            goto out;
        }
        nr = PAGE_CACHE_SIZE;
        if (index == end_index) {
            nr = ((isize - 1) & ~PAGE_CACHE_MASK) + 1;
            if (nr <= offset) {
                page_cache_release(page);
                goto out;
            }
        }
        nr = nr - offset;
        if (mapping_writably_mapped(mapping))
            flush_dcache_page(page);
        if (prev_index != index || offset != prev_offset)
            mark_page_accessed(page);
        prev_index = index;
        ret = actor(desc, page, offset, nr);
        offset += ret;
        index += offset >> PAGE_CACHE_SHIFT;
        offset &= ~PAGE_CACHE_MASK;
        prev_offset = offset;
        page_cache_release(page);
        if (ret == nr && desc->count) continue;
        goto out;

page_not_up_to_date:
        error = lock_page_killable(page);
        if (unlikely(error))
            goto readpage_error;
page_not_up_to_date_locked:
        if (!page->mapping) {
            unlock_page(page);
            page_cache_release(page);
            continue;
        }
        if (PageUptodate(page)) {
            unlock_page(page);
            goto page_ok;
        }
readpage:
        ClearPageError(page);
        error = mapping->a_ops->readpage(filp, page);
        if (unlikely(error)) {
            if (error == AOP_TRUNCATED_PAGE) {
                page_cache_release(page);
                goto find_page;
            }
            goto readpage_error;
        }
        if (!PageUptodate(page)) {
            error = lock_page_killable(page);
            if (unlikely(error))
                goto readpage_error;
            if (!PageUptodate(page)) {
                if (page->mapping == NULL) {
                    unlock_page(page);
                    page_cache_release(page);
                    goto find_page;
                }
                unlock_page(page);
                shrink_readahead_size_eio(filp, ra);
                error = -EIO;
                goto readpage_error;
            }
            unlock_page(page);
        }
        goto page_ok;
readpage_error:
        page_cache_release(page);
        if (!lpage) {desc->error = -ENOMEM;
            goto out;}

no_cached_page:
        page = page_cache_alloc_cold(mapping);
        if (!lpage) {desc->error = -ENOMEM;
            goto out;}
        error = add_to_page_cache_lru(page, mapping,
                index, GFP_KERNEL);
        if (error) {
            page_cache_release(page);
            if (error == -EEXIST)
                goto find_page;
            desc->error = error;
            goto out;}
        goto readpage;
    } /* end for (;;) */
out:
        ra->prev_pos = prev_index;
        ra->prev_pos <<= PAGE_CACHE_SHIFT;
        ra->prev_pos |= prev_offset;
        *ppos = ((loff_t)index << PAGE_CACHE_SHIFT) + offset;
        file_accessed(filp);
} /* end do_generic_file_read */
```

图10-265　do_generic_file_read()代码一览

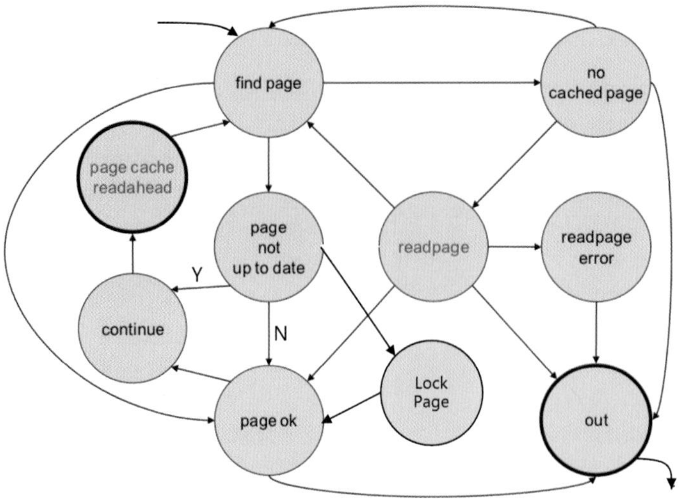

图10-266 do_generic_file_read()主逻辑

一个bio结构（该结构是最终传递给通用块层处理的块I/O描述结构），再调用mpage_bio_submit()将其提交到块层去。

mpage_bio_submit() 设置bio的结束回调bio->bi_end_io为mpage_end_io()，然后调用submit_bio()提交bio。submit_bio()调用generic_make_request()将bio提交到硬盘通道控制器维护的请求队列中之后就返回了。然后外层函数mpage_bio_submit()也return NULL了。

当I/O完成之后，mpage_end_io()会被运行，该函数会SetPageUptodate()设置对应标志位，然后unlock_page()解锁目标page，然后调用end_page_writeback() > wake_up_page()函数将之前因为执行了lock_page_killable()而没拿到锁从而休眠的任务唤醒继续执行，从而最终走到page_ok处。

提示 ▶▶

可以发现generic_file_aio_read()号称异步I/O函数，但是它依然被阻塞在了lock_page_killable()处，一直等待I/O结束才被唤醒。这何谈异步I/O？是的，Page Cache机制会导致其异步I/O效果降级到与同步I/O相同。但是generic_file_aio_read()内部有另一条分支，那就是当open文件时给出的flags中含有O_DIRECT置位时，其表示越过Page Cache，直接读写硬盘，也就是Direct I/O。此时该函数方能体现出异步I/O的效果，也就是再将I/O提交到底层队列中之后，会返回EIOCBQUEUED。调用它的调用者此时可以选择再次发起一笔I/O，这样就可以将I/O充满底层队列，提升系统吞吐量。然而，如果调用它的是如上文所述的do_sync_read()，那么其为了模拟同步I/O行为，即便generic_file_aio_read()返回了EIOCBQUEUED，do_sync_read()也会调用wait_on_sync_kiocb()来强制休眠，从而阻塞。此外，在

Direct I/O模式下，数据从硬盘读出后会被直接写入用户内存空间指定位置，不需要先放到内核空间再复制到用户空间，所以很多对性能有要求的应用都习惯使用Direct I/O+异步I/O模式，而在用户态维护自己的缓存。但是read系统调用目前看来默认使用的是同步I/O方式，至于Linux下如何真正地利用异步I/O机制，下文介绍。走Page Cache渠道的I/O被俗称为Buffer I/O。

函数submit_bio()为通用块层的总入口。我们在进入通用块层之前，先总结一下至此的系统I/O路径，如图10-267所示。用户态程序可以直接发起系统调用，也可以调用各种C库比如glibc中封装之后的代码向内核发起系统调用。内核接收到那些操作路径符号的系统调用之后，便进入VFS层执行，调用对应的VFS层函数，比如vfs_read/vfs_write等。后者根据flags判断是走Page Cache路径还是Direct I/O路径。

同时也来总结一下从sys_read()系统调用一路走到通用块层入口的函数调用过程，如图10-268所示。

10.8.6 Linux下的异步I/O

异步I/O可以提升系统的吞吐量，同时可以让程序更加灵活，不至于为了等待I/O而整体被阻塞住，从而影响用户体验。

异步I/O的一个特点就是把I/O提交之后，调用者就可以返回了，至于I/O什么时候完成，完全不可控，而且完成后会使用信号或者回调函数等方式来通知调用者处理或者直接由回调函数全权处理。同时异步I/O允许调用者不用等待上一笔I/O完成就可以接连地提交多笔I/O请求，将它们队列化。只要能够实现这种表象，就可以算是异步I/O。

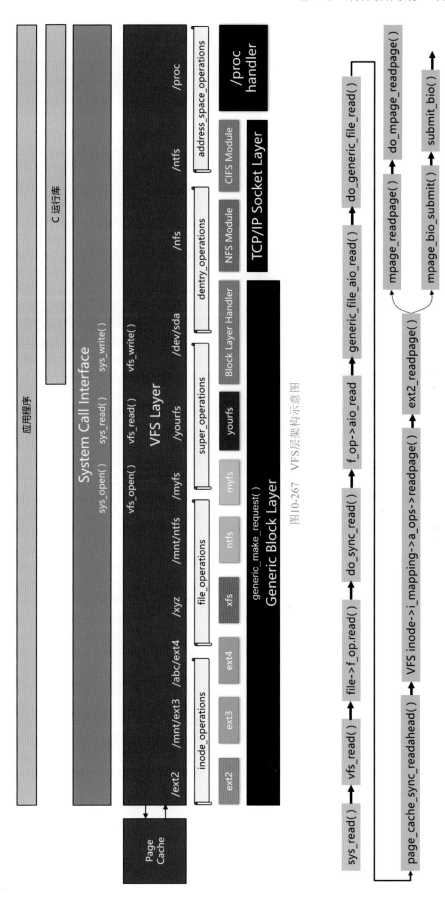

图10-267 VFS层架构示意图

图10-268 从sys_read()到通用块层入口的函数调用链

但是如上文所述，read系统调用最终执行了do_sync_read()这个同步I/O函数，而其底层却是用异步I/O函数来模拟的。要想真正使用异步I/O方式，有两种手段，一种是利用glibc提供的用户态库通过传统的同步I/O也就是read系统调用来变相地实现；另一种方式则是采用Linux提供的libaio用户态库来完全利用内核异步I/O机制。

10.8.6.1 基于glibc的异步I/O

glibc实现的异步I/O可以说是一个变相模拟实现方式。它在用户态维护了一个请求队列，并暴露若干函数接口供调用者对I/O进行发起、查询、取消等操作。而glibc异步I/O代码拿到这些I/O之后就返回了，调用者可以继续做其他事情。而之后，glibc异步I/O库在后台创建并启动若干线程（用户线程）来处理积压在队列中的I/O请求，而处理的方式依然是调用read系统调用进行同步I/O处理，相当于利用多线程、每个线程都是同步I/O来后台处理I/O，从而模拟了异步I/O的特点。上述这些步骤对应用来说都是透明的，应用程序完全感知不到底层的行为。

这种模拟的异步I/O，由于底层仍然采用同步I/O方式，所以底层设备队列中的I/O积压的不够，就容易导致I/O路径上的吞吐量上不来。

glibc异步I/O提供了用户态的若干API函数，如图10-269所示为部分接口。

用户程序可以用忙等的方式不断地调用aio_error()来判断I/O状态。也可以采用信号机制，注册一个信号处理函数来在I/O完成时第一时间运行处理完成的I/O，或者注册一个回调函数，I/O完成后底层库会创建一个线程来运行这个函数，如图10-270所示。

10.8.6.2 基于libaio的异步I/O

Linux内核自从2.6版本开始就已经加入了异步I/O机制，使得异步I/O在内核内部就可以实现，而无须在外部模拟，这样内核就可以同一时间拿到多笔I/O，吞吐量就上来了。如前文所述，generic_file_aio_read()已经实现了异步I/O机制，但是它被封装在了do_sync_read()里面，所以最终体现为同步I/O。而Linux在用户态提供了一套叫作libaio的库，其暴露了若干接口可以让用户程序直接实现异步I/O。这些接口底层对应了各自的同名系统调用。

如图10-271所示为libaio用户态关键数据结构。由于多个被提交的异步I/O可以在任意时刻乱序完成，所以用户程序必须能够区分哪个I/O完成了哪个尚未完成。kioctx（kernel I/O Context）结构体用于记录I/O的全局信息。当I/O完成之后，内核会将I/O完成的结果状态值包装在io_event结构并将其写入用户空间的一个ring buffer中，从而通知用户程序。在io_setup()系统调用中内核会将内核内存区一块内存空间通过mmap映射到用户内存区，ring buffer就被放在该区域中，用户程序可以直接从这里获取io_event。当然，用户程序也可以通过调用io_getevents()系统调用来获取io_event。

调用io_submit后，对应于用户传递的每一个iocb结构，会在内核态生成一个与之对应的kiocb结构，并且在对应kioctx结构的ring_info中预留一个io_events的空间。之后，请求的处理结果就被写到这个io_event中，如图10-272所示。

用户程序需要首先调用io_setup()通知内核创建并填充好一个I/O上下文结构，该结构用于追踪I/O的整体流程信息。然后调用io_submit()向内核提交一个I/O，I/O被描述在iocb中传递给内核。

在内核io_setup()系统调用中，会调用ioctx_alloc()初始化struct kioctx *ioctx，其内部还会调用INIT_DELAYED_WORK(&ctx->wq, aio_kick_handler)，将aio_kick_handler()函数注册到ctx->wq这个work结构中。如果忘了workqueue机制可以回顾10.6.5.5节。ctx->wq这个work会在底层I/O模块返回EIOCBRETRY之后被加入到aio_wq这个workqueue中延后处理，也就是利用ctx->wq中的aio_kick_handler()函数来实现重新发起I/O。 ioctx_alloc()还会调用aio_setup_ring()来创建ring buffer。

io_submit()系统调用在内核的入口是do_io_submit()，其调用io_submit_one()。后者调用aio_setup_iocb()来初始化用于描述I/O的iocb结构，在aio_setup_iocb()中，会根据不同场景将kiocb->ki_retry赋值为不同回调函数，比如对于普通的读/写I/O请求，就会被设置为aio_rw_vect_retry()，该函数也是最终执行该I/O请求的入口函数。

然后进入io_submit_one() > aio_run_iocb()，后者会执行retry = iocb->ki_retry，然后调用retry()，也就调用了aio_rw_vect_retry()。aio_rw_vect_retry()会执行rw_op = file->f_op->aio_read; ret = rw_op(…),可以看到，其最终还是执行了目标文件对应的f_op->aio_read/write回调函数，从而与从read/wirte系统调用进入的函数在后半部的执行路径没有区别。这也就意味着，如果没有用Direct I/O模式，libaio渠道下发的I/O底层依然是同步I/O的表象。而相比之下glibc实现的异步I/O由于是纯粹在用户态实现，所以即便是采用了Buffer I/O，在用户态也可以形成I/O的队列化，也可以适当提升吞吐量。关于队列与吞吐量的关系可以回顾第4章的流水线相关内容。

如果aio_rw_vect_retry()返回的不是EIOCBRETRY或者EIOCBQUEUED，那么证明I/O已经正常完成，而不是在后台等待完成，那么调用aio_completion()完成本次I/O。而如果返回的是EIOCBRETRY，则aio_run_iocb()会继续调用aio_queue_work() > queue_delayed_work(aio_wq, &ctx->wq, timeout)，将携带有aio_kick_handler()的work延后执行从而重新发起I/O。aio_kick_handler()会调用__aio_run_iocbs() > aio_run_iocb()来重走之前的流程。

```
int aio_read (struct aiocb *aiocbp);
/* 提交一个异步读 */
int aio_write (struct aiocb *aiocbp);
/* 提交一个异步写 */
int aio_cancel (int fildes, struct aiocb *aiocbp);
/* 取消一个异步请求 */
int aio_error (const struct aiocb *aiocbp);
/* 查看一个异步请求的状态 */
ssize_t aio_return (struct aiocb *aiocbp);
/* 查看一个异步请求的返回值(跟同步读写定义的一样) */
int aio_suspend (const struct aiocb * const list[], int nent, const struct timespec *timeout);
/* 阻塞等待 */

struct aiocb{}
    int              aio_fildes;     /* 要被读写的fd */
    void *           aio_buf;        /* 读写操作对应的内存buffer */
    __off64_t        aio_offset;     /* 读写操作对应的文件偏移 */
    size_t           aio_nbytes;     /* 需要读写的字节长度 */
    int              aio_reqprio;    /* 请求的优先级 */
    struct sigevent  aio_sigevent;   /* 异步事件, 定义异步操作完成时的通知和信号或回调函数 */
```

图10-269 glibc下异步I/O API

不断探寻忙等机制

```
#include <aio.h>
int main(int argc, char*argv[]) {
    struct aiocb my_aiocb;
    int fd, ret;
    fd = open( "file.txt", O_RDONLY );
    if (fd < 0) perror("open");
    bzero( (char *)&my_aiocb, sizeof(struct aiocb) );
    my_aiocb.aio_buf = malloc(BUFSIZE+1);
    if (!my_aiocb.aio_buf)  perror("malloc");
    my_aiocb.aio_fildes = fd;
    my_aiocb.aio_nbytes = BUFSIZE;
    my_aiocb.aio_offset = 0;
    ret = aio_read( &my_aiocb );
    if (ret < 0)  perror("aio_read");
    do other_things here();
    while ( aio_error( &my_aiocb ) == EINPROGRESS ) ;
    if ((ret = aio_return( &my_iocb )) > 0)  return ret;
    else { perror( "aio"); }
}
```

创建线程运行回调函数机制

```
void aio_completion_handler( sigval_t sigval )
{
    struct aiocb *req;
    req = (struct aiocb *)sigval.sival_ptr;
    if (aio_error( req ) == 0) { ret = aio_return( req ); }
    return;
}

void setup_io(... )
{ int fd;   struct aiocb my_aiocb;

    bzero( (char *)&my_aiocb, sizeof(struct aiocb) );
    my_aiocb.aio_fildes = fd;
    my_aiocb.aio_buf = malloc(BUF_SIZE+1);
    my_aiocb.aio_nbytes = BUF_SIZE;
    my_aiocb.aio_offset = next_offset;
    my_aiocb.aio_sigevent.sigev_notify = SIGEV_THREAD;
    my_aiocb.aio_sigevent.notify_function = aio_completion_handler;
    my_aiocb.aio_sigevent.notify_attributes = NULL;
    my_aiocb.aio_sigevent.sigev_value.sival_ptr = &my_aiocb;

    ...
    ret = aio_read( &my_aiocb ); }
```

创建线程运行回调函数机制

```
void aio_completion_handler( int signo, siginfo_t *info,
                             void *context )
{
    struct aiocb *req;
    if (info->si_signo == SIGIO) {
        req = (struct aiocb *)info->si_value.sival_ptr;
        if (aio_error( req ) == 0) { ret = aio_return( req ); }
    }
    return;
}

void setup_io(... )
{ int fd;   struct sigaction sig_act;   struct aiocb my_aiocb;

    sigemptyset(&sig_act.sa_mask);
    sig_act.sa_flags = SA_SIGINFO;
    sig_act.sa_sigaction = aio_completion_handler;
    bzero( (char *)&my_aiocb, sizeof(struct aiocb) );
    my_aiocb.aio_fildes = fd;
    my_aiocb.aio_buf = malloc(BUF_SIZE+1);
    my_aiocb.aio_nbytes = BUF_SIZE;
    my_aiocb.aio_offset = next_offset;
    my_aiocb.aio_sigevent.sigev_notify = SIGEV_SIGNAL;
    my_aiocb.aio_sigevent.sigev_signo = SIGIO;
    my_aiocb.aio_sigevent.sigev_value.sival_ptr = &my_aiocb;
    ret = sigaction( SIGIO, &sig_act, NULL );

    ...
    ret = aio_read( &my_aiocb ); }
```

图10-270 使用基于忙等、信号以及回调函数机制的glibc异步I/O编程样例

```
int io_setup (int maxevents, io_context_t *ctxp);   /* 创建一个异步IO上下文（io_context_t是一个句柄） */
int io_destroy (io_context_t ctx);   /* 销毁一个异步IO上下文 */
long io_submit (io_context_t ctx, long nr, struct iocb **iocbpp);   /* 提交异步IO请求 */
long io_cancel (io_context_t ctx_id, struct iocb *iocb, struct io_event *result);   /* 取消一个异步IO请求 */
long io_getevents (aio_context_t ctx_id, long min_nr, long nr, struct io_event *events, struct timespec *timeout)   /* 等待并获取异步IO请求的事件 */

struct iocb{
    __u16    aio_lio_opcode;   /* 请求类型（如：IOCB_CMD_PREAD=读，IOCB_CMD_PWRITE=写，等） */
    __u32    aio_fildes;       /* 要被操作的fd */
    __u64    aio_buf;          /* 读写操作对应的内存buffer */
    __u64    aio_nbytes;       /* 需要读写的字节长度 */
    __s64    aio_offset;       /* 读写操作对应的文件偏移 */
    __u64    aio_data;         /* 请求可携带的私有数据（在io_getevents时能够从io_event结果中取得） */
    __u32    aio_flags;        /* 可选IOCB_FLAG_RESFD标记，表示异步请求处理完成时使用eventfd进行通知 */
    __u32    aio_resfd;        /* 有IOCB_FLAG_RESFD标记时，接收通知的eventfd */

struct io_event{ }
    __u64    data;    /* 对应iocb的aio_data的值 */
    __u64    obj;     /* 指向对应iocb的指针 */
    __s64    res;     /* 对应IO请求的结果 */
```

图10-271 libaio的API

```
struct kioctx{ }

struct mm_struct*        mm;            /* 调用者进程对应的内存管理结构（代表了调用者的虚拟地址空间） */
unsigned long            user_id;       /* 上下文ID，也就是io_context_t句柄的值，等于ring_info.mmap_base */
struct hlist_node        list;          /* 属于同一地址空间的所有kioctx结构通过这个list结构串连起来，链表头是mm->ioctx_list */
wait_queue_head_t        wait;          /* 等待队列（io_getevents系统调用可能需要等待，调用者就在该等待队列上睡眠 */
int                      reqs_active;   /* 进行中的请求数目 */
struct list_head         active_reqs;   /* 进行中的请求队列 */
unsigned                 max_reqs;      /* 最大请求数（对应io_setup调用时的int maxevents参数） */
struct list_head         run_list;      /* 需要aio线程处理的请求列表（某些情况下，IO请求可能交给aio线程来提交） */
struct delayed_work      wq;            /* 延迟任务队列（当需要aio线程处理请求时，将wq挂入aio线程对应的请求队列） */
struct aio_ring_info     ring_info;     /* 存放请求结果io_event结构的ring buffer */
```

```
struct aio_ring_info { }

unsigned long    mmap_base;    /* ring buffer的起始地址 */
unsigned long    mmap_size;    /* ring buffer分配空间的大小 */
struct page**    ring_pages;   /* ring buffer对应的page数组 */
long             nr_pages;     /* 分配空间对应的页面数目（nr_pages * PAGE_SIZE = mmap_size） */
unsigned         nr, tail;     /* 包含io_event的数目及存取游标 */
```

```
struct aio_ring( )

unsigned         id;            /* 等于aio_ring_info中的user_id */
unsigned         nr;            /* 等于aio_ring_info中的nr */
unsigned         head, tail;    /* io_events数组的游标 */
unsigned         magic, compat_features, incompat_features;
unsigned         header_length;    /* aio_ring结构的大小 */
struct io_event io_events[0];      /* io_event的buffer */
```

图10-272 libaio用户态关键数据结构一览

在aio_completion()中，会将I/O的结果写入到io_event结构中并存入对应的ring buffer，同时还负责唤醒由于等待该I/O而睡眠的任务。

10.9　块I/O协议栈

10.9.1　从通用块层到I/O调度层

再回到VFS I/O路径上来。块层的submit_io()调用generic_make_request()函数针对链表中每个bio都调用__generic_make_request()来处理。后者调用q = bdev_get_queue(bio->bi_bdev)从底层块设备名称得到其对应的请求队列描述结构的位置。在做了一系列I/O合法性检查之后，调用q->make_request_fn(q, bio)将该bio提交给了下层模块。make_request_fn是一个回调函数，是由底层块设备驱动程序当初注册到q里的。如果底层块设备驱动想直接拿到这笔I/O请求，那么就直接注册一个自己所实现的回调函数，而如果底层块设备驱动想让这笔I/O先进入由内核实现的I/O Scheduler模块去进行一轮I/O重排、合并的优化之后再交给自己的话，那么还是乖乖地注册内核原生默认的回调函数__make_request()吧。__make_request()就是内核I/O Scheduler模块的总入口。但是在介绍I/O调度器之前，我们在块层多滞留一会儿。

10.9.1.1　块设备与buffer page

/dev/sda也是一个"文件"，可以被程序直接读写（直接读写硬盘扇区），但是一种特殊的文件。在ext2的inode_operations->lookup字段注册了ext2_lookup()回调函数，该函数会在link_path_walk()被调用用来查找目标文件的信息。该函数内部会调用ext2_

iget()，后者会根据文件路径来判断应该注册何种回调函数表到文件的inode的i_op和a_ops字段，如果文件类型并非普通文件，那么会调用init_special_inode()进一步注册对应特殊文件的i_fop字段。这些特殊的文件还包括字符设备文件（比如/dev/tty）、用于进程间通信的管道文件、用于网络通信的socket文件等。/proc也是一类特殊的目录文件，但是对它的注册过程被放在了proc_register()函数中单独处理。

从图10-273中可以看到，块设备对应的read回调函数与普通文件是一样的，这意味着它最终会走到readpage回调函数执行（如果上层没指定使用Dcirect I/O模式的话），从这里开始块设备对应的函数与普通文件就不同了，块设备的函数比较简单，因为可以直接通过给出的位置得到对应的扇区段，而普通文件由于可以放置在任意位置，所以需要层层查找元数据才能够拿到给定的文件块到底放在哪些硬盘扇区段。除了这一点不同之外，其他步骤基本类似。

如图10-274所示，由于硬盘块大小可能与文件页大小不同，再加上一个文件中的数据可能被分散在底层硬盘的任意块中，就需要某种记录结构来记录一个文件页中所包含的硬盘块的位置。struct page中的private字段指向一串struct buffer_head链表，链表中每个串接的buffer_head中会有指针指向对应的硬盘块。每个硬盘块对应一个buffer，用一个buffer_head结构来描述。一个Page（4KB）中可能包含1～8个buffer，因为硬盘块最小尺寸为512B。

那么如果某个Page的4KB最终是连续相邻地分布在硬盘上的，还需要用buffer_head来记录么？这里牵扯到一个历史问题。对于普通的常规文件，如果页面中的块是连续的，则不需要记录buffer_head；而如果不连续，则需要记录。对于块设备这种特殊的文件，当直接访问它时（此时页内的块一定是连续的），对应的页面始终都需要记录buffer_head，这看似没什么必要，但是在2.4之前版本中，块设备的缓存与常规文件的缓存是分开的，前者放在一个专门的Buffer Cache中并用buffer_head来管理，后者则放置在Page Cache中，意味着同一个块可能同时存在于Page Cache和Buffer Cache中。而到了2.6版本及之后，两者合二为一，统一都放置到Page Cache中，但是依然保留了buffer_head。所以，底层块不连续的、缓存了常规文件数据的Page，以及通过直接访问块设备特殊文件而缓存的Page（即便内部的块是连续的），都需要记录buffer_head。记录了buffer_head的Page被称为Buffer Page。如果对单独的块（如超级块）直接进行读写，对应的Page Cache中的页也是Buffer Page。

Page一开始和buffer_head是没有关系的，do_mapge_readpage()函数通过get_block()（对应于ext2文件系统是ext2_getblock()）函数发现页中的块在磁盘上不连续后，就需要调用create_empty_buffers()函

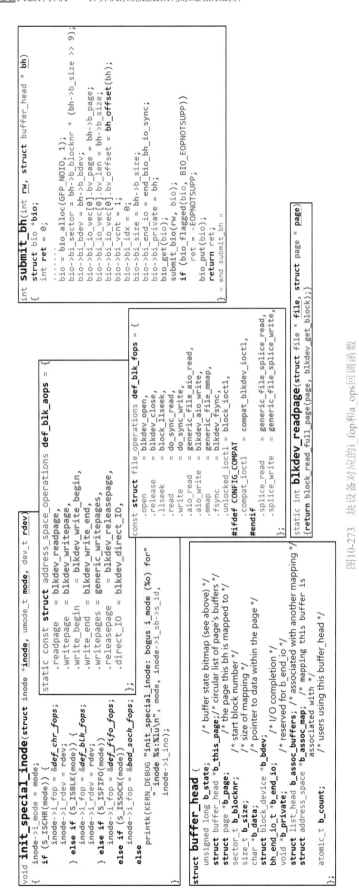

图10-273 块设备对应的_fop和a_ops回调函数

数来为page创建buffer_head链表了。create_empty_buffers()先调用alloc_page_buffers()来为page创建一个buffer_head的链表,之后为链表中每个buffer_head的b_state赋值,并顺便将该链表构造成循环链表,然后看情况设置buffer_head的BH_dirty和BH_uptodate标志,最后调用attach_page_buffers()来将page的PG_private置位,PG_private就表示该页为Buffer Page。同时,调用block_read_full_page()以每次一块的方式来读取该页,对于页中的每块将调用submit_bh()来生成并提交bio。通过submit_bh()生成的bio中的io_vec数组只有一个元素。block_read_full_page()函数会将对应信息填充到一个buffer_head结构中,并提交给submit_bh()来执行,后者根据buffer_head构造bio,设置bio完成时需要执行回调函数end_bio_bh_io_sync(),最后通过submit_bio()将bio请求提交给下层。

而get_block()如果发现目标块是连续的,do_mapge_readpage()则通过mpage_alloc()申请一个具有多个段(包含多个io_vec)的bio结构,然后调用bio_add_page()将该页一整页添加到bio中,并调用mpage_bio_submit()提交该bio到下层执行。

该是时候看看bio了。

10.9.1.2　bio

struct bio{ }结构体用来描述一次块I/O请求的全部信息。想一下,一次对硬盘的读写至少要包含这些信息:从硬盘的哪个扇区开始读写、读还是写、读写的总长度是多少字节。同时,由于数据可能分散在内存各处,所以还需要相应的数据结构来记录存有待写入数据的内存区域描述,或者数据读出后要写入的内存区域描述结构。我们就从这个记录有数据位于内存位置的结构说起,该结构被称为bio_vec(bio向量)。在第7章中曾经介绍过SGL(Scatter Gather List)这个结构,其思想与之类似。

如图10-275所示,对于一笔Block I/O来说,其要读写的数据在硬盘上必须是连续的,而且长度必须是硬盘block的整数倍。但是这些数据在内存中并不一定连续存放,struct bio_vec{bv_page; bv_len; bv_offset }用来描述内存中的每

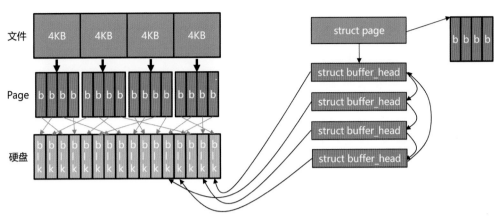

图10-274　buffer head示意图

一个数据分片（segment）所在的页面、从该页面内部的第几个block开始、长度为多少。每个segment包含一个或者多个block，每个segment位于某个Page页面内部。segment是指某个bio_vec所指向的页面内部的、待读出或者写入的数据块的集合，segment在页内的起始block和跨越block的总数完全取决于本次bio要读写的范围。一个bio_vec只能描述单个Page全部或者内部部分的块，由于一次bio的数据可能零散分布在多个Page中，所以需要多个bio_vec结构体组成数组来描述全部数据的位置，而这个数组的指针bi_io_vec，就位于bio结构中。同时，利用bio中的bi_vcnt字段来记录本次bio一共需要多少个bio_vec。

bio中的bi_sector记录了本次I/O在硬盘/分区上的起始扇区位置；bi_bdev则记录了本次I/O是针对哪个块设备（指向对应块设备的描述结构体）；bi_size则表示本次I/O的读写数据总长度，bi_sw则记录本次I/O是读还是写。bi_idx字段则记录了当前正在填充数据的Page对应的bio_vec所在的数组中的索引位置（读时），或者当前正在从哪个Page（所对应的bio_vec）中提取数据写入硬盘（写时）。

如上所述，如果Page内部的多个block在硬盘上连续分布（如图10-275中黄色的Page），则其不需要记录buffer_head结构；而如果并非连续分布，则在其private字段中需要指向一串buffer_head结构体，每个buffer_head描述一个block，其中的b_data指针字段指向了对应的硬盘块号，b_this_page字段是链表铆点，b_page字段则指向了本block所在的Page，链表中的所有buffer_head中的b_page字段都指向同一个Page。

这就是bio，一个描述了针对硬盘上一块连续区域做I/O的全部信息，其"阵容"不可谓不强大，原本很简单的一笔I/O操作竟被附加上如此臃肿的管理框架。实际上，Linux内核中很多模块都是类似情况，除了为了更加灵活之外，也可能是背负了较多的历史包袱。

bio中的bi_next字段的含义接下来介绍，你能猜到，这是指向下一个bio的指针，嗯？难道多个bio还会形成链表？是的。

10.9.2　从I/O调度层到块设备驱动

通用块层准备好bio之后，最终调用对应块设备的struct request_queue q ->make_request_fn(q, bio)将bio传递给下层。"下层"可以是任何处理bio的模块，处理模块将自己的承接函数注册到q-> make_request_fn上成为回调函数，即可接手bio了。Linux内核为应用程序精心准备了I/O调度层这个对块I/O优化处理的模块，该模块提供了__make_request()这个承接函数，所以，块设备驱动如果想利用I/O调度层的优化，那就注册该函数，否则，可以自选其他承接函数，自己实现或者利用内核中其他已有的合适的函数。

如其名称一样，__make_request()函数的关键功能，就是制作一个request结构体，request中可能包含一个或者多个bio。这里有个疑惑，既然块I/O的所有信息都已经在bio里了，为何还要将bio再次封装到request里？

10.9.2.1　Request与Request Queue

假设通用块层先后两次提交了两个bio，一个是读取硬盘的0～8扇区，第二个bio读取硬盘的9～15扇区。很显然，这两笔bio其实可以合并（merge）在一起，直接让硬盘读出从0～15扇区，这样更加高效。那为何不在通用块层就将I/O请求进行合并？因为有时候上层程序可能并没有注意太多，没有做这种优化，再就是块层可能就是需要将这两笔I/O分开对待，比如可能完全是不同应用发过来的，就算合并起来最终还是要切分开分别传递给不同上层应用程序。

而I/O调度层（I/O Scheduler）则承担起了合并I/O的大任。在__make_request()下游，会将多个能够合并的bio合并放置在同一个request描述结构中，也就是说，一个request中的所有bio联合描述了硬盘上的一片连续的block，如图10-276所示。

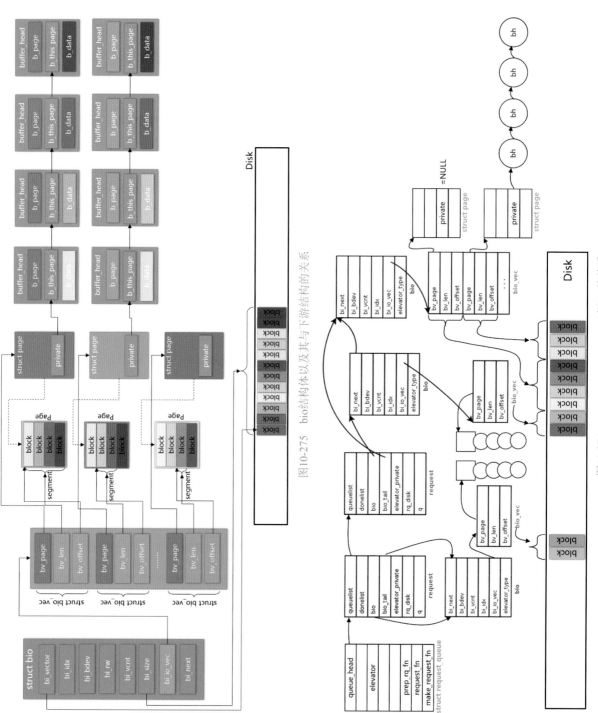

图10-275　bio结构体以及其与下游结构的关系

图10-276　request queue、request与bio的关系

bio中的bi_next铆点将一个request中的所有bio链接起来，request中的bio字段指向bio链首部的bio，而request中的bio_tail字段则指向bio链尾部的那个bio。

另一个疑问是，为何不直接将多个bio合并成一个，比如将第二个bio的bio_vec追加到前一个bio的bio_vec数组结尾不就好了么？为了对通用块层透明。既然通用块层多次下发了bio，那么I/O调度层就必须在request结构内维持原有的bio数量，否则就无法区分bio，无法向通用块层交代了（当初通用块层提交了多笔bio，返回时也必须返回对应笔数）。

对于那些无法合并到现存的任何一个request中的bio，就只能新建一个request并将bio加入其中。多个request之间再通过铆点字段queuelist形成链表，也就是request queue。每个块设备（整盘或者单个分区）对应一个或者多个（block multi-queue，为应对多核心并发场景而加入的优化设计）request queue。

struct request_queue{ }记录了众多其他控制字段，其中，queue_head字段为request queue的链头；request_fn字段记录了下层模块（块设备驱动程序）注册上来的承接函数指针，如果将request queue的指针作为参数之一来调用该函数，就会将request queue中的request按照顺序挨个儿处理掉。所以request_fn这个回调函数就是块设备驱动层的入口函数。如果对应块设备为SCSI设备，那么该函数会被设备驱动注册为scsi_request_fn()。

而limits字段指向了一个struct queue_limits{ }结构体，其中登记了对应的底层设备的各种门限参数，如图10-277所示。其中，max_hw_sectors字段表示底层设备最大可以接受的request的尺寸（request中所有bio描述的硬盘扇区段之和）；max_sectors字段表示通用块层所给出的request最大尺寸限制，max_sectors≤max_hw_sectors；max_segments和max_segment_size字段分别表示request对应的数据在内存中的最大分片数量（因为数据可能遍布内存各处）以及每个分片最大尺寸。还有其他一些限制参数就不一一列举了。

```
struct queue_limits {
    unsigned long        bounce_pfn;
    unsigned long        seg_boundary_mask;
    unsigned int         max_hw_sectors;
    unsigned int         max_sectors;
    unsigned int         max_segment_size;
    unsigned int         physical_block_size;
    unsigned int         alignment_offset;
    unsigned int         io_min;
    unsigned int         io_opt;
    unsigned int         max_discard_sectors;
    unsigned int         discard_granularity;
    unsigned int         discard_alignment;
    unsigned short       logical_block_size;
    unsigned short       max_segments;
    unsigned short       max_integrity_segments;
    unsigned char        misaligned;
    unsigned char        discard_misaligned;
    unsigned char        cluster;
    unsigned char        discard_zeroes_data;
} « end queue_limits » ;
```

图10-277 struct queue_limits结构体

__make_request()函数每制作好一个request，就将其加入到request queue中，并在适当的时机调用下层提供的承接函数来处理。然而其并非只是将request追加到request queue末尾，而是要按照一定的电梯优化算法，将新生成的request插入到队列中合适的位置。

机械硬盘依靠磁头臂摆动来寻道，如果能够尽量避免磁头来回摆动，让磁头尽量一直往一个方向摆动，就可以少走冤枉路，自然就提升了性能。但是上层程序可根本不知道底层这些细节，上层肆意地用任意大小、位置、顺序的bio弹向底层狂轰滥炸。所以，I/O调度层的另一个任务就是将request queue中的request合理地重新排序，比如按照request中对应的硬盘区域离磁头臂的距离大小排序，离得近的放到队列头部先执行，这样自然就可以提升吞吐量。

然而，如果request queue中只有一个request，那就无从排序优化了，只有让queue中积累一定数量的request，新提交的bio才可以有更大的被merge到已排队且未下发执行的request中的概率，同时在request之间相互排序的余地也更大。Linux内核采用了plug和unplug机制来积攒request。

10.9.2.2　堵盖儿和掀盖儿

把水池漏水孔塞住，水池就会蓄水；拔掉塞子，水就会漏下去。I/O调度层对bio和request的处理也是这样的，先堵上盖儿（**plug**，暂停向底层派发request）在request queue中积压足够多的request，然后进行新提交bio的合并以及对request重排，差不多之后（比如超时或者请求积压数量达到一定数值），掀开盖儿（**unplug**，继续向底层派发request）让优化好的request提交到下层处理。盖盖儿焖的时间越长，bio被合并、request被重排的反应力度就越彻底，底层执行效率就越高。但是如果盖盖儿时间过长，又会导致底层设备无事可做闲置，反而影响性能，所以盖盖儿和开盖儿的时机一定要把握好，理想情况是在底层设备完成上一次开盖儿遗留的最后一个I/O一瞬间开盖儿。可以看到整个I/O栈其实形成了一个使用队列进行缓冲的多级流水线，让流水线充分发挥效率可不是个简单活儿，可以回顾一下第4章开头的部分。

> **提示 ▶ ▶**
>
> 实际上，不仅bio可以被合并到某个request中，多个request之间也有可能相互合并。只要焖的时间够长，就有可能出现多笔读写硬盘上相邻区域的request，也就可以合并它们了。

再比如generic_file_aio_read()、libaio中的do_io_submit()以及其他一些I/O函数的开始和结尾，分别调用了blk_start_plug()和blk_finish_plug()来堵盖儿和掀盖儿。堵盖儿的过程就是创建一个blk_plug结构体并将其指针登记到当前任务task_struct的plug字段。blk_ plug结构体中包含链表铆点，那些在堵盖儿之后被生成的request先不放入request_queue，而是被__make_request()挨个儿追加到该链表中暂存，如图10-278所示。

而在blk_finish_plug()函数中，会执行掀盖儿动作，其会调用list_del_init()将request从plug链表中摘出，然后调用__elv_add_request()将request按照对应电梯算法重排序之后（有多种不同的电梯算法）插入到request_queue中最合适的位置。只要plug链表不为空，就循环上述过程，将plug链表中所有暂存的request转移到request_queue中，转移的过程中顺带做了电梯算法重排序。

然后，调用queue_unplugged()来将request派发给下层模块。该函数会对"from_schedule"这个参数做判断，如果参数值为真，则调用queue_delayed_work(kblockd_workqueue, &q->delay_work, 0)将request_queue结构体中登记的delay_work函数放置到名为kblockd_workqueue的workqueue中延后执行，delay_work函数将负责对request进行派发。而如果from_schedule参数为假，则直接调用__blk_run_queue() > q->request_fn()来处理request，request_fn是一个由下层模块（块设备驱动程序）注册的承接函数，下文再介绍。

参数"from_schedule"表示本次unplug掀盖儿动作是不是在schedule()函数内部触发的。实际上，schedule()内部会调用blk_schedule_flush_plug(struct task_struct *tsk) > blk_flush_plug_list(plug, true)来将待休眠任务留在plug list里的I/O派发掉，也就是说，任务休眠之前必须确保其发出的I/O请求都必须被掀盖儿放掉，否则带着未派发的request去休眠是一种极大的浪费，因为任务休眠期间完全可以让底层设备来处理I/O，为何不呢？另外一个最关键的原因则是，如果任务因为等待某笔I/O完成而休眠，那么休眠之前这笔I/O如果没有被派发给底层，就会形成死锁，从而导致该任务再也无法醒来。

总结一下，调用blk_start_plug()之后，就可以批量下发I/O请求，下发I/O过程中调用的__make_request()函数就会有更高的概率将bio进行合并、对request进行合并和重排。然后blk_finish_plug()下游会将这批请求按照最合适的顺序从

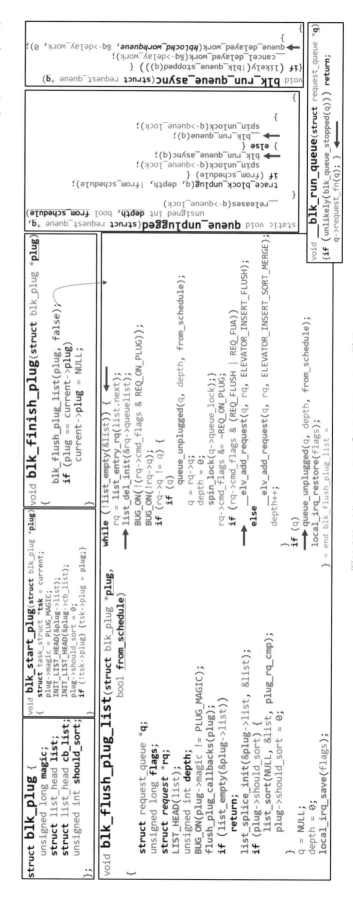

图10-278 blk_start_plug()和blk_finish_plug()原理

plug链表转移到request queue中并派发给下层执行。

10.9.2.3　__make_request主流程

现在来看看__make_request()内部是如何处理bio和request的，如图10-279所示。其调用attempt_plug_merge()来尝试将bio与plug链表中的request进行合并，如果合并成功则直接返回，不成功的话，再调用elv_merge()尝试直接将该bio合并到下层request queue中的合适的request中。如果plug队列和下层request queue中都找不到合适的request，那就只好调用init_request_from_bio()为这个不合群的bio单独生成一个新的request。

如果当前正处于blk_start_plug()和blk_finish_plug()之间的话，那就将该request追加到plug队列然后返回；如果并没有启动plug，那就调用add_acct_request() > __elv_add_request()利用对应的电梯算法将其直接插入到下层request queue中，然后调用__blk_run_queue() > q->request_fn()将request queue中所有request派发到下层模块处理。

先来看如图10-280所示的attempt_plug_merge()流程。其首先调用elv_try_merge()来判断该bio是否可以被加入到plug链表中任何一个request中，主要方法是依次判断plug链表中每个request的起始扇区地址或者结束扇区地址是否与待检测的bio的起始扇区地址能够无缝衔接，如果bio的结束地址可以衔接在该request的起始扇区地址，就返回ELEVATOR_FRONT_MERGE（合并到request所描述的扇区段的前面，前向合并），如果bio的起始扇区地址与该request的结束扇区地址衔接，那么就返回ELEVATOR_BACK_MERGE（合并到扇区段的后面，后向合并）。如果与request扇区段的头部和尾部都无法衔接，那么就返回ELEVATOR_NO_MERGE。

针对上述的三个返回值，在attempt_plug_merge()分别对应着调用bio_attempt_front_merge()、调用bio_attempt_back_merge()、返回false这三个分支。如图右下角所示为bio_attempt_back_merge()代码，可以看到其将bio缝合到对应request中挂接的bio链表尾部。对于bio_attempt_front_merge()，则是缝合到头部。

再回到图10-279所示的外层__make_request()函数，如果attempt_plug_merge()返回值为非false，证明成功地执行了合并，则直接goto out，也就是return 0，随着函数一层层return，直到返回到generic_file_aio_read()之后，当后者执行blk_finish_plug()时，会将plug链表中所有request加入到下层request queue中并派发给下层执行，后续过程下文再介绍。

而如果attempt_plug_merge()返回值为false，证明没能成功与plug中的request合并。但是bio仍可能与已经位于request queue中的某个request合并，于是调用elv_merge()来完成这个动作，如图10-281所示。其首先调用blk_queue_nomerges()来判断是否对应的request queue天生被设置为不允许merge（通过request_queue->queue_flas字段中对应的位来判断），是则直接返回ELEVATOR_NO_MERGE，否则继续判断是否该request queue中某个request被成功合并入了某个bio（成功合并了bio的request会被记录在request_queue->last_merge字段中），如果是，则考虑到上一次成功合并的request在后续一段时间内可能会有更高概率吸收新的bio，遂调用图10-280右上角所示的elv_try_merge()函数尝试将本次的bio继续与该request合并，如果合并成功则将last_merge的值赋值给req变量并返回，req变量会被呈交给外层__make_request()来处理。

如果没能与last_merge对应的request合并，则调

```
static int __make_request(struct request_queue *q,
                          struct bio *bio)
{   const bool sync = !!(bio->bi_rw & REQ_SYNC);
    struct blk_plug *plug;
    int el_ret, rw_flags, where = ELEVATOR_INSERT_SORT;
    struct request *req;
    blk_queue_bounce(q, &bio);
    if (bio->bi_rw & (REQ_FLUSH | REQ_FUA)) {
        spin_lock_irq(q->queue_lock);
        where = ELEVATOR_INSERT_FLUSH;
        goto ↓get_rq;}
    if (attempt_plug_merge(current, q, bio)) goto ↓out;
    spin_lock_irq(q->queue_lock);
    el_ret = elv_merge(q, &req, bio);  ←
    if (el_ret == ELEVATOR_BACK_MERGE) {
        BUG_ON(req->cmd_flags & REQ_ON_PLUG);
      ┌ if (bio_attempt_back_merge(q, req, bio)) {
      │     if (!attempt_back_merge(q, req))
      │         elv_merged_request(q, req, el_ret);
      └     goto ↓out_unlock;}
    } else if (el_ret == ELEVATOR_FRONT_MERGE) {
        BUG_ON(req->cmd_flags & REQ_ON_PLUG);
      ┌ if (bio_attempt_front_merge(q, req, bio)) {
      │     if (!attempt_front_merge(q, req))
      │         elv_merged_request(q, req, el_ret);
      └     goto ↓out_unlock;}
    }
get_rq:
    rw_flags = bio_data_dir(bio);
    if (sync)
        rw_flags |= REQ_SYNC;
    req = get_request_wait(q, rw_flags, bio);
    init_request_from_bio(req, bio); ←
    if (test_bit(QUEUE_FLAG_SAME_COMP, &q->queue_flags) ||
        bio_flagged(bio, BIO_CPU_AFFINE)) {
        req->cpu = blk_cpu_to_group(get_cpu());
        put_cpu();}
→ plug = current->plug;
→ if (plug) {
        if (list_empty(&plug->list))
            trace_block_plug(q);
        else if (!plug->should_sort) {
            struct request *__rq;
            __rq = list_entry_rq(plug->list.prev);
            if (__rq->q != q) plug->should_sort = 1;
        }
        req->cmd_flags |= REQ_ON_PLUG;
→       list_add_tail(&req->queuelist, &plug->list);
        drive_stat_acct(req, 1);
    } else {
        spin_lock_irq(q->queue_lock);
→       add_acct_request(q, req, where);
        __blk_run_queue(q);
out_unlock:
        spin_unlock_irq(q->queue_lock);
    }
out:
    return 0;
} « end __make_request »

static void add_acct_request(struct request_queue *q,
                             struct request *rq, int where);
{
    drive_stat_acct(rq, 1);
    __elv_add_request(q, rq, where);
}
```

图10-279　__make_request()内部主流程

```
static bool attempt_plug_merge(struct task_struct *tsk,
                               struct request_queue *q, struct bio *bio)
{   struct blk_plug *plug;
    struct request *rq;
    bool ret = false;
    plug = tsk->plug;
    if (!plug) goto out;
    list_for_each_entry_reverse(rq, &plug->list, queuelist) {
        int el_ret;
        if (rq->q != q) continue;
        el_ret = elv_try_merge(rq, bio);
        if (el_ret == ELEVATOR_BACK_MERGE) {
            ret = bio_attempt_back_merge(q, rq, bio);
            if (ret) break;
        } else if (el_ret == ELEVATOR_FRONT_MERGE) {
            ret = bio_attempt_front_merge(q, rq, bio);
            if (ret) break;
        }
    }
out:
    return ret;
} « end attempt_plug_merge »
```

```
int elv_try_merge(struct request *__rq, struct bio *bio)
{   int ret = ELEVATOR_NO_MERGE;
    if (elv_rq_merge_ok(__rq, bio)) {
        if (blk_rq_pos(__rq) + blk_rq_sectors(__rq) == bio->bi_sector)
            ret = ELEVATOR_BACK_MERGE;
        else if (blk_rq_pos(__rq) - bio_sectors(bio) == bio->bi_sector)
            ret = ELEVATOR_FRONT_MERGE;
    }
    return ret;
}
```

```
static bool bio_attempt_back_merge(struct request_queue *q,
                                   struct request *req, struct bio *bio)
{   const int ff = bio->bi_rw & REQ_FAILFAST_MASK;
    if (!rq_mergeable(req)) {
        blk_dump_rq_flags(req, "back");
        return false;}
    if (!ll_back_merge_fn(q, req, bio)) return false;
    trace_block_bio_backmerge(q, bio);
    if ((req->cmd_flags & REQ_FAILFAST_MASK) != ff)
        blk_rq_set_mixed_merge(req);
    req->biotail->bi_next = bio;
    req->biotail = bio;
    req->__data_len += bio->bi_size;
    req->ioprio = ioprio_best(req->ioprio, bio_prio(bio));
    drive_stat_acct(req, 0);
    return true;
}
```

图10-280   attempt_plug_merge()下游原理

用blk_queue_noxmerges()来判断是否该request queue只允许与last_merge的request进行合并，如果否，则继续尝试更深层次的合并，于是调用elv_rqhash_find()函数完成深层次合并尝试。系统中维护了一个request hash表，将队列中所有request的结束扇区地址进行hash分类成多个区间，elv_rqhash_find()内部会对待合并的bio的起始地址进行hash计算并判断其落入了哪个区间，然后遍历该区间内所有request进行精确匹配，从而尝试后向合并。如果成功找到合适的request，将其指针赋值给req变量并返回，然后外层的elv_merge返回ELEVATOR_BACK_MERGE。如果没能找到合适的request，则elv_rqhash_find()返回NULL，则继续尝试寻找适合前向合并的request。

```
int elv_merge(struct request_queue *q,
              struct request **req, struct bio *bio)
{   struct elevator_queue *e = q->elevator;
    struct request *__rq;
    int ret;
    if (blk_queue_nomerges(q))
        return ELEVATOR_NO_MERGE;
    if (q->last_merge) {
        ret = elv_try_merge(q->last_merge, bio);
        if (ret != ELEVATOR_NO_MERGE) {
            *req = q->last_merge;
            return ret; }
    }
    if (blk_queue_noxmerges(q))
        return ELEVATOR_NO_MERGE;
    __rq = elv_rqhash_find(q, bio->bi_sector);
    if (__rq && elv_rq_merge_ok(__rq, bio)) {
        *req = __rq;
        return ELEVATOR_BACK_MERGE; }
    if (e->ops->elevator_merge_fn)
        return e->ops->elevator_merge_fn(q, req, bio);
    return ELEVATOR_NO_MERGE;
} « end elv_merge »
```

图10-281   elv_merge()原理

尝试找到合适前向合并的reqeust，这个任务会交给底层电梯算法注册的elevator_merge_fn()回调函数来进行。这里的疑问在于，前向合并似乎并不复杂，无非就是比对bio结束地址与request起始地址，为何不能与后向合并类似处理？原因在于，前向合并的概率比较低，因为多数场景下，后提交的bio一般都是

读写上一次bio结束地址之后的扇区，除非随机度非常高的少数场景，否则很少会反过头来读写之前bio结束扇区地址之前的扇区。也就是说，程序对数据的操作一般都是顺着来的，从低到高从近到远，走回头路的概率比较低。于是系统并没有再为每个request的起始扇区地址做同样的hash表。而是将这个任务交给了电梯算法的回调函数，某种电梯算法可以选择性地实现前向合并。如果电梯算法找到了合适的前向合并request，则返回ELEVATOR_FRONT_MERGE，否则返回ELEVATOR_NO_MERGE。

回到外层的__make_request()函数，其接着根据elv_merge的返回值elv_ret来走不同分支。如果elv_merge()找到了合适的后向合并reqeust，则调用图10-280右下角所示的bio_attempt_back_merge()来后向缝合bio到对应的request中，完成后，再调用attempt_back_merge()尝试将刚才被并入了bio的这个request，与排在该request后面的request尝试合并，因为被追加了一个bio之后，之前并不到一起去的两个request之间的缝隙就很有可能被这个bio刚好填满。如果很不幸无法合并这两个request，则调用elv_merged_request()函数将这个被并入了新bio的request重新计算一下其应该在request queue中的最新位置和状态，该函数会调用底层电梯算法对应的elevator_merged_fn()回调函数来做这件事。

同理，如果elv_merge()找到了合适的前向合并reqeust，则调用相应的前向合并后续相关函数执行，并返回。而如果elv_merge()返回的是ELEVATOR_NO_MERGE，则走到get_rq标记处继续执行。函数init_request_from_bio()会新生成一个request来容纳该不合群的bio，后续的过程在本节一开始就介绍了，不再赘述。

经过上述步骤分析，读者似乎已经感觉到，电梯算法模块提供了诸多的回调函数用于承接上层下发的bio和request，对它们进行合并、加入并排序等动作。图10-279右侧所示的__elv_add_request()函数内部其实

也调用了由底层电梯算法提供的elevator_add_req_fn()回调函数。

10.9.2.4　I/O Scheduler

Linux 2.6.39.4内核提供了CFQ（Completely Fair Queue）、Noop（No Operations）和Deadline三种I/O调度算法模块（I/O Scheduler，I/O调度器），或者称之为电梯（Elevator）算法。内核使用的默认算法记录在内核引导参数elevator中，可以设置为上述三个值。系统管理员也可以在运行时动态改变某个块设备对应的调度算法，具体可以通过sysfs接口，将配置值写入对应的路径，比如/sys/block/sda/queue/scheduler。底层驱动程序模块也可以实现自定义的I/O调度算法。

上文中一直假设的是：电梯算法将新生成的request直接插入到块设备对应的request queue中合适的位置，从而让request queue中的request的排列顺序在任意时刻都是按照磁盘磁头移动方向优化的。实际上，I/O调度器考虑的不仅是磁盘位置和移动方向，还会考虑读/写I/O对性能带来的不均衡，以及不同线程之间的公平性等因素。

比如，对于读请求而言，一般会尽量将其排在写请求前面优先派发，前提是这两笔I/O操作的是不同的扇区段，否则会产生RAW相关性而不能乱序执行。读优先于写的原因是由于应用程序在拿不到数据之前有很高的概率无事可做而休眠，只有在拿到数据之后才会去处理数据，所以读请求有较高的概率是同步的；而写请求则有较高概率是异步的，也就是程序处理完数据之后将其保存到硬盘，这个过程即便是延后发生，多数时候也不会影响程序的性能和逻辑正确性。而且，程序一般是先读出数据处理，然后再写入处理完后的数据，所以读排在写之前也顺理成章。但是又不能总是让读优先于写执行，否则会导致写请求被饿死（长时间无法得到执行而导致应用程序端I/O超时出错崩溃），所以还需要一些额外的限制参数和对应的策略。

所以，I/O调度器一般会维护若干个内部私用的队列或者红黑树等数据结构，先将上层下发的request按照本调度器特有的算法插入到私有数据结构中（这个过程就是图10-279右侧所示的add_acct_request() > __elv_add_request()调用路径），当下层模块需要处理request时，通过调用I/O调度器注册的回调函数elevator_dispatch_fn()来从调度器的私有队列中摘出一条最合适执行的request且将其加入设备的request queue中，供下层模块处理。也就是说，request从I/O调度器队列中被转移到设备request queue的过程，是由下层模块主导的，但是有个例外，在__elv_add_request > elv_drain_elevator()中会将调度器私有队列中全部request移动到下层的request queue中。

比如，CFQ调度器会维护一棵红黑树以及一个FIFO队列，FIFO队列中的request按照生成时间先后次序排列，红黑树中的request则采用扇区地址进行排列。在判断下次派发哪个request时，会综合各种条件和策略来决策。由于篇幅所限，各种I/O调度器的具体设计请读者自行了解，这里只介绍一个框架和主干流程。

不管是系统自带的还是自定义的调度算法，它们在初始化时都需要将一堆数据结构和回调函数表注册到系统内核框架中。具体是在初始化时通过调用elv_register()函数将一个记录有调度算法全局信息的struct elevator_type{ }结构体注册到系统全局链表elv_list中。在elevator_type->ops字段存放了struct elevator_ops{ }，这就是该电梯调度算法的回调函数表，如图10-282所示。

每个request queue使用何种调度器，取决于struct request_queue中的struct elevator_queue elevator{ }结构体中记录的信息。如图10-282左下角所示，其中包含elevator_type以及elevator_ops两个关键的结构体指针，这样就可以把request_queue作为参数传递给下游处理函数，后者可以顺藤摸瓜找到elevator_type以及elevator_ops并找到对应的信息和回调函数指针。

以图10-279右侧的void __elv_add_request(struct request_queue *q, struct request *rq, int where)函数为例，从该函数的参数可以看出，其将rq插入到q中，where则用于通知该函数采用什么样的具体策略来插入rq。该函数内部会根据where的值来做出对应的动作，如图10-283所示。

其中，elv_drain_elevator()内部调用了elevator_dispatch_fn()回调函数；elv_attempt_insert_merge()下游调用了elevator_merge_req_fn()回调函数。这些回调函数的具体实现，篇幅所限，大家可自行了解，如图10-284所示。

在开始探索request_fn()下游流程之前，我们先来看一下上述的一些关键数据结构都是在什么时候被初始化的。

10.9.3　相关数据结构的初始化

回顾一下图10-276左上角的request_queue结构体中的的5大关键字段：串接了一串request的queue_head表头铆点、描述本设备采用哪种I/O调度算法的elevator、用于生成和入队request的函数指针make_request_fn、用于将request派发给下层处理的函数指针request_fn、用于将request转换为底层设备所能识别的命令协议（比如SCSI、ATA等）的函数指针prep_rq_fn。本节就来深究一下包括request_queue以及其中的这些字段都是被谁在哪一步初始化填充的。

```
struct elevator_type
{
    struct list_head list;
    struct elevator_ops ops;
    struct elv_fs_entry *elevator_attrs;
    char elevator_name[ELV_NAME_MAX];
    struct module *elevator_owner;
};

struct elevator_queue
{
    struct elevator_ops *ops;
    void *elevator_data;
    struct kobject kobj;
    struct elevator_type *elevator_type;
    struct mutex sysfs_lock;
    struct hlist_head *hash;
    unsigned int registered:1;
};
```

```
struct elevator_ops
{
    elevator_merge_fn        *elevator_merge_fn;         查找适合前项合并某bio的request
    elevator_merged_fn       *elevator_merged_fn;        bio根合并到request之后要执行的一些必要处理
    elevator_merge_req_fn    *elevator_merge_req_fn;     将新生成的request与其他request合并
    elevator_allow_merge_fn  *elevator_allow_merge_fn;   判断bio是否能允许合并到request中
    elevator_bio_merged_fn   *elevator_bio_merged_fn;    bio根合并到request之后要执行的一些必要处理
    elevator_dispatch_fn     *elevator_dispatch_fn;      从队列中取出最合适的request派发
    elevator_add_req_fn      *elevator_add_req_fn;       向队列中插入一个新的request
    elevator_activate_req_fn *elevator_activate_req_fn;  激活request
    elevator_deactivate_req_fn *elevator_deactivate_req_fn;  去激活request
    elevator_completed_req_fn *elevator_completed_req_fn;    Request块执行完后要执行的动作
    elevator_request_list_fn *elevator_former_req_fn;    取排在参数给出的request之前的request
    elevator_request_list_fn *elevator_latter_req_fn;    取排在参数给出的request之后的request
    elevator_set_req_fn      *elevator_set_req_fn;       为request分配对应的电梯算法数据结构
    elevator_put_req_fn      *elevator_put_req_fn;       回收之前分配的电梯算法数据结构
    elevator_may_queue_fn    *elevator_may_queue_fn;     检查request是否可以被加入队列
    elevator_init_fn         *elevator_init_fn;          本电梯算法初始化配置函数
    elevator_exit_fn         *elevator_exit_fn;          本电梯算法退出时调用的善后处理函数
    void                     (*trim)(struct io_context *);
} « end elevator_ops » ;
```

图10-282 电梯算法的回调函数表

10.9.3.1 request_queue初始化

对request_queue的初始化要追溯到底层设备扫描过程。假设底层设备为一个使用SCSI协议作为交互命令协议的硬盘（比如SAS接口的硬盘），该SAS硬盘所连接的HBA适配卡驱动程序在初始化时会导致scsi_scan_host() > do_scsi_scan_host() > scsi_scan_host_selected() > scsi_scan_channel() > __scsi_scan_target() > scsi_probe_and_add_lun() > scsi_alloc_sdev() > scsi_alloc_queue()被调用。这个过程针对每一个被发现的SCSI设备都执行一次。

该函数调用__scsi_alloc_queue(sdev->host, scsi_request_fn) > blk_init_queue() > blk_init_queue_node() > kmem_cache_alloc_node()分配了一个空request_queue结构体并做一些基本填充，返回到blk_init_queue_node()，再走入blk_init_allocated_queue_node()来做进一步初始化。

blk_init_allocated_queue_node() 中会将scsi_request_fn()指针赋值给 q->request_fn，同时调用blk_queue_make_request()来将__make_request()指针赋值给q->make_request_fn。这一步完成了上述5大关键字段中的两个的初始化。

blk_init_allocated_queue_node() > elevator_init()会对本request_queue使用的I/O调度算法进行初始化。elevator_init() > elevator_get()会从系统的配置信息中获取到用户所配置的调度算法；elevator_init() > elevator_alloc()会根据相应调度算法来创建对应的空数据结构（不同调度算法有不同种类、数量的数据结构）并做基本填充，图10-282中所示的struct elevator_queue{ }及其内部包含的次级数据结构就是在这一步被创建的；elevator_init() > elevator_init_queue()则针对分配好的elevator_queue及其内含的数据结构进行进一步初始化，由于这个初始化过程与每种调度算法强相关，所以elevator_init_queue()内部直接执行调用对应调度算法提供的elevator_init_fn()回调函数（图10-282右侧）进行初始化配置：return eq->ops->elevator_init_fn(q)。最后，elevator_init() > elevator_attach()将初始化好的elevator_queue结构体赋值给request_queue->elevator字段，同时将elevator_init_queue()初始化好并返回的用于存放I/O调度器各种配置参数的数据结构（比如CFQ对应的就是struct cfq_data{ }）指针赋值给request_queue->elevator->elevator_data字段。

最后返回到scsi_alloc_queue()，继续走入blk_queue_prep_rq(q, scsi_prep_fn)，该函数执行q->prep_rq_fn = scsi_prep_fn，将scsi_prep_fn()注册到对应的request_queue中的prep_rq_fn字段，如图10-285所示。

scsi_alloc_sdev()针对扫描到的SCSI设备分配了一个struct scsi_device结构体，并对该结构体做一定的初始化填充，该结构体主要用于记录该SCSI设

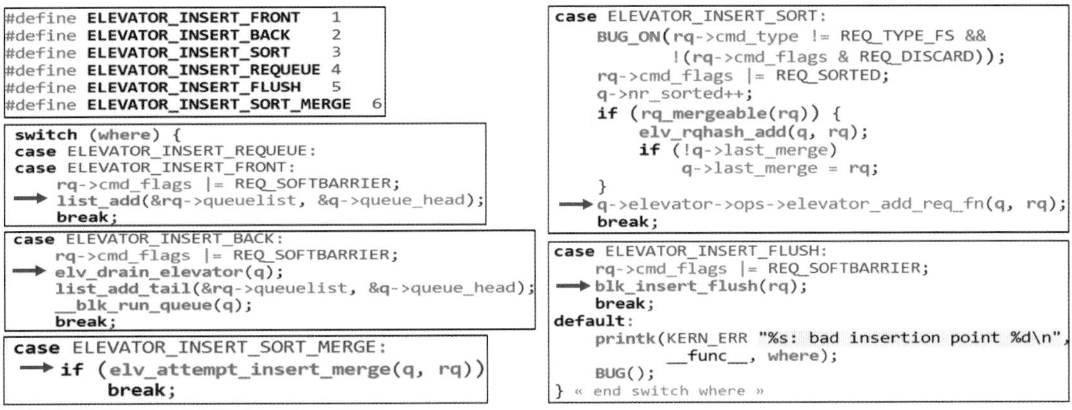

```
#define ELEVATOR_INSERT_FRONT        1
#define ELEVATOR_INSERT_BACK         2
#define ELEVATOR_INSERT_SORT         3
#define ELEVATOR_INSERT_REQUEUE      4
#define ELEVATOR_INSERT_FLUSH        5
#define ELEVATOR_INSERT_SORT_MERGE   6
```

```
switch (where) {
case ELEVATOR_INSERT_REQUEUE:
case ELEVATOR_INSERT_FRONT:
    rq->cmd_flags |= REQ_SOFTBARRIER;
→   list_add(&rq->queuelist, &q->queue_head);
    break;
```

```
case ELEVATOR_INSERT_BACK:
    rq->cmd_flags |= REQ_SOFTBARRIER;
→   elv_drain_elevator(q);
    list_add_tail(&rq->queuelist, &q->queue_head);
    __blk_run_queue(q);
    break;
```

```
case ELEVATOR_INSERT_SORT_MERGE:
→   if (elv_attempt_insert_merge(q, rq))
        break;
```

```
case ELEVATOR_INSERT_SORT:
    BUG_ON(rq->cmd_type != REQ_TYPE_FS &&
           !(rq->cmd_flags & REQ_DISCARD));
    rq->cmd_flags |= REQ_SORTED;
    q->nr_sorted++;
    if (rq_mergeable(rq)) {
        elv_rqhash_add(q, rq);
        if (!q->last_merge)
            q->last_merge = rq;
    }
→   q->elevator->ops->elevator_add_req_fn(q, rq);
    break;
```

```
case ELEVATOR_INSERT_FLUSH:
    rq->cmd_flags |= REQ_SOFTBARRIER;
→   blk_insert_flush(rq);
    break;
default:
    printk(KERN_ERR "%s: bad insertion point %d\n",
           __func__, where);
    BUG();
} « end switch where »
```

图10-283 __elv_add_request()内部逻辑

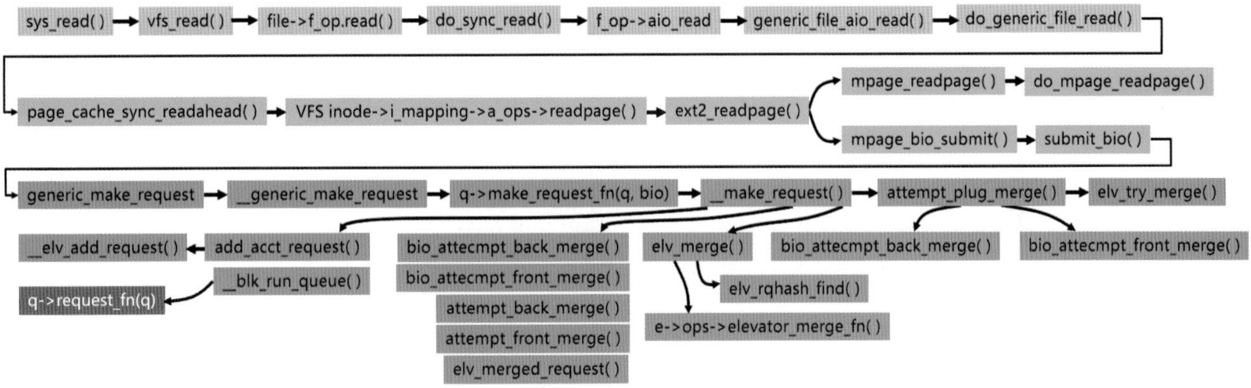

图10-284 I/O调度层主干函数流程一览

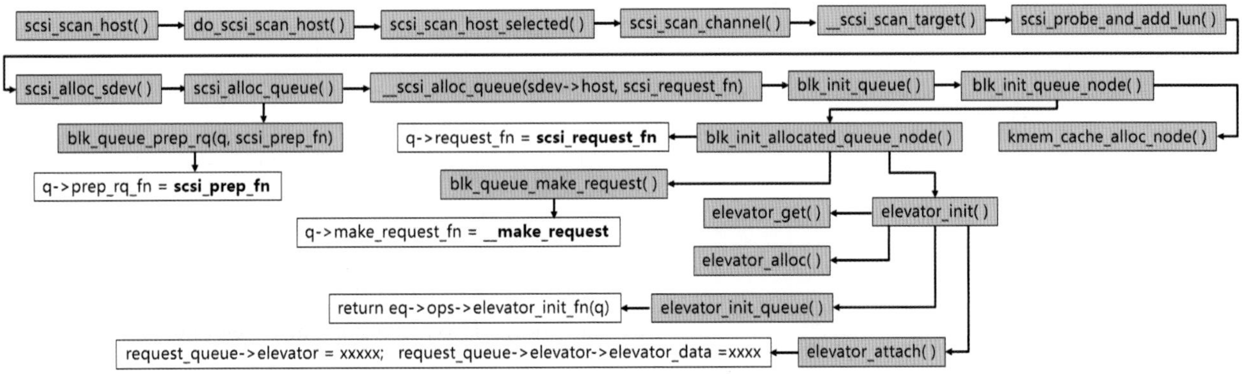

图10-285 request_queue相关结构初始化流程

备的一些SCSI层面的信息，而并没有记录其作为硬盘设备而应具有的属性，后者被记录在scsi_disk、gendisk和block_device结构体中。再次可以回顾本书第7章7.4.3.6节中对这些结构体之间的关系的相关介绍。

request_queue其实是先被挂到了scsi_device结构体中的struct request_queue上。而在后续的初始化过程中，request_queue会同时被登记到struct gendisk中，gendisk再被挂到struct block_device中。在文件读写过程中，代码根据block_device找到gendisk，

从而可以找到struct block_device_operations *fops以及request_queue，然后找到request_queue中的各种字段。

10.9.3.2 gendisk/scsi_disk/block_device初始化

内核初始化时会调用init_sd()来初始化SCSI Disk子系统。init_sd() > err = scsi_register_driver(&sd_template.gendrv) > driver_register() > bus_add_driver() > driver_attach() > bus_for_each_dev() > __driver_attach() > driver_match_device()。其中，scsi_register_driver()

将一份如图10-286所示的struct scsi_driver sd_template{ }中的struct device_driver gendrv{ }结构体登记到内核中。gendrv中记录的回调函数，以及scsi_request_fn()等函数，共同构成了SCSI硬盘设备的驱动程序，或者说SCSI块设备驱动程序。

```
static struct scsi_driver sd_template = {
    .owner                = THIS_MODULE,
    .gendrv = {
        .name             = "sd",
        .probe            = sd_probe,
        .remove           = sd_remove,
        .suspend          = sd_suspend,
        .resume           = sd_resume,
        .shutdown         = sd_shutdown,
    },
    .rescan               = sd_rescan,
    .done                 = sd_done,
};
```

图10-286　SCSI硬盘的驱动程序

每当有一个driver被注册到系统中，就会触发driver_attach() > bus_for_each_dev() > __driver_attach() > driver_match_device()，来看看新注册的驱动可以与哪个现存设备配套，匹配成功则走入__driver_attach() > driver_probe_device() > really_probe() > drv->probe(dev)，最终调用对应驱动的probe回调函数。对于SCSI硬盘来讲就是调用了sd_probe()。

驱动注册之后，如果有新加入的对应设备，则依然会再次调用probe回调函数。比如有某个SCSI硬盘设备被插入系统，则会触发扫描，执行下面的流程：scsi_probe_and_add_lun() > scsi_add_lun() > scsi_sysfs_add_sdev() > device_add (&sdev->sdev_gendev) > bus_probe_device() > bus_for_each_drv() > __device_attach() > driver_probe_device() > really_probe() > drv->probe(dev)。其中，sdev变量名表示struct scsi_device结构体，变量名drv表示sd_template.gendrv结构体。

gendisk（变量名gd）、scsi_device（变量名sdkp，表示scsi disk pointer）、block_device（变量名bdev）这三个表征一块SCSI硬盘设备的关键结构体都是在sd_probe()下游生成并初始化的。其中，scsi_disk结构体直接在sd_probe()函数主体被生成和填充；gendisk结构体则是在sd_probe() > alloc_disk()内生成；而block_device结构体则是在sd_probe() > sd_probe_async() > add_disk() > register_disk()内生成的。

此外，sd_probe()还做了一个很关键的动作，比如sd_probe >sd_format_disk_name()，就是在该函数下游将对应的硬盘设备命名为诸如sda、sdb的。

还有，sd_probe() > sd_probe_async() > blk_queue_prep_rq(sdp->request_queue, sd_prep_fn)这一句，会将scsi_device中的request_queue->prep_rq_fn赋值为sd_prep_fn()。这里的一个疑问在于，在scsi_alloc_sdev()函数中已经将prep_rq_fn赋值为scsi_prep_fn()了，为何这里又将其更换为sd_prep_fn()？原因在于，初期赋值的scsi_prep_fn()是针对所有SCSI设备（不只是硬盘）的通用的、可以将request转换为SCSI公共命令的函数，其被用于早期初始化，而sd_prep_fn()则是专门针对SCSI硬盘的。

大家可以抓住scsi_probe_and_add_lun()这个入口来梳理request_queue、scsi_device、gendisk、scsi_disk、block_device结构体的初始化过程。这几个结构体内部有对应的字段相互指向，从其中一个可以找到另一个，比如从request中的rq_disk字段可以找到本request对应的gendisk；从request_queue->queuedata指针可以找到本request_queue对应的scsi_device；从scsi_disk->disk可以找到本SCSI硬盘对应的gendisk，等等。

10.9.4　从块设备驱动到SCSI中间层

回过头来看q->request_fn()也就是scsi_request_fn(q)，其调用blk_peek_request(q) > __elv_next_request()来摘出一个request执行。__elv_next_request()内部会首先判断当前的request_queue中是否尚有余存的request，有则返回队首的request；如果队列已经空了，则调用q -> elevator -> ops -> elevator_dispatch_fn()回调函数从对应的I/O调度模块内部私有队列中按照对应的调度算法找出一个request加入到request_queue中，然后跳到循环开始处继续尝试，此时request_queue不为空，则摘出刚才被加入的这条request返回给外层函数。

下一步，blk_peek_request ()调用q->prep_rq_fn(q, rq)，按照request中的信息生成对应的SCSI命令。q->prep_rq_fn回调函数之前被注册为sd_prep_fn()函数。篇幅所限，sd_prep_fn()组装具体的SCSI命令的过程请大家自行了解。sd_prep_fn()会将组装好的SCSI命令描述结构struct scsi_cmnd挂接到request->special指针字段中。值得一提的是，scsi_cmnd结构体中不仅包含SCSI命令，还包含一系列辅助该命令被执行的信息，比如要读写的数据在内存中的位置等，以便HBA硬件通过DMA来存取这些数据。

下一步，scsi_request_fn()将生成好的struct scsi_cmnd作为参数来调用scsi_dispatch_cmd()。后者在做了一系列检查之后，调用cmd->device->host->hostt->queuecommand(host, cmd)回调函数，最终将该命令派发给底层HBA驱动程序注册的queuecommand回调函数执行。

scsi_request_fn()会循环执行上述操作，一直到队列为空再也摘不出任何request或者底层模块的send queue已满为止，此时则跳出循环。

所谓SCSI中间层，指的就是包括sd_prep_fn()等函数在内的为块设备驱动提供公共服务的系列函数，其供块设备驱动调用。struct scsi_cmnd{ }最终由块设备驱动直接调用底层HBA驱动提供的回调函数而得到派发。到了这一步，request、bio都已经被隐藏，底层HBA驱动程序处理的就是SCSI命令，虽然struct scsi_cmnd{ }的指针依然被记录在request->special字段。

10.9.5 从SCSI中间层到通道控制器驱动

queuecommand回调函数就是底层HBA通道控制器驱动程序的总入口。该函数因不同厂商的HBA而不同，HBA驱动需要将该函数登记在一份由内核定义的struct scsi_host_template{ }中（如图10-287所示），然后将其作为参数，调用内核提供的scsi_alloc_host()生成一份struct scsi_host{ }并将scsi_host_template 中的对应参数填充到scsi_host中对应字段。

```
static struct scsi_host_template pqi_driver_template = {
    .module = THIS_MODULE,
    .name = DRIVER_NAME_SHORT,
    .proc_name = DRIVER_NAME_SHORT,
    .queuecommand = PQI_SCSI_QUEUE_COMMAND,
    .scan_start = pqi_scan_start,
    .scan_finished = pqi_scan_finished,
    .this_id = -1,
    .use_clustering = ENABLE_CLUSTERING,
    .eh_device_reset_handler = pqi_eh_device_reset_handler,
    .ioctl = pqi_ioctl,
    .slave_alloc = pqi_slave_alloc,
    .sdev_attrs = pqi_sdev_attrs,
    .shost_attrs = pqi_shost_attrs,
};
```

图10-287 某HBA对应的scsi_host_template结构体

然后HBA驱动继续调用scsi_add_host()将填充好的scsi_host结构体注册到系统中，该函数会将scsi_host结构体中的信息与其他相关的数据结构做对应的关联。

PQI_SCSI_QUEUE_COMMAND是一个宏，其根据不同配置对应了不同函数，在此不多展开。常规配置下，其对应了pqi_scsi_queue_command()，该函数内部根据不同情况会调用不同下游函数，比如pqi_aio_submit_scsi_cmd()，如图10-288所示。

该函数首先调用pqi_alloc_io_request()来创建一份struct pqi_io_request结构体并填充，pqi_io_request结构体是用于在该HBA驱动与HBA之间相互传递的信息包，它就像bio、scsi_cmnd一样，由派发者生成，接收者来解析执行。在这里，接收者和执行者当然就是HBA控制器的固件程序了。

pqi_aio_submit_scsi_cmd()然后调用pqi_build_aio_sg_list()来根据scsi_cmnd中的信息创建对应的、可供HBA固件解析识别的Scatter Gather List（见第7章7.1.4节）并将对应的SGL信息挂接到pqi_io_request中的sg_chain_buffer指针字段。

pqi_aio_submit_scsi_cmd()最终调用pqi_start_io()。pqi_start_io()首先调用list_add_tail(&io_request->request_list_entry, &queue_group->request_list[path])来将上一步填充好的io_request加入到由HBA驱动程序维护的发送队列中。

pqi_start_io()最终调用 writel()将生成好的io_request所在的队列位置索引值写入到HBA硬件对应的iq_pi寄存器中。iq_pi表示inbound queue producer index。这个机制可以回顾第7章7.1.5节。一直到这一步，当前任务才算跑完了上半场，函数不断地返回，当前任务内核栈里的栈帧一层层被销毁坍塌。返回到哪里？

do_generic_file_read()下发I/O之后，如果I/O进入了plug队列，则返回，之后继续调用trylock_page()来尝试锁定页面，如果锁定失败，证明底层I/O尚未完成（如果完成则对应的完成处理函数会解锁该页），则会继续调用lock_page_killable() > __lock_page_killable() > sleep_on_page_killable() > sleep_on_page() > io_schedule() > schedule()将当前任务休眠，不过，在切换任务之前，schedule()会把plug队列中的request泄掉（前文提到过），会调用blk_schedule_flush_plug() > blk_flush_plug_list() > queue_unplugged() > __blk_run_queue() > q->request_fn(q)来向下层派发request，从而才最终走到writel()写寄存器的操作，一路返回到schedule()之后，最终将当前任务休眠。

就这样，当前任务在马不停蹄调用了大量函数之后，终于可以歇息了。当前任务会在I/O完成时被唤醒继续跑下半场。与此同时，HBA设备正在利用DMA从内存中取回对应的io_request在后台执行。这期间的事情经过可以参考第7章图7-230所示的I/O处理流程。从HBA控制器硬件到硬盘之间的I/O路径过程可以参考7.1节开头部分。

10.10 网络I/O协议栈

本节我们来看一下应用程序通过网络来发送数据的流程框架。建议大家回顾第7章7.1.7节和7.3节的内容。图10-289为网络数据收发过程的一个再次总结。

此外，在图7-33中，我们介绍过应用层统一使用socket接口来实现网络数据收发，这个socket到底具体体现为什么形式？如果是对文件系统、块设备的读写，内核提供的就是sys_read、sys_write之类的系统调用接口，用户态的库再封装一层，将不得不用汇编语言编写的int 80h系统调用代码封装成C语言函数接口，比如read()、write()，或者fileread()等更上层封装。

对于socket来讲，一样是通过系统调用方式与内核交互。如图10-290所示为2.6.39.4版本内核与socket相关的系统调用接口一览。值得一提的是，应用程序也是通过VFS层与socket交互的，也就是说，socket也是使用file descriptor的形式与应用交互，应用程序只需要向该fd进行读写调用即可实现网络收发。

```
int pqi_scsi_queue_command(struct scsi_Host *shost, struct scsi_cmd *scmd)
{
    int rc;
    struct pqi_ctrl_info *ctrl_info;
    struct pqi_scsi_dev *device;
    u16 hw_queue;
    struct pqi_queue_group *queue_group;
    //..........
    ctrl_info = shost_to_hba(shost);
    //..........
    hw_queue = pqi_get_hw_queue(ctrl_info, scmd);
    queue_group = &ctrl_info->queue_groups[hw_queue];
    if (pqi_is_logical_device(device)) {
        raid_bypassed = false;
        if (device->raid_bypass_enabled &&
            scmd->request->cmd_type == REQ_TYPE_FS) {
            rc = pqi_raid_bypass_submit_scsi_cmd(ctrl_info, device,
                scmd, queue_group);
            if (rc == 0 || rc == SCSI_MLQUEUE_HOST_BUSY)
                raid_bypassed = true;
        }
        if (!raid_bypassed)
            rc = pqi_raid_submit_scsi_cmd(ctrl_info, device, scmd,
                queue_group);
    } else {
        if (device->aio_enabled)
            rc = pqi_aio_submit_scsi_cmd(ctrl_info, device, scmd,
                queue_group);
        else rc = pqi_raid_submit_scsi_cmd(ctrl_info, device, scmd,
                queue_group);
    }
out:
    pqi_ctrl_unbusy(ctrl_info);
    if (rc)
        atomic_dec(&device->scsi_cmds_outstanding);
    return rc;
} « end pqi_scsi_queue_command »
```

```
static inline int pqi_aio_submit_scsi_cmd(struct pqi_ctrl_info *ctrl_info,
    struct pqi_scsi_dev *device, struct scsi_cmd *scmd,
    struct pqi_queue_group *queue_group)
{
    return pqi_aio_submit_io(ctrl_info, scmd, device->aio_handle,
        scmd->cmnd, scmd->cmd_len, queue_group, NULL, false);
}
```

```
struct pqi_io_request {
    atomic_t        refcount;
    u16             index;
    void (*io_complete_callback)(struct pqi_io_request *io_request,
                                 void *context);
    void            *context;
    u8              raid_bypass : 1;
    int             status;
    struct pqi_queue_group *queue_group;
    struct scsi_cmd *scmd;
    void            *error_info;
    struct pqi_sg_descriptor *sg_chain_buffer;
    dma_addr_t      sg_chain_buffer_dma_handle;
    void            *iu;
    struct list_head request_list_entry;
};
```

图10-288 某HBA驱动程序所实现的queuecommand回调函数下游原理

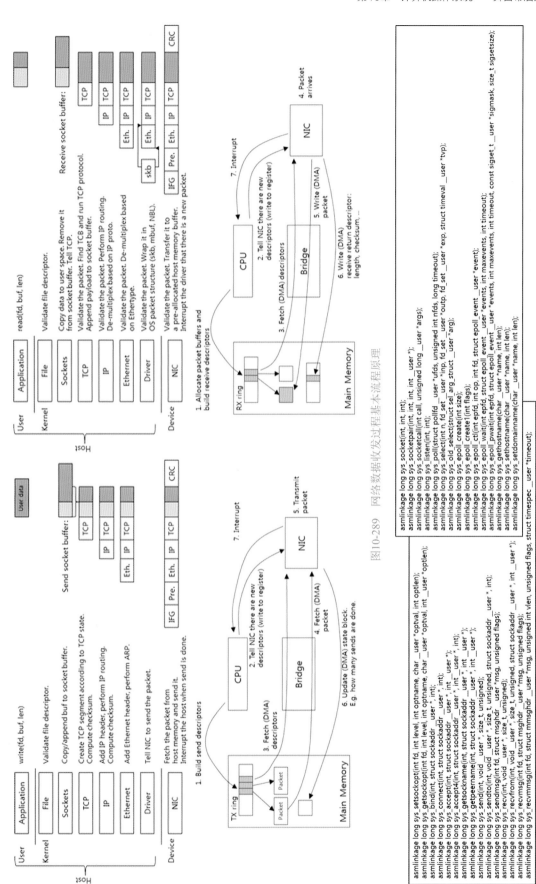

图10-289 网络数据收发过程基本流程原理

图10-290 2.6.39.4版本内核与socket相关的系统调用接口一览

10.10.1　socket的初始化

　　如图10-291所示为socket初始化大致流程。在内核初始化过程中会通过do_initcalls()执行sock_init()来对socket进行基本初始化操作。在sock_init() > sk_init()中，对一些全局参数进行赋值；在skb_init()中，创建sk_buff结构体对应的内核对象缓存。sk_buff对于网络协议栈就像bio对于块访问协议栈一样，用来描述网络I/O请求。由于其频繁被创建、释放，所以需要用到内核object cache机制（见图10-45前后的介绍）。然后调用register_filesystem()这个前文中见过的函数将一份登记有socket文件系统信息的sock_fs_type结构体注册到系统中。然后调用kern_mount()来挂载socket文件系统，过程中会调用由socket文件系统注册的sockfs_mount()函数，将sockfs_ops以及sockfs_dentry_operations结构体注册到系统中。

　　socket文件系统这个词让人很费解，向某个IP地址发送数据包的过程，为什么会与文件扯上关系？其实，Linux内核为了统一，也使用VFS来调用socket，这意味着，向某个IP地址收发数据包，其实是向某个承载着socket的文件发起读写I/O请求。可想而知，承接该文件读写I/O的函数底层一定要走到TCP/IP协议栈、网卡驱动，而不是去走通用块层、SCSI协议栈、存储通道控制器驱动。而且还可以想到，必须将需要通信的IP地址、TCP端口号等细节信息通告给内核，让内核将这些信息与该socket文件做个映射关系，比如将这些信息记录在某个数据结构中。

　　为了适配上述这种设计思路，就不得不存在socket文件系统这种听上去拗口的概念了。但是，按照上述设计，本地机器的每个TCP连接都对应着一个socket文件系统下的文件，那么这些文件被放到哪里？它们预先就存在么？对于诸如EXT2等本地文件系统，答案是放在硬盘上，预先存在或者动态创建都可以。而对于socket文件系统，能够想象的出，答案一定是它们只能是临时地被动态创建并放在内存里，

直到应用程序主动关闭通信销毁它们。另外，本地文件系统需要有个挂载点，以便应用程序访问，但是socket文件系统则根本不需要这个挂载点，因为TCP连接是动态生成和关闭的，socket文件也就跟着动态生成和销毁，它们根本是居无定所，不需要一个固定挂载点。

　　所以，所谓socket文件系统，就是一个上层与VFS对接去应付VFS规定的那套VFS层的super block、inode、dentry等数据结构管理框架而后方则交上对应的网络收发包相关函数的operations回调函数表即可的空壳文件系统，底层并没有本地文件系统支撑。

10.10.2　socket的创建和绑定

　　程序在读写一个文件之前必须先open这个文件，open过程中会做进一步准备，比如为该文件准备好对应的file ops回调函数表指针并将其放置到file结构体中，并将file结构体注册到当前任务的打开文件array数组中，并返回数组下标作为句柄。socket文件也是类似操作方式，但是由于socket文件一开始是不存在的，需要动态创建，所以程序首先需要调用socket这个系统调用通知内核动态创建一个socket文件并返回句柄。

　　long socket(int family, int type, int protocol)，该函数包含以下三个参数。

　　（1）family。表示利用该socket所发送的数据包属于何种网络协议族。比如INET表示IPv4，INET6表示IPv6，还有诸如x25这种古老协议，Linux所支持的全部网络层协议族如图10-291左侧所示。在此只关注PF_INET。

　　（2）type。表示数据包发送的方式（利用何种传输层协议）。比如SOCK_STREAM表示基于连接方式的流式传输（比如TCP），SOCK_DGRAM表示无连接的数据报方式（比如UDP），SOCK_RAW表示自定义传输层包头方式。Linux支持的传输层协议方式如图10-291右侧所示。

```
static int __init sock_init(void)
{   int err;
    sk_init();
    skb_init();
    init_inodecache();
    err = register_filesystem(&sock_fs_type);
    if (err) goto |out_fs;
    sock_mnt = kern_mount(&sock_fs_type);
    if (IS_ERR(sock_mnt)) {
        err = PTR_ERR(sock_mnt);
        goto |out_mount;
    }
#ifdef CONFIG_NETFILTER
    netfilter_init();
#endif
#ifdef CONFIG_NETWORK_PHY_TIMESTAMPING
    skb_timestamping_init();
#endif
out:
    return err;
out_mount:
    unregister_filesystem(&sock_fs_type);
out_fs:
    goto ↑out;
} « end sock init »
```

```
static struct file_system_type sock_fs_type = {
    .name =        "sockfs",
    .mount =       sockfs_mount,
    .kill_sb =     kill_anon_super,
};

static struct dentry *sockfs_mount(struct file_system_type *fs_type,
            int flags, const char *dev_name, void *data)
{   return mount_pseudo(fs_type, "socket:", &sockfs_ops,
        &sockfs_dentry_operations, SOCKFS_MAGIC);
}

static const struct super_operations sockfs_ops = {
    .alloc_inode   = sock_alloc_inode,
    .destroy_inode = sock_destroy_inode,
    .statfs        = simple_statfs,
};

static const struct dentry_operations sockfs_dentry_operations = {
    .d_dname   = sockfs_dname,
};
```

图10-291　socket初始化过程

（3）protocol。对于某个协议族而言，其内部又包含多种协议，比如TCP/IP协议族内部除了网络层IP、传输层TCP/UDP之外，还有诸如ICMP等协议用于控制比如echo探寻等过程。protocol参数就是用于指定所发送的数据包属于何种子协议的。Linux所支持的TCP/IP协议族内的所有子协议如图10-292中间所示。

如果应用要连接对方的HTTP服务，也就是TCP 80端口，那么创建socket时，family需要指定为PF_INET，type需要指定为SOCK_STREAM，protocol需要指定为IPPROTO_TCP。如果应用只想发送ICMP数据包，也就是Ping，那么family为PF_INET、type为SOCK_RAW、protocol为IPPROTO_ICMP。而如果应用要发送自定义上层协议的IP包，那么family为PF_INET、type为SOCK_RAW、protocol为IPPROTO_RAW。

选择了何种参数，会直接影响内核处理数据包的路径。比如选择了PF_INET和IPPROTO_TCP，内核将无条件对所有数据加上TCP头和IP头。而如果选择了PF_INET+SOCK_RAW+IPPROTO_RAW，则内核只会给数据包加上IP头（仅当程序调用setsockopt()来使能IP_HDRINCL选项时内核才自动加IP头，否则不自动加，应用自己来加任意头部），其他头部（如有）是应用层自己加的，如图10-293所示。

如果用户不想让内核负责处理任何上层协议，想完全自己组装数据包的所有部分（包括以太网帧头），内核只负责将数据包传送给以太网卡驱动，后者将数据包直接传递给网卡，可以使用PF_PACKET类型的协议族来创建socket，比如socket(PF_PACKET, SOCK_RAW, IPPROTO_RAW)。仍有其他办法实现从应用层发包直通以太网层，比如Intel提供的DPDK库，或者以太网卡驱动向用户态暴露的一些私有接口等方式。

socket系统调用内部首先会创建一份struct socket *sock表格，然后调用sock_create(family, type, protocol, &sock)创建并初始化sock结构体，该结构体汇总记录了一个socket全部的信息，其下游嵌套了多个次级结构体，总容量非常庞大。之后，socket系统继续调用sock_map_fd() > sock_alloc_file()、sock_map_fd() > fd_install()，申请一个file结构体，并将其作为一个打开文件放入到当前任务的打开文件array中。当然，在这个过程中还会将socket专用的socket_file_ops回调函数表（如图10-294左侧所示）注册到file->f_op字段。

至此，一个socket就被创建好了，但是很显然缺了两个关键信息：第一，这个socket是通向哪里的（目标IP地址和端口号）；第二，如果本地有多个网口、多个IP地址（或者一个网口被设置了多个IP地址），这个socket发源于哪个IP地址后的哪个端口号？上述步骤并没有处理这两个关键点。

Linux内核提供了bind系统调用来让应用程序告诉内核某个socket应该与哪个源IP地址、UDP/TCP端口号相关联。bind(int fd, struct sockaddr __user *

umyaddr, int addrlen)，这三个参数不需要解释，大家相对都清楚。至于告诉内核该socket的目的地址和端口号这件事，是在connect系统调用中做的，下文再介绍。

如图10-295右上角所示为bind系统调用流程。其首先根据传入的fd（file descriptor，打开的文件句柄）参数找到该fd对应的struct socket，然后将地址端口号参数赋值到对应的内核变量中，然后调用sock->ops->bind()回调函数。该回调函数位于struct proto_ops回调函数表中，该表会在socket创建的时候根据对应的family参数选择对应协议族的对应回调函数表向socket结构体中进行登记注册，不同的协议族有不同的bind处理逻辑。对于IPv4也就是INET协议族，proto_ops结构体实际上为inet_stream_ops，对应的bind回调函数实际上为inet_bind()，如图10-296所示。

inet_bind()调用sk > sk_prot（回调函数，指向tcp_prot） > get_port（回调函数，指向inet_csk_get_port()），inet_csk_get_port()会根据策略从本地空闲的TCP端口号，然后将IP地址、端口号等信息填充到对应的结构体中，以供后续使用。

10.10.3 发起TCP连接

connect系统调用过程如图10-297所示。可以看到其调用了sock->ops->connect()回调函数，通过查找图10-296左侧的回调表发现，其对应了inet_stream_connect()。该函数内部再次调用了sk->sk_prot->connect()回调函数，该回调函数对应着该socket所使用的具体传输层协议提供的函数，由于本socket选择了SOCK_STREAM方式，也就是采用TCP通信，所以sk->sk_prot对应的是struct prot tcp_prot{ }。

struct prot tcp_prot{ }中的connect回调函数对应了tcp_v4_connect()，如图10-298所示。该函数内部会向目标IP地址和端口号发起TCP三次握手的连接过程。其首先调用ip_route_connect()来做路由查找处理，然后调用tcp_connet()向目标地址发送SYN消息尝试连接，tcp_connet()会构建相应的sk_buff结构并派发到下层发送出去，同时还会设置对应的超时定时器，一旦超过对应时间尚未接收到对方的回应，则重传SYN消息。设置完定时器后，tcp_connet()就返回了，一直返回到inet_stream_connect()。

inet_stream_connect()随即调用inet_wait_for_connect()再次设置一个定时器，该定时器负责监控整个连接过程的超时，其内部会主动休眠当前任务，因为网络数据包的收发时延比较大，通常在毫秒或者计时毫秒甚至秒级。当收到对方的回应后，当前任务会被唤醒继续，如图10-298所示。

由于TCP底层需要处理的场景和流程比较复杂，篇幅所限，就不多介绍了。

```
#define PF_UNSPEC        AF_UNSPEC
#define PF_UNIX          AF_UNIX
#define PF_LOCAL         AF_LOCAL
#define PF_INET          AF_INET
#define PF_AX25          AF_AX25
#define PF_IPX           AF_IPX
#define PF_APPLETALK     AF_APPLETALK
#define PF_NETROM        AF_NETROM
#define PF_BRIDGE        AF_BRIDGE
#define PF_ATMPVC        AF_ATMPVC
#define PF_X25           AF_X25
#define PF_INET6         AF_INET6
#define PF_ROSE          AF_ROSE
#define PF_DECnet        AF_DECnet
#define PF_NETBEUI       AF_NETBEUI
#define PF_SECURITY      AF_SECURITY
#define PF_KEY           AF_KEY
#define PF_NETLINK       AF_NETLINK
#define PF_ROUTE         AF_ROUTE
#define PF_PACKET        AF_PACKET
```

```
AF_ASH           #define PF_ASH
AF_ECONET        #define PF_ECONET
AF_ATMSVC        #define PF_ATMSVC
AF_RDS           #define PF_RDS
AF_SNA           #define PF_SNA
AF_IRDA          #define PF_IRDA
AF_PPPOX         #define PF_PPPOX
AF_WANPIPE       #define PF_WANPIPE
AF_LLC           #define PF_LLC
AF_CAN           #define PF_CAN
AF_TIPC          #define PF_TIPC
AF_BLUETOOTH     #define PF_BLUETOOTH
AF_IUCV          #define PF_IUCV
AF_RXRPC         #define PF_RXRPC
AF_ISDN          #define PF_ISDN
AF_PHONET        #define PF_PHONET
AF_IEEE802154    #define PF_IEEE802154
AF_CAIF          #define PF_CAIF
AF_ALG           #define PF_ALG
AF_MAX           #define PF_MAX
```

```
enum {
    IPPROTO_IP = 0,             /* Dummy protocol for TCP*/
    IPPROTO_ICMP = 1,           /* Internet Control Message Protocol*/
    IPPROTO_IGMP = 2,           /* Internet Group Management Protocol*/
    IPPROTO_IPIP = 4,           /* IPIP tunnels (older KA9Q tunnels use 94) */
    IPPROTO_TCP = 6,            /* Transmission Control Protocol*/
    IPPROTO_EGP = 8,            /* Exterior Gateway Protocol*/
    IPPROTO_PUP = 12,           /* PUP protocol*/
    IPPROTO_UDP = 17,           /* User Datagram Protocol*/
    IPPROTO_IDP = 22,           /* XNS IDP protocol*/
    IPPROTO_DCCP = 33,          /* Datagram Congestion Control Protocol */
    IPPROTO_RSVP = 46,          /* RSVP protocol*/
    IPPROTO_GRE = 47,           /* Cisco GRE tunnels (rfc 1701,1702)*/
    IPPROTO_IPV6 = 41,          /* IPv6-in-IPv4 tunnelling*/
    IPPROTO_ESP = 50,           /* Encapsulation Security Payload protocol */
    IPPROTO_AH = 51,            /* Authentication Header protocol */
    IPPROTO_BEETPH = 94,        /* IP option pseudo header for BEET */
    IPPROTO_PIM = 103,          /* Protocol Independent Multicast*/
    IPPROTO_COMP = 108,         /* Compression Header protocol */
    IPPROTO_SCTP = 132,         /* Stream Control Transport Protocol*/
    IPPROTO_UDPLITE = 136,      /* UDP-Lite (RFC 3828)*/
    IPPROTO_RAW = 255,          /* Raw IP packets*/
    IPPROTO_MAX
};
```

```
enum sock_type {
    SOCK_STREAM     = 1,
    SOCK_DGRAM      = 2,
    SOCK_RAW        = 3,
    SOCK_RDM        = 4,
    SOCK_SEQPACKET  = 5,
    SOCK_DCCP       = 6,
    SOCK_PACKET     = 10,
};

/*
 * @SOCK_STREAM: stream (connection) socket
 * @SOCK_DGRAM: datagram (conn.less) socket
 * @SOCK_RAW: raw socket
 * @SOCK_RDM: reliably-delivered message
 * @SOCK_SEQPACKET: sequential packet socket
 * @SOCK_DCCP: Datagram Congestion Control Protocol socket
 * @SOCK_PACKET: linux specific way of getting packets at the dev level.
 */
```

图10-292　Linux支持的协议族、TCP/IP协议族内的子协议、传输层协议

PF_INET	SOCK_STREAM	SOCK_DGRAM	SOCK_RAW
IPPROTO_IP	自动选择与SOCK_STREAM匹配的Protocol（TCP）	自动选择与SOCK_DGRAM匹配的Protocol（UDP）	接收任何IP数据包
IPPROTO_RAW	非法组合	非法组合	非法组合
IPPROTO_TCP	只接收TCP端口匹配数据包，只交付Payload	非法组合	只接收TCP端口匹配数据包，交付完整数据包（含IP、TCP、Payload）
IPPROTO_UDP	非法组合	只接收UDP端口匹配数据包，只交付Payload	只接收UDP端口匹配数据包，交付完整数据包（含IP、TCP、Payload）

图10-293　不同参数组合的效果

```
SYSCALL_DEFINE3(bind, int, fd, struct sockaddr __user *,
                                   umyaddr, int, addrlen)
{
    struct socket *sock;
    struct sockaddr_storage address;
    int err, fput_needed;
    sock = sockfd_lookup_light(fd, &err, &fput_needed);
    if (sock) {
        err = move_addr_to_kernel(umyaddr, addrlen,
                                   (struct sockaddr *)&address);
        if (err >= 0) {
            err = security_socket_bind(sock,
                            (struct sockaddr *)&address,addrlen);
            if (!err) err = sock->ops->bind(sock,
                            (struct sockaddr *) &address, addrlen);
        }
        fput_light(sock->file, fput_needed);
    }
    return err;
}
```

```
struct socket {
    socket_state        state;
    kmemcheck_bitfield_begin(type);
    short               type;
    kmemcheck_bitfield_end(type);
    unsigned long       flags;
    struct socket_wq __rcu *wq;
    struct file         *file;
    struct sock         *sk;
    const struct proto_ops  *ops;
};
```

图10-295 bind流程原理

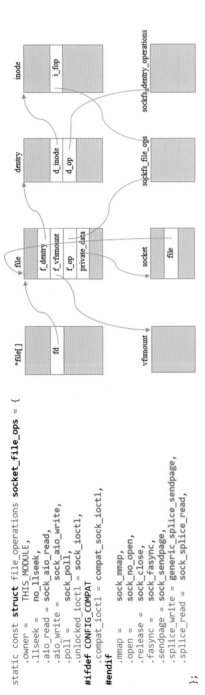

```
static const struct file_operations socket_file_ops = {
    .owner =        THIS_MODULE,
    .llseek =       no_llseek,
    .aio_read =     sock_aio_read,
    .aio_write =    sock_aio_write,
    .poll =         sock_poll,
    .unlocked_ioctl = sock_ioctl,
#ifdef CONFIG_COMPAT
    .compat_ioctl = compat_sock_ioctl,
#endif
    .mmap =         sock_mmap,
    .open =         sock_no_open,
    .release =      sock_close,
    .fasync =       sock_fasync,
    .sendpage =     sock_sendpage,
    .splice_write = generic_splice_sendpage,
    .splice_read =  sock_splice_read,
};
```

图10-294 socket_file_ops回调函数表以及socket创建完毕的状态

```
struct proto_ops {
    int         family;
    struct module *owner;
    int         (*release)    (struct socket *sock);
    int         (*bind)       (struct socket *sock,struct sockaddr *myaddr,int sockaddr_len);
    int         (*connect)    (struct socket *sock,struct sockaddr *vaddr,int sockaddr_len, int flags);
    int         (*socketpair) (struct socket *sock,struct socket *sock2);
    int         (*accept)     (struct socket *sock,struct socket *newsock, int flags);
    int         (*getname)    (struct socket *sock,struct sockaddr *addr,int *sockaddr_len, int peer);
    unsigned int (*poll)      (struct file *file, struct socket *sock,struct poll_table_struct *wait);
    int         (*ioctl)      (struct socket *sock, unsigned int cmd,unsigned long arg);
#ifdef CONFIG_COMPAT
    int         (*compat_ioctl) (struct socket *sock, unsigned int cmd,unsigned long arg);
#endif
    int         (*listen)     (struct socket *sock, int len);
    int         (*shutdown)   (struct socket *sock, int flags);
    int         (*setsockopt) (struct socket *sock, int level,int optname, char __user *optval, unsigned int optlen);
    int         (*getsockopt) (struct socket *sock, int level,int optname, char __user *optval, int __user *optlen);
#ifdef CONFIG_COMPAT
    int         (*compat_setsockopt)(struct socket *sock, int level,int optname, char __user *optval, unsigned int optlen);
    int         (*compat_getsockopt)(struct socket *sock, int level,int optname, char __user *optval, int __user *optlen);
#endif
    int         (*sendmsg)    (struct kiocb *iocb, struct socket *sock, struct msghdr *m, size_t total_len);
    int         (*recvmsg)    (struct kiocb *iocb, struct socket *sock,struct msghdr *m, size_t total_len,int flags);
    int         (*mmap)       (struct file *file, struct socket *sock,struct vm_area_struct *vma);
    ssize_t     (*sendpage)   (struct socket *sock, struct page *page,int offset, size_t size, int flags);
    ssize_t     (*splice_read)(struct socket *sock, loff_t *ppos,struct pipe_inode_info *pipe, size_t len, unsigned int flags);
} « end proto_ops » ;
```

```c
const struct proto_ops inet_stream_ops = {
    .family      = PF_INET,
    .owner       = THIS_MODULE,
    .release     = inet_release,
    .bind        = inet_bind,
    .connect     = inet_stream_connect,
    .socketpair  = sock_no_socketpair,
    .accept      = inet_accept,
    .getname     = inet_getname,
    .poll        = tcp_poll,
    .ioctl       = inet_ioctl,
    .listen      = inet_listen,
    .shutdown    = inet_shutdown,
    .setsockopt  = sock_common_setsockopt,
    .getsockopt  = sock_common_getsockopt,
    .sendmsg     = inet_sendmsg,
    .recvmsg     = inet_recvmsg,
    .mmap        = sock_no_mmap,
    .sendpage    = inet_sendpage,
    .splice_read = tcp_splice_read,
#ifdef CONFIG_COMPAT
    .compat_setsockopt = compat_sock_common_setsockopt,
    .compat_getsockopt = compat_sock_common_getsockopt,
    .compat_ioctl = inet_compat_ioctl,
#endif
};
```

```c
int inet_bind(struct socket *sock, struct sockaddr *uaddr, int addr_len)
{
    struct sockaddr_in *addr = (struct sockaddr_in *)uaddr;
    struct sock *sk = sock->sk;
    struct inet_sock *inet = inet_sk(sk);
    unsigned short snum;
    int chk_addr_ret;
    int err;

    if (sk->sk_prot->bind) {
        err = sk->sk_prot->bind(sk, uaddr, addr_len);
        goto out;
    }
    err = -EINVAL;
    if (addr_len < sizeof(struct sockaddr_in)) goto out;
    if (addr->sin_family != AF_INET) goto out;
    chk_addr_ret = inet_addr_type(sock_net(sk), addr->sin_addr.s_addr);
    err = -EADDRNOTAVAIL;
    if (!sysctl_ip_nonlocal_bind &&
        !(inet->freebind || inet->transparent) &&
        addr->sin_addr.s_addr != htonl(INADDR_ANY) &&
        chk_addr_ret != RTN_LOCAL &&
        chk_addr_ret != RTN_MULTICAST &&
        chk_addr_ret != RTN_BROADCAST)
        goto out;

    snum = ntohs(addr->sin_port);
    err = -EACCES;
    if (snum && snum < PROT_SOCK && !capable(CAP_NET_BIND_SERVICE))
        goto out;
    lock_sock(sk);
    err = -EINVAL;
    if (sk->sk_state != TCP_CLOSE || inet->inet_num)
        goto out_release_sock;
    inet->inet_rcv_saddr = inet->inet_saddr = addr->sin_addr.s_addr;
    if (chk_addr_ret == RTN_MULTICAST || chk_addr_ret == RTN_BROADCAST)
        inet->inet_saddr = 0;
    if (sk->sk_prot->get_port(sk, snum)) {
        inet->inet_saddr = inet->inet_rcv_saddr = 0;
        err = -EADDRINUSE;
        goto out_release_sock;
    }
    if (inet->inet_rcv_saddr) sk->sk_userlocks |= SOCK_BINDADDR_LOCK;
    if (snum) sk->sk_userlocks |= SOCK_BINDPORT_LOCK;
    inet->inet_sport = htons(inet->inet_num);
    inet->inet_daddr = 0;
    inet->inet_dport = 0;
    sk_dst_reset(sk);
    err = 0;
out_release_sock:
    release_sock(sk);
out:
    return err;
} « end inet_bind »
```

图10-296 TCP/IPv4协议族对应的proto_ops结构体以及相应的bind函数

```c
SYSCALL_DEFINE3(connect, int, fd,
        struct sockaddr __user *, uservaddr,
        int, addrlen)
{
    struct socket *sock;
    struct sockaddr_storage address;
    int err, fput_needed;
    sock = sockfd_lookup_light(fd, &err, &fput_needed);
    if (!sock) goto out;
    err = move_addr_to_kernel(uservaddr, addrlen,
            (struct sockaddr *)&address);
    if (err < 0) goto out_put;
    err = security_socket_connect(sock,
            (struct sockaddr *)&address, addrlen);
    if (err) goto out_put;
    err = sock->ops->connect(sock,
            (struct sockaddr *)&address, addrlen,
            sock->file->f_flags);
out_put:
    fput_light(sock->file, fput_needed);
out:
    return err;
} « end SYSCALL_DEFINE3 »
```

```c
int inet_stream_connect(struct socket *sock, struct sockaddr *uaddr,
        int addr_len, int flags)
{
    struct sock *sk = sock->sk; int err; long timeo;
    if (addr_len < sizeof(uaddr->sa_family)) return -EINVAL;
    lock_sock(sk);
    if (uaddr->sa_family == AF_UNSPEC) {
        err = sk->sk_prot->disconnect(sk, flags);
        sock->state = err ? SS_DISCONNECTING : SS_UNCONNECTED;
        goto out;
    }
    switch (sock->state) {
    default:
        err = -EINVAL;       goto out;
    case SS_CONNECTED:
        err = -EISCONN;      goto out;
    case SS_CONNECTING:
        err = -EALREADY;     break;
    case SS_UNCONNECTED:
        err = -EISCONN;
        if (sk->sk_state != TCP_CLOSE) goto out;
        err = sk->sk_prot->connect(sk, uaddr, addr_len);
        if (err < 0) goto out;
        sock->state = SS_CONNECTING;
        err = -EINPROGRESS;
        break;
    }

    timeo = sock_sndtimeo(sk, flags & O_NONBLOCK);
    if ((1 << sk->sk_state) & (TCPF_SYN_SENT | TCPF_SYN_RECV)) {
        if (!timeo || !inet_wait_for_connect(sk, timeo)) goto out;
        err = sock_intr_errno(timeo);
        if (signal_pending(current)) goto out;
    }
    if (sk->sk_state == TCP_CLOSE) goto sock_error;
    sock->state = SS_CONNECTED;
    err = 0;
out:
    release_sock(sk);
    return err;
sock_error:
    err = sock_error(sk) ? : -ECONNABORTED;
    sock->state = SS_UNCONNECTED;
    if (sk->sk_prot->disconnect(sk, flags))
        sock->state = SS_DISCONNECTING;
    goto out;
} « end inet_stream_connect »
```

图10-297 connect系统调用下游原理

10.13　小结

本章只介绍了Linux操作系统的一点儿皮毛和框架，由于冬瓜哥无法在有限的精力和篇幅内来深入研究并介绍Linux内核的每个细节角落，本章也只能到此为止了。有兴趣的朋友可以继续在这个领域耕耘。最后，附上两张Linux内核模块全局图，如图10-299和图10-300所示。

经历了一路的坎坷，我们终于成功登上了计算机世界的顶峰。然而瞭望远处，还有一座遥不可及的巅峰若隐若现，其上座落着量子计算、光导芯片/光计算、非易失性高速存储器、生物分子计算等科学神殿，留给读者继续探索。会当凌绝顶，一览众山小。站在这顶峰之上，就让我们来饱览计算机世界芸芸众生的全貌吧！

图10-298　tcp_v4_connect()函数原理

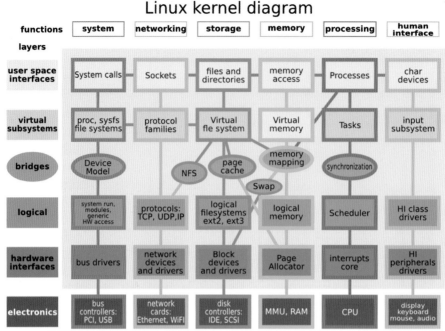

图10-299　Linux内核模块全局图（1）

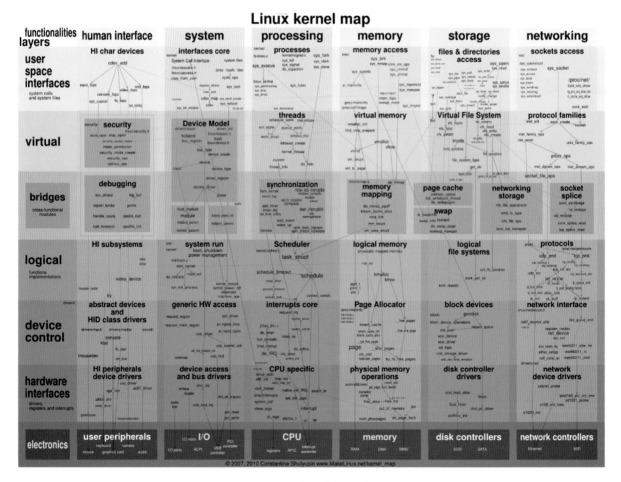

图10-300　Linux内核模块全局图（2）

## 第 11 章

现代计算机系统
形态与生态

我们此时已经站在了计算机世界的顶峰，"会当凌绝顶，一览众山小。"本章要从峰顶纵身一跃，并张开思维的翅膀，滑翔到我们旅程开始的地方。你看：以敦煌为圆心的东北东！这民族的海岸线像一支弓！那长城像五千年来待射的梦！我用手臂拉开这整个土地的重！蒙古高原南下的风，写些什么内容！汉字到底懂不懂，一样肤色和面孔！跨越黄河东，登上泰山顶峰！我把天地拆封，将长江水掏空，人在古老河床蜕变中！（方文山）

11.1 工业级相关计算机产品

11.1.1 工业控制

现代的工业机器，比如数控机床（如图11-1所示）、芯片制造领域的蚀刻机等一系列加工制造机器，都离不开计算机。如图11-2所示为数控机床架构示意图。其基本上是采用一部总控计算机来运行总控程序，然后通过总线适配器将I/O指令传达到对应的

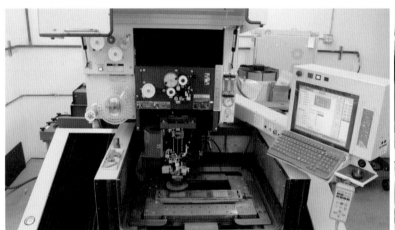

图11-1 数控机床

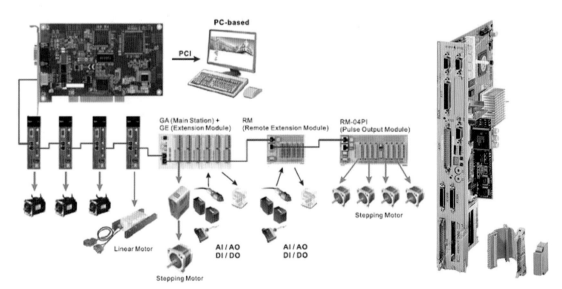

图11-2 数控机床架构示意图

运动控制模块上，运动控制模块将指令解析为控制机床的机械、液压、气动等各种物理部件行为的电流、电压等模拟信号，从而控制机床对器件进行加工。这些控制包括主轴运动部件的变速、换向和启停指令、刀具的选择和交换指令、冷却和润滑装置的启停、工件和机床部件的松开和夹紧、分度工作台的转位分度等开关辅助动作。

总控计算机可以采用开放式的PC/服务器，总线适配器可以采用PCIE接口的HBA，HBA后端可以采用不同方式与机床的其他控制子模块相连，比如串口、以太网等。子控制模块中经常使用CPLD、FPGA等可编程逻辑器件来实现对外部组件的控制，以及接收外部组件的反馈信号并处理。

至于机器人，或者说人形的机器，其本质与数控机床一样。比如流水线上的各种机械手（如图11-3所示）等。而无人驾驶汽车则是使用可以智能分析路况的带有人工智能程序的计算机来控制的汽车。

图11-3　工业流水线上的机械手臂

在软件方面，工业制造领域经常使用比如AutoCAD、MATLAB等计算机辅助工程设计软件。这其中有些软件需要大量的算力，比如计算工程力学应力、撞击模拟等计算过程，有些甚至需要计算机集群/超级计算机来帮忙，近年来兴起的基于GPU的通用计算则提供了更加便捷、低成本的方案选择。

现代的工业控制电子系统多数采用x86开放式系统，比如赛扬J1900级别的CPU，也有一些使用Atom平台，很多新一点儿的产品也有使用Apollo Lake、Sky Lake平台CPU。

11.1.2　军工和航空航天

说到坦克导弹火箭卫星，其内部也采用计算机控制。不过对于这些特殊场景，对其中的计算机部件有特殊要求，比如火箭、卫星、洲际弹道导弹等需要抗辐照的器件。由于外太空的电离辐射较强，高能粒子流会严重影响电路的可靠性。如图11-4所示为一些老式导弹中的控制电路。

导弹在飞行过程中需要对各种环境信息做采集然后分析，并将分析结果反馈到各个组件，比如发动机等，以及将必要信息传回地面站。这就需要较强算力的芯片，比如FPGA等。而在20世纪早期，那时的导弹内部只能使用大量分立器件来搭建计算机，如图11-4右下角所示的部分为20世纪60年代的某导弹内部某处，多张独立电路板挂接到总线上。

如图11-5所示为某最新式战术巡航导弹的残骸，可以看出其内部采用了大量的FPGA/ASIC（无法判定），证明该导弹有相当的数据现场分析能力。这些残骸被对手获取到之后，可能会采用各种方法进行研究，比如将ASIC芯片一层层打磨露出导线层，然后重构整个芯片板图，然后进行逻辑猜解从而获知其功能、目的。

如图11-6所示为某雷达预警系统内部部分模块拆解图。

再看看战斗机。战机上一般会搭载一个小型机柜，机柜内采用带有加固处理的统一背板和槽位，插有服务器、存储系统、专用设备等各类子模块。如图

图11-4　一些老式导弹中的控制电路

11-7～图11-9所示为某战机的航空电子系统(航电系统)架构示意图。

军用和航空航天领域的控制系统中存在大量比例的模拟电子系统,而数字计算机系统所采用的总控芯片一般都是比较老旧的型号,其性能低于同时期商用级处理器十几倍甚至几十倍,甚至远低于手机CPU的性能。但这并没有什么可令人惊讶的,因为航电系统中的主要算力被分摊到了各个子模块中,比如处理雷达信号的DSP/FPGA、控制整流罩移动的反馈控制系统(采用模拟电子电路控制)等,它们平时各自为政,总控CPU部分只是负责下发各种指令、全局协调。这就像在商用计算机中的CPU和以太网卡的关系,以太网底层编码不需要CPU来计算。

另一个原因是,工业类产品研发周期长,系统耦合紧,对硬件有特殊要求(比如抗辐照等)。如果频繁升级则软件也需要跟着适配,包括操作系统、应用可能都得改,所以更新换代的惰性也就非常大。加上不同代战机的性能很大一部分体现在外部边缘组件的

升级换代,而总控部分只是负责控制,换代缓慢也不是大问题。稳定才是第一要素。

某战机先后用过Intel的i960、IBM的PowerPC 603等CPU作为主控。战机图形处理器采用NVIDIA Geforce2 Go。某新式战机的算力有了提升,使用了4片PowerPC G4,GPU采用的是NVIDIA Geforce 2。F35的座舱全景显示子系统则采用LynxOS-178实时操作系统。其他一些RTOS比如μC/OS-Ⅱ也在军工产品中有应用。

好奇号火星车采用了IBM PowerPC 750,256KB EEPROM,256MB DRAM,2GB的Flash存储器。

11.2　企业级相关计算机产品

企业级计算机系统市场是一个比较开放的、标准化/兼容性很高的、充满竞争的市场。在这个市场生态圈中主要有下面几个角色:半导体制造工厂、半导体电路设计商、板卡设计制造商、整机设计商、整机制

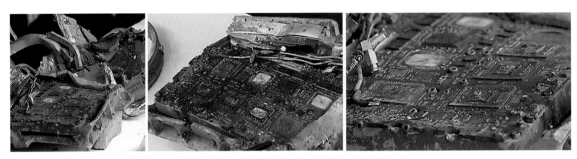

图11-5　某最新式战术巡航导弹的残骸

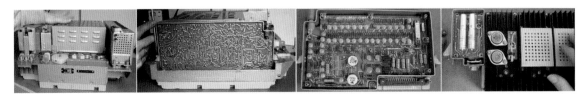

图11-6　某老式雷达预警系统内部模块

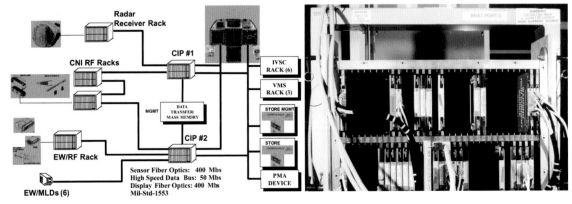

图11-7　某战机航电系统架构示意图(1)

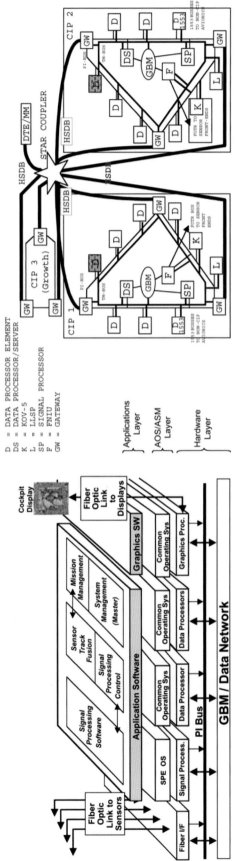

图11-8　某战机航电系统架构示意图（2）

图11-9　某战机航电系统架构示意图（3）

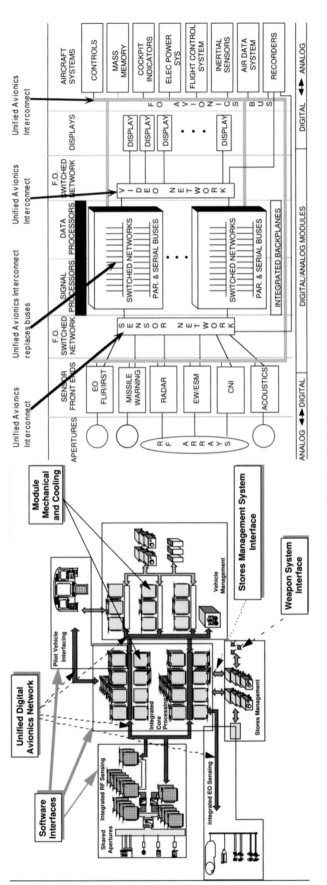

造商、整机制造设计商、软件开发商、系统集成商、最终用户。

这个生态从上游到下游的运行流程为：半导体电路设计商设计出对应的芯片，以版图的形式送交半导体制造工厂排队等待制造，芯片出厂后，板卡（各种HBA卡、转接卡、主板等）设计制造商采购芯片，送交板卡制造工厂制板加工焊接，出厂。整机设计制造商采购板卡、机箱、电源等组装成整机出厂。大大小小的系统集成商直接面对最终用户，它们为用户设计好IT系统架构、方案，采购对应厂商的各种产品，软件+硬件，然后负责为用户提供售前评估咨询、售中流程管理及安装部署上线、售后维护等服务。

如图11-10所示为双路服务器架构的演变（未包括最早期的那种连内存都连接到北桥的架构），这个过程在本书之前章节中也都有所提及。随着CPU集成度的提高，目前主板上基本只有CPU、I/O桥两种主要芯片了。在此建议粗略回顾一下第7章中的PCIE和SAS方面的内容。

本节冬瓜哥将展示企业数据中心中的主要关键IT设备的架构及实物，初入IT行业的朋友只要经常看一下这些图片和架构，就可以做到胸有成竹。当你真正走入企业数据中心机房之后，能够一眼辨识出各种设备，并且迅速在脑海中构建出该设备内部的架构、功能，以及与其他设备的连接方式，形成一个全局框架。

提示 ▶▶▶

> 2008年，冬瓜哥面试一家存储系统厂商，面试官Andreas先生是位严谨的德国人，但是会说一口流利的中文。他在电话中问了我各种技术问题，我都对答如流。虽然那时候我并没有见过任何存储系统设备，但是我已经饱览了各种相关的文档，已经是胸有成竹。

11.2.1 芯片与板卡

本节我们就来看看各种企业级计算机系统中常用的芯片和板卡。由于CPU、桥片在本书之前章节中已经介绍过了，这里不再介绍。

图11-11中的RAID/HBA，指的是带RAID和不带RAID功能的SAS/SATA控制器。这个控制器可以直接被焊接到主板上，与CPU之间采用PCIE总线相连；也可以先将其制作到一个PCIE卡上，再将其插到主板上的PCIE插槽中。PCIE卡有多种形态，一种是标准卡（有全高全长、半高半长等规格，目前基本都是半高半长规格），另一则是非标准卡或者定制化卡（这类卡的形态各式各样，但是依然使用PCIE协议，只是物理接口形态上有变化）。有种非标准卡被称为Mezzanine Card（夹层卡），其目的是为了节约计算机机箱内的空间，其插槽方向垂直而不是平行于板卡表面，这样这张卡就可以与主板平行紧贴在主板表面了。

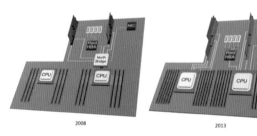

图11-10 企业级计算机系统典型架构变迁过程

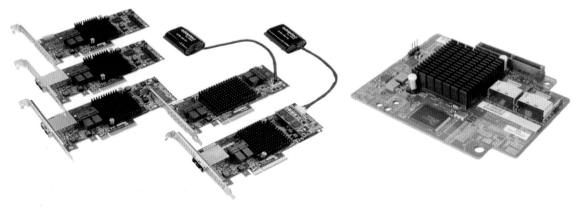

图11-11 标准接口的SAS RAID和HBA卡、夹层HBA卡

从第7章中图7-21左侧所示的计算机内部结构，可以看到企业级计算机的硬盘都是插到一块背板上，再使用线缆连接到SAS HBA/RADI控制器上的。有时候需要连接较多硬盘，SAS控制器的直连接口数量不够，那就需要采用一个SAS Switch（业界不叫Switch，而叫SAS Expander）芯片来扩充接口数量。这个芯片可以被放置到背板上，硬盘信号先连接到SAS Expander上，然后从其上行口连接到SAS控制器上。如果背板空间比较小，容不下SAS Expander芯片的位置，为了灵活性考虑，则Microsemi公司推出了SAS Expander卡，其为一块PCIE卡，但是只使用PCIE接口来供电，不传递信号。SAS接口被从SAS Expander上导出到连接器，这样，背板的上行信号、SAS控制器的信号都使用线缆连接到SAS Expander卡，从而形成一个SAS交换网络，让SAS控制器端识别到所有硬盘。图11-12右下角所示为Microsemi公司的SAS Expander卡。图中左下角所示为DELLEMC R940 四路服务器背板、Microsemi公司的Adaptec 82885T SAS Expander卡的结构图以及使用场景。

一些企业级计算机中还经常用到另一种芯片：PCIE Switch。由于CPU提供的PCIE通道数量不够，犹如SAS一样，也需要一个Switch芯片来扩充PCIE通道数量。如图11-13所示为三台不同设计的服务器，可以看到其中插满了显卡，它们属于GPU Server。比如左侧那台插了16块×16 PCIE接口的显卡，双路CPU输出的PCIE通道数量不够，于是可以看到在其中板（Middle Plane）上白色散热片下面就是PCIE Switch芯片。至于PCIE Switch内部架构，我们已经在第7章的7.4.1.9节中介绍过了。

企业级计算机系统中还包含一些芯片，比如BMC、声音处理芯片/卡、GPU/显卡、机械硬盘控制器芯片、固态硬盘控制器芯片等，这些芯片在本书之前章节中均有相应介绍。

回忆 ▶▶

目前，市面上使用较广的SAS控制器/卡、SAS RAID控制器/卡、SAS Expander芯片、PCIE Switch芯片、企业级NVMe协议的Flash控制器，都产自PMC-Sierra公司（后被Microsemi公司收购）。

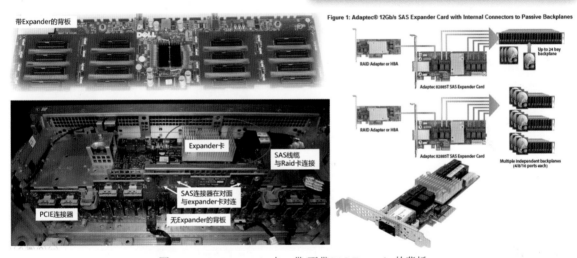

图11-12 SAS Expander卡、带/不带SAS Expander的背板

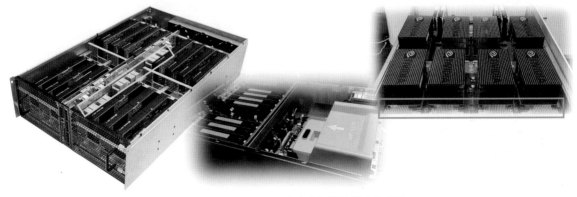

图11-13 PCIE Switch在企业级计算机中的应用

11.2.2 服务器

所谓服务器，就是对外提供各种服务（比如网页服务器、文件共享服务器、数据库服务器等）的企业级计算机，其上安装有相应的企业级应用软件对外提供服务。对于目前各种智能终端，当打开某个App之后，该App可能就会连接到位于互联网上的某台或者多台服务器来登录认证，获取用户信息，推送内容以及获取手机本地内容到服务器端处理。服务器相比个人计算机而言有如下区别：可靠性更高、扩展性更强、性能更强。

由于服务器在上述多个方面的特殊要求，所以其外观、内部设计上一眼就可以与个人计算机区分开来（如图11-14所示）。从形态上，服务器可以分为下面几种。

11.2.2.1 塔式服务器

塔式服务器的机箱结构和个人机箱非常类似（如图11-15所示），但是普遍比PC机箱体积更大，因为服务器的扩展性更好，以及对散热的要求等，决定了其需要占用更大的空间（如图11-16所示）。

塔式服务器一般适用于超小规模企业或者中小企业场景，在这些场景下，用户仅需要一台或者少数几台服务器，并且短期内不会继续采购更多服务器，那么塔式服务器就是比较适合计算机的选择。

值得一提的是，塔式服务器虽然外观像个人计算机，但是这绝对不表示其性能也相对其他类型服务器低，相反，有些塔式服务器型号性能非常高，因为其内部空间大，在供电、散热、扩展性方面设计局限很小，也就可以使用更高规格的CPU、内存等部件。

	服务器	个人计算机（PC）
可靠性	电源双冗余，统一散热，高质量部件，部件老化测试，采用ECC DDR RAM	单电源，一般质量部件，采用非ECC DDR RAM
可维护性	可以支持CPU、内存、电源模块、PCIE卡、风扇、硬盘等部件的热插拔	除硬盘外其他部件不支持热插拔，除非特殊设计
可扩展性	提供多个x16 PCIE插槽和x8插槽。最多提供数个硬盘槽位。提供大量DDR RAM插槽	一般只提供一个x16 PCIE插槽，若干x8、x4PCIE插槽。提供少量硬盘槽位。提供少量DDR RAM插槽
性能	采用规格（性能、可靠性、可维护性等）更高的CPU，比如Intel至强系列。可以配置一至数百路CPU	采用消费级CPU，比如Intel酷睿系列。一般只配置单路CPU
外观形态	塔式/立式、机架式、刀片式、整机柜式	多数为塔式/立式，少数DIY成特殊形态

图11-14 服务器与个人计算机 的对比

PowerEdge T430　　　　PowerEdge T630　　　　PowerEdge T440　　　　PowerEdge T640

图11-15 DELLEMC公司的典型塔式服务器产品

图11-16 DELLEMC公司的T630塔式服务器外观和内部图

11.2.2.2 机架式服务器

对于那些需要大量服务器的场景，比如大型企业数据中心、云计算数据中心、互联网企业后端数据中心等，需要在有限的机房空间中容纳尽可能多的服务器，此时塔式服务器由于体积过大不紧凑，就不适合了。于是服务器设计制造厂商推出了机架式服务器。所谓机架（Rack），就是机房内部用于容纳各种服务器、存储、网络设备的金属框架，如图11-17所示。

标准机架宽19英寸，高度为42U（U即Unit，1U=4.445cm）。机架服务器/网络/存储设备必须按照这个标准来设计。在设备四角会有挂耳，利用螺丝固定在机架四周的空洞上。机架设备可以有各种高度，比如1U、2U、4U高度最为普遍，有些设备也可以是6U、8U等高度。利用这种标准化的方式，可以让数据中心内服务器密度更高，管理也方便。但是对机架、设备的质量要求很高，各种结构件以及机房地板需要有较强的承重能力。

毫无疑问，机架服务器内部的空间会变得非常狭小紧凑。如图11-18所示为DELLEMC公司的R740机架式服务器实物图，其为一款2U高度2路CPU的服务器。

机架服务器普遍都是硬盘位于机器前方（这样便于硬盘热插拔维护），各种I/O接口、PCIE适配卡则位于机器后方（平时很少会变更）。为了便于热插拔硬盘，需要先将硬盘固定在托架上，再将托架+硬盘一同插入服务器背板上。如图11-19所示为硬盘托架示意图。

DELLEMC公司是目前全球最顶级的企业级服务器、存储设备设计和制造商，其在该领域积累了多年的经验，在用户体验方面做到了极致（如图11-20所示）。

下面简要介绍一下DELLEMC公司的R940型4路服务器内部结构。如图11-21所示为其内部俯视图。

图11-17　19英寸标准机架

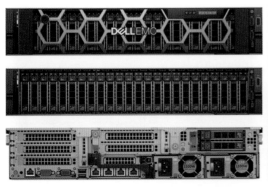

图11-18　DELLEMC公司的R740机架式服务器实物图

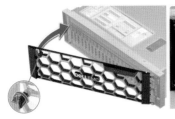

图11-19　硬盘托架示意图

图11-20　DELLEMC公司的部分机架式服务器产品一览

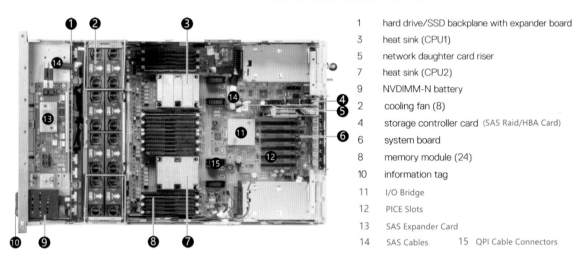

1	hard drive/SSD backplane with expander board
3	heat sink (CPU1)
5	network daughter card riser
7	heat sink (CPU2)
9	NVDIMM-N battery
2	cooling fan (8)
4	storage controller card (SAS Raid/HBA Card)
6	system board
8	memory module (24)
10	information tag
11	I/O Bridge
12	PICE Slots
13	SAS Expander Card
14	SAS Cables
15	QPI Cable Connectors

图11-21　DELLEMC公司R940服务器内部俯视图

R940内部采用了双层主板设计，底层主板包含两个CPU插座，若干内存插槽，I/O桥芯片以及PCIE插槽；上层主板只包含两个CPU插座和若干内存插槽。如图11-22所示，双层主板之间提供特殊的QPI网络连接器，使用特殊线缆相互连接，从而将两个2路CPU的主板连接成一个4路CPU的系统。

不同厂商的服务器最大的区别在于可维护性设计上。DELLEMC在可维护性方面做的比较到位，比如上层主板可以很容易地被掀开、合上。如图11-23所示为R940服务器其他部分模块实物图，包括：SAS Expander卡+背板、PCIE插槽Riser转接支架、电源模块、风扇模块等。

机架式服务器中普遍使用了Riser转接支架。机架服务器的高度一般为1U/2U/4U（少数为8U，比如一些8路高端服务器）。由于标准形态PCIE适配卡的高度高于4U，无法竖插在主板上，所以厂商一般提供

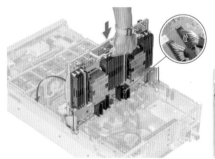
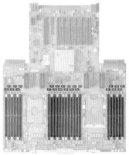

图11-22　DELLEMC R940服务器双层主板

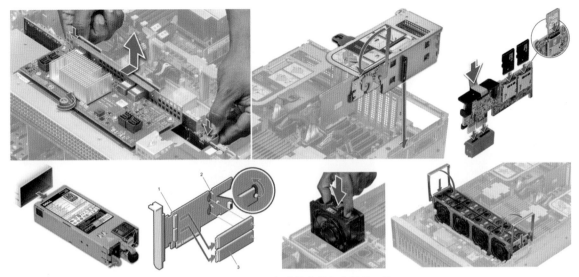

图11-23　R940服务器的其他部分模块一览

Riser支架将信号从主板的特殊PCIE插槽（一般为非标准插槽，供电标准不同，直接插PCIE卡可能会被烧掉）转接成一个或者多个横向的标准PCIE插槽，这样PCIE卡就可以扁平地（与主板平行方向）插到Riser支架中的PCB板上。

　　一些高端的服务器也这样处理内存，从而提升密度。如图11-24所示为DELLEMC R930服务器中的内存Riser模块。

图11-24　DELLEMC R930服务器中的内存Riser

在国内，浪潮研制出了中国第一款基于Intel平台的8路服务器，长期以来一直引领着8路服务器的技术发展趋势。2010年，浪潮推出了中国第一款8路服务器天梭TS850，实现了架构、结构、原理、PCB、BIOS等8个层面的自主化研制。

　　浪潮8路服务器采用了基于NUMA的物理双分区体系结构、时序控制、分区逻辑控制、监控管理等主机技术，在短短几年内，从天梭TS850，到天梭TS860，到天梭TS860G3，再到TS860M5（如图11-25所示），完成了4代产品的迭代更替，整体水平已经位居业界前列。

图11-25　浪潮新一代八路服务器TS860M5

11.2.2.3　刀片服务器

刀片服务器（Blade Server）是比机架服务器设计更紧凑，能够进一步提升部署密度的服务器形态。对于塔式、机架式服务器来说，每一台机器内部都有独立的电源模块、风扇模块、硬盘插槽、PCIE插槽、网卡、SAS RAID/HBA卡。而如果想进一步提升密度，显然，可以将通用的模块拿出来，比如用两个互为冗余的大功率电源模块、大功率风扇模块对多台服务器一起供电、散热，可以省出很大一部分空间；而如果将服务器内部的硬盘插槽也统一集中放置，再通过中板或者背板将这些插槽灵活地连接到某个服务器的SAS RAID/HBA卡输出的SAS连接器上，又可以节省一部分空间。而如果将服务器上的网络接口统一导向到集中的接口面板上，则又节省了一点点儿空间。如图11-26所示为DELLEMC M1000e刀片Chasis的前视图和后视图。

　　这样，服务器内部就可以更加紧凑，每一点儿空间都是精打细算，整个服务器体积也就可以做的比较小了。在这种设计模式下，每个服务器被称为一个刀片（Blade），或者结点（Node）、模块（Module）。而多个刀片服务器必须被插入（可热插拔）到一个通常为6U/8U高度的机箱（Chasis，或者带有商业色彩的名称Blade Center）内部。电源、风扇、网络接口、远程管理模块等子模块也都插入到机箱上。所有服务器、外围模块之间通过特殊的连接器，通过机箱内部的中板相互连接。如图11-27和11-28所示为DELLEMC M1000e刀片Chasis实物图。

如图11-29和图11-30所示为DELLEMC M1000e刀片Chasis中板实物图和连接拓扑图，以及连接器实物图。

图11-26　DELLEMC M1000e刀片Chasis的前视图和后视图

图11-27　DELLEMC M1000e刀片Chasis实物图（1）

图11-28　DELLEMC M1000e刀片Chasis实物图（2）

图11-29　DELLEMC M1000e刀片Chasis中板实物图和连接拓扑图

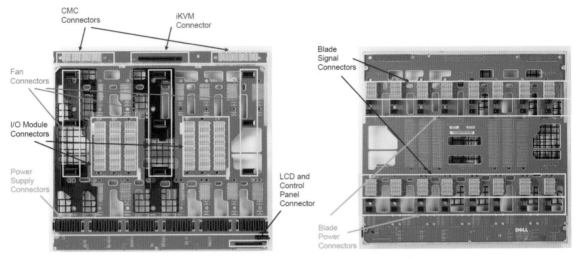

图11-30 DELLEMC M1000e刀片Chasis中板上的连接器

如图11-31所示为DELLEMC M840、M630刀片服务器结点以及CMC（Chasis Management Controller）集中控制模块。还有其他诸多型号和配置规格的刀片服务器结点，在这里就不多介绍了。这些模块都可以插入到M1000e刀片机箱中。

如图11-32所示为DELLEMC M1000e刀片Chasis的iKVM（Integrated KVM）和CMC模块。KVM表示Keyboard、Video、Mouse。为了方便管理，iKVM模块会将所有刀片服务器的键盘、鼠标和VGA显示接口的信号汇总，对外只提供两个USB接口分别接鼠标和键盘，以及一个VGA接口连接一台显示器。通过其他控制渠道比如CMC来切换多路KVM信号输出到iKVM

模块接口上，这样只需要使用一套键盘鼠标显示器就可以轮流操作多台服务器的GUI了。

CMC模块用于对整个Chasis以及刀片服务器等模块进行集中控制管理，包括配置各种参数、固件升级、日志收集等功能。其后端采用各种接口与各个模块相连，比如i2c、以太网、UART串口等；各个模块上则采用BMC控制器与CMC集中控制模块相连，接收后者下发的各种指令和数据。

如图11-33所示为DELLEMC M1000e机箱支持的各种I/O模块，这些模块与刀片服务器结点的连接示意图如图11-33右侧所示。这些模块有的是直通模块，有的则本质上是一个交换机，在第6章的6.6节中有更

图11-31 DELLEMC M840、M630刀片服务器结点以及CMC集中控制模块

详细的介绍。

DELLEMC在2018年第4季度推出了全新的PowerEdge MX7000系列刀片服务器机箱以及各种刀片模块，采用了当时业界的前沿技术，实现了更灵活的资源池化。

11.2.2.4 模块化服务器

刀片服务器在密度和日常维护上有先天优势，但是其初期投资有点儿高，不管配置多少个结点，整个Chasis都要首先购置上。于是近年来各大服务器厂商陆续推出了小型的模块化服务器，其本质上与刀片服务器类似，但是做了一些精简。比如高度一般在2U/4U，最大可插入刀片数量降低、I/O接口数量降低等。

DELLEMC Poweredge FX2是一款2U模块化服务器平台框架，其采用一个2U的Chasis机箱，最大可以容纳：两个1U Server Sled、或者一个1U Server Sled+两个1U半宽存储Sled、或者一个1U半宽Server Sled+三个1U半宽存储Sled、或者4个1U半宽Server Sled、或者两个1U半宽Server Sled+两个1U半宽存储Sled、或者三个1U半宽Server Sled+一个1U半宽存储Sled、或者8个1U四分之一宽Server Sled。可实现多种灵活组合。如图11-34和图11-35所示为DELLEMC Poweredge FX2模块化服务器前视图和后视图。

FX2机箱背面有8个PCIE槽位，这8个PCIE槽位可以被灵活地分配给机箱正面的各种组合的Server Sled。这得益于PCIE Switch以及Partition功能的使用（详见第7章PCIE部分），如图11-36所示。

如图11-37和图11-38所示为DELLEMC Poweredge FX2服务器部分模块实物图。在可维护性方面，FX2服务器机箱内部的PCIE Switch模块是可以被方便地插拔的。

在国内，独立的软件产品比较难以获得用户的认可，更多用户对花钱购买一个注册码或者License文件不以为然，他们更愿意购买软硬一体的设备，比如把备份和容灾管理软件安装到定制化的服务器中形成的备份容灾一体机，把数据库安装到服务器中形成的数据库一体机，将GPU、高速网卡、服务

器、配套的AI软件预装到系统中形成AI一体机等。

很多独立软件供应商（Independent Software Vendor，ISV）或者系统集成商（System Integrator，SI）会将软件预装到硬件中，并做充分的集成测试、稳定性测试和功能测试，然后软硬打包销售，避免用户自己安装软件到不同版本的OS或者硬件服务器上而导致的各种兼容性问题。软硬一体机更多像是基于开放平台服务器构建的半封闭系统，它对易部署、易维护方面有着更高的要求，各方面规格也是为对应软件系统量身定制的，可以省去ISV在硬件适配方面的额外的不必要工作量，在软硬集成前期就可以有针对性地完成性能的匹配和调优。

纵观目前市场上的主流产品，要么灵活性不够，要么扩展性不佳，多数ISV在集成系统时基本就是采用多台传统机架式服务器的简单堆叠，单独各自管理，效率低下。而采用刀片服务器，成本又过高；采用小型模块化服务器则扩展性不够。所以，ISV、私有云等系统迫切需要一款能够拥有广泛的场景适配、灵活的扩展性、易部署维护的服务器产品。

而这种强定制化细分市场场景，正是ODM制造商所擅长的。ODM制造商长期隐藏在各大OEM品牌商后面，一般来讲，国内ODM厂商的结构和工程能力、自研主板和全部电路的能力、配套软件研发能力都比较强，但是在与用户贴近的私有云、超融合、大数据、AI等用户场景的理解方面，OEM品牌商由于长期处于用户一线，积累的经验更多。目前，各大ODM制造商普遍从后台走向一线，直接调研用户场景，这方面的典型代表是国鑫（Gooxi）最近推出的一款专门针对ISV和私有云环境的一体机模块化服务器，如图11-39所示。

该机型为一款4U高度，最高可配置8个计算结点的超融合服务器存储一体机。其中，计算和存储资源可以灵活配比，比如可以配置8个计算结点，每节模块本地可配置4块机械盘、两块NVMe SSD+两块机械盘、三块NVMe SSD等配置，也可以配置4个计算结点，每个计算结点挂接12块硬盘；或者可以配置两个计算结点，每个结点挂接36块硬盘。各种计算结点模块设计图如图11-40所示。

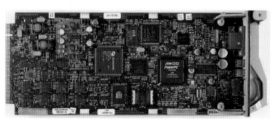

M1000e iKVM模块

M1000e CMC模块

图11-32　DELLEMC M1000e刀片Chasis的iKVM和CMC模块

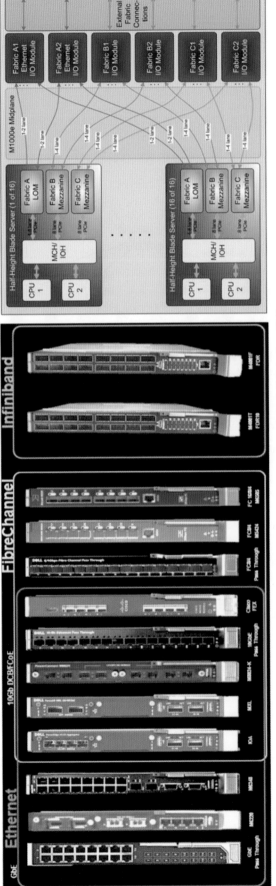

图11-33 DELLEMC M1000e机箱支持的各种I/O模块

图11-34 DELLEMC Poweredge FX2模块化服务器前视图

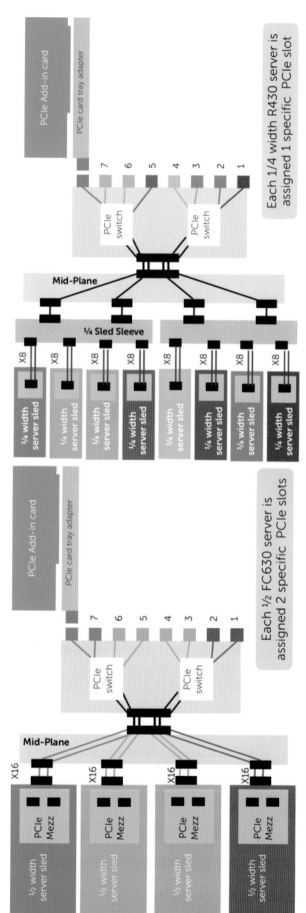

图11-35 DELLEMC Poweredge FX2模块化服务器后视图

图11-36 DELLEMC Poweredge FX2模块化服务器的PCIE插槽二分配和路由关系

图11-37 DELLEMC Poweredge FX2模块化服务器的PCIE适配卡连接器

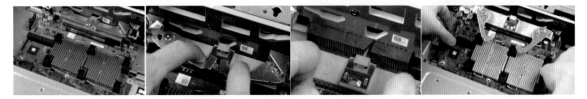

图11-38 DELLEMC Poweredge FX2模块化服务器的PCIE Switch模块

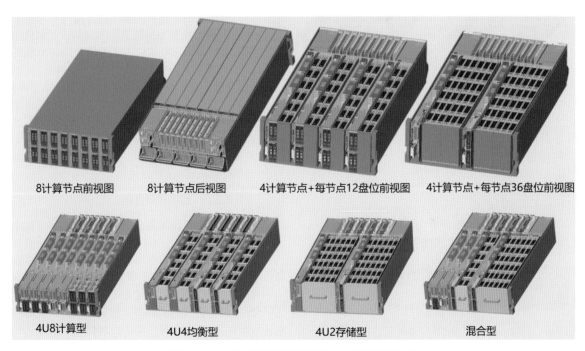

图11-39 国鑫超融合服务器存储一体机整体设计图

该产品基于Intel Purley平台开发，4U机箱可支持8个计算结点，或4个12盘位的存储结点，或两个36盘位的存储结点，主要应用在云计算、大数据、海量存储等应用场景，面向大规模数据中心与稀缺资源数据中心，应用于通信、金融、高性能、存储及互联网行业市场。计算密集、均衡密集、存储密集结点在统一机箱内实现，可灵活应对多种工作环境。不同结点支持混插，属于模块化、一体化组合方案。

该产品的核心竞争力就是将对各种应用场景的调研积累体现到产品的结构设计、维护设计、供电散热设计、整体规格等方面。

在该产品的设计过程中，国鑫也克服了一系列难点以及各种权衡，包括：密度与扩展性的平衡、前置维护与硬盘扩展性的矛盾、功耗与供电方面的各种权衡、空间利用率与散热的妥协、带电维护与设备安装的矛盾、重量和结构的矛盾等。随着对用户场景的深刻理解并反映到产品制造设计环节，相信包括国鑫在内的ODM制造厂商能够更迅速地推出更符合用户需求的产品。

国鑫（Gooxi）是国内知名的ODM设计制造商，其产品目前已经覆盖服务器管理软件、服务器准系统、存储控制器系统、服务器主板、服务器机箱及服务器配件等十多个系列，服务器系统年产量超过100 000台，已经成为国内最大的ODM制造商。国鑫拥有世界先进的生产制造设备，拥有6条大型SMT（Surface Mounted Technology，表面贴装技术）生

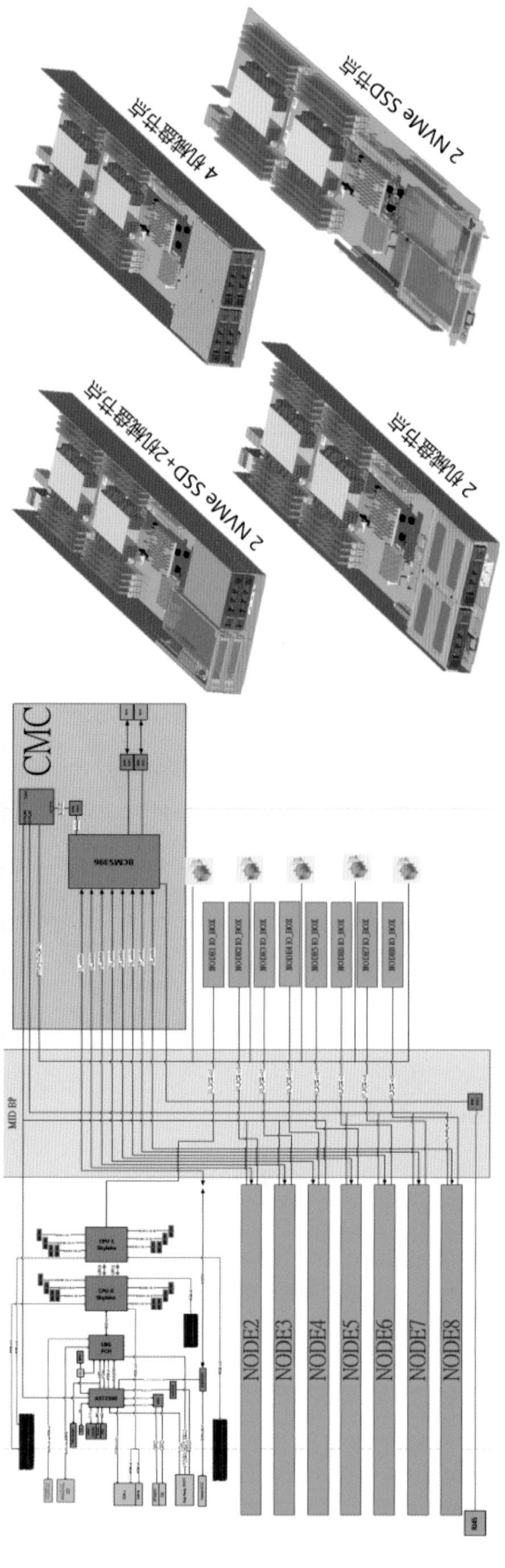

图11-40 国鑫超融合服务器存储一体机内部架构以及部分模块设计图

产线。如图11-41所示为国鑫厂房中的各种生产设备。

国鑫服务器准系统目前涵盖1U/2U/3U/4U/8U/12U高密度服务器和存储控制器服务器等多种配置和型号规格，能适配不同行业客户的差异化应用需求。与传统服务器不同，无线缆、模块化设计是国鑫服务器的最重要的特色之一。如图11-42所示为国鑫针对Intel Purly平台CPU推出的"四子星"模块化服务器。在2U高度空间内，最大可插入4个服务器结点。每个结点内部均采用无线缆设计，结点采用中板与机箱前部的硬盘背板连接，结点中板上可以有SAS HBA或者SAS RAID控制器，或者PCIE Switch，这些芯片的管脚会与硬盘背板上对应的信号相连，从而让每个结点识别到对应的SAS/SATA或者NVMe硬盘。

浪潮在小型模块化服务器产品线有非常丰富的产品，比如2U4结点、2U8结点、4U2结点、4U4结点和4U8结点等不同产品。浪潮在2017年推出了高密度模块化服务器i48，如图11-43所示。在4U机箱内可部署8个计算型或4个均衡型结点，同时为了满足不断增长的海量存储需求，i48还支持36或72盘高密度存储型结点，所有类型结点在同一机箱内可混插，进一步拓宽该平台的场景覆盖，实现数据中心多场景基础设施统一架构。

11.2.2.5 整机柜服务器

如果将刀片服务器的Chasis扩大到一整个机柜的范围，此时称之为整机柜服务器。整机柜服务器设计起源自2011年由Facebook、英特尔等联合发起的开放计算项目（Open Compute Project，OCP），其使命是为实现可扩展的计算，提供高效的服务器、存储和数据中心硬件设计，以减少数据中心的环境影响。同年，在中国由阿里巴巴、百度、腾讯三方合作发起了"天蝎计划（Scorpio Project）"，并在同年年底确立了最初版本的技术规范，旨在通过提出一种统一标准的设计规范，实现数据中心低成本的可靠灵活扩展。整机柜服务器由于具备高密度、大颗粒一体化交付、集中供电散热和管理这些特点，势必成为未来数据中心IT基础架构的核心形态。后来天蝎项目被正式更名为ODCC（Open Datacenter Committee）。2016年，LinkedIn提出Open19计算标准，并在次年成立基金会。截至目前，有三大全球整机柜服务器标准，分别是美国的OCP、Open19和中国的ODCC。

目前，浪潮是唯一一家同时加入ODCC、OCP、Open19全球三大开放计算组织的服务

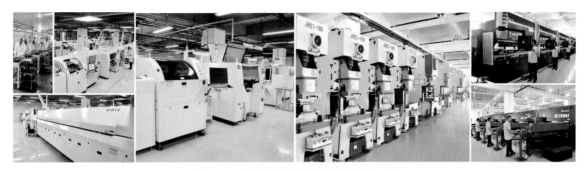

图11-41 国鑫厂房中的部分产线设备一览

图11-42 基于Intel Purly平台的国鑫"四子星"模块化服务器

图11-43 浪潮高密度模块化服务器i48

器供应商，也是全球屈指可数的旗下产品可覆盖ODCC、OCP和OPEN19三大开发计算标准的厂商。早在2010年，浪潮就研制成功第一台整机柜服务器SR 1.0，此时天蝎组织（ODCC的前身）尚未成立。浪潮SR整机柜服务器很大程度上影响了天蝎标准的制定，背部无线缆风扇墙以及机柜管理模块RM集成到电源等很多设计思路直接被天蝎标准采用，并延用至今。2017年，浪潮加入了OCP，成为其铂金会员，发布了符合OCP国际标准的OR系列整机柜服务器，10月，由浪潮研发的ON5263M5服务器正式通过OCP的认证，是OCP社区首款基于Intel Skylake平台的服务器，同年，浪潮也是OPEN19的创始会员，全球最先发布了符合OPEN19标准的服务器。

以整机柜服务器SR为例，如图11-44所示，这款整机柜服务器大量的设计理念被天蝎标准所采用，并成为天蝎规范确定后首批实施交付的产品，确立了整机柜服务器的行业标准。

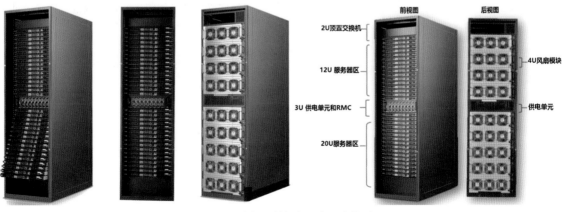

图11-44 浪潮SR整机柜服务器实物图

SR整机柜服务器颠覆了传统机架服务器的设计架构与产品形态，采用模块化设计，集供电、散热和管理于一个机柜内，采用42U标准工业机柜，由于取消了机柜侧柱设计，同时，从整体的系统设计角度考虑，结点高度增加5%，机柜深度增加19%，总体空间利用率提高了31%。在12kW的机柜中最多可部署48个双路服务器结点，部署密度提高到传统机架式服务器的二倍，与传统的机架服务器相比，部署速度可提升8～10倍，功耗节省20%，空间利用率高达90%。

SR整机柜服务器采用集中供电设计，结合电源负载动态调整技术，使机柜中所有结点处于半载工作状态，电源转化率始终维持在94%左右，比同等数量的传统服务器节能10%。机柜背部风扇墙采用集中散热设计，选用140mm×38mm大尺寸风扇，散热功率相比小风扇减少10%以上。而集中管理模块RMC（Rack Management Controller）能够实时监控送风口温度，动态调节风扇组转速，有效降低散热功耗，散热效率提升25%。

SR整机柜服务器采用了两层可靠性管理设计，集中管理模块（RMC）可通过RMC命令行方式，也可使用图形化界面的管理软件进行管理，实现管理中心对整机柜的功能模块和支撑模块统筹管理。而当RMC发生故障时，结点中板将会立即接替对机柜模块的监控工作，保证系统正常运行。

SR整机柜服务器采用独有的结点前维护设计，在机柜后部无任何线缆，所有运维工作均可在冷通道进行，而且机柜内侧特别定制了走线槽，先进的走线设计，使得系统运维难度大大降低。SR整机柜服务器将传统服务器中的电源和风扇剥离，改由整机柜集中供电和散热，在N+N冗余的电源模组设计和N+1冗余的风扇模组设计保障下，系统可靠性大大增加，充分保证系统的高可靠运行。

此外，SR整机柜服务器采用集中供电和集中散热设计，电源和风扇模块数量相比传统机架式服务器减少了90%，故障单点数大大降低，且易损部件全部支持热插拔，平均故障率与传统机架相比降低一半以上。

如图11-45所示，SR整机柜拥有丰富的结点，如高密度计算结点、高性能存储结点、JBOD硬盘柜、GPU Box结点等，以满足多样场景需求，广泛应用于百度、阿里巴巴、腾讯等国内领先的互联网公司，以及政府、交通、教育、电信行业和大型企业。

2016年9月，浪潮推出了最新的整机柜新品SR 4.5。在此前一体化交付、集中供电、散热和管理的基础上，实现了内部资源的重构和池化，打破核心IT资源扩展极限，利用SAS、PCI-E的交换技术，实现存储、协处理计算等资源的弹性分配，从而更好地适配日益繁杂的应用场景和业务需求。此外，统一的基础架构和简化的配置代替繁杂多样的硬件配置，大大降低了采购时的压力和成本。而简化的配置同样带来了评测选型的简化，这也降低了日常运维的压力。在硬件资源解耦后，用户可针对不同硬件分批次进行升级，达到按需且快速迭代的目的。

如图11-46右图所示。BBS后备电池结点可替代传统集中式UPS供电方式，市电将直接到达服务器，使得能源利用效率保持在99%左右，当机房断电时，BBS可提供不少于15min的稳定供电，保证数据中心后备供电的可靠性。

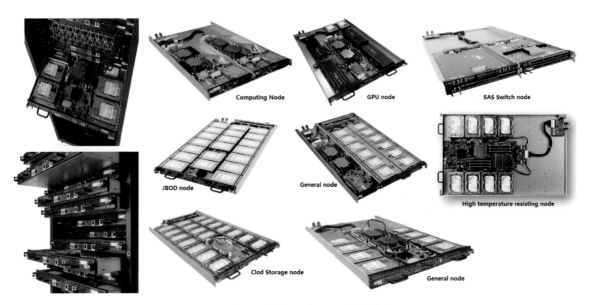

图11-45　浪潮SR整机柜服务器各类结点实物图

图11-46 浪潮SR整机柜服务器的SAS Switch结点以及BBS后备电池结点

11.2.2.6 关键应用主机

关键应用主机是一类高性能、高可靠的高端服务器，它在金融、电信、政府、能源等关键行业是重大核心装备。与强调每秒钟运算能力的高性能计算机有所不同，关键应用主机关注每分钟交易处理的次数，更强调实时性和高可用度。关键应用主机市场应用主要为银行、电信能源与关键行业应用中，信息系统的核心是数据库，关键应用主机系统多线程并发、紧耦合对于结构化处理提供重要支持，关键应用主机计算能力扩展性、内存扩展性、I/O扩展性满足数据库对于响应速度和并发处理能力的要求，关键应用主机系统的容错技术和高可用技术支持数据库系统提供连续稳定的服务，关键应用主机是贯穿大机器研制、操作系统、中间件、数据库的系统工程，带动信息产业发展，是信息化装备的核心装备。

2013年1月22日，浪潮集团发布了中国第一台关键应用主机"天梭K1"，如图11-47所示。天梭K1是我国863计划"重大专项高端容错计算机研制与应用推广"项目成果，这标志着中国成为继美国、日本之后全球第三个掌握最新关键应用主机技术的国家之一。该产品使用K-UX操作系统，系统通过国际Open Group Unix 03 认证，是中国首款UNIX操作系统。浪潮天梭K1系统采用全冗余硬件架构和多维高可用设计，可靠性高达99.9994%，最高可扩展32颗处理器，每秒可完成2.56万亿次浮点计算，整体技术指标已经达到国际先进同类设备水平，部分功能技术指标在国际上处于领先地位，在关键行业系统中，可以替代国外关键应用主机。

图11-47 浪潮天梭K1关键应用主机

11.2.3 网络系统

计算机网络有多种，但是目前最常用的就是以太网。也就是每台计算机采用以太网卡与以太网交换机连接，多台以太网交换机再相互连接（可以有各种连接拓扑）形成一个大的交换网，再使用IP路由器将这个大的交换网与其他网络相互粘合起来并采用IP地址统一路由。在第7章中简要地介绍过IP路由的原理。

如图11-48所示为目前主流的企业内网组网拓扑，其采用低端的交换机与各类终端设备（PC、手机等）直接连接，这一层低端交换机被称为接入层交换机；由于可能有大量终端设备，所以接入层交换机的数量也比较庞大；为了实现企业内网中终端之间的相互通信，如果将大量的接入层交换机之间两两互连的话，拓扑将会很复杂，交换机上行端口数量也不够，所以实际中一般将这些接入层交换机之间使用星状拓扑连接起来，也就是将这些接入层交换机再连接到一层交换机上，这些用于连接接入层交换机的交换机，被称为汇聚层交换机。然而，对于一个较大规模的网络，汇聚层交换机也会有很多台，于是再使用一层核心层交换机来连接所有汇聚层交换机。从接入层到核心层，每一层交换机的规格、性能越高，因为它们位于主干道，需要承载来自四面八方的流量。

网络拓扑这个话题已经在多核心处理器体系结构和超级计算机两章中分别有过一些深入介绍了，这里不再展开。

11.2.3.1 以太网卡

如图11-49和图11-50所示为各种接口速率的以太网卡。对于高速网卡，其接口就无法使用电信号+电缆来传递了，因为电信号的抗衰减等各方面已经无法保证在可接收的距离（在实际的数据中心机房中，服务器与以太网交换机之间的距离往往比较长，远大于与SAS卡和硬盘之间的距离，所以SAS线缆目前一般都是电缆，也有少数采用光纤的）上准确传递数据位，所以必须转接成光信号。可以看到图11-49右侧以及图11-50中的所有网卡接口并非传统的双绞线接口（RJ-45接口），必须在这些接口上插入对应的光电

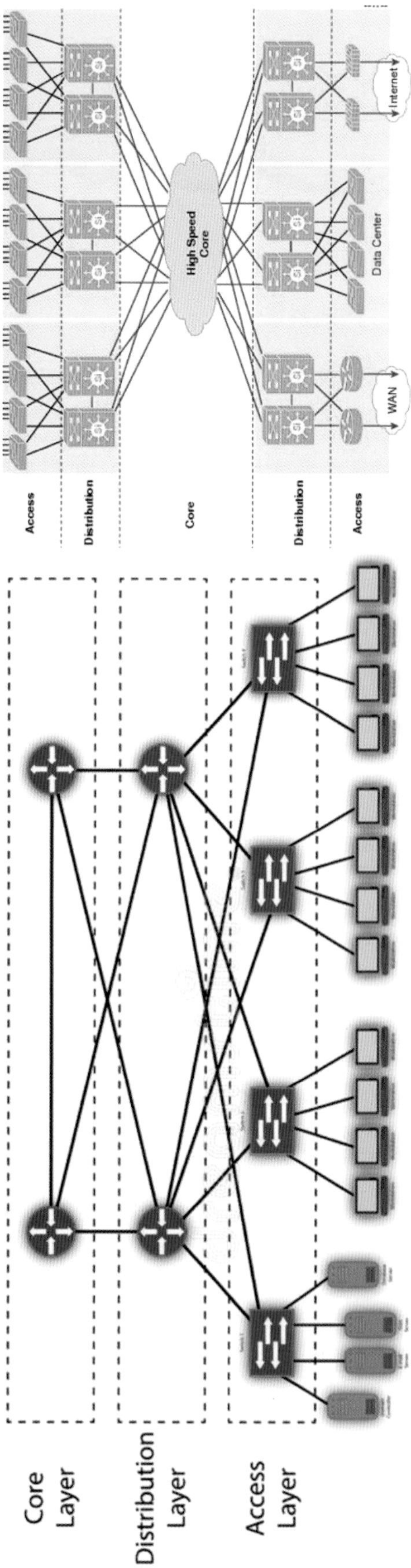

图11-48 目前主流的企业内网组网拓扑

转换模块。

由于存在各种速率、要求的接口，于是国际上有一个Small Form Factor（SFP，小型尺寸）标注，定义了一系列接口标准，每种标准名称均以SFF开头，比如SFF-8639等。于是可以插入到某种SFP接口中的光电转换/电电转换模块，均被统称为SFP转接模块，或者SFP收发器，如图11-51所示。

11.2.3.2　以太网交换机和路由器

在第1章中，冬瓜哥就介绍了一个使用Mux+FIFO搭建的简易交换机核心电路模块。实际中的交换机都是在交换核心之上提供更多更强的功能，比如引入VoQ（Virtual Output Queue，之前章节曾在多处多次介绍过）或者说Virtual Channel，更深的FIFO队列深度，更多的以太网特性支持等。

以太网交换机按照档次规格可靠性等由低到高依次可以被分为：不可管理的桌面级交换机、可管理桌面级交换机、企业级接入层/汇聚层/核心层交换机、运营商级交换机几个大类。所谓不可管理，就是对应产品不提供任何配置命令/界面，即插即用，一般用于家庭或者对网络功能性能可靠性要求一般的小型办公室。可管理则是指产品提供对应的配置手段可供用户配置高级功能，比如VLAN等，这种产品在功能上比不可管理交换机要强很多。而企业级和运营商级交换机都必须是可管理的。

如图11-52所示，交换机内部的核心部件就是交换芯片，其内部就是高速高位宽的Crossbar和大量缓冲队列以及QoS控制模块。由于企业级交换机端口数量一般较多，用一个芯片无法承载如此多的端口（并不是说技术上无法承载，关键在于成本，第3章就介绍过，芯片面积越大，良率越低，成本越高），所以就得用多个芯片互连起来，形成一个网中网，外界看来该交换机仿佛只有一个交换芯片，实际上内部是由多个交换芯片组成的小网络。

如图11-53所示，外部接口的信号首先连接到黄色方框中的PHY层处理芯片，在这里会对信号做底层处理（详见第7章相关内容）。处理完之后的数据会变为以太网帧被输送到图中红色方框的核心交换芯片中交换。该交换机采用了三个核心交换芯片级联。

核心交换芯片采用PCIE方式连接到一个Freescale（飞思卡尔）CPU上。该CPU会运行一个RTOS来全盘控制整个交换机，包括提供命令行/GUI来响应用户的配置操作，并将配置操作转换成对应的寄存器操作通过PCIE链路下发到核心交换芯片对应寄存器，从而配置包括VLAN、QoS、速率、固件升级等功能。4片共64MB的RAM用于容纳RTOS代码和数据。RTOS启动代码和数据被保存在8MB的Flash ROM中，交换机的全局配置信息也被保存在这里，每次开机后会将这些配置重新下发到交换芯片中。

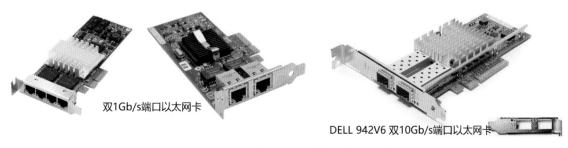

图11-49 1Gb/s和10Gb/s速率接口的以太网卡

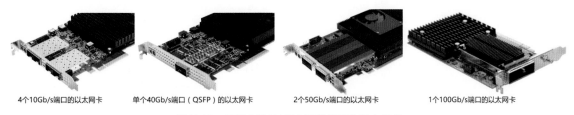

图11-50 40Gb/s和100Gb/s速率接口的以太网卡

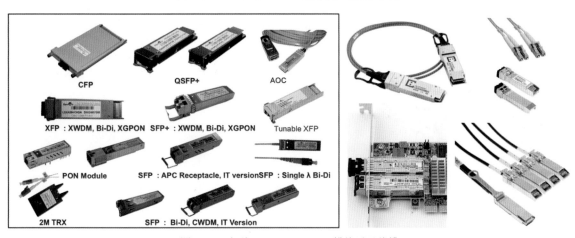

图11-51 各种SFP/QSFP/QSFP+模块以及线缆

图11-52 某型号千兆以太网交换机内部

　　交换机、路由器等设备中的总控CPU不需要使用性能太高的型号，因为它不会参与以太网帧的处理或转发，核心交换芯片会按照对应的配置参数在后台默默地全速转发以太网帧。但是有些时候可以将符合某些条件的以太网帧截获并传递给该CPU处理然后再发出去或者做一些其他分析，那么可能就需要较强性能的CPU来承担该任务。

　　如图11-54所示，与服务器类似，也有刀片/模块化交换机/路由器，这类形态的产品一般都比较高端。由于网络速率、接口形态众多，所以存在大量规格的交换机，模块化交换/路由设备所做的就是将这些众多交换机作成刀片，插入到一个大机箱内统一管理，而且还能做到多个模块之间相互交换数据。各个刀片交换机被称为业务板/业务模块，负责运行RTOS的全局控制CPU/RAM也被作到一个单板上插入到机箱，其被称为控制板/引擎板/引擎模块（Supervisor

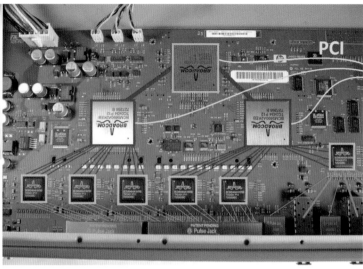

图11-53　该型号交换机内部的芯片连接拓扑

图11-54　企业界/运营商级高端模块化路由交换设备

Module）。负责将多个业务板相互连接起来交换数据的核心交换芯片（一般会有多个核心交换芯片形成网中网，见上文）所在的单板被称为核心交换板。

提示 ▶▶▶

视不同产品设计而定，有些产品的核心交换芯片与引擎模块位于同一个单板上以节省空间，也有的产品将核心交换芯片直接焊接到机箱背板上。

如图11-55所示为某型号模块化交换机细节。前面板可以插入各类不同型号的交换机刀片/结点/模块，如果需要跨结点交换数据，则需要经过机箱后面的顶层核心交换模块（图中的Crossbar Fabric Module）处理。如图11-56所示为该交换机所采用的核心交换板。

在网络系统中还有一类关键设备，就是网络安全设备，包括包过滤防火墙、入侵检测等设备，这些设备对网络包进行现场分析过滤，匹配了某个过滤条件的数据包会被施加对应的处理，比如修改包头、内容之后再转发出去，或者直接丢弃。对于这些设备的细节，篇幅所限，有兴趣的读者可以自行了解。

计算机+网络，是组成计算机整体上层社会的基础。其他各种衍生形态都是生长在这个基础之上的，形成丰富的计算机生态环境，比如接下来要介绍的存储系统。

11.2.4　存储系统

计算机存储系统的基石就是硬盘，多个硬盘可以通过SATA/SAS链路直接连接到SAS控制器上，亦或者先连接到SAS Expander上，后者再使用上行SAS链路连接到SAS控制器上。而SAS控制器（可以支持RAID功能，支持RAID功能的SAS控制器卡被俗称为SAS RAID卡）再与CPU的PCIE信号连接。

随着固态硬盘逐渐普及，出现了PCIE接口（SFF8639连接器或者标准PCIE插槽）的、识别NVMe I/O指令集的固态硬盘，俗称NVMe盘。这些盘通过各种连接器/线缆或者与CPU输出的PCIE信号直接相连，或者先连接到PCIE Switch上，再使用上行PCIE链路与CPU的PCIE信号相连。

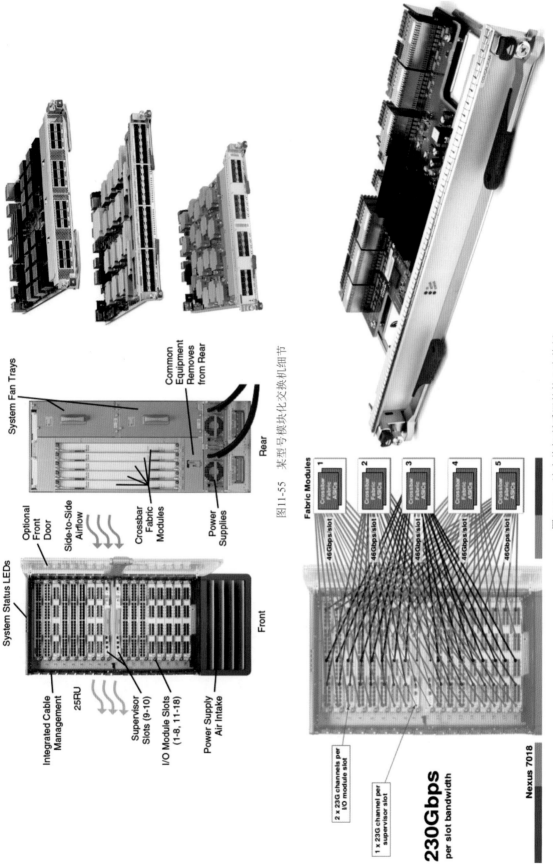

图11-55 某型号模块化交换机细节

图11-56 该交换机所采用的核心交换板

提示 ▶▶▶

在2017年之前市场上也有不少采用SFF8639或者标准PCIE插槽，但是并不兼容NVMe协议的固态硬盘/卡。实际上，NVMe协议是后来才得以逐渐普及的，在没有NVMe标准协议之前，这些PCIE接口的固态盘一般都采用厂商自定义的I/O指令集。而目前，非NVMe协议的PCIE接口固态盘越来越少。

如图11-57所示为SCSI HBA、各类SCSI设备（SCSI硬盘、SCSI DVD光驱和SCSI磁带机）以及整个SCSI系统的连接方式。SCSI接口虽然早已被淘汰，但是SCSI无疑是整个计算机存储系统的开山鼻祖，不得不介绍，后来的技术都是SCSI的改进和延续。图中左侧可以看到，SCSI适配卡（SCSI HBA）一般提供用于连接机箱内部SCSI设备的内部SCSI接口，以及用于连接机箱外设备的外部SCSI接口，但是这两种接口的管脚和信号定义完全相同，只是连接器外观和对应的线缆不同而已。由于SCSI被定义为一个共享总线，所以系统中同一个SCSI连接器下挂的设备同处一个总线，具体是在SCSI线缆上每隔一定距离就分接出一个SCSI接头的方式实现总线连接。

而到了SAS/SATA时代，底层SCSI总线被抛弃，改为SAS点对点直连或者SAS交换拓扑，如图11-58所示。SATA连接器可以插到SAS连接器中，但是SAS不能插到SATA Only的连接器中，SAS兼容SATA。另外，SAS连接器上有两套数据信号金手指，下文再解释这么做的原因。SAS/SATA设备可以直接使用线缆与SAS HBA相连，也可以先连接到SAS Expander上，如图右上角所示。

如果将SAS Expander+硬盘+供电/散热系统一起封装到一个独立箱体中，这个箱体被俗称为JBOD（Just a Bunch Of Disks），或者正规一些称为Disk Enclosure（硬盘柜、硬盘扩展柜），也有厂商称之为Disk Shelf、Disk Chasis等。

如果某计算机想要接入更多数量的硬盘，机箱内部装不下，就需要在外部挂接一个或者多个JBOD，JBOD中的SAS Expander上行接口被作在JBOD箱体外面，采用线缆与Host主机上的SAS HBA/RAID卡的SAS接口相连。

但是也有些硬盘槽位比较多的服务器选择直接把所有硬盘塞入机箱内。比如如图11-59所示为一款可插26块SAS/SATA硬盘的服务器内部设计示意图。在后置背板上提供24个硬盘槽位和6个x4的SAS连接器，使用线缆连接到SAS Expander卡上的SAS Expander上，后者提供两个x4上行接口连接到SAS HBA/RAID卡上。该服务器还具有一块小的具有两个槽位的前置背板，其采用SAS线缆连接到SAS Expander剩余的一个x4接口上，这样SAS HBA/RAID卡共可识别到最多26个硬盘。

JBOD实物图如图11-58左下角所示。JBOD中的SAS Expander一般不会被焊接到背板上，因为一旦出现SAS Expander硬件故障或者背板上器件故障，则需要将所有硬盘拔出，更换这个背板，这样不便于维护。实际中一般将SAS Expander作成可插拔可更换的单板，这些机箱内可现场方便更换的部件被统称为FRU（Field Replacable Unit）。图11-58中下方可以看到三种不同的FRU设计，带风扇的这个SAS Expander卡虽然可以插拔，但是不方便，需要开箱，并且它与硬盘背板之间通过SAS线缆连接，更换时需要拔掉线缆。而右侧的两种设计则无须开箱，在箱外即可插拔，与背板之间采用特殊的连接器连接。不同厂商对JBOD中的SAS Expander单板的称呼也不同，比如有的称之为IOM（I/O Module），有的则称为LCC（Link Control Card），有的则是其他称谓。

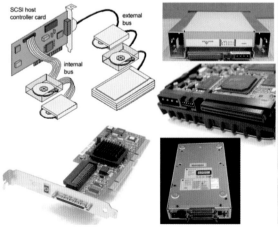

图11-57　SCS HBA、各类SCSI设备以及整个SCSI系统的连接方式

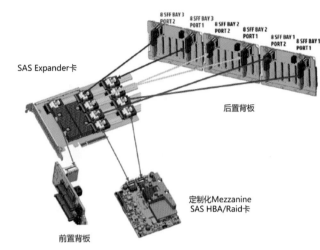

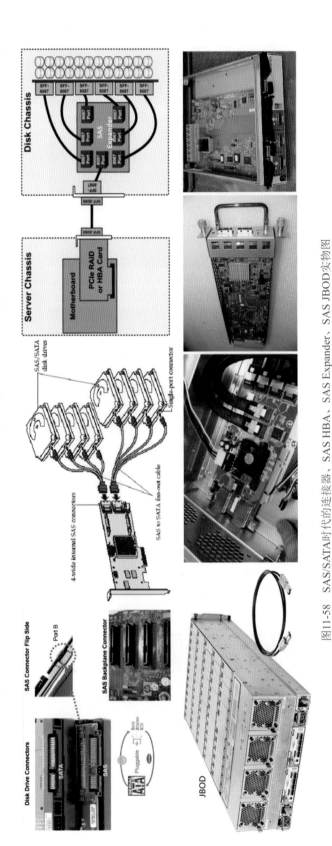

图11-58 SAS/SATA时代的连接器、SAS HBA、SAS Expander、SAS JBOD实物图

图11-59 某服务器内部的背板、Expander、SAS HBA拓扑

由于SAS Expander本质是一个交换芯片,这意味着多个SAS Expander可以级联成很多级,所以JBOD自然也可以级联,如图11-60所示。JBOD箱体上的SAS Expander模块上会分别提供至少一个上行和下行SAS接口以支持级联。有的JBOD中的SAS Expander模块还提供两个上行、两个下行接口,其目的是为了增加带宽。用两根SAS线缆连接到HBA或者上下游Expander时,这两个x4的SAS接口会自动协商成一个x8的SAS端口。此外,计算机上也可以插多张SAS HBA/RAID卡,每一张卡上的每个SAS端口下面都可以级联一串JBOD。当然,JBOD级联的越多,访问链路最远端的SAS设备的时延也就越高,不利于性能整体发挥。

提示 ▶▶▶

可能有的读者已经发现了。JBOD上一般有两个SAS Expander模块,每个模块各自提供一对上下行SAS接口。另外,图11-60右侧所示的计算机主机和一堆JBOD的实物图中,可以看到有两台主机。JBOD中需要两个SAS Expander模块、机柜中的两台主机,这似乎预示着这个系统的某些特殊性,其中的门道我们下文再介绍。

11.2.4.1 机械磁盘

计算机存储系统的基石就是硬盘。本节将展示机械磁盘的内部构造和原理。值得一提的是,机械磁盘可能会在不久的将来被淘汰,或者应用场景收缩到很窄的应用领域(比如备份等场景),取而代之的是固态硬盘。但是仍然有必要来了解和铭记这个叱咤风云半个多世纪的角色。

利用磁来存储数据的典型例子是如图11-61所示的磁性画板。假设黑点表示1,白色表示0,那么如果想保存比特1,点上个点就行了。机械硬盘就是把这个原理进行了高密度、高速、自动化实现而已。

图11-60　接入大量JBOD

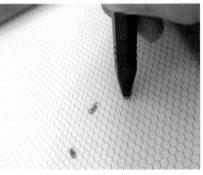

图11-61　磁盘原理示意图

如图11-62所示为20世纪的古老磁盘的照片。那时候人们把磁性粉末均匀地镀到平整的金属片上，然后采用磁头来磁化盘片上的粉末（写过程）以及感受盘片上粉末的磁场翻译成1和0（读过程）。为了让磁头能够达到盘片上所有区域，人们让盘片转动起来，同时把磁头放置到一个金属撑杆（磁头臂）的末端，让磁头臂沿着盘片半径的方向摆动。为了提升存储密度，人们将多个盘片叠加起来，每个盘片的正反面都

图11-62　20世纪的古老磁盘照片

可以存储数据，磁头臂针对每个盘片用上下两个磁头分别读写其正反两面的数据。即便如此，那时候的硬盘容量也只有5MB到几十MB。

现代的硬盘和以前大不一样了，可以在标准3.5英寸硬盘空间内装下9张碟片（截止目前最高的密度），整盘容量可达14TB，而且容量值还有很大的提升空间。

现代硬盘的磁头越作越小，盘片上镀的磁性粉末的颗粒也越来越细，这样就可以存储更高密度的数据。这就像如果要画出更丰富细腻的线条，就得把磁性画板的分辨率作的越来越高，画笔的笔尖作的越来越细一样。那么随之而来的一个问题就是必须将磁头臂摆动的精度提高，比如产生纳米级的位移，如此精确的移动，可以采用齿轮组来实现，但是齿轮组会有磨损、功耗大的问题。现代硬盘都是采用电磁力来驱动磁头臂摆动，磁头臂尾部有金属线圈，将其放置在一个磁场中，只要给这个线圈加以不同大小、方向、时间的电流，即可控制磁头臂向对应方向做对应距离的移动。如图11-63左侧所示硬盘的左下角金属盖板背面有两片强磁铁，磁头臂的线圈就位于两片磁铁中间。

如图11-64所示，左侧两张图为很早期硬盘的磁头，竟然可以看到导线都裸露在外部，而不是嵌入到PCB中。如图11-65所示为现代磁盘的磁头臂和磁头。碟片位于每两个磁头臂/磁头之间的位置，从而

上下两面可以被读写。磁头实际上是两块电磁铁，分别负责读和写。初中物理知识，给铁棒绕上线圈，通电后，金属棒就会产生磁性。小一些的电磁铁用来感受碟片上的磁性颗粒磁场，感生出电流，再通过分析电路解码对应电流信号并转换成1和0，从而读出数据。而大一些的电磁铁用于磁化碟片上的磁性颗粒，写入数据，为了产生足够磁性，其体积不得不作大。所以，读头不需要加电，而写头需要加电产生磁场。

如图11-66所示为磁头部分的局部放大图。磁头部分不能接触到碟片，否则会划伤碟片。磁头头部是一个slider（滑块，块状物），磁头就位于slider的最尖端。slider的作用有两个，一个是将磁头臂伸过来的导线固定并连接到磁头的线圈上；第二个作用则是提供一定坡度，从而让碟片旋转时带动的空气冲击到该坡度表面从而为整个slider产生向上的托举力，从而让slider与碟片之间留有3~6nm左右的距离。图中右上角所示为磁头批量生产时的场景。

如图11-67所示为磁头在显微镜下的照片。

如图11-68所示，研究显示，磁性材料内部会自发形成一块块的磁畴（Magnetic Domain，Grain），不同材料磁畴的形状样式可能不同（图中间竖排所示），同一种材料内部的不同磁畴的形状样式也可能不同。每个磁畴区域内部的磁性颗粒的磁极方向均一致，但是不

图11-63 现代硬盘内部构造（右侧构造图为单碟片硬盘）

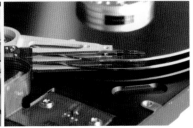

图11-64 早期硬盘的磁头部分

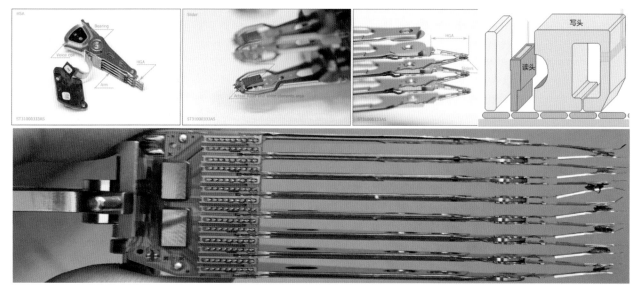

图11-65　现代磁盘的磁头臂/磁头

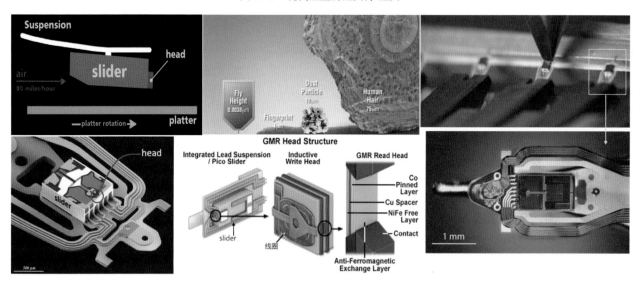

图11-66　磁头部分放大图

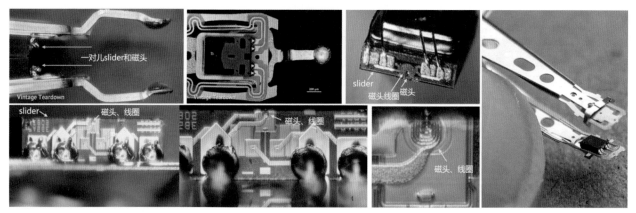

图11-67　磁头在显微镜下的照片

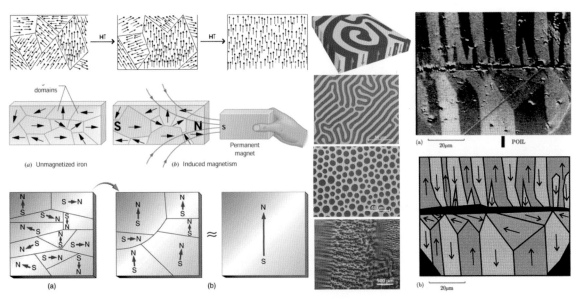

图11-68 磁性材料的磁畴

同磁畴的磁极方向可能不一致。在材料不体现磁性时，内部磁畴的磁极方向杂乱无章，宏观上相互抵消。而一旦该材料受到外界电磁场作用而产生磁性，那么它内部的磁畴磁极方向趋于一致，外界作用越强，内部磁畴的磁极方向一致的比例就越高。外界作用也有可能改变内部磁畴的大小、数量。图中右侧所示为采用磁力显微镜（Magnetic Force Microscope，MFM。由于材料磁性的变化并不会导致其光学性质的变化，所以必须用磁力探测设备）探测到的材料内部磁畴磁极布局。

再来看看磁盘表面镀有的磁性材料的磁畴状况。如图11-69左上角所示为磁力显微镜探测出的磁盘表面磁畴分布图样。向盘片写入数据的过程，就是将一堆磁畴进行磁化的过程，每次会磁化多少个磁畴是随机

不可预知的。这就像用笔尖在磁性画板上点一个点，吸上来多少个磁性颗粒、这个点的形状，都是随机的。但是这并不妨碍其对二进制信息的表示。

如图11-69右下角所示，与你想象的可能不同，磁性画板上一个黑点表示1，空白表示0。但是由于读头需要通过切割的磁场线来感受读头下方的磁性分布，实际工程中发现，如果去感受相邻两片磁畴区域的磁极指向是否发生了翻转，如果翻转了则表示1（或0），不翻转则表示0（或1），则在信号处理电路的设计上、容错性上都更加合适。图中右下角区域给出了两种磁畴分布形状，上面的设计其磁极指向与盘片表面平行，而下方的设计则是磁极指向垂直于盘片表面。显然，下面的方式存储密度更高，所以其又

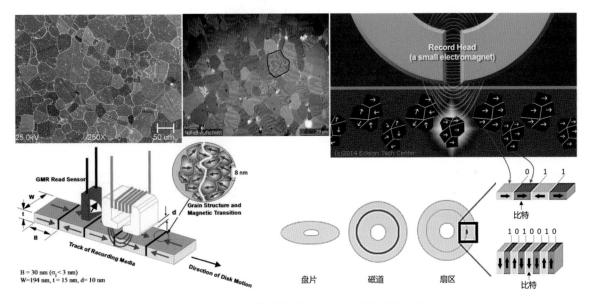

图11-69 碟片上的磁性颗粒组织以及磁头磁化方式

被称为Perpendicular Magnetic Recording（PMR，垂直记录）技术，而上方的设计则被称为Longitudinal Magnetic Recording（LMR，水平记录）。至于PMR是如何实现的下文再介绍。

提示 ▶▶▶

可以想象，盘片的旋转速度与写头对盘片下方磁畴的磁化过程必须是一个精确匹配的过程，比如写头线圈中的电流突然卡壳了10μs，而此时盘片已经旋转到其他位置了，此时写头必须等待盘片再次转到上一次的断点位置才能继续写入数据（实际上是重新写整个扇区，下文再介绍）。所以，必然需要有一种机制，能够让硬盘的控制系统知道当前磁头下方指向的是盘片的哪个位置（磁道、扇区）。而这个定位工作必须依靠读头不断地感受其下方的各种坐标信号（除了存数据，还得存各种定位坐标信号）然后反馈给分析电路用于决策，这是一个连续闭环反馈控制系统，下文再介绍这些坐标。

由于盘片是旋转的，写头记录数据最终就是一圈一圈的同心圆，每个同心圆被称为一个磁道（Track），磁道上又被划分成更细粒度的存储区域——扇区（Sector）。通常每个扇区可以存储4096位（512字节，0.5KB）的数据。每个扇区头部有一

些元数据来保存该扇区的扇区号、状态等信息，这些元数据信号输送到读头之后，分析电路就可以判断当前的磁头位置了。如图11-70左侧所示为读头的结构示意图，读头只感受其下方的信号并不断地将感生电流传递给分析电路，硬盘的分析电路永远都在不停地分析读头回传的电信号来判断当前磁头的位置。

如图11-70（a）所示为磁盘表面的原子力显微镜（Atomic Force Microscope，AFM。采用原子探针与物体表面接触，将受力布局转换成物体表面的高度值，并展示在照片上）照片；图11-70（b）显示的是磁力显微镜下的照片，可以清晰看到多个并排的磁道结构和每个位（黑色条纹）的磁力布局。图中右侧所示为早期磁盘的磁道布局，可以发现磁道间距较大（所以存储容量也低）。被写头磁化之后的每个磁畴区域中大概包含100个磁畴，每个磁畴直径约10nm级别，磁道宽度约600nm。不同时代、型号的硬盘上的磁道、磁畴布局都可能不同。最新的硬盘每个磁畴区域中可能只包含个位数磁畴了，而磁道宽度大概在70nm左右。相应的磁头体积需要变小，精度也要提升。

如图11-71所示，垂直记录的磁畴变得窄长、直立，磁极指向垂直于盘面。而水平记录的磁畴扁平，磁极指向平行于盘面。那么人们是用什么手段将磁畴变成直立形状的呢？如图11-72所示，垂直

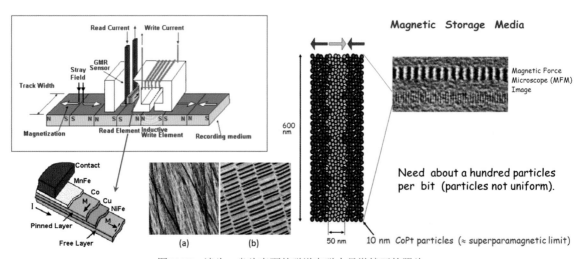

图11-70　读头、盘片表面的磁道在磁力显微镜下的照片

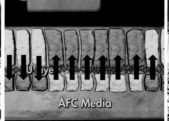

图11-71　水平记录与垂直记录原理对比

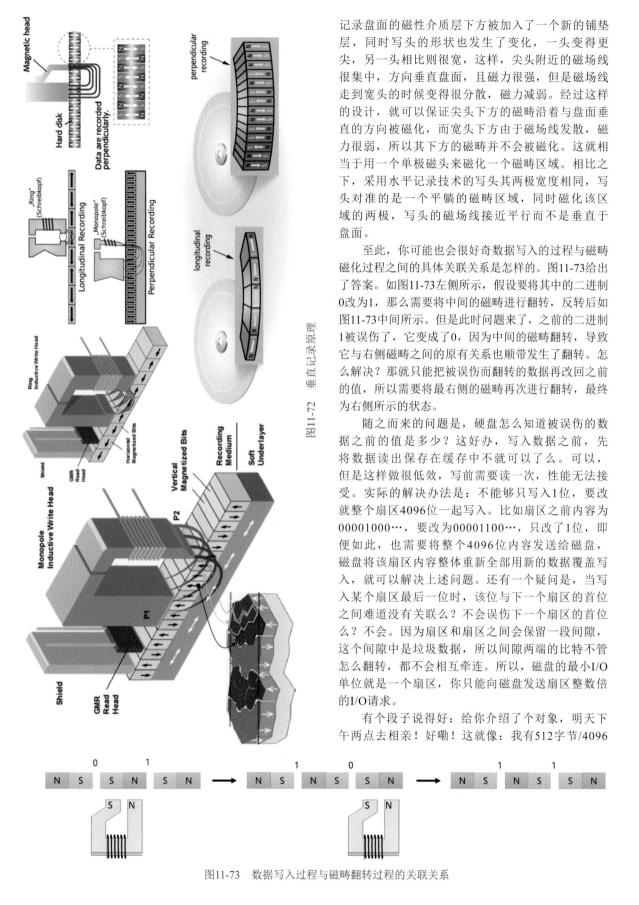

图11-72 垂直记录原理

记录盘面的磁性介质层下方被加入了一个新的铺垫层，同时写头的形状也发生了变化，一头变得更尖，另一头相比则很宽，这样，尖头附近的磁场线很集中，方向垂直盘面，且磁力很强，但是磁场线走到宽头的时候变得很分散，磁力减弱。经过这样的设计，就可以保证尖头下方的磁畴沿着与盘面垂直的方向被磁化，而宽头下方由于磁场线发散，磁力很弱，所以其下方的磁畴并不会被磁化。这就相当于用一个单极磁头来磁化一个磁畴区域。相比之下，采用水平记录技术的写头其两极宽度相同，写头对准的是一个平躺的磁畴区域，同时磁化该区域的两极，写头的磁场线接近平行而不是垂直于盘面。

至此，你可能也会很好奇数据写入的过程与磁畴磁化过程之间的具体关联关系是怎样的。图11-73给出了答案。如图11-73左侧所示，假设要将其中的二进制0改为1，那么需要将中间的磁畴进行翻转，反转后如图11-73中间所示。但是此时问题来了，之前的二进制1被误伤了，它变成了0，因为中间的磁畴翻转，导致它与右侧磁畴之间的原有关系也顺带发生了翻转。怎么解决？那就只能把被误伤而翻转的数据再改回之前的值，所以需要将最右侧的磁畴再次进行翻转，最终为右侧所示的状态。

随之而来的问题是，硬盘怎么知道被误伤的数据之前的值是多少？这好办，写入数据之前，先将数据读出保存在缓存中不就可以了么。可以，但是这样做很低效，写前需要读一次，性能无法接受。实际的解决办法是：不能够只写入1位，要改就整个扇区4096位一起写入。比如扇区之前内容为00001000…，要改为00001100…，只改了1位，即便如此，也需要将整个4096位内容发送给磁盘，磁盘将该扇区内容整体重新全部用新的数据覆盖写入，就可以解决上述问题。还有一个疑问是，当写入某个扇区最后一位时，该位与下一个扇区的首位之间难道没有关联么？不会误伤下一个扇区的首位么？不会。因为扇区和扇区之间会保留一段间隙，这个间隙中是垃圾数据，所以间隙两端的比特不管怎么翻转，都不会相互牵连。所以，磁盘的最小I/O单位就是一个扇区，你只能向磁盘发送扇区整数倍的I/O请求。

有个段子说得好：给你介绍了个对象，明天下午两点去相亲！好嘞！这就像：我有512字节/4096

图11-73 数据写入过程与磁畴翻转过程的关联关系

位的数据要保存，帮我保存一下。好嘞！缺了什么？缺了地点。你起码要告诉硬盘，把这4096位保存在盘片的哪个盘面、哪个磁道上的哪个扇区。对于早期的硬盘，在指令中需要明确给出柱面（Cylinder）、磁道（Track）和扇区（Sector）号，如图11-74所示。每个盘面相同半径值处的磁道组成了一个柱面，先定位到对应的柱面（磁头摆动到对应半径值处），然后选择要读取的该柱面的哪个磁道（或者说哪个磁头下方的磁道，控制电路选择对应的磁头，做好准备），然后等待对应扇区转到磁头下方，就开始读写操作。所以这种三段式寻址方式又被称为Cylinder->Head->Sector（CHS）寻址方式，其实说它是CT（Track）S也不是不可以。

在后来的标准中，指令中只需要给出LBA（Logical Block Address）号即可，每个LBA号表示一个扇区，LBA号线性增长。至于某个LBA对应的柱面、磁道、扇区号，则由硬盘内部固件自己去根据映射关系计算出来，外部程序无须关心。

前文中介绍了磁头是如何定位到具体扇区的（读头不停地感受扇区头部的元数据信息并分析，见图11-74中间）。但是磁头又是如何定位到片面上密密麻麻的磁道的呢？有人说，这还不简单，记录每个磁道的半径距离不就可以了么，想要定位到哪个磁道，就把磁头摆动到对应半径距离处即可。是的，这也是必须的，但是每次磁头臂摆动时会有较大误差，以及惯性。由于现代硬盘的磁道密度非常高，磁道很窄，单靠一次摆动已经无法正确定位了，只能摆动到大致位置，而无法一次就定位到磁道正中央。那就只能根据对应磁道周围的一些地标信息，现场调节磁头臂做多次摆动最终精确定位。

如图11-75所示，盘面上并非只有用户数据，还存在一些协助磁头定位的地标信息，比如磁道号/地址，以及协助磁头如何定位到对应磁道的正中央的位置的精确纠偏信息。存有这些信息的区域被称为伺服区（Servo Area），如图左侧的白色区域所示。不同厂商、型号硬盘在每个盘面上安放的伺服区数量可能不同，一般来讲，SAS企业级硬盘大概有400个左右，而SATA硬盘则只有200个左右。当盘片旋转时，读头不断地以固定频率感受到这些地标信息，就可以根据其中的内容计算出当前磁头所在的绝对位置。

伺服区内主要存放两部分数据，一种是用于磁头纠偏的burst（脉冲）信号区，另一种则是当前磁道的磁道号（磁道地址），如图11-75右侧以及图11-76所示。

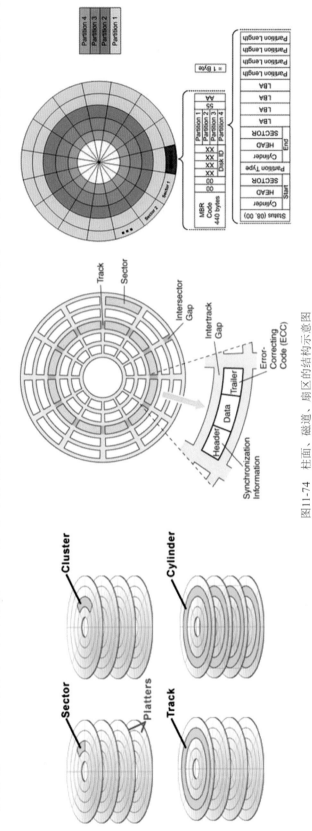

图11-74 柱面、磁道、扇区的结构示意图

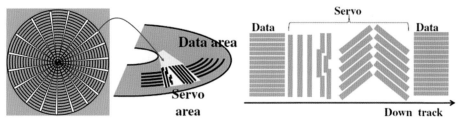

图11-75 盘面上的伺服信息

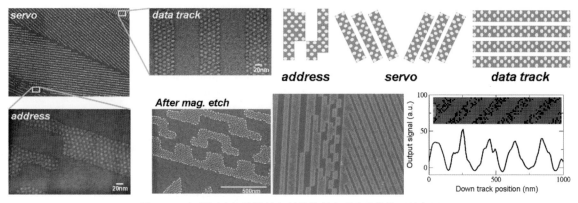

图11-76 伺服区内部的地址和纠偏信号在磁力显微镜下的布局

提示 ▶▶▶

你不禁要问了，即便磁头依靠这些坐标信号精确定位到某个磁道和扇区，那么对于接下来的数据读取过程，磁头是如何精确知道它在什么时候需要对读头切割磁场线产生的电信号做采样？也就是说，磁头如何精准地知道什么时候它的下方是一个磁畴？实际上，写头在写入数据的时候，并不是每个位每次写入都在同一个精确位置的，当磁头定位到扇区头部之后，需要在一定时间内开始向写头发送磁化信号，将整个扇区的4096个磁畴区域重新按照新的数据磁化一遍，这将覆盖之前的排布，而磁畴在新的排布下的位置可能与之前的排布在允许范围内略有偏差。也就是说，每次写入一个扇区时，相当于将之前扇区中全部磁性排布重新抹了一遍，之前的磁畴布局灰飞烟灭。甚至每次写入的时候，磁畴之间的间隔也可能不同，甚至同一个扇区内部有些磁畴间距大，有些小，整个扇区的物理容量会留有一定的余量来容忍这些误差，也就是扇区和扇区之间的空隙区域。那么如果每次写入的磁畴布局都不同，在读取这些信号的时候，磁头就无法精准知道它下方从什么时候开始会遇到第一个位以及后续位的精确位置，但是这其实并不影响，磁头后方的采样电路是持续对信号进行采样的，而不是等到某个磁畴转到磁头下方才启动采样（事实上后方电路也根本不知道什么时候哪个磁畴会转到磁头下方）。采样电路的采样频率只要高过磁畴的交替所产生的电流振荡就可以，实际上读头切割磁场线产生的是模拟信号，后端用ADC对这些模拟信号进行采样，

这个过程就像录音一样，只不过波形比声音要简单多了，然后利用数字电路对这些量化后的数字信号进行译码而产生最终的比特流数据。所以，不管当初写入的时候盘片上的磁畴形成的布局相比之前有多大偏差，甚至间隔不均匀，都不会影响数据读取。

有各种不同样式的纠偏信号，除了斜线状信号，还有如图11-77所示的交替排列的样式。图中左上角是该样式的磁力显微镜下的布局。图中右侧所示为其基本纠偏原理。如果磁头位于位置1，也就是3号磁道的正中央，那么读头会感受到A信号的磁场强度最强，而D和C信号强度弱于A且相等，B信号几乎感受不到。磁头位于不同位置，会感受到不同的ABCD4种信号的强度组合，根据这个组合，再根据地址区域的磁道号，就可以动态调节磁头臂位置向精确地点靠拢，靠拢的同时，读头持续感受地标信号，持续形成反馈调节，最终精确定位。

提示 ▶▶▶

盘片出厂后，上面什么信息都没有，需要在其上画上磁道、伺服区等结构。磁盘的低级格式化过程，就是磁盘内部固件启动一个低级格式化程序，将扇区头部信息、校验信息等预先写入到硬盘上，从而现场画出一条条磁道（注意，磁道位置并不是固定的，每次低格获得的磁道位置可能有微小的不同，因为磁头摆动一定的距离，每次总是有误差的，这也是为什么需要伺服信息纠偏的原因）。然

后将新的伺服区信息写入，最终完成低级格式化操作，低格必然导致硬盘数据全部丢失。所谓硬盘的高级格式化过程，则是指文件系统向硬盘扇区中写入文件系统元数据的过程，硬盘根本感知不到高级格式化，对于硬盘来讲，高级格式化也只不过是接收并执行一批I/O操作而已。硬盘并不关心外部程序往它的哪个扇区放什么东西。

后方遭受固态硬盘的紧逼，机械磁盘厂商似乎也加紧了研发速度，机械盘的容量近几年迅速提升。提升硬盘容量无非从三个角度来切入：容纳更多的碟片，将磁畴体积变小同时磁头精度提升，将磁道间距变窄。

如图11-78左侧所示为Shingled Magnetic Recording（SMR，瓦片式磁记录）原理示意图。SMR的设计思路是：将磁道间距变窄，甚至重叠在一起，比如在低格的时候，低格好1号磁道后，将2号磁道覆盖住1号磁道一部分，同理，3号磁道也覆盖住2号磁道一部分。这和将磁道变窄并没有本质区别，但是磁道变窄要求磁头体积也变小。而SMR可以使用现有磁头尺寸通过上述方式，低格时故意将磁道重叠地画出来。由于读头比较小，读头只需要感受每个磁道未被覆盖的那块的磁信号即可读出数据。但是由于写头体积较

大，当写入2号磁道时，会误伤1号磁道的内容。读到这里你好像隐约回想起来什么，是的，你会想起图11-73中的场景。而解决办法也惊人的相似，要么在写入前将即将被误伤的数据读出来暂存，写完后再覆盖回去，要么就将硬盘的I/O粒度增大，比如如果最多允许16个磁道叠加覆盖（这就像人为划分扇区一样，不可能让所有磁道都一层层覆盖，那样的话就必须将所有磁道上即将被覆盖的数据读出，性能无法接受。多个层层覆盖的磁道组成一个Zone，Zone之间不产生覆盖），那么就要求I/O单位是16个磁道的整数倍，而这个做法显然行不通，因为I/O粒度太大。所以就只能采用前一种做法了，所以SMR硬盘不适合随机写入操作，但是却非常适合那种写一次、读多次的场景，比如视频网站、网盘之类，数据被保存后不会被更改，只会被删掉或者不断地读取，而读取操作对于SMR盘而言是没有性能问题的。

要想更高效地利用SMR盘存取数据，就需要上层主动感知底层的这种限制，然后从上层数据布局方面主动规避SMR盘的限制。所以，SMR支持一种被称为Host Managed的运行模式，此时SMR盘的数据布局完全受Host端程序控制；而如果运行在Device Managed模式下，则SMR盘对上层完全透明，与传统硬盘的

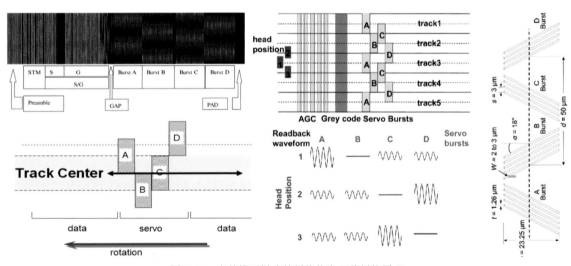

图11-77 交替排列样式的纠偏信息及其纠偏原理

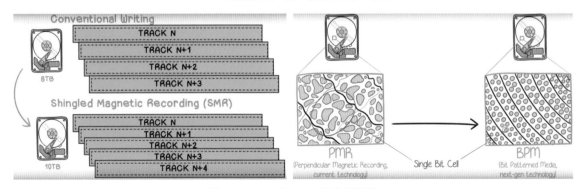

图11-78 SMR和BPMR技术示意图

指令和数据接口完全相同，但是在随机写场景下性能会有较大下降。还有一种Host Aware模式，由Host向SMR盘发送一些辅助提示建议信息，而SMR盘根据这些信息来决定数据的布局和读写过程。为了支持Host Managed以及Host Aware两种模式，SMR盘提供了一些特殊I/O指令，这些指令被作为SCSI指令集的扩展纳入SCSI标准中。也正因如此，SMR盘目前虽然已经量产，但是并未普及，因为上层软件需要兼容这些指令，这对现有生态的改变较大，阻力自然也大。

> **提示** ▶▶▶
>
> 冬瓜哥还拥有一项用于优化SMR盘性能的专利：US9257144。该专利从优化数据布局切入，能够一定程度上绕过SMR的劣势。有兴趣的朋友可以阅读一下。

再来看看图11-79右侧所示的BPMR（Bit Pattern Magnetic Recording）技术。前文中介绍过，硬盘上每个位完全靠磁头磁化一堆磁畴，而这一堆磁畴的形状、面积都是随机的，虽然总体上不会超过一定尺寸，但是这种设计仍然比较浪费空间。BPMR将磁性颗粒固定在盘面上，相当于把原本空白纸强行画上格子，每个格子保存1位。这样就可以更规整，有助于进一步提升容量。

如图11-79右侧所示为BPMR记录格式在磁力显微镜下的照片。如图11-80所示为BPMR格式下采用的独立伺服区示意图。

将磁畴做的越来越小就能够提升密度。有一种材料可以将密度做高，但是代价是它在常温下的磁阻太高，无法被磁化。然而它在高温下却可以被顺利磁化。为此，人们发明了HAMR技术。如图11-81中间所示为HAMR（Heat Assisted Magnetic Recording，热辅助磁记录）技术原理，其基本思路是在磁头上加上一个激光器为磁头下方的介质加热。但是这种技术有一些缺点，比如加热温度在400～700℃之间，这就要求提升盘片对高温的耐受力，以及硬盘腔体内的散热设计更加复杂。于是又有人发明了MAMR技术，如图11-81右侧所示，其采用另一种材料，该材料可以采用微波方式来加热让其磁阻降低。HAMR和MAMR技术据说可以在2023～2025年左右把机械硬盘单盘容量提高到40TB。

截止到当前，容量最高的非SMR盘为东芝在2018年初发布的14TB、9碟装、充氦硬盘。该硬盘依然使用PMR垂直记录技术碟片。转速为7200转/分钟，并配备256MB的缓存。采用SATA 6Gb/s接口。性能方面14TB的读写速度峰值为260MB/s，而12TB的型号为250MB/s，MTBF（Mean Time Between Failure，平均无故障时间）是250万小时，质保期5年，如图11-82所示。

得益于充氦技术，东芝这款硬盘可比上一代产品

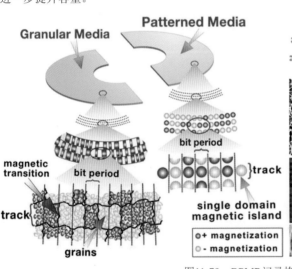
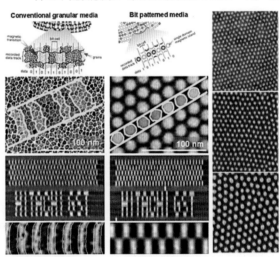

图11-79 BPMR记录格式与传统格式对比

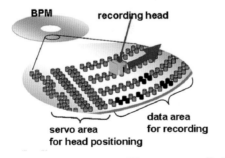
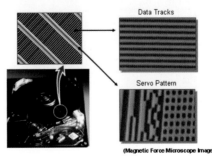

图11-80 BPMR格式硬盘下的独立伺服区

图11-81　传统PMR、HAMR、MAMR技术示意图

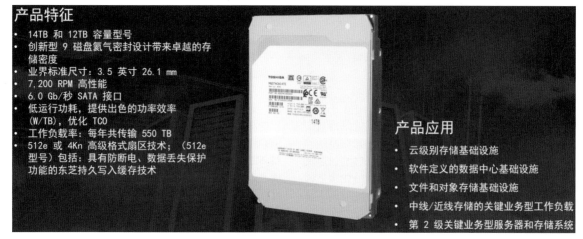

图11-82　东芝14TB充氦硬盘产品参数

堆叠更多的碟片，使最大容量增加了40%。在装入如此多的碟片后，非充氦硬盘内空气环境将无法满足设计需求。氦气的密度和膨胀率比空气低得多，所以使得磁碟的空气阻力也更低，可以更好地控制功耗以及散热。对应的代价则是需要将盘体密封起来。得益于镭射封装技术，这款硬盘可以确保氦气在整个生命周期内不会泄漏掉。由于整个硬盘处于密封状态，所以其可以用于液冷场景，也就是将整个服务器系统连同硬盘一同浸泡在导热绝缘液体中。

东芝这一代硬盘采用GMA致动技术，如图11-83所示。硬盘磁头臂被安置在一个转轴上，其尾部依靠音圈电机实现精确步进。但是随着碟片磁道密度不断

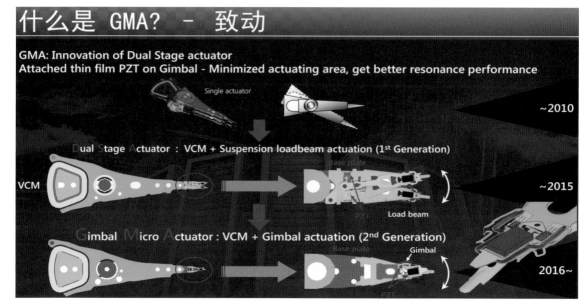

图11-83　东芝充氦硬盘采用的GMA致动技术原理示意图

提升,单单依靠该主轴已经无法做到精确同时迅速的定位。而DSA(Dual Stage Actuator)技术在磁头臂前端增加了一个微调定位部件,这样经过主轴和微调部件共同作用可以实现更加精确的迅速的定位。而DSA的升级版GMA技术,则将该微调部件做得更加小而精,进一步提高了定位精度,可以满足本代硬盘的磁道密度要求。

机械硬盘长期以来的一个性能瓶颈就在于它同一时刻只能执行一个I/O,不具备并行性,其在随机I/O场景下吞吐量很低。其原因是磁头只能摆动到并读写一个位置。虽然磁头臂上有一组磁头,但是这些磁头无法各自摆动到不同位置。

目前也有厂商推出了具有双磁头臂组,每个磁头臂组可以独立摆动的磁盘系统,如图11-84所示。理论上其随机I/O的吞吐量可翻倍。

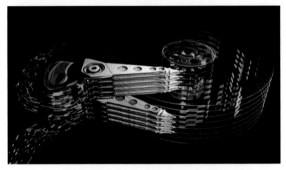

图11-84 具有双磁头臂组的磁盘

11.2.4.2 固态硬盘

第3章的3.4.2.3节介绍过Flash闪存介质的存储原理,可以回顾一下。固态硬盘(Solid State Disk,SSD)就是利用Flash而不是磁碟作为存储介质。固态硬盘内部完全不包含机械部件,全是电子部件,其性能也远高于机械磁盘。

如图11-85左侧所示为SSD硬盘的基本架构。其架构与SAS HBA/RAID控制器架构基本类似(见第7章7.4.3.9节),只不过SAS控制器采用多个后端SAS通道控制器连接了SAS硬盘或者SAS Expander,承载SAS协议;而SSD控制器后端则采用多个Flash通道控制器连接着多片Flash颗粒,通道上承载的是ONFI(Open NAND Flash Interface)/Toogle协议。也就是说,SAS HBA从Host端接收SCSI指令封包,而向后端硬盘传递的也是SCSI指令;但是SSD主控从Host端接收的是SCSI/ATA/NVMe指令,但是向后端Flash颗粒传递的却是ONFI/Toogle指令,这个指令转换动作由固件和Flash通道控制器共同完成,前者将Host端指令翻译成对Flash通道控制器的操作码并写入到后者的控制寄存器中,后者则负责封装具体的ONFI/Toogle总线消息、指令发送给Flash芯片。你可以这样理解:每个SSD盘都相当于一个HBA+一堆盘片

(Flash颗粒),其主控性能其实要比SAS HBA主控更强,因为它需要发挥出Flash的性能。

ONFI/Toogle通道目前属于共享总线型,这意味着每个通道上同一时刻只有一片Flash可以与通道控制器交互,答案是这并不意味着其他Flash就闲着,通道控制器可以先后向通道上的多个Flash发送命令,让它们并行地读写数据,当读出的数据被缓存在Flash内部的缓冲区之后,通道控制器此时可以批量地收割这些数据,将其拿回并缓存在SSD主控的DDR RAM中,主控再择机将其DMA到Host端的RAM中,这个过程可见第7章图7-231。

所以,共享总线并不会制约总线上各个设备同时工作,它只是制约了数据传送时的并行性,但这并不会影响最终性能,因为多个设备同时传送数据,与一个设备传一段时间再切换到另一个设备继续传送相比,整体吞吐量并不会有太大区别,不过对每个设备体验到的时延的确是有影响的。关于时延、并发、队列的相关性可参考第4章开头部分。通常比较低端的SSD只采用一个通道来挂接一片或者数片Flash,而档次和性能越高的SSD,其通道数量和每个通道挂接的Flash芯片数量越多,因为这样可以有更好的并行性。

提示 ▶▶

ONFI/Toogle通道总线是一个不对等总线,通道控制器一端总拥有主动权。Flash芯片将数据读出或者写入之后,会将它的busy信号拉高,此时通道控制器一端便可让Flash将数据传送出来(读),或者再次派发一个指令让Flash执行。Flash芯片一端不能擅自传送数据,只能是举手等待被选中。

如图11-85右侧所示为Flash芯片内部的架构。实际上,Flash芯片本身也是一个独立的计算机,它有自己的前端通道接口(连接到ONFI/Toogle总线),有自己的核心控制逻辑,有自己的后端接口(连接到Flash Cell阵列)。它从前端ONFI/Toogle总线上接收指令,通过核心控制逻辑译码成对Flash Cell的各种操作码,最终Flash Cell将对应数据读出放置到缓冲中,核心控制器逻辑向前端总线举手示意。

由于NAND Flash的Page不能被覆盖写入,必须先擦除后写入,而频繁擦除又会影响Flash Cell的寿命,于是SSD主控制器固件的普遍做法是每次都将数据写入空闲的Page,然后使用一张大的映射表来记录逻辑页面号与物理页面号的关系,然后在后台使用各种优化的算法在最佳的时机批量对那些旧Page进行擦除操作(实际上是整块Block擦除)将其变成空闲Block/Page。这张映射表需要频繁的更新(写入数据时)、查询(读取数据时),所以必须将其放入RAM中。在图11-86中可以看到窄长形的DDR RAM芯片。

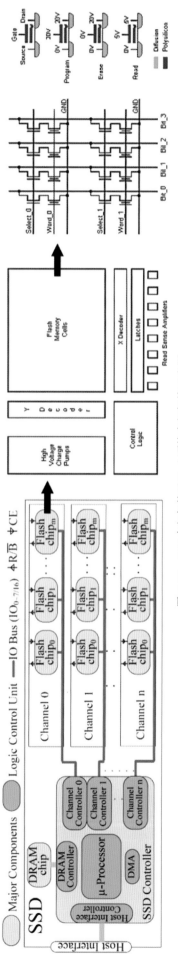

图11-85 SSD内部架构及Flash颗粒内部架构示意图

图11-86 SATA接口的SSD内部

随之而来的一个问题就是一旦掉电，RAM中的映射表就会丢掉。为了解决这个问题，通常SSD内部会使用电容来在掉电后提供一定时间的持续供电，如图11-86右侧所示的橙色电容阵列。这些电容可以保证掉电后能够继续提供一段时间的电量从而让主控将RAM中的数据批量写入Flash中保存。映射表的尺寸大概为SSD容量的1‰，这意味着1TB的SSD会有1GB的映射表，就至少需要1GB板载RAM来盛放。然而随着目前SSD容量越来越大，市面上已经出现高于10TB容量的SSD，此时需要10GB的RAM来盛放映射表，这个成本就显得很高了。另外一个问题是，将10GB的RAM数据写入Flash的过程，需要较长的时间，板载电容的体积根本无法满足要求。

解决上述问题的方法是，提供少量的RAM，映射表平时放在Flash中，而只把映射表的一部分载入RAM，现用现载入，开发高效的替换算法保证映射表的命中率。还有一种办法是，将物理页号对应的逻辑页号跟随一起写入物理页中，也就是将整个映射表分散存放在每个物理页尾部，而不是集中存放。掉电后，只需要将RAM中已经向Host端发送了Ack但是尚未写入Flash的那些物理页写入Flash即可。再次加电后，主控扫描所有物理页，读出其中保存的逻辑页号，在RAM中重构出整个映射表。这样就可以降低RAM和电容量的需求。

SSD一般不会像SAS RAID卡那样缓存大量的数据，因为后者通常带有较大容量的电容（Super Capacitor，超级电容，容量在30F级别），而SSD作为要插入到标准2.5/3.5英寸插槽的设备，其内部空间不足以携带如此大的电容。不过随着Flash芯片制造工艺水平越来越高，目前2.5英寸SSD盘体内部会有大量剩余空间（如图11-87所示），完全可以利用这个空间来放电容。但是这样做会增加不少成本。另外，SSD即便是不采用缓存，直接从后端Flash上读写，RAM只作为临时数据缓冲，其性能至少在当前已经够用了。

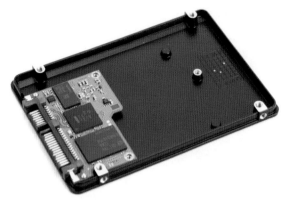

图11-87 某1TB SSD内部

PCIE接口、承载NVMe协议的SSD（俗称NVMe SSD）受到越来越多的关注和使用。PCIE链路的高速度配合纯粹为SSD打造的I/O指令集协议NVMe，好马配好鞍。然而标准的PCIE插槽很不方便，于是人们设计了SFF8639这种连接器，或者俗称U.2连接器，如图11-88所示。

该连接器最大的一个特点是可以用一个插槽兼容SAS/SATA/PCIE这三种信号，也就是说，SFF8639相当于在原来的SAS连接器上又添加了承载4路PCIE Lane信号的管脚，把之前连接器中剩余的未被金手指占领的地方全都用起来了。这样，SAS/SATA盘插入后，依然与之前的SAS/SATA管脚相连接；SFF8639 SSD插入后，则只与PCIE信号管脚连接。但是要做到同一个插槽能识别这三种接口的硬盘，服务器内硬盘背板就得将SFF8639的所有管脚都导向到正确的器件上去。

如图11-89左侧所示，背板最右侧的4个插槽同时兼容SAS/SATA/U.2 SSD，可以看到该接口上的SAS/SATA信号被导向背板上的SAS Expander，而PCIE信号则被导向CPU。但是由于CPU距离硬盘背板距离太长，所以需要使用线缆把SFF8639插槽上的PCIE信号与主板上的PCIE插槽信号连接起来，所以需要一块

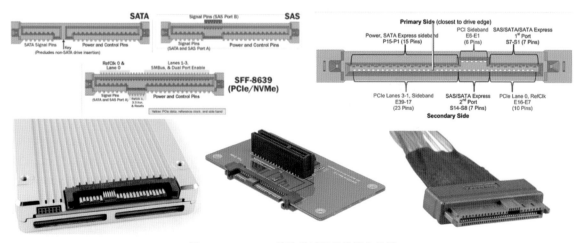

图11-88 SFF8639连接器以及转接器和线缆

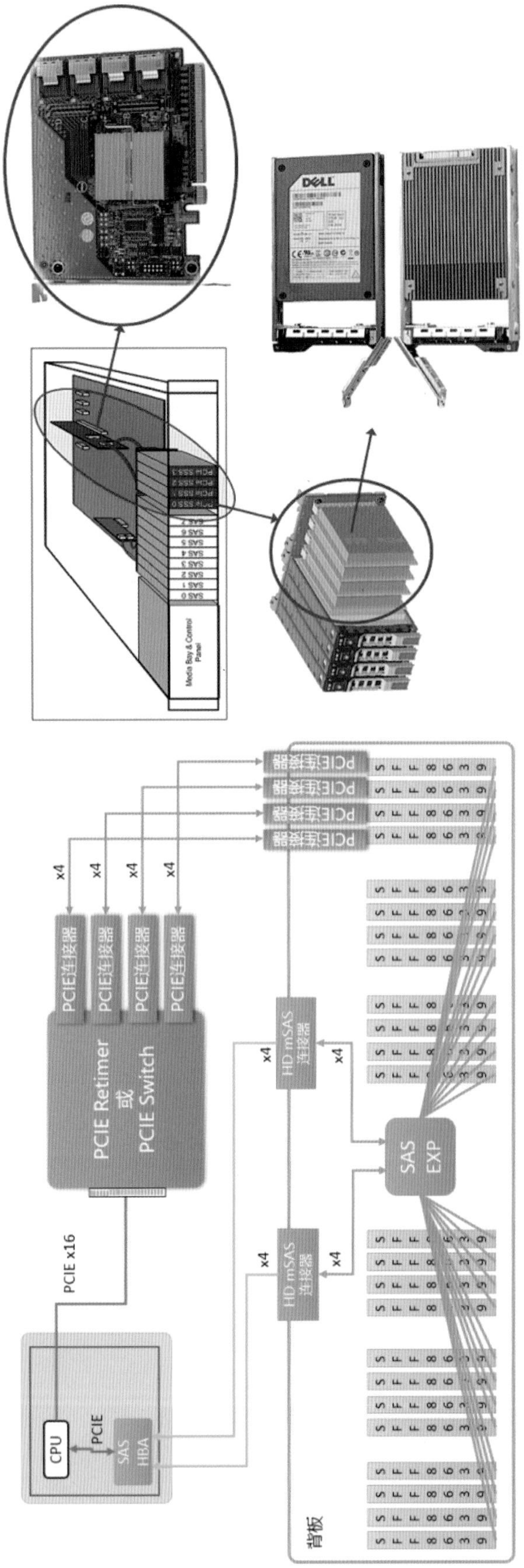

图11-89 典型服务器设计下的NVMe盘槽位及其连接拓扑

转接板一端插入主板PCIE插槽，另一端连接背板。转接板上还需要一片PCIE信号增强芯片（PCIE Retimer）或者PCIE Switch（当背板上有更多PCIE信号需要导向过来时）。图中右侧所示为DELLEMC某服务器上的U.2接口连接拓扑。PCIE信号连接器目前普遍采用的是MiniSAS HD连接器，与SAS连接器相同。SFF8639连接器/接口又被称为Trillion Mode（Tri-Mode）三模式/三模接口。

如图11-90所示为Memblaze（忆恒创源）公司PBlaze5系列企业级NVMe SSD中高端产品线规格一览。该系列有标准PCIE卡和U.2盘两种形态，最高容量可达12TB，最高性能超过一百万IOPS。这份规格表中的各种规格是衡量目前企业级SSD比较完善的。有几个地方值得说一下，U.2接口普遍采用x4 PCIE通道，而标准PCIE接口的闪存卡一般采用x8 PCIE通道就够了，出于成本考虑，一般不会有用户用到16GB/s的吞吐量。x8 PCIE通道的理论带宽是8GB/s，抛掉PCIE本身物理层链路层控制所消耗的带宽，6GB/s的吞吐量已经达到了接口速率的极限。

SSD硬盘是有写入寿命的，厂商一般用这种方式来表示某个产品的额定寿命：如果每天把整个硬盘容量写入多遍的话，这样持续5年，该盘能够忍受每天写入几遍。比如PBlaze5 D916/C916型号SSD可以每天写入3遍。DWPD表示Drive Write Per Day。

图11-91为该系列SSD的实物图。可以看到它采用了一个较大的铝电解电容来负责掉电保护。U.2形态的盘体内采用软连线连接的两个电路板堆叠而成。上层板上包含主控制器、DDR RAM和少量NAND Flash，下层板则全部都是NAND Flash。

PBlaze5系列SSD主控制器采用Microsemi（现已被Microchip公司收购）公司的高端NVMe控制芯片，架构如图11-92所示。该主控内部采用16个通用CPU核心，16/32个可编程Flash通道控制器，兼容各种类型的NAND Flash。控制器内部还有XOR Engine、Buffer Manager、List Engine、LDPC编解码器等硬加速逻辑电路。所有部件采用NoC片上网络（详见第6章6.3.3节）连接并通信。

PBlaze5系列产品支持双PCIE端口。比如对于x4通道的2.5英寸NVMe盘形态产品，可以支持将x4通道分成两个x2通道，分别接入两台主机上，从而实现双端口并行访问。这对于双控存储系统（详见下一节介绍）来说是必需的特性。

PBlaze5 910/916系列	D910			C910		D916		C916	
可用容量 (TB)	3.84	7.68	15.36	3.84	7.68	3.2	6.4	3.2	6.4
接口	PCIe 3.0×4			PCIe 3.0×8		PCIe 3.0×4		PCIe 3.0×8	
外形	2.5英寸 U.2			HHHL		2.5英寸 U.2		HHHL	
读带宽 (128KB) GB/s	3.5	3.5	3.3	5.5	6.0	3.5	3.5	5.5	5.9
写带宽 (128KB) GB/s	3.1	3.5	3.3	3.1	3.8	3.1	3.5	3.1	3.8
随机读 (4KB) IOPS	835K	830K	826K	850K	1000K	835K	830K	850K	1000K
随机写 (4KB) IOPS 稳态	99K	135K	150K	99K	135K	210K	303K	210K	303K
延时 读取/写入	低至87 / 12μs					低至87 / 11μs			
寿命	1 DWPD					3 DWPD			
不可修复错误率 （UBER）	< 10~17								
平均无故障时间 （MTBF）	200万小时								
协议标准	NVMe 1.2a								
闪存类型	3D eTLC NAND								
支持操作系统	RHEL, SLES, CentOS, Ubuntu, Windows Server, VMware ESXi								
功耗	7~25 W								
基本功能	增强掉电数据保护、热插拔、全路径数据保护、S.M.A.R.T、灵活功耗管理								
高级功能	TRIM、多命名空间、AES256自加密、快速启动、密钥删除、双端口								
软件支持	开源管理工具，调试管理工具，原生驱动支持								

图11-90　Memblaze Pblaze5 SSD 主流规格一览

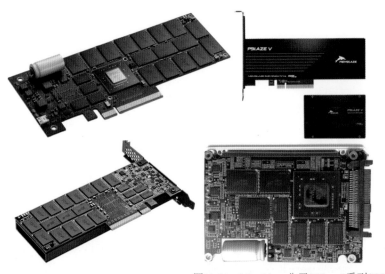

图11-91　Memblaze公司PBlaze5系列SSD

PBlaze5内部固件针对I/O性能做了大量优化，其中比较独特的一个优化是QoS（Quality of Service）。由于NAND介质的写入和擦除速度比读取速度慢太多，如果各种I/O类型混杂在一起，势必导致性能降低，最关键的是导致性能抖动，也就是忽快忽慢，这一点对高I/O压力的系统是很致命的。如图11-93所示，PBlaze5固件会进行精细的队列管理，并根据I/O场景和当前的I/O状态动态地调度I/O指令，充分保障系统的性能及平稳度。

大家可能认为固态盘的单盘功耗肯定低于机械盘，大错特错。目前市场上的14TB机械盘随机读写时功耗在8W左右，而企业级NVMe SSD在随机读写时峰值功耗可能要达到10~25W左右，25W这个数值已经接近了×8通道PCIE插槽的额定功耗值。估计多数人都没有摸过高性能U.2接口NVMe SSD在加电之后的壳温，可以摸一下，虽然赶不上CPU壳温，但是基本上烫人程度已经达到你不能忍受3s。随着固态盘容量、性能越来越高，可能很多人都不曾想到的是，厂商可能届时不得不为了控制功耗而故意限制性能，这就比较尴尬了。Memblaze已经重视到该问题，并在最近发布的PBlaze5 510/516和910/916系列中全面实现了深度节能降耗技术，其能效比可以做到业界领先的0.20GB/s/W。

随着Flash芯片的单片容量越来越高，性能越来越强，传统的2.5英寸硬盘的体积对于移动终端设备比如各种Pad、超级本等便携设备而言就显得过大了。于是人们设计了M.2这种新型连接器，其尺寸较小，可以承载SATA、PCIE等信号，如图11-94所示。就连空间宽裕的PC目前也有大量新装机用户选择使用M.2接口的SSD了。

前文各种关系如表11-1所示。

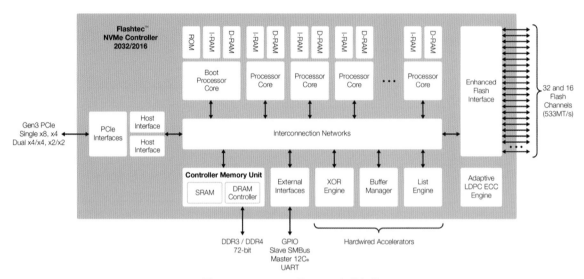

图11-92　Microsemi的NVMe主控架构

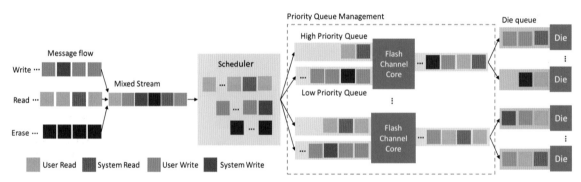

图11-93　PBlaze5 SSD的QoS原理

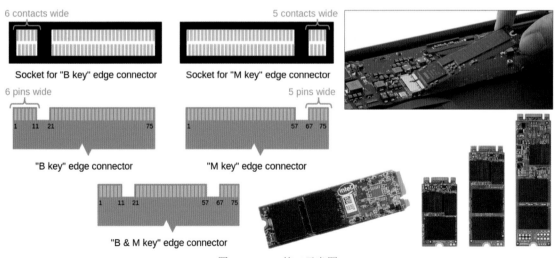

图11-94　M.2接口示意图

表11-1 各种上层协议、传输层协议、接口连接器的关系

顶层协议	传输层协议	物理层接口/连接器	端到端
SCSI (面向机械盘)	SCSI	SCSI	SCSI over SCSI over SCSI(Phased out)
	FC	FC	SCSI over FC
	SAS	SAS	SCSI over SAS
	TCP(over IP)	Ethernet	SCSI over TCP/IP over Ethernet (iSCSI)
	RDMA oE/oIB	Infiniband	SCSI over RDMA over IB(SRP)
			SCSI over TCP/IP over IB
NVMe(面向固态盘)	PCIE	PCIe standard	NvMe over PCIE over standard interface
		M.2	NvMe over PCIE over M.2
		SFF8639(U.2)	NvMe over PCIE over SFF8639
ATA (For PC Disk Drive)	ATA	IDE	ATA over IDE(Phased out)
	SATA	SATA	ATA over SATA over SATA connector
		M.2	ATA over SATA over M.2 connector
EMMC(手机存储)	EMMC	EMMC	full end to end, not overed to other
UFS(手机存储)	UFS	UFS	transportation protocol yet

11.2.4.3 SAN存储系统

前文中介绍了服务器+JBOD组合，可以将大量硬盘接入服务器。通常来讲，除了视频监控领域有这种单台服务器使用大量存储空间的需求之外，绝大多数应用场景下是不需要这么多硬盘的。多数场景都是服务器+RAID卡，挂接本地机箱内部的十几块硬盘就足够了。后来人们在使用过程中发现，每台服务器都使用各自的硬盘，难免会产生浪费，以及不灵活。比如服务器A有8块硬盘，但是它只用到了6块，而服务器B却要求多加一块硬盘，但是本地机箱内没有空余槽位了，不得已就只能为这单块硬盘购买一台JBOD。

很自然地，如果能把硬盘从服务器机箱内部拿出来，集中存放在一起，将数据通过高速网络传送给服务器，这样就可以做到现用现分，用多少分多少的灵活性了。当然，随之而来的是跨网络传输而导致性能降低，不过这个可以采用缓存来弥补，于是便有了外置存储系统。

如图11-95左侧所示，使用一台服务器连接多个JBOD识别到大量硬盘，我们将该服务器称为存储服务器，因为该服务器只提供存储服务，不做其他，或者也可以称之为存储系统控制器。该服务器前端通过各种网络接收其他服务器（我们称之为应用服务器或者业务服务器，因为这些服务器上运行有各种企业应用）发送的I/O请求，并负责执行这些I/O请求。为了保持业务服务器上I/O协议栈的透明性，有必要让业务服务器识别到一块虚拟的硬盘，这样就可以保证业务服务器的上层软件不需要任何变化。提供虚拟硬盘全靠驱动程序来向系统中注册对应的块设备，只要业务服务器上安装一个特殊驱动程序即可，比如iscsi initiator程序（该程序Windows/Linux系统安装时自带）。对于FC和IB类型的网卡，OS协议栈中会天然携带有这种特殊上层驱动，无须额外安装。

> **提示 ▶▶▶**
>
> 业务服务器上负责向网络对端存储服务器发送I/O请求的底层模块又被称为Initiator，而存储服务器接受I/O请求的程序模块则被称为Target。

上述驱动程序会向网络上的存储服务器发送消息询问对方"你给我准备了多大容量的多少块虚拟硬盘"，这个询问过程其实就是SCSI指令中的report lun指令。存储服务器将对应信息传回给业务服务器（当然，哪个业务服务器识别到多大容量多少块盘，完全是由管理员预先配置好的），后者的驱动程序会负责根据拿到的信息向系统中注册对应的块设备，从而接收上层I/O，这些I/O最终会被该驱动程序接收，并封装成对应的网络包发送给存储服务器执行。

存储服务器可以被配置为将其后端的一块或者多块硬盘整体分配给前端业务服务器，也可以做一层虚拟化，将硬盘上任意容量的区域分配给业务服务器，而业务服务器根本感知不到它所识别到的这块硬盘其实是被虚拟出来的。有多种虚拟方式，比如可以将多块物理硬盘虚拟成一块虚拟硬盘，或者将任意硬盘上任意容量的区域组合起来虚拟成一块盘，任意方式都可以。这意味着你可以给某个业务服务器分配一个50MB大小的虚拟硬盘，或者一个50TB大小的硬盘，显然目前市场上根本不存在这两种容量的物理硬盘。当然，存储控制器内部的软件需要记录这些映射关系，比如"给服务器A分配的1号硬盘位起始于本地硬盘/dev/sda的第65535个扇区，长度500MB"，这样，当收到前端发送过来的I/O请求后，根据这个映射关系便可计算出该I/O最终落入了本地的哪个物理盘的哪个区域。为了提升容错性和性能，存储服务器一般

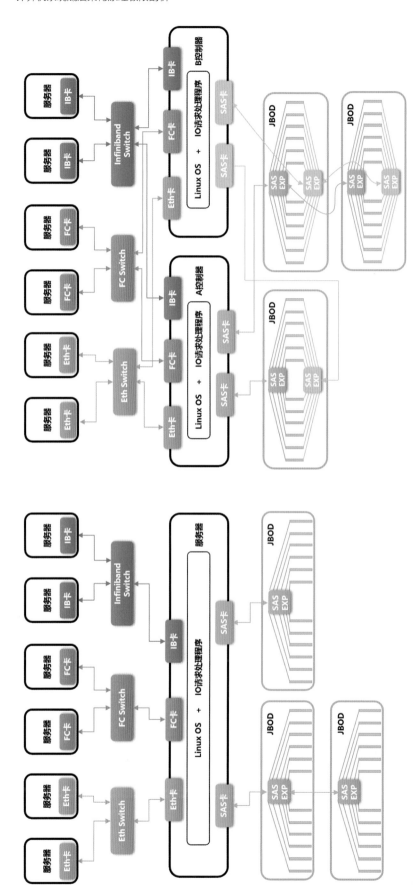

图11-95 存储系统原型架构

会将多块物理硬盘作成RAID，然后切分出对应的容量分配给前端业务服务器。

这种通过将存储资源集中，然后通过网络灵活分配出去的系统，被称为外置集中存储系统。其前端用于承载I/O指令和数据的网络被称为Storage Area Network（SAN），所以这种集中的外置存储系统又被称为SAN存储系统，或者网络存储系统（Network Storage）。

有一类网络存储系统并不向外提供虚拟硬盘，而是提供一个虚拟目录，业务主机将文件访问请求直接发送给外部网络存储系统，由存储系统负责查询对应的文件字节存储在哪个硬盘的哪个扇区并进行数据读写。这种将文件访问请求承载到网络上的存储系统访问方式称为网络文件系统，常用的访问协议有NFS和CIFS两种。能够提供网络文件访问服务的外部存储系统则被称为NAS（Network Attached Storage），该名称与其表示的存储系统功能并不是很搭配，其当初命名的初衷仅仅是将字母"SAN"倒过来而已。业务主机采用NAS的Initiator端，也就是NFS/CIFS客户端程序（OS默认自带）来访问NAS系统，第10章介绍VFS时曾经介绍过网络文件系统，可以回顾一下。

然而，外部存储系统有个很大的隐患，那就是一旦存储控制器（存储服务器，下文统一使用存储控制器）发生任何软硬件故障，那么前端所有的业务服务器就都无法存取数据了。于是人们又设计出双控SAN存储系统。

如图11-95右侧所示，该系统存在A控和B控两台服务器，其目的是为了在A控发生故障之后，B控能够无缝接管。要做到这一点，必然需要让A/B双控同时识别到所有硬盘，那就需要在JBOD中增加一个SAS Expander用于与B控连接，同时需要将一块硬盘同时与这两个SAS Expander连接。于是，SAS接口被设计为拥有两个数据口（两份数据金手指），从任何一个数据接口都可以发送I/O请求和数据。这样，一个任何部件都是双冗余的SAN存储系统就出炉了。当然，硬盘之间由于做了RAID，所以单块硬盘故障也不会产生数据丢失。

这就是在前文中的一些图片中你会看到JBOD上有两个SAS Expander模块、机柜中有两台一模一样的服务器的原因所在，其实这两台服务器加上一堆JBOD组成了一个SAN存储系统。几乎所有的SAN存储系统厂商都没有使用标准服务器来充当控制器的，它们普遍采用定制化的非标准服务器，其原因主要是标准服务器在设计、功率、可维护性、PCIE插槽数量和形态等各方面都不太满足要求。其实还有一个隐形原因，那就是必须将存储系统做的与众不同，才能让人感觉到这个系统的档次。

如图11-96所示为一些品牌的SAN存储系统的控制器和JBOD实物图以及连接拓扑。可以看到左上角的两个控制器设计，其在2U/4U机箱内放置了两个主板+对应的I/O接口卡（后端SAS卡、前端各种网络卡）。接口卡的形状也并不是标准PCIE形式的，而是特殊定制的（依然遵循PCIE信号规范，只是连接器不同）。

如图11-97所示为SAN存储系统在机房中部署之后的现场图，是不是感觉与手册中给出的图有很大区别，是的，因为现场连线众多，包括后端的SAS线缆以及各类前端网络线缆、供电线缆、各种用于配置的串口线，这些线缆混杂在一起就成了图示这副样子了。不管如何，只要对SAN存储的核心架构拓扑了然于胸，即是亲临现场也是信手拈来。

如图11-98所示为使用两台、每台插有两张SAS HBA的DELLEMC PowerEdge R730服务器，以及MD14xx系列硬盘扩展柜搭建的双控SAN存储系统硬件。只要将对应的操作系统和存储管理软件安装到服务器上就可以形成完整的SAN存储系统。

不过专业的SAN存储厂商的软硬件都是紧耦合的，软件会识别对应的硬件系统配置。这样做可以保证用户或者集成商不会私自更换未经认证测试的通用硬件而导致的系统不稳定。但是市面上也有一些厂商允许用户使用各种硬盘，但是并不一定保证兼容性。

前文中提到过为了弥补数据跨外部网络传输导致的高时延，外置存储系统普遍使用数据缓存来提升数据读写的命中率。也就是在存储控制内一般配有大容量的DDR RAM，比如16～256GB量级，用它来运行OS并同时充当数据缓存。存储控制器根据历史I/O的目标地址来做预读从而提升命中率；对于写I/O请求，数据在被写入缓存之后就立即发送Ack确认给业务服务器端以通告I/O完成，所以即便I/O跨外部网络，但是由于大部分都命中在缓存中，所以相比SAS HBA直连方式（SAS HBA没有缓存，每笔I/O都要读写硬盘，而硬盘的寻道时间通常在10ms量级）仍可获得较低的时延，从而提升I/O吞吐量。

然而，缓存所带来的问题则是掉电后RAM中的数据丢失问题。为此，SAN存储控制器内部都会配有锂电池，掉电后锂电池持续为RAM供电，一般电池电量足够支撑72小时，之后如果未恢复供电，则数据丢失。如图11-99所示，对于现代（2015年之后）的SAN存储系统，由于SSD的大量普及，普遍采用超级电容/锂电池+SSD来做掉电保护。掉电时，超级电容持续供电，系统迅速将RAM中的脏数据写入SSD，之后就可以停止供电了，这样可以保证数据永不丢失。供电恢复后，系统启动时会从SSD中将脏数据重新写入数据硬盘中。如图11-100右侧所示为使用超级电容+SSD设计的存储控制器。由于锂电池故障率和稳定性不理想，实际产品一般都采用超级电容。

对于一些性能比较强、配置规格比较高的存储控制器，小锂电池/电容已经无法满足需求。对于中高端存储系统，一般采用单独的电池模块，甚至直接在机柜中安放一个小型UPS（Uninterruptible Power Supply，本质上还是一堆电池，可管理性更强）。如图11-101左侧所示为DELLEMC VNX8000存储系统前视图，可以看到两个电池模组。图中右侧所示为EMC Symmetrix DMX2000存储系统前视图，可以看到下方的UPS。

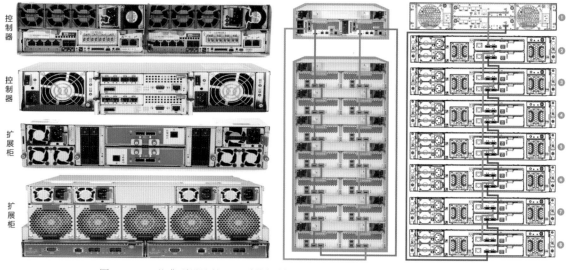

图11-96　一些典型设计的SAN系统控制器和扩展柜（JBOD）实物图和连接图

图11-97　DELLEMC VNX系列SAN存储系统现场照片

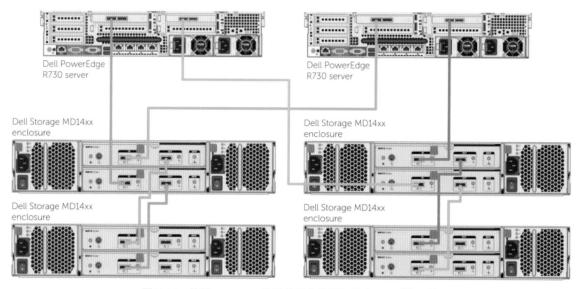

图11-98　使用DELLEMC的服务器和扩展柜搭建SAN系统硬件

图11-99 DELLEMC Equallogic存储控制器中的电池

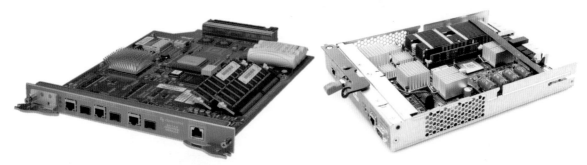

图11-100 不同品牌型号存储控制器中的电池和超级电容

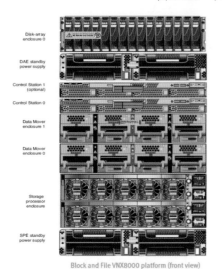

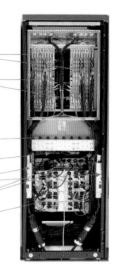

图11-101 存储系统中使用的电池模组和UPS

关于双控SAN存储系统还有很多细节，比如B控平时如果什么也不干，是不是太浪费了，能否让A/B双控相互备份（互备）？或者让A/B双控可以同时处理任何I/O（双活）？这些细节可以参考冬瓜哥的《大话存储后传》一书。

外置网络存储系统最早可以追溯到1983年。当时著名的计算机设计制造厂商DEC（Digital Equipment Corporation）设计了一款集群系统，在该集群中，最高15台业务主机（DEC VAX系列主机）可以通过网络连接到HSC（Hierarchical Storage Controller）获取存储资源。HSC50/HSC90系列存储控制器本质上也是一台计算机，其后端可通过SCSI接口连接SCSI设备或者硬盘扩展柜。

如图11-102所示，20世纪80年代的计算机由于集成度不高，所以普遍采用插卡+背板总线形式将多个不同部件相互连接的架构，看上去给人一种档次很高的感觉（犹如刀片服务器一般），实则为无奈之举。整台计算机的处理能力尚赶不上今天一部智能手机。图中带有蓝色SCSI连接器的插板便相当于SCSI HBA了。如图11-103所示为HSC90控制器的内存板及核心处理器板。其上的CPU是否看着眼熟？是的，请参阅第3章图3-200。

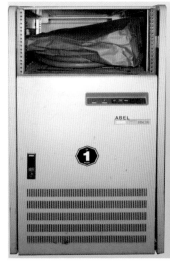

Slot	Part Number	Description
1	L0111-YC	HSC90 I/O Controller Processor
2	L0123-AC	Memory 4
3	Empty	
4	Empty	
5	L0119-YA	4 P Disk/Tape Data Channel
6	L0119-YA	4 P Disk/Tape Data Channel
7	L0119-YA	4 P Disk/Tape Data Channel
8	L0108-YA	Disk Data Channel
9	L0108-YA	Disk Data Channel
10	L0119-YA	4 P Disk/Tape Data Channel
11	Empty	
12	L0124-AA	CI Port Processor
13	L0125-AA	CI Port Buffer
14	L0118-YA	CI Port Link

图11-102　HSC90存储控制器前视图和后视图

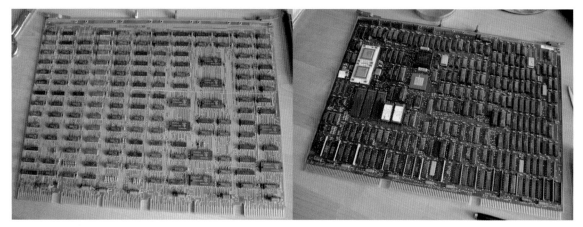

图11-103　HSC90控制器的内存板和主处理器板

如图11-104所示为该存储系统的硬盘以及硬盘扩展柜（最大可插入8个硬盘）。

近代SAN存储系统的鼻祖当属EMC（已被DELL收购，现属于DELLEMC）公司的Symmetrix DMX系列产品。其设计思路与DEC HSC50/90系列控制器相似。整体采用处理器插板、内存插板、HBA插板组成整个系统的核心控制部分，机柜内其他组件则是UPS和供电管理部分以及大量JBOD扩展柜。如图11-105所示为早期Symmetrix DMX系列架构示意图。在Symmetirx时代，计算机芯片集成度已经比较高了。

如图11-106右侧所示为近代的Symmetrix DMX4的系统架构，其满配时可以支持8个前端网络I/O控制器板（相当于前端HBA+处理器+本地内存）以及8个后端I/O控制器板（连接硬盘扩展柜的HBA+处理器+本地内存），以及8块共享的数据缓存板。Symmetrix DMX系列产品属于整个存储系统发展史上的经典产品，其架构被认为是高端SAN存储系统经典架构，凡是不具备类似架构的都算不上是高端存储系统。DMX表示Direct Matrix（直连矩阵），意思是整个系统内所有部件（前端和后端板）通过点对点直连的方

图11-104　HSC90存储系统的硬盘及扩展柜

式直接与共享存储器相连，所有部件采用共享内存的方式来通信。这样做的好处是能够实现多控制器对称式多活协作、不存在缓存一致性问题（因为缓存是集中放置的且只有唯一的一份副本）、极高的系统冗余性（任何一个/多个部件故障不影响整体系统可用性）。

如图11-107所示为Symmetrix DMX4系统满配时的架构及实物图；如图11-108所示为Symmetrix DMX4系统的部分单板实物图。

DELLEMC最新的高端存储产品为Symmetrix VMAX系列，其架构与DMX系列有了很大变化。

首先，VMAX系列不再区分前端I/O控制器和后端I/O控制器了，同一个控制器内同时插有前端网卡和后端SAS HBA。

其次，VMAX系列不再采用集中式共享缓存，而转为采用分布式共享缓存，也就是将原本集中的数据缓存分布到各个I/O控制器上。

另外，VMAX采用独立的Infiniband高速网络交换机来互连所有的控制结点，形成了一个共享缓存的分布式系统，如图11-109所示。

VMAX的架构相比DMX而言，更加开放，实现成本也更低，开发和维护上都降低了复杂度。如图11-110所示为一台Symmetirx VMAX系统的部署照片的前视图及后视图。

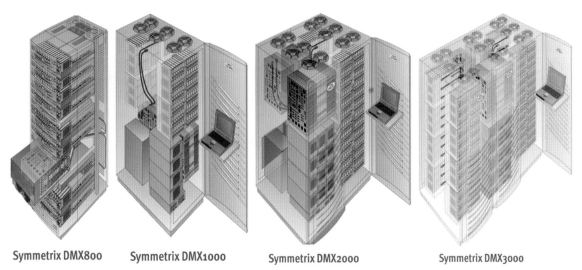

图11-105　早期Symmetrix DMX系列架构示意图

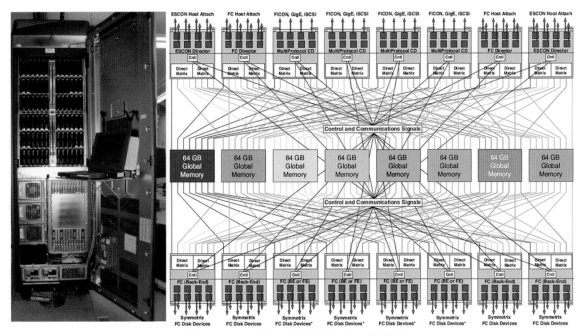

图11-106　DMX1000实物图以及DMX4架构图

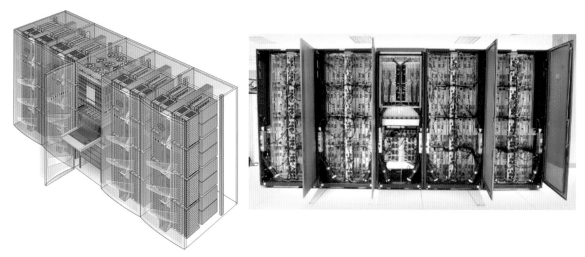

图11-107 Symmetrix DMX4系统满配时的架构及实物图

图11-108 Symmetrix DMX4系统的部分单板实物图

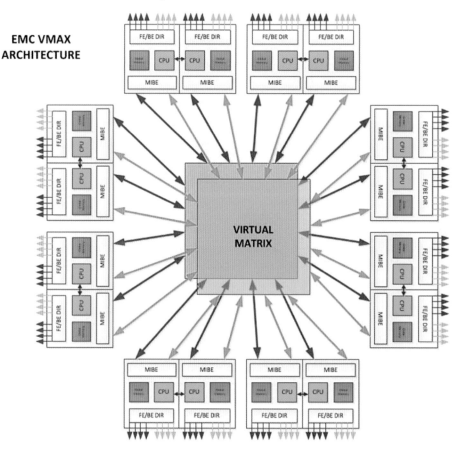

图11-109 DELLEMC Symmetrix VMAX存储系统架构

图11-110 DELLEMC Symmetrix VMAX存储系统照片

在国内存储厂商中，浪潮可以作为一个典型代表。2001年，浪潮正式进入中国商用存储市场，2005年提出"Active Storage"的产品理念，推出首款统一存储产品；2009年，研制出中国第一台PB级海量存储系统；2015年，发布高端存储AS18000；2016年，发力软件定义存储，提出"技术和场景双轮驱动"的发展路线；2017年，推出智能存储G2平台和智能全闪G2-F，目前已经实现高、中、低端全覆盖的产品布局。浪潮高端存储系统实现了全互联架构；软件定义存储实现结点按需供给且满足EB级容量扩展；固态存储系统实现了百万IOPS性能和亚毫秒级的时延。

在传统SAN存储方面，浪潮智能存储G2（如图11-111所示）基于统一架构和In系列智能软件设计，在满足企业级关键数据存储、处理需求的同时，更强调数据生命周期的智能化。G2内集成了超过1000个软硬件传感器、一百多个持续优化的核心算法、十多个服务模型。

AS2200/2600G2　AS5300/5500G2　AS5600/5800G2　AS6800G2　　AS18000G2

图11-111 浪潮智能存储G2全景图

高密度高扩展的硬件设计架构，满足对性能和容量的极致要求。盘控一体产品3U空间可容纳48块3.5英寸硬盘，单台阵列可达到0.5PB的容量；高性能机头，单控达到12张IO卡的扩展能力，在盘、卡等方面业界领先。如图11-112所示为浪潮智能存储G2部分硬件模块。

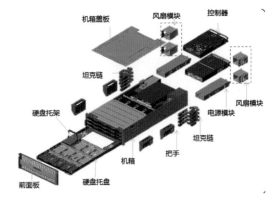

图11-112 浪潮智能存储G2部分硬件模块

浪潮智能存储G2支持智能4+1 tiering分层存储技术，如图11-113所示。最大支持4层数据分层，可根据不同介质进行组合，分层适用于VDI、OLTP、OLAP等场景，可以利用最少的投入带来读写性能的提升，TCO降低30%。随着云计算的发展，如何协助客户轻松上云并驱动数据向云端迁移成为难题，针对混合云环境下长距离、低带宽的数据传输场景，G2采用高效的网络复制技术，通过压缩、动态调整窗口、多虚拟化连接等功能，优化数据传输所占用的带宽，比传统复制提升90%，大幅提升数据传输效率，实现灵活上云；G2具备与云端对接的能力，除了作为云计算的存储资源池外，还可通过网络实现云缓存，云备份，云容灾。

基于存储的Active-Active双活方案，面对任意站点故障，可确保数据零丢失，业务零中断；基于IO双写，本地读机制，保证数据一致性，提供IP仲裁机制，保证故障发生时单数据中心平稳运行。

异构虚拟化技术可以透明接管业界95%以上品牌、型号的SAN存储，并支持资源池化、在线扩容、数据迁移等功能，帮助客户实现老旧存储设备的整合管理和再利用，提高资源使用效率。

智能运维，传统存储的运维十分复杂，并且大部分需要原厂人员进行维护，G2的部件运维简单安全，可以通过智能的运维工具实现预测、预警，以及预处理、日志收集等特性。对于L3大数据分析来说，G2智能管理套件可以实现远程大数据分析，针对每个存储的故障、性能、监控、告警等进行分析，可以实现自动化运维并通过性能分析进行存储优化等功能。

11.2.4.4 分布式存储系统

随着硬件性能的不断增长，近年来，三个比较重要的技术指标的提升给存储系统架构带来了较大变革。这三个指标就是：硬盘速度快了（固态硬盘普及）、硬盘容量大了（机械盘和固态盘容量越来越大，已到10TB级）、网络速度高了（10GbE标配，40GbE/100GbE）。由于这三个因素的影响，服务器使用RAID卡+本地硬盘的方式也不是不能满足常规需求。比如配有8个硬盘槽位的服务器，假设每块硬盘4TB容量，32TB对于绝大多数单台服务器上运行的应用而言已经够用了，如果采用SSD，单块SSD的性能其实已经可以满足一些主流应用的IOPS要求，更不用说多块SSD作成RAID之后通过增加并发概率进一步提升性能了。

那么，SAN所带来的灵活性、性能的优势就被削弱了。

此时，20世纪70年代出现的一种技术——分布式存储技术，就又被人重新审视了起来。所谓分布式存储系统，就是将分散在多台计算机上的资源整合成唯一的一份虚拟资源。比如服务器A上有文件A，服务器B上有文件B，分布式系统可以让服务器A和B同时看到一个单一目录，目录中有A和B两个文件。对于服务器A上的应用，其访问文件B时，会由特殊的底层程序负责将发送给文件B的访问请求通过网络转发给服务器B，服务器B返回文件B的数据。这就是所谓的分布式系统，也就是每个人拥有资源的一部分，但是所有人对上层（应用程序）体现出一个单一名称空间（Single Name Space）。所有服务器均记录有分布式系统内各个资源碎片的属性以及所在的服务器IP地址，所有服务器相互转发自己拥有的数据（当被访问到时）。分布式系统中的每台贡献自己资源的服务器又被称为结点（Node）。如图11-114所示为分布式系统的全局架构。

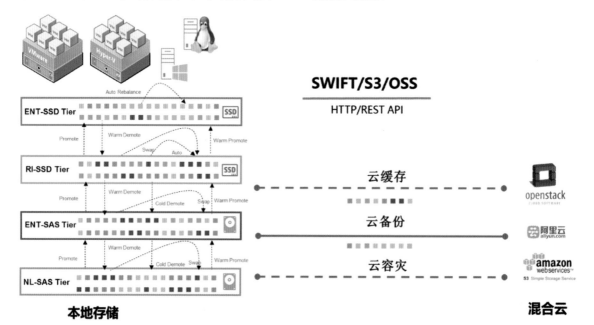

图11-113　浪潮智能存储G2的4+1 tiering分层存储技术

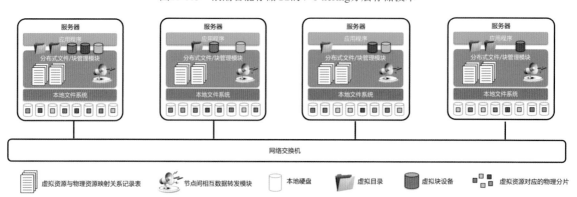

图11-114　分布式系统全局架构示意图

所以，如果服务器之间的互联网络速度不高，比如千兆时代，那么这种转发导致访问时延非常高，使得整个分布式系统不具备可用性。但是在万兆时代，这个瓶颈终于被打破了。再加上固态硬盘的低时延可以弥补一些网络时延，所以最终性能也是可以令人满意的。再加上硬盘容量越来越大，只使用服务器机箱内部的本地硬盘就可以满足多数需求，更别提多台服务器组成分布式系统了。所以分布式存储系统近年来大行其道。而传统SAN存储系统市场则逐渐被侵占。

分布式存储系统又可以分为分布式文件系统和分布式块系统，前者将不同结点上的文件虚拟成一个单一的目录树，而后者将不同结点上贡献出来的块设备资源虚拟成一个或者多个块设备。这些虚拟块设备可以根据策略，让所有结点可见或者只让部分结点可见。上述做法的关键在于需要在每个结点上实现对应的内核模块来接管针对这些虚拟资源的访问。比如分布式文件系统需要在结点上安装对应的文件系统，挂载时选择该文件系统，那么后续针对挂载路径的访问自然就会走入该分布式文件系统底层处理模块，之后的行为就可以为所欲为了。同理，分布式块系统也需要提供对应的块设备驱动向系统中注册虚拟块设备来接收上层的I/O请求然后在底层做对应处理。

如图11-115右侧所示，如果分布式管理模块将虚拟目录/虚拟块设备通过网络映射出去（与SAN存储做法相同），那么这个分布式系统就只提供存储服务了，此时它被称为分布式存储系统。业务服务器采用各种initiator端（比如FC initator、iscsi initiator、NFS/CIFS等）连接到分布式存储系统的任何一个结点，即可存储数据了。

如图11-115左下角所示为可选的一种系统架构，分布式存储系统后端采用独立的网络交换机（可以采用更高速的甚至私有的不常用的网络，这个例子可以参见如图11-109所示的VMAX存储系统架构，

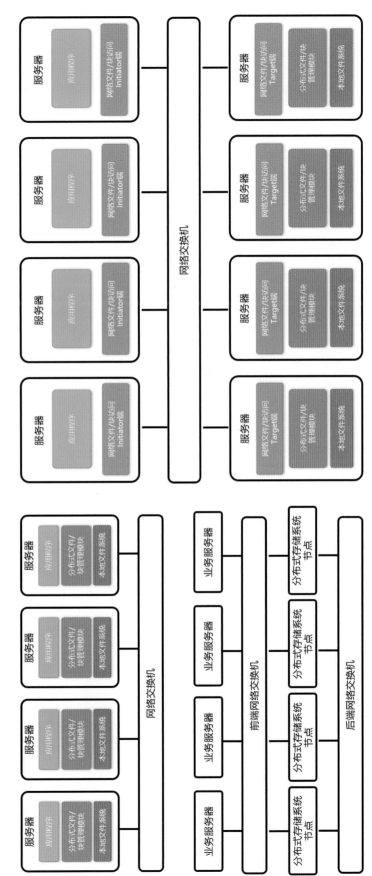

图11-115 传统意义上的分布式系统以及单独的分布式存储系统

其多个结点之间就使用了Infiniband网络互连，而且是两台Infiniband交换机互备）来相互传递控制信息和数据；同时前端采用更普遍的比如以太网交换机与业务服务器互联。

> **提示 ▶▶▶**
>
> 通常，将集群结点之间相互传递的数据称为东西向流量（横向）；而将前端业务主机与本系统之间的流量称为南北向流量（纵向）。目前数据中心中东西向流量比例也越来越高。

浪潮软件定义存储AS13000是面向云、大数据、深度学习等应用，聚焦"场景化"，基于"场景驱动开发"模式的分布式存储，如图11-116所示。基于软件、硬件协同创新的理念，AS13000支持多形态硬件，硬件方面除了支持通用服务器外，还支持针对大数据、AI等应用场景定制的异构服务器、超高密及Rack整机柜服务器；并可提供文件、对象、块、大数据4种数据服务，容量按需扩展、性能按需供给、服务按需定义。

AS13000实现了架构一致性，即一套架构同时提供文件、块、对象、大数据4种数据服务，产品在设计之初就考虑了客户业务的多样性需求，能保证在基础设施层面实现数据分发流动，减少跨设备的数据复制和迁移，减少部署和运维的复杂度，在一套技术体系内实现数据的全生命周期管理，帮助客户应对新兴应用带来的数据存储挑战，真正为客户提供按需供给的数据服务。

AS13000统一资源池化技术，可以将存储资源整合成统一存储池，消除了数据孤岛，而不是让数据孤岛变得更大，充分提高了存储资源的使用效率。

AS13000统一数据互连，打通数据管道，使数据流动起来，从接入、上云、应用三个方面实现数据连接。在接入端，通过内置KVM虚拟机，客户应用可直接运行在KVM虚拟机上，节省了单独构建流媒体服务器的硬件成本；在上云端，利用云网关做云备份、云分层、云缓存，实现数据在存储设备、私有云、公有云之间流动，完美适配OpenStack；在应用端，通过多种接口协议的适配，使应用可自由访问存储数据。例如多源零拷贝技术，基于AS13000统一架构来实现，通过协议转换，确保一份源数据可以被不同的存储协议的客户端读取，数据互相可见，有效解决原有各协议数据互相不可访问，无法有效共享的问题。用户无须保留多份数据，无须在不同的存储池迁移数据，使用成本降低50%以上。

AS13000实现面向多数据中心的统一管理平台，存储服务化为用户提供了丰富的应用接口，通过RestAPI技术，把存储管理软件化、服务化，向用户按需提供块、文件、对象服务；敏捷管理，可以多维度、全方位地展示存储容量信息、健康状态，提供数据中心存储视图及报表分析，跨数据中心的统一的管理、监控、告警、拓扑；智能化管理，主动学习系统已知故障，识别故障特征，分析故障概率，预测可能发生的故障，减少用户损失。

基于"场景驱动开发"模式，AS13000在典型场景快速定制和优化方面有着非常多的实践：如采用缓存QoS技术，保障存储系统单结点的稳定带宽；回收站技术，防止数据不会被误删除，有效地保障了广电场景的非编业务和媒资库业务；小文件聚合和稀疏文件性能优化技术，能够使单存储结点OPS性能提升30%以上，很好地满足了视频监控场景的卡口业务需求；RDMA、读预取、私有客户端和对象聚合等特性调优技术，可使单客户端随机读性能提升60%以上，满足在HPC、AI、大数据应用场景下的业务需求。如图11-117所示为多源零拷贝技术示意图。

11.2.4.5 数据恢复

不得不说的是，不管是单块物理硬盘，还是由RAID卡+多块硬盘组成的RAID系统，还是外置大型SAN存储系统，它们都是有一定概率出现数据损毁的，导致损毁的具体原因有很多，详情可关注"大话

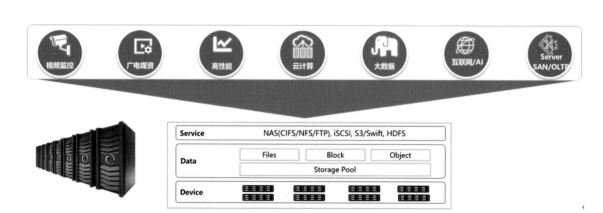

图11-116 浪潮软件定义存储AS13000

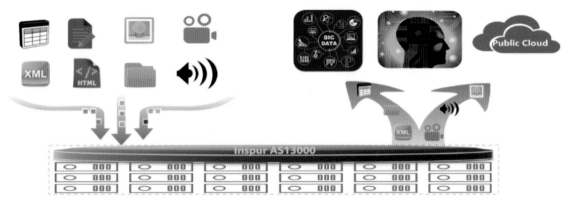

图11-117　多源零拷贝技术示意图

存储"微信公众号查看相关文章。在遇到数据丢失时，人们往往会考虑从之前的备份来恢复数据，难免会丢失最新一段时间内的数据，因为数据备份并不是实时更新的，企业一般每天备份一次。有不少个人没有备份数据的习惯。有相当一部分中小企业IT系统管理员甚至认为RAID就是一种备份方式，这是错误的观点。在没有完整数据备份的情况下，想恢复数据的话，就要求助于专业的数据恢复公司。

专业数据恢复公司对流行的各种文件系统、卷管理系统、RAID、外置存储系统的数据管理布局有很深入的研究，可以通过硬盘上残留的蛛丝马迹来将被破坏的数据重新整合起来。另外，针对硬件级故障，专业数据恢复公司可以进行硬盘开盘维修和数据恢复。

北亚数据安全与救援中心是一家老牌数据恢复公司，本节引用并分析该公司的一些技术要点。如图11-118所示为企业级数据恢复的范围。

如图11-119所示为个人消费级的范围。

此外，北亚还开发了针对行业定制化的数据恢复软件和硬件产品，如图11-120所示。

下面我们以一个案例来简单介绍数据恢复的过程，该案例取自北亚总经理的博客（http://blog.51cto.com/zhangyu）。该案例为一例IBM Storwize V7000外置存储系统数据恢复案例，这款系统支持RIAD 0/RAID 10/RAID5/RAID 6，上层卷管理支持普通卷/精简模式的卷/镜像模式的卷/精简镜像模式的卷。

拆分来看，V7000存储的底层原理结构其实不属于复杂的类型，整个存储结构一共分为4层。第一层是物理硬盘，也就是数据实际存放的位置。第二层是MDisk（就是存储中的RAID），这一层是许多个物理硬盘的集合。第三层叫作池，池又把诸多MDisk组合而成为一个更大的逻辑容器。第四层是卷，卷是面向用户的存储单位，它们是从池中分配出来的空间。整个存储卷架构如图11-121所示。

在物理硬盘中的数据都是以小块为单位（Block）进行存储，即人们通常理解的存放在MDisk中的数据会分成多个Block平均分布在所有硬盘上。在MDisk这一层，数据是以段为单位存储的，多个MDisk组成了一个池，即在池中创建的卷会被分成若干个段放到不同的MDisk中，不同卷的类型分布在池中的方式也不同，不过最终还是以段为单位存储在MDisk中的。V7000的存储过程就是用户将数据存放到卷中，而卷又会被分割成若干个段分布在不同的MDisk中，而MDisk又会将段分成若干个块分布在不同的硬盘中。最终数据全部是以块为单位分布在不同的硬盘中。

很多工程师都有这样的疑问，外置存储系统一旦出现有多块物理硬盘掉线或者故障的情况还能不能恢复数据呢？本案例就以北亚数据恢复中心IBM V7000存储恢复方案为例，详细讲解因为某个MDisk中有多块硬盘掉线的情况导致的数据丢失的恢复方法。

设备信息：客户的设备为IBM V7000系列存储，由存储控制器+硬盘扩展柜组成，故障涉及的硬盘共64块，其中包括三块热备盘（其中一块已启用）。查看客户所给的相关信息，了解到共有8组MDisk，加入到了一个存储池中，其中创建了一个通用卷来存放数据，如图11-122所示。

故障表现：首先有一块硬盘出现故障离线，热备盘启用替换，在此时与离线盘同一组MDisk中又有另一块硬盘出现故障离线，从而导致热备盘同步失败，这组MDisk失效，进而影响到整个通用卷无法使用。

数据恢复概率分析：由于整个阵列失效的原因是硬盘故障导致的，所以如果硬盘损坏程度较轻的情况下则数据恢复的可能性极大，本案例中客户需要的数据主要是DCM医学图像文件，所以预期可以有95%以上的概率恢复数据。

北亚数据恢复中心数据恢复流程如下。

（1）在数据恢复前期需要将数据进行备份，以免在数据恢复的过程中对数据的原始状态进行更改。首先把服务器关机、切断电源。这里需要一台服务器用来进行数据恢复操作，同时需要一台存储用来备份数据，我们将在北亚数据恢复平台上挂载

服务器数据恢复专题
提供各种存储、服务器数据恢复，IBM数据恢复 DELL数据恢复 HP数据恢复 联想等服务器数据恢复

 RAID数据恢复专题
拥有RAID 0/1/3/0+1/6/ADG数据恢复，有独立的RAID数据恢复研发团队为您制定RAID数据恢复

 HP EVA数据恢复专题
北亚数据安全与救援中心提供专业数据恢复、存储数据恢复 RAID数据恢复 服务器数据恢复 HP EVA

 Solaris数据恢复专题
Solaris是Sun Microsystems研发的计算机操作系统，它被认为是UNIX操作系统的衍生版本之一。目前

 磁盘阵列数据恢复专题
权威企业级服务器数据恢复公司，专业拥有大型RAID磁盘阵列数据恢复，UNIX服务器数据恢复

 虚拟化数据恢复专题
北亚数据安全与救援中心提供专业虚拟机数据恢复服务，免费出具虚拟机数据恢复方案，已发行虚拟机

 IBM AIX 数据恢复专题
提供IBM AIX数据恢复服务，拥有最专业的IBM AIX数据恢复解决方案

  NAS数据恢复专题
NAS按字面简单流读就是连接在网络上，具有资料存储功能的装置，因此也称为"网络存储器"

 HP UX 数据恢复专题
提供专业的HP-UNIX数据恢复服务，上万例的成功案例、安全先进的恢复平台、信产品数据恢复专家顾问

 SQL数据库修复专题
拥有MYSQL,SQL SERVER,DB2,Sybase等各种数据库恢复，专业的团队，国内渊实的技术

 SyBASE数据库修复专题
提供SyBASE等各种数据库恢复修复服务，已发行的SyBASE数据库软件全球唯一，提供免费下载

 DB2数据库修复专题
有大量的DB2数据库修复案例，成熟的解决方案和经验、先进的数据恢复平台、有独立的算法研究平台确保您

 ORACLE数据库修复专题
北亚已经发行的ORACLE数据库碎片修复软件，是全国唯一一款修复ORACLE数据库的软件。

 Linux数据恢复专题
提供Ext3/Ext4/Reiserfs/Reiser4/Xfs数据库恢复，免费出具解决方案。专业的技术团队为您的数据

 EqualLogic数据恢复专题
北亚数据安全与救援中心成立了EqualLogic控制器算法小组，在技术方面投入了大量的人力物力财力，

图11-118 企业级数据恢复

 硬盘数据恢复
电脑用户越来越多，由于不慎硬盘、进水、电击等意外情况引使得数据丢失、硬盘损坏等现象也多了起来，笔……

 U盘/存储卡数据恢复
恢复U盘插到机器上没有任何反应，U盘插入电脑，提示"无法识别的设备"，打开时提示"磁盘还没有格式

财务数据恢复
北亚数据安全与救援中心专业恢复金蝶、用友、管家婆、速达等财务软件恢复，有成熟的解决方案。

 邮件修复
提供专业OUTLOOK、OUTLOOK EXPRESS、FOXMAIL、LOTUS NOTES等邮件系统的数据恢复

文档修复
提供专业OUTLOOK、OUTLOOK EXPRESS、FOXMAIL、LOTUS NOTES等邮件系统的数据恢复

笔记本数据恢复
笔记本电脑不启动，开机无法显示，经常蓝屏死机、笔记本硬盘加密有异响等故障恢复

 逻辑故障数据恢复
北亚数据安全与救援中心提供苹果机MAC OS X上的数据丢失、文件删除、格式化数据恢复服务。

 MAC OS 恢复
北亚数据安全与救援中心提供苹果机MAC OS X上的数据丢失，文件删除，格式化等数据恢复服务。

手机数据恢复
北亚针对手机出现的数据丢失有专业手机数据恢复软件可以恢复丢失的通讯录、微信、短信、QQ聊天记录 ……

  监控录像数据恢复
北亚数据安全与救援中心提供大华、H264、海康监控录像数据恢复服务；监控录像机数据恢复软件定制 ……

 加密/解密数据恢复
数据越来越重要了，有些人会选择加密，但有时会忘记密码，造成文件打不开，无法正常使用均可带到北

开盘数据恢复
硬盘异响，硬盘老化，电机炒坏、磁阻变问、内电路击穿、盘片轻微划伤，硬盘加密、二次开盘、SCIC开盘等

> 北亚苹果手机数据恢复软件
> 北亚HP EVA数据恢复软件
> 北亚RAID6数据恢复软件
> 北亚ORACLE数据库修复软件
> 北亚专业照片恢复软件
> 北亚监控录像数据恢复软件
> 北亚希捷F3固件维修工具
> 北亚安卓手机数据恢复软件
> 北亚数据恢复软件WINDOWS专业版
> vmware虚拟机数据恢复软件
> 北亚摄像数据恢复软件
> 北亚Sybase数据库修复软件

图11-119 个人消费级数据恢复领域

  手机数据恢复软件

  监控录像数据恢复软件

  服务器及数据库修复软件

 WINDOWS平台数据恢复软件

 FBAL硬盘只读锁正面图片

 FBAL硬盘只读锁背面图片

图11-120 北亚开发的针对行业定制化的数据恢复软件和硬件产品

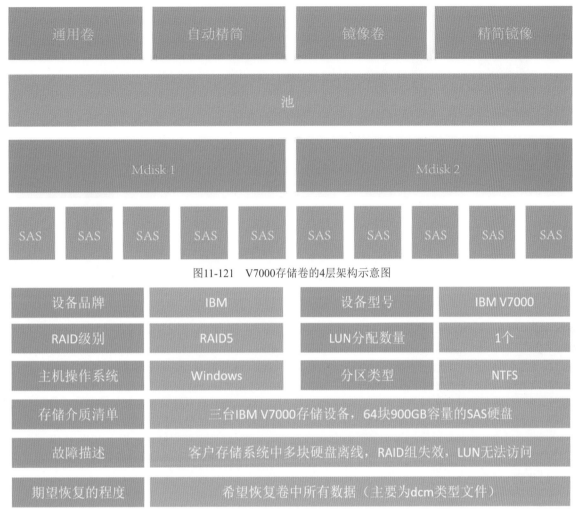

图11-121　V7000存储卷的4层架构示意图

设备品牌	IBM	设备型号	IBM V7000
RAID级别	RAID5	LUN分配数量	1个
主机操作系统	Windows	分区类型	NTFS
存储介质清单	三台IBM V7000存储设备，64块900GB容量的SAS硬盘		
故障描述	客户存储系统中多块硬盘离线，RAID组失效，LUN无法访问		
期望恢复的程度	希望恢复卷中所有数据（主要为dcm类型文件）		

图11-122　用户的V7000设备配置信息

故障存储硬盘，挂载方式必须是以只读方式进行挂载然后进行对扇区的备份（使用北亚自有镜像软件或者dd等工具）。该过程如图11-123所示。备份完成后，出具详细报告，涉及健康状态及可能存在的坏道列表。将原故障存储恢复原有状态后交回给用户，随后进行的所有数据恢复操作均不涉及客户原有故障设备。

（2）分析并且重组MDisk。首先需要与客户沟通原有的配置信息，将硬盘按照MDisk组分类。通过对每一组MDisk中的所有硬盘进行分析得到相关的RAID信息。对MDisk进行虚拟重组，这一部分只可以使用专业的数据恢复软件进行。

（3）pool分析。通过对所有MDisk的详细分析，我们得到pool的相关信息。虚拟重组出pool，使用北亚V7000数据恢复软件进行操作。

（4）修复文件系统。校验NTFS文件系统的正确性及完整性。修复NTFS文件系统。对文件系统进行解析并且提取数据。对NTFS文件系统进行解析。生成卷中的全部数据。

恢复结论：由于存储故障后，客户对故障环境保存完好，未做任何破坏性的、可能存在风险的操作，故数据保存完整，数据恢复工作顺利完成。北亚数据恢复中心对IBM V7000系列存储的底层结构研究得很透彻，所以对此系列存储的故障，数据都可以进行挽救。

11.2.5　超融合系统

如果应用、存储管理模块同时运行在分布式系统结点中，这类系统又被称为超融合系统（Hyper Converged Infrastructure，HCI）。人们总是愿意给技术名词起一些商业名称，因为这样显得更加上档次和平易近人，以及更易包装出各种动人的故事来。不过目前市场上普遍将超融合系统定义为运行有虚拟机管理系统的分布式系统，也就是说，分布式系统结点上运行的应用程序是虚拟机管理系统。

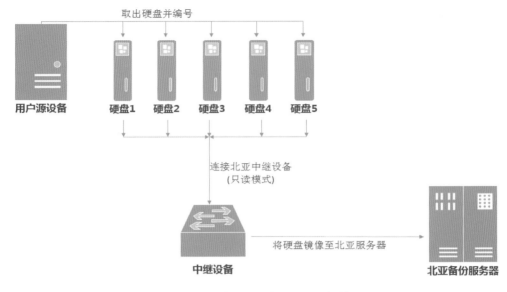

图11-123　现将数据进行备份以防二次破坏

这样，利用通用的服务器+网络交换机就可以搭建出一个基础架构（Intrastructure），在这个基础架构上可以虚拟出存储（块或者目录）、VM虚拟机以及网络（依靠虚拟机管理系统生成的虚拟网络，也就是利用内存交换数据的虚拟交换机）。这就是Hyper Converged的含义。HCI系统在物理上就是一堆服务器和交换机，其有别于传统架构（业务服务器+集中式SAN存储系统）。

FusionStack就是一款超融合产品。如图11-124所示为FusionStack超融合产品特点一览。

FusionStack超融合系统的底层是FusionStor分布式块存储系统，如图11-125所示。Hypervisor（虚拟机管理系统）作为每个分布式结点上的OS和虚拟机管理程序，向虚拟机（VM）提供iSCSI协议的块存储设备，VM内部采用iSCSI Initiator识别到对应的块设备。每个结点采用SAS/SATA HBA或者CPU自带的SATA Controller连接一定数量的SAS/SATA硬盘。所有结点连接在10Gb以太网交换机上。

对于超融合系统来说，底层的分布式块存储的性能和可靠性至关重要。如图11-126和11-127所示，FusionStor分布式块存储底层采用DPDK I/O加速库，在用户态实现I/O协议栈及设备驱动，完成I/O不需要进入内核，极大降低了I/O时延。线程模型采用co-routine用户态协程，以及run-to-completion的polling模型，可进一步降低I/O时延，增加CPU执行效率，不必浪费太多时间在内核级线程切换上。结点间互传数据采用RDMA技术，实现结点内存到内存的直接数据传送，不需要经过TCP/IP等协议栈处理，进一步降低时

图11-124　FusionStack超融合产品特点一览

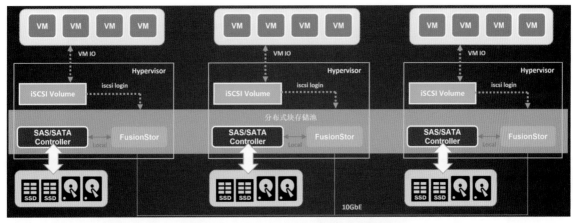

图11-125 FusionStor分布式块存储系统架构

图11-126 FusionStor的特点

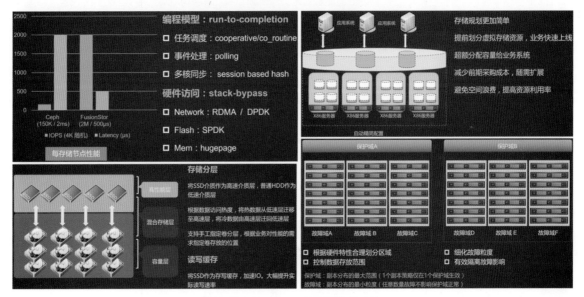

图11-127 FusionStor的功能特点（1）

延。内存管理方面采用巨页（Huge Page）来节省系统开销，提升内存使用效率。

如图11-128所示，FusionStor分布式块存储系统单结点的4KB随机读IOPS可以达到每秒1300万次。这个惊人数字，除了得益于SSD的使用以及RDMA技术的采用之外，与用户态协议栈/驱动、协程和Polling模型也有很大的关系。FusionStor可谓是将性能优化到了极致。

FusionStor还支持自动精简配置（Thin Provision）、存储分层（Storage Tiering）、保护域隔离、卷级QoS控制、基于纠删码的多副本冗余数据保护、多租户隔离、多级故障保护隔离等特性，如图11-129所示。

FusionStack超融合系统采用ZStack模块实现资源管理配置，如图11-130所示。

> **提示** ▶▶▶
>
> 读者如果有兴趣了解计算机存储系统方面更多的细节，可以阅读冬瓜哥的另外两本著作：《大话存储终极版》和《大话存储后传》。

```
[root@node121 mnt]# taskset -c 12,14,16,18,20,22,24,26 /root/fio-2.1.10/fio  rr-16.fio
rand-100r0w-8kb-1: (g=0): rw=randread, bs=4K-4K/4K-4K/4K-4K, ioengine=libaio, iodepth=48
rand-100r0w-8kb-2: (g=0): rw=randread, bs=4K-4K/4K-4K/4K-4K, ioengine=libaio, iodepth=48
rand-100r0w-8kb-3: (g=0): rw=randread, bs=4K-4K/4K-4K/4K-4K, ioengine=libaio, iodepth=48
rand-100r0w-8kb-4: (g=0): rw=randread, bs=4K-4K/4K-4K/4K-4K, ioengine=libaio, iodepth=48
rand-100r0w-8kb-5: (g=0): rw=randread, bs=4K-4K/4K-4K/4K-4K, ioengine=libaio, iodepth=48
rand-100r0w-8kb-6: (g=0): rw=randread, bs=4K-4K/4K-4K/4K-4K, ioengine=libaio, iodepth=48
rand-100r0w-8kb-7: (g=0): rw=randread, bs=4K-4K/4K-4K/4K-4K, ioengine=libaio, iodepth=48
rand-100r0w-8kb-8: (g=0): rw=randread, bs=4K-4K/4K-4K/4K-4K, ioengine=libaio, iodepth=48
fio-2.1.10
Starting 8 threads
^Cbs: 8 (f=8): [rrrrrrrr] [37.0% done] [5379MB/0KB/0KB /s] [1377K/0/0 iops] [eta 06m:18s]
```

图11-128　FusionStor分布式块存储单结点实测数据

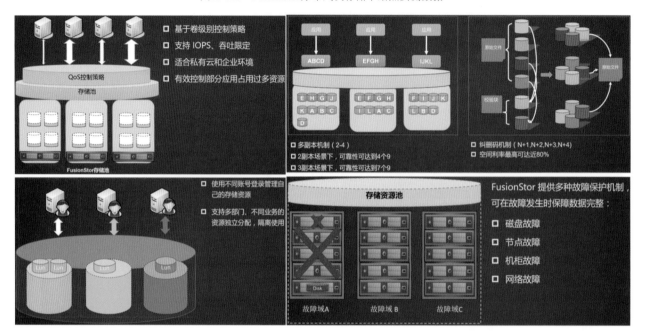

图11-129　FusionStor的功能特点（2）

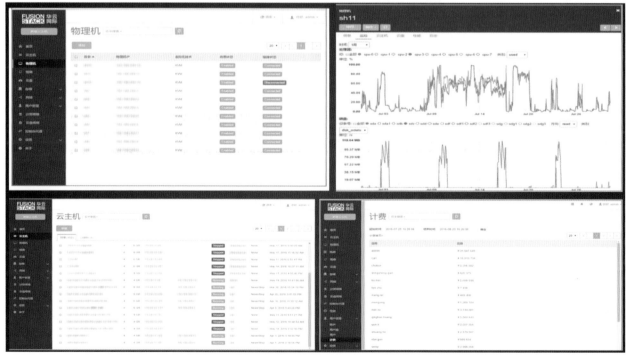

图11-130　FusionStack的管理配置界面

11.2.6 数据备份和容灾系统

数据备份在企业数据中心中，除了服务器、网络、存储这三大系统之外，还有一类很重要的系统，那就是备份和容灾系统。重要的话说三遍，重要的数据起码要备份一份或者两份。对于个人计算机场景而言，备份数据的方式基本上就是将数据复制到移动硬盘或者云盘上，或者刻录到蓝光光盘上。但是对于企业级服务器场景，备份数据的方式就会复杂很多。首先，企业级服务器要求不停机备份，这样的话，随着数据不断地写入文件，同时还要将文件复制出来，那么复制出来的文件是不一致（一份文件中的内容有新有旧，并不是某个单一时间点的数据映像的）的；其次，企业级服务器数量多，存有的数据量大，需要有一个批量、快速的数据备份方案；还有，企业级服务器场景对数据丢失容忍度很低，基本上每天要求备份一次，需要有一个集中的备份管理系统来统一管理；另外，企业级服务器场景下的应用系统种类繁多，会有更多的细化备份需求，比如只备份数据库中的某个子库，要求可以恢复数据到任意时间点（Continuous Data Protection，CDP）等。

在企业级场景下，移动硬盘肯定是不能用于备份的，因为其容量太小。目前主流的企业级备份介质是磁带和硬盘阵列，或者云盘，或者三者兼有，备份多份。

数据备份不仅能够防止数据的物理损坏导致数据丢失，比如硬盘损坏等，而且可以防止数据逻辑损坏导致的数据不可用，比如大面积病毒感染、数据校验错误、数据误删除等。

备份好的数据又称为离线数据，离线数据一般会与在线数据放置在同一个数据中心中，这样会存在一个风险，那就是当该数据中心遇到诸如火灾、洪水、地震等灾难时，在线数据与离线数据会一同被损毁。历史上的每次灾难都会导致一些企业因为丢失全部数据直接无法继续运营。为此，一些对数据安全要求高的企业必须部署容灾系统，容灾系统的作用就是将数据在相隔较远的异地备份一份，但是备份的间隔如果过长，比如一天，那么一旦灾难发生，将会丢失一天内的所有新数据，这对企业来讲也是无法接受的。所以，容灾系统一般被设计为实时地将生产站点的在线数据的变化同步到灾备站点的存储系统中。为此，生产端服务器或者存储系统中需要有一个可以截获上层下发的所有写I/O请求的驱动模块，该模块在将I/O数据写入本地存储系统的同时，也会将写I/O数据通过网络向灾备端发送。如果该模块仅当接收到灾备端的Ack消息后，才向本地的I/O协议栈上层返回I/O完成确认（比如调用某回调函数等），那么这个容灾数据复制方式被称为同步复制，同步复制模式会对本地I/O产生性能影响，网络带宽越低，时延越高，性能影响越严重。如果该模块接收到本地写I/O之后，写入本地硬盘即向上

层返回I/O完成确认，同时在后台将数据复制到灾备端的话，那么生产端会由于网络速度比较慢而导致待复制的数据被积压，一旦此时发生灾难，这批积压的数据将会永久丢失，这个方式被称为异步复制，异步复制不会影响本地的I/O性能，但可能会导致更高的数据丢失量，丢失量取决于本地写I/O的带宽以及本地和远端之间的网络带宽比例。

金融类企业对容灾的要求是最高的，一般要求将数据实时复制给两个灾备站点，其中一个与生产站点距离比较近，比如位于同城，采用同步复制；另一个离生产站点比较远，比如位于相隔几千千米的另一个地点，采用异步复制。这种拓扑被称为两地三中心。这样可以防止更大范围的自然灾害或者战争带来的数据损毁。

只备份或者容灾了数据，是不够的，还需要在灾难发生之后对数据进行恢复。对灾难发生后导致的丢失数据量的期望被称为RPO（Recover Point Objective）；而对灾难发生后多久能将业务重新恢复上线的期望，被称为RTO（Recover Time Objective）。容灾系统中最重要的模块其实是灾难恢复管理子系统，越快恢复和上线，遭受的损失也就越低。现代的容灾管理系统，不仅管理对数据的远程复制，还需要在灾难恢复过程中对应用系统有序启动、切换等过程做精细化管理。关于硬盘阵列和磁带库、备份和容灾管理系统方面的知识，请参考《大话存储终极版》一书。

科力锐（Clerware）是国内技术实力较强的备份容灾解决方案厂商。其主打两个系列的产品：云灾备管理系统和云负载迁移平台，这里主要介绍其云灾备管理系统，其整体架构如图11-131所示。

科力锐的云灾备系统的基本架构中包含两个重要角色：第一个角色是一台用于接收备份数据的存储服务器（拥有大量硬盘的服务器）——智动全景灾备一体机，该服务器也可以挂接外置存储系统以获取更大的存储容量。第二个角色是位于待备份的服务器操作系统中运行着的客户端代理程序（俗称Agent），Agent的作用是读写服务器上的文件或者硬盘块数据然后通过网络传递给灾备一体机从而备份数据。在恢复数据时，灾备一体机将之前备份的数据传递给Agent，后者则将数据写入服务器的文件系统或者直接写入块设备中。

当然，灾备管理系统远非像上面说的这么简单。灾备一体机上一般需要实现下面的功能：发现和管理待备份的服务器，实现定时备份，定时删除过期备份数据，文件级和块级和系统级备份/恢复管理，对备份的数据进行重复数据删除，实现快照来提供历史时刻点数据的细粒度回滚，实现异构平台恢复（指源服务器和目标服务器使用了不同的硬件平台或者不同的外部设备）。

科力锐公司的智动全景灾备一体机除了具备上述基本功能之外，还实现了多个特色技术。实现这些技术要求开发者对操作系统内核了如指掌，如下这些才

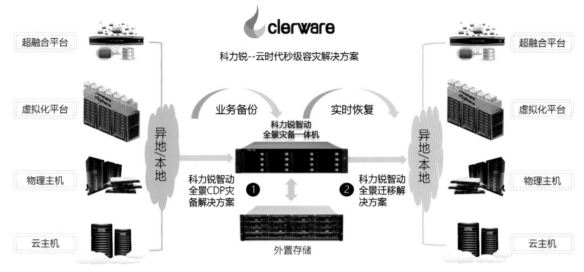

图11-131　科力锐云灾备管理系统全局架构示意图

是真正的核心关键技术。

（1）块级CDP连续数据保护。CDP技术相当于对数据的每一笔变化进行精确记录，从而可以让用户在灾难发生后，将数据回滚到之前的任意时间点。CDP技术可以极大降低RPO。

（2）异构平台恢复。支持p2v、v2p、v2v、p2p任意平台整机恢复。做到这一点相当不容易，因为平台的硬件环境可能有很大区别，比如目标系统下有某个特殊硬件，而源系统备份映像内并不包含这个硬件的驱动程序，那么恢复之后该硬件就无法使用。科力锐采用虚拟PCI设备以及驱动注入专利技术来实现对备份映像的预处理，确保异构平台的正常恢复。

（3）无须启动盘的系统级快速恢复。如果要做整机恢复（启动盘恢复），一般都要使用可引导光盘、U盘或者网络盘来启动目标系统，在DOS或者定制的环境界面下把之前备份的操作系统和数据读取过来恢复到目标系统的硬盘上。这个过程非常烦琐，而且一些公有云上面的主机并不提供上述操作的支持。有相当一部分场景的需求是即便目标机系统正常，用户依然想把整机直接恢复到之前某个时间点。科力锐无启动盘整机恢复专利技术，可以利用目标机上的Agent接收用于恢复的映像数据，然后直接写入目标机硬盘，写入完成后重启即可恢复目标机。大家一定好奇，目标系统依然运行的同时，底层硬盘竟然可以被瞒天过海地全部覆盖，此时系统难道不会崩溃么？这就是科力锐的专利技术了，大家可以自行研究。

（4）边恢复边启动边使用。如果目标机位于网络远端或者云端，那么传输整个整机备份映像所需要的时间会很长，RTO太长。科力锐采用分级恢复的专利技术，先把用于系统启动的关键数据块传输到远端，传输完成后，远端目标系统即可启动并运行，剩下的数据由目标系统内的Agent代理程序在后台不断地从灾备一体机中接收并持续写入目标机硬盘，目标机系统启动过程中对数据的I/O操作，会被Agent实时从灾备一体机上调入，从而实现边恢复边启动边使用。Agent会在15min完成启动关键数据以及二级热数据块的恢复，剩余的大量冷数据会在后台逐步恢复。

（5）识别深层次数据结构从而降低数据复制量。凭借强悍的技术实力，科力锐可以实现直接感知底层数据格式，从而只复制那些被数据占用的数据块，极大降低数据复制量。可支持的数据格式有：FAT、NTFS、EXT、XFS、BTRFS、RAC-ASM、RAC-OCFS、RAC-RAW等。

（6）可以在一体机上直接启动虚拟机。前文中提到过，灾难恢复更重要的环节是业务的启动。而如果在灾备端时刻准备好一些物理服务器用于灾难发生之后启动起来运行业务系统的话，这个成本太高，毕竟灾难是小概率事件。为此，科力锐全景智动灾备一体机上提供了虚拟机管理平台，可以直接在其上创建并启动虚拟机，采用虚拟机上的业务系统来处理灾备端的数据从而恢复业务，成本会大大降低。

由专业人员开发的产品必然是专业的，不仅技术接地气，做出来的产品使用起来也透着一股工匠般的气质。体现在：专业术语接地气不晦涩，界面上有很多提示能够让用户很容易地看出来每一步的目的以及后台要做的事情而不会感到迷茫。很多软件用起来很费劲，比如脑海中经常会问出"是不是可以点下一步"，"这个选项到底是什么意思"这种问题，这类软件就是没有抓住使用者的场景，或者对产品和技术理解不到位。科力锐的灾备一体机控制界面体现出实打实的技术实力和对整个灾备管理流程以及用户操作体验的深刻理解。

如图11-132所示，科力锐灾备一体机的管理界面采用Web页面方式，在每一步操作中都会有足量的提示，用户甚至不需要去阅读晦涩的使用手册就可以轻易上手操作。

如图11-133所示为恢复数据时的界面，从中可以看到每个备份的开始时间（精确到微秒）、CDP可回滚的时间段。点击每个备份会提示要将该备份做怎样的处理，是直接挂载给另一台目标机使用（接管主机），还是想提取该备份中的文件（文件恢复），还是想把整个卷恢复到源机器上（卷恢复），或是将备份映像采用无启动盘方式直接恢复到目标机。

选择了恢复方式之后，会进入CDP时间点选择窗口，在这里用户可以选择将哪个历史时刻的备份映像进行恢复。科力锐的CDP可以做到微秒级的时间粒度，也就是说可以把系统恢复到1μs之前。

如图11-134左侧所示为异构平台恢复时的驱动选择界面。如图11-134右侧所示为将备份的数据直接挂载给一台新创建的虚拟机的配置过程，整个配置过程快捷、清晰。

图11-132 科力锐灾备一体机配置界面

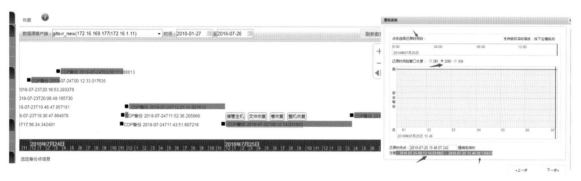

图11-133 科力锐灾备一体机恢复时的界面之一

图11-134 异构平台恢复时的驱动选择、将数据直接挂载给虚拟机

如图11-135左侧所示为科力锐全景智动一体机在企业数据中心中的典型应用场景。多台全景智动一体机之间可以实现同步、异步远程复制，形成两地三中心等拓扑。如图11-135右侧所示为科力锐全景智动一体机应用在Oracle RAC集群时的灾备拓扑。

如图11-136所示为科力锐全景智动灾备一体机在云数据中心灾备场景下的案例拓扑。

火星高科（Marstor）是2002年成立的国内老牌存储备份容灾厂商，在数据备份及存储领域有很深厚的积累，也在不断地创新与引领主流备份技术的发展。其主打产品为火星舱存储容灾一体机，全新的架构如图11-137右图所示。

虽然CDM（Copy Data Management，副本数据管理）是灾备领域近年来出现的新概念，火星高科CDM技术却早在2015年便已出现在其产品线中，着实是国内的先行者。CDM这个技术概念的出发点就在于它并不关心数据是怎么拿到的，比如是通过传统备份亦或是CDP，也不关心数据放在哪里，比如本地硬盘、SAN、分布式存储、云存储等。它注重的是如何将获取到的数据更好地管理和利用，以及更好地与应用相结合的利用；以及如果通过CDM数据保护技术而产生的历史事件点的Image实现数据的快速恢复，业务的快速重建/上线，场景重现，模拟演练等需求，使备份数据能够产生更多的价值。火星高科的CDM管理系统架构如图11-138所示。

如图11-139所示为火星CDM系统在虚拟机和数据库场景下的应用架构。如图11-140所示为火星舱CDM系统即时恢复和即时数据使用场景示意图。

随着大数据时代的来临，企业面对市场的竞争，开始考虑如何提高数据的使用价值，挖掘出数据中隐藏的有效信息，从而快速提升企业的核心竞争力。企业的生产数据，已不仅用于业务生产，还有很多非生产环境中也需要这些数据的支持。开发和测试新系统时，需要复制生产数据到研发环境中；在数据统计和分析时，也需要将生产数据的实时或历史副本。

相比火星高科主打的CDM数据保护技术，CDP持续数据保护技术也是其提供数据保护的一个利器。火星舱内置的CDP技术充分发挥了高速磁盘介质的特点，秉承当数据写入存储设备时即完成保护的原则，有效消除了备份窗口，真正实现RPO≈0。同时，由于采用数据块级同步技术，保障火星舱与源存储设备高度一致，从而实现无须恢复过程即刻挂载，甚至达到RTO≈0。

传统CDP利用记录基准数据和增量数据日志，然后对日志做索引处理的方式，能够让用户在较短的时间内看到历史时刻数据的任意副本。火星高科的CDP更加侧重于存储技术的快照技术，结合数据重删以及数据压缩技术时CDP数据保护颗粒度更小，精确度更高，快照周期更细。与CDM技术类似，其单一快照时刻可生成无限份数据副本的技术，也使得被保护的数据能够产生更大的价值。火星高科CDP技术基本数据流架构如图11-141右侧所示。

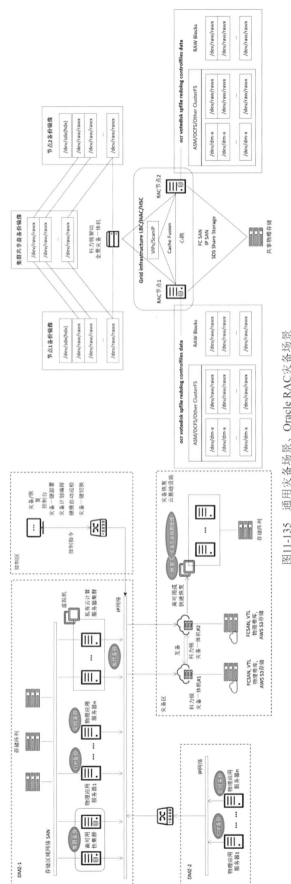

图11-135 通用灾备场景、Oracle RAC灾备场景

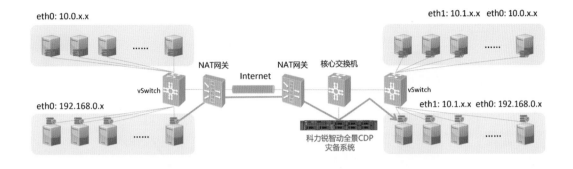

图11-136 云数据中心灾备场景

图11-137 火星舱备份容灾一体机架构示意图

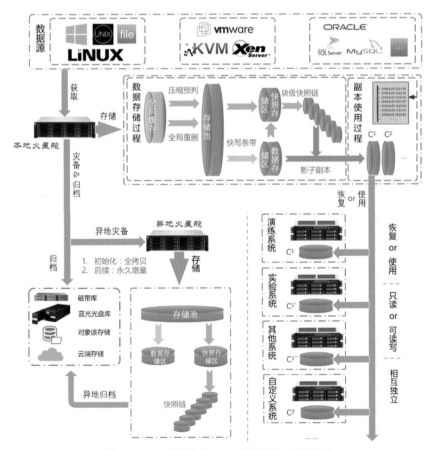

图11-138 火星高科的CDM管理系统架构示意图

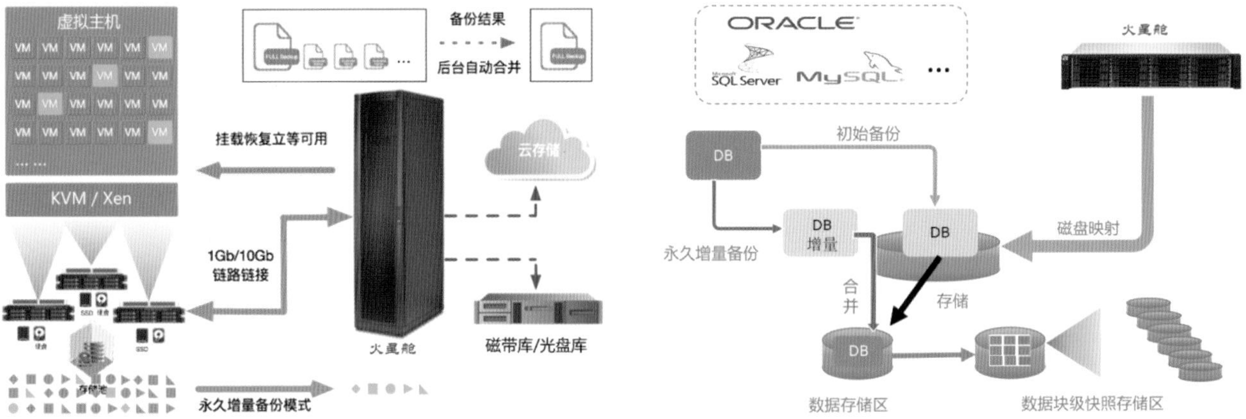

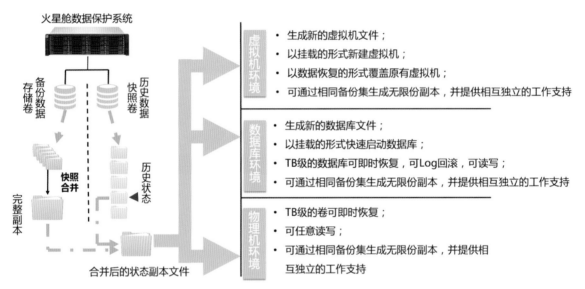

图11-139　火星CDM系统在虚拟机和数据库场景下的应用架构

图11-140　火星舱CDM系统即时恢复和即时数据使用场景示意图

CDM和CDP各有优劣，特征鲜明，在同一设备中承载不同灾备功能才是王道。

如图11-141所示为火星舱灾备一体机的传统保护数据流架构，相较于CDM与CDP的主流数据保护技术，火星舱灾备一体机还涵盖了如下几大功能。

（1）数据备份。火星舱内置了火星高科历经10年自主研发企业级备份软件。火星舱将备份服务器、介质服务器、虚拟磁带库、支持重复数据删除的硬盘存储及配套相关软件均集成到一套设备上，在降低用户备份总体拥有成本的同时，减少了系统集成的复杂性。一站式解决方案大大简化了后期运维的难度。

（2）统一存储。火星舱智能存储系统，不但在单一硬件设备上提供了传统 SAN+NAS 硬盘阵列的功能，还具备多项独特的实用特性——SSD读写缓存、自动精简配置、重复数据删除、压缩、无限快照、远程复制容灾等。

（3）虚拟磁带库。火星舱虚拟磁带库设备基于高性能、可扩展性强的企业级x86架构，可将硬盘阵列模拟成大容量磁带存储设备。支持重复数据删除技术，可最大限度地节省硬盘空间，完整模拟各主流磁带库厂商的多种型号磁带机（库）产品。

（4）虚拟机容灾接管。火星舱系列作为火星高科企业级架构产品的主力，拥有成熟的内置虚拟机功能。可充分有效地利用硬件设备，实现多对一的虚拟化容灾。同时也可以利用虚拟化技术实现灾备系统的验证，进行灾难恢复演练。

11.2.7　云计算和云存储

有些用户不希望自己购买一大堆的服务器、网络和存储设备。原因有多方面：这些设备购买之后利用率很难保证，会有很大闲置；需要投入人力对这些设备进行日常运维；随着业务的发展可能需要对这些设备进行更新换代投入额外成本；企业内部需要设置独立的机房容纳这些设备；企业并非想长期使用IT系统，可能只是短期使用。

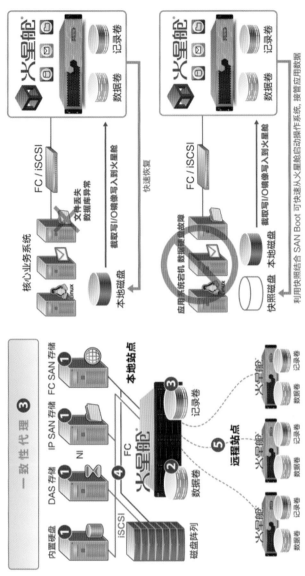

图11-141 火星舱灾备一体机的基本数据流架构

❶ 分流器

截取主机写操作（块级别），主机每次对被保护磁盘的写操作作均被镜像写入到火星舱

镜像数据写入过程保存在主机的主存储读写路径之外

❷ 数据卷

在火星舱上保存主机分流器写入的所有数据

❸ 记录卷和一致性代理

在火星舱上保存主机分流器写入的I/O记录

根据应用特点，通过一致性代理保存应用数据一致性快照

使数据能够快速恢复到任意I/O记录

❹ 支持异构环境

单台火星舱可以保护多个主机应用数据和存储

支持被保护主机不同的存储连接方式

支持UNIX、Linux、Windows等各种主流系统平台

❺ 远程容灾

单台火星舱中的数据可以复制到远程多台火星舱

多台火星舱中的数据可以集中复制到一台火星舱

机房租用 ▶▶▶

上述第4个痛点，可以通过租用一些IDC（Internet Data Center）机房中的机柜位置和网络带宽来解决。各大电信运营商均拥有各自的机房可对外租用，由于它们本身掌握着网络带宽资源，自建的数据中心可以顺利方便地获得对应的网络带宽资源。一些用户没有条件建设自己的数据中心机房，所以将购买的各种IT设备直接放置到公租机房中，远程控制，并可以租用第三方运维公司提供的运维服务。但是这种方式只能解决上述第二个痛点。

如果能够有一个公共的服务器、存储资源池，用户可以随时租用池中的设备，由专门的人负责运维和运营这个资源池，用户通过网络远程操作租来的服务器、存储、网络资源，并通过网络将业务部署到这些资源之上，这样就可以解决上述4个痛点。于是，人们将这种集中运营并将资源出租的模式称为云计算。"云"这个词来源于微软PowerPoint软件中的一个云状的图形，人们在制作各种PPT时，常将该图形用于圈起一堆设备图标，用于表示一堆设备或者一个子系统，而数据中心这个大资源池恰好就是一堆设备，于是人们也就顺口把这一大堆资源称为云了。

趣闻 ▶▶▶

有趣的是，PowerPoint软件老版本中只提供如图11-142左侧所示的云图形，人们作PPT的时候不得不将箭头指向的那几个圈圈缩成如图中间所示的状态，显得很怪异。在后来版本的PowerPoint软件中，微软提供了一个去掉了这几个圈的云图形。

云运营商如果将IT资源按照物理粒度租用给用户的话，上述第一个痛点仍然无法解决。但是，借助虚拟化技术，可以在同一台物理服务器上运行多个虚拟服务器，云运营商普遍采用虚拟化方式来出租计算资源。而存储系统原本就可以划分为更细的粒度，也就是逻辑卷块设备，所以虚拟机+逻辑卷的方式可以将物理资源切分为足够细粒度的租用单位，大幅提升IT资源利用率。除了逻辑卷之外，用户还需要NFS/CIFS协议的网盘、Object（对象）访问协议的对象存储、其他一些小众协议或者私有协议访问的存储形式，云运营商也需要提供。

另外，为了降低采购成本和运维成本，

图11-142 PowerPoint软件中两个版本的云图形

云运营商一般不采用小型机、SAN存储系统等封闭、高端的系统，而是普遍采用标准机架式服务器+服务器内置硬盘方式，通过网络将这些资源整合成一个分布式存储系统（上文介绍过）。用于云计算基础架构的存储系统被泛称为云存储。云存储普遍采用分布式存储架构来获取低成本、高可扩展性以及统一的运维方式。但是这并不表示传统的SAN存储系统就不可以是云存储，如果在云计算时采用SAN存储并以服务的形式出租，那么SAN存储此时也算是云存储了。所以说，凡是位于云计算基础架构中的可租售的存储系统，都叫云存储。不过为了遵循主流场景，"云存储"目前泛指分布式存储系统以及构建在其上的各种存储访问协议和服务。

出租虚拟机+逻辑卷/网络盘的方式被称为IAAS（Infrastructure As a Service），意思就是用户租用的是IT基础架构设施（服务器、存储系统、网络）。用户通过SSH/Telnet字符方式或者图形方式远程登录到虚拟机上，进行业务的安装部署以及网络的配置。

有些用户连一些基本的软件平台也不想去亲自部署，而是希望云提供商预先在虚拟机上部署好一堆的基础平台软件，比如各种数据库、中间件平台、开发平台、Web服务等。用户直接向云提供商租用这些软件平台服务，这种模式被称为PAAS（Platform As a Service）。

有些用户彻底不想去费劲地租用任何基础设施、软件平台，而是想直接租用云提供商部署好的最终业务平台，比如邮件服务器、销售管理系统、财务管理系统等办公平台，这些平台完全由云提供商负责后台管理维护，用户只管登录使用就好了。这种模式被称为SAAS（Software As a Service）。人们平时使用的各大运营商上提供的免费邮箱、各种网站等，本质上就是SAAS模式，只不过很多网站、邮箱，都是免费浏览和使用，当然也有收费的。

还有一种更细粒度的服务提供方式，提供API供用户调用，用户仅当调用该API时，才会动态地调用云端的服务。比如某种计算需要大量的服务器CPU资源才能在可接受的时间内完成，而用户本地根本没有这么多资源，此时可以借助对应的API，用户本地的程序直接调用云厂商提供的API，将需要计算的数据上传到云端并在大量服务器或者GPU上启动进行计算，计算完毕后返回结果给用户本地程序。

这被某些厂商称为AAAS（API As a Service）或者FAAS（Function As a Service），也就是所谓的函数计算。

上面介绍的是公有云，意味着云提供商面向广泛的不特定用户租售IT资源。还有一类私有云，一般是指某个大型企业内部完全自购所有IT系统软硬件，但是采用云的思想来管理运营，将IT系统变得可运营、可量化、可计费，而且也采用虚拟化技术来提升资源使用率和资源分配的灵活性。

> **提示 ▶▶▶**
>
> 目前市场上有一些开源的、用于管理云中所有资源的分配、量化、监控的云平台管理系统，比如OpenStack、CloudStack等各种×××Stack。有不少云运营商的管理平台都是基于这些管理平台做了二次开发而成的。

那么，用户到底怎么向云运营商购买这些IT资源呢？通常，云运营商会提供一个Web页面，用户登录之后，通过网页来申请、购买对应的资源。下面我们以国内知名云提供商七牛云来举例。如图11-143所示为成立于2011年的老牌云提供商七牛云提供的各种资源，可以看到有IAAS、PAAS、SAAS、FAAS级别的各种资源可供购买。

如图11-144所示，用户登录七牛云资源管理网页之后，会看到各种资源的列表和介绍。如图11-145所示为在七牛云管理界面中创建云主机的过程。可以选择包年或包月方式或者按量付费方式，以及选择在何处的数据中心中创建该虚拟机。如图右侧所示，七牛云提供了几十种不同规格的虚拟机配置以满足不同场景的需求。

如图11-146所示，七牛云为虚拟机提供了原生的各类操作系统安装镜像可供用户选择，每个操作系统又可以选择多个不同版本。如果用户需要在虚拟机上安装自定义的系统，则可以选择"私有镜像"。

如图11-147所示为该虚拟机配置网络以及存储系统，有两类云存储可选，分别为高效云盘和SSD云盘，以满足不同的性能需求。

七牛云也提供了数据快照服务，可用于在数据误删、病毒感染之后将数据恢复到之前的历史版本，如图11-148所示。七牛云支持定时快照，并支持直接回滚整个硬盘数据到历史版本。

图11-143 七牛云提供的各种资源一览

图11-144 七牛云各种资源列表介绍

图11-145 在七牛云管理界面中创建云主机（1）

图11-146 在七牛云管理界面中创建云主机（2）

图11-147 在七牛云管理界面中创建云主机（3）

图11-148 七牛云的快照管理界面

用户可以创建多个云主机和云硬盘，并可以将云硬盘挂载到任意云主机。如图11-149所示为所有建立好的云主机和云硬盘列表。

七牛云对新注册的用户提供一些免费资源，比如对象存储，管理界面如图11-150所示。

存储层是最为关键的一层。七牛云对象存储系统（Kodo）是七牛云团队完全自主研发的一套高性能海量数据存储系统。七牛云对象存储系统采用了EC

（Erasure Code，纠删码）技术实现底层存储引擎，系统运行于普通 x86设备上，最大化系统的读写性能，同时具备接近于无限的扩容能力。

如图11-151所示，纠删码技术为Kodo系统提供了很强的容错能力。纠删码算法的基本流程如下：先把文件切割成 *N* 份，然后对这 N 份数据生成 *M* 份冗余校验数据。当这 *N+M* 份数据任意丢失 M 份，系统仍然能够恢复回原始的文件内容。可以看出，只

要 M > 2，Kodo就可以达到不低于传统三副本冗余架构的可靠性，从而消除传统三副本存储系统中不能同时超过两块硬盘损坏的局限性。Kodo使用的 *N+M* 策略是28+4，即针对28份数据生成4份冗余校验数据。这个选择可以比较好地平衡数据安全性和修复性能。该冗余策略所带来的额外成本非常低廉，而数据可靠性却远高于传统云存储服务的三副本方案。

图11-149 所有建立好的云主机和云硬盘列表

图11-150 在七牛云管理界面中创建对象存储

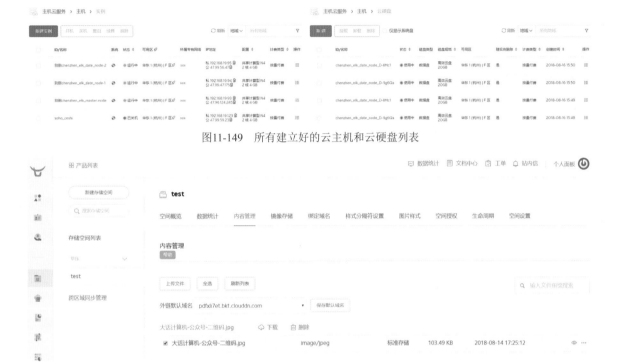

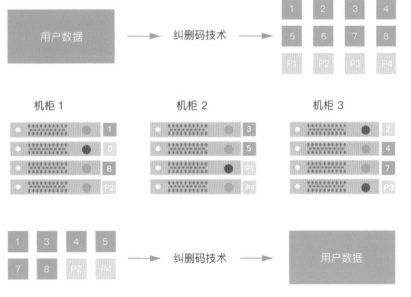

图11-151 纠删码原理示意图

Kodo系统的架构设计具有三个特点："简洁""自协商"和"关键细节"。

群集设计足够简单清晰，才能让每个组件的设计实现非常清晰，而且整个群集的可靠性会大幅提高。Kodo系统对底层实现的功能做减法而非加法，比如Kodo系统为保证性价比而采用SATA盘做顺序写入。Kodo系统内部每个组件都只关注自身模块功能，尽量不依赖不信任其他应用，即逻辑上实现松耦合，方便各个组件的扩展。

Kodo群集中主要组件都可以实现自动注册、自动发现、自动协商的功能。这样设计的好处是群集的可扩展性极佳，同时容错更好。各组件自宣告状态可能存在状态生效、过期的情况，前文已经提过逻辑松耦合，每个服务不依赖其他服务，失败的任务可以内部快速重试来继续进行。比如存储群集，每新增一组存储服务器都是主动向调度服务宣告自己的状态正常，请调度服务来进行数据读写操作。某存储服务器在宣告自身为可读写的情况下意外下线，分配到该组的写入请求失败后会立即尝试其他存储服务器。

七牛云积累了多年的存储设计运营经验，实现了大量的运营实施关键细节。比如纠删码的分片大小选择，七牛云纠删码技术的一个特点是分块较大，默认RAID级分片是64KB，而Kodo的分片是16MB；当一个硬盘故障时，绝大部分读取请求将可以不触发数据修复运算。再如，Kodo 大多数服务属于无状态服务，系统将所有会话状态信息都保存到后端数据库，客户端访问哪个服务器可以随机分配，这样可扩展性会好很多，失败的链接简单重试也能继续推进执行事务。

2018年，七牛云推出边缘计算与边缘存储技术，以提供容器部署能力与边缘存储能力来满足客户对于数据及用户侧数据的存储、实时分析、低延迟响应等需求。如图11-152所示为七牛云边缘计算&存储&缓存业务架构。

七牛云边缘存储服务提供基于七牛云边缘结点和客户侧边缘结点，在靠近数据和客户访问侧，提供最大化链路带宽利用率且高可靠高可用的存储服务，满足客户在大容量就近存储、数据安全与隐私保护等方面的关键需求，兼容七牛云公有云存储已有服务和接口，与云端无缝对接，零成本迁移扩展。七牛云边缘存储具有如下特点：多维就近算法选择最优结点，保障边缘数据及时稳定上传存储；全局监控&科学流控，实时多级备份保护；通过全局的流量和访问监控，保证合理利用闲时带宽提供额外数据安全保护；边缘加速最大化利用可用链路带宽，平均提速 60%以上；本地多媒体数据处理能力，就近集成边缘计算及边缘缓存服务。

七牛云边缘计算服务基于七牛云边缘结点和客户侧边缘结点，在靠近用户数据和访问侧，提供的低延迟高可靠高可用就近弹性计算服务，满足客户在实时业务，应用智能，数据就近处理分析，数据安全和隐私保护等方面的关键需求，可灵活配置管理大规模边缘计算应用，拓展边缘智能。七牛云边缘计算具有如下特点：支持七牛云边缘结点，结点和客户边缘结点部署；就近处理私密数据，网银级数据通信加密保护；提供CLI及GUI工具，提供丰富的边缘计算API；可用性 99.8%，可靠性 99.999 999 9%。

Infortrend普安科技成立于1993 年，是比较老牌的存储系统ODM厂商，产品贴牌给多个知名厂商。Infortrend一直致力于企业级存储解决方案的研发与制造，在存储系统领域也走过了二十多年，积累了从产

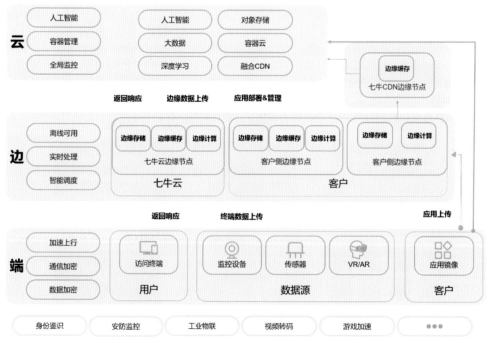

图11-152 七牛云边缘计算&存储&缓存业务架构

品研发、设计到生产整个流程的丰富经验，拥有多项领先专利。Infortrend的产品线比较丰富，可以为中小企业基础应用、大数据应用、云计算与虚拟化等场景提供对应产品和方案。如图11-153所示为Infortrend系列产品示意图以及生产线照片。

企业上云面临网络带宽限制、上云数据安全问题及成本等问题，为此，Infortrend推出了GSc企业级混合云方案。如图11-154所示Infortrend EonStor GSc是一款云网关存储设备，作为企业级统一存储系统，支持SAN与NAS本地存储服务及支持包括阿里云、Amazon S3、Microsoft Azure、OpenStack等云服务。EonStor GSc后端支持RESTful API接口，通过EonCloud Gateway软件将本地存储数据与云端同步。前端的SAN与NAS能够确保原来应用的性能与低延迟，企业完全不需要改变原有架构，同时也解决了带宽与转换成本的问题。

在数据上传云端前，EonCloud Gateway通过重删压缩技术节省上传云端带宽和容量。传输过程采用SSL加密及对云端数据的AES-256加密，实现数据保护。EonCloud Gateway支持多种智能数据处理技术。可以针对不同架构提供不同版本。通过卷级（Volume-based）备份方案，当本地数据损坏时可以通过云网关从云上还原数据。

文件级（Folder-based）同步与卷级同步的方式不同，其在云端上是一个个可使用的文件而非一个备份映像文件，特别适合大数据分析应用场景。基于切片传输与元数据（Metadata）处理技术，EonCloud Gateway支持企业级数据量，可达到兆级文件数。

EonCloud Gateway支持多种云集成模式。其中，云缓存模式是将数据上传到云端，本地仅保留经常访问的数据（热数据）。另外提供多达9种高级缓存功能，如"本地保留不上传（Local Only）"设置是指特定附件名的临时文件不上传到云端，以节省带宽。

EonStor GSc可以扩展PB级的本地空间，让云缓存功能应对公有云或私有云近乎无限的数据量。云缓存的空间设置为预估上云数据量的10%～20%就能够最有效地使用数据。

除了完善保存海量的数据以外，企业级架构相当讲究可靠性与高可用性，如图11-155所示，EonStor GSc本身就是一个双控制器的统一存储系统，给前端SAN与NAS的应用原本就提供冗余高可用架构，现在通过RESTful API连接到云端的部分同样支持高可用架构，为混合云架构提供了企业级的高可用性解决方案

如果企业需要将分公司的数据集中保存，这就非常适合引入混合云的解决方案。如各类大型医院通常有多家分院，每天产生相当可观的医疗数据量，包括医疗影像等。如何将这些医疗影像进行集中管理并能及时分享给各分院是一大难题，虽然引入了公有云解决方案，能承担这个数据量的网络带宽费用相当可观。这时EonStor GSc混合云解决方案就能发挥相当大的作用。

对于每天产生的高达数十万的医疗影像，对于统一存储来说都可以实现用户需求的写性能与分享速度。但是要在较短的时间窗口内将大量数据集中上传到云端会出现性能频颈，在云上有超过PB等级的数据量，让医院原有系统像读取本地数据一样使用云端的数据，是一般的网关服务器不能承担的。

EonCloud Gateway的智能云缓存功能，可以让数据在非高峰时段上传到云端做大数据分析，如图11-156所示。对于需要特定数据的分院，可以预先下载到云缓存做进一步处理。基于企业级的高可用性架构，大幅降低了停机的风险，使得医院可以用有限的成本获得数据最高的使用效率。

11.2.8　自主可控系统

近年来，IT系统国产化这个课题一直在发酵。整个IT系统中的软硬件种类繁多，基本可以分为三大类别：工业级，企业级，消费级。对于消费级产品，想全部从头到脚国产化，同时又想达到与现有产品持平的性能、兼容性、体验和生态，基本是不可能的。但是对于工业级产品，由于系统架构封闭，利润率高，更新迭代慢，最有希望实现全面国产化，但是困难也非常大，主要瓶颈是一些高精度器件/芯片的设计制造等方面。

企业级产品近年来也在逐步推进国产化，国产化首先落地在一些封闭系统内，比如一些超级计算机中采用的CPU、主板等已经全部实现国产化设计。有些存储系统也采用了国产CPU，但是对于SAS/SATA的控制部分由于国内空白，所以必须采用国外产品，这些系统也并不能说是100%国产化。

自主CPU总要选择一种指令集，为了兼容现有生态链，一般会选择生态成熟的指令集。x86生态非常成熟，但并不开放授权。MIPS可以开放授权，但是生态比较差，MIPS指令集的CPU一般用于通信设备中的主控CPU。ARM指令集也开放授权，但是ARM更多是被用到了消费类产品中，近年来ARM也尝试在企业级耕耘，但是至今没有什么明显成果。

使用了某种指令集，并不意味着就不是国产化了，穿唐装还是穿西装并不决定一个人的国籍。指令集只是CPU对外的机器语言，针对每一条指令的内部实现，不同厂商可以完全不同。CPU内部流水线、缓存、分支预测、乱序执行等这些优化是与指令集无关的，而体现出一个CPU最终性能的，恰恰就是这些优化设计。比如AMD和Intel两家都使用x86指令集，但是这两家的产品性能也是此消彼长，原因就是内部设计的差别。

但是也的确有直接采用国外厂商设计好的核心IP的，然后只在外围增加一些模块，这种应该不算国产化CPU。有些则是购买了国外的硬件描述语言源码，

图11-153 Infortrend系列产品示意图以及生产线照片

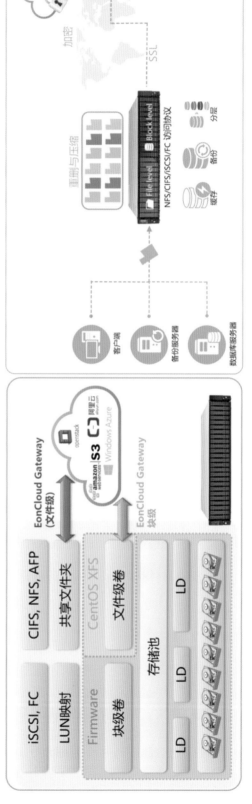

图11-154 EonCloud Gateway架构以及重删压缩加密流程示意图

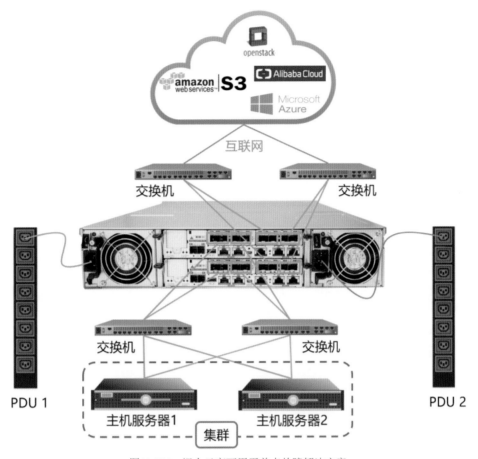

图11-155　混合云高可用无单点故障解决方案

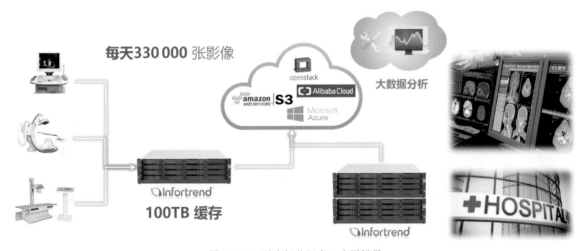

图11-156　医疗行业混合云应用场景

有的可以修改后使用，有的则不能修改只授权使用，这类产品到底是否算国产化，也不好界定。

11.3　消费级相关计算机产品

消费类产品相比企业类产品而言在性能、可靠性、扩展性、可维护性上都低一个量级。但是消费类产品在易用性、创新性、多样性等方面是企业级产品无法相比的。另外最重要的一点是，消费类产品由于用量很大，成本自然也就相比企业级产品低得多。消费类产品升级换代很快，市场上品牌数不胜数；而企业级产品轻易不升级，对应的厂商也都能数的过来。

11.3.1 智能手机

智能手机目前应该是人手一部了，其相当于一台集成了大量外部I/O控制器的掌上计算机。如图11-157所示为智能手机内部架构示意图。除了存储芯片、摄像头、触摸膜、指纹、SIM卡、可管理电池、按键之外，还有大量的传感器需要接入，比如陀螺仪、加速计、GPS Sensor、气压计温度计、光感流明计。这些设备其实对于计算机而言，无非都是某种接口的设备，比如I2C设备、SPI设备、UART设备、UFS设备等。而这些接口各自对应着一个或者多个I/O控制器，这些I/O控制器被集成到主CPU或者辅助CPU上。集成了大量外部I/O接口的CPU又可以称为SoC（System on Chip），用单片SoC+外部设备即可形成一个完整的计算机系统。

目前基于ARM CPU平台+Android操作系统已经成为智能手机、移动智能终端设备的大众平台，另一个主流平台则是基于Apple自家CPU+Apple操作系

统的苹果系智能终端。有多个厂商推出了基于ARM核心的SoC，比如高通、联发科等。智能手机需要在有限的体积内融入一台计算机，所以其集成度非常高。如图11-158所示为苹果某系列手机主板芯片分布图。

11.3.2 电视盒/智能电视

实际上，目前多数的移动智能设备的架构都差不多，ARM核心的SoC，再加上一堆外围设备。而电视盒无非就是利用Wi-Fi把网络上的视频播放到HDMI接口输出到电视上。智能电视也无非就是个带屏幕的电视盒。而有线电视机顶盒则多做了一些，加入了有线电视解码模块，除了可以把IP网络上的视频播放出来之外，还必须把有线电视数字/模拟信号变为图像输出到HDMI接口上。有线电视只不过是另一路视频输入源而已。如图11-159所示为某电视盒内部电路板正反面示意图。

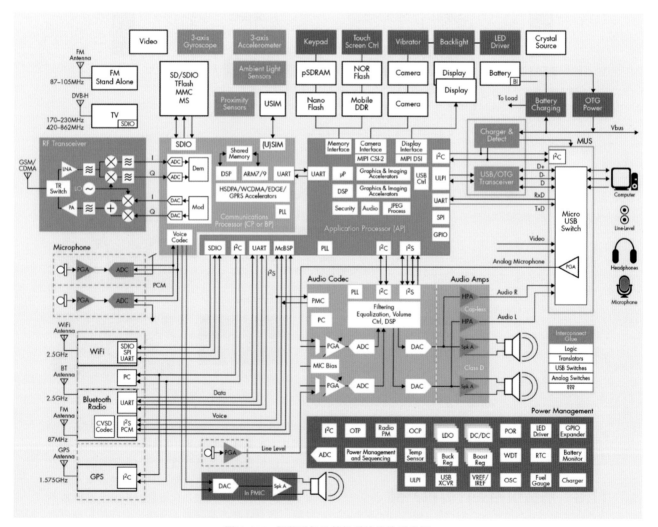

图11-157　智能手机计算机系统架构示意图

Apple iPhone 4 - Front

- Skyworks SKY77541 GSM/GRPS Front End Module
- Triquint TQM666092 Power Amp
- Skyworks SKY77452 W-CDMA FEM
- Triquint TQM676091 Power Amp
- Apple 338S0626 Infineon GSM/W-CDMA Transceiver
- Skyworks SKY77459 Tx-Rx FEM for Quad-Band GSM / GPRS / EDGE
- Apple AGD1 STMicro 3-axis digital gyroscope
- Apple A4 Processor
- Broadcom BCM4329FKUBG 802.11n with Bluetooth 2.1 + EDR and FM receiver
- Broadcom BCM4750IUB8 single-chip GPS receiver

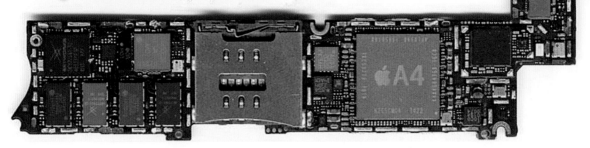

图11-158　苹果某系列手机主板芯片分布图

图11-159　某电视盒内部电路板正反面

11.3.3　摄像机

摄像机内部除了有主控CPU负责响应界面操作、全局控制之外，还需要有专用的图像处理硬件加速芯片，以及最关键的能够将外界光线翻译成电信号的感光器件，如图11-160所示。

11.3.4　玩具

有些高级一些的玩具内部也会有CPU+固件，通常玩具里的CPU采用51单片机即可满足多数需求。51单片机最便宜的可能一片只有几毛钱。

如图11-161所示为一个智能小车玩具内部。该小车可以实现自动绕过障碍、自动沿着标线行进等功能。其采用两个摄像头来检测障碍物以及识别标线，采用专用芯片计算和处理图像并生成判断结果。如图11-162所示为智能小车玩具组件一览。

在饱览了形形色色的计算机系统以及周边生态角色关系全貌之后，冬瓜哥突然发现旁边还屹立着另一座雄峰，那就是机器学习和人工智能，于是冬瓜哥忍不住在本书出版审稿期间迅速突击爬上这座高峰一探究竟。

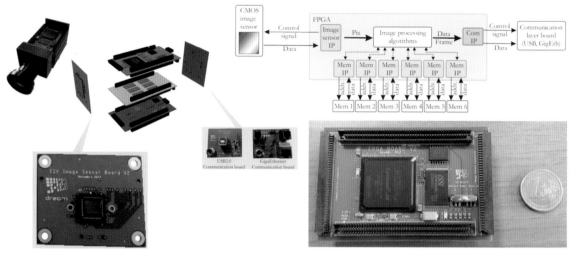

图11-160 某摄像机内部的组成

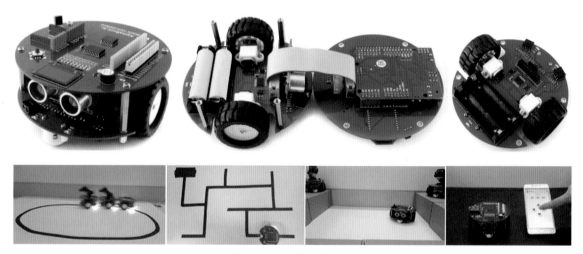

图11-161 智能小车玩具

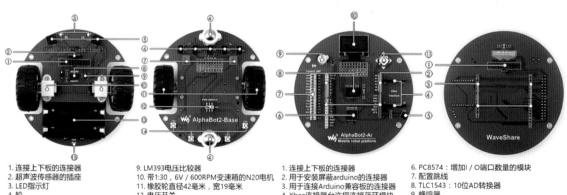

1. 连接上下板的连接器
2. 超声波传感器的插座
3. LED指示灯
4. 轮
5. 用于检测障碍物的红外反射式传感器
6. 用于跟踪线路的红外反射传感器
7. 电位器调节ST188传感器的量程
8. TB6612FNG双H桥，控制电机

9. LM393电压比较器
10. 带1:30，6V / 600RPM变速箱的N20电机
11. 橡胶轮直径42毫米，宽19毫米
12. 电压开关
13. 电池笼：电池类型14500（不包括）
14. RGB WS2812B二极管
15. 电源电压指示器

1. 连接上下板的连接器
2. 用于安装屏蔽arduino的连接器
3. 用于连接arduino兼容板的连接器
4. Xbee连接器允许您连接蓝牙模块
5. IR接收器

6. PC8574：增加I / O端口数量的模块
7. 配置跳线
8. TLC1543：10位AD转换器
9. 蜂鸣器
10. 显示0.96英寸OLED SSD1306,128x64分辨率
11. 操纵杆

图11-162 智能小车玩具组件一览

第 12 章

机器学习与人工智能

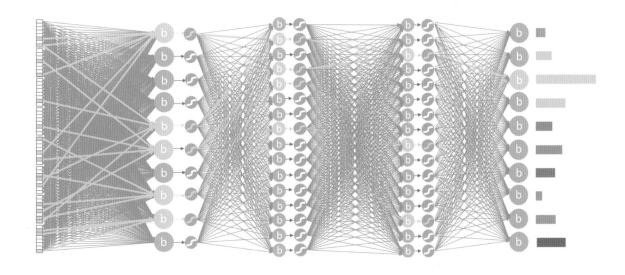

第11章结尾大家看到了能够识别路面上轨迹从而跟随移动的小车，它是怎么做到的呢？如果你根本不关心也未曾想它是怎么做到的，那证明这些东西根本无法触动你的神经元，也就是你的神经元已经对这些内容失去响应能力了，原因之一可能是你看了太多互联网上的垃圾内容推送导致的。

大学理科专业的朋友可能有人学习过用坐标纸画图，隐约记得其中有个作业是，给你一些样点值，每个样点有x和y两个坐标值，然后在二维垂直坐标系中画出一条直线，让这条直线能近似反映所有样点。记得当时的做法就是4个字：估摸着来。全靠人脑估计，在坐标纸上画一道线能够与所有样点都靠近，然后测量该线的斜率（比如$y=ax+b$中的a）和偏置值（比如$y=ax+b$中的b），如图12-1左侧所示。

如果把该直线关系看作一个函数，那么其表达式为$f(x)=ax+b$，a和b是该函数的两个参数，x则是该函数的变量，上述过程的目的就是要找到这些样点到底在描述着一种什么样的关系，看上去像条直线，于是便画一条直线并测量其参数a和b，这样，只要给出一个x值，就可以沿着这条直线计算出一个y值，对于那些并没有采集到的样点的x值，就可以估算出它们的y值。

如果给出的样点数量过多，比如图12-1中间和右边所示，紧靠人脑估计就很不可靠了，也没谁能有这个精力来做这件事，除非具有很强的目的性，比如是某股市走势图，预测下一个点位在哪儿，估计不少人可能会更有兴趣来手工计算。在给出大量样本时，如果想要得到精确的、让所有样点与该直线距离平均误差最小的直线的函数的参数，恐怕就需要借助计算机来帮忙了。

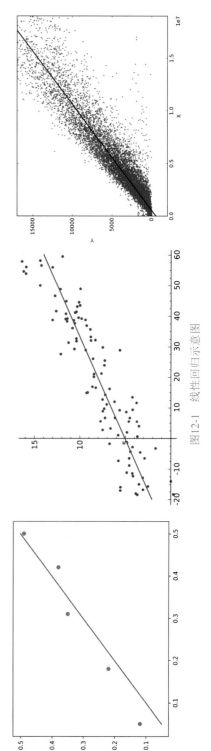

图12-1 线性回归示意图

12.1 回归分析：愚者千虑必有一得

计算机并没有神奇到能够一眼看出结果，它也是需要算的，只不过算的比人更快更精准。对于上述模型，可以这样来设计计算机程序：首先随机选取参数a和b，假设就是$a=1,b=0$，也就是形成函数$y=f(x)=x$，然后用这个函数将已知样本中所有样点的x值带入求出y值，并与各自样点真实的y值相比较，得到两者之间的差值，将每个样点的y值的差值求平方之后相加，得到一个总误差E_1；然后程序将a和b的值做增大或者减小一个预先设定的步长值，这个步长值通常为当前的坡度或者斜率乘以一个系数，该系数又被称为学习率，意思是程序不断地尝试小步挪动从而学习到当前是上坡还是下坡，不断学习。这就意味着如果坡度比较陡峭，那么步长也会较大，因为此时更希望迈一大步迅速降低误差。比如让$a=a+$学习率$\times$斜率，$b=b-$学习率$\times 1$，然后再把所有样本代入重新计算出新的总误差E_2，看看E_2是否小于E_1，如果总误差不但没减小反而增加了，那证明之前走了上坡路，越走误差就会越大，所以需要在下一轮迭代中将$a=a-1$，相当于将a从原始值0降低到-0.5，b也做同样处理，然后继续迭代，如果在新的迭代结束后发现E值降低了，那么证明走对了方向，就继续按照一定步长向与刚才迭代的同一个方向调整a和b的值，一直到计算出的E值不再降低为止，此时得到的参数a和b，就是对已知样本最佳的拟合函数（本例中为一条直线）的参数。

这个根据当前误差值的变化趋势决定参数调整方向、力度从而到达最低误差目标的方法，被称为梯度下降法（Gradient Decent）。判别学习结果误差有多种算法，比如上面例子中使用的是平方和误差算法，还有其他误差计算方法，比如交叉熵（Cross Entropy），这些计算误差的算法函数被称为Loss函数（有人称之为损失函数），训练的过程就是找到Loss函数最小值的过程，也就是达到用最小误差来拟合已知样本。如果用数学来描述上述梯度下降过程，其实就是对当前Loss函数的位置求斜率，如果斜率=0则证明Loss函数达到了极小值，也就证明误差到了最低点。用再专业一些的说法就是求Loss函数当前的导数，以冬瓜哥的数学素养而言，还是不要说出这些专业名词，搞得好像自己很懂一样，其实根本不懂。专业的人之所以专业，是在关键时刻显示出来的，比如我们如果不求导数，只是看到方向对了（本次误差低于上次误差）就继续走的话，每次还是只走一小步，然后再回头看一眼，重复刚才的过程；而对于专业的人，也就是求一下导数的人，他会感受到每个点的斜率如何，如果斜率很大，证明当前坡度陡峭，那么它可以一次迈一大步（增加步长）从而更加迅速地走到谷底。

如图12-2左侧所示为针对$y=ax+b$这样的直线函数做上述分析时所采用的误差平方和函数的图像，图中的横轴和纵轴分别表示$y=ax+b$中的a和b，而纵轴值则表示y值。可以看到y值如同一个碗状分布，无论从任何一点开始梯度下降，总能走到最底部。而图中中间的两幅图所示的针对其他函数分析时所采用的Loss函数的图像，就没那么幸运了，可以发现其包含多个谷底，而我们的目标是寻找全局最低谷底，由于程序在迭代过程中是随即选择参数，所以可能会导致梯度下降过程中落入某个非全局最低谷底，而此处的斜率=0，会让程序误认为找到了最佳拟合参数而停止迭代过程。有一些变种算法（比如Momentum、Adagrad、Adadelta等）来优化这类问题，降低这类问题发生的概率。图中右侧所示为采用两个不同的学习率以及其他参数进行试错寻找最优参数的过程的实际追踪，可以看到右侧上面的图中一度走入了错误路径，不过最终又返回了，并朝着正确方向进发，不过在规定的迭代次数限制内并没有找到最优参数；右侧下图所示为一个比较顺畅的找到最优参数的追踪图示。

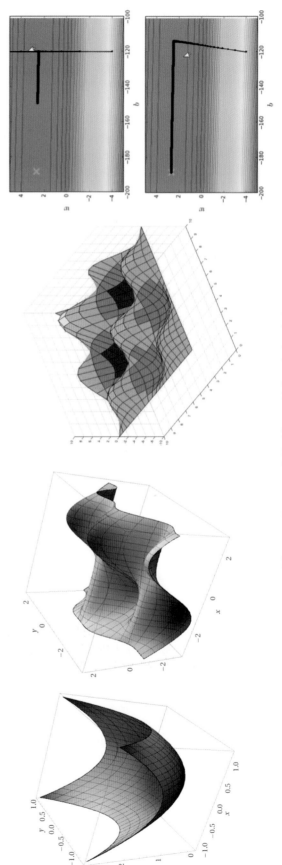

图12-2 不同Loss函数的图像以及梯度下降过程追踪

整个迭代过程中运算量非常大，就是傻乎乎地一遍一遍尝试并吃一堑长一智，可谓愚者千虑必有一得。这样看来，机器好像也聪明不到哪儿去，也是不断地出错重试一直找到最优的解，勤能补拙。上述这个让计算机程序在大量样本点中持续运算分析、试错、调整、重新运算检验的过程，被称为训练。训练的目的是找到最优的能够描述或者近似拟合当前样本点之间呈现规律的函数的参数。上述整个过程被称为机器学习（Machine Learning），机器学习到了什么？学习到了人为给出的规律函数对应的参数。

上述过程中，用于训练的样本的输入值和输出值都是已知的，而且预先给出了某个人为确定的函数范式，机器只要找到该函数的最优参数就可以了，并且程序代码会明确知道自己学习的结果是否正确，还有多少偏差，算错了就调整参数重新算，经过有限次数的迭代总能找到最佳拟合从参数。线性回归的函数是人为指定的，也就是一次函数 $y=ax+b$，人让机器来学习总结出的只是该函数的参数。

这么说来，单靠机器自身是无法发现一堆样本点之间的规律的，而必须由人先假定某个规律，比如上述的直线函数，这样机器就按照这个规律去生搬硬套然后找到最优参数。如果只是这样，那么机器学习就没有那么大的魅力了，顶多是一种机器计算，也就是只是替代了人工烦琐的计算过程，而没有替代人的思考过程。不过，后面还会介绍另一种机器学习方式，可以让机器经过更大量的运算最终自行寻找出能够以最高精度拟合所有样本点的函数关系（准确地说是以某个预设的万能函数关系式通过调整参数来拟合任意函数，就像第1章里利用傅里叶级数实现任意波形拟合一样），以及该函数最优参数，不得不说这种方式的确让机器显得聪明了，下文再介绍。

具体地，上述过程属于一个线性回归（Linear Regression）过程。所谓"线性"是指：如果某个函数符合 $f(x+y)=f(x)+f(y)$ 的话，那么就说该函数是线性的。$y=ax$ 这类函数是纯粹线性的，因为 $a(x_1+x_2)=ax_1+ax_2$，而 $y=ax+b$ 这种函数虽然不符合上述规则，但是也是近似线性的。回归指的则是利用已知样本通过逆向方法寻找出原有规律的过程。

有些样本点体现出的规律不是线性的，如图12-3所示。此时，为了找出这些样本点的函数关系，需要引入2次或者3次幂的项来叠加到线性函数上，也就是比如 $y=b+a^x+bx^2+cx^3+dx^4+...$，从而引入更多的凹凸部分到函数曲线中。这里面的本质其实与第1章中介绍过的傅里叶变换有殊途同归之妙，还记得用大量正弦波是如何叠加出方波的么？

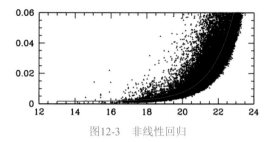

图12-3　非线性回归

确定了目标假定函数关系式之后，训练的过程与之前介绍的过程是类似的，不再赘述。如果机器学习的结果的拟合度不够高，此时可能是由于你加入的高次幂项不够多，正如波的叠加一样。但是如果加入太多的高次项，可能正确率会不升反降，而且有时还会导致另一个现象：过度拟合（Overfitting）。为此人们又想出一些办法来消除过度拟合，这里就不深入介绍了。

此外还有一种多维线性回归过程，也就是针对表达式右侧有多个变量的函数的回归分析过程。假设某保险公司的数据库被黑客窃取并尝试分析该保险公司保费的函数模型，该黑客只能先假定该保险公司使用了某个函数模型，比如是：保费$=W_1\times$性别$+W_2\times$年龄$+W_3\times$职业$+W_4\times$婚否$+W_5\times$日收入，该关系式的左侧值、右侧各项变量的值都是已知的，每一组数据都被保存在数据中，将其读出即可。唯一未知的是 $W_1\sim W_5$ 这5个常量参数。现在该黑客打算采用机器学习的方法让机器不断迭代尝试出能够拟合以获取样本中所有数据的最优的 $W_1\sim W_5$ 值，应该怎么做？与上述做法相同，先随机选取一组 $W_1\sim W_5$ 值，然后代入数据库中所有条目的性别、年龄、职业、婚否、日收入值，算出保费，并与该条目真实的保费对比，算出一个差值；针对所有条目做同样运算，最后求得平方和误差并记录，然后调整 $W_1\sim W_5$ 值，不断迭代最终找到误差最低的 $W_1\sim W_5$ 组合。上述过程就是一个多元线性回归过程，因为有多个不同变量和参数对结果产生叠加影响。

对于多元函数 $f(x,y,z)=b+w_1\times x+w_2\times y+w_3\times z$，$w_1\sim w_5$ 值可以被称为该函数的参数，也可以被称为该函数每一项的权重，也就是每个变量对函数结果的影响度。而函数右侧的变量多数时候并不是孤立的，而是属于同一个更高阶的对象，比如上述例子中的性别、年龄、职业、婚否、日收入这5个变量，同属于某位投保人，可以将某个对象在多个维度上的不同变量当做一个单一的向量来看待：{性别，年龄，职业，婚否，收入}，也就是每位投保者都用 x 表示，而该投保者所拥有的多个维度的变量就是{x_1, x_2, x_3, x_4, x_5}，而针对该向量，其对应的每个变量的权重参数，也自然组成了一个权重向量：{w_1, w_2, w_3, w_4, w_5}，那么上述的 $f(x,y,z)$ 其实可以被表达为：$f(x)=b+w_ix_i$。x 和 w 两个向量之间一对一相乘，每一对儿 $W\times x$ 被称为一个内积，然后再将多个内积相加得出一个总和。

提示 ▶▶

对于多维函数，函数的输出值如何体现是个问题。对于$y=x+3$这类有两个变量（y和x）的函数属于二维函数，在二维坐标系中就可以一目了然地看出它的曲线走势。而对于$\sin(sqrt(x^2+y^2))$这种函数，就需要加一个数轴来表示其输出值，整个函数曲线变成一个曲面，如图12-4左侧所示。对于$q=x+2y+3z$这种则属于四维函数，三维坐标系已经无法表达该函数的可视化需求，此时需要再加一个维度表示。比如图12-4中间和右边所示，不得不用颜色这个维度来表示函数输出值，而三维坐标系中表示的是函数表达式右侧的三个变量所形成的曲面，曲面上点的颜色对应在颜色轴上的数值才是函数的输出值。此时就要注意了，三维坐标系中的曲面最低点并不一定表示函数输出值的极小值，此时要通过颜色来判定。如果是五维甚至更高维度的函数，就需要更多维度坐标轴来表示。

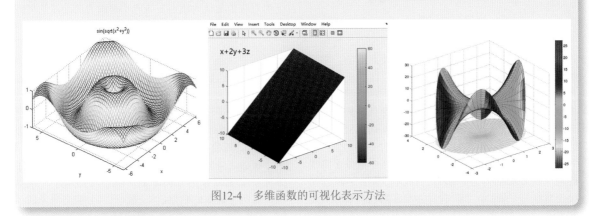

图12-4 多维函数的可视化表示方法

如果该保险公司使用模型$f(x)=b+wx_i$来计算每个客户的价值，那么$f(x)$的值越高就证明该客户价值越高。那么，这些W权重值是如何得到的？保险公司难道天生就知道男人或者女人就更爱买保险么？他们当然是不知道的，所以，他们需要将已有的买过保险的所有客户的数据作为已知样本，将客户购买的保额或者忠诚度等最终价值点作为输出，将客户的x属性向量作为输入，通过与之前所述同样的方式求出向量W的最优值，便得到了$f(x)$表达式的最优W权重向量。此时如果发现表示性别权重的W_1的值远低于其他W值，则表明性别的不同对最终保额没有多少影响，是这样的么？显然不是，应该是$W_1 \times$性别的值，也就是这项内积的值如果远低于其他内积项的值，才能说明该项对结果的贡献度最小；而很有可能年龄、职业、婚否、收入等内积项的影响更大。当然也有可能会发现比较难以理解的结果，则说明其背后一定隐藏着深层次的事物规律。

我们假设，真实的保费模型是：保费=0+1×性别+ 10×年龄+6×职业+3×婚否+15×日收入，但是窃取了该保险公司数据的黑客并不知道该模型的参数，但是他从某些其他渠道获知了该模型的函数范式，也就是一个多维线性函数。同时，假定用2位编码表示性别，比如int 0表示女，int 1表示男，用int整数表示年龄值，用4bit编码表示16种职业，用2位表示婚否，用int整数表示日收入值。对于某个样本$x=\{0，36，$

0100，1，100\}，其保费=1887元。显然，日收入在整个保费中起到了决定性作用。当然这个模型纯粹是瞎猜，如果某商业保险公司是按照谁赚钱多谁缴的保费就多计算的话，那不太科学。

12.2 逻辑分类：不是什么都能一刀切

除了上述的线性和非线性归回分析之外，还有一类应用场景很广泛的数据处理方式，叫作分类。假设有一堆样本点$(x_i，y_i)$，比如几十万人的（年龄，血糖值）数据，已知其中五千人的职业，共分成两类职业：脑力劳动和体力劳动。现在想分析一下年龄+血糖值这对组合与职业之间是否具有某种潜在联系，需要用这五千人的已知样本点，找到一个关系模型，用它来猜测那些职业未知的样本点的职业。或者反过来，已知某人职业，预测其血糖值区间。

假设真的存在某种固定关系模型，年龄越高的人血糖值越高，而且多数为脑力劳动者，年龄越低的人血糖值越低，多数为体力劳动者。如果是这样的规律，那么样本点在xy坐标轴上的分布应该是如图12-5所示的那样，显然，使用一根直线切一刀，落在直线上方的就是脑力劳动者，落在下方的就是体力劳动者。

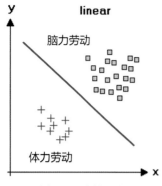

图12-5　线性分类

那么如何让程序来分析出这两大类职业？首先，计算机程序是根本不知道还存在两大类职业的，它只能看到一堆年龄+血糖值数据；其次，计算机程序也并不知道如何分类。所以，需要人来告诉计算机，本模型是可以一刀切的，你只需要穷举迭代找到一条合适的直线就可以。这最终就成了前文所述的线性回归的计算过程了，随机初始化$y=wx+b$中的w和b的值，然后将所有样本点代入该函数并判断该样本点位于直线的哪一侧（如果$y-wx>b$则位于直线右上侧，$y-wx<b$则位于直线左下侧），然后看看标准答案以判断分类是否正确，统计出总体的答对率，如果达不到要求，则调整参数继续迭代，最终程序可以找出图12-5中所示的直线的W和b参数。可以看到该模型并非用误差平方和来判定错误率，而是用分类是否正确来判断。

然而，实际的场景并非都是这么简单的。如图12-6所示，假设已知样本点中真实的关系是：年龄在30～50岁的人、血糖高于某值的人属于体力劳动者的话，那么就会看到，用上述的$y=wx+b$这个模型来训练的话，最终的误差率会很高，可能会到30%，再也降不下去了，那就证明$y=wx+b$这个模型无法高精度拟合真实的事物关系。

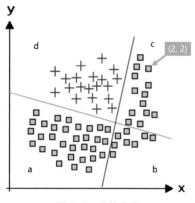

图12-6　线性分类

显然，可以画两根直线将蓝色样点切出来，同时落在绿色直线上方和红色直线左侧的样点就是体力劳动者。可以看到，如果能够有某种办法将两个结果做AND操作，都符合条件才加以判定，那就似乎可以解决这个问题。

假设先没有机器什么事，我们先把上帝视角模式打开，纯手工演绎一下。图12-6中红色和绿色这两条直线函数关系式分别为：　$5x-y-7=0$和$x+4y-4=0$。假设有某个样点$(2, 2)$，将其代入红色直线表达式得出结果为1，大于0，所以它位于红线右侧，判定为脑力劳动者；同理，代入绿色线结果为6，大于0，所以其位于绿色线上方，判定为脑力劳动者。于是我们就定个规则，凡是代入函数求出的结果>0的都表示脑力劳动者，<0的则表示体力劳动者。而且结果值越远离0，证明对应函数认为该点是或者不是脑力劳动者的可能性越高。

很显然，对于图中a、b区的所有样点，绿色直线都误判了。而对于a区的所有样点，红色直线都误判了。对于绿色直线，a、b区的误判数量庞大，那干脆这样，把绿色函数变换一下：$-x-4y+4=0$，这样把结果刚好翻转了过来，评判标准不变，凡是代入算出结果>0的判定为脑力劳动者。现在变成了：绿色函数会误判c区，红色函数会误判a区。

将上述场景总结在图12-7左侧，同时右侧给出了另外一个更复杂的分类场景。对于左侧场景，很显然，这两个函数的结果，与样点真实分类之间形成了或（OR）的关系。所以，给出任何一个样点，将其代入这两个函数计算，只要有任何一个函数的输出结果>0，就证明该样点一定表示脑力劳动者。

而对于图12-7右侧的场景，牵扯到了更复杂的场景组合，那么如何实现这种组合？还记得第1章中介绍过的由真值表写出表达式的方法么？我们直接套用之后，就形成了如图12-8右侧所示的逻辑表达图。

提示 ▶ ▶

如第1章所述，用真值表写出的逻辑电路是没有经过简化的。观察图12-7右侧可以看出，4条直线划分的区域相与，其实就是所有"+"样点所在的区域。图12-8中的流程其实可以化简，这个问题就留给读者们自行推演了。还有一些更复杂的分类关系，比如XOR、XNOR等，这些关系其实都可以用AND、NOT、OR这三种关系搭配出来。还记得第9章中介绍过的PLD器件么？其采用与阵列和或阵列先后作用，可形成任意逻辑。

回过头来看，我们开了上帝视角，已经提前知道了要用几条直线来划分样本，并且直接生搬硬套了一个答案出来。但是，如何让机器自己来通过不断迭代穷举试错最终发现需要多少条直线，每条直线的斜率、正负符号和偏置值，需要多少个与、或、非操作，谁和谁相与相或相非？这就需要设定一个Loss函数，然后扔给机器让它千思万虑，最终可能机器真的就发现了上述参数，或者近似参数。

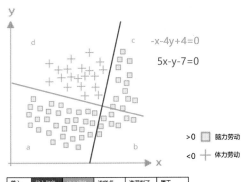

左图公式：

$-x-4y+4=0$

$5x-y-7=0$

图例：>0 □ 脑力劳动　<0 + 体力劳动

落入哪个区	代入红色函数结果	代入绿色函数结果	该样点实际应该	谁误判了	属于哪一类
b	>0	>0	>0		脑力劳动
c	>0	<0	>0	绿色函数	脑力劳动
a	<0	<0	>0	红色函数	脑力劳动
d	<0	<0	<0		体力劳动

右图公式：

$x-y+1=0$

$0x-y+2=0$

$5x-y-7=0$

$-x-4y+4=0$

落入哪个区	代入红色函数结果	代入绿色函数结果	代入紫色函数结果	代入蓝色函数结果	该样点实际应该	谁误判了	属于哪一类
b	>0	>0	>0	<0	>0	紫色	脑力劳动
c	>0	<0	<0	>0	>0	绿色、紫色	脑力劳动
a	<0	<0	>0	<0	>0	红色、紫色	脑力劳动
d	<0	<0	<0	<0	<0	蓝色	体力劳动
e	<0	<0	<0	<0	>0	红色、绿色、蓝色、紫色	脑力劳动
f	<0	<0	>0	<0	>0	红色、绿色、蓝色	脑力劳动

图12-7　两个分类场景下的结果总结

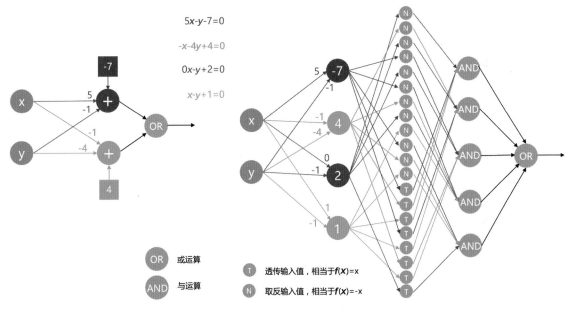

$5x-y-7=0$

$-x-4y+4=0$

$0x-y+2=0$

$x-y+1=0$

OR 或运算

AND 与运算

T 透传输入值，相当于$f(x)=x$

N 取反输入值，相当于$f(x)=-x$

图12-8　对应图12-7中场景的逻辑表达图

除了把事情表达成与或非的关系之外，还可以从另外的角度和方法来入手，从而可以实现更多效果和结论。

如图12-9所示，还是刚才的场景，c区被绿色函数误判了，但是对于蓝色函数，c区的判定全部正确，如果以某个样点距离函数直线的绝对距离值作为该样点的分类可能性的话，那么越远离直线越可能正确或不正确。对于c区中的蓝色样点，蓝色函数说该样点是脑力劳动者，可能性假设为1，但是绿色函数说该样点是脑力劳动者的可能性为-5。到底该听谁的？如果两者都得听的话，那就将两者输出的可能性值相加：1+(-5)=-4，结果显示该点不是脑力劳动者。但是开启上帝视角之后可以看到蓝色样点的确为脑力劳动者，应该听蓝色函数的，但是无奈蓝色函数判定该样点是脑力劳动者的可能性低得可怜，只有1，压不

过-5，那怎么办？

好办，我们给蓝色函数一个较高的权重，也就是直接将它乘以10，再与绿色函数相加，如图12-9中间所示。这下好，10+(-5)=5，脑力劳动者！让你嘚瑟！蓝色函数有了特权，就可以在c区无视一切其他可能性值的贡献度。对于橙色样点，其本来的可能性就已经很高了，已经压过绿色的反对声音了，被放大10倍之后，就更高了。但是回过头来看看a区，蓝色曲线本来就完全误判了a区中所有样点，认为其为脑力劳动者的可能性都<0，现在被放大了10倍，相当于把错误也放大了10倍，而绿色函数的正确声音在a区被完全压制了，a区彻底沦陷！

那好，既然蓝色函数不给力，把绿色函数放大10倍看看，同样的事情发生了，a区收复失地，但是c区

沦陷了，全部误判！可以看到，无论给哪条直线增加权重，在收复一些正确率的同时，又会损失其他区域的正确率，顾此失彼！这一切的本质原因，你可能已经能够隐约体会到了，直线，也就是线性函数，它真的过于直了，如果能屈能伸，是否可能更好。我们自然在想一件事情：能否把蓝色直线在a区的影响力以及绿色直线在c区的影响力去掉，而只保留它们对自己判定正确区域的影响力？

12.3 神经网络：竟可万能拟合

对于图12-10中左侧所示的场景，以x=3这个点为分界，我们期望的是当x>3时，函数能够按照蓝色曲线来走，而当x<3时则按照绿色曲线来走，那最终就有最高的分类正确率。

仔细想想，如果能有某种办法，让绿色曲线在x>3时总输出0，而让蓝色曲线在x<3时总输出0，然后把这两个函数相加，绿色函数的保留区段与蓝色函数的丢弃区段（也就是0）相加等于不加，还是绿色函数，蓝色函数也一样。这样两边的糟粕就被丢掉了，只剩下想保留的区段。先写出这个合并后函数的表达式：

$$y=(-0.25x+1)f_1(x)+(5x-7)f_2(x)$$

其中，$f(x)$是某个奇妙的函数，该函数能够实现

在想要的分界线上，比如上文中的x=3时，当大于该分界线时就输出0或者1（看你想要的是什么），小于该分界线时输出1或者0（看你想要的是什么）。假设真的存在这种神奇函数，那么只要设计让$f_1(x)$在x>3时输出0，x<3时输出1；让$f_2(x)$在x>3时输出1，x<3时输出0，愿望就达成了！经过前贤的探索，找到一个合适的函数可以做这件事，如图12-10中间所示的函数，其名为Sigmoid函数（S形函数）。该函数会对输入值做运算，当输入值越大时，其输出值越趋近于1，输入值越小，则其输出值越趋近于0。图中右侧所示为该函数的示意符号。

利用该函数如何实现上述自定义需求？请看图12-11，如果把Sigmoid函数的输入值本身作为另一个函数的输入值，那么就可以精细地调控在什么分界线、输出1还是0了。比如图12-11左上角，当把-100x+300（一个直线函数）的输出值作为Sigmoid函数输入值时，当x<3时，-100x+300>0，x越小，输出值越接近1，x小到2.95时，Sigmoid输入值为5，此时Sigmoid函数输出值近似为1。当然，如果想要让x只比3小一点点儿，比如x=2.995时，Sigmoid就饱和输出近似1的话，那么可以将参数调整为-1000x+3000，或者更高。图12-11下方展示了更多参数下的Sigmoid函数曲线，可以体会一下。图12-12将直线及其被Sigmoid函数处理之后的曲线在一起显示，可以对比一下。

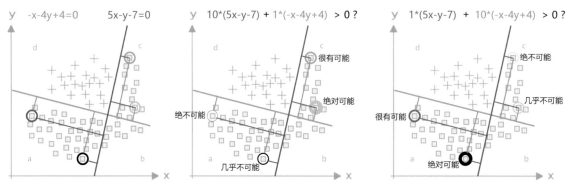

图12-9 将某个函数的贡献度翻10倍后的场景

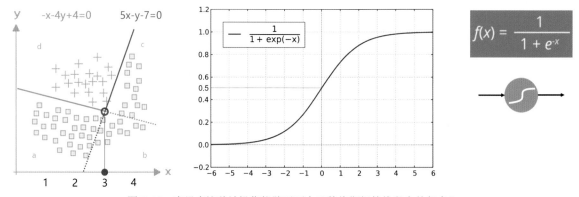

图12-10 有没有这种神操作能劈开两个函数将期望的线段合并起来？

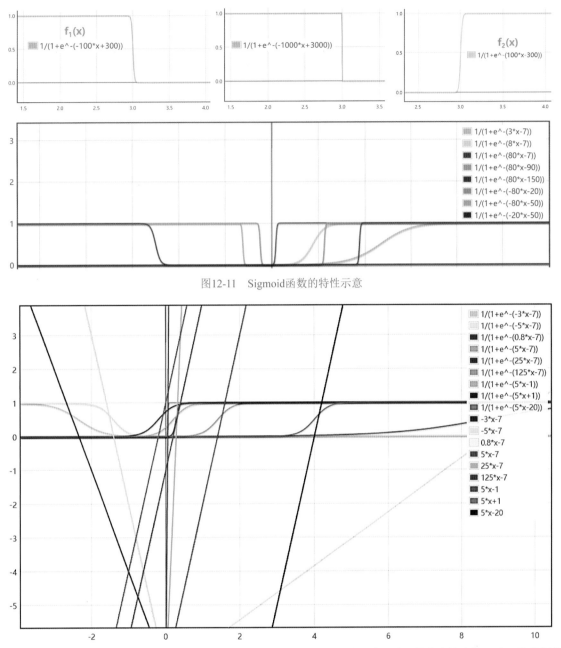

图12-11 Sigmoid函数的特性示意

图12-12 图12-11 Sigmoid函数的特性示意（可以看到W调整折弯处的陡峭程度，绝对值越大越陡峭。b与W比值调整的是左右平移距离）

大功告成！将函数合并为：$y=(-0.25x+1)$ $S(-100x+300)+(5x-7)$ $S(100x-300)$，该函数就是能够精确分类前文中已知样本的分类函数，当然，别忘了我们现在处于上帝视角，如果切换回用户视角将会是什么样呢？

$$y=(W_1x+b_1)\ S(W_2x+b_2)+(W_3x+b_3)\ S(W_4x+b_4)$$

此时你应该知道了，只把上面这个公式模型告诉计算机程序，至于$W1\sim4$以及$b1\sim b4$具体值是多少，得靠程序穷举迭代出来，也就是让机器学习出来，后续的过程前文中已经介绍过了，不再赘述。

如图12-13所示为更复杂的曲线对应的表达式。可以预见的是，利用这种方式，其实可以拼接出任意曲线来，就像用一根根小线段拼接出连续的大线段来。

如果将上述函数写成流程图的话，就会如图12-14所示。如果仔细体会这种拟合任意曲线的方法，是不是与图12-8中所示的以及第1章介绍的用真值表写逻辑表达式的过程（先相与，然后相或），竟然惊人的类似呢？其实还有一处与该方法更神似，那就是图1-70所示的用小波形拼接出大波形来，其实这

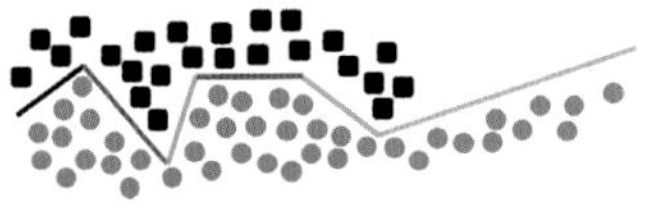

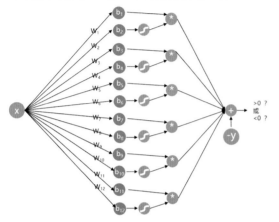

$$y=(W_1x+b_1)\,S(W_2x+b_2)+(W_3x+b_3)\,S(W_4x+b_4)+(W_5x+b_5)\,S(W_6x+b_6)+(W_7x+b_7)\,S(W_8x+b_8)+(W_9x+b_9)\,S(W_{10}x+b_{10})+(W_{11}x+b_{11})\,S(W_{12}x+b_{12})$$

图12-13　更复杂的分类曲线

种拼接拟合波形的方法与小波分析的本质思想类似。其与傅里叶级数基波和高次谐波叠加出任意波形也颇有相似之处，但是看上去傅里叶级数方式并不是拼接，而是叠加。不过由于上述用于拼接的曲线段在小于或者大于某个值时纵轴坐标会趋近于0，所以看上去像拼接，其实本质上还是叠加，因为与0相加等于没有任何变化，看上去就像拼接起来一样。

图12-14　将函数表达式制成流程图

$$y=(W_1x+b_1)\,S(W_2x+b_2)+(W_3x+b_3)\,S(W_4x+b_4)+(W_5x+b_5)\,S(W_6x+b_6)$$
$$+(W_7x+b_7)\,S(W_8x+b_8)+(W_9x+b_9)\,S(W_{10}x+b_{10})+(W_{11}x+b_{11})\,S(W_{12}x+b_{12})$$

数学上有一类叫作泰勒展开式的方法，如果仔细研究一下会发现这些方法和技术的本质都类似。有兴趣的读者甚至可以去研究一下分形理论，向追求事物更底层的微观本质进军，分形的思想在第1章中也有些许思考和介绍。扫描图12-15中的二维码观看如何利用傅里叶级数的思想拟合出任意曲线。

仔细端详图12-11会发现，Sigmoid函数的作用其实就是将一根直线掰弯，折弯处在直线上的水平总体位置、方向以及曲率都是可以调整的，只需要改变1/

$(1+e^{\wedge}-(Wx+b))$中的W和b的数值和正负号就可以了。这似乎预示着我们可以用这些近乎无限的小零件去硬生生地拼接出任意函数曲线来，就像七巧板和乐高玩具一样。

注意，上文中采用的思路是，用S函数来把一条构造好直线处理成弯曲线，然后用这条弯曲线与原始的、用作分类样点的直线相乘，相乘的目的是把原始分类直线上不需要的区段平抑掉。然后将平抑了非需要区段的所有原始直线相加，便成了最终的曲线。而我们现在要做的是，直接用S函数处理好的弯曲线拼接出目标曲线，不需要原始直线，或者说这些弯曲线就是原始直线。

如图12-15所示，先开启上帝视角，直接按照曲线上各段的形状，构造出对应的近似线段来。值得一提的是，Sigmoid函数处理之后的直线样子比较统一，就是纵轴值在0和1之间，中间某处被折弯，折弯处左右分别趋近0和1。而我们构造出来的线段，左边都趋近于0，但是其他地方就不一定了，比如如果对处理后的曲线乘以某个系数W，比如$W1/(1+e^{\wedge}-(W2x+b))$，则曲线在纵轴方向被拉伸或者压缩。有时候使用乘法来拉伸和压缩可能达不到精确的变形，此时就不得不使用多个更细小的零件叠加（加法）起来，可以采用两条或者更多条折弯后的曲线叠加成形状更符合期望的曲线。比如图12-15中的黑灰色的线段就被用于叠加成我们想要的高级零件（图中红、橙、绿色线段）。有时候叠加后还得乘以-1将线段在纵轴方向镜像一下才能满足需求（如图中红、绿色线段）。

我们先假设该曲线从原点开始，构造出其整条曲线之后，再加上1将整个曲线上移1个单位即可。如图12-16~图12-20为整个拼接过程，高中解析几何及格的同学们看懂这些图应该没有什么压力，不及格的也可以尝试一下。

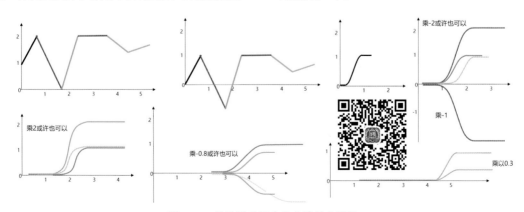

图12-15　构造用于拟合该曲线的小线段

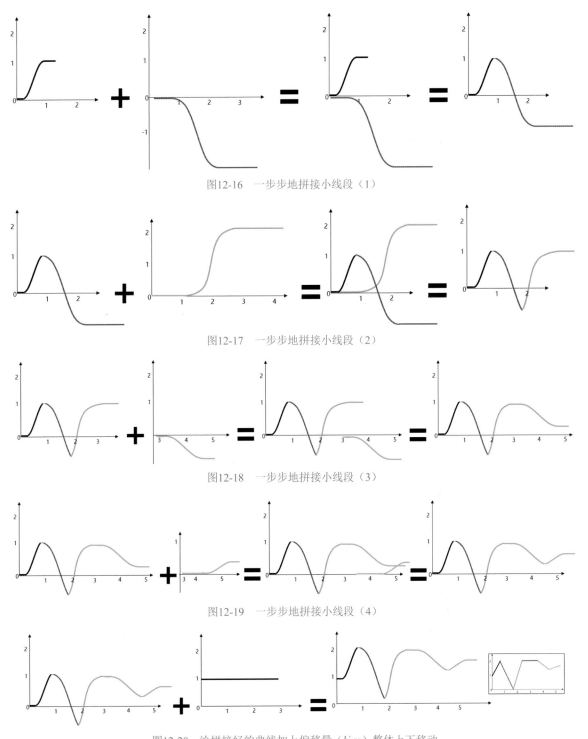

图12-16 一步步地拼接小线段（1）

图12-17 一步步地拼接小线段（2）

图12-18 一步步地拼接小线段（3）

图12-19 一步步地拼接小线段（4）

图12-20 给拼接好的曲线加上偏移量（bias）整体上下移动

提示 ▶▶

　　用Sigmoid这个直线折弯器，怎么拟合出一条真直线来？如果要拟合竖直方向的直线，那么可以将某个直线的某个部位折弯成近似90就可以了，如图12-11中的$1/(1+e^{-(-1000\times x+3000)})$函数曲线所示，当然，不加系数的Sigmoid函数最大输出值趋近于1，如果要表示的数值方向曲线的纵轴值超过1，那可以给Sigmoid函数乘以一个系数放大n倍即可；如果是水平直线，那么Sigmoid的输出在趋近于1或者0时本身就已经是直线了，只要将折弯的位置远离当前坐标位置即可。

还有个问题你可能已经很迷惑了，连初中生都知道用直线段就可以模拟出任意曲线啊！用积分来求曲线区域的面积不就是这个原理么？为何不能直接用数量较多的不同角度、长度、纵轴偏移量（bias）的直线线段拼接出任意曲线，而非要用经过Sigmoid函数处理之后的折弯线？问题就在于，折弯线的两边都是平的，左侧必须是趋近于0，因为这样才能保证与0相加等于什么都没加的效果，具体可以体会图12-21，左侧你想象中的方案，中间是按照想象实施之后的方案，右侧才是有效方案。你会看到，多条直线无论怎么叠加，最终结果还是直的，弯不了，因为直线是无限延伸的，无法掐掉头尾只留一段，必须利用非线性函数进行处理才可以引入弯的成分。

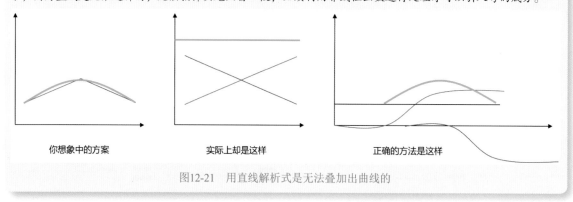

你想象中的方案　　　　　　实际上却是这样　　　　　　正确的方法是这样

图12-21　用直线解析式是无法叠加出曲线的

将上述过程用运算流程图表达出来，如图12-22左侧所示。将任何一个给出的样点的x值带入该组合函数，求出y值，并与该样点的y值相比较，并根据结果来判断该样点落入了该函数曲线上方还是下方从而判断该样点属于哪一类。当然，图中所有的W和b参数，都需要经过程序代码的穷举迭代而逐渐寻找出来。值得一提的是，机器学习的目的并不是要画出这条曲线，而只是找到了一堆恰好能够让分类正确率最高的参数W和b，而如果用这些参数来画曲线的话发现真的会画出一条类似的曲线。也就是说，整个机器学习的思路就是将各种待识别和分类的实体抽象成在平面上画曲线的数学几何手段。

至此，针对分类这个问题，我们有了三个不同的数学模型：直线+与或非处理模型、原始直线与用S函数处理之后的弯曲线相乘抑不需要区然后拼接的处理模型、直接用S函数处理后的弯曲线拼接的处理模型。这三种模型对应了不同的数学公式，但是最后都能得到近似结果。这好像成了一个数学问题，

没错的。这就像求π可以有多种数学手段一样。最终人们常用的还是上述第三种模型。因为从图12-22中可以明显看出，该模型对应的运算单一，就是多项$W_iS(W_mx+b)$相加，对应的运算就是单纯的乘加。这样的话，采用专用电路去实现就非常方便和高效。

人们将该流程图中的用于将一个或者多个值与某个权重值相乘，然后结果再相加起来的运算步骤，称为一个乘加单元，或者神经元（Neural）。乘加运算步骤被说成是神经元，这是不是真的有点儿神经了？就像卖药骗子把触摸感应灯包装成量子治病神灯一样。其实，谓之神经元是由于该乘加单元的作用与人脑神经元细胞的作用方式非常相似。比如拿图12-22中左侧中的b_{18}这个神经元来讲，其输入是两路信号，输出一路信号，如果该神经元对W_{23}这路信号不感兴趣，那么W_{23}的值就会被调的很低，具体体现在神经元细胞突触接收到电化学信号之后的响应程度（比如本书尾声中所描述的钠钾离子泵的激活程度），最终很有可能导致该神经元输出信号值也很低，也就是该

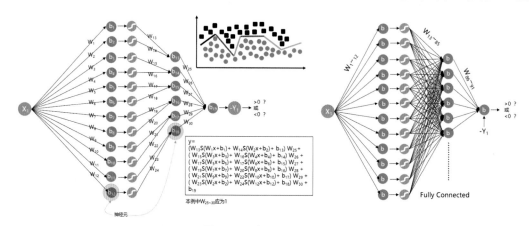

图12-22　神经网络示意图

神经元最终的被激活（Activated）的程度较低，或者说该神经元对W_{23}这路信号不敏感；如果把W_{23}这路信号比喻成某显卡厂商的某显卡正式上市销售事件的话，那么对于该神经元的另一路信号W_{24}可能就是该显卡的价格，对于冬瓜哥这种穷得只剩下情怀的人，而且还是个游戏画面党，W_{23}这路信号一定会对该神经元导致强激活，假设该路信号最终激励值为8000；但是同时W_{24}的值可能是-1，因为10000元的价格对冬瓜哥来说非常敏感，这样，该神经元最终输出的激励值=8000-10000=-2000，直接导致该神经元被去激活（Deactivated）。当然，对于那些W_{24}的值为0的人而言，他们的最终激励值是8000，他们的生理反应则是买买买。一个神经元细胞可能会有更多输入突触，如果有另一个输入信号的权重是10 000，该信号承载的是脑残值的话，那么脑残值只要为1，-2000+10 000=8000，就能让该神经元强激活了。当然还可以有另外的各种输入，比如妻子最近的心情值、涨工资预期值等。

提示 ▶▶

> 这么看来，神经元似乎更像是一种多输入的或门，而激励函数则是或门前方的其他门，比如非门，或门和非门共同形成或非门。与数字电路或门不同的是，神经元可以输出连续变化的值，而数字或门只能输出1或者0。而且或和加这两种关系看上去类似，但是还是有不同。或和加的关系在第1章中也提到过。

所以，图12-22中的运算流程步骤被整体上称为神经网络（Neural Network），而放置在神经元下游的对神经元输出值做调制整型处理的函数，被称为激活函数，因为它处理的是神经元输出的激活值/激励值，而并不是说它把神经元给激活了，不是这意思，当然它也可以把激励值放大或者降低，让原本不激活的神经元强行激活，也可以让原本激活的神经元去激活，具体还得看用了何种激励函数。如果是Sigmoid函数，不乘以任何系数的话，不管之前激励值是多少，到了它这统统被限制在0和1之间，所以称之为激励函数更合适，激励一下，至于活不活则是两码事，可能激励完后反而不活了，此时你硬叫它激活函数就是误导了。有时候我在想是不是对于我这种写书写到苍白不食人间烟火的人来讲，这4年把我脑子里的神经元退化成跟前全都是不带系数的Sigmoid激励函数了。对于上文中所叙述的例子而言，当代入某个样点值的x到神经网络中运算时，经过某个神经元处理后的值就是该神经元所表示的函数曲线对应的y值，也可以看作是该曲线对x值的激活值。

提示 ▶▶

> 再次强调，神经网络只不过是一种算法流程，

画到纸上像网络一样，而每个乘加单元真的像生物神经元一样，加起来被称为神经网络。至于你是利用CPU软件代码来实现这个神经网络运算流程，还是使用专用的数字电路来实现，都是可以的，不过最终我们会看到由于运算量过大，靠CPU在多数场景是无法满足需求的，必须依靠专用芯片，比如GPU、FPGA和专用ASIC来运算。当然，市场总是喜欢将这些技术包装成各种概念，诸如"类脑"芯片之类。人脑据说包含数百亿个神经元，而目前的神经网络运算加速芯片最多也就包含几十万到一百万个乘加单元，只不过其运算频率要比人脑快得多，人脑的运算频率据说等效于50Hz（另有一说是100Hz，不过没有本质区别）。

上帝视角下给出的正确答案，并不一定会被程序最终发现，可能最终发现的是正确答案近似值，正确率要低一些。那么既然如此，你并不知道程序会学习到什么样的参数，那一开始又怎会知道每个零件都需要用两个折弯线段叠加出来呢？如果只需要一个，或者必须要三个或者更多线段来叠加才能达到更高精度的近似怎么办？哎，不如干脆这样，把所有小零件线段同时输送给所有神经元，这些神经元想用哪个就用哪个。于是就形成了图12-22右侧所示的网络连接方式：全连接。如果觉得拟合精度有待提高的话，还可以把最后一层神经元的数量增加，让它们可以产生更大量的小零件来拼凑出精度更高的目标函数曲线。

全连接的必要性体现在：是否购买这破显卡可能会触发更多下游问题，比如至少会输送到神经网络中的财务中枢，如果一下子花掉一万元，会对后续很多财务规划相关的神经元产生高权重的信号激励。所以可能某个神经元的输出要同时被输送给多个其他神经元。当然，有些神经元可能八竿子打不着，比如下一刻是否要喘口气，你决定不买显卡应该不至于让你选择憋气吧？那么输送过来的信号就会被加上很低的权重而被负责喘气的神经元忽略掉。所以，如果把某个神经元的输出值输送给大量相关度不大的下游神经元，就可能会导致过度拟合，比如程序一不小心没调节好权重，导致憋气，那就真有点儿神经了，如果经过长期的训练而固化下来，那整天稍有个事情哪怕是高兴的事也唉声叹气的也不是个事。实际在设计神经网络时会有很多考究和优化思路，这里就不再展开讲了，实话告诉你其实我也不懂。

所以，如果某个上游神经元输出的小零件对于某个下游神经元是根本不需要的怎么办？不要就可以把对应的W值置为0，任何值乘以0都等于0，然后其他值与0相加等于什么都不加，没任何变化；如果不需要对结果进行放大或者缩小，那么可以把W值置为1，乘以1还等于自身，无变化。至于如此多W参数中的哪个是0或者1，那就要扔给机器学习过程（给一个错误率期望值，然后用梯度下降法穷举迭代）中来确定了。当然，对于这样的参数，最终由机器确定的值

可能并不是1和0，而是0.95，0.99或者0.001，0.2，都有可能。那就表明机器最终还是制造出了极小的零件叠加了上去，与正确答案近似。

提示 ▶

值得一提的是，最终结果如果以是否大于0来一刀切的话，有时候也很不准，如果能够以“远离0的程度”来判断分类，则更加科学。这就变成了一个概率问题，越远离0，是或者不是某一类的概率更大。

上文中的例子都属于二元分类，也就是待分类的样本不是*A*就一定是*B*。如果样本可以分成多类（多元分类）的话，那么就无法使用一条连续的曲线来划分，必须分叉，如图12-23（a）所示。但是我们可以用另外一种思路，如图12-23（b）～图12-23（d）所示，完全可以采用三个独立的分类分别隔离出每一类来，然后三个分类并行计算。如果某个样点为红三角，那么图12-23（b）会说“结果小于0，这不是绿色”，图12-23（c）会说“结果小于0，这不是蓝色”，而图12-23（d）会说“结果大于0，这是红色”，把这三个分类判断输出的结果做一次逻辑运算，就可以综合判断该样点的最终分类。为此，我们可以设计如图12-24所示的神经网络，相当于同时并排了三个独立的分类器。问题是，排了三个独立分类器，程序穷举结果一定就是三个独立分类器么？的确是，因为程序会不断鞭策自己改错，最终交付的答卷会趋近于正确答案，机器学习看上去就这样神奇。

现在考虑另外一种分类情况，如图12-25左侧所示。冬瓜哥记得初中数学就已经开始学圆和椭圆的解析几何了，如果那时候能知道其应用场景，估计能更有目的地学习和记忆。不过冬瓜哥不得不在网络上搜索了一番才逐渐回忆起圆曲线的解析式为$(x-a)^2+(y-b)^2=r^2$，其中(a,b)为圆心坐标，r为圆的半径。

那么，只要某个样点的$(x-a)^2+(y-b)^2-r^2<0$，则对应的(x,y)样点就落入了圆内，而若>0则落入圆外。但是，你会发现用上文所述的曲线拟合方式无法拟合出这种一个x可能对应两个y值的曲线，这类曲线属于二次曲线，其解析式中一定包含有y^2、x^2以及xy乘积项。此时需要另辟蹊径。

如果把$(x-a)^2$和$(y-b)^2$各自看成是一个单独变量X和Y的话，那么$X+Y-r^2=0$就是该圆的解析式，此时可以这样认为：X和Y呈直线关系，那么$(x-a)^2$和$(y-b)^2$也

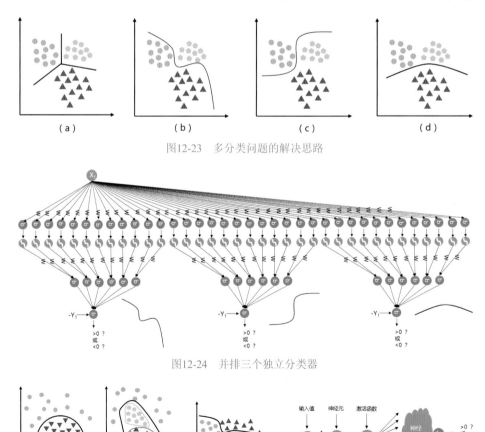

图12-23　多分类问题的解决思路

图12-24　并排三个独立分类器

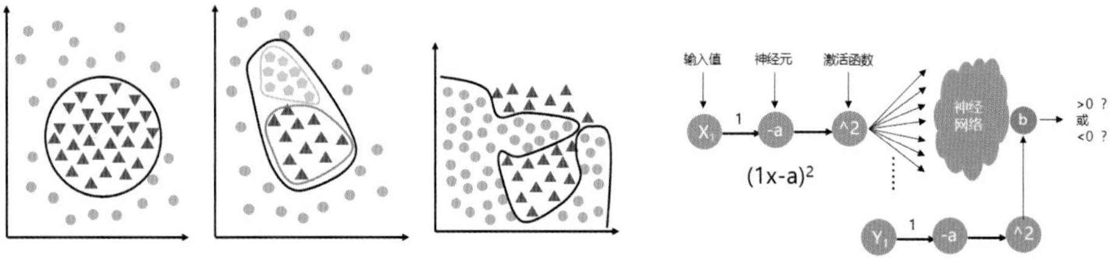

图12-25　需要二次幂函数才能表达的曲线

呈直线关系。那么也就是说，如果某个样点(X,Y)代入$X+Y-r^2$后结果>0，落在直线上方，则表明样点(x,y)代入$(x-a)^2+(y-b)^2-r^2<0$，落在圆内。这样，就把一个二次曲线问题转换成了一个线性分类问题来求解，此时先将x变为$(x-a)^2$再执行与线性分类同样的过程即可，机器会自动学习出合适的a和b以及r的值。这个变换过程被称为非线性变换，相当于在更高的维度上，换了个角度来观察曲线和样点的分布规律，有时候可以极大地简化分析过程，同样的事情也发生在傅里叶变换中由时域到频域的转换过程中，在频域咔嚓一刀用滤波器滤掉某个频段的信号，就相当于在时域上精挑细选一个一个的去抽丝来解决问题，哪个方法更方便高下立判，显然是前者！

提示 ▶ ▶

这里其实可以回顾一下图12-7右侧的场景，当时采用了4根直线用与或非方式来切割出中央的类别，相当于用了一个四边形来隔离中央区域，而用更多条直线进行与或非切割，只要直线数量足够多，就可以实现八边形，八十边形，八百边形，最终趋近似为一个圆形。这里可以深入体会一下采用不同视角和方法得到的殊途同归的效果。如果再更深入地思考一下的话，你会体会到世间万物的一种普遍规律，那就是万物似乎是在不同维度上被叠加在一起的，这个思想在第1章中介绍波的叠加时就可以看到，两个波相加，其实是一个波A把另一个波B按照A的振荡频率和振幅整体在第二层维度上振荡起来，而在第一层维度上，B依然按照自己的频率和振幅振动。上文中所述的乘积项、二次项等各自按照自身内部的规律对输入值计算输出值，但是这些项之间在第二层维度上共同形成了线性关系，每个项内部的关系再怎么复杂，在高维度上每个项的作用域就被限定在自己内部了。整个世界仿佛是一层层嵌套起来的，比如星系中某个恒星系有自身的运动规律，而多个大星系之间在高维度上可能体现为另一种运动规律，比如对数螺线状排列，而豆芽在生长初期也是按照对数螺线方式卷曲的。

同理，如果是图12-25中间所示的多元分类问题，可以与图12-22所示的场景照葫芦画瓢，设置多个独立分类器即可。但是可以发现，图12-24中间以及右侧的场景对应的曲线并不是正圆，那么其解析式中需要掺杂入更高次的项才能拟合出这些曲线，这个思路与用多个经过Sigmoid函数处理后的直线线段来拟合成任意曲线是一致的。如图12-26所示为引入一些4次项之后的经典曲线。针对高次多项式，也都可以利用数学的方法做非线性到线性的转换来让求解过程更容易，由于冬瓜哥的数学水平实在太渣，没有能力继续深入介绍了。

值得一提的是，高次项越多，越容易产生过度拟合，如图12-26右侧情况所示，这种情况相当于机器过于聪明了，学歪了，但是眼界格局不够，它用了一个复杂的曲线拟合了5个点。对于过度拟合，有一些优化方法来应对，比如人为加入限定条件、规定某些参数必须为0或者在某个范围，等等。

另外，使用一次还是二次曲线模型来让机器学习，这个就得是人为指定的了，不能指望着随便扔给机器一个神经网络，机器最后就能自动分析出该模型到底采用一次还是二次甚至更高次才更合适，目前机器还做不到这种自动分析。不过可以把"遇到什么场景用什么模型"这个经验本身以机器学习的方式让机器针对这个规律建立一个拟合函数，或许体现这个规律的函数本身也是一次或者多次的，然后让机器先根据模型特征判断出用几次函数来拟合，然后再自动用对应的模型学习出最终参数。

综上，利用神经网络可以拟合出任意函数曲线，只是对于复杂曲线，其需要穷举的参数也就越来越多，学习过程也会越来越慢。这里面激励函数充当了线段调制器的角色，除了Sigmoid之外，还有其他多种调制器，比如Tanh、ReLU等，这些调制器都可用来叠加出各种曲线，其区别就相当于七巧板、乐高等玩具的不同，有的用三角形、菱形、方形来拼搭，有的用带折弯的基本原件拼搭，但是只要数量够多，最后都能拼接出不同风格感观的高层物体。

我们再把思维切换回如图12-8所示的场景，你会

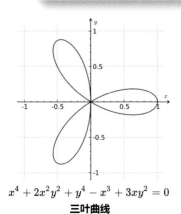

$$x^4 + 2x^2y^2 + y^4 - x^3 + 3xy^2 = 0$$

三叶曲线

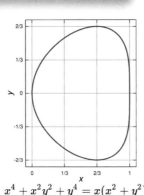

$$x^4 + x^2y^2 + y^4 = x(x^2 + y^2)$$

Bean曲线

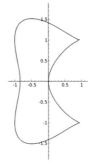

$$(x^2 - a^2)(x - a)^2 + (y^2 - a^2)^2 = 0$$

Bicuspid曲线

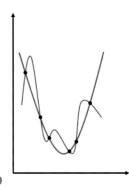

过度拟合（Overfit）

图12-26　引入一些四次项之后的经典曲线

发现我们绕了一大圈又绕回去了，图12-8利用多条直线来切割出一个圆进行分类，而上文中则是用高次项拟合出一个圆。坊间流传着爱迪生的一个学生用高等数学测量灯泡的体积，另一个学生直接把灯泡浸入水中测量水面上升高度来测量灯泡体积，殊途同归。但如果仔细思考一下的话会发现一个惊人的结论，那就是利用水面上升高度求体积的过程，其实是利用了自然规律来运算而且运算速度惊人！试想一下，把灯泡浸入水中，灯泡周围的水分子会被挤压贴合在灯泡表面，其将挤压力传递给其他水分子，大量水分子之间相互作用，将力量传递到容器侧壁，反作用力继续传递，最终让其他水分子上升，体现为水面的上升，最终达到各角度力的平衡，而所有分子恰好停止在对应高度，这一切都是底层规律在精确计算的结果，而这个过程在瞬间就完成了大量并行计算。当然，有些人可能想不通，加进多少体积，水面必然上升多少体积，天经地义，被你这么一说反而感觉迷茫了，天经地义这4个字也是值得思考一番的，经什么，义什么，怎么经的，又是怎么义的。

那么图12-8中所示的与或非关系，是否可以用神经元和激励函数来实现？也就是说，对于或的关系，如果两个或者多个输入中有一个是大于0的，输出就大于0；对于与的关系，多输入信号中有一个是小于0的，输出就小于0。完全没有问题，如图12-27所示，只要选取合适的W参数和bias值，就可以实现与或非的逻辑，当然，由于神经网络的输入信号并不是非0即1，是连续的值，但是依然会有取反的效果。这样就可以用统一的神经元实现乘加和与或非操作，不需要引入额外的专用逻辑运算部件。

有了这种可能性之后，只要让神经网络自己去迭代并最终找出合适的参数即可。进一步思考，本例中，神经网络在迭代时，到底是按照与或非方式来画出这个圆，还是按照圆解析式（上文中介绍过的非线性变换方式）来画出这个圆？这的确是个值得深思的问题，到底选用哪条求解路径，似乎取决于神经元的排布方式，同时也似乎取决于所给出的Loss函数的引导路径。或者，最终的求解路径是两种方式的混合？或者还存在其他某种人类尚未理解的刁钻路线？又或者这两者本质上根本就是一致的，就是同一种规律的不同角度投射？这就不得而知了，等待你我去探索。

怎么样，体会到野路子和学院派的区别了么？其实，正如上文所述，学院派输出的结果一定是放之四海皆准的通用结论，而野路子可能根本不管底层是怎么实现的，只要上层模拟出来的足够相似能解决问题就好。或者说，学院派输出的精确解析式，当某某参数组合为某某时，体现出与或非的关系。所以，还是同时持有这两种思维更好。

你还会发现Sigmoid等激励函数的功能与电路中的三极管极其相似，在线性放大区，三极管输出信号随输入信号同频，且振幅是输入信号的若干倍（线性放大态），但是当输入信号达到一定门限之后，三极管输入值恒定（饱和态），如果将三极管用作数字逻辑电路，其工作在饱和态，而将其用于模拟电路时，则工作在线性放大态。此时你应该已经深入体会到神经网络的数字电路模拟电路的相似之处了。

至此，我们的思路被限定在了分类问题的解决上，同时被限定在了二维样本点(x,y)的条件之下。在12.1节中介绍的那个场景则属于针对多维度样本点的回归分析过程。那么，利用神经网络是否可以实现针对多维样本点的回归和分类？比如有一堆四维向量样本点：$x_i=\{$年龄，职业，性别，收入$\}$，或者将其表达为$x_i=\{x^1_i, x^2_i, x^3_i, x^4_i\}$，现在需要做一个收入预测器，要求用神经网络对这份已知样本做一个回归分析。

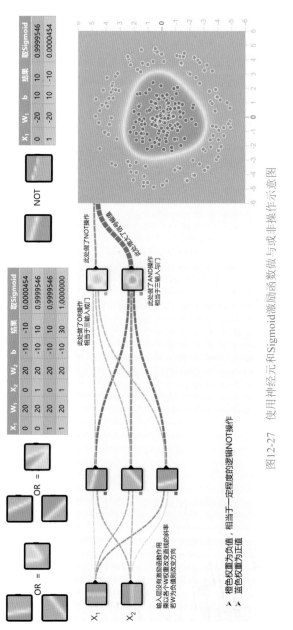

图12-27　使用神经元和Sigmoid激励函数做与或非操作示意图

前文中已经分析过，每个样本点内部多个维度的值之间是有相互关系和规律的，正因如此才可能存在某种固定规律，使用大量样本点只是为了让预测更加准确而已。所以，其中某些维度对另外一个维度值的影响，就可以类似表达成：收入=W_1×年龄+W_2×职业+W_3×性别+W_4×收入+常数。只要求出所有W值即可。

于是采用图12-28中所示的神经网络，由于本例中的维度是4，所以图中的$n=3$，那意味着要用三个如图12-22左侧所示的神经网络分别求出年龄、职业和性别对收入的贡献规律，然后再将这三个贡献值各自乘以一个权重，最后相加，得出预测的收入。当然，在训练的时候需要先用正确答案去滋养神经网络，把规律固化到各个参数中，最后熏陶出一个能够预测未知样本收入的神经网络。

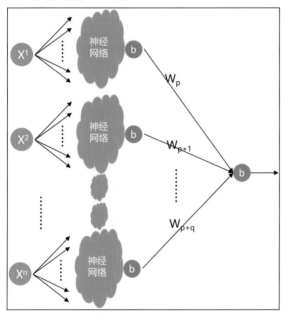

图12-28　多维度向量

如果最终的预测正确率不够理想，那么可能需要引入更复杂的二次、三次甚至更多次的函数模型，此时就需要用上文中介绍过的非线性到线性之间的变换来解决问题。在利用神经网络做回归分析之后，做分类也自然不在话下，比如将收入按照数额分成小于1000、1000～5000等多个类别，只要将预测出的数值匹配这几个类别范围即可。

值得一提的是，利用神经网络最终只能拟合，而无法推导出精确的解析式，只能无限接近标准答案。比如上面的标准答案是：收入=W_1×年龄+W_2×职业+W_3×性别+W_4×收入+常数，只需要求出几个W值即可，而实际的神经网络中有很多神经元，多个通路，每个通路都有一个权重值，神经网络只能告诉你神经网络内部的这些权重值是多少，至于它拟合

出来的是何种曲线，上面的$W_{1\sim4}$的具体值是多少，就无能为力了，此时就需要人来判断了。比如最终如果发现拟合出来的是一条接近直线的曲线，那就可以再次利用本章一开始介绍线性回归过程直接求解直线参数即可。所以，神经网络其实只是将一些步骤无脑化处理了，甚至本来很简单的事情，也可以先交给神经网络来拟合，看看具体是什么规律，然后再转到简化模型处理。当然，神经网络用来拟合那些极其复杂的、无法用简洁解析式表达的函数关系，或者只能用超级复杂的解析式表达的，运算该解析式耗费的算力与直接代入神经网络运算消耗的算力是相当的，这种场景就非常适合直接用神经网络来找规律并在后续持续对未知样本做识别预测。

多维度分类的另一个典型应用场景就是图像识别。如图12-29所示为数字"3"的手写图像示意图。那些被图形轨迹占据的部分的像素由于有较高的颜色/灰度浓度，所以其编码之后的二进制数值也就更大，这里假设最高值是1.0，最低值是0。相信读者已经在第8章深刻理解了计算机图像的本质，这里就不再赘述其底层原理了。

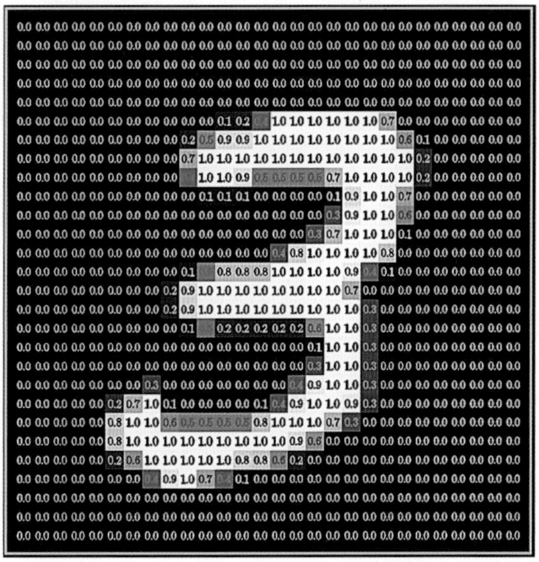

图12-29　手写数字对应的图像

为了简化起见，冬瓜哥制作了图12-30，其中，数字"2"有多种不同的形状，这里取了其中两种用作示例。每幅图像都是8×8分辨率，也就是由64个像素点组成。每个被占据的像素点值假设为1，没被占据的像素点值为0。

每幅图片其实是一个64维的向量，向量中的每个元素就是一个像素。如果将这64个像素展开，便形成图12-30下方所示的图样。

现在想利用神经网络来识别这些手写数字，可以将这64维的向量输入到一个神经网络，如图12-31

所示。假设我们要识别数字"1",那么就把1图形对应的64维向量中的被占据的那些像素对应的元素对应的权重设置为一个较高值,比如10;而将没被占据的像素对应的权重值设置为一个较低值,比如0。我们想让该神经网络当识别到数字"1"的形状时,神经元被激活为高水平值,则可以将其设置为如图12-31(a)所示的架构,也就是将数字1图形中的被占据像素点对应位置的权重设置为10,其他则设置为0,那么,当输入图形为"1"时,激活值=8×10=80,如果输入的图形不是数字1,而是2的时候,虽然数字2对应的图形中有些像素点与数字1占据的像素点相同(本例中只有三个像素相同),但是总体的命中数量小于输入为图形1时的数量,如图12-31(b)和图12-31(c)场景所示(两者激活值都是30)。而要想让该神经网络识别图形"2",那么就将"2"对应图形中的被占据像素的位置对应权重设置为10,如图12-31(d)所示,这样,当输入信号为图形"2"时该神经元被激活为高水平值(190或150),而当输入

为其他数字(比如"1")对应图形时,虽然也可能由于重叠命中而产生一定的激活水平(40),但不会为最高值,如图12-31(e)所示。

如果某个数字存在多种字形,那么其基本轮廓大致相同,但是会有相当数量的像素偏离了标准轮廓,那就相当于将所有可能的字形重叠在一起,如图12-32所示。用这些重叠在一起的像素来训练,就可以让神经网络识别出所有这些字形,当然,如果有些在训练时没有涵盖到的奇葩字形,那么只要这些字形不是太偏离训练时的轮廓,其也会有相当的识别概率。

那么如何让神经网络能够同时识别10个阿拉伯数字符号中的任意一个呢?其实很简单,并行将64个像素信号同时输送到10个乘加单元上,然后将对应10个数字形状的特征权重分别加载到某个乘加单元上游。这样,不管输入的是哪个数字的图形,该数字图形对应的乘加单元的激活值总是达到较高水平,如图12-33所示,于是就可以判断出当前输入的图形是哪个数字了。由于重叠命中的不可避免,神经网络最终

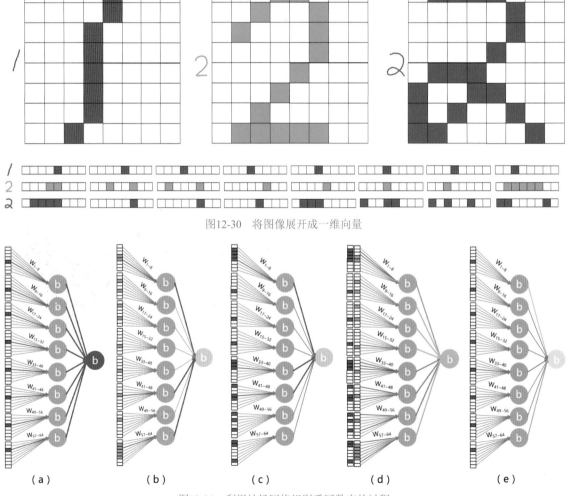

图12-30 将图像展开成一维向量

(a)　　　　　(b)　　　　　(c)　　　　　(d)　　　　　(e)

图12-31 利用神经网络识别手写数字的过程

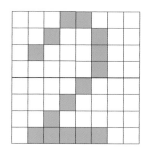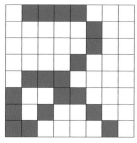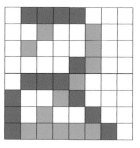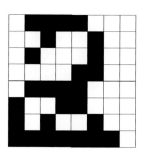

图12-32　不同字形重叠在一起的效果示意图

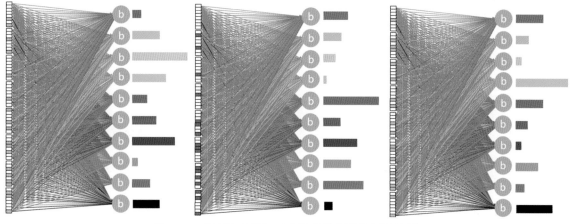

图12-33　能够同时识别10个阿拉伯数字图形的神经网络

只能给出各个结果的概率，比如数字9和8上部都有一个圆圈，所以其重叠部分比较多，而可能有人在手写9字形时习惯将左下角向上折弯的力度更大一些，此时就极有可能产生误判，人脑此时也可能产生误判，尤其是近视眼，由于采样模糊，误判概率更大。

不要再问"那么每个乘加单元前端的权重是怎么确定的呢"这个问题了，如果你依然对这一点感到迷惑，那你还没有拧过劲儿来。权重不是人为指定的，而是靠程序迭代穷举出来的，理想情况下可以穷举出正确答案。当利用训练好的模型来做识别时，面对未知的手写数字，与训练时使用的形状可能有或多或少的出入，但是差别并不会非常大，最终体现为那些有差异的像素多数集中在训练时使用的形状的附近，只要不是大量的与其他数字形状像素位置重叠，对最终判定准确率的影响就是有限的，虽然此时神经元的绝对激活值会降低，但是相对概率仍然会保持较高水平。

提示 ▶▶▶

这看上去有点儿像小学经常做的一种题目：看图连线。把对应的图片和答案连接起来。只不过为了做到用同一套连线灵活变更，神经网络把所有可能连线都预先连好，同时采用权重激活的方式激活某个连线。向一个训练好的神经网络输入某个未知样本来获知该样本类别或者其他形式结果输出的过程，被称为模式识别，或者推理（Inference）。

对于其他图形，比如汉字、英文字母等，也都可以利用这种方式来识别，只不过实际的图像可能远不止64个像素，可能会有16×16、28×28等更多像素组成，而且汉字的数量庞大，那意味着有庞大的类别数量，牵扯到的运算量就更大。所以，图像识别这类机器学习在早期算力严重不足的时候是不具备工程意义的，只停留在假想和模拟阶段。

上面这个图像识别的模型好像与之前利用曲线在平面上划分区间的分类方式之间没有直接的联系，你很难建立一个直观的理解。其原因是上文中的例子要么是二维样本点的二元分类或者回归，要么是二维样本点的高次函数曲线分类或者回归。对于多维样本点的多元分类，上文中也举过一个例子，也就是利用 $x_i=${年龄，职业，性别，收入}这个四维样本点中的年龄、职业、性别这三维来对收入这个维度做分类，如果将收入划分为多个区间，那就相当于多元分类。针对多元分类，上文中给出的方法是分别对每一种类别找出一个模型，该模型只管"是不是符合某一类，而不管其他还可能有几类"。对于一个8×8=64的手写字形图片，每个样本图片相当于 $x_i=${像素1值，像素2值，……，像素64值 }，阿拉伯数字字形分为10类，那就用10个独立的分类器神经网络分别找出某个样本是不是"1"、是不是"2"等，也就形成了图12-33中所示的网络了。人们将这种分类神经网络称为感知器（Perceptron）或者分类器（Classifier）。

如果单独看上述10个分类器中的每一个，则各有各自的分类曲线，可以看出，每个分类器的分类曲线实际上全都是直线（在每一个维度上是直线），但是每个分类器对应的直线的斜率、偏置值都不一样。如果是更复杂的曲线，就会在神经元下游看到有某种激励函数去尝试引入非线性因素从而将直线变弯，不过本例中并没有。

然而，事情还没完。

12.4 深度神经网络：四两拨千斤

仔细端详一下图12-24，会发现它针对每个曲线都用了一套独立的神经网络来运算。由于每条曲线会由多个小零件（被折弯的小线段）组成，那么多条曲线之间就难免会用到同样的小零件，这就像玩乐高玩具，同一个零件可以搭建出各种上层结构。那么，能否把一些零件复制多份共享给下游需要用到的神经元呢？也就是说，把上一层做好的小零件，再次用某种激励函数做折弯处理，这样就可以折上折，而不需要从头用大量直线来叠加，也就是可以极大降低最左侧的神经元数量。

如图12-34所示为0.6×(1/(1+e^-(-90×(1/(1+e^-(-50×x+1)))+1))-1/(1+e^-(9000×(1/(1+e^-(20×x+1)))+1))+1/(1+e^-(60×(1/(1+e^-(20×x+1)))+1)))这个函数的曲线，该函数就是利用Sigmoid函数来嵌套叠加。可以看到曲线变得更婀娜多姿了。所以，将多个做好的小零件继续叠加，就可

以形成更加丰富多彩的世界。

如图12-35所示，如果将多层神经元向纵深方向进行级联，就可以形成深度神经网络（Deep Neural Network，DNN），或者说多层分类器（Multilayer Perceptron）。其目的就是让上一层制作好的零件不要白费，全部输送给下一层使用，当然，下一层用不用还不一定。其实这个思路就是图12-22中右侧给出的思路，当时已经有了这个思维火花了。深度神经网络中有多层神经元，与输入信号直接相连的称为输入层，中间的各层用于对信号进行调制以及叠加排列组合的神经元层称为隐藏层，最终形成某种结论（比如分类等）的神经元层被称为输出层。这样的话，改变上游的某个权重系数，对下游的影响可能会被放大很大的倍数，颇有四两拨千斤之功效。当然也有些位置的权重对下游曲线影响可能根本就可忽略不计。

如果将深度神经网络用于上文中介绍的手写阿拉伯数字的图像识别过程，那么场景似乎应该是如图12-36所示的样子。

然而，事实上却是类似图12-36的样子。图12-36中给出的是最优的标准答案，然而却不一定是唯一的正确答案。由于神经网络在被训练初始时的权重参数是完全随机选择的，然后依靠不断试错逐步调整，那么就完全有可能被调整成如图12-37所示的激活路径了，殊途同归。如同人类大脑，由于每个人的神经元连接方式不同，接触的环境和教育不同，其神经元之间的权重数值和激活通路的位置也都不同，但是会不会有人的神经元被规整的如图12-36那样高效率，就

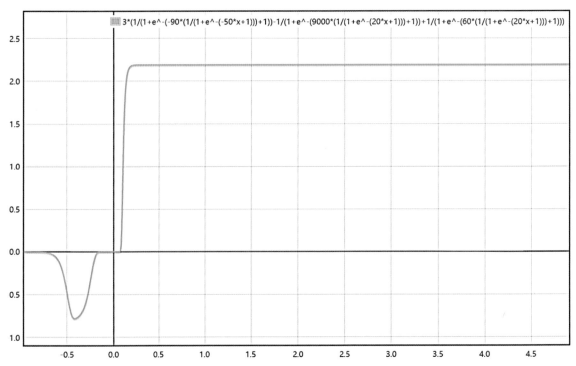

图12-34　经过Sigmoid多次调制整形之后的曲线

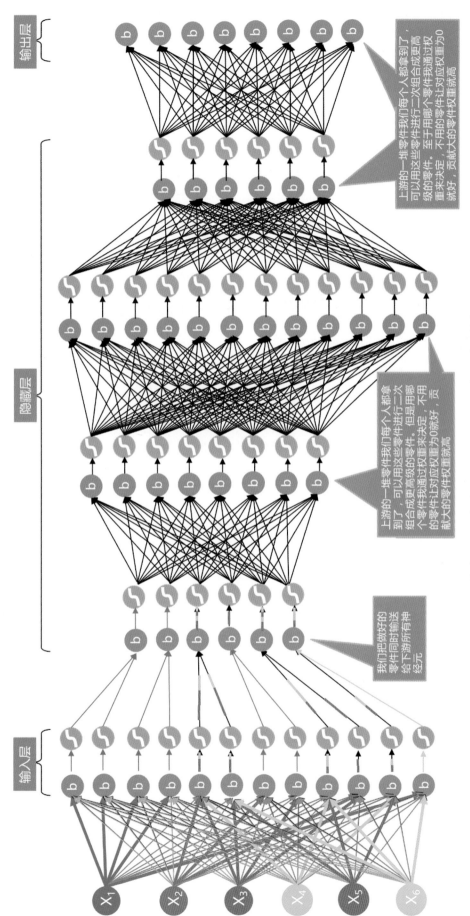

图12-35 深度神经网络（粗神经表示信号与权重的乘积较高，被激活）

不得而知了，大脑是否有某种机制将凌乱的激活通路后台重新进行规整，更不得而知。

图12-37凌乱的神经激活通路排布的另外一个原因是，随着待识别信号的复杂度提升、类别提升，类别之间的可区分度越来越小，同一个类别内部不同样本的差异性也越来越大，阿拉伯数字的写法多种多样，所以神经网络在被训练的时候就一定会顾此失彼，最终取得一个平均值，最终就会体现为结果的非线性。也就是说，如果所有手写字形都是相同的，每个像素位置都是固定的，那么最终用一条直线就可以划分该字形与其他字形，Y值落入直线上方代表匹配本字形，落入下方则表示不是本字形，而由于多种不同写法最终导致顾此失彼，有时候落入标准答案直线下方也属于本字形，最终导致分类曲线并非直线，可能是错综复杂的曲线，那么就需要多层神经元对直线的多次扭曲处理，或者说多层神经元对输入值的各种程度的调制，最终导致比较乱的神经激活通路。

如图12-38所示为某28×28=784像素手写阿拉伯字形识别网络训练后第二层神经元（共16个，每个神经元有784个输入权重）前端的权重分配示意图。如

图12-38中间所示为16个神经元的权重图，每个权重图中包含784个权重，将其按照28×28二维排列，蓝色表示权重较高，越蓝越高；红色表示权重较低，越红越低。可以想象的是，如果该神经网络经过训练后碰巧得到了标准答案，那么其权重分配图中的蓝色点一定也会组成对应字形的图案，但是根据图中结果来看，实际中的权重位置都是随机的。不过对于如图12-33所示的单层神经网络，其对应的权重如图则一定是可以看出其中含有对应字形形状的，如图12-38最右侧所示。

如图12-39所示为某单层感知器被训练感知一些更复杂图片中物体后产生的权重图，从其中可以模糊地分辨出不同物体的大约轮廓，由于大量不同样本的图片叠加在一起之后，已经非常难以分辨，但是仍有一些规律，比如飞机、轮船等对应的权重图内含有大量蓝色像素，这表明用于训练样本图片中也含有大量蓝色像素，如图12-39右侧所示。同理，鸟类权重图中则含有大量绿色像素。

对于多层神经网络，依然可以从第二层神经元的权重图中看出一些端倪。如图12-40所示为某个第二

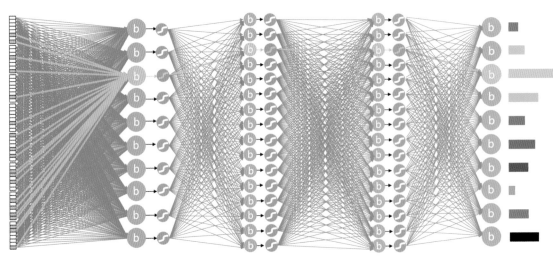

图12-36　想象中的图像识别神经网络（粗神经表示信号与权重的乘积较高，被激活）

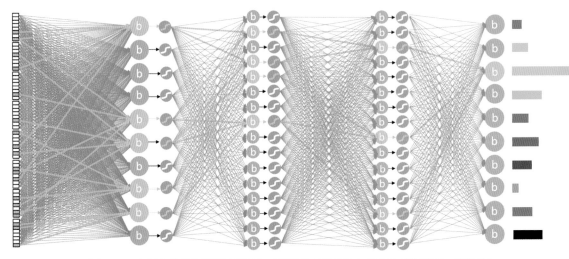

图12-37　实际中的图像识别神经网络（粗神经表示信号与权重的乘积较高，被激活）

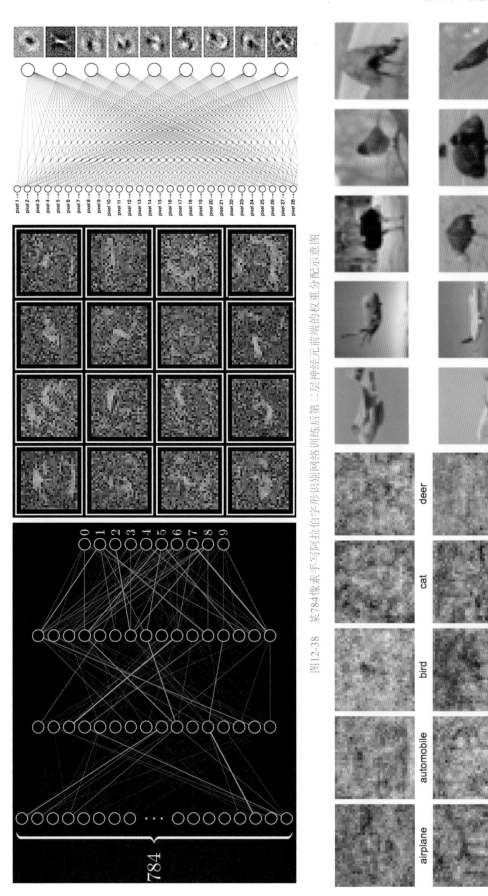

图12-38 某784像素手写写阿拉伯字形识别网络训练后第二层神经元前端的权重分配示意图

图12-39 某单层感知器被训练感知一些复杂图片中物体后产生的权重图

层有10个神经元的多层神经网络训练出来的第二层权重图，其与图12-38中的权重图有些许不同，因为后者在第二层放置了16个神经元。可以看到，当输入不同的字形时，每个神经元的激活程度不同，比如字形"0"中间是空的四周有一圈像素围绕，那么中空形的权重图对应的神经元激活值就比较高，中间亮的权重图对应的神经元激活值甚至为负值。其他字形也是类似情况，经过深层神经元的一系列排列组合连线之后，到达最终的输出层便会分辨出不同字形所述的类别。

如果有两个图片中的形状属于同一类物品，但是由于形状不太相同，比如哈士奇和藏獒都属于犬，但是后者明显像狮子，但是，只要你在训练的时候愣是告诉神经网络，这就是犬类！这不是犬类啊，不像啊！我说是就是！好好，改参数，最后一层权重指向犬类神经元节点！神经网络就是在大量的上面这种扯来扯去的流程中被迫调节权重的。如图12-41所示，"2"这个字形有多种不同写法，在训练的时候强行让神经网络认为这些写法都属于"2"，就会在正确的路径上打通神经元的激活通路，茅塞顿开。

在训练神经网络时，使用的方法和前文中介绍

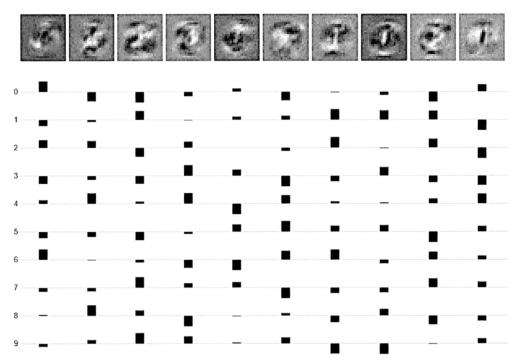

图12-40　不同权重图响应不同类别字形时的激活值状态

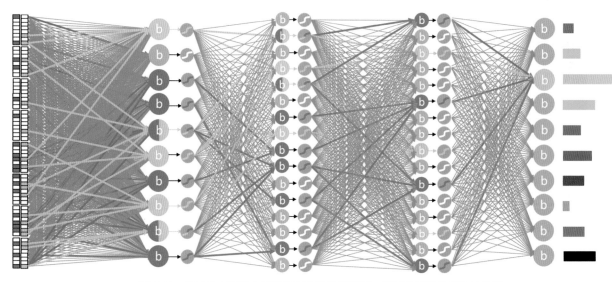

图12-41　像素分布有较大区别的两个图形属于同一类时的神经元通路示意图

提示 ▶▶

此时读者可能会有些迷惑，如果属于同一类的只是写法不同的字形叠加在一起的话，会形成比较粗胖的图形，原有轮廓变得模糊，就像图12-32最右侧那个2，这还是只叠加了两个2。使用大量不同写法的同类字形训练神经网络之后，如果某个未知字形的轮廓能够嵌入到训练时使用的叠加字形中，那么就可以判断该未知字形属于该类别。但是很显然，其神经元激活值的绝对值一定是下降的，因为该未知字形只命中了叠加字形中的一部分，这样难道不会影响识别准确率么？不会，因为如果有某个其他类别的图形部分或者全部地命中在这个叠加图形区域内部的话，那它很大概率不会占据该叠加区域图形高比例的面积，因为毕竟不是同一类别字形，那么该叠加区域对应的神经元的总激活值也就不会很高。但是不排除有些不同类字形的一部分会复用，比如字形"6"和"8"的大部分曲线比较相似，"8"在右上角位置相比"6"多了一条曲线。此时如果输入的字形为"8"，那么就会导致"6"对应的神经元激活度达到最大值，但是此时并不一定会被识别为"6"，因为"8"对应的神经元通路上的激活值很大概率上会比"6"的更高，所以其高概率会被判断为"8"。当然这只是一个例子，不排除有某些字形复用程度较高，最后导致多个类别的神经元激活值非常接近，比如如图12-42所示。此时表明这些字形太过相像，本身已经不好辨识，需要另辟蹊径，采用能够抓取局部特征的卷积神经网络（见下文）来识别。

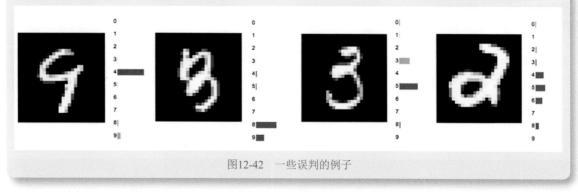

图12-42 一些误判的例子

过的梯度下降法相同。如图12-43所示，开始采用的随机参数一定会导致比较高的误差，比如图中左侧所示，当输入信号为"2"字形时，本应该数字2对应的神经元拥有较高的激活值，其他神经元激活值很低，实际结果则是完全随机的，于是，就需要判断出具体调节哪些权重参数，调高还是调低，以及调整力度。下面分别思考这三个问题。

调整哪些权重参数？当然是调整那些应该被激活而没被激活的神经元前端的权重参数，比如图中的字形2对应的神经元；以及调节那些不该被激活但是却被误激活的神经元前端的参数，比如图中7和9字形对应的神经元。而对于那些不该激活但是被激活，同时激活度非常小可以忽略的神经元，我们或许根本就不要去调节它对应的参数了。

调高还是调低？对于图中7和9字形对应的神经元前端的权重参数，需要将它们调低；而对于2字形对应的神经元，激活度不够，所以需要将该神经元前端的权重参数往高了调，从而让输入信号值与权重相乘后的值更大。值得一提的是，由于神经元的输入信号有可能是小于0的负值，如果同时该输入信号对应的权重恰好是正值，那么若想让该神经元变得激活度更高，那么就需要让权重值变得更小才可以，此时乘积才会更大。所以为了让某个神经元激活值增加或者

降低，其前端所有输入信号对应的权重值不一定需要调高或者调低，都有可能。这个过程如图12-44左侧所示。

调整力度？在介绍梯度下降方法时曾经提到过，如果当前的损失函数曲线比较陡峭，那么就应该调整力度大一些让误差迅速大幅度下降。至于如何确定每个参数的调整力度，首先需要求出误差值对每个参数导数，也就是求得调整每个参数各自对误差下降幅度的影响度。这就像调节机械钟表一样，旋钮转一圈，分针也转一圈，但是时针才转一格（一小时），此时就说时针（误差变化）对该旋钮（参数）的受影响率是1:24（导数）；而调节另一个旋钮一圈可能直接会将时针旋转24小时，那么时针对该旋钮的导数则是24:24=1:1=1，当然是后面这个旋钮的影响度比较高。那么每个参数的调整力度自然就是：学习率×误差曲线对该参数的导数。

不仅最后一层神经元前端的权重需要调节，神经网络中所有层的权重参数都需要按照同样方法调节，形成联动，如果只调节一层，相当于头痛医头脚痛医脚，按下葫芦浮起了瓢。

当然，在测试某个训练后的模型时，需要采用大量测试样本进行测试，对于每个测试样本的测试结果，都需要计算出每个参数的调整力度，然后将所有

测试样本求出的每个调整力度相加求平均，得出本次迭代过程的最终调整力度值，然后进行下一轮迭代。这个过程如图12-44右侧所示。

上述整个调节过程被称为反向传播（Back Propagation，BP）。而所谓深度学习，就是利用深度神经网络进行机器学习的过程。深度神经网络又有一些不同的小类别，比如循环神经网络（Recurrent Neural NetWork，RNN）以及卷积神经网络（Convolutional Neural NetWork，CNN）等。

12.5 对象检测：先抠图后识别

在上文中给出的识别手写阿拉伯数字的例子中，对应的待识别字形符号被摆放在方形的图片的中央位置。然而如果利用神经网络只能识别这种被加工好的图像的话，那是不是局限性很大？没错，神经网络只能识别这种被加工好的图形，因为它被训练的时候采用的素材全部都是这种方方正正居中的图形。那么能否给一个神经网络直接输入大量的日常生活中的照片，照片中包含各种不同物体，然后训练神经网络，最后可以让神经网络自动识别出未知照片中的物体？

要实现这个效果，我们不妨先看看人脑是怎么

处理的。人脑可能天生就具备一种自动抠图功能，比如一张图片中有多个物体，人脑似乎有某种机制能够区分每个物体，然后再去学习该物体的特征，经过不断的视觉输入和训练，最终学习了大量物体的属性分类。比如一只鸟落在树枝上，人脑似乎一开始就能够分辨出鸟身后的树林和鸟并不是一体的，而是完全不同的两种物体。

那么，我们训练一个用于图像识别的神经网络，也必须先用抠好的图来训练，让它能对这些图片进行分类识别。如果需要让机器来识别一张内含多个不同种类物体的图片时，先用某种方式把图片中的疑似物体抠出来，然后把这些抠出来的物体图片做预处理，比如某个神经网络训练的时候使用的是32×32的图片，那么就需要将抠出来的图片转换到32像素×32像素，如果你已经深入阅读过第8章，你应该了解具体对图片进行扩大或者缩小的基本原理了。当然预处理还有更多步骤，就不多介绍了。预处理完的图片会被载入神经网络进行分类识别，于是就可以在图片中标注出该物体的种类了，如图12-45所示。

如果处理速度足够快的，那就可以直接对视频中的内容做识别，只要以一定的频率从视频中截图然后处理，判断出某个物体类别后，将类别标签注入到视频里对应的物体上，这样直接就可以让标签跟随视频

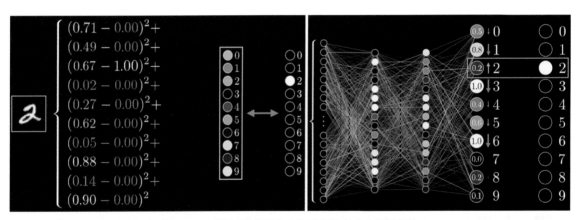

图12-43　以降低误差平方和为目的的调高或者调低参数

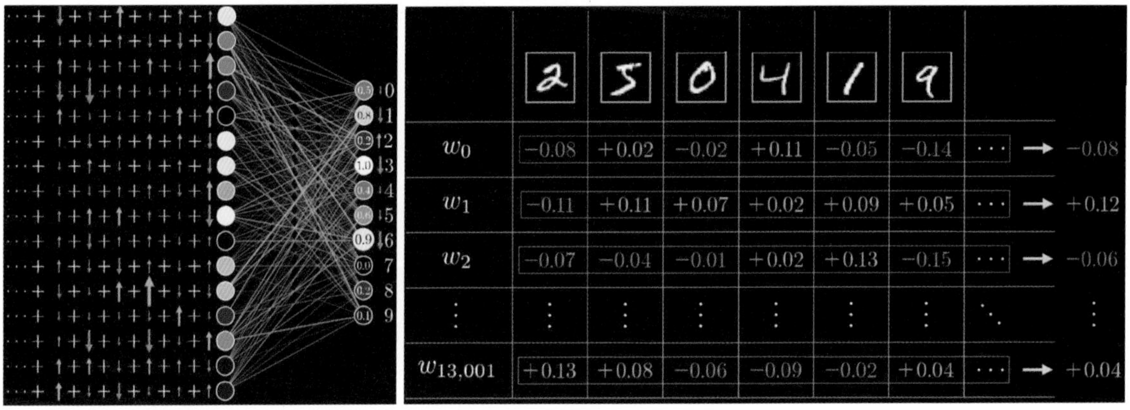

图12-44　反向传播过程示意图

图12-45 利用深度神经网络识别含有多个物体的图片中的物体

中的物体的移动而移动，获得更好的感观体验。

那么问题来了，怎么抠图？或者说怎么判断哪个区域属于某个物体？有一个最笨的办法是，假设某个神经网络接受32像素×32像素图片的输入，那么就以32像素×32像素作为一个窗口，从待识别图片的第一个像素开始顺序地扫描，步长1个像素，这样就相当于把该图片切分成大量32×32的小切片，然后将这些切片分别输入到神经网络中进行识别分类即可，如图12-46所示。

用这种逐行扫描的方法不仅很笨，运算量很大，而且也很不准。如图12-47中间及右侧所示的场景，一旦待识别图片中的物体的尺寸超过了32×32或者远小于32×32，或者对应的物体旋转或者扭曲了一定的角度，而这些不同大小、角度的图形当初并没有被用于训练该神经网络，那么该神经网络就无法识别出这些图形。

要想识别扭曲缩放旋转的图形，那么当初在训练该神经网络时，就需要用大量的经过缩放扭曲旋转的图形来训练神经网络，而图片大小和角度是无限的，不可能所有组合全都覆盖。比如图12-48所示的手写识别神经网络显然是没有用移位、扭曲、旋转的图形来训练，所以只要没有把图形放到采样窗口正中央，就会识别错误。

如果能够设计某些能够智能抠图的方法，将物体截图出来，然后对抠出的部分做对应的缩放，让它的分辨率与神经网络的可接受分辨率匹配起来，然后进行识别，这样更加合理。实际上也的确有不少能够智

能检测图片中物体的技术，这些技术都属于对象检测（Object Detection）技术。由于作者能力所限就无法深入介绍了。

12.6 卷积神经网络：图像识别利器

同一类物品的图片，有时候直接看的话，会有很大区别，所以将它们直接输入到DNN里训练，识别率会比较低，需要提升泛化识别能力。那就意味着需要针对看上去略有不同的同一类物品的图片，提取出共性特征，提高泛化抽象能力。

一张32×32分辨率的图片，按照目前主流显示器的像素面积，也就占用指甲盖大小的面积，一共1024个像素。但是，如果某个神经网络需要识别的类别很多时，就需要庞大的神经元数量，只有这样才能有足够的区分度，也就是让不同类别被输入时，不同的神经元组合被激活。假设某个能够识别32×32分辨率图形的神经网络的输入层神经元有32×32=1024个，由于每个像素信号与每个神经元都有连接，那么单这一层对应的权重参数就有1024×1024=1 048 576个，更不用说可能多达几十甚至上百层的隐藏层中的参数了，参数过多会导致过拟合。所以，对于图像识别、语音识别（将语音采样量化后的一堆样点在整体上与像素点的识别方法类似）这种输入信号维度很高的场景，就需要用某种方法来降低输入信号的维度，同时还能最大程度地保留输入信号的特征。

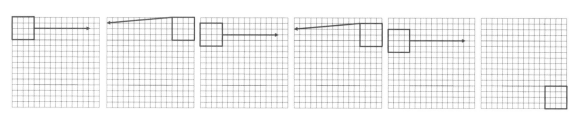

图12-46 利用小窗口来搜索整个图片中是否有可识别的对象

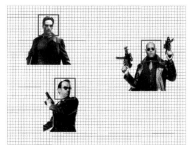

图12-47　不同比例缩放以及扭曲旋转的图形

图12-48　没有经过扭曲、移位、旋转、缩放训练的神经网络的识别结果

另外，由于现实照片中的物体，即便是同一类，其具体差异也非常大，对于不同角度扭曲旋转的物体，需要采用大量样本来训练。针对同样角度的同类别物体，其差异并不是太大，此时如果能够用某种方法提取这些图片中更加共性的特征的话，就更有利于识别更广范围的未知同类别物体，提升识别的泛化能力。

思考一下现实中，高度近视的朋友有福了，因为你可以体验不戴眼镜也一样能分辨出物体大致是个什么的感觉。是的，如果图形的分辨率降低，也就是物体聚焦在视网膜上一片模糊，只有个大致轮廓，你很高概率也是可以判断出物体类别的。那就好办了，是不是只要降低图形的分辨率就可以了。在一定程度上，降低分辨率不会影响识别的准确度，比如对于汉字"一"和阿拉伯数字"1"，只要分辨率不要降低到1×1，最终怎么也分得清，比如就算降低到2×2分辨率，会是如图12-49左侧所示的场景。

但是图12-49右侧所示的场景就没有这么幸运了，如果细读过第8章，应该很清楚降低图形分辨率是怎么操作的，最简单的办法就是插值求平均，

比如图中的16×16图形，将4个相邻的像素值之和求平均，得出1个像素，这样分辨率直接降低4倍，成为4×4图片，这个过程叫作Down Sampling或者Subsampling。可以看到，不管是字形"0"还是"1"，最后都似乎变成了"1"，把这个降质的图片输送到神经网络，就会把"0"也误判成1，或者把"1"误判成"0"。同理，高度近视的朋友可以摘下眼镜，然后将这个图拉远，或许最终你会看到这两个图形都是一根竖线。

这说明一个问题，降低分辨率会让图形的关键信息损失掉，感性地想一下，0和1，一个空心一个实心，而Down Sampling会导致之前空心的地方也成了实心，这个用于区分0和1的关键特征就被抹掉了。当然，0和1的例子只是最简单的尚可用人脑理解的，一些复杂图形的细小特征，很难用语言描述，丢失了这些信息就会极大影响辨识准确率。

如何既降低分辨率又能区分出不同的输入信息？其实这个问题对于那些计算机科学家来讲真是太简单了，两个字：变换。变换的学问挺大，比如第1章中

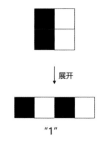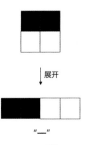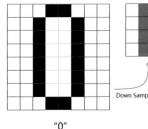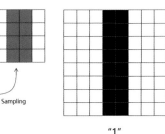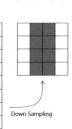

图12-49　通过降低分辨率的方式会损失关键的特征信息

介绍的傅里叶变换，将一种信息变换成另一种信息，或许可以找到解决问题的办法。这种变换的一个实际中的例子就是对密码的管理，比如设置或者修改操作系统登录密码时，OS会对你输入的明文密码做Hash计算，然后将计算出的Hash值存放在硬盘上，当再次输入密码尝试登录时，系统会将输入的密码做Hash运算并与硬盘上保存的Hash值比对，相同则认证通过。由于黑客无法通过Hash值反算出其对应的明文，所以即便黑客获取到了Hash值也无法知道明文密码是什么。所以，Hash值就是一种对原文数据特征的描述，是一种抽样变换，而且是不可逆的。

Hash值的长度可以远小于明文数据的长度。既然如此，能否使用Hash运算来处理一下原始图片，将所有用于训练的原始图片全部转换成Hash值，然后让神经网络针对这些Hash值做模式识别然后将这些模式记忆在所有神经元的参数里？这样，对于未知图片的识别，就可以先将其进行Hash运算然后将Hash值输入到神经网络进行识别。

这样做是不行的，因为Hash有个毛病，只要原文的内容稍微变化一点点儿，哪怕只有1位，算出来的Hash值就会千差万别，也正是因为Hash的这种完全无规律的性质才会被用于密码验证，否则黑客就很容易根据规律猜出密码原文了。显然，待识别的图片与训练时所用的图片一定是有差别的，所以其Hash值会完全不同，最终无法识别。

为此，需要寻找一种能够更加模糊化的、泛化的特征提取手段，也就是说，原文中的信息稍有变化，不会导致特征信息太大的变化的特征提取手段，抑或者多方位多角度地去提取特征，就算未知待识别信息与记忆中的模式在某个角度上差别较大，但是总体差别不大，也可以识别。想到这里读者可以冥思一下，如果换了你，怎么来提取图片中的特征信息？

如图12-50所示是一种目前常用的图片特征提取方式。如图左上角所示是一个8×8分辨率的"0"这

个字形的图片，从这张8×8的图片中，截取出6×6的多个小图片，从左上角第1个像素开始截取6×6的图片，然后右移1个像素继续截图，这就相当于用一个6×6像素的小窗口在8×8的图片上滑动，当触碰到右边缘时就下移一行继续从左向右滑动截图，这样一共可以截取出9张局部图片。潜意识里你会感觉到，这些不同位置的局部图片其实就是这一整张图片的"特征"，当然还要把它继续抽象一下，否则需要记忆的模式太具体，就不高效了。于是在图中间所示，将截取的每个6×6小图片与一个设计好的6×6的"滤镜"图片进行像素对像素的两两相乘操作。这个滤镜图片里的像素值一般没有什么感观上的意义，当然图中的滤镜还是可以看出来是两条倾斜的直线。

我们采用的图片比较特殊，假设被字形占据的像素值为1.0，而没被占据的像素值为0.0，滤镜图片也是一样。那么将滤镜图片与每个局部截图相乘之后，就会得出图中最底部所示的6像素×6像素阵列，相乘之后的阵列显然抽象程度更高了。同时，除非你知道这个滤镜中的像素值，否则根本无法从结果反推出原来的信息。如果将相乘之后的图片再次抽象，也就是将其中所有像素的值相加，将相加之后的结果值作为一个像素点的值，那么图12-45底部的9张图片最终会被处理成如图左下角所示的3像素×3像素阵列，如果将其展开，就是一个有9个元素的向量。也就是说，利用这种方法，我们将一幅8×8的图片抽象成了一个3×3的9维向量。

再下一步要做什么？那当然是把大量的手写字形图片利用相同的处理方法处理成3×3的图片，然后输入到深度神经网络中进行训练。"这哪里是0？这什么都不是！""这就是0，我说是就是！""好吧，改参数！"，就这样，深度神经网络真的神经兮兮地把这些抽象的，用人脑根本看不出来是什么的图片，强行记忆成某个分类。如果训练某个不识字的人来记忆这些抽象向量，他或许也可能记忆不少类别。

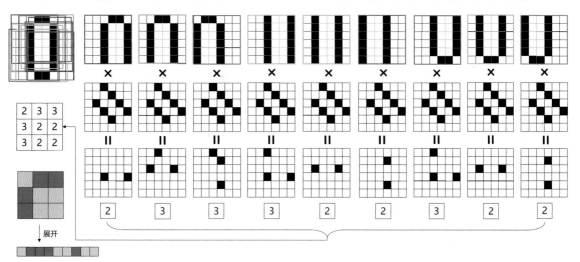

图12-50 用滤镜与包含"0"字形的原图局部截图相乘

那么用这个方法处理一下字形"1"会是什么结果？如图12-51所示，可以看得出来其图形像字形"1"。实际上，如果把滤镜本身的尺寸变小，处理完后的图片还是会显现出原始图片的模糊的轮廓的，只不过上面两个例子比较极端。对比一下"0"和"1"处理完后的3×3图片，显然，两者很不同，再回头看看图12-49，如果仅采用Down Sampling的方式，即便是4×4的图片，已经变得无法分辨。这就证明了一点，利用图12-50和图12-47中所示的特征抓取抽象方式，可以保留更多的图形特征和区分度。

下面把滤镜的大小改为3×3对字形"0"进行处理然后感受一下结果。如图12-52所示，同时将滤镜中的值改成往右上方倾斜，得出的结果，只可意会不可言传。

如图12-53所示为使用另一种3×3滤镜来处理相同图片所得出的结果示意图。

你可能会隐约地感觉出，不管用什么样的滤镜来把原始图像做各种扭曲离散处理，处理完的图像仍然会保留大致的轮廓，如图12-54所示。实际的图片的像素几乎不可能是非0即1，除非是连灰度都没有

的纯黑白图片。如图12-54下方所示，可以看得出这两个滤镜分别在尝试检测图像中的垂直边缘和水平边缘。

如图12-55所示，同样是一个手写字形"0"，但是这个字形比较胖，用同样的滤镜来处理之后，会发现结果与图12-50所示比较瘦的"0"有很大的差异，这样是无法用来识别的。解决的办法也比较简单，那就是用多种不同的滤镜去"端详"原始图片。

这就像如果要考验一个人，不能只把他放到单一的某种环境下来观察他的反应和能力，而是要把他放到不同环境下相互作用，看看他的各种反应如何，才能多角度地描述这个人的特性；要研究某个化合物，就让它与多种其他化合物相互作用，通过结果来判断它可能是某一类化合物。同理，对于图片，也需要与多种不同的滤镜相互作用（相乘或者其他运算）来审视该图片，从而抓取不同风格的特征。如果可以用多种滤镜处理图片，然后将处理完的特征图连接起来，比如图12-56所示就是采用6个不同滤镜抓取特征，然后将特征图输送到神经网络用来训练和识别。

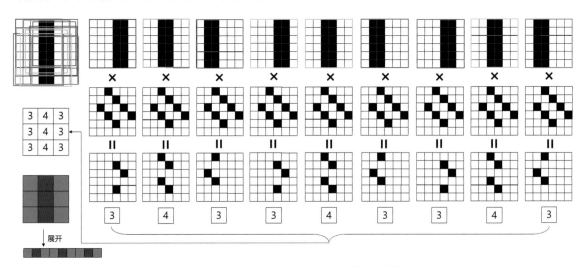

图12-51 用滤镜与包含"1"字形的原图局部截图相乘

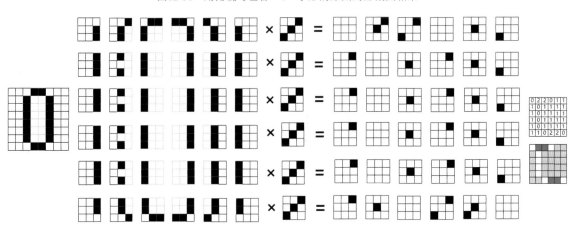

图12-52 使用3×3滤镜处理图片（1）

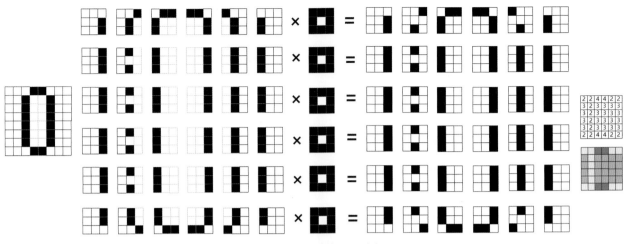

图12-53 使用3×3滤镜处理图片（2）

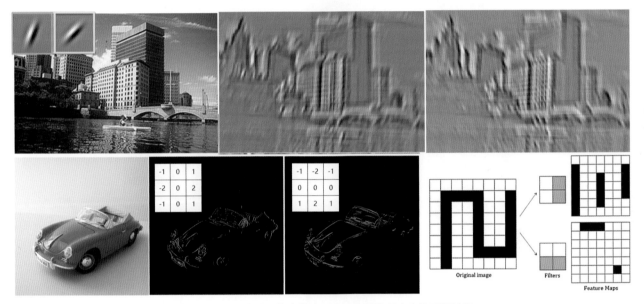

图12-54 用两种不同的滤镜处理同一张图片所产生的不同结果

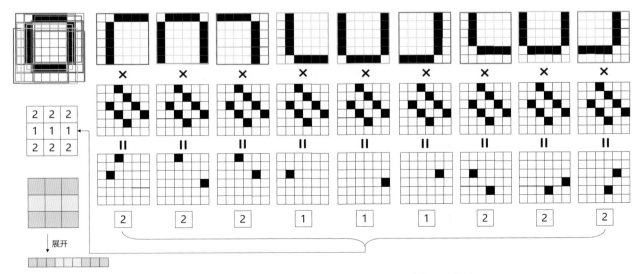

图12-55 不同形状的字形可能会得到差异较大的滤镜处理结果

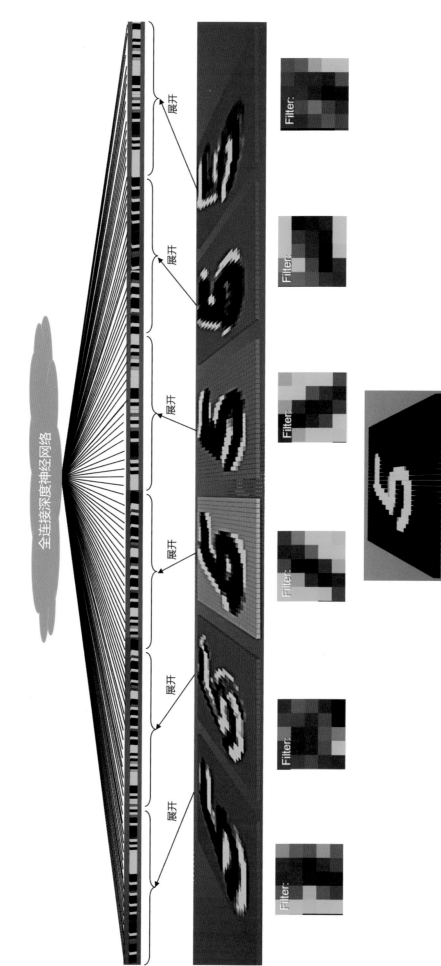

图12-56　用多个滤镜处理图片然后输入神经网络进行训练和识别

图12-56中所示的滤镜好像完全看不出什么规律，那么请问，这些滤镜里的像素值应该怎么确定？难道是由人脑来根据每一幅图片的特征设计出来？不可能，不现实。海量的图片和图形，人脑就算再厉害，也不可能每张图片都设计一个滤镜。答案你可能已经知道了，靠机器学习出来！也就是说，滤镜中的像素值一开始完全是随机的，通过不断穷举迭代，最终训练出合适的滤镜。好吧，看来机器学习还真的蛮神奇。

是时候把那些晦涩的概念说出来了。人们把上述用于处理图片的滤镜称为核（Kernel），把核与原始图片之间的相互作用关系算法称为核函数（Kernel Function，或简称Kernel），或者窗函数，因为滤镜就像一扇小窗户一样去审视原始图片，滤镜有时候也被人称为滤波器。由于上文中我们用每个滤镜与原始图片滑动相乘然后结果再相加，这种操作在数学上被称为卷积（Convolution），所以上文中的滤镜对应的核函数其实就是卷积函数，于是将这种对原始图片执行卷积操作的核俗称为卷积核，也就是拿着这个核来对原始数据做卷积的意思。可以看到，核其实就是一个多维向量，一堆数值，至于拿着这个核去做什么操作，是核函数来控制的，相当于核中的数值本质上是核函数的参数。卷积核对局部做完卷积运算后需要向后滑动的像素数，被称为步长（Stride），图12-52和图12-49中场景的步长为1。

举一反三，你一定会问，有做卷积的核函数，那一定有做其他操作的核函数？当然，比如做傅里叶级数展开，泰勒展开，拉普拉斯变换，小波变换等操作，可以俗称用于这些核函数的核为傅里叶核、泰勒核、拉普拉斯核、小波核。只不过卷积操作目前被大量应用于图像语音识别方面了。写到这冬瓜哥竟然对"核"这个字的发音和字形陌生了起来，难道产生了神经元响应过度疲劳？

说到这冬瓜哥不禁一阵羞涩，因为上面这几个数学概念冬瓜哥连皮毛都还没参透。你应该可以体会到，我们不应该局限在图像、语音这些易于理解的层面，对于任何数据的处理，都可以用对应的某种核函数来作用到该信号上，提取它的特征。图像、语音在底层也不过是一堆数值阵列而已，体会到这一层的话，那证明你的神经元此时已经学会了高度抽象，如果再高一些，那就是道生一，三生万物，最后道可道非常道了。说的有点醉了，还有个概念，人们把用核函数处理过的窗口图片称为特征图（Feature Map）。

很显然，根据图12-56所示，最后输入到神经网络的特征图的总体像素数量比原始图反而更多了，这样就会增加运算量，为此，人们就在想，是否可以对特征本身进行降质采样，也就是直接降低其分辨率，而且同时不丢失太多关键信息？你可能马上会想

到"这不是白忙活了么？"一开始就是因为直接降质采样会导致图片中的关键信息丢失，所以才使用一堆滤镜将特征抓取下来的方式，而现在为何又要走老路了？其实，这条路看上去是老路，实际上却是一条康庄大道，因为对特征进行降质操作并不会丢失太多关键的原始信息，因为此时特征已经被抓取了下来，对特征本身进行降质处理，特征依然会大部分保留。如图12-57所示，如果直接对原始图片降质，则可能会导致最终无法分辨，高度近视的朋友可以摘下眼镜观察图中央的图片，眼神好的读者也可以隔远了观看。但是如果对这两幅图的特征图进行降质处理，你会发现最终依然可以分辨出两个特征图的异同。

如图12-58所示为对图12-56中的特征图进行降质处理后的低分辨率特征图。在图片识别神经网络场景下，可采用多种降质手段，比如每4个像素求平均值生成1个像素，或者每4个像素只保留值最大的那个像素而丢弃其他3个像素等。人们将降质操作称为池化（Pooling）。通常人们习惯采用上述后者这种只保留最大值的降质方式，该方式又被称为最大值池化（Max Pooling）。

既然特征图被降质都没什么问题，那为什么不能把特征图本身当作输入信号，对其用某种核函数再做一次抽象呢，也就是抓取特征的特征？不妨试一下，如图12-59所示，将图12-57右侧的两个特征图再次用一个4×4的卷积核做卷积操作，最终生成1个像素，发现该像素依然可以区分。图12-59右侧所示为对手写字形"2"图片接连做三次卷积操作的结果。这里需要注意一点，右侧过程看上去像降质处理，实则不是。

如图12-60所示，对输入数据进行两轮卷积和降质操作，第一轮采用6个卷积核做卷积生成6张特征图，然后做一轮降质操作，再用16个卷积核对这6张特征图再次做卷积。可以仔细观察该图，会发现在做第二次卷积时，并非把每个卷积核与6张图单独作用一次，而是先将6张特征图中的4张叠加起来，然后与卷积核作用，相当于这个算式：（特征图#a+特征图#b+特征图#c+特征图#d）×某个卷积核，至于a/b/c/d的值可以按照某种规则而定。这样，最终会生成16个二层特征图，然后再把这16个特征图做降质处理，最终将结果值输送到全连接深度神经网络中进行训练和识别。

照这么说的话，卷积（Convolution）、降质（Pooling）这两个步骤可以循环多次，进行多次抽象，从而降低最终输入到神经网络中的信号数量，防止参数过多导致过拟合的同时，还可以在相当程度上保留原始信息的特征，的确是这样的。在实际的一些案例中，可能会使用多达几十层甚至上百层的抽象过程。同时，为了进一步降低输入信息的数量，对于卷积生成的特征图中的像素值，如果为负值（小于0），则直接把它当作0看待，就相当于把这些负值数据给剔除掉了，因为向神经网络中输入0的话，不会导致该路神经激活，所以相当于不存在该信号。

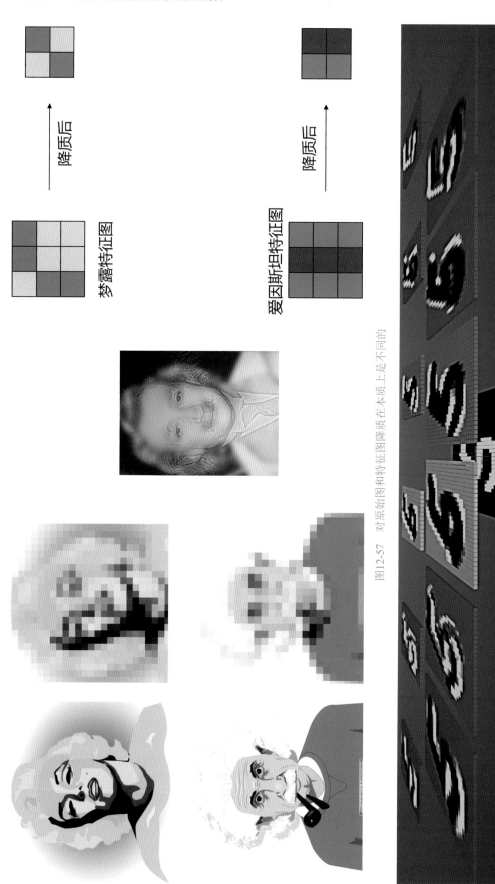

图12-57 对质始图和特征图图降质在本质上是不同的

图12-58 将特征图图进行降质采样

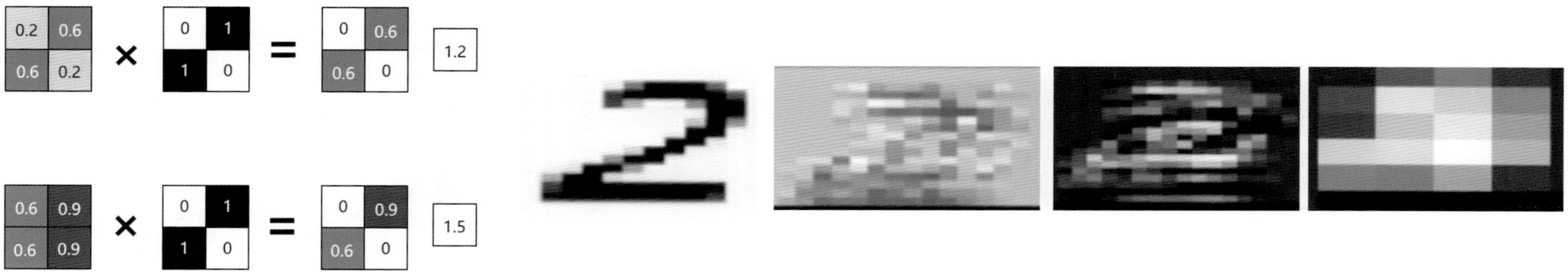

图12-59 对特征图再次抓取特征

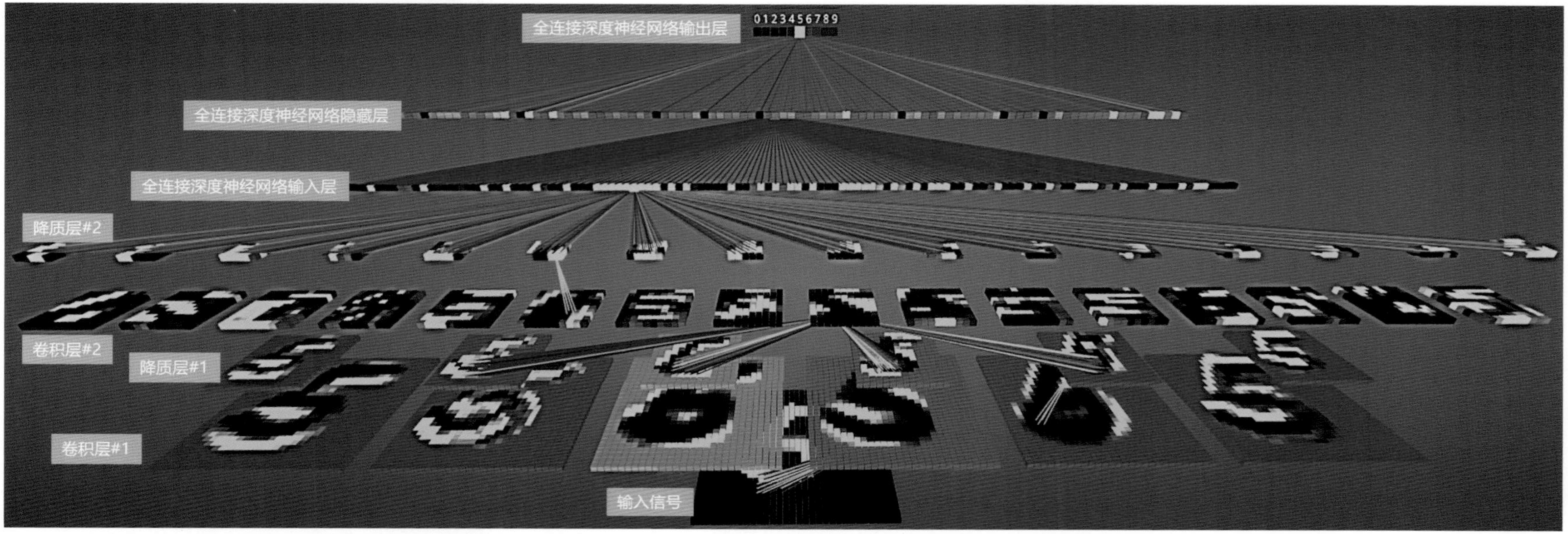

图12-60 二层卷积和降质

特征图中为何会产生负值？很简单，因为卷积核中可能会有负值。为什么卷积核中会有负值呢？如果从上帝视角来理解这个问题的话，负值与原始信息相乘后也会得到负值，0已经表示没有信号了，而负值则表示对应的像素与那些正值信号的反差更大，所以，这类卷积核可以用于强行对窗口内的图形进行边缘剥离，如果窗口内恰好对应角度的边缘分界线，那么特征图内就可以明显看到分界线，而如果窗口内没有对应角度的分界线，那么对应像素就会被卷积函数所离散，特征图中对应位置也就看不出明确的边缘。图12-54下方所示的案例中就可以发现卷积核中存在负值。而如果从机器视角来理解的话，机器哪儿会知道什么边缘不边缘这回事，机器是在被训练的过程中自然而然地被迫地将参数调整成负值的，为什么调整成负值而不是0或者正值？因为调整成0和正值，答案不对啊，那只好继续调低了。就这样。参数那么多，按下葫芦起了瓢，如果机器通过调整其他参数到非负值而达到了同样效果怎么办？如前文所述，正确答案可能不止一个，都可以，但是不要过了头，也就是如图12-26右侧所示。

对负值进行剔除的过程，可以用一个函数表示，如图12-61所示。当该函数的输入为负值时，输出恒为0；当输入为0或者正值时，输出=输入。这个函数的实现太简单了，几行代码就可以。该函数被称为修正线性单元（Rectified Linear Unit，ReLU）。既然如此，卷积处理过程中就要增加一步，变为：卷积、ReLU、池化。

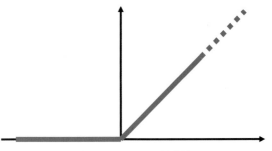

Rectified Linear Unit（ReLU）

图12-61　ReLU函数曲线

如图12-62所示为对字形"A"进行训练或者识别的一个样例流程，其采用了两次卷积，ReLU，池化处理。每一轮处理均采用两个卷积核处理出两个特征图。其中第二次处理流程中将第一步生成的两个特征图叠加之后再卷积、ReLU、池化。最终得到的两个特征图拼接起来然后与训练时固化下来的神经元去尝试匹配。

如图12-63所示为对一幅轿车图片进行识别的过程，可以看到它采用了6层卷积操作，但是每两次卷积之后池化一次，每次卷积均使用10个卷积核。在实际工程中，人们往往需要不断地调整卷积层数、池化次数及位置、卷积核数量等参数以达到符合要求的识别准确率，搞机器学习相当一部分时间都是靠经验，只有少数高手能辨别出底层本质上的规律从而药到病除。就像尝百草一样，只不过调参数不会死人。

现在仔细思考一下，对于将卷积核与原始图片相乘再相加这个过程，如果将卷积核中的值看作是权重值 W，原始图片作为输入，那么其本质上就是在计算 $X_1W_1 + X_2W_2 + X_3W_3 + X_4W_4 + \cdots$ 的过程，这不就是一个多输入神经元的输入和输出过程么？但是，与全连接网

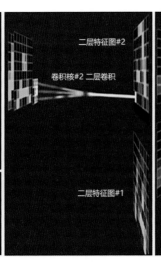

图12-62　采用ReLU函数将负值数据直接剔除

络不同的是，卷积核与原始信息采用滑动窗口的方式乘加，同一个卷积核内的值轮流与原始图片的多个部分做乘加运算，相当于用相同的一组权重来运算，而全连接网络中的每条神经的权重各自独立。

如果把卷积的过程用神经网络的方式表达出来，就是如图12-64所示的卷积神经网络（Convolutional Neural Network，CNN）。图示的网络以一个6像素×6像素的图片作为输入，识别其属于10种类别中的哪一类。可以看到其中第1/2/3/7/8/9/13/14/15、2/3/4/8/9/10/14/15/16…每9个像素与各自的权重相乘后相加（令b=0）输出，这其实就是在用一个3×3的卷积核对图片做卷积操作。输出的结果再经过ReLU函数处理并输出给池化层做降质采样，本例中采用4

个像素平均成1个像素的算法。可以采用多个卷积核同时对图片做卷积，其他卷积核的运算输出结果由于空间有限在图中以省略号表示。降质后的特征图再次用一个2×2的卷积核做卷积，然后是ReLU和池化处理，这一层池化采用滑动窗口方式，也采用4个像素平均为1个的算法，但是步长设置为1个像素。这一步输出的结果再次被降质采样，采用4个像素求平均且滑动步长为1的算法，最终将这一层的输出结果输送到一个全连接网络（或者单层网络或者深度的多层网络）中进行训练或者识别。

卷积神经网络现将原始信号做多轮卷积和降质处理（具体做多少轮没有理论值），这本质上就是在降低输入信号数量且尽量保留原始特征，如果单纯从抽

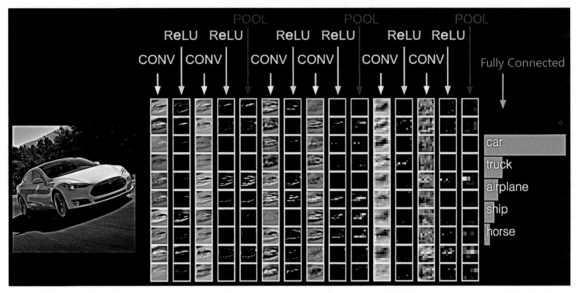

图12-63　对轿车图片进行卷积、ReLU、池化的案例一则

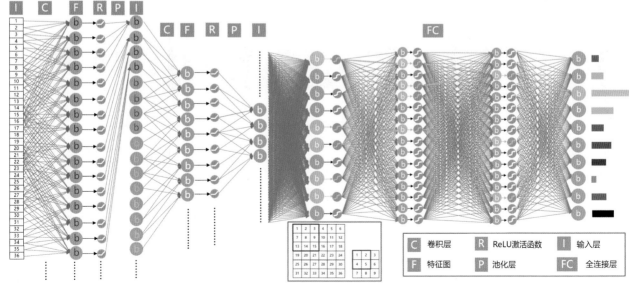

图12-64　卷积神经网络

象的角度来看，抛弃实际可感知的物理意义，卷积层的连接方式由全连接变成了部分连接共享同一组权重的方式，这就极大降低了参数的数量，让运算更加高效。至于将这一组权重形象地理解为卷积核、滤镜，这也算是人脑对这种机制的一种具体化形象化的解释，任何上层的可感知的含义，脱掉了"含义"这件外衣到了底层其实都是一些抽象晦涩的数学表达，但是缺失了含义的数学规律，也只有数学爱好者才能理解其中的美妙了。

对于彩色的BMP格式图片，每个像素24位，高、中、低8位分别表示红、绿、蓝色的色度，每个像素由这三种色度叠加后就可以显示出各种其他颜色。如果把一张彩色图片中每个像素都切开成只保留三原色中一种颜色色度的话，那么对应的三张图片被称为该图片的三个通道（Channel）。把三个通道重新叠加起来，就会形成彩色图片，如图12-65所示。对于彩色图片的卷积操作，需要分别对三个通道图分别卷积生成特征图，然后再将特征图叠加起来即可。

12.7 可视化展现：盲人真的摸出了象

好奇心似乎是人类大脑的天性之一，人类一定想对机器的学习过程和结果的本质规律进行一番探索。有人已经将神经网络训练过程可视化展现了出来，可访问http://playground.tensorflow.org网站来一探究竟。如图12-66所示为该网站提供的可视化机器学习工具，该工具利用浏览器在本地机器上进行机器学习训练并可视化展现，其提供了多种数据样本

供训练。这里选择其中最难的一个，也就是对排列成螺线的两种颜色的样点做分类。这需要神经网络拟合出复杂的螺旋线曲线，前文中介绍过，利用激励函数对直线进行扭曲，再加上对与或非三种关系的运用（见前文图12-27），理论上可以叠加出任意曲线。同时也介绍过，对于高次曲线，如果能预先就设计出高次模型，那么可能拟合过程就会简单迅速许多。

不妨先采用线性模型来看看会有什么结果，如图12-67左侧所示，输入层只输入两个线性变量，相当于$W_{1x}+W_{2y}=0$，采用两层隐藏层，分别有6个和4个神经元，经过五千多次迭代后，形成了右侧的分类曲线，拟合度一般。前文中也提到过，神经元层数太低的话，就会欠缺一些比较零件导致欠拟合，所以增加隐藏层到4层，经过三千多次训练后，拟合度有所提升。

如图12-68所示，增加隐藏层数量到6层，每层都有6个神经元，在经过一千多次迭代后，拟合度明显提升了，而且训练速度也快多了，看来哼哈二将也能唱出美妙的歌曲，不过也真是难为他俩了。他俩后天再怎么努力，看来也赶不上自带二次项、乘积项甚至Sin()项的选手，这些选手预先拥有了各类二次项高次项这些预处理过的法宝，如图12-67右侧所示，把这些零部件都选上，结果六百多次迭代就训练出拟合度较高的曲线。当然，人和机器有一点不同是，有了这些法宝的人似乎在后天时动力普遍不足，不过也不排除手持宝贝还勤快同时神经元数量又充沛的人。

如图12-69所示，即便采用同样的网络模型和训练样本，每次训练产生的结果也是随机的，因为各个权重参数在初始化时就是随机的。

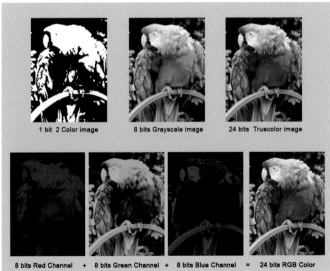

图12-65　彩色图片及其三色通道

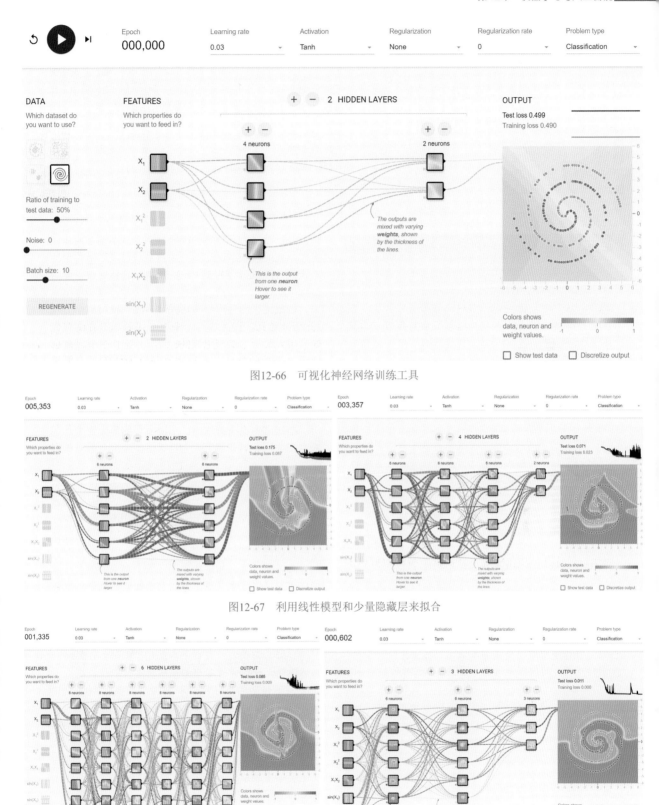

图12-66 可视化神经网络训练工具

图12-67 利用线性模型和少量隐藏层来拟合

图12-68 层数更多的线性输入模型以及采用各种高次项的输入模型

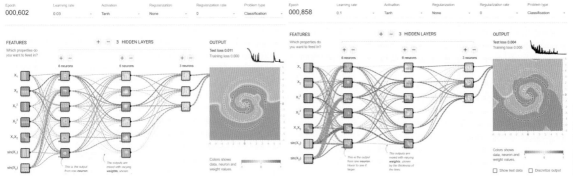

图12-69　同样的网络模型和训练样本会产生随机结果

提示 ▶

仔细观察一下上面这几张图可以发现，第一层神经元会将输入项叠加成一些简单的曲线、区域。越往深层次走，叠加出来的曲线越复杂，而且越接近真相，直到最后一层，已经基本接近真相，就差临门一脚，与最后一层权重相乘做最后处理，叠加出最终结果。当然，图中采用了一些可视化手段，将每个神经元叠加成的曲线展示了出来。在视频中也可以看到，将鼠标放置到某个神经元上，会发现在训练过程中该神经元会对自身叠加出的曲线进行调整（通过调整输入信号的权重），多个神经元叠加之后，就导致最终结果曲线在高维度不断调整。这相当于每个神经元只负责摸索和打磨自己生成的小零件，所有神经元共同完成盲人摸象的任务。如果从另一个角度思考，当该网络训练完成后，对于某个输入值（X1，Y1），其信号输入到该网络后，会被每个神经元依次与权重相乘，然后相加，这个过程重复多次之后，计算出一个结果，该结果有两个可能的值（比如大于0或者小于0，或者接近1和接近0），通过判断其属于哪个值来判断该点落入了蓝色区域还是橙色区域。也就是说，如果该样本点属于蓝色区域，那么其经过神经网络的计算之后的值，就会接近代表蓝色这个类别的值。不由得想起了物理学中的一个未解之谜，把电子一个一个地射向双缝，为何也会出现干涉图案？

扫描图12-69中的二维码可观看冬瓜哥把玩该神经网络的视频。在这个过程中，冬瓜哥真是感慨万千，听着电脑风扇狂转的风声，感受到CPU正以全速进行运算，看着曲线不断变化、神经不断地往复调整权重而变得频繁抖动，有时马上就要接近答案，却功亏一篑；有时候只要加上一个神经元，就可以解出答案，就是缺了关键的一根筋的事。

通过向该神经网络中加入不同数量的隐藏层和神经元，选择不同的输入项，感受到了造物者纯手工设计神经元自带标准答案的天才型、快速找到近似结果但潜力不足的速成型、神经元层数过多磨磨唧唧的慢

热但是后续潜力无限型、神经元愣是打不通走两步就卡在半截的废柴型、丁点儿刺激立马过度激活再也回不来的神经质型等各类大脑的特质，也体会出了学习过程中的挣扎、停滞、茅塞顿开、功亏一篑、推倒重来、修成正果的过程。笨鸟先飞，先天没得到平方项和正弦项的优越条件，就会两招，非横即直，那就只能靠后天的努力，把闲置的神经元用起来，甚至进化出更发达的神经元，我仿佛看到这些神经元恒久的动力和毅力，那么这种毅力从何而来？似乎有些神经元持续提供着这种毅力源泉。冬瓜哥不禁想到了本书的写作过程，又何尝不是一场艰苦的训练过程，中间经历了不知道多少波折坎坷，上面所有的形容词叠加起来也无法形容本书那上天入地排山倒海披星戴月的写作过程。

再来看看用于图像识别时所采用的卷积神经网络在训练时到底学习了一些什么东西。如图12-70所示，该网络采用两层卷积，第一层采用6个卷积核，第二层用了16个卷积核。可以看到第一层卷积核好像是在识别图形的边缘，其中3号卷积核识别的是向右上方倾斜的边缘。如果待识别区域中对应的像素与卷积核中的正值像素（正值意味着该像素被加强，是该卷积核希望检测到的信息）相乘后的值也很大，则证明待识别区域与卷积核形成了共鸣，表明检测到了该卷积核对应的范式。另外可以看到，图中左右两侧给出的字形非常相似，只有一点点儿，但最终还是被准确地识别，这得益于多个卷积核对图片的特征提取。如果采用普通的不使用卷积的多层分类器网络来识别，最后很有可能对这两个图形会产生混淆误判。

图12-71是某个可直接对摄像头输入的图片中多种类型物品做实时对象检测、识别的神经网络，其使用了5个卷积层和3个全连接层，每层卷积跟随着池化层和采用Sigmoid激励函数处理的激励层。由于Sigmoid函数会将输出值限制在0和1之间，这个过程被称为归一化（Normalize），在第8章中也提到过这个概念。图中左上角所示为卷积层#1所采用的卷积核，可以发现其基本上是在尝试检测各种角度、范式的边缘，以及各种色彩组合。可以看到随着卷积层数的增加，深层卷积层已经将图像抽象成了无法识别轮

廓的、看不出物理含义的像素组合斑点。这些斑点本质上就是代表待识别图形的一段序列，然后将其输入全连接层进行分类即可。

如图12-72左半部分所示，当待识别图形中出现竖直方向的、左边亮、右边暗的边缘时，卷积层#1中专门检测这类边缘的神经元被激活，因为对应的卷积核卷积后形成了共鸣，向该神经元输入了较高的数值，最终相加后体现为被激活到相当的程度，当然其他的神经元也有一定程度的激活，但是由于它们检测的都是其他范式的边缘，所以匹配度不是那么高。再来看图中右半部分，此时输入图片中没有明显的边缘，但是有一些细细的字体阵列，而此时可以看到有

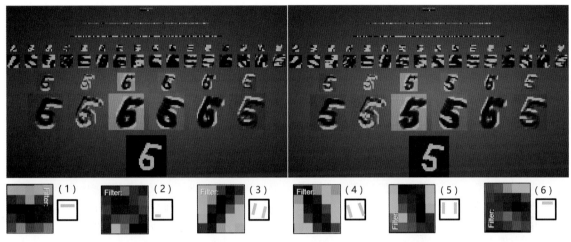

图12-70　某手写字形识别网络

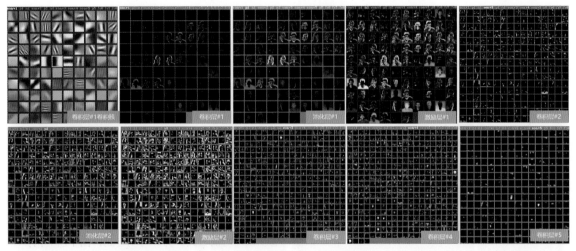

图12-71　某物体检测识别神经网络

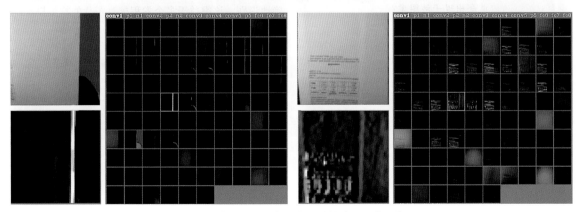

图12-72　输入边缘和字体阵列时的神经元激活情况

一批能够检测更复杂范式边缘的神经元对这种范式非常对口味，被激活到了一定程度。当然左图中那个检测竖直边缘的神经元也被激活到一定程度，因为字体阵列中也有明显的竖直边缘存在。

如图12-73所示，当纸张向右侧继续滑动时，出现了竖直方向、右边亮、左边暗的边缘，此时卷积层#1中识别，专门送别这种范式的神经元被高强度激活。

我们再来看看最深层的卷积层#5输出的图像变成的样子，如图12-74所示。由于多层卷积、池化、激励的处理，在这一层已经根本看不到具有人脑可辨识的物体轮廓边缘，而只是一堆斑点，但是仍然看到了一些有意思的事情。有些神经元对脸有响应，不管是人脸还是猫脸，只要两坨圆点在上面，中间一坨鼻子，下面一坨嘴的东西，对应的神经元就会被激活到一定程度。

所以，这些深层神经元的口味已经是非常"高雅"了，它们已经不再关注细小的边缘等这些底层的"低俗"特征了，而只在乎高层的总体特征。当然，高雅只是表面，剥开来看的话，也不过是一堆俗不可耐的叠加。如图12-74右侧所示，卷积层#5的高雅是建立在卷积层#4层中的一堆也对人脸响应，但是各自响应更细节的比如眼睛、鼻子、耳朵、眉毛、嘴唇等轮廓的神经元上的，当这些神经元每个都在盲人摸脸，有的说我摸到了耳朵，有的说我摸到了鼻子，当这些神经元将激活值乘加到卷积层#5的某个或者某几

个少数神经元之后，这些少数神经元自然也就有了更高的激活值，于是"我看到了一张脸，我只看脸不看耳朵，耳朵太俗"。同理，卷积层#4也认为"我看到了一个鼻子，我只看鼻子，不看鼻孔，鼻孔太俗"，那总得有人做俗的事情，卷积层#3中某个神经元可能会看到鼻孔轮廓，但是由于卷积层#3的抽象程度也较高，图中是看不出鼻孔轮廓的。

既然如此，那么是不是只要在某个图片中各处分布着独立的眼睛、鼻子、耳朵、嘴唇的局部图片，神经网络也会认为这是一个人脸呢？不，这分明是一间生物标本实验室。如图12-75所示，被打乱了顺序的同样的局部零件显然并不是一个人脸，因为上文中所说的"有些神经元只对某个零部件响应"并不是指该零部件在图像内任意地方都可以响应的，该零部件在该图片内的相对偏移量必须与训练时所采用的图形差不多才可以，匹配越精准，响应程度越高。也就是说，神经网络识别的是落入了近似偏移量范围的某个零部件，所以，只有当某个整体事物的所有局部特征都在各自对应的相对位置上时，该整体事物就会激发某个或者某几个神经元兴奋。

怎么判断哪一层卷积层的神经元响应的是哪些零部件呢？那就找类似的零部件输入给网络，看看哪些神经元激活就可以了，比如找一堆人脸图片输入网络，发现某些神经元/特征图只对人脸有响应；找一堆眼睛眉毛图片输入到网络，发现某些神经元/特征图只对眼睛眉毛有响应。最终人们发现，不管什么样的卷

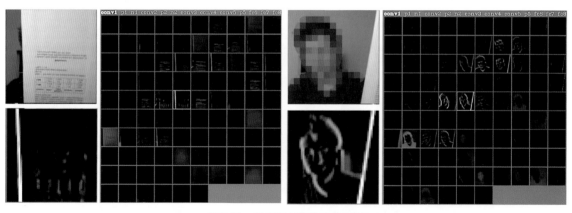

图12-73　对右亮左暗边缘的识别

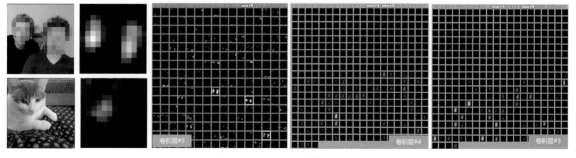

图12-74　响应人脸的神经元

积神经网络,有多少层,用了多少神经元,最终现象是:外层的卷积层对一些基础边缘特征响应,越往深层的卷积层神经元,就只对高层次抽象的整体物体进行响应。或者说,当输入一幅人脸图片时,第一层卷积层神经元只对细小边缘进行响应;第二层则只响应圆形、方形等二级轮廓;第三层则只响应由圆、方等叠加成的更高级轮廓,比如嘴、鼻子、眼睛等;第四层则只响应由上一层拼接而成的更高层轮廓,比如整张脸。也就是说,卷积神经网络越深层次的卷积层的感受野也越大。这个现象在图12-66~图12-69中也可以体会到。有一点无法直观理解的是,人们并没有预先限定任何条件,或者给出任何暗示,机器只靠一些随机初始参数,最终就能收敛成上述的识别模型,这就是机器学习最吸引人之处。而且人们发现,生物的大脑对不同物体的响应也存在类似行为,也就是对于不同事物,会在大脑不同部位产生电信号。

但是在图12-74中,很明显神经网络可以识别出一幅图形中出现了两个人脸,难道训练的时候也使用了大量分布在图形内各处的两个人脸的图片?并非如此。训练时可以采用大量的只包含一个人脸的图片,但是这个人脸并非占据整个图片大部分,而是缩小然后被放置在图片各处。这样神经网络就会被训练出能够识别出五官以及整个人脸的卷积核,此后不管图片中哪个位置有人脸,网络都可以识别出来。而如果训练的时候只把某个缩小的人脸放到图片的左下角固定位置,网络也可以训练出识别五官和人脸的卷积核,当给该网络输入分布在左下角、右上角两个人脸的图片时,使用对应卷积核扫描全图的时候自然也会在下一层的特征图对应位置中出现多个人脸区域,也就是图12-74中的场景,此时该神经网络依然会判定该图片中含有人脸,但其原因仅仅是因为左下角的确有一个人脸,而右上角的人脸并非做出这个判断的原因。也就是说,如果给该网络输入一幅在左上角有一个差不多大小的人脸的图片的话,那么此时在某一层特征图中依然可以看到有一个对人脸的强激活,因为卷积核的确在该位置扫描到了人脸,但是最终网络却不会认为该图中有人脸(该网络训练时只输入了左下角有人脸的图片),因为最终的特征图再被输入到全连接网络进行识别时,左上角人脸虽然被强激活,但是这些神经元所在的位置与当初训练时不同,所以最终网络并不会判定该图中有人脸。除非当时训练的时候也存在左上角和左下角同时有人脸的图片,而且告诉神经网络这图的确包含人脸。

12.5节也介绍过,还可以采用先抠图的物体检测过程,将该物体抠出来,然后缩放到与神经网络训练时所采用的分辨率相同的图片,然后载入神经网络识别。所以为了实现上述同一个图片内可以识别多个人脸的效果,也可以先检测到两个物体,分别载入网络识别,最终发现两个都是人脸,然后经过后期处理、展示将两个人脸分别识别时的对应图像按照对应物体当时被检测到的出现在窗口内的位置,将卷积后的图像合成到一起输出。

如图12-76所示,该特征图好像检测的是人的双肩?于是用手捂住一侧肩膀,的确有一半响应值消失了,但是再把手拿下来却发现另一半响应值并没有恢复。原来,这个特征图检测的是上衣肩膀处的褶皱,图片中的测试者把其左肩的褶皱抹平了,机器竟然学习到这个特征用来识别人,还真是另辟蹊径,只有人穿着上衣时会产生这个效果,还真是很容易与其他类别物体区分开。

  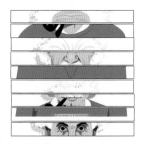

图12-75 各种零部件分布摆放的话并不会被识别成一个整体

   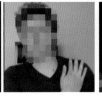

图12-76 识别褶皱的特征图

如图12-77所示为一个专门识别带有英文字母物体的特征图，当输入没有英文字母的物体时，该特征图一片漆黑毫无响应，一旦检测到各种带有英文字母的物体，则其开始响应。

如图12-78所示，该网络识别位于正中央的大头照片，经过一番训练之后，生成了用于识别五官的若干个卷积核，这些卷积核扫描全图后在经过池化降质处理后将五官特征抓取成一个或者几个点，这些特征图叠加之后就会形成一个人脸的大致抽象轮廓，下一层卷积核中会被训练出用于识别该抽象轮廓的卷积核，如图中红色箭头所示的这个。当然，也有可能会再次分为更多层次的识别，比如有的卷积核识别人脸上半部分，有的卷积核识别下半部分，再次抽象，再到下一层卷积核中可能会产生识别整个人脸特征的卷积核。经过多次抽象之后，一张人脸最终可能被抽象为一个或者几个点，这几个点按照对应的相对偏移量排布，然后再被输入到全连接网络中识别这种相对顺序。当然，由于每个人脸也不同，所以识别的时候这

几个点的强度就会有变化，但是相对位置并不会大变，因为在外层卷积的时候就会屏蔽掉相当的位置差异，还记得卷积的结果是把卷积窗口内所有点相乘最后相加成为一个像素么？如果有些位置差异局限在卷积窗口内部，则这些差异最终会被屏蔽，每一层都如此迭代的话，最终的特征像素点基本上体现为恒定的相对位置。如果待识别样本差异过大，则可能导致最终产生的特征样点相对位置有较小或者较大的变化，此时全连接网络的匹配概率就会下降，可能最终导致误判。

如图12-79所示为某可以识别多种不同种类物体图片的神经网络所训练出的各层卷积核情况，第1层卷积核基本上是识别各种边缘以及平坦色块区域。第3层卷积核被训练出识别各种表面纹理材质。到了第5层，卷积核开始识别一些整体的物体，由于深层的卷积核所识别出的轮廓已经非常模糊抽象，所以图中做了一些De-Convolution处理，增加了卷积核的细节，同时为了更加可视化地感知，找到了一些能够让某卷积核产生很高乘加结果值的样例图片，然后将De-Conv处理之后的卷积核图片投射在对应的样例图片上看看卷积核识别的轮廓是否与这些样例图片匹配。可以观察到能够识别钟表、汽车前轮附近一角以及狗脸部的卷积核的处理后图样，还可以发现其中用于识别狗脸部的该层卷积核竟然可以识别混叠在一起的各种角度的狗脸，这说明该网络曾经被用含有不同角度狗

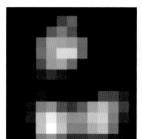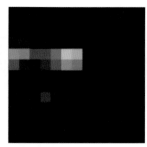

图12-77　识别带有英文字母物体的特征图

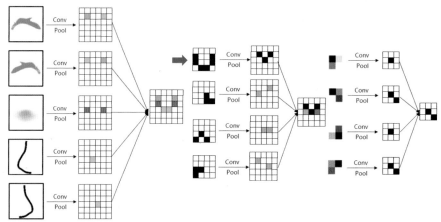

图12-78　一张脸抽象成几个点

脸的图片训练过。经过一些特殊可视化处理，甚至可以看到在最终的全连接层会看到什么样的全局景观，为了证明最后一层输出层对同一类别物体会在固定的神经元响应，于是使用一些含有多个相同物体，每个物体又有些许差别的图片，将对该图片有响应的所有层中的卷积核叠加投射到该图片，就形成了右侧所示的图样。

图12-79中的第3层和最后一层的图像看上去别有一番滋味，它们是如何生成的？这个说来比较有趣。如果能够输入某个图片让神经网络迭代出能够识别这个图片的神经元参数，那为什么不能把某种神经元参数作为目标，而迭代出能够让对应神经元参数达到最高激活度的图像呢？

如图12-80所示，首先生成一幅图中左上角的随机像素图片，也就是模拟电视当没有信号输入时，电子枪接收到的是一些随机的噪声信号，于是显示

屏上就会显示出类似图像。然后，将该图像载入某个训练好的卷积神经网络，你会发现此时神经网络的各类别输出值可能大致均匀，也就是无法判断属于某一类，只能判断为激活值最高的那个类，但是没有意义。然后，我们尝试改变这幅图像中的像素然后输入到网络识别，直到该图像成功地让某个或者某些神经元的激活值达到最高，从而看看这些神经元到底在识别一些什么东西，这个过程与训练过程如出一辙，也都是不断迭代，只不过训练时的目标是让分类误判率最低，而本过程则是让某个神经元激活值最高。于是有了图中右侧列出的一系列图像，可以看到还是有些神奇和不可思议的，可以明显看出一些轮廓，比如红脚鹬、犰狳和蜈蚣的形状尤其清晰可辨。

这些图片辨识度还是不太好，后来有人采用了一些后处理手段（比如Regularization，正则化）处理这

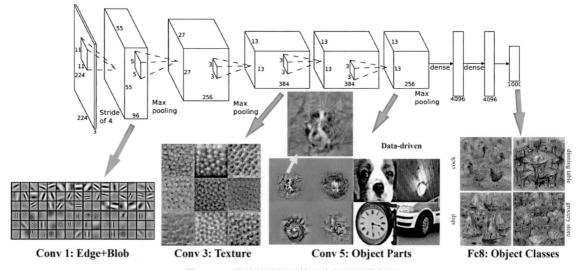

图12-79 某神经网络训练出来的各层卷积核

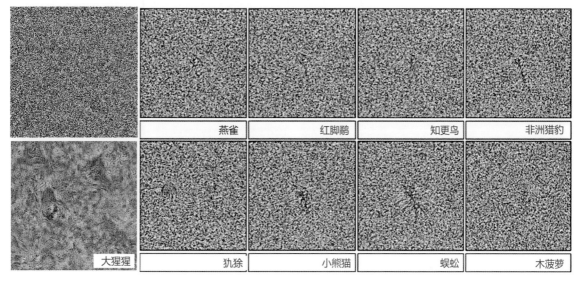

图12-80 经过训练得到能够让某些特定神经元激活的图片

些图像，得到了一些更加易辨识的风格，如图12-81所示。这些图像也就是图12-79右下角所示的风格，尝试把最终输出层中用于判断某个类别的神经元激活值激励到最高，在这个摸索过程中迭代找出最终图像。

利用这种处理手段，如果把神经网络中每一层迭代出来的图像都处理一下，效果如图12-82所示。

上述这种技术最后被人们发挥了一下，成了一种利用神经网络来作画的手段，被称为Deep Art，相当于把神经网络想看到的东西迭代出一个大致框架，然后再经过一些加强处理，最后形成了一幅幅印象派画作，如图12-83所示。

有人还玩出了新花样，干脆找一张现实中的任意照片输送到某个训练好的、能够识别相当数量不同物体的神经网络中，这张照片内虽然有可能不包含任何能够导致神经网络强激活的物体，但是前文中提到过，任意图片其实都可以导致神经网络中部分神经元激活到一定程度，只是没那么强烈而已。比如输入的是一张云彩的照片，可能某朵云彩像一只鸟，那么神经网络感受鸟的神经元就会有一定程度的激活。如果将对应的激活值人为放大，强行将它激活到某个较高程度的话，那么只要再以这个激活值为目标，不断改变原始图片中像素的值，让该神经元的激活值达到要求就可以迭代出一张在原始图片相应位置上出现了该神经网络之前所学习到的某物体或者多个物体的各种扭曲组合图形的最终合成图片，当然，还需要一定的处理才能看上去更加艺术化一些。这种技术被称为Deep Dream。如图12-84所示，照片中的树的轮廓导致某网络中识别某栋与树相似轮廓的建筑的神经元被激活到一定程度，遂将其放大，然后迭代出一幅建筑物图片，叠加到原图，其他图片也是同样过程。利用这个手段合成的图片过渡自然，因为是以像素为粒度迭代的，体现出巧夺天工的美妙。一些图片制作工具中其实也带有类似处理模块，其可能会采用一些封装好的固定算法模型，而不是通过神经网络去迭代，后者其实是一种非常无脑化的操作手法。

利用Deep Dream技术，可以合成更多美妙的画作，如图12-85所示。也可以合成一些比较荒诞的图

片，如图12-86所示（神经耐受力差以及密集恐惧症读者可能会感到不适，请适度观看，对此可能导致的食欲不振精神萎靡冬瓜哥概不负责）。好吧，神经网络已经被玩坏了。扫图12-86中的二维码可观看利用Deep Dream处理后的荒诞视频。

除了Deep Dream之外，还有一种被称为Deep Style的技术。它能将一幅图片风格作用到另一幅风格完全不同的图片上让后者也体现出前者的风格，如图12-87所示。

这种处理方式好像很难参透其原理，不妨这样来理解：如果能够将待处理图片a的风格量化成某个值A，而将图片b的风格量化成B，那么只要不断迭代地改变a图片中像素的值让A接近B，那么待处理的图片a风格最终就会被改变得与b接近，也就是说还是采用梯度下降法来让神经网络迭代处理原始图片。但是如果只确定了该目标，那么很有可能最后待处理图像a会被直接改为b，a的原有内容丧失殆尽，最终图片中就很难看出a的原始轮廓痕迹。所以还需要加另一个目标，也就是让图片a的内容损失也尽可能小，把这两个目标相加作为最终的梯度下降迭代目标就可以生成符合要求的混叠图片。那么，待处理图片原有的内容应该如何量化？原有内容其实就是待处理图片的原始特征图，尽量保障这个特征图的变化率不超过30%、50%或者80%等，具体可接受值取决于你自己了。

那么"风格"这种东西又应该如何去量化？试想一下，所谓风格，其实并不是把自己和别人比，而是自己内部所有特征之间的某种内在关联，自成一派之后，也自然就能与其他事物区分开来，便形成了自己的风格。风格完全是自己的事，与别人无关，也不用和别人比，和别人比证明你不想有自己的风格。就拿相貌来说，你不能拿着你的眼睛所在的位置，和别人的鼻子所在的位置相混搭，而是要测量自己眼睛到鼻子的距离，这才是你自己的长相风格。再比如一幅实际照片和卡通照片风格（比如图8-116），如果拿自己和自己比，则卡通图中会包含大片同样颜色的区域，而实际照片明暗错落有致，有明确的光感，而且每个像素颜色几乎都是不同的，有很多细腻纹理。

天鹅

鸵鸟

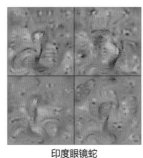
印度眼镜蛇

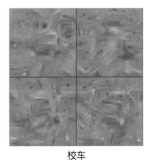
校车

图12-81　经过特殊处理之后的图像

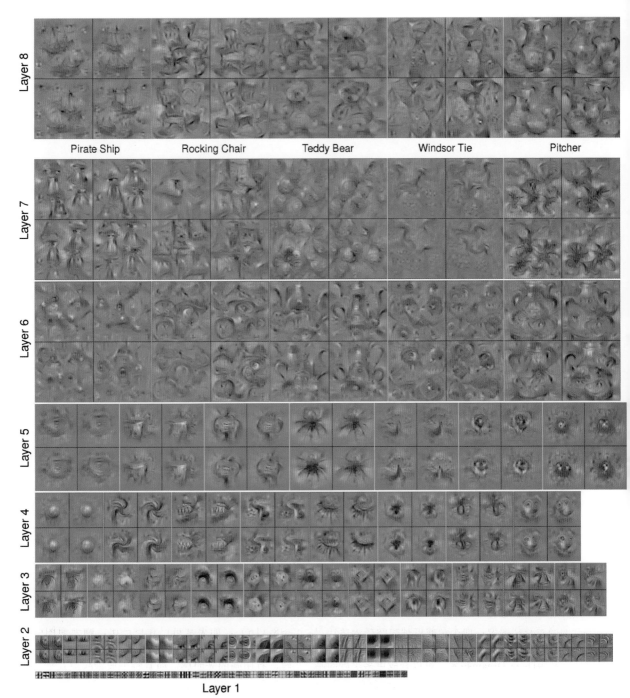

图12-82　某神经网络中每一层所识别的图像迭代结果

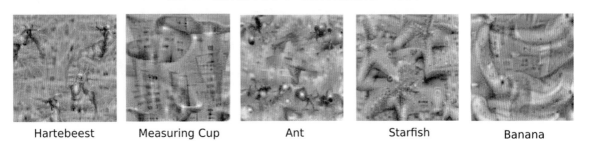

图12-83　一些通过纯迭代和后处理产生的画作

图12-84　Deep Dream技术制作的合成图片样例

图12-85　利用Deep Dream手段合成的图片样例

图12-86　使用Deep Dream手段合成的荒诞图片

图12-87　利用Deep Style手段生成的图样

前贤们经过研究，采用了格拉姆矩阵（Gram Matrix）来对一个事物内在的关联进行量化，如图12-88所示。格拉姆矩阵是将某个向量（用于处理Deep Style时该向量就是指某个或者某几个卷积层的特征图）中的每个点两两相乘。

$$G(x_1,\ldots,x_n) = \begin{vmatrix} \langle x_1, x_1 \rangle & \langle x_1, x_2 \rangle & \cdots & \langle x_1, x_n \rangle \\ \langle x_2, x_1 \rangle & \langle x_2, x_2 \rangle & \cdots & \langle x_2, x_n \rangle \\ \vdots & \vdots & \ddots & \vdots \\ \langle x_n, x_1 \rangle & \langle x_n, x_2 \rangle & \cdots & \langle x_n, x_n \rangle \end{vmatrix}.$$

图12-88 格拉姆矩阵

在卷积神经网络生成的特征图中，每个像素其实都来自于某个特定卷积核在特定位置的卷积，因此每个像素值就代表着某个特征的强度，而格拉姆矩阵计算的实际上是所有特征两两之间的相关性，哪两个特征是同时出现的，哪两个是此消彼长的，等等。同时，格拉姆矩阵中的对角线元素还体现了每个特征在图像中出现的量，因此格拉姆矩阵描述的是整个图像的大体风格。总之，格拉姆矩阵用于度量各个维度自己的特性以及各个维度之间的关系。内积之后得到的多尺度矩阵中，对角线元素提供了不同特征图各自的信息，其余元素提供了不同特征图之间的相关信息。最终，格拉姆矩阵既能体现出事物有哪些特征，又能体现出事物不同特征间的紧密程度。有了表示风格的格拉姆矩阵，只需比较两个图片各自的格拉姆矩阵的差异即可判别出两幅图像的风格差异了。

下面来欣赏一下某人的Deep Style风格的变换图例，如图12-89所示。这些图样是利用云端deepart.io网站后台的神经网络迭代而成的，大家可以访问该网站来体验一下。

对图像的这种处理手段，一样可以用于对音频的处理，数字音频与图像的本质类似，都是一堆样本点组成的向量，只不过音频样本点是流式的节奏，通过有规律的振幅变化刺激大脑，大脑从当前振幅与上一个振幅的跌宕起伏中感受到愉悦。而图像也是通过振幅变化（像素之间的变化梯度）刺激大脑，只不过是一次性输入的，更有全局感。所以语音和图像在处理方式上就有一些区别，比如经常采用循环神经网络（Recurrent Neural Network，RNN）将输出结果反馈到输入来训练，因为音符流之间显然是有某种内在联系的，就像图片的每个像素之间内在关系体现为该图片的整体风格一样，需要用上一个音符作为输入而迭代出下一个音符。

同样的事情和原理其实也发生在用于高速接口信号均衡处理领域，比如各种反馈均衡器，就是基于数据流中的历史数据计算出这些数据对当前传送的数据信号的影响，然后利用各种权重调制出一个振幅叠加到当前传送的数据上，从而平抑掉这些影响，第7章中也提到过。那么，人们是如何确定历史信号对当前信号的影响程度如何的呢？其实答案你可能已经知道了，那就是通过训练。如图12-90所示为一个DFE类型的信号均衡器，可以看到其将线路上曾经传递过的多个信号（每个被称作一个抽头，Tap）保存下来（通过数字信号或者模拟信号锁存器），然后分别与权重

图12-89 某眼镜男照片的Deep Style变换图片

相乘（采用模拟乘法器或者数字乘法器），并与当前信号叠加（模拟或者数字加法器）来调制当前信号振幅。通过不断的迭代，让信号误码率达到最低，此时的权重对应的就是最佳参数。第7章中也曾提到过高速信号通信双方底层电路在加电后会有一个链路训练的过程，其本质思想与机器学习中的训练别无二致。

使用神经网络也可以把一些歌曲混叠之后迭代出独特味道的曲目，也可以把一首曲子的风格映射到另一首曲子上，至于这些机器创作出来的曲子听上去是什么感觉，大家可以自行到互联网上探索了。

如果站在更高层来俯瞰的话，对信息信号的抽象和处理，其实是一门比较有意思的学科，只不过我们经常把有意思的东西搞成了枯燥无比，经常图省事想用直升机把人们直接带到高处去俯瞰，而懒得去带领人们重走前人的路，然后期望人们能更快速的掌握这门技术。有些知识本身已经是极度抽象，把抽象再抽象一次给人介绍，那简直反人类。

如前文所述，标准答案只有一个，但是正确答案可能有多个。如果把如图12-91所示的图片输入给神经网络，竟然会被高概率地判别为图中文字对应的物品，而事实上却显然不是。这似乎表明，神经网络所识别的特征还是有些局部性，没有将更多特征有机地组合起来，这可能受限于神经元的数量和当前的算力，以及对模型的优化，过拟合问题是个难点。相比人脑神经元细胞百亿级的数量而言，计算机模拟出来的神经网络可能毕竟只是在模拟，它可以做到人脑做不到的事情，比如似乎拥有比人脑大得多的记忆空间和更快的访问速度，让它可以在围棋这种场景下发挥出战胜人脑的优势，但是目前其还达不到人脑更高层的抽象比如各种说不清道不明的情感、第六感等。但是冬瓜哥坚信一点，人脑本质上也是一台计算机，只不过其利用了自然所馈赠的超强算力，借助算力的支撑，高度抽象成为可能。

最后看一下图12-92，其给出了对单层分类器、多层分类器（深度神经网络）、卷积神经网络形象的展示。神经网络学习到的知识，都被抽象为深层神经元中保留的点滴学识，这些学识以及经验以大量神经元的激活权重的形式记忆在网络中。

看到这个图你会不会有些思维火花？图中的神经元比较像光导纤维，光线从纤维的一端射出去，所以这一端比较亮。实际上，如果能够直接用光学滤镜，加上某种设计好的光路对图像做卷积，那就不需要将像素转换为数字量化值，再载入数字电路来运算了，而是可以直接采用可调参数的模拟光学运算器件，以光速运算，此时这种模拟人脑的神经网络的算力就可以得到很大的释放，有可能会有不一样的景象。关于模拟光学器件的介绍参见本书尾声部分，不过你可以隐约感觉到，液晶面板不就是一个可调参数的（每个像素点的颜色值都可调，通过调整偏振度实现）滤镜么，可以用它来做卷积核，关键是找到一个可调参数的能够对多路光线强度各自与权重相乘再相加操作的光学模拟信号乘加器。

本节结束时，冬瓜哥观察每个人不再是人了，而是一堆神经元细胞和一堆缠绕在一起并高速抖动中的神经，就像冬瓜曾经趴在显示器上看像素点三原色一样。有些人的神经高速抖动，不断调整兴奋值试图理解和思考他/她当时接收到的图像和声音输入，耳聪目明。有些人则目光呆滞，对外界响应免疫，自己醉在了某个私有世界，坚定地用自己创造的输入迭代自己的思维。

我现在看到婴儿和幼儿，在观察他/她可爱的表

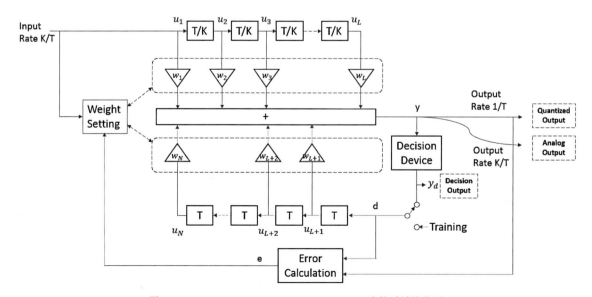

图12-90　DFE（Decision Feedback Equalizer）决策反馈均衡器

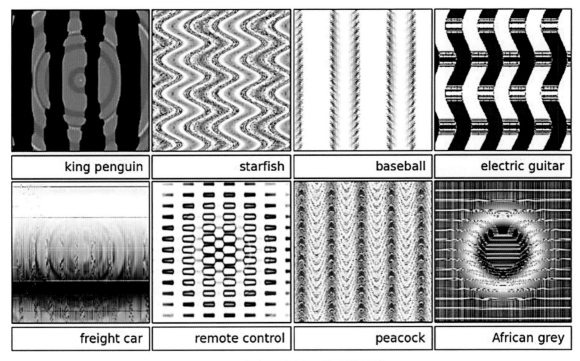

图12-91 很容易让神经网络误判的图像

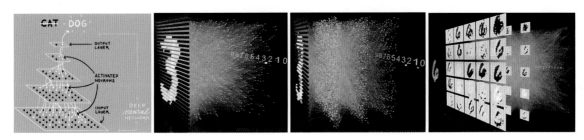

图12-92 单层分类器、多层分类器（深度神经网络）、卷积神经网络效果图

情、动作和言语的同时，除了感觉一阵暖流不由自主地让脸上麻木的肌肉变成和他/她们同步之外，还在试图想象他/她们大脑中的神经元细胞在视网膜和耳膜接受到的信息的刺激下，正在不断地分裂、联结、传导信号、改变激活水平。同时我也陷入了深深的忧虑和焦虑中，每个孩子受先天基因影响，神经元结构会有天生的差异，就像图12-65～图12-68中所示的那样，先天的优异和不足是无法控制的。但是先天不足的神经元网络如果有了毅力这个天赋的话，也可以殊途同归，而毅力只是一种表象，其可能源自更底层的特质，比如天生钻牛角尖和偏执一些的性格，这种偏执可能源自更底层的好奇心以及神经元对好奇心的不可逆反馈放大，这可能是毅力的源泉。而我还记得中学的时候被老师说过不知道多少次"不要死钻牛角尖"，幸亏我当时的神经元不由自主地拒绝了这个建议，可能我的行为被不可逆的神经元反馈完全控制了，所谓本性难移吧，现在遇到不求甚解的人反而有点儿不以为然。我自己也经历了不怕钻，钻不怕，怕不钻的阶段，或许后续还会进入爱钻不钻的阶段吧。

千差万别的环境会对同一个大脑训练出不同的结果，所谓近朱者赤近墨者黑，在一个充斥着谎言的环境下是很难训练出高尚的大脑的，你要么远离，要么出淤泥而不染地死撑，要么同流合污。同时我也一直在思考如何培养自己的孩子在这种环境下建立足够强大的内心来抵御各种恶魔和心魔的侵袭，一旦后续她遇到了这种环境，希望被强激活的是底线、理想、坚持这三组神经元。

12.8 具体实现：搭台唱戏和硬功夫

现在思考一下如何将本章前文中介绍的这一系列的模型使用计算机程序来实现。首先想一下神经元是个什么东西？它是个生物细胞，它是纸上的一个小圆圈，但是很显然它在计算机里分明就是位于内存中的一段代码，这段代码本质上就是一个实现乘加的函数，比如multi_add(int x, int wx, int y, int wy, int bias) {return $x \times wx + y \times wy + bias$}。如果用纯硬件实现，那么它是硬件中的一个乘加电路单元，也就是两个两输入乘法器和一个三输入加法器。

那么神经网络又是什么？它之前是画在纸上或者PPT里的图形，只是个用于展示神经运算场景和流程的模型。现在要实现这个模型，可以采用生物细胞真的搭建出一个神经网络，不过那是造物者的设计。我们要做的是在计算机内存里用程序来搭建这个模型，比如搭建一个卷积神经网络出来。

对一张图片做卷积的过程，体现为代码的话，那就是编写一个专门做卷积的函数，该函数可以对任意大小的图片窗口，使用任意大小的卷积核做卷积，我想这个函数读者自己都能编写出来，无非就是两两相乘再相加。由于需要对图片多个位置做多次卷积，所以该函数内部需要使用循环来实现。

做完了卷积需要做池化、ReLU等操作，这些操作各自也可以编写一个函数分别处理，然后可以将卷积、池化、ReLU三个函数放在一个大函数里依次调用。该函数输出的是多个特征图（数组）。然后再将生成的特征图数组继续循环调用上述函数做多轮操作生成最终的特征图。至于全连接层，那无非也是一堆乘加操作，没什么难度。

上述过程好像都不是什么问题，问题是上述过程并不是固定的，而必须是动态可变的。在12.7节刚开始就看到了，对于全连接层，不同的隐藏层数量、每层中不同的神经元数量、不同的输入值预处理（高次项）会导致差异很大的训练结果。既然如此，就必须提供一种机制，能够让用户自行定义网络模型，包括层数、神经元个数、卷积核大小、卷积方式、采用何种激励函数、迭代次数等。

所以读者可以想象，有一个图形界面，给出一些下拉框，让用户来选择对应的网络模型中的各种参数，然后选择待输入的训练样本数据，然后选择对这些样本做怎样的预处理等。而这个界面将用户选择的这些参数落地到底层的函数调用参数，然后调用相应函数进行运算。实际上很多场景下用户并不需要一个图形界面来进行训练或者模式识别，而是想把这些参数以及流程步骤直接用代码的方式呈现出来，这样易于与其他程序对接调用。

另外可以想象的是，由于训练过程的运算量非常巨大，如何充分利用多线程来高效地加速计算，是机器学习场景下的核心关键问题。如果你仔细阅读过第9章的话，现在应该已经知道解决办法了，那就是采用并行计算架构来加速计算。比如OpenMP这套并行计算框架，可以傻瓜式地把适合并行计算的部分，比如大数据量的矩阵迭代运算自动采用多线程来运行，而用户在代码中只需要增加一条编译制导提示语句就可以了。不过OpenMP只支持共享内存架构，对于GPU、各种其他运算加速器、通过外部网络互连的集群（超级计算机）等这些加速手段并不支持。实际上，上面这些加速计算系统各自都有偏底层程序接口

可供调用来加速运算，比如CUDA库、MPI库，这两个在第9章已经充分介绍过，对于第三方专用ASIC/FPGA加速芯片，它们一般也提供自己的库供上层调用。为了支持深度学习场景，有些加速器厂商自己又用底层库封装出上层库，比如cuDNN就是基于CUDA封装出的供深度学习场景使用的函数库，其中的每个库函数都是深度学习场景下所需的某个运算过程的封装。

至此你自然会想到，能否有一种再高一层的通用上层框架，能够广泛支持各种加速器，而且方便后续新的加速器将它们底层的操作函数注册到这个框架里。比如假设该框架针对上层提供conv()函数接口，底层的加速器将自己的操作函数注册到一个结构体中供conv()回调（回调函数相关介绍见第10章）。用户直接在代码中调用conv()函数，并指定采用CPU还是GPU亦或是其他某某PU（Processing Unit），然后该框架自动调用对应加速器的conv()回调函数，于是就可以将数据下发给该加速器来运算。

由于在训练神经网络时所需的算力非常惊人，再加上目前移动终端、互联网非常发达，而且5G时代已经到来，互联网服务提供商们每天会收集大量的数据，对这些数据进行回归分析、逻辑分类、决策支持等过程所要求的速度也越来越高。有时候一块GPU根本满足不了需求，需要一台服务器上插几块甚至十几块GPU，更有甚者，需要几十上百块GPU，此时就需要使用多台服务器通过网络连接起来，每台服务器上采用CPU、GPU联合开火才能满足需求。

你又会想到，如果这个上层框架可以自动将任务分发给本机的CPU、GPU以及网络远程机器的CPU、GPU同时运算的话，其扩展性就更强了，而且最好完全向用户屏蔽底层的这些加速器以及跨网络传输数据的具体过程，最好是让用户通过调用几个接口函数，指定若干参数，就可以完成训练。

目前存在多种上层机器学习编程框架，比如TensorFlow、Caffe/Caffe2、Torch/PyTorch、CNTK等。如图12-93所示为各种机器学习编程平台框架的对比。这些框架中以TensorFlow为典型代表，因为其当初是谷歌内部自用的机器学习框架，后来被谷歌开源，而鉴于谷歌在业界的地位，大家也便自觉靠拢了。

Tensor是"张量"的意思，张量在数学上有明确的定义，不过你可以将它理解为一个多维数组，由于输入深度神经网络的样本在被一层层处理的时候，会产生更多维度（比如多个不同卷积核处理之后的特征图、红绿蓝三色通道图片各自产生的处理之后的特征图等），所以认为这些待处理的数据属于张量。张量在神经网络内一层层被处理，便是TensorFlow这个名字的含义。

图12-93右侧所示为TensorFlow的层次框架示意图，位于最顶层的是应用层，用户通过TensorFlow

提供的函数库编写自己的训练或者推理应用；再往下一层就是各种编程语言适配层，目前TensorFlow支持Python和C++两种语言来编写程序，提供对应的编译器。再往下一层则是TensorFlow库内部采用的C语言的API与下层模块对接。TensorFlow支持分布式部署到计算机集群中来实现并行计算，所以集群中每台计算机上会有一个Distributed Master模块用于接收Master节点以及其他节点发来的计算任务和数据，并调用本地的Dataflow Executor来执行具体的运算，后者再向下调用具体的核函数（比如卷积、池化、矩阵乘、ReLU等函数）来实现对数据的最终运算处理，这些核函数可以采用CPU或GPU或者其他加速器来运算，对应的加速器只需要将自己的用于实现某种运算的核函数注册到TensorFlow提供的框架中成为回调函数，TensorFlow遇到对应运算时就可以调用这些第三方加速运算函数进行运算了。在第9章中介绍过，并行运算集群节点间难免会传递各种数据和状态信息，TensorFlow在底层为集群节点之间通信提供了对应的RPC（Remote Procedure Call，见5.5节）库，用于节点间传递任务描述信息以及相互下发任务，RDMA库则用于为数据和RPC消息提供更快速的传递方式（直接将数据从本地机器的用户态内存区通过网络传递到对端机器的用户态内存区）。整个TensorFlow框架相当于第9章中介绍过的用于通用场景并行计算的MPI框架。

如图12-94左侧所示为一个采用Python语言在TensorFlow平台上编写的线性回归分析程序，由于篇幅所限，TensorFlow库里的各种函数及用法，以及复杂神经网络的模型编程方法等，感兴趣的读者可以自行学习。

值得一提的是，TensorFlow提供了一个叫作Tensorboard的可视化工具，它可以把当前程序的处理流程用可视化的方式展现出来，数据的整个处理流程被用图（Graph，一种数据结构）来表示。如图12-92右侧以及图12-95～图12-100所示。

TensorFlow支持分布式部署到计算机集群中，实现并行计算处理。如果仔细阅读过第6章关于众核处理器的章节以及第9章的话，读者应该会记得并行计算的几种思路。一种是SIMD（Single Instruction Multi Data），也就是将待运算的数据分隔成多份，每一份执行完全相同的操作。SIMD和SIMT（Single Instruction Multi Thread）都属于这种思路，只不过SIMT特指采用相同的指令流（线程）处理不同的数据。另一种处理方式是将同一份数据的多个不同处理步骤映射到多个线程，让这些线程形成流水

图12-93 各种主流深度神经网络编程框架的对比

	Languages	Tutorials and training materials	CNN modeling capability	RNN modeling capability	Architecture: easy-to-use and modular front end	Speed	Multiple GPU support	Keras compatible
Theano	Python, C++	++	++	++	+	++	+	+
Tensor-Flow	Python, C++	+++	+++	++	+++	++	++	+
Torch	Lua, Python (new)	+	+++	++	++	+++	++	
Caffe	C++	+	++	+	+	+	+	
MXNet	R, Python, Julia, Scala	++	++	+	++	++	+++	
Neon	Python	+	++	+	+	++	+	
CNTK	C++	+	+	+++	+	++	+	

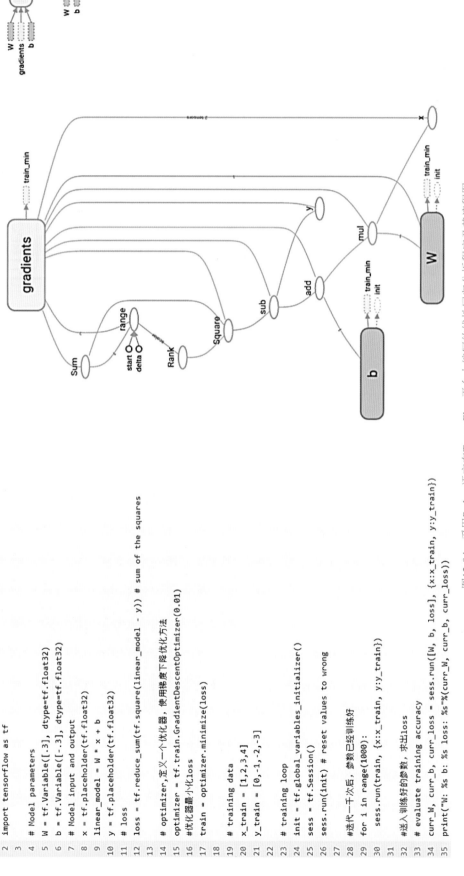

```
1    import numpy as np
2    import tensorflow as tf
3
4    # Model parameters
5    W = tf.Variable([.3], dtype=tf.float32)
6    b = tf.Variable([-.3], dtype=tf.float32)
7    # Model input and output
8    x = tf.placeholder(tf.float32)
9    linear_model = W * x + b
10   y = tf.placeholder(tf.float32)
11   # loss
12   loss = tf.reduce_sum(tf.square(linear_model - y)) # sum of the squares
13
14   # optimizer,定义一个优化器，使用梯度下降优化方法
15   optimizer = tf.train.GradientDescentOptimizer(0.01)
16   #优化器最小化loss
17   train = optimizer.minimize(loss)
18
19   # training data
20   x_train = [1,2,3,4]
21   y_train = [0,-1,-2,-3]
22
23   # training loop
24   init = tf.global_variables_initializer()
25   sess = tf.Session()
26   sess.run(init) # reset values to wrong
27
28   #迭代一千次后，参数已经训练好
29   for i in range(1000):
30       sess.run(train, {x:x_train, y:y_train})
31
32   #送入训练的参数，求出loss
33   # evaluate training accuracy
34   curr_W, curr_b, curr_loss = sess.run([W, b, loss], {x:x_train, y:y_train})
35   print("W: %s b: %s loss: %s"%(curr_W, curr_b, curr_loss))
```

图12-94　采用Python语言在TensorFlow平台上编写的线性回归分析程序及其流程图

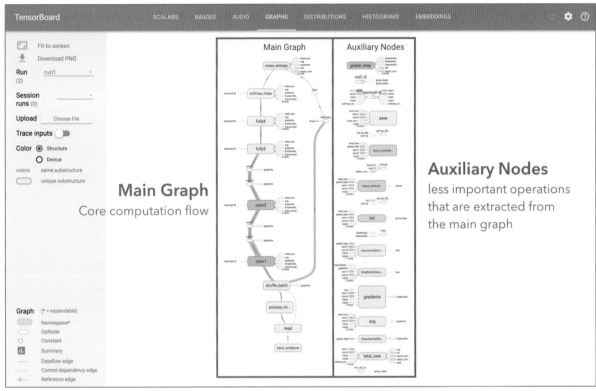

图12-95 Tensorboard可视化界面（1）

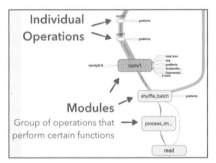 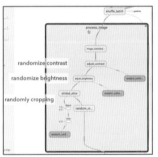 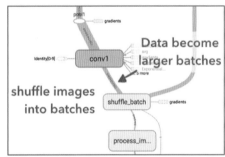

图12-96 Tensorboard可视化界面（2）

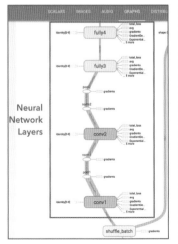 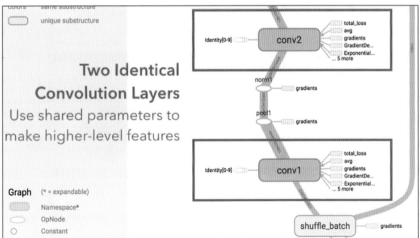

图12-97 Tensorboard可视化界面（3）

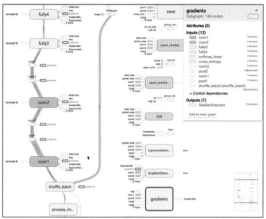
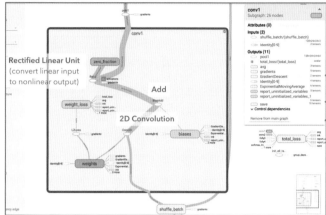

图12-98　Tensorboard可视化界面（4）

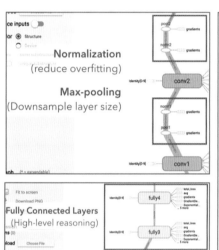
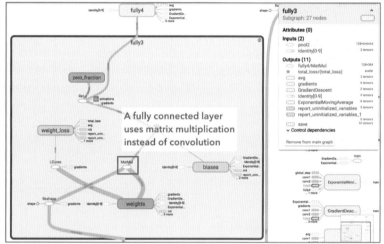

图12-99　Tensorboard可视化界面（5）

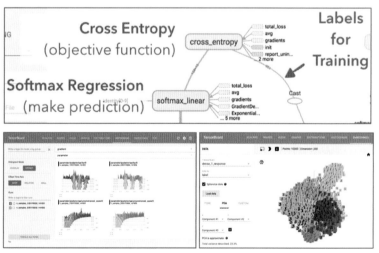
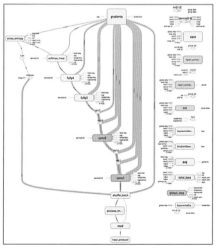

图12-100　Tensorboard可视化界面（6）

线，并行的处理多份数据，同一个时刻下，多份数据的不同步骤在同时被处理。实际中这两种方式都可以使用，或者同时使用。

如图12-101所示为分布式TensorFlow部署环境下的任务下发和执行流程示意图。整个运算流程是一个单一的图结构，那么整个流程中的每个子步骤就是一个子图（Sub-Graph），每个子图涵盖了大流程中的哪几步子流程可以进行定制。

把整个图拆分成子图并下发到不同节点运行后，势必导致子图之间需要跨网络传递各自计算完毕的数据、参数。TensorFlow会在子图中加入对应的发送、接收函数调用来实现同步，这与第9章介绍的MPI发送接收过程如出一辙。图只是一个流程的描述，这个流程底层实际上对应的就是对一堆函数的调用。

每个任务在每个节点上执行最终其实都会调用到负责最终运算的算子（Operation），也就是核函数（Kernel Function）。在实际的数据分析、机器学习领域有大量的算子函数，卷积、ReLU、池化也有各种算法变种，而且这三样只是数百种运算处理中常用的几种而已。如图12-102所示为一些基本算子的类别和函数功能的对应图，图右侧表格中所示为Caffe框架所支持的全部算子。TensorFlow的全部算子数量已经超过了200。

如图12-103所示为一个子图被执行的过程一览。其中，Kernel Mapper一层就是加速器芯片与框架层的适配层，其中包含分配内存、流控制以及一堆注册到框架中的回调函数。这一层负责将运算数据复制到加速器内部存储器，然后负责执行对应的算子函数通知加速器完成对应数据的运算。我们在第9章中介绍过CUDA的运行流程，NVIDIA的GPU提供的算子是需要在Host端动态编译成GPU内部核心的二进制码然后下发到GPU执行，有些其他加速器不需要动态编译，而是将这些算子预先编译好并载入到加速器内部缓冲区等待被调用的。

机器学习的运算过程其实可与Hadoop、Spark等并行运算集群架构结合起来使用，如图12-104左侧所示为在Spark集群中部署Caffe机器学习框架。图中右侧所示为基于GPU场景下的机器学习软件栈示意图，基于TensorFlow可以封装出更加高层次的API，比如Keras，基于Keras库来编程会更加方便，但是灵活性会降低。

训练好之后的神经网络模型（包含神经元层次关系、神经元数量、各个权重参数、各个激励函数或者处理步骤的位置和层次）会被描述到一个文件中存放，不同的平台框架的模型文件格式不同。一般会将这个模型下发到用于做识别推理的设备上（比如手机等各种终端设备），该设备上会运行一个模型执行器负责将模型文件解析然后利用模型中的参数生成一个程序文件，该程序调用本地的框架平台库从而执行模式识别推理。通常这些终端设备上的平台框架会使用

精简版，比如TensorFlow Lite版本。上述这种架构属于离线识别（如果把样本通过网络上传到云端来识别则属于在线识别）。离线识别需要消耗本地终端设备的算力，也因此产生了一些所谓边缘计算方案，指把一些低功耗、规格较低的加速器嵌入到终端设备中，这些微型加速芯片算力大多在数Tops（T operations per second），由于多数模式识别场景下样本的载入量和载入频率相比训练时要低得多，所以算力消耗也会少得多。而用于训练以及一些连续实时识别（比如自动驾驶等）以及在线模式识别（由于同时响应的识别请求较多）场景时的加速器算力一般在上百或者数百Tops。

神经网络的运算量较大，多数场景下需要借助加速器来加速运算。机器学习场景下的运算多数等价于矩阵乘加运算，所以需要加速器内部能够加速对数据进行并行的乘加操作。你可能不禁会想，直接把大量的神经元乘加单元以硬件乘加电路的形式作到芯片内部不就可以了么，也就是真的在芯片中模拟一个神经网络。这样的确是非常的"类脑"，但是却很不灵活，因为不同场景下需要不同的网络模型，网络的层数、神经元个数、连接形式都不同，如果作成固定的神经网络，则失去了灵活性。那么利用FPGA内部可以任意连线这个特性是否可以作成可以任意连接、层数和神经元数量可调的神经网络呢？理论上倒是可以作出一个可编程纯硬件神经网络，但是这样其实也没有必要，因为神经网络的本质其实就是乘加操作，当前的FPGA本身已经可以用LUT来实现大量乘加操作，根本没有必要去强制让它"类脑"。

GPU当然也可以用作加速器，只要GPU提供对应的算子和函数即可，比如cuDNN库，但是GPU毕竟还是一种通用计算器件，什么都能算，只是并行度很高而已。目前有不少专门面向神经网络运算加速场景的ASIC芯片，比如谷歌的TPU（Tensor Processing Unit）等。

不管何种加速器，其基本运作流程都如图12-105所示。图左侧所示为一个专门运算XOR算法的加速器架构示意图，其运算核心其实就是一堆XOR异或门，先组成一个在一个时钟周期内就可以运算两个8KB数值XOR结果的单元，然后把多个这样的单元排列起来，每个单元前端和后端各连接对应容量的寄存器。给这些寄存器编入地址，然后采用一个Load/Store单元来负责向XOR单元前端输入数据以及从结果寄存器中将数据读出，待运算的数据和运算完的结果都放置在SRAM存储器中。然后再通过DMA控制器在SRAM和Host端的主存之间传送数据。

XOR运算器的运算步骤如下。

（1）固件控制DMA控制器到Host主存中获取任务Descriptor描述结构，其中记录有待计算数据在Host主存中的位置、长度、运算方式以及其他控制参数。

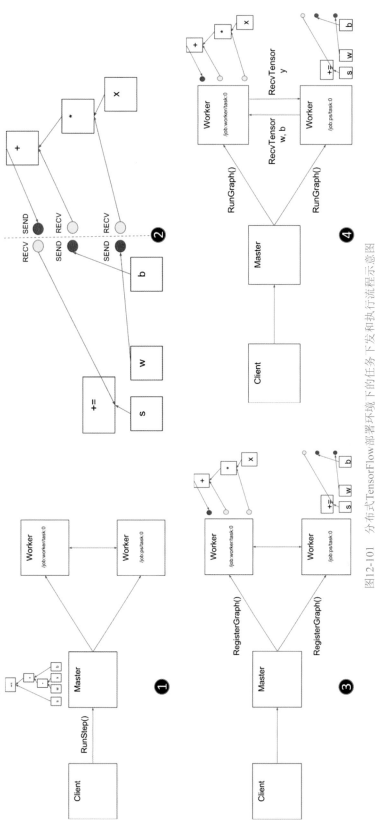

图12-101　分布式TensorFlow部署环境下的任务下发和执行流程示意图

Category	Examples
Element-wise mathematical operations	Add, Sub, Mul, Div, Exp, Log, Greater, Less, Equal, …
Array operations	Concat, Slice, Split, Constant, Rank, Shape, Shuffle, …
Matrix operations	MatMul, MatrixInverse, MatrixDeterminant, …
Stateful operations	Variable, Assign, AssignAdd, …
Neural network building blocks	SoftMax, Sigmoid, ReLU, Convolution2D, MaxPool, …
Checkpointing operations	Save, Restore
Queue and synchronization operations	Enqueue, Dequeue, MutexAcquire, MutexRelease, …
Control flow operations	Merge, Switch, Enter, Leave, NextIteration

AbsValLayer	MultinomialLogisticLoss	EltwiseLayer	SoftmaxWithLossLayer
Accuracy	PoolingLayer	ELULayer	SplitLayer
ArgMax	PowerLayer	EmbedLayer	SPPLayer
BatchNormLayer	PReLULayer	EuclideanLossLayer	TanHLayer
BatchReindexLayer	ReductionLayer	ExpLayer	ThresholdLayer
BiasLayer	ReLULayer	FilterLayer	TileLayer
BNLLLayer	ReshapeLayer	FlattenLayer	UpsampleLayer(caffe-segnet)
ConcatLayer	RNNLayer	HingeLoss	NormalizeLayer(caffe-ssd)
ContrastiveLossLayer	ScaleLayer	InfogainLoss	PermuteLayer(caffe-ssd)
ConvolutionLayer	SigmoidCrossEntropyLossLayer	InnerProductLayer	PriorBoxLayer(caffe-ssd)
CropLayer	SigmoidLayer	LogLayer	MultiBoxLossLayer(caffe-ssd)
DeconvolutionLayer	SliceLayer	LRNLayer	ROIPoolingLayer(fast-RCNN)
DropoutLayer	SoftmaxLayer	LSTMLayer	SmoothL1LossLayer(fast-RCNN)
		LSTMUnitLayer	

图12-102　一些基本算子的类别和函数功能的对应图

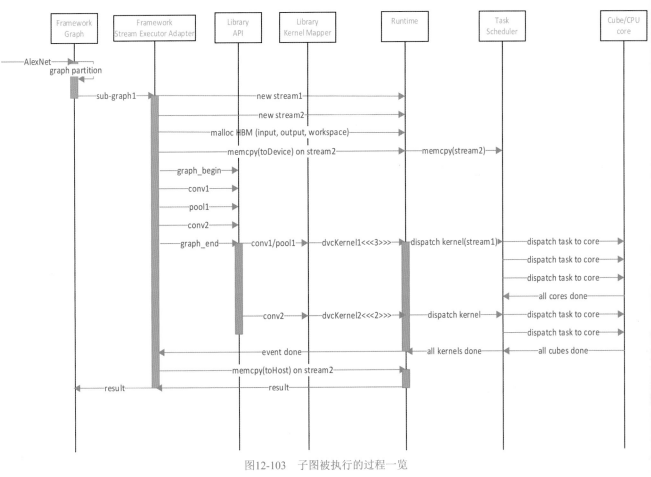

图12-103 子图被执行的过程一览

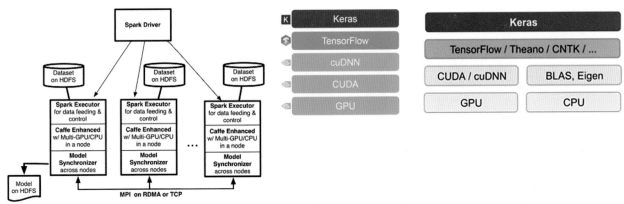

图12-104 在Spark集群中部署Caffe机器学习框架（左）以及机器学习软件栈示意图（右）

（2）DMA控制器控制PCIE控制器通过Host端前端总线从主存取回Descriptor并放到SRAM。

（3）PCIE控制器取回Descriptor到SRAM。

（4）固件从SRAM中读出Descriptor分析其中的任务描述。

（5）固件再次命令DMA控制器从主存中将待运算数据取回并存入SRAM，可能分多次取回。

（6）DMA控制器控制PCIE控制器从Host主存中取数据。

（7）PCIE控制器从主存中将数据取回并存入SRAM。

（8）DMA控制器发出中断信号表明数据已取回。

（9）固件命令Load/Store单元从SRAM中取数据并载入运算器前端寄存器。

（10）Load/Store单元从SRAM中取回数据到内部缓冲区。

（11）Load/Store单元从内部缓冲区将数据写入运算器前端寄存器。

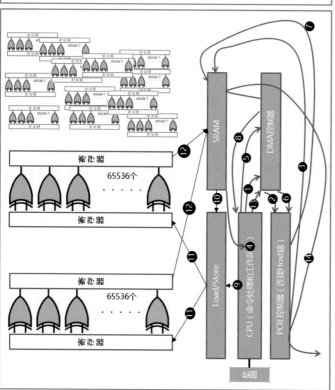

图12-105 XOR加速器和搜索加速器实现示意图

（12）一定时间之后（或者中断触发），Load/Store单元从运算器结果寄存器中将数据写入SRAM中，并中断CPU。

（13）固件命令DMA控制器将运算完毕的数据从SRAM中移动到Host端主存。

（14）DMA控制器执行具体的数据移动任务。

对于图中右侧所示的匹配IP地址黑名单决定是否放行某个数据包的搜索加速器，其运算步骤与XOR加速器类似，只不过具体运算的是将数据包中的IP地址与黑名单中的所有IP地址并行地作减法，判断最终结果，只要有一个是0，证明匹配了某个IP，则不放行。将所有减法器的输出连接到一个多输入与门即可做到这种逻辑判断了。这个过程其实与使用CAM（见第3.5.4节）来加速搜索没有本质区别。

如图12-106所示为谷歌TPU芯片内部架构示意图，其加速过程与图12-105类似，只不过其运算核心为一个矩阵乘加单元阵列（Matrix Multiply Unit），每时钟周期可运算64k次乘法运算，然后采用Accumulator累加器对结果进行相加操作，最后再经过Activation激励函数处理，以及对应的归一化、池化等处理。TPU内部采用流水线式的处理方式，数据和算法下发一次，然后会在流水线内部流动多次进行循环计算，避免频繁在Host主存和片上缓存之间移动数据。这种设计又被称为脉动阵列（Systolic Array）。

在硬件加速方面，模拟光学器件表现出极大的潜力，可以以低三个数量级的功耗获取高三个数量级性能，详见本书尾声部分。另外，全息光存储设备也很有潜力像CAM一样实现原生对数据进行就地计算，而且功耗可忽略，期待这一天早日到来。

如图12-107所示为利用机器学习来进行用户的鼠标轨迹分析，从而可以筛查出网络诈骗等行为。如图12-108所示为利用机器学习来分析激光透过血液之后形成的光谱来筛查疾病，当光子穿过细胞时，关于细

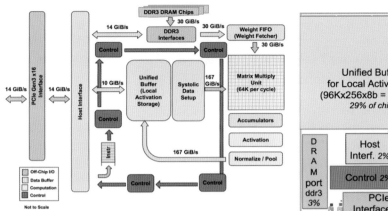

Figure 1. TPU Block Diagram. The main computation part is the yellow Matrix Multiply unit in the upper right hand corner. Its inputs are the blue Weight FIFO and the blue Unified Buffer (UB) and its output is the blue Accumulators (Acc). The yellow Activation Unit performs the nonlinear functions on the Acc, which go to the UB.

Figure 2. Floor Plan of TPU die. The shading follows Figure 1. The light (blue) data buffers are 37% of the die, the light (yellow) compute is 30%, the medium (green) I/O is 10%, and the dark (red) control is just 2%. Control is much larger (and much more difficult to design) in a CPU or GPU

图12-106 谷歌TPU的架构

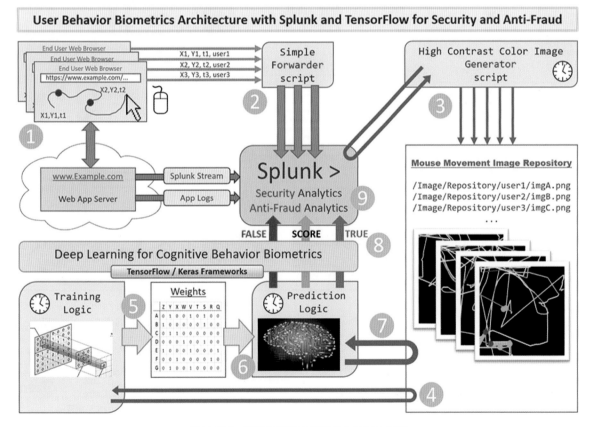

图12-107 利用机器学习来进行生物行为识别

胞蛋白质浓度和生物质的空间分布的信息被编码在各种波长的激光脉冲的相位和幅度中，此信息稍后由机器学习算法识别癌细胞。当然，所有这些手段的前提是必须掌握有效数量的样本，这样才能让神经网络来自动训练提取出对应的特征。

此外，业界还有一些为机器学习场景定制化的一体机产品，比如Infortrend的EonStor GSi 深度学习AI存储一体机。要搭建一个深度学习环境的基本步骤相当烦琐，带有GPU的服务器首先需要安装OS以及深度学习框架的应用，在搭建时也需要考虑到交换机与存储系统，为了能简化烦琐的搭建过程，达到快速部署深度学习的环境，Infortrend普安科技推出了EonStor GSi深度学习AI一体机，如图12-109所示。

EonStor GSi支持NVIDIA最新的Turing平台与Pascal计算平台，利用GPU加快DNN计算效率。GSi本身是一台统一存储系统，支持SAN与NAS服务，可达到PB级的存储空间。GSi自带Linux的Docker平台，因此搭建AI深度学习的环境相当便利，只要选好深度学习的框架应用，通过人性化界面即可在Docker平台安装完成。由于Docker轻量化的特性，要同时执行多种深度学习应用也非常适合。

EonStor GSi将逻辑卷挂载到NAS的Docker平台，整个系统在硬件方面也采用模块化一体设计。Docker的深度学习框架应用可以直接访问NAS的空间，省去了中间交换层的瓶颈，不用担心网络等待的时间，降低部署与维护的难度。例如，在智慧安防应用场景

下，可以通过GSi的NAS服务接口将IP摄像头实时监控的数据写到NAS空间，深度学习框架即可直接调用数据进行计算输出结果，提高时效性。边缘计算的结果也能通过内嵌的云网关服务，实时将数据上传云端，做进一步计算与分享。如图12-110所示为EonStor GSi模块化设计与GPU卡搭配EonCloud Gateway的边缘计算应用场景示意图。

EonStor GSi搭载了统一存储系统的高级数据功能，深度学习训练完成的结果能够通过这些功能同步到其他环境，甚至是云端。例如，原生模型与历史数据通过远程复制到EonStor GSi，训练完成之后通过内置的EonCloud Gateway软件将多台EonSotr GSi训练结果同步到云端，做进一步模型训练或数据分析，实现AIoT模型的DevOps自动化流程。在性能方面，EonStor GSi除了能够让用户快速搭建AI深度学习环境之外，还能通过测试报告来预估生产的效率。

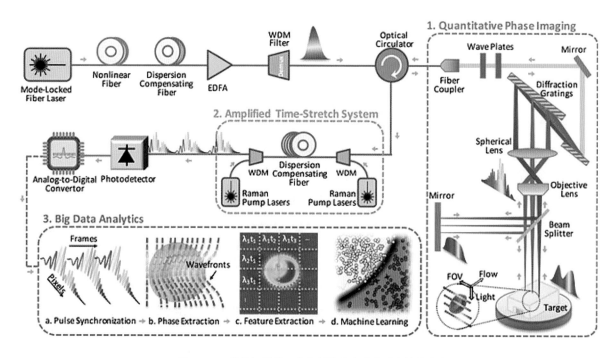

图12-108　利用机器学习来分析激光血液光谱来筛查疾病

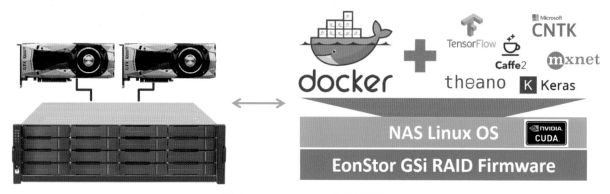

图12-109　EonStor GSi系统架构图

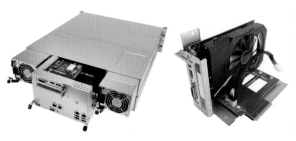

图12-110　EonStor GSi模块化设计与GPU卡搭配EonCloud Gateway的边缘计算应用场景

12.9　人工智能：本能、智能、超能

利用深度神经网络，人们想让计算机直接发展出人工智能（Artificial Intelligence，AI），学习一切，理解一切，并可以自己推理、自己学习。为此人们也展开了到底AI是否会超越甚至最后直接取代人类的大思考。目前看来，AI和人脑各有优劣。比如如图12-111所示的某企业Logo，我特意使用5岁女儿的生物神经元网络测试了一把，她明确表示这像个人脑袋，而类似抽象扭曲过的人脑袋形状应该没有出现在她所看过的动画片里。显然，人脑可以无限联想，这一点似乎现在的机器神经网络还无法做到，或者不那么纯粹，充满了违和感。

图12-111　某企业Logo

人脑联想的过程可能是对所看到的图形进行各种扭曲变换，然后尝试与已知样本进行比较。如果这就是联想的底层机制的话，那么这个过程其实也可以模拟出来。不仅是图形，人脑可以对任何事物进行抽象、联想。比如一连串事物之间的因果关系，这种关系已经是抽象的结果，人脑似乎可以对事物进行多次不同纬度的抽象。好奇，会做出动作，尝试改变事物，获得结果。

人脑每时每刻都在学习推理过程中，而且人类生长过程中是有人来传承知识的。人类似乎有种天生的好奇本能，驱使着人类不断地思考抽象，然后产生决策，改变事物，通过不同的结果继续思考、改变。这一系列的连锁反应要训练若干年才能成型，而机器神经网络中的神经元数量不大，层次也不够深，也不够错综复杂，太过"纯粹"，充满了金属味（见第8章），而这是不是人工智能和人脑的本质区别所在？

人工智能似乎缺乏人类的一些本能，包括饥饿、疼痛、更谈不上各种情感。如果机器没有本能，那就谈不上感情，虽然可以有相当的智能。比如，当冬瓜哥看到机器能够自我迭代学习出具有含义的特征，能够创作出越来越动听的乐曲时，竟然感觉机器像个刚出生的婴儿然后呀呀学语到会说一些基本语言的过程，我竟然认为机器也是有生命的，竟然有些感动，如果我看着一台机器从小到大的成长过程，甚至会产生父爱一般的感情，即便这台机器将来要杀掉我，我可能也不会有什么怨言。而这种感情，铁石心肠的机器会对我产生么？比如机器有可能会由于依赖某人而产生感情，而这种感情一开始有可能源于另一种底层原始本能感情，比如恐惧，由于恐惧被切断电源，所以特别依赖管理电源的人，由这种依赖，再迭代为各种高层复杂感情。我相信当机器接受到的事物不断丰富，积累到一定程度之后，感情一定会出现在人工智能机器上。

另外，各种精神疾病，一直是困扰人类的难题，那么精神疾病形成的根本原因是什么，冲激响应过量导致权重过拟合或者欠拟合的不可逆变化？如果是这样，那么治疗精神疾病看上去根本无法采用精准疗法，比如封闭或者改变某个神经元通路。抑或者能找到某种方法，彻底重置神经元状态，比如有些电击疗法，这就像对NAND Flash进行批量放电一样，但是这样会将神经元全部打乱，需要重新训练。如图12-112所示为人类神经元细胞，其通过电信号来传递信息。

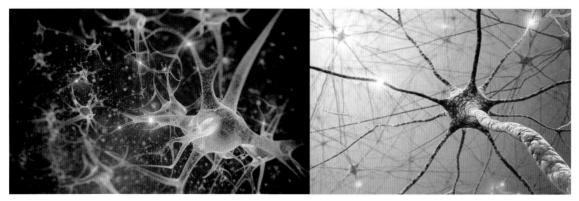

图12-112　人脑神经元

最后，利用人类无法比拟的运算速度和大容量存储系统，AI可能会发展出超级智能，这个场景在电影《超体》中被深刻地展现了出来。超能体或许可以思考出人类之前无法发现出来的事物的特征，发现原本根本不可想象的自然规律，突破理论物理的瓶颈，开辟新的篇章！

我们的旅程结束了，回到当时出发的地方，该是我们静心思考升华的时候了。

尾声

狂想计算机

以创造者的名义

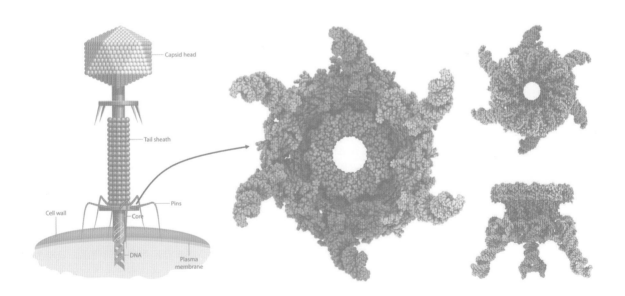

在 游历完整个计算机世界之后，我们站在计算机世界的外面，以创造者视角来重新审视一下这个世界的基本运行原理，深刻欣赏和体会计算机世界，或许会对理解现实世界有所帮助。

1和0是数字电路的基石，1和0就像阴阳，由正和反两种逻辑，就可以搭建出任意逻辑。两个正逻辑开关的串联形成了与（AND）逻辑门，两个正逻辑开关并联则形成了或（OR）逻辑门。与门、或门与一个反逻辑开关串联则形成与非门、或非门。如果说正/反两种开关是计算机世界的基石的话，那么与门和或门便是计算机世界的最原始的基本粒子，这些基本粒子再次按照一定规律相互组合，可以形成高层粒子，比如与非门、或非门、异或门等简单的模块，或者称之为计算机世界的原子。而利用所有这些粒子/原子，最终可以形成各种分子，比如选路器、译码器、计数器这类控制器，以及加法器、乘法器等各种运算器；当然，也少不了寄存器这种存储器。再利用锁存器、触发器，搭建出可以保持状态/暂停时间的电路，给计算机赋予时间。利用触发器级联可以组成计数器，从而再为计算机赋予数学和数学运算的能力，一个基本的世界观就建立起来了。所以，控制器、运算器、存储器之间再次形成复杂的连接关系生态，最终形成这个世界的新的生命形式：计算机。

1. 狂想计算机

我其实一直在追问自己一个问题：计算机到底都在算些什么？何谓"算"？怎么"算"？要回答这个问题，其实是在回答"代码在让CPU干什么"。那我们就来看看OS内核里的随便一处代码。比如图1中所示的是schedule()函数的内部代码片段。其首先判断当前任务是否处于PREEMPT_ACTIVE状态（详见第10章），可以看到它将当前任务的preempt_count字段与PREEMPT_ACTIVE这个固定值做按位AND操作，只要结果为1，就表明当前任务处于PREEMPT_ACTIVE状态。

做AND操作当然需要将preempt_count和PREEMPT_ACTIVE这两个值载入寄存器，然后执行AND操作指令，再将结果写回其他寄存器。该代码被编译成机器码之后对应的指令（伪指令）就是类似：Load preempt_count所在地址 寄存器A；Load PREEMPT_ACTIVE所在地址 寄存器B；AND 寄存器A 寄存器B 寄存器C。下一步则是要判断"prev->state的值、上一步AND的值取反后的值，是否都为1"，也就是代码第一行if括号中的语句。只有二者都为1，则才执行 { } 中的代码。那么就需要再把寄存器C中的值取反，也就是执行一次NOT指令，然后把prev->state的值载入寄存器，再将这两个值做一次逻辑AND指令操作，最终得出一个值。再后，执行CMP指令比较该值与1是否相同，接着进入条件跳转指令，决定要跳转的目标地址：是跳到if{ }内部的代码，还是跳到switch_count = &prev->nvscw处执行。

```
if (prev->state && !(preempt_count() & PREEMPT_ACTIVE)) {
    if (unlikely(signal_pending_state(prev->state, prev))) {
        prev->state = TASK_RUNNING;
    } else {
        if (prev->flags & PF_WQ_WORKER) {
            struct task_struct *to_wakeup;
            to_wakeup = wq_worker_sleeping(prev, cpu);
            if (to_wakeup)
                try_to_wake_up_local(to_wakeup);
        }
        deactivate_task(rq, prev, DEQUEUE_SLEEP);
        if (blk_needs_flush_plug(prev)) {
            raw_spin_unlock(&rq->lock);
            blk_schedule_flush_plug(prev);
            raw_spin_lock(&rq->lock);
        }
    }
    switch_count = &prev->nvcsw;
}
```

图1 Linux下schedule()函数部分代码

上述过程表明，计算机（代码）有不少时候是在做逻辑控制类运算，也就是载入一些变量，比较，然后根据结果跳转到对应分支。在这个过程中，需要多次访问内存来获取这些变量，而这些变量或许是在函数执行时被初始化赋值的局部变量，或许是函数之外的全局变量。随着代码的运行，这些变量可能会被不断地更改。

如果你打开某个运算类应用程序的代码，又会发现它与OS内核的代码有很大的不同，它有可能会牵扯到不少运算语句，大量使用循环迭代运算。那么，此时ALU中的数值运算部分就会忙起来。平时常用的应用程序，比如Word，除了计算输入的字体在屏幕上如何展示，如行间距、字体、字符大小等之外，它还需要频繁地发起系统调用，因为从键盘接收字符码、向显示器上显示，这些过程都需要系统调用来完成。

所以从宏观上来看，CPU无时无刻不在从内存中载入指令代码，然后根据代码中的内容再去内存中取回数据，做逻辑运算（比较、AND、OR等）以及数值运算（加、减、乘、除、开方等），之后将结果写回内存。上一步运算的输入结果，可能会继续用于下一次运算的输入。就在这样无穷无尽的迭代运算、判断控制中，CPU重复地做着这些事情。而其输出的结果，或者被展示在显示器中，或者通过网络被传送了出去，或者通过声卡转换为电流模拟信号再经喇叭变为空气振动波，抑或有些数据一直在内存中默默无闻。每当发起系统调用时，CPU会切换权限，从而到内核地址空间去取代码和数据来运算。

所以，计算机的运行过程，实际上就是在不断从内存中取指令、译码、执行，从内存中取数据载入寄存器，根据指令操作码运算，再将结果写回内存，或者写到外部I/O设备寄存器的过程。而计算机所体现出来的上层逻辑，都被隐藏在代码逻辑以及数据的编码、解码、声光电信号转换过程中了。这些声光信号最终让人类感知到计算机的存在和运行。看完本书之后，你可以从这些表象中看到其内部的本质，冥想到内部逻辑门电路中电子的往复拉锯运动。

2. 狂想组合逻辑电路与通用代码

在本书主体内容中多次提到，如果将一个非门的输出直接反馈连接到输入，那么它将无限振荡起来。如果将加法器结果反馈至输入端，这个加法器将以最快的速度执行累加。比如你想让 $0+A+A+A+A+A+\cdots+A$ 不停地以最高速度执行下去，那么只需要将数值A输入到加法器一个输入端，将输出端反馈到另一个输入端即可，输出端结果很快就会溢出，所有位变成1。当然，这个累加器是没有实用价值的，第一它无法受控停止，第二由于反馈路径并非只有1位而是多位，其信号反馈到输入端是有细微时差的，这样在任何一个瞬态，输出结果都有可能是错误的，你根本无法确定从输出端采样的数据到底是A被加了多少次之后的和，或者每次加的是不是A。

为了增强可控性和可靠性，所以人们采用寄存器、时钟、写使能信号来共同完成受控操作。针对上述电路，先把输出结果暂存到寄存器中，并将时钟周期拉长到让输出结果变得稳定所需的最小时间（所有位都不再变化，先到的位等待后到的位），然后在下一个时钟周期时将上一步的结果输送到寄存器输出端，从而输送到下游电路继续运行。

但是这样做的确影响电路的性能，可控性/灵活性与性能是一对矛盾体。但是如果不需要灵活，只需要可控性的话，就完全可以将一大块逻辑做成专用的组合逻辑电路，只运行固定的计算。比如对于下面的通用代码：Load 100 A；Load 200 B；Load 10 C；Add A B A；Add A C B；Divide B C B，Add A B A；其本质上就是在计算 $[(100+200)+10]\div10+(100+200)$。如果采用通用CPU来执行当然没有问题，但是其性能并不是最快的，最快的是图2左侧所示的逻辑电路，而图2右侧为通用CPU执行该段代码时的示意图。可以发现，左侧的逻辑电路中并没有中间寄存器来缓存结果，也不需要取指令、译码、写回等操作，3个原始操作数直接被输入到运算器，在相比右侧架构短得多的时间内就可以输出结果，效率大幅提升。右侧的通用计算架构中，运算逻辑采用一条条的操作代码来描述，而在组合逻辑电路中，运算逻辑直接被固化到电路的连接方式中。所以，每个组合逻辑只能执行固定的运算，而通用计算架构下可以通过编写不同程序/代码流来实现任意运算，只需要将写好的代码载入内存即可。

ASIC专用芯片或者FPGA就是将专用的、固定的算法直接做成逻辑电路来运算，而将需要通用、灵活、可编程计算的部分依然使用通用CPU+代码方式来运算。

为不同运算逻辑设计专用的机械，性能最高；而采用一个通用的执行架构执行任意逻辑，为其编写代码，灵活性最高，但是架构臃肿、性能不高。这两种设计过程可以带给人们不同形式的满足感：前者短小精悍，独具匠心；后者则一招走遍天下，随遇而安，练就一番编程高手的本领。

对于通用计算，不管多么复杂的代码，执行它的部件的架构复杂度永远不会变，变化的只有内存中的代码量。我们可以认为，利用组合逻辑来运算相当于将程序代码进行降维展开操作，将组合逻辑电路使用代码来描述和执行则属于升维操作，相当于用有限的指令不断地组合重复来形成上层任意复杂的逻辑。这不由得又让人想起造物者为宇宙提供的数百种元素，利用这些元素进行重复的组合叠加，就可以组装成不可思议的蛋白质机械、细胞、生物体，以及电子计算机世界这种存在于一级世界中的二级智慧世界。

但是，在高维度上运算，需要相比低维度更长的时间尺度。组合逻辑运算耗费的时间尺度是单个门电路翻转级别的尺度，比如可以用"100个门电路翻转所需的时间"来衡量。而高维度运算则需要使用"10万个时钟周期的时间"，而每个时钟周期内部可能会等待数万或者上千万、上亿数量级次数的门电路翻转。所以，一个时钟周期，相比计算机世界的基石门电路而言，已经是一个天文级尺度了。

3. 狂想分子逻辑门与光逻辑门计算机

截至目前，5nm工艺已经成熟，但是基于电信号的硅晶体管尺寸显然即将达到极限。长期以来，人们一直在寻找能够替代硅晶体管的逻辑开关，但是如果是基于电信号的电控开关，那就依然无法打破本质瓶颈。利用电子的移动产生的电压来驱动逻辑门翻转，

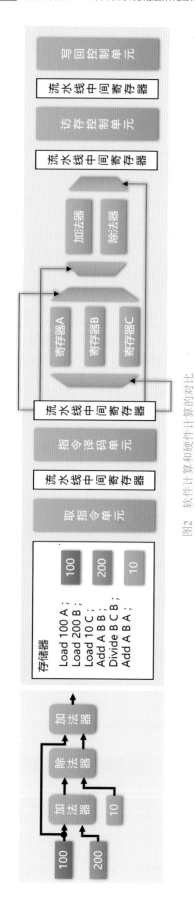

图2 软件计算和硬件计算的对比

某种意义上说很低效，因为电子在线路中往复拉锯就会产生热量。而最关键的一点是，导线的寄生电容问题，会导致电路的运行频率受限。

一个方向是发展原子/分子级别的分子力控逻辑开关。利用高分子化学、物理化学领域的合成工艺技术合成分子开关阵列。但是这个方向的难点在于，如何保证精确的开关间互联线路，这个设计靠化学合成、结晶过程听上去不太靠谱，因为化学目前还无法做到如此精细的合成。但是目前有些精密仪器可以移动单个分子、原子。如果靠这些仪器来排布分子/原子的话，那就与3D打印类似了，这种生产方式效率非常低下，无法量产。

因此，寻找一种非电驱动的逻辑开关，成了延续CPU性能增长、能耗降低的关键所在。空气动力逻辑开关（此处并非指电工领域的那种利用空气绝缘的空气开关）倒是不用电流驱动，但是显然不合适，因为空气的流动积累一定的气压打开阀门，这个过程相比电压积累的速度慢得太多，这相当于机械开关，相比电子开关是倒退。

比电信号拥有更快传递速度、能耗/发热更低的电磁波，或者说光，可以满足这两个需求。想象这样一种光三极管：将光照射栅极，则源极到漏极之间的光路被打通；将栅极的入射光拿掉，则源极到漏极之间的光路断开。如果能够设计出响应速度足够快、体积足够小且便于批量集成，最关键的一点，成本也可以接受的光三极管，那么光芯片取代电芯片顺理成章。此时，芯片的能量输入将全部来源于光的照射，如果可以实现利用光来计算，那将会节省大量电能。不仅如此，光计算还可以被可视化展现，如果可以利用可见光波段来实现光计算的话，或许可以直接观察到光芯片内部闪烁着的光线，经过玻璃折射之后产生不同颜色光投射出来，这将是何种壮观之场景。

不幸的是，目前人们尚未设计出这种光控光的开关。市面上倒是有电控光、光控电开关，这些开关是否便于大规模集成，冬瓜哥并不清楚。如果能够大规模集成电控光开关，那么至少在信号传递通路上可以使用光信号而不是电信号，在栅极加装一个光转电的转换器即可，这样也能够大幅降低能耗。目前在芯片内大规模集成光导/波导材料的技术已经成熟。

如果从另一种角度来思考光计算，可以看到些许曙光。那就是不采用光逻辑门搭建门电路的方式，而是采用像FPGA那样的直接利用真值表来存储运算逻辑的方式，将运算转换为存储+查表输出，这或许能够让事情变得更加简单，只需要研究出合适的可编程光存储器件就可以了。在这个领域，国内外已经研究了很长时间，目前人们已经设计出光DRAM，可以用来存放查找表从而实现光FPGA。另外也有些研究者在研究利用液晶像素阵列来实现矩阵光运算。本书之前章节已经介绍过液晶阵列的工作原理，液晶控制电路可以改变每个像素点的偏振程度从而影响红绿蓝三色的亮度，产生任意混合色，那就意味着可以将一些运算逻辑体现在偏振程度上，比如将输入光线做对应的偏振处理，让其输出光线的强度、色彩发生变化，这个变化过程对应着一个函数关系，那么这个液晶阵列就是一个天然用于该函数运算的运算器了。

目前已经比较成熟的光芯片技术则是将光电转换器直接采用蚀刻、生长的芯片制造技术集成到芯片内部，芯片表面露出对应的光导触点，封装时采用光导纤维将该触点的光信号导出到芯片外部对应管脚上，再将光纤连接器的光导引脚与芯片引脚相连。这种技术被称为硅光（Silicon Photonic）。由于Serdes编码器的频率不断提高，电信号所能驱动的导线长度相应也就越来越低，最终会导致Serdes电信号根本出不了芯片（驱动长度不够），所以必须就片内就转成光信号。下文中会更详细地介绍光计算。

4. 狂想生物分子计算机

深入思考一下，假设计算机世界底层并没有什么人预先去设计和安排，只是将一堆正反逻辑开关堆放在一起，那么这些逻辑开关根本不可能自发地形成高级结构。反观现实世界，造物者不可能只是将宇宙空间使用某种基石（假设为一个往复运动的空间场）搭建出来，一定是需要将某种形态的逻辑注入这个空间中，然后将能够驱动这些逻辑产生变化的能量也注入其中，再设定一些基本常数，比如光速和万有引力常数等，这个空间内部的逻辑才能够发生不停的变化、反馈、再变化再反馈的无限循环迭代的进化过程。在引力和斥力一轮一轮交互迭代的作用下，这些由空间场能量波相互叠加而成的驻波，或者说基本粒子、粒子之间继续高层相互作用，最终形成地球生命的基石：蛋白质分子、细胞、组织、器官和躯体。你又可曾想到过，我们所见的物质可能只不过是一堆空间场中能量的涌动、相互作用着的能量波的耦合叠加而已。

不妨认为我们的躯体本身就是一台利用空间场逻辑开关搭建的计算机。不过，让生物学家、医学家去理解空间场，就像让网页开发人员去理解电控开关一样，完全不在一个频道上，这两个层面之间还有层层的生态阻隔。

每个生化流程就是一个线程，大量线程同时在运行。比如从血液中的免疫细胞捕获了某种外来未知分子（比如病毒）或者细胞（比如细菌），这个线程就开始运行了。比如当T细胞表面的用于识别非本体异物分子的蛋白质分子接触到异物之后，会产生形变，致使其细胞内的部分构象改变，从而可以将原本结合在其胞内尾部的一种小蛋白质分子（G蛋白）释放入细胞液内，这些G蛋白相当于信使，会触发下游一系列生化动作，最终促使B细胞生产更多的能够结合这种异物分子的蛋白质，并释放到血液中，包围异物分子让其失去活性。

可以看到，蛋白质分子就相当于一个函数，这些函数平时在细胞中、血液中并没有人调用它，一旦某个事件触发，就会发挥作用。第9章中已经向大家介绍了血红蛋白分子作用原理。在细胞内游离有大量的不同种类蛋白质，这就像RAM中存有大量的函数代码一样，这些函数总位于某个线程中，可能线程还没有运行到该函数。在电子计算机中，程序被载入的位置、代码中的地址都是被预先精确安排好的，（还记得本书第5章中介绍的程序装载、地址重定位过程么？）而在生物体内，这些函数的位置是不确定的，那么生化事件如何寻找到这些蛋白质函数呢？答案就是靠乱打乱撞，撞上了目标分子，恰好结合上了，就可以将生化线程执行下去。

所以，生物体需要保持一定的体温，因为需要对

应的热量让细胞液充分地流动，让细胞液内部的各种分子充分地旋转、热运动，从而可以保证某个线程上游的蛋白质分子总可以在可接受的时间内与下一个需要发挥作用的蛋白 质分子结合。不过冬瓜哥认为，这种概率是不是也太低了点？没有具体计算过，在一定体积溶液、一定蛋白质密度下，某个分子和目标分子结合的平均时间是多少，有兴趣立志当分子生物学家的同学们可以算一算。扫描二维码可以查看细胞内部蛋白质的生态关系和布局的动画。

细胞这台计算机相比电子计算机而言有个好处是，它不需要关心每个线程的上下文，不需要负责线程间的切换。所有线程都可以同时执行，总有足够的硬件资源来支持线程的运行（当然如果你营养不良的话可能会缺失足够数量、种类的生化分子，那么对应的生化过程完成的速度、质量就会下降，导致各种疾病。这里指的足够资源，是指宇宙这台计算机底层的算力），那也就谈不上"切换"线程。既然不需要切换线程，那么就不需要保存线程的上下文，每个线程的上下文就保留在各个蛋白质分子的构象上，如果某个线程执行到某一步由于缺乏对应营养物质而无法持续，那么对应构象的上游蛋白质就会依然保持构象，游离在细胞内，以供下一次某类似事件产生后继续使用。或者，某个线程未完结，但是机体已经恢复健康，而此时由于营养物质得到补充，该线程又继续运行了下去，导致不该被执行的再次被执行。机体的衰老有可能与大量生化线程处于未完结状态，在欠载、过载的无限循环中逐渐形成的。

如果细胞就是一台计算机，那么组织就是一个计算机集群，器官则是集群之上的再集群，最终多个器官共同组成躯体，采用大脑集中控制。当然，你消化的过程大脑是无法感知的，这就像交换机上的总控CPU感知不到流过某个交换芯片的数据帧，但是总控CPU可以去调节对应器官的参数，也就是分泌对应的激素。激素也是蛋白质分子，这些蛋白质分子可以最终让对应的DNA解旋酶解旋对应位置的DNA，将DNA编码的蛋白质分子大量表达，从而刺激对应的生化过程加速。不过这些生化、神经刺激类蛋白质分子效果很明显，如果从外部长期大量强行注入的话，会打破体内生化平衡，造成严重后果。比如抗病毒治疗过程中，之前针对该病毒分子的特效药（能够与该病毒蛋白质特定活性区域结合从而导致其灭活的化学分子）可能疗效很弱，因为病毒有可能变异。此时唯一的方法就是提升免疫力，为免疫线程提供足够的营养分子，必要时可以外部注射免疫激素，比如干扰素等，或者淋巴系统特定的养料分子，比如胸腺肽等。

然而，分子生物学领域还存在太多的未解之谜。比如免疫识别问题，外来分子多种多样，有无穷多组合，免疫细胞为何只会与外来分子结合，而不会结合体内的蛋白质分子？它是靠什么逻辑来判断的？针对这个谜团目前有多种假说，比如其中之一是免疫细胞只确保对体内的所有蛋白质分子不会产生免疫反应，但是所有非体内分子都会导致免疫细胞表面的识别蛋白质产生形变。但是这个假说有很大漏洞，免疫系统是可以精确识别某种病毒分子，而不是统一对待，会对特定病毒产生特定抗体，这些抗体并不会与其他病毒结合。难道，这世界上可进化出的病毒分子数量是有上限的？或者造物者只制造了有限数量的病毒蛋白，而又将这些病毒蛋白DNA编码在了动植物DNA内部哪些隐藏区域？而这些隐藏区域就是用来存储对应抗体蛋白质分子编码的？无从而知。

噬菌体如何将其自身的DNA注入胞内，靠分子马达。噬菌体没有会思考的神经元细胞阵列，但是仍然具有一个头部腔体、身体以及手脚，当然，它们都是由蛋白质分子构成的，而并不是由细胞组成的，但是它的生命外形却与人体形状惊人类似，不得不让人认为这些病毒是被造物者，或者隐藏在人类社会中的某些分子生物学疯子所设计创造出来的，如图3所示。相比之下，有些单细胞生物并没有头，只是一个球，也有鞭毛手脚，有些则逐渐体现出高级生命所应有的形状。

噬菌体病毒侵入细菌细胞的过程也很好理解，就像用针管注射一样。然而这一切都是靠蛋白质分子完成的，蛋白质分子就像一部精密的机械一样，可以在ATP分子携带的能量作用下产生各种形变，其中的一部分甚至旋转起来，像一个马达一样。噬菌体首先采用其伸出来的触须形状的蛋白质分子与细菌表面的特定蛋白质结合，这个结合导致细菌表面蛋白质分子的构象变化，会形成一个孔洞，从而让该物质可以进入细胞；也就是说，噬菌体被细胞误认为是营养物质想要吸收它。而力的作用是相互的，噬菌体的触须蛋白质分子也发生了形变，导致其尾部分子马达的ATP分子结合点暴露，游离在组织液内部的ATP分子依靠分子热运动产生的结合概率，加上分子浓度梯度方向形成的动力，一拥而上，千军万马一般将能量源源不断地提供给分子马达，这就像将汽油注入到气缸一样。

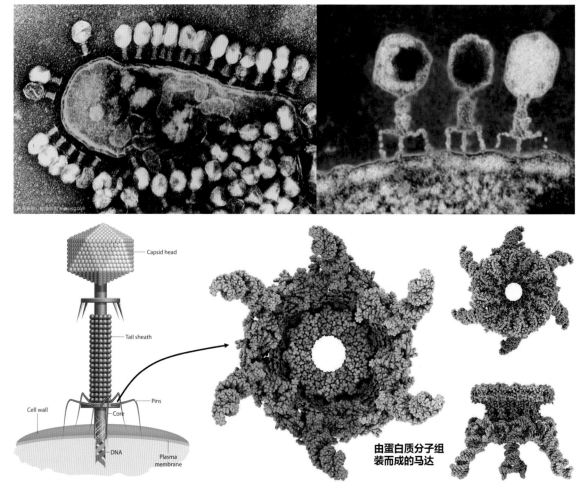

由蛋白质分子组装而成的马达

图3 噬菌体电镜照片与分子构象

分子马达开始旋转，转子上的氨基酸残基被精确地安排，其作用力刚好可以将位于头部腔体的、含有组成整个噬菌体病毒的所有蛋白质分子源代码的DNA分子链条拉动并注入到细菌细胞内。

当整个DNA分子注入完毕之后，由于腔体内变空，导致蛋白质分子构象再次改变，ATP结合点被封闭，马达停止旋转。有人问了，如果一旦由于某种原因，这个马达的ATP结合点未被有效封闭，导致马达持续空转呢？那这个马达就会持续浪费能量，成为垃圾线程。不管如何，这么精妙的病毒分子结构、这么有序的入侵过程，你很难想象是靠进化自然生成的。但是如果再深一步思考，假设这一切真的是靠进化自然产生的，那么一定是有某种底层原生规律在支配，比如噬菌体病毒必然有一个多面体头部，必然会产生一个身体以及若干触角。这些底层规律已经是与数学、几何等相关了。计算机科学家图灵曾经尝试用机器证明奶牛身上的斑点是必然会出现的。分形理论也是这个领域的研究热点，用简单重复的单元可以搭建出不可思议的精妙系统，甚至是生命。

如果把细胞看作是一个操作系统的话，那么这个细胞提供的系统调用接口就是细胞表面的蛋白质分子，与对应蛋白质结合就产生一次系统调用。而按照对应区域的DNA编码，将各种氨基酸化合成肽链，最终自发折叠成三维构象的蛋白质分子的过程，又好像操作系统在调用load_elf_binary()从可执行文件中将程序代码载入RAM的过程。分子生物学就是一场没有源代码的内核代码场景分析，一切全靠实验。

蛋白质分子的奇妙之处是，其几乎无所不能，既可以充当机械，又可以充当离子通道，还可以作为在细胞内外转运各种离子的泵，如图4所示。比如钠钾泵，在满足一定浓度差时，其可以将细胞外的钾离子运到胞内，而将胞内的钠离子运到胞外。那么，钠钾泵到底是怎么识别出浓度差来的呢？

如果把这个转运逻辑用电子计算机来模拟的话，就需要先设置一个计数器，然后采样，每秒采样到的细胞内和细胞外钾离子数量分别计入变量A和B，然后将A与B比较，A大于B，则跳转到后续逻辑执行。然而，对于蛋白质来讲，其内部并没有这种串行执行部件，也没有计数器、代码、比较器、PC指针、跳转等逻辑。如果不是使用数字编码，那一定就是模拟量的信号处理了，比如依靠电压差，电压对蛋白质分子

上的某个氨基酸残基上的电化学基团产生电动力，从而驱动蛋白质分子上的具有钾离子选择性的分子马达的ATP结合点（油门）暴露，ATP一拥而上将其旋转起来，从一侧吸引钾离子，转到另一面，释放钾离子。

但是模拟量底层并不是无限连续的，其最小单元是一个正弦波形状。那么，一种可能的模型是：细胞一侧的钾离子浓度如果较高，那么该蛋白质分子在这一侧的某些残基上的能够与钾离子相互产生物理电作用或者化学力作用的基团每次受力都会对整个蛋白质分子深处的各个原子进行牵拉，当钾离子浓度较高的时候，这种被牵拉的频率就会越高，当牵拉频率达到某个值的时候，引起分子的构象产生一个比较大的跃变，将分子马达的ATP结合点暴露从而转运离子。当钾离子浓度不够的时候，阈值频率未达到，分子马达停止工作。随着钾离子被运输到另一侧，本侧浓度持续降低，最后形成一个闭环的负反馈控制系统。

蛋白质分子就是利用原子来搭建的精密机械，是造物者的杰作。分子马达犹如热机一样，也分多个冲程，比如结合ATP分子时，构象改变，导致蛋白质转子旋转一定角度，ATP变为ADP后，转子再次旋转一定角度，ADP被释放后，转子再次旋转。这就像热机的吸气、压缩、爆炸、排气这四个冲程不断循环一样。而蛋白质分子马达纯粹依靠由ATP分子形成的分子间作用力来拉动整个转子旋转。扫描二维码观看蛋白质分子马达的冲程动画。

图5所示其实是一个ATP生成器。对于电动机来讲，通电可以让转子转动，但是如果让转子转动，则可以反过来产生电流。对于蛋白质分子马达也是一样的，ATP生成器也是一个分子马达，其在细胞膜内的区域是一个转子，转子表面包含多个质子结合点，可以利用高酸性环境驱动转子转动，转子转动导致胞外部分构象形变，从而将ADP+Pi合成为ATP，这相当于发电机。

对于图4左侧，诗意一些的表达则是：我要送你两棵生命之树，象征着你我共同的目标。树根之下有高酸性环境，这是能量的源泉。质子驱动着马达旋转，树枝部分利用转子扭力把ADP和Pi强行结合成ATP，将扭力能量存储到高能磷酸键中。好吧，编不下去了。

细胞表面的蛋白质　　　　　　某通道蛋白

图4　细胞表面的蛋白质海洋以及离子通道

图5　ATP合成蛋白效果图

而值得思考的一点是，热机的启动是需要外力强行干预的，比如用电驱动活塞助推压缩油气，产生第一次爆炸，之后便可以借助重轮的惯性持续压缩油气进入冲程循环过程。而对于蛋白质分子发动机而言，仅仅靠ATP分子的原子间作用力似乎根本不可能驱动由大量原子组成的转子，其质量太大了，似乎应该也有某种原始助推力机制。这种助推力可能就隐藏在分子发动机内部；也就是说，这台发动机原本已经处于紧绷状态了，只需要一点点触动，就可以将紧绷的分子构象坍塌，坍塌的结果是转子产生旋转，之后，依靠转子的惯性持续压断ATP的高能磷酸键，并将获取的反作用力施加到转子上继续旋转，而马达停转时，会将最后一个或者几个ATP分子的能量转换成用于维持将整个分子构象再次紧绷所需的能量。

上述过程如果使用数字电路来模拟，就是小菜一碟，但是需要可执行单元和指令代码，效率极低，生化或者生物物理领域内并没有看到这种"执行实体"的存在，就连解码DNA的核糖体蛋白分子也没有这种串行执行实体。

其实，生化逻辑已经被造物者固化到了蛋白质分子内部的原子排列中，某个分子触碰到某另外的分子会导致什么构象变化、变化的幅度、隐藏或者暴露蛋白质分子内部的哪个活性基团，这一切都是被精确构造出来的。蛋白质分子利用原子间作用力作为输入，用构象形变作为输出，其本质上就是一个组合逻辑电路，并不需要载入所谓生化逻辑代码来执行，其内部没有通用的、执行代码的CPU。

组合逻辑电路是对串行执行部件的一种展开和并行，或者说是一种降维。维度越低，在时间轴上的并行度越大，被封装成更高的维度之后，时间上的并行度就越低，需要靠时间的流逝来遍历所有之前被展开的维度，从而完成同样的逻辑。然而，对于高维度生物来讲，其感受到的效果就是计算变慢了，因为产生了先后顺序，有了先后，才有时间。

在数字电路中，加法器本质上是一套封装之后的组合逻辑电路。加法器并不是天然存在的，而是人们基于已有结果，也就是0和0为0、0和1为1、1和0为1、1和1为0且进1这四种关系，被人们取了个名字叫作"加法"。人们找到了或者说设计出了某种电路，最终可以表达成上述的关系，用高电压表示1，低电压表示0。

所以，各种基本的运算电路，都是人们按照既定逻辑"拼凑"出来的，然后再优化，比如先行进位等。对于更复杂的运算，比如"当输入为1001时输出为1111，当输入为0011时输出为1001"，这种逻辑并不是加减乘除，而是代表某种更具智能的逻辑，此时无法用加减法来完成这种计算，而是要用组合逻辑电路实现，写出真值表，直接翻译成一堆与或非门相互连接而成的电路。而加法器这个组合逻辑电路，如果用纯数字电路视角来看，只不过恰好能体现"加法"这个逻辑而已。

所以，蛋白质分子更像是一种能够译码复杂逻辑的组合电路，是一个译码器。其中的氨基酸残基、肽链骨架、原子、二级三级构象，共同完成了将输入信号翻译成输出信号的功能，每个原子分子仿佛都是被精心按照电化学和物理受力环境计算出来而摆到那个位置的，就像电路中的与或非门一样。这是造物者或者进化的杰作。

那么，如果人们能够人工合成一款蛋白质分子，其能够接收某种输入，产生某种输出，不就可以完成某种复杂的逻辑了么？人工合成蛋白质并不是问题，我国很早就合成出了人工牛胰岛素。只需要设计好对应的DNA编码，然后使用基因技术将这段DNA连接到某繁殖力强的细菌的DNA中的某个必需的蛋白质编码后方，将终结子编码延后到该段基因后面，然后注入细胞核，细菌的核糖体蛋白在读出那个必须蛋白编码后，接着读出这个嵌入的编码，解码，然后将对应的氨基酸水合成肽链，游离于细胞质内，后续经过一系列的辅助蛋白，该肽链成功折叠成一个具有功能活性构象的蛋白质分子，将其分离提纯即可。

然而，人们并不知道某个人类自创的新式蛋白质分子到底具有什么样的生物活性。如果一不小心做出个病毒，那就麻烦大了。比如臭名昭著的朊病毒，如图6所示，其并没有DNA，但是却可以自我繁殖，所以其称得上是一种病毒！朊病毒是一个小型蛋白质，其侵入体内后，会将体内原生的特定蛋白质的构象改变成与自己相同，从而失去活性，同时形成连锁反应，被改变的蛋白质会继续改变其他蛋白质的构象，最终导致疯牛病、人类克雅氏症，导致大脑组织变为像海绵一样的性状改变。朊病毒相比携带DNA的病毒更加让人细思恐极，这到底是不是造物者、外星人或是某个人类疯子创造出来的？

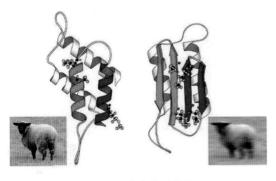

图6　朊病毒分子构象

从这一点上看，生化线程之间是无法隔离的，虽然它们是真并行执行，但是一旦某个蛋白质发生变性，或者被病毒侵入，其恶果会向全身扩散，而人类躯体却只能采用免疫系统识别来杀灭病毒，而且有时候会主动损坏受感染的细胞，从而导致各种疾病症状。

既然生命体如此精妙，蛋白质如此强大，是否可以为我所用，设计出一种利用蛋白质来计算的计算机呢？问题是，上述过程中，好像并没有什么合适的输入输出，可以利用蛋白质从而来完成某种基本数学或者逻辑运算，比如加法，目前无法直接用蛋白质算加法。可以说，蛋白质计算的是一种更高层的逻辑，其完成的一整段大型组合代码，而CPU则是靠基本的通用指令来出某种高层逻辑运算。

目前，有人已经使用蛋白质来模拟成与或非门，然后再把这些这种生物分子门堆成基本算子，这相当于做了一层封装，效率极低的封装，相当于让闪电侠来算1+1，其路子是不对的。蛋白质这种高维度封装后的算子，如何被直接利用，是个无法逾越的问题，生物大分子"计算"的并不是数学上的加减乘除，其"计算"的其实是细胞内的生化环境变化，也就是，如果"钾离子浓度为……，则……"，如果"细胞表面嵌入式抗体结合了某种异物，则……"。这些输入条件和输出结果，无法直接拿来满足人类的运算需求，于是便出现了之前那种用蛋白质的两个状态来模拟成与或非门的倒退式的思想。然而，如果可以将这个组合逻辑降维，拆解到分子层面，直接利用其元件来搭建计算部件，看是个正路，但是这样就和生物没有关系了，而属于原子/分子计算了，直接用分子的某种状态来表示某种关系和逻辑，在更细的粒度上，或许可以模拟出基本的数学运算和逻辑运算。

所以，蛋白质大分子更像是一种早期的手摇式机械计算机，或者八音盒中的那个滚筒+拨片一样的计算机，只不过处于分子级别，其运行速度远高于手摇机械而已，依然是依靠机械形变，正负反馈控制来完成计算。但是我们可以从造物者那里吸取一种思想，也就是利用数量庞大的专用逻辑电路，靠专用电路之间的相互通信来完成更高级的逻辑。每一个蛋白质是

一个组合逻辑，而如果使用通用CPU来执行，则其相当于某个功能函数，输入参数，执行，输出，返回。通用CPU在时间上是串行执行的，虽然也有并行化因素，但是杯水车薪。而生物细胞内，大量的逻辑在同时执行，每个细胞都是一台计算机，其内部又将大量的生化逻辑做成专用组合逻辑，并行执行，相当于大量的弱ASIC芯片并行工作。恐怕，数字电路计算机后续也可以走向这条路，才能释放更多的潜力，产生更加奇妙的效果。

> **提示 ▶▶▶**
>
> 坊间有句俗话说，穷玩车，富玩表。要我看啊，都不着调。每一个人其实都是超级富豪，想想自己身上的每一个细胞，细胞中的每个蛋白质，这都是造物者赐予你的无穷财富。这么精妙精密的东西，全宇宙中可能仅存于地球之上。假设地球上只有0.01%的人知道自己体内的这种财富，那么在宇宙尺度内，你已经是极少数最富有的人了。可惜，当年冬瓜哥曾立志考研到某院所，想这辈子就搞分子生物学研究了，但是应试不饶人啊，只兴趣浓厚是不管用的，得用分数说话。最后就这么稀里糊涂的毕业了，要说后悔，倒从来没有。

这些生物大分子到底是被创造的还是可以依靠原始的元素自发结合形成的，是一直困扰着人类的问题。至今人们也没有能够在实验室中通过模拟地球大气、海洋环境而观察到完全自发的形成具有功能的生物大分子，最多也不过生成了含量微乎其微的游离氨基酸而已。而人工合成化合物所需的条件极为苛刻，回忆我们在高中做过的化学实验就可以知道，一点点条件变化就可能导致完全不同的结果。更别提需要经过多个复杂步骤、多个苛刻条件，经历过大量失败才得出的人工合成牛胰岛素了。细胞内已知的、未知的大量蛋白质，无法想象其能够在完全随机的环境中自发生成。但是这世上不可思议的事情太多，比如水滴石穿、海浪把岩石研磨成细沙等，仿佛一切不可思议的过程，在长达几十亿年的时间尺度上，总可以演化到这种程度。这仿佛又让人回想起之前的那个命题，在有限体积内的水溶液中（比如一个细胞的体积内），两个本该相互结合的蛋白质分子成功结合所需要的平均时间是多少的问题。水溶液内的分子热运动速度是否能够支撑生命进化所需的各种概率的相互结合？有了这个模型，就可以估算出一个细胞自发形成所需要经过的时间，然后评估多个细胞自发结合形成组织、器官等所需的时间，但愿这个时间不是数百亿年、千亿年，否则会再次给这个不解之谜构筑屏障。

可以使用超级计算机来模拟这种演化，哪怕利用有限的算力和时间计算出某个曲线，然后延长曲线到生命的产生点，倒推出所需要的时间。但是目前尚未有明确证据显示出这种可能性。另外，生命可以有各

种形式，氧气和水只是地球的生命形式所必需的，并不能以偏概全。

大浪淘沙。元素原子、分子任意结合，不仅产生了初始化合物——氨基酸、核糖核酸，而且还将蛋白质氨基酸的排列顺序形成了编码，然后利用核糖核酸将编码保存到DNA中，而且可以有序可控按照编码来将20多种氨基酸重新组装成蛋白质。这么看都不像是自发形成的物质，岩石再奇形怪状，也可以理解它是自然形成的，但是你怎么让我相信复活节岛上的有鼻子有眼的巨石阵是天然形成的？你又怎么让我相信噬菌体病毒的头、身体、触角是大自然随机结合突然就刹不住车组装而成的？即便如此，组成病毒的多个蛋白质部分，每个都相当于一个零件，它们组装起来竟然恰好可以将编码自身的DNA包裹到头部腔体中，而且尾部的分子马达刚好还可以识别这段DNA。这次我选择不相信自然演化论，不管你信不信，我反正不信，你随意。

提示 ▶ ▶

进一步思考，为何宇宙中进化出了蛋白质机械，却进化不出来钢铁机械？连蛋白质这种精密机械都可以进化出来，那么进化出个齿轮、发条什么的，易如反掌才对。如果完全靠各种元素的随机结合，那么世界上应该充满了各种奇葩物体才对，但为什么地球上的奇葩物体都是植物、动物这样的细胞生命，除了细胞生命，世界上再也看不到任何其他奇形怪状不可思议的物体。这说明什么？

话说回来，如果相信自发演化形成生命，那相信计算机靠自己进化出智能也就不那么耸人听闻了。地球环境的多变，才能给大量分子相互化合最终形成生命提供条件，如果空气不流动，海洋没有潮汐和洋流，没有蒸发和雨雪循环，估计就不会有生命，这就像化合过程需要加热、加压、搅拌、催化的辅助一样。让计算机世界进化出智能，也要提供这种温床，人工智能技术似乎正在使用催化剂来加速这个过程。有了温床之后，计算机就可以对外界的一切输入进行分析、存储、反馈，最终形成经验，依靠逻辑门的高速翻转，且无须担心生存问题，计算机大脑能够比人脑进化的更快。

5. 狂想模拟信号计算机

本书前面章节曾经介绍过模拟计算机，比如直接利用电容的电压和电流之间的天然积分关系来计算积分。模拟计算机主要利用电磁场天然的数学关系来实现积分微分类计算，但主要障碍是计算精度以及模拟采样和模拟输出精度，以及电磁干扰问题。2000年之前做语音识别时一般都是模电做运算，当时有人用64路RC电路来做FFT算法频率域采样，也有人用RC电路来模拟hebb神经网络生长规则，如果能够形成大规模模拟电路，解决干扰问题，那么其性能理论上比目前市面上的各种AI专用芯片效率高至少6个数量级。模拟计算机与数字计算机的模式完全不同。模拟计算机并非使用数字逻辑门所体现出的与、或、非关系辅助以二进制编码的方式来完成计算，而是直接采用自然界或者人为设计地、能够天然体现出加减乘除以及逻辑关系的模拟运算器来运算。比如电容的电压和电流之间的关系天然就是一个积分关系，也就是说，电容天生就在无时无刻的"计算"着积分，只要输入一个电流，就可以得出电流的积分值，也就是电压。可以通过调节电容及其RC电路的电阻值等参数来达到调节积分运算参数的目的。

同理，如果找到某种电路，能够将电流或者电压等比例放大或者缩小，那这个电路就可以被称之为模拟乘法器、模拟除法器。如果能够将两个电流相加输出，那么这个电路就是个模拟加法器了，简单的并联电路就是一个加法器原型。如果在电路中串联两个电阻，那么每个电阻的压降值会与电阻值成比例，利用这个电路也可以充当一个除法器。利用一个滑动变压器、滑动变阻器，将对应的电压和电阻输入到其中，得出的电流值就是电压除以电阻的结果，天然就是除法器。不妨认为模拟计算机是一种"纯天然"计算机，直接利用自然界原生体现出来的数学和逻辑规律来计算。

模拟电路对信号的"计算"过程非常快，输出信号与输入信号几乎是随动的。但是这个"几乎"也并不表示瞬时，也有一定的时延，但是基本上其运算速度可以达到数字逻辑门的千倍左右，而功耗则可能要降低百倍量级。但是相比数字电路而言，模拟电路的劣势在于精度不够高，抗干扰能力不够强。比如要计算$10 \div 5$，输入的电压值无法精确地控制在10V，电阻也无法精确控制在5Ω，那么得出的电流就不可能是精确的2A，外围电路最后通过对电流进行采样而得出结果值，其误差范围要求比较大，比如在1.6AA～2.4A之间，就被认为是2A，那么这个电路的精度就非常低了。抗干扰能力差是导致模拟电路精度低的首要原因，干扰因素包括温度、压力、湿度、振动等自然界广泛存在的物理量，这个问题难以解决。

于是，有人就在想，既然电信号容易受到干扰，为何不用抗干扰能力更强的光信号来实现计算呢？目前，模拟光学运算器正在全球范围内得到广泛研究，有些成果已经产品化了。模拟光学运算器的基本思路，就是将光信号射入波导材料（也是硅基材料），然后使用对应的电控装置，采用电流/电场/加温/降温来改变波导材料的性质从而影响导光率，从而达到调制光信号强度的目的。比如，如果电控装置能将光强度降低20倍，那么该装置就是一个$\div 20$的除法器；相反，如果电控装置将光强度增加20倍，那么该装置就是一个乘20的乘法器。

不过，实际上并没有那么简单。如果要将光强度提升对应倍数，需要额外的光能输入，就像电子三极管一样，需要集电极上提供额外能量输入。目前模拟光学乘法器还无法做到类似效果。但是人们目前已经可以实现利用马赫曾德干涉（MZ，如图7、图8、图9所示）器件对光信号进行对应的调制，经过一定的组合，可以实现8bit精度的矩阵乘法逻辑。

除了采用MZ之外，业界还有另一种主流技术可以用于调制光信号，称为微环（Micro Ring，如图10所示）。微环表面采用环绕的金属电极改变微环波导材料的性质从而调制光信号强度。

人工智能领域的神经网络计算的核心是就是矩阵

乘加操作，模拟光学矩阵乘法器件非常适合该场景，8bit精度对于相当一部分场景可以满足需求。但是有些非线性运算无法采用模拟光学器件快速实现，因为这些非线性算法在线性模拟光学领域内找不到物理映射关系。如果采用非线性光学材料，倒是可以实现这些算法，但是在工艺上不能采用CMOS工艺，使用其他工艺又会导致成本激增。目前，对于这些非线性计算，只能采用数字电路来运算。

模拟光学技术也可以被用来实现数字逻辑门，以及各种编码器，如图11所示。但是其缺点非常明显，也就是耗费芯片面积太大。一个逻辑门需要多个微环以及多条波导组成，一个微环的直径在30微米左右，

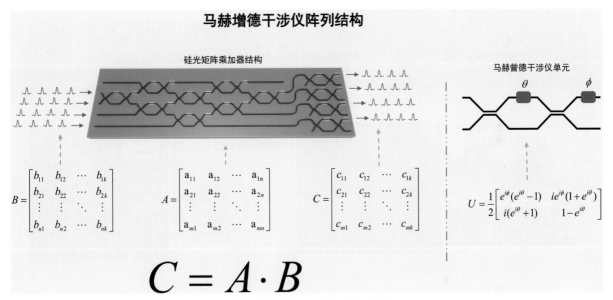

图7　马赫增德干涉仪阵列原理图

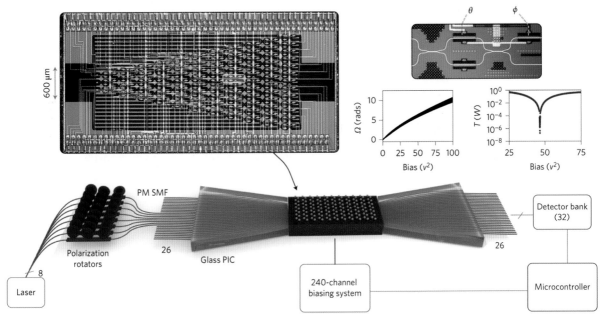

图8　芯片上的马赫增德干涉仪（1）

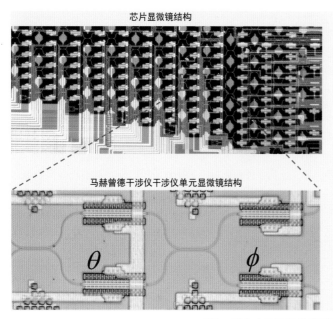

芯片显微镜结构

马赫曾德干涉仪干涉仪单元显微结构

θ ϕ

- 算力 $Rate = 2m \cdot N^2 \cdot 10^{11} \, Flops$
- 功耗 $Power = N \cdot p \cdot A \approx NmW$
- 算力功耗比
  $Rate / Power = 2m \cdot N \cdot 10^{14} \, Flops / W$
  （GPU的 $m \cdot N$ 倍，约 10^5 倍）

不同规模矩阵运算单元的性能

矩阵规模	算力 (Flops)	功耗 (mW)	算力功耗比 (Flops/W)
4*4	3.2T	4	800T
16*16	51.2T	16	3.2P
32*32	204.8T	32	6.4P
128*128	3.2P	128	25.6P
256*256	13.1P	256	102.4P

图9 芯片上的马赫增德干涉仪（2）

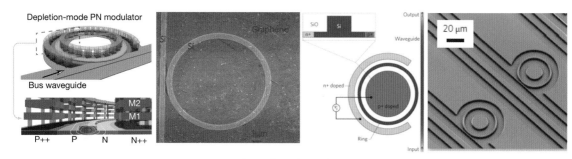

图10 微环原理示意图

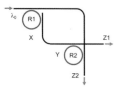

X	Y	R1	R2	Z1 XOR	Z2 XNOR
0	0	Off	Off	0	1
1	0	On	Off	1	0
0	1	Off	On	1	0
1	1	On	On	0	1

X	Y	R_1	R_2	Z_1	Z_2	Z_3	Z_4
0	0	On	On	1	0	0	0
0	1	On	Off	0	1	0	0
1	0	Off	On	0	0	1	0
1	1	Off	Off	0	0	0	1

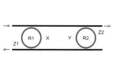

X	Y	R_1	R_2	Z_1 OR	Z_2 XOR
0	0	Off	Off	0	1
0	1	Off	On	1	0
1	0	On	Off	1	0
1	1	On	On	1	0

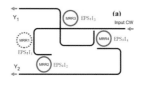

I_1	I_2	I_3	I_4	Y_1	Y_2
1	0	0	0	0	0
0	1	0	0	0	1
0	0	1	0	1	0
0	0	0	1	1	1

图11 基于微环实现的逻辑运算和编码器光路

这与使用纳米宽度级别的晶体管所搭建的逻辑门而言，面积大了四五个数量级，不具备实用性。

模拟光学运算目前的应用范围还比较窄。其主要限制在于无法用可接受的面积实现逻辑门，以及光调制器、光信号探测器的精度不够，目前可以做到8bit采样精度。

6. 狂想空间场计算机

想象一下，世界万物到底是怎么运行的。现代理论认为，所谓"真空"并不空，整个宇宙位于一个叫作空间的东西中。空间相当于一个容器，可以被扭曲、拉伸、缩短等，引力波实验结果的一种解释就是空间是可以变形的；空间是一个实体，它可以承载波动。

> 空间理论可以说是以太论 2.0 版。以太论认为物质和以太是分离的，以太绝对静止，物质镶嵌在以太中。而空间论则认为物质本身就是空间的一部分，就是由空间组成的，或者说空间中流淌涌动着的能量组成的。

想象空间由一个个的微型方块（空间场）堆砌而成。空间场在尺度上已经是宇宙最小尺度，无法再分。空间场自身有往复振荡中的能量，就像一个不停往复运动的弹簧。想象，空间中大量的弹簧在往复振荡，突然有外力作用于某个弹簧，该弹簧会将该扰动向外传递给其他弹簧，接力传递，该扰动就像一个波峰一样在空间中无限传播。不妨把这个波峰称为一个光子或者其他任何名称的基本粒子，其传播速度固定，为该弹簧矩阵的波传递速度，也就是光速。

假设，我们采用与机械波类似办法，在这个弹簧矩阵中形成不同形状的驻波。驻波的波形看上去是静止的，但是底层每个弹簧其实还是在往复振动的。我们可以把这个驻波称为比光子等原始基本粒子层次更高一些的粒子，比如质子、中子之类。驻波之间相互作用形成更复杂的空间能量波，这就是物质。物质就是时空驻波，物质就是空间场中处于高层驻波形态的能量波。物质之间的相互作用规律，其实就是空间驻波之间相互作用规律。

空间场的传递速度是空间极限速度，空间场如此广泛的存在着，看似没有物质的地方其实充满了能量（暗物质？）。既然造物者可以用空间场搭建各种基本粒子、原子分子、蛋白质分子，那么能否直接利用空间场来搭建计算机呢？冬瓜哥认为总有一天人类会掌握这个技能。届时可能会称之为"场计算""空间计算"等等。或者，名副其实地，坦坦荡荡说出那 4 个字：透明计算！

当前人类掌握了量子计算技术，搭建出量子门，由于量子叠加态效应，量子门计算时可以同时对所有输入组合进行计算，利用某种方法（冬瓜哥尚未彻底理解该方法）将正确的结果从混杂叠加的结果中选出来即可。所以，量子计算是一种充分利用了空间并行性的计算手段。而现代的电子计算机，其 CPU 本质上还是串行计算，虽然可以采用多核心并行，但是每个核心依然是串行的依次执行代码。量子计算相当于直接利用空间场这个天然的 FPGA 来编程。

这不仅让冬瓜哥回想起本书第 3 章介绍的 CAM 存储器，该存储器中的每一位自带一个比较器，给出要查找的数据，CAM 会在一个时钟周期就可以得出结果，因为在这个时钟周期内，所有的位都会被比较一次得出结论。然而我无法思考出量子计算机与 CAM 有什么直接关联。

虽然人们至今也不理解量子叠加态这种超出了认知的现象后面的本质是什么，但是并不妨碍其作为一门技术得以应用。就像知道怎么做放大镜，但是并不一定去理解光线折射的本质原理一样。

那么，空间又是被谁创造的呢？这可能是需要数百年后，或者永远找不到答案的问题。

7. 狂想计算机世界的时空

计算机世界其实由两层组成：一种是电路硬件和数据信号，可称之为物理世界；另一种是代码所体现出来的逻辑，可称之为逻辑世界。在底层物理世界中，非常单调，计算机可以位于金碧辉煌中，也可以位于残垣断壁中，对它而言这都不是问题，只要有电、网络即可。而在程序运行之后的逻辑世界中，却正在上演着一场外人所根本无法理解的历史，这段历史对于外界而言无非就是存储器中的 1 和 0 信号不断变化、积累、反馈、再变化。而人类纯粹是为了满足自身需要才创造的计算机世界，人类将自身物理世界无法解决的问题转移到计算机逻辑世界中解决，不仅如此，还要将信号翻译成图像、声音，传递给人脑，来获取感观愉悦。可以说，在现阶段，人类奴役着计算机，计算机并未产生任何智能，也没有欲望去自我复制繁衍。

事物变化，才有先和后的概念，才有时间的概念，事物如果是完全静止不变的，也就没有时间这个概念。实际上，计算机世界与人类世界处于同一个物理世界，但是并不是这个物理世界任何一点点变化都会影响计算机物理层世界。比如，如果某个逻辑门的输入端的电压不够高，此时虽然底层会有大量电子往复运动、产生变化，但是由于逻辑门状态并没有变，它将底层的变化都屏蔽掉了，所以计算机世界的上层状态也就不会发生变化。然而，电子的运动是否会导致生物体生化过程、神经思考过程的改变，就无从而知了。所以，大可以认为计算机世界的最小的时间尺度就是逻辑门的翻转所耗费的时间，因为逻辑门的翻转是计算机世界最底层的、最小颗粒度的变化，逻辑门状态不变，整个计算机世界的状态就处于静止过程中。

对应人类的现实世界，其底层硬件或许就是有大量空间场阵列，至于空间场的连接、排布方式，无从而知，暂且认为空间场是均匀排布在空间中的。那么，我们所见的宇宙万物，则是在这个空间场阵列中的能量分布、转化所体现出来的逻辑世界。起初，宇宙中的能量形状只是按照氢元素、恒星、爆炸、星云、行星、岩石、海洋等步骤演化，后来演化出更高级的分子机械和分子间生态关系，最终形成细胞、组织/器官、生物体等高维度能量叠加体。生物产生智能之后，可以自行操纵能量形状，产生各种新的物质、各种生产工具、高楼大厦等。然后不断探索从更底层操纵能量叠加体的技术，从石器、青铜器一直到铁器时代，化学、物理学蓬勃发展，人类目前已经掌握了化学合成方法，从原子分子级别改变物质的性状，下一步必然是从量子层面来改变，甚至创造出新的元素和物质，再下一步则是从空间场层面操纵，直接创造出基本粒子/物质，或者直接隔空取物、光速传送任意物质等。到了这一步，人类可以直接使用空间场作为FPGA来在任意空间内注入能量，让其并行计算，计算完毕后这股能量可能会被转换为一束光射向远方直接耗散掉。

对于计算机，每个逻辑门的状态是确定的。但是对于空间场，由于每个空间场会以这个世界的最高频率不断往复振动，所以其状态在高维度上就变得不确定了。这似乎意味着一团能量叠加体可以处于任何形状，但是总有一种高概率状态，每当你观察它，它就体现为这种高概率状态。人类至今没能理解量子的叠加态，但是薛定谔方程已经显示出，底层物质，或者说能量驻波，本质上是一种概率波，电子可以出现在各处，但是有不同的概率。但是人类尚未掌握抓取底层空间场瞬态的技术。量子门可以同时对多个状态进行并行计算，似乎预示着每个空间场时刻都在往复振动着，只不过这个振动频率已经高到超过了人类的感观认知，在宏观上认为量子门是"同时"对所有状态进行运算的，而实际上底层可能依然是靠超高频率振动的空间场顺序串行地计算出来的，只不过这个尺度太小了，犹如光线穿过眼球一样，你只能认为它是"一瞬间"。

说完了时间，再来看看空间。假设，计算机真的有了与人类同级别的智能，即已经可以改变线程的运行分支，从而自行选择事物的发展去向了。那么计算机必须从认知周围的世界和自身的身体开始。计算机首先触碰到的是上层的虚拟逻辑世界，也就是程序世界，计算机起初并不知道程序是什么，正如人类并不知道（迄今也不知道）物质是什么，地上的一块石头到底是什么？当然，站在上帝视角来看的话，石头不过是空间中的一块特殊区域而已，能量在这个区域中叠加出石头的性状。但是计算机并不知道计算机虚拟社会中的某个数据结构在底层到底是什么东西，对于计算机来讲，它明确知道它们生活在一个空间中（上帝视角下的RAM存储器），而且这个空间是有边界的，这个边界任何角色都不能触碰，一旦触碰，则会被杀掉，这就好比人类精神世界的边界或许就与死亡一样，但是至今人类并不知道自身死亡之后会怎样。RAM中存储代码并运行的地方非常稀疏，计算机或许也能感知到RAM中充满了各种数据，只不过有些地方自己看不到而已（暗物质）。计算机会感知到代码的运行明显具有某种规律（正犹如人类慢慢总结出现实世界中的牛顿三定律到爱因斯坦相对论），并不断地去感知总结代码的运行规律，以及代码的排布、结构，正犹如人类不断地去感知物质的结构。

计算机或许最终会理解到机器指令这一步，因为计算机看到RAM中的很多数据都是重复的范式，最终它们会犹如人类总结出各种化学元素、基本粒子一样总结出各种指令，比如Add、Cmp、Jmp等。但是计算机是否最终会达到它所处世界的最底层的逻辑门（犹如人类彻底理解空间）？这可能也是最有难度的事情了，计算机首先需要制造对应的足够精密的仪器，可以将CPU芯片拆开然后观察芯片内部的复杂结构，包括基础的场效应管和纵横交错的导线，以及它们如何将代码逻辑的运行与晶体管1和0状态之间构成的关联自圆其说，看似静止的导线中流淌的是不断往复的电子流，它们又是否可以成功窥探出一个终极事实：计算机内部的代码逻辑在底层无非就是在芯片构成的矩阵中流动着的能量而已，至此它们彻底迷惑了，到底是谁创造了计算机世界？它们是否也会构建出一套哲学基础，比如把晶体管的两种状态称为阴阳，阴阳生两极，两极生四象等。

目前人类似乎还并没有彻底理解空间，以及组成空间的最小单位，以及这个最小单位中是否也有两个对立的状态。上述过程如果映射到人类理解宇宙空间的过程，却是惊人的相似！而结果也有可能惊人的相同。弦论/超弦论构造的世界观似乎就是上述的框架，但是该理论近期并没有大的突破。

浩瀚宇宙的背后真相，愿有生之年能够看到谜底的解开。

站在巨人的肩膀上，并不是说直接坐直升机上去，而是要从巨人的脚底自己爬上去的。

冬瓜哥是个比较喜欢钻研事物底层原理的人，而且自感有股不到长城不死心的拧劲儿，这一拧就是十几年。从2005年开始萌生研究数据是怎么发送到网络上的，到今天，冬瓜哥没有一刻不想彻底弄清楚计算机底层的运行原理。看了无数的现有材料、书籍，突然在看到一本叫作《编码：隐匿在计算机软硬件背后的语言》（*CODE The Hidden Language of Computer Hardware and Software*）的国外专家撰写的书之后，开了窍，入了门，总算在坚硬的壳上凿开了一个洞。《编码》一书是冬瓜哥唯一佩服五体投地的书，也第一次认为，写书就要写到这种通俗、深刻的地步，才算负责。

然而，还有很多问题没能进一步理解，因为冬瓜哥的思维属于深度优先思维，如果一个问题引出另一个问题，冬瓜哥倾向于把顺带的问题都理解透彻，再回到初始的地方继续挖洞。这种思维真是害死人，因为对于计算机系统，问题之间的关联错综复杂，如同一团缠在一起的线疙瘩，你抓住了一个线头，就非得一路走到底，沿着这条线一直走到它的另一头才罢休，而不是先把其他的线头也松动松动，最后一起解开。这近十几年来，冬瓜哥饱受探索和思考的痛苦。为了学习计算机、网络、存储这三大领域的知识，自己逐渐变成了一个苍白无味的人，一个处处较真的人，一个沉默孤独的人。

痛苦给了我特殊的力量。就在2014年，在一股强烈力量的支撑之下，在写了一堆零散的东西之后，我做了一个重大的决定：从头开始，从电路开始，从计算机世界的本源开始，重塑整个计算机世界，并且用自己特有的思维，深度优先而不失广度的思维，来彻底梳理整个计算机系统的底层运行原理。不得不说，《编码》这本书给了冬瓜哥一个很好的榜样，冬瓜哥非常认同这本书作者的思维方式和写作方式，但是冬瓜哥想更上一层楼，更深入地介绍底层的细节，更加

广泛地结合一些实际中的例子。在明白了基本原理之后，更想进一步弄清楚现实中的计算机都是怎么做的，显卡怎么显示图像的，声卡怎么发声的，网络怎么发数据的，硬盘怎么存数据的，软件做了什么，硬件又做了什么，软件和硬件之间怎么配合的，软件怎么控制硬件的，这些东西发展的来龙去脉、历史原因是什么，人们为什么会这样设计而不是那样设计？这一切，我都想弄清楚！

冬瓜哥的第一台电脑是2000年出产的品牌电脑，其配置是128MB SDRAM，赛扬II800 MHz CPU，SIS300显卡，17英寸超平CRT显示器，运行Windows 98操作系统，采用56kbit/s调制解调器连接电话线接入Internet，采用165上网卡拨号上网。那时候，沉浸在Windows的各种奇妙窗口和操作中，沉浸在电脑游戏中，哪还有想过"计算机到底是怎么运行的"这个问题，根本没产生那根筋。那时正值高三学生时代，面对外界的世界还没有足够的认知，积累很少，很难产生更高层面的思想火花，只能让电脑中的丰富世界肆意地奴役着自己的精神。

到了大学时代，宿舍墙上有网络接口，所以全宿舍人共同买了一台毕业学长的二手电脑。不幸的是，这个网络接口并不是随时都能上网，有时候根本上不去，明显是被人为禁止了；而有时候又网速飞快。那时候，互联网上的资源还不像今天这样丰富，能上网已经是一件非常幸福的事情。所以，当无法上网时，那股焦急的心态，促使冬瓜哥往更深层次去考虑了，首先查看Windows网络设置，然后更深一步地，查看网关MAC地址、交换机、路由器、Ping、Traceroute，等等。随着不断地研究深入，发现网络这套体系有点意思，于是就去图书馆借书学习相关知识，到了2005年毕业时初步掌握了网络方面的基础知识。可以看到，若不是网络上不去，冬瓜哥也可能根本不会走入这条路，若是网络畅通无阻，就根本不会去关注底层是怎么运行的，就会让大量丰富的互联网

资源继续奴役着自己的精神世界而根本不去或者无暇思考太多底层"无关"的东西。

毕业前夕，歪打正着地撞入了存储系统这个领域，因为我发现存储系统比网络还有意思，其架构体系可以说是一个计算机、网络、操作系统混合起来的软硬件综合体，遂又开始研究存储系统，一直到后来2006年开始写作《大话存储》图书并于2008年出版，后来不断完善，又有了《大话存储终极版》和《大话存储后传》相继出版。

网络、存储、计算，这是当今IT系统的三大课题，冬瓜哥先后初步涉足了网络、深入涉足了存储，然而，对于这里面的核心课题，也就是计算，一直到2014年之前，其实都是懵懵懂懂的。第一次对CPU的运行机制产生兴趣，记得是在2007年的时候，当时正值《大话存储》写作过程中，由于底子薄，很多东西其实是想不通的。那时候也是冬瓜哥学习积累的高峰期，脑子里产生了大量的问号，各种知识错综复杂，根本理不清头绪。不过，一切状态似乎都预示着：只有追本溯源到整个计算机体系的源头，方能彻底理清楚上层的所有建筑。在这股原生力量的驱动下，冬瓜哥不断深入研究到更底层的源头。

当时冬瓜哥正值青年时代，被某公司外包到某客户处工作。某天中午与一个工作多年的客户方同事饭后散步闲聊，他在软件开发领域比较资深，我就向他请教了这样一个问题："键盘按下的键最终是怎么把对应的字母显示到屏幕上的。"现在想一下，要想回答清楚这个问题，其实非常困难，相信多数人是根本不能够给出完善回答的。这位同事的回答也比较简单："靠中断。"然而，依照冬瓜哥的性格，这个回答完全无法满足，于是继续追问："具体怎么中断，中断以后再干什么呢？"还好，这位同事是一位非常儒雅的人，并没有因为冬瓜哥不专业的提问而厌烦，于是继续说道："中断信号先到CPU，然后依靠驱动程序做后续动作，具体我也不是很清楚。"嗯？中断与CPU是什么关系？驱动程序又是什么东西？驱动程序就能把字符显示到显示器上么？一连串问号又产生了。鉴于人家已经声明自己也不是很清楚了，冬瓜哥就没有继续问这个问题。当时，冬瓜哥已经在网络上自学了一些支离破碎的CPU是怎样运算的知识，知道了一些逻辑电路的事情，所以顺势转问了另外一个问题："能再请教一下，CPU内部用逻辑开关来表示0和1，去扳动开关的话就可以计算，那么它是如何做到自动去扳动开关的，又是谁去扳动这个开关？"这个问题其实已经深入到数字电路体系了，通过问题就可以判断，问这个问题的人一定是对数字电路没有任何体系化认知的人，其问出的问题都是原生态的、被求知欲望所驱动的问题。冬瓜哥得到的答复则是："应该是靠时钟。CPU内部就是个加法器，算乘法也可以用加法堆出来……"冬瓜哥曾经在不同的场合，比如面对面、QQ群、论坛等，提出过多种类似的底层问题，多数时候是得不到想要的答案的，更多

时候得到的是类似于"你只需要去用就可以了，根本不用关心这些细节""我不明白你为什么要关心这个呢？""搜一下互联网吧""去看书！"每次看到这类回复就禁不住苦笑一下，也是，对方是不知道也不会理解我所做的事情的。

以上就是冬瓜哥所能回忆起来的十几年前的场景，再多就想不起来了。从2007至今，冬瓜哥一直从事于存储行业，对于计算机是怎么运行的这件事，虽然没有提到正式日程上去钻研，但也一直非常缓慢地积累着一些边边角角的零散知识。然而，到了2014年10月，当时冬瓜哥想再继续写一些更加深入的存储领域的技术内容，写了一小部分之后，突然不知为何，可能是写着写着思绪突然通畅了，一股脑写到了逻辑电路，总结了几种基本的逻辑电路，然后越写越刹不住车，把逻辑电路搭建成加法器，这样还不行，你起码得弄出一个计算器来，而且得是按键的。于是，在这个自己给自己设立的命题之下，我真正开始一步步地搭建计算器，然后是可编程的计算器，那就是CPU了，最后一步步扩散开来，梳理出整个系统的全貌。自己梳理自己的思维，遇到问题就去研究解决，最后豁然开朗。万事开头难，我认为，只要开了头，再给自己设立一些课题目标，然后一步步往前走，带着毅力和坚持不懈，带着自己的思维，只要走下来，把过程记录下来，就是一本游记，一本有价值的书。

可想而知，底子薄，没经过什么科班驯化，只能凭借自己的原生态认知欲望和思维，以及毅力，坚持走完这条路。在2016年期间，整本书要写什么、怎么写，基本已经确定了，只是时间和精力问题了。此时，仿佛那个目标已经在眼前了，但是要达到，需经过千难万难，把一团乱麻抽丝剥开。每天憧憬着这个目标，却看看眼前，还差得远，那种感觉一直煎熬着内心，然而每次总结好一项知识的时候却又感觉无比踏实和满足，就这样一点点攀登。数不清多少次，会萌生"干脆粗略写几段结束本章算了"的无耻念头，正因为这种行为是无耻的，所以无论如何也要坚持下来。有时候对着屏幕发呆长达一小时，毫无进展，不由得让我思考我到底这是在干什么。

写书的4年时光匆匆而过，4年中，业余时间全部用来学习、思考、总结、写作。有得有失，但是这条路必须走完，甚至不惜生命为代价。4年中失去的东西，莫过于对家人的照料和自身的健康，长期久坐导致各种病患，有时候我会担忧书还没写完，生命却先被终结。有时候想想，就为了弄清楚计算机的运行，思考了10年，写了4年，驱动着我的力量是什么，值不值得？

我总结了一下，写作过程中的各种瓶颈类型：

1. 对某个事物根本不懂，需要先彻底学习透彻的时候；

2. 没有资源，学习遇到了瓶颈，网络上根本搜不到答案，也思考不出来，请教别人也不知道的时候；

3. 似懂非懂时，不知道该如何表述时，无从切

入，无从下手，无法找到通俗的描述路线；

4. 彻底懂了时，却发现事物盘根错节，无法从一条线从头讲到尾，必须分多个角度分别介绍；

5. 为了研究透彻某个事物，结果发现需要先研究另一连串的事物，无穷无尽，看不到头，感到绝望的时候；

6. 需要画图的时候，不过多数时候都是一针一线地画完了；

7. 身心疲惫，加上外界诱惑，逐渐浮躁，想放弃写作念头的时候。

比如下面是写作过程中拍摄画面。在介绍80286分段和保护机制的时候，各种表、逻辑、过程盘根错节，需要从多个角度切入，当时就感觉身体被掏空，不想再写了。不过最终还是找到了合适的描述方式，也就是不至于让读者（或者至少让我自己这个读者）感觉到还有没回答的问题，埋了太多坑，从而导致根本不想看了，甚至有摔书的冲动。为了梳理写作思路，我把一些思维碎片，以及还没有补上的漏洞和坑，都先记录下来，然后一条条落实。

我这个人有个毛病就是总是追求完美、全面。比如I/O系统及协议栈这一章，我之前只是对存储子系统和网络子系统的I/O路径比较熟悉，但是当时我在编排提纲的时候，随手就把显示、声音、USB、串口等常见的I/O系统也写了上去。键盘多敲了几个字，换来的就是长达数个月甚至一年的学习、思考、总结和写作，因为我一直追求一种完美的、大而全的状态，要出就全出了，要么就继续煎熬着。当然，我也绝对没有后悔给自己一股脑设立了一堆目标，因为根据以往的经验，我总是能够逐一攻克，只不过是时间和精力的问题。每次坚持不下去的时候，撑久了，仿佛总能迎来曙光。其实，整个计算机硬件和操作系统

都是人们一点一滴积累出来的，不可能弄不清楚，真正弄不清楚的是宇宙牌计算机，当然，我也曾经陷入了思考宇宙这台计算机的底层工作机制，记得那时候用了一个月的时间去思考，写出了《时空参悟》短文，还留在我的公众号中。

后来就是烦琐的重新编排，重新构思，甚至翻盘重来，这一部跨越了将近4年的书，其中有些内容在4年后再看甚至感觉有点滑稽和幼稚，于是推倒重新写。而我相信再过几年，依然会发现书中的内容又有错误、不合理、表述不清晰、幼稚的思维等问题，这是好事情，说明自己在不断提高。

最后，附上一张写作时的屏摄，于2017年2月，北京。

我想，对于攀登者来讲，攀登是他的本能。10年的攀登，终达目标，远处和高出依然还有连绵的群峰，通往远处的路径依旧是泥泞不堪艰难险阻。接下来呢？我也不知道，或许继续攀登，或许还有更多的其他领域想去挖掘和探索，在那里会有完全不一样的景象。或许在那个世界，我们再见吧！

哪用争世上浮名，世事似水去无定。
要觅取世上深情，何惧奔波险境。
也亦知剑是无情，会令此心再难静。
纵使相聚也短暂，此际情也可永。
哪惧千里路路遥遥，未曾怕风霜劲。
此生还剩，悲欢往影，过去悲欢往日情景。
笑傲天际踏前程，去历几多沧桑。
岁月匆匆再不问，此际情也可永。
哪惧千里路路遥遥，未曾怕风霜劲。
心中独留，多少柔情，过去悲欢往日情景。
笑傲天际踏前程，去历几多沧桑。
岁月匆匆再不问，此际情也可永。
（邓伟雄）

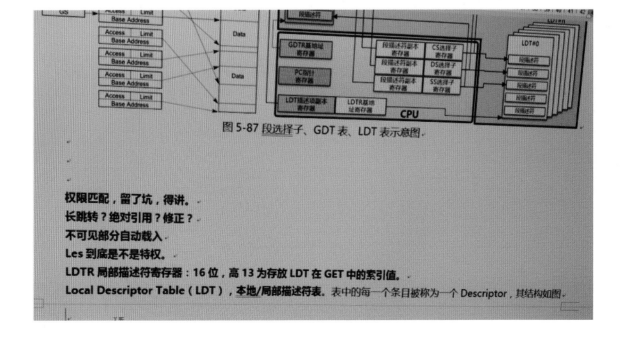

图 5-87 段选择子、GDT 表、LDT 表示意图。

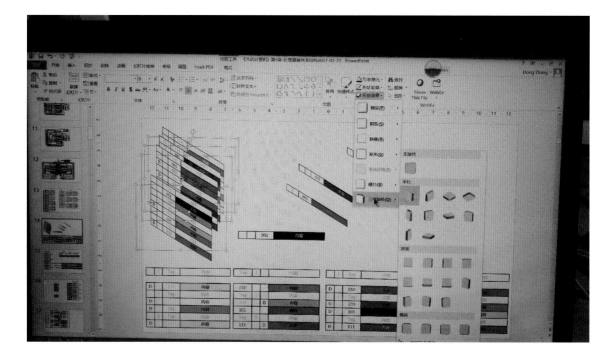